금형설계 문제해설

금형기술시험연구회 편

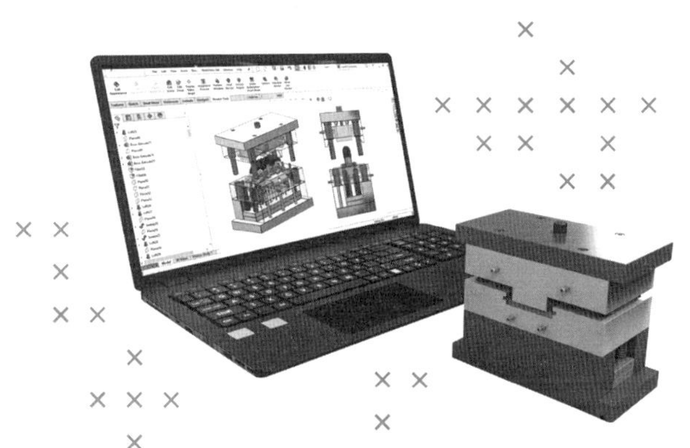

일진사

머리말

사출/프레스 금형은 전기, 전자제품을 비롯하여 자동차, 항공기 등의 수송기계와 반도체, 통신기기, 산업기계, 정밀기계 등을 제조하는 데 필수적으로 이용되며 그 용도는 실로 광범위하고 다양하다. 그만큼 중요한 분야이면서 정통 기계 분야로서 산업 발달의 기초가 된다. 앞으로 자동화 관련 CAD/CAM 시스템 및 CNC 공작기계의 보급 등 생산설비의 자동화가 추진됨에 따라 단순 기계 작업 위주에서 인체 공학적 설계를 기반으로 하는 고난이도의 고급 금형 기술로 발전할 전망이다.

이에 따라 금형 설계 관련 인력에 대한 수요가 증가할 것으로 예상되며, 이러한 흐름에 맞추어 금형 분야의 전문 기술 인력을 체계적으로 양성하기 위하여 제정된 자격증이 사출/프레스 금형설계기사·금형산업기사이다.

이 책은 사출/프레스 금형설계기사·금형산업기사 자격시험을 준비하는 수험생들의 실력 배양 및 합격에 도움이 되고자 다음과 같은 부분에 중점을 두어 구성하였다.

첫째, 한국산업인력공단의 출제기준에 따라 반드시 알아야 하는 핵심 이론을 이해하기 쉽도록 일목요연하게 정리하였다.

둘째, 과년도 출제문제를 철저히 분석하여 적중률 높은 예상문제를 수록하였으며, 문제에 대한 상세한 해설을 곁들여 이해를 도왔다.

셋째, 최근에 시행된 기출문제를 수록하여 줌으로써 출제 경향을 파악하고, 이에 맞춰 실전에 대비할 수 있도록 하였다.

끝으로 이 책으로 공부하는 모든 수험자들에게 합격의 기쁨이 있기를 바라며, 내용상 미흡한 부분이나 오류가 있다면 앞으로 독자들의 충고와 지적을 수렴하여 더 좋은 책이 될 수 있도록 수정 보완할 것을 약속드린다. 또한 이 책이 나오기까지 열과 성을 다해 애써주신 서동욱 교수님과 도서출판 **일진사** 직원 여러분께 깊은 감사를 드린다.

저자 씀

사출/프레스 금형설계기사 출제기준(필기)

직무 분야	기계	자격 종목	사출금형설계기사 프레스금형설계기사	적용 기간	2019. 1. 1.~2023. 12. 31. 2020. 1. 1.~2023. 12. 31.

[사출금형설계기사]
• 직무내용 : 사출 제품도 분석과 사출 성형 해석을 통해 경제성 있는 금형 구조를 결정하고, 설계 프로그램을 사용하여 사출금형 조립도, 부품도 도면을 작성하고 모델링을 수행하며, 시험 사출 제품 분석 결과를 검증, 보완, 적용하여 생산성 높은 사출금형을 설계하는 직무를 수행한다.

[프레스금형설계기사]
• 직무내용 : 생산할 제품의 기능과 용도에 따라 제품도를 검토하여 용도에 맞는 제품이 생산될 수 있도록 금형 설계 표준에 맞추어 제품 설계 및 금형 설계를 수행하는 직무이다.

필기 검정방법	객관식	문제 수	80	시험시간	2시간

필기과목명	문제 수	주요항목	세부항목
금형 설계	20	1. 사출 금형	(1) 금형의 구성 요소, 기능 및 설계 (2) 금형 및 부품 설계
		2. 프레스 금형	(1) 금형의 구성 요소, 기능 및 설계 (2) 금형 및 부품 설계
기계 제작법	20	1. 기계 제작법	(1) 비절삭 가공 (2) 절삭 가공 (3) 특수 가공
금속 재료학	20	1. 철강 재료	(1) 재료의 조직과 성질 (2) 첨가 원소의 영향 (3) 기계적 성질 (4) 소재의 제조와 용도
		2. 비철 재료의 합금	(1) 비철 및 그 합금의 개요 (2) 동, 알루미늄 및 그 합금 (3) 마그네슘, 아연 및 그 합금 (4) 납, 주석, 귀금속, 기타 금속과 그 합금 (5) 비철과 그 합금 열처리
		3. 분말 합금과 신소재	(1) 분말 합금 (2) 신소재
		4. 재료 시험	(1) 재료 시험법
정밀 계측	20	1. 정밀측정의 개요	(2) 정밀 측정의 기초
		2. 길이 및 각도 측정	(1) 길이 측정 (2) 각도 측정 및 한계 게이지
		3. 치수공차 및 기하공차	(1) 치수 공차 및 기하 공차
		4. 나사 및 기어 측정	(1) 나사 빛 기어 측정
		5. 3차원 측정 및 정도 관리	(1) 3차원 측정 및 정도 관리

사출/프레스 금형산업기사 출제기준(필기)

직무 분야	기계	자격 종목	사출금형산업기사 프레스금형산업기사	적용 기간	2019. 1. 1.~2023. 12. 31. 2020. 1. 1.~2023. 12. 31.

[사출금형산업기사]

• 직무내용 : 사출 제품도 분석과 사출 성형 해석을 통해 경제성 있는 금형 구조를 결정하고, 설계 프로그램을 사용하여 사출금형을 설계하는 직무를 수행하거나 금형 제작에 관한 숙련 기술을 가지고 설계된 금형 도면을 분석하여 가공 방법 및 가공 순서를 결정하고 사출금형을 제작하는 직무를 수행한다.

[프레스금형산업기사]

• 직무내용 : 생산할 제품의 기능과 용도에 따라 제품도를 검토하여 용도에 맞는 제품이 생산될 수 있도록 금형 설계 표준에 맞추어 제품 설계 및 금형 설계를 하며, 각종 공작기계를 사용하여 제품을 생산하기 위한 금형 부품을 제작, 조립, 성형 및 검사하며 금형 제작 시스템을 점검하고, 치공구 관리 업무를 수행하는 직무이다.

필기 검정방법	객관식	문제 수	60	시험시간	1시간 30분

필기과목명	문제 수	주요항목	세부항목
금형 설계	20	1. 사출 금형	(1) 금형의 구성 요소, 기능 및 설계 (2) 금형 및 부품 설계
		2. 프레스 금형	(1) 금형의 구성 요소, 기능 및 설계 (2) 금형 및 부품 설계
기계 가공법 및 안전 관리	20	1. 기계 가공	(1) 공작기계 및 절삭제 (2) 기계 가공
		2. 측정, 손다듬질 가공 및 안전	(1) 측정 및 손다듬질 가공 (2) 기계안전작업
금형 재료 및 정밀 계측	20	1. 기계 재료	(1) 기계 재료의 성질과 분류 (2) 철강 재료의 기본 특성과 용도 (3) 비철 금속 재료의 기본 특성과 용도 (4) 비금속 기계 재료 (5) 열처리와 신소재
		2. 정밀 계측	(1) 정밀 측정의 기초 (2) 길이 측정 (3) 각도 측정 및 한계 게이지 (4) 치수 공차 및 기하 공차 (5) 3차원 측정 및 정도 관리

차 례

PART 1 금형 설계

제1장 사출 금형

제2장 프레스 금형

PART 2 기계 가공법 및 안전 관리

제1장 기계 가공

제2장 손다듬질 가공 및 안전

PART 3 금형 재료 및 정밀 계측

제1장 기계 재료

부 록 과년도 출제문제

PART 1 금형 설계

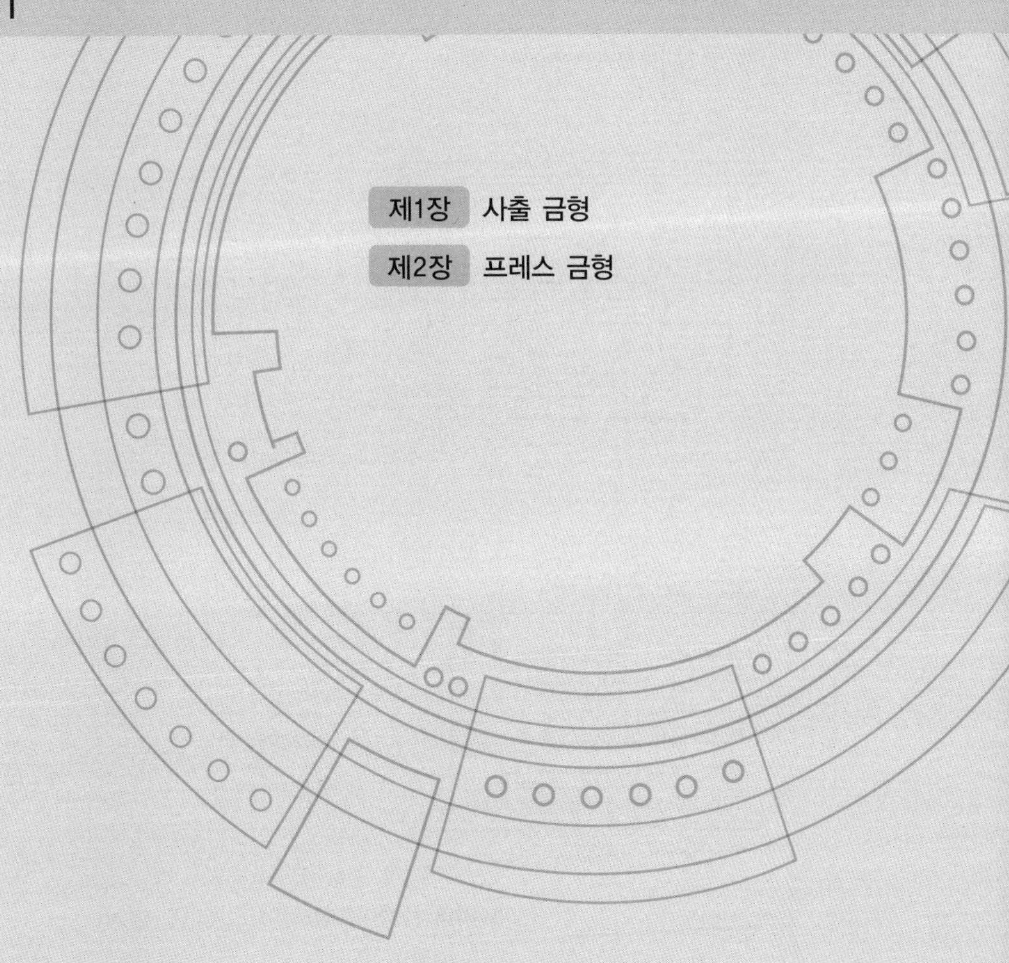

사출 금형

1. 사출 금형의 구성요소, 기능 및 설계

1-1 사출 금형의 구조 및 강도 계산

1 사출 금형의 구조

(1) 2매 구성 금형(two plate mold)

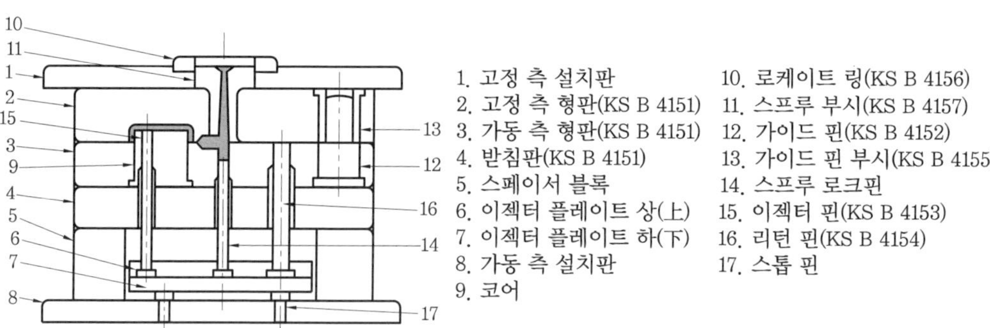

표준형(사이드 게이트 방식)

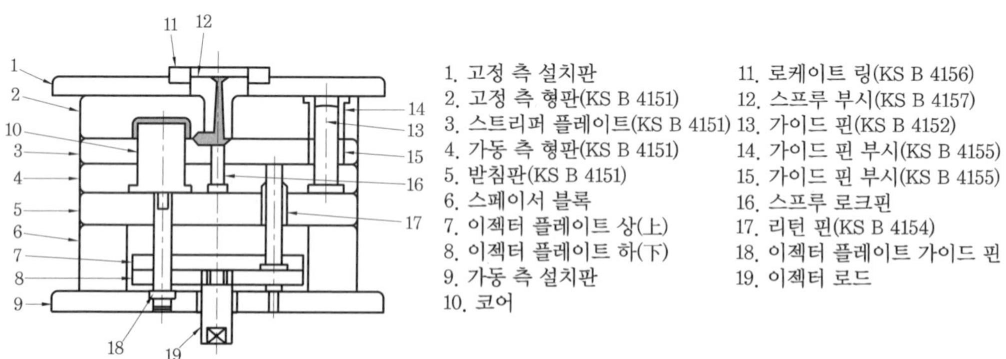

스트리퍼 플레이트형(사이드 게이트 방식)

① 파팅 라인(parting line)에 의하여 고정 측과 가동 측으로 나누어지는 금형으로 표준적인 구조를 가진 표준형과 사이드 게이트 방식에 스트리퍼 플레이트를 사용한 사이드 게이트

용 스트리퍼 플레이트형이 있다.

② 2매 구성 금형의 특징

㈎ 구조가 간단하고 조작이 쉽다.

㈏ 금형 값이 비교적 싸다.

㈐ 고장이 적고 내구성이 우수하며 성형 사이클을 빨리 할 수 있다.

㈑ 게이트의 형상과 위치를 비교적 쉽게 변경할 수 있다.

㈒ 성형품과 게이트는 성형 후 절단가공을 해야 한다.

㈓ 다이렉트 게이트(direct gate) 이외에는 특별한 공작을 하지 않는 한 게이트의 위치는 성형품 측면에 한정된다.

(2) 3매 구성 금형(three plate mold)

① 고정 측 설치판과 고정 측 형판 사이에 러너 스트리퍼 플레이트(runner stripper plate)가 있고, 이 플레이트와 고정 측 형판의 사이에 러너가 있으며 또, 고정 측 형판과 가동 측 형판 사이에 캐비티가 있도록 구성된 금형이다.

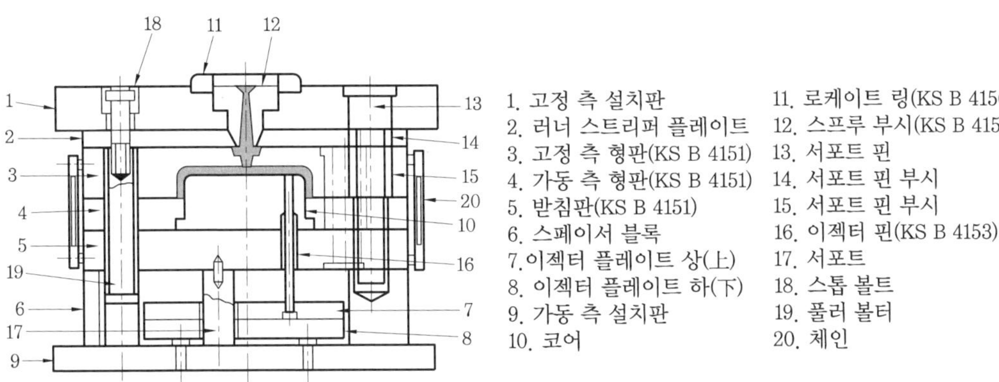

핀 포인트 게이트용 3매 금형

② 3매 구성 금형의 특징

㈎ 게이트의 위치를 임의로 선정할 수 있다.

㈏ 게이트의 후가공을 없앨 수 있다.

㈐ 핀 포인트 게이트 사용이 가능하다.

㈑ 성형품과 스프루, 러너, 게이트를 따로 따로 빼내야 하는 단점이 있다.

㈒ 금형 값이 비교적 비싸다.

㈓ 금형을 열기 위해 스트로크(stroke)가 큰 성형기가 필요하다.

㈔ 구조가 복잡하여 고장 요인이 많으므로 내구성이 떨어진다.

㈕ 성형 사이클이 길어진다.

(3) 특수 금형

① 특수 금형에는 분할 금형, 슬라이드 코어 금형, 나사 금형 등이 있다.

② 특수 금형의 특징

(가) 성형 사이클이 길어진다.
(나) 금형 값이 비싸다.
(다) 고장 또는 파손되기 쉽다.
(라) 보수에 시간과 비용이 많이 든다.
(마) 부속 장치가 필요하다.

(4) 금형 부품의 기능

① 고정 측 설치판 : 금형을 사출기의 금형 부착 고정판에 고정하는 판이다.

② 고정 측 형판 또는 상원판 또는 상형판 : 스프루 부시와 가이드 핀 부시가 고정되어 있으며, 금형의 캐비티(cavity)부가 있는 고정 측 부분의 형판이다.

③ 가동 측 형판 또는 하원판 또는 하형판 : 고정 측 형판과 함께 파팅 라인(PL)을 형성한다. 코어부를 형성하며 가이드 핀을 고정시키는 판이다.

④ 받침판 : 사출 성형할 때 고압에 의해서 가동 측 형판에 휨이 일어나지 않도록 받쳐주는 역할을 한다.

⑤ 스페이스 블록 : 다리라고도 하며, 받침판과 가동 측 부착판 사이에 위치하여 성형품을 빼낼 때 이젝터 플레이트가 상하로 움직일 수 있는 공간을 만들어준다.

⑥ 이젝터 플레이트 상하 : 이젝터 핀, 리턴 핀, 스프루 로크 핀이 고정되어 있으며, 이들을 상하로 움직여 주는 판이다.

⑦ 스프루 부시 : 사출기의 노즐에 밀착되어 재료가 러너로 압입되어 가는 원뿔 형태의 구멍을 가지고 있다.

⑧ 가이드 핀 : 가동 측 형판에 고정되어 있으며 열처리해서 연삭한 강철 핀으로서 고정형과 가동형을 정확하게 맞추기 위한 안내 역할을 한다.

⑨ 가이드 핀 부시 : 고정 측 형판에 고정되어 있으며 열처리해서 연삭한 강철 부싱으로 가이드 핀에 대해 베어링의 역할을 해준다.

⑩ 스프루 로크 핀 : 스프루의 출구 바로 밑에 붙어 있는 핀으로 사출 후 성형된 스프루를 스프루 부시 밖으로 당겨 빼내는 기능이 있다.

⑪ 이젝터 핀 : 이젝터 플레이트에 고정되어 있으며 성형품을 금형 밖으로 빼내주는 기능이 있다.

⑫ 리턴 핀 : 이젝터 플레이트에 고정되어 있으며, 금형이 닫힐 때 이젝터 핀이나 스프루 로크 핀을 보호하여 본래의 위치로 돌아가도록 작용하는 핀으로 보조 핀이라고도 한다.

⑬ 로케이트 링 : 고정 측 부착판의 카운터 보어 자리에 들어가며 사출기의 노즐과 스프루 부시의 중심을 맞추는 데 사용된다.

⑭ 스톱 핀 : 가동 측 부착판에 부착되어 있으며, 이젝터 플레이트와 가동 측 설치판 사이에 이물이 끼어들어 금형에 고장을 일으키는 것을 방지하는 기능이 있다.

(5) 유동 기구

성형기의 노즐로부터 사출된 수지는 노즐 → 스프루 → 러너 → 게이트 → 캐비티 순으로 유입된다.

① 스프루(sprue)

(가) 스프루는 그림과 같이 한쪽은 성형기의 노즐에 연결되고, 다른 한쪽은 금형의 러너 또는 성형품에 붙어 있어 가소화 용융된 수지를 러너 또는 캐비티로 보내는 역할을 한다.

(나) 스프루와 노즐의 관계를 보면 스프루 쪽의 r은 노즐 선단의 R보다 약간 크게 ($r = R + 1$) 되어 있어서 노즐과 스프루 접촉부에서 수지가 새지 않도록 되어 있다.

(다) 스프루 입구의 지름은 노즐 선단 구멍의 지름보다 1 mm 정도 크게 만들어져 있다.

(라) 스프루부는 냉각 고화된 수지를 빼내기 쉽게 하기 위해서 2~4°의 테이퍼를 준다.

(마) 스프루의 길이는 될 수 있는 대로 짧은 것이 경제적이다.

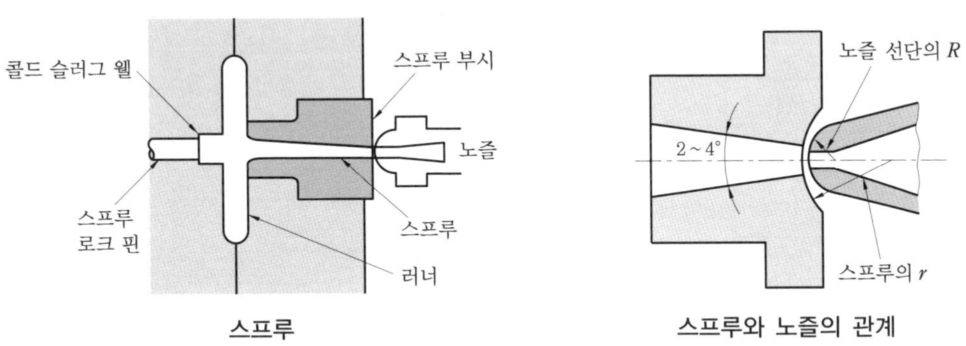

스프루　　　　스프루와 노즐의 관계

② 러너(runner)

(가) 러너는 성형기 노즐에서 나온 수지를 캐비티까지 가도록 하는 길 역할을 한다. 또, 이 길 안에서 고화된 수지를 의미하는 경우도 있다.

(나) 러너의 단면 형상은 원형, 사각형, 반원형, 사다리꼴형, 육각형, 평판형 등이 있다.

(다) 수지 온도를 일정하게 유지하여 캐비티까지 가도록 하기 위해서 단면 효율(단면적/둘레)이 최대이어야 한다.

(라) 러너 단면은 2매 구성 금형의 경우 파팅면이 평면일 때는 원형 러너가 사용되나 파팅면이 복잡하고 양면에 러너를 가공하기가 매우 힘들 경우 또는 3매 구성 금형의 경우 사다리꼴이나 반원형 러너가 많이 사용되고 있다.

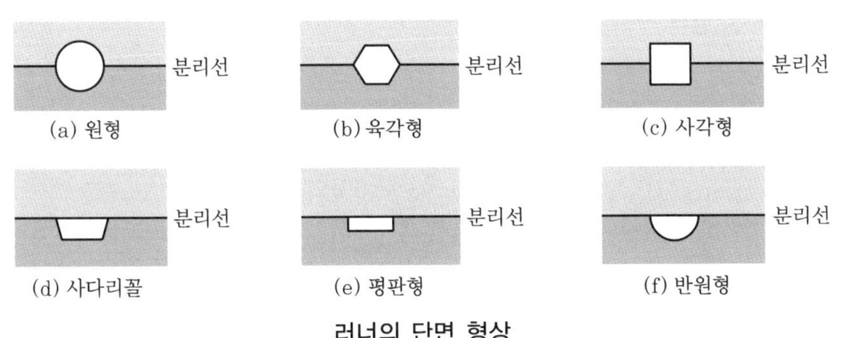

러너의 단면 형상

③ 슬러그 웰

(가) 최초로 금형에 들어갈 재료나 노즐의 선단에 조금씩 부착되어 있는 고화된 재료가 성형품 속에 들어가면 성형 불량의 원인이 된다. 이 냉각된 성형 재료를 콜드 슬러그(cold slug)라고 한다.

(나) 콜드 슬러그로 인한 성형 불량(flow mark)을 방지하기 위하여 그림 (a), (b)와 같이 스프루 하단이나 러너 말단에 슬러그 웰(슬러그가 모이는 곳)을 만들어 콜드 슬러그를 성형품 속으로 들어가지 않도록 한다.

(다) 슬러그 웰의 길이는 일반적으로 러너 지름의 1.5~2배로 한다.

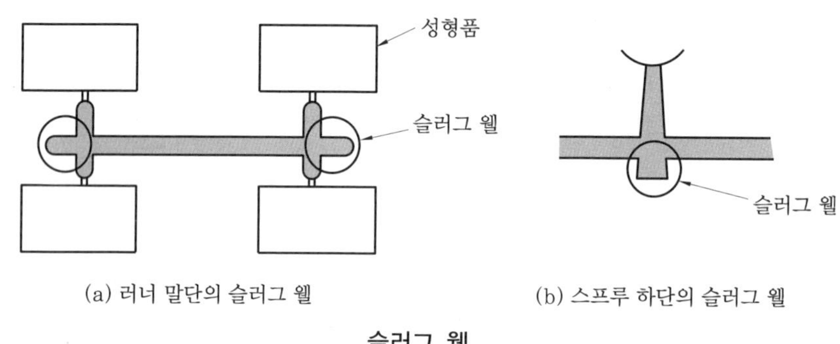

(a) 러너 말단의 슬러그 웰 (b) 스프루 하단의 슬러그 웰

슬러그 웰

④ 게이트

(가) 게이트의 기능

㉮ 게이트는 러너의 말단과 캐비티의 입구 사이에 위치하여 용융수지를 캐비티로 유입시키는 길목이다.

㉯ 충전되는 용융수지의 흐름 방향과 유량을 제어함과 동시에 성형품이 충분한 고화 상태로 될 때까지 캐비티 내에 수지를 봉입하여 러너 측의 역류를 막는다.

㉰ 게이트를 지날 때 발생되는 마찰열에 의하여 플로 마크나 웰드 라인을 경감한다.

㉱ 러너와 성형품의 절단을 쉽게 하고 마무리 작업을 쉽게 한다. 다수개 빼기나 다점 게이트의 경우 게이트의 굵기, 폭, 두께 등의 조정에 의해 캐비티에의 충전 밸런스를 맞출 수 있다.

㉲ 성형품과 게이트가 만나는 부근의 잔류응력을 경감하여 성형품의 크랙(crack), 스트레인(strain), 휨(warp) 등의 결점을 방지한다.

(나) 게이트의 문제점

㉮ 유동수지가 유동저항이 증가하여 흐름이 어려워진다.

㉯ 게이트 부근에 싱크 마크가 발생되기 쉽다.

(다) 게이트 실(gate seal)

㉮ 그림에서처럼 게이트부는 캐비티보다 두께를 얇게 하였기 때문에 캐비티부의 중앙부가 굳기 전에 게이트부가 먼저 굳어진다. 이 현상을 실(seal)이라고 한다.

㉯ 게이트 실은 균열, 휨, 스트레인 등의 결점을 방지할 수 있다.
㉰ 게이트 실은 싱크 마크의 원인이 되기도 한다.

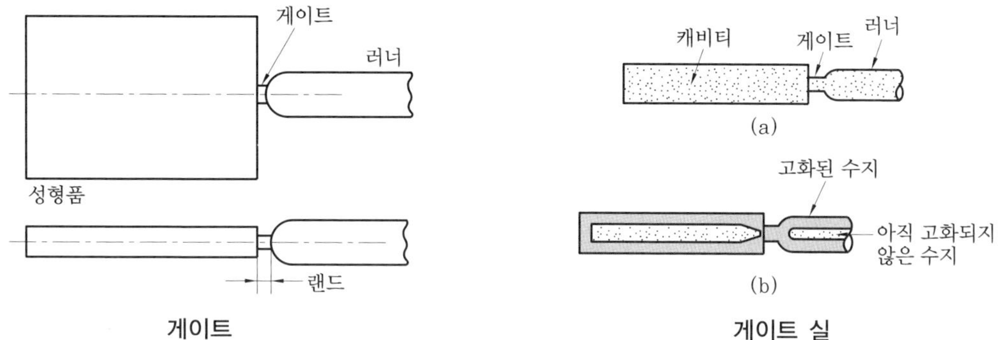

게이트 게이트 실

(6) 이젝터 기구

수지가 금형의 캐비티에 충전이 끝나면 냉각 고화된 성형품은 금형이 열리고 이젝터 기구에 의해서 빼내진다. 이 경우 가동형은 파팅 라인(PL)을 경계로 해서 스트로크만큼 열리고 가동형에 조립되어 있는 이젝터 기구가 성형기에 고정되어 있는 이젝터 로드에 의해서 작동되는 구조로 되어 있다.

이젝터 기구에는 이젝터 플레이트(상·하), 이젝터 핀, 리턴 핀, 스프루 로크 핀, 스톱 핀 등이 있다.

① 성형품의 이젝팅

(가) 이젝팅 방법 : 핀, 슬리브, 스트리퍼 플레이트, 압축공기 등이 쓰이며 단독으로 쓰이는 것과 병용해서 쓰이는 것이 있다.

(나) 성형 이젝팅 방법의 결정 조건

㉮ 성형 재료, 성형품의 형상에 따라 결정한다.
㉯ 성형품이 변형되지 않고 신속하게 빼낼 수 있어야 한다.
㉰ 밀어낸 자국이 외관상 문제가 되지 않아야 한다.
㉱ 고장이 적고 보수가 간단해야 한다.
㉲ 금형 수명이 길고, 가공이 쉬운 것을 선택해야 한다.

② 이젝터 방식의 종류

(가) 핀 이젝터에 의한 방법

㉮ 성형품의 임의의 위치에 설치할 수 있다.
㉯ 핀 구멍을 가공하기가 쉽다.
㉰ 이젝팅 저항이 가장 적다.
㉱ 금형의 수명이 길다.
㉲ 호환성이 좋으며 파손 시 보수가 쉽다.

(나) 슬리브 이젝터에 의한 방법

㉮ 슬리브 이젝터에 의한 이젝팅은 중앙에 긴 구멍이 뚫려 있는 부시 모양의 성형품,

구멍이 뚫려 있는 보스, 빠지기 어려운 가늘고 긴 코어가 있는 성형품 등에 사용된다.

㉯ 슬리브 이젝터는 성형품의 주위를 똑같이 균일하게 밀기 때문에 백화 현상이나 성형품이 금형에 남는 일이 없고 원활한 이젝팅을 할 수 있다.

㈐ 플랫 이젝팅(flat ejecting)

㉮ 가늘고 깊은 리브나 매우 얇은 성형품에 적합하다.

㉯ 그림은 깊은 창살 모양의 성형품을 빼내기 위한 예이다.

㉰ 플랫 이젝터 핀을 만드는 방법에는 플랫을 삽입하는 방법과 선단을 깎아내는 방법 등이 있다.

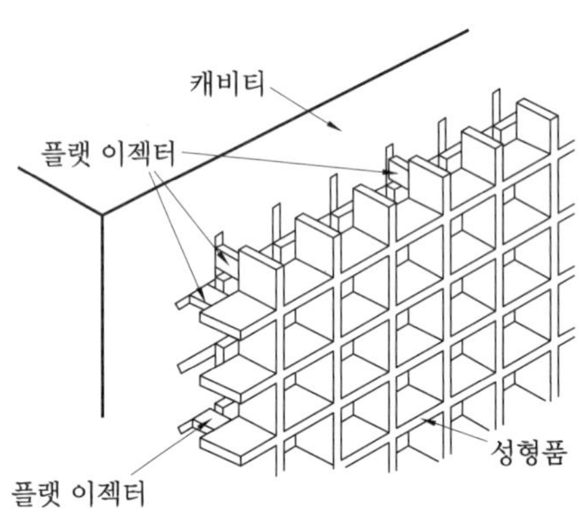

플랫 이젝팅

㈑ 에어 이젝팅

㉮ 깊고 얇은 성형품에 적합하다.

㉯ 자동 낙하가 용이하다.

㉰ 단독으로 사용되는 것보다 복합적으로 사용되는 경우가 많다.

㈒ 접시 머리핀 이젝팅

㉮ 원리적으로는 이젝터 핀에 의한 방법과 같다.

㉯ 이젝터 핀은 보통 $\phi 12 \sim \phi 16$mm에 쓰이며, 그 이상은 이젝터 핀의 선단을 접시 모양으로 만든 핀을 사용한다.

㈓ 스트리퍼 플레이트 이젝팅

㉮ 원형 또는 각형이나 상자 모양의 성형품으로 측벽이 얇은 경우 성형품의 전둘레를 똑같은 힘으로 밀어내어 성형품을 손상 없이 빼낼 수 있는 방법이다.

㉯ 스트리퍼 플레이트의 내면과 코어의 주위가 정밀하게 조립되어야 한다.

㉰ 스트리퍼와 코어의 사이에는 마찰에 의해 마모되기 쉬우므로 열처리하는 것이 바람직하다.

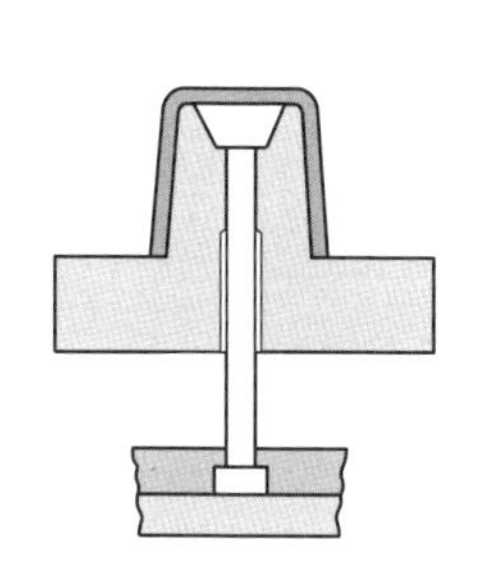

접시 머리핀에 의한 이젝팅

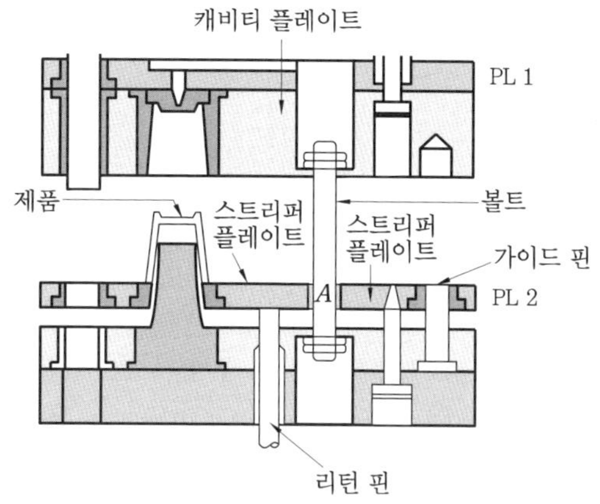

스트리퍼 플레이트 이젝팅

2 사출 금형의 강도 계산

금형을 설계할 경우 이것을 구성하는 각 부분의 크기는 금형에 가해지는 외력에 의해 충분한 강도를 가져야 한다. 즉, 금형은 어떤 조건에서도 파괴 없는 강도를 갖는 것은 물론이고 굽힘이 일어나는 변형을 필요 한도 내에 있도록 해야 한다. 이 굽힘에 의한 영향이 가장 크게 나타나는 부분은 금형의 측벽과 코어 받침판의 굽힘이다.

- 금형의 강도 계산에 사용하는 전 사출압력은 500~700 kg/cm^{2}가 사용된다.
- 굽힘량은 다음의 값 이하로 억제해야 한다.
  - 굽힘에 의해 플래시가 발생할 우려가 없을 때 : 0.1~0.2 mm
  - 굽힘에 의해 플래시가 발생할 우려가 있을 때 : PA 이외일 경우(0.05~0.08 mm)
    PA일 경우(0.025 mm)
- 굽힘량은 일반적으로 굽힘량 < (두께×수축률)이다.
- 굽힘량의 값은 대형에는 큰 값, 소형에는 작은 값을 취하는 것이 좋다.

(1) 상자형 캐비티의 측벽 계산

① 캐비티의 바닥이 일체가 아닌 경우

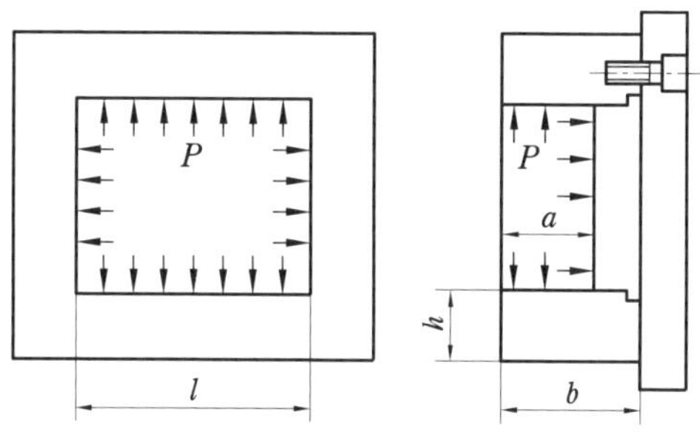

캐비티 바닥이 일체가 아닌 경우

이 형상의 측벽을 양단 고정의 등분포하중을 받는 보로 보면 그림에서처럼

$$\delta = \frac{1}{384} \times \frac{Pl^4 a}{EI}$$ 이고 $I = \frac{bh^3}{12}$ 이므로, $\delta = \frac{12}{384} \times \frac{Pl^4 a}{Ebh^3}$

$$\therefore h = \sqrt[3]{\frac{12Pl^4 a}{384Eb\delta}}$$

여기서, h : 측벽의 두께(mm), P : 성형압력(kgf/cm^2)

b : 캐비티의 높이(mm), l : 캐비티의 안쪽 길이(mm)

E : 탄성계수 2.1×10^6(강의 경우)(kgf/cm^2), δ : 허용굽힘량(mm)

a : 압력을 받는 부분의 높이(mm)

② 캐비티 바닥이 일체인 경우

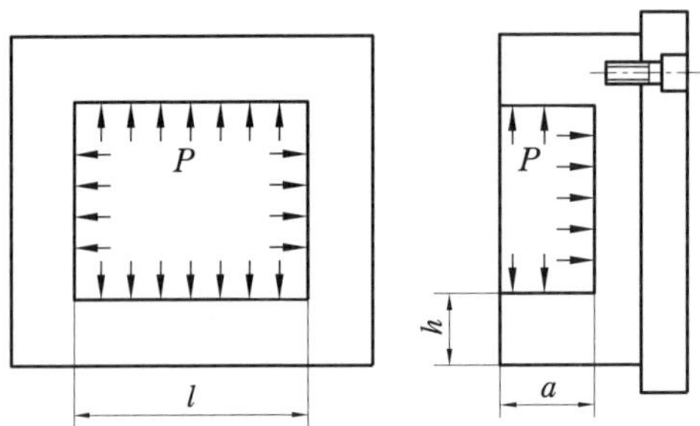

캐비티 바닥이 일체인 경우

바닥이 일체인 경우는 일체가 아닌 경우보다 훨씬 강도적으로 강하다. 이 경우의 측벽은 균일 등분포하중을 받는 내다지보로 보면 그림에서처럼

$\delta = \frac{1}{8} \times \frac{Pa^4 l}{EI}$ 이고 $I = \frac{lh^3}{12}$ 이므로

$$\delta = \frac{12}{8} \times \frac{Pla^4}{Elh^3} = \frac{12}{8} \times \frac{Pa^4}{Eh^3} = 1.5 \times \frac{Pa^4}{Eh^3}$$

여기서, l 과 a 의 영향을 고려해서 1.5 대신에 상수 C를 넣어 주면

$$\delta = C \cdot \frac{P \cdot a^4}{Eh^3}$$

$$\therefore h = \sqrt[3]{\frac{CPa^4}{E\delta}}$$

C는 $\frac{l}{a}$ 에 의하여 정해지는 상수로써 다음 표와 같다.

상수 C 의 값

l/a	C	l/a	C	l/a	C
1.0	0.044	1.5	0.084	2.0	0.111
1.1	0.053	1.6	0.090	3.0	0.134
1.2	0.062	1.7	0.096	4.0	0.140
1.3	0.070	1.8	0.102	5.0	0.142
1.4	0.078	1.9	0.106		

(2) 원형 캐비티의 측벽 계산

금형을 원통 캐비티로 한 경우 두꺼운 살두께의 원통식으로 계산하며

$$\delta = \frac{rP}{E}\left(\frac{R^2 + r^2}{R^2 - r^2} + m\right)\text{로부터}$$

$$R = r \cdot \sqrt{\frac{E\delta + rP(1 - m)}{E\delta - rP(1 + m)}}$$

여기서, $E = 2.1 \times 10^6\ \text{kg/cm}^2$, $m = 0.25$

$$\therefore R = r \cdot \sqrt{\frac{(2.1 \times 10^6 \delta) + (0.75rP)}{(2.1 \times 10^6 \delta) - (1.25rP)}}$$

δ의 값은 0.02 mm 이하로 억제하는 것이 좋다. m은 푸아송 비이며 강의 경우 0.25로 한다.

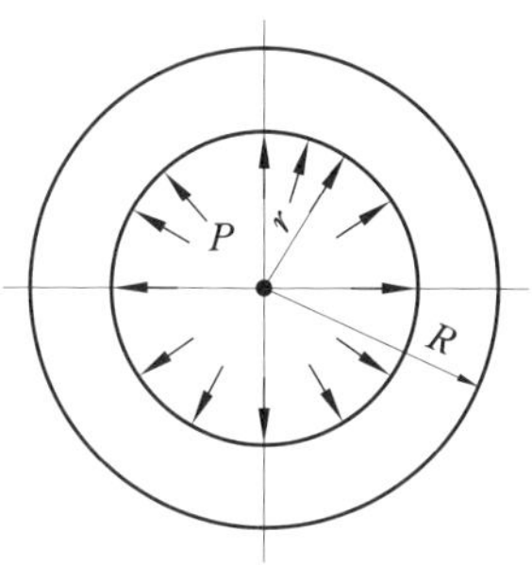

원형 캐비티의 측벽

(3) 코어 받침판의 두께

코어 받침판은 성형압력에 의해 휘게 된다. 이것이 커지면 살두께가 변하든지 플래시를 발생시키게 되므로 휨량이 크게 되지 않도록 한다. 최대의 휨량은 0.1~0.2 mm 이하로 하는 것이 좋다.

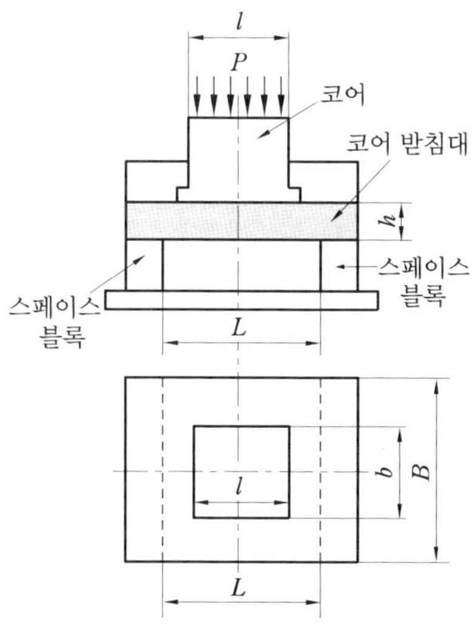

코어 받침판의 두께

① 서포트 블록이 없는 경우 : 코어 받침판의 두께 그림에서 균일 등분포하중 P를 받는 단순 지지보라 하면 굽힘량 δ는

$$\delta_{max} = \frac{5}{384} \cdot \frac{Pbl^4}{EI}$$

$I = \dfrac{Bh^3}{12} \cdot l \fallingdotseq L$이라고 하면

$$\delta_{max} = \frac{5}{384} \cdot \frac{12PL^4b}{Ebh^3}$$

$$\therefore h = \sqrt[3]{\frac{5PbL^4}{32EB\delta}}$$

② 스페이스 블록 사이에 n개의 서포트(support)를 같은 간격으로 넣는 경우 : 성형품의 투영면적이 커지면 가공형의 두께는 두꺼워진다. 그렇게 하지 않기 위해서 그림의 경우에서와 같이 중간에 서포트를 넣음으로써 가동형의 두께를 줄일 수가 있다.

$$h_n = \sqrt[3]{\frac{1}{(n+1)^4}} \cdot \sqrt[3]{\frac{5PbL^4}{32EB\delta}} = \sqrt[3]{\frac{1}{(n+1)^4}} \cdot h$$

여기서, h : 받침판의 두께(mm), P : 캐비티 내의 성형압력(kg/cm²)
L : 스페이스의 간격(mm), l : 성형압력을 받는 길이(mm)
b : 성형압력을 받는 폭(mm), B : 금형의 폭(mm)
δ : 허용휨량(mm), E : 탄성계수(강일 경우 2.1×10^6 kg/cm²)

즉, n이 1개일 경우 $h_1 = \dfrac{1}{2.5}h$, n이 2개일 경우 $h_2 = \dfrac{1}{4.3}h$, n이 3개일 경우 $h_3 = \dfrac{1}{6.3}h$가 된다.

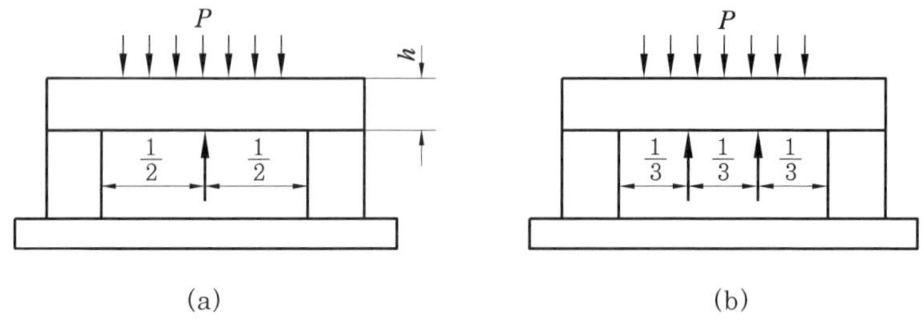

n개의 서포트(support)를 넣는 경우

예상문제

1. 사출 금형의 특성과 거리가 먼 것은?
① 전사성(轉寫性)이 좋다.
② 타금형에 비하여 3차원 형상의 것이 많으므로 가공이 쉽다.
③ 대부분의 성형품이 그대로 제품이 된다.
④ 금형에 고압이 걸리므로 내압 강도가 중요하다.

2. 사출 금형에 필요한 조건을 설명하였다. 관계가 먼 것은?
① 제작 기간이 길지만, 제작비가 싼 구조이어야 한다.
② 고장이 적고 수명이 긴 금형 구조이어야 한다.
③ 성형품의 다듬질 또는 2차 가공이 적어야 한다.
④ 성형 능률 생산성이 높은 구조이어야 한다.

3. 사출 금형에서 2매 구성 금형의 장점에 속하지 않는 것은?
① 조작이 용이하다.
② 구조가 간단하나 가공하기가 어려워 금형비가 비싸다.
③ 게이트(gate)의 위치를 임의로 결정할 수 있다.
④ 금형비가 비교적 싸다.

4. 사출 성형 금형에서 3매 구성 금형의 특징에 속하지 않는 것은?
① 금형 값이 비싸다.
② 핀 포인트 게이트를 채용하면 게이트의 후가공을 없앨 수 있다.
③ 게이트의 위치를 성형품의 중앙에 잡을 수 있다.
④ 구조가 간단하여 고장이 별로 없다.

5. 다음 중 특수 금형의 특성과 거리가 먼 것은 어느 것인가?
① 성형 사이클이 길어진다.
② 보통 금형에서 만들 수 없는 형상의 제품을 만들 수 있다.
③ 고장이 적고 내구성이 우수하다.
④ 금형값이 비싸다.

6. 다음 중 특수 금형에 속하지 않는 것은?
① 다이렉트 금형
② 분할금형
③ 슬라이드 코어 금형
④ 나사금형

7. 사출 금형에 의한 제품 생산의 장점을 설명하였다. 거리가 먼 것은?
① 대량 생산이 가능하다.
② 색상이 풍부하다.
③ 자유로운 성형이 가능하다.
④ 정밀도가 높다.

8. 다음은 금형이 갖추어야 할 조건들이다. 거리가 먼 것은?
① 제작비는 싸고 제작 기간이 길 것
② 성형품에 알맞은 정밀도를 줄 수 있는 구조일 것
③ 성형 능률이 좋은 금형 구조일 것
④ 성형품의 다듬질 또는 2차 가공이 적을 것

정답 » 1. ② 2. ① 3. ② 4. ④ 5. ③ 6. ① 7. ④ 8. ①

9. 다음은 사출 금형의 주요부이다. 여기에 해당되지 않는 것은?
① 금형의 온도를 조절하기 위한 부착부
② 용융된 재료를 성형기의 노즐로부터 캐비티까지 유도하는 유동기구부
③ 성형 재료를 캐비티 내에 사출 충전시켜서 성형품을 얻는 캐비티부
④ 성형품을 금형으로부터 빼내기 위한 이젝터 기구부

10. 다음 금형의 기본 구조 중 상형에 속하지 않는 것은?
① 스페이서 블록(spacer block)
② 고정 측 형판(cavity retainer plate)
③ 스프루 부시(sprue bush)
④ 로케이트 링(locate ring)

11. 다음 중 스프루 부시와 가이드 핀 부시가 고정되어 있으며 캐비티부가 있는 금형 부품은?
① 고정 측 설치판 ② 상형판
③ 하형판 ④ 받침판

해설 상형판은 상원판, 고정 측 형판이라고도 하며 스프루 부시와 가이드 핀 부시가 고정되어 있고 캐비티(cavity)부가 있는 고정 측 부분의 형판이다.

12. 다음 중 코어(core)부를 형성하며 가이드 핀(guide pin)을 고정시키는 금형 부품은 어느 것인가?
① 하형판 ② 받침판
③ 스페이서 블록 ④ 이젝터 플레이트

13. 다음 중 받침판(support plate)과 가동측 부착판 사이에 위치하여 성형품을 빼낼 때 이젝터 플레이트가 상하로 움직일 수 있는 공간을 만들어 주는 금형 부품은?
① 가이드 핀 ② 스프루 로크 핀
③ 스페이서 블록 ④ 로케이트 링

14. 성형품을 금형 밖으로 빼내주는 역할을 하는 금형 부품은?
① 가이드 핀 ② 이젝터 핀
③ 리턴 핀 ④ 스톱 핀

15. 리턴 핀(return pin)에 대하여 설명하였다. 맞지 않는 것은?
① 보조 핀이라고도 한다.
② 이젝터 핀이나 스프루 로크 핀을 보호하여 주는 역할을 한다.
③ 상원판에 고정되어 있다.
④ 이젝터 핀을 본래의 위치로 돌아가도록 작용한다.

16. 이젝터 플레이트와 가동측 설치판 사이에 이물이 끼어들어 금형에 고장을 일으키는 것을 방지하는 기능이 있는 금형 부품은 어느 것인가?
① 리턴 핀
② 가이드 핀
③ 스톱 핀
④ 서포트 플레이트

17. 성형기의 노즐로부터 사출된 수지의 유동 경로이다. 맞는 것은?
① 노즐－러너－스프루－게이트－캐비티
② 노즐－스프루－러너－게이트－캐비티
③ 노즐－스프루－게이트－러너－캐비티
④ 노즐－스프루－캐비티－게이트－러너

18. 한쪽은 성형기의 노즐에 연결되고 다른 한쪽은 금형의 러너 또는 성형품에 붙어 있어 용융된 수지를 러너 또는 캐비티에 보내는 역할을 하는 것은 다음 중 어느 것인가?
① 랜드 ② 게이트
③ 스프루 ④ 슬러그

정답 » 9. ① 10. ① 11. ② 12. ① 13. ③ 14. ② 15. ③ 16. ③ 17. ② 18. ③

19. 다음은 스프루에 대하여 설명하였다. 맞지 않는 것은?

① 스프루는 용융된 수지를 러너나 캐비티에 보내주는 유로이다.
② 노즐 선단 구멍의 지름은 스프루 입구의 지름보다 1 mm 정도 크게 만든다.
③ 냉각 고화된 수지를 빼내기 쉽게 하기 위해서 2~4°의 테이퍼를 준다.
④ 스프루의 길이는 될 수 있는 대로 짧게 한다.

20. 다음 러너의 단면 형상 중 단면 효율이 좋은 것은?

① 원형 ② 평판형
③ 반원형 ④ 사다리꼴형

21. 최초로 금형에 들어갈 재료나 노즐의 선단에 조금씩 부착되어 있는 고화된 재료가 성형품 속에 들어가 성형 불량의 원인이 된다. 이것을 방지하기 위하여 만든 것은 다음 중 어느 것인가?

① 게이트 실 ② 랜드
③ 슬러그 웰 ④ 스페이서 블록

22. 슬러그 웰의 길이는 일반적으로 러너 지름의 몇 배가 적당한가?

① 1.5~2배 ② 2~2.5배
③ 3~3.5배 ④ 4배

23. 콜드 슬러그 웰의 위치는?

① 러너의 첫 부분
② 스프루 하단이나 러너의 말단 부분
③ 게이트의 러너 사이 부분
④ 스프루와 러너 사이 부분

24. 다음은 게이트의 역할을 설명하였다. 맞지 않는 것은?

① 러너와 성형품의 절단을 쉽게 하고 마무리 작업을 쉽게 한다.
② 용융된 수지는 게이트를 지남으로써 마찰열이 발생된다. 이 열에 의해 수지 온도를 상승시켜 플로 마크나 웰드 라인을 경감한다.
③ 성형품과 게이트가 만나는 부근의 잔류응력을 증가시켜 준다.
④ 충전되는 용융수지의 흐름 방향과 유량을 제어함과 동시에 수지를 봉입하여 러너 측에 역류를 막는다.

25. 다음 설명 중 게이트의 문제점을 바르게 설명한 것은?

① 게이트는 러너보다 통로가 작기 때문에 유동저항이 증가한다.
② 게이트에 의하여 충전 밸런스를 맞출 수 없다.
③ 성형품과 게이트가 만나는 부근의 잔류응력을 증가시켜 준다.
④ 게이트 때문에 플로 마크나 웰드 라인이 증가한다.

26. 다음은 게이트 실(gate seal)의 역할에 대하여 설명하였다. 맞지 않는 것은?

① 성형품은 응력이 없는 상태에서 냉각 고화할 수 있다.
② 싱크 마크가 발생하는 것을 막아준다.
③ 균열·휨 등의 결점을 방지하여 준다.
④ 캐비티에 성형 압력이 미치는 것을 차단하여 준다.

27. 이젝터 박스(box) 안에 들어 있는 이젝터 기구가 아닌 것은?

① 이젝터 핀 ② 리턴 핀
③ 사이드 코어 핀 ④ 스프루 로크 핀

해설 이젝터 박스 안에는 이젝터 플레이트, 이젝터 핀, 리턴 핀, 스프루 로크 핀, 스톱 핀 등이 있다.

정답 » 19. ② 20. ① 21. ③ 22. ① 23. ② 24. ③ 25. ① 26. ② 27. ③

28. 다음은 이젝터 방법이다. 여기에 속하지 않는 것은?
① 이젝터 핀
② 스트리퍼 플레이트
③ 이젝터 슬리브 코어 핀
④ 이젝터 슬리브

해설 이젝터 방법에는 이젝터 핀, 이젝터 슬리브, 스트리퍼 플레이트, 압축공기 등이 있다.

29. 이젝터 핀을 사용할 때의 이점이다. 맞지 않는 것은?
① 성형품의 임의의 위치에 설치할 수 있다.
② 핀 구멍을 가공하기가 쉽다.
③ 중앙에 구멍이 있는 부시 모양의 성형품에 적합하다.
④ 호환성이 좋으며 파손 시 보수가 쉽다.

30. 가늘고 깊은 리브나 매우 얇은 성형품의 이젝팅에 적합한 방법은?
① 이젝터 핀에 의한 방법
② 이젝터 슬리브에 의한 방법
③ 이젝터 플랫에 의한 방법
④ 스트리퍼 플레이트에 의한 방법

31. 물통이나 컵과 같이 깊고 얇은 성형품을 밀어내기에 적당한 방법은?
① 스트리퍼 플레이트 ② 에어 이젝트
③ 이젝터 슬리브 ④ 이젝터 핀

32. 에어 이젝팅(air ejecting)의 특성이 아닌 것은?
① 평평한 성형품의 이젝팅에 적합하다.
② 깊고 얇은 성형품에 적합하다.
③ 자동 낙하가 용이하다.
④ 복합적으로 사용하면 효과가 크다.

33. 원형 또는 각형(角形)이나 상자 모양의 성형품으로 측벽이 얇을 때 성형품의 전둘레를 똑같은 힘으로 밀어내어 손상 없이 빼낼 수 있는 이젝팅 방법은?
① 접시 머리핀 이젝팅
② 에어 이젝팅
③ 스트리퍼 플레이트 이젝팅
④ 슬리브 이젝팅

34. 다음 중 스프루 쪽 r과 노즐 선단 R의 관계를 바르게 나타낸 것은?
① $r = R + 1$ ② $r = R - 1$
③ $r = R + 2$ ④ $r = R - 2$

35. 다음은 가이드 핀(guide pin)과 가이드 핀 부시에 관하여 설명한 것이다. 옳은 것은?
① 고정형과 이동형 및 이에 관련된 플레이트의 안내와 금형 보호의 역할을 하고 있다.
② 용융된 수지를 캐비티에 안내하는 역할을 하고 있다.
③ 노즐로 안내하는 역할을 하고 있다.
④ 성형품을 캐비티로부터 빼낼 때 안내하는 역할을 하고 있다.

36. 사출 성형 금형에서 게이트를 설치하는 위치로 적당하지 않는 것은?
① 웰드 라인의 생성이 어려운 곳
② 성형품의 가장 두꺼운 부분
③ 제품의 위치상 눈에 잘 띄는 곳
④ 각 캐비티의 말단에 동시에 충전되는 곳

37. 다음은 사출 금형의 일반적인 부품 이름이다. 이 중 가동 측에 해당되는 부품은 어느 것인가?
① 로케이트 링
② 이젝터 플레이트
③ 스프루 부시
④ 러너 스트리퍼 플레이트

정답 » 28. ③ 29. ③ 30. ③ 31. ② 32. ① 33. ③ 34. ① 35. ① 36. ③ 37. ②

38. 다음은 슬러그 웰(slug well)에 대한 설명이다. 틀린 것은?

① 플로 마크를 방지할 수 있다.
② 슬러그가 모이는 장소이다.
③ 성형품의 불량을 방지할 수 있다.
④ 충전 부족을 방지할 수 있다.

39. 다음은 스프루 로크 핀(sprue lock pin)의 역할에 대해서 설명한 것이다. 알맞은 것은?

① 금형이 열릴 때 스프루 부시(sprue bush)에서 스프루를 뽑아내는 역할을 한다.
② 성형기와 금형의 중심을 맞추어 준다.
③ 성형품과 게이트를 절단하여 주는 역할을 한다.
④ 노즐에서 캐비티 쪽으로 용융수지를 보내는 유로이다.

40. 이젝터 핀을 잘못 사용했을 때 일어나는 현상은?

① 크랙(crack), 백화
② 실버 스트리크(silver streak)
③ 웰드 라인(weld line)
④ 싱크 마크(sink mark)

41. 사출 금형에서 게이트 선정법과 관계가 먼 것은?

① 사출 성형 금형의 재질에 따라
② 충전 속도에 따라
③ 성형품의 크기에 따라
④ 성형품의 모양에 따라

42. 다음 중 이젝터 플레이트의 귀환 방식이 아닌 것은?

① 스프링에 의한 방법
② 로킹 블록에 의한 방법
③ 리턴 핀에 의한 방식
④ 링크에 의한 방식

43. 스트리퍼 플레이트(stripper plate) 작동 방식이 아닌 것은?

① 인장 타이 로드에 의한 방식
② 체인 또는 링크에 의한 방식
③ 스프링에 의한 방식
④ 유압에 의한 방식

44. 그림에서 $l = 300$ mm, $a = 200$ mm, $b = 250$ mm일 때 캐비티 바닥이 일체가 아닌 경우 측벽을 계산한 값은? (단, 성형압력은 500 kg/cm², 허용굽힘량은 0.08 mm로 한다.)

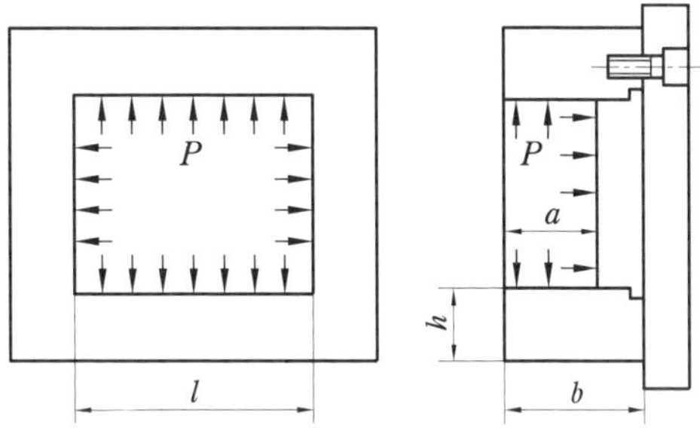

① 82 mm ② 85 mm
③ 88 mm ④ 91 mm

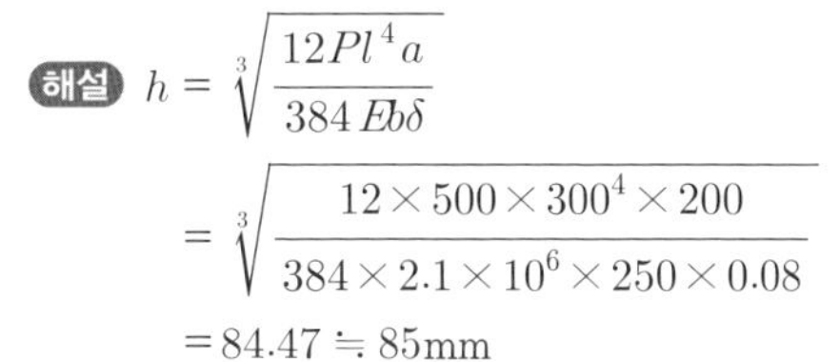
해설 $h = \sqrt[3]{\dfrac{12Pl^4a}{384E b\delta}}$

$= \sqrt[3]{\dfrac{12 \times 500 \times 300^4 \times 200}{384 \times 2.1 \times 10^6 \times 250 \times 0.08}}$

$= 84.47 \fallingdotseq 85\text{mm}$

45. 서포트 플레이트에 대하여 설명하였다. 맞는 것은?

① 금형의 강도를 보강하여 준다.
② 이동형을 안내하는 역할을 한다.
③ 노즐을 안내하는 역할을 한다.
④ 용융수지를 녹여 준다.

46. 다음 그림과 같이 캐비티 바닥이 일체인 경우 성형압력이 500 kg/cm², $l = 300$ mm, $a = 200$ mm, 허용굽힘량을 0.08 mm라고 할 때 캐비티 측벽의 두께는? (단, 상수 C의 값은 1.3일 때 0.070, 1.4일 때 0.078,

정답 » 38. ④ 39. ① 40. ① 41. ① 42. ② 43. ④ 44. ② 45. ① 46. ②

1.5일 때 0.084이다.)

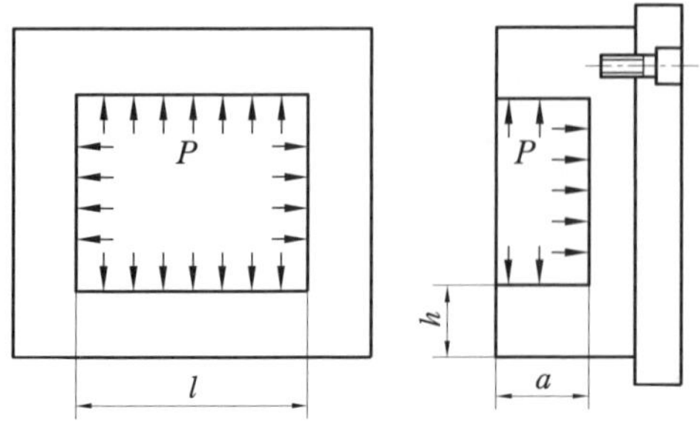

① 약 72 mm ② 약 74 mm
③ 약 76 mm ④ 약 78 mm

해설 $h = \sqrt[3]{\dfrac{CPa^4}{E\delta}}$ ($\dfrac{l}{a} = \dfrac{300}{200} = 1.5$이므로 $C = 0.084$)

$\therefore h = \sqrt[3]{\dfrac{0.084 \times 500 \times 200^4}{2.1 \times 10^6 \times 0.08}} = 73.68$

$\fallingdotseq 74$ mm

47. 반지름 75 mm인 원형 성형품을 만들기 위한 원형 캐비티를 설계하려고 한다. 이때 원형 캐비티의 측벽의 두께를 계산한 값은? (단, 성형압력은 630 kg/cm^{2}이고 허용굽힘량은 0.05 mm로 한다.)

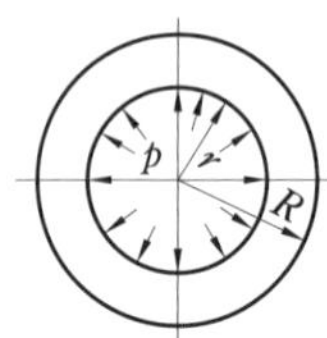

① 53 mm ② 56 mm
③ 128 mm ④ 131 mm

해설 $R = r \cdot \sqrt{\dfrac{(2.1 \times 10^6 \times \delta) + (0.75 \times r \times p)}{(2.1 \times 10^6 \times \delta) - (1.25 \times r \times p)}}$

$= 75\sqrt{\dfrac{(2.1 \times 10^6 \times 0.05) + (0.75 \times 75 \times 630)}{(2.1 \times 10^6 \times 0.05) - (1.25 \times 75 \times 630)}}$

$= 131.135$ mm $\fallingdotseq 131$mm

$\therefore$ 측벽의 두께 $h = 131 - 75 = 56$ mm

48. 그림과 같은 경우의 코어 받침판의 두께는 얼마인가? (단, $L = 500$ mm, $b = 500$ mm, $B = 700$ mm이고 성형압력은 700 kg/cm^2, 받침판의 굽힘량은 0.1 mm이다.)

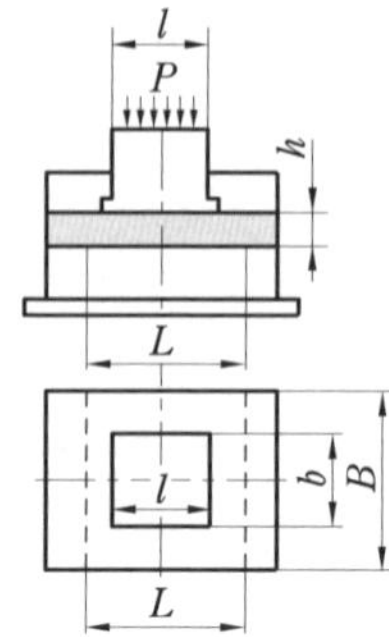

① 285 mm ② 275 mm
③ 290 mm ④ 280 mm

해설 $h = \sqrt[3]{\dfrac{5PbL^4}{32EB\delta}}$

$= \sqrt[3]{\dfrac{5 \times 700 \times 500 \times 500^4}{32 \times 2.1 \times 10^6 \times 700 \times 0.1}}$

$= 285.419 \fallingdotseq 285$ mm

49. 다음 그림과 같은 용기를 만들기 위한 사출 금형을 설계하려고 한다. 여기서 측벽 두께 h는 얼마인가?(단, 성형압력은 400 kg/cm^2, 굽힘량은 0.08 mm, 상수값은 0.1225이다.)

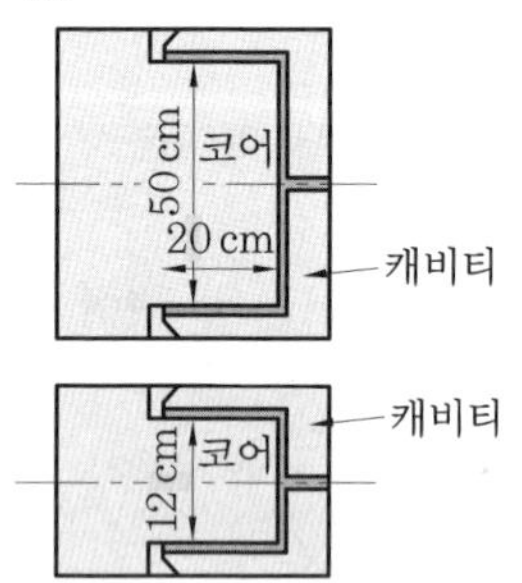

① 약 70 mm ② 약 78 mm
③ 약 75 mm ④ 약 83 mm

해설 $h = \sqrt[3]{\dfrac{CPa^4}{E\delta}}$

$= \sqrt[3]{\dfrac{0.1225 \times 400 \times 200^4}{2.1 \times 10^6 \times 0.08}}$

$= 77.565 \fallingdotseq 78$

정답 » 47. ② 48. ① 49. ②

1-2 성형 재료의 종류와 특성

1 플라스틱의 개요

플라스틱은 가소성(plasticity)의 의미를 내포하고 있으며, 분자량이 약 10000 이상의 고분자 화합물로서 열, 압력 등 외력의 작용에 의하여 자유로이 성형이 가능하고 사용 상태에서도 요구되는 형상을 유지하는 고체의 재료이다.

2 플라스틱의 분류

(1) 열경화성 플라스틱

열경화성 수지에서는 중합이 일어나는 동안에 분자의 반응 부분이 긴 분자 간의 가교 결합을 형성한다. 그래서 일단 중합, 즉 경화가 일어나면 수지는 가열하여도 연화하지 않는다. 여기에는 페놀계, 유리아계, 에폭시계 등이 있으며, 그 특징은 다음과 같다.

① 높은 열안정성이 있다.
② 크리프 및 변형에 대한 치수안정성이 있다.
③ 강성과 경도가 높다.

(2) 열가소성 플라스틱

열가소성 수지는 긴 분자들로 구성되어 있으며, 이 분자들은 다른 분자들과 연결되지 않은 분자군으로 되어 있다(가교 결합이 되어 있지 않다). 따라서, 열가소성 수지는 반복해서 가열 연화와 냉각경화를 시킬 수가 있다.

① 사출성형에 주로 사용된다.
② 전기 및 열의 절연성이 좋다.
③ 고온에서 사용할 수 없다.
④ 내후성에 한계가 있다.
⑤ 성형하기가 쉽고 가공이 용이하다.
⑥ 착색이 자유로우며 외관이 아름답다.
⑦ 열팽창계수가 크다.
⑧ 연소성이 있다.

(3) 결정 구조

① 결정성 플라스틱

㈎ 분자가 규칙적으로 배열하여 결정 부분을 많이 함유하고 있는 플라스틱이다.

㈏ 전체 중량과 결정부와의 중량 비율을 결정화도라고 말하며, 수지의 종류에 따라 30~80 % 정도의 결정화도 범위이며, 그 계산 방법은 다음과 같다.

$$\text{결정화도(중량비) } A = \frac{\rho_c(\rho - \rho_a)}{\rho(\rho_c - \rho_a)} \times 100$$

여기서, ρ : 밀도, ρ_c : 결정 밀도, ρ_a : 비결정 밀도

② 비결정성 플라스틱 : 비대칭적인 구조를 가지고 있는 고분자는 일반적으로 결정하기 어렵고, 또 열경화성 플라스틱과 같이 블록 모양의 고분자로서 결정하기가 어려우므로 이들은 모두 비결정부로 되어 비결정성 플라스틱이라 한다.

③ 결정성 수지와 비결정성 수지의 비교

결정성 수지	비결정성 수지
• 수지가 불투명하다. • 온도 상승→비결정→용융 상태 • 수지 용융 시 많은 열량 필요 • 가소화 능력이 큰 성형기 • 고화 과정에서 발열이 크므로 금형 냉각 여분의 시간이 길다. • 성형 수축이 크다. • 배향의 특성이 크다. • 굽힘, 휨, 뒤틀림 등의 변형이 크다. • 강도가 크다. • 치수 정밀도가 높지 못하다.	• 수지가 투명하다. • 온도 상승→용융 상태 • 수지 용융 시 적은 열량 필요 • 가소화 능력이 작아도 된다. • 냉각 시간이 짧다. • 성형 수축이 작다. • 배향의 특성이 작다. • 굽힘, 휨, 뒤틀림 등의 변형이 작다. • 강도가 작다. • 치수 정밀도가 높은 제품을 얻을 수 있다.

3 성형용 수지 재료의 특성

① 철강 및 도자기류에 비해 가볍다(비중이 작다).
② 외관이 양호하다.
③ 성형성, 가공성이 우수하다.
④ 유연성이 있다.
⑤ 방음, 방진, 단열 효과가 우수하다.
⑥ 내식성이 우수하다.
⑦ 색상이 다양하다.
⑧ 전기 절연 특성이 있다.
⑨ 열에 약하다.
⑩ 강도가 약하다.
⑪ 내충격성이 약하다.
⑫ 치수의 불안정성이 크다.

4 성형 재료의 선택

(1) 사출성형용 범용 플라스틱

① 일반적인 특성

㈎ 유동성이 좋다.
㈏ 일반적으로 예비 건조가 필요 없다.
㈐ 성형성이 좋다.
㈑ 가격이 저렴하다.
㈒ 구하기가 쉽다.
㈓ 용도가 넓다.

② ABS 수지(acrylonitrile－butadiene－styrene) : ABS 수지는 아크릴로니트릴(A), 부타디엔(B), 스티렌(S)의 3가지가 합성되어 있다.

(가) 특성

㉮ 내충격성, 강인성이 우수하다.

㉯ 표면경도가 높고 열변형 온도 범위가 넓다.

㉰ 유동성이 좋지 않다.

㉱ 내후성이 약하다.

㉲ 내약품성이 양호하고 성형성 및 치수안정성이 우수하다.

(나) 용도 : TV 케이스, 라디오 케이스, 청소기 케이스, 전화기 본체, 냉장고 내상, 에어컨 그릴, 플라스틱에 도금을 필요로 하는 용도에 적합하다.

(다) 금형 설계 및 제작 시 유의점

㉮ 유동성이 좋지 않기 때문에 러너를 크게, 길이는 짧게 한다.

㉯ 성형품 빼기구배는 2° 이상 주어야 한다.

㉰ 공기빼기(air vent)를 고려하여야 한다.

㉱ 웰드 라인(weld line)에 대한 게이트 위치의 선정에 주의한다.

㉲ 성형수축률은 0.5% 정도로 한다.

③ 폴리에틸렌(polyethylene : PE) : PE는 제조 방법에 따라 저밀도(LDPE), 중밀도(MDPE), 고밀도(HDPE)가 있다.

(가) 특성

㉮ 매끈한 외관을 가지며 결정화도가 높은 수지이다.

㉯ 인장강도 및 연신율이 크다.

㉰ 전기적 성질이 우수하다(특히 고주파).

㉱ 충격에 강하다.

㉲ 특성이 우수하다.

㉳ 내약품성이 좋고 유기용제에 강하다.

㉴ 흡습성이 거의 없다.

㉵ 저온에 취약하지 않다.

㉶ 성형수축률이 크고 왜곡 변형이 일어나기 쉽다.

㉷ 접착이 잘 되지 않는다.

㉸ 냉각 시간이 필요하며 성형능률이 좋지 않다.

(나) 용도 : 전선 피복, 고주파 부품, 용기류(버킷, 식기), 포장제, 튜브, 파이프 등에 쓰인다.

(다) 금형 설계 및 제작 시 유의점

㉮ 성형품의 변형을 방지하기 위하여 충전 속도가 빠르게 되도록 게이트와 러너를 만들어 준다.

㉯ 수축률과 변형이 크기 때문에 금형 온도를 균일하게 할 수 있는 냉각 회로가 필요하다.

㉰ 성형수축률은 흐름 방향 2.5%, 직각 방향 2.0% 정도로 한다.

④ 폴리프로필렌(polypropylene : PP) : PP는 유백색, 불투명 또는 투명의 범용 수지로 결정

성 수지에 속한다.

(가) 특성

㉮ 성형성이 극히 좋다.

㉯ 범용 수지 중에서 제일 가볍다(비중 0.9).

㉰ 내약품성이 좋다.

㉱ 내충격성이 강하다.

㉲ 힌지성이 좋다.

㉳ 변형, 싱크 마크 등의 불량이 나기 쉽다.

(나) 용도 : 세탁기(회전날개, 세탁조), 배터리 케이스, TV와 카세트 케이스, 단자, 배선 기구 등에 쓰인다.

(다) 금형 설계 및 제작 시 유의점

㉮ PP는 힌지가 있는 성형품의 경우 충전 부족 힌지부의 웰드 라인(weld line) 발생 등을 방지하기 위해 게이트 위치에 주의할 필요가 있다.

㉯ 변형을 방지하기 위해 다점 게이트로 하는 것이 좋다.

㉰ 성형수축률은 0.8 정도이다.

㉱ 싱크 마크, 변형 등을 방지하는 성형품 설계이어야 한다.

⑤ 폴리스티렌(polystyrene : PS) : PS는 일반용(GPPS)과 내충격용(HIPS)이 있다.

(가) 특징

㉮ 맛과 냄새가 없다.

㉯ 투명한 수지이다.

㉰ 착색이 잘 된다.

㉱ 비중이 작고 성형성이 좋다.

㉲ 치수 안정성이 좋다.

㉳ 흡습성이 낮다.

㉴ 취성이 있다.

㉵ 열에 약하다(100℃ 이상에서 견디지 못한다).

㉶ 흠이 생기기 쉽다.

(나) 용도 : 냉장고 내상, 선풍기 날개, 측정기 케이스, 완구류, 발포한 것은 단열재, 포장재, 전기 절연재 등에 쓰인다.

(다) 금형 설계 및 제작 시 유의점

㉮ 성형품을 금형에서 빼낼 때 크랙이 갈 우려가 많으므로 이젝팅 방법을 고려해야 한다.

㉯ 언더컷(undercut)은 되도록 피하는 것이 좋으며 경면 사상성이 좋은 금형재를 사용하는 것이 좋다.

(2) 공업용 수지(engineering plastics : ENPLA)

① 일반적 특성

(가) 공업용 재료로 사용된다.

(나) 강성과 내열성이 우수하다.

(다) 인장강도가 500 kg/cm^2 정도, 충격강도가 6 kg/cm^{2}이다.

(라) 내열성이 100℃ 이상인 수지가 많다.

(마) 크리프(creep)가 적고 난연이며 내마모성, 내약품성 등이 우수하다.

(바) 가격이 고가이다.

(사) ENPLA의 종류에는 PA, POM, PC, PVC, AS, PMMA, EVA, PUR, FRTP 등이 있다.

② PA(polyamide : nylon) : PA는 PA 6, PA 66, PA 11 등이 있다.

(가) 특성

㉮ 마찰계수가 작다.

㉯ 자기윤활성이 좋다.

㉰ 내마모성이 우수하다.

㉱ 대표적인 결정성 수지이기 때문에 수축률이 커서 안정성이 좋지 않다.

㉲ 흡습성이 크고 반투명 절연성이 좋다.

(나) 용도 : 기어, 캠, 베어링, 포장 재료, 부시, 전화기 코드선, 전기 부품, 차량 부품, 라디에이터 탱크(PA 66), 포일 캡(PA 6) 등에 쓰인다.

(다) 금형 설계 및 제작상 유의점

㉮ PA는 용융점도가 낮고 플래시가 발생하기 쉬우므로 치수 정도가 높은 금형가공을 요한다.

㉯ 금형 온도를 높게 하고 냉각을 균일하게 할 필요가 있다.

③ 메타크릴 수지(polymethyl metacrylate acryl : PMMA)

(가) 특성

㉮ 표면 광택이 좋고 투명성이 아주 좋은 합성수지이다(광선 투과율 93 % 정도).

㉯ PS보다 인장강도 및 굽힘강도가 우수하다.

㉰ 내약품성, 내유성이 양호하다.

㉱ PS보다 유동성이 불량하다.

㉲ 예비 건조가 필요하다.

㉳ 취성이 있다.

㉴ 내후성이 좋다.

(나) 용도 : 광학렌즈, 자동차 전등, TV 보호판, 창유리, 조명기구, 장신구 등에 쓰인다.

(다) 금형 설계 및 제작상 유의 사항

㉮ 성형할 때는 유동성이 좋지 않기 때문에 고압 성형이 필요하다.

㉯ 유동저항을 작게 하기 위해 러너의 지름은 크게 러너의 길이는 짧게 한다.

㉰ 광학적 용도일 때는 잔류응력이 생기지 않는 게이트로 해야 한다.

㉱ 빼기구배는 가능한 크게 한다.

④ 폴리염화비닐(polyvinyle acetate : PVC) : PVC는 연질(SPVC)과 경질(HPVC)의 2종류가 있다.

(가) 특성

㉮ 무독성이다.
㉯ 내충격성, 내수성, 내알칼리성이다.
㉰ 난연성이다.
㉱ 전기 절연성이 우수하다.
㉲ 유동성이 불량하다.
㉳ 금형을 부식시킨다.
㉴ 내열 온도가 낮다(200℃ 이상 사용 불가).

(나) 용도 : SPVC는 필름, 시트, 전선피복, 의료기기 부품에 사용되며, HPVC는 전화기 본체, 배판, 절연판 등에 쓰인다.

(다) 금형 설계, 제작 및 성형 시 유의사항
㉮ 재료 온도 관리가 중요하며 스크루 타입의 성형기가 좋다.
㉯ 유동저항이 작은 게이트, 러너 설계를 한다(러너 지름은 크게, 길이는 짧게 한다).
㉰ 내식을 대비한 표면처리가 필요하다(도금 또는 내식강 사용).

⑤ 폴리카보네이트(polycarbonate : PC)

(가) 특성
㉮ 강성이 크고 충격 및 인장강도가 높다.
㉯ 성형성이 비교적 양호하다.
㉰ 자소성(self-extinguishing)이 있다.
㉱ 성형수축률이 적다(0.6 %).
㉲ 스트레스 균열이 일어나기 쉽다.
㉳ 반복하중에 약하다.
㉴ 플래시가 생기기 어렵다.
㉵ 단단하기 때문에 금형을 파손하기 쉽다.
㉶ 내열성이 뛰어나다(135℃ 정도에서 가장 좋은 물성을 가진다).

(나) 용도 : 절연 볼트, 너트, 밸브, 전동공구, 의료기기, 콕, 스위치, 핸들, 카메라 부품, 오토바이 방풍창 등에 쓰인다.

(다) 금형 설계, 제작 및 성형상 유의점
㉮ 고압, 고온에서의 성형을 필요로 하며 스크루식이 좋다.
㉯ 재료의 예비 건조를 충분히 한다.
㉰ 유동저항이 작은 게이트 러너의 설계를 한다.
㉱ 살두께를 어느 정도 두껍게 한 성형품 설계를 하고 금속 인서트의 삽입은 되도록 피한다. 또 드래프트는 2° 이상 붙인다.
㉲ 성형수축률은 0.6 % 정도이다.
㉳ 빼기구배는 2° 이상 주는 것이 좋다.

⑥ 폴리아세탈(polyacetal, poly oxy methylene : POM)

(가) 특성
㉮ 피로수명이 열가소성 수지에서 가장 높다.

㉯ 금속 스프링과 같은 강력한 탄성을 나타낸다.

㉰ 마찰계수 및 내마모성이 좋다.

㉱ 치수 안정성이 좋다.

㉲ 인장강도, 굽힘강도, 압축강도는 PA, PC와 같이 최고 수준에 이른다.

㉳ 약 220℃ 이상의 온도에서는 열분해 현상이 일어나서 변색과 동시에 독한 포름알데히드가 발생하여 불쾌한 냄새가 난다.

(나) 용도 : 각종 기어, 베어링, 캠, 풀리, 커넥터, 도어 로크, 수도꼭지 등에 쓰인다.

(다) 금형 설계, 제작 및 성형상 문제점

㉮ 유동성이 좋지 않기 때문에 러너의 길이는 되도록 짧게 하고 유동저항이 작은 단면형으로 한다.

㉯ 플로 마크(flow mark)가 발생하기 쉬우므로 게이트 단면적을 너무 작게 해서는 안 된다.

㉰ 게이트 두께는 성형품 살두께의 약 60 %로 하는 것을 표준으로 한다.

㉱ 냉각 속도를 균일하게 하고 충분히 냉각이 되도록 한다.

㉲ 가스가 많이 발생하기 때문에 가스가 잘 배출되는 금형 구조가 되어야 한다.

⑦ AS 수지(acrylonitrile styren : SAN) : AS는 아크릴로니트릴과 스티렌의 공중합 수지이다.

(가) 특성

㉮ 투명성이 좋고 내열성, 내유성이 좋다.

㉯ 인장강도가 높은 경질의 수지이다.

㉰ 플래시가 잘 생기지 않는다.

㉱ 흐름이 좋고 성형성이 양호하며 성형능률도 좋다.

㉲ 치수 안정성도 매우 높다.

㉳ 옥외에 방치하여도 크랙이 생기지 않는다.

(나) 용도 : 믹서 케이스, 선풍기 날개, 배터리 케이스 등에 쓰이며, 또 폴리스티렌과 거의 같은 분야에 사용되고 내열성이 필요한 투명 제품에 많이 사용된다.

(다) 금형 설계, 제작 및 성형상 유의점

㉮ 금형으로부터 이젝팅 시의 크랙에 주의해서 적절한 로크 아웃 기구를 선정한다.

㉯ 빼기구배는 1° 이상 붙이며 금형에 언더컷이 없도록 주의한다.

㉰ 성형수축률은 0.45 %이다.

⑧ 폴리페닐렌옥사이드(polyphenyleneoxide : PPO)

(가) 특성

㉮ 높은 열변형 온도와 넓은 온도 범위에서의 안정된 우수한 전기적 성질, 기계적 성질을 가지고 있다.

㉯ 난연성을 가지고 있다.

㉰ 성형에 난점이 있다(성형성을 개량한 수지가 스티렌 변성 PPO 수지(노릴)이다).

(나) 용도 : 코일 보빈, OA 기기 케이스, 자동판매기, 코인 교환장치 등에 쓰인다.

⑨ 노릴

(가) 특성

㉮ 자기 소화성, 난연성, 강성이 우수하다.

㉯ 우수한 전기적 성질이 있다.

㉰ 성형수축률, 선팽창계수가 작다.

㉱ 성형성, 물성의 밸런스가 양호한 재료이다.

㉲ 충격강도, 내수성, 내열성, 증기성이 우수하다.

(나) 용도 : 송유 파이프, 가습기 부품, 펌프 임펠러, 컨베이어의 롤러, 스퍼 기어 등에 쓰인다.

(3) 열경화성 수지

① 일반적 특성

(가) 열경화성 수지는 압축 성형에 주로 사용된다.

(나) 열과 압력을 가하면 화학적 변화를 하여 영구적인 형태로 굳어진다.

② 페놀류(phenolics : PF)

(가) 페놀－포름알데히드(phenol－formaldehyde)

㉮ 특성

- 열과 전기의 절연체이며 값이 싸고 강성과 강도가 크다.
- 일반적으로 갈색이나 흑색을 띠며 압축 성형이 가능하다.

㉯ 용도 : 커넥터, 스위치, 튜너, 브레이커

(나) 페놀－푸르푸랄(phenol－furfural)

㉮ 특성 : 포름알데히드보다 낮은 온도에서 유동성을 가지며 경화시간이 빠르다.

㉯ 용도 : 재떨이, 기계 부품, 카메라 케이스, 세탁기 진동판, 브레이커

③ 요소－포름알데히드(urea－formaldehyde)

(가) 특성 : 유리아 수지라고도 하며 냄새와 맛이 없고 색깔이 다양하며 페놀 수지에 비해 열저항력이 떨어지나 값이 비교적 싸다.

(나) 용도 : 라디오 케이스, 단추, 조명기구, 식기류

④ 멜라민－포름알데히드(melamine－formaldehyde)

(가) 특성

㉮ 물과 화학물질에 대한 뛰어난 저항력을 가지고 있다.

㉯ 내열성이 있다.

㉰ 강성이 크다.

㉱ 냄새와 맛이 없다.

㉲ 색깔이 다양하다.

㉳ 충격에 대한 저항력이 크다.

(나) 용도 : 노브(knob), 면도기 케이스, 보청기 케이스, 단추, 식기

예상문제

1. 다음 중 열가소성 수지의 특성에 속하지 않는 것은?
① 성형하기가 쉽다.
② 가볍다.
③ 내열성·강도·강성에 한계가 있다.
④ 재사용이 되지 않는다.

2. 사출성형용 플라스틱은 범용 수지와 공업용 수지로 나눌 수 있다. 다음 수지 중 공업용 수지는?
① PS ② PE ③ PC ④ PP

해설 범용 수지는 PS, PP, PE, ABS 등이 있다.

3. 다음은 플라스틱 재료의 특성이다. 맞지 않는 것은?
① 외관이 양호하다.
② 내식성이 우수하다.
③ 방음, 방진, 단열 효과가 나쁘다.
④ 강도가 일반적으로 약하다.

4. 사출성형용 범용 플라스틱의 특성이다. 틀린 것은?
① 유동성이 좋다. ② 가격이 싸다.
③ 강도가 강하다. ④ 성형성이 좋다.

5. 다음 수지 중 비결정성 수지는?
① PE ② POM ③ PS ④ PA

해설 결정성 수지의 종류에는 PE, PP, PA, POM 등이 있다.

6. 다음 수지 중 결정성 수지는?
① AS ② ABS
③ PA ④ PMMA

해설 비결정성 수지에는 PS, AS, ABS, PMMA, PC, PVC, CA 등이 있다.

7. 다음 중 비결정성 수지의 특성이 아닌 것은 어느 것인가?
① 일반적으로 투명하다.
② 성형 수축이 작다.
③ 가소화 능력이 큰 성형기가 필요하다.
④ 결정성 수지에 비하여 용융열량이 필요하지 않다.

8. 내충격성, 강인성이 우수하며 도금용으로도 쓰이는 수지는?
① PS ② PC
③ ABS ④ PVC

9. 고주파 특성이 우수하여 고주파 부품이나 전선 피복용으로 쓰이는 수지는?
① PE ② PP
③ ABS ④ PC

10. 범용 수지 중 가장 가벼우며 유백색, 불투명 또는 투명의 결정성 수지로 배터리 케이스 등에 사용되는 수지는?
① PE ② PP
③ ABS ④ PVC

11. 맛과 냄새가 없으며 투명한 수지로 선풍기 날개 등에 많이 쓰이는 수지는?
① PP ② PS
③ PC ④ ABS

12. ABS를 성형할 금형 제작 시 유의점이다. 맞지 않는 것은?
① 러너는 크게, 길이는 짧게 한다.
② 성형품 빼기구배는 2° 이상 주어야 한다.

정답 » 1. ④ 2. ③ 3. ③ 4. ③ 5. ③ 6. ③ 7. ③ 8. ③ 9. ② 10. ② 11. ④ 12. ④

③ 에어벤트를 고려해야 한다.
④ 금형 온도를 균일하게 할 수 있는 냉각회로가 필요하다.

13. 대표적인 결정성 수지로서 윤활성이 좋고 내마모성이 우수한 수지는 다음 중 어느 것인가?

① AS ② PC
③ PA ④ PMMA

14. 다음 중 수지 용융점도가 낮고 플래시(flash)가 발생하기 쉬운 수지는?

① PC ② PVC
③ PMMA ④ PE

15. 광선 투과율이 93% 정도이어서 광학렌즈 제작에 많이 쓰이는 수지는?

① PA ② PP
③ PMMA ④ PE

16. 자소성(自消性)이 있고 무색투명하며 강성이 크고 충격 및 인장강도가 높아 오토바이 방풍창으로 많이 쓰이는 수지는?

① AS ② PMMA
③ PC ④ PS

17. 다음 AS 수지에 대한 설명 중 맞지 않는 것은?

① 투명성이 좋고 내열성, 내유성이 좋다.
② 인장강도가 높은 경질의 수지이다.
③ 치수 안전성이 매우 높다.
④ 윤활성이 좋다.

18. 피로수명이 열가소성 수지에서 가장 높으며 금속 스프링과 같은 강력한 탄성을 나타내는 수지는?

① PC ② PMMA
③ AS ④ POM

19. 다음 중 노릴 수지에 대한 설명으로 옳지 않은 것은?

① 자기소화성·난연성을 가지고 있다.
② 우수한 전기적 성질을 가지고 있다.
③ 성형수축률, 선팽창계수가 작다.
④ 마찰계수가 크다.

20. 고무처럼 부드럽고 탄성이 있는 엔지니어링 수지로 롤러나 엘리베이터용 가이드에 많이 사용되는 수지는?

① PCR ② PET
③ PC ④ PS

21. 다음 수지 중 열경화성 수지에 속하지 않는 것은?

① 페놀-포름알데히드(phenol-formaldehyde)
② 페놀-푸르푸랄(phenol-furfural)
③ 폴리에틸렌 텔레프탈레이트(polyethylene telephthalate)
④ 요소-포름알데히드(urea-formaldehyde)

22. 냄새와 맛이 없고 색깔이 다양해 식기류 등에 사용되는 열경화성 수지는?

① UF ② PF
③ PBT ④ POM

23. 다음 수지 중 투명하지 않은 수지는?

① PMMA ② PS
③ PC ④ PP

24. 100~200℃ 정도 온도 범위에 사용되는 내열성 수지는?

① PET ② PP
③ PS ④ PE

해설 내열성이 있는 수지로는 내열성 ABS, PA, PC, PET 등이 있다.

정답 » 13. ③ 14. ③ 15. ③ 16. ③ 17. ④ 18. ④ 19. ④ 20. ① 21. ③ 22. ① 23. ④ 24. ①

25. 마찰계수가 작고 내마모성이 있는 수지는 다음 중 어느 것인가?

① POM ② PC ③ PS ④ AS

해설 마찰계수가 작고 내마모성이 있는 수지로는 PA, POM, FEP(불소수지) 등이 있다.

26. 열가소성 수지 중 난연성이 있는 수지는 어느 것인가?

① PBT ② FEP
③ PS ④ POM

27. 다음 수지 중 예비 건조를 하지 않아도 되는 수지는?

① AS ② PS
③ PMMA ④ PVC

28. 사출성형용 플라스틱의 흡수율이 가장 높은 것은?

① 폴리에틸렌, 폴리프로필렌
② 나일론, 아세틸셀룰로오스
③ 폴리스티렌
④ 염화비닐 수지, 폴리아세탈

해설 성형품 두께 3.18 mm를 24시간 방치했을 때의 흡수율은 다음과 같다.
① 폴리에틸렌, 폴리프로필렌 : 0~0.01
② 나일론, 아세틸셀룰로오스 : 0.5 % 이상
③ 폴리스티렌 : 0.01~0.05
④ 염화비닐 수지, 폴리아세탈 : 0.05~0.5 %

29. 발포 성형품에 쓰이는 수지의 종류가 아닌 것은?

① 폴리스티렌 ② 폴리에틸렌
③ 폴리프로필렌 ④ 아세틸셀룰로오스

해설 발포 성형품 재료에는 PS, PE, ABS, PP, EVA 등이 있다.

30. 다음 중 용융점이 가장 낮은 수지는?

① PA6 ② LDPE
③ PP ④ PS

해설 ① PA6 : 240~290℃
② LDPE : 150~270℃
③ PP : 200~300℃
④ PS : 170~280℃

31. 다음 중 열경화성 수지는?

① PVC ② ABS
③ PMMA ④ PF

32. 수축이 커서 휨·변형이 일어나기 쉽고 냉각에 시간을 요하며 성형능률이 별로 좋지 않은 재료로, 이 재료를 사용할 금형은 냉각 속도를 균일하게 할 수 있는 냉각 방식으로 채택해야 한다. 성형수축률이 유동 방향 2.5 %, 직각 방향 2.0 %인 재료는?

① PP ② PA ③ PE ④ POM

33. 폴리에틸렌의 수축률은?

① 0.0005~0.007 ② 0.001~0.005
③ 0.02~0.025 ④ 0.015~0.050

34. 다음은 PA(나일론)의 특성을 설명하였다. 맞지 않는 것은?

① 마찰계수가 작고 자기윤활성이 좋다.
② 내충격성이 좋다.
③ 대표적인 결정성 수지이다.
④ 흡습성이 크고 치수안전성이 일반적으로 좋다.

35. 다음 중 열가소성 플라스틱의 결점이 아닌 것은?

① 열팽창계수가 크다.
② 내후성에 한계가 있다.
③ 내산·내알칼리성이 있다.
④ 고온에서 사용할 수가 없다.

해설 열가소성 플라스틱의 결점 : 강도, 강성이 작고 열팽창계수가 크며 고온에서 사용할 수 없다. 흠이 생기기 쉽고 내후성에 한계가 있으며 연소성이 있다.

정답 » 25. ① 26. ② 27. ② 28. ② 29. ④ 30. ② 31. ④ 32. ③ 33. ④ 34. ④ 35. ③

1-3 성형 불량과 금형 트러블 대책

사출성형에 있어서 성형 불량의 원인은 금형, 사출기, 성형 조건, 성형품의 형상 등의 요인이 복합적으로 작용하여 나타나게 되므로 성형 불량의 현상을 잘 파악하여 대책을 강구해야 한다. 성형 불량의 원인 중 충전 부족, 플래시, 플로 마크, 백화, 은줄, 흑줄 등은 성형 조건의 변화나 금형의 수선에 의해 비교적 개선이 용이하다고 할 수 있으나 심한 수축, 웰드 라인 휨, 기포, 타버림 등은 쉽게 개선되지 않는 경우가 있다.

1 개선이 용이한 트러블

(1) 충전 부족(short shot)

성형품의 일부분이 성형되지 않는 현상을 충전 부족(short shot)이라 말하며, 성형 조건에 의한 원인 중에는 금형 온도, 수지 온도가 낮아져 유동성이 나쁜 경우가 있고 성형품의 살두께가 얇아서 생기는 경우도 있다. 이 밖에 에어 벤트(air vent)가 되지 않는 경우, 게이트 밸런스가 좋지 않은 경우도 충전 부족 현상이 나타난다.

불량 원인	개선 대책
① 사출기의 사출용량이 부족하다.	• 용량이 큰 사출기에서 작업한다.
② 수지의 유동성이 나쁘다.	• 수지 온도(실린더 온도)를 높게 한다. • 금형 온도를 높게 한다(냉각수 유량을 적게 한다). • 사출속도를 빠르게 한다. • 스프루, 러너, 게이트를 크게 하고 러너의 형상을 원형 또는 사다리 형상으로 한다. • 벽 두께가 얇은 곳은 두껍게 하고 콜드 슬러그 웰(cold slug well)을 크게 한다.
③ 캐비티(cavity) 내의 공기가 빠지지 못한다.	• 사출속도를 느리게 한다. • 게이트 위치를 바꾼다.
④ 다수 캐비티 중 일부 캐비티가 성형되지 않는다.	• 게이트 밸런스를 조정한다(스프루로부터 먼 곳의 게이트 크기를 크게 한다). • 러너 배열을 조정한다. • 금형 부착 방향이 바뀌었나 확인한다(상하).
⑤ 금형 체결력이 부족하다.	• 형 체결력이 큰 사출기에서 작업한다.

(2) 플래시(flash)

금형의 파팅 라인(parting line), 코어 분할면, 이젝터 핀의 주위, 슬라이드 코어 경계면 등의 틈새에 용융된 수지가 흘러 들어가 생기는 불필요한 부분을 말한다.

불량 원인	개선 대책
① 형 체결력이 부족하다.	• 형 체결력이 큰 사출기에서 작업한다.
② 사출압력이 높다.	• 사출압력을 낮게 한다. • 수지 온도를 낮게 한다.
③ 금형 맞춤(면접) 상태가 불량하다.	• 금형의 습동 부분 공차를 적게 한다. • 받침판, 가동 측 형판의 변형을 적게 하기 위하여 받침봉을 설치한다. • 금형의 파팅 라인에 이물질이 있는지, 돌출부가 있는지 확인하여 제거한다.
④ 수지의 공급이 과다하다.	• 수지 공급량을 조절한다.

(3) 플로 마크(flow mark)

용융된 수지가 금형 캐비티 내에 충전되면서 유동 궤적이 생겨 나타나는 현상으로서 게이트를 중심으로 동심원을 그리며 사람의 지문 모양과 비슷하게 나타난다.

불량 원인	개선 대책
① 수지의 점도가 높다.	• 수지 온도를 높게 하여 유동성을 좋게 한다. • 금형 온도를 높게 한다. • 사출속도를 빠르게 한다. • 성형품의 살두께 변화를 완만하게 한다.
② 수지의 온도가 불균일하다.	• 콜드 슬러그 웰을 크게 하여 차가워진 수지가 캐비티 내로 들어가지 않도록 한다. • 스프루, 게이트, 러너를 크게 한다. • 금형의 냉각수 회로를 바꾼다.

(4) 기포(void)

성형품 내부에 생기는 공간으로서 성형품의 두꺼운 부분에 생기는 진공포와 수분이나 휘발분에 의해 생기는 기포(void)가 있다.

불량 원인	개선 대책
① 사출압력이 낮다.	• 수지 온도를 낮게 한다. • 금형 온도를 높게 하고 보압시간, 냉각시간을 길게 한다. • 사출속도를 느리게 한다. • 스프루, 러너, 게이트를 크게 하여 수축량을 적게 한다.
② 냉각의 불균일	• 성형품을 급랭하지 않는다(이젝팅 후 뜨거운 물속에서 서랭한다).
③ 수분, 휘발유	• 수지를 충분히 건조한다. • 수지 온도를 내리고 실린더 내에서의 체류시간을 짧게 한다.

(5) 은줄(silver streak)

성형품의 표면에 수지의 흐름 방향으로 생기는 가는 선과 같은 모양으로서 폴리카보네이트(PC), PVC, AS 수지 등에 흔히 발생한다. 은줄(silver streak)이 발생하는 장소와 모양은 일정하지 않으며 없다가 생기는 경우도 있다.

불량 원인	개선 대책
① 수지 중에 수분 또는 휘발분이 포함되어 있다.	• 수지를 충분히 건조시킨다. • 실린더 내의 쿠션양이 적은지 조사하여 쿠션양을 충분히 한다.
② 수지의 열분해	• 실린더를 퍼지(purge)한다. • 실린더 온도를 낮게 한다. • 실린더 내에서의 체류시간을 짧게 한다.
③ 실린더 내에 공기가 흡입된다.	• 호퍼 밑의 실린더 온도를 낮게 한다. • 스크루 회전수를 느리게 한다.
④ 수지 온도가 너무 낮다.	• 수지 온도를 높인다. • 콜드 슬러그 웰을 크게 한다.
⑤ 금형 표면의 기름, 수분, 휘발분	• 금형을 깨끗이 닦는다. • 이형제를 사용하지 않는다.
⑥ 종류가 다른 수지가 포함되어 있다.	• 실린더를 퍼지한다. • 분쇄 수지를 조사한다.

(6) 흑줄(black streak)

성형품의 표면에 검은 줄이 나타나는 현상으로서 수지 중의 첨가제 또는 윤활제가 실린더 내에서 열분해하여 발생한다. 흑줄(black streak)도 은줄과 같이 발생하는 위치가 일정하지 않다.

불량 원인	개선 대책
① 수지의 열분해	• 실린더 온도를 낮게 한다. • 실린더 내에서의 체류시간을 짧게 한다.
② 이물질이 혼입되어 있다.	• 분쇄 수지를 조사하고 퍼지한다.
③ 가열 실린더 내부에서의 산화	• 스크루, 체크 밸브를 조사하여 수선 또는 교체한다.
④ 캐비티 내의 공기가 빠지지 못한다.	• 에어 벤트를 만들어 준다. • 사출속도를 느리게 한다. • 사출압력을 낮게 한다. • 게이트 위치를 변경한다.

(7) 광택, 투명도 불량

성형품의 표면에 광택이 없고 투명제품의 경우 투명도가 불량하다(안개가 낀 것 같이 유백색의 엷은 막이 있다). 금형 표면의 끝다듬질이 불량하거나 수지 중 휘발분 또는 이형제의 과다 사용 등에 의해 발생한다.

불량 원인	개선 대책
① 금형의 끝다듬질이 불량하다.	• 금형 표면을 경면사상(mirror finish) 한다. • 필요시 크롬 도금한다.
② 수지의 유동성이 부족하다.	• 수지 온도(실린더 온도)를 높게 한다. • 금형 온도를 높게 한다. • 사출속도를 빠르게 한다.
③ 수지 중에 휘발분이 있다.	• 수지를 충분히 건조한다. • 수지가 열분해되지 않도록 실린더 내에서의 체류시간을 짧게 한다. • 이형제를 사용하지 않는다.
④ 결정성 수지의 냉각속도가 늦다.	• 결정성 수지의 경우 냉각시간을 짧게 한다(냉각시간이 길면 결정도가 높아서 광택, 투명도가 떨어진다).

(8) 색 얼룩

성형품의 표면에 색상이 진하거나 엷게 나타나 색이 균일하지 못하여 얼룩같이 보이는 현상을 말한다. 발생하는 장소에 따라서 게이트 주위에 나타나면 착색제의 분산 불량(혼합 불량), 표면 전체에 나타나면 착색제의 열 안정성의 불량이다.

불량 원인	개선 대책
① 냉각속도차	• 냉각을 균일하게 한다(냉각속도 차이에 따라 결정도가 달라져 색상이 변한다).
② 착색제의 혼합 불량	• 드라이 컬러링(dry coloring)을 피하고 착색 펠릿(pellet) 작업으로 착색한다.
③ 착색제의 열 안정성 부족	• 실린더 내에서의 체류시간을 짧게 한다. • 실린더 온도를 낮게 한다.
④ 착색제의 성질	• 수정이 어렵다(웰드 라인 부분이 진하게 나타난다). • 착색제를 바꾼다.

(9) 제팅(jetting)

성형품의 표면에 뱀이 지나가는 것과 같이 구불구불한 모양을 말한다. 제팅은 주로 얇고 평평한 성형품의 사이드 게이트에서 잘 나타나며 금형 온도, 수지 온도가 낮아서 냉각된 수지가 금형 캐비티 내로 흘러 들어와서 생긴다.

불량 원인	개선 대책
① 냉각된 수지가 캐비티 내로 유입된다.	• 금형 온도를 높게 한다. • 수지 온도를 높게 한다. • 골드 슬러그 웰은 크게 한다. • 노즐 부분을 가열한다.
② 사출속도가 빠르다.	• 사출속도를 느리게 한다. • 게이트 크기를 크게 한다. • 게이트 위치를 변경한다(게이트와 캐비티 벽과의 거리를 짧게 한다).

(10) 취약(brittle)

성형 후의 수지 물성치(강도)가 정상 이하로 낮아진 현상을 말한다. 수지는 열분해하면 분자량이 어떤 값 이하로 되어 충격강도가 급격히 작아지고 취약해지는 경우가 있으므로 일반적으로 열분해를 방지하는 안정제가 첨가되어 있다.

불량 원인	개선 대책
① 수지의 열열화	• 러너, 스프루, 게이트를 크게 한다. • 분쇄 수지의 혼합량을 줄인다(재사용량을 줄인다). • 퍼지한다(큰 용량의 사출기에 작은 성형품을 사출할 경우 가끔 퍼지한다). • 실린더 내의 체류시간을 짧게 한다.
② 수지의 가수분해	• 건조를 충분히 한다(폴리카보네이트는 건조 후에도 호퍼 드라이어를 사용하여 사출한다).
③ 수지의 배향	• 수지 온도를 높인다. • 금형 온도를 높인다. • 사출속도를 느리게 한다(수지의 흐름 방향은 강도가 높으며 흐름 방향의 직각 방향은 강도가 낮다).
④ 웰드 라인	• 수지 온도, 금형 온도를 높게 하여 웰드 라인을 약하게 한다. • 게이트 위치를 변경하여 웰드 라인의 방향을 조절한다. • 웰드 라인 발생부에 에어 벤트를 설치한다.

(11) 박리(lamination)

성형품이 운모와 같이 층상으로 되어 있어 벗겨지는 상태를 말한다. 폴리스티렌(PS)이나 폴리에틸렌(PE)과 같이 다른 종류와 서로 융합하기 어려운 수지를 혼합하거나 금형 온도, 수지 온도가 아주 낮아 성형품이 급격히 냉각할 때 발생한다.

불량 원인	개선 대책
① 종류에 다른 수지가 섞여 있다.	• 퍼지한다. • 분쇄된 수지의 혼합량을 줄인다.
② 수지 온도가 낮다.	• 실린더 온도를 높게 한다. • 금형 온도를 높게 한다.

(12) 백화

성형품의 표면에 흰 자국이 생긴 모양을 말하며 성형 후 이젝팅할 때 성형품의 이젝팅 밸런스가 좋지 않아 생기는 경우가 많다.

불량 원인	개선 대책
① 냉각이 불충분하다.	• 냉각시간을 길게 한다(성형품의 내부까지 고화된 상태에서 이젝팅한다).
② 이젝팅의 불균형	• 이젝터 핀을 추가 설치한다. • 금형의 측면에 구배를 준다. • 깊이가 깊은(30 mm 이상) 보스는 슬리브 이젝터 핀을 사용한다. • 두께가 얇고 깊이가 깊은 리브는 사각 이젝터 핀을 사용하여 이젝팅한다.

(13) 긁힌 상처

성형품의 측면에 파팅 라인과 직각되는 방향으로 긁힌 자국을 말한다. 금형의 측면에 구배가 적거나 끝 다듬질이 불량한 경우에 성형품이 이젝팅 되면서 금형 측면에 긁혀서 나타난다.

불량 원인	개선 대책
① 금형의 측면 다듬질이 불량하다.	• 금형 측면을 다듬질한다. • 금형 측면의 구배를 충분히 한다. • 금형 측면에 돌기, 이물질, 랩제가 있는지 조사하여 제거한다. • 측면에 깊은 부식 무늬가 있는 경우는 슬라이드 코어를 사용한다. • 사출압력을 낮게 하여 과잉 충전이 되지 않도록 한다.
② 이젝터 플레이트의 불균형	• 이젝터 플레이트의 균형을 위하여 이젝터 바(ejector bar)로 2개소 이상 밀어준다. • 금형 캐비티 배열을 균형 있게 대칭으로 배열한다.

2 개선이 어려운 트러블(trouble)

(1) 수축 현상(sink mark)

모든 성형품은 성형 후 제작이 감소해가며 수축한다. 그 중에서 성형품의 표면에 부분적으로 발생하는 오목 현상을 수축 현상(sink mark)이라고 한다.

불량 원인	개선 대책
① 금형 캐비티 내의 압력이 낮다.	• 스프루, 러너, 게이트를 크게 하고 래핑 가공하여 수지의 흐름 저항을 적게 한다. • 러너의 형상을 원형 또는 사다리형으로 한다. • 사출압력을 높게 하고 보압시간, 냉각시간을 길게 한다. • 플래시(flash)가 발생하면 사출압력이 낮아지므로 플래시가 생기지 않도록 한다.
② 두께가 불균일하다.	• 성형품의 살두께를 균일하게 한다. • 살두께의 급격한 변화를 줄인다. • 냉각시간을 길게 한다.
③ 수지의 수축률이 크다.	• 사출압력을 높게 한다. • 수지 온도를 낮게 한다. • 결정성 수지 계통은 무기물 충전계를 혼입한다.
④ 계량 조정이 불충분하다.	• 사출이 완료된 상태에서 실린더 내에 용융된 수지가 남아 있도록 쿠션양을 줄인다.

(2) 웰드 라인(weld line)

용융된 수지가 금형 캐비티 내에서 분류하였다가 합류하는 부분에 생기는 가느다란 선 모양을 말한다. 두 개 이상의 다점 게이트의 경우 수지가 합류하는 곳, 구멍이 있는 성형품에 있어서 수지가 재합류하는 곳, 또는 살두께가 국부적으로 얇은 곳에 발생한다.

불량 원인	개선 대책
① 수지의 흐름이 불량하다.	• 수지 온도를 높게 한다. • 금형 온도를 높게 한다.
② 웰드 라인의 위치가 부적당하다.	• 게이트의 위치를 바꾼다. • 살두께를 조절한다.
③ 수지 중에 수분, 휘발분이 포함되어 있다.	• 수지를 충분히 건조한다. • 금형에 에어 벤트를 설치한다. • 이형제를 사용하지 않는다.

(3) 휨(wrap)·뒤틀림(twist)

사출 후 이젝팅 시 대기 중에서 생기는 변형을 말하며 근본적인 원인은 성형품의 냉각 불균일(냉각시간차)이다.

불량 원인	개선 대책
① 냉각이 불균일하다.	• 금형 온도를 낮게 한다. • 냉각시간을 길게 하여 금형 내에서 충분히 냉각되도록 한다. • 냉각수 위치를 변경하여 금형 온도를 균일하게 한다.
② 이젝터 핀에 의해 변형된다.	• 이젝터 핀을 추가로 설치하여 이젝팅시 성형품의 균형을 유지하게 한다. • 빼기구배를 크게 한다. • 코어 측벽부를 곱게 다듬질한다.
③ 성형 응력의 발생	• 수지 온도를 높게 하여 수지의 유동성을 좋게 한다. • 금형의 온도를 높게 한다. • 사출압력을 낮게 한다.
④ 결정성 수지의 변형	• 냉각속도를 조절한다(서랭하면 결정도가 높아져서 수축이 커지고 급랭하면 결정도가 낮아져 수축이 작아진다). • 금형의 고정 측, 가동 측에 온도차(20℃ 이상)를 주어 냉각을 균일하게 유도한다.
⑤ 수지의 배향	• 수지 온도를 높게 하여 흐름 방향의 수축률과 흐름에 직각 방향과의 수축률 차이를 적게 한다. • 살두께를 두껍게 하여 수축률 차이를 적게 한다.

(4) 이젝팅(ejecting) 불량

성형품이 금형의 고정 측에 붙거나 가동 측에 붙어 이젝팅되지 않는 경우로서 성형품이 고정 측에 붙는 것은 매우 심각한 경우로 양산이 불가능하므로 그 원인을 잘 분석하여 대책을 세워야 한다. 원인이 금형 설계 시 구조가 잘못(파팅 라인 위치 등)되었을 경우에는 대대적인 금형 수정, 또는 다시 제작해야 하는 경우도 있다.

불량 원인	개선 대책
① 과잉 충전	• 사출압력을 낮게 한다. • 사출시간을 짧게 한다. • 수지 온도를 낮게 한다. • 금형 온도를 낮게 한다. • 이젝팅 시 압축공기를 불어 넣는다.
② 이젝팅 빼기구배가 적다.	• 금형의 측면 구배를 크게 하고 끝다듬질한다. • 언더컷이 있는지 조사하여 제거한다.
③ 성형품이 고정 측에 붙는다.	• 스프루와 노즐의 접촉 상태를 조사한다(노즐의 구면 반지름이 스프루 부시의 구면 반지름보다 크면 스프루의 분리가 어려워진다). • 스프루 로크 핀의 언더컷 양을 크게 한다. • 고정 측 캐비티 측면을 래핑 가공한다. • 가동 측 코어 측면의 구배를 적게 한다. • 노즐을 가열한다.

(5) 타버림(burn mark)

성형품의 일부가 검게 타버린 상태로서 금형 캐비티 내의 공기가 빠지지 못하고 단열압축되어 수지의 일부분이 검게 타고 완전한 성형이 되지 않는다.

불량 원인	개선 대책
캐비티 내의 공기가 빠지지 않는다.	• 타버림(burn mark) 현상이 발생하는 부근에 에어 벤트를 설치한다. • 분할 코어면, 이젝터 핀의 습동부의 클리어런스를 크게 한다(0.02~0.05). • 수지 온도를 낮게 하고 사출속도를 느리게 한다. • 게이트 방식 및 위치를 바꾼다.

(6) 크랙, 크레이징(crack, crazing)

성형품의 표면에 가느다란 선(線) 모양의 금이 가거나 깨지는 현상을 말한다. 깨지는 현상을 크랙(crack)이라 하고, 가늘게 금이 가는 것을 크레이징(crazing)이라 하며 성형 직후에 나타나는 경우가 많으나 잔류응력에 의해 냉각되어 가는 과정에서 발생하는 경우도 있다.

불량 원인	개선 대책
① 이젝팅의 불균형	• 빼기구배를 주고 다듬질한다. • 금형 측면에 언더컷 또는 역구배가 있는지 조사한다. • 이젝터 핀을 추가 설치하여 이젝팅 시 균형을 유지하도록 한다.
② 사출압력이 높다(과잉 충전).	• 사출압력을 낮게 한다. • 수지 온도를 높게 한다. • 금형 온도를 높게 한다.(과잉 충전에 의한 내부응력을 제거한다.)
③ 금속 인서트(insert) 주위의 크랙	• 금속 인서트를 예열하여 작업한다.

예상문제

1. 다음 중 성형 불량의 원인이 아닌 것은?
① 금형의 결함
② 성형수지의 결함
③ 성형품 설계의 결함
④ 금형 재료의 열처리 결함

2. 사출성형기의 능력이 부족한 경우 성형품의 일부가 부족한 현상이 나타나는데 이것을 무엇이라고 하는가?
① 싱크 마크(sink mark)
② 쇼트 숏(short shot)
③ 흑줄(black streak)
④ 기포(void)

3. 다음 중 쇼트 숏(short shot) 현상의 원인이 아닌 것은?
① 수지의 유동성의 부족
② 캐비티 내의 공기가 빠지지 못함
③ 유동저항이 큼
④ 금형 온도가 높음

4. 플래시(flash)의 원인이 아닌 것은?
① 형조임력의 부족
② 금형의 휨
③ 수지의 유동성이 좋음
④ 금형 온도가 낮음

5. 싱크 마크(sink mark) 불량 대책이 아닌 것은?
① 게이트의 크기를 크게 한다.
② 싱크 마크가 발생하기 쉬운 곳에 게이트를 설치한다.
③ 사출압력을 크게 한다.
④ 실린더 온도를 높여준다.

해설 수지의 흐름이 너무 좋아서 압력을 걸면 플래시를 발생시켜 싱크 마크가 발생되므로 실린더 온도를 내리든가 유동성이 나쁜 수지로 바꾸면 방지할 수 있다.

6. 과잉 충전의 경우 크레이징(crazing)이 발생하기 쉽다. 다음 중 여기에 대한 대책이 아닌 것은?
① 수지 온도를 높인다.
② 사출압력을 내린다.
③ 금형 온도를 높인다.
④ 사출압력을 올린다.

7. 수지의 흐름이 나쁠 때 웰드 라인이 발생한다. 다음은 그 개선 대책이다. 맞지 않는 것은?
① 수지 온도를 높인다.
② 사출속도를 낮춘다.
③ 게이트의 크기를 크게 한다.
④ 금형 온도를 높인다.

해설 사출속도를 높여서 냉각되기 전에 접합부에 유동수지가 도달하도록 한다.

8. 금형 내에서 수지가 흐른 자국이 게이트를 중심으로 하여 얼룩 무늬가 나타나는 현상을 무엇이라 하는가?
① 싱크 마크　　② 백화 현상
③ 플로 마크　　④ 웰드 라인

9. 다음은 플로 마크(flow mark)가 발생되는 원인이다. 맞지 않는 것은?
① 수지의 점도가 너무 큼
② 수지 온도의 불균일
③ 금형 온도의 낮음
④ 충전 부족

정답 » 1. ④ 2. ② 3. ④ 4. ④ 5. ④ 6. ④ 7. ② 8. ③ 9. ④

10. 성형품의 표면에 수지가 흐른 방향에 은백색의 줄이 생기는 수가 있는데 이 현상을 무엇이라 하는가?

① 실버 스트리크(silver streak)
② 싱크 마크(sink mark)
③ 웰드 라인(weld line)
④ 플로 마크(flow mark)

11. 실버 스트리크 발생 원인 중 가장 큰 것은 어느 것인가?

① 성형 재료 안의 수분과 휘발분
② 수지의 점도가 너무 큼
③ 수지 온도의 불균일
④ 금형 온도가 낮음

12. 다음 중 성형품의 타버림 현상을 막아주는 대책은?

① 사출속도를 느리게 하여 공기의 배출이 잘 되도록 한다.
② 실린더 온도를 높여 준다.
③ 형체력을 낮추어 준다.
④ 금형 온도를 낮추어 준다.

13. 성형품에 검은 선이 들어가는 현상을 흑줄(black streak)라고 한다. 이것의 원인은 어느 것인가?

① 수지의 열분해
② 수지의 점도가 큼
③ 수지 온도의 저하
④ 수지의 유동 불량

14. 다음은 광택 불량의 원인을 나열하였다. 여기에 해당되지 않는 것은?

① 금형의 연마가 나쁜 경우
② 수지의 유동성이 나쁠 경우
③ 수지 중에 휘발분이 있을 경우
④ 형체력이 클 경우

15. 열안정성 부족 때문에 색이 얼룩질 때 방지 대책으로 적합한 것은?

① 실린더 내에서 수지의 체류시간을 짧게하여 성형한다.
② 실린더 내의 수지 온도를 낮춰 준다.
③ 금형 온도를 높여 준다.
④ 금형 내의 공기 배출이 잘 되도록 한다.

16. 과충전에 의해 이형 불량인 경우 방지 대책이 아닌 것은?

① 사출압력을 내린다.
② 사출시간을 짧게 한다.
③ 금형 온도를 올린다.
④ 수지 온도를 내린다.

17. 제품의 표면에 게이트로부터 마치 지렁이가 다닌 자국과 같은 무늬가 생기는 현상을 제팅(jetting)이라 한다. 이 현상의 방지책은?

① 금형과 노즐의 온도를 높인다.
② 수지의 온도를 높인다.
③ 콜드 슬러그 웰(cold slug well)을 없앤다.
④ 성형압력을 높인다.

18. 성형품의 강도가 본래의 수지가 가지고 있는 강도보다 훨씬 약해지는 경우를 취약이라고 한다. 발생 원인이 아닌 것은?

① 수지의 열열화
② 수지의 가수분해
③ 수지의 배향
④ 금형의 가스 배출 불량

19. 성형품이 층상으로 겹친 상태로 되어 벗기면 마치 운모와 같은 층층으로 겹쳐져서 벗겨지는 상태로 나타내는 경우를 박리라 한다. 이것의 발생 원인은?

① 수지 온도의 금형 온도가 매우 낮을 경우

정답 » 10. ① 11. ① 12. ① 13. ① 14. ④ 15. ① 16. ② 17. ① 18. ④ 19. ①

② 성형압력이 높을 경우
③ 콜드 슬러그 웰이 작을 경우
④ 수지의 열분해가 있을 경우

20. 투명 제품에 기포(void)가 발생할 경우 방지법이 아닌 것은?
① 게이트 러너를 더 크게 한다.
② 사출압력을 가능한 한 낮게 한다.
③ 성형 전에 예비 건조는 반드시 해야 한다.
④ 가스 배출이 잘 되도록 한다.

해설 사출압력은 가능한 한 높게 한다.

21. 플라스틱 제품 표면의 벌어짐이 탄화구와 같은 형으로 남은 외관상의 결점을 무엇이라고 하는가?
① 크랙(crack)
② 크레이터(crater)
③ 크립(creep)
④ 큐어(cure)

22. 사출금형 제품의 웰드 라인(weld line) 결함의 원인이 아닌 것은?
① 사출압이 낮은 경우
② 스크루가 공기를 혼합시킬 경우
③ 게이트에서 웰드부까지의 거리가 먼 경우
④ 배기 불량인 경우

23. 성형품의 충전 불량 원인 중에서 금형에 의한 것이 아닌 것은?
① 게이트의 위치가 부적당하다.
② 호퍼가 막혀 있다.
③ 러너가 너무 좁다.
④ 벤트 방법이 불량하다.

24. 사출속도를 빠르게 하여 얻을 수 있는 방지 효과에 들지 않는 것은?
① 싱크 마크(sink mark)
② 플로 마크(flow mark)
③ 실버 스트리크(silver streak)
④ 웰드 라인(weld line)

정답 » 20. ② 21. ② 22. ③ 23. ② 24. ③

1-4 사출성형기의 구조와 성형 조건

사출성형기의 기본적 기능은 금형을 개폐하고 수지를 용융해서 고압(1000~2000 kg/cm^2)으로 금형의 캐비티에 충전하고 성형품을 이젝팅하는 것이다.

1 사출성형기의 구조

사출성형기의 기능을 수행하기 위한 기계 구성은 사출기구(injection system), 형체기구(mold clamping system), 프레임(frame), 유압구동부(hydraulic power system), 전기제어부(electrical control system) 등으로 되어 있다.

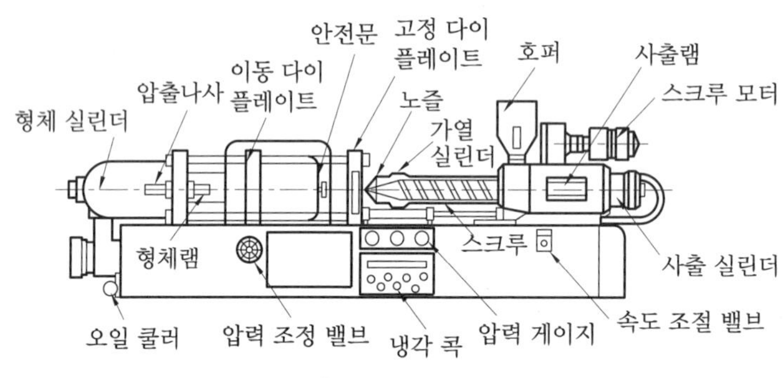

사출성형기의 구조

(1) 사출기구

용융된 수지의 일정량을 높은 압력으로 금형 캐비티 내로 유입시키는 장치이다.

① 호퍼(hopper) : 수지를 저장하고 실린더에 공급한다. 수지 건조를 위하여 드라이어를 겸하는 경우도 있다.

② 재료공급장치(feeder) : 사출에 필요한 재료를 계량하여 실린더로 보내는 장치이다.

③ 가열 실린더(heating cylinder) : 수지를 공급받아 용융시키는 부분이다.

④ 노즐(nozzle) : 실린더 선단부에 설치되어 금형의 스프루 부시(sprue bush)에 접촉하여 수지를 금형으로 흘러 들어가도록 하는 유로이다. 노즐에는 오픈 노즐(open nozzle), 니들 노즐(needle nozzle), 슬라이드 노즐(slide nozzle) 등이 있다.

⑤ 사출 실린더(hydraulic injection cylinder) : 스크루 및 플런저를 전진시키고 사출압력, 사출속도, 배압을 발생시킨다.

(2) 형체기구

금형을 개폐하고 사출 시에 금형이 열리지 않도록 금형을 체결하며 성형품을 이젝팅하는 기능을 가지고 있다.

① 금형 설치판(mold plate or die plate) : 금형을 설치하는 판으로 고정판과 이동판이 있다.

② 타이 바(tie bar or tie rod) : 금형 설치판을 지지하고 금형의 개폐 동작을 가이드하는 봉재이다.

③ 형체 실린더(clamping cylinder) : 형 설치판에 금형의 개폐 동작을 시켜 형체력을 발생시키는 실린더이다.

④ 이젝터(ejector) : 성형품을 금형으로부터 밀어내기 위한 장치이다.

⑤ 안전문(safety door) : 작업자를 보호하기 위하여 문이 열린 상태에서는 형 개폐 동작이 되지 않는다.

(3) 프레임(frame or bed)

형체기구, 사출기구, 유압구동부 등이 조립되어 있는 기기의 골격 부위이며, 각 장치의 무게와 진동으로부터 정밀도를 유지할 수 있는 구조로 되어 있다.

(4) 유압구동부(hydraulic power system)

형체기구, 사출기구의 각종 동작을 위한 유압 실린더, 유압 모터의 구동력을 제어하는 장치이다.

(5) 전기제어장치

사출기구나 형체기구의 동작과 가열 실린더나 노즐의 온도를 제어한다.

2 사출성형기의 분류

(1) 사출기구와 형체기구의 배열에 의한 분류

① 수평식(horizontal type) : 형체기구, 사출기구가 수평 방향으로 되어 있으며, 그 특징은 다음과 같다.

㈎ 성형품을 빼내기 쉽고 자동운전이 가능하다.
㈏ 금형의 부착과 조작이 쉽다.
㈐ 가열 실린더나 노즐을 손질하기 쉽다.
㈑ 고속화가 쉽고 생산성이 높다.
㈒ 기계의 높이가 낮으므로 수지 공급이나 기계 보수가 편리하다.
㈓ 중형이나 대형에 주로 쓰인다.

② 수직식(vertical type) : 형체기구, 사출기구가 수직형으로 되어 있으며, 그 특징은 다음과 같다.

㈎ 기계의 설치 면적이 좁다.
㈏ 인서트(insert)를 사용할 때 안정도가 좋다.
㈐ 금형의 부착 스페이스가 비교적 크다.
㈑ 무거운 금형을 부착해도 안정성이 좋다.
㈒ 가열 실린더의 주위 방향에도 온도가 균일하고 수지의 흐름이 균일하다.
㈓ 소형에 많이 쓰인다.

(2) 사출기구의 구조에 의한 분류

수지의 가소화와 사출하는 방식에 의하여 분류하면 플런저식, 인라인 스크루식, 스크루 프리플러식, 플런저 프리플러식 등이 있다.

① 플런저식 : 플런저식 사출성형기의 그림에 나타낸 바와 같이 토피도(torpedo)를 내장하는 가열 실린더와 사출 플런저로 구성되어 있으며, 그 특징은 다음과 같다.

(가) 성형기의 값이 싸다.

(나) 소형으로 고속 사출성형이 가능하다.

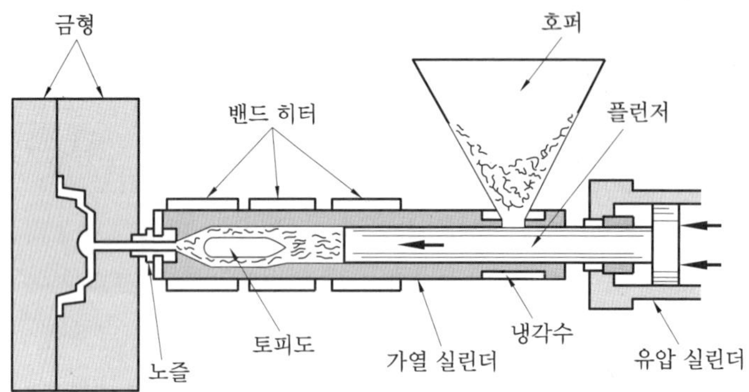

플런저식 사출성형기

② 인라인 스크루식(in－line screw type) : 재료의 가소화를 히터와 스크루에 의해서 하고 용융수지를 가열 실린더 앞부분에 모아서 사출 시에는 이 스크루가 전진해서 플런저의 역할을 하며 수지를 사출한다. 그 특징은 다음과 같다.

(가) 가소화 능력이 크다.

(나) 재료의 혼련 작용이 용이하고 사출압력이 작아도 되며 유동성이 나쁜 재료가 쉽게 성형된다.

(다) 재료의 체류 장소가 작기 때문에 분해하기 쉬운 재료에 적합하다.

(라) 재료의 색상 바꿈이 쉽다.

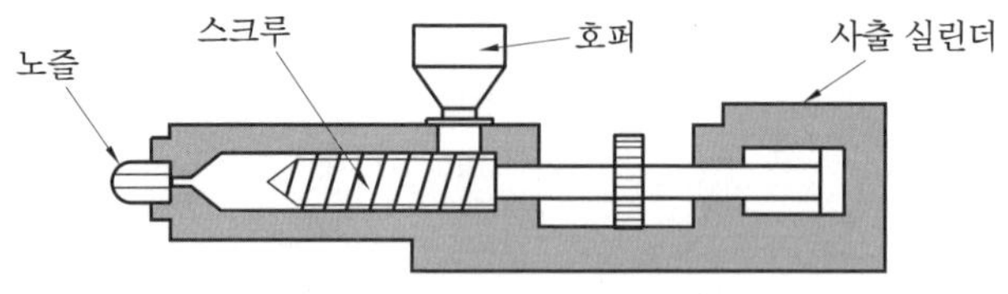

인라인 스크루식 사출성형기

③ 플런저 프리플러식 : 플런저식 예비 가소화 장치와 플런저를 가진 사출 실린더가 조합된 것으로서 플런저식의 결점(불균일한 가소화)을 해결하기 위해 고안된 형식이다.

④ 스크루 프리플러식 : 스크루식 예비 가소화 장치와 플런저식 사출 실린더의 조합으로서 PC, 경질 PVC와 같은 가소화가 곤란한 플라스틱 사출에 적합하다.

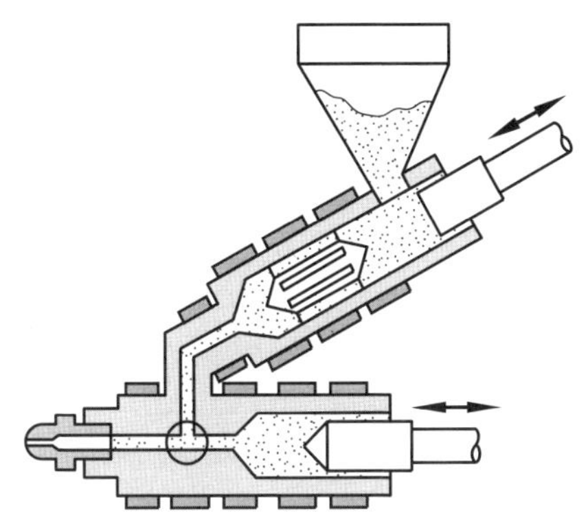

플런저 프리플러식 사출성형기

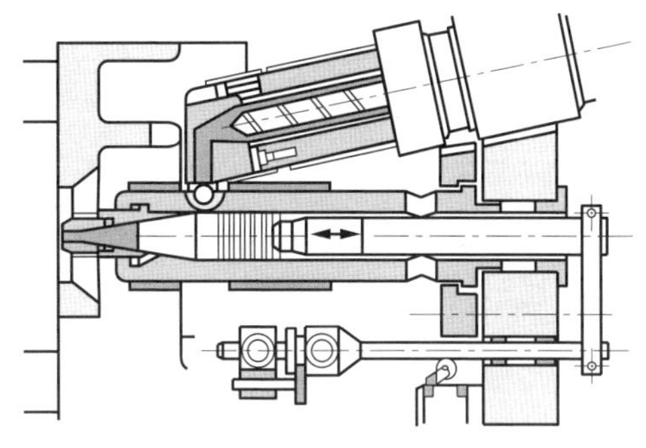

스크루 프리플러식 사출성형기

(3) 형체기구의 구조에 의한 분류

① 직압식 : 유압 실린더 내의 램에 이동 설치판을 직결하여 유체의 압력에 의해 직접 금형을 조이는 형식이며, 그 특징은 다음과 같다.

㈎ 구조가 간단하여 사용이 용이하다.

㈏ 형체력 조절이 간단하다.

㈐ 보수 관리가 용이하다.

㈑ 형의 개폐 속도 제어가 쉽게 된다.

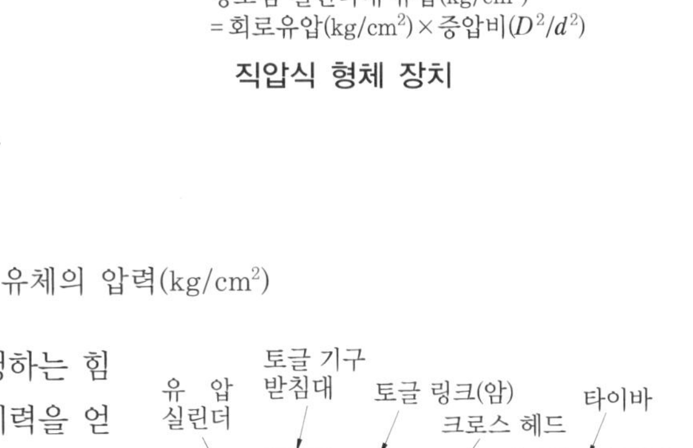

직압식 형체 장치

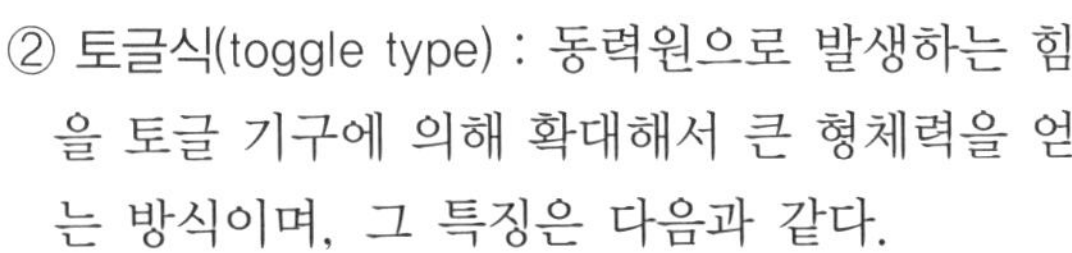

$$형체력\ F = \frac{\pi d^2}{4} \cdot P \cdot 10^{-3}$$

여기서, d : 램의 바깥지름(cm), P : 유체의 압력(kg/cm^2)

② 토글식(toggle type) : 동력원으로 발생하는 힘을 토글 기구에 의해 확대해서 큰 형체력을 얻는 방식이며, 그 특징은 다음과 같다.

㈎ 형개폐시간을 단축하는 것이 비교적 쉽다.

㈏ 형체결압력의 실효값이 크기 때문에 플래시(flash)가 생기기 어렵다.

㈐ 토글은 메탈 부분이 많기 때문에 마모에 의해 기계 정도가 틀리기 쉽다.

㈑ 기구적으로 제약을 받기 때문에 형체결 스트로크를 길게 하기 어렵다.

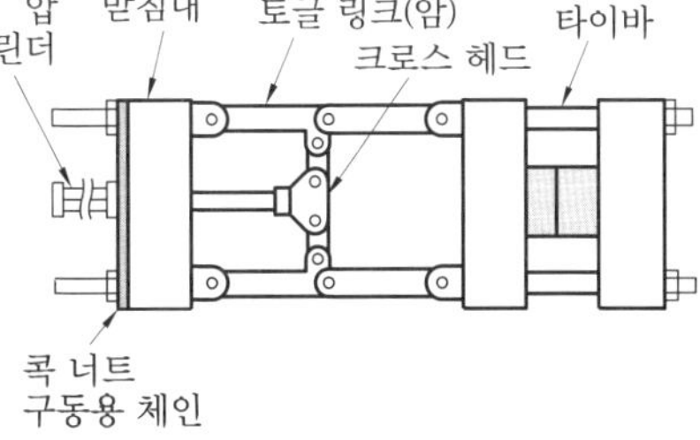

토글식 형체 장치

$$형체력\ F = E \cdot A \cdot \frac{\Delta L}{L} \cdot 10^{-5}$$

여기서, $A : n \cdot \frac{\pi d^2}{4}$, E : 탄성계수(2.1×10^6 kg/cm^2)

강의 경우, n : 타이 바의 개수(개), d : 타이 바의 지름(mm), A : 타이 바의 단면적(mm^2)
L : 타이 바의 길이(mm), ΔL : 타이 바의 늘어남(mm)

(4) 구동 방식에 의한 분류

기계구동식, 유압구동식, 공기압구동식, 수압구동식 등이 있다.

3 사출성형기의 성형 조건

사출성형기의 설명서에는 성형능력과 기계의 크기를 나타내는 수지가 기재되어 있다. 다음은 그 주요 사항을 설명한 것이다.

(1) 사출용량(shot capacity)

쇼트(shot)의 최대량을 나타내는 값으로 형체력과 함께 사출성형기의 능력을 대표하는 수치이다(단위 : cm^3·g, oz).

① 사출용적(V)

$$V = \frac{\pi D^2}{4} \cdot S \text{ [cm}^3\text{]}$$

여기서, V : 사출용적(cm^3), D : 스크루의 지름(cm), S : 스트로크(cm)

② 사출량(W)

$$W = V \times \rho \times \eta \text{ [g, oz]}$$

여기서, ρ : 용융수지의 밀도(g/cm^3), η : 사출 효율

(2) 가소화 능력(plasticating capacity)

가열 실린더가 매시 어느 정도의 성형 재료를 가소화할 수 있는지를 표시하며, 이때의 기준 수지는 폴리스티렌(GPPS)이다(단위 : kg/h).

(3) 사출압력(injection pressure)과 사출력(total injection pressure)

사출 플런저 또는 스크루 끝에서 수지에 작용하는 단위면적당의 힘과 전체적인 힘의 최댓값을 말한다.

① 사출력

$$F = \frac{\pi {D_0}^2}{4} \cdot P_0 \cdot 10^{-3} \text{ [ton]}$$

여기서, F : 사출력(ton), D_0 : 실린더의 지름(cm), P_0 : 유압(kg/cm^2)

② 사출압력

$$P = 10^3 \cdot \frac{F}{\frac{\pi D^2}{4}} = \frac{{D_0}^2}{D^2} \cdot P_0 \text{ [kg/cm}^2\text{]}$$

여기서, P : 사출압력(kg/cm^2), D : 플런저 또는 스크루의 지름(cm)

플런저의 사출압력은 1400 kg/cm^2, 스크루의 사출압력은 1000 kg/cm^2이다.

(4) 사출률(injection rate)

노즐에서 사출되는 수지의 속도를 나타내며 단위시간에 사출되는 최대용적으로 나타낸다.

$$Q = \frac{\pi D^2}{4} \cdot v \text{ 또는 } Q = \frac{V}{t} \text{ [cm}^3\text{/s]}$$

여기서, Q : 사출률(cm³/s), D : 플런저 또는 스크루의 지름(cm), v : 사출속도(cm/s)
t : 사출시간(s), V : 사출용적(cm³)

또 윗식에서 $V = \frac{\pi D^2}{4} \cdot S$, $t = \frac{S}{v}$이므로

$$Q_0 = \frac{\pi D_0^2}{4} \cdot \frac{S}{t} = \frac{\pi D_0^2}{4} \cdot v, \qquad \therefore v = \frac{Q_0}{\frac{\pi D_0^2}{4}}$$

따라서, $Q = \frac{\pi D^2}{4} \cdot v = \frac{\pi D^2}{4} \cdot \frac{Q_0}{\frac{\pi D_0^2}{4}}$, $\quad \therefore Q = Q_0 \cdot \frac{D^2}{D_0^2}$

여기서, Q_0 : 작동유 유량(cm³/s) D_0 : 유압 실린더의 지름(cm)

나일론이나 폴리스티렌과 같이 고화하기 쉬운 수지나 두껍고 깊은 성형품일 경우에는 사출률이 큰 편이 좋으나 경질 PVC와 같이 열안정성이 작은 수지의 경우는 사출률이 낮은 편이 좋다.

(5) 스크루 회전수와 스크루 구동출력(screw motor power)

가소화 성능을 좌우하는 요소로 회전수는 변속 가능한 범위, 출력은 최대출력을 표시한다. 스크루의 구동 방법은 전동기와 유압 모터의 두 가지 방법이 사용된다.

출력과 토크와의 관계는 다음과 같다.

$$\text{출력(kW)} = \text{토크(kg}\cdot\text{m)} \times \text{회전수(rpm)} \times \frac{1}{974}$$

(6) 히터 용량(heater capacity)

① 가열 실린더에 감기는 히터의 전기용량으로 kW로 표시한다.

② 히팅하는 목적은 실린더의 온도 상승, 수지의 용융, 용융 수지의 보온이다.

③ 성형기에서 성형 온도까지 상승하는 데 소요 시간은 일반적으로 소형 성형기에서는 30분, 대형 성형기에서는 1시간 정도이다.

(7) 호퍼의 용량(hopper capacity)

수지가 호퍼에 저장될 때 최대저장량을 나타낸다. 여기서는 용적(L)과 중량(kgf)의 두 가지 방법으로 표시한다.

(8) 형체력(mold clamping force)과 성형 면적(projected molding area)

① 형체력(tf) : 금형을 죄는 힘의 최댓값을 말한다.

② 성형 면적(cm²) : 성형 가능한 최대투영면적을 말한다.

형체력 $F > \overline{P} \cdot A \cdot 10^{-3}$ [tf]이 되어야 금형이 열리지 않는다.

여기서, F : 형체력(tf), $\overline{P}$: 금형 내의 평균압력(kgf/cm^2), A : 투영면적(cm^2)
($\overline{P}$의 값은 플런저식 : 300~400 kgf/cm^2, 인라인 스크루식 : 200~300 kgf/cm^2)

(9) 금형 부착판 치수(die plate size)와 타이 바 간격(spaced between tie bars)

금형 부착판의 그림과 같이 바깥치수와 타이 바의 안치수를 각각 수평, 수직의 치수로 나타낸다.

① 금형 부착판 치수 : $H_1 \times V_1$

② 타이 바의 간격 치수 : $H_2 \times V_2$

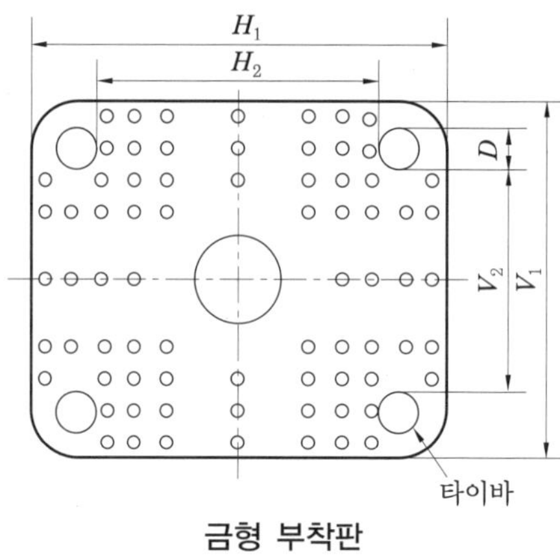

금형 부착판

(10) 형체 스트로크(clamping stroke)

① 금형을 개폐하기 위한 최대이동거리로 성형품의 최대깊이를 결정한다.

② 스트로크가 제품 깊이의 2배 이상이면 제품을 쉽게 빼낼 수 있다.

4 사출성형기의 운전

사출성형기의 동작에서 금형이 닫히는 것부터 시작하여 성형품을 빼낼 때까지를 1주기(cycle)라 한다.

(1) 운전 구분

① 수동 운전

(가) 금형의 개폐 사출 등의 동작을 각각의 스위치를 조작하여 운전하는 방법이다.

(나) 본격 작업에 들어가기 전에 사출량, 사출압력, 사출속도 등을 조절하기 위하여 사용한다.

② 반자동 운전

(가) 1사이클을 자동으로 운전하는 방법이다.

(나) 성형품을 매사이클마다 확인할 필요가 있을 때 사용된다.

③ 전자동 운전

(가) 운전을 시작한 후 정지 스위치를 누르지 않는 한 기계의 동작 사이클이 반복된다.

(나) 성형품이나 스프루가 확실하게 자동적으로 처리될 경우에 가능하다.

(2) 기본 동작

사출성형기의 기본 동작은 다음과 같다.

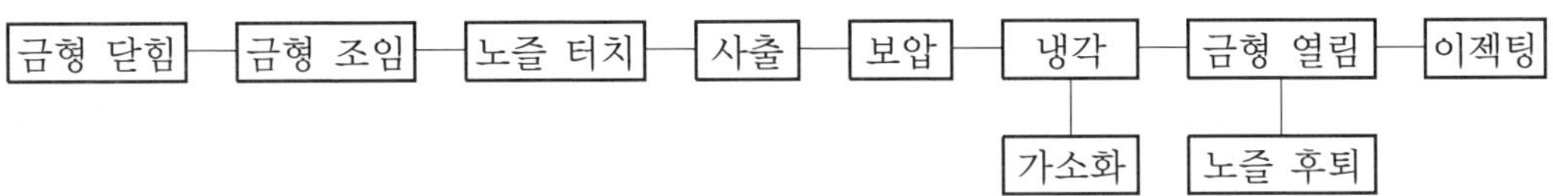

① 금형 닫힘(mold closing)과 금형 조임(mold clamping)

(가) 금형의 캐비티에 성형 재료가 사출되기 전에 금형이 닫히게 된다.

(나) 약한 힘으로 닫혀진 후 강한 힘으로 전환되고 형조임이 시작된다.

② 노즐 터치(injection unit advance)와 사출(injection)

(가) 형조임이 끝나면 사출 장치가 전진하여 스프루의 입구에 터치한다.

(나) 터치가 끝나면 스프루가 전진하여 용융된 수지를 금형의 캐비티 안으로 사출한다.

③ 보압(holding pressure)

(가) 금형 안에 사출된 용융수지는 고압으로 충전되기 때문에 역방향으로 압력이 작용되므로 용융수지가 고화될 때까지 강한 힘으로 압력을 가해 주어야 한다. 이 압력을 보압이라고 한다. 이 압력을 조정압력 또는 2차 압력이라고도 한다.

(나) 보압의 목적은 역방향 압력을 억제하며 냉각할 때 체적 감소에 의한 부족량만큼 보충하는 것이다.

④ 냉각(cooling)과 가소화(plastification)

(가) 성형품이 일정한 시간 동안 캐비티에서 고화되는 것을 큐어링(curing)이라고 한다.

(나) 큐어링하는 동안 스크루가 회전하여 호퍼로부터 수지를 공급받아 가소화시킨다.

⑤ 노즐 후퇴(injection unit retraction)와 금형 열림(mold opening)과 이젝팅(ejecting)

(가) 가소화가 끝나면 사출 장치가 후퇴하여 본래의 위치로 돌아간다. 병행하여 냉각이 끝나면 금형이 열리기 시작한다.

(나) 금형 열림이 완료될 부근에서 금형은 사출기에 고정되어 있는 이젝터 로드에 맞닿아 성형품을 밀어낸다.

예상문제

1. 사출성형기의 기본 구조가 아닌 것은?

① 사출기구(injection system)
② 형체기구(mold clamping system)
③ 유압구동부(hydraulic power system)
④ 이젝팅부(ejecting system)

해설 사출성형기의 기본 구조는 사출기구, 형체기구, 프레임, 유압구동부, 전기제어부 등으로 구성되어 있다.

2. 다음 중 사출기구에 속하지 않는 것은?

① 호퍼(hopper)
② 가열 실린더(heating cylinder)
③ 노즐(nozzle)
④ 이젝터(ejector)

3. 형체기구에 대한 설명으로 옳은 것은?

① 용융된 수지의 일정량을 높은 압력으로 금형 캐비티 내로 유압시키는 장치이다.
② 사출 시에 금형이 열리지 않도록 강력한 형체력으로 금형을 닫고 사출된 수지가 고화하면 금형을 열어 성형품을 빼낼 수 있도록 한 장치이다.
③ 사출기구, 형체기구, 유압구동부 등이 조립되어 있는 기계의 토대이다.
④ 사출기구나 형체기구를 움직이는 유압 실린더에 압력유를 공급하는 장치이다.

4. 다음 중 수평식 사출기의 특징은?

① 인서트(insert)를 사용하기가 좋다.
② 고속화가 쉽고 생산성이 높다.
③ 기계의 설치 면적이 좁다.
④ 금형의 부착 스페이스가 커서 비교적 큰 금형이 부착된다.

5. 다음 중 수직식 사출기의 특성은?

① 가열 실린더의 주위 방향에서 온도의 불균일이나 수직 흐름의 불균일이 적다.
② 성형품을 빼내기 쉽고 자동 운전이 가능하다.
③ 금형의 부착 조작이 쉽다.
④ 가열 실린더나 노즐을 손질하기가 쉽다.

6. 다음 중 플런저식 사출기구의 장점은?

① 재료의 혼련(混練) 작용이 양호하고 사출압력이 적어도 되며 유동성이 나쁜 재료가 쉽게 성형된다.
② 소형으로 고속 사출성형이 가능하다.
③ 재료의 체류 장소가 작기 때문에 분해하기 쉬운 재료에 적합하다.
④ 재료의 색상 바꿈이 쉽다.

7. 직압식 사출성형기가 아닌 것은?

① 부스터 램식 ② 보조 실린더식
③ 키로크식 ④ 슬라이드 램식

해설 직압식 사출성형기에는 부스터 램식, 보조 실린더식, 중압 실린더식, 키로크식 등이 있다.

8. 사출성형기의 능력을 표시하는 것으로 대표적인 것은?

① 사출용량 ② 가소화 능력
③ 사출압력 ④ 사출률

해설 사출용량은 1회 쇼트(shot)의 최대량을 나타내는 값으로 형체력과 함께 사출성형기의 능력을 대표하는 수치이다.

9. 사출성형기의 형조이기 힘을 설명한 것이다. 옳은 것은?(단, P : 캐비티 내의 단위 면적당 평균압력, A : 캐비티 내의 투영면적, F : 형조이기 힘)

정답 » 1. ④ 2. ④ 3. ② 4. ② 5. ① 6. ② 7. ④ 8. ① 9. ②

① $F+P>A$ ② $F>P\times A$
③ $F=P\times A$ ④ $F<P\times A$

10. 사출성형기의 형조이기 기구의 구조는 직압식과 토글식이 있다. 직압식의 특징이 아닌 것은?

① 스트로크를 크게 할 수가 있고 조정도 용이하다.
② 금형의 설치 조정이 용이하다.
③ 형열기의 시간을 단축하는 것이 용이하다.
④ 형의 개폐 속도 제어가 용이하다.

11. 사출성형에서 캐비티 내의 단위면적당 평균압력은 단위면적당 사출압력의 몇 %가 적당한가?

① 40~80 % ② 90~120 %
③ 30~150 % ④ 80~90 %

12. 스크루 실린더를 청소하는 방법이다. 잘못 설명된 항은?

① 실린더가 완전히 식은 후에 스크루를 빼낸다.
② 수지가 굳어 떨어지지 않을 경우 버너로 가열한다(500℃ 이내).
③ 스크루를 샌드 페이퍼로 가볍게 문질러 연마한다.
④ 나사는 빽빽하지 않게 조여지는 것이 정상이다.

13. 사출성형기에서 스크루의 세 가지 부분에 해당하지 않는 것은?

① 공급부 ② 압축부
③ 헤드부 ④ 계량부

14. 사출 금형에서 수지의 평균압력이 400 kgf/cm^{2}이고 캐비티의 투영면적이 40cm^{2}라면, 형조임력은 몇 tf인가?

① 14 tf ② 16 tf
③ 18 tf ④ 20 tf

해설 $F=P\times A=400\times 40=16000\text{kgf}=16\text{ tf}$

15. 다음 중 형조임 장치의 방식에 해당되지 않는 것은?

① 토글식 ② 토글 직압식
③ 직압식 ④ 수압식

16. 스크루식 사출성형기에서 재료가 진행하여 캐비티에 도달하는 순서가 맞는 것은?

① 공급부 → 압축부 → 계량부 → 캐비티부
② 압축부 → 공급부 → 계량부 → 캐비티부
③ 공급부 → 계량부 → 압축부 → 캐비티부
④ 압축부 → 계량부 → 공급부 → 캐비티부

17. 사출성형기의 형조임 장치 중 부스터 램식, 보조 실린더식, 증압 실린더식 등은 어떤 형식의 한 종류인가?

① 토글식 ② 직압식
③ 토글 직압식 ④ 키식

18. 형조임 장치의 하나인 토글식의 특징이 아닌 것은?

① 개폐 속도가 빠르다.
② 소요 동력이 작다.
③ 금형 두께에 따라 스트로크가 변한다.
④ 윤활유 관리에 주의해야 한다.

19. 사출성형기의 사출량 표시에서 기계의 이론사출용적의 몇 %를 수지의 비중에 곱하는가?

① 50 % ② 60 %
③ 70 % ④ 80 %

20. 20온스는 몇 그램인가?

① 550 g ② 567 g
③ 578 g ④ 586 g

정답 » 10. ③ 11. ① 12. ① 13. ③ 14. ② 15. ④ 16. ① 17. ② 18. ③ 19. ④ 20. ②

해설 1온스는 28.35 g이므로
$\therefore 20 \times 28.35 = 567\text{g}$

21. 사출성형기에서 사출률이란?

① 가열 실린더가 매시 성형 재료를 가소화할 수 있는 능력을 말한다.
② 노즐에서 수지가 단위시간에 사출되는 최대용적을 말한다.
③ 1회 쇼트(shot)의 최대량을 말한다.
④ 수지에 작용하는 단위면적당의 힘을 말한다.

22. 스크루의 지름 $D = 36$ mm이고 사출속도가 7 cm/s일 때 사출률을 구한 값은?

① 69.5 cm^3/s ② 71.2 cm^3/s
③ 72.8 cm^3/s ④ 74.5 cm^3/s

해설 $Q = \frac{\pi D^2}{4} \cdot v = \frac{\pi \times 3.6^2}{4} \times 7$
$= 71.2 \text{ cm}^3/\text{s}$

23. 사출성형기에서 사출 방식의 종류가 아닌 것은?

① 플런저식
② 플런저 프리플러식
③ 직압식
④ 인라인 스크루식

24. 성형품을 매사이클마다 확인할 필요가 있을 때 행하여지는 운전 방식은?

① 수동 운전 ② 반자동 운전
③ 전자동 운전 ④ 부분 운전

25. 인라인 스크루식 성형기의 각 동작 구분의 시퀀스(sequence)를 나타내었다. 맞는 것은?

① 금형 닫힘 – 금형 체결 – 노즐 터치 – 사출 – 보압 – 냉각 – 금형 열림 – 이젝팅
② 금형 열림 – 노즐 터치 – 사출 – 금형 체결 – 보압 – 냉각 – 금형 닫힘 – 이젝팅
③ 금형 닫힘 – 금형 체결 – 노즐 터치 – 사출 – 보압 – 이젝팅 – 금형 열림
④ 금형 닫힘 – 금형 체결 – 노즐 터치 – 냉각 – 보압 – 장치 후퇴 – 이젝팅

26. 다음은 보압(holding pressure)에 대하여 설명하였다. 맞지 않는 것은?

① 사출된 용융수지가 역방향으로 나오는 것을 방지해 주는 압력이다.
② 보압은 수축에 의한 불량을 막아준다.
③ 보압은 조정이 되지 않는다.
④ 보압을 2차 압력이라고도 한다.

27. 사출성형에서 가소화(plastification)는 어느 단계에서 이루어지는가?

① 금형 체결 ② 냉각
③ 이젝팅 ④ 노즐 터치

28. 다음 중 사출성형할 때 준비공정용 기기가 아닌 것은?

① 혼합기
② 건조기
③ 금형 온도 조절기
④ 호퍼 드라이어

해설 사출성형 준비공정용 기기에는 혼합기, 건조기, 호퍼 드라이어, 호퍼 로더 등이 있다.

29. 호퍼 로더에 대한 설명으로 옳은 것은?

① 스프루나 러너 등 재생 재료를 분쇄하는 장치이다.
② 재료 탱크 드라이어, 성형기 등에 자동적으로 재료를 공급시켜 주는 장치이다.
③ 재생 재료와 새 재료를 혼합시켜 주는 장치이다.
④ 재료의 습기를 제거해 주는 장치이다.

정답 » 21. ② 22. ② 23. ③ 24. ② 25. ① 26. ③ 27. ② 28. ③ 29. ②

30. 성형품의 품질에 영향을 주는 성형 조건이 아닌 것은?
① 용융수지 온도 ② 형체력
③ 사출속도 ④ 사출압력

31. 금형의 냉각수 출구와 입구의 온도차는 몇 도 정도가 적당한가?
① ±15℃ 이내 ② ±20℃ 이내
③ ±25℃ 이내 ④ ±30℃ 이내

32. 가소화 능력이란?
① 1시간에 사출할 수 있는 용량
② 단위시간당 용해할 수 있는 수지의 중량
③ 1초에 사출할 수 있는 능력
④ 가열 실린더의 전기 용량

33. 사출성형 작업을 할 때 수지의 공급에서 성형 완료까지의 순서이다. 맞는 것은?
① 실린더 – 노즐 – 호퍼 – 러너 – 캐비티 – 스프루 – 게이트
② 호퍼 – 실린더 – 노즐 – 스프루 – 러너 – 게이트 – 캐비티
③ 노즐 – 스프루 – 러너 – 게이트 – 실린더 – 호퍼 – 캐비티
④ 호퍼 – 노즐 – 실린더 – 스프루 – 러너 – 게이트 – 캐비티

34. 사출성형기에서 형조임력이 부족했을 때 나타나는 현상은?
① 핀홀 현상 ② 싱크 마크 현상
③ 플래시 현상 ④ 크랙 현상

35. 다음은 사출성형기의 구비 조건들이다. 맞지 않는 것은?
① 형체기구의 강성이 크고 휨이 클 것
② 사출압력이 높고 2차 압력의 조정이 정확할 것
③ 사이클마다 작동에 변동이 작을 것
④ 정확한 재현성이 있어야 할 것

36. 원료수지의 수송 장치는?
① 호퍼 드라이어
② 호퍼 로더
③ 혼합기
④ 천칭기

37. 사출성형기의 용량 표시 방법 중 대표적인 것은?
① 1쇼트 최대량 또는 형체력
② 형체력 또는 실린더 가열전기량
③ 모터 크기 또는 금형의 크기
④ 기계의 크기 또는 스크루의 지름

정답 » 30. ② 31. ④ 32. ② 33. ② 34. ③ 35. ① 36. ② 37. ①

1-5 사출 성형품 설계

금형을 설계하기 전에 설계자는 성형품 설계의 검토와 사용 성형기의 설명서를 검토하고 성형 작업 방법에 대한 사용자의 희망 사항 등을 검토한 다음 관계자와의 최종 협의를 거쳐 본 설계에 착수해야 한다.

1 사출금형의 설계

(1) 금형 설계의 조건

① 성형품에 필요한 형상과 치수 정밀도를 줄 수 있는 구조이어야 한다. 즉, 성형품 디자인에 특색이 있고, 또 기능을 충분히 할 수 있는 치수 정도를 가지는 성형품을 얻을 수 있어야 한다.

② 성형품의 사상 또는 2차 가공이 적도록 하여야 한다. 성형품의 끝손질이 적고 또 구멍, 홈 등 되도록이면 모두 금형으로서 성형이 되도록 한다.

③ 성형능률이 좋은 금형 구조로 되어야 한다. 즉, 러너, 게이트의 제거를 용이하게 하며, 성형품의 냉각이 빨리 되게 하고 이젝팅이 신속하고 확실하게 할 수 있는 구조로 한다.

④ 내구성이 있는 구조이어야 한다. 즉, 마모·손상이 적고 장시간 연속 운전해도 고장이 일어나지 않아야 한다.

⑤ 제작이 쉽고 적은 제작비로 될 수 있는 구조이어야 한다.

(2) 금형 설계 순서

① 사전 검토

성형품 설계의 검토, 사용 성형기의 설명서 검토, 성형 방법에 대한 사용자의 희망 사항 검토, 금형 재료의 검토 등

② 금형의 구조 선택

㈎ 캐비티 수, 배열의 결정

㉮ 성형품 생산수량이 적거나 형상이 클 때 높은 정도를 요구할 경우는 한 개의 캐비티로 하는 것이 좋다.

㉯ 성형품 생산수량이 많거나 단가(cost)를 싸게 할 경우는 여러 개의 캐비티로 하는 것이 좋다.

㈏ 파팅 라인, 러너, 게이트의 결정

㈐ 언더컷의 처리와 이젝터 방법의 결정

㈑ 온도 조절 방법의 결정 : 성형품에 잔류응력이 남지 않도록 하고 균일하게 고화시키기 위해서 금형 온도 조절이 중요하다.

③ 금형의 치수 결정
(가) 캐비티 측벽과 두께의 결정
(나) 가동 측 형판 두께의 결정
(다) 금형의 두께 및 형판 크기의 검토
④ 금형 설계 시방서와 체크 리스트를 작성한다.
⑤ 금형 구조 설계에 관하여 사용자의 승인을 받는다.
⑥ 금형 설계 완료 예정일을 정한다.
⑦ 설계 제작 : 조립도 작성, 부품도 작성, 치수 기입
⑧ 검토한다.

(3) 금형 설계 시 유의 사항

① 설계한 금형 구조에 대하여 반드시 사용자의 승인을 얻는다.
② 금형 설계 완료 예정일을 정하며, 설계 순서에 따라 일정을 정한다.
③ 주요 부품도, 일반 부품도를 작성한다.
④ 금형 제작상 지켜야 할 사항을 명확히 한다.
⑤ 설계를 재검토한다.

(4) 사출 금형의 설계 사양과 체크 리스트

사용자의 제반 요구 사항을 파악하여 금형 설계 시방서를 작성하여 설계를 진행하고 설계 완료 시에 체크 리스트를 작성하여 검토한다.

① 금형 설계 시방서 : 금형을 설계하기 전 주문처의 기술자와 협의할 때 필요 사항을 기록하는 양식이다.
② 금형 설계의 체크 리스트 : 금형 설계 후 좋음과 나쁨을 점검하는 양식이다.

2 형판 캐비티 기구 설계

(1) 표준 몰드 베이스

① 기구의 종류 : 코어(core)와 캐비티(cavity)를 갖고 있는 금형 구성품을 몰드 베이스(mold base), 몰드 프레임(mold frame), 몰드 세트(mold set), 다이 베이스(die base), 다이 세트(die set)라고 한다.
② 몰드 베이스(mold base)
(가) 캐비티 리테이너 세트(cavity retainer sets)형 : A형, B형
(나) 사이드 게이트(side gate)형 : A형, B형, C형
(다) 핀 포인트(pin point)형 : DA형, CB형, DC형, EA형, EB형, EC형

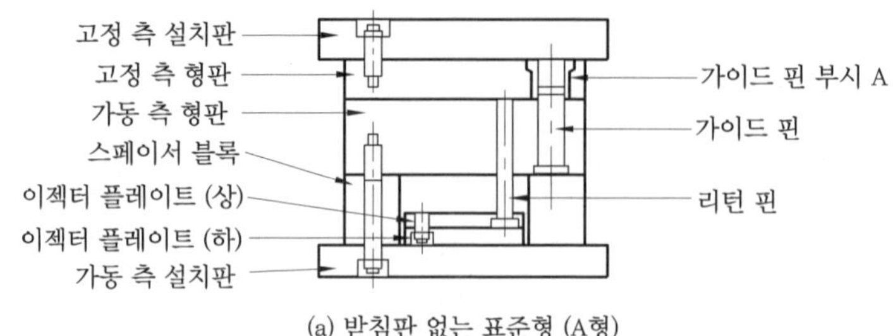

(a) 받침판 없는 표준형 (A형)

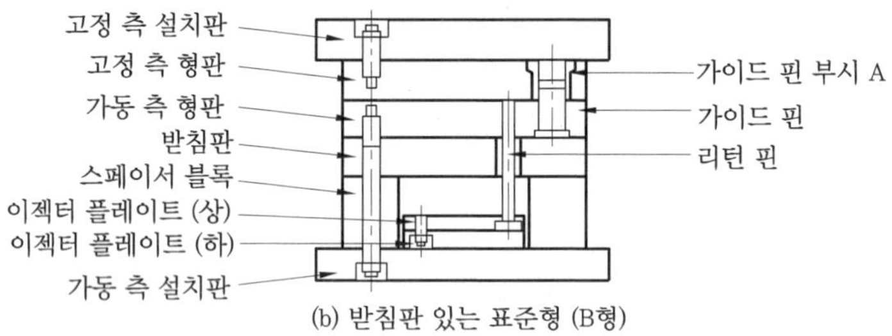

(b) 받침판 있는 표준형 (B형)

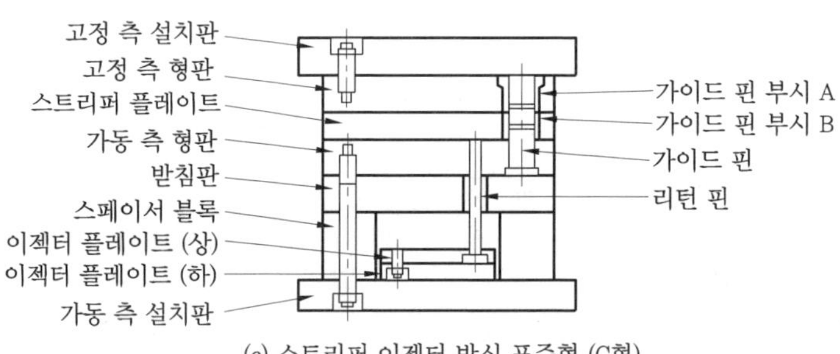

(c) 스트리퍼 이젝터 방식 표준형 (C형)

표준 몰드 베이스(side gate type)

(2) 수지용 금형의 메인 플레이트(main plate)

① 수지용 금형에 사용되는 메인 플레이트는 고정 측 형판, 가동 측 형판, 받침판 및 스트리퍼 플레이트의 네 개이다.

② 재질은 KS D 3752의 SM 50 C, SM 55 C, KS D 3711의 SCM 440, KS D 3751의 STC 7 등이 사용되고 있다.

③ 모양 및 치수는 다음과 같다.

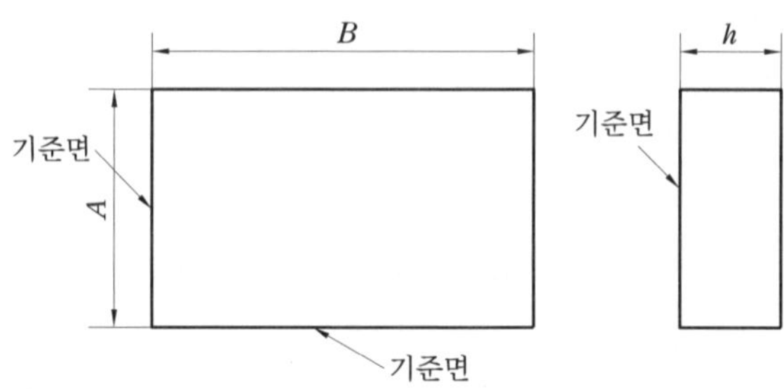

수지용 금형의 메인 플레이트

(단위 : mm)

A	B	h
150	100, 150, 200, 250, 280, 300, 350	20, 25, 30, 35, 40, 45, 50
180	180, 200, 220, 250, 300, 350, 400	20, 25, 30, 35, 40, 45, 50
200	200, 220, 230, 250, 270, 300, 350, 400, 459	20, 25, 30, 35, 40, 45, 50, 55, 60
250	230, 240, 250, 270, 300, 350, 400, 450, 500	20, 25, 30, 40, 50, 60, 70, 80
300	290, 300, 320, 350, 400, 450, 500, 550	20, 25, 30, 40, 50, 60, 70, 80, 90
350	330, 350, 400, 450, 500, 550, 600	25, 30, 40, 50, 60, 70, 80, 90, 100
400	330, 400, 450, 500, 550, 600, 650, 700	30, 40, 50, 60, 70, 80, 90, 100
450	330, 450, 500, 550, 600, 650, 700, 800	30, 40, 50, 60, 70, 80, 90, 100, 120, 140
500	330, 500, 550, 600, 650, 700, 800	30, 40, 50, 60, 70, 80, 90, 100, 120, 140
600	600, 700, 800	40, 50, 60, 70, 80, 100, 120, 140, 160
700	700, 800, 900	50, 60, 70, 80, 100, 120, 140, 160
800	800, 900, 1000	60, 80, 100, 120, 140, 160

* 비고표 중의 치수의 허용값은 KS B 0412의 1급을 적용한다.

④ 메인 플레이트를 가공할 때는 반드시 세 평면을 기준면으로 가공하여 표시해 놓는다. 가공 기준면의 정밀도에서 평면도는 300 mm에 대하여 0.02 mm로 형 조각면의 평행도는 300 mm에 대하여 0.02 mm, 직각도는 300 mm에 대하여 0.02 mm, 표면은 6.3 S로 하며, 경도는 HB 183~HB 235(HS 28~HS 35)로 한다.

⑤ 제품의 호칭 방법은 규격 명칭 $A \times B \times h$ 에 따른다.

예 수지용 금형 메인 플레이트 300×350×50

(3) 캐비티 코어 형판

캐비티 코어 형판에는 일체식 방법과 인서트 방법이 있다.

① 일체식 형판(integer cavity and core plates) : 한 개의 형판 재료로 캐비티나 코어를 제작할 때에 쓰이는 방식으로 소형이며 한 개 뽑기 금형으로 사용된다.

② 인서트 형판(insert cavity and core plates)

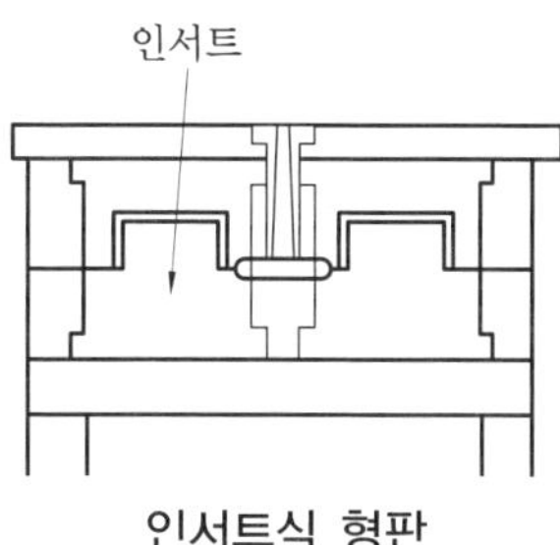

인서트식 형판

(가) 요철(凹凸) 부분을 가공하여 형판에 삽입하여 쓰는 방식으로 제작이 쉽고 금형값이 싸다.

(나) 특징

㉮ 부분적으로 적절한 재질, 적정한 경도를 선택할 수 있다.

㉯ 가공상 취급이 용이하다.

㉰ 가공 스피드의 향상으로 납기 단축이 가능하다.

㉱ 치수 정밀도의 향상과 균일성이 기대된다.

㉲ 공작기계의 능력이 작아도 된다.

㉳ 이종형재의 짜맞춤이 가능하고 형재의 이용범위가 넓어지며, 부분 담금질 도금이 쉽게 된다.

㉴ 부시 분할면은 에어벤트 효과로서 유효하게 이용된다.

㉵ 팽창, 수축, 변형 등의 도피 작용으로서 유효하다.

㉶ 국부적으로 부품 교환이 가능해지고 보수하기가 쉬워진다.

(다) 문제점

㉮ 성형품 디자인에 제약을 준다.

㉯ 일체형에 비하여 강도상으로 약해진다.

㉰ 냉각 홈, 이젝터 설계 시의 장해가 되기 쉽다.

③ 인서트 형상 : 기계 가공을 간단하게 하기 위해서 인서트는 원형이나 4각형으로 만들어야 한다.

3 성형 수축

성형 재료의 종류 및 특성에 따라 성형수축률의 범위가 정해져 있으며 같은 재료라 할지라도 제작사마다 수축률이 다소 차이가 있다.

① $\text{성형수축률} = \dfrac{\text{상온에서 금형 치수} - \text{상온에서 성형품 치수}}{\text{상온에서 금형 치수}} \times 100(\%)$

또는 $\text{상온에서 금형 치수} = \dfrac{\text{상온에서 성형품 치수}}{1 - \text{성형품 수축률}}$

② 성형수축률에 영향을 주는 요인

(가) 열적 수축 : 수지 고유의 열팽창률에 의해 나타나는 수축

(나) 탄성회복에 의한 팽창 : 성형압력이 제거되어 원상태로 되돌아갈 때 발생되는 팽창

(다) 결정화에 의한 수축 : 성형 공정에서 결정화에 따라 나타나는 체적 수축

(라) 분자배향의 완화에 의한 수축 : 수지는 유동 방향으로 늘어나지만 냉각 시 배분성이 완화되어 당기어 늘어진 분자가 원래의 상태로 되돌아가려고 하므로 수축이 일어난다.

4 파팅 라인

금형에서 성형품을 빼내기 위해서는 금형을 열어야 하는데, 이로 인하여 생기는 플래시(flash) 또는 분할선을 파팅 라인(parting line)이라고 한다. 이 파팅 라인(PL)을 정하는 데는 다음과 같은 점에 유의해야 한다.

① 눈에 잘 띄지 않는 위치 또는 형상으로 한다.
② 마무리가 잘 될 수 있는 위치에 있도록 한다.
③ 언더컷이 없는 부위를 택한다.
④ 금형의 공작이 용이하도록 부위를 정한다.
⑤ 게이트의 위치 및 그 형상을 고려한다.
⑥ 금형의 고정 측 형판과 이동 측 형판이 다소 어긋남이 생겨도 파팅 라인은 눈에 띄지 않도록 한다.

5 성형품 빼기구배

금형에서 성형품을 쉽게 빼내기 위해서는 구배가 필요하다. 이 구배는 성형품의 형상, 성형 재료의 종류, 금형의 구조, 성형품 표면의 다듬질 정도 및 표면 다듬질 방향 등에 의하여 다르다.

(1) 빼기구배의 설계 기준

① 성형품을 금형으로부터 빼내기 쉽게 하기 위하여 $1\sim2°\left(\frac{1}{30}\sim\frac{1}{60}\right)$의 구배를 준다.
② 빼기구배를 취할 수 없는 경우는 슬라이드 방식 또는 고정 코어 방식의 금형 구조로 한다.
③ 빼기구배가 있는 곳에 무늬가 있을 때는 4° 정도의 큰 빼기구배를 취한다.
④ 유리섬유, 탄산칼슘 등을 충전한 성형 재료는 수축률이 작기 때문에 빼기구배를 크게 준다.

(2) 빼기구배의 설정 기준

① 일반적인 빼기구배 : 이 경우는 $\frac{1}{30}\sim\frac{1}{60}(1\sim2°)$이 적당하며, 실용 최소 한도는 $\frac{1}{120}\left(\frac{1}{2}°\right)$이다.

② 상자 또는 덮개의 빼기구배

(가) H가 50 mm까지의 것은 $\frac{S}{H}=\frac{1}{30}\sim\frac{1}{35}$로 한다(2°).
(나) H가 100 mm 이상의 것은 $\frac{S}{H}=\frac{1}{60}$로 한다(1°).
(다) 얇은 무늬가 있는 것은 $\frac{S}{H}=\frac{1}{5}\sim\frac{1}{10}$로 한다(4°).
(라) 컵과 같은 것은 캐비티쪽보다 코어쪽의 구배를 약간 크게 주는 것이 효과적이다.

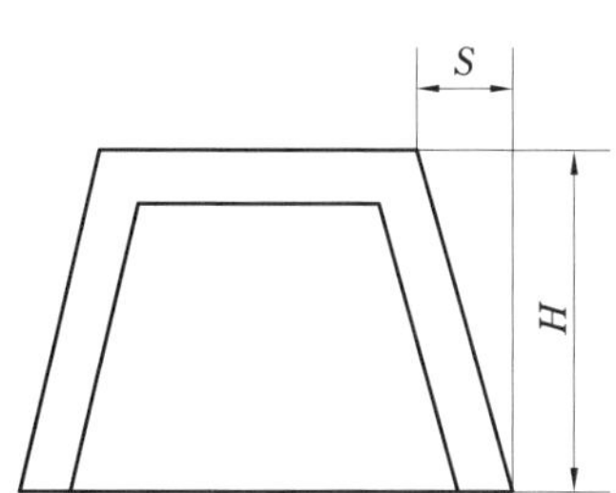

상자 또는 덮개의 빼기구배

③ 격자의 빼기구배

(가) 일반적으로 격자에 사용되는 구배는 $0.5\dfrac{A-B}{H}=\dfrac{1}{12}\sim\dfrac{1}{14}$ 정도로 한다.

(나) 격자의 피치(P)가 4 mm 이하로 될 경우에는 구배를 $\dfrac{1}{10}$ 정도로 한다.

(다) 격자의 치수(C)가 클수록 구배를 크게 잡는 것이 좋다.

(라) 격자 높이 H가 8 mm 이상일 경우 또는 빼기구배를 크게 할 수가 없는 경우에는 그림 (b)와 같이 $h<\dfrac{H}{2}$ 이하로 반대편에 구배를 준다.

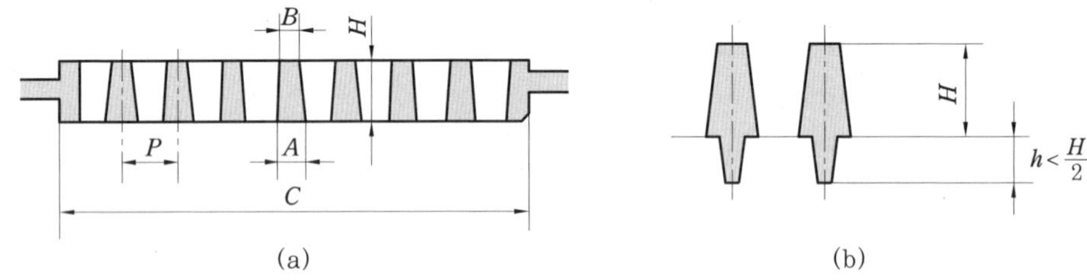

(a) (b)

격자의 빼기구배

④ 세로 리브의 빼기구배

(가) 보강 방법으로 많이 쓰이는 세로 리브의 구배는 일반적으로 측벽 바닥 두께에 의하여 정해지는데, 이 경우 많이 쓰이는 구배값은 $0.5\dfrac{A-B}{H}=\dfrac{1}{500}\sim\dfrac{1}{200}$이다.

(나) 안쪽벽, 바깥쪽 벽에 리브가 있는 경우, $A=T\times(0.5\sim0.7)$, $B=1.0\sim1.8$ mm로 한다.

(다) 싱크 마크가 발생되어도 지장이 없는 경우에는 $A=T\times(0.8\sim0.9)$, $B=1.0\sim1.8$ mm로 한다.

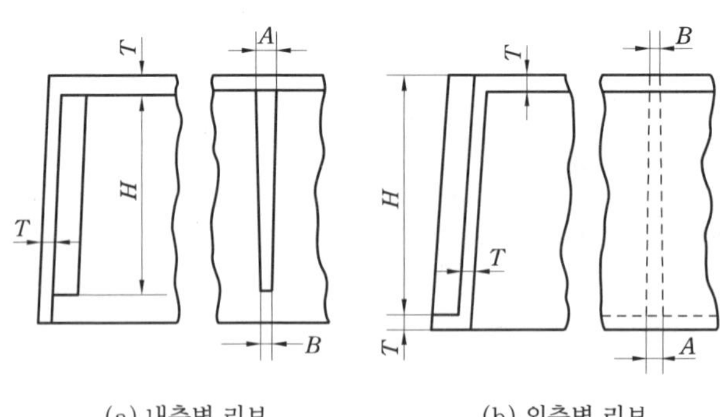

(a) 내측벽 리브 (b) 외측벽 리브

세로 리브의 빼기구배

⑤ 바닥 리브의 빼기구배

㈎ 바닥 리브는 세로 리브와 같은 용도로 쓰이며, 세로 리브와 같은 방법으로 구배를 정한다.

㈏ 일반적인 구배는 $0.5\dfrac{(A-B)}{H}=\dfrac{1}{150}\sim\dfrac{1}{100}$이다.

$A = T\times(0.5\sim0.7)$, $B=1.0\sim1.8$ mm이다.

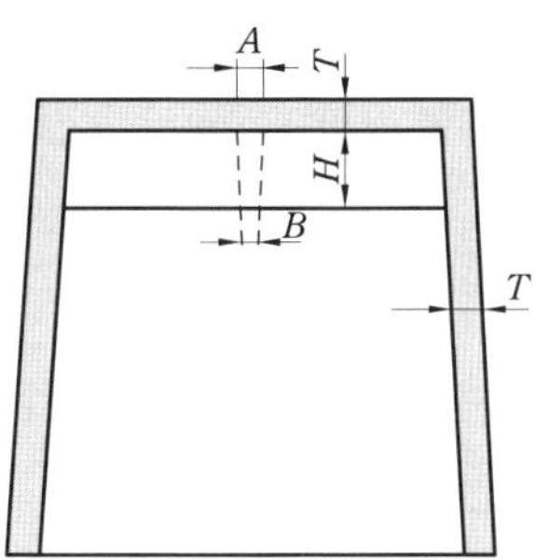

바닥 리브의 빼기구배

⑥ 보스(boss)의 빼기구배

㈎ 보스는 다른 성형품 또는 금속 부품과 나사 접합을 하기 위하여 주로 쓰인다.

㈏ 그림은 태핑 스크루용 보수의 치수를 나타내고 있으며, 일반적으로 높이 H는 30 mm 이하로 쓰는 것이 좋다. 이때 보스의 구배는 다음과 같다.

$$\frac{0.5(D-D')}{H}=\frac{1}{30}\sim\frac{1}{20}$$

T	2.5~3.0		3.5
D	7	7	8
D'	6	6.5	7
T'	$\dfrac{T}{2}$ 또는 1.0~1.5로 한다.		
d	2.6		
d'	2.3		

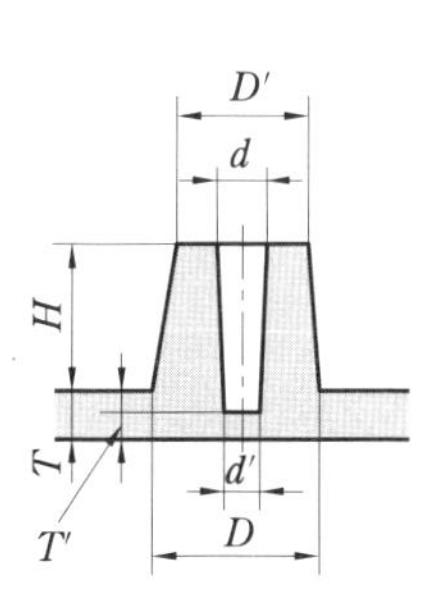

태핑 스크루용 보스

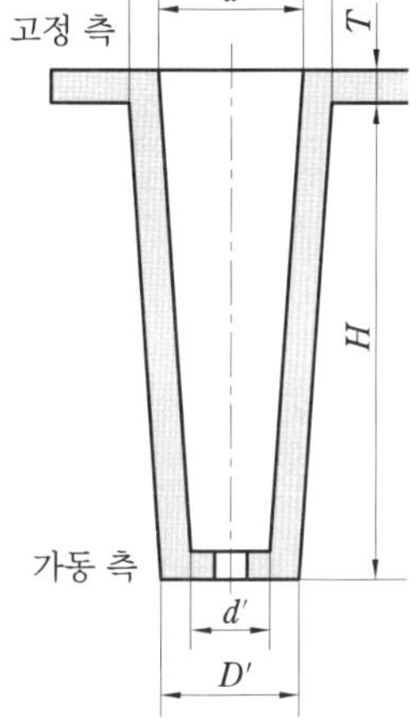

높이가 30 mm 이상인 보스

㈐ 보스의 높이 H가 30 mm 이상이며 강도가 필요한 경우는 높이가 30 mm 이상인 보스의 그림과 같은 형상으로 설계하는 경우가 많다. 이때 보스의 구배는 다음과 같다.

$$\text{내측 } 0.5\frac{d-d'}{H}=\frac{1}{50}\sim\frac{1}{30},\quad \text{외측 } 0.5\frac{D-D'}{H}=\frac{1}{100}\sim\frac{1}{50}$$

단, 내측은 외측보다 빼기구배를 많이 준다.

6 성형품의 살두께

살두께가 얇으면 성형 시간이 빠르고 재료비도 절약되나 큰 성형 압력이 필요하고 반면 살두께가 두꺼우면 냉각할 때 수축에 의한 싱크 마크나 기포가 발생되기 쉽다. 따라서 살두께는 되도록 균일하게 하는 편이 수축도 균일하고, 내부 변형도 적고 성형 재료와 시간을 절약할 수 있다.

(1) 살두께 설정 시 고려사항

① 구조상의 강도
② 금형으로부터 빠져 나올 때의 강도
③ 충격에 의한 힘의 균등한 분산
④ 인서트(insert)부의 균열 방지
⑤ 구멍, 창, 인서트부에 생기는 웰드의 보강
⑥ 살이 두꺼운 부분에 생기는 싱크 마크의 방지
⑦ 나이프 에이지 모양의 부분 및 얇은 부분의 충전 부족 방지

(2) 살두께 설계 기준

① 두께는 될 수 있는 한 균일하게 하고 가급적이면 불연속적인 두께 변화가 있지 않도록 한다.

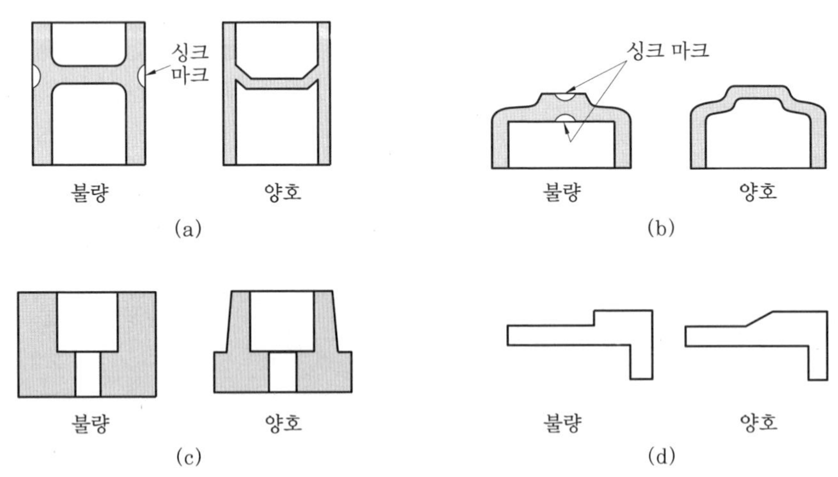

균일한 살두께

② 게이트 부근은 어느 정도 두껍게 하고 게이트로부터 거리가 멀어짐에 따라 약간 얇게 한다.
③ 부품이 기능상의 요구에 의해 두께의 변화를 주어야 할 때는 그 부분에 R를 가능한 크게 주어야 한다(R는 최저 0.3 mm).

④ 인서트의 외주 살두께는 다음에 의해 정한다.

살두께 ≧ 인서트의 바깥지름 × 0.7

⑤ 힌지부의 살두께는 0.3~0.5 mm로 한다.

(3) 유동비와 살두께의 관계

성형품의 유동거리와 살두께의 비(L/t)를 유동비라 한다. 이 유동비가 클수록 성형이 어려워지므로 유동비가 크게 되지 않도록 게이트의 수와 살두께를 결정한다.

7 성형품 보강과 변형 방지

(1) 변형 발생 요인

① 각부의 냉각속도차에 의해서 발생한다.

② 유동 방향에 의한 성형 수축의 이방성(異方性)에 의해 발생한다.

③ 내부응력에 의해서 발생한다.

④ 코어가 쓰러짐으로써 편육(偏肉)하는 경우

⑤ 성형 압력에 의하여 금형이 변형하는 경우

(2) 보강과 변형 방지

① 모서리의 보강 : 성형품의 모든 모서리 부분은 응력 집중이 되어 있으므로 응력을 분산시키기 위하여 모서리에 R를 붙여줌으로써 변형을 감소시키고 흐름을 좋게 한다.

(가) 모서리 R는 설계상 허용되는 범위에서 최대의 값을 취하도록 한다.

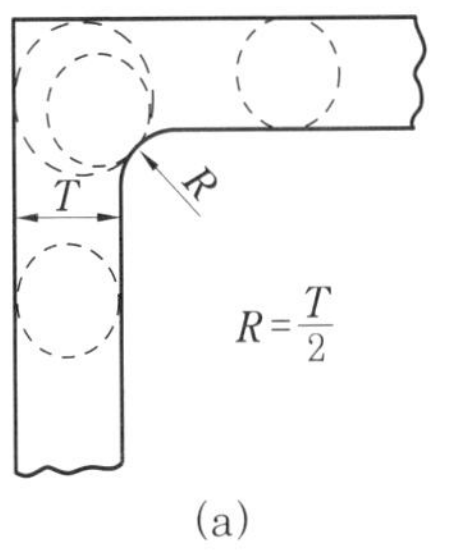

(a)

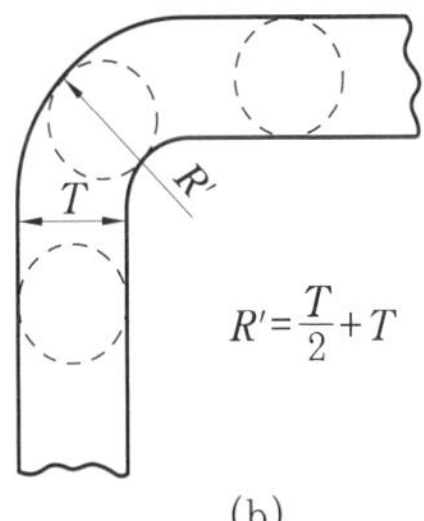

(b)

모서리부의 설계

(나) 모서리부의 설계 그림에서 보는 바와 같이 내부 모서리에는 두께(T)의 $\frac{1}{2}$배, 외부 모서리에는 두께(T)의 1.5배를 주는 것이 적당하다.

즉 $R = \frac{T}{2}$, $R' = \frac{T}{2} + T$로 한다.

(다) 성형품의 기능상 모서리 R를 크게 할 수 없는 경우라도 $0.3R$ 이상은 필요하다.

(라) R/T와 응력계수의 관계 그림에서 보는 바와 같이 R를 증가시키면 응력계수는 감소되나 살두께를 증가시키면 응력계수는 증가한다.

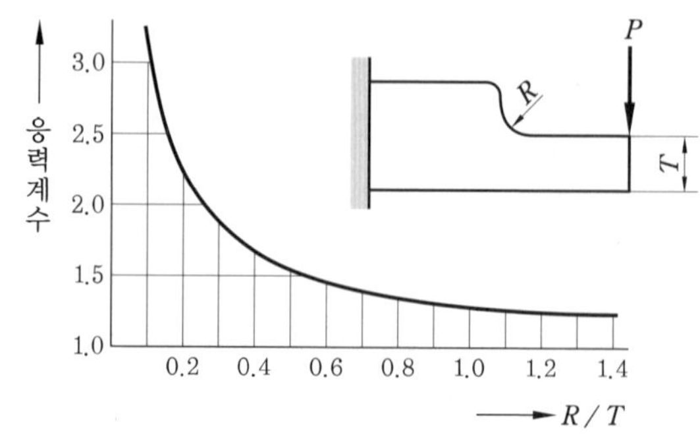

R/T와 응력계수의 관계

(마) 유리섬유 강화수지의 빼기구배 및 캐비티면의 모서리의 R는 PS 수지보다 크게 준다.

② 측벽 및 테두리의 보강

용기나 상자 모양의 성형품을 설계할 때 중요한 점은 측벽 및 테두리를 보강하여 내부응력을 흡수하고 변형을 방지하여 양호한 제품이 되도록 하는 것이다.

(가) 측벽 및 테두리 보강 그림에서 측벽 및 테두리의 구조는 (a)→(e)로 갈수록 보강 효과가 크다.

(나) 측벽의 형태 그림은 측벽의 평면도로서 그림 (a)와 같이 직선이면 내부응력이 전체적인 변형으로 나타나 그림과 같이 중앙부분이 오목으로 되어서 제품 가치가 저하된다. 그림 (b)와 같이 중앙 부분에서 볼록(凸)으로 하면 내부응력을 측벽에서 흡수하여 전체적인 변형이 없어진다.

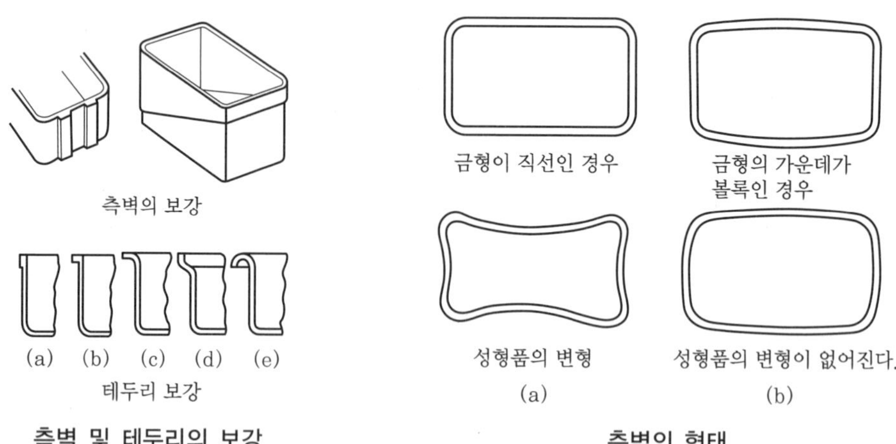

측벽 및 테두리의 보강　　　측벽의 형태

③ 용기의 바닥 부분의 보강

용기의 바닥 부분은 측벽과 같이 강성을 갖도록 함과 동시에 내부응력을 흡수하도록 하는 것이 좋다. 용기의 바닥 부분의 보강 그림에서와 같이 물결 모양(파형), 가운데를 높게 하는 피라밋형(산형), 바닥 가장자리 부분에 R를 만들어 주어 응력을 분산하는 형 등으로 설계하는 보강 방법이 있다.

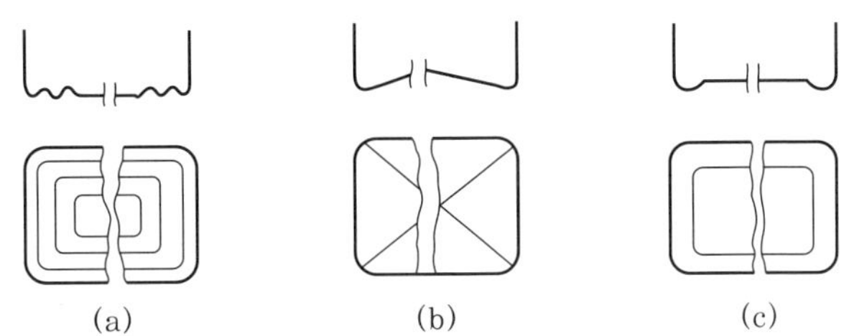

용기의 바닥 부분의 보강

④ 리브에 의한 보강 : 리브는 두께를 두껍게 하지 않고 강성이나 강도를 부여하기 위한 방법으로 성형품에 이용되고, 또 넓은 평면의 휨을 방지하기 위해서도 사용된다.

㈎ 그림 (a)의 리브에서 성형품의 두께를 t, 리브의 두께를 S라 하면 $S < t$가 되도록 한다. 즉, 리브의 두께는 될 수 있는 한 성형품 두께 이하로 하여야 반대쪽에 싱크 마크가 발생하지 않는다.

㈏ $S = (0.5 \sim 0.7)t$가 이상적이지만 공작상 가공이 곤란한 경우는 $S = (0.8 \sim 0.9)t$로 해도 된다.

㈐ 리브의 테이퍼는 5° 정도로 한다.

㈑ 리브의 두께에는 응력 집중을 피하기 위하여 반드시 R를 붙인다. R의 크기는 $\frac{S}{4}$ 정도가 좋다.

㈒ 성형품의 강도상 큰 리브를 필요로 할 때는 그림 (b)의 리브와 같이 하지 않고 그림 (c)와 같이 얇은 리브의 수를 필요에 따라 증가시키는 것이 좋다.

㈓ 그림 (d)와 같이 리브의 반대쪽에 싱크 마크가 발생하기 쉬운 곳에 무늬를 넣으면 싱크 마크를 없앨 수 있다.

㈔ 리브의 피치는 살두께의 4배 이상으로 하는 것이 좋다.

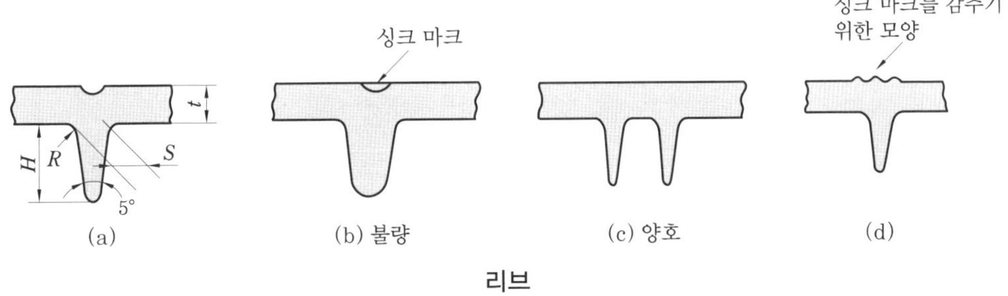

리브

8 보스

보스는 구멍의 보강 조립 시의 끼워맞춤, 나사조립용 등으로 사용되므로 그 형상과 위치 등은 최종 제품의 상용 상태, 각 부품의 조립 상태, 금형 설계상의 제약을 충분히 고려해서 정해야 한다.

① 보스의 보강 그림은 보스를 높게 할 필요가 있을 때 보스의 측면에 리브를 붙여서 재료의

흐름을 보강한 예이다.

② 보스의 위치는 그림과 같이 보스의 위치를 안쪽으로 설치하고 보스의 다리는 0.3~0.5 mm 나오게 설계한다.

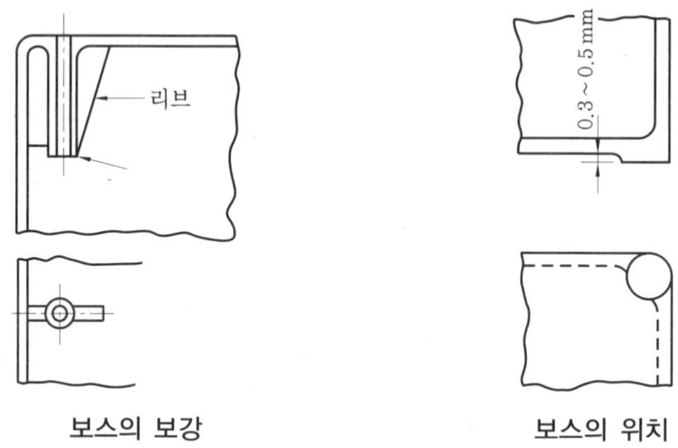

보스의 보강　　　보스의 위치

③ 보스는 살두께가 두꺼우면 반대쪽 면에 싱크 마크가 발생하기 쉽고 또 높이가 높은 보스는 공기가 빠지지 않고 충전 부족을 일으키기 쉬우므로 되도록 피하는 것이 좋다.

④ 근본부는 반드시 R를 준다.

⑤ 관통구멍의 보스는 반드시 그 주변에 웰드 라인이 발생하는 것을 고려하여 설계한다.

9 구멍

성형품에는 구멍이 많이 쓰이고 있다. 구멍이 있는 성형품에는 웰드 마크가 발생되어 강도를 약화시키는 원인이 되므로 다음 몇 가지 점에 유의하여 성형품을 설계해야 한다.

① 구멍과 구멍 사이의 피치는 구멍 지름의 2배 이상으로 잡는다.

② 구멍 주변의 살두께는 두껍게 한다.

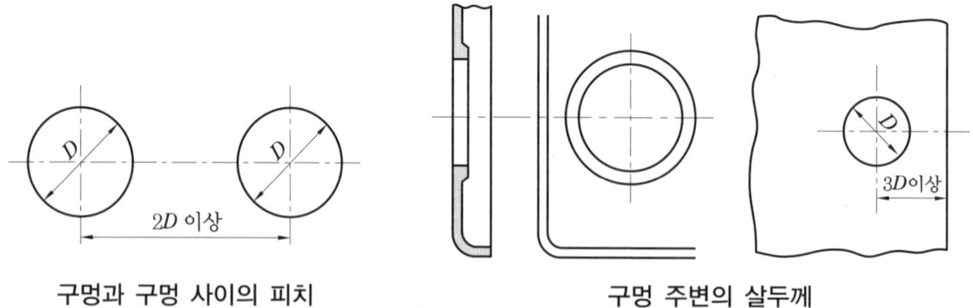

구멍과 구멍 사이의 피치　　　구멍 주변의 살두께

③ 구멍과 성형품 가장자리의 거리는 구멍지름의 3배 이상이 좋다.

④ 구멍 주위에 웰드 마크가 생겨서는 안 될 경우는 관통구멍 주변의 웰드 마크를 방지하여 후가공으로 구멍을 만드는 방법이 좋다.

10 성형나사의 설계

성형나사는 어떠한 경우이든 나사를 조립할 때 느슨하게 조립되도록 조립여유가 있는 것이 중요하다.

① 나사의 피치는 약 0.75 mm(32산) 이상으로 하는 것이 좋다. 최대 피치는 5.0 mm가 실용상 한도이다.
② 길이가 긴 나사는 수축으로 인하여 피치가 작아지므로 피하는 것이 좋다.
③ 공차가 수축값보다 작을 경우는 적합하지가 않다.
④ 나사의 끼워맞춤은 지름에 따라 다르나 0.1~0.4 mm 정도의 틈새를 준다.
⑤ 나사에는 반드시 $\frac{1}{15} \sim \frac{1}{25}$의 빼기구배를 준다.

11 금속 인서트

금속 인서트(insert)는 조립을 편리하게 하며 전기 기구의 절연단자에도 사용된다.

① 금속 인서트는 금형에 잘 끼워 넣을 수 있어야 하며, 성형능률을 저하시키지 않도록 설계되어야 한다.
② 그림 (a), (b), (c), (d)는 인서트를 성형품에 고정하는 방법을 나타내고 있다.
③ 인서트물 외측의 성형품 두께(T)는 재료에 따라 다르지만 일반적으로 인서트물의 지름(D)의 70 % 정도이다. 즉 $T = 0.7 \times D$로 하면 지장이 없다.
④ 인서트와 수지의 열팽창계수가 다르므로 인서트 주위에 크랙이 발생하는 수가 있으므로 연신율이 작은 일반용 폴리스티렌, 아크릴 등은 인서트를 피한다.

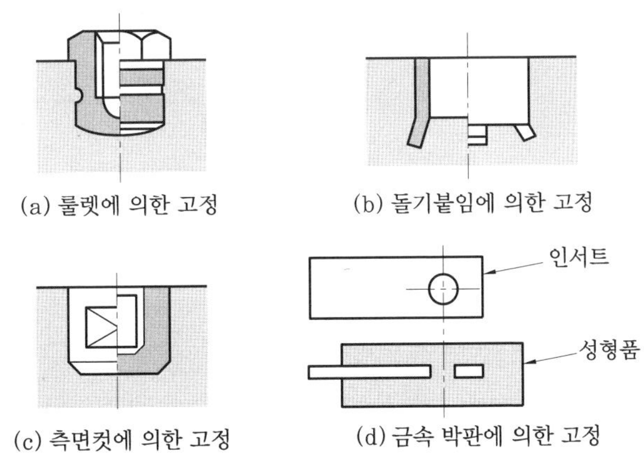

(a) 룰렛에 의한 고정
(b) 돌기붙임에 의한 고정
(c) 측면컷에 의한 고정
(d) 금속 박판에 의한 고정

인서트의 고정 방법

예상문제

1. 다음 중 사출성형품 설계를 하는 목적이 아닌 것은?

① 성형능률 향상
② 사출성형 조건 설정 용이
③ 금형 원가 절감
④ 금형 제작 용이

해설 사출성형품 설계 목적 : 양호한 품질, 성형능률 향상, 금형 원가 절감, 금형 제작 용이

2. 다음 중 성형수축률에 영향을 주는 요인이 아닌 것은?

① 금형 재질에 의한 수축
② 탄성회복에 의한 팽창
③ 결정화에 의한 수축
④ 열적 수축

해설 성형수축률에 영향을 주는 요인은 열적 수축, 탄성회복에 의한 팽창, 결정화에 의한 수축, 분자 배향의 완화에 의한 수축, 성형품 형상에 의한 수축, 성형 조건에 의한 수축 등이다.

3. 사출성형품의 치수 정도에 영향을 주는 요인이 아닌 것은?

① 성형 조건
② 금형의 정밀도
③ 성형 수축
④ 금형의 다듬질 정도

해설 사출성형품의 치수 정도에 영향을 주는 요인으로는 성형 수축, 성형 조건, 금형의 정밀도 등이 있다.

4. 다음은 성형품 살두께에 대하여 설명하였다. 맞지 않는 것은?

① 살두께는 균일하여야 하며 살이 두꺼운 부분이 필요하면 서서히 변화시킨다.
② 유동길이와 살두께의 비가 과대하게 되지 않도록 게이트의 수 또는 살두께를 정한다.
③ 성형품의 강도를 보강할 필요가 있을 때에는 리브(rib)나 보스(boss)를 설치한다.
④ 성형품의 살두께를 균일하게 하기 위하여 측벽이나 테두리를 보강한다.

5. 성형품 모서리에 라운딩(rounding)을 주는 목적은?

① 모서리에 내부응력이 집중되고 변형되는 것을 방지한다.
② 측벽의 경도를 보강한다.
③ 유동길이와 살두께의 비를 알맞게 한다.
④ 분자 배향의 완화에 의한 수축을 방지한다.

6. 내부 구석 라운딩(rounding)의 크기는?

① 두께의 $\frac{1}{2}$배
② 두께의 1배
③ 두께의 1.5배
④ 두께의 2배

7. 외부 구석 라운딩(rounding)의 크기는?

① 두께의 1배 ② 두께의 1.5배
③ 두께의 2배 ④ 두께의 2.5배

8. 성형품에 리브를 붙이는 목적은?

① 두께를 두껍게 하지 않고 강도를 증가시켜 준다.
② 응력 집중을 분산시켜 균열을 방지한다.
③ 성형품의 치수 정도를 높인다.
④ 성형 능력을 향상시킨다.

정답 » 1. ② 2. ① 3. ④ 4. ④ 5. ① 6. ① 7. ② 8. ①

9. 성형품의 두께를 t, 리브의 두께를 S라 하면 다음 중 t와 S의 관계를 바르게 나타낸 관계식은?

① $S = t$ ② $S > t$
③ $S < t$ ④ $S \geq t$

해설 리브의 두께는 될 수 있는 한 성형품 두께 미만으로 하여야 반대쪽에 싱크 마크(sink mark)가 발생하지 않는다.

10. 리브의 두께는 성형품 두께의 몇 %가 적당한가?

① 10~20 % ② 40~60 %
③ 50~70 % ④ 80~100 %

해설 $S = (0.5 \sim 0.7)t$가 이상적이지만 공작상 가공이 곤란한 경우는 $S = (0.8 \sim 0.9)t$로 해도 된다.

11. 리브의 테이퍼는 몇 도(°) 정도가 적당한가?

① 3° ② 4°
③ 5° ④ 6°

12. 성형품에 리브(rib)를 붙여 설계할 때의 요점이다. 거리가 먼 것은?

① 리브는 성형품의 강도를 보강하기 위한 것이므로 크게 설치하는 것이 좋다.
② 성형품의 강도상 큰 리브를 필요로 할 때는 얇은 리브의 수를 필요에 따라 증가시키는 것이 좋다.
③ 리브(rib)의 피치는 살두께의 4배 이상으로 하는 것이 좋다.
④ 리브의 테이퍼는 5° 정도가 적당하다.

13. 다음은 보스(boss)에 대한 설명이다. 잘못 설명된 것은?

① 살두께가 두꺼운 것과 높이가 높은 보스는 피하는 것이 좋다.
② 보스를 높게 할 필요가 있을 경우 보스 측면에 리브를 붙여서 보강한다.
③ 보스의 위치는 성형품 안쪽에 설치하는 것이 좋다.
④ 보스는 성형품의 강도를 보강할 목적으로 설치한다.

14. 파팅 라인을 정하는 데 유의해야 할 사항이다. 거리가 먼 것은?

① 눈에 잘 띄는 위치 또는 형상으로 한다.
② 마무리가 잘 될 수 있는 위치에 있도록 한다.
③ 금형의 공작이 용이하도록 부위를 정한다.
④ 언더컷(undercut)이 없는 부위를 택한다.

15. 금형에서 성형품을 쉽게 빼내기 위해서는 구배가 필요하다. 보통의 경우 얼마 정도가 적당한가?

① 0.5~1° ② 1~2°
③ 3~4° ④ 5~6°

16. 사출성형에서 상자 또는 덮개형 성형품을 만들려고 한다. 드래프트의 양으로 가장 적당한 것은?

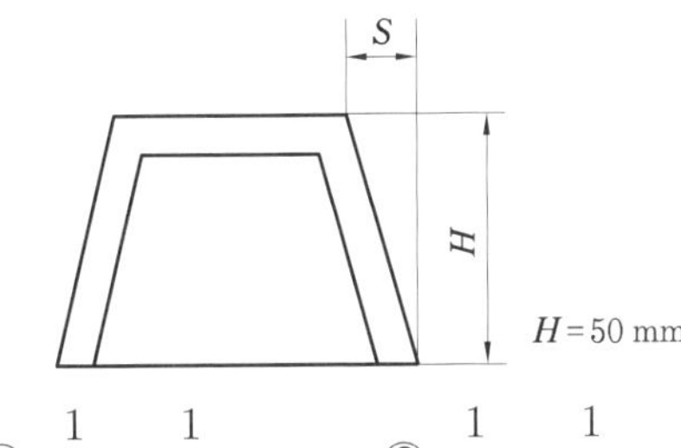

① $\frac{1}{30} \sim \frac{1}{35}$ ② $\frac{1}{60} \sim \frac{1}{65}$
③ $\frac{1}{5} \sim \frac{1}{10}$ ④ $\frac{1}{80} \sim \frac{1}{90}$

17. 보통 격자에 사용되는 빼기구배 값은?

① $\frac{1}{5} \sim \frac{1}{8}$ ② $\frac{1}{8} \sim \frac{1}{10}$

정답 » 9. ③ 10. ③ 11. ③ 12. ① 13. ④ 14. ① 15. ② 16. ① 17. ③

③ $\frac{1}{12} \sim \frac{1}{14}$　　④ $\frac{1}{14} \sim \frac{1}{16}$

18. 보강 방법으로 많이 쓰이는 세로 리브의 구배 값은 일반적으로 얼마 정도가 적당한가?

① $\frac{1}{200} \sim \frac{1}{300}$　　② $\frac{1}{200} \sim \frac{1}{500}$

③ $\frac{1}{400} \sim \frac{1}{600}$　　④ $\frac{1}{500} \sim \frac{1}{800}$

19. 태핑 스크루용 보스의 높이 치수는 30 mm 이하로 쓰는 것이 좋다. 이때 보스의 구배값은?

① $\frac{1}{20} \sim \frac{1}{30}$　　② $\frac{1}{30} \sim \frac{1}{40}$

③ $\frac{1}{40} \sim \frac{1}{50}$　　④ $\frac{1}{50} \sim \frac{1}{60}$

20. 구멍이 있는 성형품을 설계할 때 유의점이다. 거리가 먼 것은?

① 구멍과 구멍의 피치는 구멍지름의 2배 이상으로 접는다.
② 구멍 주변의 살두께는 두껍게 한다.
③ 구멍과 성형품 가장자리(edge)의 거리는 구멍지름의 3배 이상이 좋다.
④ 구멍 주위에는 플로 마크(flow mark)가 생기기 쉬우므로 대책을 세워 설계해야 한다.

해설 구멍 주위에는 웰드 마크(weld mark)가 발생되기 쉽다.

21. 나사부를 갖는 성형품을 설계할 경우의 유의점이다. 맞지 않는 것은?

① 나사산의 피치는 약 0.75 mm 이상으로 하는 것이 좋다. 최대 피치는 5.0 mm가 실용상 한도이다.
② 공차가 수축값보다 클 경우는 적합하지가 않다.
③ 나사는 반드시 $\frac{1}{15} \sim \frac{1}{25}$의 빼기구배를 준다.
④ 나사의 끼워맞춤은 지름에 따라 다르나 0.1~0.4 mm 정도의 틈새를 준다.

해설 공차가 수축값보다 작을 경우는 적합하지 않다.

22. 금속 인서트(insert)의 지름을 D, 성형품의 두께를 T라고 하면 관계식은?

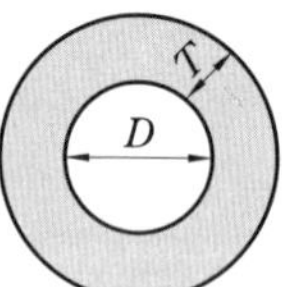

① $T = D \times 0.5$
② $T = \frac{D}{0.5}$
③ $T = D \times 0.7$
④ $T = \frac{D}{0.7}$

23. 금속 인서트(insert)를 성형품에 고정하는 방법이 아닌 것은?

① 룰렛에 의한 고정
② 돌기붙임에 의한 고정
③ 측면컷(cut)에 의한 고정
④ 나사에 의한 고정

24. 성형품을 설계할 때 고려해야 할 사항들이다. 거리가 먼 것은?

① 파팅 라인에 대한 고려
② 빼기구배에 대한 고려
③ 캐비티 분할 및 입자(insert)에 대한 고려
④ 성형 조건에 대한 고려

25. 성형품 테두리의 설계 시 가장 보강 효과가 큰 것은?

① 　② 

③ 　④ 

정답 » 18. ② 19. ① 20. ④ 21. ② 22. ③ 23. ④ 24. ④ 25. ④

26. 성형품의 두께는 균일하게 하는 것이 좋다. 다음 중 불균일할 때 나타나는 현상이 아닌 것은?

① 싱크 마크(sink mark)의 원인이 된다.
② 성형 사이클이 길어진다.
③ 웰드 마크(weld mark)의 원인이 된다.
④ 성형품의 변형 원인이 된다.

27. 성형품의 두께를 두껍게 하지 않고 강도를 증가시키는 효과가 있는 것은?

① 리브 ② 라운딩
③ 스프루 ④ 게이트

28. 성형품의 변형을 방지하기 위한 방법이다. 적합하지 않은 것은?

① 성형품 측벽에 리브(rib)를 설치한다.
② 성형품 모서리에 R를 붙인다.
③ 평판부에 만곡·물결 모양의 요철을 만든다.
④ 성형품의 평판부에 보스를 설치한다.

29. 성형품 구멍부의 보강 조립 시 끼워 맞춤할 경우 이용하는 방법은?

① 리브 보스
② 보스
③ 모서리에 R를 준다.
④ 평판에 요철을 만든다.

30. 플라스틱 사출성형품에서 성형나사를 적용할 때 주의사항으로 옳지 않은 것은?

① 나사산은 32산(0.75 mm) 이하는 피한다.
② 긴 나사는 수축으로 피치가 작아지므로 피한다.
③ 공차가 수축값보다 클 경우는 피한다.
④ 나사는 반드시 $\frac{1}{15} \sim \frac{1}{25}$의 드래프트를 붙인다.

31. 성형품 치수가 200 mm이고, 성형수축률이 $\frac{8}{1000}$일 때 상온의 금형 치수는 얼마로 가공해야 하는가?

① 150.75 mm ② 150.05 mm
③ 201.6 mm ④ 200.6 mm

해설 상온에서의 금형 치수

$$= \frac{\text{상온 성형품 치수}}{1-\text{성형수축률}} = \frac{200}{1-0.008}$$

$$= \frac{200}{0.992} \fallingdotseq 201.6 \text{ mm}$$

32. 다음 중 성형수축률을 고려한 상온에서의 금형 치수를 구하는 공식은?(단, 상온에서 금형 치수 : A, 상온에서의 성형품 치수 : B, 성형수축률 : C라고 가정한다.)

① $A = \frac{C}{1-B}$ ② $A = \frac{B}{1-C}$
③ $A = \frac{C}{1+B}$ ④ $A = \frac{B}{1+C}$

정답 » 26. ③ 27. ① 28. ④ 29. ② 30. ③ 31. ③ 32. ②

2. 사출 금형 및 부품 설계

2-1 유동 기구 설계

(1) 게이트 기구의 설계

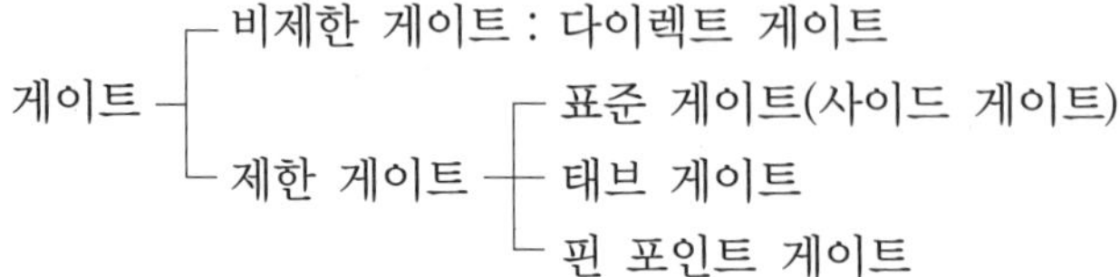

① 비제한 게이트 : 비제한 게이트에는 다이렉트 게이트가 있으며, 극히 범용적으로 채용되고 있다. 그 특성을 살펴보면 다음과 같다.

㈎ 압력손실이 작다.

㈏ 수지량이 절약된다.

㈐ 금형의 구조가 간단하고 고장이 적다. 단, 스프루의 끝 다듬질을 충분히 해야 한다.

㈑ 스프루의 고화 시간이 비교적 길기 때문에 사이클이 길어지기 쉽다.

㈒ 게이트의 후가공이 필요하며 상품가치를 저하시키지 않는 연구가 필요하다.

㈓ 잔류응력, 압력과 충전변형이 생기기 쉽고 게이트 크랙이 발생하기 쉽다.

② 제한 게이트 : 제한 게이트는 게이트가 급속하게 굳어지도록 게이트의 단면적을 제한한 것으로, 비제한 게이트에 비해 다음과 같은 특성이 있다.

㈎ 게이트 부근의 잔류응력, 변형의 감소가 기대된다.

㈏ 성형품의 변형이 감소되기 때문에 굽힘, 크랙, 뒤틀림 등이 감소된다.

㈐ 수지가 게이트를 통과할 때 저항열을 발생하여 유동성이 개선된다.

㈑ 게이트 실(seal) 시간이 짧으므로 사이클을 단축시킬 수가 있다.

㈒ 다수개뽑기, 다점 게이트일 때 게이트 밸런스를 맞추기 쉽다.

㈓ 게이트 제거가 쉽다.

㈔ 게이트 통과 시 압력손실이 크다.

(2) 게이트 종류와 치수 결정

① 다이렉트 게이트(direct gate or sprue gate) : 원추 형상의 게이트로서 스프루가 그대로 게이트가 되는 것이다.

㈎ 성형기 노즐에서 스프루에 들어간 수지를 직접 캐비티에 유입하기 때문에 사출압력 손실이 적다.

㈏ 성형성이 비교적 좋아 어떤 종류의 수지에도 용이하게 적용할 수 있다.

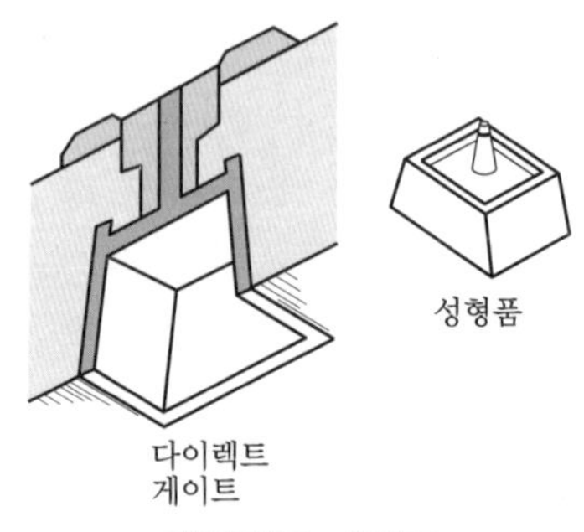

다이렉트 게이트

㈐ 스프루 내의 고화 시간이 길므로 사이클이 길어진다.

㈑ 잔류응력 또는 배향이 일어나기 쉬우므로 게이트 주변에 링 모양의 리브를 돌려서 보강하는 것이 좋다.

㈒ PE, PP 등 유동 방향과 직각 방향과의 수축률이 크게 차이가 있는 수지에서 얇고 넓은 성형품을 다이렉트 게이트로 성형할 경우에는 굽힘, 뒤틀림 등이 발생하는 수가 있다.

㈓ 게이트의 반대편에는 온도가 저하된 수지가 캐비티 내로 흘러 들어가는 것을 막기 위하여 성형품 살두께의 $\frac{1}{2}$ 되는 두께로 콜드 슬러그 웰을 설치할 필요가 있다.

㈔ 스프루 입구 지름은 노즐 구멍 지름에 좌우되며 노즐 구멍 지름보다 0.5~1.0 mm 정도 크게 하고, 테이퍼 각도는 2~4° 정도로 한다.

② 표준 게이트(standard gate or side gate) : 소형에서 중형까지의 다수개 캐비티 금형에 많이 사용되고 표준적인 게이트로서 성형품의 측면에 제한 주입부를 갖는 게이트이다. 이 게이트의 특성은 다음과 같다.

㈎ 단면 형상이 단순하기 때문에 가공이 용이하다.

㈏ 게이트의 치수를 정밀하게 가공할 수 있다.

㈐ 게이트의 치수는 쉽고 신속하게 수정할 수 있다.

㈑ 캐비티의 충전속도는 게이트 고화 시간에 거의 영향을 받지 않고 조절할 수 있다.

㈒ 보통의 성형 재료는 대부분 이 형식의 게이트로 성형할 수 있다.

㈓ 일반적으로 다수개뽑기를 할 때에 사용된다.

㈔ 게이트의 폭과 길이에 대한 경험식은 다음과 같다.

수지	PS, PE	POM, PC, PP	PA, PVAC, PMMA	PVC
수지상수(n)	0.6	0.7	0.8	0.9

$$h = nt, \quad W = \frac{n\sqrt{A}}{30}, \quad L = 0.8\,W$$

여기서, h : 게이트 깊이(mm), t : 성형품 두께(mm), n : 수지상수

A : 성형품 외측의 표면적(mm²), W : 게이트의 폭(mm), L : 랜드(mm)

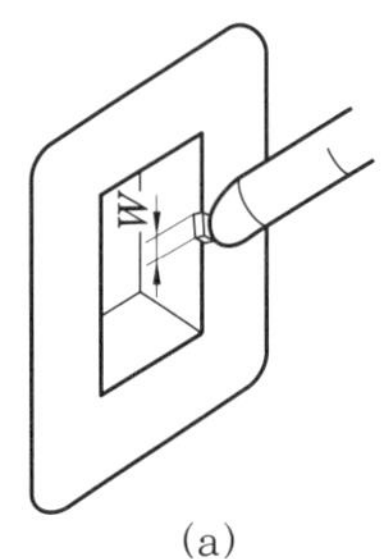

(a)

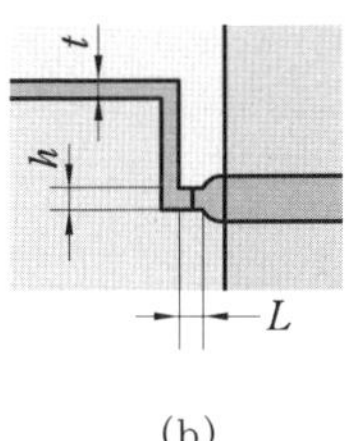

(b)

표준 게이트

(아) 게이트를 설계할 때는 다음과 같은 점을 유의해야 한다.

㉮ W가 러너 지름보다 클 때는 팬 게이트를 사용한다.

㉯ W와 h에서는 h가 우선적으로 결정되어야 하며 W와 h의 비율은 일반적으로 3 : 1을 표준으로 하고 있다.

㉰ 일반적으로 사용되는 게이트의 깊이는 0.5~1.5 mm, 폭은 1.5~5 mm, 게이트 랜드는 0.5~2.5 mm가 보통이나 대형 성형품의 복잡한 형상의 것은 게이트의 깊이 2~2.5 mm(성형품 살두께의 70~80 % 정도), 폭은 7~10 mm, 게이트 랜드(L)는 2.0~3.0 mm의 정도가 사용된다.

③ 오버랩 게이트(overlap gate, straight top gate)

기본적으로는 표준 게이트와 같지만 이 게이트는 성형품의 측면이 아닌 코어 쪽에 설치하며, 특징은 다음과 같다.

(가) 성형품에 플로 마크가 발생하는 것을 방지하기 위해 표준 게이트 대용으로 사용한다.

(나) 성형품의 측면부가 아니고 파팅면에 게이트 자국이 남게 되므로 게이트 제거 및 다듬질하는 데 주의해야 한다.

(다) 게이트 치수 결정식은 다음과 같다.

㉮ 랜드$(L_1) = 2 \sim 3$ mm

㉯ 게이트의 폭$(W) = \dfrac{n \times \sqrt{A}}{30}$ [mm]

㉰ 게이트의 깊이$(h) = n \times t$ [mm]

㉱ 랜드$(L_2) = h + \dfrac{W}{2}$ [mm]

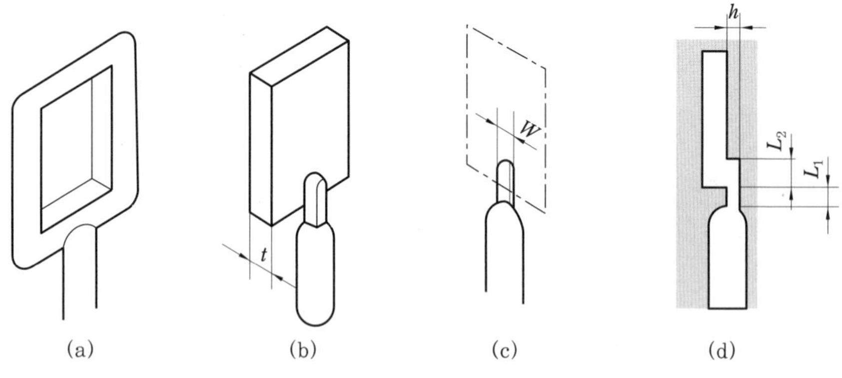

오버랩 게이트

④ 디스크 게이트(disk gate)

디스크 게이트란 그림에 나타낸 바와 같이 원통 모양의 성형품에 웰드 마크를 방지하기 위해 사용되는 얇은 원판상의 게이트이며, 특징은 다음과 같다.

(가) 이 게이트는 2매 구성 금형의 1개뽑기 원통형에 일반적으로 사용된다.
(나) 이 게이트는 범용 수지에 많이 사용된다.
(다) 게이트의 두께는 0.2~1.5 mm 정도로 한다.
(라) 후에 구멍 부위를 뚫어서 다듬질을 완성한다.
(마) 게이트 치수의 결정식은 다음과 같다.

㉮ 랜드$(L) = 0.5 \sim 1.0\text{mm}$

㉯ 일반용에서 게이트 깊이$(h) = 0.7n \cdot t$

㉰ 정밀도 중시용에서 게이트 깊이$(h_1) = n \cdot t$, $L_1 = h_1$

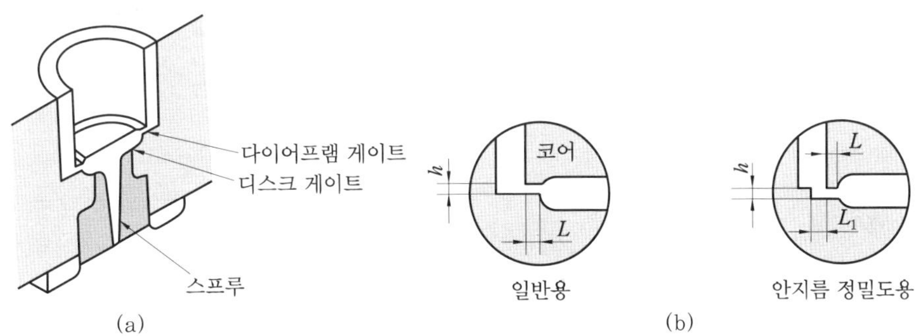

디스크 게이트

⑤ 링 게이트(ring gate) : 원통형의 성형품을 성형하기 위하여 원통상 외주에 러너를 링으로 둘려서 그 러너로부터 얇은 원판상의 게이트로 재료를 캐비티에 공급시켜 준다.

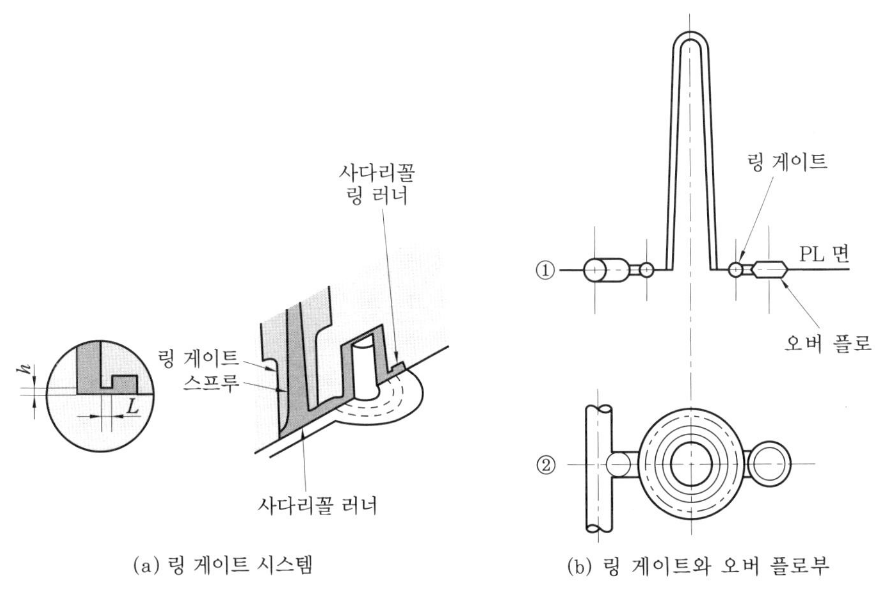

(a) 링 게이트 시스템 (b) 링 게이트와 오버 플로부

링 게이트

(가) 원통형의 성형품을 성형하는 데 사용된다. 원판상의 게이트로 재료가 균일하고 원활

하게 흘러 들어가 웰드 마크를 방지하고 사출압력에 의한 금형의 코어 핀의 편심 등도 방지되어 살두께가 균일한 성형품이 얻어진다.

(나) 링 게이트는 러너 주입구의 반대쪽에 오버 플로부를 설치하여 균형을 잡아준다.

(다) 러너의 형상은 사다리꼴이 많이 채용된다.

(라) 게이트 치수 결정식은 다음과 같다.

㉮ 랜드(L) = 0.5 ~ 1.2 mm　　㉯ 게이트 깊이(h) = $0.7 \times n \times t$

⑥ 팬 게이트(fan gate) : 그림과 같이 부채꼴로 펼쳐진 게이트이다. 랜드의 길이는 게이트 중앙부와 게이트 말단부에서 다르므로 압력손실 및 충전속도가 다르다. 이것을 같게 하기 위해 그림 (a)에서처럼 균일한 깊이로 하지 않고 그림 (b)에서와 같이 게이트 말단부의 깊이를 깊게 한다.

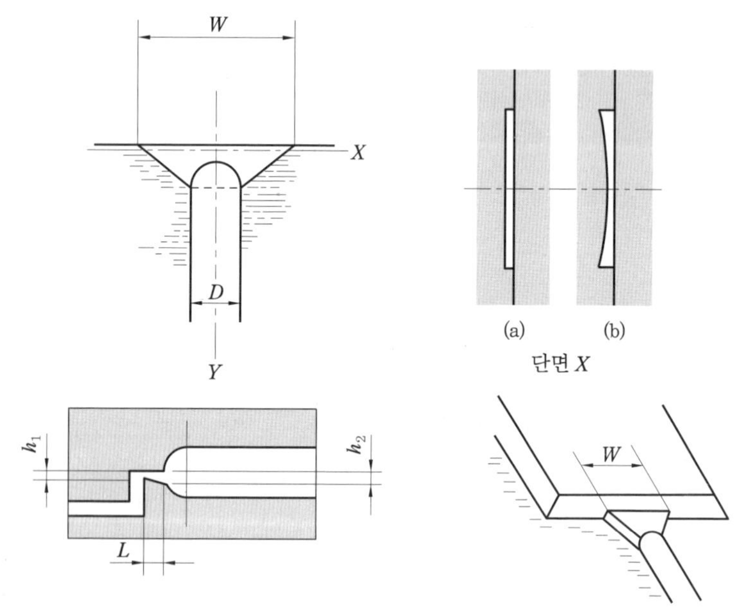

팬 게이트

(가) 넓고 얇은 판 형상의 성형품을 균일하게 충전하는 데에 적합하다.

(나) 게이트 부근의 결함을 최소로 하는 데에 가장 효과가 있다.

(다) 경질 PVC 이외의 범용 수지에 사용된다.

(라) 게이트의 단면적이 러너의 단면적보다 커지지 않도록 해야 한다.

(마) 게이트 위치의 선정은 성형성 및 후가공을 고려해서 결정한다.

(바) 게이트 치수의 결정식은 다음과 같다.

㉮ 랜드의 길이(L)는 직사각형 게이트(rectangular gate)보다 약간 길게 하여 6 mm 전후로 한다.

㉯ 게이트 폭(W) = $\dfrac{n \times \sqrt{A}}{30}$ (W = 35 mm까지 사용)

㉰ 게이트의 길이$(h_1) = n \cdot t$(단, $Wh_1 < \frac{\pi}{4} D^2$)

㉱ 게이트 입구 부분의 깊이$(h_2) = \frac{W \cdot h_1}{D}$

⑦ 필름 게이트(film gate, flash gate) : 그림에 나타낸 바와 같이 성형품에 평형으로 러너를 설치하고 성형품과의 사이에 게이트를 설치한다.

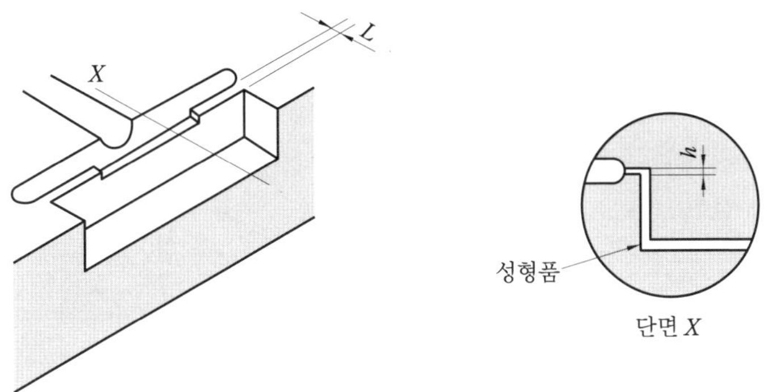

필름 게이트

(가) 아크릴 등의 평판상 성형품의 수축 변형을 최소한으로 억제하려고 하는 경우에 적합하다.

(나) 흐름이 균일하기 때문에 두께가 얇은 성형품이나 저발포 성형품에 사용된다.

(다) 일반적으로 성형품의 폭 전체에 걸쳐 게이트를 설치하는 수가 많지만 짧게 해도 만족할 수 있으면 게이트 후가공을 고려해서 짧게 하는 것이 바람직하다.

(라) 게이트 치수 결정식은 다음과 같다.

㉮ 랜드$(L) = 1.3$ mm

㉯ 게이트 길이$(h) = 0.7 n \cdot t$(게이트 길이는 보통 0.2~1 mm 정도가 사용된다.)

⑧ 태브 게이트(tab gate) : 수지를 직접 캐비티에 주입하지 않고 성형품의 일부에 태브를 만들어 게이트를 통과한 수지가 여기에 모이도록 한 후 캐비티에 충전한다. 수지는 게이트를 통과할 때 마찰열에 의해 재가열되어 보다 가소화되어 있고 태브에서 성형압력을 완충하여 원활한 흐름으로 캐비티에 충전된다.

(가) 잔류응력이나 변형이 없는 성형품을 얻을 수 있다.

(나) 사출압력에 의한 과충전이나 게이트 부근의 싱크 마크를 막을 수 있다.

(다) PVC, PC, PMMA 등과 같이 유동성이 불량한 수지를 성형할 때 적합하다.

(라) 태브 게이트는 러너에 대해서 직각으로 붙인다.

(마) 웰드 마크를 피하기 위해서 두꺼운 부분에 설치한다.

(바) 태브 게이트는 마찰열을 발생시킬 수 있도록 표준 게이트보다 약간 작게 정하는 것이 좋다.

㉮ 태브의 위치는 그림 (a)에서와 같이 성형품 테두리에서 150 mm 이내가 좋으며, 성형품이 넓을 경우에는 그림 (b)에서와 같이 멀티 태브 게이트를 사용한다. 이 경우

태브 간의 거리는 300 mm를 한도로 한다.

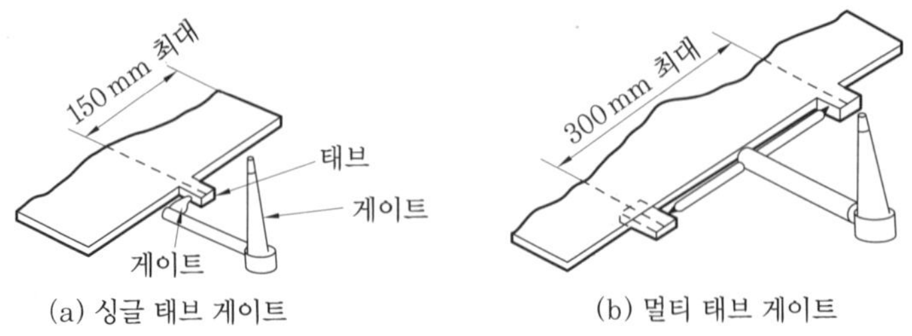

(a) 싱글 태브 게이트 (b) 멀티 태브 게이트

태브 게이트

㉯ 게이트 치수의 결정식은 다음과 같다.

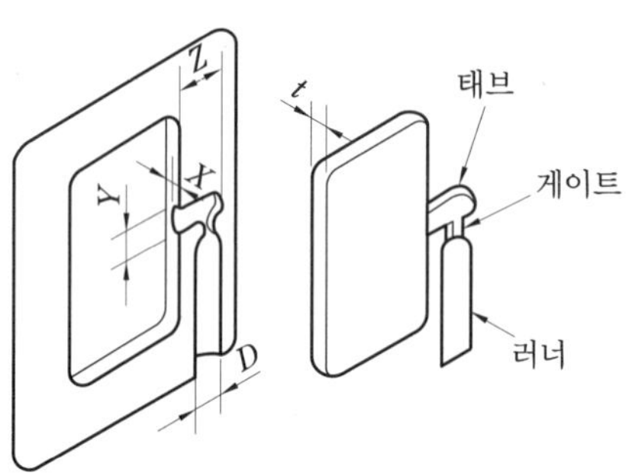

- 게이트 깊이$(h) = n \cdot t$
- 게이트 폭$(W) = \dfrac{n \cdot \sqrt{A}}{30}$
- 태브의 폭$(Y) = D$ (D는 러너의 지름)
- 태브의 깊이$(X) = 0.9t$
- 태브의 길이$(Z) = 1\dfrac{1}{2}D$ (최소)

⑨ 핀 포인트 게이트(pin point gate) : 제한 게이트의 일종이지만 금형 구조가 다르므로 별도의 게이트로 취급된다. 게이트의 단면적이 작으므로 유동저항이 작고 저점도 수지(PS, PE, PP)를 사용하거나 사출압력을 높게 해야 한다.

(가) 게이트 위치가 비교적 제한받지 않고 자유롭게 결정된다.

(나) 게이트 부근에서 잔류응력이 작다.

(다) 투영면적이 큰 성형품, 변형하기 쉬운 성형품의 경우 다점 게이트로 함으로써 수축 및 변형을 적게 할 수 있다.

(라) 성형품의 게이트 자국이 거의 보이지 않을 정도로 나타나기 때문에 후가공이 용이하다.

(마) 게이트는 자동적으로 절단된다.

(바) 압력손실이 크다.

(사) 금형 구조는 3매판 구조가 많이 사용되나 러너리스 금형 구조의 경우에는 2매판 구조도 사용이 가능하다.

(아) 3매판 구조일 경우 성형 사이클이 길어진다.

(자) 핀 포인트 방식은 러너를 꺼내는 장치가 필요하므로 러너 플레이트의 러너 뽑기부의 스페이스를 넓게 취할 수 있는 편이 좋다.

(차) 게이트의 치수 결정식은 다음과 같다.

㉮ 랜드$(L) \fallingdotseq 0.7 \sim 1.3$ mm

㉯ 게이트 지름$(d) \fallingdotseq n \cdot c \cdot \sqrt[4]{A}$

여기서, d : 게이트 지름(mm), n : 수지계수, t : 성형품 두께(mm)
A : 캐비티 표면적(mm^2), c : 살두께상수

살두께는 0.75~2.5 mm 정도이고 웰 타입 노즐에서는 30 % 작게 한다.

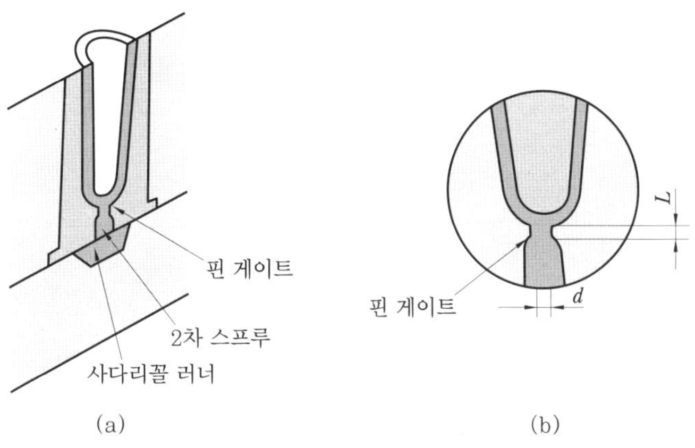

핀 포인트 게이트의 구조

⑩ 서브머린 게이트(submarine gate, tunnel gate) : 러너를 파팅면에 만들고 게이트부는 고정판이나 이동 형판 안에 터널식으로 파고 들어가 캐비티 내로 주입되는 것으로 터널 게이트라고도 한다.

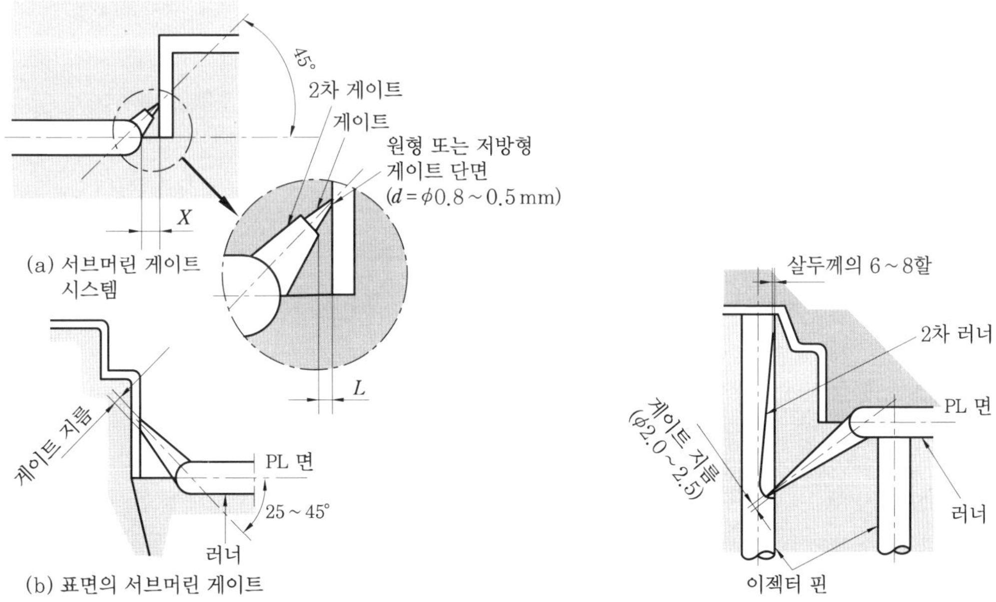

서브머린 게이트의 구조 **2차 러너붙이 서브머린 게이트**

㈎ 금형이 열리면 게이트는 자동적으로 절단된다.

㈏ 2매판 구성 금형에서도 사용되는 이점이 있다.

㈐ 유로가 길어 압력손실이 크게 되므로 성형기의 사출압을 크게 할 필요가 있다.

㈑ 게이트 절단 자국이 성형품 측면에 남아서는 안 될 경우에는 위의 그림과 같이 형판에 2차 러너를 가공하고 2차 러너에 서브머린 게이트를 설치하여 2차 러너의 말단부

를 성형품 내측에 접속시켜 간접 주입시킨다.

(마) 게이트의 치수는 다음과 같다.

㉮ 살두께(t) = 0.6 ~ 0.8 mm

㉯ 파팅 라인(PL)면과 게이트 입구의 경사각은 25~55°로 한다.

㉰ 게이트의 지름은 2.0~2.5 mm로 한다.

(3) 게이트의 선정

① 외관에 따라 선정되는 게이트

(가) 게이트 절단 자국을 작게 해야 할 필요가 있을 때에는 핀 포인트 게이트나 서브머린 게이트를 선정한다.

(나) 외측면에 절단 자국이 허용되지 않을 때는 밀핀을 이용한 서브머린 게이트나 오버랩 게이트가 일반적으로 사용된다.

② 절단에 따라 선정되는 게이트

(가) 게이트 자동 절단이 필요할 때는 핀 포인트 게이트나 서브머린 게이트를 선정한다.

(나) 게이트 절단을 쉽게 할 필요가 있을 때는 표준 게이트 밀핀을 이용한 서브머린 게이트를 선정한다.

③ 뽑기수와 게이트 선정

(가) 1개뽑기를 할 때 : 다이렉트 게이트, 핀 포인트 게이트, 디스크 게이트가 일반적으로 선정된다.

(나) 다수개뽑기를 할 때 : 다이렉트 게이트, 디스크 게이트를 제외한 나머지는 모두 사용할 수 있다.

(4) 게이트의 밸런스(balance of gate)

다수개뽑기 금형일 때 각 캐비티에 균형 있게 수지가 충전되지 않으면 성형 시에 플로 마크나 싱크 마크 또는 충전 부족과 같은 트러블이 발생되는 일이 많다. 이러한 불량원이 발생되지 않도록 하기 위해서 게이트 밸런스가 이루어지도록 한다.

① 동일 성형품 다수개 캐비티의 게이트 밸런스 : 다수개 캐비티의 경우 BGV(balanced gate valve) 값을 일정하게 하도록 게이트의 크기를 정하는 방법이다.

(가) 게이트 밸런스식은 다음과 같다.

$$BGV = \frac{S_G}{\sqrt{L_R} \times L_G} \quad (BGV : \text{게이트를 통과하는 재료의 질량에 비례하는 값})$$

여기서, S_G : 게이트의 단면적, L_R : 러너의 길이, L_G : 게이트의 랜드

(나) 각 캐비티가 동일 충전·중량일 때는 각 게이트에 대해서 위의 식인 BGV가 같게 되기 위해 S_G를 변화시킨다.

(다) S_G를 변화시킬 때는 게이트 폭을 변화시켜 게이트 밸런스를 얻어야 한다.

(라) 러너 밸런스가 유지되어 있는 것이 게이트 밸런스를 쉽게 얻을 수 있다.

(마) 게이트와 러너의 단면적의 비 $S_G / S_R = 0.07 \sim 0.09$ 정도이다.

(바) 게이트의 폭과 깊이의 비는 3 : 1 정도로 조정한다.

(사) 러너의 길이가 길 경우(스프루에서 300~400 mm)는 125~200 mm 길어질 때마다 랜드를 0.13 mm 짧게 한다.

② 서로 다른 성형품 다수개뽑기 게이트 밸런스 : 다수개뽑기 금형에서 충전량이 서로 다른 경우 BGV는 충전량에 비례한다.

(가) 게이트 밸런스식은 다음과 같다.

$$\frac{W_a}{W_b} = \frac{\dfrac{S_{Ga}}{\sqrt{L_{Ra}} \times L_{Ga}}}{\dfrac{S_{Gb}}{\sqrt{L_{Rb}} \times L_{Gb}}} = \frac{S_{Ga}}{S_{Gb}} \times \frac{\sqrt{L_{Rb}} \times L_{Gb}}{\sqrt{L_{Ra}} \times L_{Ga}}$$

여기서, W_a, W_b : a, b 캐비티 각각의 충전량(g)

S_{Ga}, S_{Gb} : a, b 캐비티의 게이트 단면적(mm^2)

L_{Ra}, L_{Rb} : a, b 캐비티 러너의 길이(mm)

L_{Ga}, L_{Gb} : a, b 캐비티의 게이트 랜드(mm)

(나) 게이트가 4각의 경우 폭과 길이의 비는 3 : 1이다.

(다) 게이트 단면적과 러너의 단면적의 비는 0.07~0.09 정도이다.

(5) 러너 기구의 설계

① 러너 기구의 선정 기준

(가) 가급적 유동저항이 적고 열손실이 적은 것을 선정한다.

(나) 러너의 단면 형상은 진원에 가까우며 가능한 한 굵은 것을 선정한다. 그러나 너무 굵게 하면 성형성은 좋으나 러너 수지량의 증가 및 러너 고화 시간이 길어져 성형 사이클이 연장되어 단가가 상승되는 결점이 있다.

(다) 러너 설계에서는 단면의 형상, 크기, 배열에 유의해야 한다.

(라) 러너는 압력전달면에서는 최대단면적, 열전도면에서는 외주가 최소가 되어야 한다.

(마) 게이트와 러너의 중심은 유동온도와 압력 유지를 위해 일직선 상에 있도록 한다.

(바) 2매 구성 금형에서 파팅면이 평면일 때는 원형 러너가 사용되나 파팅면이 복잡하고 양면에 러너를 가공하기가 매우 힘들 경우, 또 3매 구성 금형일 경우는 사다리꼴이나 반원형 러너가 많이 사용되고 있다.

(사) 러너 가공은 원형, 육각형에서는 상하 양면에 가공하고 사다리꼴, 반원형일 경우는 한쪽에만 가공한다.

② 러너의 배치 : 다수개뽑기 금형에서의 러너 배치는 캐비티수, 성형품의 형상, 플레이트 구성매수, 게이트 형식에 따라서 결정한다.

(가) 압력 손실과 유동 수지의 온도 저하를 막기 위해 러너의 길이와 수는 가장 적어지는 유동선으로 한다.

(나) 러너 기구는 유동 균형을 고려해서 배분시켜야 한다.

(다) 배치 방법에는 직선 배치, H형 배치, 원형 배치 등이 있다.

㈑ 러너의 길이는 직선 배치가 가장 짧고 원형 배치가 가장 길다.
㈒ 러너의 밸런스는 H형이나 원형 배치가 좋다.
㈓ 원형 정밀금형에서는 원형 배치가 좋고 각형 성형품의 경우는 H형이 적당하다.

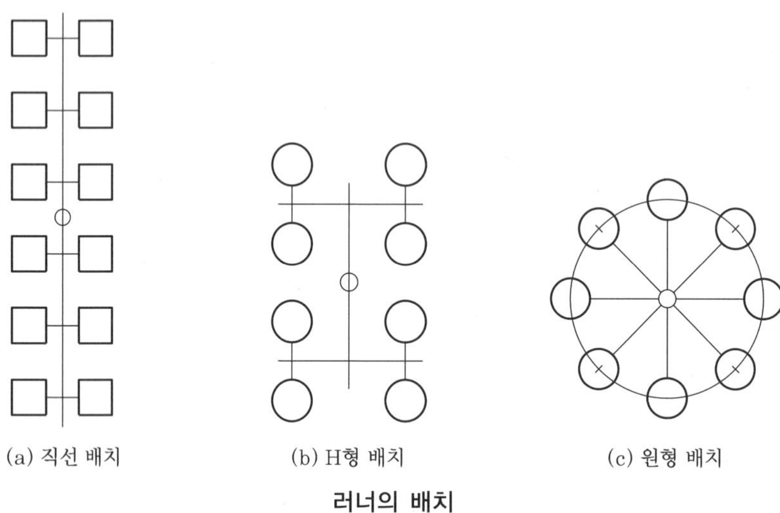

러너의 배치

③ 러너 치수 결정

㈎ 성형품의 살두께 및 중량, 주러너 또는 스프루에서 캐비티까지의 거리, 러너의 냉각, 금형 제작용 공구의 범위, 사용수지에 대해 검토한다.
㈏ 러너의 굵기는 살두께보다도 굵게 한다. 굵기가 가늘면 싱크 마크나 공동의 원인이 된다. 따라서, ϕ3.2 mm 이하의 러너는 길이 25~30 mm의 분기 러너에 한정한다.
㈐ 러너의 길이가 길어지면 유동저항이 커진다.
㈑ 러너의 단면적은 성형 사이클을 좌우하는 것이어서는 안 된다. 일반적인 수지의 경우 러너 크기를 ϕ9.5 mm 이하로 하되 경질 PVC, PMMA처럼 유동성이 나쁜 경우는 ϕ13 mm 정도까지 사용된다.
㈒ 살두께가 3.2 mm 이하이고 중량이 200 g인 성형품에 대한 러너의 치수에 대하여 다음의 경험식이 있다. 단, 경질 PVC와 PMMA에서는 25 % 가산한다.

$$D = 0.2654\sqrt{W}\cdot\sqrt[4]{L}$$

여기서, D : 러너의 지름(mm), W : 성형품의 중량(g), L : 러너 길이(mm)

(6) 스프루 기구의 설계

스프루 부시 설계에서 유의사항은 다음과 같다.

① 스프루 부시 R는 노즐 선단 r보다 1 mm 정도 큰 것이 좋다.
② 스프루 입구의 지름 D는 노즐 구멍 지름 d보다 0.5~1.0 mm 정도 크게 한다.

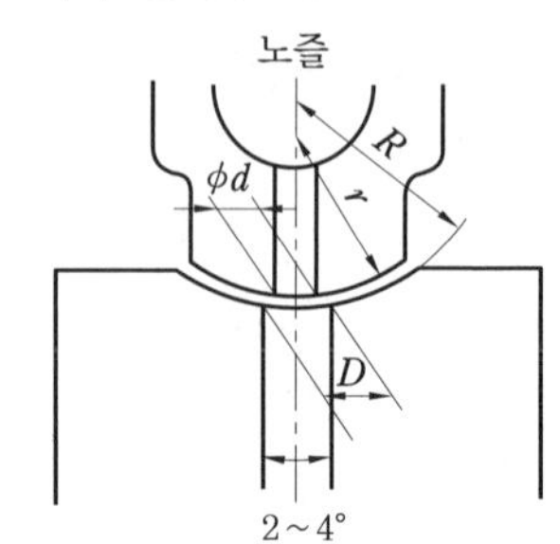

노즐과 스프루 부시와의 관계 치수

③ 스프루 길이는 될 수 있는 한 짧은 편이 좋으며, R는 사용자가 지정해 주는 경우가 많다.

④ 스프루 구멍 테이퍼는 2~4°이다.

⑤ 스프루 부시는 H_{RC} 40 이상으로 열처리되어야 한다.

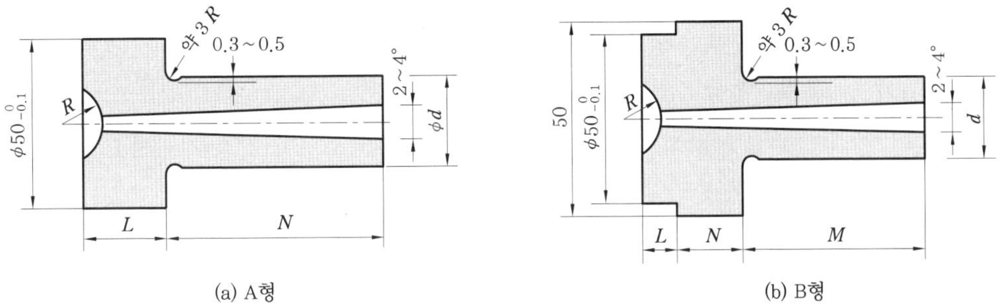

(a) A형 (b) B형

스프루 부시의 형상

⑦ 스프루 구멍 부분을 끝다듬질할 때는 길이 방향으로 하여야 한다. 원주 방향으로 끝다듬질하면 언더컷이 되어 스프루가 잘 빠지지 않는다.

⑧ 핀 포인트 게이트용 스프루 부시는 러너 스트리퍼의 스프루 부시의 형상 예로서 습동부는 5~15°의 각도를 붙이면 안정성이 좋고 작동이 원활하다.

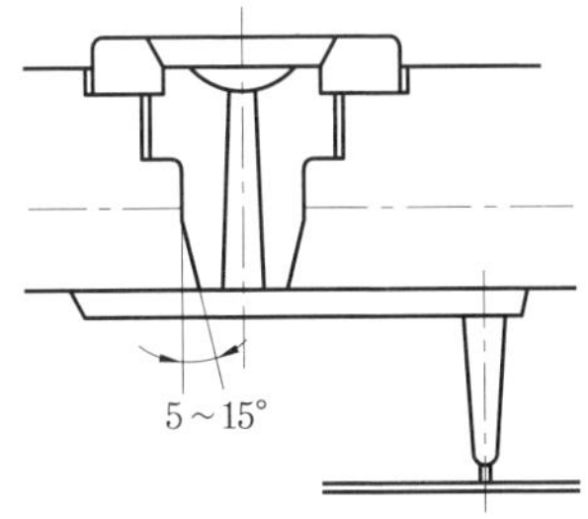

핀 포인트 게이트용 스프루 부시

(7) 로케이트 링(locate ring)의 규격

① 로케이트 링은 성형기의 노즐과 금형의 스프루 부시의 위치를 잡아주는 역할을 한다.

② 자료는 SM 50 C, SM 55 C 또는 STC 7 정도를 쓰고 표면거칠기는 6S로 다듬질한다.

③ 로케이트 링의 형상은 KS B 4156에 정해진 표준형 로케이트 링으로서 그림과 같다.

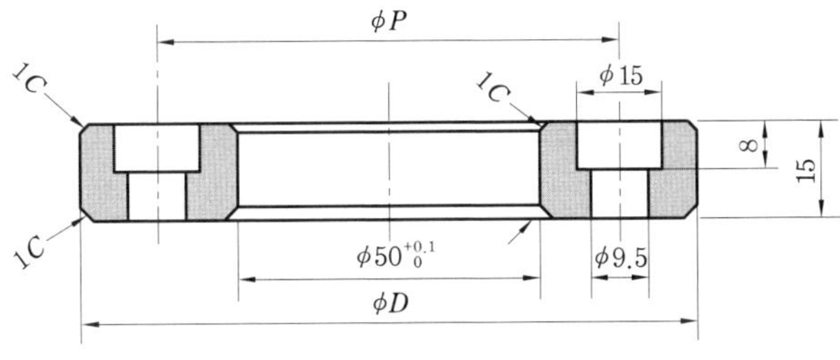

로케이트 링의 형상

2-2 이젝터 기구 설계

(1) 이젝터 방식의 종류 및 설계

이젝터의 방식으로서는 일반적으로 핀, 슬리브, 스트리퍼 플레이트나 압축공기가 사용된다. 이들은 단독으로 사용되는 수도 있고, 또 두 종류 이상을 병용하는 것도 있으나 금형의 수명이 길고 또 가공이 쉽도록 설계되어야 한다.

① 이젝터 핀(ejector pin) 방식 : 이젝터 핀은 금형에 대한 조립이 가장 간단하고 핀의 위치 선정도 자유롭기 때문에 가장 많이 사용되는 방식이다.

(가) 이젝터 핀을 배치할 때는 성형품의 이형 저항의 밸런스가 유지되도록 한다.

(나) 게이트 근처에는 가능한 한 설치하지 않는다.

(다) 상품가치를 해치지 않는 곳에 될 수 있는 한 많이 설치한다.

(라) 에어나 가스가 모이는 곳에 설치하여 에어벤트 대용으로 한다.

(마) 이젝터 핀과 구멍 끼워맞춤은 H 7 정도로 한다.

(바) 단붙이 이젝터 핀의 작은 지름부의 길이는 가능한 한 짧을수록 좋다.

(사) 아래 그림에서 이젝터 핀의 끼워맞춤부의 길이 X는 이젝터 핀의 지름이 d라 할 때 $X=(1.5\sim2)d$로 하고 최소 $X \geq 15$mm로 하는 것이 일반적이다.

(아) 핀의 담금질 경도는 H_{RC} 55 이상으로 한다.

(자) 핀의 지름은 $\phi2\sim\phi15$까지 규격에 따라 치수가 결정되어 있으므로 KS B 4153 규격을 기초로 하여 설계한다.

(차) 핀의 끝과 성형품부는 될 수 있는 대로 넓은 면적으로 접촉하도록 한다.

(카) 이젝터 핀을 이젝터 플레이트에 고정할 때는 다음 그림과 같은 치수로 한다.

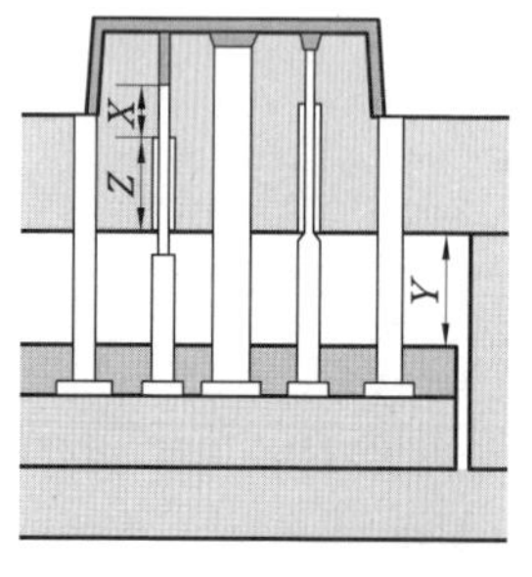

이젝터 핀의 사용 예

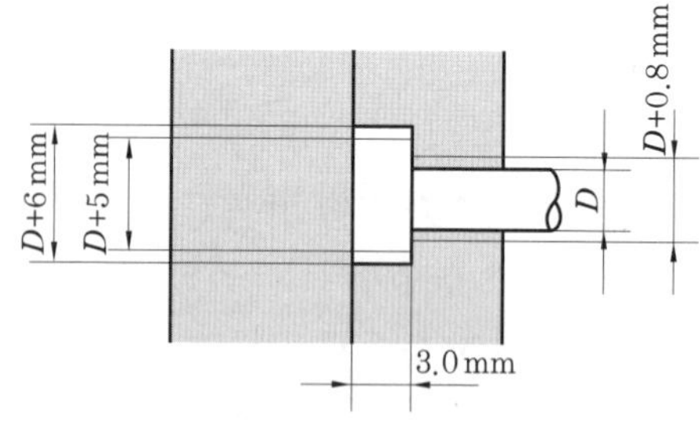

이젝터 핀의 조립

(타) 성형품부에 이젝터 핀 자국이 있어서는 안 될 경우는 오버 플로 받이를 설치하고, 이 오버 플로 받이를 이젝터부로 한다. 이것은 콜드 슬러그 웰 역할도 하고 에어벤트, 웰드 마크 방지에도 이용되고 있다.

(파) 이젝터 핀의 종류에는 일반용 둥근 핀, 단붙이 둥근 핀, D형 핀, 블레이드 핀 등이 있다.

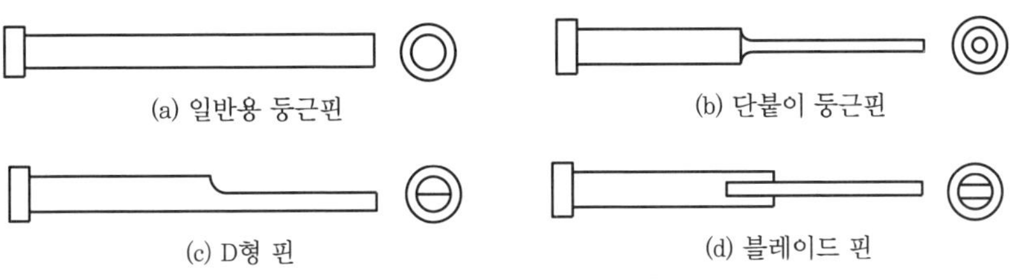

이젝터 핀의 종류

② 슬리브 이젝터(sleeve ejector) : 보스나 둥근 원통상 성형품의 이젝팅에 많이 사용된다.

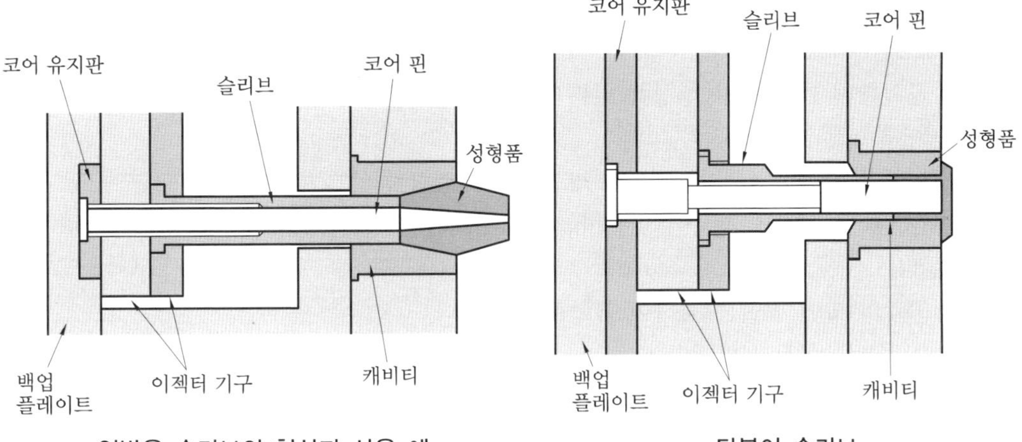

일반용 슬리브의 형상과 사용 예　　**단붙이 슬리브**

㈎ 슬리브의 살두께는 1.5 mm 이상이 좋으며, 얇을 경우에는 단붙이 슬리브로 한다.

㈏ 담금질 경도는 H_{RC} 55 정도로 하고 담금질 길이는 최소로 한다.

㈐ 슬리브와 코어핀의 끼워맞춤 길이는 될 수 있는 대로 짧게 한다. 그러나 슬리브가 제일 많이 전진해도 7~8 mm의 여유가 있도록 한다. 슬리브와 코어 핀은 미끄럼 끼워맞춤으로 한다.

㈑ 관통구멍이 있는 성형품에 있어서의 코어 핀은 선단부가 캐비티형으로 지지되도록 설계하여 코어 편심을 방지한다.

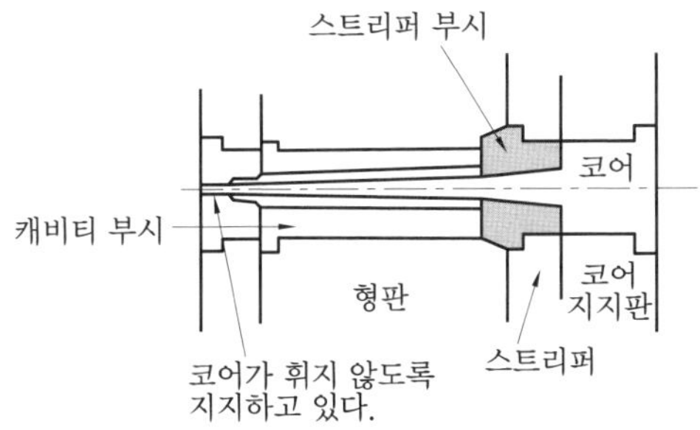

코어 편심 방지

③ 공기 이젝터(air ejector) 방식 : 공기압력을 이용한 이젝터 방식은 금형 내에 짜여진 공기 밸브에서 공기를 분출하고 성형품과 금형 간에 공기압력을 이용해서 성형품을 밀어내는 방법이다. 이것의 특징은 다음과 같다.

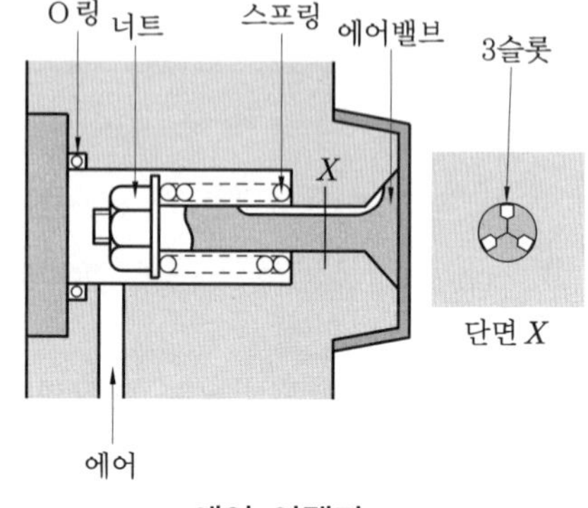

에어 이젝터

(가) 이젝터 플레이트 조립기구가 필요 없어 일반적으로 금형 구조가 간단하다.
(나) 코어, 캐비티형 어느 것에도 적용이 가능하다.
(다) 형을 열고 있는 중 임의의 위치에서 이젝팅할 수 있다.
(라) 성형품과 코어 사이의 진공에 의한 문제점이 해소된다.
(마) 균일한 공기의 힘이 성형품 밑부분에 고르게 작용하므로 변형이 적다.
(바) 설치가 간단하고 또 누설해도 성형품을 더럽히지 않으며 작업상의 위험도 없다.
(사) 성형품의 형상에 제약이 있으며, 다른 이젝터 방식과 병행하여 보조 수단으로 사용한다.
(아) 공기가 코어 속을 통과하여 금형을 냉각한다.

[공기 이젝터 설계 시의 일반사항]

- 압축공기의 압력은 5~6 kg/cm^2 정도로 한다.
- 에어 밸브의 리턴은 에어 실린더나 스프링을 이용한다.
- 공기의 도피 회로가 있으면 이젝터의 힘은 크게 감소한다.
- 압축공기의 공급은 수동과 자동으로 변환할 수 있다.
- 에어 밸브의 금형 접촉 면적이 넓어 큰 성형압력을 받으므로 충분한 강도를 준다.

④ 스트리퍼 플레이트 이젝터(stripper plate ejector) 방식 : 성형품의 전체를 파팅 라인에 두고 균일하게 밀어내는 방법으로서 다음 그림은 전형적인 스트리퍼 플레이트의 사용 예를 나타내었다.

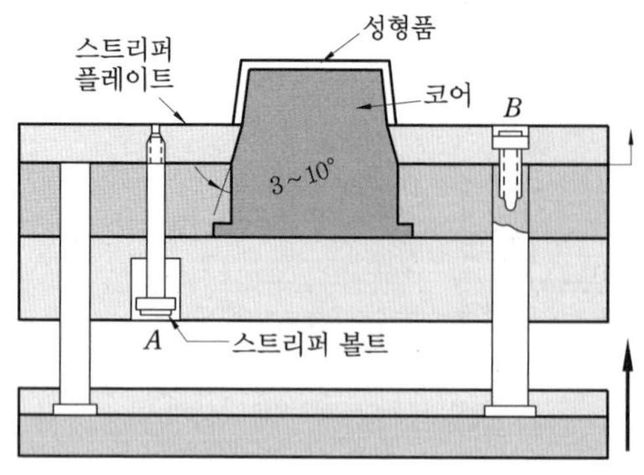

스트리퍼 플레이트 이젝터

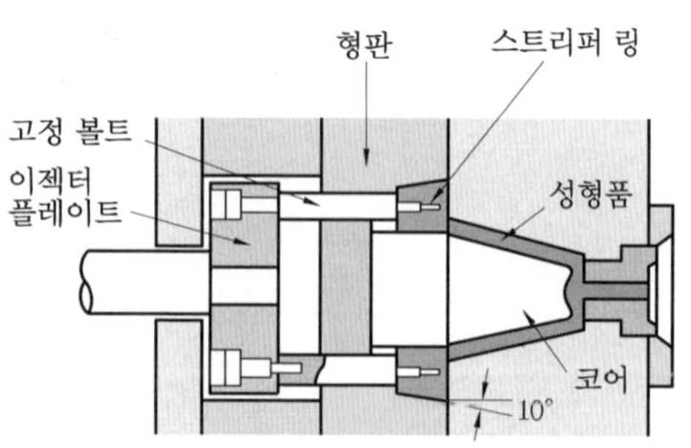

링(ring) 스트리퍼 이젝터

㈎ 코어의 외주와 스트리퍼 플레이트의 안쪽과의 굽힘 방지를 위해 스트리퍼 플레이트 이젝터에서와 같이 3~10°의 구배맞춤이 필요하다. 코어와 스트리퍼 플레이트의 틈새는 0.02 mm 정도로 한다.

㈏ 긁힘과 마모 방지를 위해 반드시 담금질하여 H_{RC} 55 정도로 한다.

㈐ 성형품의 파팅면이 복잡한 경우 스트리퍼 플레이트 대용으로 링을 사용하는 링 스트리퍼 이젝터가 있다. 이 경우 링이나 바의 변형에 주의한다.

(2) 스프루와 러너의 이젝터 기구

① 스프루 로크 핀(sprue lock pin) : 스프루를 빼내기 위하여 스프루의 밑부분에 스프루 로크 핀을 설치하여 금형을 열 때 끌어당기게 되어 있다. 스프루 로크 핀은 선단부의 언더컷 형상에 따라 A, B, C 3종류의 형상이 있다. 그림은 스프루 로크 핀의 형상과 치수 규격을 나타내고 있다.

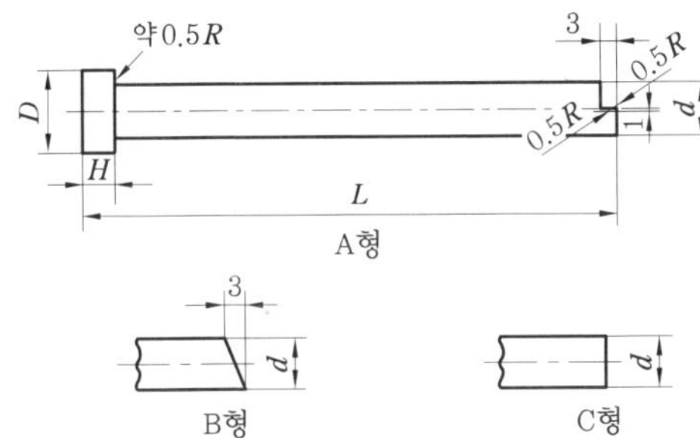

호칭 치수	d 치수	d 치수차	D	H 치수	H 치수차
6.0	6.0	−0.02 −0.05	10	6	0 −0.1
6.0	8.0		13		
10.0	10.0		15		
12.0	12.0		17	8	

스프루 로크 핀의 형상과 치수

② 러너 로크 핀(runner lock pin) : 3매판의 구성 금형일 때 핀 포인트 게이트를 절단하기 위해 사용된다. 선단 형상에 따라 A, B, C 3종류의 형식이 있으며, 다음 그림과 같다.

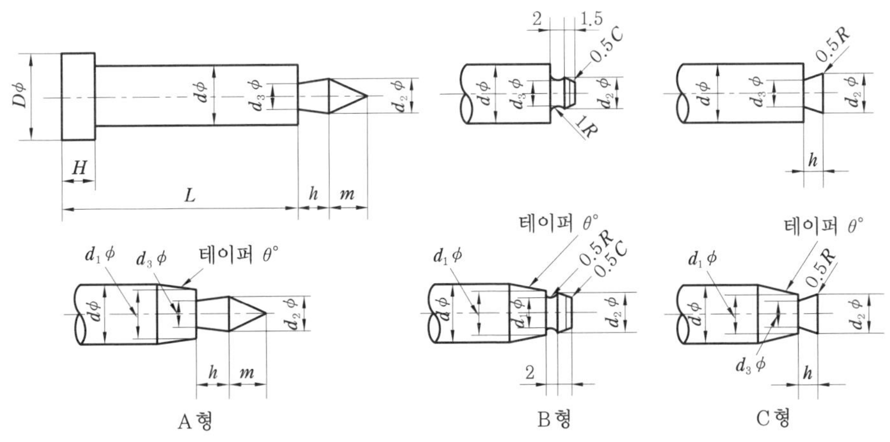

러너 로크 핀

(3) 이젝터 기구의 조립

① 이젝터 플레이트 : 이것은 보통 상하 2장으로 구성되고 이 사이에 이젝터 핀, 리턴 핀을 고정시켜 상하로 작동시킴으로써 성형품을 이젝팅한다. 이젝터 플레이트에는 반복적으로 충격하중이 작용하므로 굽힘이 없도록 충분한 두께를 필요로 한다. 굽힘이 발생하면 핀의 좌굴 또는 구멍의 편마모가 증가하며, 이것이 너무 심하면 작동하지 않거나 캐비티를 손상하게 된다.

② 이젝터 플레이트의 가이드 : 금형이 크고 이젝터 핀의 수가 많아질수록 이젝터 플레이트가 불균형하게 가동되는 경우가 있다. 이젝터 플레이트를 원활하게 가동시키기 위하여 가이드 핀을 사용한다. 다음 그림은 이젝터 가이드 핀의 형상과 이젝터 플레이트 가이드 핀의 적용 예를 나타내었다.

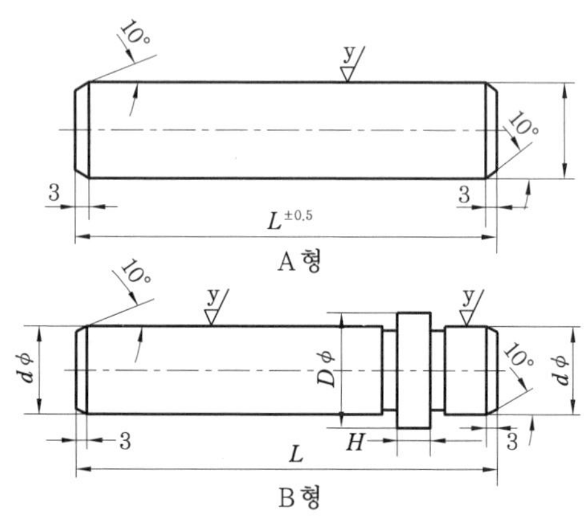

이젝터 가이드 핀의 형상

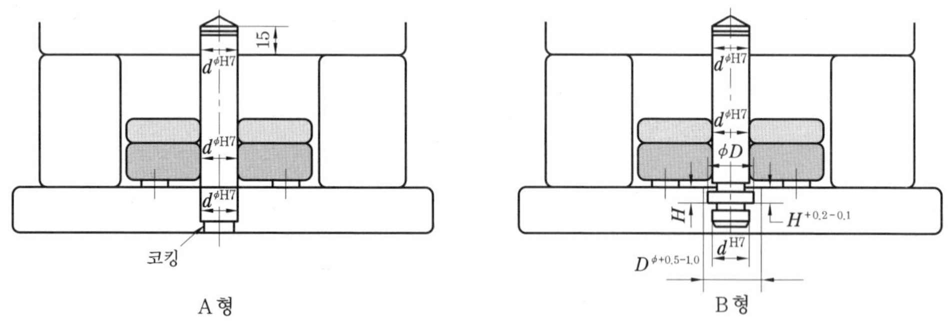

이젝터 플레이트 가이드 핀의 적용 예

③ 서포트(support) : 금형 캐비티에는 250~450 kg/cm^{2}의 성형압력이 반복해서 작용한다. 이 때문에 형판의 휨과 변형을 일으키는 원인이 된다. 이를 방지하기 위하여 가동 측 부착판과 서포트 플레이드 사이에 서포트를 실치함으로써 금형 두께를 줄일 수 있고 금형 강도를 중점적으로 보강하고 이젝터 플레이트의 가이드 역할을 한다. 서포트에는 A형과 B형이 있으며, 형상에 따라 치수가 규격화되어 있다.

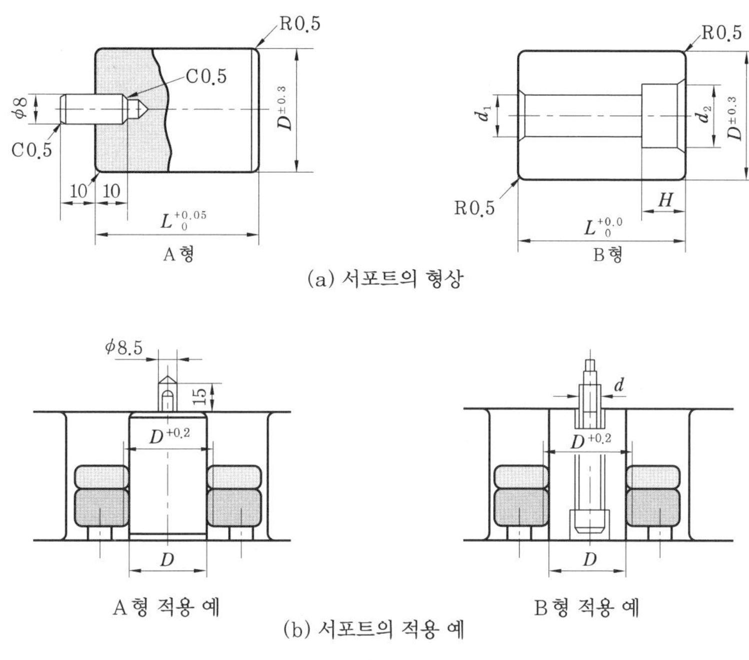

(a) 서포트의 형상

(b) 서포트의 적용 예

서포트

④ 이젝터 플레이트의 리턴 방식 : 이젝터 플레이트는 금형 닫힘에 따라 후퇴 전 위치로 되돌아가야 한다. 핀 이젝터나 슬리브 이젝터에서는 접촉면적이 작고 강도가 약하므로 구부러져 변형될 위험이 있다. 따라서 핀이나 슬리브 이젝터의 보호를 위해 다음과 같이 기구를 설치한다.

㈎ 스프링에 의한 방식 : 리턴 저항이 적을 경우에 적합하다. 그러나 이젝터 스트로크가 큰 경우에는 적합하지 않다. 또 스프링에 의한 리턴의 언밸런스를 경감하기 위해 강한 스프링을 적게 설치하는 것보다 약한 스프링을 여러 개 설치하는 편이 효과적이다.

㈏ 리턴 핀에 의한 방식 : 금형 닫힘과 동시에 이젝터 플레이트를 핀에 의해 리턴시키는 방식으로서 이젝트 핀을 보호해 주는 역할도 한다. 이 리턴 핀은 될 수 있는 대로 지름이 굵고, 접촉면적이 큰 형상이 좋다. 다음 그림은 리턴 핀의 형상을 나타냈으며 재료는 STC 2, STC 3 등이 사용되고 H_{RC} 50 이상이어야 한다.

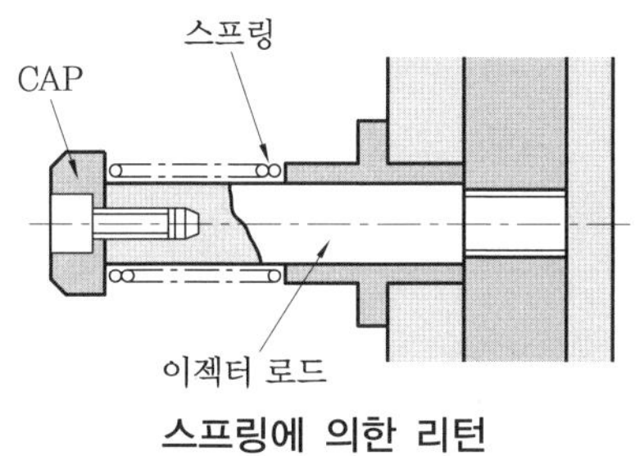

스프링에 의한 리턴

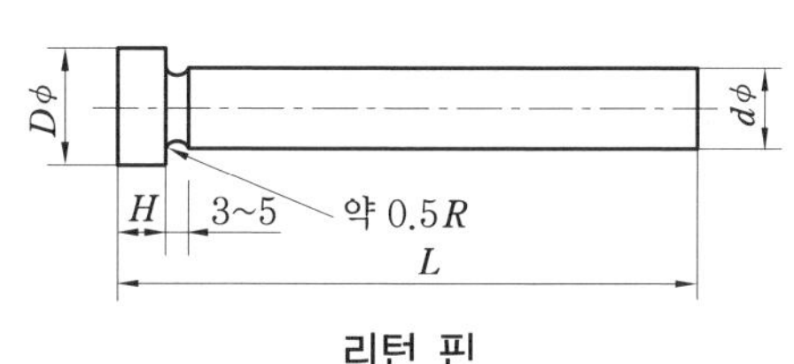

리턴 핀

2-3 언더컷 처리 기구

성형기의 형체, 형개 방향의 운전만으로는 성형품을 빼낼 수 없는 오목한 부분을 언더컷이라고 한다. 이 언더컷은 일반적으로 금형의 구조가 복잡해지고 또 트러블 발생, 성형 사이클의 연장 등 많은 영향을 주게 되므로 성형품 설계 단계에서 가능한 한 언더컷을 피하는 것이 바람직하다.

언더컷 처리 방법은 다음 표와 같다.

언더컷의 종류	처리 방법	처리 기구
외측 언더컷	분할 캐비티형, 슬라이드 블록형, 회전 코어형, 강제뽑기형	경사 핀(angular pin) 도그 레그 캠(dog leg cam) 판 캠 래크와 피니언 유압, 공기압, 스프링
내측 언더컷	분할 코어형, 슬라이드 코어형, 회전 코어형, 강제뽑기형	

(1) 외측 언더컷 처리 기구

① 분할 캐비티형 : 분할된 캐비티 전체 또는 일부분이 열리고 닫히는 운동을 이용하여 언더컷을 처리하는 방법이다. 분할 캐비티형의 슬라이딩 가이드 설계 시 유의점은 다음과 같다.

- 분할 캐비티는 항상 같은 위치에서 합치되도록 슬라이딩 운동할 것
- 가이드 시스템의 전 부품을 분할 캐비티의 금형 중량을 받을 수 있는 강도로 할 것
- 2개의 분할 캐비티는 다른 금형 요소에 간섭받지 않고 원활하게 운동할 것

㈎ 형판의 설계 : 형판에 붙이는 슬라이드용 가이드는 T형 홈이 많다. T 홈 제작에는 다음 그림과 같은 방식이 일반적이다. 기계가공으로 그림 (a)와 같은 별개 가이드를 붙여서 T 홈으로 하는데, 이 경우 볼트와 맞춤핀으로 정확한 위치에 로크해야 한다.

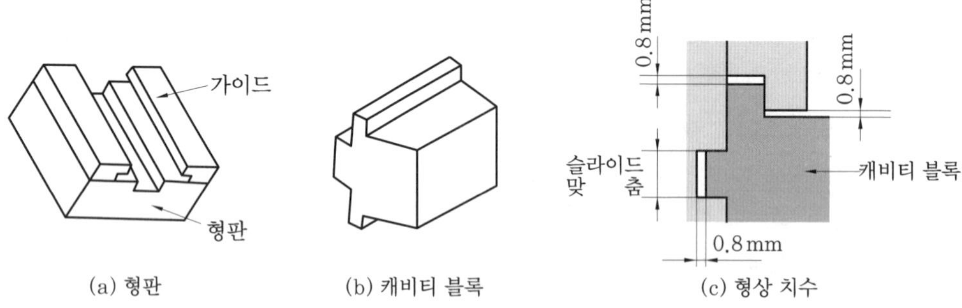

분할 캐비티형 습동 가이드 설계 예

㈏ 경사핀(angular pin) 작동 방식 : 그림 (a)는 경사핀을 이용하여 분할 캐비티를 작동시키는 예이다. 분할 캐비티는 형개와 동시에 경사핀에 의해 양측으로 움직인다. 이것의 특징은 다음과 같다.

㉮ 구조가 간단하고 작동이 확실하나 스트로크가 긴 경우 몇 형개 이전에 분할 캐비티

를 작동시켜야 하는 경우는 사용할 수 없다.

㈏ 경사핀의 경사각은 일반적으로 10° 정도가 적당하나 최대 25° 이하가 바람직하다.

㈐ 경사핀의 모따기 각도는 보통 ($\phi+5°$)이며, 로킹 블록 각도는 ϕ보다 작아야 한다.

㈑ 분할 캐비티의 운동량(M)과 경사핀 길이(L)는 다음 식에 의하여 구한다.

$$M=(L\sin\phi)-\left(\frac{C}{\cos\phi}\right)$$
$$L=\left(\frac{M}{\sin\phi}\right)+\left(\frac{2C}{\sin 2\phi}\right)$$
$$d=\frac{C}{\sin\phi}$$

여기서, M : 분할 캐비티의 운동량(mm), L : 경사핀의 작동길이(mm)
C : 틈새(mm), ϕ : 경사핀의 경사각도(°), d : 지연량

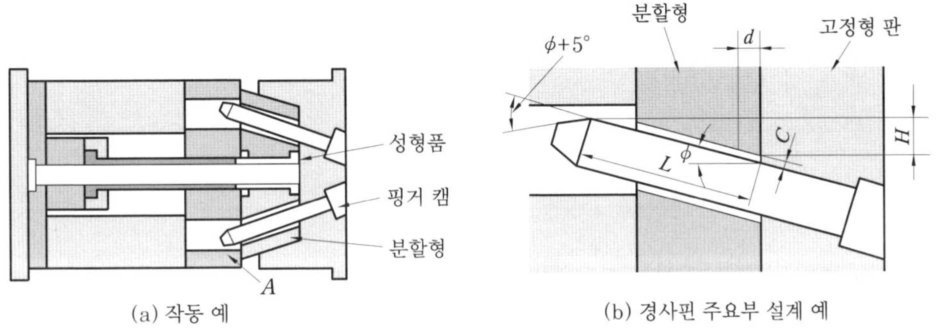

(a) 작동 예 (b) 경사핀 주요부 설계 예

경사핀 작동 방식의 분할금형

㈐ 도그 레그 캠(dog leg cam) 작동 방식 : 다음 그림 (a)는 도그 레그 캠에 의한 작동 방식의 분할금형을 나타내었으며, 그림 (b)는 주요부 설계 예이다. 설계상 유의점은 다음과 같다.

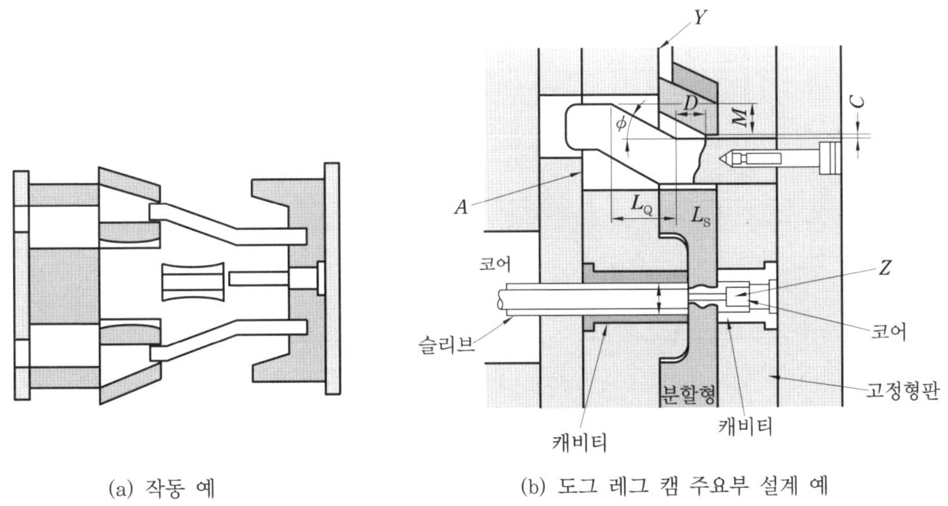

(a) 작동 예 (b) 도그 레그 캠 주요부 설계 예

도그 레그 캠 작동 방식의 분할금형

㉮ 캠의 단면치수는 소형 금형에서는 13×19 mm 정도가 대표적이다.

㉯ 각도 ϕ는 보통 10° 정도로 하고, 금형의 두께를 줄이기 위해서는 ϕ를 크게 하되, 25° 이하로 한다.

㉰ 끝부분은 10°의 테이퍼로 모따기나 라운드를 준다.

㉱ 분할형의 폭이 100 mm 이상일 때는 2개를 사용한다.

$$M = L_a \tan\phi - C \qquad L_a = \frac{(M+C)}{\tan\phi} \qquad D = (L_s - e) + \left(\frac{C}{\tan\phi}\right)$$

여기서, M : 각 분할 캐비티의 운동량 (mm), L_a : 캠의 경사부의 길이(mm)
L_s : 캠의 직선부의 길이(mm), ϕ : 캠의 각도(°)
C : 틈새(mm), D : 지연량 (mm), e : 구멍의 직선부의 길이(mm)

㈑ 판 캠(plate cam) 작동 방식 : 그림 (a)는 판 캠 작동과 금형 조립 단면도를 나타내었다. 이 방식은 슬라이딩 가이드 홈을 가진 판 캠을 고정하고 이 슬라이딩 홈에 연동해서 분할형이 이동한다. 설계 시 유의점은 다음과 같다.

㉮ 판 캠과 이동 측면과의 틈새를 1.5~2 mm 준다.

㉯ 관계식은 다음과 같다.

$$M = L_a \tan\phi - C \qquad L_a = \frac{(M+C)}{\tan\phi}$$

$$D = L_s + \frac{C}{\tan\phi} + r\left(\frac{C}{\tan\phi} - \frac{1}{\sin\phi}\right)$$

여기서, M : 각 분할 캐비티의 이동량 (mm), L_a : 캠 경사부의 길이(mm)
L_s : 캠의 직선부의 길이(mm), ϕ : 캠 트랙의 각도 (°)
C : 틈새(mm), D : 지연량 (mm), r : 보스의 반지름(mm)

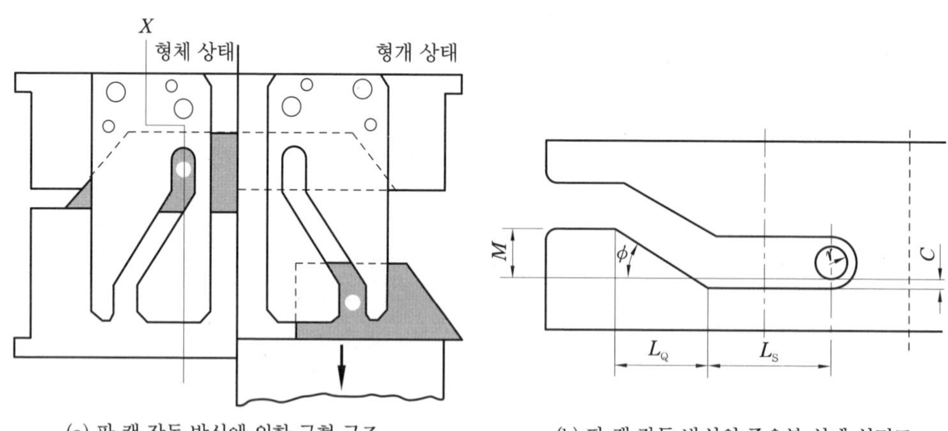

(a) 판 캠 작동 방식에 의한 금형 구조

(b) 판 캠 작동 방식의 주요부 설계 설명도

판 캠

㈒ 스프링 작동 방식 : 소형 금형에 많이 이용되고 있으며, 이것을 다음 그림 (a)에 나타내었다. 그림 (b)는 주요부 설계 설명도이다. 설계상 유의점은 다음과 같다.

㉮ ϕ는 일반적으로 20~25°로 한다.

㉯ 관계식은 다음과 같다.

$$M = \frac{1}{2} H \tan\phi$$

여기서, M : 각 분할형 캐비티의 이동량(mm), H : 로킹 블록의 높이(mm)
ϕ : 로킹 블록의 테이퍼 각도(°)

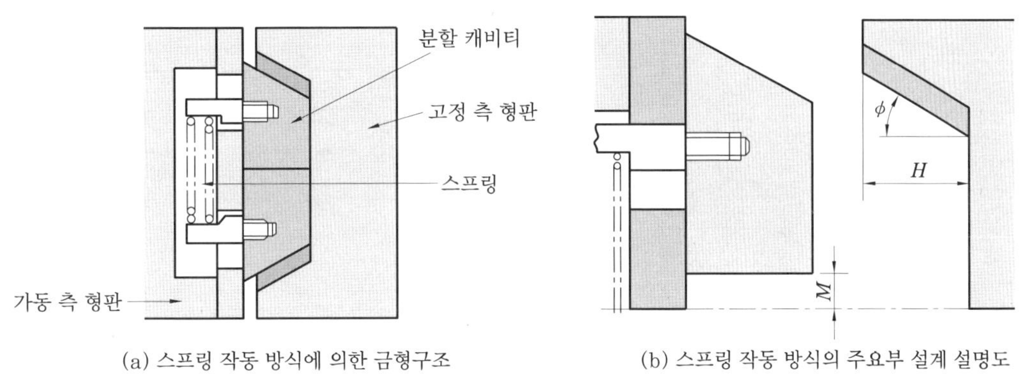

(a) 스프링 작동 방식에 의한 금형구조 (b) 스프링 작동 방식의 주요부 설계 설명도

스프링에 의한 방식

㈓ 유압, 공기압 실린더 작동 방식 : 분할 캐비티의 작동을 이동 측 형판에 고정한 유압 또는 공기압 실린더를 이용하는 방법으로서 다음과 같은 특징이 있다.

㉮ 작동력 및 작동속도를 무단으로 조정할 수 있다.

㉯ 성형기의 구동과는 관계없이 작동시킬 수 있다.

㉰ 금형 구조가 간단하다.

㉱ 성형기에 부착 시 장애가 되기 쉽다.

㉲ 성형기에 유압, 공기압 구동 부속장치가 있는 경우에만 사용될 수 있다.

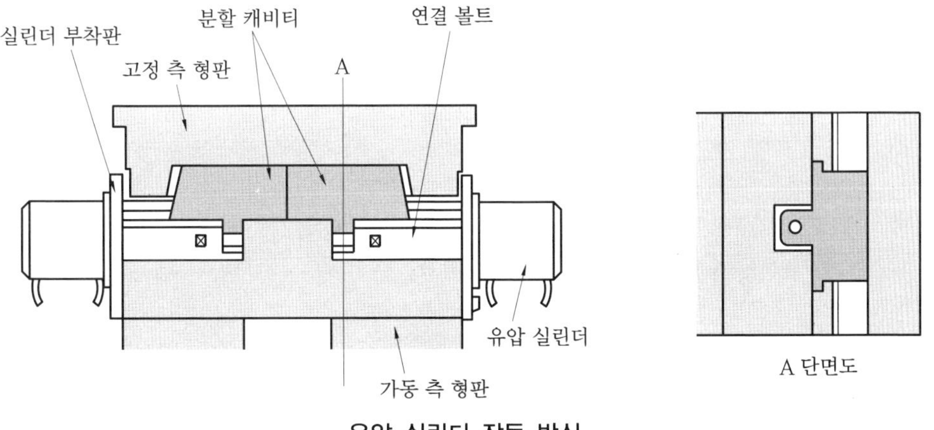

유압 실린더 작동 방식

㈔ 분할형의 로킹 블록 : 로킹 블록은 열려져 있는 분할형 캐비티를 닫혀주고 성형압력에 의해 열려질 우려가 있는 것을 방지해 주는 역할을 한다.

㉮ 일체 로킹판을 사용할 경우 그림에 나타낸 바와 같이 분할형과 접촉된 부분은 담금

질에 의해 경화된 강판을 붙여주는 것이 좋다.

㉯ 로킹부의 높이는 그림에서와 같이 분할형 두께의 $\frac{3}{4}$ 이상으로 해야 한다.

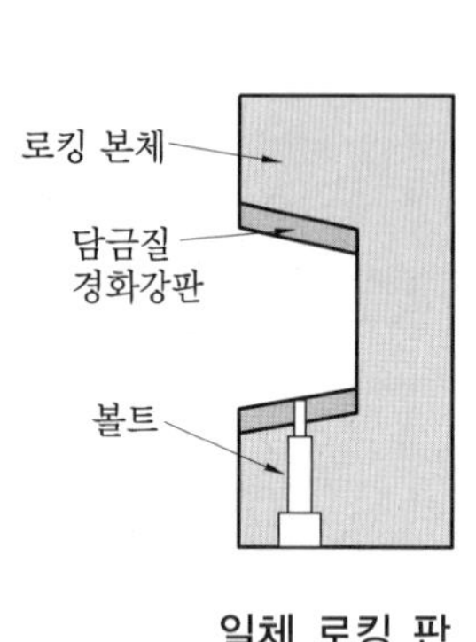

일체 로킹 판

로킹부의 높이

② 슬라이드 블록형(slide block type) : 성형품 외측에 언더컷이 있는 경우에 사용하는 방법으로 언더컷 부분 또는 이형상 장애를 받는 부분만을 부분 분할 처리하는 방법이다.

㈎ 언더컷 처리 방법은 경사핀(앵귤러 핀), 도그 레그 캠, 판 캠, 공기압·유압 실린더 등에 의해 가동 부분을 이동시킨다.

㈏ 이 가동 부분은 가동 코어, 사이드 코어, 사이드 캐비티, 사이드 블록, 슬라이드 코어, 슬라이드 캐비티, 슬라이드 블록 등 여러 가지 명칭으로 불리고 있다.

㈐ 슬라이드 블록형은 타금형에 비하여 구조가 복잡하고 고장이 나면 수리가 어려우므로 구조가 간단하고, 강도가 크고, 작동이 확실하게 되도록 설계한다.

㈑ 다음 그림은 대표적인 슬라이드 블록형으로서 그림 (a)는 슬라이드 코어가 규정 위치까지 후퇴한 후 가동 측이 이동하고 성형품이 이젝팅되며, 그림 (b)는 가동 측이 이동한 후 사이드 캐비티가 후퇴를 하고 성형품이 이젝팅된다.

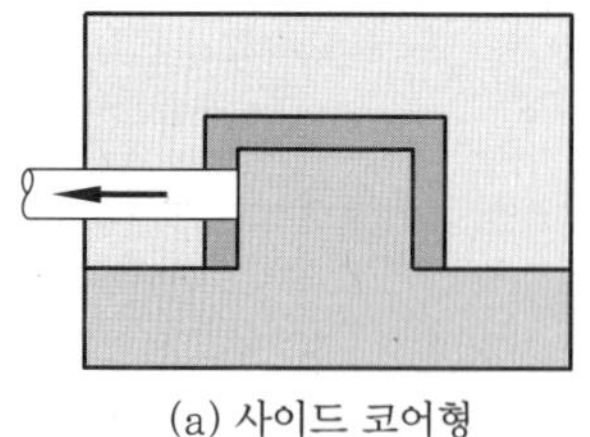

(a) 사이드 코어형

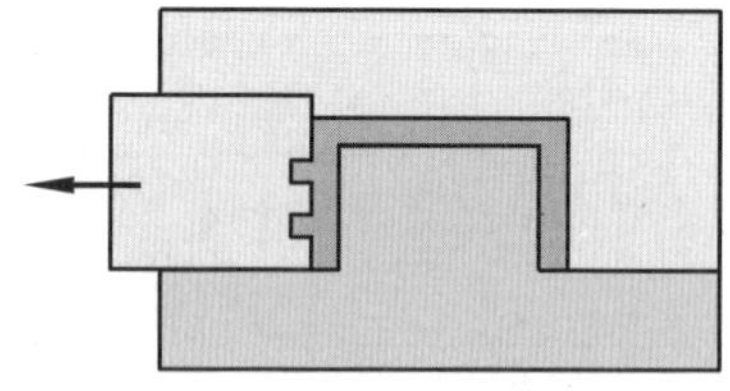

(b) 사이드 캐비티형

슬라이드 블록형

㈒ 슬라이드 블록의 설계

㉮ 습동부 : 판에 닿아 습동하는 부분이며, 다음 그림은 슬라이드 블록의 형상을 나타낸 것이다. 슬라이드 블록의 재질은 SM 50으로 하고 열처리하여 H_{RC} 40 이상의 경도를 가진 것이 적당하다.

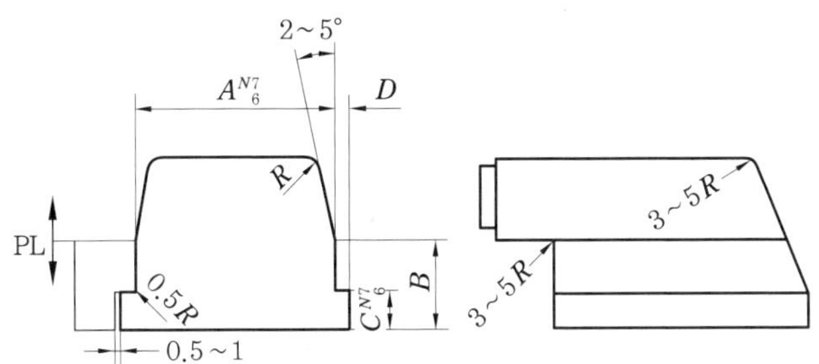

슬라이드 블록 형상

㈏ 슬라이드 블록의 가이드부 : 다음 그림은 슬라이드 블록 가이드부의 형상과 치수공차를 나타낸 것이다. 재질은 일반적으로 STC 3~STC 5를 사용하여 마모를 방지한다. 슬라이드 블록과 경도차를 두기 위하여 H_{RC} 52~56 정도로 한다.

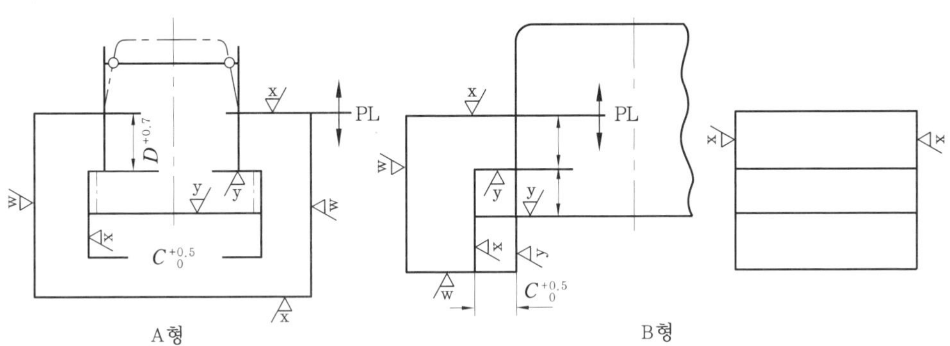

슬라이드 블록의 가이드부

(2) 내측 언더컷의 처리 기구

① 성형품의 내측, 즉 형 개폐 방향에서는 빠지지 않는 코어형의 요철부를 내측 언더컷이라고 한다. 다음 그림은 내측 언더컷이 있는 성형품의 예를 나타낸 것이다.

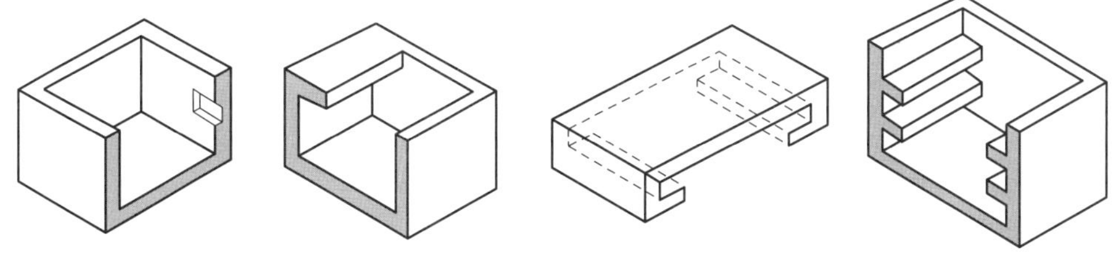

내측 언더컷이 있는 성형품

② 내측 언더컷 처리 방법은 다음과 같다.

㈎ 경사 이젝터 방식
㈏ 분할 코어 작동 방식
㈐ 슬라이드 블록 작동 방식
㈑ 강제 언더컷 처리 방식
㈒ 회전 코어 방식

(3) 나사 있는 성형품의 빼내는 방식

나사가 있는 성형품을 금형에서 빼내는 방법으로는 네 가지가 있다.

① 분할형에 의한 방식

(가) 수나사에 적합하며 금형의 구조가 간단하고 제작이 용이하며 빼내기도 확실하다.

(나) 나사부에 파팅 라인이 생길 경우 성형품의 끝손질이 어렵고 상대 나사와의 맞춤에 장해가 생기기 쉽다.

② 고정 코어 방식

(가) 성형품을 이젝팅할 때 나사 코어를 성형품과 함께 금형으로부터 밀어내고 나중에 손 또는 공구를 이용해서 성형품과 나사 코어를 분리하는 방식이다.

(나) 나사 코어는 2개 이상 만들어 두고 교환 착탈식으로 한다.

(다) 시험 제작, 극소량의 생산 또는 강도상의 문제로 자동 나사빼기장치를 사용할 수 없을 경우에 많이 사용한다.

③ 회전기구에 의한 방식

(가) 래크와 피니언에 의한 방식　　(나) 래크와 베벨 기어에 의한 방식

(다) 나사축과 너트에 의한 방식　　(라) 모터와 웜 기어에 의한 방식

(마) 콜랩시블 코어(collapsible core)에 의한 방법 등이 있다.

④ 강제적으로 빼내는 방식

(가) 나사산의 높이가 지름에 비해 낮고 둥근 나사로 고무 탄성이 풍부한 수지에 적합하다.

(나) 강제빼내기를 할 때 변형을 흡수할 수 있는 형두께와 살두께이어야 한다.

2-4 금형 온도 제어

사출성형에서 금형 캐비티에 사출 충전한 재료를 고화해서 품질 좋은 성형품을 얻기 위해서는 캐비티의 온도를 재료 특성에 맞는 온도로 조절하여 효과적으로 열을 흡수해야 한다. 금형의 온도 조절은 그림에 나타낸 바와 같이 금형 내에 설치된 냉각수 구멍에 냉각수 또는 온수를 강제 순환시키는 방법이 보통 사용되며, 온도 조절 효과는 다음과 같다.

- 일정한 성형 조건을 얻을 수 있고 성형 사이클을 단축할 수 있다.
- 물리적 성질을 개선할 수 있다.
- 외관적 결함을 방지할 수 있다.
- 변형을 방지할 수 있다.
- 치수 정밀도를 유지할 수 있다.

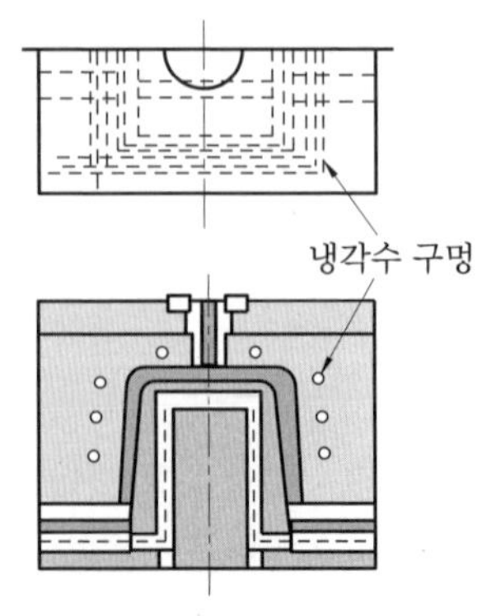

금형 온도 조절

1 금형 온도 조절의 열해석

(1) 금형 온도 조절에 필요한 전열면적

금형 전열면적의 계산식으로서 수지에서 금형으로 단위시간당 이동되는 열량 Q는 다음과 같다.

$$Q = w \times S_h \times C_P \times (t_i - t_o)$$

여기서, t_i : 수지 용융온도(℃), C_P : 수지의 비열

t_o : 성형품을 꺼낼 때의 온도(℃), S_h : 시간당 쇼트(shot) 수

w : 1 쇼트당 사출되는 수지량

$$h_w = \frac{\lambda}{d} \times \left(\frac{d \times u \times \rho}{\mu} \right)^{0.8} \times \left(\frac{C_P \times \mu}{\lambda} \right)^{0.3}$$

여기서, h_w : 냉각 구멍의 전열계수(kcal/m^2·h·℃), d : 냉각 구멍의 지름(mm)

μ : 점도(kg/m·s), u : 유속(m/s)

λ : 냉매의 열전도율(kcal/m^2·h·℃), ρ : 밀도(kg/m^2)

ΔT : 금형과 냉매와의 평균온도차(℃)

따라서 소요의 전열면적은 다음 식으로 구할 수 있다.

$$A = \frac{Q}{h_w \times \Delta T} \, [\text{mm}^2]$$

윗식에서 외기에의 방열, 몰드 플레이트가 노즐로부터 흡수하는 열량은 일단 무시한다.

(2) 냉각수의 수량

냉각수량을 계산하는 식은 다음과 같다.

$$W = \frac{W_P\{C_P(T_P - T_M) + R\}}{K(T_{Wo} - T_{Wi})}$$

여기서, W : 통과 냉각수량(L/h), W_P : 매시의 사출용량(cm^3/h)

C_P : 수지의 비열, R : 수지의 융해잠열

K : 물의 열전도효율(캐비티 : 0.64), T_{Wo} : 물의 배수온도(℃)

T_P : 수지 용융온도(℃), T_M : 금형의 온도(℃)

T_{Wi} : 물의 급수온도(℃)

윗식에서 핫 러너(hot runner) 및 노즐로부터 금형이 흡수하는 열량 및 금형이 대기 중이나 성형기로 빼앗기는 열량은 무시한다. 다음 표는 냉각수로의 한계순환수량이다.

냉각수로의 한계순환수량

냉각수로 지름(mm)	유량(L/min)	냉각수로 지름(mm)	유량(L/min)
8	3.8	19	38
11	9.5	24	76

(3) 금형에서의 냉각시간

냉각시간은 성형품의 최대 살두께부에 의해서 정해지며 관계식은 다음과 같다.

$$S = -\frac{t^2}{2\pi\alpha}\cdot\ln\left[\frac{\pi}{4}\left(\frac{T_X - T_M}{T_P - T_M}\right)\right]$$

여기서, S : 냉각에 소요하는 최소시간(s), α : 수지의 열방산률$\left(=\frac{C}{\rho\times C_P}\right)$

C : 수지의 열전도율(cal/cm·s·℃), C_P : 수지의 비열

T_X : 열변형온도(℃)(성형품 꺼낼 때 온도), T_M : 금형 온도(℃)

T_P : 수지의 용융온도(℃), ρ : 밀도 (g/cm³)

t : 성형품의 최대살두께(cm)(양측 냉각일 때는 $t/2$ 로 한다.)

(4) 금형 가열을 위한 히터 용량

PC, PETP, PPO 등 고점도 수지는 유동성이 나쁘므로 금형 온도를 높여 유동성을 좋게 하여 성형 작업을 한다. 이때 히터 용량은 다음과 같다.

$$H = \frac{m \cdot C_p(T_e - T_a)}{860\eta S'}$$

여기서, H : 히터 용량(kW), T_e : 상승희망온도(℃), T_a : 대기 온도(℃)

S' : 상승필요시간(h), C_P : 금형 재료의 비열, m : 금형 중량(kg)

η : 히터 효율(%)

2 냉각 구멍의 분포

냉각 구멍의 분포는 외부에서 수지가 가지고 오는 열에너지에 비례해서 배치해야 한다. 열전달 경로를 나타낸 그림은 동일 형상을 한 성형품의 경우로 그림 (a)는 5개의 큰 구멍을 가진 금형을, 그림 (b)는 2개의 작은 냉각 구멍을 가진 금형을 나타내었다. 그림 (a)는 균일한 냉각 효과를 가지지만 그림 (b)는 열전달 경로가 경사되어 균일하지가 못한 것을 나타낸다.

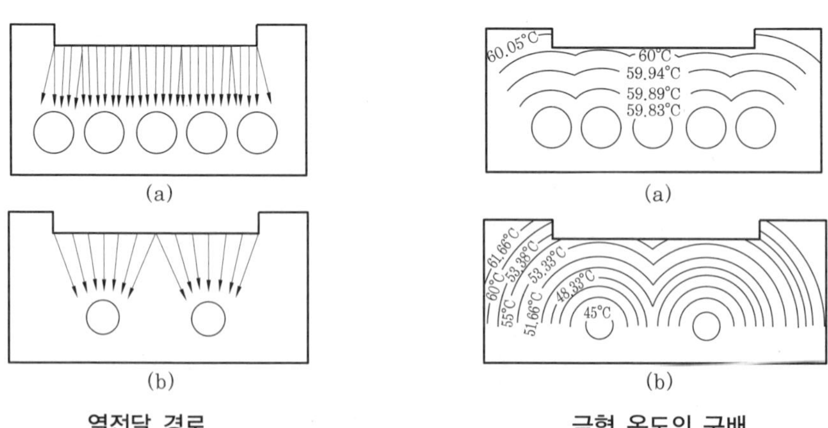

열전달 경로 　　　　 금형 온도의 구배

금형 온도의 구배를 나타낸 그림은 캐비티와 냉각 구멍 표면 간의 온도 구배를 표시한 개략 등온선이다. 그림 (a)는 큰 수로를 59.83℃의 물을 순환시킨 경우로서 캐비티 표면은 사이클

간에 60~60.05℃로 되어 온도차가 적게 되지만, 그림 (b)는 작은 수로로 45℃의 물이 순환하면 캐비티 표면은 53.33~60℃로 온도차가 크게 된다. 즉, 그림 (a)는 온도 변화가 작아 균일한 냉각 효과를 기대할 수 있으나, 그림 (b)는 냉각 효과가 균일하지 못하여 좋지 않다.

3 냉각수 구멍 설계

(1) 냉각수 구멍 설계 시 유의사항

① 고정 측 형판과 가동 측 형판을 각각 독립해서 조정되도록 한다.
② 형판에 여러 개의 관통구멍을 설치할 때 스프루의 가까운 곳에서부터 물이 통과한 후에 외측으로 온수가 순환되도록 한다.
③ PS와 같이 수축률이 큰 수지는 수축의 방향에 따라 냉각 구멍을 설치하여 변형을 방지한다.
④ 코어의 냉각은 가능한 한 형상에 따라서 회로를 설치한다.
⑤ 지름이 가늘고 긴 코어 핀에는 물 또는 압축공기를 통과시킨다.
⑥ 이젝터 핀의 위치를 결정하기 전에 냉각 홈을 설계한다.
⑦ 일반적으로 큰 1개의 냉각 구멍보다는 가늘고 많은 수의 냉각 구멍 쪽이 효과적이다.
⑧ 냉각 구멍이나 홈은 캐비티 내에 반복 작용하는 성형압력을 견딜 수 있는 강도 유지를 위해 캐비티에서 최소 10 mm 이상 되어야 한다.
⑨ 누수의 트러블이 많으므로 이를 고려해야 한다.
⑩ 드릴 가공을 하는 경우 드릴 구멍 빗나감을 고려해서 설계한다.
⑪ 냉매 입구 온도와 출구 온도의 차는 작아지는 편이 바람직하다. 특히 정밀성형금형의 여러개뽑기의 경우에는 2℃ 이하로 하는 것이 바람직하다.
⑫ 냉각 구멍이나 냉각 홈의 방청을 고려하고, 또 구조가 간편하게 되도록 한다.

(2) 냉각 구멍의 길이(L)

$$L = \frac{2\,Q \cdot w \cdot C_w \cdot \rho_w}{\pi \cdot d \cdot h_w (2\,T \cdot w \cdot C_w \cdot \rho_w - Q)}$$

여기서, Q : 단위시간당 수지로부터 금형으로 이동하는 열량, w : 냉각수량(m^3/h)
C_w : 냉각수 비열(kcal/kg · ℃), ρ_w : 냉각수 밀도
h_w : 냉각 구멍막 전열계수(kcal/m^2 · h · ℃), d : 냉각수 구멍(mm)
T : 금형 온도와 냉각수 평균온도(℃)의 차($T_M - T_W$)

(3) 냉각수 구멍의 지름

냉각 구멍의 형상이 아닐 때 즉, 3각형이나 4각형의 단면을 가진 냉각 구멍은 이 단면적을 원의 단면적으로 환산한 상당지름(relative diameter)을 사용한다. 상당지름 D_r를 구하는 식은 다음과 같다.

$$D_r = 4 \times \frac{\text{단면적}}{\text{단면 둘레}}$$

4 러너리스(runnerless) 사출

금형의 캐비티에 이르는 수지의 유동 부위(스프루와 러너)를 적절한 방법으로 수지가 항상 녹아 있도록 함으로써 매 사이클마다 스프루와 러너를 생산 없이 계속적으로 사출할 수 있는 금형이다.

(1) 러너리스 사출의 장점

① 성형품의 품질이 우수하다. ② 생산 원가가 절감된다.
③ 성형 사이클이 단축된다. ④ 무인 자동화가 용이하다.

(2) 러너리스 사출의 단점

① 금형의 설계 보수에는 고도의 기술이 요구된다.
② 성형 개시를 위한 준비에 긴 시간을 요한다.
③ 성형품 형상 및 사용 수지가 제약을 받는다.
④ 금형 측면에서는 게이트 시스템의 설계와 단열 시스템의 설계에 큰 기술의 문제를 안고 있다.
⑤ 1개뽑기가 가장 간단하고 개수가 많아짐에 따라 단가나 기술적으로 어려워진다.

5 러너리스 금형의 종류

(1) 웰타입 노즐(well type nozzle) 방식

그림에서와 같이 노즐의 선단부에 수지가 괴는 곳을 설치한 것으로 성형기 노즐과 게이트부와의 사이의 공간에 용융수지는 녹은 상태로 고이게 되고, 금형의 차가운 벽에 접하는 부분은 고화되어 이것이 단열재 역할을 하여 중앙부의 수지는 녹은 상태를 유지하므로 성형기 노즐에 압력이 걸리면 이 속을 통과하여 사출이 행해진다.

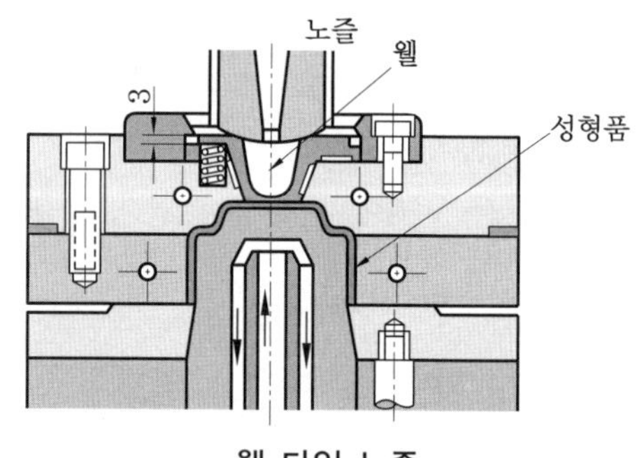

웰 타입 노즐

① 1개뽑기에 적합하다.
② 성형 온도 범위가 좁은 수지(PS, PP)에는 사용할 수가 없다.
③ 금형 구조는 간단하고 조작이 쉽다.
④ 치수 정도가 높은 것에는 사용할 수가 없다.

(2) 익스텐션 노즐(extension nozzle) 방식

그림에서와 같이 성형기의 노즐을 캐비티까지 연장하는 방식이며 특징은 다음과 같다.
① 1개뽑기에 직당하다.
② 노즐열에 의해 게이트 실(gate seal)을 방지한다.
③ 수지의 온도 조절이 쉽다.
④ 핀 포인트 게이트가 허용되는 모든 성형품에 적합하다.

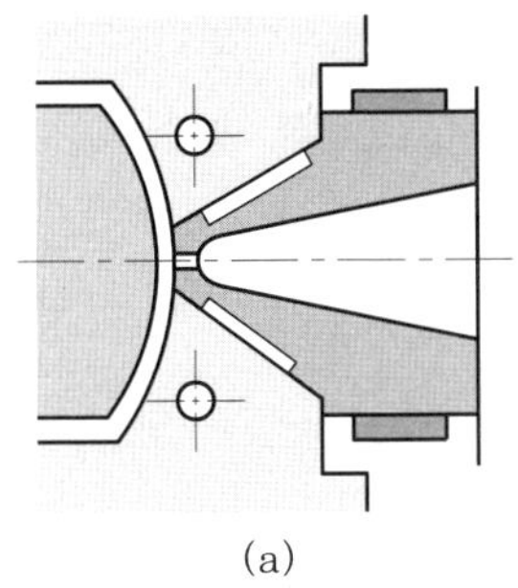
(a)

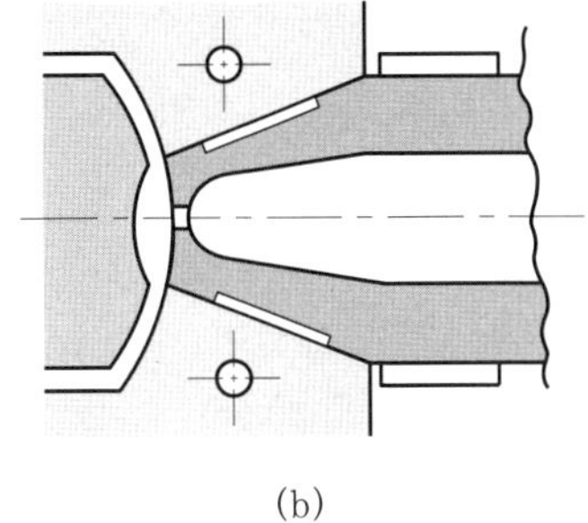
(b)

익스텐션 노즐

(3) 인슐레이티드 러너(insulated runner) 방식

그림 (a), (b)와 같이 러너 단면적을 크게 해서 외벽에 접촉 고화된 수지를 단열층으로 이용하고 내부의 수지(러너 지름의 $\frac{1}{2} \sim \frac{2}{3}$)를 용융 상태로 유지하려는 방법으로 단열 러너 방식이라고도 한다.

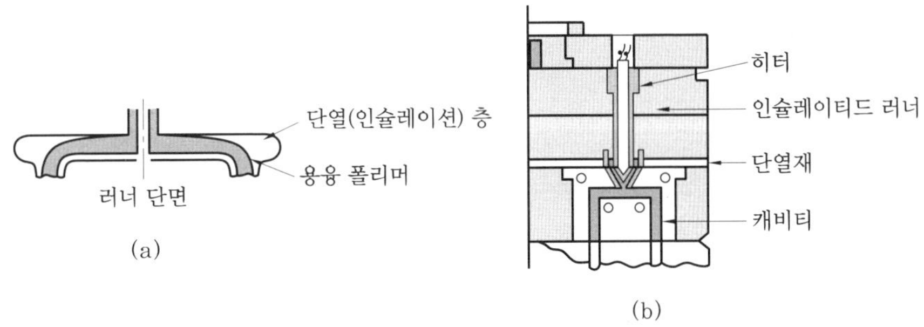

(a) (b)

인슐레이티드 러너 방식

① 3매 구성 금형을 쉽게 러너리스 금형으로 개조할 수 있다.
② 러너 때문에 생기는 수지의 손실을 줄일 수 있다.
③ 형상이 제약된다. 러너 게이트 고화를 방지하기 위하여 성형 사이클이 빠르지 않으면 사용할 수가 없다. 일반적으로 30초 이내가 적당하다.
④ 성형품 재질은 PE, PP가 적합하다.
⑤ 러너의 지름은 18~25 mm 정도가 적합하다.
⑥ 게이트의 지름은 일반 핀 포인트의 2배 정도가 필요하다. 또 역 테이퍼로 해둔다.
⑦ 성형 사이클을 빠르게 하기 위하여 냉각시간을 짧게 하는 구조로 한다.
⑧ 고화된 러너 게이트를 꺼내기 위해 캐비티 형판과 러너 플레이트가 간단히 분할 조립되는 구조로 한다.

(4) 핫 러너(hot runner) 방식

러너 형판에 러너를 가열할 수 있는 시스템을 내장시켜 러너 내의 수지를 일정한 용융 상태로 유지시켜 항상 사출할 수 있는 상태가 되어야 하고, 그 반면 캐비티 쪽에서는 성형품이 고화되기에 충분한 온도로 냉각시킬 수 있어야 한다. 핫 러너 방식에는 핫 매니폴드식, 핫 에이지 게이트식, 내부 가열 핫 러너식이 있으며, 핫 러너의 특성은 다음과 같다.

① 3매판 구조로 하지 않고도 다점 게이트를 사용할 수 있다.
② 1개뽑기할 때에 사이드 게이트가 작은 압력손실하에 사용될 수 있다.
③ 러너에 의한 수지 손실이 적다.
④ 쇼트 사이클이 단축된다.
⑤ 불량률이 감소된다.
⑥ 러너의 압력손실을 작게 할 수 있다.
⑦ 내부 가열 노즐 방식에서는 콜드의 경우보다 도입부의 압력손실이 크다.
⑧ 구조가 복잡해지고 고가로 된다.
⑨ 온도 조절이 까다롭다.
⑩ 금형 두께가 크게 되고 큰 성형기가 필요하게 된다.
⑪ 보수하기가 어렵다.
⑫ 수지 중의 이물질은 완전히 제거되어야 한다.

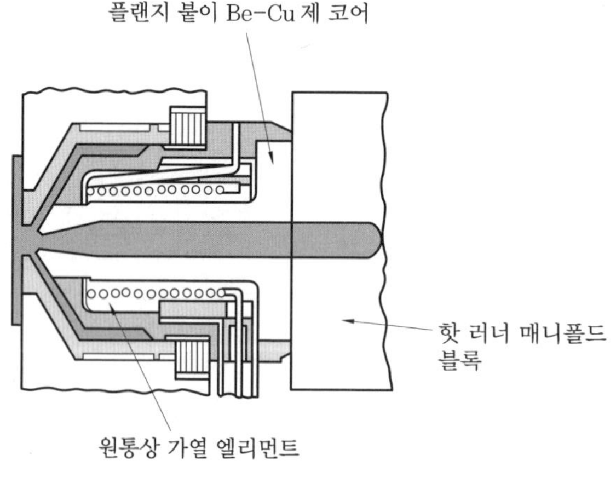

핫 러너 방식

(5) 핫 러너 방식의 설계 시 유의할 점

① 핫 매니폴드 각 조합부에서 수지가 새지 않아야 한다.
② 게이트가 막히지 않고 쉽게 분해 청소가 가능해야 한다.
③ 게이트 밸런스를 잡기 쉬워야 한다.
④ 시스템 전체에 걸친 온도 조절이 균일화되어 있어야 한다.
⑤ 핫 매니폴드 블록의 열팽창 대책이 충분히 취해져 있어야 한다.
⑥ 색 바꿈은 될 수 있는 대로 신속·용이하게 해야 한다.
⑦ 시작할 때 온도 상승이 빨라야 한다.

6 금형 가열 히터 계산식

$$\text{소요전력}(P) = \frac{\text{러너판 중량}(W)\times\text{비열}\times\text{상승온도}(T_1 - T_2)}{860\times\text{온도상승시간}(T)\times\text{효율}(\eta)}\ [\text{kW}]$$

여기서, T_1 : 소요되는 러너 플레이트의 온도

T_2 : 대기의 온도

강의 비열은 0.11 kcal/kg·℃, 효율은 0.3~0.5, 온도상승시간은 1시간이 적당하다.

실용 계산식은 다음과 같다.

$$P = \frac{W \times 0.11 \times (T_1 - T_2)}{860 \times 1 \times 0.3}[\text{kW}]$$

7 러너리스 성형에 적합한 성형품과 수지

(1) 성형품의 형상

① 러너리스 성형은 하이 사이클용 성형품이 적합하다.

② 게이트 부근에 큰 요철이 있으면 냉각 및 가열의 단열 설계가 제약되므로 어려워진다.

(2) 사용 수지

① 열 안정성이 좋고 저온에서도 유동성이 좋아야 한다.

② 압력에 대해서는 민감하고 또한 낮은 압력에서도 잘 흘러야 한다.

③ 금형에서 빨리 빠져나오도록 열변형 온도가 높아야 한다.

④ 열전도율이 높아야 한다.

⑤ 비열이 낮아야 한다.

러너리스 방식에 대한 적합한 수지

방식 \ 수지	폴리스티렌	폴리프로필렌	AS 스티롤	ABS	폴리 카보네이트	나일론	폴리아세탈
웰드 타입 노즐	가능	가능	약간 곤란	약간 곤란	약간 곤란	불가	불가
익스텐션 노즐	가능	가능	가능	가능	가능	불가	가능
인슐레이티드 러너	가능	가능	약간 곤란	약간 곤란	약간 곤란	불가	불가
핫 러너	가능	가능	가능	가능	가능	가능	가능

예상문제

1. 금형의 구조 설계 사항이 아닌 것은?

① 온도 조절 방법의 결정
② 캐비티 수 배열의 결정
③ 캐비티 측벽 결정
④ 파팅 라인, 러너, 게이트 결정

해설 금형의 구조 설계 사항에는 캐비티 수 배열의 결정, 파팅 라인, 러너, 게이트의 결정, 언더컷의 처리와 이젝터 방법의 결정, 온도 조절 방법의 결정 등이 있다.

2. 금형이 갖추어야 할 조건이 아닌 것은?

① 성형능률이 좋은 금형 구조로 되어야 할 것
② 내구성이 있는 구조로 할 것
③ 치수 안정성을 위하여 성형 사이클이 긴 구조로 할 것
④ 제작 기간이 짧고 제작비가 싼 구조로 할 것

해설 성형 사이클이 길면 성형능률이 저하된다.

3. 다음 설명 중 틀린 것은?

① 절단 자국을 작게 외관에 남겨도 좋은 게이트는 핀 포인트 게이트, 탭 게이트 등을 쓴다.
② 외관에 절단 자국이 허용 안 될 때는 밀핀을 이용한 서브머린 게이트가 사용된다.
③ 자동 절단이 필요할 때는 핀 포인트 게이트, 서브머린 게이트가 사용된다.
④ 게이트 절단을 쉽게 할 필요가 있을 때에는 표준 게이트가 사용된다.

4. 핫 러너의 장점이 아닌 것은?

① 성형 사이클이 단축된다.
② 성의의 자동화가 용이하다.
③ 성형품의 품질이 향상된다.
④ 소량 생산에 효과적이다.

5. 러너리스 금형에서 러너 블록의 중량이 50 kg일 때 히터의 용량은 얼마가 필요한가?(단, 러너 블록의 온도 $t_1 = 200$℃, 대기 온도 $t_2 = 20$℃, 러너 블록의 비열 $C = 0.11$ kcal/kg·℃, 온도상승시간 $T =$ 1시간, 효율 $\eta = 0.5$이다.)

① 2.0 kW ② 2.1 kW
③ 2.2 kW ④ 2.3 kW

해설 $P = \dfrac{WC(t_1 - t_2)}{860\eta T}$

$= \dfrac{50 \times 0.11(200-20)}{860 \times 0.5 \times 1}$

$= 2.302$ kW ≒ 2.3 kW

6. 다음 중 웰 타입 노즐 방식의 특성이 아닌 것은?

① 1개뽑기 금형에 적합하다.
② 치수 정도가 높은 것에 사용할 수가 있다.
③ 금형 구조는 간단하고 조작이 쉽다.
④ 성형 온도 범위가 좁은 수지에는 사용할 수 없다.

7. 다음 중 비제한 게이트의 특성에 대한 설명으로 옳지 않은 것은?

① 압력손실이 작다.
② 사이클이 길어진다.
③ 성형 재료 손실이 많다.
④ 잔류응력이 크다.

해설 성형 재료 손실이 적다.

8. 다음 중 제한 게이트의 특성에 대한 설명으로 옳지 않은 것은?

정답 » 1. ③ 2. ③ 3. ① 4. ④ 5. ④ 6. ② 7. ③ 8. ④

① 잔류응력이 작다.
② 유동성이 개선된다.
③ 성형 사이클이 단축된다.
④ 압력손실이 작다.

해설 압력손실이 크다.

9. 원추 형상이며 스프루가 그대로 게이트가 되는 게이트의 종류는 어느 것인가?

① 표준 게이트 ② 다이렉트 게이트
③ 핀 포인트 게이트 ④ 터널 게이트

10. 표준 게이트(side gate)의 특성이 아닌 것은?

① 게이트 가공이 용이하다.
② 게이트 치수 수정이 용이하다.
③ 성형 압력손실이 작다.
④ 대부분의 범용 수지에 적용된다.

해설 표준 게이트는 성형 압력손실이 크다.

11. 표준 게이트의 폭이 3 mm일 때 랜드는 얼마가 적당한가?

① 2.4 mm ② 3.4 mm
③ 4.4 mm ④ 5.4 mm

해설 $L = 0.8w = 0.8 \times 3 = 2.4$ mm

12. 표준 게이트의 폭 W[mm]를 결정하는 공식은? (단, n : 수지상수, A : 성형품 외측의 표면적(mm^2)이다.)

① $W = \dfrac{\sqrt{nA}}{30}$ ② $W = \dfrac{n\sqrt{A}}{8}$
③ $W = \dfrac{n\sqrt{A}}{30}$ ④ $W = \dfrac{\sqrt{nA}}{8}$

13. 표준 게이트에서 게이트 폭과 게이트 깊이의 비는 일반적으로 다음 중 어느 것이 사용되는가?

① 3 : 1 ② 4 : 1
③ 5 : 1 ④ 6 : 1

14. 성형품에 플로 마크가 발생하는 것을 방지하기 위해 표준 게이트 대신 사용되는 게이트는?

① 다이렉트 게이트 ② 터널 게이트
③ 오버랩 게이트 ④ 핀 포인트 게이트

15. 원통 모양의 성형품에 웰드 마크를 방지하기 위하여 사용되는 게이트는?

① 팬 게이트 ② 디스크 게이트
③ 필름 게이트 ④ 태브 게이트

16. 게이트의 위치를 결정할 때 고려 사항이다. 다음 중 적합하지 않는 것은?

① 눈에 잘 띄지 않는 곳
② 성형품의 가장 두꺼운 부분에 게이트 위치를 정한다.
③ 웰드 라인이 잘 생기지 않도록 위치를 정한다.
④ 큰 휨하중이나 충격하중이 작용하는 부분에 정한다.

17. 넓고 얇은 판 형상의 성형품을 균일하게 충전하는 데에 적합한 게이트는?

① 핀 포인트 게이트
② 팬 게이트
③ 표준 게이트
④ 디스크 게이트

18. 다음 중 태브 게이트(tab gate)에 대한 설명으로 옳지 않은 것은?

① PVC 및 PC와 같은 비교적 높은 압력으로 성형해야 하는 수지에 사용된다.
② 잔류응력이나 변형을 감소시켜 준다.
③ 성형 압력손실이 작다.
④ 사출압력에 의한 과충전이나 게이트 부근의 싱크 마크를 막을 수 있다.

해설 태브 게이트는 압력손실이 크다.

정답 » 9. ② 10. ③ 11. ① 12. ③ 13. ① 14. ③ 15. ② 16. ④ 17. ② 18. ③

19. 다음 중 오버랩 게이트에 대한 설명으로 옳은 것은?

① 성형품에 플로 마크(flow mark)가 발생하는 것을 막기 위해 표준 게이트 대신 사용된다.
② 표준 게이트보다 게이트 처리가 간단하다.
③ 외관에 게이트 흔적이 남지 않는다.
④ 큰 평면상의 성형품에 적합하다.

20. 다음 중 팬 게이트(fan gate)에 대한 설명으로 옳지 않은 것은?

① 캐비티로 향해 있으며 부채꼴로 펼쳐진 게이트이다.
② 큰 평판 형상에 균일하게 충전하는 데 적합한 게이트이다.
③ 게이트 부근의 결함을 최소로 하는 데 가장 효과가 있는 게이트이다.
④ 성형품을 밀어낼 때 자동으로 게이트가 절단된다.

21. 핀 포인트 게이트의 특징으로 옳지 않은 것은?

① 게이트 위치가 비교적 제한되지 않고 자유롭다.
② 게이트 부근에서의 잔류응력이 작다.
③ 게이트부는 절단하기가 쉽다.
④ 후가공이 꼭 필요하다.

22. 러너의 말단으로부터 하원판에 터널을 파서 캐비티의 측벽으로 재료를 사출하는 것으로 핀 포인트 방식과 큰 차이가 없는 게이트의 종류는?

① 팬 게이트
② 링 게이트
③ 태브 게이트
④ 서브머린 게이트

23. 핀 포인트 게이트의 지름을 구하는 공식은?(단, d : 게이트의 지름, n : 수지계수, A : 성형품의 표면적, c : 살두께상수)

① $d = n\sqrt{A}/c$　　② $d = nc\sqrt{A}$
③ $d = n \cdot c \cdot \sqrt[4]{A}$　　④ $d = n^4\sqrt{A}/c$

해설 살두께가 0.75~2.5 mm일 때는 $d = n \cdot c \cdot \sqrt[4]{A}$ 이다.

24. 다음 그림은 핀 포인트 게이트 형상이다. ( ) 안의 각도는 몇 도 정도가 적당한가?

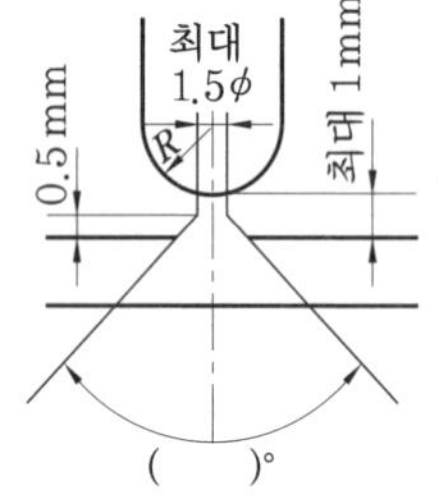

① 70~90°　　② 70~110°
③ 90~120°　　④ 100~130°

25. 성형품의 외측면(外側面)에 절단 자국이 허용되지 않을 때 사용되는 게이트는 다음 중 어느 것인가?

① 표준 게이트　　② 오버랩 게이트
③ 디스크 게이트　　④ 태브 게이트

26. 다수개빼기 금형에서 러너의 길이를 20 mm, 게이트의 랜드를 2 mm, 러너 지름을 8.0 mm로 했을 때 게이트 밸런스 값은 얼마인가?(단, 게이트와 러너의 단면적의 비 $\frac{S_G}{S_R} = 0.09$로 한다.)

① 0.4　② 0.5　③ 0.6　④ 0.7

해설 $\frac{S_G}{S_R} = 0.09$, $S_G = 0.09 \times \frac{\pi}{4} \times 8^2 = 4.5$

$$BGV = \frac{S_G}{\sqrt{L_R} \times L_G} = \frac{4.5}{\sqrt{20} \times 2} = 0.503$$

정답 » 19. ① 20. ④ 21. ④ 22. ④ 23. ③ 24. ③ 25. ② 26. ②

27. 2매 구성 금형의 경우 파팅면이 복잡하고 양면에 러너를 가공하기가 매우 힘들 경우 적당한 러너의 형상은?

① 사다리꼴 ② 사각형
③ 직사각형 ④ 원형

28. 3매 구성 금형의 경우 적당한 러너의 형상은?

① 사다리꼴 ② 사각형
③ 직사각형 ④ 원형

29. 러너 배치를 할 때 유의 사항이다. 다음 설명에서 맞는 것은?

① 유동 균형을 고려해서 배분해야 한다.
② 압력손실과 유동수지의 온도 저하를 막기 위해 러너의 굵기는 가늘수록 좋다.
③ 러너 밸런스를 맞추기 위하여 스프루에서 각 캐비티까지의 거리를 적당히 조절하여야 한다.
④ 러너의 길이는 가능한 길수록 좋다.

30. 살두께가 3.2 mm 이하이고, 중량이 200 g 이하인 성형품의 러너의 지름 계산식은? [단, D = 러너 지름(mm), W : 성형품의 중량(g), L : 러너의 길이(mm)]

① $D = \dfrac{\sqrt{W} \times \sqrt[4]{L}}{8}$

② $D = \dfrac{\sqrt{L} \times \sqrt[4]{W}}{16}$

③ $D = \dfrac{\sqrt{W} \times \sqrt[4]{L}}{16}$

④ $D = \dfrac{\sqrt{L} \times \sqrt[4]{W}}{8}$

31. 다이렉트 게이트용으로 쓰이고 있는 스프루 부시의 형은 다음 어느 것인가?

① A형 ② B형
③ C형 ④ D형

해설 A형은 주로 사이드 게이트용으로 쓰이고 B형은 다이렉트 게이트용으로 쓰인다.

32. 다음은 스프루 부시 설계 시 중요 사항이다. 맞지 않는 것은?

① 스프루 부시 R는 노즐 선단 r보다 1 mm 정도 큰 것이 좋다.
② 노즐 구멍 지름 D는 스프루 구멍 지름 d보다 0.5~1.0 mm 정도 크게 한다.
③ 스프루 길이는 될 수 있는 한 짧은 편이 좋다.
④ 스프루 구멍의 테이퍼는 2~4°이다.

33. 핀 포인트 게이트를 사용할 경우 형열림 시 스프루 부시와 러너 스트리퍼의 습동을 원활히 하기 위하여 스프루 부시의 끝부분에 구배를 준다. 적당한 구배는?

① 2~5° ② 5~15°
③ 10~15° ④ 10~20°

34. 핀 이젝트 방식의 결점이 아닌 것은?

① 핀자국 ② 크랙
③ 백화 ④ 스트레스

35. 다음 중 이젝트 핀에 대한 설명으로 옳지 않은 것은?

① 이젝트 핀과 구멍의 끼워맞춤은 H7 정도로 한다.
② 에어 가스(air gas) 도피가 나쁜 곳에 설치하고 에어 벤트(air vent)의 대용으로 한다.
③ 얇은 상자형 성형품은 D형 이젝트 핀이 많이 사용된다.
④ 핀의 담금질 경도는 H_{RC} 55 이하이어야 한다.

해설 핀의 담금질 경도는 H_{RC} 55 이상으로 한다.

정답 » 27. ① 28. ① 29. ① 30. ① 31. ② 32. ② 33. ② 34. ④ 35. ④

36. 다음은 슬리브 이젝트 방식의 설계에 대하여 설명한 것이다. 틀린 것은?

① 슬리브의 살두께는 1.5 mm 이상이 바람직하다.
② 담금질 경도는 H_{RC} 55 정도로 한다.
③ 슬리브와 코어 핀의 끼워맞춤 길이는 될 수 있는 한 짧게 한다.
④ 담금질 길이는 될 수 있는 한 길게 한다.

37. 스트리퍼 플레이트 이젝트 방식에 대한 설명 중 틀린 것은?

① 성형품의 변형, 크랙, 변화 등이 생기지 않는다.
② 외관상 이젝트 자국이 거의 남지 않는다.
③ 투명 성형품에 특히 적합하다.
④ 플래시(flash)가 발생되지 않는다.

38. 코어의 외주와 스트리퍼 플레이트의 안쪽과의 긁힘 방지를 위해 구배맞춤을 한다. 몇 도 정도가 적당한가?

① 1~2°　② 2~7°
③ 3~10°　④ 4~20°

39. 다음 중 에어 이젝팅 방식에 대한 설명으로 옳지 않은 것은?

① 균일하게 밀어내므로 연질 수지에서도 변형이 잘 일어나지 않는다.
② 일반적으로 구조가 간단하다.
③ 성형품의 형상에 제약을 받지 않는다.
④ 성형품의 코어 사이의 전공에 의한 문제점을 해소해 준다.

40. 에어 이젝팅 방식에 사용되는 공기압은 일반적으로 얼마 정도가 적당한가?

① 2~3 kg/cm^2
② 5~6 kg/cm^2
③ 7~8 kg/cm^2
④ 9~10 kg/cm^2

41. 고정 측에서 밀어내기 방법이 적합한 방법은?

① 에어 이젝터　② 핀 이젝터
③ 슬리브 이젝터　④ 링 바 이젝터

42. 투영면적이 큰 성형품일 경우 받침판의 중앙부의 강도가 부족하고 또, 이젝터 플레이트의 작동도 지장을 받는다. 이것을 보강하는 요소는?

① 스페이서 블록
② 서포트 블록
③ 가이드 블록
④ 코터 블록

43. 이젝터의 리턴 방식이 아닌 것은?

① 스프링에 의한 방식
② 리턴 핀에 의한 방식
③ 공기압을 이용한 방식
④ 플레이트 핀에 의한 방식

44. 금형 온도 조절 목적이 아닌 것은?

① 성형 사이클의 단축
② 물리적 성질의 개선
③ 성형품의 표면 상태 개선
④ 성형 밸런스의 개선

45. 존(zone) 온도 조절 방식에 대한 설명으로 옳지 않은 것은?

① 중대형 성형품, 정밀 성형품용 금형 등에 적용된다.
② 금형 내에서의 수지 유동성이 개선된다.
③ 잔류응력, 변형이 적다.
④ 비교적 단순하고 균일한 살두께에 적합하다.

해설 금형 각부의 온도를 온도조절기 등을 이용해서 존별로 상당히 엄밀하게 조절하는 방법이다.

정답 » 36. ④ 37. ④ 38. ③ 39. ③ 40. ② 41. ① 42. ② 43. ④ 44. ④ 45. ④

46. 금형 온도 조절에서 전열면적을 구하는 식은 어느 것인가? [단, A : 전열면적, Q : 이동열량, h_w : 냉각홈 측의 경막전열계수, ΔT : 금형과 냉매의 평균온도차(℃)]

① $A = \dfrac{Q}{h_w \times \Delta T}$ ② $A = \dfrac{h_w}{Q \times \Delta T}$

③ $A = \dfrac{\Delta T}{Q \times h_w}$ ④ $A = \dfrac{\Delta T}{h_w \times Q}$

47. 금형 내에서 이동열량을 구하는 식은? (단, Q : 이동열량, S_h : 매시 쇼트 수, C_p : 수지의 배열, t_i : 수지의 용융온도, t_o : 성형품 꺼낼 때의 온도)

① $Q = S_h \times C_p \times (t_i - t_o)$

② $Q = \dfrac{S_h}{C_p (t_i - t_o)}$

③ $Q = \dfrac{C_p}{S_h \times (t_i - t_o)}$

④ $Q = \dfrac{S_h}{(t_i - t_o) \times C_p}$

48. 금형 온도 제어부의 무게가 15 kg, 상승희망온도가 48℃, 대기온도가 20℃, 상승희망시간이 30분, 효율이 70 %, 형재의 비열이 SM 55C에서 0.115일 때 히터 용량은 얼마인가?

① $P = 120$ W ② $P = 140$ W

③ $P = 160$ W ④ $P = 180$ W

해설 $P = \dfrac{MC(t_1 - t_2)}{860\,n\,T}$

$= \dfrac{15 \times 0.115(48-20)}{860 \times 0.7 \times 0.5}$

$= 0.16$ kW $= 160$ W

49. 성형품 중량 500 g, 쇼트 수 35/H로 성형할 때 냉각 구멍의 길이는 얼마인가? (단, 전열면적은 5000 cm^2, 냉각구멍의 지름은 12.7 mm이다.)

① $L \fallingdotseq 1254$cm ② $L \fallingdotseq 1325$cm

③ $L \fallingdotseq 1328$cm ④ $L \fallingdotseq 1338$cm

해설 $L = \dfrac{A}{\pi D} = \dfrac{5000}{3.14 \times 1.27}$

$= 1253.8$cm $\fallingdotseq 1254$ cm

50. 냉각홈 설계상 유의점이 아닌 것은?

① 일반적으로 캐비티형은 코어형보다 냉각수량이 많이 필요하다.

② 스프루, 게이트 부근은 특별히 큰 구멍을 설치한다.

③ 일반적으로 큰 1개의 구멍보다 지름이 작은 여러 개의 구멍이 냉각 효과가 크다.

④ 코어형과 캐비티형은 독립해서 조정해서는 안 된다.

51. 가는 코어나 핀의 냉각에 필요한 냉각 방식은?

① 에어(air) 방식

② 냉각수 방식

③ 유체 방식

④ 아무거나 관계없다.

52. 외측 언더컷 처리 금형에 해당되지 않는 것은?

① 분할 캐비티형 ② 회전형

③ 슬라이드 블록형 ④ 슬리브형

53. 내측 언더컷 처리 금형이 아닌 것은?

① 분할 코어형 ② 이젝터 핀형

③ 스트리퍼형 ④ 슬라이드 블록형

54. 금형 체결 후 분할 캐비티의 슬라이딩 방향의 힘은 어느 기구에 의해 받쳐지고 있는가?

① 핑거 핀

② 고정 측의 로킹 블록

정답 » 46. ① 47. ① 48. ③ 49. ① 50. ④ 51. ① 52. ④ 53. ③ 54. ②

③ 분할형 캠
④ 이젝터 핀

55. 다음 설명 중 틀린 것은?

① 경사핀(angular pin)의 경사각도는 일반적으로 10°가 적당하다.
② 경사핀 선단의 모따기 각도는 (경사각 +5°) 정도이다.
③ 로킹 블록 각도는 경사핀의 경사각보다 작게 한다.
④ 경사핀의 틈새는 성형압력을 증가시켜 주는 역할을 한다.

해설 경사핀의 틈새는 성형압력을 경감시켜 주는 역할을 한다.

56. 분할 캐비티의 이동거리가 10 mm인 분할 언더컷 처리 금형에서 핑거 핀의 경사각을 15°, 틈새를 1 mm로 했을 때 경사핀의 작용길이는 얼마로 하는 것이 적당한가?

① 약 43 mm ② 약 44 mm
③ 약 45 mm ④ 약 46 mm

해설 $L = \dfrac{M}{\sin\phi} + \dfrac{2C}{\sin 2\phi}$

$= \dfrac{10}{\sin 15} + \dfrac{2\times 1}{\sin(2\times 15)} = 38.64 + 4$

$= 42.64\ \text{mm} \fallingdotseq 43\ \text{mm}$

57. 주로 캐비티 전체를 대칭으로 2분할하여 성형품의 외측 언더컷을 처리하는 형식은?

① 슬라이드 블록형 ② 분할 캐비티형
③ 경사핀형 ④ 회전 코어형

58 언더컷 처리 방법 중 소형 금형에 적합한 방법은?

① 앵귤러 핀(angular pin)
② 도그 레그 캠(dog leg cam)
③ 판 캠(plate cam)
④ 스프링(spring)

59. 사이드 코어를 설치할 때 유효 사출압력이 600 kgf/cm^2, 사이드 코어 지름이 15 mm라면 코어에 작용하는 힘 F는?

① 약 1060 kgf ② 약 1050 kgf
③ 약 1040 kgf ④ 약 1030 kgf

해설 $F = P\cdot\dfrac{\pi}{4}d^2 = 600\times\dfrac{\pi}{4}\times 1.5^2$

$= 1059.75\text{kgf} \fallingdotseq 1060\text{kgf}$

60. 다음 그림과 같은 성형품의 내측 언더컷 율은?

① 5.0 %
② 4.6 %
③ 5.2 %
④ 4.8 %

해설 $\dfrac{B-A}{A} = \dfrac{42-40}{40} = 0.05$

61. 다음 그림과 같은 성형품의 외측 언더컷 율은?

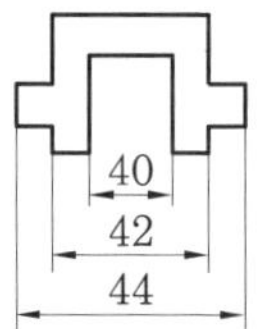

① 4.3 % ② 4.5 %
③ 4.7 % ④ 4.9 %

해설 $\dfrac{C-B}{C} = \dfrac{44-42}{44} = 0.045$

62. 유압 및 공기압 작동 방식에 의한 언더컷 처리 금형의 특징에 대한 설명으로 옳지 않은 것은?

① 작동 타이밍을 자유로이 조정할 수 있다.
② 습동력이 강하다.
③ 성형기에 부착 시 장해가 되기 쉽다.
④ 주로 소형 금형에 적합하다.

정답 » 55. ④ 56. ① 57. ② 58. ④ 59. ① 60. ① 61. ② 62. ④

63. 앵귤러 핀과 구멍의 틈새는?
① 0.1~0.2 mm ② 0.2~0.5 mm
③ 0.3~0.8 mm ④ 0.5~1.5 mm

64. 강제 언더컷 처리용으로 적합한 성형 재료는?
① PP ② PMMA
③ AS ④ PC

해설 강제 언더컷 처리용으로 적합한 성형 재료는 PP, PE 등이 있다.

65. 나사가 있는 성형품을 금형으로부터 빼내는 방법이 아닌 것은?
① 고정 코어 방식
② 분할형에 의한 방식
③ 회전기구에 의한 방식
④ 경사캠에 의한 방식

66. 성형품을 이젝팅할 때 나사 코어를 성형품과 함께 금형으로부터 밀어내고 나중에 손 또는 공구를 사용해서 성형품과 나사 코어를 분리하는 방식은?
① 고정 코어 방식
② 분할형에 의한 방식
③ 회전기구에 의한 방식
④ 경사캠에 의한 방식

67. 다음 그림은 사출 금형의 게이트를 간략하게 나타낸 것이다. 이 그림에 나타낸 게이트의 종류는?

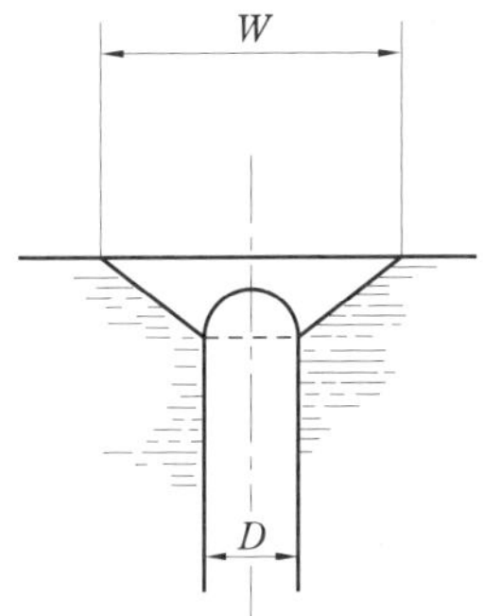

① 링 게이트(ring gate)
② 디스크 게이트(disk gate)
③ 팬 게이트(fan gate)
④ 표준 게이트(side gate)

68. 사출성형 시 금형의 온도를 일정하게 유지함으로써 성형품에 미치는 영향에 대한 설명으로 잘못된 것은?
① 제품의 표면이 아름답다.
② 양질의 제품을 생산할 수 있다.
③ 성형 사이클 시간이 길어진다.
④ 동일 제품을 생산할 수 있다.

69. 슬라이드 코어를 작동시키는 방법 중 형개력을 이용한 방법이 아닌 것은?
① 코어 핀, 코어 캠에 의한 것
② 앵귤러 핀, 앵귤러 캠에 의한 것
③ 이젝터 핀에 의한 것
④ 래크와 피니언에 의한 것

70. 사출 금형의 게이트 중 러너는 분할면에 있고, 게이트는 이동 형판에 터널식으로 만들어져 수지를 캐비티에 유입시키는 게이트는 어느 것인가?
① 링 게이트
② 서브 머린 게이트
③ 팬 게이트
④ 핀 포인트 게이트

71. 일반 사출성형용 금형에서는 스프루 및 러너는 꼭 필요한 것이지만 필요에 따라서는 이를 없애는 러너리스 금형이 있다. 그 이점으로 맞는 것은?
① 금형의 설계·보수가 간단하다.
② 성형 사이클이 단축된다.
③ 성형 개시 시 준비시간이 짧다.
④ 성형품의 형상 및 사용수지에 제약이 없다.

정답 » 63. ③ 64. ① 65. ④ 66. ① 67. ③ 68. ③ 69. ① 70. ② 71. ②

72. 사출성형금형의 게이트 종류에서 핀 포인트 게이트의 특징을 설명한 것 중 틀린 것은?
① 게이트의 위치가 제한된다.
② 게이트의 부근에서 잔류응력이 작다.
③ 게이트부는 절단하기가 쉽다.
④ 게이트의 밸런스가 쉽게 된다.

73. 러너리스 시스템(runnerless system)의 특성 비교 중 종합적인 효율이 가장 우수한 것은?
① 익스텐션 노즐 방식
② 인슐레이티드 러너 방식
③ 핫 러너 방식
④ 웰 타입 노즐 방식

74. PVC의 성형품을 살두께 5 mm로 사출을 하려고 한다. 이때 태브(tab) 게이트를 사용한다면 깊이는 얼마로 하는 것이 좋은가? (단, PVC의 n는 0.90이다.)
① 3.2 mm ② 4.5 mm
③ 4.8 mm ④ 5.6 mm

해설 $h = n \times t = 0.9 \times 5 = 4.5 \text{ mm}$

75. 캐비티의 측벽으로 재료를 사출하고 성형품을 밀어낼 때 자동적으로 게이트가 절단되는 것은 무슨 게이트인가?
① 필름 게이트
② 터널 게이트
③ 핀포인트 게이트
④ 링 게이트

76. 사출성형에서 가늘고 깊은 리브(rib)나 매우 얇은 성형품의 밀어내기(ejection)에 알맞은 방법은 어떤 것인가?
① 플랫(flat) 이젝션
② 에어 이젝션
③ 접시 머리핀 이젝션
④ 슬리브 이젝션

77. 금형의 온도를 높임으로써 얻을 수 있는 효과가 아닌 것은?
① 성형품의 광택을 좋게 할 수 있다.
② 흑줄을 방지할 수 있다.
③ 웰드 라인을 없애 준다.
④ 플로 마크를 없애 준다.

78. 얇지만 단면적은 비교적 크고 성형재료의 충전이 용이하며, 내부 응력에 의한 성형품의 변형이 작은 게이트는?
① 링 게이트
② 사이드 게이트
③ 필름 게이트
④ 핀 포인트 게이트

79. 다음 중 러너리스 금형의 장점에 속하지 않는 것은?
① 성형품의 품질이 우수하다.
② 수지의 단가가 경감된다.
③ 성형 사이클이 단축된다.
④ 자동운전이 어렵다.

80. 다음 중 러너리스 금형의 단점에 속하지 않는 것은?
① 금형의 설계 보수에 고도의 기술이 요구된다.
② 성형 개시를 위한 준비에 긴 시간을 요한다.
③ 성형품 형상 및 사용수지가 제약을 받는다.
④ 한개빼기 금형에 적당하지 않다.

81. 다음 중 대형 금형에 적합한 러너 게이트 방식은?
① 사이드 게이트 방식
② 러너리스 방식

정답 » 72. ① 73. ③ 74. ② 75. ② 76. ① 77. ② 78. ③ 79. ④ 80. ④ 81. ③

③ 다이렉트 게이트 방식
④ 핀 포인트 게이트 방식

82. 다음 중 러너리스 성형에 사용할 수지의 조건으로 맞지 않는 것은?
① 온도에 대해서 둔감해야 한다.
② 압력에 대해서 민감해야 한다.
③ 열전도율이 높아야 한다.
④ 비열이 높아야 한다.

83. 인슐레이티드 러너 방식에 대한 설명으로 맞지 않는 것은?
① 러너 게이트의 고화를 막기 위해 성형 사이클은 30초 이내가 바람직하다.
② 수지는 PE, PP 외는 원칙적으로 이용되고 있지 않다.
③ 일반적으로 러너의 지름은 18~25 mm 정도가 적당하다.
④ 게이트는 일반 핀 포인트 게이트의 3배 정도가 적당하다.

해설 게이트는 일반 핀 포인트 게이트의 2배 정도가 필요하다.

84. 핫 러너(hot runner)의 가열온도는 다음 중 어느 범위가 적당한가?
① 100~150℃
② 200~240℃
③ 300~350℃
④ 400~450℃

85. 다음 중 러너 기구를 설계할 때의 유의점으로 옳지 않은 것은?
① 가급적 유동저항이 적고 냉각이 쉽게 되어야 한다.
② 단면 형상은 전원에 가까울수록 좋다.
③ 길이는 가능한 짧을수록 좋다.
④ 러너의 굵기는 가능한 굵을수록 좋다.

해설 러너는 가급적 유동저항이 적고 열손실이 적은 것이 바람직하다.

86. 다음 중 러너의 치수를 결정할 경우 고려해야 할 사항으로 옳지 않은 것은?
① 러너의 굵기는 살두께보다 굵게 한다.
② 러너의 단면적은 성형 사이클을 좌우하는 것이어서는 안 된다.
③ 성형품의 체적과 살두께, 사용수지에 대한 검토를 해야 한다.
④ 러너의 길이는 유동저항을 고려하여 가능한 길게 해야 한다.

87. 러너리스 성형에 적합한 성형품의 형상에 관한 설명 중 옳지 않은 것은?
① 러너리스 성형은 하이 사이클용 성형품에 적합하다.
② 긴 냉각시간을 요하는 형상은 적합하지 않다.
③ 게이트 부근에 큰 요철이 없어야 한다.
④ 긴 냉각시간을 요하는 형상이 적합하다.

정답 » 82. ④ 83. ④ 84. ② 85. ① 86. ④ 87. ④

프레스 금형

1. 프레스 금형의 구성요소, 기능 및 설계

1-1 프레스 금형의 구성요소 및 설계

1 섕크(shank)

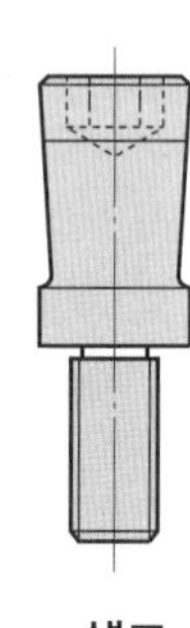

섕크

프레스 기계의 램(ram)에 고정시키기 위하여 금형의 펀치 홀더(상홀더)에 고정시킨 봉 모양으로 된 자루 부분이다.

① 종류 : 일체로 된 것과 고정된 것이 있다.

② 재질 : SM 45C

③ 복합(compound) 금형 등은 섕크 중심에 녹아웃 핀(knock-out pin)이 들어가는 구멍을 뚫어 사용한다.

2 가이드 포스트 및 가이드 부시

상형의 상하운동을 정확히 하형에 안내하여 펀치와 다이의 관계 위치를 정확히 유지하고, 금형의 수명과 제품의 정밀도를 향상시키기 위하여 사용한다.

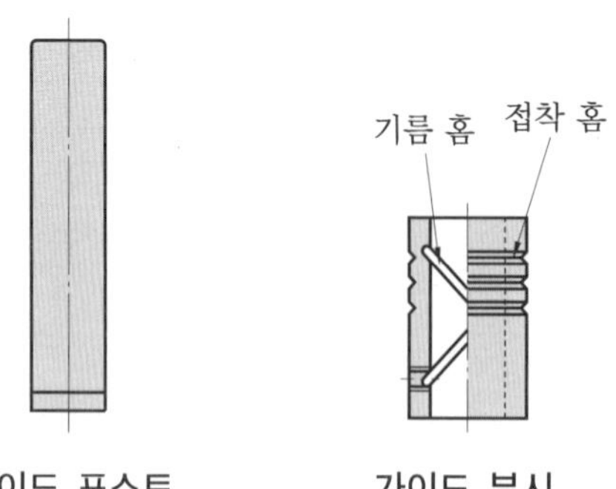

가이드 포스트 가이드 부시

① 고정 방법

(가) 가이드 포스트 : 하홀더에 수직으로 데브콘 또는 압입으로 고정시킨다.

(나) 가이드 부시 : 상홀더에 데브콘 또는 압입으로 고정시킨다.

② 재질 : STC 3, SM 45C

③ 경도 : H_{RC} 58 이상
④ 가공 방법 : 가이드 포스트의 바깥지름과 부시의 내면은 연삭 다듬질 후 래핑(lapping) 가공을 하며, 가이드 부시의 내면에는 기름 홈을 파서 눌어붙지 않도록 한다.
⑤ 호칭 방법 : 명칭 및 호칭치수×길이

3 다이 세트(die set)

상부에는 상홀더(punch holder), 하부에는 하홀더(die holder) 및 가이드 포스트와 부시로 구성된 표준 유닛(unit)이다.

(1) 사용 목적

① 프레스에 금형의 장착 및 장탈이 용이하다.
② 정도 높은 제품이 얻어진다.
③ 금형의 설치 및 작업이 능률적이다.
④ 가공 중 분력에 의한 파손 운반 및 보관 중 파손이 적다.
⑤ 금형이 다소 얇아도 된다.
⑥ 금형의 수명이 연장된다.

(2) 재질

GC 20, SM 45C, SM 55C

(3) 종류

KS B 4115에서 B, C, D, F형은 상홀더에 가이드 부시가 없는 것을 표시하며, BB, CB, DB, FB형에서 뒷자의 B는 상홀더에 가이드 부시가 붙어 있는 것을 표시한다. 또, KS B 4122에서는 BR, CR, DR, FR형으로 규정하고 있다.

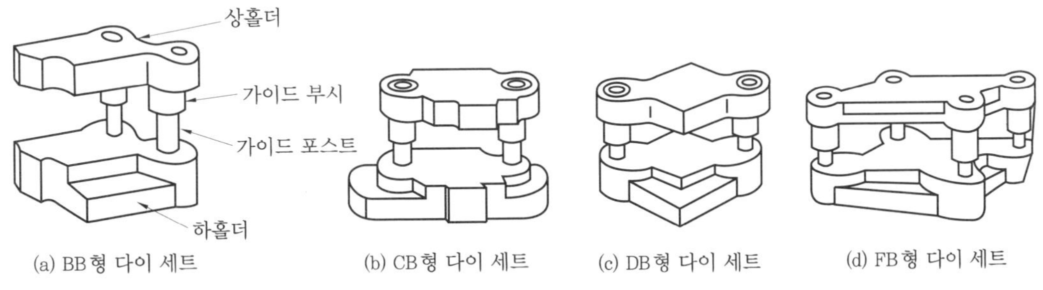

(a) BB형 다이 세트 (b) CB형 다이 세트 (c) DB형 다이 세트 (d) FB형 다이 세트

다이 세트의 종류

① BB형(back post bushing type) : 가이드 포스트를 뒷면에 설치한 것으로 재연삭과 작업성에서 가장 편리하다. 프레스 작업 시 전후 방향의 편심하중으로 정도 유지가 저하된다.
② CB형(center post bushing type) : 금형의 일직선 양단에 가이드 포스트를 설치한 것이다. 홀더의 형상이 타원형으로 재료(소재)의 전후 이송 시 안정된 가공을 할 수 있다. BB형보다 고정도의 제품을 얻을 수 있다.

③ DB형(diagonal post bushing type) : 금형의 대각선의 양단에 가이드 포스트를 설치한 것으로 강성, 정도, 작업성에서 가장 우수하다. BB형과 CB형의 결점을 보완한 것으로 제품의 정도에서는 CB형과 같은 정도를 얻을 수 있다.

④ FB형(four post bushing type) : 금형의 네 모서리에 가이드 포스트를 설치한 것으로 평행도가 우수하다. 높은 강성과 펀치, 다이의 정밀한 안내가 되므로 클리어런스(clearance)가 적은 곳에 사용한다.

⑤ 멀티 포스트형(multi post type) : 가이드 포스트가 6개 또는 8개 있는 것으로 대형 금형에 사용한다.

⑥ 볼 슬라이드 다이 세트(ball side die type) : 가이드 부시와 가이드 포스트 사이에 강구와 볼리테이너를 삽입한 것이며, 특징은 다음과 같다.

㈎ 포스트와 부시의 간격을 "0 (zero)"으로 할 수 있다.
㈏ 정밀도가 요구되는 전단금형에 가장 적합하다.
㈐ 펀치와 다이의 날맞춤 작업이 용이하다.
㈑ 고속운전을 하여도 발열이 적어 눌어붙지 않는다.
㈒ 초기의 정밀도를 장시간 유지할 수 있다.

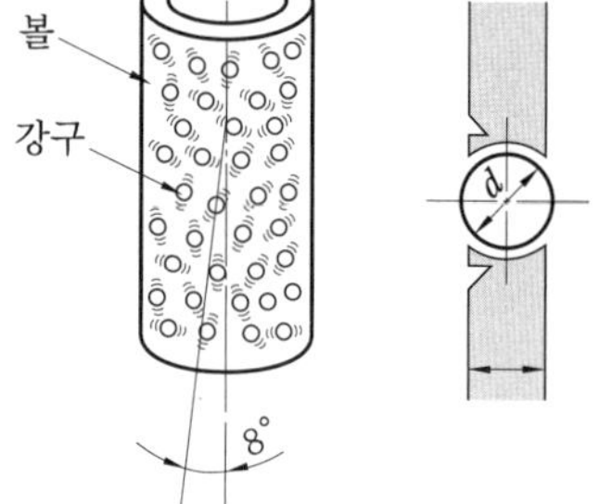

볼 슬라이드

(4) 정밀도(소재의 두께 1.2 mm 이하)

① 가이드 포스트와 가이드 부시의 끼워맞춤 틈새
정밀급 : 0.002~0.005 mm, 보통급 : 0.005~0.012 mm

② 상홀더와 하홀더의 두께 평행도(300 mm 기준)
정밀급 : 0.015 mm, 보통급 : 0.03 mm

③ 조립 시 상하 홀더의 평행도(300 mm 기준)
정밀급 : 0.025 mm, 보통급 : 0.04 mm

④ 조립 시 홀더와 가이드 포스트의 직각도(100 mm 기준)
정밀급 : 0.01 mm, 보통급 : 0.02 mm

4 맞춤 핀(dowel pin)

펀치와 상홀더, 다이와 하홀더 등을 다이 세트의 올바른 위치에 고정하는 중요한 부품으로 부품의 신속한 분해 및 정확한 위치에 재조립이 가능하며 측면압력, 축방향의 추력을 흡수하는 역할을 한다.

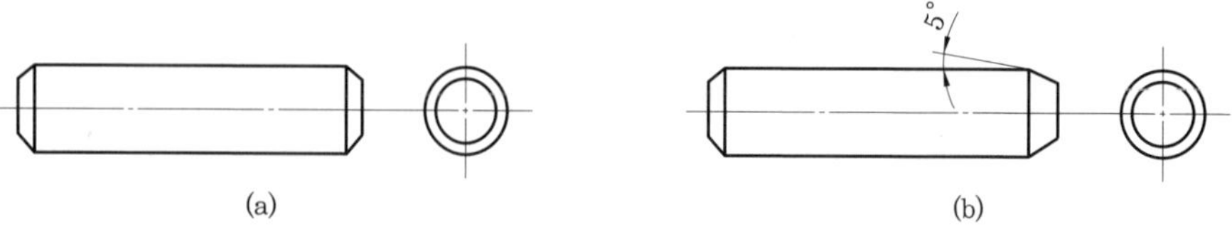

맞춤 핀의 형상

① 재질 : STC 3~5를 열처리 및 연삭하여 사용한다.

② 경도 : H_{RC} 60 이상

③ 끼워맞춤 공차 : m 6

5 펀치(punch)

펀치의 재질은 수량과 금형의 구조에 따라 결정하며, 주로 많이 사용하는 재료는 STC－5종, STC－3종, STD 11종, SKH 9종이고 초경합금 및 신소재(Ti－Wc, Ba 코팅) 사용도 급증하고 있다. 펀치가 갖추어야 할 조건은 다음과 같다.

- 제품의 형상과 같은 윤곽을 가진 날끝면과 날끝 측면을 가질 것
- 홀더, 펀치 고정판에 고정하는 부분을 가질 것
- 스트리퍼 두께 만큼의 안내부 길이를 가질 것
- 유효전단 날끝 길이를 가질 것

(1) 펀치의 종류

① 섕크와 일체로 된 펀치 : 제품의 수량이 적거나 금형 제작을 신속하게 할 경우 편리하다[재질 : 탄소공구강(STC)].

② 섕크를 펀치에 심은 펀치 : 제품의 수량이 많은 경우나 대형 펀치에 사용하며 그림 (a)의 섕크는 회전하거나 풀리는 것을 방지한 경우이다[재질 : 탄소공구강(STC), 합금공구강(STS)].

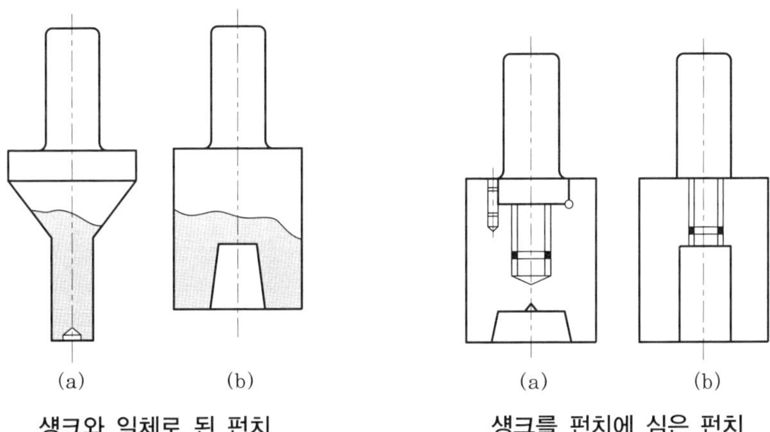

(a) (b) (a) (b)

섕크와 일체로 된 펀치　　섕크를 펀치에 심은 펀치

③ 원형 펀치(round punch) : 주로 피어싱 가공에 사용하며 A형은 절삭날의 강도를 보강하기 위하여 안내부의 길이를 굵게 한 것이고, B형은 절삭날과 삽입부의 지름이 같은 펀치이다.

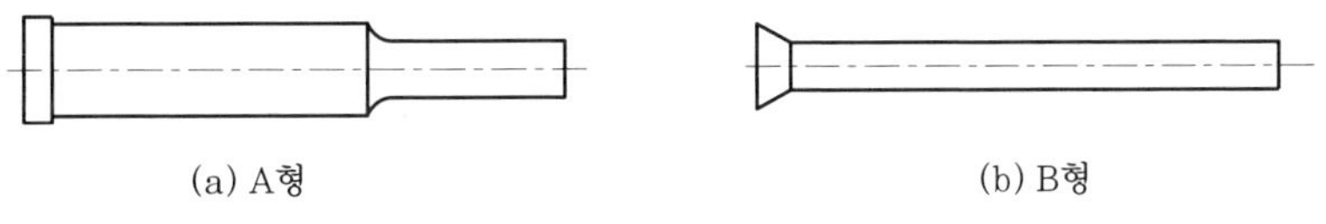

(a) A형　　(b) B형

원형 펀치

④ 머리가 없는 펀치(headless punch) : 펀치에 직접 암나사를 만든 것과 그렇지 않은 것으로 분류하며 핀, 키 등을 이용하여 고정하기도 한다.

머리가 없는 펀치

⑤ 이형 펀치(variant punch) : 날끝의 형상이 원형이 아닌 것으로 규격품을 사용하면 금형의 제작이 용이하고 수리 시 호환성이 좋아 시간과 비용을 최소로 할 수 있다.

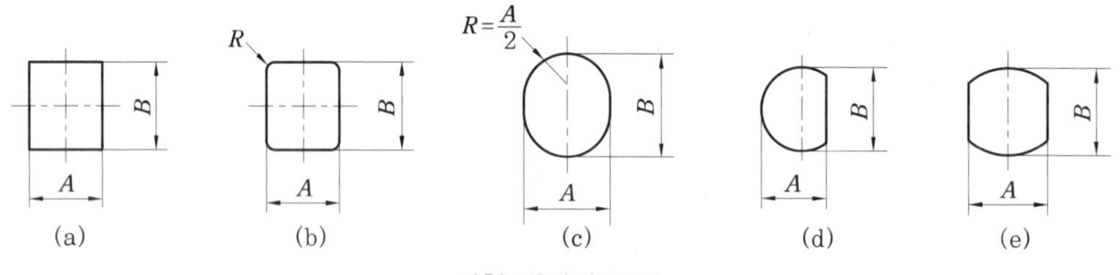

이형 펀치의 종류

(2) 펀치의 고정 방법

① 세트 스크루 뒤누르기 형식
② 매달기 볼트 형식
③ 볼 로크식
④ 박아넣기식
⑤ 펀치 고정판을 사용하여 세트하는 형식(대형품에 많이 사용한다.)
⑥ 펀치에 다월 핀의 기능을 겸한 형식
⑦ 펀치 고정판과 펀치 홀더가 모두 얇을 때 나사가 있는 테이퍼 핀으로 고정한다.
⑧ 로드 스페이서를 사용하여 6각 볼트(6각 구멍이 있는 볼트)로 고정한다.
⑨ 볼과 세트 스크루로 고정한다.
⑩ 홈 있는 볼트로 고정한다.

(3) 펀치의 설계

① 제품이 원형일 때 펀치의 최소지름 계산 : $d = \dfrac{4t\tau}{\sigma_p}$

여기서, σ_p : 펀치의 파괴응력(kgf/mm^2), t : 소재의 두께(mm)
d : 펀치의 지름(mm), τ : 소재의 전단강도(kgf/mm^2)

② 펀치의 길이 계산

㈎ 원형 펀치의 길이 계산

$$L = \pi\sqrt{\frac{K \cdot E \cdot I}{P}} = \pi\sqrt{\frac{K \cdot E \cdot I}{t \cdot l \cdot \tau}}$$

스트리퍼가 없을 경우 $K=1$, 스트리퍼가 있을 경우 $K=2$이다. $I=\dfrac{\pi d^4}{64}$이므로

$$L=\sqrt{\frac{\pi^2\cdot E\cdot I}{P}}=\sqrt{\frac{\pi^2\cdot E\cdot 0.05d^4}{P}}=\sqrt{\frac{\pi\cdot E\cdot 0.05d^3}{t\cdot\tau}}$$

여기서, L : 좌굴을 일으키지 않는 최대 펀치의 길이(mm)

E : 펀치 재료의 탄성계수(kgf/mm^2), I : 펀치의 단면 2차 모멘트

P : 펀치의 전단력(kgf), K : 계수

(나) 각형 펀치의 길이 계산

- 각형의 경우 단면 2차 모멘트 $I=\dfrac{bh^3}{12}$
- 스트리퍼가 없는 경우

$$L=\sqrt{\frac{K\cdot\pi^2\cdot E\cdot I}{P}}=\sqrt{\frac{K\cdot\pi^2\cdot E\cdot b\cdot h^3}{24(b+h)t\cdot\tau}}$$

(여기서, $K=1$)

- 스트리퍼가 있는 경우

$$L=\sqrt{\frac{K\cdot\pi^2\cdot E\cdot I}{P}}=\sqrt{\frac{K\cdot\pi^2\cdot E\cdot b\cdot h^3}{24(b+h)t\cdot\tau}}$$

(여기서, $K=2$)

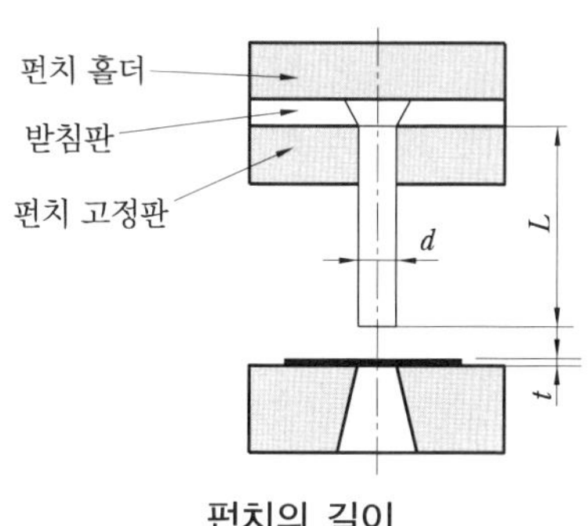

펀치의 길이

6 펀치 고정판(punch plate)

펀치를 지지하기 위하여 잔류응력이 없고 조직이 미세하며 경도는 H_{RC} 40 정도로 한다. 펀치 고정판의 두께는 펀치 지름의 1.5배 이상으로 하고 펀치가 직각으로 유지되며 충분한 지지를 하기 위하여 펀치는 펀치 고정판보다 0.02~0.05 mm 정도 높게 가공한다.

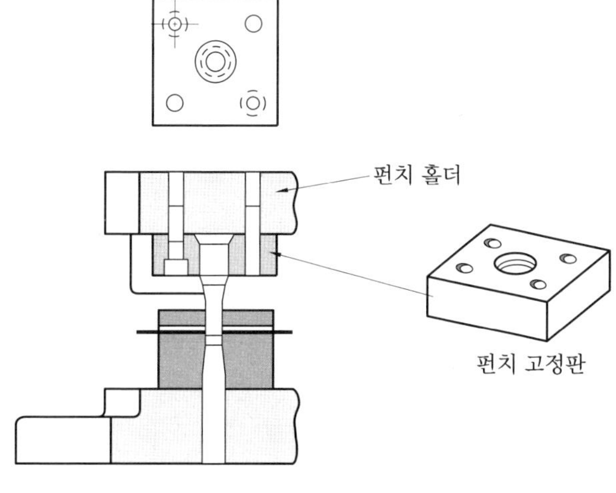

펀치 고정판

편치의 최소지름

펀치의 지름(mm)	펀치 고정판의 두께(mm)	펀치의 지름(mm)	펀치 고정판의 두께(mm)
8	13	16~18	25
8~11	16	18~19	28
11~13	19	19~22	32
13~16	22	22~24	35

7 받침판(backing plate, back-up plate)

펀치가 전단 시 압력에 의해 펀치 홀더나 다이 홀더에 파고 들어가는 것을 방지하기 위하여 사용하는 것으로 펀치의 절삭날 면적에 대하여 전단압력이 큰 경우에 사용한다.

① STC, STS 등의 재질을 사용하고, 경도는 H_{RC} 58 이상, 두께는 6~8 mm가 적당하다.

② 받침판이 커지면 열처리에 의한 변형이 커지므로 두께를 늘이거나 작게 분할하여 사용한다.

(가) 펀치 받침판 : 펀치 홀더 속에 파고 들어가는 것을 방지하기 위하여 사용한다.

(나) 다이 받침판 : 다이 홀더 속에 파고 들어가는 것을 방지하기 위하여 사용한다.

8 스트리퍼(stripper)

스트리퍼의 주기능은 펀치로부터 소재(strip)를 빼내는 것으로 펀치의 강도를 보강하고, 전단가공 시 소재의 변형을 방지하며 펀치를 안내하는 역할도 한다. 종류는 고정 스트리퍼와 가동 스트리퍼가 있다.

(1) 고정 스트리퍼

① 3면 개방 스트리퍼 : 3면이 개방되어 있으므로 수동 이송 전단작업에 많이 이용된다. 소재(strip)와 스트리퍼 사이에 틈새가 있다.

② 문형 스트리퍼 : 고정 스트리퍼에 소재 안내홈을 판 것으로 안내홈의 깊이는 소재의 두께에 여유를 주고 폭은 소재가 잘 움직이도록 한다. 안내홈이 마모되면 금형의 정밀도가 저하되므로 열처리하여 연삭가공한다.

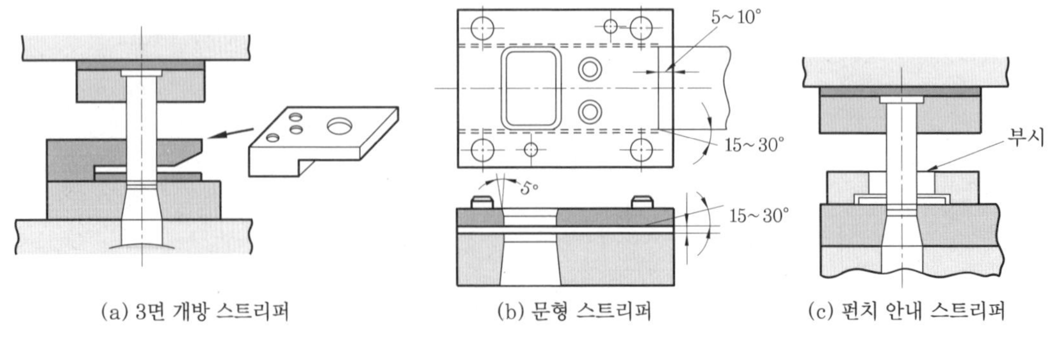

(a) 3면 개방 스트리퍼 (b) 문형 스트리퍼 (c) 펀치 안내 스트리퍼

고정 스트리퍼

※ 안내홈을 파지 않고 판재를 사용하여 안내홈을 만드는 경우도 있다.

③ 펀치 안내 스트리퍼 : 문형 스트리퍼와 비슷하며 펀치의 안내를 위해 스트리퍼에 부시를 박아 펀치를 안내하여 주는 것이 특징이다.

(2) 가동식 스트리퍼(spring type stripper)

펀치를 정확히 안내하며 보강시켜 주고 소재를 지지하여 주므로 정밀도가 높은 제품을 가공할 수 있다. 소재를 펀치로부터 분리하며 프레스 작업 시 소재를 강하게 누르고 변형을 적게 하기 위하여 스프링이나 우레탄 고무 등을 사용한다.

① 가동식 스트리퍼의 종류
  (가) 기본형 가동 스트리퍼
  (나) 역방향 가동 스트리퍼
  (다) 가이드 포스트로서 안내하는 스트리퍼
  (라) 게이지 겸 가이드 포스트 안내 구조

② 가동식 스트리퍼가 사용되는 경우
  (가) 프레스 작업 전 다이 표면이 노출되어 있어 작업능률을 올릴 경우
  (나) 소재의 두께가 얇을 경우
  (다) 소재의 미스 피드(miss feed)나 제품의 변형이 생기기 쉬울 경우
  (라) 작은 구멍의 가공이나 절단 펀치가 있을 경우
  (마) 평탄하고 정밀한 제품을 가공할 경우
  (바) 제품의 거스러미를 적게 할 경우

9 다이(die)

다이의 형상은 제품의 모양, 정밀도, 제품의 수량 등에 따라 다르나 평면 형상의 것이 많고, 열처리에 의한 변형이나 마모에 의한 연삭 등을 고려하여 충분한 두께가 필요하며 가공압력이 전면(全面)에 작용하므로 충분한 강도가 필요하다.

- 재질 : STC, STS, STD 11, SKH, 초경합금 등을 사용한다.
- 종류 : 일체 다이, 부시 다이(bush die), 부싱 다이(bushing die), 분할 다이

(1) 일체 다이

제품의 형상이 원형일 경우는 다이의 모양도 원형으로 하고, 다각형이나 복잡한 형상의 제품일 경우는 각각의 형상으로 한다.

다이와 다이 홀더는 육각 홈붙이 볼트와 맞춤 핀으로 고정한다.

(2) 부시 다이(bush die)

① 부시 다이의 이점
  (가) 2개 이상의 블랭킹이나 피어싱 작업을 동시에 할 경우, 열처리 변형으로 중심거리가 어긋날 경우 부시만 수정하면 된다.
  (나) 다이 날끝의 파손 시 부시를 교환하면 된다.

(다) 일체 다이보다 조합이 용이하다.

(라) 금형 재료를 절약할 수 있다.

② 부시의 종류 : 플랜지가 있는 것과 없는 것, 전단날부에 랜드가 있는 것과 없는 것, 테이퍼가 있는 것과 없는 것 등 3종류가 있다.

(3) 부싱 다이(bushing die)

제품의 모양은 복잡하지 않으나 한 부분에 조그마한 오목, 볼록이 있을 경우 그 부분의 강도가 약하거나 가공이 곤란한 경우에 사용한다. 부싱으로 한 부분은 그 위치를 유지할 수 있으며 강도가 충분하고 호환성도 있으나 형상 및 고정 방법에 유의해야 한다.

(4) 분할 다이

제품의 형상이 복잡하고 소형이나 대형일 경우나 가공정밀도가 높은 경우는 일체형으로 사용하고, 재작이 어려울 경우 펀치나 다이를 분할하여 사용한다.

① 분할 다이의 특징

(가) 기계가공의 이용이 넓어진다.(특히 연삭가공이 용이하다.)

(나) 열처리에 의한 변형은 연삭에 의하여 수정이 용이하다.

(다) 균일한 클리어런스(clearance)를 얻을 수 있고 조절이 용이하다.

(라) 다이 파손 시 수리가 용이하다.

(마) 치수 정도의 측정이 용이하다.

(바) 제품의 정밀도가 향상된다.

(사) 큰 다이 제작 시 재료 선택이 용이하다.

(아) 단점 : 분할 다이 블록의 고정이 나쁘면 다이 구멍이 벌어지거나 각 부분이 전단 시 응력이 집중되어 파손이 생기기 쉽다.

② 펀치 및 다이의 분할 방법

(가) 분할 시 고려 사항

㉮ 분할선의 위치가 제작, 강도·위치 결정, 고정할 때 정확한가?

㉯ 분할 다이 블록은 정밀하고 용이하게 고정할 수 있는가?

㉰ 교체가 용이한 구조인가?

㉱ 기계가공(연삭)이 용이하고 측정을 확실히 할 수 있는가?

㉲ 2번각(도피각)의 가공이 용이한가?

(나) 분할 방법의 원칙

㉮ 다이, 펀치 블록은 각형, 원형, 직선에 가까운 형상으로 한다.

㉯ 분할된 블록은 국부적으로 요철이 없어야 한다.

㉰ 분할점은 모서리, 곡선과 직선의 접점으로 하고, 대칭이 되도록 한다.

㉱ 분할 블록의 치수는 하나의 기준면에서 기입한다.

㉲ 분할점은 절삭날(절인)에 직각이 되도록 한다.

㉳ 측압력에 밀리지 않도록 한다.

㉴ 분할된 블록의 날끝이 날카롭지 않도록 한다.

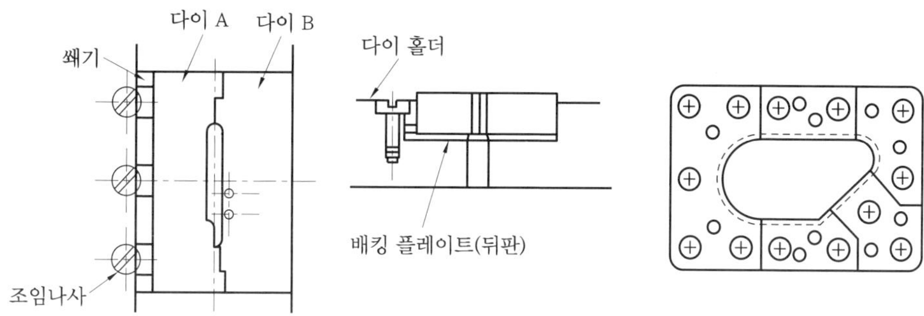

분할 방법의 원칙

③ 분할 부품의 조립 시 고정 방법

㈎ 틀 죔 : 볼트와 맞춤 핀에 의해 고정

㈏ 쐐기 죔 : 담가 박기 방법, 테이퍼 조임, 라이너 조임, 플라스틱 스틸에 의한 방법 등이 있다.

㈐ 크로스 볼트 죔 : 얇은 판의 가공 시 사용

㈑ 쐐기 죔과 볼트에 의한 조임 : 두꺼운 판의 가공 시 사용

㈒ 라이너 밀어넣기에 의한 조임

10 다이의 설계

다이에 가해지는 힘은 주로 전단에 의한 압축력을 받으며, 다이의 구멍을 넓히려는 힘, 내부 응력, 열처리 변형, 측압력 등을 고려하여 다이를 설계한다.

(1) 다이의 두께 계산

$$t = K\sqrt[3]{P}$$

여기서, P : 전단력(kgf), t : 다이의 두께(mm), K : 전단선 길이에 따른 보정계수

① 계산 결과 다이 두께가 10 mm 이하라도 다이 면적이 3200 mm^2인 경우는 10 mm로 한다.

② 전단선의 길이가 50 mm를 초과한 경우는 보정계수를 계산된 다이 두께에 곱한다.

③ 장기간 사용하는 것은 재연마에 의한 여유를 준다.

④ 이상에서 정한 다이의 유효인선 길이를 더한 것을 다이 두께로 한다.

(2) 유효인선의 두께 계산

$$t = \frac{\text{소요가공 수}}{\text{재연마 수량}} \times (0.1 \sim 0.2)\ [\text{mm}]$$

(3) 다이 표면의 크기

다이 구멍에서 측면까지의 거리를 L, 다이 두께를 t라 하면 다음과 같은 식을 적용하여 구멍의 형상이 단순하면 작은 값을, 복잡하면 큰 값을 택하여 구한다.

- 소형 다이일 경우 : $L \geq (1.5 \sim 2.0)t$
- 대형 다이일 경우 : $L \geq (2.0 \sim 3.0)t$

- 직선일 경우 : $L_2 \geqq 1.5t$
- 모서리가 있을 경우 : $L_2 \geqq 2.0t$
- 형상이 매끄러울 경우 : $L_1 \geqq 1.2t$

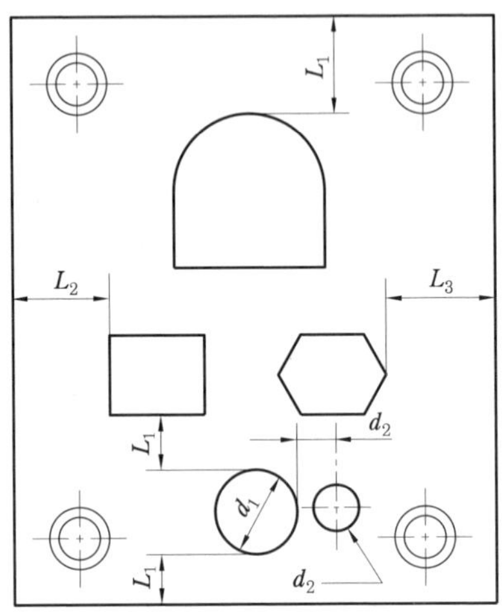

다이의 구멍 거리

육각 홈붙이 볼트의 머리가 들어가는 카운터 보어의 치수는 다음과 같다.

① 보통 나사의 경우 : $D = 2d + 1.5$ [mm], $D = 2d + 0.5a$ [mm]

② 정밀 나사의 경우 : $D = 1.5d + 1.5$ [mm], $D = 1.5d + 0.5a$ [mm]

여기서, D : 카운터 보어의 지름(mm)

d : 볼트의 지름(mm)

a : 볼트가 들어가는 구멍의 지름(mm)

위에서 구한 값 중 큰 것을 사용하고 깊이는 볼트 머리보다 약간 깊게 한다.

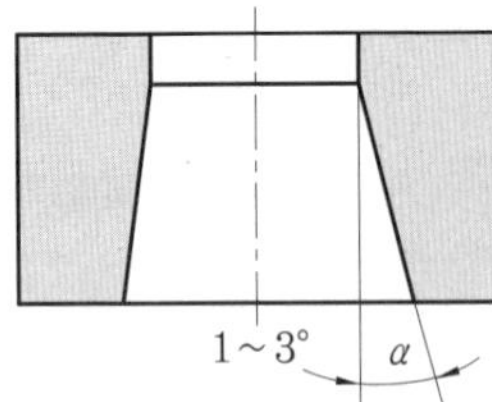

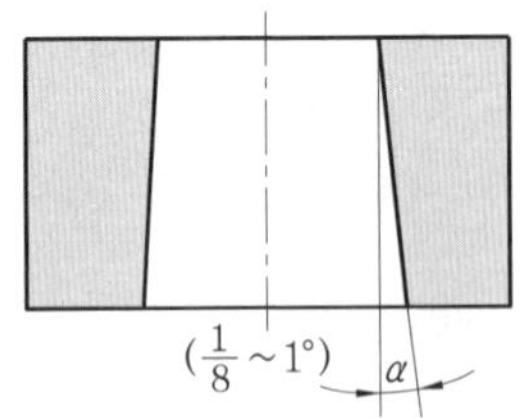

판두께(mm)	여유각(°)
~1.6	1/4°
1.6~4.8	1/2°
4.8~8.0	3/4°
8.0 이상	1°

다이 날끝의 형상과 여유각의 크기

재료의 열처리 상태	(a)의 S_1 거리(mm)	(b)의 S_2 거리(mm)	(b)의 S_3 거리(mm)
미열처리	$1.13d$	$1.5d$	$1d$
열처리	$1.25d$	$1.5d$	$1.13d$

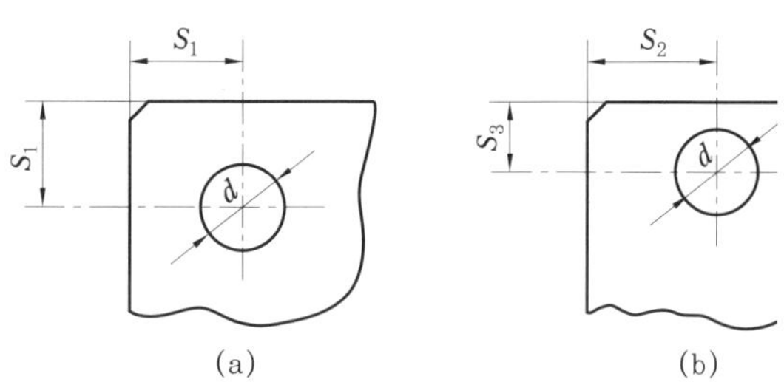

다이의 볼트 구멍 거리

11 녹아웃(knock-out) 장치

녹아웃 장치는 프레스 가공된 제품을 금형으로부터 제거하는 역할을 하며, 프레스의 램(ram) 또는 하형에 조립된 스프링, 고무, 공압, 유압 등에 의해 작동된다. 녹아웃 장치는 전단금형, 굽힘금형, 드로잉 금형 등에 사용한다.

녹아웃 장치는 직접식 녹아웃 방식과 간접식 녹아웃 방식의 2종류가 있으며, 작동 방법은 다음과 같다.

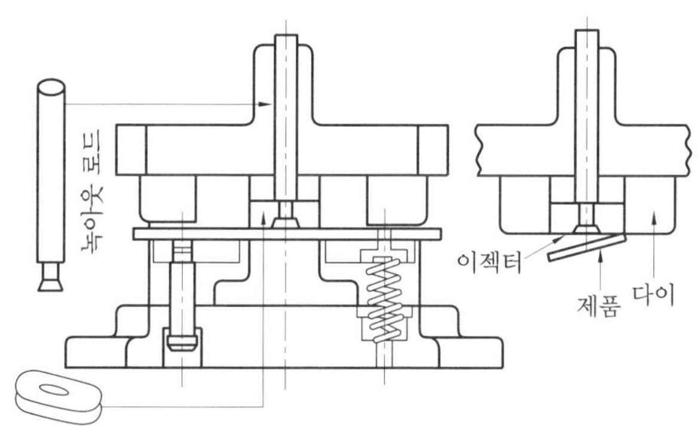

상형에 설치한 녹아웃 장치의 구조와 작동상태

(1) 밀어내기 녹아웃

역블랭킹 금형(펀치가 하형에 설치된 블랭킹 금형), 복합금형(compound die)에 많이 사용하며 녹아웃 로드가 프레스의 녹아웃 바(bar)에 닿으면 제품이 배출된다.

(2) 스프링 녹아웃

밀어내기 녹아웃을 사용하기 어려운 경우, 즉 대형금형, 정밀금형에 사용한다.

(3) 공기 쿠션 녹아웃

압축되는 공기의 힘에 의하여 녹아웃 장치가 작동되며 소형제품이나 프레스의 행정길이가 긴 성형금형(드로잉 금형) 등에 많이 사용한다.

12 이젝터(ejector)

펀치의 하면과 소재의 사이가 대기압 이하로 될 때, 펀치의 하면에 소재가 붙어 상승하여 연속이송이 불가능할 때 재료의 이송을 쉽게 하고, 금형의 파손을 방지하기 위하여 이젝터를 사용한다. 이젝터는 휘어졌을 때 작동하지 않을 수 있으므로 STC를 열처리하여 사용한다.

순차이송금형이나 복합금형 등에 많이 사용하며 펀치에 부착된 스크랩이 제거되기 쉽도록 펀치의 중심에서 약간 한쪽으로 벗어난 곳에 설치한다.

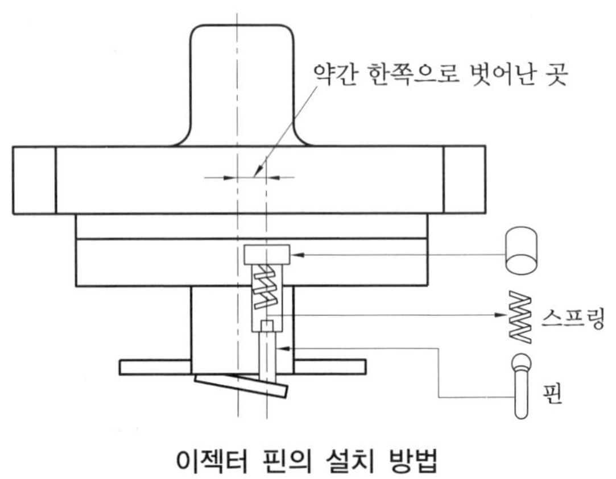

이젝터 핀의 설치 방법

13 금형용 스프링 및 쿠션 고무

프레스 금형에 사용되는 스프링은 녹아웃 장치에 사용되는 대형과 스트리퍼 등의 작동 부분에 사용되는 소형으로 분류된다.

(1) 코일 스프링

피아노선이나 스프링강을 사용하고 작동하는 범위가 크며, 비교적 하중이 작은 장소에 사용된다. 스프링의 전권수로 유효감김수는 2.5를 가산한다.

스프링의 압축하중·눌림량 및 온압축 길이는 다음 계산식에 따라 계산하고, 밀착 시에 상당하는 하중일 때의 응력은 인장강도의 $\frac{1}{3}$의 값을 초과하지 않을 정도로 한다.

압축하중 P[kgf]	눌림량 δ[mm]	온압축 길이 L_3[mm]
$P=\dfrac{3\tau\pi d^3}{8K(D-d)}$	$\delta=\dfrac{8(D-d)^3P_n}{Gd^4}$	$L_1=(n+1.5)d$

여기서, P : 압축하중(kgf), D : 코일의 바깥지름(mm)
G : 전단탄성계수(kgf/mm²), d : 재료의 지름(mm)
L_1 : 온압축 길이(mm), τ : 전단응력(kgf/mm²), n : 유효감김수

K는 $\dfrac{D}{d}$에 따른 수정계수이며, 다음과 같다.

$$K = \frac{M}{m-1} + \frac{1}{4m}$$

여기서, $m = \dfrac{D}{d} - 1$, $g_{\max} \fallingdotseq L - L_1$

(2) 접시꼴 스프링

코일 스프링에 비해 높은 압력이 작용되는 곳에 사용한다.

① 조합 방법

(가) 1권의 접시꼴 스프링

(나) 단독 접시꼴 스프링을 구성한 병렬 접시꼴 스프링

(다) 직렬로 조합한 접시꼴 스프링

(라) 직렬 접시꼴 스프링으로 병렬 접시꼴 스프링

② 스프링의 호칭법 : 명칭 종류 및 $d \times D \times L$

예 프레스와 이용 스프링 A형 $5 \times 25 \times 60$

(3) 쿠션 고무

스프링과 같이 스트리퍼용, 녹아웃용, 벌징 가공 및 제품 고정용 등에 사용한다. 고무는 압축력이 크며 높은 압력에 견디므로 좁은 공간에 많이 사용한다. 금형에 사용되는 고무는 내유성이 풍부하며 고압력에 견딜 수 있는 것이 좋다.

예상문제

1. 금형의 부품 등의 조립에 사용하는 맞춤 핀과 구멍과의 공차는 얼마인가?

① H 7/f 7 ② H 7/m 6
③ H 6/f 7 ④ H 6/m 7

2. 다음 가동 스트리퍼에 대한 설명 중 틀린 것은?

① 가공된 스크랩이 펀치와 같이 붙어 오는 것을 방지한다.
② 소재를 누르는 역할을 한다.
③ 펀치의 좌굴 현상을 방지한다.
④ 소재의 이송을 도와준다.

3. 그림과 같은 다이 세트를 제작하였다면 어떤 형식인가?

① CB
② FB
③ BB
④ DB

4. 섕크의 직각도는 어느 정도가 적당한가?

① 100 mm에 대하여 0.02 mm 이내의 편심이어야 한다.
② 100 mm에 대하여 0.03~0.08 mm 이내의 편심이어야 한다.
③ 100 mm에 대하여 0.1~0.3 mm 이내의 편심이어야 한다.
④ 100 mm에 대하여 0.4~0.8 mm 이내의 편심이어야 한다.

5. KS에서 규정하고 있는 펀치 고정판의 재질에 가장 많이 사용되고 있는 재질은?

① GC 20C ② STC 4
③ SM 20C ④ STS 5

6. 고정식 스트리퍼에 대한 설명에 해당되지 않는 것은?

① 고정식 스트리퍼는 펀치를 정확하게 다이에 안내한다.
② 3면만이 개방되어 있는 스트리퍼는 수동 이송 뽑기에 적당하다.
③ 문형 스트리퍼는 일반 작업용으로 적당하다.
④ 고정식 스트리퍼는 소재를 강하게 눌러주면서 작업한다.

7. 프레스 다이용 가이드 포스트의 표면 경도는 어느 정도인가?

① H_{RC} 40 이하 ② H_{RC} 40~50
③ H_{RC} 50~55 ④ H_{RC} 58 이상

8. 녹아웃(knock-out)의 재질은 주로 어떤 것을 사용하는가?

① 다이스강 ② 탄소공구강
③ 초경합금 ④ 연강

9. 다이 홀더의 아랫면과 가이드 포스트의 직각도(길이 1000 mm에 대하여)는?

① 0.005 mm ② 0.02 mm
③ 0.08 mm ④ 0.10 mm

10. 펀치의 재질은 고급일 경우 어떤 재질을 사용하는가?

① SB ② STS
③ STC ④ SM

11. 전단금형에서 전단면의 길이 150 mm까지는 다월 핀(dowel pin) 몇 개를 사용하는 것이 좋은가?

정답 » 1. ② 2. ① 3. ③ 4. ① 5. ③ 6. ④ 7. ④ 8. ② 9. ② 10. ② 11. ①

① 2개 ② 3개
③ 4개 ④ 6개

12. 가이드 포스트와 가이드 부시의 공차한계는?

① 0.002~0.01 ② 0.008~0.012
③ 0.002~0.05 ④ 0.008~0.04

13. 다음 중 다이 세트의 목적으로 가장 알맞은 것은?

① 복잡한 다이의 조립이 간편하다.
② 전단하중이 감소한다.
③ 전단면이 아름답게 가공된다.
④ 펀치와 다이의 상대운동의 정도가 향상된다.

14. 받침판(backing plate)의 사용 목적은 다음 중 어느 것인가?

① 펀치의 직각을 명확히 맞추기 위하여
② 펀치의 정밀도와 호환성을 주기 위하여
③ 펀치력에 의해 생크 플레이트가 파이는 것을 방지하기 위하여
④ 펀치와 다이에 윤활유를 공급하여 펀치를 보호하기 위하여

15. 제품의 두께가 2 mm일 때 스트립(strip)을 밀어내는 힘(F)은 전단력(P)의 몇 % 정도인가?

① 전단력의 6 % ② 전단력의 8 %
③ 전단력의 10 % ④ 전단력의 12.5 %

16. 다이의 구멍이 복잡하여 여러 개로 나누어 쉽게 가공하며 조립하여 사용하는 다이는 어느 것인가?

① 방전가공한 다이
② 호닝된 다이
③ 일체 다이
④ 분할 다이

17. 녹아웃(knock-out) 장치의 역할을 설명한 것 중 가장 알맞은 것은?

① 열처리된 공구강을 사용하며 펀치에 걸리는 하중을 감소시킨다.
② 펀치를 보호한다.
③ 공작물을 다이로부터 제거하는 역할을 한다.
④ 소재를 눌러서 만곡을 막는 작용을 한다.

18. 제품의 수량이 적을 경우나 작업을 빨리 할 때나 실험실 등에 주로 사용하는 펀치는 어느 것인가?

① 펀치와 생크가 일체로 되어 있는 펀치
② 머리 없는 펀치를 생크에 끼워넣고 나사로 고정시킨 펀치
③ 펀치 고정판에 압입 빠짐막기를 붙인 펀치
④ 데브콘으로 고정한 펀치

19. 다음 중 제품의 형상이 크고 플랜지를 필요로 하지 않는 펀치에 대한 설명으로 알맞은 것은?

① 펀치를 일체로 가공 조립한다.
② 펀치를 분할가공하여 하나의 펀치로 조립한다.
③ 펀치를 날부와 플랜지부로 분할조립한 것이다.
④ 펀치 고정판에 부시를 박아 호환성을 가지게 한 것이다.

20. 펀치에 생기는 응력을 σ_p [kgf/mm^2], 펀치의 단면적을 A [mm^2], 보정계수를 k, 소재의 두께를 t [mm], 전단길이를 l [mm], 소재의 전단저항을 τ [kgf/mm^2]라고 할 때 펀치의 계산식은?

① $\sigma_p = \dfrac{A}{k \cdot t \cdot l \cdot \tau}$ [kgf/mm^2]

정답 » 12. ② 13. ④ 14. ③ 15. ③ 16. ④ 17. ③ 18. ③ 19. ① 20. ④

② $\sigma_p = \dfrac{k \cdot t \cdot l \cdot \tau}{A}$ [kgf/mm²]

③ $\sigma_p = \dfrac{A \cdot l \cdot \tau}{k \cdot t}$ [kgf/mm²]

④ $\sigma_p = \dfrac{A \cdot k \cdot t}{l \cdot \tau}$ [kgf/mm²]

21. 금형 재료를 절약할 수 있고 2개 이상의 피어싱 가공을 동시에 할 경우 펀치의 날맞추기가 간단한 다이는?

① 일체 다이　② 부시 다이
③ 부싱 다이　④ 분할 다이

22. 분할 다이의 장점이 아닌 것은?

① 금형수명이 길어진다.
② 정밀도가 높아진다.
③ 열처리가 간단하다.
④ 보강 블록이 많이 필요하다.

23. 다이의 강도를 결정하기 위하여 전단력(kgf)을 P, 다이 두께(mm)를 t, 보정계수를 K라 할 때 경험식에 의한 산출법은?

① $t = K \cdot \sqrt[3]{P}$　② $t = \sqrt[3]{P}$
③ $t = \sqrt[3]{K \cdot P}$　④ $t = K\sqrt{3P}$

24. 다이날의 폭(유효인선)의 길이는 대량생산일 경우 얼마 정도를 주는가?

① 3~5 mm　② 5~7 mm
③ 7~10 mm　④ 10~15 mm

25. 다음은 다이 세트의 그림을 그린 것이다. FB 형에 속하는 것은?

①
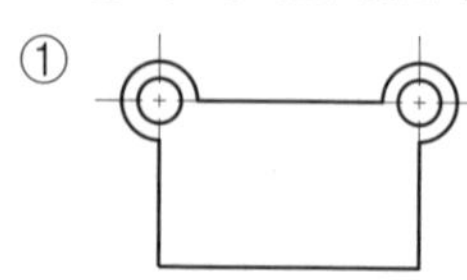

②
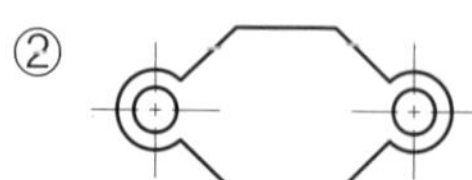

③

④

26. 클리어런스가 적고 대량생산일 때나 정밀한 제품을 가공할 때 적합한 다이 세트는 어느 것인가?

① BB형　② CB형　③ DB형　④ FB형

27. 다음 중 섕크의 재질로 적합한 것은?

① SM 20C　② STC 4
③ SKS 4　④ STD 11

28. 프레스 금형에서 스트리핑력(stripping force)은 일반적으로 전단력의 몇 %가 적당한가?

① 2.5~10 %　② 5~15 %
③ 2.5~20 %　④ 10~30 %

29. 다음 중 펀치 받침판(backing plate)의 재질로서 적당한 것은?

① SM 20C　② GC 20
③ SM 45C　④ SUP 4

30. 가이드 포스트를 설치하는 이점이 아닌 것은?

① 펀치를 정확하게 안내한다.
② 정밀한 제품을 가공할 수 있다.
③ 다량생산에 적합하다.
④ 소재의 이송이 정확하다.

31. 스프링의 종류 중 녹아웃 장치에 사용하는 스프링으로 가장 적당한 것은?

① 인장 스프링　② 겹판 스프링

정답 » 21. ② 22. ④ 23. ① 24. ② 25. ④ 26. ④ 27. ① 28. ③ 29. ③ 30. ④ 31. ③

③ 압축 스프링 ④ 블라우트 스프링

32. 다음 중 프레스 금형에서 사용하는 펀치의 종류에 속하지 않는 것은?

① 슬리브로 보강한 펀치
② 날끝부를 가이드한 펀치
③ 빠짐막기를 붙인 펀치
④ 부시를 붙인 펀치

33. 다음 중 프레스 금형의 다이 종류에 속하지 않는 것은?

① 부시 다이(bush die)
② 부싱 다이(bushing die)
③ 파팅 다이(parting die)
④ 분할 다이(sectianal die)

34. 분할 다이의 제작 시 분할된 부분의 조립 방법에 속하지 않는 것은?

① 틀죔 ② 쐐기죔
③ 크로스볼트죔 ④ 핀죔

35. 전단금형에서 다이에 주는 여유각(도피각)은 몇 도 정도가 적당한가?

① $\frac{1}{2}$~10° ② 1~2°
③ 2~3° ④ 3~5°

36. 펀치 받침판(위판)에 대한 설명 중 잘못된 것은?

① 펀치가 펀치 홀더에 파고드는 것을 방지한다.
② STC 3을 열처리하여 사용한다.
③ 일반적으로 5~6 mm 정도 두께의 것을 사용한다.
④ 펀치의 강도보다 반드시 커야만 한다.

37. 펀치의 최대허용하중을 P, 펀치의 길이를 h, 탄성계수를 E, 펀치의 선단 조건에 관한 계수를 K, 펀치의 단면 2차 모멘트를 I라 할 때 펀치가 좌굴을 일으키지 않는 최대길이는?

① $h=\pi\sqrt{\frac{K\cdot E\cdot I}{P}}$ ② $h=\sqrt{\frac{K\cdot P}{\pi^2\cdot E\cdot I}}$
③ $h=\pi\sqrt{\frac{P}{E\cdot I}}$ ④ $h=\pi\sqrt{\frac{EI}{P}}$

38. 생크의 위치 계산 방법이 아닌 것은?

① 전단력을 이용한 위치 계산
② 펀치의 외곽선을 이용한 위치 계산
③ 선중심을 이용한 위치 계산
④ 면중심을 이용한 위치 계산

39. 다음 중에서 볼 슬라이드 다이 세트(ball slide die set)의 특징에 속하지 않는 것은?

① 가이드 포스트와 부싱의 정밀도를 볼이 높여준다.
② 펀치와 다이의 맞춤이 쉽다.
③ 고속운전에도 발열이 적고 눌러붙지 않는다.
④ 마모가 작고 초기의 정도를 장기간 유지할 수 있다.

해설 볼 슬라이드 다이 세트의 특징
(1) 볼의 사용으로 포스트와 부시의 간격을 0으로 할 수 있다.
(2) 정도가 요구되는 전단금형에 가장 적합하다.
(3) 펀치와 다이의 날맞춤이 쉽다.
(4) 고속운전을 하여도 발열이 적다.

40. 가이드 포스트에 대한 설명 중 가장 적당한 것은?

① 정밀도가 나쁜 금형에는 금형을 정확히 안내한다.
② 상·하형의 위치를 맞춘다.
③ 금형의 위치 맞춤이 목적이므로 가늘수록 좋다.
④ 프레스 램의 정확도를 유지해 준다.

정답 » 32. ④ 33. ③ 34. ④ 35. ② 36. ④ 37. ① 38. ② 39. ① 40. ②

41. 다이 세트를 조립하였을 때 하홀더와 가이드 포스트와의 직각도는 100 mm를 기준으로 하여 정밀급일 경우 얼마인가?

① 0.005 mm ② 0.01 mm
③ 0.02 mm ④ 0.03 mm

42. 금형의 부품 조립 시 사용하는 맞춤 핀과 구멍과의 치수 중 맞춤 핀은 어느 정도 크게 가공하는가?

① 0.003 mm 정도 크게 가공한다.
② 0.004 mm 정도 크게 가공한다.
③ 0.005 mm 정도 크게 가공한다.
④ 0.006 mm 정도 크게 가공한다.

43. 다이로부터 가공된(블랭킹된) 제품을 반대로 다이 위로 밀어내는 역할을 하는 것은 어느 것인가?

① 녹아웃 ② 스트리퍼
③ 스톱 핀 ④ 이젝터

해설 ① 녹아웃(knock-out) : 가공이 완료된 제품이나 스크랩을 다이로부터 제거해 준다.
② 스트리퍼(stripper) : 가공 후 펀치의 둘레에 낀 소재나 스크랩을 제거해 준다.
④ 이젝터(ejector) : 가공이 완료된 제품이나 스크랩을 펀치 밑면에서 제거해 준다.

44. 분할 다이의 설계 시 고려해야 할 사항과 거리가 먼 것은?

① 극단적이고 깊고 움푹한 곳은 피한다.
② 분할선의 방향은 전단되는 윤곽에 경사되도록 한다.
③ 분할선의 방향은 직선과 곡선과의 교점을 분할선으로 한다.
④ 복잡한 부분(부분적으로 돌출된 곳)은 각형이나 원형 등 단순한 형상으로 한다.

45. 실용적으로 사용할 수 있는 스트리퍼 압력을 P_s 라고 할 때 알맞은 계산식은?(단, t : 소재의 두께, l : 전단윤곽의 전장)

① $P_s = 1.5t \cdot l$ ② $P_s = 4.5t \cdot l$
③ $P_s = 2.5t \cdot l$ ④ $P_s = 3.5t \cdot l$

46. 맞춤 핀(dowel pin)을 사용하는 목적에 대한 설명 중 옳지 않은 것은?

① 금형조립 시 위치 결정을 한다.
② 정밀 작업을 할 수 있다.
③ 측압력의 이동방지를 할 수 있다.
④ 금형부품의 복원조립을 한다.

47. 좋은 제품을 얻기 위하여 다이 세트 사용 시 유의해야 할 사항과 거리가 먼 것은?

① 편심하중이 작용하지 않도록 한다.
② 사용상 포스트와 부시 사이에 충분한 급유를 한다.
③ 프레스에 설치할 경우는 하형을 고정한 다음 상형을 고정한다.
④ 하중이 다이 세트의 중심에 오도록 한다.

48. 금형의 조립 시 고정하는 방법으로 가장 많이 사용되는 것은?

① 테브콘 ② 용접
③ 억지 끼워맞춤 ④ 볼트와 맞춤 핀

49. 표준 펀치(shoulder punch)를 펀치 고정판에 압입할 경우 압입되는 부분의 끼워맞춤 공차는?

① H5m4 ② H6m6
③ H7n6 ④ H8h7

50. 다이 세트의 적용 시 이점과 관계가 없는 것은?

① 펀치를 다이에 정확히 안내한다.
② 재료 이송이 쉬워진다.
③ 정확한 제품의 가공이 가능하다.
④ 프레스에 금형의 설치시간을 단축할 수 있다.

정답 » 41. ② 42. ③ 43. ① 44. ② 45. ③ 46. ② 47. ③ 48. ④ 49. ② 50. ②

51. BB형 "150×100"이라는 표기법은 다이 세트에 대한 설명으로 무엇을 나타내는가?

① 다이 세트의 크기
② 다이 세트의 중량
③ 다이 세트의 형식
④ 다이 세트의 부피

52. 다음 중 고정 스트리퍼의 용도를 맞게 설명한 것은?

① 평탄하고 정밀한 제품의 가공에 적합하다.
② 박판 재료 가공에 적합하다.
③ 정밀하지 않은 제품 가공에 적합하다.
④ 다른 작업에서 남은 소재를 이용한 제품 가공에 적합하다.

53. 프레스 다이용 스프링에서 녹아웃 장치용 스프링은 다음 중 어느 것인가?

① A형 ② B형 ③ C형 ④ D형

54. 소재의 전단강도 $\tau = 40$ kgf/mm^{2}이고, 압축강도 $\sigma_P = 150$ kgf/mm^{2}일 때 펀치의 최소지름은? (단, t = 소재의 두께이다.)

① 0.55t [mm] ② 1.07t [mm]
③ 0.87t [mm] ④ 1.67t [mm]

해설 $d = \dfrac{4t\tau}{\sigma_P} = \dfrac{4\times 40\times t}{150} \fallingdotseq 1.07t\,[\text{mm}]$

55. 펀치의 지름 $d = 5$ mm, 소재의 두께 $t = 5$ mm이고 전단강도 $\tau = 50$ kgf/mm^{2}일 때, 펀치의 최대길이 L은 얼마인가? (단, $E = 2.4\times 10^4$ kgf/mm이고, 스트리퍼는 없는 경우이다.)

① 33.4 mm ② 43.4 mm
③ 38.4 mm ④ 46.5 mm

해설 $L = \sqrt{\dfrac{\pi\cdot E\cdot 0.05d^3}{t\cdot\tau}}$

$= \sqrt{\dfrac{\pi\times 2.4\times 10^4\times 0.05\times 5^3}{5\times 50}}$

$\fallingdotseq 43.4$ mm

스트리퍼가 있을 경우 $K = 2$이므로,

$L = \sqrt{\dfrac{2\pi\cdot E\cdot 0.05d^3}{t\cdot\tau}}$

$= \sqrt{\dfrac{2\times\pi\times 2.4\times 10^4\times 0.05\times 5^3}{5\times 50}}$

$\fallingdotseq 61.4$ mm

56. 소재의 두께 $t = 5$ mm이고, $b = 6$ mm, $h = 4$ mm이며 전단강도 $\tau = 50$ kgf/mm^{2}인 각형 펀치의 최대길이 L은 얼마인가? (단, 펀치의 탄성계수 $E = 2.1\times 10^4$이며 스트리퍼가 있는 경우이다.)

① 약 69 mm ② 약 57 mm
③ 약 63 mm ④ 약 73 mm

해설 (1) 스트리퍼가 있는 경우

$L = \sqrt{\dfrac{2\pi^2\cdot E\cdot b\cdot h^3}{24(b+h)t\cdot\tau}}$

$= \sqrt{\dfrac{2\times\pi^2\times 2.1\times 10^4\times 6\times 4^3}{24(6+4)\times 5\times 50}}$

$\fallingdotseq 63$mm

(2) 스트리퍼가 없는 경우

$L = \sqrt{\dfrac{\pi^2\cdot E\cdot b\cdot h^3}{24(b+h)t\cdot\tau}}$

$= \sqrt{\dfrac{\pi^2\times 2.1\times 10^4\times 6\times 4^3}{24(6+4)\times 5\times 50}}$

$\fallingdotseq 36.4$mm

57. 어떤 제품의 두께가 2 mm이고 전단선의 길이가 180 mm, 소재의 전단강도 $\tau = 40$ kgf/mm^{2}일 때, 다이의 두께는? (단, 유효 인선의 길이는 5 mm이다.)

① 33.3 mm ② 48.3 mm
③ 43.3 mm ④ 38.3 mm

해설 $P = l\cdot t_0\cdot\tau = 180\times 2\times 40$

$= 14400$kgf

다이 두께 $t = K\sqrt[3]{P}$

$= 1.37\times\sqrt[3]{14400} = 33.3$ mm

정답 » 51. ① 52. ③ 53. ② 54. ② 55. ② 56. ③ 57. ①

1-2 프레스 금형의 설계 공정계획 및 자동화 설계

1 프레스 금형의 설계 공정계획

(1) 설계 순서

① 견적 : 제품 및 금형의 표준 작업 시간과 표준 unit 등을 참고하여 산출한다. 견적에 의하여 금형의 가격, 생산계획, 납기 등이 결정된다.

② 제품도 검토 : 금형설계의 첫 단계로 제품도를 보고 버(burr) 방향의 지정, 재질 및 치수 정밀도, 제품의 용도, 형상 정도, 성형의 유무 등에 대한 요점을 파악한다.

③ 더미 레이아웃(dummy layout) 작성 : 제품도를 완성하고 제품의 성형 과정을 나타낸다. 이때 중요한 부분은 별도로 표기하고 필요시 캐리어(carrier)를 표시한다.

④ 어렌지(arrange)도 작성 : 제품도에 있는 공차를 모두 삭제하고 목표 치수만 설정한다. 금형의 마모를 예상하여 블랭킹 가공은 (−) 치수를 주고 피어싱은 (+) 치수를 표시한다. 또한 굽힘(bending)이 있는 경우는 스프링 백을 고려하여 치수를 결정하고 각이 있는 부분에는 허용한계까지 라운딩을 준다.

⑤ 전개도 작성 : 블렌딩(blending) 및 드로잉(drawing) 가공된 제품을 블랭크로 전개한다.

⑥ 블랭킹 레이아웃(blanking layout) 작성 : 블랭크를 적당한 피치(pitch)와 각도로 배열하고 재료 이용률을 극대화하기 위하여 이송 잔폭 및 앞, 뒤 잔폭을 결정한다.

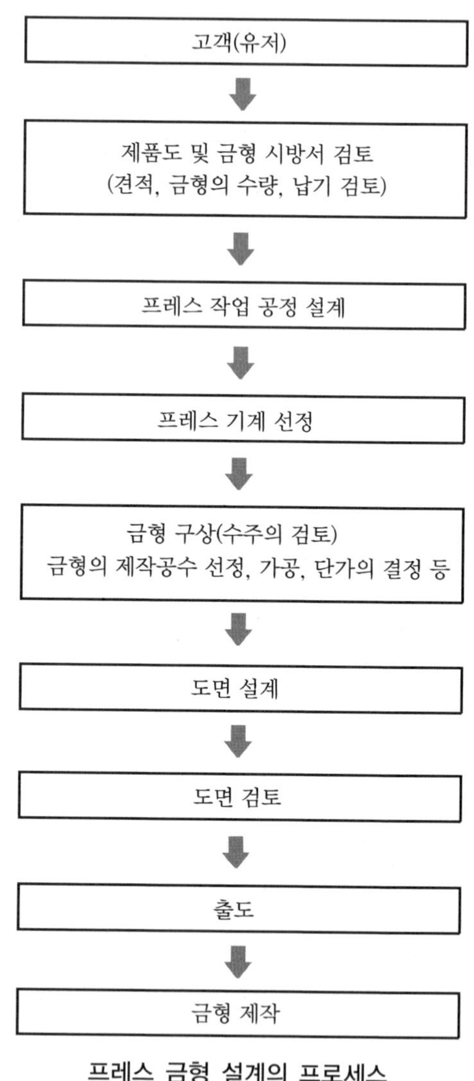

프레스 금형 설계의 프로세스

⑦ 스트립 레이아웃(strip layout) 작성 : 금형설계에서 가장 중요한 과정으로 특히 순차이송, 트랜스퍼 금형에서는 말할 나위도 없다. 스트립 레이아웃에 의하여 금형 제작의 성패가 결정되므로 설계자의 모든 경험과 시식, 창소력 등을 최대로 동원해야 한다. 아이들 스테이지(idle stage)를 활용하여 펀치(punch)와 다이(die)의 고정 및 수명 등을 고려하여 작성한다.

⑧ 다이 레이아웃(die layout) 작성 : 스트립 레이아웃을 기초로 하여 각 공정에 대한 펀치,

다이의 형상 및 분할 등을 고려한다. 고정 볼트 및 로크 핀(lock pin)의 위치 결정, 각 부품과 플레이트의 조립 등 금형 구조의 대부분을 결정한다.

⑨ 조립도 작성 : 다이 레이아웃 도면을 기초로 하여 하형 평면도, 상형 평면도, 조립 단면도를 작성한다.

⑩ 부품도 작성 : 조립 단면도와 다이 레이아웃의 평면도를 기초로 하여 다이, 펀치, 스트리퍼, 녹아웃 장치, 재료 가이드, 파일럿, 스트로크 및 블록(stroke and block) 등을 설계한다.

⑪ 부품표 작성 : 제품명, 금형명, 금형 부품번호, 부품명, 재질, 수량, 표준 부품 기호 등을 알기 쉽게 작성하여 기록한다.

2 프레스 금형의 자동화 설계

(1) 금형 설계의 자동화 대상

① 몰드(mold) : 플라스틱 사출 금형

② 다이(die) : 프로그레시브 다이(progressive die), 트랜스퍼 다이(transfer die)

③ 특수한 경우

㈎ 자동 트림 라인(trim line) 전개

㈏ 스프링 백(spring back) 보정

㈐ 디자인 특성(design feature)과 제조 특성(manufacturing feature)의 연결

④ 모델의 종류 : Solid, Surface, Solid + Surface

(2) 금형 설계 자동화의 목적

고품질의 금형을 적은 비용으로 제작하여 납기 내에 납품하기 위함이 주목적이다. 즉, 품질, 비용, 납기를 모두 충족하기 위한 방법이다.

(3) 금형 설계 자동화의 종류

① 설계의 자동화

② 모델링의 자동화

③ NC 데이터 생성의 자동화

④ 도면 작업의 자동화

⑤ 기타 작업의 자동화

(4) 금형 설계 자동화의 방향

지능을 대신할 수 있는 지능화와 손발을 대신할 수 있는 단순화를 지향한다.

① 지능화의 방법 : 초보자도 전문가처럼 설계 대안을 제시할 수 있는 판단력을 키우고 충분한 기억력으로 표준 부품을 제시할 수 있도록 능력을 배양해야 한다.

㈎ 판단력

㉮ 현재 : 전문가의 판단 절차, 방법, 기준 입력, 전문가의 교육, 지식에 기반

㉯ 미래 : 지속적인 학습, 지식의 습득

㈏ 기억력 : 데이터베이스(database) 수준으로 향상시켜야 한다.

② 단순화의 장점

㈎ 한 번의 클릭으로 전체의 모델을 파악할 수 있다.

(나) 여러 패턴의 도면도 하나를 수정하면 관련된 모든 요소가 자동으로 수정된다.
(다) 설계도를 수정하면 NC 데이터, 도면, BOM, 견적서 등 모든 것이 수정된다.
(라) 한 곳에서 수정하면 다른 사람 것도 자동으로 수정되며 관계자에게 통보된다.
(마) 계속 수정이 가능한 툴(tool)이다.

(5) 프레스 금형 설계

① 입고, 출고 파트 모델링 : Solid/Surface modeling
② 품질 평가/편집 CAD 모델링 : 가공 방향, 가공 범위, 가공 공정, 겹치는 구간의 범위와 가공 방법 등을 명확히 한다.
③ 재료의 특성 인지 : 구부림, 절곡, 절단, 플랜지, 펴기
④ 고정 : 스트립 레이아웃, 과정 설계, 다이 구성, 위치, 인서트, 다이 설계, 드로잉, 재료 수급

(6) CAD/CAM 시스템의 활용 효과

① 디자인 특성을 제조 특성으로 변환
② NC 데이터 생성
③ 가공 대상 : 전극, 파팅면, 구멍, 형상 면 등
④ 가공 공정 계획 수립 : 황삭, 중삭, 정삭으로 구분
⑤ 작업지시서 불필요

예상문제

1. 사출성형에서 유동해석을 할 수 있는 시스템은?
① CAD ② CAM
③ CAE ④ DNC

2. 금형 설계 자동화의 목적이 아닌 것은?
① 고품질의 금형 제작
② 저렴한 금형 제작 비용
③ 납기 내에 납품
④ 생산 주기의 연장

3. 다이 세트의 표준 형식이 아닌 것은?
① BB형 ② CB형
③ DB형 ④ RB형

해설 표준 다이 세트 형식의 종류에는 BB형, CB형, DB형, FB형이 있다. 이외에 가이드 포스트가 6개 또는 8개가 있는 멀티 포스트형(multi post type)도 있다.

4. 금형 설계 자동화의 종류가 아닌 것은?
① 도면 작업의 자동화
② 모델링의 자동화
③ 공작물 가공의 자동화
④ NC 데이터 생성의 자동화

5. 다음 중 CAD/CAM 시스템의 활용 효과 아닌 것은?
① NC 데이터 생성

정답 » 1. ③ 2. ④ 3. ④ 4. ③ 5. ②

② 설계 특성과 가공 특성의 분리
③ 작업지시서 불필요
④ 가공 공정 계획 수립

6. **금형의 설계, 제작이 완료되면 금형에 의한 시험 작업을 하면서 금형의 수정을 용이하게 하기 위한 전용의 시험 작업용 프레스는 어느 것인가?**

① OBI 프레스
② 트랜스퍼 프레스
③ 프레스 브레이크
④ 다이 스포팅 프레스

해설 다이 스포팅 프레스는 금형을 프레스에 장착된 상태에서 수정, 보수할 수 있도록 프레스 램의 회전 기능이 부가된 프레스이다.

7. **프레스 금형을 설계할 때 제품도의 검토사항이 아닌 것은?**

① 치수의 정밀도
② 작업자의 숙련기능 정도
③ 버(burr)의 방향 지정 유무
④ 제품의 재질, 두께 및 기계적 성질

8. **금형 설계 자동화의 목적이 아닌 것은 어느 것인가?**

① 고품질의 금형을 설계할 수 있다.
② 인서트 방식으로 설계하는 것이 주목적이다.
③ 적은 비용으로 제작이 가능하다.
④ 금형을 납기 안에 납품하는 것이 가능하다.

9. **다음 중 CAM의 기능에 대한 설명으로 틀린 것은?**

① 디자인 특성을 제조 특성으로 변환할 수 있다.
② NC 데이터 생성이 가능하다.
③ 프레스 금형만 적용이 가능하다.
④ 황삭, 중삭, 정삭으로 구분하여 가공 공정계획 수립이 가능하다.

10. **금형의 자동화 설계 중 단순화의 방법이 아닌 것은?**

① 한 번의 클릭으로 전체의 모델을 파악할 수 없다.
② 여러 패턴의 도면도 하나를 수정하면 관련된 모든 요소가 자동으로 수정된다.
③ 설계도를 수정하면 NC 데이터, 도면, BOM, 견적서 등 모든 것이 수정된다.
④ 한 곳에서 수정하면 다른 사람 것도 자동으로 수정되며 관계자에게 통보된다.

정답 » 6. ④ 7. ② 8. ② 9. ③ 10. ①

1-3 프레스 금형의 가공력 및 재료이송 위치결정

1 프레스의 능력 기준

(1) 압력능력(pressure capacity)

좁은 의미의 프레스 능력, 또는 압력으로 프레스 작업을 안전하게 할 수 있는 것을 구조상 보증한 최대압력이다.

(2) 토크능력(torque capacity)

하사점보다 몇 mm의 위치 또는 크랭크축이 몇 도의 위치에서 공칭압력을 낼 수 있는가의 높이를 말하며, 토크능력이라고 한다.

(3) 일능력(작업능력 : energy capacity)

1 행정 사이에 프레스 작업에 소비할 수 있는 에너지의 크기

2 압력능력(공칭압력, 호칭압력)

프레스 가공은 소재의 재질, 판두께의 불균형, 이송의 오차 등으로 과부하가 발생하므로 보통 프레스의 설계 시 30 % 정도의 여유를 주어도 30 % 이상으로 사용하는 것은 매우 위험하므로 허용최대압력=호칭압력으로 생각해야 한다.

공칭압력에 관계되는 프레스의 구조 부분은 작업 시 하중이 걸리는 부분으로 프레임, 볼스터, 슬라이드, 커넥팅 로드, 크랭크축(특히 크랭크핀) 등이며, 공칭압력에 대한 과부하가 생기면 이들 부품이 파손된다. 프레스 작업을 하기 위한 프레스의 선정 시 공칭압력의 60~70 % 정도의 압력을 사용한다.

(1) 단동 크랭크 프레스의 허용압력

$$P = P_0 \times \frac{\lambda_0}{\lambda}$$

여기서, P : 허용압력, P_0 : 공칭압력

λ_0 : 허용편심량, λ : 편심량

(2) 복동 크랭크 프레스의 허용압력

$$P = \frac{1}{2} P_0 \times K \frac{b_0}{b}$$

여기서, K : 상수(보통의 프레스는 1.3으로 한다.)

b_0 : 로드의 중심거리(mm)

b : 하중의 중심에서 먼 쪽 로드까지의 거리(mm)

복동 크랭크 프레스는 편심에 대하여 허용압력이 단동 크랭크 압력보다 대단히 높다.

3 토크능력

이 능력은 크랭크 축이 안전하게 발생할 수 있는 회전력(토크)에 관계하기 때문에 토크의 능력이라고 한다. 공칭압력에 관계되는 구조 부분은 클러치로부터 크랭크 축까지의 회전력을 전달하는 부품으로 전동축, 톱니바퀴 등이 포함된다.

국내의 프레스는 크랭크의 각도에서 하사점 전 26°의 위치에서 공칭압력을 낼 수 있는 한도로 채용하고 있으며, 300톤 이하의 프레스에서는 이 점을 행정길이에서 환산하면 하사점 전 약 6 %가 된다.

4 일능력(작업능력)

1회의 가공에 어느 정도 크기의 에너지를 안전하게 사용할 수 있으며 1분간 몇 회 그 가공을 안전하게 행할 수 있는가 하는 능력을 말한다.

공칭압력을 P, 공칭압력의 위치(토크능력의 거리)를 S라 할 때

일능력 $E = P \times S$

프레스 작업에서는 플라이휠에 에너지를 축적하여 가공할 때마다 플라이휠이 그 에너지의 일부를 방출하며 잔여 에너지는 축적된다. 모터의 출력에 비하여 에너지의 소비가 크면 플라이휠의 회전이 회복되지 않아 프레스의 속도가 늦어지고 정지하므로 프레스 선택 시는 연속작업의 면에서 충분한 검토가 요구된다.

5 프레스의 종류

프레스의 형식과 종류

구분	분류	종류	구동기구
인력 프레스		핸드 프레스 { 나사 프레스 / 편심 프레스	나사
		풋 프레스	레버
동력 프레스	기계식 프레스	크랭크 프레스	크랭크
		너클 프레스	크랭크와 너클
		마찰 프레스	마찰차와 나사
		편심 프레스	편심축
	액압식 프레스	유압 프레스	유압
		수압 프레스	수압

(1) 편심 프레스

단동식 편심 프레스의 모터의 동력은 플라이휠, 클러치 및 브레이크 장치를 거쳐 편심축에 전달된다. 축의 편심바퀴는 축과 연결되어 있으며, 행정길이를 조절할 수 있는 편심 부시가 장착되어 있다. 부시를 풀고 편심바퀴를 회전하면 행정길이가 조절된다.

행정 위치는 연결봉과 램 사이의 연결나사를 돌려 조절한다. 행정거리와 램의 운동 위치가 조절되면 금형의 상형은 적당한 위치에서 조절된 거리만을 왕복하여 작업을 한다.

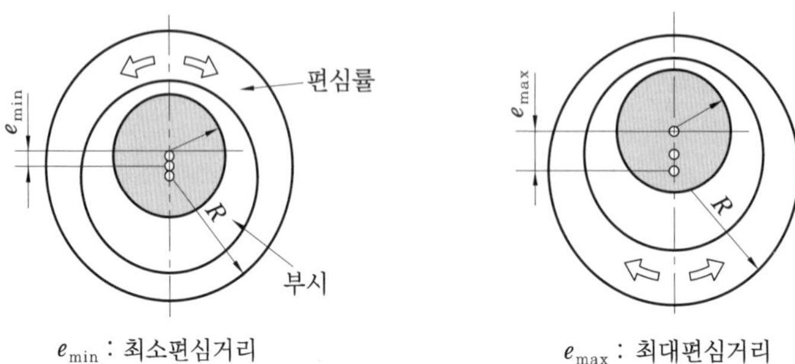

행정길이 조정

(2) 크랭크 프레스

기계 프레스에 널리 사용하며 크랭크 길이를 이용하여 램을 상하 운동시키는 구조로 되어 있다. 크랭크 기구를 많이 사용하는 이유는 제작이 용이하고 하사점의 위치가 정확히 결정되며 램의 운동곡선이 각종 가공에 적당하기 때문이다.

전단가공, 굽힘, 드로잉, 열간단조, 냉간단조 등 거의 모든 프레스 가공에 사용하며, 행정길이는 조절할 수 없고 위치는 연결나사로 조절할 수 있다.

(3) 너클 프레스

슬라이드 구동장치에 너클 기구를 사용한 프레스로 슬라이드의 속도가 하사점 부근에서는 매우 느려지나 하사점 부근에서 매우 높은 압력이 작용하며 하사점의 위치도 매우 정확하다.

일반적으로 코이닝이나 사이징, 냉간단조 등의 압축가공에 많이 사용한다. 행정거리는 조절할 수 있으나 위치는 조절할 수 없으므로 테이블과 슬라이드의 하사점 위치가 크면 금형의 하형에 평행대를 고여 높이를 조절한다.

(4) 마찰 프레스

슬라이드 구동에 마찰전동장치와 나사기구를 사용한 프레스로 냉간 및 열간 단조 작업에 매우 적합하며 굽힘, 성형 가공에 사용된다. 가격이 저렴하다는 장점이 있으나, 하사점의 위치가 결정되지 않는 단점도 있다.

(5) 유압 프레스

강력한 피스톤 로드를 가진 피스톤이 램과 연결되어 있다.

① 장점

(가) 프레스의 행정길이를 쉽게 조절할 수 있다.

(나) 하사점의 위치 결정이 용이하다.

(다) 가공속도와 압력을 쉽게 조절 유지할 수 있다.

(라) 과부하를 일으키지 않는다.

② 단점

㈎ 가공속도가 매우 느리다.

㈏ 손질을 자주 해야 한다.

기계 프레스와 액압 프레스의 기능 비교

기능	기계 프레스	액압 프레스
생산(가공)의 속도	액압 프레스보다 훨씬 빠르다.	기계 프레스에 비해 매우 느리다.
스트로크 길이의 한도 및 변화	너무 길게 할 수 없다(600~1000 mm가 한도).	상당히 긴 것이 비교적 쉽게 만들어진다.
스트로크 종단 위치의 결정	보통 기종으로는 종단 위치는 정확히 결정된다.	일반적인 경우 종단 위치를 정확히 결정할 수 있다.
가압속도, 가압력의 조절	할 수 없다.	쉽게 할 수 있다.
프레스 본체에 과부하를 일으키는 것의 유무	과부하를 일으키기 쉽다.	과부하를 절대로 일으키지 않는다.
보수의 난이도	액압 프레스보다 용이하다.	손질이 필요하다(주로 기름이나 물의 새는 일).
프레스의 최대 능력	4000 ton (판금용) 9000 ton (단조용)	70000 ton 20000 ton

(6) 복동 프레스

램 2개를 갖는 프레스로 대부분 드로잉 가공에 많이 사용한다. 바깥쪽에 있는 램에는 블랭크 홀더가 부착되어 있으며 가운데 있는 램에는 펀치가 고정된다. 램은 운동에 관계없이 작동할 수 있으므로 제품에 따라 램의 행정길이와 위치를 조절하여 작업한다.

6 프레스의 정도

프레스의 정도가 나쁘면 제품의 정도가 저하되고 금형의 수명이 짧아지며, 금형의 설치가 어려워지고 진동이나 소음이 심하게 발생하므로 프레스의 정도에 주의를 해야 한다.

프레스의 정밀도
- 정적 정도 : 프레스가 부하를 받지 않고 있는 상태의 정도
- 동적 정도 : 프레스가 부하를 받고 있을 때의 정도

프레스의 선정 시 유의사항은 다음과 같다.

(1) 가공 방법 및 작업 방법 결정

① 작업공정이나 가공 방법의 올바른 결정

② 생산수량의 파악

③ 소재의 모양, 품질, 치수 정밀도 파악
④ 소재의 공급, 스크랩의 처리 방법 결정
⑤ 다이 쿠션 이용의 유무

(2) 가공에 관계되는 프레스의 능력 선택

① 가공압력, 행정의 크기
② 편심하중, 집중하중의 크기
③ 슬라이더와 볼스터 면적의 크기

7 스토퍼(stopper)

블랭킹 금형, 순차이송금형 등에 일정한 이송잔폭을 남겨 정확한 작업을 하기 위하여 사용한다. 순차이송금형을 이용하여 내·외형의 제품 정도를 내기 위해서는 파일럿 핀(pilot pin)이 필요하며 스토퍼는 일반적으로 위치결정용으로 사용한다.

(1) 노칭 스토퍼(notching stopper, side cut punch)

소재 단면을 사이드 컷 펀치(side cut punch)로 절단하여 피치를 내어 재료의 위치를 결정하여 전단하는 방법으로 비싼 소재를 사용할 경우는 충분한 검토가 필요하다.

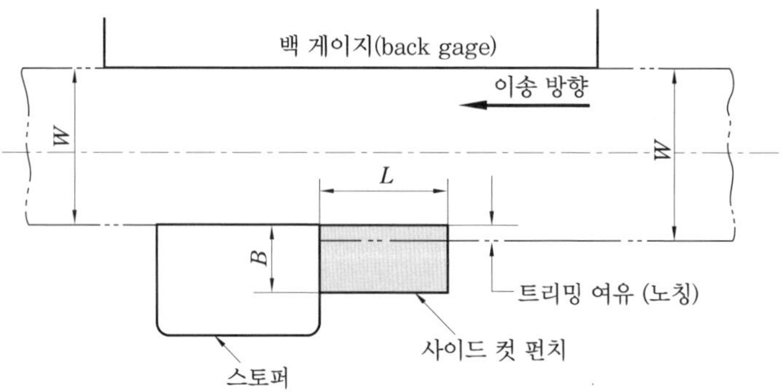

노칭 스토퍼의 설치 위치

① 장점
(가) 자동 프레스 가공을 하는 금형에 많이 사용한다.
(나) 이송량이 정확하고 정밀한 이송이 가능하다.
(다) 금형비가 비싸진다.
(라) 얇은 제품의 가공에 사용한다.

② 단점
(가) 재료이용률이 저하된다.
(나) 스크랩이 상승한다.
(다) 소재 안내의 역할을 한다.

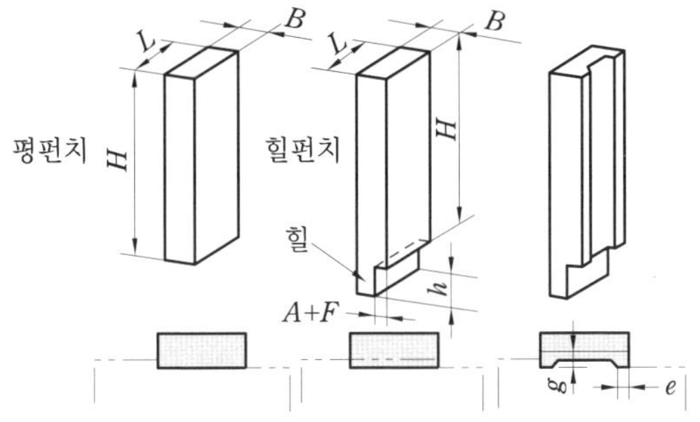

사이드 컷 길이 L	폭 B	펀치의 높이 H
100 mm까지	6 mm	50~70 mm
10~20 mm	8 mm	60~80 mm
20~50 mm	10 mm	60~80 mm
50 mm 이상	12 mm	60~80 mm

사이트 컷 펀치의 표준치수

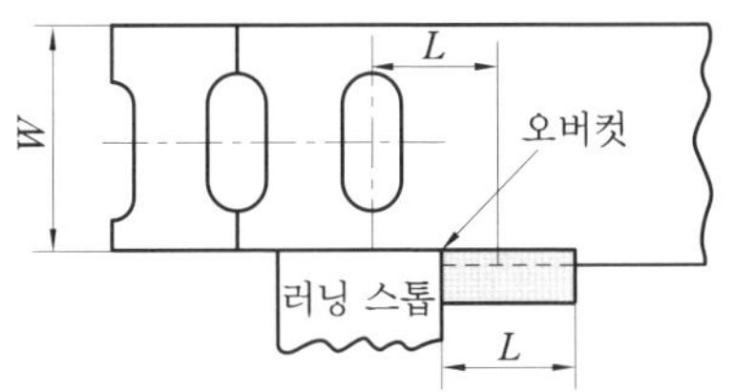

(a) 오버컷 방법 최종 스테이션에서 전단 · 분단으로서 소재폭 W를 그대로 제품 치수로 하는 경우

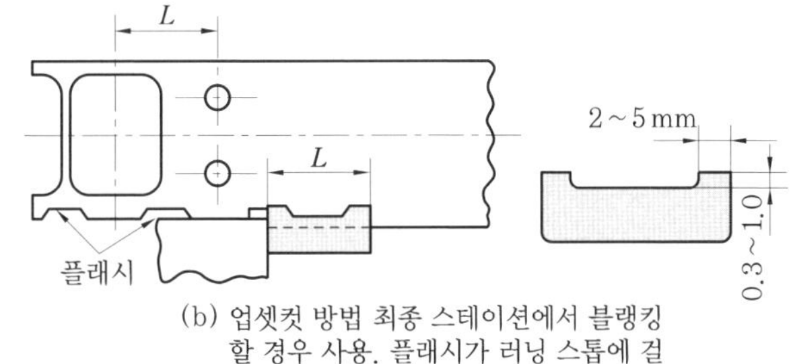

(b) 업셋컷 방법 최종 스테이션에서 블랭킹할 경우 사용. 플래시가 러닝 스톱에 걸리지 않게 한다.

사이드 컷의 이음부에 발생하는 거스러미(flash)의 대책

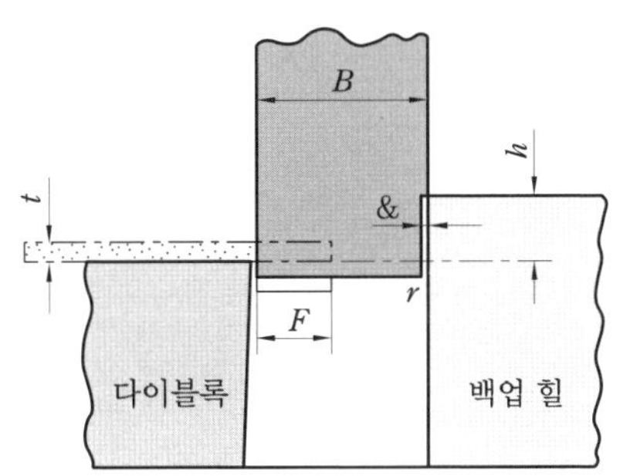

(a) 평 펀치

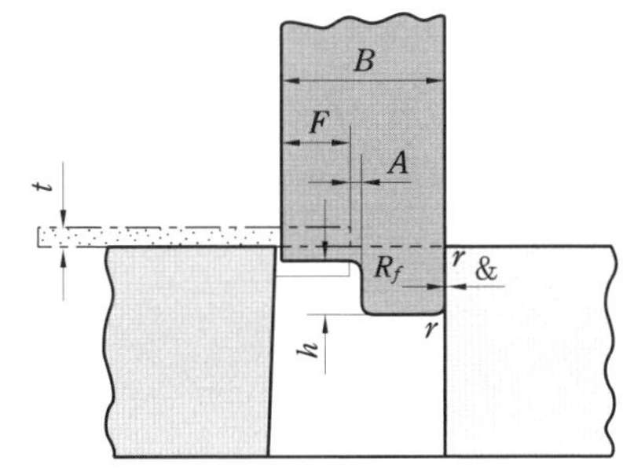

(b) 힐 펀치

① 리드 반지름 (안내반지름) : r
펀치의 크기에 정비례
③ 필렛 반지름 (이음반지름) : R_f
가벼운 작업일 때 : $R_f = 0.5 \sim 0.8$ mm
무거운 작업일 때 : $R_f = 0.8 \sim 1.5$ mm

② 틈새 : &
"억지끼운" 정도의 접촉을 한다.
④ A 치수
소재폭 W치수 불균형의 최대공차 R를 가한 값으로 한다.

날끝 부분의 기준치수

(2) 수동정지구와 자동정지구

수동정지구(finger stopper or starting stopper)는 피어싱 금형, 블랭킹 금형, 순차이송금형 등에 사용되고, 자동정지구(auto－stopper)가 작동될 때까지 사용되는 것으로 소재의 위치 결정 스토퍼이다.

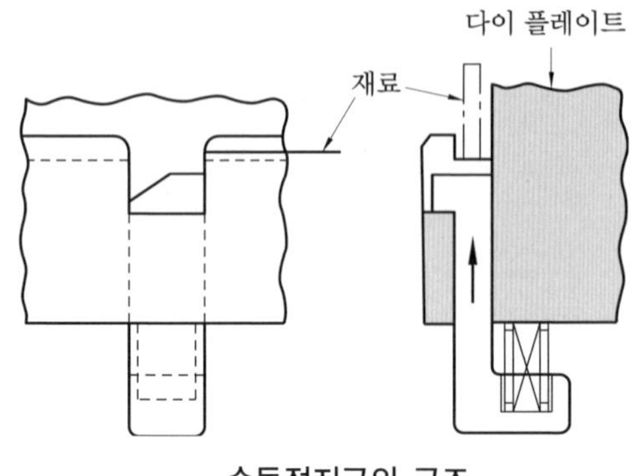

수동정지구의 구조

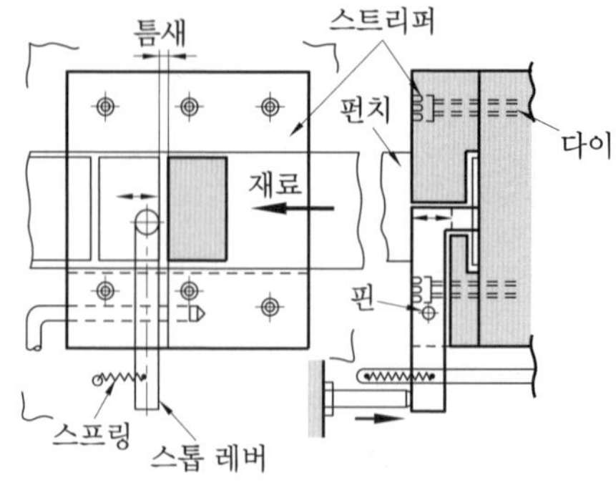

자동정지구의 구조

수동정지구의 사용 목적은 다음과 같다.

① 최초의 1매를 정확히 가공하여 재료를 절약할 수 있다.

② 파일럿 핀(pilot pin)에 의한 위치 결정이 정확하도록 한다.

③ 파일럿 핀의 파손을 방지한다.

④ 반절단에 의한 펀치의 물어 뜯김을 방지한다.

※ 가공 중에는 스프링에 의해 재료에 접촉하지 않고 되돌아가 있고, 필요할 경우에만 손으로 밀어 넣어 재료에 맞추어 동작하도록 한다.

(3) 고정 스토퍼(solid stopper)

위치 결정과 동시에 펀치 받침 블록으로 스크랩이 연결되지 않고 벤딩, 드로잉, 성형 및 전단 공정이 최종 작업으로 되는 경우에 유리하게 사용한다.

고정 스토퍼를 사용할 경우 재료가 들어가는 이송홈을 높여야 하므로 프레스 작업 시 금형의 고장 원인이 되기 쉽다.

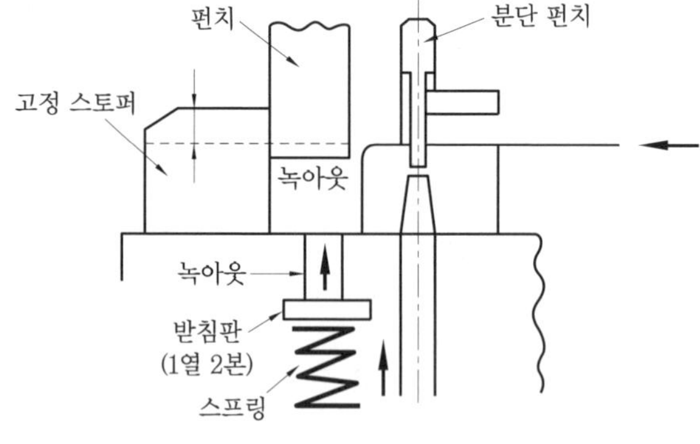

고정 스토퍼의 구조

(4) 핀 스토퍼(pin stopper)

제작이 쉬워 간단한 금형에 사용하며, 진동에 의해 다이의 열처리에 의한 균열이 생기거나 작업 중 위치가 움직여 헐거울 염려가 있다.

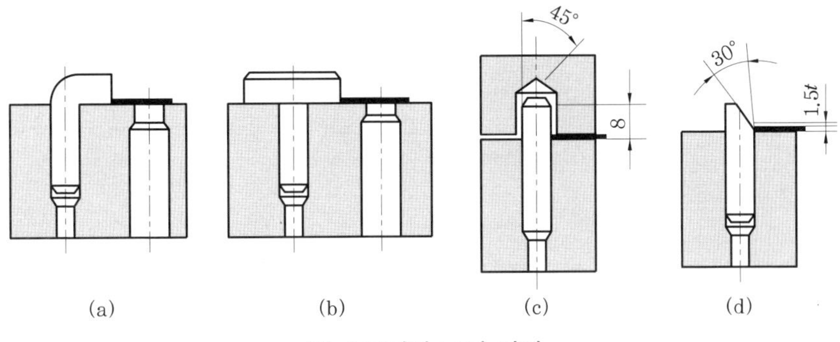

핀 스토퍼의 고정 방법

8 재료 가이드(strid guide)

다이에 사각재 등을 정확하게 설치하여 안전하고 작업 능률을 좋게 하기 위하여 사용한다.

(1) 안내 핀(guide pin)

콤파운드 금형 등에 많이 사용되며, 핀은 재료와 선접촉을 하여 소재의 절단면의 전단귀에 따라 이송되므로 마모를 줄이기 위하여 STC 또는 STS를 열처리하여 사용한다. 복합금형의 경우 가이드 핀과 스토퍼는 하형의 스트리퍼에 설치하여 스프링에 의해 상하가 동작하는 방법으로 한다.

고정된 가이드 핀을 사용하면 다이의 날부분이 약하게 되므로 판 스프링 등을 사용하여 가이드 핀이 상하 동작이 되도록 한다.

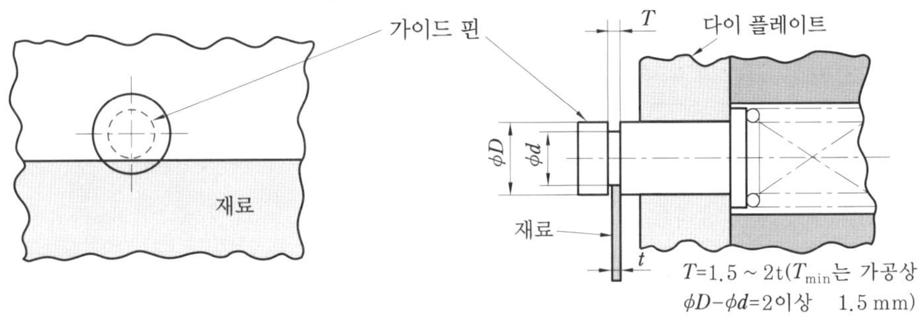

가이드 핀의 구조

(2) 안내 판(guide plate)

열처리한 STC의 판재를 사용한 것으로 순차이송금형 등의 대량생산에 많이 사용한다. 일반적으로 다량생산을 목적으로 사용하며 소재누름판을 내장하여 소재를 밀어주며 작업한다.

(3) 파일럿 핀(pilot pin)

파일럿 핀은 피어싱, 블랭킹, 벤딩, 순차이송, 트랜스퍼 금형 등에 사용되며 스토퍼에 의해 위치 결정된 블랭크를 이용하여 제품의 최종적 위치 결정을 정확하게 하기 위하여 사용한다.

① 파일럿 핀 설치 시 유의사항

(가) 가공될 부품의 가장 안전한 위치에 설치할 것

(나) 프레스 작업 시 인근 펀치의 영향을 받지 않는 위치에 설치할 것
(다) 파일럿 핀은 순차적으로 작동되므로 충격력이 가해져 파손이나 굽힘이 없도록 충분한 강도가 있을 것

② 재질 : STC를 열처리하여 사용한다.

③ 파일럿 핀의 종류

(가) 직접 파일럿 방식 : 제품 가공 시 타발 펀치에 체결하는 것을 직접 파일럿 방식이라 하며, 다이에는 파일럿 핀 구멍을 가공할 필요가 없다. 그리고 파일럿 핀의 형상은 뷰렛 노즈(burette nose, 도토리, 밤의 형상)로 하며, 파일럿 핀 지름은 피어싱 펀치보다 0.02 mm 작게 한다.

(나) 직접 파일럿 방식의 종류

㉮ 리벳형(rivet type) 파일럿 핀 : 직접식 파일럿 핀의 대표적인 것이다.
※ 조립 방법 : 나사에 의한 방법, 압입에 의한 방법

㉯ 지름이 작은 파일럿 핀 : 파일럿 핀의 지름이 $\phi 5 \sim \phi 8$ mm 정도의 것으로 펀치에 조립을 쉽게 하기 위하여 핀의 머리를 플랜지형(head flange type)으로 하며 2개의 세트 스크루를 뒤에서 조여 빠지는 것을 방지한다.

㉰ 지름이 큰 파일럿 핀 : 일반적으로 $\phi 18$ mm 이상의 파일럿 핀은 육각 홈붙이 볼트로 고정하여 사용한다.

㉱ 압입식 파일럿 핀 : 가장 오래된 방법으로 전단 펀치에 중간 끼워맞춤으로 압입된 파일럿 핀이며 장시간 사용하면 파일럿 핀의 조립이 불량하여 금형이 파손되는 경우도 있다. 그리고 소량생산, 간이형, 2차 가공일 경우 위치 결정용으로 사용된다.

㉲ 스프링식 파일럿 핀 : 이 방식은 스프링의 힘에 의하여 정확한 위치 결정을 할 수 있으므로 금형의 파손을 방지할 수 있다.

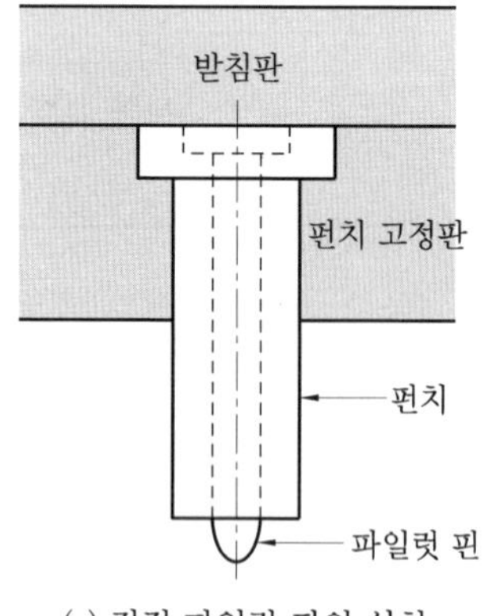

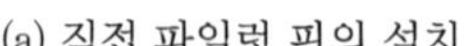
(a) 직접 파일럿 핀의 설치

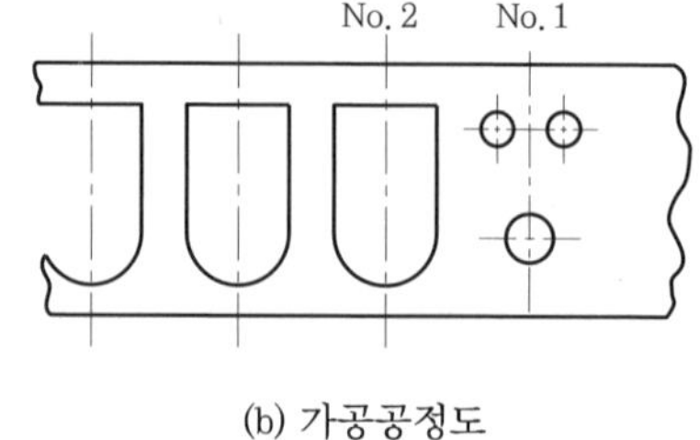

(b) 가공공정도

직접 파일럿 핀의 설치와 가공공정도

㈐ 간접식 파일럿 방식 : 일반적으로 간접 파일럿 방식은 가공소재의 스크랩이 되는 부분에서 제1공정에서 독립하여 가공된 구멍을 제2공정 및 그 후의 공정이나 제품이 되는 구멍을 이용하여 위치 결정할 경우에도 사용한다. 파일럿 핀은 상형 하강 시 펀치보다 먼저 가공 소재의 위치 결정이 되어야 하므로 피어싱 펀치와 파일럿 핀의 거리를 정확하게 유지시켜야 한다. 그리고 파일럿 핀의 지름은 직접식 파일럿 방식과 같은 치수로 하며 다이의 치수는 파일럿 핀의 치수보다 0.005~0.013 mm 크게 한다.

㈑ 간접 파일럿 방식 채택 기준

㉮ 제품의 치수공차나 구멍치수가 정밀한 경우

㉯ 구멍의 치수가 지나치게 작은 경우

㉰ 구멍이 제품 가장자리에 접근되어 있을 경우

㉱ 약한 부분에 구멍이 있는 경우

㉲ 구멍 위치와 제품의 윤곽과의 관계 위치가 현저하게 한쪽으로 치우친 경우

㉳ 파일럿하는 구멍 형상이 복잡한 경우

㈒ 고정식 간접 파일럿

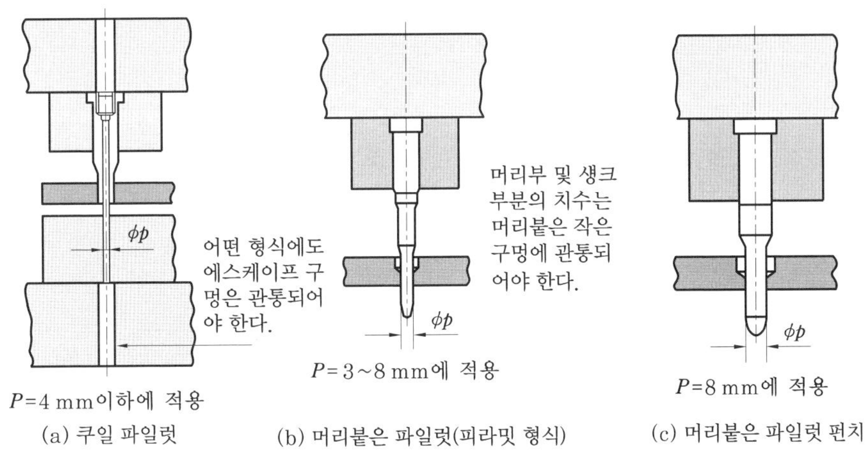

고정식 간접 파일럿의 기본 사용 기준

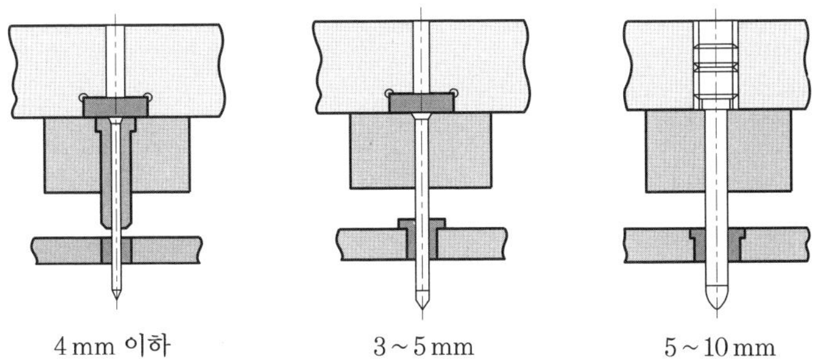

스트리퍼의 가이드 부시로서 안내하는 경우

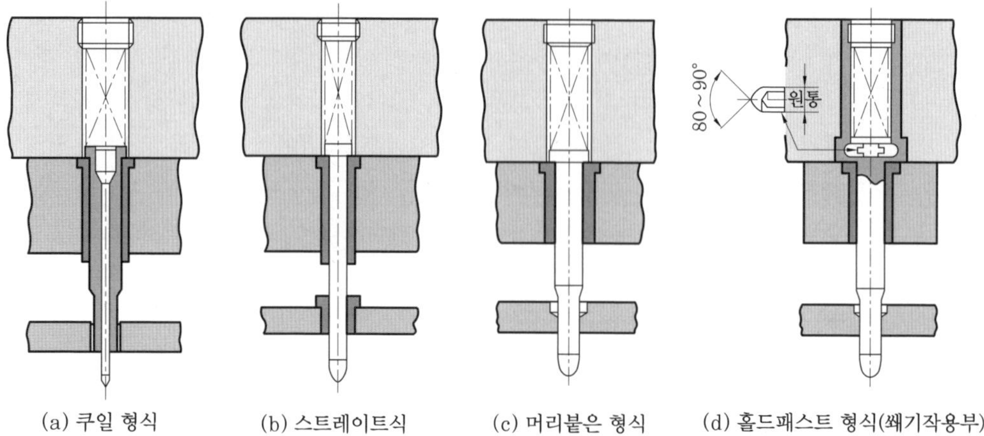

스프링식 간접 파일럿의 형식(P의 양에 대하여는 고정식에 준한다)

예상문제

1. 다음 중 액압 프레스에 대한 특성을 설명한 것이 아닌 것은?

① 가공행정 끝 부분에서 강력한 힘을 얻을 수 있다.
② 가압 상태를 길게 유지할 수 있다.
③ 과부하에 대한 안전장치가 있다.
④ 행정길이를 자유로이 변경할 수 있고 압력 조정이 가능하다.

2. 가공행정의 끝 부분에서 강력한 힘을 얻을 수 있어 단조, 충격압출, 압인가공 등에 많이 사용되는 프레스는?

① 크랭크 프레스 ② 마찰 프레스
③ 너클 프레스 ④ 유압 프레스

3. 프레스를 모양에 따라 분류하면 직주형, 아치형, 4주형 등이 있는데 큰 하중을 요하는 작업이나 정밀가공에 적합한 프레스는?

① 4주형, 아치형 ② 아치형, C형
③ 직주형, C형 ④ 직주형, 4주형

4. 프레스 기계를 프레임의 형식에 따라 분류한 것이 아닌 것은?

① 단주형 프레스
② 직주형 프레스
③ C형 프레스
④ 4주형 프레스

5. 다음 중 안전사고율이 가장 높은 금형은?

① 일평면 커팅 금형
② 드로잉 금형
③ 굽힘 금형
④ 블랭킹 금형

6. 프레스 기계의 램을 하사점까지 내린 상태에서 슬라이드의 밑면과 볼스터 윗면 사이의 거리를 무엇이라 하는가?

① 셧 하이트(shut height)
② 다이 하이트(die height)
③ 스트로크(stroke)
④ SPM

정답 » 1. ① 2. ③ 3. ④ 4. ① 5. ① 6. ②

7. **다음 프레스 부속 장치 중 띠강판을 평탄하게 고르는 장치는?**
① 스톡 릴(stock real)
② 정판기(straightener)
③ 자동송급장치(roll feeder)
④ 다이 쿠션

8. **딥 드로잉(deep drowing) 작업에 가장 적합한 프레스는?**
① 단동식 크랭크 프레스
② 복동식 크랭크 프레스
③ 너클 프레스
④ 마찰 프레스

9. **다음 중 복동 프레스의 판압 슬라이드 구동기구의 종류에 속하지 않는 것은 어느 것인가?**
① 크랭크 축
② 토글식
③ 보텀 슬라이드식
④ 링크식

10. **다음 중 크랭크 프레스의 능력을 정확히 표현한 것과 관계가 없는 것은?**
① 압력 능력 ② 크랭크 능력
③ 토크 능력 ④ 일 능력

11. **유압 프레스에서 램의 유효면적이 40 mm^2, 최고유압이 50 kgf/mm^2일 때 유압 프레스의 용량은?**
① 1 tf ② 2 tf
③ 3 tf ④ 5 tf

해설 $Q = \frac{P_h A}{1000} = \frac{50 \times 40}{1000} = 2\text{ tf}$

여기서, Q : 유압 프레스의 용량(tf)
P_h : 단위면적에 작용하는 최고유압 (kgf/mm^2)
A : 램의 유효 전체 단면적(mm^2)

12. **수압이나 유압 프레스에서 가공재료에 주는 힘의 종류는?**
① 인장력 ② 압축력
③ 전단력 ④ 타격력

13. **다음 중 서로의 관계가 잘못된 것은?**
① 나사 프레스 : 나사 이용
② 액센트릭 프레스 : 편심축 이용
③ 아버 프레스 : 래크와 피니언 이용
④ 족답식 프레스 : 캠 이용

14. **판 안내식 연속 커팅 다이(KS B 4123)의 이송제한 장치에 사용되지 않는 것은?**
① 스톱 핀 ② 소재 안내판
③ 파일럿 핀 ④ 핑거 스톱

15. **파일럿 핀은 어떤 재질을 사용하는가?**
① SM 20C ② GC 20
③ STC 4 ④ STS 4

16. **다음 중 수동정지구(finger stopper)의 역할을 가장 잘 설명한 것은?**
① 외형 블랭킹의 경우 사용되는 위치 결정 장치이다.
② 간단한 금형에 사용하는 게이지 핀의 일종이다.
③ 소재의 양끝 및 한쪽만을 잘라서 이송하는 것이다.
④ 순차이송금형에서 최초의 소재 손실을 없애기 위해 사용하는 위치 결정 장치이다.

해설 수동정지구는 최초의 1매를 정확히 전단하여 재료의 절약을 기하며 전단 종료 직전에 자동정지구(autostopper)가 작용할 때까지 사용되는 소재의 위치 결정 장치이다.
(1) 파일럿 핀에 의한 위치 결정을 정확하게 한다.
(2) 파일럿 핀의 파손을 방지한다.
(3) 반절단에 의한 펀치의 뜯김이나 파손을

정답 » 7. ② 8. ② 9. ④ 10. ② 11. ② 12. ② 13. ④ 14. ② 15. ③ 16. ④

방지한다.

17. 이미 뚫어져 있는 구멍을 이용하여 제품의 위치 결정을 할 경우에 사용하는 금형부품은?
① 파일럿 핀
② 고정 게이지 핀
③ 스프링 게이지 핀
④ 스톱 핀

18. 소재의 이송제한장치에 사용하는 스토퍼의 종류가 아닌 것은?
① 핑거 스토퍼(finger stopper)
② 오토 스토퍼(auto-stopper)
③ 노칭 스토퍼(notching stopper)
④ 파일럿 스토퍼(pilot stopper)

19. 프레스 금형에서 소재 이송제한장치에 속하지 않는 것은?
① 스톱 핀 ② 파일럿 핀
③ 녹아웃 핀 ④ 사이드 커터

20. 다음 중 파일럿 핀(pilot pin)의 위치 결정이 잘못된 경우 제품에 미치는 영향으로 틀린 것은?
① 제품의 구멍 위치가 틀리게 된다.
② 소재의 이용률이 감소한다.
③ 제품의 피어싱 구멍의 정도가 향상된다.
④ 금형의 파손 원인이 된다.

해설 파일럿 핀은 순차이송금형, 피어싱 금형, 블랭킹 금형, 굽힘금형 등의 이미 작업이 되고 있는 제품의 최종적 위치 결정을 하기 위하여 사용하며 설치 시 유의사항은 다음과 같다.
(1) 타발된 부품의 가장 안전한 위치에 설치한다.
(2) 작업 시 인근 펀치의 영향을 받지 않는 위치에 설치한다.
(3) 가급적 떨어진 2개소 이상에 설치한다.
(4) 충분한 강도가 있어야 한다.
(5) 수리나 조립 시 파일럿 핀의 분해나 조립이 가능한 구조로 한다.

21. 파일럿 핀을 설치할 수 있는 위치 중 틀린 것은?
① 블랭킹 펀치
② 블랭킹 전 피어싱 구멍
③ 블랭킹 펀치의 뒷구멍
④ 스트립(보조구멍)

22. 노칭 스토퍼(notching stopper)의 주된 기능이 아닌 것은?
① 소재의 이송량이 정확하다.
② 소재의 소요량이 증가한다.
③ 소재의 이송정밀도가 요구되는 곳에 사용한다.
④ 소재 및 스크랩의 상승을 방지한다.

23. 순차이송금형에서 파일럿 핀의 주된 기능은?
① 제품의 구멍 위치를 정확히 잡아준다.
② 소재의 이송을 쉽게 한다.
③ 금형 자체의 정밀도를 높여준다.
④ 펀치가 정확하지 못할 때 사용한다.

24. 다음 중 사이드 커터의 기능은?
① 절단을 정확하게 해준다.
② 재료이송을 정확하게 한다.
③ 제품을 정확하게 가공해 준다.
④ 위치를 정확하게 표시한다.

25. 블랭크(소재)에 구멍이 있을 경우 사용되는 위치 결정용 게이지는?
① 스프링과 핀 게이지
② 파일럿 게이지
③ 핀 게이지
④ 스프링 게이지

정답 » 17. ① 18. ④ 19. ③ 20. ③ 21. ③ 22. ④ 23. ① 24. ② 25. ②

26. 순차이송금형에서 다이 안에 소재를 삽입하여 이송할 때 제일 먼저 소재의 위치를 결정하여 주는 장치는?
① 핑거 스토퍼
② 오토스토퍼
③ 파일럿 스토퍼
④ 솔리드 스토퍼

27. 소재나 반제품의 위치를 결정하는 데 사용하지 않는 금형 부품은?
① 위치결정핀 ② 스톱 핀
③ 맞춤 핀 ④ 스톡 가이드 핀

28. 프로그레시브 다이(progressive die)에서 간접 파일럿 방식을 사용하는 이유가 아닌 것은?
① 구멍의 치수가 너무 작을 경우
② 구멍이 없는 제품일 경우
③ 구멍의 치수정밀도가 매우 높은 경우
④ 구조상으로 정확할 경우

29. 다음 중 파일럿 핀의 지름과 피어싱 펀치의 관계는?
① 피어싱 펀치보다 약간 크게 한다.
② 피어싱 펀치보다 약간 작게 한다.
③ 피어싱 펀치와 같게 한다.
④ 경우에 따라 약간 크게 또는 작게 한다.

30. 다음 중 자동 프레스에 해당되지 않는 것은?
① 다잉 프레스
② 고속자동 프레스
③ 트랜스퍼 프레스
④ 마찰 프레스

31. 일반적으로 프레스 사용 시 상용 가압력을 호칭하는 압력은 몇 %를 사용하는가?
① 50~60 % ② 60~70 %
③ 70~75 % ④ 75~80 %

32. 프레스 가공의 자동화에 의해서 얻어지는 이익이 아닌 것은?
① 생산량이 대폭 증가한다.
② 작업자의 인건비를 절약할 수 있다.
③ 숙련공이 필요 없다.
④ 제품의 정도가 향상된다.

33. 다음 중 인력 프레스로 주로 많이 사용하는 것은?
① 나사 프레스
② 너클 프레스
③ 마찰 프레스
④ 크랭크 프레스

정답 » 26. ① 27. ③ 28. ④ 29. ② 30. ④ 31. ④ 32. ④ 33. ①

1-4 프레스 금형 조립·설치와 안전

금형의 조립 작업은 금형이 성능을 충분히 발휘시키기 위해 필요한 작업으로 금형의 사용 방법을 충분히 이해해야 한다. 조립은 가공 도면에 의해 가공된 금형의 부품을 금형 조립 도면과 공정에 맞추어 조립·조정하며 마무리 작업의 각 요소를 전체 종합하여 결합, 끼워맞춤, 기타 작동 부분의 원활한 조립·조정 등 순서대로 정리해야 한다.

조립 순서는 우선 금형의 조립 도면에 따라 각 부품의 조립 작업을 시작하기 전에 제품 도면에 따른 측정 검사를 하여 다듬질 작업에서 맞춤면 간격 등 가공의 여유가 각 부품에 어느 정도 남았는가를 측정하고 접촉 상태나 맞춤을 반드시 확인한다. 동일 현상 또는 대칭물의 조립은 조립 후에 반드시 맞춤 마크를 표시하고 동일 치수의 부품도 조정 후에는 다른 곳에 사용하지 않도록 한다.

1 조립의 일반 사항

금형의 조립 시 일반 사항은 다음과 같다.

① 금형 요소 부품의 위치를 측정한 후 상대 조립품의 위치를 결정하여 조립한다.

② 설치용의 구멍을 포함하여 모든 부품을 금형의 주요 블록별로 완성하여 조립한다.

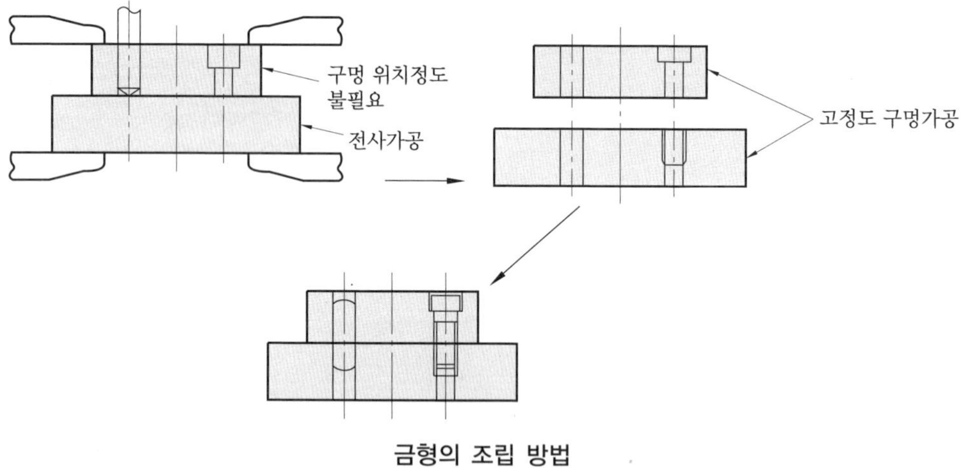

금형의 조립 방법

①의 경우는 일반적인 금형 조립 방법으로 다음과 같은 특징이 있다.

㈎ 지그 보링 등의 고정도 가공용 기계가 없어도 고정도 금형을 만들 수 있다.

㈏ 조립할 때 맞추기 때문에 조립 후의 전체 오차가 작아진다.

㈐ 부품을 가공할 때 조립에 필요한 부분을 고정도 다듬질가공을 하지 않아도 된다.

㈑ 부품의 가공 불량이 적다.

㈒ 조립공수가 많아진다.

㈓ 작업자의 손에 따라 조립 후의 정도가 달라진다.

㈔ 보수 정비할 때 정도의 재현성이 나쁘다.

(아) 금형 제작의 기계화, 특히 NC 공작기계의 유효한 이용이 곤란하다.

②의 경우에는 대체적으로 ①의 경우와 반대의 특징이 있다.

2 금형 부품의 위치 결정

정확한 금형의 조립을 위한 필요 조건은 다음과 같다.

- 각 부품의 주요 조립 부분의 치수 정밀도가 정확해야 한다.
- 각 부품은 정확한 위치에 조립되어야 하며 금형의 분해·조립 후에도 위치의 변화가 없어야 한다.
- 각 부품은 충분한 강도로 고정되어 사용 중에 헐거워지거나 분해되지 않아야 한다.

(1) 위치 결정 방법

① 홈에 의한 위치 결정 : 부품의 한쪽에 홈을 파고 그 홈에 다른 부품을 조립하여 위치 결정을 하는 방법이다. 그림 (a)는 플레이트에 블록을 고정하고 키를 병용해서 고정한 경우이며, 그림 (b)는 정밀 순차이송금형의 대표적인 구조인 채널 스플릿형(channel split type)으로 전후 방향을 판의 홈과 블록의 외형으로 위치 결정한 것이다. 이때 좌우의 위치 결정은 키 또는 누름판을 사용한다. 그림 (c)는 블록 상의 부품을 조합하는 경우로 한쪽에 홈을 파고 다른 쪽에 돌기부를 만들어 조립한다.

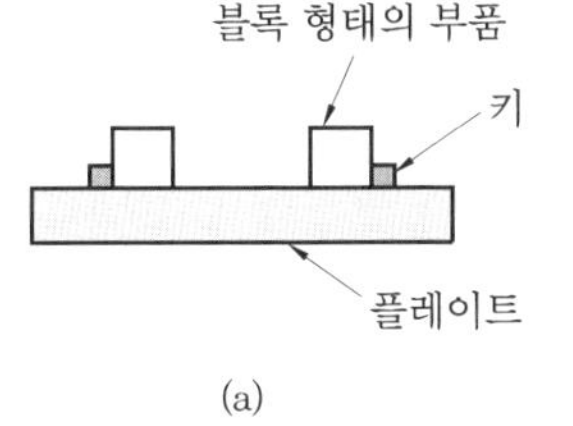

(a)

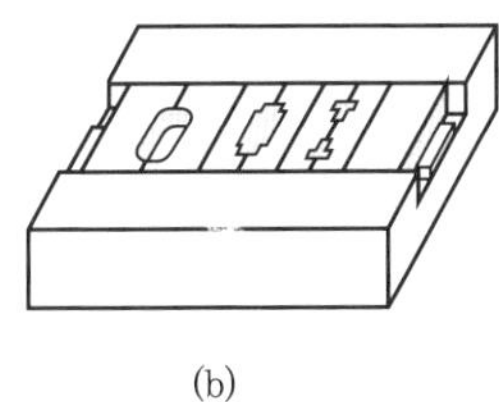
(b)

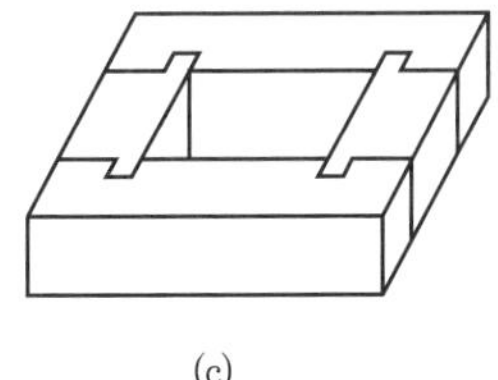
(c)

홈에 의한 위치 결정

② 다월 핀에 의한 위치 결정 : 다월 핀은 열처리한 평행핀이며 두 개를 한 조로 하고 있다. 1개일 경우 위치는 결정하지만 회전에 대해 엇갈림이 남고, 3개 이상 사용하면 상호 구멍 위치의 고정도 가공이 어렵지만 측압을 받아 처짐이 생기는 긴 부품은 3개 이상의 다월 핀을 사용하여 강성을 높여줄 수 있다. 다월 핀의 위치는 그림 (a)와 같이 거리가 가까우면 회전력이 불안정하며 오차가 커질 수 있다. 특히 역방향으로 조립되는 것을 방지하기 위해 그림 (b)와 같이 핀의 위치를 편위시켜 가공한다.

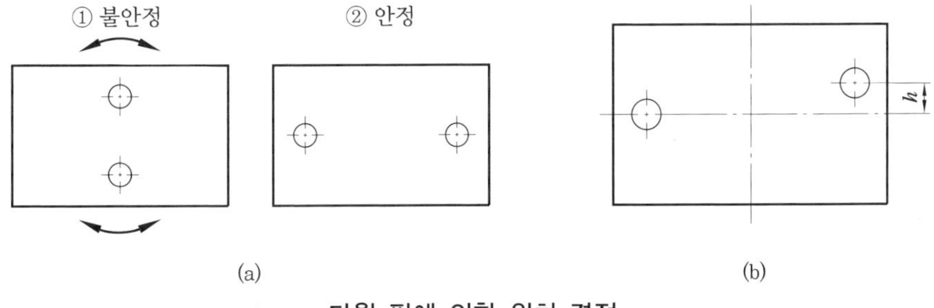

(a) (b)

다월 핀에 의한 위치 결정

③ 블록에 의한 위치 결정 : 블록의 부품을 여러 개 조합하는 경우로 각각의 블록 외형 치수를 정확하게 가공하여 상호의 위치를 구한다. 정밀가공부의 치수를 측정·검사하여 오차가 있을 때는 블록의 외형 치수를 수정하여 맞춘다. 치수가 작을 경우는 블록 사이에 심을 넣어 조정하며 모든 부품을 정확히 조립한 후에 외측의 부품을 다월 핀으로 고정한다.

④ 포켓 내의 인서트에 의한 위치 결정 : 부품의 한쪽에 고정도의 포켓(구멍)을 파고 인서트 부품을 조립하여 위치를 결정하는 방법으로 엔지니어링 플라스틱 성형금형이나 순차이송 금형에서 많이 사용되고 있다. 포켓 가공 시 형상은 특수한 경우를 제외하고 대부분은 원형과 사각형으로 하지만 원형의 경우는 회전 방지가 필요하다.

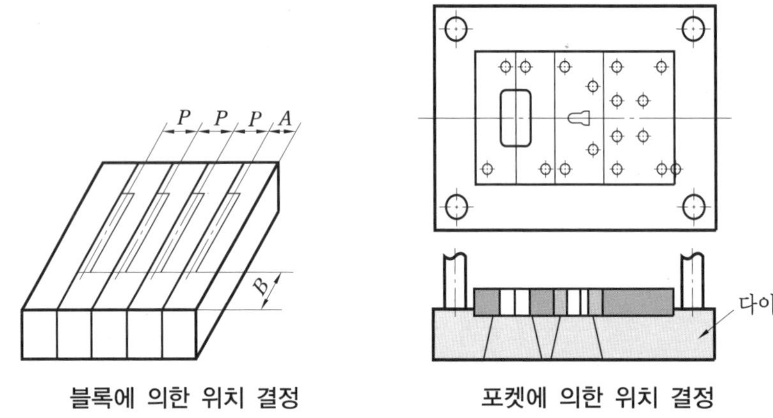

블록에 의한 위치 결정 포켓에 의한 위치 결정

⑤ 로케이션 핀(location pin) 또는 탈착식 포스트에 의한 위치 결정 : 한 벌의 금형을 정확히 조립하는 경우 일반적으로 가이드 포스트 및 부시가 사용되지만 가이드 포스트가 조립 작업 시 장애가 되는 경우에는 로케이션 핀 또는 탈착식 가이드 포스트를 사용한다.

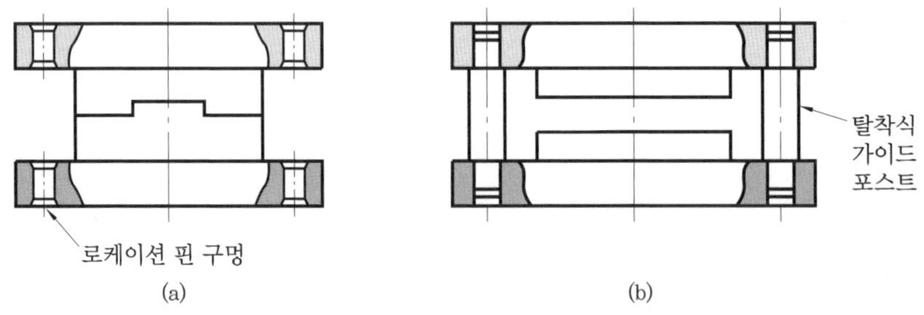

로케이션 핀 또는 탈착식 포스트에 의한 결정

3 금형 부품의 고정

(1) 멈춤나사

금형을 조립하는 경우 일반적으로 육각 홈붙이 볼트로 고정을 한다. 특히 사용 나사는 적은 수의 지름이 큰 나사를 사용하며 작은 부품의 경우는 3개의 나사로 고정하는 것이 안정하다.

(2) 기타 고정법

① 압입 ② 판 누르기에 의한 고정 ③ 압입과 멈춤나사의 병용
④ 클램프에 의한 방법 ⑤ 키에 의한 고정 ⑥ 핀에 의한 고정

(3) 용접

자동차, 그 밖의 대물 금형 및 판금용 금형 등의 용접 구조에 금형이 많이 쓰인다. 특히 타발 금형은 얇아서 좋지만 프레스기의 다이 높이가 높기 때문에 용접 구조로 많이 사용한다.

4 금형의 조립

금형의 조립은 펀치, 다이, 스트리퍼 등의 금형 부분의 윤곽, 구멍 등이 가공되어 있으면 다이, 스트리퍼, 다이 홀더, 펀치 홀더 등의 조립에 필요한 구멍만을 완성하여 조립한다.

(1) 조립 방법

프레스 금형에서 고정 스트리퍼형의 트리밍 다이 조립의 경우를 설명하면 다음과 같다.

① 상형의 위치 결정 : 펀치 홀더에 펀치 플레이트를 고정하고, 다월 핀의 위치를 그림과 같이 가공한다.

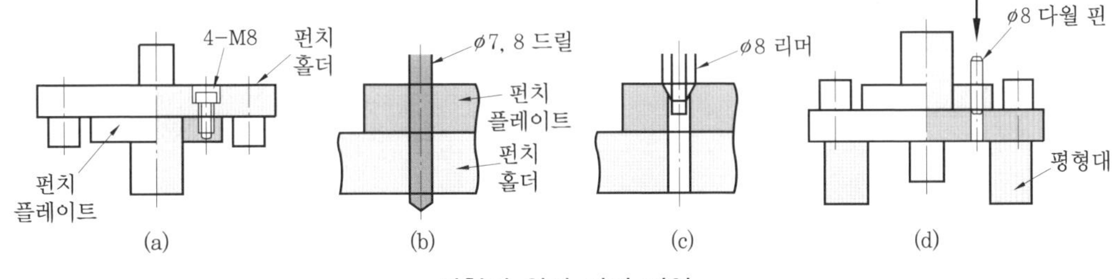

상형의 위치 결정 작업

② 상형 조립 : 펀치 홀더를 평행대에 올려놓고 배킹 플레이트와 펀치 플레이트를 조립한다.

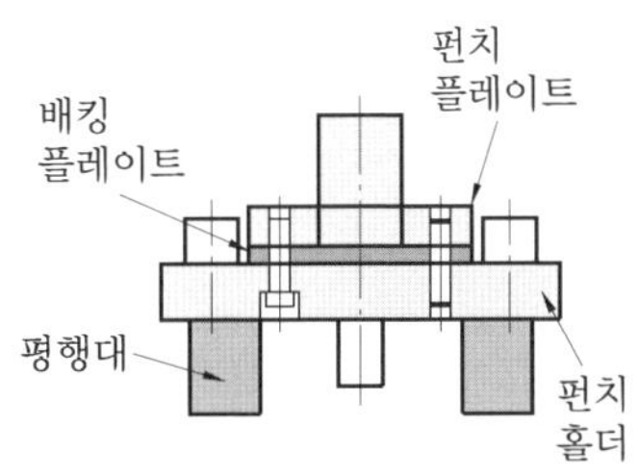

상형의 조립 작업

③ 간극 조정 및 위치 결정

㈎ 상형을 평형대 위에 올려놓고 펀치보다 2~3 mm 낮은 평행 블록을 펀치 플레이트 위에 고정한다.

㈏ 다이 플레이트를 펀치에 끼워맞춤하여 평행 블록 위에 고정한다.

㈐ 다이 플레이트와 펀치 사이에 정해진 틈새양의 시그니스 테이프를 끼워 넣는다.

(라) 볼스터를 펀치 홀더에 맞추어 가이드 포스트의 원활한 작동 여부를 확인한 후 다이 플레이트 위에 올려 고정한다.

(마) 볼스터와 다이 플레이트를 상형에서 빼내고 시그니스 테이프를 제거한다.

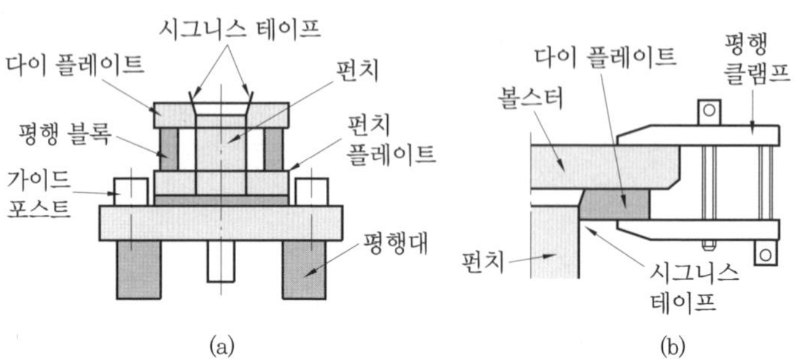

간극 조정 및 위치 결정 작업

④ 하형의 위치 결정

(가) 볼스터와 다이 플레이트를 클램프로 고정하여 금긋기한다.

(나) 다월 핀의 위치를 그림 (b)와 같이 가공한다.

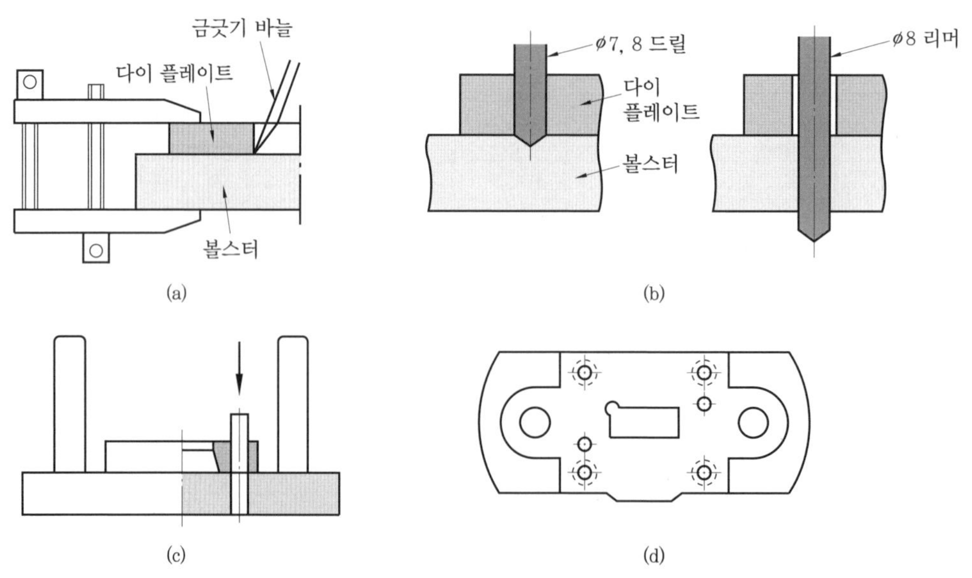

하형의 위치 결정 작업

⑤ 하형의 조립 : 볼스터를 평행대에 놓고 다이 플레이트, 스트리퍼를 다월 핀으로 조립한다.

⑥ 상·하형의 조립

(가) 가이드 포스트, 가이드 부시의 이물질을 제거하고 주유한다.

(나) 상형과 하형을 조립한다.

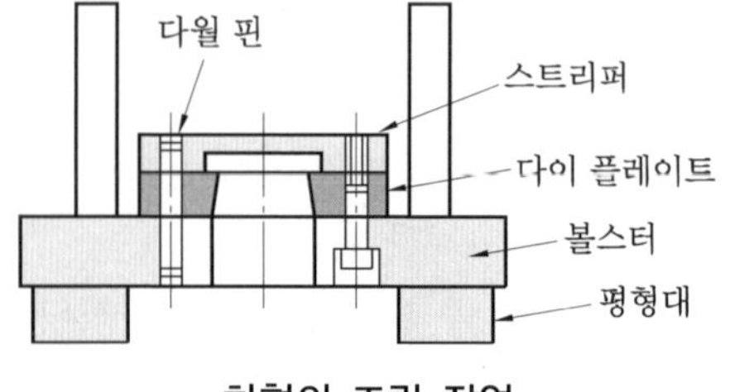

하형의 조립 작업

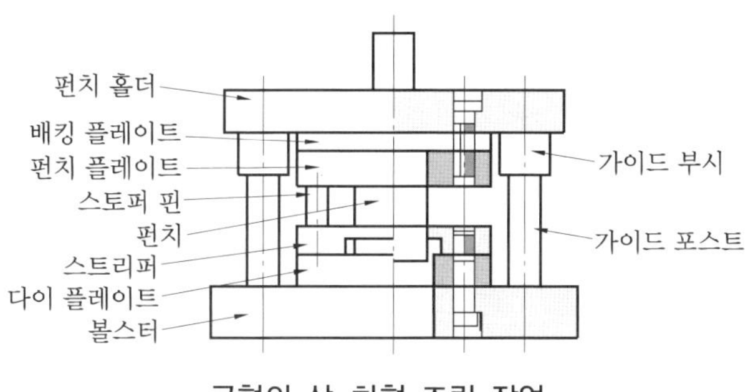

금형의 상·하형 조립 작업

(2) 금형의 조립 순서

① 도면을 확인한다.
② 가공된 부품과 표준 부품을 검사한다.
③ 조립 순서를 결정한다.
④ 미완성 부품을 가공한다.
⑤ 부품의 요소를 조립한다.
⑥ 상형과 하형을 조립한다.
⑦ 펀치와 다이 날끝을 연삭한다.
⑧ 상형과 하형을 맞춘다.
⑨ 시험 작업을 한다.
⑩ 가공된 제품과 스크랩을 검사한다.
⑪ 미비점은 수정 보완한다.
⑫ 조립한다.

5 금형의 검사

금형의 검사는 일반적으로 시험가공을 하고 그 제품으로서 판정하는 경우가 많다. 왜냐하면 정밀한 금형도 생산 중에 발생되는 변형이나 수축, 스프링 백 등이 작용하기 때문이다. 그러므로 금형의 검사는 수시로 공정마다 하는데, 최종적으로 필요한 검사는 금형으로 만들어낸 성형 제품의 형상, 치수이며 이때의 금형의 검사는 실제의 성형기계에서 성형한 제품의 치수를 측정하는 것이 원칙으로 사용할 기계에 부착하여 시험하는 것이 좋다.

간단한 전단금형은 종이, 박판 또는 얇은 목재 판재에 구멍을 뚫어서 그 뚫린 상태를 보고 형상을 검사하는데, 형상이 복잡한 금형이나 금형 드로잉 등을 포함하는 순차이송형 등은 공정이나 금형의 검사가 복잡해진다.

이와 같은 금형의 수리는 타이프 리퍼(type rippper)를 사용하는데, 검사를 쉽고 안전하고 능률적으로 할 목적으로 사용된다.

6 금형의 점검

(1) 금형의 점검

① 금형의 고정 볼트 체결 상태
② 섕크의 고정 상태
③ 녹아웃 장치의 고정 상태
④ 안내판과 부시의 조립 상태
⑤ 이젝터의 작동 상태
⑥ 소재 안내판의 조립 상태
⑦ 자동 스톱 핀의 작동 상태

(2) 프레스의 점검

① 클러치의 작동 상태
② 안전장치의 작동 상태
③ 램의 섕크 고정 볼트 체결 상태
④ 램과 슬라이드의 간격(틈) 상태
⑤ 베드의 상처로 인한 거스러미 제거 상태
⑥ 금형과 프레스의 능력 관계

7 금형의 설치 및 시험 작업

금형의 설치 순서는 다음과 같다.

① 녹아웃 바(knock-out bar)를 푼다.
② 램의 하사점 위치를 확인한다.
③ 프레스의 베드, 램의 면을 청소한다.
④ 램 조절나사를 푼다.
⑤ 금형이 들어가도록 램을 올린다.
⑥ 베드(테이블)에 평행 블록을 설치한다.
⑦ 프레스 램에 섕크를 고정한다.
⑧ 하형을 고정한다.
⑨ 프레스 램을 상하로 작동하여 금형의 작동 상태를 확인한다.

시험 작업은 몇 개의 제품을 가공하여 스크랩과 제품을 관찰한 후 이상이 없으면 마지막 가공된 제품과 금형을 인계한다.

8 프레스 금형 설치의 안전

프레스 작업에서 안전상 중요한 분야가 금형의 설치 작업이라 할 수 있다. 왜냐하면 프레스 작업은 곧 금형의 운반과 조립·조정 작업, 그리고 입고와 해체 작업 등 일련의 설치 과정이 필요하기 때문이다. 그러므로 프레스 작업에서 사고를 줄이기 위해서는 금형의 설계에서부터 안전관리가 시작되어야 한다고 해도 과언이 아니다. 다시 말해 금형의 설계에서부터 안전 작업을 위한 개선을 고려하지 않는다면 금형을 조립하는 데 불안전한 상태와 위험 부위가 발생하여 대형 사고를 일으킬 수 있다.

(1) 설치자의 직무

작업성이 좋고 안전성이 높은 프레스와 금형을 설치·조정하는 사람은 안전에 깊은 관심을 갖고 있어야 한다. 왜냐하면 설치자 자신이 항상 위험에 노출될 수 있고 금형이나 기계를 조정할 때 자신의 손과 신체 일부를 충분하게 보호할 수 없는 경우가 많기 때문이다. 그러므로 많은 경험과 경륜을 가진 프레스 작업자는 설치 및 조정자로서 좋은 조건이라 할 수 있다.

① 작업을 위해 프레스나 금형을 조작·설치할 경우 정확히 맞출 것
② 안전장치 및 개인보호구 등이 설치되고 준비되어 있는가 확인할 것

(2) 금형 설치 안전

① 일반적 사항 : 금형의 설계·제작 시부터 안전을 고려하지 못한 불충분한 상태에서 프레스 금형을 만들었다면 위험이 따르기 마련이다. 이러한 것이 사고로 연결된다. 그러므로 금형 설치 및 조정자는 설치하기 전에 금형을 검사해야 하며 다음과 같은 점을 살펴봐야 한다.

㈎ 안전 확보가 된 금형인가, 위험이 있는 금형인가?

㈏ 금형이 어떤 프레스에 적당한가?

㈐ 상부 금형이 섕크를 슬라이드면에 어떻게 고정시킬 것인가?

㈑ 어느 정도 행정거리가 요구될 것인가?

㈒ 기계 작동에 행정거리를 손으로, 또는 기계로 어떤 조작으로 함으로써 조정할 수 있는가?

㈓ 설치 시 어떤 방호장치가 필요한가?

㈔ 어떤 방호장치가 시운전할 때 필요한가?

슬라이드가 하강할 때 금형에 파단 현상 또는 문드러지는 현상이 일어날 수 있으므로 다음과 같은 부품들과 금형의 이상 유무를 작업 전에 점검 확인해야 한다.

㈎ 상부 금형 펀치에 붙어 있는 부품은 없는가?

㈏ 펀치면에 이물질이 없는가?

㈐ 슬라이드에 섕크 고정 상태는 양호한가?

㈑ 슬라이드와 상부 금형, 그리고 하부 금형과 볼스타면의 고정 상태는 양호한가?

② 운반구 사용과 개인 보호구 : 금형을 운반할 때 사고를 방지하기 위해서는 지게차 및 운반구를 사용하여 안전하게 운반하여 조립해야 한다. 또한 설치·조정자들은 안전화, 안전장갑, 안전모 등을 사용하지 않으면 안 되며 소음이 많은 작업 지역에서는 소음을 방지할 수 있는 귀마개 및 귀덮개를 지급받아야 한다.

③ 손보호 : 설치자의 중요한 의무는 작업 공정마다 크기에 알맞은 금형을 선택하는 것, 손을 보호하는 안전장치를 선택하는 것, 적절한 기종의 기계를 선택하는 것이다.

④ 안전을 고려한 금형의 설치 방법 : 프레스 작업은 많은 공정이 요구되므로 안전하게 금형을 설치해야 한다. 예를 들면 조그마한 부품에 압력을 가할 때 타발 펀칭 공정에서 보면 가이드 포스트, 펀치, 다이가 마모되는 것을 방지하지 위해서 철판 소재가 아닌 알루미늄에만 사용해야 한다는 것 등이다.

9 프레스 안전

프레스로 인한 사고는 작업자의 손이나 팔 등에 영구장애를 남기는 등 치명적인 경우가 많다. 이러한 사고는 주로 손이 프레스 금형 속으로 들어가기 때문에 발생된다. 그러므로 프레스 안전의 근본적인 대책으로 기계 동작 부위나 금형에 손 등 신체가 접근하지 못하도록 구조적으로 안전화하는 것이 중요하다. 즉 금형이 안전하게 설계되어 위험점에 손의 접근이 차단되고, 금형이 파손되는 등의 고장이 발생하여 이로 인해 근로자가 상해를 입는 경우가 없도록 설계, 제작, 설치하는 것이 필요하다.

(1) 위험 부위

프레스의 위험 부위는 슬라이드가 상하로 동작할 때 금형 사이에서 주로 발생된다. 즉, 작동 중인 슬라이드에 부착된 상부 금형과 하부 금형 사이, 상부 금형과 제품 또는 부품 사이, 하부 금형과 제품 또는 부품 사이가 위험 부위이며 금형 상면과 금형 부착 슬라이드면도 위험 부위라고 할 수 있다.

안전 확보를 위해서는 위험 부위와 마찬가지로 위험 시기를 알아서 대처해야 한다. 즉, 가동 중인 프레스에서 사고가 발생될 수 있는 공간적, 시간적 요건들을 정확하게 조사하여 대처해야 한다. 일반적으로 슬라이드가 하강하여 하사점에서 100 mm 미만 거리일 때 손을 넣으면 심한 부상을 입는 사고를 당하게 된다. 이러한 구역은 작동 중에 신체의 접근을 막을 수 있는 구조로 되어 있어야 한다. 또한 슬라이드가 하사점에 도달하여 작업이 완료되었을 때 금형의 개구틈새 간격을 좁게 하여 손가락 등이 끼지 않도록 설계·제작하는 것도 중요하다. 다음 그림은 그 간격을 4 mm로 하여 안전을 고려한 경우이다.

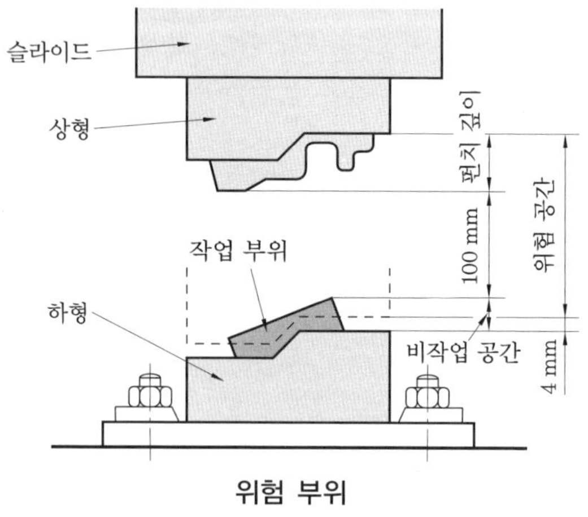

위험 부위

(2) 위험 시간

위험 시간이란 기계의 가동 부위가 위험점을 형성할 수 있는 거리를 이동하는 동안의 시간을 말한다. 예를 들면 슬라이드가 하사점에 근접하여 간격이 8 mm 이하가 되는 순간부터는 금형에 신체가 협착될 수 있는 위험 시간이라고 할 수 있다. 슬라이드의 운동 속도가 빠르면 상대적으로 위험 시간은 짧아진다.

예상문제

1. 하형을 클램프를 이용하여 프레스에 설치할 때 클램프의 높이와 다이 홀더의 관계 설명 중 가장 적합한 것은?

① 양쪽 모두 같게 한다.
② 다이 홀더보다 클램프를 0.1~1 mm 정도 높게 한다.
③ 클램프보다 다이 홀더를 0.1~1 mm 정도 낮게 한다.
④ 클램프보다 다이 홀더를 1~2 mm 정도 높게 한다.

2. 스트로크의 길이가 100 mm인 크랭크 프레스에서 펀치가 하사점 전 6.7 mm인 위치에서 공작물에 접한다고 하면 이 위치에서 크랭크 축의 각도 α는?

① $\alpha = 15°$ ② $\alpha = 22.5°$
③ $\alpha = 30°$ ④ $\alpha = 45°$

3. 다음 중 프레스 작업 전 안전에 유의해야 할 사항은?

① 기계를 급회전시켜 클러치를 점검한다.
② 금형의 상하형을 점검한다.
③ 전원의 이상 유무를 확인한다.
④ 기계의 회전수를 확인한다.

4. 정확한 금형의 조립을 위한 필요조건이 아닌 것은?

① 각 부품의 주요 조립 부분의 치수 정밀도가 정확해야 한다.
② 각 부품은 정확한 위치에 조립되어야 하며 금형의 분해·조립 후에도 위치의 변화가 없어야 한다.
③ 각 부품은 충분한 강도로 고정되어 사용 중에 헐거워지거나 분해되지 않아야 한다.
④ 각 부품은 모두 열처리를 하여 경도를 높여야 한다.

5. 다음 중 위치 결정 방법이 아닌 것은 어느 것인가?

① 다월 핀에 의한 위치 결정
② 홈에 의한 위치 결정
③ 블록에 의한 위치 결정
④ 이젝터 핀에 의한 위치 결정

6. 금형 부품의 고정 방법이 아닌 것은?

① 키에 의한 고정
② 클램프에 의한 방법
③ 본드에 의한 방법
④ 멈춤나사에 의한 방법

7. 다음 중 금형 설치 시 일반적인 안전사항이 아닌 것은?

① 금형의 조립 상태가 정밀한지 확인
② 금형의 안전이 확보되었는지 여부 확인
③ 설치 시 필요한 방호장치 확인
④ 요구되는 행정거리 확인

8. 슬라이드가 하강할 때 금형에 파단 현상 또는 문드러지는 현상이 일어날 수 있다. 이를 방지하기 위한 확인사항이 아닌 것은 어느 것인가?

① 상부 금형 펀치에 붙어 있는 부품
② 펀치 면에 이물질
③ 크랭크의 고정 상태
④ 슬라이드와 상부 금형, 그리고 하부 금형과 볼스타면의 고정 상태

정답 » 1. ② 2. ③ 3. ① 4. ④ 5. ④ 6. ③ 7. ① 8. ③

9. 금형의 점검사항이 아닌 것은?
① 금형의 고정 볼트 체결 상태
② 클러치의 작동 상태
③ 소재 안내판의 조립 상태
④ 녹아웃 장치의 고정 상태

10. 프레스의 점검사항이 아닌 것은?
① 램의 섕크 고정 볼트 체결 상태
② 안전장치의 작동 상태
③ 자동 스톱 핀의 작동 상태
④ 램과 슬라이드의 간격(틈) 상태

11. 금형 조립 시 부품의 위치 결정 방법이 아닌 것은?
① 다월 핀에 의한 위치 결정
② 로케이션 핀에 의한 위치 결정
③ 스톱 핀에 의한 위치 결정
④ 블록이나 홈에 의한 위치 결정

12. 다음 중 금형 부품의 고정 방법과 거리가 먼 것은?
① 멈춤나사로 고정
② 키커 핀으로 고정
③ 용접으로 고정
④ 압입, 키, 핀 등으로 고정

13. 금형의 점검사항이 아닌 것은?
① 섕크 및 녹아웃 장치의 고정 상태
② 안내판과 부시의 조립 상태
③ 이젝터, 자동 스톱 핀의 작동 상태
④ 가공된 제품의 정밀도 상태

14. 프레스의 점검사항이 아닌 것은?
① 클러치와 안전장치의 작동 상태
② 램과 슬라이드의 간격(틈) 상태
③ 소재 안내판의 작동 상태
④ 금형과 프레스의 능력 관계

15. 금형의 설치 순서가 맞는 것은?

보기
㉠ 하형을 고정한다. ㉡ 금형이 들어가도록 램을 올린다. ㉢ 프레스 램에 섕크를 고정한다. ㉣ 램의 하사점 위치를 확인한다. ㉤ 금형의 작동 상태를 확인한다.

① ㉣-㉡-㉢-㉠-㉤
② ㉣-㉢-㉡-㉤-㉠
③ ㉢-㉣-㉡-㉠-㉤
④ ㉡-㉢-㉠-㉣-㉤

정답 » 9. ② 10. ③ 11. ③ 12. ② 13. ④ 14. ③ 15. ①

1-5 프레스 금형의 트러블과 대책

1 금형에 의한 제품의 불량과 대책

(1) 펀치의 쏠림 원인과 대책

펀치의 쏠림은 펀치의 고정 상태가 펀치 고정판에 수직을 유지하지 못하고 한쪽으로 기울어져 펀치와 다이의 클리어런스가 양쪽이 서로 다르게 되어 가공 시 제품의 전단면 상태가 다르게 되는 현상으로서 심하게 되면 제품의 가치를 상실하게 된다.

① 프레스 정도 불량

㈎ 프레스 램이 상하 운동을 할 때 프레스 테이블에 수직으로 움직이지 못하므로 금형에 편심력이 작용하여 펀치가 한쪽으로 쏠리는 현상

㈏ 프레스의 정도를 보강시키며, 불가능할 때는 금형의 안내장치를 보완시킨다.

② 펀치의 고정 불량

㈎ 펀치가 한쪽으로 쏠리기까지는 상당한 시간이 걸린다. 즉 처음에는 별 이상 없이 작업이 가능하다가 가공횟수가 많으면 이상이 발견된다.

㈏ 사용 중 금형의 펀치 고정 상태 불량은 일반적으로 프레스의 정도 불량이 원인이며, 금형의 제작 시 펀치 고정의 잘못으로 인한 것은 극히 적다.

③ 금형의 안내 불량

㈎ 금형의 안내가 불량하여 펀치가 한쪽으로 쏠리는 현상의 근본적인 원인은 프레스의 정도 불량이다.

㈏ 프레스의 정도는 한계가 있으므로 금형의 안내장치를 보강시키는 것이 바람직하다.

㈐ 판 안내식 전단금형은 안내판(stripper)의 두께를 두껍게 하고, 다이세트 안내식 금형에서는 다이세트의 정도를 높여주어야 한다.

④ 금형의 취급 부주의 : 금형을 프레스에 잘못 설치하여 펀치가 쏠리는 경우가 가장 많으므로 금형의 설치에 세심한 주의를 요한다.

(2) 다이의 손상에 의한 제품의 불량 원인과 대책

제품의 불량 원인 중 가장 심각한 문제가 다이의 손상이며, 다이가 손상되면 금형을 사용할 수 없게 되므로 조금 이상이 생겨도 즉시 금형을 수리하여 장상적인 작업이 되도록 해야 한다.

① 다이 날 끝의 미세한 치핑

㈎ 다이의 날 끝 강도가 높을 경우와 다이 재료 선택의 잘못에 의한 경우

㈏ 경도가 너무 높아서 치핑이 생기는 것은 다이를 뜨임하여 경도를 낮춘 후 연삭가공을 함으로써 정상작업을 할 수 있다.

㈐ 재료와 다이의 마찰에 의하여 일어날 수 있으므로 재료를 깨끗이 하고 작업 시 윤활유를 사용하고, 프레스의 가공속도를 줄여야 한다.

② 다이의 전단 날 직선부에 눌어 붙음

㈎ 프레스의 가공속도를 낮추고 윤활유를 사용하면서 작업을 한다.

(나) 가공 소재에 묻은 이물질에 의하여 다이의 전단 날 직선부에 눌어 붙음이 생기는 경우는 소재를 깨끗이 닦은 후 가공을 해야 한다.

③ 다이의 날 끝 마모 : 다이의 날 끝 마모로 인하여 가공된 제품에 생기는 거스러미가 생길 경우 다이를 재연삭하여 이를 막아준다.

(3) 제품의 찌그러짐 원인과 대책

제품이 찌그러지는 현상은 여러 가지 이유 때문에 일어나지만 설계의 잘못에 의하여 일어난 것은 설계를 수정하고 사용 중 일어나는 현상과 제작 시 잘못으로 인하여 발생한 것은 다음과 같이 방지할 수 있다.

① 녹아웃 장치의 스프링력 : 녹아웃 장치가 있는 금형에서 제품을 가공할 때 스프링력이 너무 세면 제품이 찌그러지는 경우가 있으므로 스프링력을 적절히 조절하여 준다.

② 과대한 전단각 : 전단력을 감소시키기 위하여 펀치 및 다이에 주는 전단각이 너무 커서 제품이 찌그러질 경우는 프레스의 용량을 고려하여 이를 작게 한다.

(4) 기타 이유에 의한 제품의 불량 원인과 대책

① 기타 이유에 의한 제품의 불량은 프레스의 불량이 가장 큰 원인이며, 이에 대한 대책으로는 프레스의 정도를 높이는 것이다.

② 프레스는 제품의 가공 작업을 하기 전에 꼭 프레스의 정도를 검사하여 미비점은 미리 보완하는 것이 제품의 불량을 막는 최선의 방법이다.

③ 소재의 불량으로 인하여 제품의 불량이 일어날 경우는 소재를 바꾸어 가공하면 쉽게 해결이 된다.

④ 규격 이외의 재료를 사용하여 제품을 가공해야 할 경우는 프레스의 상태, 금형의 상태 등을 파악하여 세심한 주의를 하면서 작업을 한다.

2 굽힘가공의 문제점과 대책

① 두께의 변화[그림 (a)] : 굽혀진 부분에서는 판재가 얇아지며, 각이 예리할수록 얇아지는 정도가 커진다. 이것은 굽힘에 따르는 현상으로 보통 피할 수는 없다.

② 파단 방지[그림 (b)] : 판의 압연 방향과 평행하게 굽힘을 하거나, 블랭크의 버 방향을 외측으로 하여 굽히면 이러한 현상이 자주 일어난다.

③ 스프링 백[그림 (c)] : 굽힘에는 스프링 백이 동반되므로 이에 대한 대책이 필요하다. 스프링 백 방지에 대해서는 뒤에서 자세히 설명하였다.

④ 워프(warp)[그림 (d)] : V형굽힘에서 긴 앵글 모양의 제품을 굽힘가공할 경우에 말안장 모양으로 젖혀진다.

⑤ 판의 표면과 뒷면[그림 (e)] : 블랭크의 버 방향을 외측으로 하여 굽히면 굽힘제품의 양끝에 테이퍼와 버가 보여 외관이 좋지 않다. 판이 두꺼우면 두꺼울수록 심하다.

⑥ 판의 표면과 뒷면[그림 (f)] : 버를 외측으로 하여 판을 굽힌 경우에 일어나며, 판의 양측에서 살이 빠져나와 폭이 큰 치수가 된다.

⑦ 판의 표면과 뒷면[그림 (g)] : 두꺼운 판에서 버를 외측으로 한 굽힘 상태로, 파단하기 쉬울 뿐 아니라 제품의 모서리가 거칠어져 외관상 나쁘고 작업자의 손에 상처를 입히기 쉽다.

⑧ 평면 부분의 굽힘[그림 (h)] : U형굽힘에서 펀치와 다이의 간격이 너무 큰 경우 또는 측벽이 자유롭게 서지 않고 프레스 패드로 누르면서 굽힘을 하였을 경우 양측부의 평면도가 나빠진다.

⑨ 바닥의 굽힘[그림 (i)] : U형굽힘에서 바닥이 휘어지는 경우가 있다. 녹아웃 플레이트로 밀면서 굽히면 방지할 수 있다.

⑩ 평면 부분의 굽힘[그림 (j)] : V형굽힘에서 다이 어깨폭이 넓으면 굽힘의 중립면에서 영구변형이 발생하는 범위가 넓어지고 굽힘행정의 끝에서 펀치와 다이를 평면으로 찍어도 본래의 평면으로는 되지 않는다.

⑪ 니프 굽힘[그림 (k)] : 완전한 반지름이 되지 않는 끝굽힘을 나타낸다. 이러한 끝굽힘은 대개 실패하는 일이 많다. 다이는 항상 반지름 끝까지 판을 밀어 넣도록 설계해야 한다.

⑫ U 형굽힘에서 끝의 불일치[그림 (l)] : 굽힘 도중에 블랭크가 다이 안에서 미끄러지거나 블랭크의 재질이 균열하지 못하거나, 치수가 정확하지 않으면 양측이 동일하지 않게 된다. 블랭크의 정밀도를 높게 하고, 가공 중 블랭크가 이동하지 않도록 단단히 눌러주는 구조로 한다.

⑬ 센터 구멍의 처짐[그림 (m)] : 블랭크에 구멍을 뚫어주고 굽히면 구멍의 센터가 일치되기 어렵다. 원인은 ①과 같지만 판두께의 불균일이나 다이 또는 기계의 결함이 원인인 경우가 많다.

⑭ 굽힘선의 직각도[그림 (n)] : 굽힘선이 가장자리와 직각을 이루고 있지 않은 경우로서 블랭크의 위치 결정과 가공 중의 유지에 주의해야 한다.

⑮ 돌출부의 비틀림[그림 (o)] : 폭이 좁은 돌출 부분을 굽히면 나타나는 형상으로 한쪽으로 비틀어지는 경우이며, 폭에 비하여 높이가 큰 좁은 돌출 부분을 굽힐 때는 반드시 홈을 붙여 안내하여 줄 필요가 있다. 홈의 깊이는 판두께의 $\frac{1}{2} \sim \frac{1}{3}$로 한다.

⑯ 구멍 부분에 가까운 구멍의 변형[그림 (p)] : 구멍의 위치가 굽힘가공을 받는 구역에 가까우면 구멍의 형상이 변형되는 경우로서 굽힘원호의 기점과 구멍의 가장자리의 거리는 적어도 1.5톤 이상으로 한다.

⑰ 측면의 버니시(burnish)[그림 (q)] : U형굽힘의 측면이 버니시되어 반짝반짝 빛이 나는 면이 되는 경우로서 다이나 프레스에 무리가 생겨 제품도 시저(seizure)가 생기게 된다. 펀치와 다이의 간격을 0.05~0.1 mm 크게 하면 해결된다.

⑱ 제품 측면의 긁힌 상처[그림 (r)] : 제품에 긁힌 상처가 많은 것은 금형 설계에 무리가 있기 때문이다. 이런 금형으로 하나의 제품을 가공하면 잘 가공해도 재료가 다이의 표면과 마찰해서 미립자가 발생하여 다이 표면에 달라붙는 시저 현상(눌어붙음)이 발생하여 제품의 표면이 긁히거나 뜯기는 상처가 난다.

⑲ 구멍의 마크[그림 (s)] : 제품에 마크가 남아 있는 상태로서 다이에 볼트, 평행핀, 그 밖의 구멍이 뚫어져 있기 때문에 생기는 것이며 판이 그 부분에 어느 정도 강하게 밀어붙이는가

에 따라 희미한 상태에서 분명하게 흠이 되기까지 무엇인가의 흔적을 남긴다.

⑳ 채널(channel) 형상의 굽힘[그림 (t)] : 채널 형상으로 바닥을 바깥쪽으로 하고 굽힐 때는 측면의 안쪽에 주름살이 생긴다. 굽힘가공 중 측벽을 그 길이보다 0.1 mm 정도 넓은 간격으로 양면에서 유지하도록 금형을 설계하면 해소할 수 있다. 즉, 측벽은 굽혀짐에 따라서 그 유지용 간격에 차례로 들어가도록 한다. 굽힌 곳에 주름살이 발생되지 않게 하면 굽힘 모서리는 일직선이 되지 않고 그림의 점선처럼 측벽에 가까운 부분이 외측으로 부풀어오른다.

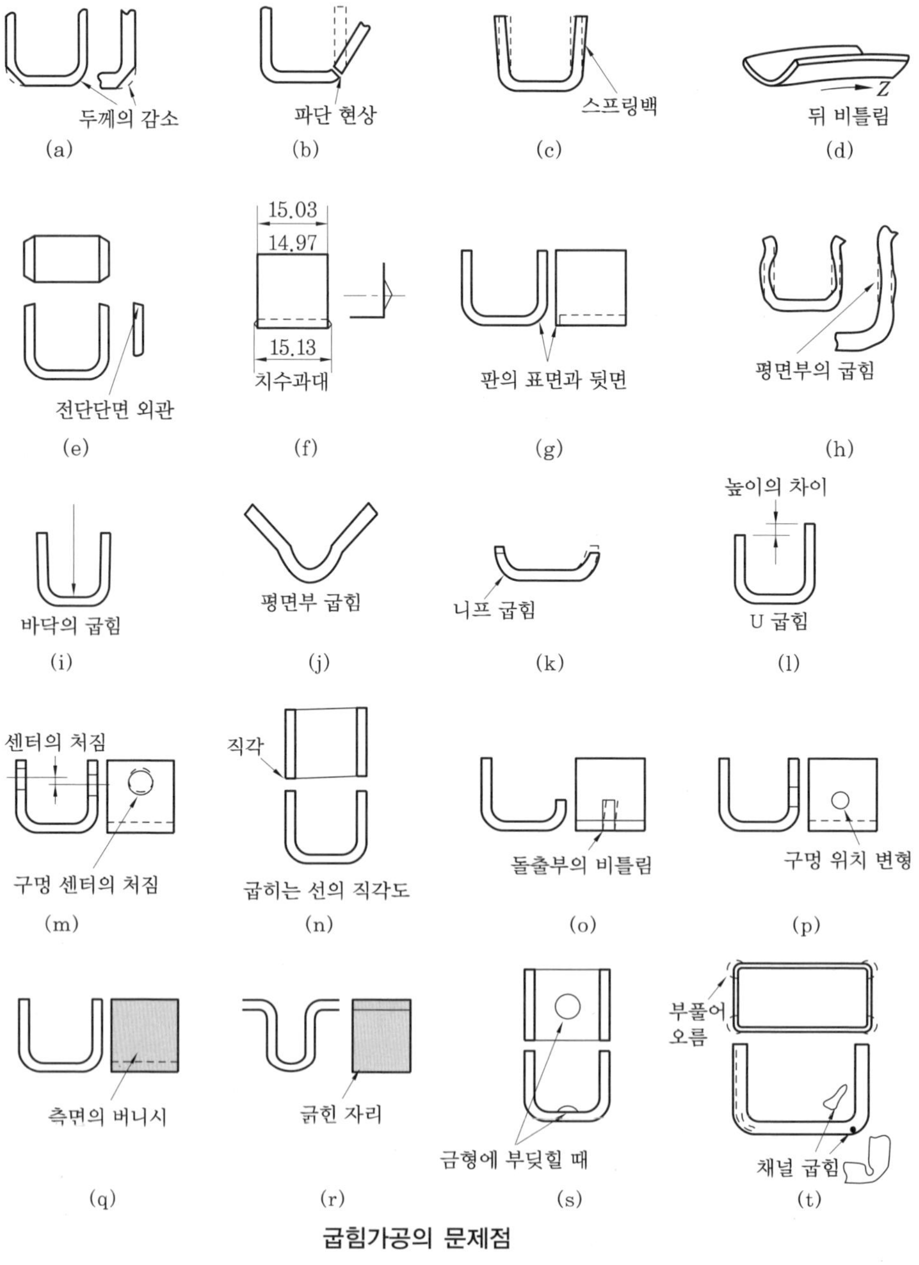

굽힘가공의 문제점

V형굽힘의 대표적인 불량 현상

구분	불량	현상 예	원인
균열	균열, 수축(표면)	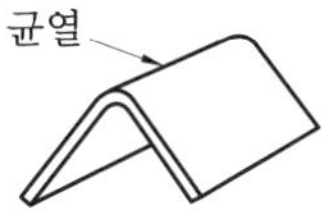 균열	굽힘 성형의 둘레 방향 변형에 견딜 만큼의 연성(延性)을 재료가 지니지 못하기 때문이다.
	가장자리 균열 수축	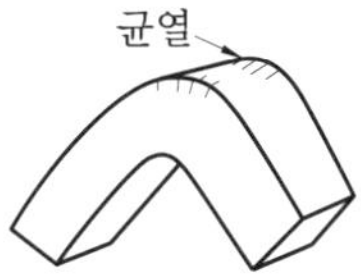 균열	특히 가장자리의 다듬질이 불량하고 재료의 연성이 부족하기 때문이다.
정밀도 불량	스프링 백에 의한 굽힘각의 불량	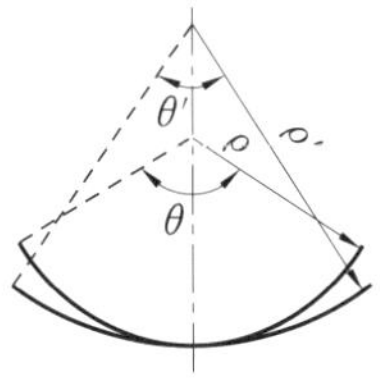 θ', ρ, ρ', θ	성형품을 이형했을 때에 탄성변형분이 회복하기 때문이다.
	굽힘각 불균형	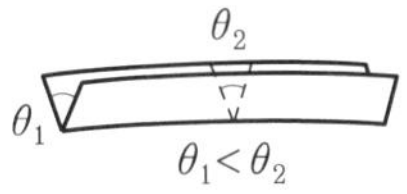 θ_2, θ_1, $\theta_1 < \theta_2$	프레스 프레임의 이완에 의해서 생기는 형정밀도의 불량 때문이다.
	굽힘 형상 불량 • 플랜지부 • 바닥부	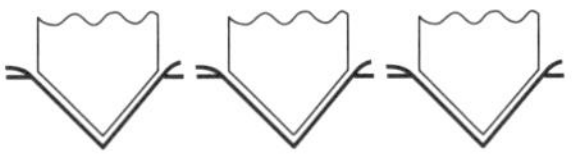	굽힘 성형 시에 플랜지부가 파상 변형하기 때문이다.
	휨	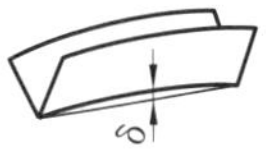 δ	굽힘 성형 시에 바깥쪽의 재료는 둘레 방향으로 늘어나고 폭 방향으로 수축하는 데 대하여 안쪽의 재료는 그 반대로 변형을 하기 때문이다.
	단면 불량	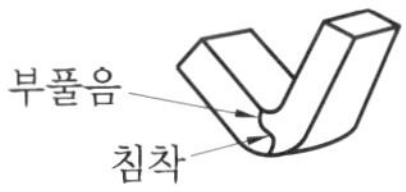 부풀음, 침착	
	펀치	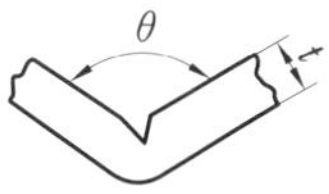 θ, t	재료의 경도에 대하여 펀치 선단의 R이 작기 때문이다.
	판두께 감소	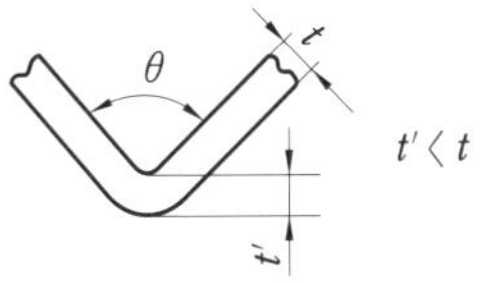 θ, t, t', $t' < t$	굽힘부의 바깥쪽 재료가 둘레 방향으로 늘어가고 그 만큼 판두께가 감소해야 하기 때문이다.

3 드로잉 가공 시 제품의 불량 원인과 대책

드로잉 가공 시 제품의 불량 원인에 따른 대책은 다음과 같다.

불량 현상			대책	
			가공면	재료면
균열 또는 수축 파손	1. 장출성형, 심교가공 등에 있어서의 바닥빠짐(바닥 부분의 파단) 수축		• 펀치 레이디어스를 크게 한다. • 주억제 압력의 지나침을 조정한다. • 판뜨기를 적정하게 한다. • 클리어런스 과소를 조정하고 중심맞추기를 잘한다.	• 판두께를 균일하게 한다. • 드로잉성을 높인다. • (r값)n값을 크게 한다. • 고른 신연을 크게 한다.
	2. 각통교, 장출성형 등에 있어서의 측벽 각부 파단(wall breakage), 수축		• 입체각 반지름을 크게 하거나 공정을 늘린다. • 주름억제압력, 드로비드를 조정한다. • 판뜨기를 적정하게 한다(특히 입체각 부분). • 입체각 부분의 클리어런스, 다이 레이디어스를 조정한다. • 윤활을 적정하게 한다.	• 드로잉성을 높인다. • (r값)n값을 크게 한다. • 고른 신연을 크게 한다. • 이방성(판면내)을 작게 하거나 입체각 부분의 드로인(draw-in)이 잘 되도록 판뜨기 치수와 방향을 조정한다. • 재료의 편석
	3. 장출성형, 심교가공 등에 있어서의 다이 레이디어스 부분에 생기는 균열 수축		• 다이 레이디어스를 크게 한다. • 입체각 반지름 및 다이 레이디어스를 크게 한다. • 판누름, 드로비드를 조정한다. • 클리어런스를 조정한다. • 공정을 늘리고 예각 부분은 리스트 라이크 한다.	• n값을 크게 한다. • 고른 신연을 크게 한다.
	4. 드로잉 가공에 있어서의 구연 부분의 균열·파이핑(piping defect)		• 입체각 부분의 블랭크 재료 부족 • 평행 부분의 재료 부족	
	5. 신연 플랜지, 성형, 구멍 넓히기 등에 있어서의 구제 수축		• 공정을 분해하여 늘린다. • 구멍빼기 절구면을 개선한다.	• n값을 크게 한다. • 고른 신연을 크게 한다.

균열 또는 수축 파손	6. 굴곡에 있어서의 구제·수축		• 판뜨기 방향을 압연 방향에 대하여 고려한다(최소 굴곡 반지름의 작은 방향). • 굴곡각을 작게 한다.	• n값을 크게 한다. • 고른 신연을 크게 한다. • 이방성을 작게 한다.
	7. 긁힘(qalling)홈, 형닿기홈, 스침홈, 미끄럼홈, 선밀림홈, 밀림홈, 망치자국 등		• 형의 중심 맞추기, 클리어런스, 피팅, 경사 등의 조정을 충분하게 한다. • 작업장 내의 먼지, 쓰레기를 제거하고 윤활유에 혼입물을 방지한다.	• 판의 표면 다듬질을 검토한다.
	8. 심교가공, 장출성형 등에 있어서의 플랜지 주름(벽주름도 원인은 같음)		• 주름억제압력을 높인다. • 가공 대상에 적합한 주름억제를 사용한다(이형 드로잉).	• n값을 크게 한다. • 면내 이방성을 작게 한다. • 판두께 공차를 작게 한다.
	9. 심교가공, 장출성형 등에 있어서의 보디 주름(퍼커 주름)		• 형치수(다이 레이디어스, 펀치 레이디어스, 클리어런스 등)를 조정한다. • 주름억제를 할 수 있다면 사용한다. • 공구면과의 마찰을 증가시킨다(윤활제의 부분적 도포).	• n값을 크게 한다. • 덜(dull) 판이 좋다. • 면내 이방성을 작게 한다. • 항복비를 작게 한다.
	10. 심교 가공품의 구연에 남는 약간의 구변 주름	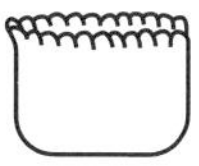	• 다이 레이디어스를 작게 한다. • 클리어런스를 작게 한다. • 주름억제압력을 높인다.	• n값을 크게 한다. • 면내 이방성을 작게 한다.
	11. 심교가공, 장출성형 등에 있어서의 살몰림(이형품의 불균일 변형에 의한 부풀어오름)		• 가공 방향, 주름억제면, 펀치 형태를 적정하게 한다. • 다이 레이디어스, 펀치 레이디어스, 클리어런스, 비드 등을 조정한다.	• 면내 이방성을 작게 한다. • n값을 크게 한다. • 판두께 공차를 작게 한다.

	12. 수축 플랜지 성형 부분에 생기는 주름		• 되도록 밀폐된 형으로 가공한다. • 제품 설계 단계에서 플랜지 높이를 줄이고 코너 각 반지름, 판두께를 증가시키는 등 재설계한다.	• n값을 크게 한다.
탄성회복에 의한 부정변형	13. 심교가공, 장출성형 등에 있어서의 불룩이(oil can)		• 보강 비드 등에 의하여 제품의 오일 캔(oil canning) 강성을 높인다.	
	14. 이형품 성형에 있어서의 늘어짐(slack sag) 파이팅		• 주름억제면, 가공 방향, 펀치 형태, 다이 형태, 클리어런스, 비드 등을 적정하게 하고 불균일 변형을 없게 한다. • 판뜨기를 적정하게 한다.	• 면내 이방성을 작게 한다. • 항복비, 항복점을 내린다.
	15. 이형품 성형에 있어서의 비틀림		• 드로비드, 주름억제, 단교 등에 의한 장력의 조화와 강화	• 스트레스 릴리프 어닐링 또는 스트레스 릴리프 템퍼링을 한다(평단도). • 면내 이방성을 작게 한다.
	16. 굴곡, 플랜지 성형에 있어서의 비틀림		• 다이 레이디어스를 작게 한다. • 압축굴곡을 한다.	• 스트레스 릴리프 어닐링 또는 스트레스 릴리프 템퍼링을 한다.
	17. 굴곡에 있어서의 스프링 백		• 드로잉 공정에서 장력을 가한다. • 코이닝압을 가한다.	• 항복점을 낮춘다. • r값을 작게 한다.
기타의 불량 현상	18. 성형품 측벽 부분의 쇼크라인		• 다이 레이디어스의 접촉 부분을 매끄럽게 한다. • 비드, 주름억제 등이 행정 후반에 강하게 되도록 조정한다.	
	19. 성형품의 소성변형 부분과 탄성변형 부분의 경계에 생기는 허리 부러짐		• 형의 형태, 치수 조정으로 응력의 급격한 불연속 부분을 없게 한다.	

기타의 불량 현상	20. 스트레치 스트레인(변형 모양)		레벨러 등의 사용	• 시효성을 없게 한다. • 항복점 신연을 없게 한다.
	21. 장출성형, 심교 가공품의 바닥 부분이나 측벽 부분의 부품		펀치 형태의 수정, 판누름, 드로비드에 의한 장출력의 증가, 쿠션 패드를 사용한다.	• 판의 평탄도를 좋게 한다. • 스트레스 릴리프 어닐링 또는 스트레스 릴리프 템퍼링 한다. • n값을 크게 한다.
	22. 심교품의 바닥 부분 주변에 생기는 부품		• 다이 또는 펀치의 마모를 피한다. • 공기구멍 등을 만들어 공기나 오일이 끼지 않게 한다.	
	23. 성형품에 생기는 국부적 부품(피플, 디보트, 오일 디시, 오일 캔)		• 오일을 적정하게 도포하여 눌어붙지 않도록 한다. • 오일이 빠져 나가는 방법을 연구한다. • 이물질이 재료와 공구 사이에 들어가지 않도록 한다. • 전단면의 버를 제거한다.	
	24. 심교품의 구연 부분에 생기는 귀 편기한 귀		• 다이와 펀치의 중심맞추기를 하고 클리어런스를 고르게 한다. • 주름억제압력을 고르게 한다. • 판뜨기를 적정하게 한다.	• 이방성을 없게 한다.
	25. 오렌지 빌			• 결정립을 세립으로 한다.

예상문제

1. 굽힘 가공(bending) 시 제품의 모서리에 균열이 생기는 원인과 관계가 없는 것은?

① 압연 방향이 잘못 선택되었기 때문에
② 제품의 두께가 너무 두껍기 때문에
③ 재질이 너무 강하기 때문에
④ 최소 굽힘 반지름이 너무 작기 때문에

2. 어떤 값 이하의 굽힘 반지름으로 굽힘 가공을 하면 균일이 발생하여 굽힘 가공을 할 수 없게 되는 한계를 무엇이라 하는가?

① 최소 굽힘 반지름
② 최대 굽힘 반지름
③ 평균 굽힘 반지름
④ 균열 굽힘 반지름

3. 원통 용기를 드로잉하였을 때 그림과 같이 플랜지 부분에 불규칙하게 늘어나는 부분이 생기는 이유에 해당되는 것은?

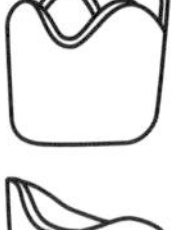

① 소재와 금형에 불순물이 지나치게 많으므로
② 드로잉 속도가 지나치게 빠르므로
③ 압연판은 이방성이 있으므로
④ 드로잉 금형의 상형과 하형이 맞지 않으므로

4. 드로잉 가공에서 제품에 주름이 생기는 원인과 가장 관계가 깊은 것은?

① 반지름 방향으로는 인장응력, 원둘레 방향으로는 압축응력이 발생하므로
② 반지름 방향으로는 압축응력, 원둘레 방향으로는 인장응력이 발생하므로
③ 반지름 방향으로는 전단응력, 원둘레 방향으로는 인장응력이 발생하므로
④ 반지름 방향으로는 압축응력, 원둘레 방향으로는 전단응력이 발생하므로

5. 드로잉한 가공 제품에서 발생하는 쇼크 마크 발생에 대한 설명 중 관계가 없는 것은?

① 가공 초기에 소재가 다이에 닿는 순간 두들긴 흔적이다.
② 쿠션 압력이 강한 경우에 생긴다.
③ 다이의 반지름 r_d가 너무 작거나 작은 각이 있을 때 생긴다.
④ 슬라이드의 속도가 느린 경우에 생긴다.

6. 드로잉한 제품의 테두리부(개구부)에 그림과 같은 주름이 발생한 경우 대책과 관계가 없는 것은?

① 다이의 반지름 r_d를 작게 한다.
② 클리어런스를 작게 한다.
③ 블랭크 홀더의 압력을 높인다.
④ 블랭크 홀더의 압력을 낮춘다.

7. 드로잉 가공을 한 후 제품에 균열이 발생하였다. 대책에 해당되지 않는 것은?

① 기름을 발라준다.
② 클리어런스를 적당히 해준다.
③ 드로잉 압축을 두께의 3배 이상으로 한다.
④ 블랭크 홀더의 압력을 조절한다.

8. 드로잉 가공 시 발생하는 주름을 억제하려고 한다. 해당되지 않는 것은?

① 코너 부분의 R를 크게 한다.
② 블랭크 홀더의 압력을 증가시킨다.

정답 » 1. ② 2. ① 3. ③ 4. ① 5. ④ 6. ④ 7. ④ 8. ①

③ 블랭크 홀더와 다이의 틈새를 작게 한다.
④ 코너 부분의 R를 작게 한다.

9. 원통이나 각통을 드로잉한 제품의 측벽에 주름의 피치가 잘게 발생하였다면 방지책과 거리가 먼 것은?
① 제품의 깊이를 얕게 한다.
② 다이의 코너 R를 크게 한다.
③ 플랜지 부분의 윤활을 좋게 한다.
④ 블랭크 홀더의 압력을 높인다.

10. 드로잉 가공에서 얻은 제품의 플랜지에 주름이 있고 그 아래 거의 수평으로 균열이 생겼다. 원인이 아닌 것은?
① 블랭크 홀더의 압력이 부족하다.
② 다이의 굽힘 반지름 r_d가 너무 크다.
③ 소재의 두께가 불균일하다.
④ 클리어런스가 부족하다.

11. 드로잉 금형을 제작하여 실험하였을 때 밑바닥 근처에 균열이 생긴 이유에 해당되지 않는 것은?
① 다이와 펀치의 모서리 반지름이 작았다.
② 드로잉 속도가 너무 빨랐다.
③ 한 공정에 지름을 너무 많이 줄였다.
④ 다이의 모서리 반지름이 너무 컸다.

12. 드로잉 가공이나 인장성형 가공을 하였더니 그림과 같이 보디 주름이 발생하였다. 이에 대한 대책과 관계가 없는 것은?

① 금형의 치수를 조정한다.
② 블랭크 홀더의 압력을 증가시킨다.
③ 공구면과의 사이는 마찰을 감소시킨다.
④ 윤활제를 부분적으로 도포한다.

13. 드로잉한 제품에 긁힘(galling), 홈 등이 발생하였다면 방지책과 관계가 없는 것은?
① 클리어런스를 크게 한다.
② 작업장 내의 먼지, 쓰레기 등을 제거한다.
③ 판의 표면 다듬질 상태를 검토한다.
④ 윤활유에 혼입물을 넣어 사용한다.

14. 드로잉이나 인장성형 가공을 하였더니 그림과 같이 밑바닥이 부분적으로 빠지는 현상이 나타났다. 이에 대한 대책과 관계가 없는 것은?

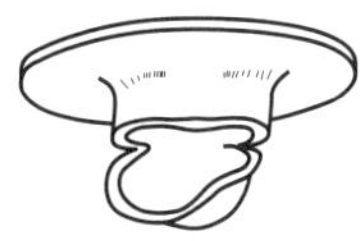

① 펀치 레이디어스 r_p를 크게 한다.
② 블랭크 홀더의 압력을 낮춘다.
③ 판뜨기를 적정하게 한다.
④ 드로잉률을 맞춘다.

15. 각통 드로잉이나 인장성형 가공을 하였더니 그림과 같이 파단(wall breakage)이나 수축이 발생하였다. 이에 대한 대책과 관계가 없는 것은?

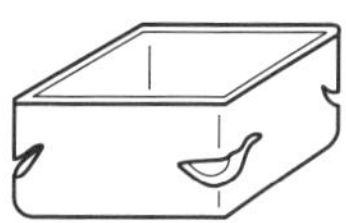

① 입체각의 반지름을 크게 한다.
② 공정을 줄인다.
③ 드로비드를 조정한다.
④ 판뜨기를 적정하게 한다.

정답 » 9. ④ 10. ③ 11. ④ 12. ③ 13. ④ 14. ④ 15. ②

2. 프레스 금형 및 부품 설계

2-1 전단금형의 구조와 설계

1 전단가공

전단의 상태는 가공 방법, 소재의 지지 방법, 전단하는 제품의 형상, 가공 조건 등에 따라 다르다. 인장과 압축응력 발생은 비례한계를 넘어 탄성한계의 도달, 소성변형기, 전단기, 파단기 등의 상태에서 발생한다. 펀치와 다이 날끝에는 압축응력으로 소재에 굽힘 모멘트가 작용하며 회전 모멘트 $M = C \times P_P$ [kg·m]가 된다.

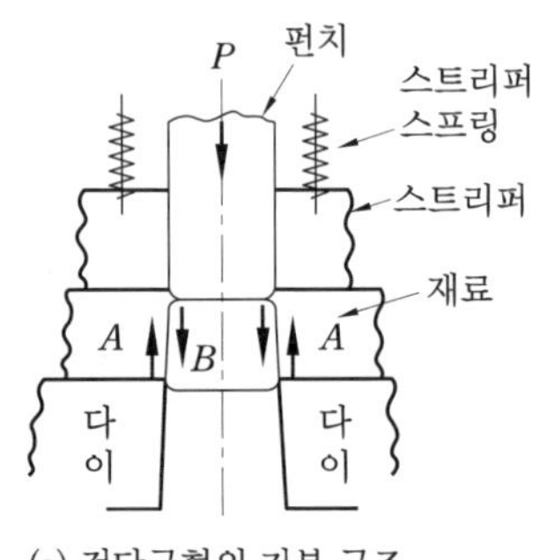

(a) 전단금형의 기본 구조

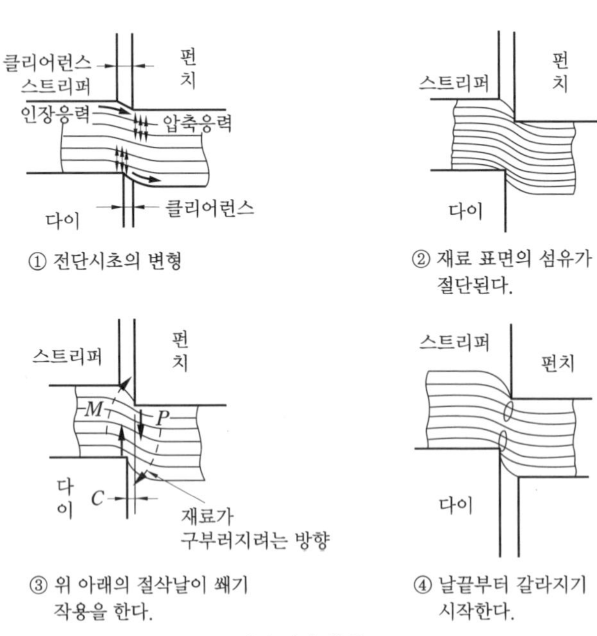

(b) 전단 현상

전단금형에 의한 전단 현상과 과정

전단 과정 시 펀치를 옆방향에서 조이려는 힘이나 다이 구멍을 넓히려는 힘을 측압력이라고 하며, 전단력의 30~33 % 정도이다. 또한, 측압력과 펀치와 다이의 날 끝에 걸리는 압축응력이 함께 작용하여 소재에 일종의 쐐기작용을 일으키며 펀치가 하강하므로 균열이 발생한다.

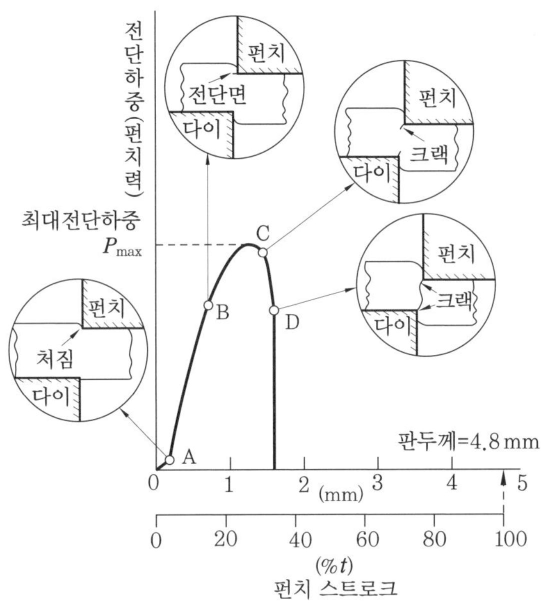

전단선도와 피가공 재료의 변형

2 전단된 면의 형상

전단된 면의 형상에는 처짐(shear droop), 전단면(shear plane), 파단면(bleak plane), 밀려나온 면(burr)의 네 가지가 있다.

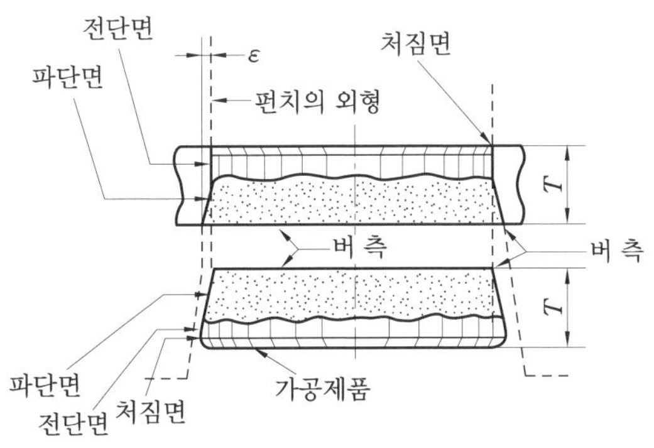

전단면의 형상

(1) 처짐

① 소재가 늘어나거나 구부려도 휘지 않는 것이 아니면 반드시 발생한다.

② 처짐량은 적을수록 좋다.

③ 클리어런스가 적으면 처짐량이 적다.

④ 판 두께의 10~20 % 정도 발생한다.

※ 클리어런스의 증대에 따라 처짐량이 직선으로 증대하는 이유는 전단 현상에서의 굽힘 모멘트의 영향 때문이다.

(2) 전단면

전단된 부분으로 광택이 있고, 펀치가 소재에 파고 들어간 후 균열이 생기기 전 날에 의해 갈라지는 부분으로 판 두께의 25~50 % 정도이며 전단력이 최대로 소요된다.

① 전단면과 클리어런스와의 관계 : 클리어런스가 크면 전단면의 범위가 좁아지므로 클리어런스가 작은 쪽이 전단면의 범위가 넓으므로 매끈하게 마무리 된다.

② 광택이 생기는 이유 : 날 끝에 걸리는 집중압축력의 모멘트에 의한 측압력에 의해 발생한다.

(3) 파단면

① 파단면 : 균열이 발생하고 긁혀 찢어지는 부분으로 미소한 요철(배껍질 형상)이 심하며 전단면이 증가하면 파단면은 감소하고, 전단면이 감소하면 파단면은 증가한다(전단면과는 반비례).

② 파단면과 클리어런스와의 관계

㈎ 클리어런스가 판 두께의 10 % 이하 : 클리어런스가 작을수록 파단면의 범위는 감소한다.

㈏ 파단면과 소재 표면과의 각도 : 클리어런스가 클수록 증가하므로 클리어런스가 작을수록 좋다.

(4) 버(burr : 거스러미)

① 클리어런스가 있는 한 반드시 발생한다.

② 일반적인 전단가공에서는 반드시 발생한다.

③ 클리어런스가 판 두께의 18 % 이상이면 급격히 증가한다.

④ 날 끝의 둔화에 따라 점차로 증가한다.

⑤ 판 두께의 1~2 %의 버는 피할 수 없다.

3 전단면의 형상과 클리어런스의 관계

소재의 종류, 지지 방법, 날 끝의 형상, 전단윤곽 등에 따라 다르나 클리어런스에서도 크게 영향을 받는다.

(1) 클리어런스(clearance)

일반적인 전단금형에서 펀치와 다이 사이의 공간으로 한쪽의 틈을 클리어런스라고 한다. 클리어런스를 소재의 두께에 대한 비율로 나타낼 때는 다음 식과 같이 퍼센트 클리어런스로 나타낸다.

$$C = \frac{D-d}{2t} \times 100\ \%$$

여기서, D : 다이의 지름(mm)

t : 소재의 두께(mm)

d : 펀치의 지름(mm)

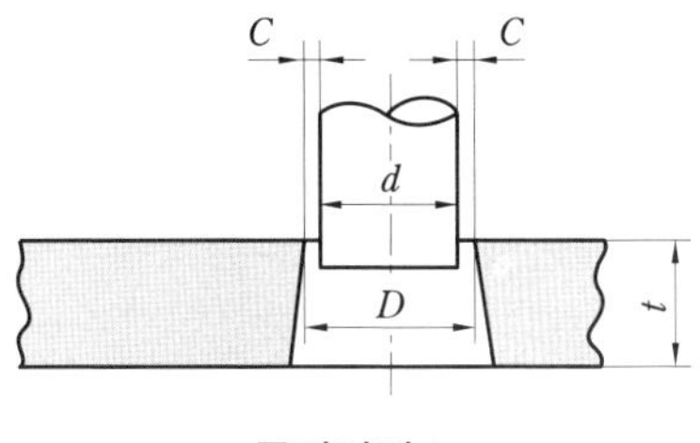

클리어런스

① 클리어런스의 영향

(가) 클리어런스가 작은 경우

㉮ 제품의 정밀도가 향상된다.

㉯ 제품의 전단력이 커지며 가공면이 깨끗하다.

㉰ 전단 제품의 만곡(camber)이 적어진다.

㉱ 전단날에 큰 하중이 작용하므로 마모가 심하다.

㉲ 스트리핑력(stripping force)이 증대된다.

㉳ 2차 전단 현상이 발생하거나 프레스 기계나 금형의 수명이 짧아진다.

(나) 클리어런스가 큰 경우

㉮ 제품의 만곡이 커진다.

㉯ 제품의 정밀도가 저하된다.

㉰ 전단력이 작아지므로 기계나 금형의 수명이 길어진다.

㉱ 제품의 만곡이 제자리로 가지 않는다.

㉲ 파단면의 각도가 커진다.

② 적정 클리어런스의 결정 : 클리어런스의 크기는 제품의 수량, 정밀도, 형상 등에 따라서 결정하며 금형의 구조, 가공속도, 금형의 재질 등 복잡한 요소 등을 검토하여 전단력이 작고 전단면도 깨끗하고 처짐, 버가 적으며 정확한 치수를 얻을 수 있는 것이 최적이다.

(가) 전단력과 클리어런스 : 동일 재료 가공 시 클리어런스가 작아지면 전단력은 커지고 클리어런스가 커지면 전단력은 감소한다.

(나) 날 끝 마모와 클리어런스 : 클리어런스가 작아지면 날 끝에 큰 하중이 걸려 날 끝 마모가 빨라지므로 날 끝 마모를 억제하기 위해서는 클리어런스를 크게 하는 것이 좋다.

(다) 스트리퍼 압력과 클리어런스 : 클리어런스가 작을수록 펀치에 작용하는 측압력은 커지므로 스트리퍼 압력도 커진다. 따라서 클리어런스를 크게 하면 스트리퍼 압력은 작아진다.

(라) 만곡(camber)과 클리어런스 : 전단가공 시 재료 내부에 굽힘 모멘트를 받으므로 가공될 때 만곡이 발생하며 만곡이 생기면 정밀도가 저하된다. 클리어런스가 너무 작으면 블랭킹 가공된 제품의 크기는 다이 치수보다 약간 커지며 피어싱 가공된 구멍은 펀치의 지름보다 작아진다. 그 이유는 전단 과정에서 가공 종료 순간 만곡이 약간만 원상태로 돌아가기 때문이다. 클리어런스가 너무 크면 만곡이 증가하므로 제품의 정밀도가 저하된다. 그러므로 클리어런스는 만곡이 원상태로 돌아가는 범위에서 결정한다.

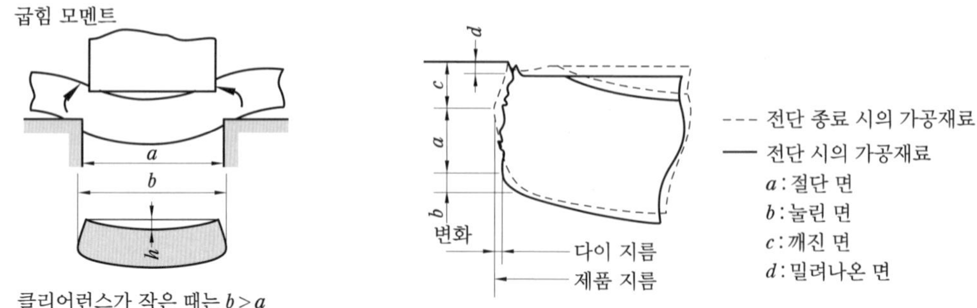

만곡과 클리어런스와의 관계

(마) 전단가공된 면의 형상과 클리어런스 : 클리어런스가 커지면 처짐(눌린 면), 파단면, 버(밀려나온 면) 등이 커지고 전단면은 작아진다. 반대로 클리어런스가 작게 되면 전단면이 커지고 파단면, 처짐, 버가 작아진다.

일반작업용 클리어런스

재료	클리어런스 C/t [%]	재료	클리어런스 C/t[%]
순철	6~9	인청동	6~10
연강	6~9	양은	6~10
경강	8~12	알루미늄(경질)	6~10
규소강	7~11	알루미늄(연질)	5~8
스테인리스강	7~11	알루미늄합금(경질)	6~10
구리(경질)	6~10	알루미늄합금(연질)	6~10
구리(연질)	6~10	납	6~9
황동(경질)	6~10	퍼멀로이	5~8
황동(연질)	6~10		

이상에서 보면 클리어런스를 크게 잡는 것이 유리하지만 만곡과 클리어런스, 전단가공면과 클리어런스와의 관계에서 클리어런스가 작을수록 좋으므로 양쪽의 상태를 점검하여 가장 적정한 클리어런스를 결정할 필요가 있다.

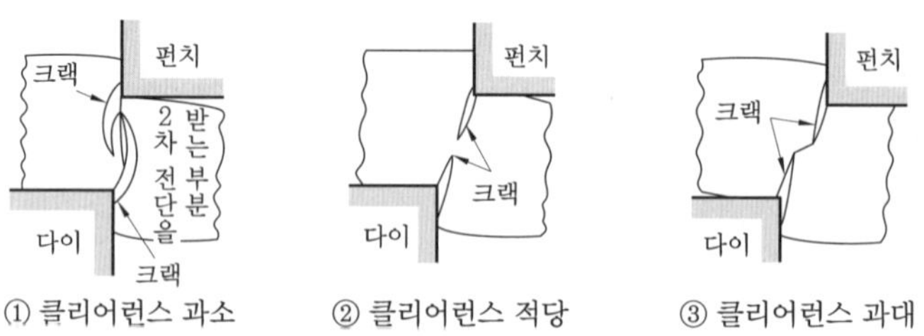

클리어런스의 크기에 의한 크랙의 성장 차이

③ 클리어런스를 주는 방법 : 전단가공된 제품은 다이 치수와 같아지며 전단가공된 구멍은 펀치 치수와 같아진다.

㈎ 블랭킹 가공 : 다이 치수 = 제품 치수

펀치 치수 = 제품 치수(다이 치수) − 클리어런스

㈏ 피어싱 가공 : 다이 치수 = 제품 치수 + 클리어런스, 펀치 치수 = 제품 치수

④ 펀치와 다이에 작용하는 측압력(옆쪽 힘)

$F_1 = P_{tp} - M_1 P_{pp}$, $F_2 = P_{td} - M_2 P_{pd}$

여기서, F_1 : 펀치에 작용하는 힘, F_2 : 다이에 작용하는 힘

P_{tp} : 펀치 측면에 작용하는 힘, P_{td} : 다이 측면에 작용하는 힘

$\mu_1 P_{pp}$: 소재와 펀치 사이에 발생하는 마찰력

$\mu_1 P_{pd}$: 소재와 다이 사이에 발생하는 마찰력

따라서 $F_1 < F_2$, 즉 펀치에 작용하는 옆쪽 힘(측압력)보다 다이에 작용하는 옆쪽 힘이 커야 한다.(이유 : 다이 쪽의 재료는 폐곡선이고 펀치 쪽은 수평 방향의 구속이 없기 때문이다.)

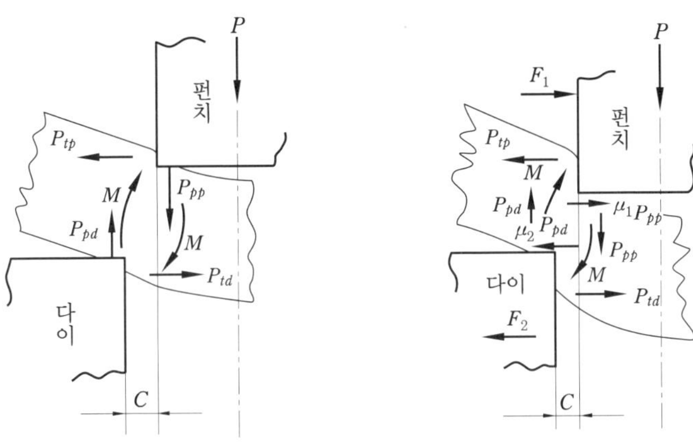

측압력

(2) 전단저항(최대저항력, 전단강도)

소재가 변형하지 않고 파단되지 않는 저항으로 저항력은 파단이 생기기 직전이 최대이며 인장강도의 70~80 % 정도이다. 즉, 전단을 하려면 소재의 전단저항 이상의 힘을 가해야 한다.

① 전단저항(kgf/mm²) $= \dfrac{\text{최대압력}}{\text{전단면적}}$

② 이상적인 상태에서의 전단에 필요한 힘(전단력)

$P[\text{kgf}] = l \cdot t \cdot \tau$

여기서, l : 제품의 외주 전단길이(mm), t : 재료의 두께(mm)

τ : 재료의 전단저항 (kgf/mm²)

실제의 경우

$$P = \overbrace{(1.1 \sim 1.2)}^{K} \cdot l \cdot t \cdot \tau + (\text{스트리핑력})$$

(3) 전단각(shear angle)

펀치, 다이의 절삭날에 각도를 준 것을 말하며, 전단각을 주면 전단각을 주지 않은 것에 비해 전단력이 20~30% 정도 감소된다.

① 전단각을 주는 목적

㈎ 전단력의 감소

㈏ 충격 완화

② 전단각을 주는 방법

㈎ 블랭킹 가공 : 다이에 전단각을 준다.

㈏ 피어싱 가공 : 펀치에 전단각을 준다. 전단각의 크기는 제품이나 재질에 따라 다르며 일반적으로 12° 이하로 하는 것이 좋다.(지나치게 크면 재료가 다이를 따라 비틀림이나 굽힘을 일으킨다.)

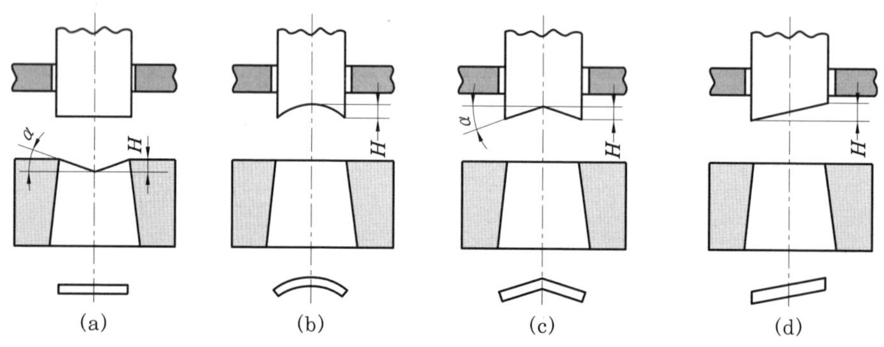

펀치 및 다이의 전단각

③ 전단각의 높이(H) : 두꺼운 재료 $H = t$, 얇은 재료 $H = 2t$

전단의 양(시어의 양)을 판 두께 또는 판 두께 이하로 잡으면 전단력은 현저히 감소한다. 일반적인 블랭킹, 피어싱의 경우 전단각 α가 스트로크 위치에 따라 변하지 않도록 전단각을 주는 것은 복잡하므로 공구면을 공구 측에 기울여 평면이나 곡면으로 가공하여 전단각을 많이 준다.

④ 전단각을 주는 경우 전단력의 계산식

㈎ 전단의 양을 사용하여 계산하는 방법

$$P_s = K \cdot l \cdot t \cdot \tau$$

여기서, P_s : 전단각을 붙인 경우의 전단력(kgf), τ : 재료의 전단강도(kgf/mm²)

l : 전단선의 총길이(mm), t : 재료 두께(mm)

K : 시어각에 따른 보정계수로서 $H = t$일 때 0.4~0.6, $H = 2t$일 때 0.2~0.4

㈏ 전단의 각도를 이용하여 계산하는 방법

$$P_s = \frac{W}{l \tan\alpha}$$

여기서, W : 전단 작업에 필요한 일량, α : 전단각(°), l : 전단 길이(mm)

㈐ 전단가공에 필요한 일량

일량 = 힘×힘이 작용한 거리

→ 전단력 → 재료가 파단되기까지 먹혀들어간 양

일량 계산식 : $W = \dfrac{P\delta}{1000} = \dfrac{P \cdot t \cdot e}{1000}$

여기서, P : 전단력(kgf), δ : 먹혀들어간 양($\delta = t \cdot e$)

t : 재료 두께(mm), e : 먹혀들어가는 비율

(4) 스트리핑력(stripping force)

블랭킹, 피어싱 등의 금형으로 제품 가공 시 펀치에 붙은 스크랩(scrap, 소재)을 제거하기 위한 힘을 스트리핑력이라고 한다. 스트리핑력의 크기는 재료의 종류, 펀치의 상태(절인 측면의 다듬질 정도), 클리어런스, 윤활제의 종류 및 사용 유무에 따라 변한다.

① 스트리핑력의 크기 : 전단력의 20~25% 정도이다.

② 스트리핑력(F_s)의 계산식

$$F_s = K \cdot P = K \cdot l \cdot t \cdot \tau$$

여기서, P : 전단력(kgf), K : 계수(0.2~0.25), t : 재료 두께(mm)

τ : 재료의 전단저항, l : 전단윤곽의 길이(mm)

※ 클리어런스가 커지면 스트리퍼 압력은 작아지며 클리어런스가 18% 이상이 되면 스트리퍼 압력은 커진다.

③ 스트리퍼 압력을 증대시키는 요인

㈎ 재료(소재)가 연하면 증가한다.

㈏ 클리어런스가 작으면 증가한다.

㈐ 프레스의 가공속도가 빠르면 증가한다.

㈑ 절삭날이 마모되면 증가한다.

㈒ 펀치가 인접되어 있는 경우는 증가한다.

㈓ 펀치 측면의 다듬질 상태가 불량하면 증가한다.

㈔ 제품에 비해 소재의 면적이 넓으면 증가한다.

4 생크의 위치 결정

프레스 가공에 소요되는 힘은 프레스의 램과 금형이 생크(shank)와 일직선상으로 연결된 상태에서 전달되므로 프레스에 고정되는 생크의 위치를 결정하여 평형 상태를 유지해야 한다. 평형 상태가 유지되지 않으면 프레스의 램이 안내 부분을 마모시키며 금형의 펀치와 다이가 직각이 유지되지 않으면 클리어런스가 한쪽으로 치우쳐 마모 현상이 심하게 일어난다. 특히, 연속금형에서는 생크의 위치 결정에 세심한 주의를 해야 하며 생크의 위치 결정 방식은 모두 지레의 원리를 이용한 것이다.

(1) 섕크의 위치 결정 방법의 종류

① 전단력을 이용한 위치 계산
② 펀치의 외곽선 중심을 이용한 위치 계산
③ 선중심을 이용한 위치 계산
④ 면중심을 이용한 위치 계산
⑤ 작도에 의한 방법

(2) 전단력을 이용한 위치 계산

블랭킹 펀치의 전단력을 P_1, 피어싱 펀치의 전단력을 P_2, 블랭킹 펀치 중심에서 피어싱 펀치 중심까지의 거리를 a, 블랭킹 펀치 중심에서 섕크 중심까지의 x축 거리를 x라고 하면

$$P = P_1 + P_2,\ P_2 \cdot a = P \cdot x,$$
$$P_2 \cdot a = (P_1 + P_2)x$$
$$x = \frac{P_2 \cdot a}{P_1 + P_2}$$

펀치가 n개일 때의 일반식

$$x = \frac{P_1 \cdot a_1 + P_2 \cdot a_2 + \cdots\cdots + P_n \cdot a_n}{P_1 + P_2 + \cdots\cdots + P_n}$$

동일한 방법으로 y축의 기준 펀치에서 섕크 중심까지의 거리를 y라 하면

$$y = \frac{P_1 \cdot b_1 + P_2 \cdot b_2 + \cdots\cdots + P_n \cdot b_n}{P_1 + P_2 + \cdots\cdots + P_n}$$

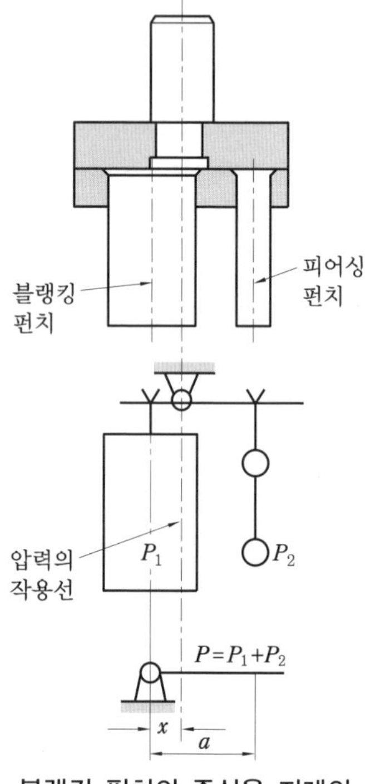

블랭킹 펀치의 중심을 지레의 회전점으로 한 모멘트 계산

(3) 펀치의 외곽선을 이용한 위치 계산

전단금형의 대부분은 펀치의 외곽선의 중심을 이용하여 섕크를 계산하는데 그 이유는 전단력은 재료 두께와 전단선의 길이에 비례하기 때문이다.

펀치 외곽선의 길이 : $u_1,\ u_2,\ u_3\ \cdots\cdots\ u_n$

기준 펀치 중심에서 다른 펀치의 중심까지의 x축 거리 : $a_1,\ a_2,\ a_3\ \cdots\cdots\ a_n$

y축 거리 : $b_1,\ b_2,\ b_3\ \cdots\cdots\ b_n$

$$x = \frac{u_1 \cdot a_1 + u_2 \cdot a_2 + \cdots\cdots + u_n \cdot a_n}{u_1 + u_2 + \cdots\cdots + u_n},\ y = \frac{u_1 \cdot b_1 + u_2 \cdot b_2 + \cdots\cdots + u_n \cdot b_n}{u_1 + u_2 + \cdots\cdots + u_n}$$

(4) 선중심을 이용한 섕크 위치의 계산

제품의 진단신이 조립된 경우 선을 나누어 하나하나의 중심을 계산한 다음 전체 중심을 모멘트의 평행에 의한 식으로 구한다.

(5) 면중심을 이용한 섕크의 위치 계산

압인, 압출 등의 금형에 많이 사용한다.

(6) 생크 위치의 작도법

① 펀치의 전단력을 이용한 생크 위치 작도법
② 펀치의 선중심을 이용한 위치 작도법
③ 펀치의 외곽선 중심을 이용한 위치 작도법
④ 펀치의 면중심을 이용한 위치 작도법

5 제품의 판뜨기(blank layout)

같은 소재에서 제품의 기능을 변경시키지 않고 형상에 변화를 주어 생산량을 증가시켜 가능한 한 스크랩(잔재)을 적게 하는 제품의 배열 방법을 결정하는 것을 제품의 판뜨기라고 한다.

(1) 제품의 판뜨기 결정 시 검토할 사항

① 재료의 이용률은 좋은가를 판단한다.
② 제품의 가격이 차지하는 재료비를 고려한다.
③ 금형 제작 및 보수의 문제점 등을 검토한다.

(2) 제품의 판뜨기 방법의 종류

구분	제품의 판뜨기법 1	제품의 판뜨기법 2
단열 판뜨기	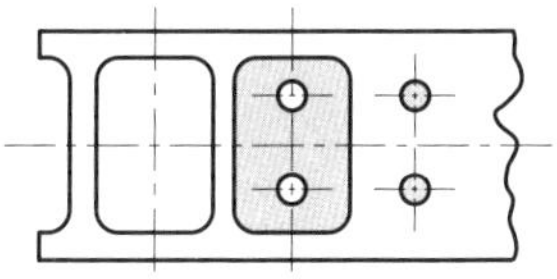	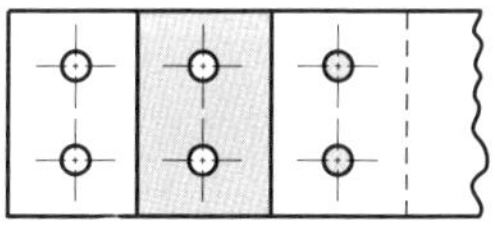
경사 단열 판뜨기		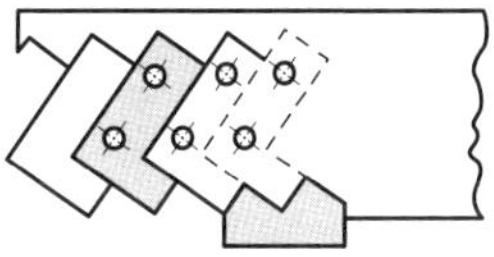
도치 판뜨기	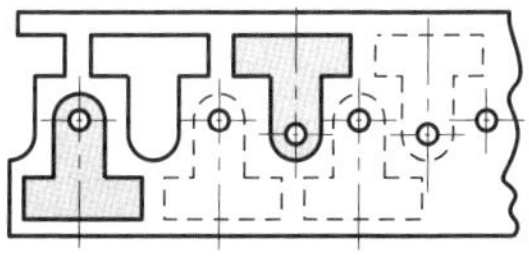	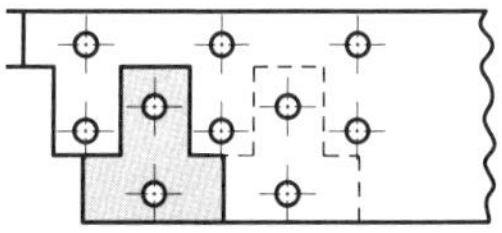
조합 판뜨기	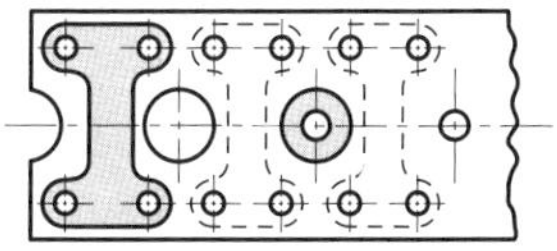	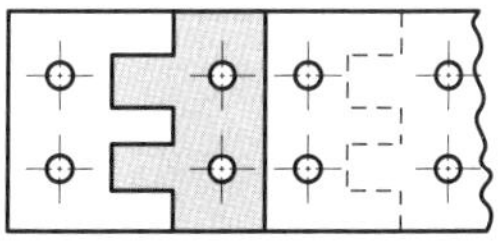
다열 판뜨기	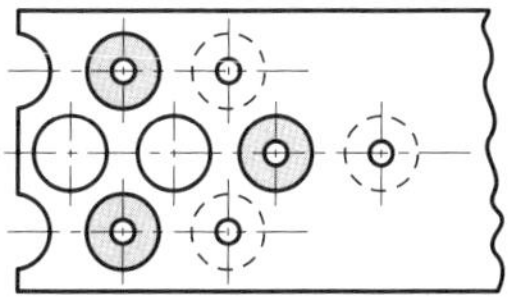	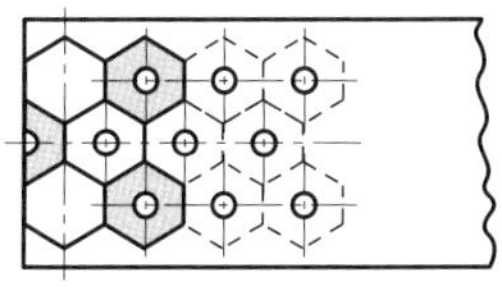
절단 판뜨기	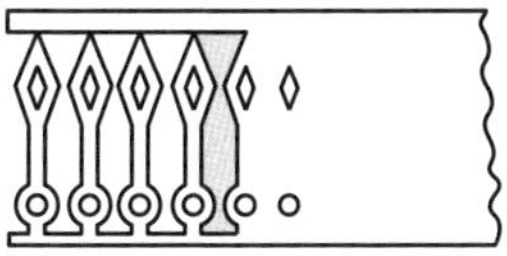	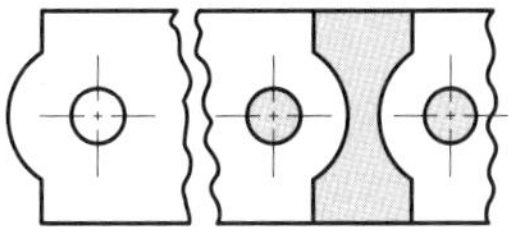

6 재료 이용률

재료를 어느 정도 효과적으로 이용할 수 있는가를 제품의 외곽 형상과 형상을 이송 방향에 어떠한 위치로 배열하는가에 따라 결정한다.

(1) 이송거리

프레스가 한 행정마다 소재가 이송되는 거리

(2) 피치

접근해 있는 제품의 중심과 중심 또는 모서리에서 모서리까지의 거리

(3) 잔폭

띠철이나 코일로 된 재료를 블랭킹 가공을 하면 이송잔폭(feed bridge)과 측면잔폭(edge bridge)를 주게 되는데, 이것에 의해 스크랩의 형상이 이루어진다. 일반적으로 잔폭은 제품의 길이, 전단 조건, 제품의 재질, 두께에 따라 결정하며 재료 이용률을 높이기 위하여 가능하면 작은 값을 선택하는 것이 좋으나 너무 작으면 제품의 정밀도, 전단면이 나빠지고, 너무 크면 재료의 손실이 크다.

(4) 재료 이용률 계산 방법

$$\text{재료 이용률}(\eta) = \frac{\text{제품의 면적(중량)}}{\text{소재의 면적(중량)}} \times 100(\%) = \frac{Z \cdot A}{L \cdot B} \times 100(\%)$$

여기서, Z : 재료 1개의 가공도수량, L : 재료의 전체 길이
A : 제품의 면적, B : 재료의 폭

재료 이용률은 레이아웃, 다열 트리밍 등에 따라 크게 변한다. 그러므로 다량 생산품에 있어서는 부품의 단가 중에서 재료비가 차지하는 비율이 많기 때문에 재료 이용률을 충분히 고려한 설계가 필요하다. 블랭크가 원형일 경우 재료 이용률은 다음과 같다.

$$\text{재료 이용률} = \frac{0.785n}{\left(1 - \frac{a}{b}\right)\left\{1 + 2 \cdot \frac{a}{b} + 0.866(n-1)\frac{a}{d}\right\}}$$

여기서, a : 이송잔폭, b : 소재의 폭, c : 앞뒤잔폭, n : 배열수, d : 제품의 지름

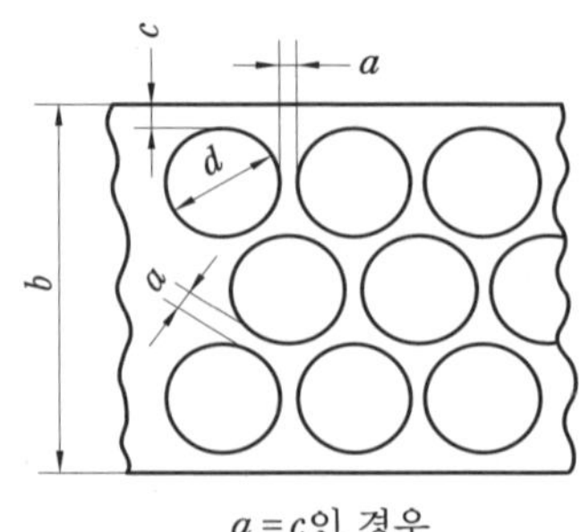

$a = c$인 경우

원형 재료의 판뜨기 방법

7 잔폭(여유폭, 이송잔폭, 앞뒤잔폭, 노칭잔폭)의 결정

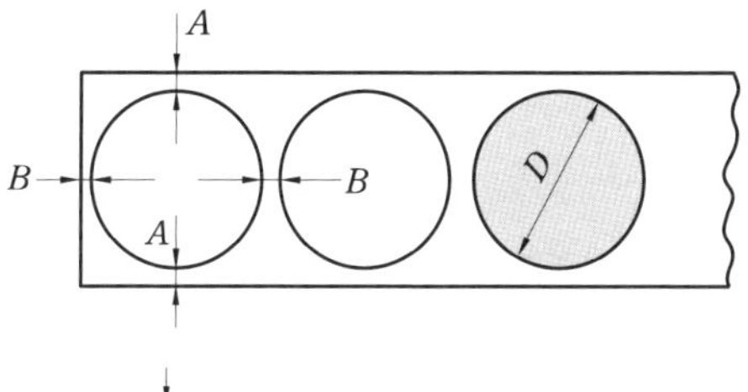

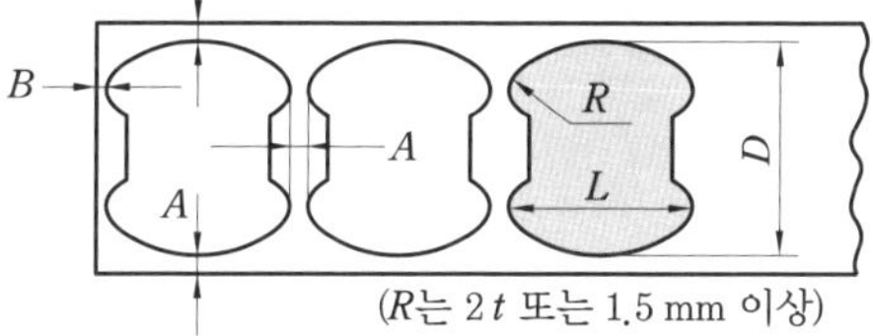

(R는 2 t 또는 1.5 mm 이상)

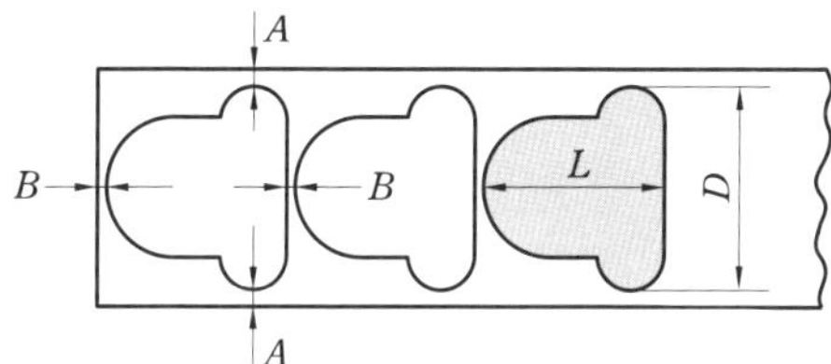

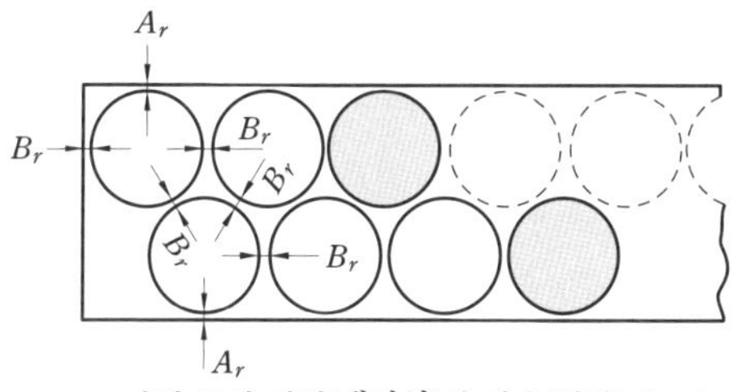

- 다열 동시 펀칭(탠덤형)의 경우(해칭) B_r, A_r A_r는 A, B와 같은 값
  원상태로 되돌리기의 경우, B_r와 A_r는 A, $A_{\min}$ 및 B, $B_{\min}$값에 25% 증가한다(점선).

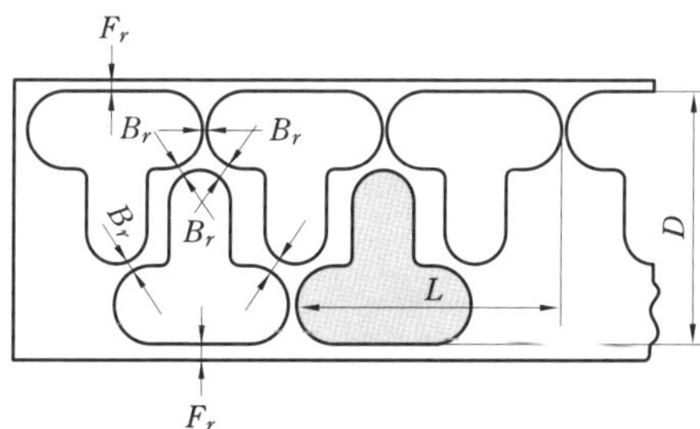

- 원상태로 되돌리기의 경우, B_r 와 E_r 는 각각 F에 30~50% 증가한다.

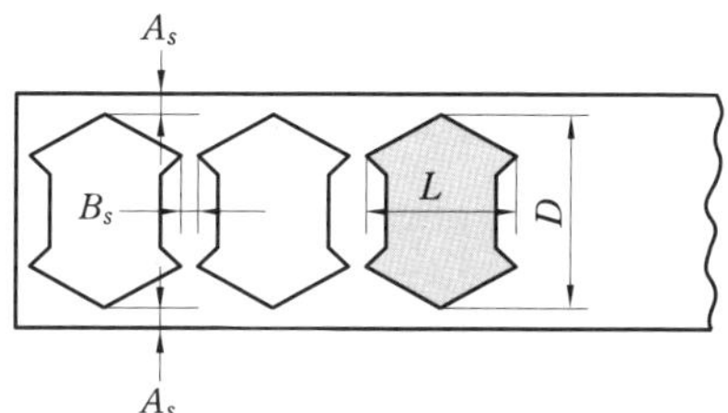

- R은 2 t 또는 1.5 mm 이하
  첨단 테두리 예리한 부가 서로 향하고 있을 때 B_s, A_s는 B, $B_{\min}$ 및 A, $A_{\min}$의 값에 50% 증가한다.

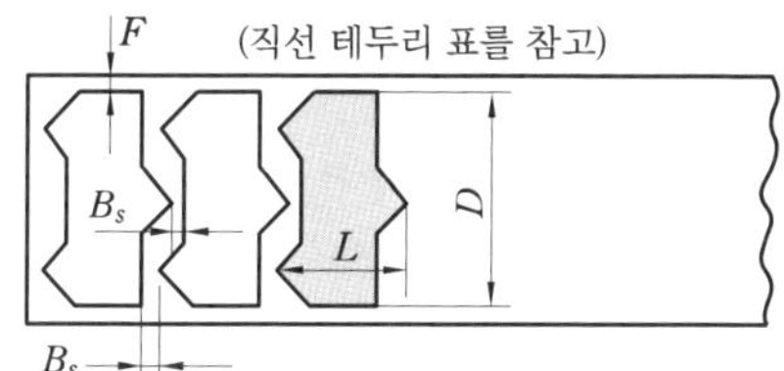

- B_s는 B, $B_{\min}$의 값에 30% 증가

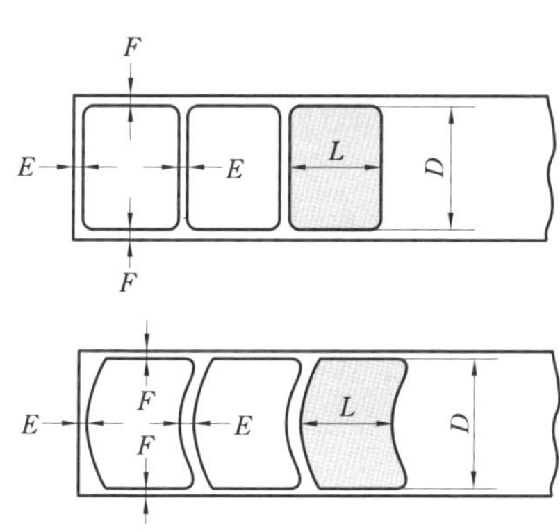

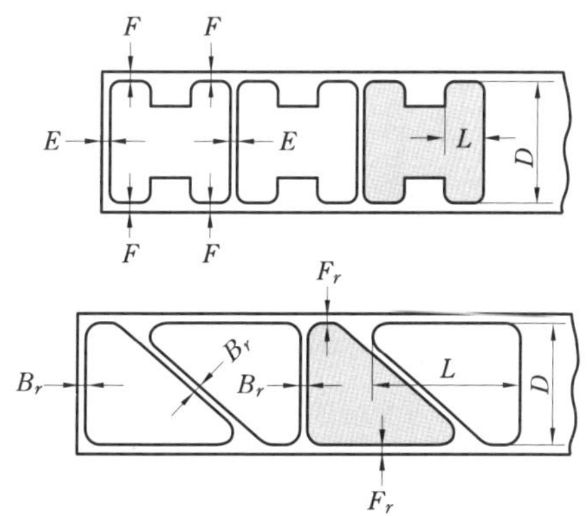

- 원상태로 되돌리기의 경우 E_r 와 F_r 는 30~50% 증가한다.

(1) 블랭크(blank) 배열 시 고려사항

① 압연 방향(이방성)과 굽힘선
② 버 방향(burr side)
③ 재료 이용률 향상

(2) 버(burr) 방향에서의 주의할 점

① 굽힘 가공에서는 버의 방향이 안쪽으로 향하도록 한다.
② 버링 가공에서는 버의 방향이 안쪽이 되도록 한다.
③ 노칭, 피어싱 등은 지정이 없는 경우 블랭크와 같은 방향으로 한다.
④ 버 측은 제품의 안쪽이 되도록 한다.

(3) 잔폭(bridge)의 영향

잔폭이 크면 재료의 손실이 많고, 잔폭이 작으면 다음과 같은 문제점이 있다.

① 이송오차와 스토크 가이드의 간격으로 일부가 노칭된 부분이 된다.
② 제품이 아래로 쳐지는 것이 커진다.
③ 펀치가 추력(thrust)을 받아 뜯김 현상이 생기기 쉽다.
④ 박판은 잔폭이 너무 작으면 금형의 구조, 형식에 따라 여러 가지 작업상 장해요인이 발생하므로 충분한 고려가 필요하다.
⑤ 스크랩리스 블랭크 레이아웃(scrapless blank layout) 방법이 가장 좋으나 버의 방향, 치수 정도, 평탄도 등이 문제가 될 수도 있다.

8 전단금형

판재, 선재, 봉재 등에 큰 전단응력을 일으켜 필요한 치수와 형상으로 재료를 절단하는 금형을 전단금형이라고 한다.

(1) 딩킹 금형(dinking die, 일평면 커팅 금형)

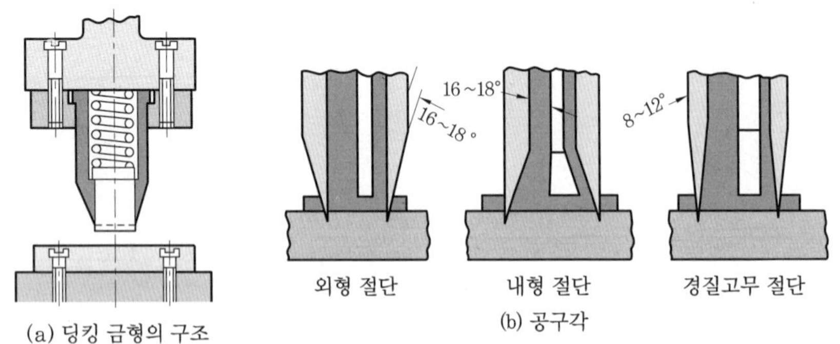

(a) 딩킹 금형의 구조
(b) 공구각

딩킹 금형과 공구각

펀치나 다이 중 한쪽만 날을 가지고 있으며 다른 한쪽은 평판을 사용하여 종이, 가죽, 고무 등을 필요한 형상으로 절단하는 데 사용한다. 가공물의 재질에 따라 날끝각은 셀룰로이드, 두

끼운 종이는 10° 정도, 경질 고무의 열간가공에는 8~12° 정도, 가죽, 연질고무, 코르크에는 16~18°가 적당하다. 가공된 제품이나 스크랩은 금형 속에서 직접 또는 간접으로 스프링을 연결한 녹아웃 장치를 사용한다.

① 제품에 따른 공구의 날끝각을 주는 방법
  ㈎ 블랭킹(blanking) : 제품의 전단면이 직각을 유지해야 하므로 바깥쪽에 각도를 주고 내부는 직선으로 한다.
  ㈏ 피어싱(piercing) : 날의 내부에 각도를 주고 외부는 직선으로 한다.
  ㈐ 경질고무 : 내부와 외부에 같은 각을 준다.
② 펀치 재료 : 탄소공구강, 합금공구강
③ 다이 : 목재, 파이버 및 알루미늄, 황동 등의 경금속

(2) 절단금형(cut-off die, parting die)

판재나 가공물을 절단하여 잘라내는 금형으로 재료비를 절약할 수 있고 금형의 구조가 간단해진다. 절단금형의 종류에는 전단금형과 분단금형이 있으며, 절단금형은 주로 띠강판을 소재로 하여 제품을 가공하므로 띠강판의 폭 부분은 가공하지 않고 길이 부분만을 가공하여 제품을 제작한다.

(3) 노칭 금형(notching die)

절단금형과 같이 끝에서 시작하여 같은 쪽 끝으로 개방되는 윤곽절단이다. 전단저항이 펀치의 일부에만 집중되어 펀치가 한쪽으로 쏠리므로 펀치를 안내하는 장치가 필요하다. 제품이 소형일 경우 피어싱 절단 등의 가공을 겸하는 순차이송금형으로 많이 제작된다.

노칭 가공은 제품의 일부분만을 가공하는 것 외에 소재의 안내장치 및 소재 이송제한장치로도 이용된다.

(4) 블랭킹 금형(blanking die)

전단가공 중 대표적인 것으로 소재에서 폐곡윤곽을 뽑아내는 금형을 말한다. 블랭킹 금형의 방식에는 고정 스트리퍼 방식, 가동 스트리퍼 방식, 역블랭킹 방식의 세 가지가 있다.

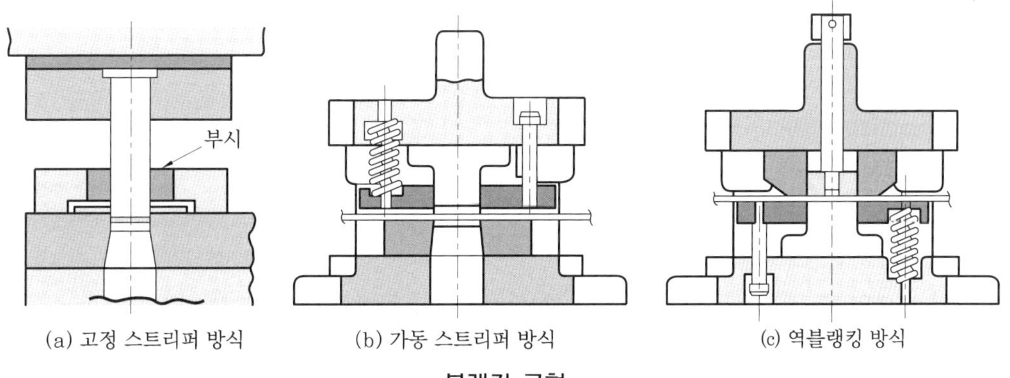

(a) 고정 스트리퍼 방식 (b) 가동 스트리퍼 방식 (c) 역블랭킹 방식

블랭킹 금형

(5) 트리밍 금형(trimming die)

드로잉 성형가공을 한 제품의 가장자리를 소요의 형상으로 전단하여 완성 제품을 가공하는 데 사용하는 금형을 말한다. 트리밍 금형의 위치 결정장치의 종류에는 외곽선을 이용하는 방법, 성형된 형상을 이용하는 방법, 구멍, 형상이나 외곽선을 동시에 이용하는 방법 등이 있다.

트리밍 금형은 재연삭을 하기 위하여 연삭 여유를 주어서 제작하며 재연삭 시 분해, 조립에 의한 정밀도가 보장되도록 한다. 트리밍 금형에서 스크랩 처리는 매우 중요하므로 작업성을 높이기 위하여 스크랩을 작게 전단하여 주는 장치를 추가해 주는 것이 좋다.

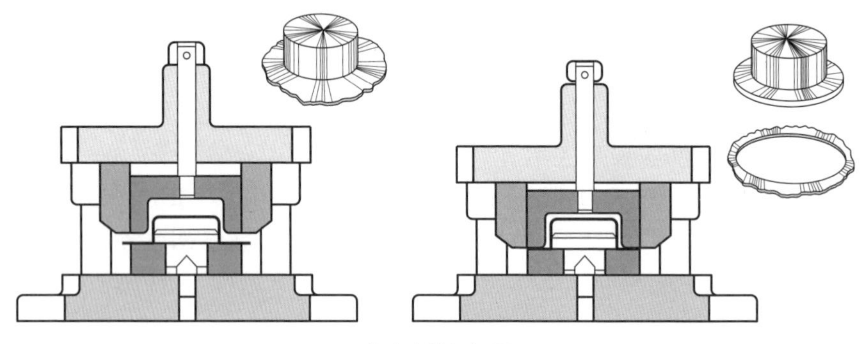

트리밍 금형의 구조

(6) 피어싱 금형(piercing die)

폐곡선인 윤곽으로 전단하는 점에서는 블랭킹 금형과 같으나 안쪽의 가공된 것은 스크랩이 되고, 바깥쪽은 제품이 된다.

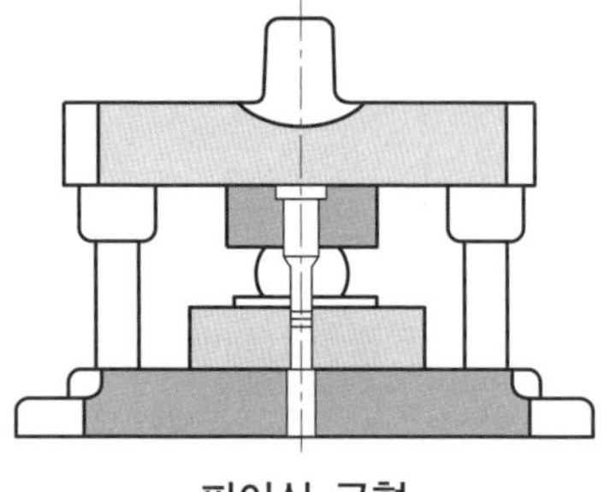

피어싱 금형

피어싱 가공 시 점검 사항은 다음과 같다.

① 블랭크의 위치 결정 상태
② 블랭크의 지지 상태
③ 제품의 제거 상태
④ 스크랩의 처리 상태
⑤ 펀치 파손의 방지(구멍 치수가 판 두께보다 작을 경우) 상태
⑥ 피어싱 펀치의 수가 많을 경우 펀치의 안전 상태

(7) 복합금형(compound die)

금형의 한 공정과 프레스의 한 공정에서 두 가지 이상의 절단공정이 동시에 행하여지는 금형을 말하며, 피어싱 공정과 블랭킹 공정은 반드시 반대 방향에서 행해져야 한다. 순차이송금형과 비교하면 복합금형은 제품의 정도가 높고 평탄도가 양호하며 내외(內外) 윤곽의 거스러미가 동일 방향이며, 재료 사용 면에서 우수하다. 금형이 약하고 금형의 구조가 복잡하며 제품 및 스크랩의 제거에 문제점이 있다.

(8) 정밀 블랭킹 금형(fine blanking die)

제품의 치수가 정밀하고 전단면이 깨끗하며 각이 정확한 전단면을 한 공정에서 얻기 위하여

사용되는 금형이다.

① 구조 : 상형에 피어싱 다이를 겸한 블랭킹 펀치와 압축판(strip holder) 및 녹아웃 장치가 있고 하형에는 다이 및 녹아웃 장치가 있다. 제품의 두께가 얇을 경우 클리어런스는 판 두께의 0.5 %를 주며 볼붙이 부시형 다이 세트를 주로 사용한다. 사용 프레스는 기계나 유압식으로 된 정밀 복동 프레스를 사용한다.

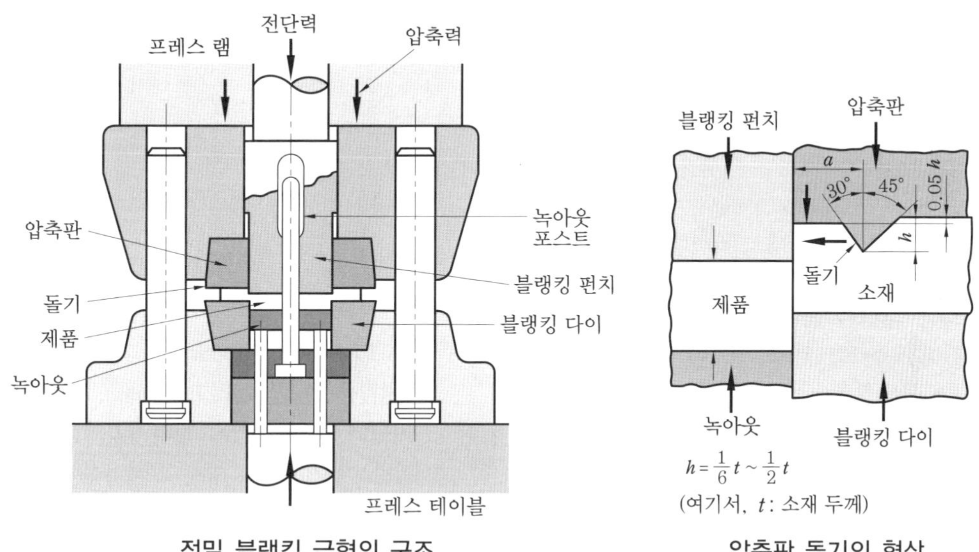

정밀 블랭킹 금형의 구조　　　압축판 돌기의 형상

② 전단면의 조도 : 두께 4 mm일 경우 0.3~0.7 μm, 두꺼운 판일 경우 0.05~0.2 μm, 이송잔폭(feed bridge)과 측면잔폭(edge bridge)은 보통 금형과 같이 취하며 전단속도는 일반적으로 5~10 mm/s이다(이유 : 제품의 불량과 금형의 불량 원인이 생길 수 있다). 전단력은 보통 전단 금형의 2배 정도가 필요하다.

(9) 셰이빙 금형(shaving die)

일반적으로 블랭킹이나 피어싱 금형 등으로 가공한 구멍이나 외곽은 클리어런스 때문에 전단면이 직각이 되지 않으므로 직각인 전단면 요구 시 절삭다듬질과 같은 면으로 하고 치수 정도를 정확하게 다듬질하기 위하여 사용되는 금형이다.

셰이빙 금형은 매우 정밀해야 하므로 클리어런스는 0.02 mm 정도를 주고 금형의 안내가 정확해야 하므로 가이드 포스트 안내식이나 볼붙이 가이드 부시형 다이 세트를 사용한다.

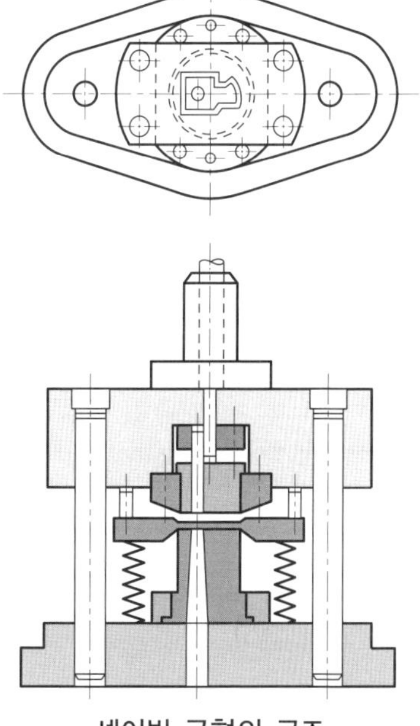

셰이빙 금형의 구조

예상문제

1. 프레스 금형을 이용하여 지름 20 mm 소재의 두께 1.5 mm의 강판을 블랭킹할 때 전단강도 $\tau = 32$ kgf/mm^{2}이면 소요되는 힘은 얼마인가?

① 2014.4 kgf ② 3014.4 kgf
③ 2514.4 kgf ④ 3514.4 kgf

해설 전단력 $p = l \cdot t \cdot \tau$, $l = \pi D$
$l = 3.14 \times 20 = 62.8$ mm
$p = 62.8 \times 1.5 \times 32 = 3014.4$ kgf

2. 보통 철판을 금형을 이용하여 전단가공을 할 때 일반적으로 적용하는 펀치와 다이의 간격 양은?

① 판 두께의 0.5~1 %
② 판 두께의 11~15 %
③ 판 두께의 2~4 %
④ 판 두께의 5~10 %

3. 프레스 금형을 이용하여 펀칭 가공을 하는데 필요한 힘은 이상적인 상태에서 P_i라고 하면 실제의 경우 $P = (1.1 \sim 1.2)P_i +$ (스트리퍼 압력)으로 나타낸다. 이러한 차이가 나타나는 이유가 아닌 것은?

① 클리어런스의 영향
② 윤활제에 의한 영향
③ 펀치나 다이 날끝 마모에 의한 영향
④ 프레스의 대소에 의한 영향

4. 펀치나 다이에 전단각(shear angle)을 주는 이유 중 가장 옳은 것은?

① 전단하중을 줄이기 위하여
② 전단면을 아름답게 하기 위하여
③ 펀치나 다이를 보호하기 위하여
④ 다이에 비하여 펀치의 파손을 방지하기 위하여

5. 소재의 두께가 2.0 mm, 식입률(침투율) 0.5인 연강판을 블랭킹 가공하려고 할 때 적합한 편측 클리어런스는 얼마인가? (단, 다이 수명을 중요시하는 클리어런스이다.)

① 0.05 mm ② 0.15 mm
③ 0.11 mm ④ 0.21 mm

해설 클리어런스 C
$= 0.11t(1-f)$에서 $f = 0.5$이므로
$\therefore C = 0.11 \times 2(1-0.5) = 0.11\text{mm}$(편측)

6. 소재의 두께가 2 mm이고 지름이 100 mm인 원판을 블랭킹하려고 할 때 소요되는 스트리핑에 필요한 힘은 얼마인가? (단, 전단저항은 40 kgf/mm^2, 계수 $K = 0.0625$이다.)

① 0.57 tf ② 1.57 tf
③ 0.87 tf ④ 1.87 tf

해설 전단력 $P = l \cdot t \cdot \tau \cdot \frac{1}{1000} (l = \pi d)$
$= 3.14 \times 100 \times 2 \times 40 \times \frac{1}{1000} = 25.12$ tf
스트리핑력 $P_s = K \cdot P$
$= 0.0625 \times 25.12$
$= 1.57$ tf

7. 펀치나 다이에 클리어런스(clearance)를 주는 이유 중 옳지 않은 것은?

① 틈새가 많을수록 금형의 수명이 길어진다.
② 금형의 수명 및 제품의 정도에 큰 영향을 미친다.
③ 클리어런스가 크면 전단 시 압력은 낮아지고 기계에 걸리는 하중도 작아지면 제품의 정도가 저하된다.
④ 클리어런스가 작으면 전단 시 압력은 상승하고 금형의 수명이 저하된다.

정답 » 1. ② 2. ④ 3. ④ 4. ① 5. ③ 6. ② 7. ①

8. 블랭킹 가공 시 클리어런스(clearance)를 구하는 공식은?

① $\frac{\text{펀치 지름} - \text{다이 지름}}{2}$

② $\frac{\text{다이 지름} - \text{펀치 지름}}{2}$

③ $\frac{\text{펀치 지름} + \text{다이 지름}}{2}$

④ $\frac{\text{펀치 지름} + \text{다이 지름}}{3}$

9. 전단가공 시 클리어런스를 적정하게 주었을 경우 소재가 연질이면 그 크기가 작아지는 것은 어느 것인가?

① 전단면 ② 시어드루프
③ 파단면 ④ 버(burr)

10. 전단각(shear angle)을 줄 경우에 대한 설명으로 가장 적당한 것은?

① 비철금속을 블랭킹, 피어싱할 경우
② 전단하중이 프레스 능력의 30 %를 초과할 경우
③ 전단하중을 작게 하려고 할 경우
④ 전단하중이 프레스 능력의 50 %를 초과할 경우

11. 전단금형에 의해 전단된 제품의 절단면 형상에 가장 큰 영향을 미치는 것은?

① 소재의 지지 방법
② 클리어런스
③ 날끝의 형상
④ 가공 재료의 종류와 경도

12. 다음 중 전단력이 가장 많이 필요한 경우는?

① 클리어런스 과소
② 클리어런스 과대
③ 클리어런스 적당
④ 클리어런스와는 무관

13. 판 두께 3 mm인 연강판으로 ϕ 50 mm의 원판을 블랭킹하려고 한다. 다이에 2 mm의 시어양을 주었을 때 전단력은 얼마인가? (단, 전단저항은 25 kgf/mm^2, 침투율은 0.5이다.)

① 8531.25 kgf ② 8631.25 kgf
③ 8731.25 kgf ④ 8831.25 kgf

해설 $P = \pi \cdot d \cdot t \cdot \tau$

$= \pi \times 50 \times 3 \times 25$

$= 11775 \text{ kgf}$

$$P_s = \left(\frac{t \times f}{S}\right) \times P = \left(\frac{3 \times 0.5}{2}\right) \times 11775$$

$= 8831.25 \text{ kgf}$

14. 일반적으로 전단면은 판 두께의 얼마 정도가 이상적인가?

① 5~10 % ② 10~15 %
③ 15~20 % ④ 25~50 %

15. 일반적으로 처진 면은 판 두께의 몇 % 이내로 하는 것이 좋은가?

① 1 % 이내 ② 5 % 이내
③ 10 % 이내 ④ 15 % 이내

16. 알루미늄(경질) 재료의 전단저항은 얼마 정도인가?

① 5~7 kgf/mm^2
② 7~11 kgf/mm^2
③ 13~16 kgf/mm^2
④ 17~20 kgf/mm^2

17. 연질의 철판 재료의 전단저항은 얼마 정도인가?

① 20 kgf/mm^2 ② 25 kgf/mm^2
③ 32 kgf/mm^2 ④ 40 kgf/mm^2

정답 » 8. ② 9. ③ 10. ④ 11. ② 12. ① 13. ④ 14. ④ 15. ③ 16. ③ 17. ③

18. 피어싱 작업에서 하중이나 충격 등을 경감시키기 위하여 전단각(shear angle)을 주었을 경우 전단각은 어느 곳에 주는가?

① 펀치 ② 펀치, 다이
③ 다이 ④ 스트리퍼

19. 전단가공을 할 경우 회전 모멘트(moment)가 발생한다. 회전 모멘트(M) 계산 공식은? (단, C : 기준점과 힘의 작용점 간의 거리, P_P : 힘의 크기)

① $M = C - P_P$ ② $M = P_P \times C$
③ $M = C \div P_P$ ④ $M = C + P_P$

20. 소재의 전단강도가 얼마 이하일 경우 다이를 열처리하지 않아도 되는가?

① 10 kgf/mm^2 ② 15 kgf/mm^2
③ 20 kgf/mm^2 ④ 25 kgf/mm^2

21. 측압력은 클리어런스의 증대와 더불어 감소한다. 전단력의 얼마 정도인가?

① 20~25 % ② 25~30 %
③ 30~35 % ④ 35~40 %

22. 날끝의 상하면은 블랭킹 때의 가압 및 충격에 의하여 상당한 가공경화를 일으킨다. 그 깊이는?

① 0.005~0.01 mm ② 0.05~0.12 mm
③ 0.1~0.2 mm ④ 0.2~0.3 mm

23. 프레스 금형에서 다음 그림과 같은 전단각을 다이에 주고 블랭킹을 하였을 경우 제품은 어떠한 형상으로 되겠는가?

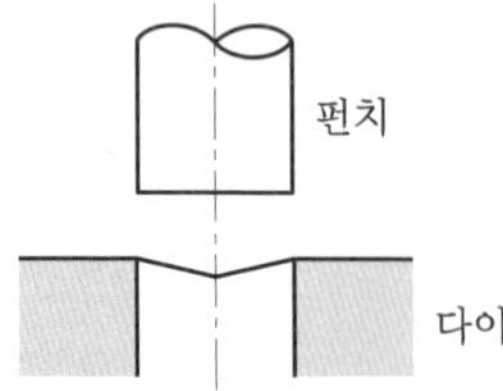

① ②
③ ④

24. 판 두께 1.5 mm의 경질 아연판을 시어각을 주지 않고 사용하여 가로 40 mm, 세로 60 mm인 직사각형의 제품을 블랭킹할 경우 필요한 압력은 얼마인가? (단, 소재의 전단저항은 20 kgf/mm^{2}이다.)

① 9 tf ② 6 tf
③ 3 tf ④ 4.5 tf

해설 경질 아연판에 시어를 주지 않는 경우의 소요압력은

$P = l \cdot t \cdot \tau = 2(40+60) \times 1.5 \times 20$
$= 6000\text{kgf} = 6 \text{ tf}$

25. 블랭킹에 필요한 압력은 50 ton, 판 두께는 2 mm, 소재의 침입률은 0.7인 경우 블랭킹에 소요되는 에너지는?

① 60 kgf · m ② 70 kgf · m
③ 80 kgf · m ④ 90 kgf · m

해설 $E = m \cdot P \cdot t = 0.7 \times 50 \times 2$
$= 70 \text{ tf} \cdot \text{mm} = 70 \text{ kgf} \cdot \text{m}$

26. 그림은 펀칭 가압력의 선도이다. 펀치가 하강하여 소재에 접하면서 파고 들어가게 될 때 소재에 침입을 시작하는 곳은?

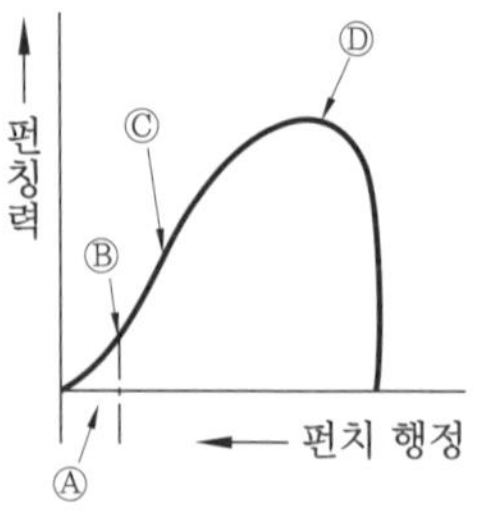

① Ⓐ의 위치
② Ⓑ의 위치
③ Ⓒ의 위치
④ Ⓓ의 위치

정답 » 18. ① 19. ② 20. ① 21. ③ 22. ② 23. ① 24. ② 25. ② 26. ③

27. 블랭킹 가공에서 2차 전단이 생기는 원인은?
① 블랭킹 소요압력이 지나치게 크다.
② 윤활유를 많이 주었다.
③ 펀치와 다이의 틈새가 지나치게 크다.
④ 펀치와 다이의 틈새가 지나치게 작다.

28. 다음 그림과 같이 거스러미가 발생하였다면 어떤 가공법에 의한 가공인가?

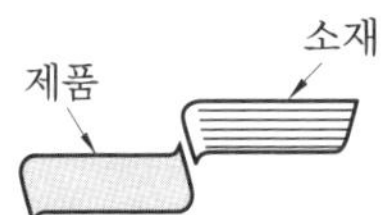

① 피어싱 가공
② 블랭킹 가공
③ 이송잔폭이 없는 전단가공
④ 이송잔폭이 있는 전단가공

29. 다음 그림과 같이 거스러미가 발생하였다면 어떤 가공법에 의한 가공인가?

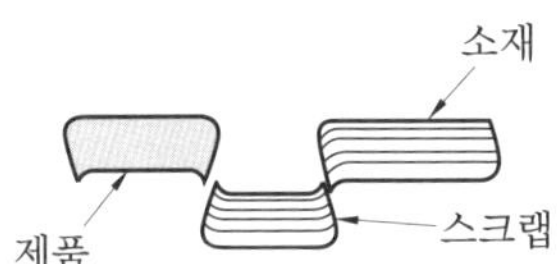

① 이송잔폭이 없는 전단 가공
② 이송잔폭이 있는 전단 가공
③ 블랭킹 가공
④ 피어싱 가공

30. 다음 그림과 같이 거스러미가 발생하였으면 무슨 가공이라고 하는가?

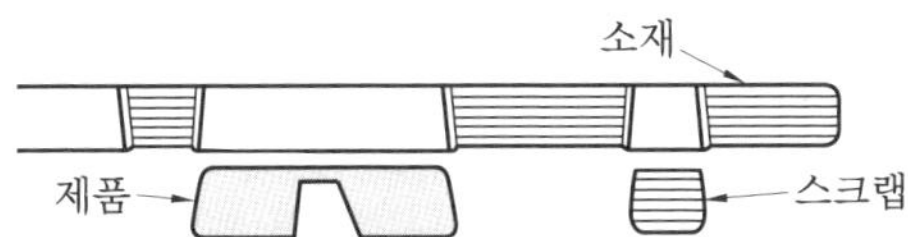

① 블랭킹 금형
② 피어싱 금형
③ 복합금형에서 피어싱 및 블랭킹 가공
④ 연속금형에서 피어싱 및 블랭킹 가공

31. 다음 그림과 같이 거스러미가 발생하였다면 무슨 가공이라고 하는가?

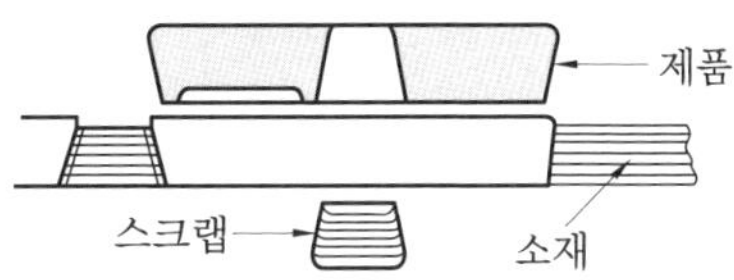

① 블랭킹 가공
② 복합가공에서 피어싱 및 블랭킹 가공
③ 피어싱 가공
④ 연속가공에서 피어싱 및 블랭킹 가공

32. 다음 그림과 같은 공정도를 가진 전단금형의 생크 위치(x)를 계산하면 얼마인가? (단, P_1의 전단력은 5400 kgf, P_2의 전단력은 3000 kgf이다.)

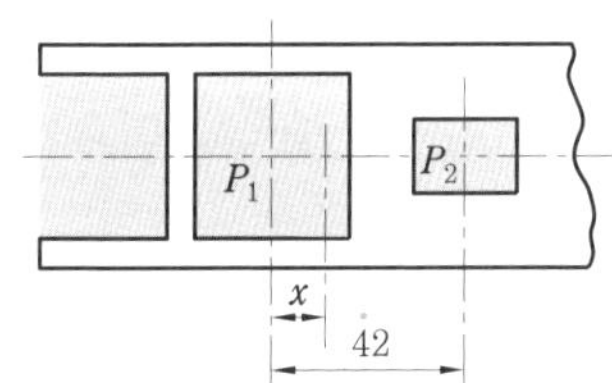

① 10 mm　　② 15 mm
③ 17 mm　　④ 20 mm

해설 P_1 펀치의 중심을 회전점으로 잡으면

$$x = \frac{P_2 \cdot a}{P_1 + P_2} = \frac{3000 \times 42}{5400 + 3000} = 15 \text{ mm}$$

P_1 펀치 중심에서 P_2 펀치 중심쪽으로 15 mm 이동된 점이 생크의 중심이다.

33. 다음 그림과 같이 구멍이 2개가 있는 직사각형 제품을 가공하기 위한 금형을 제작하는데 블랭킹 펀치의 전단력은 4200 kgf, 피어싱 펀치의 전단력은 1900 kgf, 블랭킹 펀치 중심에서 피어싱 펀치 중심까지의 거리는 40 mm라고 할 때 필요한 생크의 위치(x)를 구한 값은?

정답 » 27. ④ 28. ③ 29. ② 30. ④ 31. ② 32. ② 33. ④

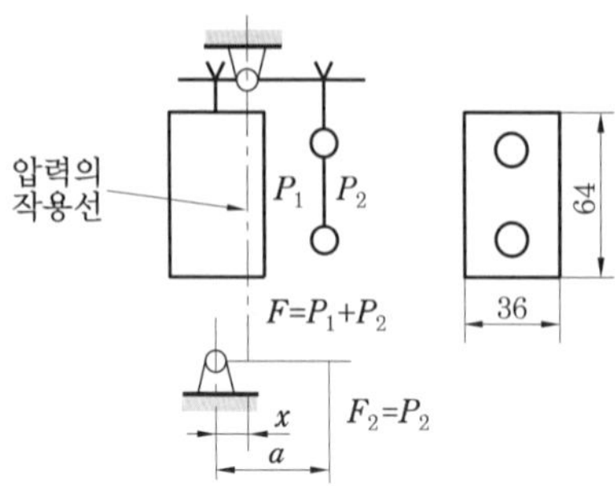

① 5.5 mm ② 7.5 mm
③ 10.5 mm ④ 12.5 mm

해설 블랭킹 펀치의 중심을 회전점으로 잡으면 우회전 모멘트=좌회전 모멘트이므로

$F_2 \cdot a = F \cdot x$, $F = F_1 + F_2$

$F_2 \cdot a = (F_1 + F_2) \cdot x$

$$\therefore x = \frac{F_2 \cdot a}{F_1 + F_2} = \frac{1900\,\text{kgf} \times 40\,\text{mm}}{4200\,\text{kgf} + 1900\,\text{kgf}}$$

$\fallingdotseq 12.5\,\text{mm}$

34. 펀치의 외곽선 중심을 이용하여 그림과 같은 공정도의 제품을 가공하는 금형의 생크 위치를 계산하면?

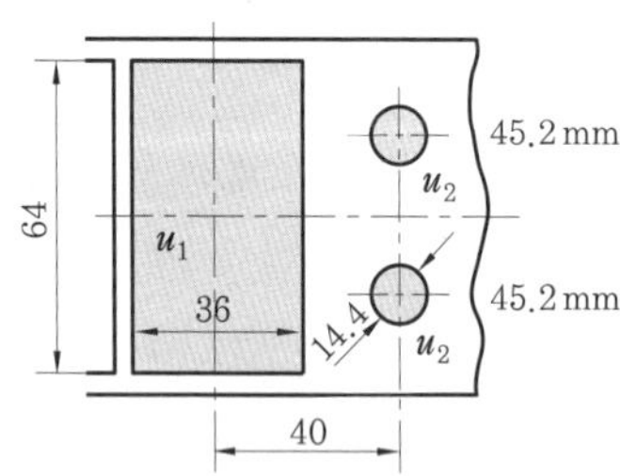

① 7.5 mm ② 10.5 mm
③ 12.5 mm ④ 14.5 mm

해설 $u_1 = 2 \cdot (l + b) = 2 \cdot (36 + 64) = 200\,\text{mm}$

$u_2 = 2 \cdot \pi \cdot d = 2 \times \pi \times 14.4 = 90.4\,\text{mm}$

블랭킹 펀치의 중심을 회전점으로 잡으면

$u_2 \cdot a = (u_1 + u_2) \cdot x$

$$x = \frac{u_2 \cdot a}{u_1 + u_2} = \frac{90.4\,\text{mm} \times 40\,\text{mm}}{200\,\text{mm} + 90.4\,\text{mm}}$$

$\fallingdotseq 12.5\,\text{mm}$

35. 지름 30 mm의 제품을 블랭킹하기 위한 판취법 중에서 재료의 이용률이 가장 좋은 방법은?

① 단열 판취법 ② 2열 판취법
③ 3열 판취법 ④ 4열 판취법

36. 잔폭을 너무 작게 하면 가공 중 불량 현상이 발생하는데 주로 생기는 현상은?

① 갤링(galling) ② 파울링(fouling)
③ 로딩(loading) ④ 픽업(pick up)

37. 다음 중 재료 이용률을 산출하는 공식으로 맞는 것은? [단, g_1 : 제품의 중량(면적), g_2 : 소재의 중량(면적), l : 소재의 두께(mm)]

① $\eta = \dfrac{g_1}{g_2} \times 100$

② $\eta = \dfrac{g_2}{g_1} \times 100$

③ $\eta = \dfrac{g_1 - g_2}{t} \times 100$

④ $\eta = \dfrac{g_2 - g_1}{t} \times 100$

38. 소재의 중량에 대한 제품의 중량의 비율로 나타내는 재료 이용률의 단위는?

① 수량 ② %
③ R ④ 크기

39. 윤활막이 끊어져 재료가 다이나 펀치 등에 엉켜 붙는 현상을 무엇이라 하는가?

① 파울링(fouling) ② 갤링(galling)
③ 로딩(loading) ④ 픽업(pick up)

40. 두께가 2 mm인 철판으로 지름이 50 mm인 제품을 블랭킹 가공할 때 재료 이용률이 가장 높은 가공법은?

① 1열 판뜨기 ② 2열 판뜨기
③ 3열 판뜨기 ④ 4열 판뜨기

정답 » 34. ③ 35. ④ 36. ① 37. ① 38. ② 39. ① 40. ④

41. 소재의 두께가 2 mm인 철판으로 지름 $d=20$ mm인 제품을 일렬 판뜨기로 블랭킹 가공하려고 한다. 잔폭을 2 mm라고 하면 재료 이용률은 얼마인가?

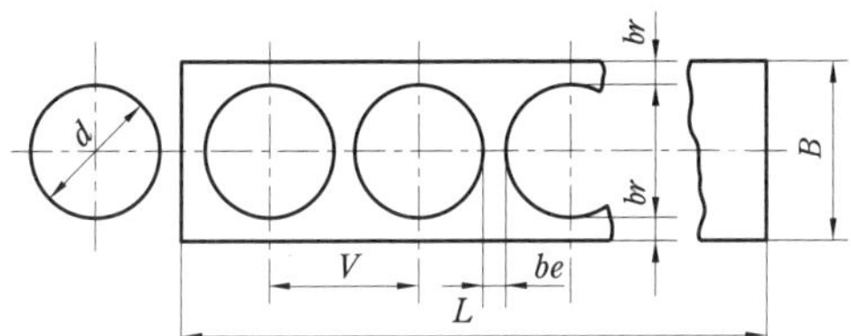

① 52.9 % ② 59.46 %
③ 65.4 % ④ 67.9 %

해설 잔폭은 2 mm이므로

판폭 $B=d+2br=20+2\times2=24$ mm

$$A=\frac{\pi d^2}{4}=\frac{\pi\times20^2}{4}=314\ \text{mm}^2$$

$V=d+be=20+2=22$ mm

$$\therefore \eta=\frac{A}{VB}\times100=\frac{314}{22\times24}\times100=59.46\ \%$$

42. 소재의 두께가 1.2 mm인 철판으로 지름 20 mm인 제품을 3열로 블랭킹 가공한다. 잔폭이 2 mm일 경우 재료 이용률은?

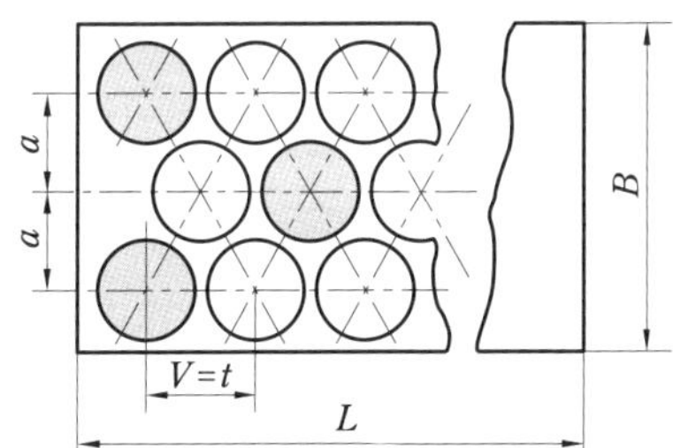

① 57 % ② 64 %
③ 69 % ④ 72 %

해설 $B=2br+d+2a$

$=2\times2+20+2\times22\sin60°=62$ mm

$$\eta=\frac{AR}{BV}\times100=\frac{\frac{\pi}{4}\times20^2\times3}{62\times22}\times100$$

$=69\%$

43. 피어싱 금형을 이용하여 피어싱 가공을 할 경우 버(burr)의 방향은 어느 곳에 발생하는가?

① 제품의 하면 ② 스크랩 하면
③ 스크랩 상면 ④ 제품의 상면

해설 피어싱 가공 시 버의 발생은 펀치의 진행 방향으로 나타나므로 제품의 하면에 나타난다.

※ 스크랩에는 상면에 나타나지만 피어싱은 구멍만 필요하다.

44. 다음 그림과 같은 제품을 조합 판뜨기할 경우 재료의 이용률은? (단, 잔폭은 3 mm로 한다.)

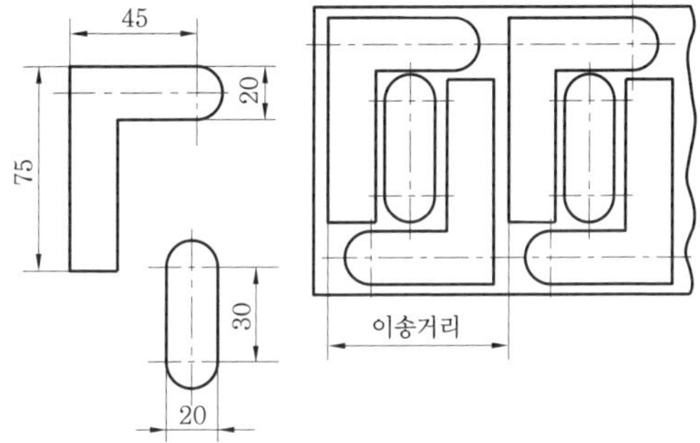

① 71.0 % ② 69.3 %
③ 75.3 % ④ 77.3 %

해설 $B=75+20+4\times3=107$ mm

$V=3\times20+3\times3=69$ mm

$$A_1=75\times20+25\times20+\frac{\pi}{4}\times20^2\times\frac{1}{2}=2157.1\ \text{mm}^2$$

$$A_2=20\times30+\frac{\pi}{4}\times20^2=914.2\text{mm}^2$$

$A=2A_1+A_2=5228.4\ \text{mm}^2$

$$\eta=\frac{AR}{BV}\times100=\frac{5228.4\times1}{107\times69}\times100$$

$≒71.0\ \%$

45. 원형 블랭크를 다열로 블랭킹할 때의 제품 판뜨기에 대한 도면이다. 블랭킹 펀치의 위치 H의 치수는 얼마로 설계하면 되는가?

정답 » 41. ② 42. ③ 43. ① 44. ① 45. ②

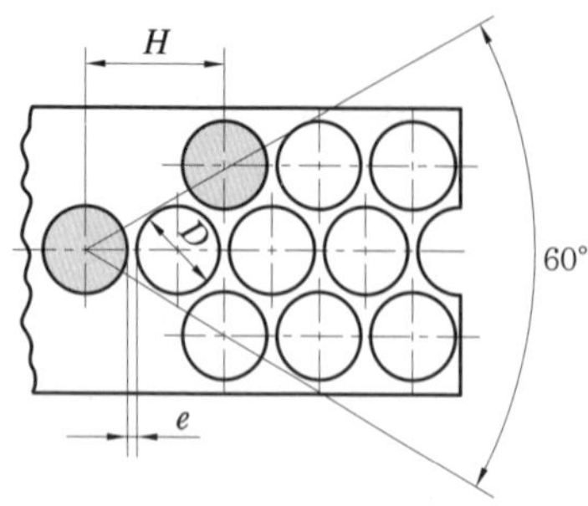

① $H = 1D + 2e$
② $H = 1.5D + 1.5e$
③ $H = 2D + 2e$
④ $H = 2.5D + 3e$

46. 두께 1.6 mm의 스테인리스 강판으로 그림과 같은 치수의 제품을 블랭킹하는 데 필요한 힘은?(단, 전단저항 $\tau = 52$ kgf/mm^2 이다.)

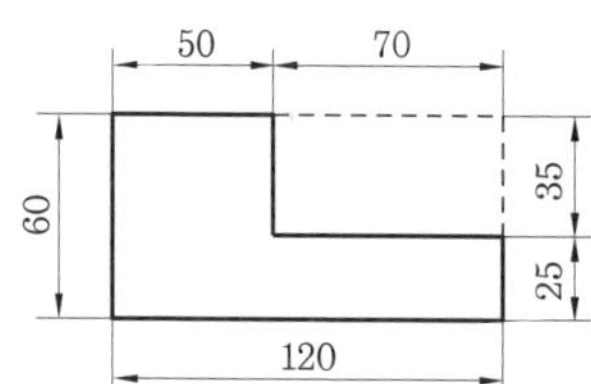

① 약 30 tf ② 약 32 tf
③ 약 35 tf ④ 약 40 tf

해설 $P = l \cdot t \cdot \tau \cdot \frac{1}{1000}$

$= (120 \times 2 + 60 \times 2) \times 1.6 \times 52 \times \frac{1}{1000}$

$\fallingdotseq 30$ tf

47. 정밀 블랭킹 금형에서 전단속도는 일반적으로 얼마인가?

① 1~4 mm/s
② 5~10 mm/s
③ 20~30 mm/s
④ 30~40 mm/s

48. 정밀 블랭킹 금형에서 두께 4 mm 이하의 제품을 가공한 전단면의 조도는 얼마 정도인가?

① 0.3~0.7μm ② 0.15~0.03μm
③ 0.1~0.5μm ④ 15~30μm

49. 정밀 블랭킹 금형에서 제품의 외곽을 잡아주기 위하여 압축판 밑면에 뾰족한 삼각형의 돌기를 만드는데, 돌기의 높이 h와 판 두께 t의 관계는?

① $h = \left(\frac{1}{8} \sim \frac{1}{4}\right)t$ ② $h = \left(\frac{1}{6} \sim \frac{1}{3}\right)t$
③ $h = (1 \sim 2)t$ ④ $h = \left(\frac{1}{2} \sim \frac{2}{3}\right)t$

50. 비금속 재료 등을 가공하는 일평면 커팅 펀치의 공구각은 일반적으로 어느 정도를 주는가?

① 5~10° ② 12~14°
③ 20~22° ④ 16~18°

51. 다음은 판안내식 금형에 대한 설명이다. 잘못 설명된 것은?

① 펀치는 안내판에 의해 다이로 안내된다.
② 소재안내판의 두께는 5~8 mm이다.
③ 블랭킹과 피어싱 가공 등을 한 개의 금형에서 가공한다.
④ 피어싱 및 블랭킹 가공을 한 번에 가공한다.

52. 복합금형(compound die)의 구조에 대한 설명 중 잘못된 것은?

① 블랭킹 펀치는 나사와 핀으로 상홀더에 고정되어 있다.
② 녹아웃은 제품을 밀어내는 역할과 피어싱 펀치를 안내하는 역할을 한다.
③ 소재안내부와 스톱 핀은 제품의 정밀도와는 관계가 없다.
④ 제품 두께가 두꺼울 때는 스트리퍼에 홈을 파주고 스톱 핀을 고정한다.

정답 » 46. ① 47. ② 48. ① 49. ② 50. ④ 51. ④ 52. ①

53. 피어싱 금형(piercing die)에서 클리어런스(clearance)는 어느 곳에 주는가?

① 펀치 ② 다이
③ 스트리퍼 ④ 펀치, 다이

54. 전단금형에서 다이의 유효인선(평형부)의 길이는?

① 1~2 mm ② 2~3 mm
③ 3~5 mm ④ 5~7 mm

55. 간이형 전단금형에서 띠강판을 사용하는 형식이 아닌 것은?

① 벤딕스형 ② MVC형
③ PTB형 ④ 필립스형

해설 띠강판을 사용하는 간이형 전단금형에는 벤딕스형, MVC형, 템플릿형, 래피드형, 필립스형이 있다.

56. 두께 2 mm인 연강판에 $\phi 10$ mm의 구멍을 피어싱할 때 다이 구멍의 치수는 얼마로 하는가? (단, 클리어런스는 5 %로 한다.)

① 9.8 mm ② 9.9 mm
③ 10.1 mm ④ 10.2 mm

해설 $C = \dfrac{D-d}{2t} \times 100$

$5 = \dfrac{D-10}{2 \times 2} \times 100$

$\therefore D = 10.2$ mm

57. 프레스 금형의 종류 중에서 능률적인 생산을 하기 위하여 2개 이상의 공정을 하나의 다이에서 순차적으로 이루어지도록 한 금형은?

① 플로 다이 ② 콤파운드 다이
③ 블랭킹 다이 ④ 드로잉 다이

58. 파일럿 핀의 지름과 피어싱 펀치의 관계는 어느 것인가?

① 피어싱 펀치보다 0.02 mm 크게 한다.
② 피어싱 펀치보다 0.02 mm 작게 한다.
③ 피어싱 펀치와 파일럿 핀의 지름을 같게 한다.
④ 피어싱 펀치보다 0.05 mm 크게 한다.

59. 다음의 가공 중에서 복합금형(compound die)을 사용하면 스트로크(stroke) 1회의 동작으로 가공이 완료될 수 있는 것은?

① 블랭킹-피어싱 가공
② 블랭킹 포밍 가공
③ 블랭킹-굽힘 가공
④ 블랭킹 드로잉 가공

60. 고무, 에보나이트, 석면 등의 전단가공에 많이 사용하는 금형은?

① 복합금형 ② 블랭킹 금형
③ 순차이송금형 ④ 딩킹 금형

정답 » 53. ② 54. ② 55. ③ 56. ④ 57. ① 58. ② 59. ① 60. ④

2-2 굽힘 금형의 구조와 설계

1 굽힘 가공

(1) 굽힘(bending)

재료를 굽힘축선(bend axis)을 중심으로 직선으로 구부릴 경우

(2) 성형(forming)

재료를 굽힘축선(bend axis)을 중심으로 곡선으로 구부릴 경우

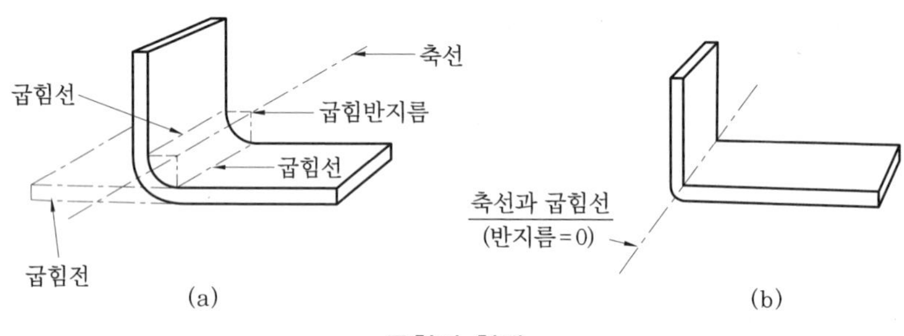

굽힘의 형태

(3) 중립면(natural plane)

굽힘 가공 시 인장과 압축이 생기지 않는 부분, 판 두께의 $\frac{1}{3} \sim \frac{1}{2}$ 정도에 위치하며, 이 양은 재료 두께 굽힘반지름(bend radius), 굽힘각도(bend angle) 등에 따라 변한다. 굽힘 가공을 위한 제품의 펼친 길이(전개길이)는 중립면의 길이와 같으며, 굽힘 가공은 겉으로 보기에는 간단하지만 자세히 보면 상당히 어려운 가공이다.

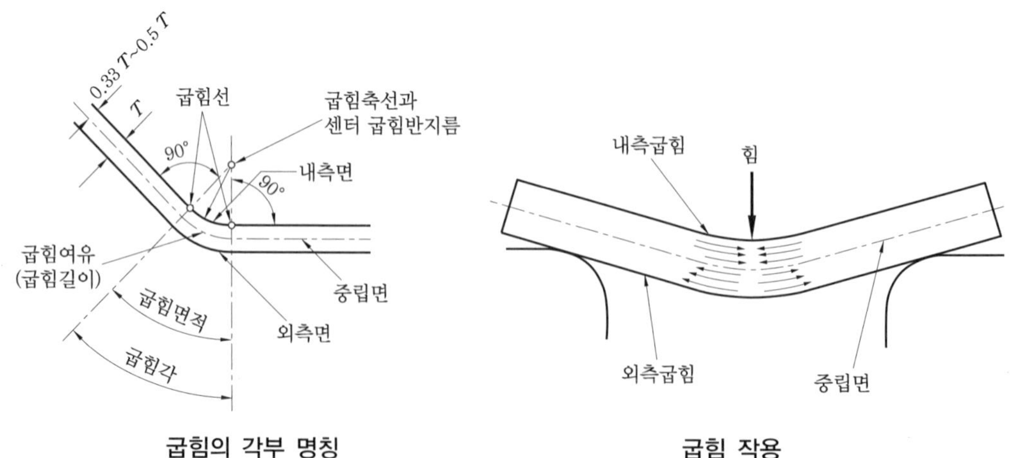

굽힘의 각부 명칭 굽힘 작용

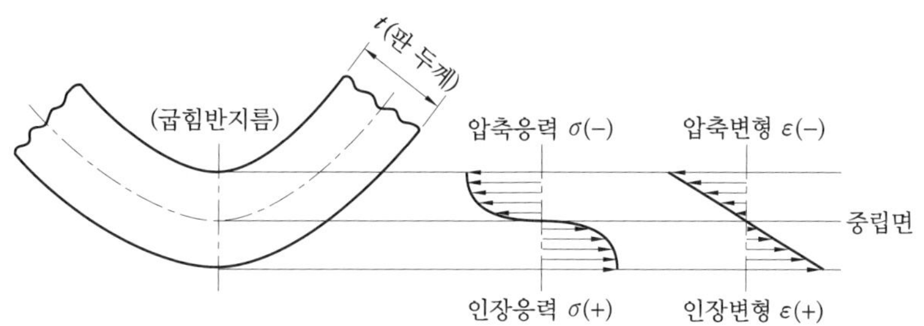

단순한 굽힘변형에서의 둘레 방향의 응력(σ)과 둘레 방향의 변형(ε)

(4) 압연 방향과 굽힘 가공

압연된 재료의 결정입자 배열은 압연 방향으로 퍼져 있으므로 압연 방향과 직각이나 45°의 굽힘 가공을 하면 제품의 강도와 품질의 안정을 도모할 수 있고, 압연 방향으로 굽힘 가공을 하면 균열이 생기기 쉽다.

2 가공한계와 최소 굽힘반지름

일반적으로 굽힘반지름 R이 작을수록 스프링 백(springback)이 작아지므로 제품의 정밀도는 향상되나 너무 작으면 균열이 생기기 쉽고 R이 너무 크면 스프링 백의 양이 증가한다. 그러므로 재료에 균열이 생기지 않고 굽힐 수 있는 최소의 반지름을 최소 굽힘반지름이라고 하며 재질, 판뜨기 방향, 풀림 온도, 굽힘 방향, 가공 방법, 굽힘 각도 등에 따라 달라진다. 그리고 전단 가공을 한 후 굽힘 가공을 할 경우 거스러미(burr)가 있는 면을 내측면(펀치 측면)으로 하면 균열 발생의 위험이 적다.

최소 굽힘반지름

3 스프링 백(spring back)

굽힘 금형을 이용하여 굽힘 가공을 할 경우 탄성에 의하여 펀치와 다이 사이에서 굽힘 가공된 제품의 각도는 금형의 각도보다 약간 커지는 현상을 스프링 백이라 한다.

(1) 스프링 백의 방향

① V형 굽힘 : 각도가 열리는 방향으로 발생

② U형 굽힘 : 판 두께, 굽힘반지름, 가공 조건에 따라 각도가 열리는 방향과 닫히는 방향으로 나타난다. 스프링 백을 방지하기 위해서는 스프링 백을 미리 예상하여 그 양만큼 펀치

각도를 줄이는 방법이 있다.

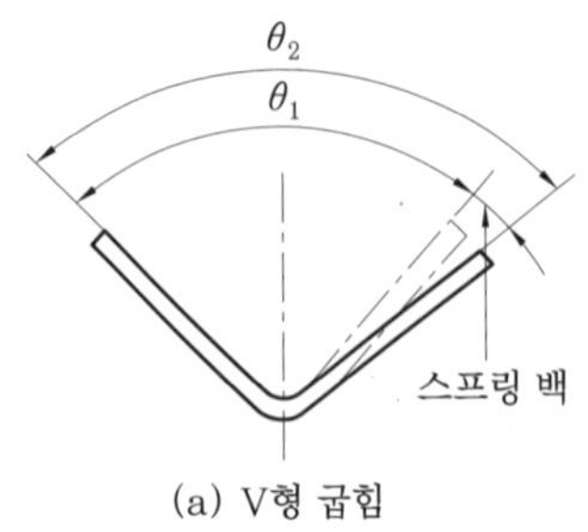

(a) V형 굽힘

스프링 백

(b) U형 굽힘

스프링 백의 방향

(2) 스프링 백에 미치는 여러 가지 영향

① 재질 : 경질의 재료일수록 스프링 백이 크고 동일 재질일 경우는 판 두께가 얇을수록 크며 풀림을 하면 스프링 백을 적게 할 수 있다.

② 가압력 : 굽히는 부분에 큰 압력을 가하면 감소할 수 있다.

③ 펀치 선단의 R : 펀치 선단의 R이 너무 크면 스프링 백은 증가한다.

④ 다이 두께 R : 다이의 두께 R이 크면 스프링 백이 커진다. $R=(2\sim4)t$ 정도로 한다.

⑤ 펀치와 다이의 클리어런스 : 펀치와 다이 사이에 판 두께 이상의 틈이 있으면 제품은 펀치의 R보다 큰 반지름으로 되어 펀치에 밀착되지 않아 스프링 백이 커진다.

(3) 스프링 백을 감소시키는 방법

① 펀치에 백 테이퍼(back taper)를 주는 방법

② 펀치 하면에 도피홈을 주는 방법

③ 펀치 하면을 원호로 하는 방법

④ 패드(pad)에 배압을 주는 방법

⑤ 캠(cam)기구를 이용하는 방법

4 굽힘 가공 압력의 계산법

(1) V형 굽힘의 경우

다른 조건은 같더라도 굽힘반지름(R)이 판 두께의 어느 정도 값 이하가 되면 V형 굽힘 가공력은 급격히 증가한다.

① 자유굽힘(air bending) : $P=\dfrac{K_1\cdot\sigma_b\cdot b\cdot t^2}{L}$

여기서, P : 굽힘압력(kgf), σ_b : 재료의 인장강도(kgf/mm²), b : 판폭(mm)

t : 판 두께(mm), L : 다이의 홈폭(mm)

K_1 : 다이의 견폭과 재료 두께에 따른 보정계수$(=\dfrac{L}{t})$

② 형굽힘(die bending) : $P = K_2 \cdot F$

여기서, K_2 : 다이의 견폭과 재료 두께에 따른 보정계수(1.0~2.0이 실용적임)

F : 상·하형의 접촉 면적(mm^2)

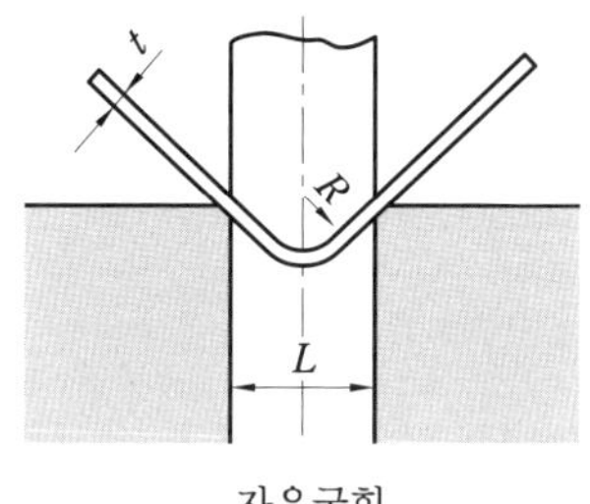

자유굽힘

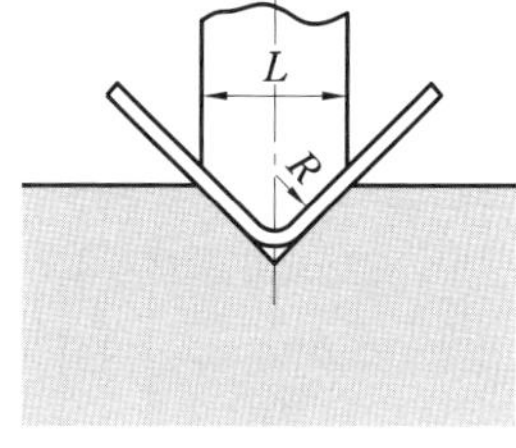

형굽힘

자유굽힘과 형굽힘

(2) U형 굽힘의 경우

① 자유굽힘

$$P_1 = \frac{K_3}{3} \cdot b \cdot t \cdot \sigma_b \quad (\text{여기서, } K_3 : 1.0 \sim 2.0)$$

일반적으로 r_p(punch radius)나 r_d(die radius)의 값이 작을 때는 큰 값을 선택한다.(굽힘반지름 R은 다이의 홈폭 b의 15 % 정도로 한다.)

② 쿠션 패드를 사용한 금형에 의한 굽힘

$$P = P_1 + P_2, \qquad P_2 = \frac{K_3 \cdot b \cdot t^2 \cdot \sigma_b}{3 \times 2L}$$

③ L형 직각 굽힘 : T형 굽힘의 한쪽으로만 보고 계산한다.

$$P = \frac{P_1 + P_2}{2}$$

④ 2변 이상의 동시 굽힘 : 전체의 굽힘 길이 $b' = b_1 + b_2 + \cdots\cdots + b_n$를 구하고 U형 굽힘 금형(자유굽힘)으로 생각하고 계산한다.

$$P = \frac{K_3}{3} \cdot b' \cdot t \cdot \sigma_b$$

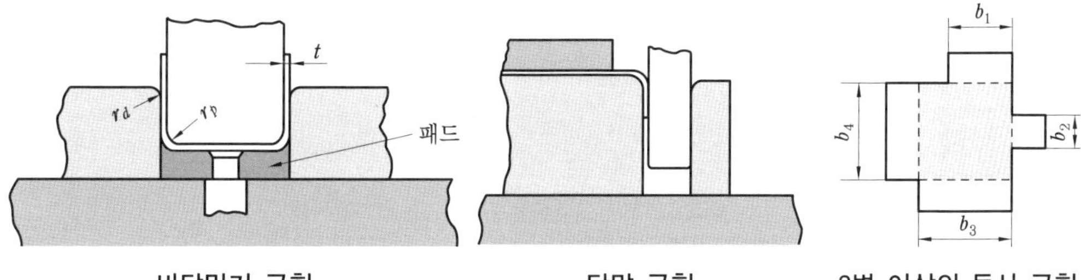

바닥밀기 굽힘 단말 굽힘 2변 이상의 동시 굽힘

5 굽힘 제품의 전개길이 계산법

(1) 중립면 기준법

직변 부분과 굽힘 부분으로 구분하여 중립면 길이의 합으로 구하는 방법

$$L = a + b + \frac{2\pi\alpha^\circ}{360}(R + \lambda t)$$

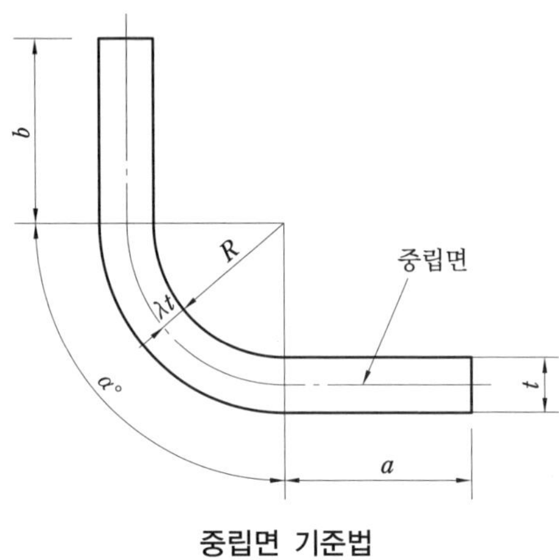

중립면 기준법

(2) 바깥쪽 치수 계산법

굽힘 개소가 다수 있는 경우에는 바깥쪽 치수를 먼저 계산하고 그 합에서 판 두께와 굽힘 반지름의 2가지 요소에 의해 늘어난 길이를 뺀다.

$$L = (l_1 + l_2 + \cdots\cdots l_n) - (n-1)C$$

여기서, $n-1$: 굽힘 개소, C : 늘어난 보정계수

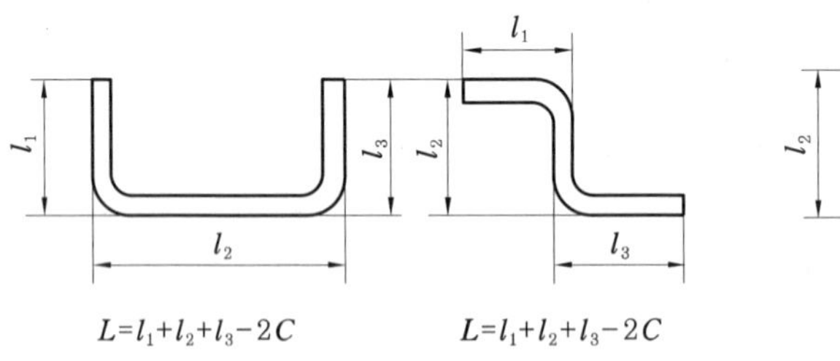

바깥쪽 치수 계산

(3) 컬링 굽힘

$$L = 1.5\pi\rho + 2R - t$$

$$\rho = R - yt$$

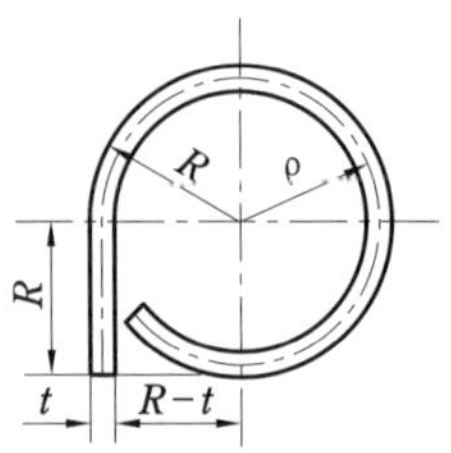

컬링 굽힘

6 V자 굽힘 금형

굽힘 금형의 기본 형식이다.

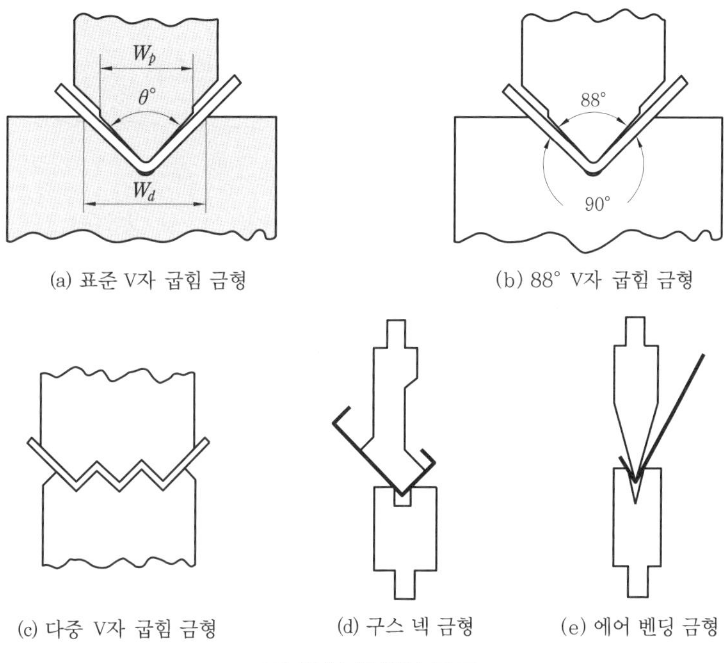

(a) 표준 V자 굽힘 금형 (b) 88° V자 굽힘 금형

(c) 다중 V자 굽힘 금형 (d) 구스 넥 금형 (e) 에어 벤딩 금형

V자 굽힘 금형의 종류

(1) 단순 V자 굽힘 금형

스트리퍼나 캠 기구를 갖지 않고 단순히 굽힘만을 하므로 금형의 구조가 간단하다.

(2) 표준 V자 굽힘 금형

상·하의 각도를 같게 만들어 펀치와 다이 사이에 소재를 넣고 항복점 이상의 압력을 가해 안정된 굽힘을 얻는 구조이다. 각도는 제품의 가공 결과에 따라 수정한다.

$$W_p = W_d = 8t$$

(3) 88° V자 굽힘 금형

펀치만 2° 정도의 예각으로 하여 펀치 선단부를 강하게 하며, 제품을 눌러 더 굽혀서 가공한다.

(4) 다중 V자 굽힘 금형

각 곳에서 동시에 굽힘을 하므로 소재의 미끄럼이 거의 발생하지 않으며, 소재의 신장에 영향이 크므로 예각의 얇은 굽힘은 가능하나 다중 깊은 굽힘으로 하면 소재가 파단된다.

(5) 구스 넥 금형(goose neck die)

거위의 목을 닮았다하여 이름이 붙어졌으며 C 채널형의 가공 시 필요한 금형이며 프레스 브레이크를 이용하여 가공한다.

(6) 에어 벤딩 금형(air bending die)·예각 금형(acute angle die)

상형과 하형이 모두 예각(30~60°)으로 된 V자 굽힘 금형으로 굽힘 가공 도중 상형을 정지시켜 가공을 종료한다. 상형의 정지 위치에 따라 여러 종류의 각도로 굽힐 수 있으며 정밀도 높은 프레스 브레이크가 필요하다.

7 V자 이외의 굽힘 금형

(1) U자 굽힘 금형

U자 굽힘 가공은 V자 굽힘 금형과 같이 많이 사용하고 있으며 간단하지 않다. 굽힘 가공 시 안쪽은 오므라지고 바깥쪽은 벌어지기 때문에 제품이 펀치에 달라붙거나 제품의 각도가 일정하지 않아지므로 금형 제작 시 주의를 해야 한다.

(2) 복동 굽힘 금형

제품의 형상에 따라 금형의 상하의 작동만으로는 가공이 안 되는 경우에 금형의 일부분을 다시 복동시켜 요구하는 형상으로 가공할 수 있는 구조를 갖춘 금형이다.

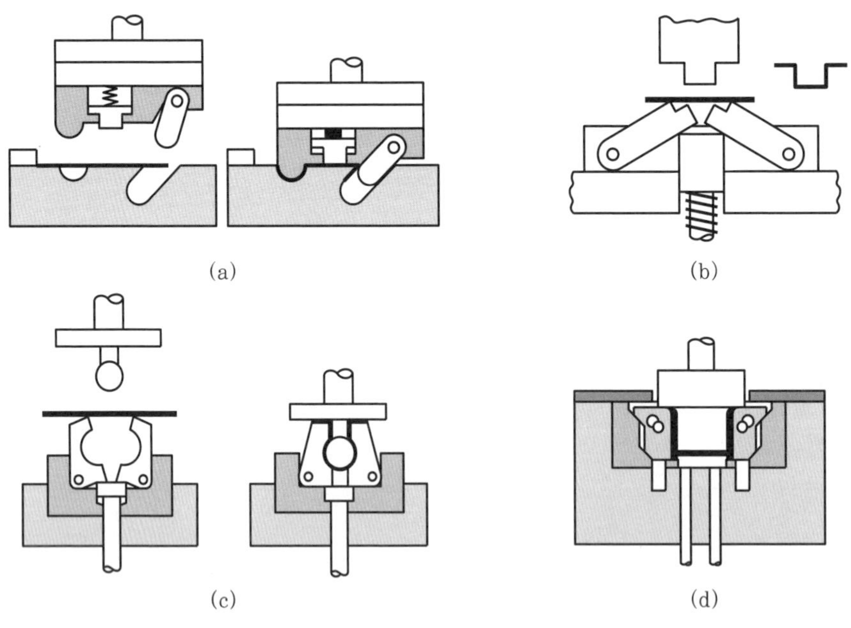

(a) (b) (c) (d)

복동 굽힘 금형의 예

(3) 복합 굽힘 금형

굽힘 가공과 전단 가공, 굽힘 가공과 드로잉 가공 등을 조합하여 하나의 금형으로 만든 구조이다.

(4) 누름 굽힘 금형

가공 중 소재가 밀리지 않도록 하기 위하여 스프링이나 압축공기 등을 이용하여 누르면서 굽힘하는 금형으로 정밀도가 양호한 제품을 가공할 수 있다. 누름 방식을 이용하면 6점 직각

굽힘, 상·하형 동시 굽힘 금형도 1회의 가공으로 가능하며 비대칭인 형상의 가공도 가능하다.

(5) 캠식 굽힘 금형

프레스 기계의 동작은 상하 운동만을 하므로 제품에 따라 상하, 좌우, 양측에서 움직이는 수평 운동이 필요한 경우 캠기구를 금형 안에 장치하여 여러 가지 굽힘 가공을 하는 금형을 말한다.

(6) 컬링 금형

드로잉이나 인발 가공에 의한 가공이 아니고 프레스 기계에 의해 관, 원통, 벤드 등을 만들 때 사용되는 금형이다.

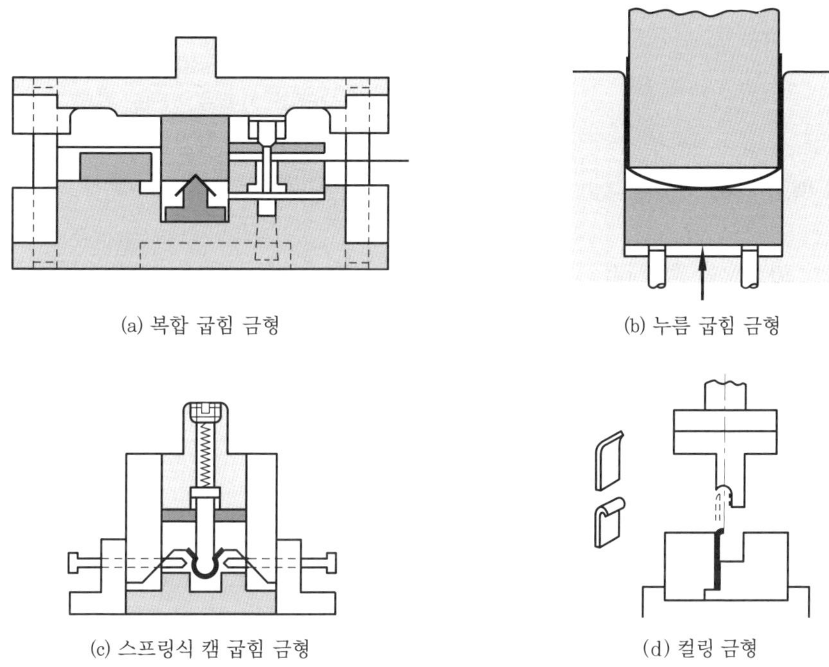

(a) 복합 굽힘 금형

(b) 누름 굽힘 금형

(c) 스프링식 캠 굽힘 금형

(d) 컬링 금형

V자 이외의 굽힘 금형의 예

예상문제

1. 두께 t는 3 mm, 폭 b는 40 mm인 연강판을 다이 입구의 폭 l이 24 mm인 V형 자유 굽힘 금형으로 굽힐 경우 필요한 힘은? (단, 연강의 인장강도 : 45 kgf/mm^2, 비례상수 K : 1.33)

① 323.19 kgf ② 523.19 kgf
③ 797.75 kgf ④ 897.75 kgf

해설 $P_v = \frac{K \cdot b \cdot t^2}{L} \times \sigma_b = \frac{1.33 \times 40 \times 3^2}{24} \times 45$

$= 897.75\text{kgf}$

2. 스프링 백의 양이 커지는 것과 관계가 없는 것은?

① 강도가 높을수록 커진다.
② 같은 판재에서 구부림 반지름이 같을 경우는 두께가 얇을수록 크다.
③ 같은 판재에서는 구부림 반지름이 작을수록 작아진다.
④ 같은 두께의 판재에서는 굽힘각도가 예리할수록 커진다.

3. U자 굽힘 금형의 설계 또는 제작 시 펀치의 반지름(punch radius)을 r_p라고 할 때 일반적으로 어느 정도를 사용하는가? (단, t는 소재의 두께)

① $r_p \geqq (0.5 \sim 1)t$
② $r_p \geqq (1 \sim 1.5)t$
③ $r_p \geqq (1.5 \sim 2)t$
④ $r_p \geqq (2.5 \sim 3.0)t$

4. 판 두께 2.0 mm의 연강판을 V굽힘 가공을 하는 데 필요한 최소 굽힘반지름은 얼마인가? (단, 소재의 인장강도는 30 kgf/mm^{2}이고 파단 시의 신장률은 40 %로 한다.)

① 2.64 mm ② 3.64 mm
③ 2.27 mm ④ 3.27 mm

해설 $(r_i)_{\min} = t\left(0.0085\frac{\sigma_b}{\delta} + 0.5\right)$이므로

$= 2.0\left(0.0085\frac{30}{0.4} + 0.5\right)$

$= 2.27\text{mm}$

5. 두께 2 mm, 굽힘길이 200 mm의 연강판을 V굽힘 가공을 할 때 소요되는 힘은 얼마인가? (단, 인장강도는 40 kgf/mm^2, 다이의 어깨폭은 판 두께의 8배, 비례상수 $K = 1.33$이다.)

① 1.33 tf ② 2.66 tf
③ 3.33 tf ④ 4.66 tf

해설 $P_v = \frac{K \cdot b \cdot t^2}{L} \times \sigma_b$

$= \frac{1.33 \times 200 \times 2^2}{2 \times 8} \times 40$

$= 2660\text{ kgf} = 2.66\text{ tf}$

6. 굽힘반지름이 판 두께에 비하여 아주 작은 굽힘 가공을 할 때 균열을 방지하기 위하여 판재의 압연방향과 굽힘선은 어떠한 방향으로 하는 것이 좋은가?

① 같은 방향 ② 30° 방향
③ 60° 방향 ④ 90° 방향

7. U형 굽힘 금형을 이용하여 U형 제품의 굽힘 가공을 할 경우 스프링 백(springback)의 방향은?

① 각도가 열리는 방향
② 각도가 닫히는 방향
③ 방향이 일정하지 않다.
④ 두께, 각, 반지름 등에 따라 다르다.

정답 » 1. ④ 2. ④ 3. ② 4. ③ 5. ② 6. ④ 7. ④

8. 굽힘 금형을 이용하여 굽힘 가공을 할 경우 스프링 백의 크기는?

① 판 두께의 $\frac{1}{2}$배 ② 판 두께의 1배
③ 판 두께의 2배 ④ 시험굽힘으로 정함

9. U형 굽힘에서 만곡을 방지하기 위하여 쿠션 패드를 사용한다. 패드의 압력은 U형 굽힘압력의 어느 정도인가?

① $\frac{1}{4} \sim \frac{1}{3}$ ② $\frac{1}{5} \sim \frac{1}{4}$
③ $\frac{1}{3} \sim \frac{1}{2}$ ④ $\frac{1}{6} \sim \frac{1}{5}$

10. 판 두께 1.6 mm의 연강판을 U형 굽힘 가공할 때 가공압력은 얼마인가? (단, 재료의 인장강도는 30 kgf/mm^2, 굽힘길이는 300 mm, 계수 $K = 0.3$이다.)

① 2.4 tf ② 3.5 tf
③ 4.3 tf ④ 5.1 tf

해설 $P_u = Kbt\sigma_a$

$= 0.3 \times 300 \times 1.6 \times 30 = 4320\,\text{kgf}$

$\fallingdotseq 4.3\,\text{tf}$

11. U자 굽힘 금형의 설계나 제작 시 다이의 반지름(die radius)을 r_d라고 할 때 일반적으로 어느 정도를 사용하는가?

① $r_d \geqq (0.1 \sim 0.5)t$
② $r_d \geqq (0.5 \sim 1)t$
③ $r_d \geqq (1 \sim 1.5)t$
④ $r_d \geqq (2 \sim 2.5)t$

12. 굽힘 라인이 긴 V형굽힘한 제품은 다음 그림과 같은 말안장과 같이 변형한다. 이러한 변형을 무엇이라 하는가?

① 젖혀짐(warpage)
② 스프링 백(springback)
③ 스프링 고(spring go)
④ 파울링(fouling)

13. 다음 그림과 같은 제품을 굽힘 가공하기 위한 전개길이는 얼마인가? (단, 중립면 위치상수 $\lambda = 0.5$ 이다.)

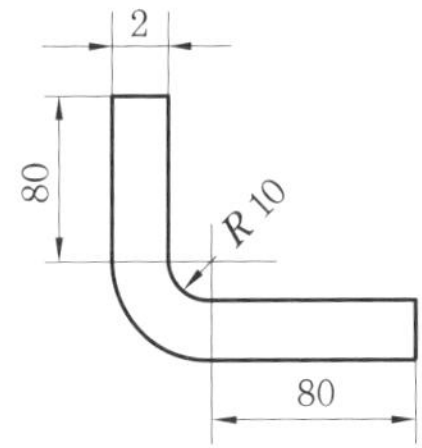

① 177.27 mm ② 170.27 mm
③ 157.27 mm ④ 149.27 mm

해설 $L = A + \frac{\pi}{2}(R + \lambda t) + B$

$= 80 + \frac{\pi}{2}(10 + 0.5 \times 2) + 80$

$= 177.27\text{mm}$

14. 판 두께 t = 3 mm인 강판으로 90° 굽힘을 하려고 할 때 a = 20 mm, b = 20 mm, R = 3 mm라면 굽힘 가공 전의 길이는?

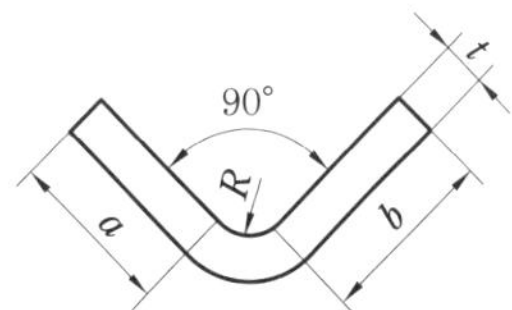

① 42.065 mm ② 43.065 mm
③ 47.065 mm ④ 45.065 mm

해설 $L = A + B + \frac{\left(R + \frac{t}{2}\right)\pi}{2}$

$= 20 + 20 + \frac{\left(3 + \frac{3}{2}\right)\pi}{2}$

$= 47.065\text{mm}$

정답 » 8. ④ 9. ① 10. ③ 11. ② 12. ① 13. ① 14. ③

15. 판 폭 50 mm, 판 두께 2 mm의 연질 알루미늄 판을 자유굽힘(V 형 굽힘)할 때 필요한 성형력은 얼마인가?(단, 다이스 간격은 20 mm로 하고, 인장강도는 10 kgf/mm^{2}이며, $\frac{l}{t}$=10일 때 K=1.00이다.)

① 90 kgf ② 100 kgf
③ 110 kgf ④ 120 kgf

해설 $P = \frac{b \times t^2}{l} \times \sigma_b \times K$

$= \frac{50 \times 2^2}{20} \times 10 \times 1.00 = 100\text{kgf}$

16. 판 두께가 6 mm인 연강판(인장강도 48 kgf/mm^2)을 U 형 굽힘하려고 한다. 굽힘길이가 3000 mm이고, 펀치와 다이 모서리 반지름이 6 mm일 때, U 형 굽힘에 필요한 힘은 얼마인가?(단, $K = 0.3$으로 한다.)

① 250.2 tf ② 259.2 tf
③ 265 tf ④ 270 tf

해설 $P_u = Kbt\sigma_a$

$= 0.3 \times 3000 \times 6 \times 48 = 259200\text{kgf}$

$= 259.2\text{tf}$

17. 다음 스프링 백에 대한 설명 중 잘못된 것은?

① 경한 금속의 스프링 백은 크고 연한 금속의 스프링 백은 작아진다.
② 얇은 판일수록 스프링 백은 작아진다.
③ 굽힘반지름이 클수록 스프링 백은 크고 굽힘반지름이 작아지면 스프링 백은 작아진다.
④ 굽힘각도가 클수록 스프링 백은 크고 굽힘각도가 작으면 스프링 백은 작아진다.

18. U 자 굽힘 금형에서 쿠션 패드의 힘이 제품에 대하여 미치는 영향은?

① 제품 밑바닥의 만곡 현상을 방지한다.
② 스프링 백 현상을 방지한다.
③ 재료 두께의 변화를 방지한다.
④ 굽힘압력을 감소시킨다.

19. 프레스 브레이크를 이용하여 도면처럼 굽힘 작업을 하려고 한다. 이러한 금형을 무슨 금형이라 하는가?

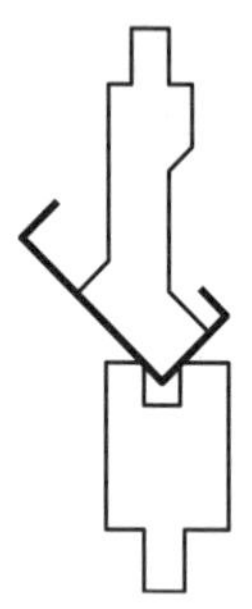

① 오프셋 다이(offset dies)
② 구스 넥 다이(goose neck dies)
③ 박스포밍 다이(box－forming dies)
④ 포웨이 다이 블록(four－way die blocks)

20. 일반적으로 재료의 굽힘 가공에서 중립면이란 무엇을 나타내는가?

① 굽힘부의 반지름이 판 두께의 $\frac{1}{2}$인 곳이다.
② 굽힘부의 반지름이 판 두께의 $\frac{1}{4}$인 곳이다.
③ 굽힘부의 반지름이 판 두께의 $\frac{1}{5}$인 곳이다.
④ 굽힘부의 반지름이 판 두께의 $\frac{1}{6}$인 곳이다.

21. 비교적 정밀도가 높고 예리한 굽힘 반지름으로 박판을 굽힘 가공할 때에 사용하는 금형은?

① 형(型)굽힘 금형 ② 자유굽힘 금형
③ 끝굽힘 금형 ④ 캠금형

정답 » 15. ② 16. ② 17. ② 18. ① 19. ① 20. ② 21. ①

2-3 프로그레시브 금형의 구조와 설계

1 프로그레시브 금형(progressive die)

프레스 금형에는 여러 가지 가공 방법이 있는데, 프레스 가공은 주로 냉간 가공으로 이루어지지만 판재가 두꺼울 때는 열간 가공으로 하는 경우도 있다. 판재의 성형 가공은 주로 인장과 굽힘, 전단에 의하여 이루어지므로 판재의 강도, 연신율, 항복점, 단면 감소율, 결정립의 크기, 이방성, 잔류응력, 스프링 백, 주름 등이 가공 공정에 중요한 영향을 준다.

프레스 가공은 생산단가가 저렴하고, 대량 생산에 적합하며 고속 생산이 가능하므로 비절삭 가공법에서는 매우 중요하다. 판재 성형 가공으로 이루어지는 작업은 전단 가공, 굽힘 가공, 성형 가공 및 압축 가공 등으로 나눌 수 있다. 그 중에 연속 생산이 가능한 순차이송 방식, 즉 프로그레시브 가공법이 있다.

(1) 프로그레시브 금형(progressive die)의 특징

연속, 대량 생산 방식의 금형이라는 것은 트랜스퍼 금형과 비슷하지만 금형의 구성, 소재, 이송방식 등에서는 다른 특성이 있다. 이것은 복잡한 형상의 제품을 단순한 여러 공정으로 분할하여 순차적으로 가공을 완료하는 것으로 금형의 강도와 수명 연장을 목적으로 하고 있으며 아래와 같은 특징이 있다.

① 소재로부터 점차적으로 전단, 드로잉 등을 한 단계씩 가공하면서 최종의 완성품을 만드는 금형이다.

② 중소형 제품 가공에 적합하며 일반 프레스에서도 작업이 가능하다.

③ 고속 가공이 가능하며 한국에서는 최대 1000 spm까지도 가능하다.

※ spm(stroke per minute) : 매 분당 스트로크 수

④ 각 공정 간의 위치 정밀도가 서로 밀접한 관계가 있으므로 누적 공차가 발생할 수 있기 때문에 정밀도가 높은 금형을 가공을 해야 한다.

⑤ 프로그레시브 금형에서는 상향으로 성형하게 되면 구조면에서 복잡해지므로 가급적이면 하향 성형으로 설계를 하는 것이 좋다.

(2) 순차 이송 순서

① 여러 공정을 가공하는 방식으로 재료를 일정한 간격으로 차례로 배치한다.

② 코일에서 프레스가 1회전할 때마다 1피치를 보내는 공정으로 재료를 이송 공급한다.

③ 재료는 연속으로 공급되며 프레스 역시 자동으로 운전한다.

④ 재료는 코일재를 사용하고 언코일러, 레벨러, 피더기 등에 의해 연속적으로 공급한다.

(2) 프로그레시브 금형의 장단점

① 장점

㈎ 대량 생산이 목적이므로 생산성이 높고, 품질의 안정성이 우수하며, 염가의 제품을 생산할 수 있다.

㈏ 복잡한 형상의 제품도 개별 파트로 나누어 쉽고 견고한 구조의 금형을 제작할 수 있다.
㈐ 드로잉, 굽힘, 성형 등의 가공도 무난한 형상으로 성형할 수 있다.
㈑ 제품 가공속도가 우수하다.
㈒ 대량 생산에 적합한 방식으로 작업능률이 좋다.

② 단점
㈎ 제조설비가 커진다.
㈏ 금형 제작이 어려워지고, 제작비용이 비싸다.
㈐ 금형 관리가 어려워진다.
㈑ 제품의 정밀도가 극히 높은 것은 제작이 불가능하다.
㈒ 제품의 형상에 따라서는 변형이 남는 것도 있다.
㈓ 제품의 형상에 따라서는 금형 구조상 제작이 불가능한 경우도 있다.
㈔ 버(burr) 방향이 지정된 제품은 구조가 복잡해진다.
㈕ 사용 재료 및 프레스 기계의 제약이 있다.

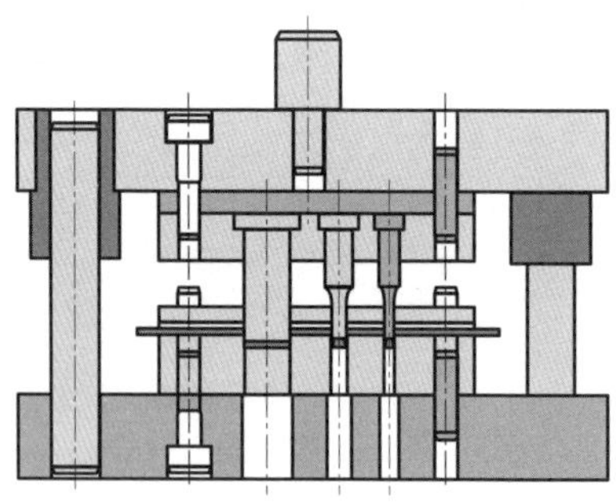
프로그레시브 금형

2 프로그레시브 금형(progressive die)의 설계

(1) 프로그레시브 금형의 설계 순서

일반적으로 프로그레시브 금형의 설계 순서는 다음과 같다.

① 제품도 검토
㈎ 제품의 재질, 두께, 기계적 성질
㈏ 치수 및 형상의 정밀도
㈐ 버(burr)의 방향 지정 여부
㈑ 압연 방향 지정 여부

② 생산 조건의 검토
㈎ 생산 수량
㈏ 금형의 정밀도 및 수명과 관련된 금형의 재질
㈐ 프레스의 규격 등 사양

㈑ 소재의 정밀도 및 치수

㈒ 가공 후 운반 및 처리

③ 어렌지(arrange)도 작성 : 제품의 품질과 생산량을 충족시키기 위하여 펀치 및 다이의 설계기준 치수를 결정하는 것으로 금형의 마모를 반영하여 공차가 없는 제품도를 작성하는 것을 말한다.

④ 전개도 작성

㈎ 벤딩 제품의 전개도

㈏ 드로잉 제품의 전개도

⑤ 블랭크 레이아웃(blank layout) 작성

㈎ 블랭크를 이송 잔폭과 블랭크 간의 잔폭을 중점으로 재료의 이용률을 극대화하여 배열한다.

㈏ 잔폭은 일반적으로 재료 두께의 1~2배 정도가 안정적이다.

⑥ 복잡한 형상의 공정 설계 및 공구의 분할

㈎ 전단가공의 경우 금형의 강도와 수명 등을 고려하여 공정을 분할하여 설계한다.

㈏ 벤딩할 제품은 사전에 전단이 되어 벤딩이 원활하도록 설계한다.

㈐ 드로잉 제품은 드로잉 공정을 적용하여 설계한다.

㈑ 제품 생산에 지장이 없는 한 단순하게 단일 형상으로 설계한다.

⑦ 스트립 레이아웃(strip layout) 작성

㈎ 소재의 송급방법 검토(사이드 컷, 파일럿 핀 사용 여부 등)

㈏ 소재의 이송 잔폭, 폭 잔폭 및 강도 검토

㈐ 제품의 취출 및 회수하는 방법 검토

㈑ 정밀치수 및 정밀형상 부분의 가공 대책

㈒ 하중의 중심은 프레스의 중심에 위치하도록 설계한다.

㈓ 제품 생산에 지장이 없으면 아이들 공정(idle stage)을 설계한다.

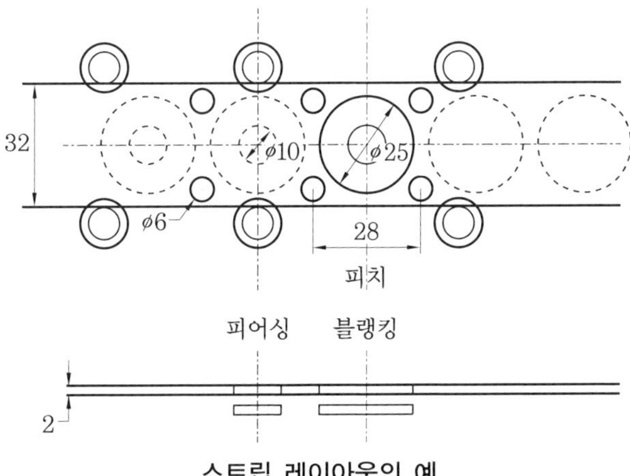

스트립 레이아웃의 예

⑧ 다이 레이아웃(die layout) 작성

㈎ 다이 인서트(insert)의 날 끝 형상

㈏ 다이의 전체적인 형상과 분할 여부 검토

㈐ 볼트, 각종 맞춤 핀의 위치 검토 및 결정

다이 플레이트의 두께$(H) = k\sqrt[3]{P}$

여기서, k : 보정계수, P : 전단력(kgf)

예를 들어 전단력이 4712.4 kgf이고 보정계수$(k) = 1.25$인 경우

다이 플레이트의 두께$(H) = 1.25\sqrt[3]{4712.4} \fallingdotseq 21$mm 이다.

⑨ 종합 조립도 작성

㈎ 다이의 레이아웃을 기본으로 조립단면도, 조립평면도를 작성한다.

㈏ 각 부품의 명칭과 번호 및 표제란과 부품란의 작성

㈐ 다이의 형폐 높이(die shut height), 스트리퍼 판(stripper plate)의 스트로크, 소재의 리프트량 표기

㈑ 부품의 고정 방법 표기

⑩ 부품도 작성

㈎ 가능한 시판하는 규격품을 사용한다.

㈏ 치수, 정밀도, 표면 거칠기, 표면 처리, 형상공차 등을 표기한다.

(2) 파일럿 핀(pilot pin)의 설계

① 파일럿 핀의 기능

파일럿 핀은 재료의 최종적인 위치를 정확하게 안내하는 기능을 하는 부품으로서 주로 프로그레시브 금형에 사용되며, 피어싱 펀치에 의해서 미리 뚫려 있는 구멍에 파일럿 핀이 위치하게 된다.

② 설계 전에 고려할 사항

㈎ 재료(스트립)를 정확한 위치에 고정시킬 수 있는 충분한 강도(strength)를 가질 것

㈏ 휨(deflection)이나 부러짐이 없을 것

㈐ 가공할 제품의 안전한 위치에 설치할 것

㈑ 분해(demounting)하기 쉽고 교환이 용이할 것

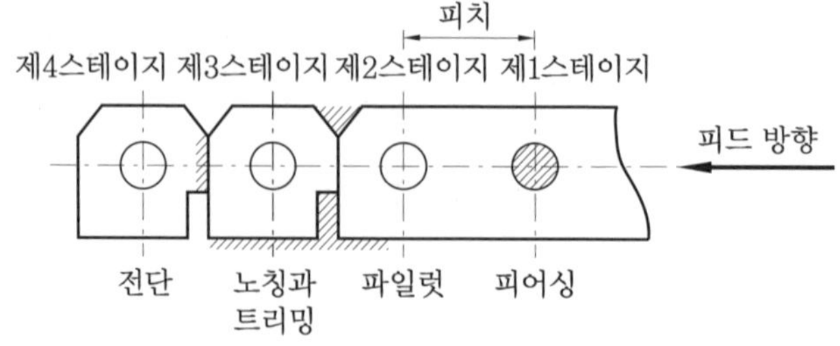

스트립 레이아웃

③ 파일럿 핀의 형상 및 명칭

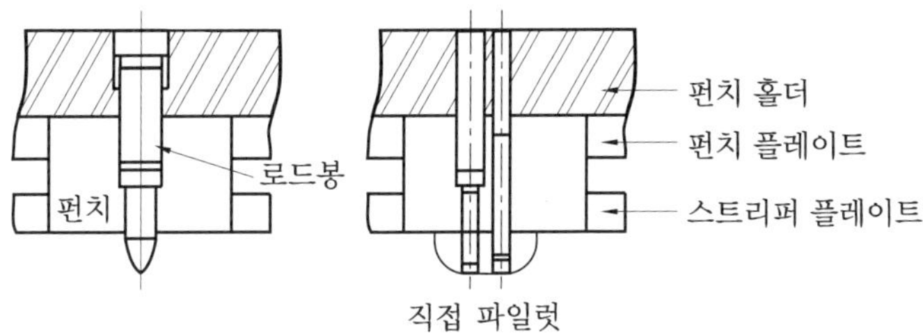

직접 파일럿

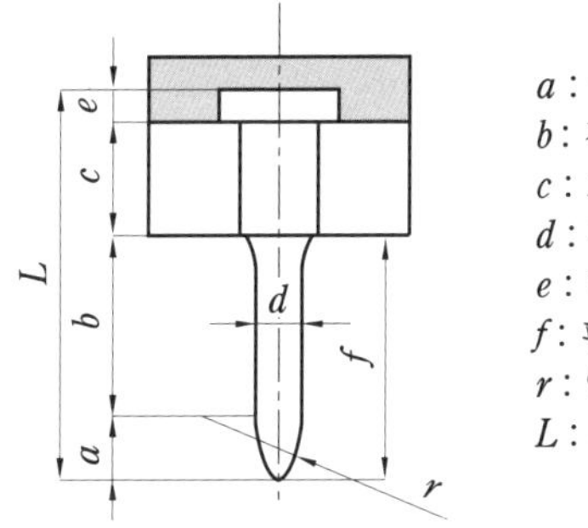

파일럿 핀의 형상 및 명칭

(3) 타발력(P_1)

$$P_1 = A \times T = L \times t \times T [\mathrm{kg \cdot f/mm^2}]$$

여기서, L : 전단 윤곽의 전체 길이(mm)

t : 가공 재료의 두께(mm)

T : 가공 재료의 전단저항(kg·f/mm²)

타발력을 줄이기 위해 재료 두께의 $\frac{1}{2} \sim \frac{1}{3}$ 범위 내에서 시어 각을 주는데 P_1에 보정계수 K를 곱하여 구한다.

(4) 다이 측면에 작용하는 힘(P_2)

다이의 측면에 작용하는 측방력은 프레스 가공이 진행되는 동안에 전단하중에 비례하여 증가한다. 측방력의 최대치는 클리어런스가 클 때는 가공속도가 빠를 때, 클리어런스가 작을 때는 가공속도가 느릴 때 나타난다.

$P_2 = P_1 \times \lambda_m$ 여기서, λ_m : 소재별 보정계수

(5) 스트리핑력(P_3)

전단가공 후 스트립이 펀치에 끼어서 상승하므로 이를 제거하기 위하여 스트리퍼를 사용한다. 일반적으로 타발력의 20~25 %를 적용한다.

$$P_3 = 2\pi r t q_s \mu = (0.2 \sim 0.25) \times P_1$$

여기서, q_s : 스크랩과 펀치 사이의 압력, μ : 스크랩과 펀치 사이의 마찰계수

(6) 스크랩 방출력(P_4)

타발 후 다이 속에 끼인 스크랩을 방출해야 하는데 이때 필요한 힘은 다음과 같다.

$$P_4 = K_1 \times P_1$$

여기서, $K_1 = 0.02 \sim 0.20$

(7) 총 타발력(F)

$$F = P_1 + P_2 + P_3 + P_4$$

2-4 트랜스퍼 금형의 구조와 설계

1 트랜스퍼 금형의 구조

연속적인 대량 생산 작업에 많이 사용되는 금형으로 각 공정 간의 금형 설계가 독립적이다. 즉, 단공정 금형의 조합으로 생각할 수 있으며, 이 작업은 공정 간에 제품 반송 장치가 있어서 1대의 프레스로 작업을 할 수 있게 만든 금형이다. 바 피더(bar feeder)에 장착되어 있는 핑거(finger)에 의해 부품이 다음 공정으로 이송되면서 단계적으로 성형되는 것으로 주로 중대형 부품의 성형작업에 이용되며 적은 작업 인원, 좁은 설치 면적, 생산성 향상의 이점이 있다.

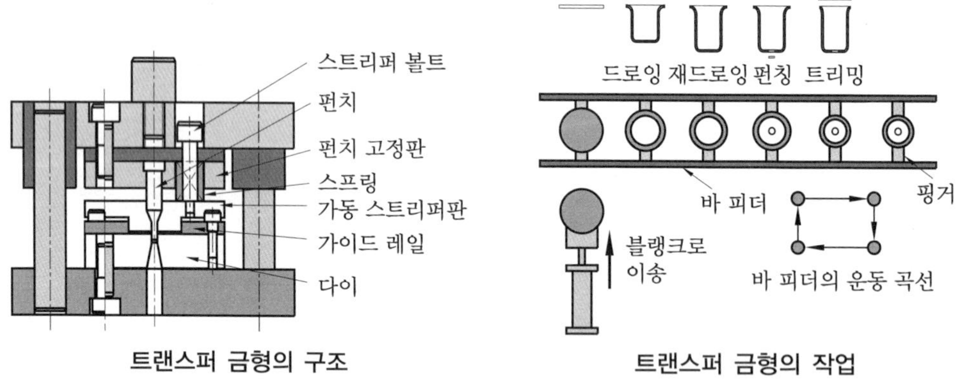

트랜스퍼 금형의 구조 트랜스퍼 금형의 작업

이 작업은 전용의 트랜스퍼 이송 장치가 부착되어 있는 프레스가 필요하며 보통 작업속도는 30~60 spm 정도이다.

(1) 트랜스퍼 금형의 특징

① 장점

㈎ 딥 드로잉 제품의 성형에 직합하다.

㈏ 제품의 생산 전 시운전할 때 금형의 수정이 용이하다.

㈐ 무인 운전이 가능하다.

㈑ 제품의 치수 안정도가 높다.

② 단점

㈎ 전용 프레스의 가격이 고가여서 초기 투자 비용이 높다.
㈏ 금형의 제작 비용이 비싸다.
㈐ 2차원 이하의 제품 생산에 부적합하다.
㈑ 금형이 대형인 관계로 넓은 보관 장소가 필요하다.
㈒ 제품의 생산단가가 높다.

(2) 제품과 스크랩의 처리

프레스 가공에 의하여 생산되는 제품과 발생하는 스크랩의 처리는 다음과 같은 점에 주의해야 한다.

① 제품과 스크랩이 뒤섞이지 않도록 한다.
② 제품과 스크랩이 비산하지 않도록 한다.
③ 제품에 흠집이나 변형이 생기지 않도록 한다.

2 트랜스퍼 금형의 설치

트랜스퍼 방식은 하나의 대형 프레스 안에 여러 개의 금형을 설치할 수 있는 방식으로 탠덤 금형과 구조는 비슷하다. 다만, 제품의 이송이 핑거(finger)라는 도구를 활용함에 따라 설치한 모든 금형의 기능상 높이가 동일해야 하며, 핑커의 영역 내에서 금형의 간섭이 없어야 하는 것이 기본적인 사항이다. 또한 작업의 용이성과 금형의 설치시간 단축 등을 위해 고안된 프레스 사양에 따라 금형 2~3벌을 묶는 커먼 플레이트(common plate)가 있는 것이 특징이다.

(1) 탠덤(트랜스퍼 프레스) 방식

프레스 1대에 금형 1세트를 설치하고 프레스를 병렬로 배치한 후 중간에 로봇이 반제품을 옆 공정으로 이송시켜 생산하는 방식으로 다음과 같은 특징이 있다.

① 프레스 기계는 범용기계이며, 피드 바를 떼어내면 다른 공정에도 사용 가능하다.
② 슬라이드 하면은 평탄하며 스테이지의 조정은 할 수 없다. 이 때문에 금형의 높이는 모든 스테이지에서 동일해야 하며 스테이지의 조정은 스페이서로 한다.
③ 스테이지에 녹아웃 기구가 없기 때문에 스프링, 실린더 등을 이용한 녹아웃이 필요하다.
④ 보통 얕은 성형 제품에 적용된다.
⑤ 스테이지에 금형 부착 장치가 없다. 이 때문에 슬라이드 또는 볼스터에 금형 부착을 위한 추가 가공 또는 다음 그림과 같은 서브 플레이트를 사용하여 부착한다.

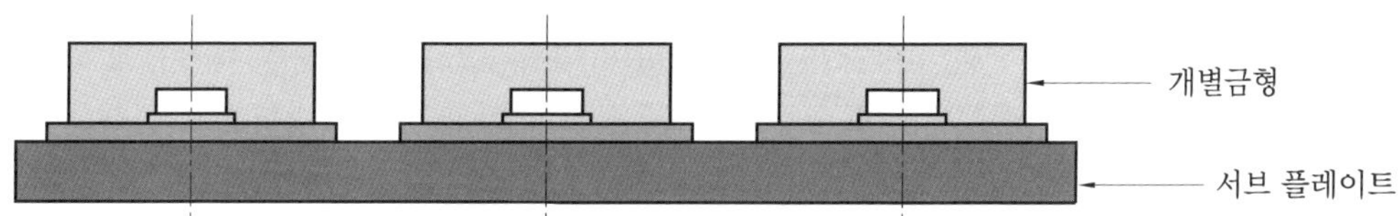

서브 플레이트에 하형을 부착한 예

(2) 전용 트랜스퍼 방식

프레스 1대에 금형 4~5세트를 장착하여 생산하는 방식이며 그 특징은 다음과 같다.

① 전용의 프레스 기계이다.
② 트랜스퍼 이송 장치가 처음으로 조립된다.
③ 각 스테이지에서 금형을 설치하기 위한 기구가 있다.
④ 각 스테이지에 슬라이드 조절, 녹아웃 등의 기구가 있다.
⑤ 딥 드로잉 성형 제품에 많이 적용된다.

3 트랜스퍼의 형식

트랜스퍼 가공은 제품을 잡기 위한 핑거와 핑거를 부착하여 이동시키는 핑거 바에 의하여 제품을 보내며, 그 동작 방식에 따라 다음의 3가지로 분류한다.

(1) 1차원 트랜스퍼 피드(왕복 트랜스퍼)

피드 바(feed bar)가 왕복 운동만 하기 때문이며, 핑거 개폐는 스프링과 금형 내의 캠에 의해 별도로 작용된다. 왕복운동이 요구되는 제품의 형상이나 크기가 한정되어, 주로 소형물의 원통 드로잉에 사용된다.

(2) 2차원 트랜스퍼 피드(평면 트랜스퍼)

피드 바가 장방형의 형태로 이동하면서 ① 클램프, ② 전진, ③ 언클램프, ④ 후퇴를 하는 형식의 것과 다른 하나는 피드 바는 왕복운동만 하고 핑거를 별도로 구동하여 클램프, 언클램프(unclamp)를 행하는 것이 있다. 후자가 고속 가공을 가능하게 하며, 매분 400 spm의 고속화 사례도 있다. 평면운동(어드밴스/리턴), 가공품의 클램프/언클램프 기구가 있다. 순서는 클램프 → 어드밴스 → 언클램프 → 리턴이다.

(3) 3차원 트랜스퍼 피드(입체 트랜스퍼)

피드 바의 작동은 2차원 트랜스퍼 피드에 상하 움직임이 더해지며, ① 클램프, ② 상승, ③ 전진, ④ 하강, ⑤ 언클램프, ⑥ 후퇴의 동작을 한다. 이 때문에 성형품의 위치 결정이 용이하며, 금형의 구조도 간단하다. 그러나 상하운동을 위한 시간이 필요하며, 생산성은 저하한다.

공간운동(어드밴스/리턴, 클램프/언클램프, 리프트/다운), 가공품의 클램프/언클램프 기구가 있다. 순서는 클램프 → 리프트 → 어드밴스 → 다운 → 언클램프 → 리턴이다.

4 재료(블랭크)의 공급 방법

재료는 코일재로서 그리퍼 피더(에어피더)에 의하여 연속적으로 블랭크를 매거진에 넣어 푸셔로 밀어 넣는다. 블랭킹 스테이션(블랭킹 프레스)을 프레스 본체에 횡방향으로 붙여놓고 블랭크를 공급한다. 프로그레시브 금형에 비하여 재료의 회수율은 양호한 편이며 반송기구가 금형 내에 있으나 강성 때문에 고속화와 범용기의 경우에 금형의 교환이 어렵다.

트랜스퍼 유닛을 살펴보면, 공정 간의 제품 반송 수단으로 피드 바(feed bar)라고 부르는 아주 긴 사각봉에 핑거(finger)라고 부르는 제품을 클램프하는 기구를 공정마다 설치하여 전후 좌우로 작동하도록 한다. 핑거는 통상적으로 제품마다 전용으로 필요하므로 교환작업 설비의 부담이 있을 수 있다. 더욱이 "Z" 방향으로 작동하는 3차원 트랜스퍼 유닛도 많이 사용되고 있다. 스피커 프레임이나 모터 케이스와 같은 딥 드로잉 제품의 대량생산에 적합하며, 프레스 기계에 1대의 금형을 세팅해 놓고 피드 바로 이송하는 방식도 있지만 로봇 라인으로 많이 대체되었다.

5 트랜스퍼 금형의 설계

트랜스퍼 금형은 기계의 종류와 이송 형식에 따라 금형의 구조는 크게 다르지만, 여기서는 가장 일반적인 범용 프레스에 2차원 트랜스퍼 장치를 부착한 금형 설계 시 주의사항에 대하여 설명한다.

(1) 트랜스퍼 금형 설계 시 주의사항

① 기계의 능력과 제품의 가공에 필요한 힘 : 각 공정에서 필요한 하중 및 에너지를 합계하고, 기계의 능력이 충분한가를 확인한다. 또, 편심하중이 되기 쉬우므로 대형 프레스 기계의 사용 또는 공정의 균형을 고려한다.

② 스트로크 길이와 제품의 드로잉 깊이 : 드로잉할 수 있는 제품의 최대 길이는 사용하는 프레스의 스트로크 길이와 트랜스퍼 장치의 이송 타이밍으로 결정한다. 드로잉 가공 후 녹아웃에 의해 펀치로부터 벗어나고, 이송이 시작될 때 상형과 간섭되지 않는 타이밍은 제품 형상이나 타이밍 선도에 따라 다르다.

③ 피드 바와 가이드 포스트의 간섭 방지 : 일반적으로 가이드 포스트를 상형에 장착하고, 가이드 부시를 하형으로 하며, 피드 바가 닫힐 때에는 상형이 상승하여 충돌되지 않도록 한다.

④ 제품의 안정성 : 그림 (a)는 플랜지 없는 드로잉에서 불안정 상태, 그림 (b)는 블랭크 홀더에 제품 받이를 부착한 예를 나타낸 것이다. 플랜지 없는 드로잉 제품은 그림 (a)와 같이 불안정해질 수 있기 때문에 그림 (b)와 같은 대책이 필요하다.

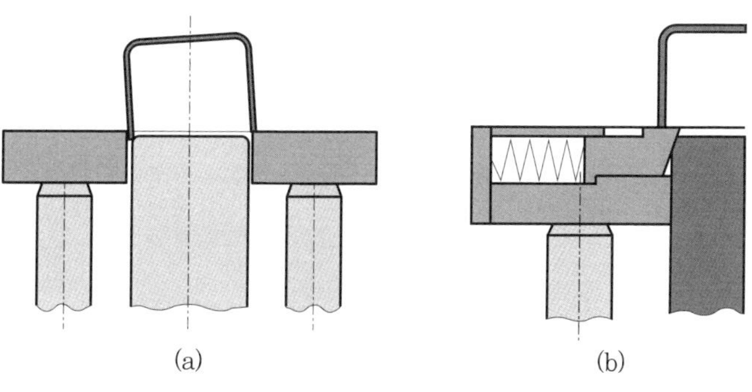

제품의 안정성

⑤ 하형의 상면은 평탄하게 할 것 : 하형의 상면은 제품이 미끄러지며 이송할 수 있도록 평탄하고 중간에 간섭이 없어야 한다.

㈎ 금형과 금형 사이의 공간은 가능하면 평탄한 플레이트로 막을 것

㈏ 녹아웃, 위치 결정 장치, 리프터 핀 등이 제품 밑면과 부딪치지 않을 것

㈐ 다음 스테이지의 금형 상면(또는 녹아웃의 상면)은 전의 스테이지보다 조금 낮게 한다.

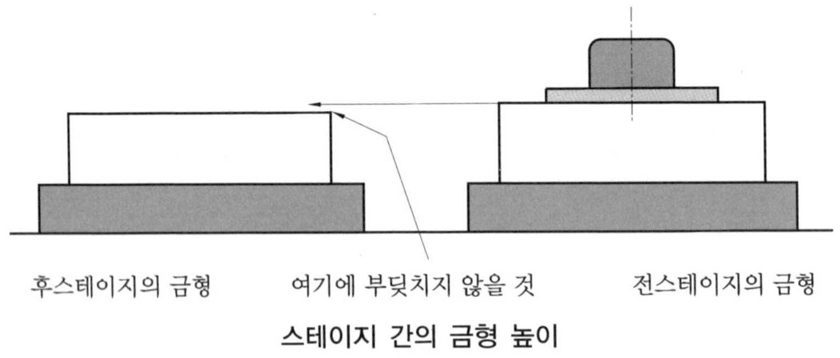

스테이지 간의 금형 높이

(2) 금형설계의 흐름

① 제품도 및 금형 시방서 검토

② 프레스 작업 공정 설계

③ 프레스 선정

④ 금형 구상

⑤ 금형 도면 작성

⑥ 검도

⑦ 출도

예상문제

1. 연속금형(progressive die)에서 스톱 핀 대신 사이드 커터(side cutter)를 사용하는 이유는?
① 소재를 절약하기 위하여
② 소재의 이송을 쉽게 하기 위하여
③ 제품의 정밀도를 높이기 위하여
④ 금형의 가격을 줄이기 위하여

2. 순차이송금형(progressive die)에 사용하는 파일럿 핀의 재질로 적당한 것은?
① STC 4 ② SM 20 C
③ STD 11 ④ SPS 4

3. 순차이송금형에서 파일럿 핀의 주된 기능은 어느 것인가?
① 제품의 구멍 위치를 정확히 잡아준다.
② 소재의 이송을 쉽게 한다.
③ 금형 자체의 정밀도를 높여준다.
④ 펀치가 정확하지 못할 때 사용한다.

4. 순차이송금형에서 다이 안에 소재를 삽입하여 이송할 때 제일 먼저 소재의 위치를 결정하여 주는 장치는?
① 핑거 스토퍼
② 오토 스토퍼
③ 파일럿 스토퍼
④ 솔리드 스토퍼

5. 소재나 반제품의 위치를 결정하는 데 사용하지 않는 금형 부품은?
① 위치 결정핀
② 스톱 핀
③ 맞춤 핀
④ 가이드 핀

6. 순차이송금형(progressive die)에서 파일럿 핀(pilot pin)의 사용 목적 중 가장 적당한 것은?
① 소재를 눌러주기 위하여
② 가공된 소재를 펀치로부터 제거하기 위하여
③ 소재의 이송 피치를 맞추어 주기 위하여
④ 소재가 넓을 때 움직이지 않도록 하기 위하여

7. 프로그레시브 다이(progressive die)에서 간접 파일럿 방식을 사용하는 경우가 아닌 것은?
① 구멍의 치수가 너무 작을 경우
② 구멍이 없는 제품일 경우
③ 구멍의 치수 정밀도가 매우 높은 경우
④ 구조상으로 정확할 경우

8. 프로그레시브 금형은 어떤 금형인가?
① 프레스의 한 행정마다 제품이 가공되어 나오는 금형
② 외형 가공과 내형 가공이 동시에 행하여지는 금형
③ 둘 이상의 공정을 차례로 완성하는 금형
④ 컵 모양의 용기를 여러 개 만드는 금형

9. 순차이송금형(progressive die)에서 이미 뚫어진 구멍으로 이송위치를 정확히 맞추어 주는 부품은?
① 파일럿 핀
② 맞춤핀
③ 녹아웃 핀
④ 다월 핀

정답 » 1. ③ 2. ① 3. ① 4. ① 5. ③ 6. ③ 7. ④ 8. ③ 9. ①

10. 순차이송금형에서 간접 파일럿 방식을 적용하는 경우에 대한 설명 중 옳지 않은 것은?

① 파일럿 핀을 이용할 수 있는 구멍이 없다.
② 피어싱 가공된 구멍이 너무 작다.
③ 간접 파일럿 방식이 견고한 구조이다.
④ 가공된 구멍의 치수가 너무 정밀하다.

해설 간접 파일럿 방식(indirect piloting)
- 구멍의 치수 정도가 높을 경우
- 구멍의 치수가 너무 작을 경우
- 블랭크의 가장자리에 구멍이 너무 접근해 있을 경우
- 약한 부분에 구멍이 있을 경우
- 구멍과 구멍이 너무 밀집되어 있을 경우
- 제품에 구멍이 없을 경우
- 구멍에 돌출부가 있을 경우

11. 프로그레시브 드로잉 금형에서 스트립 레이아웃의 형식으로 사용되는 방법이 아닌 것은?

① 멀티 드로(multi draw) 방식
② 아워글라스(hourglass) 방식
③ 구멍과 슬릿을 조합한 방식
④ 랜스 슬릿(lance slit) 방식

12. 순차이송금형(progressive die)에서 소재의 폭이 일정하지 못할 때 기준면에 소재가 정확히 접촉되도록 무엇을 설치하는가?

① 판 스프링 ② 코일 스프링
③ 게이지 핀 ④ 안내판

13. 순차이송금형을 맞게 설명한 것은?

① 금형이 커진다.
② 높은 공작 정도가 요구된다.
③ 한 개소의 사고는 형 전체가 사용 불가능하게 된다.
④ 형의 부분적 구조가 간단하게 되어 각부를 강하게 할 수 있다.

14. 순차이송금형에서 가공한 제품의 윗면에 거스러미가 발생하였다면 다음 중 어느 부분의 상태가 좋지 않는가?

① 블랭킹 ② 피어싱
③ 노칭 ④ 드로잉

15. 다음 중 트랜스퍼 프레스 가공의 특징을 잘 설명한 것은?

① 금형 가격이 저렴하며 설비비가 많이 든다.
② 위치 결정, 분리, 스크랩 처리가 중요하지 않다.
③ 제품설계에서부터 가공성 검토가 필요하지 않다.
④ 안정성 및 생산성이 높고 작업 인원 감소가 가능하다.

해설 트랜스퍼 금형의 특징
- 작업 안정성을 높인다.
- 생산성이 높고 작업 능률이 좋다.
- 금형 제작비가 높다.
- 설치 공간을 절약할 수 있다.
- 재료비를 절약할 수 있다.
- 제품설계에서부터 가공성 검토가 필요하다.
- 위치 결정, 분리, 스크랩 처리 등에 세심한 주의를 요한다.

16. 다음 중 트랜스퍼 프레스 가공의 특징으로 틀린 것은?

① 작업 안정성이 높다.
② 기계 설비의 초기 투자비가 높다.
③ 금형 제작비가 낮다.
④ 재료를 절약할 수 있다.

17. 제품의 크기가 비교적 크고 가공 공정수가 5공정대에서 20개 공정대에 완료되고 여러 대의 프레스 기계를 병렬로 배치한 프레스 가공 방식은?

① 파인블랭킹 가공
② 프로그레시브 가공

정답 » 10. ③ 11. ① 12. ① 13. ④ 14. ① 15. ④ 16. ③ 17. ③

③ 트랜스퍼 가공
④ 벤딩 가공

해설 트랜스퍼 금형은 소요 공정 수만큼의 프레스를 병렬로 설치하여 순차적으로 제품을 이송시키며 각 기계에서 각 공정을 작업하는 트랜스퍼 공정에 들어가는 금형이며 트랜스퍼 다이라고도 부른다.

18. 트랜스퍼 금형 설계 시 주의사항과 거리가 먼 것은?
① 기계의 능력과 제품의 가공에 필요한 힘
② 스트로크 길이와 제품의 드로잉 깊이
③ 피드 바와 가이드 포스트의 간섭 방지
④ 제품의 불안정성

19. 트랜스퍼 금형의 프레스 작동 주기(cycle) 순서를 올바르게 나타낸 것은?
① 정지 → 핑거의 인입 → 트랜스퍼 몸체의 후진 → 정지 → 핑거의 진출 → 트랜스퍼 몸체의 전진
② 정지 → 핑거의 진출 → 핑거의 인입 → 트랜스퍼 몸체의 후진 → 정지 → 트랜스퍼 몸체의 전진
③ 핑거의 인입 → 정지 → 트랜스퍼 몸체의 후진 → 정지 → 핑거의 진출 → 트랜스퍼 몸체의 전진
④ 핑거의 인입 → 정지 → 트랜스퍼 몸체의 전진 → 정지 → 핑거의 진출 → 트랜스퍼 몸체의 후진

20. 다음 중 트랜스퍼 프레스 가공의 특징이 아닌 것은?
① 기계 설비의 초기 투자비가 낮다.
② 설치 공간을 절약할 수 있다.
③ 숙련된 프레스 작업자를 필요로 하지 않는다.
④ 작업 안정성을 높인다.

해설 트랜스퍼 프레스 가공은 여러 개의 가공 공정에 해당하는 금형을 연속적으로 세팅하고 자동 이송 장치로 재료를 이송하여 자동 가공을 하는 것이다. 이 방법은 기계 설비의 초기 투자비는 높지만 능률적이다.

21. 다음 중 트랜스퍼의 형식이 아닌 것은?
① 1차원 트랜스퍼(왕복 트랜스퍼)
② 2차원 트랜스퍼(평면 트랜스퍼)
③ 3차원 트랜스퍼(입체 트랜스퍼)
④ 4차원 트랜스퍼(입체+시간 트랜스퍼)

정답 » 18. ④ 19. ① 20. ① 21. ④

2-5 드로잉 금형의 구조와 설계

1 드로잉 가공

(1) 드로잉 가공 상태

드로잉 가공은 재료의 연성을 극도로 이용한 것으로 드로잉한 벽의 부분, 플랜지 부분 등에 주름이 발생하거나 파단되는 경우가 있다. 그러므로 1회의 드로잉 가공으로 필요한 제품을 얻지 못할 경우는 2~수회 정도로 분류하여 최후에 소요의 형상을 얻도록 한다.

(2) 판 두께 변화

그림 (a)에서 제품의 밑면은 삼각형의 변화가 없으나 그림 (b)와 같이 측벽의 사각형을 금긋기한 후 드로잉 가공을 해보면, 그림 (c)와 같이 밑면에 가까운 삼각형의 면적 변화는 적으나 그림 (d)와 같이 위쪽의 사각형은 원둘레 방향의 길이는 줄고 높이 쪽은 늘어나는 것을 알 수 있다. 그러므로 드로잉 가공된 용기의 높이는 삼각형의 면적만큼 증가한다.

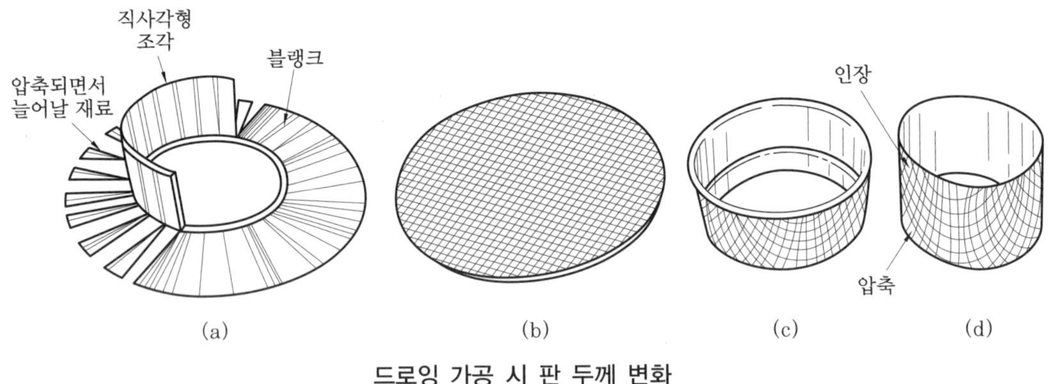

드로잉 가공 시 판 두께 변화

2 한계 드로잉률 및 드로잉비

드로잉률이란 드로잉할 수 있는 극한값을 나타내며, 드로잉률이 작을수록 제품의 지름에 비해 높이가 큰 제품이 드로잉되므로 일정한 한계를 넘으면 소재는 파단되어 가공이 불가능해진다.

$$m = \frac{d}{D}$$

여기서, m : 드로잉률, d : 펀치의 지름(제품의 안지름, mm)
D : 소재의 바깥지름(mm)

즉, 파단이 생기지 않고 가공할 수 있는 최소의 드로잉률을 한계 드로잉률이라고 하며, 한계 드로잉률이 작을수록 소재의 드로잉성이 좋다는 것을 나타낸다.

(1) 두께 비

두께 비란 소재의 지름(D)과 사용 재료의 두께(t)의 비를 %로 표시한 것이다.

$$두께\ 비 = \frac{t}{D} \times 100$$

두께 비가 작아지면 주름의 발생 원인이 되며 블랭크 홀더의 압력을 높이지 않으면 만족한 드로잉 가공을 할 수 없다. 그러므로 드로잉률을 증가시키거나, 두께 비를 증가시켜야 한다. 그 예로서, 단동 프레스를 사용하여 지름 $\phi 35$, 판 두께 1 mm의 연강판을 드로잉 가공하면

$$두께\ 비 = \frac{t}{D} \times 100 = \frac{1}{35} \times 100 = 2.86$$

두께 비 2.86은 표에서 2.3과 3.6의 사이에 있으므로 1회 드로잉률은 0.55~0.52이며 0.55에 가깝다.

연강판의 $\frac{t}{D}$를 가미한 제1회의 드로잉 한계

두께 비$\left(\frac{t}{D} \times 100\right)$	드로잉률$\left(\frac{d}{D}\right)$	두께 비$\left(\frac{t}{D} \times 100\right)$	드로잉률$\left(\frac{d}{D}\right)$
1.6	0.65	2.3	0.55
1.8	0.60	3.6	0.52

㊟ 단동 프레스를 사용하는 경우 블랭킹 홀더가 없을 때 적용한다.

(2) 드로잉비

드로잉비 값은 드로잉률과는 정반대(즉, 변형의 크기에)로 비례한다. 드로잉비가 크면 변형도 커진다.

$$\frac{D}{d} = \frac{1}{m} = \beta$$

3 재드로잉 가공

1회의 드로잉만으로 드로잉되지 않거나 무리일 경우에 재드로잉 가공을 한다.

(1) 소재의 지름과 제품의 지름의 관계식

$$d_1 = m_1 \cdot D, \quad d_2 = m_2 \cdot d_1, \quad d_3 = m_3 \cdot d_2, \quad d_n = m_n \cdot d_{n-1}$$

여기서, d_1, d_2, d_3, d_n : 완성된 제품 지름

m_1, m_2, m_3, m_n : 적용된 드로잉률

(2) 드로잉률 적용 시 고려해야 할 사항

① 블랭크 지름과 판 두께의 상대적 관계

② 드로잉 다이의 둥글기(die radius) : r_d

③ 드로잉 펀치의 둥글기(punch radius) : r_p

4 드로잉 금형에서의 곡률반지름

(1) 다이의 곡률반지름(die radius) : r_d

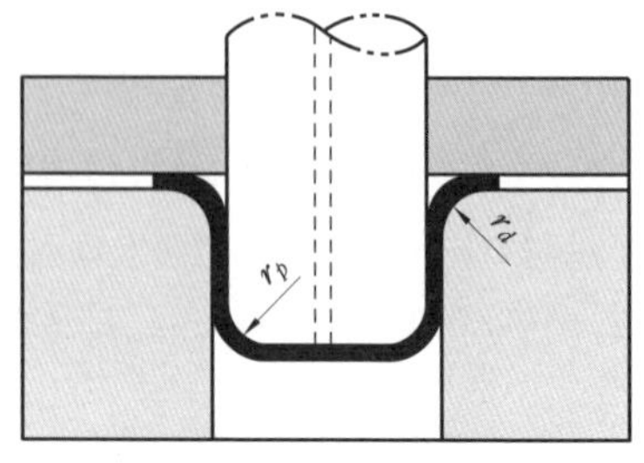

다이와 펀치의 곡률반지름

r_d가 클수록 드로잉을 하는 데 소요되는 힘이나 블랭크 홀더의 압력은 감소하나 드로잉 가공 공정 후반에 블랭크 홀더가 작동되지 않아 플랜지에 주름이 생긴다.

① r_d의 범위

$(4\sim6)t \leqq r_d \leqq (10\sim20)t$(단, t : 판 두께)

② 다공정 드로잉에서 제2공정 이후의 r_d

$r_d n = (0.6\sim0.8) r_d (n-1)$: 순차적으로 r_d를 작게 한다.

(2) 펀치의 곡률 반지름(punch radius) : r_p

r_d와 같이 드로잉 가공의 성패를 좌우하는 중요한 요소이다. r_p가 작아질수록 용기 모서리의 인장 비뚤어짐이 크게 되어 판 두께가 감소하여 파단되기 쉽고, r_p가 크면 드로잉 가공은 용이하나 어느 한계 이상이 되면 보디(body)에 주름이 생기기 쉽다.

r_p의 범위는 일반적으로 r_d와 r_p는 같게 하지만 r_p를 r_d보다 약간 작게 하는 것이 좋다.

$(4\sim6)t \leqq r_p \leqq (10\sim20)t$(단, t : 판 두께)

① 연강일 경우 : $r_p = \frac{1}{2}t$

② 알루미늄일 경우 : $r_p = 1.0t$

③ 스테인리스일 경우 : $r_p = 2.0t$

최소 곡률반지름은 $(2\sim3)t$ 가 필요하며 펀치 지름의 $\frac{1}{3}$보다 작게 하여 소재가 경질일수록 큰 값을, 소재가 연질일수록 작은 값을 택한다.

5 드로잉 금형의 클리어런스

드로잉 금형에서 펀치와 다이의 편측 간격을 클리어런스라 하며, 일반적으로 $(1.1\sim1.5)t$ 정도를 준다. 클리어런스가 판 두께와 같거나 작으면 드로잉과 동시에 훑는 현상(아이어닝)으로 마찰력이 매우 증가하여 금형이 파손되거나 기계가 정지할 수 있다.

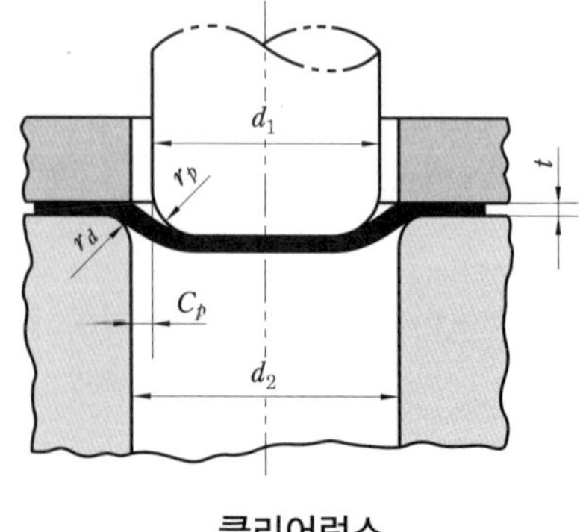

클리어런스

블랭크의 지름

용기의 형상	A : 용기의 표면적, D_0 : 블랭크의 지름
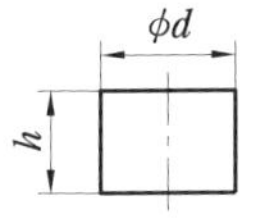	$A = \frac{\pi d^2}{4} + \pi dh$ $D_0 = \sqrt{d^2 + 4dh}$
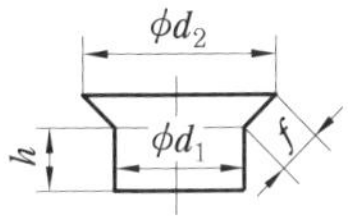	$A = \frac{\pi d_1^{\ 2}}{4} + \pi d_1 h + \pi f \frac{d_1 + d_2}{2}$ $D_0 = \sqrt{d_1^{\ 2} + 4 d_1 h + 2f(d_1 + d_2)}$
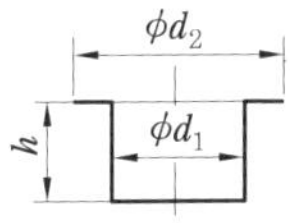	$A = \frac{\pi d_1}{4} + \pi d_1 h + \frac{\pi}{4}(d_3^2 - d_1^{\ 2})$ $D_0 = \sqrt{d_2^{\ 2} + 4 d_1 h}$
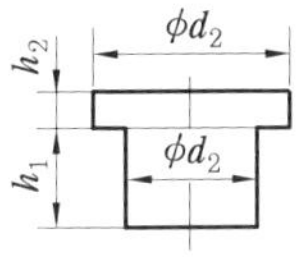	$A = \frac{\pi d_1^{\ 2}}{4} + \pi d_1 h_1 + \frac{\pi}{4}(d_2^{\ 2} - d_1^{\ 2}) + \pi d_2 h_2$ $D_0 = \sqrt{d_2^{\ 2} + 4(d_1 h_1 + d_1 h_2)}$
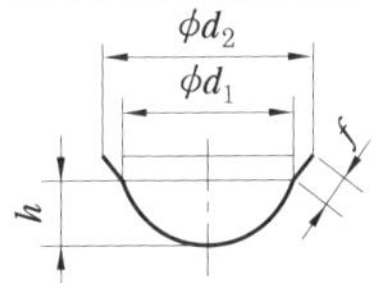	$A = \frac{\pi}{4}(d_1^{\ 2} + 4h^2) + \pi f \frac{d_1^{\ 2} + d_2}{2}$ $D_0 = \sqrt{d_1^{\ 2} + 4h^2 + 2f(d_1 + d_2)}$
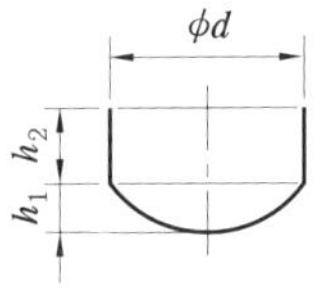	$A = \frac{\pi}{4}(d^2 + 4h_1^{\ 2}) + \pi d h_2$ $D_0 = \sqrt{d_2 + 4(h_1^{\ 2} + d h_2)}$
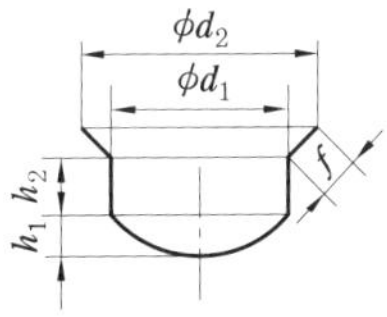	$A = \frac{\pi}{4}(d_1^{\ 2} + 4h_1^{\ 2}) + \pi d_1 h_2 + \pi f \frac{d_1 + d_2}{2}$ $D_0 = \sqrt{d_1^{\ 2} + 4\left\{h_1^{\ 2} + d_1 d_2 + \frac{f}{2}(d_1 + d_2)\right\}}$
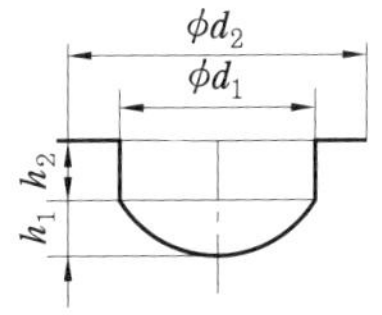	$A = \frac{\pi}{4}(d_1^{\ 2} + 4h_1^{\ 2}) + \pi d_1 h^2 + \frac{\pi}{4}(d_2^2 - d_1^{\ 2})$ $D_0 = \sqrt{d_2^{\ 2} + 4(h_2^{\ 2} + d_1 h_2)}$
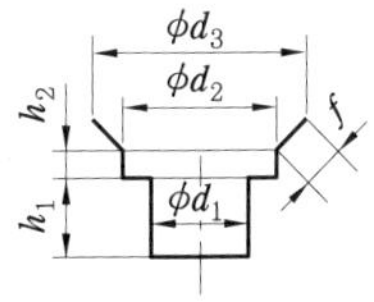	$A = \frac{\pi d_1^{\ 2}}{4} + \pi d_1 h_1 + \frac{\pi}{4}(d_2^{\ 2} - d_1^{\ 2}) + \pi d_2 h_2 + \pi f \frac{d_2 + d_3}{2}$ $D_0 = \sqrt{d_2^{\ 2} + 4(d_1 h_1 + d_2 h_2) + 2f(d_2 + d_3)}$
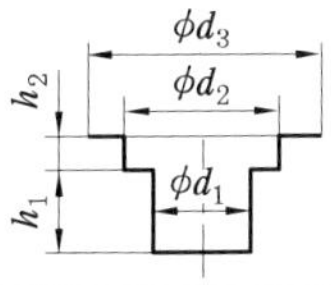	$A = \frac{\pi d_1^{\ 2}}{4} + \pi d_1 h_1 + \frac{\pi}{4}(d_2^2 - d_1^{\ 2}) + \pi d_2 h_2 + \frac{\pi}{4}(d_1^{\ 2} - d_2^{2})$ $D_0 = \sqrt{d_2^{\ 2} + 4(d_1 h_1 + d_2 h_2)}$

형상	식
ϕd_2, ϕd_1, h	$A = \frac{\pi}{4}(d_1^2 + 4h^2) + \frac{\pi}{4}(d_2^2 - d_1^2)$ $D_0 = \sqrt{d_2^2 + 4h^2}$
ϕd, h	$A = \frac{\pi d^2}{2} + \pi d h$ $D_0 = 1.414\sqrt{d^2 + 2dh}$
ϕd_2, ϕd_1, h	$A = \frac{\pi d_1^2}{2} + \pi d_1 h + \frac{\pi}{4}(d_2^2 - d_1^2)$ $D_0 = \sqrt{d_1^2 + d_2^2 + 4d_1 h}$
ϕd_2, ϕd_1, h, f	$A = \frac{\pi d^2}{2} + \pi d_1 h + \pi f \frac{d_1 + d_2}{2}$ $D_0 = 1.414\sqrt{d_1^2 + 2d_1 h + f(d_1 + d_2)}$
ϕd_1, h	$A = \frac{\pi}{4}(d^2 + 4h^2)$ $D_0 = \sqrt{d_2 + 4h^2}$
ϕd_1	$A = \frac{\pi d^2}{2}$ $D_0 = \sqrt{2d^2 - 1.414d}$
ϕd_2, ϕd_1	$A = \frac{\pi d_1^2}{2} + \frac{\pi}{4}(d_1^2 - d_1^2)$ $D_0 = \sqrt{d_1^2 + d_2^2}$
ϕd_2, ϕd_1, f	$A = \frac{\pi d_1^2}{2} + \pi f \frac{d_2 + d_1}{2}$ $D_0 = 1.414\sqrt{d_1^2 + f(d_2 + d_1)}$
ϕd_2, ϕd_1, r	$A = \frac{\pi d_1^2}{4} + \frac{\pi^2 h}{2}(d_1 + 1.274r) - \frac{\pi}{4}(d_2 - 2h)^2 + \frac{\pi^2 r}{2}(d_2 - 0.726r)$ $D_0 = \sqrt{d_2^2 + 2.28rd_2 - 0.56r^2}$
ϕd_2, ϕd_1, h, r	$A = \frac{\pi}{4}(d_2 - 2r)^2 + \frac{\pi^2 r}{2}(d_2 - 0.726r) + \pi h d_2$ $D_0 = \sqrt{d_2^2 + 4d_2(h + 0.57r) - 0.56r^2}$

ϕd_3, ϕd_2, r, f, ϕd_1	$A = \frac{\pi}{4}(d_2 - 2r)^2 + \frac{\pi^2 r}{2}(d_2 - 0.726r) + \pi f \frac{d_2 + d_3}{2}$ $D_0 = \sqrt{d_2^2 + 2.28rd_2 + 2f(d_2 + d_3) - 0.56r^2}$
ϕd_3, ϕd_2, r, ϕd_1	$A = \frac{\pi}{4}(d_2 - 2r)^2 + \frac{\pi^2 r}{2}(d_2 - 0.726r)\ \frac{\pi}{4}(d_3^2 - d_2^2)$ $D_0 = \sqrt{d_3^2 + 2.28rd_2 - 0.56r^2}$
h, ϕd_2, S, ϕd_1	$A = \frac{\pi d_1^2}{4} + \pi S\frac{d_1 + d_2}{2} + \pi d_2 h$ $D_0 = \sqrt{d_1^2 + 2\{S(d_1 + d_2) + 2d_2 h\}}$
ϕd_3, ϕd_2, S, f, ϕd_1	$A = \frac{\pi d_1^2}{4} + \pi S\frac{d_1 + d_2}{2} + \pi f\frac{d_2 + d_3}{2}$ $D_0 = \sqrt{d_1^2 + 2\{S(d_1 + d_2) + f(d_2 + d_3)}$
ϕd_3, ϕd_2, h, r, ϕd_1	$A = \frac{\pi}{4}(d_2 - 2r)^2 + \frac{\pi^2 r}{2}(d_2 - 0.726r) + \pi d_2 h + \frac{\pi}{4}(d_3^2 - d_2^2)$ $D_0 = \sqrt{d_3^2 + 4d_2(0.57r + h) - 0.56r^2}$
ϕd_2, S, ϕd_1	$A = \frac{\pi d_1^2}{4} + \pi S\frac{d_1 + d_2}{2}$ $D_0 = \sqrt{d_1^2 + 2S(d_1 + d_2)}$
ϕd_3, ϕd_2, S, ϕd_1	$A = \frac{\pi d_1^2}{4} + \pi S\frac{d_1 + d_2}{2} + \frac{\pi}{4}(d_3^2 - d_2^2)$ $D_o = \sqrt{d_1^2 + 2S(d_1 + d_2) + d_3^2 - d_2^2}$
ϕd_3, ϕd_2, h, r, f, ϕd_1	$A = \frac{\pi}{4}(d_2 - 2r)^2 + \frac{\pi^2 r}{2}(d_2 - 0.726r) + \pi d_2 h + \pi f\frac{d_3 + d_2}{2}$ $D_0 = \sqrt{d_2^2 + 4d_2\left(0.57r + h + \frac{f}{2}\right) + 2d_3 f - 0.56r^2}$

6 드로잉 가공 시 소요되는 압력과 일량

드로잉에 소요되는 압력을 드로잉력이라 하며, 다음 식으로 나타낼 수 있다.

$$P = \pi \cdot d \cdot t \cdot \sigma_b [\text{kgf}]$$

여기서, d : 제품의 중립면 지름(mm)
t : 소재의 두께(mm)
σ_b : 소재의 최대 인장강도(kgf/mm²)

용기가 파단되지 않고 성형되었다면 최대인장강도에 도달하지 않았다는 것을 의미하므로

$$P = \pi \cdot d \cdot t \cdot \sigma_a + \frac{\sigma_b}{2}$$

$$P = \pi \cdot d \cdot t \cdot K \cdot \sigma_b$$

여기서, σ_s : 재료의 항복강도(kgf/mm²)
K : 드로잉력의 보정계수

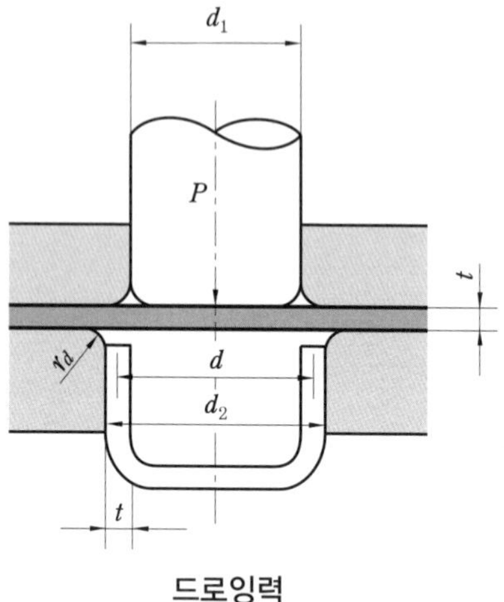

드로잉력

정확한 드로잉력은 블랭크를 눌러주는 블랭크 홀더의 압력과 블랭크 홀더와 다이 사이에서 블랭크가 받는 마찰력 및 펀치와 다이의 모서리에서 받는 블랭크의 굽힘력을 고려해야 한다. 따라서 실제로 드로잉에 소요되는 압력을 계산하면

$$P = P_B + P_f + F$$

여기서, P_B : 펀치와 다이 모서리에서 받는 블랭크의 굽힘력(kgf)
P_f : 블랭크 홀더의 압력(kgf)
F : 블랭크 홀더와 다이 사이에서 생기는 블랭크의 마찰력(kgf)

(1) 플랜지가 없는 원통 용기의 경우

① 제1공정의 드로잉일 때 : $P = \pi \cdot d_1 \cdot t \cdot \sigma_b \cdot K_1$

② 재드로잉일 때 : $P = \pi \cdot d_2 \cdot t \cdot \sigma_b \cdot K_2$

여기서 d_1, d_2는 제1공정 및 재드로잉 펀치 지름이며, K는 보정계수이다.

(2) 플랜지가 있는 원통형, 원추형, 구형인 경우의 드로잉력

① 원통형인 경우의 드로잉력 : $P = \pi \cdot d_p \cdot t \cdot \sigma_b \cdot K_3$

② 원추형, 구형일 경우의 드로잉력 : $P = \pi \cdot d_c \cdot t \cdot \sigma_b \cdot K_3$

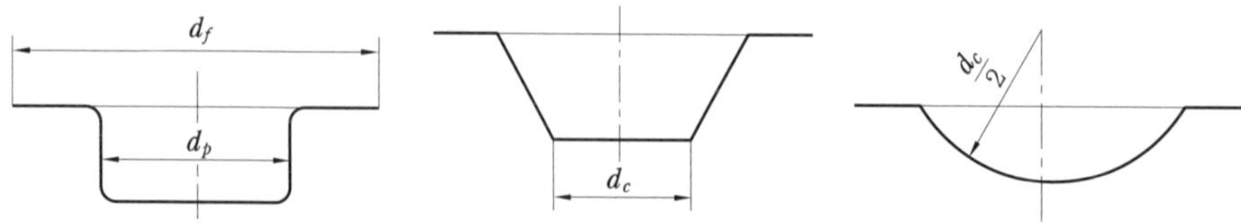

d_f : 플랜지의 지름, d_p : 원통형 펀치 지름, d_c : 원추형 최소지름과 구형의 지름

원통형, 원추형, 구형의 제품 치수 표시

(3) 각통 드로잉의 경우 드로잉 압력의 산출

$$P = t \cdot \sigma_b (2\pi \cdot r_c \cdot C_1 + L \cdot C_2)$$

여기서, r_c : 각통 용기의 곡률반지름(mm)

L : 직선부의 전체 길이(mm)

C_1 : 각통의 깊이에 관한 상수[얕은 경우 : 0.5, (5~6)r_c인 경우 : 2.5]

C_2 : 가공도에 관한 상수(충분한 클리어런스와 블랭크 홀더가 없는 경우 : 0.2, 블랭크 홀더 압력이 $\frac{P}{3}$인 경우 : 0.3, 가공이 곤란한 경우 : 1.0)

(4) 블랭크 홀더의 압력의 계산

블랭크 홀더의 압력이 너무 크면 제품에 균열이 발생하며 너무 작으면 주름이 생긴다. 따라서 주름을 억제하는 최소한의 압력으로 해야 한다.

① 원통 1차 드로잉의 경우 : $P_h = \frac{\pi}{4}[D^2 - (d_1 + 2r_d)^2]q$

② 원통 재드로잉의 경우 : $P_h = \frac{\pi}{4}[d_{n-1}^2 - (d_n + 2r_d)^2]q$

여기서, P_h : 블랭크 홀더의 압력, D : 원형 블랭크의 지름(mm)

r_d : 다이의 곡률 반지름(mm), d_{n-1} : 제 $n-1$ 공정 드로잉의 다이 지름(mm)

d_1 : 제 1 공정 드로잉의 다이 지름(mm), d_n : 제 n 공정 드로잉의 다이 지름(mm)

q : 단위면적당의 하한 주름억제압력(kgf/mm^2)

(5) 드로잉 가공일량

드로잉 가공일량(E)을 구하는 식은 다음과 같다.

$$E = f \cdot P \cdot h$$

여기서, f : 드로잉에 따른 동력 소비계수, P : 드로잉 압력(kgf)

h : 드로잉 깊이(mm)

(6) 돌기(bead)

돌기의 사용 목적은 다음과 같다.

① 드로잉 가공 시 부분적인 마찰저항 증가

② 용기 전체의 미끄럼저항의 균형 유지

③ 드로잉률 향상

7 드로잉 금형

두께가 같은 평판으로 각종 용기 성형을 할 경우는 금형의 구조, 가공 방식, 치수 정도, 재질, 제품의 형상 프레스 기계 및 윤활 상태 등 여러 가지 요인이 복잡하게 조합되어 결정된다.

드로잉 금형을 제품의 형상에 따라 분류하면 다음과 같다.

① 원통형 드로잉 금형

㈎ 플랜지 없는 원통형 금형 : 원추형 다이 드로잉 금형, 블랭크 홀더 달린 드로잉 금

형, 역드로잉 금형, 재드로잉 금형

(나) 플랜지 달린 원통형 금형

② 원추형 드로잉 금형

③ 각통형 드로잉 금형

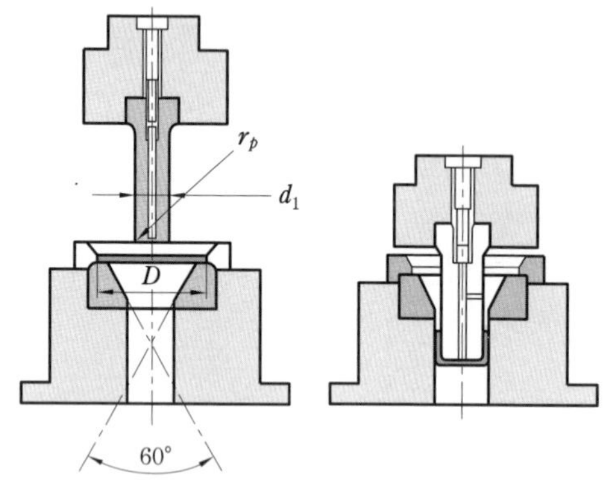

(a) 플랜지 없는 원통형 드로잉 금형

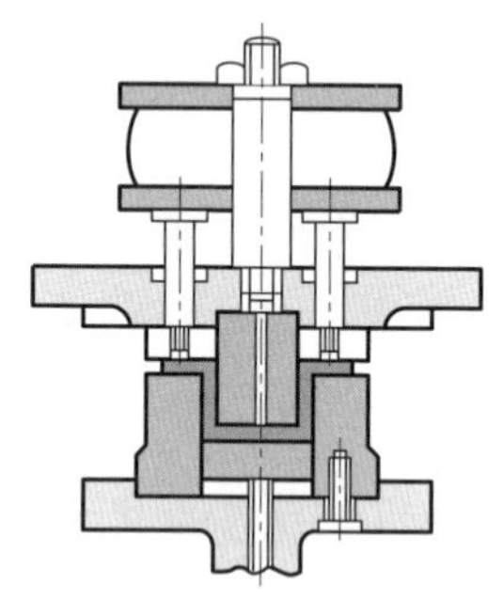

(b) 블랭크 홀더 달린 드로잉 금형

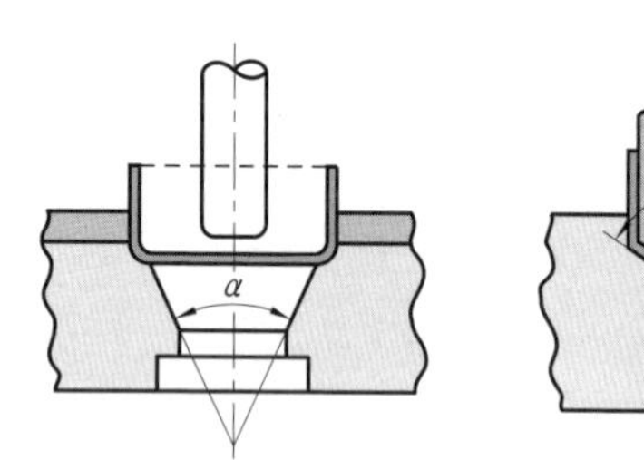

(c) 재드로잉 금형

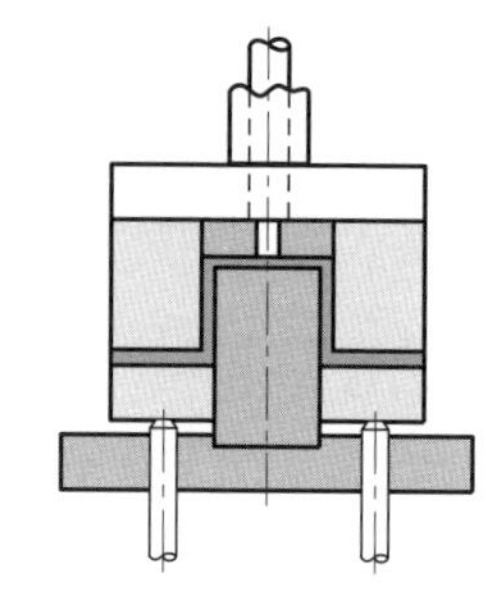

(d) 플랜지 달린 드로잉 금형

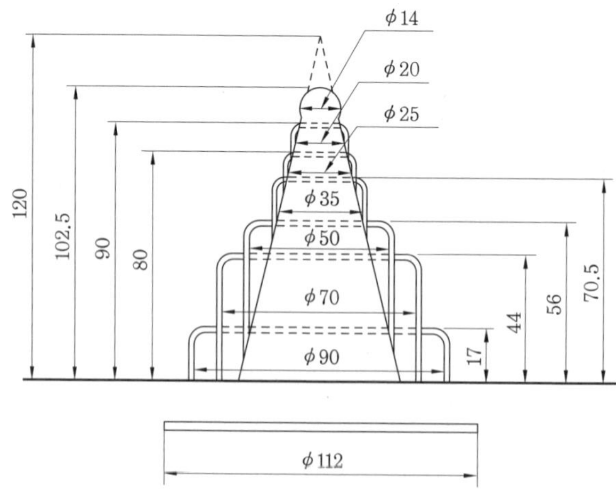

(e) 원추형 용기의 드로잉 공정

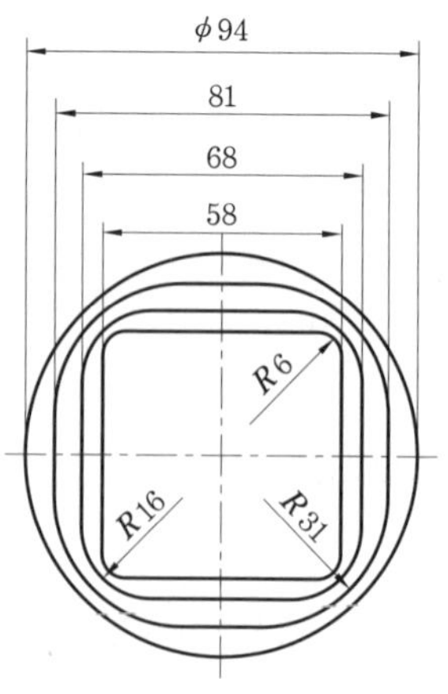

(f) 정사각통의 드로잉 공정

제품 형상에 의한 드로잉 금형의 종류

8 아이어닝 가공

아이어닝 가공은 드로잉 방식과 같으나 펀치나 다이의 틈이 소재의 두께보다 작은 것이 다르며, 일반적으로 1공정에서는 30 %, 2공정부터는 25 %씩 두께를 줄인다. 아이어닝 가공에서는 안지름을 줄이는 것이 아니라 벽두께를 줄이는 것이다.

아이어닝 제품의 블랭크의 치수 계산법은 다음과 같다.

$$D = \sqrt{{d_d}^2 + 4\,d_x \cdot h_x \cdot t_x}$$

여기서, d_d : 완성 제품의 바깥지름(mm), D : 소재의 지름(mm)
t : 소재의 두께(mm), t_x : 완성 제품의 측벽 두께(mm)
d_x : 완성 제품의 중간지름(mm) h_x : 측벽의 높이(mm)

예상문제

1. 다음 중 드로잉용 윤활제로 사용하는 것이 아닌 것은?

① 흑연 ② 비눗물
③ 엔진 오일 ④ 물

2. 드로잉 금형의 설계 시 펀치와 다이의 틈새에 대한 설명 중 가장 알맞은 것은?

① 제1차 드로잉에서는 판 두께의 약 30 %, 제2공정에서는 20 %, 다듬질 공정에서는 10 %의 틈새를 준다.
② 제1차 드로잉에서는 판 두께의 약 10 %, 제2공정에서는 20 %, 다듬질 공정에서는 30 %의 틈새를 준다.
③ 제1차 드로잉에서는 판 두께의 40 %, 제2공정에서는 35 %, 다듬질 공정에서는 20 %의 틈새를 준다.
④ 전공정에 걸쳐 약 30 % 정도의 틈새를 준다.

3. 원형 용기에서 용기 지름 70 mm, 높이 50 mm인 경우 소재의 지름은 얼마인가? (단, 용기의 밑바닥은 날카롭다.)

① 157.47 mm ② 147.47 mm
③ 127.47 mm ④ 137.47 mm

해설 블랭크의 지름 D_0

$= \sqrt{d^2+4dh} = \sqrt{70^2+4\times70\times50}$

$= \sqrt{4900+14000} = \sqrt{18900} = 137.47\text{mm}$

4. 원통 용기의 지름이 50 mm이고 제품의 높이가 30 mm, 굽힘 반지름 r = 6 mm, 두께 2.0 mm인 연강판을 사용하여 원통 드로잉을 하기 위한 블랭크의 지름은?

① 64.7 mm ② 74.7 mm
③ 84.7 mm ④ 94.7 mm

해설 판 두께가 2.0 mm 이상일 경우는 지름에서 두께를 뺀 평균두께로 계산한다. 즉, 중립면은 안쪽에서 40 %, 바깥쪽에서 60 %인 위치에 있다고 가정하면,

$d = 50-2\times0.6\times2 = 47.6$ mm

$h = 30-2\times0.6 = 28.8$ mm

$r = 6+2\times0.4 = 6.8$ mm

$\therefore d/r = 47.6/6.8 = 7$

블랭크의 지름 D

$= \sqrt{(d-2r)^2+4d(h-r)+2\pi r(d-0.7r)}$

$= 84.7$ mm

정답 » 1. ④ 2. ① 3. ④ 4. ③

5. 제품의 바깥지름이 40 mm이고 높이가 30 mm인 제품을 두께 2.0 mm의 강판으로 드로잉한다면 이때 필요한 드로잉 압력은 얼마인가?(단, 소재의 최대 인장강도는 40 kgf/mm²이다.)

① 9542 kgf ② 9442 kgf
③ 8542 kgf ④ 8442 kgf

해설 $P = \pi d t \sigma_b$ [kgf]

여기서, P : 드로잉 압력(kgf)
d : 제품의 중립면 지름(mm)
t : 소재의 두께(mm)
σ_b : 소재의 최대 인장강도(kgf/mm²)

$d = 40 - 2 = 38$ mm

$\therefore P = \pi \times 38 \times 2 \times 40 = 9545.5$kgf

6. 소재의 두께가 0.4~1.3 mm 범위의 연강판을 1차 드로잉할 때 적당한 클리어런스는 얼마인가?

① (1.07~1.09)t ② (1.08~1.10)t
③ (1.10~1.12)t ④ (1.12~1.14)t

7. 제품의 두께가 1.2 mm, 안지름이 85 mm이고 보정계수 $K = 0.65$일 때 필요한 드로잉력은 얼마인가?(단, 제품의 인장강도 σ_b는 40 kgf/mm²이다.)

① 8222 kgf ② 8332 kgf
③ 7222 kgf ④ 7322 kgf

해설 $P = \pi d_i t \sigma_b K_1$[kgf]

$= \pi \times 85 \times 1.2 \times 40 \times 0.65$

$= 8332$ kgf

8. 원통 드로잉 가공에서 블랭크 홀더 없이 그림과 같이 드로잉할 경우 다이의 각도 θ는 얼마 정도가 좋은가?

① 60°
② 70°
③ 80°
④ 90°

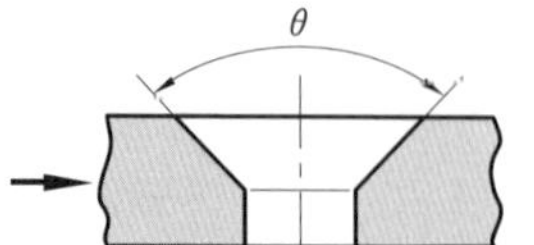

9. 지름이 120 mm이고 높이가 30 mm인 원통 용기를 드로잉할 때 드로잉률은 얼마인가?

① 0.507 ② 0.607
③ 0.707 ④ 0.807

해설 $D = \sqrt{d^2 + 4dh}$

$= \sqrt{120^2 + 4 \times 120 \times 30} = 169.7$

드로잉률 $m = \dfrac{d}{D}$

여기서, d : 제품의 지름, D : 소재의 지름

$\therefore m = \dfrac{120}{169.7} = 0.707$

10. 소재의 두께는 1 mm이고, 지름 200 mm의 연강판을 사용하여 지름 120 mm의 원통 용기를 드로잉할 때 블랭크 홀더의 압력(kgf)은 얼마인가?(단, P_s =0.18 kgf/mm²으로 한다.)

① 3570.7 kgf ② 3450.7 kgf
③ 3550.7 kgf ④ 3560.7 kgf

해설 $P_h = \dfrac{\pi}{4}(D^2 - d^2)P_s$

$= \dfrac{\pi}{4}(200^2 - 122^2) \times 0.18$

$= 3550.7$ kgf

11. 1차 드로잉률을 0.55, 재드로잉률을 0.75로 기준하여 지름 120 mm의 블랭크 소재를 지름 40 mm의 원통 용기로 드로잉 가공하려고 한다. 몇 번의 드로잉 공정이 필요한가?

① 2회 ② 3회 ③ 4회 ④ 5회

해설 드로잉률 $m = \dfrac{d}{D}$에서

$d_1 = m_1 D_0$, m_1 : 제 1 공정 드로잉률
$d_2 = m_2 D_1$, m_2 : 제 2 공정 드로잉률
$d_3 = m_3 D_2$, m_3 : 제 3 공정 드로잉률
$d_n = m_n D_n$, m_n : 제 n 공정 드로잉률

여기서, $m_1 = 0.55$,

$d_1 = 0.55 \times 120 = 66$

정답 » 5. ① 6. ② 7. ② 8. ① 9. ③ 10. ③ 11. ②

$d_2 = 0.75 \times 66 = 49.5$

$d_3 = 0.75 \times 49.5 = 37.1$

따라서 제 3 공정이 필요하다.

12. 드로잉 가공이나 성형가공을 할 때 비드(bead)를 적용하는 경우가 있다. 비드를 적용하는 경우가 아닌 것은?

① 전둘레에 걸쳐 인장력을 강하게 할 때
② 재료를 국부적으로 약하게 할 때
③ 재료의 유입을 억제할 때
④ 재료의 이용률을 향상시키려고 할 때

13. 드로잉 금형의 설계나 제작 시 반드시 고려해야 할 사항과 거리가 먼 것은?

① 제품에 주름이 생기지 않도록 한다.
② 반드시 비드(bead)를 설치해야 한다.
③ 플랜지 견인부의 하중을 경감시켜야 한다.
④ 하중 견인부의 강도를 유지시켜야 한다.

14. 드로잉 가공에서 소재를 뽑을 때 당기는 방향과 반대의 장력을 역장력이라고 한다. 역장력의 이점이 아닌 것은?

① 드로잉 효과가 크다.
② 다이면의 접촉이 감소된다.
③ 다이를 열처리하지 않아도 된다.
④ 다이의 마멸이 작다.

15. 일반적으로 딥 드로잉(deep drawing) 강판의 한계 드로잉률은 얼마인가?

① 0.55~0.60 ② 0.60~0.75
③ 0.45~0.50 ④ 0.35~0.45

16. 일반 드로잉용 강판을 사용하여 드로잉할 때 사용하는 윤활제로서 가장 적당한 것은 어느 것인가?

① 석회유 ② 흑연을 혼합한 물
③ 채종유 ④ 피마자유

17. 플랜지 없는 원통 용기의 지름이 125 mm이고, 높이가 20 mm인 제품의 드로잉률은 얼마인가?

① 0.68 ② 0.72 ③ 0.78 ④ 0.84

해설 $D_0 = \sqrt{125^2 + 4 \times 125 \times 20} = 160 \text{ mm}$

$\therefore m = \dfrac{d}{D} = \dfrac{125}{160} = 0.78$

18. 소재 두께 3 mm의 연강판을 지름 300 mm의 블랭크로 180 mm의 펀치를 사용하여 원통 드로잉을 할 경우 소요되는 에너지는?(단, 계수 $C_d = 0.77$, 드로잉력은 54 tf이다.)

① 1052 kgf·m ② 2183 kgf·m
③ 3368 kgf·m ④ 4016 kfg·m

해설 $h_d = \dfrac{180}{4} \times \left(\dfrac{300^2}{180^2} - 1\right) = 81 \text{ mm}$

$P_d = 54 \text{ tf}$, $C_d = 0.77$이므로

$E_d = 54 \times 81 \times 0.77 = 3368 \text{ tf} \cdot \text{mm}$

$= 3368 \text{ kgf} \cdot \text{m}$

19. 지름이 100 mm인 블랭크를 지름 60 mm로 드로잉하였다. 이때 드로잉비는?(단, 소재의 두께는 2 mm이다.)

① 1.47 ② 0.55 ③ 2.67 ④ 1.67

해설 드로잉비 $= \dfrac{1}{m} = \dfrac{D}{d} = \dfrac{100}{60} = 1.67$

20. 적정한 드로잉률을 결정하여 주는 역할을 하는 요소는 무엇인가?

① 드로잉비 ② 축소율
③ 두께 비 ④ 소재의 두께

21. 대형의 각통 드로잉이나 이형 드로잉 가공에서 가공 재료에 저항을 주어 미끄러져 들어가는 것을 억제하려고 설치하는 것은?

① 프레셔 패드 ② 드로비드
③ 녹아웃 ④ 스트리퍼

정답 » 12. ② 13. ② 14. ③ 15. ① 16. ② 17. ③ 18. ③ 19. ④ 20. ③ 21. ②

22. 50 mm의 반구형을 드로잉할 때 블랭크의 지름 D와 제품의 표면적 A는 얼마인가?

① $D = 60.7$ mm, $A = 3725$ mm^2
② $D = 65.7$ mm, $A = 2925$ mm^2
③ $D = 75.7$ mm, $A = 47.25$ mm^2
④ $D = 70.7$ mm, $A = 3925$ mm^2

해설 $D = \sqrt{2d^2} = \sqrt{2 \times 50^2} = \sqrt{5000}$
$= 70.7$ mm
$$A = \frac{\pi \times d^2}{2} = \frac{3.14 \times 50^2}{2} = 3925 \text{ mm}^2$$

23. 지름 60 mm의 스테인리스 강판은 최대 몇 mm인 지름 원통에 드로잉이 될 수 있는가?(단, 한계 드로잉률은 0.50~0.55이다.)

① 30~33 mm ② 33~35 mm
③ 35~38 mm ④ 38~42 mm

해설 $d = m \times D$
$= 60 \times (0.5 \sim 0.55) = 30 \sim 33$ mm

24. 드로잉 금형의 설계 시 그림과 같이 드로비드(draw bead)를 설치하는 목적과 거리가 먼 것은?

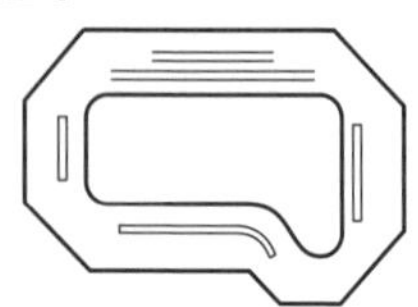

① 블랭크의 치수를 작게 할 수 있다.
② 대형의 각통이나 2형 드로잉 금형에 사용한다.
③ 재료에 저항을 주어 미끄러져서 들어가는 것을 억제한다.
④ 원통 드로잉 금형에도 반드시 사용한다.

25. 드로잉 한계를 좋게 하는 펀치의 최소 곡률반지름 r_p는 얼마 정도인가?(단, t는 소재의 두께이다.)

① (2~3)t ② (3~4)t
③ (4~5)t ④ (4~6)t

해설 최소 곡률반지름은 (2~3)t가 필요하고 펀치의 지름보다 $\frac{1}{3}$ 정도 작게 한다.

26. 용기의 형상이 원통이고 일정한 두께로 아이어닝 할 경우 클리어런스 값 C_p는 얼마인가?(단, t는 소재 두께)

① $C_p \fallingdotseq (0.5 \sim 1.1)t$
② $C_p \fallingdotseq (1.4 \sim 2.0)t$
③ $C_p \fallingdotseq (1.1 \sim 1.2)t$
④ $C_p \fallingdotseq (0.9 \sim 1.0)t$

27. 깊은 용기를 성형하는 딥 드로잉(deep drawing) 금형의 펀치에 공기 구멍을 만들어주는데 그 치수는 보통 얼마인가?(단, 펀치의 지름은 60mm이다.)

① 3~5 mm ② 5~8 mm
③ 8~10 mm ④ 10~13 mm

해설 공기빼기 구멍(air vent)은 제품 성형 후 펀치와 제품의 분리를 쉽게 하기 위하여 펀치 중심에 구멍을 만들어 드로잉 가공 시 공기를 배출시킨다.

28. 원통 용기의 지름이 40 mm, 높이가 60 mm인 제품의 블랭크 지름과 드로잉률을 계산한 값은?(단, 1차 드로잉률은 60 %, 재드로잉률은 80 %이다.)

① $D_0 = 106$mm, $m = 38$ %
② $D_0 = 96$mm, $m = 33$ %
③ $D_0 = 116$mm, $m = 48$ %
④ $D_0 = 90$mm, $m = 28$ %

해설 블랭크의 지름 D_0
$= \sqrt{d^2 + 4dh}$
$= \sqrt{40^2 + 4 \times 40 \times 60}$
$= 106$mm

드로잉률 $m = \frac{d}{D} \times 100 = \frac{40}{106} \times 100$
$= 38$ %

정답 » 22. ④ 23. ① 24. ④ 25. ① 26. ③ 27. ② 28. ①

PART 2 기계 가공법 및 안전 관리

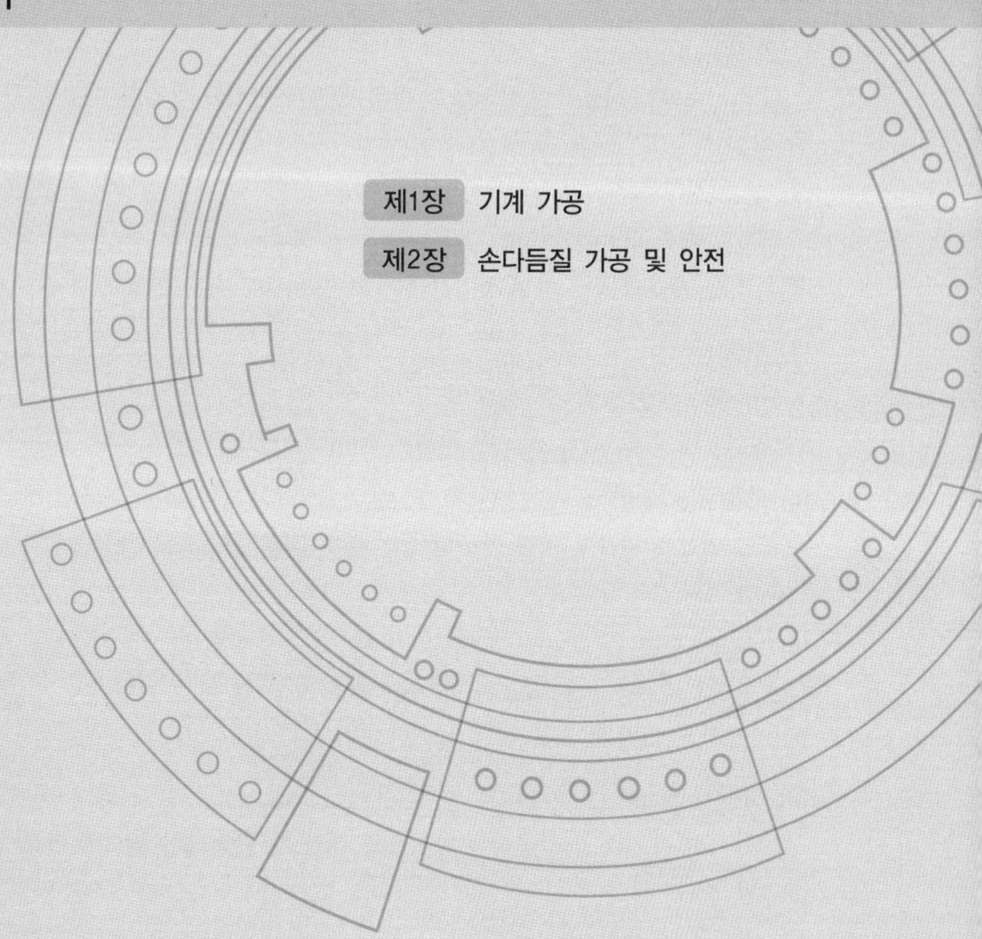

기계 가공

1. 공작기계 및 절삭제

1-1 공작기계의 종류 및 용도

1 절삭가공 방법에 의한 분류

(1) 선삭

선반(lathe)을 사용하여 공작물의 회전 운동과 바이트의 직선 이송 운동에 의하여 바깥지름과 안지름의 정면 가공과 나사 가공 등을 하는 가공법을 말한다.

(2) 평삭

평삭은 셰이퍼나 플레이너, 슬로터에 의한 가공법으로 바이트 또는 공작물의 직선 왕복 운동과 직선 이송 운동을 하면서 절삭하는 가공법이며, 절삭 행정과 급속 귀환 행정이 필요하다.

(3) 밀링(milling)

밀링 머신에 의하여 가공하는 방법으로 원주형에 많은 절삭날을 가진 공구의 회전 절삭 행정과 공작물의 직선 이송 운동의 조합으로 평면, 측면, 기어, 모방 절삭 등을 할 수 있다.

(4) 드릴링(drilling)

드릴 머신에 의하여 드릴 공구의 회전 상하 직선 운동으로 가공물에 구멍을 뚫는 가공법(구멍뚫기)이다.

(5) 보링(boring)

드릴링된 구멍을 보링 바(boring bar)에 의해 좀 더 크고 정밀하게 가공하는 방법으로, 여기에 사용하는 기계를 보링 머신이라 한다.

(6) 태핑(tapping)

뚫린 구멍에 나사를 가공하는 방법으로 대량 나사 절삭이 필요한 경우 전용 태핑 머신을 사용하면 편리하다.

(7) 연삭(grinding)

입자에 의한 가공으로 연삭 숫돌에 고속 회전 운동을 주어 입자 하나하나가 절삭날의 역할을 하면서 가공하게 된다.

(8) 래핑(lapping)

미립자인 랩(lap)제를 사용하여 초정밀 가공을 하는 방법으로 습식법과 건식법이 있으며, 래핑 머신을 사용하면 편리하다.

(9) 기타

기어 가공, 브로치 가공, 호닝 등이 있다.

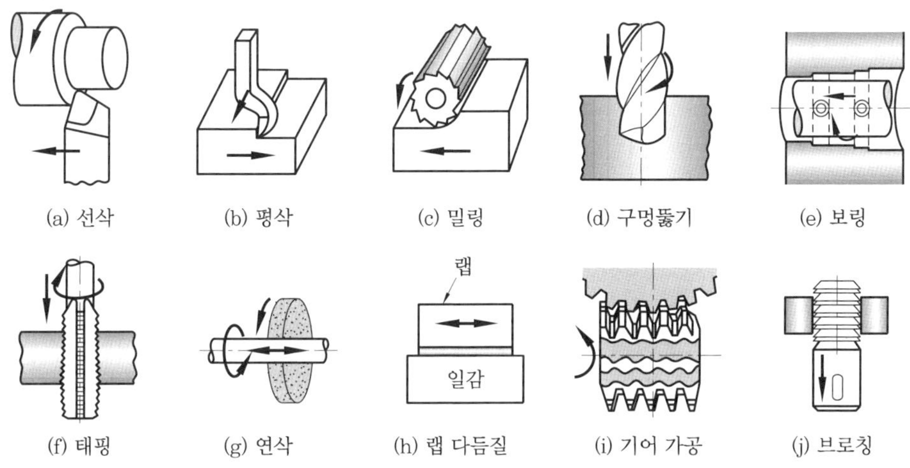

공작기계의 대표적인 작업

2 공작기계의 구비조건

① 절삭 가공 능력이 좋을 것
② 제품의 치수 정밀도가 좋을 것
③ 동력 손실이 적을 것
④ 조작이 용이하고 안전성이 높을 것
⑤ 기계의 강성(굽힘, 비틀림, 외력에 대한 강도)이 높을 것

3 공작기계의 3대 기본 운동

(1) 절삭 운동(cutting motion)

공작기계는 절삭 공구로서 일감을 깎는 기계이고, 절삭 운동은 절삭 공구가 가공물의 표면을 깎는 운동을 말한다. 일반적으로 절삭은 회전 운동과 직선 운동 또는 이 두 운동이 복합된 형식의 운동이 있고, 운동 방식에 따라 공작기계의 형식도 달라진다. 깎은 깊이를 절삭 깊이, 깎인 부스러기를 칩(chip), 깎은 방향을 절삭 방향이라 한다.

※ 절삭 운동의 3가지 방법

① 공구는 고정하고 가공물을 운동시키는 절삭 운동
② 가공물을 고정하고 공구를 운동시키는 절삭 운동

③ 가공물과 공구를 동시에 운동시키는 절삭 운동

(2) 이송 운동(feed motion)

절삭 운동과 함께 절삭 위치를 바꾸는 것으로 공구 또는 일감을 이동시키는 운동이다. 이송 속도는 절삭 운동 1회전 또는 1왕복당 이송량(mm 또는 inch)으로 표시한다.

(3) 조정 운동(위치 결정 운동)

일감을 깎기 위해서는 공구의 고정, 일감의 설치, 제거, 절삭 깊이 등의 조정이 필요하다. 이와 같은 조작은 보통 절삭 작업 중에는 하지 않지만, 최근에는 운전을 멈추지 않고 자동으로 조정하는 방법도 사용하고 있다.

4 공작기계의 분류

(1) 절삭 운동에 의한 분류

① 공구에 절삭 운동을 주는 기계 : 드릴링 머신, 밀링, 연삭기, 브로칭 머신
② 일감에 절삭 운동을 주는 기계 : 선반, 플레이너
③ 공구 및 일감에 절삭 운동을 주는 기계 : 연삭기, 호빙 머신, 래핑 머신

② 사용 목적에 의한 분류

㈎ 일반 공작기계 : 선반, 수평 밀링 머신, 레이디얼 드릴링 머신(소량 생산에 적합)
㈏ 단능 공작기계 : 바이트 연삭기, 센터링 머신, 밀링 머신(간단한 공정 작업에 적합)
㈐ 전용 공작기계 : 모방 선반, 자동 선반, 생산형 밀링 머신(특수한 모양, 치수의 제품 생산에 적합)
㈑ 만능 공작기계 : 1대의 기계로 선반, 드릴링 머신, 밀링 머신 등의 역할을 할 수 있는 기계

5 절삭 속도와 회전수

기계 가공 시에는 공구와 가공물 사이에 상대 운동을 하게 되는데, 이때 가공물이 단위시간에 공구의 인선을 통과하는 원주 속도 또는 선속도를 절삭 속도라고 하며 공작기계의 동력을 결정하는 요소이다.

[절삭 깊이×이송]이 일정하다면 절삭 속도가 클수록 절삭량도 증가한다.

① 절삭 속도의 단위 : m/min, ft/min
② 절삭 속도와 회전수 계산 공식
㈎ 절삭 속도를 구하는 공식

$$V=\frac{\pi DN}{1000}[\text{m/min}]$$

여기서, V : 절삭 속도(m/min), D : 가공물의 지름(mm : 선반일 경우)
N : 가공물 회전수(rpm)

(나) 회전수를 구하는 공식

$$N = \frac{1000\,V}{\pi D}\,[\text{rpm}]$$

여기서, V : 절삭 속도(m/min), D : 회전하는 공구의 지름(mm : 밀링, 드릴 연삭의 경우)
N : 공구의 회전수(rpm)

1-2 ≫ 절삭제, 윤활제 및 절삭공구 재료

1 절삭제

일감의 가공면과 공구 사이에는 절삭 및 전단 작용에 의해서 온도가 상승하여 나쁜 영향을 주게 된다. 이와 같은 나쁜 영향을 방지하기 위하여 절삭유를 사용한다.

① 절삭유의 작용과 구비 조건

절삭유의 작용	절삭유의 구비 조건
(가) 냉각 작용 : 절삭공구와 일감의 온도 상승을 방지한다. (나) 윤활 작용 : 공구날의 윗면과 칩 사이의 마찰을 감소한다. (다) 세척 작용 : 칩을 씻어 버린다.	(가) 칩 분리가 용이하여 회수하기가 쉬워야 한다. (나) 기계에 녹이 슬지 않아야 한다. (다) 위생상 해롭지 않아야 한다.

② 절삭유 사용 시 장점

(가) 절삭 저항이 감소하고, 공구의 수명을 연장한다.

(나) 다듬질면의 상처를 방지하므로 다듬질면이 좋아진다.

(다) 일감의 열 팽창 방지로 가공물의 치수 정밀도가 좋아진다.

(라) 칩의 흐름이 좋아지기 때문에 절삭 작용을 쉽게 한다.

③ 절삭유의 분류

(가) 알칼리성 수용액 : 냉각 작용이 큰 물에 방청을 목적으로 알칼리를 가한 것으로 냉각과 칩의 흐름을 쉽게 하며, 주로 연삭 작업에 사용한다.

(나) 광물유 : 머신유, 스핀들유, 경유 등을 말하며, 윤활 작용은 크나 냉각 작용은 작으므로 경절삭에 쓰인다.

(다) 동식물유 : 종류에는 라드유, 고래기름, 어유, 올리브유, 면실유, 콩기름 등이 있고 광물성보다 점성이 높으므로 유막의 강도는 크나 냉각 작용은 좋지 않으며 중절삭용에 쓰인다.

(라) 동식물유+광물성유(혼합유) : 작업 내용에 따라 혼합 비율을 달리하여 사용하며 냉각 작용과 윤활 작용으로 만들어 사용한다.

(마) 극압유 : 절삭 공구가 고온, 고압 상태에서 마찰을 받을 때 사용하는 것으로 윤활 목적으로 사용한다. 광물유, 혼합유 극압 첨가제로 황(S), 염소(Cl), 납(Pb), 인(P) 등의 화합물을 첨가한다.

(바) 유화유 : 냉각 작용 및 윤활 작용이 좋아 절삭 작업에 널리 사용하는 것으로 물에 원액을 혼합하여 사용한다. 절삭용은 10～30배, 연삭용은 50～100배로 혼합하여 사용한다. 광물성 기름을 비눗물에 녹인 것으로 유백색 색깔을 띠고 있다.

(사) 염화유 : 염소를 파라핀 또는 지방유에 결합시키고 다시 광유로 희석한 것이다. 절삭분과 공구 사이의 고온 고압하에서 염화철의 고체 막을 만들어 윤활을 좋게 하는 작용을 한다. 온도는 약 400℃까지이므로 기어 절삭 가공 또는 비철금속의 절삭에 적당하다.

(아) 유화염화유 : 유화유와 염화유의 혼합유 또는 염화유황을 지방유에 결합시키고 광유로 희석한 것이 있다. 중절삭용의 절삭유제의 대부분은 유화염화유이다.

절삭유의 분류

구분	종류	특성
수용성 절삭유	W1종	광유 및 계면 활성제를 주성분으로 하고 물에 희석시키면 백색의 현탁액이 됨. 1~3호 통칭 : 에멀션형 수용성 절삭유제
	W2종	계면 활성제를 주성분으로 하고 물을 가하여 희석하면 투명 또는 반투명으로 됨. 1~3호 통칭 : 솔루블형 수용성 절삭유제
	W3종	무기염류를 주성분으로 하고 물을 가하여 희석하면 투명하게 됨. 1~2호 통칭 : 설루션형 불용성 절삭유제
불수용성 절삭유	1종	광유 또는 광유와 지방유로 되고 극압 첨가제 불포함. 1~6호 통칭 : 혼성유
	2종	광유 또는 광유와 지방유로 되고 염소, 유황계 및 기타의 극압 첨가제를 포함한 것 통칭 : 불활성형 불수용성 절삭유제
	3종	2종과 같으며 1~8호 통칭 : 활성형 불수용성 절삭유제

④ 절삭유의 선택 : 절삭유는 일반적으로 피삭재의 재질, 절삭 속도, 이송량, 이송 깊이와 폭, 절삭 칩의 배제 양부, 기타 절삭 조건에 따라 알맞은 것을 택해야 하며, 절삭유의 점도가 낮을수록 고속 절삭 작업에 적당하다. 절삭유는 낮은 온도에 저장하고 먼지나 잡물이 들어가지 않게 해야 한다.

절삭유 선정

공작물 재료 \ 절삭 종류	황삭가공	사상가공	나사가공	절단가공	구멍가공	널링	리머	테이퍼 연삭가공
연강	유화유	광유	광유	광유, 유화유	광유	광유	광유	광유
경강	유화유	광유	광유	광유, 유화유	광유	광유	광유	광유
주철	사용 안함	사용 안함	사용 안함	사용 안함	사용 안함	사용 안함	사용 안함	광유 (경유)
황동, 청동	유화유만	유화유만	유화유만	유화유만	유화유만	유화유만	유화유만	광유

2 윤활제

(1) 윤활제(lubricant)

① 윤활 작용 : 윤활 작용이란 고체 마찰을 유체 마찰로 바꾸어 동력 손실을 줄이기 위한 것이며 이때 사용하는 것이 윤활제이다. 윤활에 사용되는 윤활제로는 액체(광물유, 동식물유 등), 반고체(그리스 등), 고체(흑연, 활석, 운모 등)가 있다.

② 윤활제의 구비 조건

㈎ 양호한 유성을 가진 것으로 카본 생성이 적어야 한다.

㈏ 금속의 부식성이 적어야 한다.

㈐ 열전도가 좋고 내하중성이 커야 한다.

㈑ 열이나 산에 대하여 강해야 한다.

㈒ 가격이 저렴하고 적당한 점성이 있어야 한다.

㈓ 온도 변화에 따른 점도 변화가 작아야 한다.

③ 윤활의 목적

㈎ 윤활 작용 : 두 금속 상호간의 상대 운동 부분의 마찰면에 유막(oil film)을 형성하여 마찰, 마모 및 용착을 막는다.

㈏ 냉각 작용 : 마찰면의 마찰열을 흡수한다.

㈐ 밀폐 작용 : 밖에서 들어가는 먼지 등을 막는다(그리스 등). 피스톤링과 실린더 사이에 유막을 형성하여 가스의 누설 방지 등 밀봉 작용을 한다.

㈑ 청정 작용 : 윤활제가 마찰면의 고형 물질을 청정하게 하여 녹스는 것을 방지한다.

④ 윤활 방법

㈎ 완전 윤활 : 유체 윤활이라고도 하며 충분한 양의 윤활유가 존재할 때 접촉면에 두 금속면이 분리되는 경우를 말한다.

㈏ 불완전 윤활 : 상당히 얇은 유막으로 쌓여진 두 물체 간의 마찰로 상대 속도나 점성은 작아지지만 충격이 가해질 때 유막이 파괴되는 정도의 윤활로 경계 윤활이라고도

한다.

(다) 고체 윤활 : 금속 간의 마찰로 발열, 용착 등이 생기는 윤활로 절대 금지해야 한다.

⑤ 윤활제의 종류

(가) 액체 : 광물성유와 동식물성유가 있으며, 유동성, 점도, 인화점은 동식물성유가 우수하고, 고온에서의 변질이나 금속의 내부식성은 광물성유가 좋다.

액체 윤활유는 SAE(미국 자동차공학협회)에 의한 분류가 많이 쓰인다.

㉮ 겨울철용 : 5W, 10W, 20W

㉯ 여름철용 : 20W, 30W, 40W, 50W

(나) 특수 윤활제 : 극압물(P나 S 등)을 첨가한 극압 윤활유와 응고점이 -35~-50℃인 부동성 기계유, 내한 내열에 적합한 실리콘유, 그리고 절삭 시 냉각과 마찰 등을 감소시키기 위하여 사용하는 절삭유(수용성 절삭유와 불수용성 절삭유) 등이 있다.

(다) 고체 : 흑연, 활석, 비누돌, 운모 등이 있으며 그리스는 반고체유이다.

(2) 급유 방법의 종류

① 적하 급유법(drop feed oiling) : 마찰면의 넓은 부분 또는 시동 빈도가 많을 때 사용하고, 저속 및 중속축의 급유에 사용된다.

② 오일링 급유법(oiling lubrication) : 고속축의 급유를 균등히 할 목적으로 사용 회전축보다 큰 링을 축에 걸쳐 기름통을 통하여 축 위에 급유한다.

③ 배스 오일링 및 스플래시 오일링(bath oiling and splash oiling) : 베어링 및 기어류의 저속, 중속의 경우 사용 회전수가 클수록 유면을 낮게 한다.

④ 강제 급유법(circulating oiling or forced oiling) : 고속 회전에 베어링의 냉각 효과를 원할 때, 경제적으로 대형 기계에 자동 급유할 때 사용한다. 최근 공작기계는 대부분 강제 급유 방식을 채택하고 있다.

⑤ 분무 급유법(oil mist lubrication) : 분무 상태의 기름을 함유하고 있는 압축 공기를 공급하여 윤활하는 방법이며, 냉각 효과가 크기 때문에 온도 상승이 매우 작다.

⑥ 튀김 급유법(splash oiling) : 커넥팅 로드 끝에 달린 기름 국자로부터 기름을 퍼올려 비산시켜 급유하는 방법이다.

⑦ 패드 급유법(pad oiling) : 무명과 털을 섞어서 만든 패드(pad)의 일부를 기름통에 담가 저널의 아랫면에 모세관 현상으로 급유하는 방법이다.

⑧ 담금 급유법(oil bath oiling) : 마찰부 전체를 기름 속에 담가서 급유하는 방식으로 피벗 베어링에 사용한다.

3 절삭 공구 재료

(1) 절삭 공구(cutting tool)

① 바이트 : 선반, 셰이퍼, 슬로터, 플레이너 등에서 사용하는 공구이다.

② 드릴(drill) : 드릴링 머신에서 구멍을 뚫는 공구로서 ϕ13 mm까지는 탁상 드릴링 머신의 척(chuck)에 끼워서 사용하고 드릴의 표준 선단각은 118°이다.

③ 커터(cutter) : 밀링 머신에서 절삭 공구로 사용되며, 회전 절삭 운동을 한다.
④ 연삭 숫돌 : 연삭 입자를 결합재로 결합시켜 굳힌 것으로 고속 강력 절삭에 편리하다.
⑤ 탭, 리머, 보링 바 : 구멍에 나사를 내는 공구를 탭, 드릴 구멍을 정밀하게 다듬는 공구를 리머, 구멍을 더욱 크고 정밀하게 넓히는 공구를 보링 바라 한다.

(2) 공구의 수명

공구의 수명은 새로 연마한 공구를 사용하여 동일한 가공물을 일정한 조건으로 절삭을 시작하여 더 이상 깎여지지 않을 때까지 절삭한 시간으로 표시한다. 드릴의 경우는 절삭한 구멍 길이의 총계, 또는 더 이상 깎여지지 않을 때까지의 가공물 개수로 표시하기도 한다.

① 절삭 속도와 공구 수명 관계 : 절삭 속도와 공구 수명 사이에는 다음 식이 성립된다.

$$VT^{\frac{1}{n}} = C$$

여기서, V : 절삭 속도(m/min), C : 상수, T : 공구 수명(min)

$\frac{1}{n}$: 지수(보통의 절삭 조건 위에서는 $\frac{1}{10} \sim \frac{1}{5}$의 값)

② 공구 수명과 절삭 온도의 관계 : 공작물과 공구의 마찰열이 증가하면 공구의 수명이 감소되므로 공구 재료는 내열성이나 열전도도가 좋아야 하는 것은 물론이며, 온도 상승이 생기지 않도록 하는 방법도 공구 수명 연장의 한 방법이다. 고속도강은 600℃ 이상에서 급격히 경도가 떨어지며 공구 수명이 떨어진다.

③ 공구 수명 판정 방법

㈎ 공구 날끝의 마모가 일정량에 달했을 때
㈏ 완성 가공면 또는 절삭 가공한 직후에 가공 표면에 광택이 있는 색조나 반점이 생기는 경우
㈐ 완성 가공된 치수의 변화가 일정 허용 범위에 이르렀을 때
㈑ 절삭 저항의 주분력에는 변화가 없으나 배분력 또는 횡분력이 급격히 증가하였을 때

(3) 절삭 공구 재료

① 공구 재료의 구비 조건

㈎ 피절삭재보다 굳고 인성이 있을 것
㈏ 절삭 가공 중 온도 상승에 따른 경도 저하가 적을 것
㈐ 내마멸성이 높을 것
㈑ 쉽게 원하는 모양으로 만들 수 있을 것
㈒ 값이 쌀 것

② 공구 재료

㈎ 탄소 공구강(STC)

㉮ 탄소량 0.6～1.5 % 정도이며, 탄소량에 따라 1～7종으로 분류되고, 1.0～1.3 % C를 함유한 것이 많이 쓰인다.
㉯ 열처리가 쉽고 값이 싸나 경도가 떨어져 고속 절삭용으로는 부적당하다.
㉰ 용도 : 바이트, 줄, 펀치, 정 등에 쓰인다.

(나) 합금 공구강(STS)

㉮ 탄소강에 합금 성분인 W, Cr, W-Cr 등을 1종 또는 2종을 첨가한 것으로 STS 3, STS 5, STS 11종이 많이 사용된다.

㉯ 700~850℃에서 급랭 담금질하고 200℃ 정도에서 뜨임하여 취성을 방지하여 내절삭성과 내마멸성이 좋다.

㉰ 용도 : 바이트, 냉간, 인발, 다이스, 띠톱, 탭 등에 쓰인다.

(다) 고속도강(SKH)

㉮ 대표적인 것으로 W 18-Cr 4-V 1이 있고, 표준 고속도강(하이스 : H.S.S)이라고도 하며, 600℃ 정도에서 경도 변화가 있다.

㉯ 담금질 온도는 1250~1300℃에서, 유랭 560~660℃에서 뜨임하여 사용한다.

㉰ 용도 : 강력 절삭 바이트, 밀링 커터, 드릴 등에 쓰인다.

(라) 주조 경질 합금

㉮ C-Co-Cr-W을 주성분으로 하며 스텔라이트(stellite)라고도 한다.

㉯ 800℃에서도 경도 변화가 없고 주로 Al 합금, 청동, 황동, 주철, 주강, 절삭 등에 쓰인다.

㉰ 용융 상태에서 주형에 주입 성형한 것으로, 고속도강 몇 배의 절삭 속도를 가지며 열처리가 필요 없다.

(마) 초경합금

㉮ W, Ti, Ta, Mo, Co가 주성분이며 고온에서 경도 저하가 없고 고속도강의 4배의 절삭 속도를 낼 수 있어 고속 절삭에 널리 쓰인다. 초경합금과 고속도강, 세라믹의 비교는 다음 표와 같다.

항목	초경합금	고속도강	세라믹
주성분	WC-CO WC-TiC-CO	18% W, 14% Co, 1% V	Al_2O_3
고온 경도	750℃에서 30% 저하	600℃에서 급격히 저하	1900℃에서 연화

㉯ 초경바이트 스로 어웨이 타입의 특징

- 재연삭이 필요 없으나 공구비가 비싸다.
- 공장 관리가 쉽다.
- 취급이 간단하고 가동률이 향상된다.
- 절삭성이 향상된다.

(바) 세라믹 : 세라믹 공구는 무기질의 비금속 재료를 고온에서 소결한 것으로 최근 그 사용이 급증하고 있다. 세라믹 공구로 절삭할 때는 선반에 진동이 없어야 하며, 고속 경절삭에 적당하다.

㉮ 세라믹의 특징

- 경도는 1200℃까지 거의 변화가 없다(초경합금의 2~3배 절삭).
- 내마모성이 풍부하여 경사면 마모가 적다.

• 금속과 친화력이 적고 구성 인선이 생기지 않는다(절삭면이 양호).
• 원료가 풍부하여 다량 생산이 가능하다.

㈏ 세라믹의 결점
• 인성이 작아 충격에 약하다.
• 팁의 땜이 곤란하다.
• 열전도율이 낮아 내열 충격에 약하다.
• 냉각제를 사용하면 쉽게 파손한다.

㈚ 다이아몬드(diamond) : 다이아몬드는 내마모성이 뛰어나 거의 모든 재료 절삭에 사용된다. 그 중에서도 경금속 절삭에 매우 좋으며, 시계, 카메라, 정밀기계 부품 완성에 많이 사용된다.

다이아몬드의 장단점

장점	단점
• 경도가 크고 열에 강하며, 고속 절삭용으로 적당하고, 수명이 길다. • 잔류응력이 작고 절삭면에 녹이 생기지 않는다. • 구성 인선이 생기지 않기 때문에 가공면이 아름답다.	• 바이트가 비싸다. • 대단히 부서지기 쉬우므로 날 끝이 손상되기 쉽다. • 기계 진동이 없어야 하므로 기계 설치비가 많이 든다. • 전문적인 공장이 아니면 바이트의 재연마가 곤란하다.

1-3 절삭 칩의 생성과 구성 인선

(1) 절삭 칩의 생성

칩의 모양		발생 원인	특징(칩의 상태와 다듬질면, 기타)
유동형 칩		• 절삭속도가 클 때 • 바이트 경사각이 클 때 • 연강, Al 등 점성이 있고, 연한 재질일 때 • 절삭깊이가 낮을 때 • 윤활성이 좋은 절삭제의 공급이 많을 때	• 칩이 바이트 경사면에 연속적으로 흐른다. • 절삭면은 광활하고 날의 수명이 길어 절삭 조건이 좋다. • 연속된 칩은 작업에 지장을 주므로 적당히 처리한다(칩 브레이크 등에 이용).
전단형 칩		• 칩의 미끄러짐 간격이 유동형보다 약간 커진 경우 • 경강 또는 동합금 등의 절삭각이 크고(90° 가깝게) 절삭깊이가 깊을 때	• 칩은 약간 거칠게 전단되고 잘 부서진다. • 전단이 일어나기 때문에 절삭력의 변동이 심하게 반복된다. • 다듬질면은 거칠다(유동형과 열단형의 중간).

열단형 칩		• 경작형이라고도 하며 바이트가 재료를 뜯는 형태의 칩 • 극연강, Al 합금, 동합금 등 점성이 큰 재료의 저속 절삭 시 생기기 쉽다.	• 표면에서 긁어낸 것과 같은 칩이 나온다. • 다듬질면이 거칠고, 잔류 응력이 크다. • 다듬질 가공에는 아주 부적당하다.
균열형 칩		• 메진 재료(주철 등)에 작은 절삭각으로 저속 절삭을 할 때 나타난다.	• 날이 절입되는 순간 균열이 일어나고, 이것이 연속되어 칩과 칩 사이에는 정상적인 절삭이 전혀 일어나지 않으며 절삭면에도 균열이 생긴다. • 절삭력의 변동이 크고 다듬질면이 거칠다.

㊟ 절삭각=90°－경사각(α)

(2) 구성 인선(built up edge)

연강, 스테인리스강, 알루미늄처럼 바이트 재료와 친화성이 강한 재료를 절삭할 경우, 절삭된 칩의 일부가 날 끝부분에 부착하여 대단히 굳은 퇴적물로 되어 절삭날 구실을 하는 것을 구성 인선이라 한다.

① 구성 인선의 발생 주기 : 발생 → 성장 → 분열 → 탈락의 과정을 반복하며, $\frac{1}{10} \sim \frac{1}{200}$ 초를 주기적으로 반복한다.

② 구성 인선의 장·단점

㈎ 치수가 잘 맞지 않으며 다듬질면을 나쁘게 한다.

㈏ 날 끝의 마모가 크기 때문에 공구의 수명을 단축한다.

㈐ 표면의 변질층이 깊어진다.

㈑ 날 끝을 싸서 날을 보호하며, 경사각을 크게 하여 절삭열의 발생을 감소한다.

③ 구성 인선의 방지책

㈎ 30° 이상으로 바이트의 전면 경사각을 크게 한다.

㈏ 120 m/min(임계속도) 이상으로 절삭속도를 크게 한다.

㈐ 윤활성이 좋은 윤활제를 사용한다.

㈑ 절삭깊이를 줄인다.

㈒ 이송속도를 줄인다.

예상문제

1. 다음 중 바이트 마모 시 연삭하여 사용하지 않는 바이트는?
① 완성 바이트
② 용접 바이트
③ 스로 어웨이 바이트
④ 스프링 바이트

2. 스로 어웨이 바이트가 사용할 수 있는 날은?(단, 사각형일 때)
① 2개 ② 4개
③ 6개 ④ 8개

3. 팁을 기계적으로 고정할 때의 단점은?
① 용접 응력이 생기지 않는다.
② 칩 브레이커를 조정할 수 있다.
③ 바이트 교환 시간이 절약된다.
④ 바이트 모양이 제한되어 있다.

4. 노즈 반경이 크면 다음 중 어떤 현상이 일어나는가?
① 떨림 발생 ② 절삭 저항 감소
③ 절삭 깊이 증가 ④ 날의 수명 감소

5. 칩 브레이커의 역할은?
① 연속 칩 발생 ② 연속 칩 절단
③ 칩 두께 증가 ④ 칩 두께 감소

6. 다음 절삭 공구 중 냉각액을 사용해서는 안 되는 것은?
① 고속도강 ② Al_2O_3
③ 초경합금 ④ 스텔라이트

7. 보링 바이트는 어느 때 사용하는가?
① 나사를 깎기 전에 일단 공작물을 한 번 가공하는 데 사용한다.
② 뚫린 구멍을 크게 하거나 내면을 다듬질하는 데 사용한다.
③ 공작물을 거칠게 깎을 때 사용한다.
④ 공작물의 끝면 가공에 사용한다.

8. 보링 바이트의 결점을 열거한 것 중 틀린 것은?
① 절삭 저항에 잘 견딘다.
② 진동이 발생하기 쉽다.
③ 막힌 구멍의 구석을 다듬질하는 데 불편하다.
④ 바이트의 수명이 짧다.

해설 보링 바이트는 약간의 절삭 저항에도 휘기 쉽고, 진동의 발생, 공작 정밀도와 절삭 능률의 악화, 바이트의 수명 단축 등의 단점이 있다.

9. 나사 깎기 바이트는 윗면 경사각을 주지 않는다. 그 까닭은?
① 떨림이 일어나기 때문에
② 바이트 연삭이 곤란하기 때문에
③ 나사면을 좋게 하기 위해서
④ 나사산의 각도가 변하기 때문에

10. 경도가 큰 바이트로 공작물을 절삭할 때, 고려할 사항이 아닌 것은?
① 바이트에 진동이 없어야 한다.
② 선반의 정도가 좋아야 한다.
③ 절삭 저항이 커야 한다.
④ 절삭 속도를 잘 선정해야 한다.

11. 절삭유 사용 목적 중 틀린 것은?
① 공구의 냉각을 돕는다.
② 공작물의 냉각을 돕는다.
③ 공구와 칩의 친화력을 돕는다.

정답 » 1. ③ 2. ④ 3. ④ 4. ① 5. ② 6. ② 7. ② 8. ① 9. ④ 10. ③ 11. ③

④ 가공 표면의 방청 작용을 돕는다.

12. 선반 주축대(기어식)의 급유법은?
① 손 급유법 ② 튀김 급유법
③ 적하 급유법 ④ 중력 급유법

13. 극압 첨가제를 첨가한 절삭유의 용도가 잘못 쓰여진 것은?
① 저속 절삭에 사용
② 일반 절삭에 사용
③ 중절삭에 사용
④ 고속 절삭에 사용

14. 절삭유의 구비 조건 중 잘못된 것은?
① 유동성이 좋을 것
② 냉각성이 좋을 것
③ 윤활성이 좋을 것
④ 인화점 및 발화점이 낮을 것

15. 절삭유의 3가지 작용이 아닌 것은?
① 윤활 작용
② 냉각 작용
③ 칩의 소착 방지 작용
④ 고체 마찰 작용

16. 절삭유에 대한 설명 중 잘못된 것은?
① 저속 중절삭에는 윤활성이 큰 것을 사용한다.
② 절삭제는 충분한 양을 주는 것이 좋다.
③ 절삭제를 너무 많이 주면 재료가 녹슬기 쉽다.
④ 고속 경절삭에는 냉각성이 좋은 것을 사용한다.

17. 수용성 절삭유는 다음 중 어떤 경우에 사용하는 것이 적당한가?
① 고속 경절삭 ② 저속 경절삭
③ 저속 중절삭 ④ 중절삭

18. 연삭 작업에 주로 사용되는 절삭유는 어느 것인가?
① 유화유 ② 알칼리성 수용액
③ 광유 ④ 동식물유

19. 광유에 비눗물을 가한 것으로 널리 쓰이는 것은?
① 알칼리성 수용액
② 유화유
③ 광물유
④ 동식물유

20. 다음 중 주철의 절삭유에 대한 설명으로 맞는 것은?
① 어떤 경우에도 사용하지 않는다.
② 지름이 큰 태핑 시에만 사용한다.
③ 황삭할 경우에만 사용한다.
④ 보링 작업에만 사용한다.

해설 주철 절삭에는 일반적으로 절삭유를 사용하지 않지만 큰 나사를 내는 머신 탭에서는 탭의 날 끝 수명을 길게 하기 위해서 윤활성이 높은 기름을 사용한다.

21. 절삭제의 사용 목적과 관계없는 것은?
① 공구의 온도 상승 저하
② 가공물의 정밀도 저하 방지
③ 공구 수명 연장
④ 절삭 저항의 증가

22. 다음 중 알루미늄을 선삭할 때에 적당한 절삭유는?
① 소다수 ② 경유
③ 기계유 ④ 건식 절삭

23. 그리스 윤활의 이점으로 틀린 것은?
① 베어링 하우징에서 새지 않는다.
② 잡물이 많이 들어간다.
③ 점도가 커서 비산되지 않는다.

정답 » 12. ② 13. ① 14. ④ 15. ④ 16. ③ 17. ① 18. ② 19. ② 20. ② 21. ④ 22. ② 23. ②

④ 장시간 사용에 적합하다.

24. 다음 중 기어의 윤활 방법으로 관계가 없는 것은?

① 밀봉형 윤활　② 개방형 윤활
③ 경계 윤활　④ 나사형 윤활

해설 경계 윤활은 슬라이딩 베어링 윤활에 사용하는 오일 윤활법으로 유성이 우수해야 하며, 유막이 얇고 강해야 한다.

25. 절삭제의 구비 조건이 아닌 것은?

① 방청, 방식성이 좋을 것
② 인화점, 발화점이 낮을 것
③ 냉각성이 충분할 것
④ 장시간 사용해도 변질하지 않을 것

26. 다음 중 합성수지 베어링의 윤활제로 적합한 것은?

① 물　② 원유
③ 세일유　④ 그리스

27. 내한, 내열에 적합한 윤활유는?

① 극압 윤활유　② 부동성 기계유
③ 방청유　④ 실리콘유

28. 부동성 기계유의 응고점의 범위로 옳은 것은?

① −10~20℃　② −20~−35℃
③ −35~−50℃　④ −50~−75℃

29. 다음 중 윤활유의 사용 목적이 아닌 것은 어느 것인가?

① 감마 효과　② 충격 방지 효과
③ 기밀 효과　④ 방진 효과

해설 윤활유의 사용 효과
(1) 감마 효과 : 마찰 저항을 작게 하여 기계의 운동을 가볍게 한다.
(2) 냉각 효과 : 마찰열에 의한 눌어 붙음을 방지한다.
(3) 기밀 효과 : 실린더와 피스톤 등의 가스 누설을 방지한다.
(4) 응력의 분산 효과 : 기계적 압력의 크기나 방향을 변화시켜 응력을 분산하여 재료의 피로 파손을 방지한다.
(5) 방청 효과 : 마찰면이 녹슬지 않게 한다.
(6) 방진 효과 : 운전 중에 생성되어 혼입하는 고형물을 부착시키지 않는다.

30. 윤활의 종류가 아닌 것은?

① 기체 윤활　② 경계 윤활
③ 완전 윤활　④ 고체 윤활

31. 다음 윤활유 중에서 겨울철에 적당한 것은 어느 것인가?

① 10W　② 30W
③ 40W　④ 50W

해설 겨울철에는 5~20W, 여름철에는 점도가 큰 20~50W의 것이 쓰인다. 여기서 숫자는 점도 지수이며, 겨울에 점도 지수가 큰 것을 사용하면 쉽게 응고되므로 기계에 무리한 부하가 걸린다.

32. 다음 중 고속 내연 기관의 급유법으로 널리 사용되는 것은 어느 것인가?

① 튀김 급유법　② 원심 급유법
③ 펌프 급유법　④ 중력 급유법

33. 강제 급유는 주속도를 얼마까지 할 수 있는가?

① 40 m/s　② 50 m/s
③ 66 m/s　④ 70 m/s

34. 간단한 급유법으로 오일 컵, 기름 구멍, 기름 받개, 나사 구멍 등에 급유하는 윤활법은?

① 핸드 오일링법　② 적하 급유법
③ 오일링 급유법　④ 배스 오일링법

정답 » 24. ③ 25. ② 26. ④ 27. ④ 28. ③ 29. ② 30. ① 31. ① 32. ③ 33. ② 34. ①

35. 최근 공작기계에서 많이 사용하는 것으로 대형 자동 급유에 사용되는 급유법은 어느 것인가?

① 강제 급유법 ② 분무 급유법
③ 적하 급유법 ④ 오일링 급유법

36. 다음 중 절삭 작업에서 공구가 이송하지 않는 작업은?

① 선삭 ② 연삭
③ 밀링 ④ 보링

37. 공작기계의 구비 조건으로 적당하지 않은 것은?

① 동력 손실이 적을 것
② 조작이 용이하고 안정성이 높을 것
③ 기계의 강성을 적게 할 것
④ 절삭 가공 능력이 좋을 것

해설 기계의 강성이란 굽힘 강도, 비틀림 강도, 외력에 대한 강도를 말하며 높아야 좋다.

38. 다음 중 공작기계의 3대 운동이 아닌 것은 어느 것인가?

① 절삭 운동 ② 이송 운동
③ 전단 운동 ④ 위치 결정 운동

해설 공작기계의 기본 운동에는 ①, ②, ④가 있으며, ④는 조정 운동이라고도 한다. ③은 판을 자르는 운동으로 전단기의 운동이다.

39. 공작기계의 종류 중에서 전용 공작기계에 속하지 않는 것은?

① 모방 선반 ② 수평 밀링
③ 생산형 밀링 ④ 자동 선반

40. 다음 중 절삭 가공 시 회전수(N)를 구하는 공식으로 알맞은 것은? (단, V : 절삭 속도, d : 공구(공작물)의 지름)

① $N = 1000V$ ② $N = 1000\pi d$
③ $N = \dfrac{1000V}{\pi d}$ ④ $N = \dfrac{\pi d}{1000V}$

해설 절삭 가공 시 회전수를 구하는 공식은 선반에서는 N : 공작물 회전수, d : 공작물 지름, 밀링에서는 N : 공구 회전수, d : 공구 지름을 나타낸다.

41. 공작기계의 절삭 속도와 공구의 수명 관계로 맞는 것은? (단, V : 절삭 속도(m/min), C : 상수, T : 공구 수명(min), $\dfrac{1}{n}$: 지수이다.)

① $VT^{\frac{1}{n}} = C$ ② $V^{\frac{1}{n}} = CT$
③ $Vn^{\frac{1}{T}} = C$ ④ $V = T^{\frac{1}{n}}C$

42. 다음 중 공구의 수명을 연장하는 방법이 아닌 것은?

① 온도 상승을 작게 한다.
② 과대 속도를 내지 않는다.
③ 재질에 맞는 공구를 사용한다.
④ 이송과 절삭 깊이를 크게 한다.

43. 면을 매끈하게 하기 위한 절삭 조건이다. 적합하지 않은 것은?

① 이송 속도를 느리게 한다.
② 절삭 속도를 빠르게 한다.
③ 절삭 깊이를 크게 한다.
④ 절삭 방향의 이송량을 적게 한다.

44. 절삭 속도를 나타내는 단위는?

① m/min ② ft/cm^2
③ cm^2/h ④ in^2/s

45. 공구 수명의 판정 방법이 아닌 것은?

① 절삭 가공 직후 가공 표면에 광택이 생길 때
② 공구 날의 마모가 일정량에 달했을 때
③ 가공물의 온도가 일정량에 달했을 때
④ 완성 가공된 치수의 변화가 일정량에 달했을 때

정답 » 35. ① 36. ③ 37. ③ 38. ③ 39. ② 40. ③ 41. ① 42. ④ 43. ③ 44. ① 45. ③

46. 절삭 공구 재료의 구비 조건으로 틀린 것은?
① 피절삭제보다 연하고 인성이 있을 것
② 절삭 가공 중에 온도 상승에 따른 경도 저하가 적을 것
③ 내마멸성이 높을 것
④ 쉽게 바라는 모양으로 만들 수 있을 것

해설 공구는 깎으려는 재질보다 강한 것이어야 한다.

47. 초경합금의 점결제로 적당한 것은?
① Co ② Mg ③ Si ④ Mn

해설 Si와 Mg은 세라믹 공구의 점결제이다.

48. 표준 고속도강의 성분은?
① W : 18 %, Cr : 4 %, V : 1 %
② W : 25 %, Cr : 8 %, V : 1 %
③ W : 18 %, Cr : 5 %, V : 2 %
④ W : 16 %, Cr : 4 %, V : 1 %

49. 다음 중 초경합금 바이트의 주성분은?
① WC, Co ② WC, Cr
③ Co, V ④ Co, W, Cr

50. 다음 절삭 저항 중 가장 큰 분력은?
① 주분력 ② 횡분력
③ 이송 분력 ④ 배분력

51. 다음 중 세라믹 바이트의 주성분은?
① 텅스텐 ② 니켈
③ 산화알루미늄 ④ 구리

52. 세라믹에 대한 설명 중 잘못된 것은?
① 고온 경도는 1200℃까지 거의 변화가 없다.
② 금속 가공 시 구성 인선이 생기지 않는다.
③ 보통강의 절삭 속도는 300 m/min 정도이다.
④ 주성분은 Cr_2O_3이다.

해설 세라믹의 주성분은 Al_2O_3로서 알루미나 공구라고도 한다.

53. 연한 재질의 일감을 고속 절삭할 때 생기는 칩의 형태는?
① 유동형 ② 균열형
③ 열단형 ④ 전단형

해설 유동형 칩의 발생 원인
- 절삭 속도가 클 때
- 바이트 경사각이 클 때
- 연강, Al 등 점성이 있고 연한 재질일 때
- 절삭 깊이가 낮을 때
- 윤활성이 좋은 절삭제의 공급이 많을 때

54. 취성이 있는 재료를 큰 경사각의 바이트로 저속 절삭할 때 칩의 형태는?
① 유동형 ② 전단형
③ 열단형 ④ 균열형

해설 균열형 칩은 메진 재료(주철 등)에 작은 절삭각으로 저속 절삭할 때에 나타난다.

55. 다음 중 유동형 칩의 발생 원인과 관계 없는 것은?
① 경한 재료를 절삭할 때
② 경사각이 클 때
③ 절삭 깊이가 낮을 때
④ 전연성이 클 때

56. 절삭 공구 수명의 설명 중 틀린 것은?
① 절삭 속도가 느리면 길어진다.
② 이송이 느리면 길어진다.
③ 공구 경도가 높으면 짧아진다.
④ 공구 수명의 판정은 날끝의 마멸 정도로 정한다.

해설 절삭 속도와 공구 수명은 서로 반비례한다.

$$TV^{\frac{1}{n}} = C$$

정답 » 46. ① 47. ① 48. ① 49. ① 50. ① 51. ③ 52. ④ 53. ① 54. ④ 55. ① 56. ③

57. 초경합금과 같은 공구의 사용으로 절삭 시 갖추어야 할 조건 중 잘못된 것은?
① 기계의 진동이 적어야 한다.
② 절삭 속도가 커야 한다.
③ 충격적인 힘이 작용하지 않아야 한다.
④ 바이트와 일감이 끼워진 상태에서 기계를 정지시켜야 한다.

58. 세라믹 바이트의 장점이 아닌 것은?
① 절삭면이 매끈하지 않다.
② 금속과의 친화력이 적어 구성 날 끝이 잘 생기지 않는다.
③ 경도가 높고 마모가 적다.
④ 초경합금보다 2~3배 고속 절삭이 가능하다.

59. 유동형 칩이 발생하는 조건이 아닌 것은 어느 것인가?
① 절삭 속도가 늦을 때
② 바이트의 경사각이 클 때
③ 절삭 깊이가 낮을 때
④ 연질의 소재를 가공할 때

60. 메진 재료(주철 등)를 저속으로 가공할 때 발생하는 칩의 형태는?
① 유동형 칩 ② 균열형 칩
③ 전단형 칩 ④ 열단(경작)형 칩

61. 다음 중 구성 인선의 발생 주기로 알맞은 것은?
① 발생 → 분열 → 성장 → 탈락
② 성장 → 발생 → 분열 → 탈락
③ 성장 → 분열 → 탈락 → 발생
④ 발생 → 성장 → 분열 → 탈락

62. 구성 인선의 특징이 아닌 것은?
① 가공 치수가 정밀하지 못하다.
② 공구의 수명이 단축된다.
③ 다듬질 면이 미려하다.
④ 표면의 변질층이 깊어진다.

63. 구성 인선의 방지책으로 거리가 먼 것은 어느 것인가?
① 이송 속도를 줄인다.
② 절삭 속도를 줄이고 절삭 깊이를 크게 한다.
③ 바이트의 전면 경사각을 크게 한다.
④ 윤활성이 좋은 절삭유를 사용한다.

정답 » 57. ④ 58. ① 59. ① 60. ② 61. ④ 62. ③ 63. ②

2. 기계 가공

2-1 선반 가공

1 선반의 종류와 특징

선반이란 공작물을 주축에 고정하여 회전하고 있는 동안 바이트에 이송을 주어 외경 절삭, 보링, 절단, 단면 절삭, 나사 절삭 등의 가공을 하는 공작기계이다.

선반의 종류	특징
보통 선반 (engine lathe)	가장 일반적으로 베드, 주축대, 왕복대, 심압대, 이송 기구 등으로 구성되며, 주축의 스윙을 크게 하기 위하여 주축 밑부분의 베드를 잘라낸 절락(切落) 선반도 있다.
탁상 선반 (bench lathe)	탁상 위에 설치하여 사용하도록 되어 있는 소형의 보통 선반으로 구조가 간단하고 이용 범위가 넓으며, 시계·계기류 등의 소형물에 쓰인다.
모방 선반 (copying lathe)	제품과 동일한 모양의 형판에 의해 공구대가 자동으로 이동하며, 형판과 같은 윤곽으로 절삭하는 선반으로 형판 대신 모형이나 실물을 이용할 때도 있다.
공구 선반 (tool room lathe)	주로 절삭 공구 또는 공구의 가공에 사용되는 정밀도가 높은 선반으로 테이퍼 깎기 장치, 릴리빙 장치가 부속되어 있으며, 주로 저속 절삭 작업을 한다.
터릿 선반 (turret lathe)	보통 선반의 심압대 대신 여러 개의 공구를 방사상으로 설치하여 공정 순서대로 공구를 차례대로 사용할 수 있도록 되어 있는 선반이다. 터릿은 모양에 따라 6각형과 드럼형이 있으나 6각형이 주로 쓰이며, 형식에 따라 램형(소형 가공)과 새들형(대형 가공)이 있다. 사용되는 척은 콜릿 척이다.
차륜 선반 (wheel lathe)	철도 차량 차륜의 바깥 둘레를 절삭하는 선반
차축 선반 (axle lathe)	철도 차량의 차축을 절삭하는 선반
나사 절삭 선반 (thread cutting lathe)	나사를 깎는 데 전문적으로 사용되는 선반
리드 스크루 선반 (lead screw cutting lathe)	주로 공작 기계의 리드 스크루를 깎는 선반으로 피치 보정 기구가 장치되어 있다.
자동 선반 (automatic lathe)	공작물의 고정과 제거까지 자동으로 하며, 터릿 선반을 개량한 것으로 대량 생산에 적합하다.
다인 선반 (multi cut lathe)	공구대에 여러 개의 바이트가 부착되어 이 바이트의 전부 또는 일부가 동시에 절삭 가공을 한다.

2 선반의 각부 명칭 및 구조

(1) 선반의 구조와 기능

선반은 주축대, 심압대, 왕복대, 베드의 4개 주요부와 그밖의 부분으로 구성되어 있다.

① 주축대(head stock) : 선반의 가장 중요한 부분으로서 공작물을 지지, 회전 및 변경을 하거나 또는 동력 전달을 하는 일련의 기어 기구로 구성되어 있다.

(가) 주축(spindle) : 보통 합금강으로서 주축의 앞에는 척, 면판 등을 고정하며, 주축의 양쪽은 베어링으로 지지되어 있다. 구멍 앞부분은 테이퍼(주로 보스 테이퍼)로 되어 있어 센터를 고정할 수 있다. 주축의 재질은 Ni-Cr강이다.

(나) 기어식 주축대와 단차식 주축대의 특징

기어식 주축대	단차식 주축대
• 전동기와 직결 • 레버에 의해 변속(속도 변환 간단) • 변속은 슬라이딩 기어식, 클러치식 무단변속을 이용한다. • 고속절삭(2000 rpm 정도)이 가능하다. • 고장 시 수리가 힘들다. • 중량이 무겁다. • 등비급수 속도열을 많이 사용한다.	• 주축속도 변화 수가 적다. • 벨트 걸이로 위험하다. • 구조가 간단하다. • 600 rpm 정도이다. • 종합운전이 가능하다. • 값이 싸다. • 고속을 얻기 어렵다. • 백기어가 설치되어 있다 (목적 : 저속 강력 절삭).

② 왕복대(carriage) : 왕복대는 베드 위에 있으며, 바이트 및 각종 공구를 설치한 공구대를 평행하게 전후, 좌우로 이송시키며, 새들과 에이프런으로 구성되어 있다.

(가) 새들(saddle) : H자로 되어 있으며, 베드면과 미끄럼 접촉을 한다.

(나) 에이프런(apron) : 자동 장치, 나사 절삭 장치 등이 내장되어 있으며, 왕복대의 전면, 즉 새들 앞쪽에 있다.

(다) 하프 너트(half nut) : 나사 절삭 시 리드 스크루와 맞물리는 분할된 너트(스플리트 너트)이다.

(라) 복식 공구대 : 임의의 각도로 회전시키면 테이퍼 절삭을 할 수 있다.

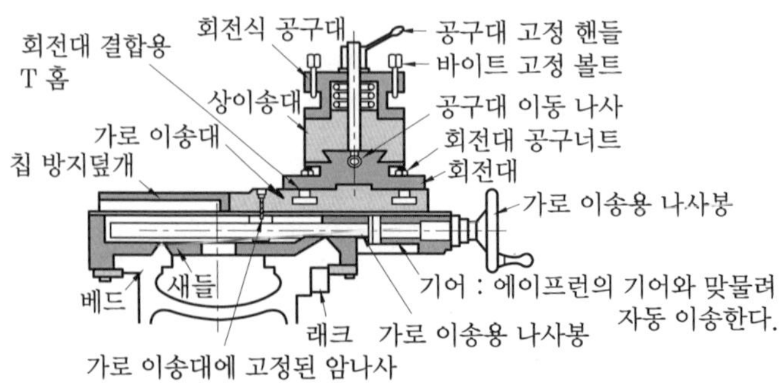

공구대의 단면도

③ 심압대(tail stock) : 심압대는 오른쪽 베드 위에 있으며, 작업 내용에 따라서 좌우로 움직이도록 되어 있다.

(가) 축에 정지 센터를 끼워 긴 공작물을 고정하거나 센터 대신 드릴, 리머 등을 고정할 수 있다.

(나) 조정나사의 조정으로 심압대를 편위시켜 테이퍼 절삭이 된다.

(다) 심압축을 움직일 수 있다.

(라) 구멍뚫기 작업 시는 드릴이나 리머를 설치한다.

(마) 심압대축은 모스 테이퍼(Morse taper)로 되어 있다.

④ 베드(bed)

베드는 주축대, 왕복대, 심압대 등 주요한 부분을 지지하고 있는 곳으로 절삭력 및 중량을 충분히 견딜 수 있도록 강성 정밀도가 요구된다. 베드의 재질은 고급 주철, 칠드 주철 또는 미하나이트 주철, 구상 흑연 주철을 많이 사용하고 있다.

(가) 베드의 특징

㉮ 베드는 영식(평형)과 미식(산형)으로 구분한다.

㉯ 베드면은 표면 경화를 해야 한다(화염경화법).

㉰ 베드의 정밀도는 $\frac{0.02}{1000}$ mm 정도의 직진도를 갖고 있어야 한다.

㉱ 베드는 주조 후 주조 응력을 제거하기 위해 시즈닝 작업을 해야 한다.

베드의 특징

항목	영식	미식
수압 면적	크다	작다
단면 모양	평면	산형
용도	강력 절삭용	정밀 절삭용
사용 범위	대형 선반	중·소형 선반

(나) 베드의 종류 : 영식 베드, 미식 베드, 절충식 베드

⑤ 이송 장치

왕복대의 자동 이송이나 나사 절삭 시 적당한 회전수를 얻기 위해 주축에서 운동을 전달받아 이송축 또는 리드 스크루까지 전달하는 장치를 말한다. 특히 선반에는 주축 회전 방향에 관계없이 이송 장치의 정·역회전이 조절 가능한 장치가 선반 주축대에 장치되어 있는데, 이것을 텀블러 장치라 한다.

※ 운동 전달 순서

① 선반 모터 → ② 주축대 → ③ 변환 기어 → ④ 이송 상자 → ⑤ 이송봉 또는 리드 스크루 → ⑥ 왕복대

(2) 선반의 각부 명칭

선반의 각부 명칭은 다음 그림과 같다.

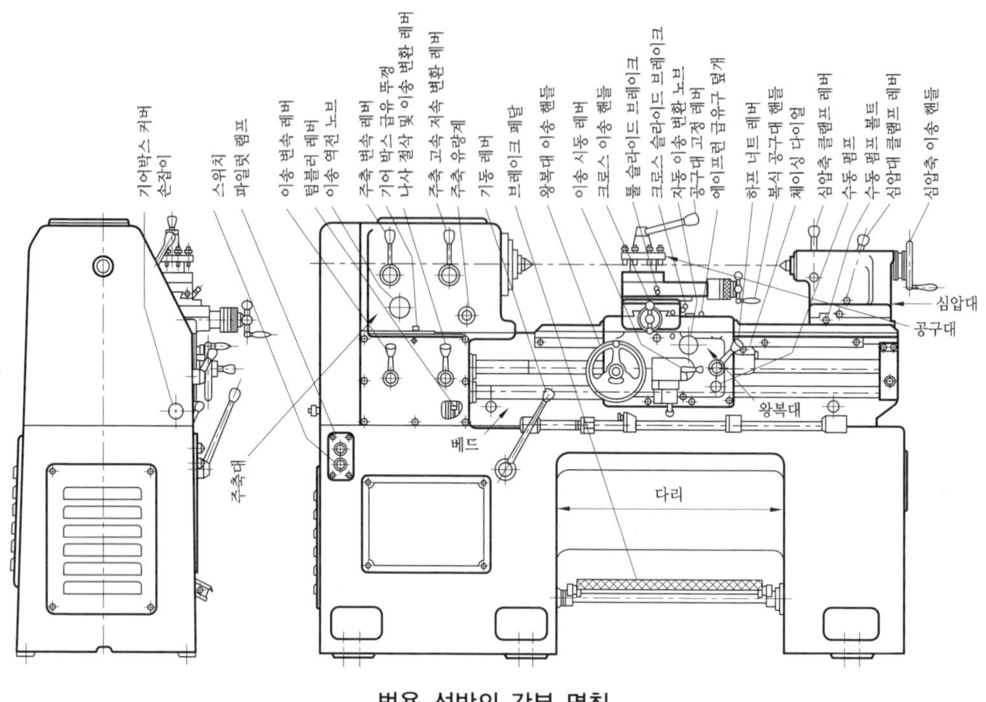

범용 선반의 각부 명칭

(3) 선반의 크기 표시

선반은 다음과 같은 크기로 그 규격을 정하고 있다.

① 스윙(swing) : 베드상의 스윙 및 왕복대상의 스윙을 말한다. 즉, 물릴 수 있는 공작물의 최대 지름을 말한다. 스윙은 센터와 베드면과의 거리의 2배이다.

② 양 센터 간의 최대 거리 : 라이브 센터(live center)와 데드 센터(dead center) 간의 거리로서 공작물의 길이를 말한다.

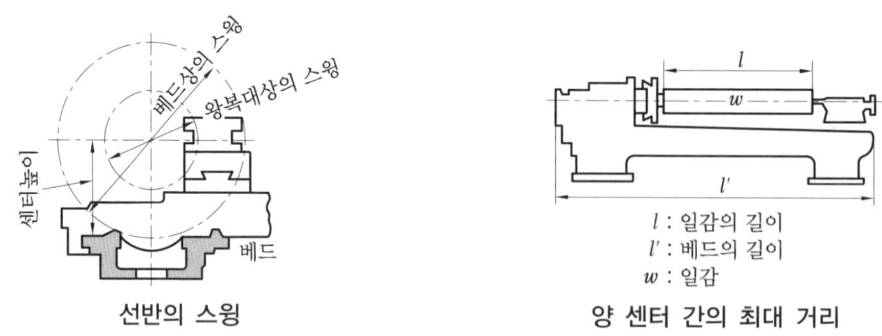

선반의 스윙 양 센터 간의 최대 거리

3 선반의 부속 장치

(1) 면판(face plate)

면판은 척을 떼어내고 부착하는 것으로 공작물의 모양이 불규칙하거나 척에 물릴 수 없을 때 사용한다. 특히 엘보 가공 시 많이 사용한다. 이때 반드시 밸런스를 맞추는 다른 공작물을 설치해야 한다. 공작물 고정 시 앵글 플레이트와 볼트를 이용한다.

(2) 회전판(driving plate)

양 센터 작업 시 사용하는 것으로 일감을 돌리개에 고정하고 회전판에 끼워 작업한다.

회전판

(3) 돌리개(dog)

양 센터 작업 시 사용하는 것으로 각종 형태는 다음 그림과 같으며, 굽힘 돌리개를 가장 많이 사용한다.

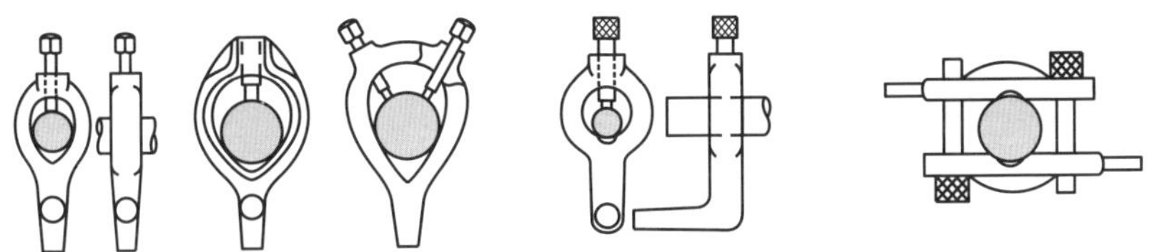

(a) 곧은 돌리개(직선) (b) 굽힘 돌리개(곡형) (c) 평행 돌리개(클램프)

돌리개의 종류

(4) 센터(center)

양 센터 작업 시 또는 주축 쪽은 척으로 고정하고, 심압대 쪽은 센터로 지지할 경우 사용한다. 센터는 양질의 탄소공구강 또는 특수공구강으로 만들며, 보통 60°의 각도가 쓰이나 중량물 지지에는 75°, 90°가 쓰이기도 한다. 센터는 자루 부분이 모스 테이퍼로 되어 있으며, 모스 테이퍼는 0~7번까지 있다.

- 종류
  - 회전 센터(live center) : 주축 쪽의 센터
  - 정지 센터(dead center) : 심압대 쪽의 센터
- 각도
  - 미식 : 60°··· 소형, 정밀 가공(보통)
  - 영식 : 75°, 90°··· 대형, 중량물 가공

(5) 심봉(mandrel)

정밀한 구멍과 직각 단면을 깎을 때 또는 외경과 구멍에 동심원이 필요할 때 사용하는 것이다. 심봉의 종류는 단체 심봉, 팽창 심봉, 나사 심봉, 원추 심봉 등이 있다.

① 표준 심봉의 테이퍼 : $\frac{1}{100}$, $\frac{1}{1000}$

② 심봉의 호칭경 : 작은 쪽의 지름

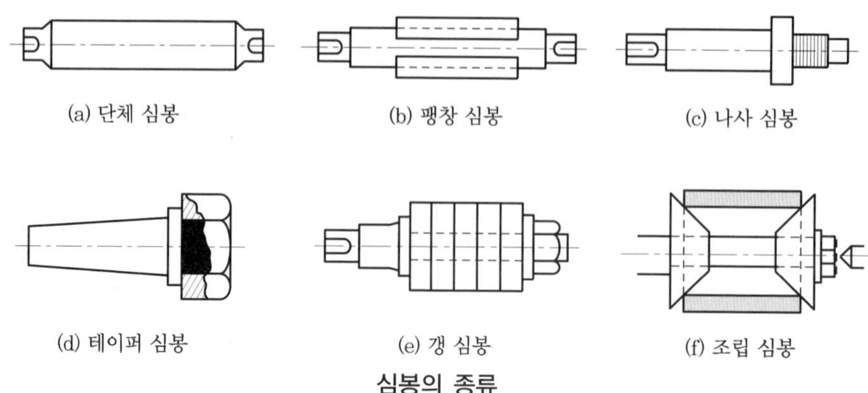

심봉의 종류

(6) 척(chuck)의 종류와 특징

일감을 고정할 때 사용하며, 고정 방법에는 조(jaw)에 의한 기계적인 방법과 전기적인 방법이 있다.

① 단동 척(independent chuck)

㈎ 단동 척의 특징

㉮ 강력 조임에 사용하며, 조가 4개 있어 4번 척이라고도 한다.

㉯ 원, 사각, 팔각 조임 시에 용이하다.

㉰ 조가 각자 움직이며, 중심 잡는 데 시간이 걸린다.

㉱ 편심 가공 시 편리하다.

㉲ 가장 많이 사용한다.

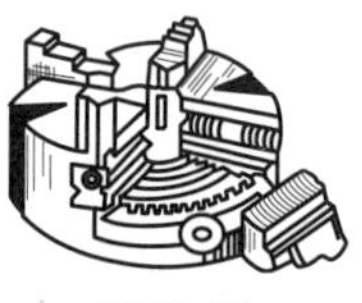

단동 척

㈏ 단동 척의 크기 : 척의 크기는 외경으로 표시한다.

② 연동 척(universal chuck : 만능 척)

㈎ 조가 3개이며, 3번 척, 스크롤 척이라 한다.

㈏ 조 3개가 동시에 움직인다.

㈐ 조임이 약하다.

㈑ 원, 3각, 6각봉 가공에 사용한다.

㈒ 중심을 잡기 편리하다.

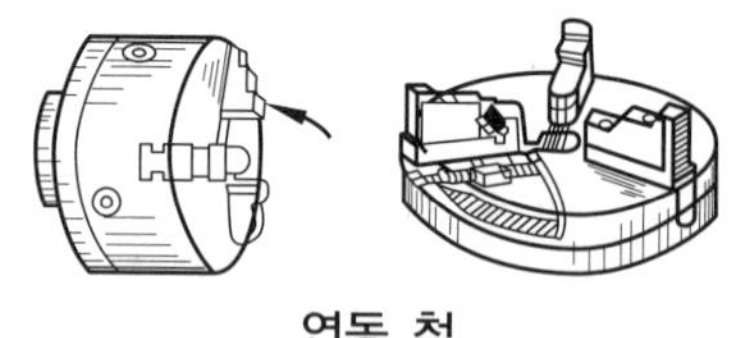

연동 척

③ 마그네틱 척(magnetic chuck : 전자 척, 자기 척)

㈎ 직류 전기를 이용한 자화면이다.

㈏ 필수 부속장치 : 탈 자기장치

㈐ 강력 절삭이 곤란하다.

㈑ 사용 전력은 200～400 W이다.

④ 공기 척(air chuck)

㈎ 공기 압력을 이용하여 일감을 고정한다.

㈏ 균일한 힘으로 일감을 고정한다.

㈐ 운전 중에도 작업이 가능하다.

㈑ 조의 개폐가 신속하다.

⑤ 콜릿 척(collet chuck)

(가) 터릿 선반이나 자동 선반에 사용된다.

(나) 지름이 작은 일감에 사용한다.

(다) 중심이 정확하고, 원형재, 각봉재 작업이 가능하다.

(라) 다량 생산이 가능하다.

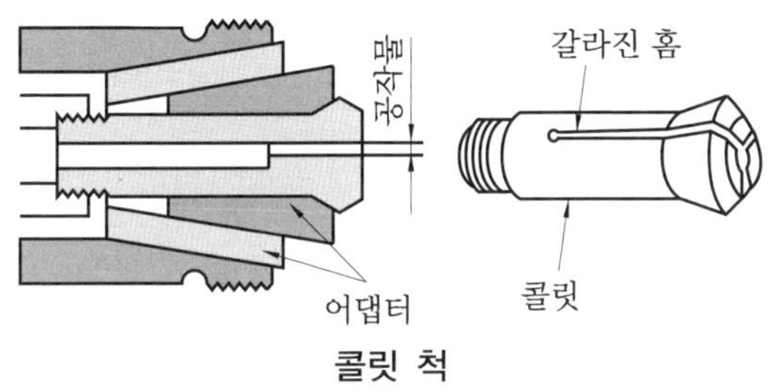

콜릿 척

(7) 특수 가공 장치

① 모방 절삭 장치 : 제품과 동일한 모형을 갖는 형판을 만들어 모방 절삭 장치의 촉침을 접촉한 후 이동시키면 바이트가 모형에 따라 움직이면서 서서히 절삭하도록 되어 있다.

② 테이퍼 절삭 장치 : 모방 절삭 장치의 원리로 테이퍼 절삭 장치를 설치하고 가이드로 안내되면 공구대가 따라 움직이고, 가이드 끝에는 각도 눈금이 있어 적당한 각도로 회전하도록 되어 있다.

(8) 방진구(work rest)

지름이 작고 긴 공작물을 절삭할 때 생기는 떨림을 방지하기 위한 장치이며, 보통 지름에 비해 길이가 20배 이상 길 때 쓰인다. 이동식과 고정식이 있다.

① 이동식 방진구 : 왕복대에 설치하여 긴 공작물의 떨림을 방지하며, 왕복대와 같이 움직인다(조의 수 : 2개).

② 고정식 방진구 : 베드면에 설치하여 긴 공작물의 떨림을 방지해 준다(조의 수 : 3개).

③ 롤 방진구 : 고속 중절삭용으로 쓰인다.

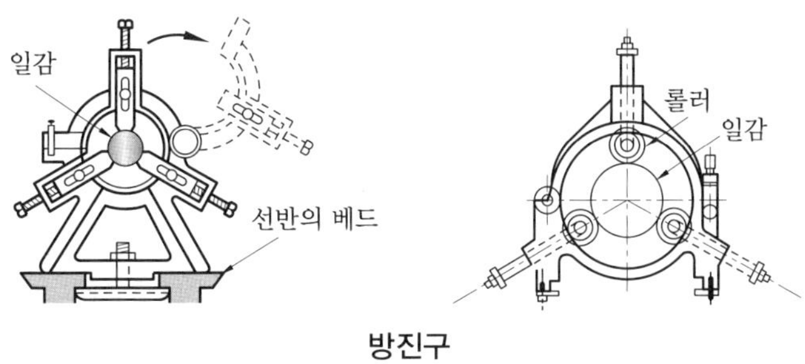

방진구

4 선반 절삭 작업의 종류

선반 절삭 방식은 일반적으로 상온 절삭을 하지만 최근에는 고온 절삭과 저온 절삭이 연구되고 있으며 선반 절삭 작업의 종류는 다음 그림과 같다.

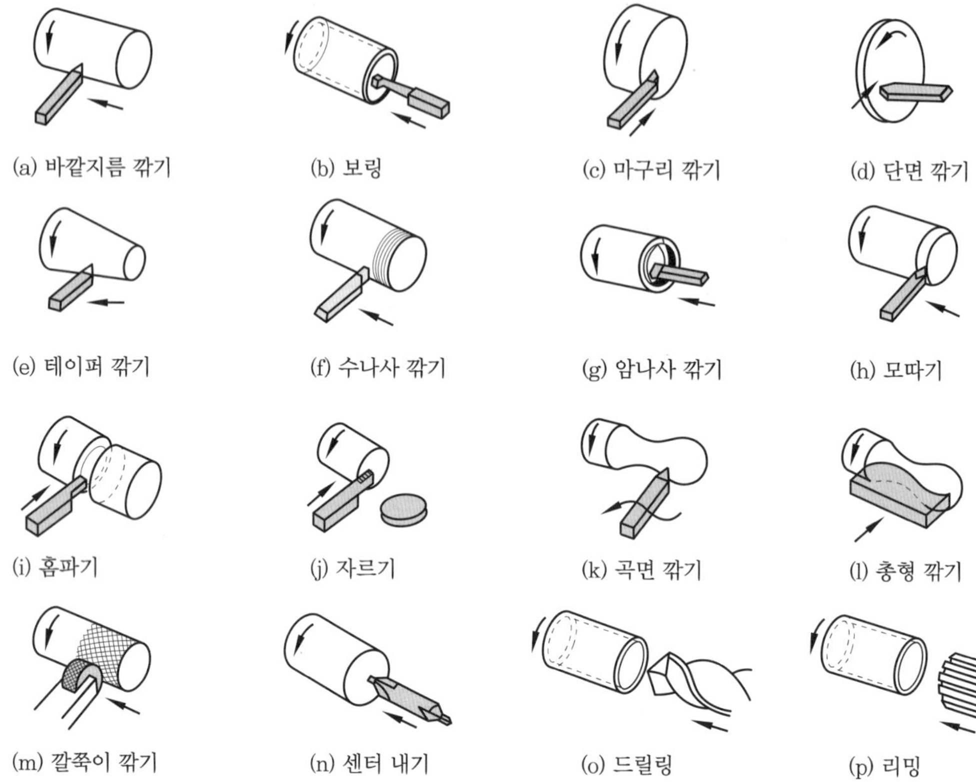

선반 절삭 작업의 종류

예상문제

1. 선반의 크기 표시 방법 중 가장 부적당한 것은?

① 베드상의 스윙 ② 무게
③ 양 센터 간 거리 ④ 왕복대상의 스윙

2. 다음 중 특수 선반이 아닌 것은?

① 차륜 선반 ② 자동 선반
③ 다인 선반 ④ 정면 선반

해설 다인 선반, 자동 선반, 차륜 선반, 크랭크축 선반, 차축 선반, 릴리빙 선반, 스크루 커팅 선반, 만능 선반, 모방 선반 등은 특수 목적으로 사용되는 선반이며, 정면 선반은 지름이 큰 것을 절삭하는 일반 선반이다.

3. 지름이 큰 공작물을 깎을 때 적당한 선반은 어느 것인가?

① 정면 선반 ② 크랭크축 선반
③ 자동 선반 ④ 보통 선반

4. 각종 공구를 많이 고정시키고 작업할 수 있는 선반은?

① 터릿 선반 ② 공구 선반
③ 고속 선반 ④ 모방 선반

해설 터릿 선반은 보통 선반의 심압대 대신 터

정답 » 1. ② 2. ④ 3. ① 4. ①

릿 왕복대가 있으며, 터릿과 사각 공구대에 여러 개의 공구를 고정하여 작업하므로 능률적이다.

5. 다음 중 터릿 선반의 장점이 아닌 것은?

① 동일 제품 가공 시 드릴링 및 연삭 작업 가능
② 공구 교체 시간 단축
③ 절삭 공구를 방사형으로 장치
④ 대량 생산에 적합

해설 터릿 선반에서는 연삭 작업을 하지 않는 것이 보통이다.

6. 다음 중 대량 생산에 사용되는 것으로서 재료의 공급만 하여 주면 자동적으로 가공되는 선반은?

① 자동 선반 ② 탁상 선반
③ 모방 선반 ④ 다인 선반

해설 탁상 선반은 시계 부속 등 작고 정밀한 공작물 가공에 편리하고, 모방 선반은 형판에 따라 바이트대가 자동적으로 절삭 및 이송을 하면서 형판과 닮은 공작물을 가공하며, 다인 선반은 공구대에 여러 개의 바이트를 장치하여 한꺼번에 여러 곳을 가공하게 한 선반이다.

7. 심압대에 대한 설명으로 맞는 것은?

① 심압대는 작업 중에 반드시 베드에 고정시킨다.
② 심압대의 센터는 공작물과 같이 회전하므로 기름을 잘 친다.
③ 선반 작업 시에는 반드시 심압대를 사용해야 한다.
④ 심압축을 너무 길게 하여 작업하면 공작물 절삭 결과가 좋지 않다.

8. 선반에서 백기어를 설치하는 목적은?

① 소비 동력을 줄이기 위하여
② 주축의 회전수를 높이기 위하여
③ 저속 강력 절삭을 위하여
④ 가공 시간을 단축하기 위하여

해설 백기어를 설치하면 회전 속도가 낮아지므로 저속 강력 절삭에 사용한다.

9. 다음 중 선반의 왕복대에 있는 것은?

① 변속 기어 ② 회전 센터
③ 에이프런 ④ 리드 스크루

10. 선반 주축이 중공으로 되어 있는 이유 중 틀린 것은?

① 무게 감소
② 마찰열을 쉽게 발산시키려고
③ 강성 유지
④ 긴 재료를 가공할 수 있게 하려고

11. 선반 베드의 표면을 경화시키는 가장 효과적인 방법은?

① 화염 경화법 ② 염욕법
③ 질화법 ④ 고주파 열처리법

12. 다음 심봉 중 바깥 둘레를 넓혀 공작물을 지지하는 것은?

① 테이퍼 심봉 ② 팽창 심봉
③ 갱 심봉 ④ 조립 심봉

13. 다음 중 선반에서 모방 절삭 장치를 설치하는 곳은?

① 베드 ② 주축
③ 왕복대 ④ 심압대

14. 긴 공작물을 절삭할 경우 사용하는 방진구 중 이동형 방진구는 어느 부분에 설치하는가?

① 심압대 ② 왕복대
③ 베드 ④ 주축대

해설 이동형 방진구는 왕복대에, 고정형 방진구는 베드에 설치하여 사용한다.

정답 » 5. ① 6. ① 7. ④ 8. ③ 9. ③ 10. ② 11. ① 12. ② 13. ③ 14. ②

15. 길고 가는 봉재(보통 지름의 20배 이상)를 깎으려 할 때 사용하는 것은?
① 심봉 ② 방진구
③ 에이프런 ④ 돌리개

16. 선반에서 할 수 없는 작업은?
① 인덱싱 ② 나사 절삭
③ 드릴 작업 ④ 리밍 작업

17. 선반에서 면판을 이용하여 공작물을 고정할 때 필요 없는 것은?
① 앵글 플레이트
② 볼트
③ 콜릿 척
④ 밸런스 웨이트

18. 선반 주축에 사용하는 센터는?
① 리브 센터 ② 데드 센터
③ 하프 센터 ④ 연강 센터

19. 다음 그림은 무슨 센터인가?

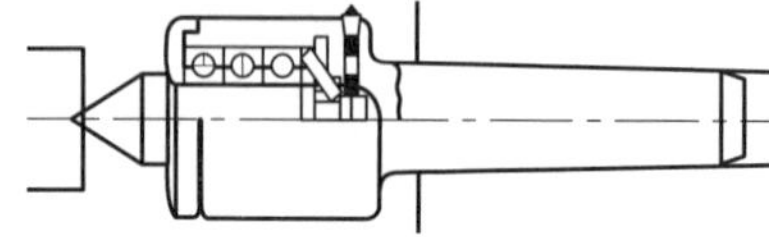

① 고정 센터(dead center)
② 하프 센터(half center)
③ 베어링 센터(bearing center)
④ 캡 센터(cap center)

20. 단동 척의 장점이 아닌 것은?
① 연동 척보다 강력하게 고정한다.
② 무거운 공작물이나 중절삭을 할 수 있다.
③ 이형 공작물의 고정이 가능하다.
④ 조가 3개 있으므로 원통형 공작물 고정이 용이하다.

21. 선반용 센터 자루는 주로 무슨 테이퍼를 사용하는가?
① 브라운 샤프 ② 내셔널 테이퍼
③ 모스 테이퍼 ④ 자노 테이퍼

22. 마그네틱 척에 사용하는 전류는?
① 직류 ② 교류
③ 직류, 교류 ④ 맥류

23. 선반 베드를 시즈닝하는 목적은?
① 외관 결함 제거
② 주조 응력 제거
③ 무게 경감
④ 재료비 절감

24. 바이트를 고정시키는 공구대는 무엇 위에 설치되어 있는가?
① 가로 이송대 ② 에이프런
③ 베드 ④ 방진구

25. 단동 척의 조는 몇 개인가?
① 2개 ② 3개
③ 4개 ④ 6개

26. 왕복대를 크게 분류한 것 중 옳게 표시한 것은?
① 에이프런과 리드 스크루
② 복식 공구대와 새들
③ 에이프런, 새들, 공구대
④ 복식 공구대와 크로스 핸들

27. 척으로 고정할 수 없는 큰 공작물이나 불규칙한 일감을 고정할 때 사용하는 부속품은?
① 돌리개 ② 면판
③ 방진구 ④ 심봉

정답 » 15. ② 16. ① 17. ③ 18. ① 19. ③ 20. ④ 21. ③ 22. ① 23. ② 24. ① 25. ③ 26. ③ 27. ②

5 선반 작업

(1) 선반에서 가능한 작업

① 외경 절삭(turning) ② 내경 절삭(boring) ③ 테이퍼 절삭(taper turning)
④ 단면 절삭(facing) ⑤ 총형 절삭(formed cutting) ⑥ 구멍 뚫기(drilling)
⑦ 모방 절삭(copying) ⑧ 절단 작업(cutting) ⑨ 나사 절삭(threading)
⑩ 리밍(reaming) ⑪ 광내기 작업(polishing) ⑫ 널링(knurling)
⑬ 편심 작업

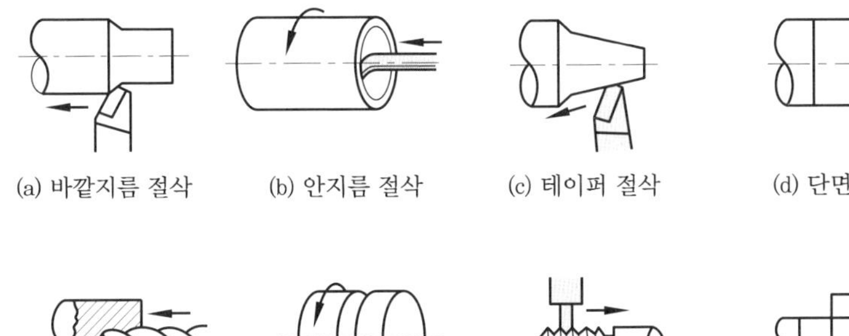

(a) 바깥지름 절삭 (b) 안지름 절삭 (c) 테이퍼 절삭 (d) 단면 절삭 (e) 총형 절삭

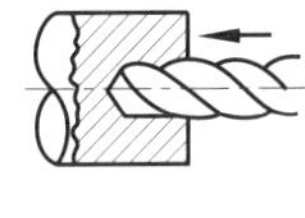
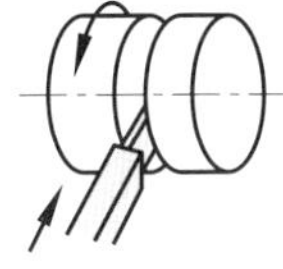
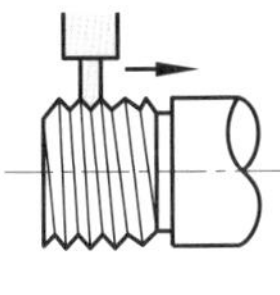
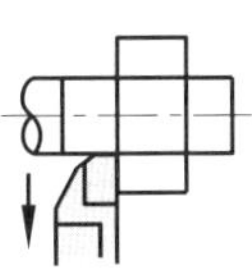
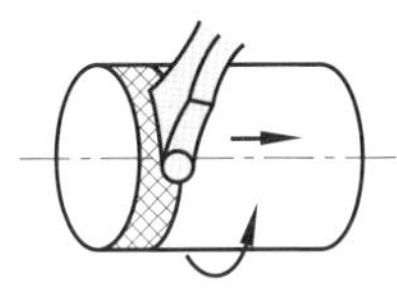

(f) 드릴링(구멍 뚫기) (g) 절단 (h) 나사 절삭 (i) 측면 절삭 (j) 널링

선반 작업의 종류

(2) 가공물 고정법의 종류

가공물 고정법에는 양 센터에 의한 고정 방법, 척에 의한 고정 방법, 척과 데드 센터에 의한 고정 방법, 면판에 의한 고정 방법, 콜릿 척, 전자 척에 의한 법, 홀더에 의한 고정법 등이 있다.

① 양 센터에 의한 고정 방법

(가) 중심 구하기

㉮ 사이드 퍼스에 의한 방법 ㉯ 콤비네이션 세트에 의한 방법
㉰ 서피스 게이지에 의한 방법

(나) 센터 구멍 : 일감의 중심과 센터 구멍의 중심이 일치해야 한다. 중심을 구한 후 센터 드릴에 의해 구멍을 뚫거나 기타 방법에 의한다. 센터 구멍의 원뿔각은 보통 60°이나 중량이 클 경우에는 75°, 90°가 사용된다.

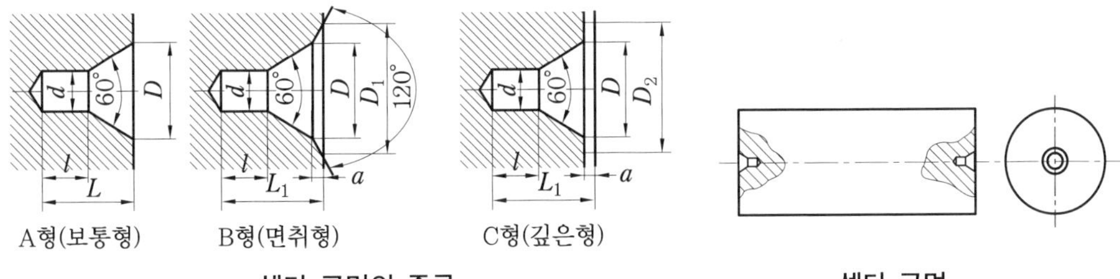

A형(보통형) B형(면취형) C형(깊은형)

센터 구멍의 종류 센터 구멍

(다) 센터 구멍 뚫기

㉮ 센터링 머신에 의한 방법 ㉯ 드릴 머신에 의한 방법

㉯ 선반에 의한 방법

(라) 센터 드릴의 종류 : 센터 드릴은 A형과 B형이 있으며, 일감의 크기에 따라 호칭 지름도 달라진다.

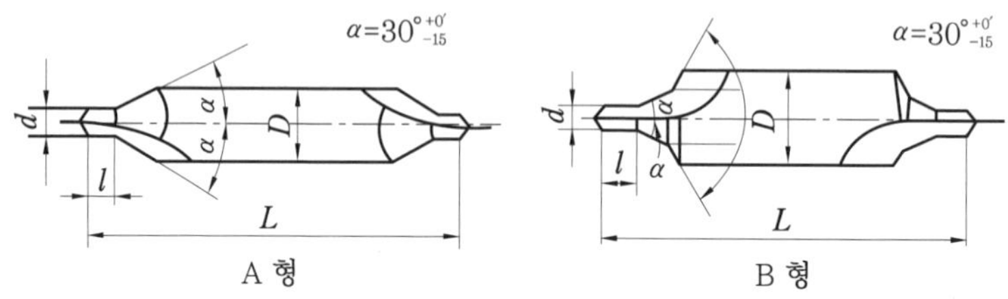

센터 드릴

② 척과 데드 센터에 의한 고정 방법 : 일감의 길이에 비하여 지름이 작을 경우 사용하며, 작업 시 일감이 진동하면 방진구를 사용한다. 특히, 작업 중 일감과 센터 구멍 사이에 온도가 상승하여 구멍이 망가지는 일이 있으므로 윤활유를 충분히 공급해야 한다.

③ 척에 의한 고정 방법 : 주축에 장치된 척으로 일감을 고정하는 방법으로서 길이가 짧은 경우 단면 절삭, 드릴 작업, 보링 작업에 사용한다.

일감의 고정 순서는 다음과 같다.

(가) 일감의 지름보다 크게 조를 벌린다.

(나) 일감을 오른손으로 잡고 척 핸들을 왼손으로 돌려 일감이 빠지지 않도록 조인다. 중절삭의 경우 20 mm 이상, 경절삭의 경우 10 mm 이상 조에 물린다.

(다) 서피스 게이지를 베드 위에 놓고 침을 일감에 가깝게 대며 중심을 구한다.

(라) 조와 일감 사이에 상처가 생기지 않도록 동판이나 아연판을 끼운다.

④ 면판에 의한 고정 방법 : 일감이 일정하지 않을 경우 사용하는 것으로 면판과 앵글 플레이트가 있다.

(가) 일감의 고정 장치 : 일감을 고정하는 데는 앵글 플레이트나 각종 클램프를 쓴다.

(나) 면판과 고정구 : 일감을 면판에 고정시킬 때 균형이 맞지 않을 것을 고려하여 반드시 밸런스 웨이트를 설치한다.

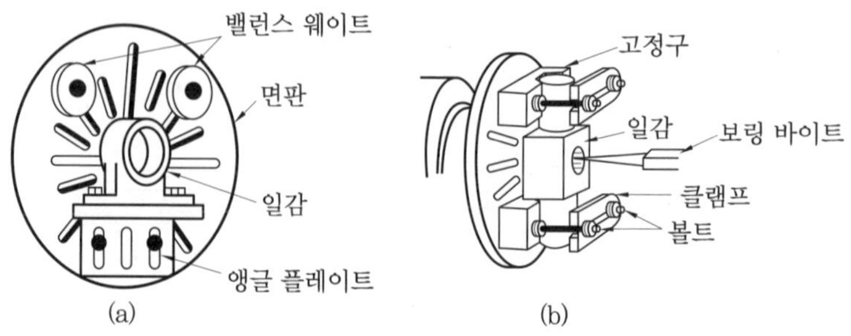

면판과 고정구에 의한 일감 고정

(3) 센터 작업(center work)

리브 센터와 데드 센터를 이용한 작업으로 대체적으로 가공물이 길고 둥글 때 하는 작업이다. 양 센터의 중심이 맞지 않으면 공작물이 테이퍼나 타원형이 되므로 주의해야 한다. 데드 센터에는 윤활이 좋도록 그리스를 바르고 보통 정도로 조여야 한다.

(4) 척 작업(chuck work)

환봉 등 척에 물리기 쉬운 공작물을 가공할 때 척을 이용하며, 외경 절삭, 단면 절삭, 절단, 드릴링, 보링 등의 작업에 널리 이용한다. 척은 주축에 대하여 직각이 되어야 한다. 척 작업은 모양이 규칙적인 물체에는 연동 척을, 모양이 불규칙한 것에는 단동 척을 이용하는 것이 보통이다.

① 외경 절삭

㈎ 바이트의 설치 : 바이트는 공구대에 설치하며, 설치할 때에는 반드시 주축의 중심과 바이트의 높이가 같아야 한다.

㈏ 바이트 설치 요령

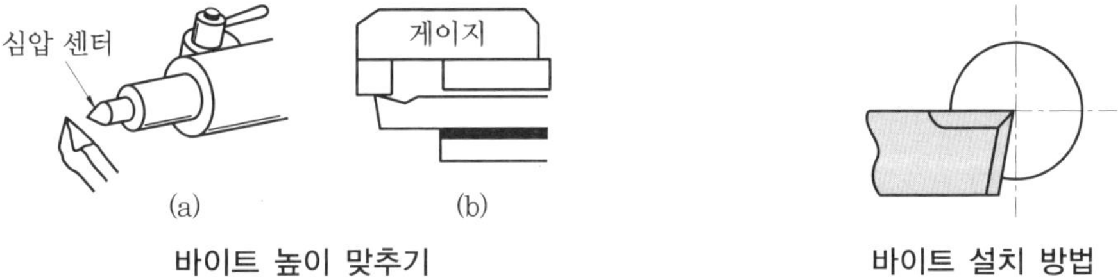

바이트 높이 맞추기　　　　바이트 설치 방법

㉮ 바이트 돌출은 초경 바이트의 경우 섕크 높이의 1.5배 이하로 해야 한다(고속도강은 2배).

㉯ 받침쇠는 바이트 밑면과 평행하게 설치해야 한다.

㉰ 바이트의 고정 볼트는 3점이 같은 힘이 되도록 평행하게 고정한다.

㉱ 바이트 중심은 심압 센터에 맞추거나 센터 높이 게이지를 이용한다.

② 내경 절삭 : 드릴로 뚫은 구멍을 넓히거나 구멍을 다듬질하는 작업으로서 보링이라 한다. 보링 바이트 날의 모양과 영향은 다음과 같다.

㈎ 구멍의 깊이가 깊어짐에 따라 지름이 작아진다[그림 (a)].

㈏ 구멍의 지름이 변하지 않으며, 가장 이상적이다[그림 (b)].

㈐ 바이트가 파고들어 구멍의 깊이가 깊어짐에 따라 지름이 커진다[그림 (c)].

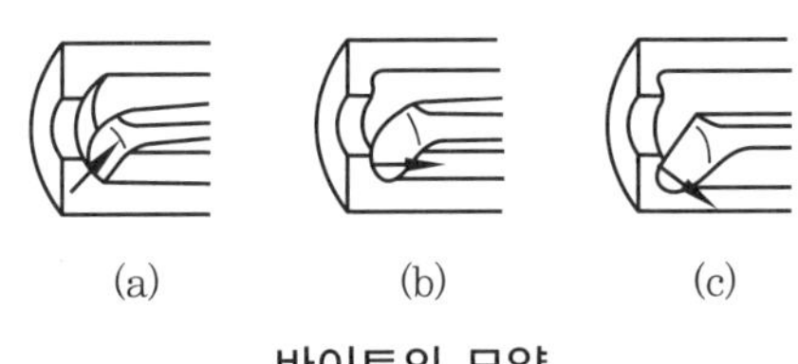

바이트의 모양

③ 단면 절삭 : 단면 절삭은 바이트를 2～5°정도 경사시켜 절삭하여야 하며, 센터를 지지할

경우에는 하프 센터를 사용하여야 한다.

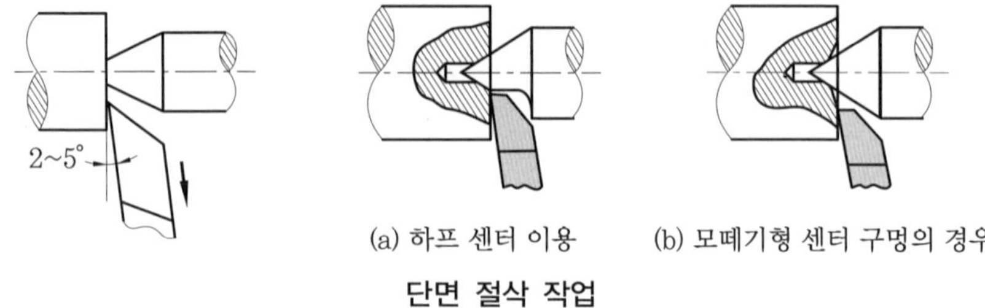

(a) 하프 센터 이용 (b) 모떼기형 센터 구멍의 경우

단면 절삭 작업

④ 절단 작업 : 일감이 회전할 때 바이트가 직각으로 진행하면서 절단한다.

㈎ 절단 작업과 절단 바이트 각도 : 절단 작업 시 절삭 속도는 외경 절삭 속도의 $\frac{1}{2}$ 정도로 하며, 이송량은 0.07～0.2 mm/rev 정도로 한다.

㈏ 절단 바이트의 홈가공 : 홈가공을 할 때에는 다음 그림과 같은 요령으로 작업한다.

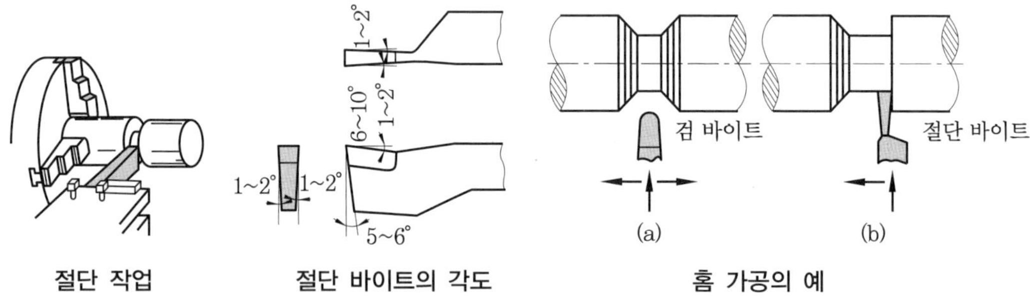

절단 작업 **절단 바이트의 각도** **홈 가공의 예**

⑤ 널링 작업(knuring) : 룰렛(roulette) 작업이라고도 하며, 핸들, 게이지 손잡이, 둥근 너트 등에 미끄럼을 방지하기 위해 일감의 표면에 깔쭉이를 하는 작업이다. 다음 그림은 널의 종류를 나타낸 것이다.

룰렛의 종류

㈎ 공작물 지름을 구하는 법

㉮ 널링을 할 공작물의 지름은 널링 후에 커질 것을 생각하여 널링된 치수보다 작지 않으면 안 된다.

㉯ 널링을 할 때 공작물의 원주에 2중, 3중의 무늬가 겹쳐지지 않도록 하기 위해서는 지름의 치수가 모듈의 정수배가 되어야 하므로, 일자형은 $D=n \cdot m$, 다이아몬드형은 $D=\frac{n \cdot m}{\cos 30°}$ 여기서, D : 널링 후에 커진 지름(mm), m : 모듈, n : 정수

(나) 널링 작업 방법

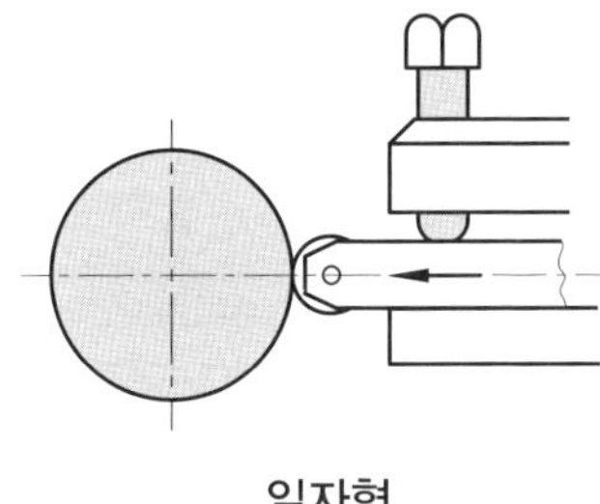

일자형

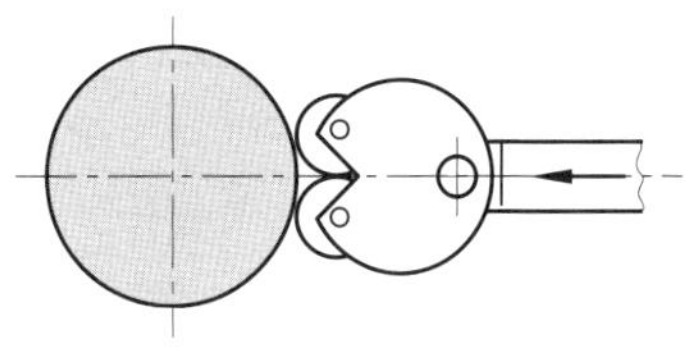

다이아몬드형

(5) 편심 작업

하나의 중심에 대해 공작물 일부가 다른 중심을 갖게 되어 중심이 두 개 또는 그 이상으로 되게 작업하는 것이다.

① 다이얼 게이지에 의한 편심 작업
② 금긋기 후 센터 드릴에 의한 편심 작업
③ 편심 심봉을 이용한 편심 작업

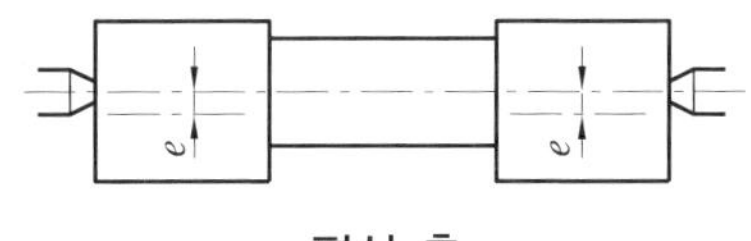

편심 축

(6) 테이퍼 절삭 작업(taper cutting work)

선반 작업으로 테이퍼를 깎는 방법에는 심압대 편위법, 복식 공구대 이용법, 테이퍼 절삭 장치 이용법, 총형 바이트에 의한 법이 있다. 테이퍼 $T=\frac{(D-d)}{L}$이다.

① 심압대를 편위시키는 방법 : 심압대를 선반의 길이 방향에 직각 방향으로 편위시켜 절삭하는 방법이다. 이 방법은 공작물이 비교적 길고 테이퍼가 작을 때 사용한다.

㈜ 심압대를 작업자 앞으로 당기면 심압대축 쪽으로 가공 지름이 작아지고, 뒤쪽으로 편위시키면 주축대축 쪽으로 가공 지름이 작아진다.

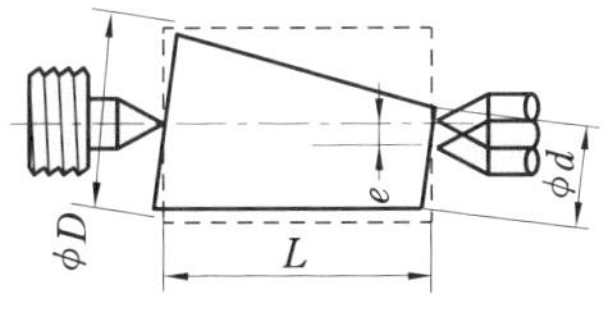

(a) 전체가 테이퍼일 경우

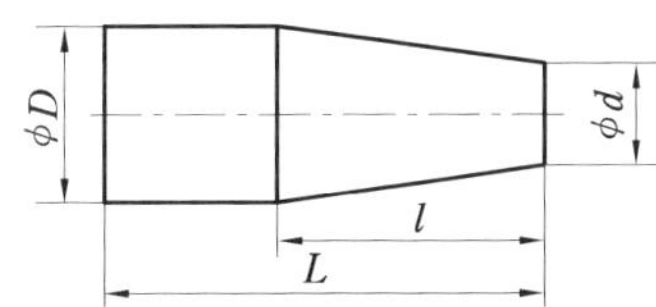

(b) 일부분만 테이퍼일 경우

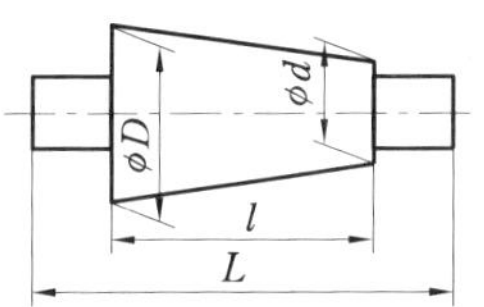

(c) 가운데가 테이퍼일 경우

심압대를 편위시켜 테이퍼 절삭

위의 그림에서 편위량 e는 다음과 같다.

(a) $e=\frac{D-d}{2}$(전체가 테이퍼일 경우)

(b) $e=\frac{L(D-d)}{2l}$(일부분만 테이퍼일 경우)

(c) $e=\frac{(D-d)L}{2l}$(가운데가 테이퍼일 경우)

② 복식 공구대 회전법 : 베벨 기어의 소재와 같이 비교적 크고 길이가 짧은 경우에 사용되며, 손으로 이송하면서 절삭하는데, 복식 공구대 회전각도는 다음 식으로 구한다.

$$\tan\frac{\alpha}{2} = \tan\theta = \frac{D-d}{2L}$$

③ 테이퍼 절삭 장치(taper attachment) 이용법 : 전용 테이퍼 절삭 장치를 만들어 테이퍼 절삭을 하는 방법이며, 이송은 자동 이송이 가능하고, 절삭 시에 안내판 조정, 눈금 조정을 한 후 자동 이송시킨다. 심압대 편위법보다 넓은 범위의 테이퍼 가공이 가능하며, 공작물 길이에 관계없이 같은 테이퍼 가공이 가능하다.

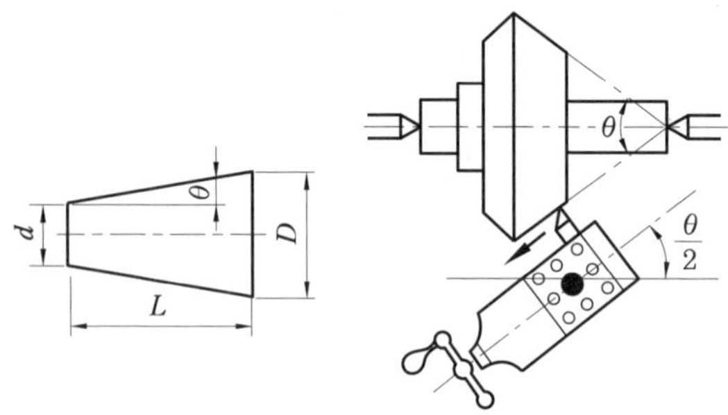

복식 공구대 회전에 의한 테이퍼 절삭

④ 총형 바이트에 의한 법 : 테이퍼용 총형 바이트를 이용하여 비교적 짧은 테이퍼 절삭을 하는 방법이다.

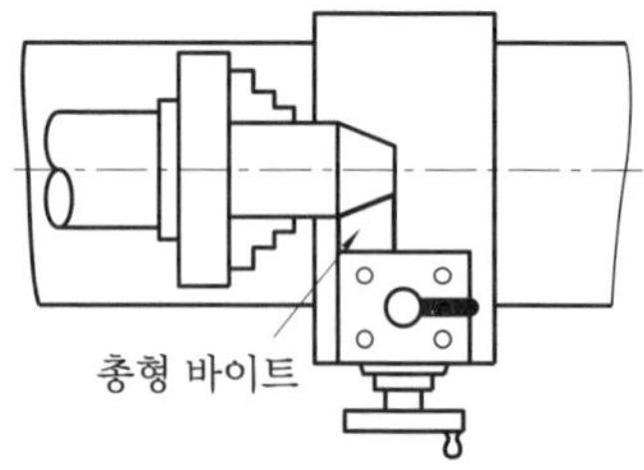

총형 바이트에 의한 법

(7) 심봉 작업

기어나 풀리 등과 같이 보스 구멍이 뚫린 경우 보스 구멍과 외경이 동심원이 되게 하기 위하여 심봉(mandrel)을 보스에 끼워 센터 작업하는 방법이다.

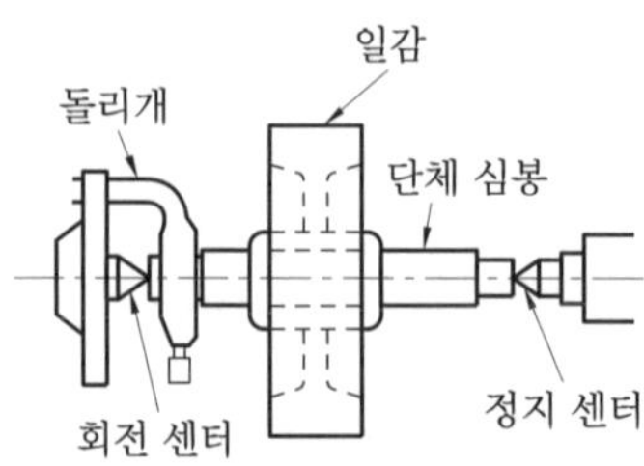

단체 심봉의 사용법

6 나사 절삭

공작물이 1회전하는 동안 절삭되어야 할 나사의 1피치만큼 바이트를 이송시키는 동작을 연속적으로 실시하면 나사가 절삭된다.

다음 그림은 나사의 절삭 원리를 나타낸 것으로 주축의 회전이 중간축을 지나 리드 스크루 축에 전달되며, 리드 스크루 축은 하프 너트를 통하여 왕복대에 이송을 주어 절삭된다.

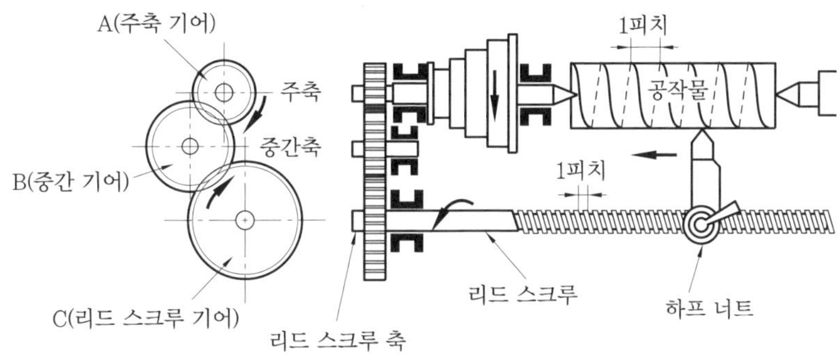

나사 절삭의 원리

(1) 나사 절삭 요령

① 선반의 어미 나사가 미터식인지 인치식인지 알아야 한다.

② 깎고자 하는 나사가 인치식인지 미터식인지 알아야 한다.

③ 필요한 변환 기어를 결정하고 재료 및 공구를 준비한다(해당 선반의 변환 기어 치수를 알아 둘 것).

④ 공구(바이트)를 고정한다.

⑤ 하프 너트(half nut)를 닫아 나사 절삭을 한다.

⑥ 최초에 하프 너트를 닫는 위치로부터 일정한 주기를 반복하기 위해서 체이싱 다이얼이 사용된다.

㈎ 체이싱 다이얼(chasing dial) : 리드 스크루와 맞물려 있는 웜 기어와 그 축의 일단에 장치한 다이얼로 되어 있으며, 나사 절삭 시 나사의 산수가 리드 스크루 산수의 정수배가 아닐 때나 리드 스크루의 피치가 깎으려는 나사 피치의 정수배가 아닐 때 하프 너트를 넣는 시기가 제한되므로 2번째 이후의 절삭 시 이 시기를 지정하기 위하여 사용한다.

㈏ 하프 너트 사용 : 나사 작업은 수회 반복되므로 매 공정마다 먼저 낸 홈에 따라 바이트가 이송해야 한다. 이 방법으로는 체이싱 다이얼을 사용하면 된다.

㉮ 웜 기어 잇수 : 어미나사가 4산/in일 때 16, 24개 잇수가 있으며, 6산/in일 때는 24개로 되어 있다.

㉯ 하프 너트를 다이얼 어떤 곳에 넣어도 되는 경우 : $\frac{t}{T}$ = 정수일 때

㉰ 하프 너트를 지정된 곳에 넣을 경우 : $\frac{t}{T}$ = 정수가 아닐 때

여기서, t : 절삭할 나사의 1인치당 산수, T : 리드 스크루의 1인치당 산수

(2) 변환 기어 잇수 계산

① 변환 기어의 잇수

㈎ 영국식 선반 : 변환 기어의 잇수가 20, 25, 30, …… 120까지 5의 배수로 있으며, 127개 짜리 1개가 있다.

㈏ 미국식 선반

㉮ 변환 기어의 잇수가 20, 24, 28, …… 64까지 4의 배수로 있으며, 72, 80, 120개 짜리와 127개 짜리 1개가 있다.

㉯ 127개 짜리 잇수는 인치식 선반에서 미터식 나사를 깎을 경우와 미터식 선반에서 인치식 나사를 깎을 때 사용한다.

㉰ 잇수가 127개인 변환 기어는 인치를 밀리로 환산할 때 필요한 잇수로, 다음과 같은 이유에서 127이란 잇수가 있다.

즉, $\dfrac{25.4\text{mm}}{1''} = \dfrac{12.7}{0.5} = \dfrac{127}{50}$ 의 관계가 있다.

② 변환 기어 계산

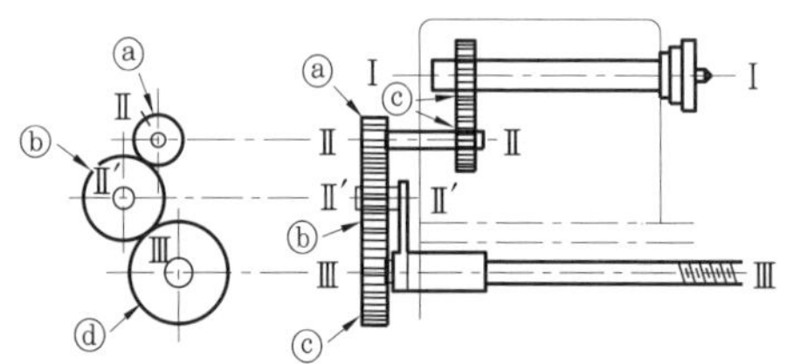

Ⅰ : 주축　　Ⅱ : 스터드 축
Ⅱ′ : 중간 축　　Ⅲ : 리드 스크루
ⓐ : 주축 변환 기어　　ⓑ : 중간 기어
ⓒ : 텀블러 기어 축　　ⓓ : 리드 스크루 축의 기어

2단 걸이

Ⅰ : 주축　　Ⅱ : 스터드 축
Ⅱ′ : 중간 축　　Ⅲ : 리드 스크루
ⓐ : 주축 변환 기어　　ⓑ, ⓒ : 중간 기어
ⓓ : 리드 스크루 축의 기어　　ⓔ : 텀블러 기어 축

4단 걸이

㈎ 2단 걸이(단식법) : 변환 기어 회전비가 작을 때는 단식법에 의하여 변환 기어 잇수를 계산한다.

㈏ 4단 걸이(복식법) : 회전비가 1 : 6 이상인 경우에는 변환 기어를 4단으로 하여 주는 방법이다.

㈐ 다중 나사 절삭 방법 : 중간 기어를 빼고 주축을 $\dfrac{1}{n}$ 회전시켜 다시 중간 기어를 맞물려 다중 나사를 절삭한다.

리드＝피치×줄 수＝$p \times n$

계산식에서 절삭할 나사의 피치 대신 리드를 대입한다.

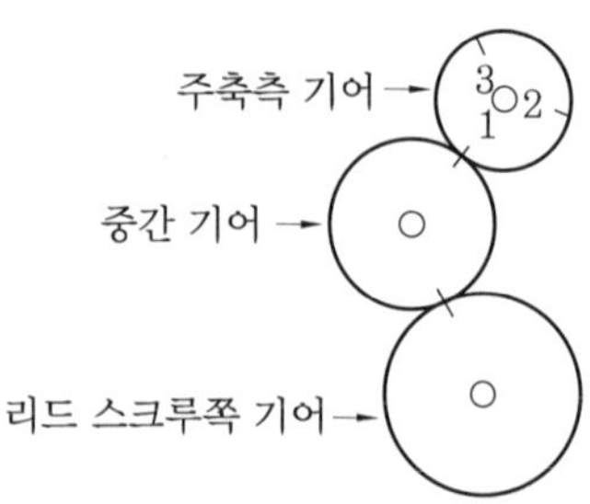

다중 나사 절삭 시 기어 배열

(라) 미터식, 어미나사식으로 미터 나사를 깎을 때의 계산식

절삭할 나사의 피치를 p_w[mm], 리드 스크루의 피치를 p_l[mm], 주축에 붙일 기어 잇수를 a, 리드 스크루에 붙일 기어의 잇수를 d, 중간 기어의 잇수를 b, c라 하면 다음 식과 같다.

㉮ $\dfrac{\text{절삭할 나사의 피치}(p_w)}{\text{리드 스크루의 피치}(p_l)} = \dfrac{a}{d}$(단식) …… ①

㉯ $\dfrac{\text{절삭할 나사의 피치}(p_w)}{\text{리드 스크루의 피치}(p_l)} = \dfrac{a \times c}{b \times d}$(복식) …… ②

(마) 인치식, 어미나사식 선반으로 인치 나사를 깎을 때의 계산식

절삭할 나사의 산수를 p_w, 리드 스크루의 산수 p_l이라 하면 다음 식과 같다.

㉮ $\dfrac{\text{리드 스크루의 1인치당 산수}(p_w)}{\text{절삭할 나사의 1인치당 산수}(p_l)} = \dfrac{a}{d}$(단식) …… ③

㉯ $\dfrac{p_w}{p_l} = \dfrac{a \times c}{b \times d}$ (복식) …… ④

(바) 미터식 어미나사 p_t[mm]로 인치 나사 p_w[산/in]를 절삭할 경우의 계산식

$\dfrac{127}{5p_w p_l} = \dfrac{a}{d} = \dfrac{a \times c}{b \times d}$ …… ⑤

(사) 인치식 어미나사 p_t[산/in]로 미터 나사 p_w[mm]를 절삭할 경우의 계산식

$\dfrac{5p_w p_l}{127} = \dfrac{a}{d} = \dfrac{a \times c}{b \times d}$ …… ⑥

예제

1. 리드 스크루의 피치 8 mm의 선반으로 피치 12 mm의 나사를 절삭할 경우 각 기어의 잇수는 얼마인가?

해설 ① 공식에 의하여 $\dfrac{p_w}{p_l} = \dfrac{a}{d} = \dfrac{a \times c}{b \times d}$이므로 $\dfrac{12}{8} = \dfrac{12 \times 5}{8 \times 5} = \dfrac{60}{40}$

$\therefore\ a = 60,\ d = 40$

예제

2. 어미나사가 2산인 선반으로 20산의 나사를 절삭할 경우 기어의 잇수는?

해설 앞 공식 ④식에 의하여(회전비가 1/6 이상이므로)

$\dfrac{p_w}{p_l} = \dfrac{2}{20} = \dfrac{1 \times 2}{4 \times 5} = \dfrac{1 \times 20}{4 \times 20} \times \dfrac{2 \times 20}{5 \times 20} = \dfrac{20}{80} \times \dfrac{40}{100} = \dfrac{a \times c}{b \times d}$

$\therefore\ a = 20,\ b = 80,\ c = 40,\ d = 100$

7 공작물 측정

센터 작업이나 척 작업 어느 것이든 측정기로 검사하여 중심이 맞는지를 확인해야 하며, 공구(바이트)도 중심과 일치하는지를 점검해야 한다. 바이트 높이 검사는 데드 센터 끝과 공구 끝부분점이 일치하는지를 점검하면 된다.

① 공작물을 가공할 때는 먼저 소재 측정을 한 후 절삭 가공량을 계산한다.

② 선반 작업에서는 절삭 가공량의 $\frac{1}{2}$이 바이트의 깊이 방향 이송량이 된다.

③ 가공 도중 수시 측정하여 오작이 생기지 않게 한다(예비 측정, 중간 측정, 정밀 측정).

④ 공작물 측정 시에는 반드시 기계를 멈추고 실시한다.

8 선반 점검법

선반의 점검은 작업자의 안전과 기계를 양호한 상태로 사용하기 위한 수단의 하나로서 작업자는 정기적 또는 필요할 경우 수시로 점검해야 할 의무가 있다.

(1) 일상 점검법

점검은 작업자가 육감으로 양부를 판단하는 것으로 매일 실시하는 것을 일상 점검, 월 1회 실시하는 것을 월례 점검이라 한다. 일상 점검 시는 체크 리스트 활용이 바람직하다.

① 기계 청소는 세밀하게 하는가?

기계의 청소 및 주유가 불량하면 칩, 먼지 등 이물질의 침입에 의하여 미끄럼면에 흠집이 생기거나 녹이 스는 원인이 된다. 또한 압축 공기 등을 이용하는 청소는 칩이나 먼지가 틈에 끼게 되므로 좋지 않다.

② 급유 부분에는 적합한 기름을 주고 있는가?

③ 기름이 새는 곳은 없는가?

④ 기계의 각 부분은 단단히 조여져 있는가?

(2) 일상 점검의 이점

① 그 성능을 최대한 발휘시킨다.

② 돌발적인 고장으로 인한 작업 중지를 방지한다.

③ 소모 부품 교체 빈도를 적게 한다.

④ 좋지 않은 상태를 조기 발견하여 계획적으로 보수한다.

⑤ 보수로 인한 쉬는 시간을 줄인다.

⑥ 작업 전 점검으로 안전 사고를 미연에 방지한다.

(3) 월례, 연간 정기 점검

기계를 매일 점검해야 할 부분, 즉 활동 부분 등은 매일 점검하고 주유하면 되지만 내부 등 보이지 않는 부분 등은 월 1회 또는 분기별, 1년마다 정기 점검을 하는 것이 바람직하며, 정기 점검 시에는 전문가가 실시하는 것이 바람직하다.

예상문제

1. 선반에서 일감의 고정 방법으로서 가장 부적당한 방법은?
① 척에 의한 고정 방법
② 양 센터에 의한 고정 방법
③ 척과 데드 센터에 의한 고정 방법
④ 지그에 의한 고정 방법

2. 다음 중 선반 작업 시 공작물의 중심을 구하는 방법이 아닌 것은?
① 사이드 퍼스에 의한 방법
② 서피스 게이지에 의한 방법
③ 강철자에 의한 방법
④ 콤비네이션 세트에 의한 방법

3. 다음 중 센터 구멍 뚫기 작업으로서 부적당한 것은?
① 센터링 머신에 의한 방법
② 드릴 머신에 의한 방법
③ 선반에 의한 방법
④ 밀링에 의한 방법

4. 선반에서 가로 이송 핸들을 오른쪽으로 1회전했더니 5 mm 전진했다. 이 축의 나사는 다음 중 어느 것인가?
① 리드 3 mm 왼나사
② 리드 5 mm 오른나사
③ 리드 0.5 mm 오른나사
④ 리드 0.5 mm 왼나사

5. 선반의 이송 핸들의 리드 스크루의 리드는 4 mm이고, 이에 연결된 마이크로 핸들은 100등분되었을 때, 이 핸들을 돌려서 눈금이 25개 움직였다면 왕복대의 이동량은?
① 0.04 mm　　② 0.025 mm
③ 1 mm　　④ 0.2 mm

해설 핸들 한 눈금의 간격은 $4 \times \frac{1}{100}$mm =0.04 mm이므로, 25눈금이 움직였다면 왕복대의 이동량은 0.04 ×25=1 mm이다.

6. 선반의 회전 센터의 재질은?
① 연강　　② 특수강
③ 초경질 합금　　④ 경강

해설 회전 센터는 공작물과 함께 회전함으로써 마찰에 의한 마모가 고정 센터보다 작으므로 제작 및 가공이 쉬운 연강으로 만든다.

7. 정밀 가공 또는 소·중형 가공물에 사용하는 센터 각도는?
① 30°　② 45°　③ 60°　④ 75°

8. 선반에서 사용되는 바이트 자루의 밑면은 어떤 모양으로 가공해야 하는가?
① 경사지게　　② 원형
③ 각이 지게　　④ 평면

9. 주축이 수직이고 지름이 크며 무거운 공작물을 절삭하는 데 적합한 선반은?
① 다인 선반　　② 자동 선반
③ 직립 선반　　④ 터릿 선반

10. 보통 선반에서 왕복대 상의 스윙이 330 mm일 때 깎을 수 있는 공작물의 최대 지름은 얼마인가?
① 330 mm　　② 495 mm
③ 660 mm　　④ 990 mm

11. 선반에서 구멍 뚫린 소재의 외면을 구멍과 동심이 되도록 깎고자 할 때 사용되는 공구는?

정답 » 1. ④ 2. ③ 3. ④ 4. ② 5. ③ 6. ① 7. ③ 8. ④ 9. ③ 10. ① 11. ①

① 심봉 ② 회전 면판
③ 센터 ④ 돌리개

12. 척 작업으로 부적당한 것은?
① 공작물이 짧은 경우
② 단면 절삭 작업의 경우
③ 드릴 작업의 경우
④ 일정하지 않은 공작물인 경우

13. 면판에 고정구를 써서 가공물을 고정할 경우의 설명으로 옳은 것은?
① 저속 회전 때는 밸런스를 정확히 잡지 않아도 된다.
② 고속에서는 정확히 밸런스를 잡으면 치수의 정밀도가 저하된다.
③ 고속 회전 시에도 밸런스를 정확히 잡지 않아도 된다.
④ 고속 시보다 저속 회전 시에 밸런스를 더욱 정확히 잡아야 한다.

해설 고속 회전 시에 밸런스가 맞지 않으면 치수의 정밀도가 저하되므로 정확히 밸런스를 맞추어야 하나, 극히 저속 회전 시는 밸런스를 정확히 맞추지 않아도 가공도에 큰 영향이 없다.

14. 선반으로 주철의 흑피를 깎는 요령 중 가장 알맞은 방법은?
① 절삭 깊이를 얕게 한 후 이송은 느리게 한다.
② 절삭 깊이를 얕게 한 후 이송을 빠르게 한다.
③ 절삭 깊이를 깊게 하여 깎는다.
④ 절삭 깊이를 얕게 하여 몇 번으로 나누어 깎는다.

해설 주철의 흑피는 단단하고 거칠기 때문에 절삭 깊이를 크게 하는 것이 보통이다.

15. 다음 중 절삭 속도를 가장 빠르게 절삭할 수 있는 재질은?
① 황동 ② 청동
③ 연강 ④ 알루미늄

16. 바이트의 경사면에 생기는 마모는?
① 치핑
② 크레이터 마모
③ 플랭크 마모
④ 브레이킹 마모

17. 바이트 설치가 가장 이상적인 것은?

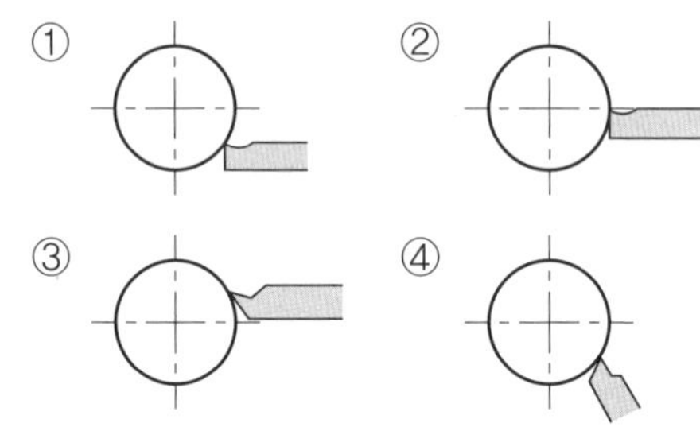

18. 단동식 척으로 일감을 물릴 때 물리는 양은 최소 얼마 이상이어야 하나?
① 10 mm ② 15 mm
③ 20 mm ④ 25 mm

19. 가공 표면에 3/ϕ20이라 쓰여 있다. 그 뜻은?
① 3 mm 홈을 판다.
② 20 mm 홈을 3개 판다.
③ 외경 20 mm로 폭 3 mm의 홈을 판다.
④ 외경 3 mm로 폭 20 mm의 홈을 판다.

20. 채터링(chattering) 발생 원인과 관계가 없는 것은?
① 공작물이 가늘고 길 때
② 절삭날이 공구로부터 길게 나왔을 때
③ 공구와 공작물이 견고히 고정되었을 때
④ 공구의 마모에 의해서 절삭 저항이 증가했을 때

정답 » 12. ④ 13. ① 14. ③ 15. ④ 16. ② 17. ② 18. ① 19. ③ 20. ③

21. 선반 작업 중 밸런스 웨이트를 설치하는 작업은?

① 척 작업
② 양 센터 작업
③ 면판 작업
④ 보링 작업

22. 선반에서 사용하는 테이퍼는?

① 브라운 샤프 테이퍼
② 내셔널 테이퍼
③ 모스 테이퍼
④ 자노 테이퍼

23. 도면에서 편심량을 3±0.02 mm로 주었을 때 다이얼 게이지 눈금의 변위량은 얼마인가?

① 3.5 mm ② 5 mm
③ 6 mm ④ 7 mm

해설 편심축을 1회전시키면 다이얼 게이지의 변위량(지시량)은 편심량의 2배가 된다. 즉, 편심량이 1 mm이면 변위량은 2 mm이다.

24. 테이퍼 가공 작업 방법이 잘못된 것은?

① 복식 공구대(tool post)의 회전에 의한 방법
② 테이퍼 절삭 장치(taper attachment)로 가공하는 방법
③ 방진구(work rest)에 의한 방법
④ 심압대(tail stock)를 편위시켜 가공하는 방법

25. 다음 그림과 같이 $\frac{1}{20}$ 테이퍼를 검사할 때 다이얼 게이지의 눈금 이동량은 얼마이어야 하는가?

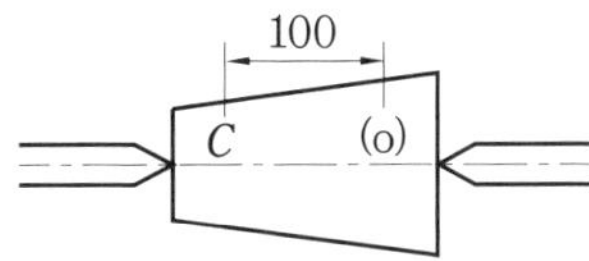

① 2.5 mm ② 3.0 mm
③ 3.5 mm ④ 4.0 mm

26. 선반 작업 시간의 계산식은?

① 절삭 깊이×이송
② 이송
③ 절삭길이/(이송×rpm)
④ 절삭 속도×이송×절삭 깊이

27. 선반에서 다음과 같은 테이퍼를 절삭하려고 할 때 편위량은?

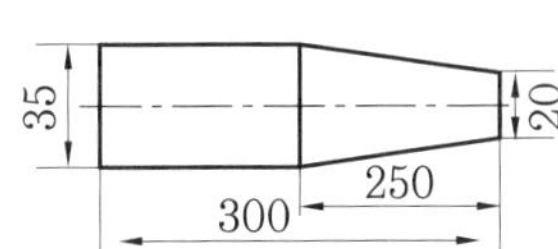

① 9.0 ② 10.2
③ 12.5 ④ 14.3

해설 편위량(e)

$$= \frac{L(D-d)}{2l} = \frac{300(35-20)}{2 \times 250} = 9.0\text{mm}$$

정답 » 21. ③ 22. ③ 23. ③ 24. ③ 25. ① 26. ③ 27. ①

2-2 밀링 가공

밀링 머신(milling machine)이란 원판 또는 원통체의 외주면이나 단면에 다수의 절삭날을 가진 공구(커터)에 회전 운동을 주어 평면, 곡면 등을 절삭하는 기계를 말하며, 그 응용범위가 매우 넓다.

(1) 밀링 머신의 종류

① 사용 목적에 의한 분류 : 일반형, 생산형, 특수형
② 테이블 지지 구조에 의한 분류 : 니형, 베드형, 플레이너형
③ 주축 방향에 의한 분류 : 수평형, 수직형, 만능형
④ 용도별 분류 : 공구 밀링, 형조각 밀링, 나사 밀링
⑤ 기타 : 모방 밀링, NC(수치 제어) 밀링

(2) 밀링 머신의 특성과 용도

① 니형 밀링 머신 : 칼럼의 앞면에 미끄럼면이 있으며 칼럼을 따라 상하로 니(knee)가 이동하며, 니 위를 새들과 테이블이 서로 직각 방향으로 이동할 수 있는 구조로 수평형, 수직형, 만능형 밀링 머신이 있다.

㈎ 수평형 밀링 머신

㉮ 주축이 칼럼에 수평으로 되어 있다.
㉯ 니(knee)는 칼럼의 전면의 안내면을 따라 상하 운동한다.

㈏ 수직형 밀링 머신 : 주축이 테이블에 대하여 수직이며 기타는 수평형과 거의 같다.

㈐ 만능형 밀링 머신 : 수평형과 유사하나 테이블이 45° 이상 회전하며, 주축 헤드가 임의의 각도로 경사가 가능하며 분할대를 갖춘 것이다.

② 베드형 밀링 머신 : 일명 생산형 밀링 머신이라고도 하는데 용도에 따라 수평식, 수직식, 수평 수직 겸용식이 있다. 사용 범위가 제한되지만 대량 생산에 적합한 밀링 머신이다.

③ 보링형 밀링 머신 : 구멍깎기(boring) 작업을 주로 하는 것으로 보링 헤드에 보링 바(bar)를 설치하고 여기에 바이트를 끼워 보링 작업을 한다.

④ 평삭형 밀링 머신 : 플레이너의 바이트 대신 밀링 커터를 사용한 것으로 테이블은 일정한 속도로 저속 이송을 한다. 단순한 평면, 엔드밀에 의한 측면 및 홈 가공 등의 작업에 주로 쓰인다.

(3) 니형 밀링 머신의 구성

① 칼럼(column) : 밀링 머신의 본체로서 앞면은 미끄럼면으로 되어 있으며, 아래는 베이스를 포함하고 있다. 미끄럼면은 니를 상하로 이동할 수 있도록 되어 있으며, 베이스와 니 사이에 잭 스크루를 지지하고 있어 니의 상하 이송이 가능하도록 되어 있다.

② 오버 암(over arm) : 칼럼의 상부에 설치되어 있는 것으로 플레인 밀링 커터용 아버(arbor)를 아버 서포터가 지지하고 있다. 아버 서포터는 임의의 위치에 체결하도록 되어 있다.

③ 니(knee) : 니는 칼럼에 연결되어 있으며 위에는 테이블을 지지하고 있다. 또한 니는 테이블의 좌우, 전후, 상하를 조정하는 복잡한 기구가 포함되어 있다.

④ 새들(saddle) : 새들은 테이블을 지지하며, 니의 상부 미끄럼면 위에 얹혀 있어 그 위를 앞뒤 방향으로 미끄럼 이동하는 것으로서 윤활 장치와 테이블의 어미나사 구동 기구를 속에 두고 있다.

⑤ 테이블 : 공작물을 직접 고정하는 부분이며, 새들 상부의 안내면에 장치되어 수평면을 좌우로 이동한다.

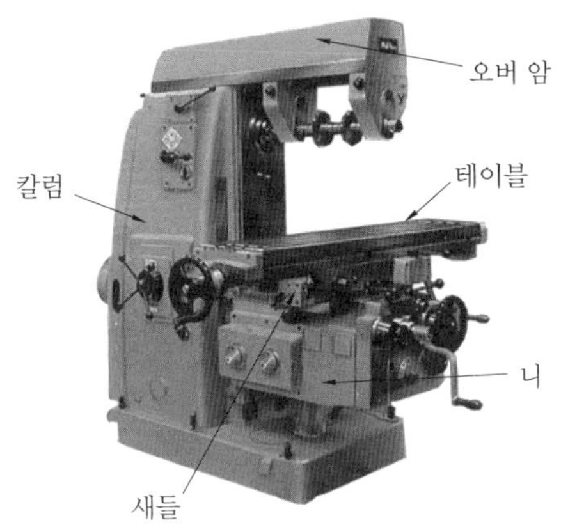

니형 밀링 머신

(4) 니형 밀링 머신의 크기

① 테이블의 이동량 : 테이블의 이동량(전후×좌우×상하)을 번호로 표시하며 0번~4번까지 번호가 클수록 이동량도 크다.

② 테이블 크기 : 테이블의 길이×폭

③ 테이블 위에서 주축 중심까지 거리

(5) 절삭 방법

① 상향 절삭 : 공구의 회전 방향과 공작물의 이송이 반대 방향인 경우

② 하향 절삭 : 공구의 회전 방향과 공작물의 이송이 같은 방향인 경우

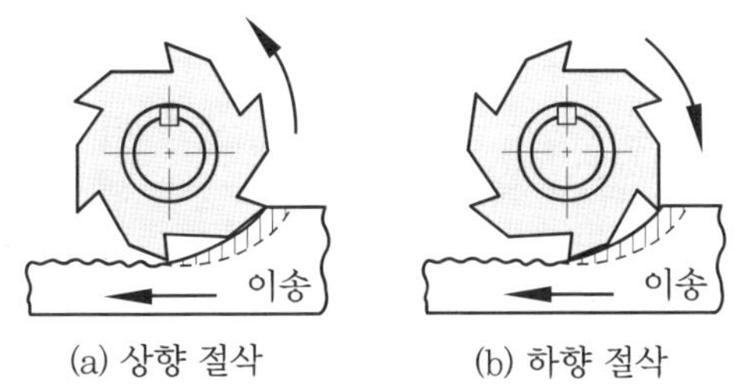

(a) 상향 절삭　(b) 하향 절삭

절삭 방향

③ 절삭의 합성 : 상향 절삭과 하향 절삭이 합성인 경우

④ 절삭 방향의 특징 : 절삭 방향에 따라 각각 장단점이 있으며, 다음 표와 같다.

절삭 방향의 특징

상향 절삭	하향 절삭
• 칩이 잘 빠져나와 절삭을 방해하지 않는다. • 백래시가 제거된다. • 공작물이 날에 의하여 끌려 올라오므로 확실히 고정해야 한다. • 커터의 수명이 짧고 동력 소비가 크다. • 가공면이 거칠다.	• 칩이 잘 빠지지 않아 가공면에 흠집이 생기기 쉽다. • 백래시 제거 장치가 필요하다. • 커터가 공작물을 누르므로 공작물 고정에 신경 쓸 필요가 없다. • 커터의 마모가 적고 동력 소비가 적다. • 가공면이 깨끗하다.

(6) 절삭 속도

① 절삭 속도 계산식

$$V = \frac{\pi DN}{1000} [\text{m/min}]$$

여기서, V : 절삭 속도, D : 밀링 커터의 지름(mm)
N : 밀링 커터의 1분간 회전수(rpm)

가령, 지름 150 mm의 밀링 커터를 매분 220회전시켜 절삭하면 그 절삭 속도는

$$V = \frac{\pi \times 150 \times 220}{1000} = 103.5 \text{ m/min}$$

② 절삭 속도의 선정

(가) 공구 수명을 길게 하려면 절삭 속도를 낮게 정한다.

(나) 같은 종류의 재료에서 경도가 다른 공작물의 가공에는 브리넬 경도를 기준으로 하면 좋다.

(다) 처음 작업에서는 기초 절삭 속도에서 절삭을 시작하여 서서히 공구 수명의 실적에 의해서 절삭 속도를 상승시킨다.

(라) 실제로 절삭해 보고 커터가 쉽게 마모되면 즉시 속도를 낮춘다(커터의 회전을 늦춘다).

(마) 좋은 다듬질면이 필요할 때에는 절삭 속도는 빠르게 하고 이송은 늦게 한다(능률은 저하한다).

(7) 절삭 동력

① 절삭 동력 계산식 : 절삭 속도, 날 1개당 이송, 절삭 깊이의 증가와 날 수의 증가에 따라 절삭 동력도 증가한다. 또한, 커터의 모따기 각도도 절삭 소비 동력, 절삭 능률, 커터의 마모 등과 관계가 있다. 절삭 동력(N_c)은 다음 식에 의하여 구할 수 있다.

$$N_c = \frac{PV}{1000 \times 60} [\text{kW}]$$

여기서, P : 절삭 저항(N), V : 절삭 속도(m/min)

② 절삭량의 계산

$$Q = \frac{tbf}{1000}$$

여기서, Q : 절삭량(cm^3/min), t : 절삭 깊이(mm)
b : 절삭 폭(mm), f : 테이블의 이송(mm/min)

㈎ 이송량의 계산 : 밀링 커터의 날수를 Z, 커터의 회전수를 n[rpm], 커터날 1개에 대한 이송량을 f_z[mm]라고 하면,

$$f_z = \frac{f_r}{Z} = \frac{f}{Zn}[\text{mm/날}],\ f = f_z Zn$$

단, f_r은 커터 1회전에 대한 이송(mm/rev)

㈏ 절삭 깊이의 선정 : 절삭 깊이는 일반적으로 거친 절삭 3 mm, 다듬질 절삭 0.5 mm 정도로 하는 것이 보통이지만 실제의 값은 기계의 강도, 공구의 강도, 공작물의 형상, 설치 방법, 절삭 여유 등에 따라 판단해야 한다.

㈐ 절삭 나비의 선정 : 절삭 나비가 정면 커터의 지름에 비하여 너무 작을 때는 진동이 커지며 수명도 단축되므로(치핑을 일으킨다), 일반적으로 정면 절삭에서는 커터의 지름에 대하여 50～60 %가 되도록 하는 것이 좋다.

㈑ 스로코이드 곡선(throchoid curve) : 1개의 날이 이송하면서 그리는 곡선을 말하며, 이송 속도에 따라 모양이 달라진다.

③ 일감 표면의 거칠기 요인

㈎ 절삭 조건
㈏ 기계의 강성 및 정밀도
㈐ 절삭 공구와 일감의 재질
㈑ 절삭제
㈒ 기계의 진동
㈓ 아버의 휨
㈔ 커터의 편심
㈕ 날의 불균일

(8) 절삭제

밀링 작업은 선반 작업보다 절삭 기구가 복잡하고 공구의 값이 비싸며, 재연삭하기가 곤란하고 공구 수명에도 문제가 있어 밀링 작업용 절삭제는 윤활성과 냉각성이 우수해야 한다.

예상문제

1. 지름 4 cm인 탄소강으로 스퍼 기어를 가공할 때 V=62.8 m/min이다. 커터 지름이 2 cm일 때 적당한 회전수는?

① 1000 rpm ② 1500 rpm
③ 1750 rpm ④ 2000 rpm

해설 $n=\frac{1000V}{\pi d}=\frac{1000\times 62.8}{3.14\times 20}\fallingdotseq 1000\text{rpm}$

2. 만능 밀링 머신은 테이블이 평면상 몇 도를 선회하는가?

① 30° ② 40°
③ 45° ④ 50°

3. 니형 밀링 머신의 구조와 관계없는 것은?

① 칼럼 ② 베이스
③ 니 ④ 에이프런

4. 니형 밀링 머신에서 테이블은 어느 곳에 위치하는가?

① 칼럼 윗면
② 니의 윗면
③ 오버 암 옆면
④ 새들 윗면

5. 플레인 밀링 커터는 다음 중 어느 곳에 설치하는가?

① 칼럼 ② 오버 암
③ 니 ④ 새들

6. 주로 플레인 커터를 사용하는 밀링 머신은 어느 것인가?

① 수평 밀링 머신
② 수직 밀링 머신
③ 보링형 밀링 머신
④ 특수 밀링 머신

7. 다음 중 밀링 머신의 크기를 나타내는 호칭의 기준은?

① 칼럼의 길이
② 스핀들의 지름
③ 테이블의 이동량
④ 절삭 능력

8. 밀링 머신 크기의 호칭은?

① No.1~No.3 ② No.2~No.6
③ No.0~No.4 ④ No.3~No.8

9. 밀링 작업 시 정밀도 불량의 원인이 아닌 것은?

① 아버와 밀링 커터의 부정확
② 밀링 커터의 연삭 불량
③ 무리한 절삭으로 아버가 휨
④ 절삭량이 너무 적을 때

10. 밀링 머신에서 사용하는 테이퍼는?

① 모스 테이퍼
② 자노 테이퍼
③ 내셔널 테이퍼
④ 브라운 샤프트 테이퍼

11. 밀링 머신에서 전후 이송을 하는 안내면의 명칭은?

① 기둥 ② 니
③ 새들 ④ 테이블

12. 수평식 밀링 머신에서 작업이 곤란한 것은 어느 것인가?

① 구멍 절삭
② 단면 절삭
③ 기어 절삭
④ 평면 절삭

정답 » 1. ① 2. ③ 3. ④ 4. ④ 5. ② 6. ① 7. ③ 8. ③ 9. ④ 10. ③ 11. ③ 12. ①

13. 밀링 머신에서 승강 나사에 의해 상하 운동을 하는 안내면의 명칭은?

① 테이블 ② 새들
③ 칼럼 ④ 니

14. 다음 밀링 머신 중에서 일반적으로 가장 큰 공작물을 절삭할 수 있는 것은?

① 생산형 ② 니형
③ 플레이너형 ④ 베드형

15. 다음 중 특수 밀링 머신이 아닌 것은 어느 것인가?

① 모방 밀링 머신
② 나사 밀링 머신
③ 만능 밀링 머신
④ 공구 밀링 머신

해설 특수 밀링 머신에는 모방 밀링 머신, 나사 밀링 머신, 탁상 밀링 머신, 공구 밀링 머신 등이 있다.

16. 밀링 작업에서 상향 절삭의 이점을 말한 것은?

① 공작물 고정이 간편하다.
② 절삭 중의 진동이 적다.
③ 절삭날에 마모가 적다.
④ 피드 기구에 다소 유동이 있어도 관계 없다.

17. 각도 홈을 가공할 때 사용하는 앵글 커터는 주로 어떤 밀링 머신에서 사용되는가?

① 키홈 밀링 머신 ② 수직 밀링 머신
③ 수평 밀링 머신 ④ 조각 밀링 머신

18. 밀링에서 절삭 폭이 100 mm, 절삭 깊이가 2 mm, 이송량이 230 mm/min라면 매분 절삭량은?

① 0.5 cm^3/min ② 4.6 cm^3/min
③ 46 cm^3/min ④ 460 cm^3/min

해설 $Q = \frac{tbf}{1000} = \frac{2 \times 100 \times 230}{1000} = 46 cm^3/min$

19. 밀링 절삭에서 하향 절삭의 특징이 아닌 것은?

① 가공면이 깨끗하다.
② 동력 소비가 적다.
③ 날 끝의 마멸이 적다.
④ 뒷틈 제거 장치가 필요 없다.

20. 밀링 커터의 날수가 12개, 1날당 이송량이 0.15 mm, 회전수가 780 rpm일 때 이송량은?

① 약 800 mm/min
② 약 1000 mm/m
③ 약 1200 mm/min
④ 약 1400 mm/min

해설 $f = f_z \cdot Z \cdot n = 0.15 \times 12 \times 780 = 1400 mm/min$

21. 공구의 회전 방향과 공작물의 이송이 반대 방향인 절삭 방법은?

① 상향 절삭 ② 하향 절삭
③ 복합 절삭 ④ 테이퍼 절삭

22. 다음 중 밀링 작업에 있어서 절삭 조건의 기본 요소가 아닌 것은?

① 공작물의 재질 ② 절삭 속도
③ 날 하나의 이송 ④ 절삭 깊이

23. 초경질 합금의 정면 커터를 사용하여 작업할 때 알맞은 절삭제는?

① 석유
② 황화유
③ 중유
④ 사용하지 않아도 좋다.

정답 » 13. ④ 14. ③ 15. ③ 16. ④ 17. ③ 18. ③ 19. ④ 20. ④ 21. ① 22. ① 23. ④

24. 플레이너의 공구대 대신 밀링 커터를 붙이는 주축대가 있어 대형 공작물의 강력 절삭에 적합한 밀링은?
① 플래노밀러
② 모방 밀링 머신
③ 탁상 밀링 머신
④ 회전 밀러

25. 만능 밀링 머신은 다음 중 어느 종류에 속하는가?
① 생산 밀링 머신
② 니형 밀링 머신
③ 특수 밀링 머신
④ 모방 밀링 머신

26. 밀링 머신에서 오버 암이 있는 것은?
① 니형 수평 밀링 머신
② 니형 수직 밀링 머신
③ 모방 밀링 머신
④ 생산형 밀링 머신

27. 밀링 머신의 주축 구멍에 쓰이는 내셔널 테이퍼의 테이퍼 값은?
① 1/24 ② 3/24
③ 6/24 ④ 7/24

해설 (1) 모스 테이퍼 : 1/20
(2) 브라운 샤프 테이퍼 : 1/24
(3) 내셔널 테이퍼 : 7/24

28. 다음 중 하향 절삭의 장점이 아닌 것은?
① 커터의 수명이 연장되고 동력의 소비도 적다.
② 가공면이 깨끗하다.
③ 절삭량이 상향 절삭보다 많다.
④ 백래시 제거 장치가 필요 없다.

29. 다음 중 상향 절삭과 관계없는 사항은?
① 공작물을 견고하게 고정해야 한다.
② 칩이 절삭을 방해한다.
③ 가공면이 깨끗하지 못하다.
④ 이송 기구의 백래시가 자연히 제거된다.

30. 밀링 커터의 지름(mm)을 D, 밀링 커터의 1분간 회전수(rpm)를 N이라 할 때 절삭 속도 V[m/min]의 계산식으로 맞는 것은?
① $V=\dfrac{DN}{\pi\times1000}$ ② $V=\dfrac{\pi DN}{1000}$
③ $V=\dfrac{1000}{\pi DN}$ ④ $V=\dfrac{1000D}{\pi N}$

31. 밀링 절삭 시 동력을 구하는 식은? [단, N_c : 절삭 동력(kW), P : 절삭 저항(N), V : 절삭 속도(m/min)이다.]
① $N_c=\dfrac{PV}{1000\times60}$
② $N_c=\dfrac{1000\times60}{PV}$
③ $N_c=\dfrac{60P}{1000V}$
④ $N_c=\dfrac{60V}{1000P}$

32. 밀링 가공에서 절삭량(Q)의 올바른 계산식은? [단, Q : 절삭량(cm^3/min), t : 절삭 깊이(mm), b : 절삭 폭(mm), f : 테이블의 이송(mm/min)이다.]
① $Q=\dfrac{1000b}{tf}$ ② $Q=\dfrac{1000}{tbf}$
③ $Q=\dfrac{tbf}{1000}$ ④ $Q=\dfrac{tf}{1000b}$

정답 » 24. ① 25. ② 26. ① 27. ④ 28. ④ 29. ② 30. ② 31. ① 32. ③

9 밀링 부속 장치

(1) 바이스(vice)

기계가 능률적이며, 정확한 제품을 만들기 위하여 공구 및 고정을 위한 부속 장치가 필요하다. 바이스는 밀링 머신의 부속품 중에서 가장 일반적인 것이며 여러 가지 용도에 쓰이고 있다. 밀링의 T홈에 가이드 블록과 클램핑 볼트를 이용하여 세팅하고 공작물을 물리는 것이다.

(a) 수평 바이스 (b) 회전 바이스 (c) 유압 바이스 (d) 만능 바이스

밀링 바이스의 종류

① 수평 바이스(plane vise) : 보통형(바이스 중에서 가장 간단한 것)이다.

② 회전 바이스(swivel vise) : 테이블에 고정한 회전대상에서 바이스가 임의의 각도로 회전할 수 있다.

③ 만능 바이스(universal type vise) : 회전 바이스 역할을 하며 수평에서 회전 및 경사가 되는 바이스이다.

④ 유압식 바이스(hydraulic type vise) : 유압에 의하여 클램핑하며, 보통 바이스의 2.5배 이상 죔력을 얻는다.

(2) 부속 장치

① 수직 밀링 장치(vertical attachment) : 수평 밀링 머신이나 만능 밀링 머신의 주축단 칼럼면에 장치하여 밀링 커터축을 수직의 상태로 사용하는 것이다. 주축의 중심을 좌우로 90° 씩 경사할 수 있다. 절삭 능력은 본 기계의 50% 정도이다.

② 만능 밀링 장치(universal attachment) : 수평 밀링 머신이나 만능 밀링 머신의 주축 끝 칼럼면에 장치된다. 커터축은 칼럼면과 평행한 면과 그에 직각인 면내에 있어서 360° 선회할 수 있다. 절삭 능력은 30~40% 정도이다.

③ 슬로팅 장치 : 수평 밀링 머신이나 만능 밀링 머신의 주축 회전 운동을 직선 운동으로 변환하여 슬로터 작업을 할 수 있다. 슬로팅 부속 장치는 주축을 중심으로 좌우 90°씩 선회할 수 있다.

④ 래크 밀링 장치 : 수평 밀링 머신이나 만능 밀링 머신의 주축단에 장치하여 기어 절삭을 하는 장치이다. 테이블의 선회 각도에 의하여 45°까지의 임의의 헬리컬 래크도 절삭이 가능하다.

⑤ 래크 인디케이팅 장치(rack indicating attachment) : 다음 그림과 같이 래크 가공 작업을 할 때 합리적인 기어열을 갖추어 변환 기어를 쓰지 않고도 모든 모듈을 간단하게 분할할 수 있다.

⑥ 회전 원형 테이블(circular table attachment) : 다음 그림과 같이 가공물에 회전 운동이 필요할 때 사용하며 가공물을 테이블에 고정하고 원호의 분할 작업, 연속 절삭 등 기타 광범위하게 쓰인다.

래크 인디케이팅 장치

회전 원형 테이블

⑦ 기타 부속 장치

(가) 아버(arbor) : 커터를 고정할 때 사용한다.

(나) 어댑터(adapter)와 콜릿(collet) : 자루가 있는 커터를 고정할 때 사용한다.

예상문제

1. 밀링 작업을 설치 방법으로 분류하였다. 관계없는 것은?

① 전용 지그와 설치 도구를 사용하는 작업
② 바이스에 의한 작업
③ 볼트와 죄임쇠 등 설치 도구만을 사용하는 작업
④ 픽스추어 작업

2. 수평 및 만능 밀링 머신의 기둥에 장치하고, 스핀들의 회전 운동을 왕복 운동으로 변환시키는 부속장치는?

① 만능 밀링 장치 ② 래크 밀링 장치
③ 슬로팅 장치 ④ 로터리 테이블

3. 래그를 절삭하는 데 사용되는 장치이며, 테이블을 요구하는 피치만큼 정확히 이송하여 분할할 수 있는 부속 장치는?

① 수직 밀링 장치
② 래크 절삭 장치
③ 만능 분할 장치
④ 회전 테이블 장치

4. 밀링 머신의 부속 장치가 아닌 것은 어느 것인가?

① 회전 테이블 ② 슬로팅 장치
③ 분할대 ④ 면판

5. 바이스의 스위블은 몇 도까지 회전할 수 있는가?

① 60° ② 90°
③ 120° ④ 360°

6. 바이스 고정 조는 다음 중 어느 방향으로 맞추는가?

정답 » 1. ④ 2. ③ 3. ② 4. ④ 5. ④ 6. ②

① 관계가 없다.
② 가공물 이송 방향과 직각으로 한다.
③ 가공물 이송 방향과 같은 방향으로 한다.
④ 가공물 이송 방향과 45°로 한다.

7. 다음 중 밀링 머신에서 공작물의 고정 방법이 아닌 것은?
① 바이스 ② 회전 테이블
③ 어댑터 ④ 센터로 지지

8. 다음 중 밀링의 부속 명칭과 관계가 없는 것은?
① 롱 아버 ② 칼라
③ 드로잉 볼트 ④ 드레서

9. 플레인 커터를 설치할 때 필요 없는 것은 어느 것인가?
① 롱 아버 ② 칼라
③ 아버 서포트 ④ 엔드밀

10. 엔드밀을 설치할 때 필요 없는 것은?
① 퀵 체인지 어댑터
② 콜릿
③ 드로잉 볼트
④ 칼라

11. 다음 중 밀링 머신의 부속 장치가 아닌 것은?
① 분할대 ② 래크 절삭 장치
③ 아버 ④ 에이프런

12. 다음 중 밀링 머신의 부속 장치가 아닌 것은?
① 만능 밀링 장치
② 슬로팅 장치
③ 래크 밀링 장치
④ 셰이핑 장치

13. 회전 테이블은 어디에 설치하는가?
① 전동기 옆
② 암 위
③ 새들 위
④ 테이블 위

14. 오버 암 또는 아버 지지부와 니를 오버 암 브레이스로 연결하여 보강하는 목적은?
① 회전 속도를 늘리기 위하여
② 회전 속도를 줄이기 위하여
③ 강력 절삭을 하기 위하여
④ 기계를 튼튼하게 보이기 위하여

15. 밀링 머신용 바이스의 올바른 설치 위치는 어느 것인가?
① 테이블의 아무데나 설치한다.
② 테이블의 우측에 설치한다.
③ 테이블의 좌측에 설치한다.
④ 테이블의 중앙에 설치한다.

16. 분할대는 어디에 설치하는가?
① 심압대 ② 스핀들
③ 새들 위 ④ 테이블 위

정답 » 7. ③ 8. ④ 9. ④ 10. ④ 11. ④ 12. ④ 13. ④ 14. ④ 15. ③ 16. ④

10 밀링 커터

(1) 평면 커터(plain cutter)

원주면에 날이 있고 회전축과 평행한 평면 절삭용이며, 고속도강, 초경합금으로 만든다.

(2) 측면 커터(side cutter)

원주 및 측면에 날이 있고 평면과 측면을 동시 절삭할 수 있어 단 달린 면, 또는 홈 절삭에 쓰인다.

(3) 정면 커터(face milling cutter)

① 재질 : 본체는 탄소강, 팁은 초경팁을 경납 또는 기계적으로 고정한다.

② 용도 : 평면 가공, 강력 절삭을 할 수 있다.

평면 커터

측면 커터

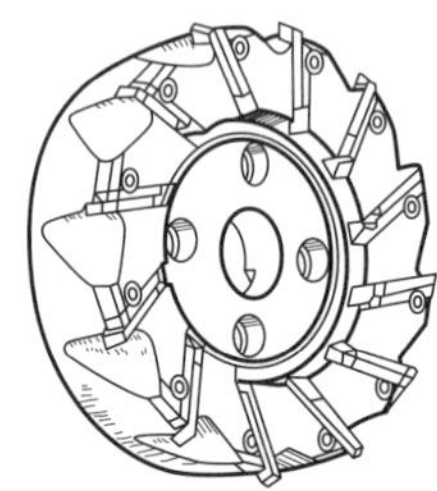
심은날 정면 커터

(4) 엔드밀(end mill)

① 용도 : 드릴이나 리머와 같이 일체의 자루를 가진 것으로 평면 구멍 등을 가공할 때 쓰인다.

② 자루 모양 : 섕크의 모양이 곧은 것과 테이퍼부로 되어 있다.

③ 비틀림각 : 12~18°(보통), 20~25°(거친날), 40~60°(스파이럴 엔드밀)

④ 날수 : 2날, 4날

⑤ 엔드밀의 종류 : 셸 엔드밀(날과 자루 분리), 볼 엔드밀(금형 가공용)

(5) 총형 커터(formed cutter)

① 재질 : 고속도강, 초경합금

② 용도 : 기어 가공, 드릴의 홈 가공, 리머, 탭 등 형상 가공에 쓰인다.

③ 종류 : 볼록 커터(convex milling cutter), 오목 커터(concave milling cutter), 인벌류트 커터 (involute gear cutter)

(6) 각형 커터(angular cutter)

① 재질 : 고속도강, 초경합금

② 용도 : 각도, 홈, 모떼기 등에 쓰인다.

③ 종류 : 등각 밀링 커터, 부등각 밀링 커터, 편각 커터

(7) 메탈 슬리팅 소(metal slitting saw)

① 재질 : 고속도강, 초경합금

② 용도 : 절단, 홈파기

(8) T홈 커터(T-slot cutter)

① 재질 : 고속도강, 초경합금

② 용도 : T홈 가공

(9) 더브테일 커터(dove tail cutter)

① 재질 : 고속도강

② 용도 : 더브테일 홈 가공, 기계 조립 부품에 많이 사용된다.

(10) 날의 각부 명칭

밀링 커터의 날은 사용 목적에 따라 여러 가지 종류가 있으나 대표적인 치수 및 형상은 KS에 규정되어 있다. 오른쪽 그림은 대표적인 주요 공구각을 나타낸 것이다.

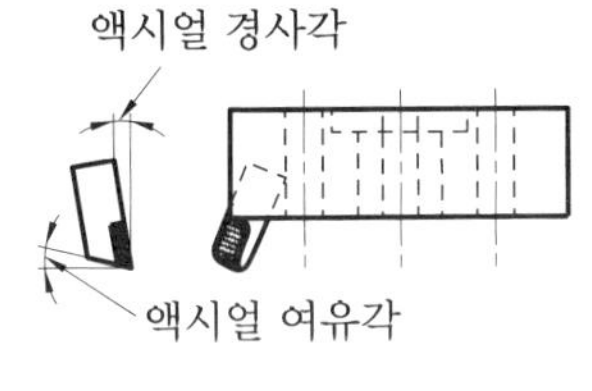

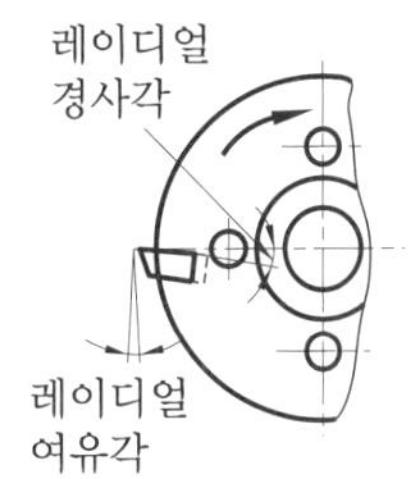

정면 밀링 커터의 주요 공구각

(11) 날의 각부 작용

① 커터의 본체 : 밀링 커터의 주체를 형성하는 것으로 재질에 적응한 열처리를 하여 내부 변형을 완전히 제거할 필요가 있다. 솔리드 밀링 커터와 같이 본체 자신에 절삭날이 있으며, 열처리를 한 후에 인선 연삭을 하여 사용하는 것이 있으나 이러한 본체에는 고속도강 제2종(SKH 2)부터 제4종(SKH 4)이 일반적으로 쓰이고 있다. 대형 커터에는 초경 팁을 탄소 공구강 주위에 심는 것도 있다.

② 인선 : 경사면과 여유면이 교차하는 부분으로서 절삭 기능을 충분히 발휘하기 위해서는 연삭을 잘 해야 된다.

③ 랜드 : 여유각에 의하여 생기는 절삭날 여유면의 일부로서 랜드의 나비는 작은 커터가 0.5 mm 정도이고 지름이 큰 커터는 1.5 mm 정도이다.

④ 경사각 : 절삭날과 커터의 중심선과의 각도를 경사각이라 한다.

⑤ 여유각 : 커터의 날 끝이 그리는 원호에 대한 접선과 여유면과의 각을 여유각이라 한다. 일반적으로 재질이 연한 것은 여유각을 크게, 단단한 것은 작게 한다.

랜드

랜드

⑥ 비틀림각 : 비틀림각은 인선의 접선과 커터 축이 이루는 각도이다.

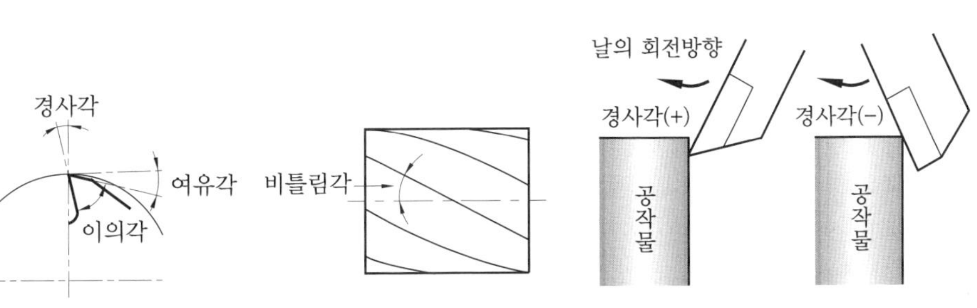

평면 밀링 커터의 주요 공구각

정(+)경사각과 부(-)경사각

⑦ 바깥둘레 : 커터의 절삭날 선단을 연결한 원호이며, 밀링 커터의 지름을 측정하는 부분이다. 정면 밀링 커터의 지름 D와 일감의 나비 w와의 관계는 $\frac{D}{w}=\frac{5}{3}\sim\frac{3}{2}$ 정도로 하는 것이 좋다.

⑧ 날수

㈎ 커터의 강도, 절삭 칩의 모양, 사용하는 밀링 머신의 마력 등에 의해서 결정된다. 초경질 커터의 날수는 초경질 팁을 경납땜하거나 죄어서 심은날로 하기 때문에 적게 할 필요가 있다.

㈏ 신시내티 회사에서 쓰이고 있는 날수(T)의 계산식은 마력을 근거로 하여 다음 식에 의해서 표시된다.

$$T=\frac{KH}{F_t N d W}$$

여기서, K : 계수(강 0.65, 주철 1.5, 알루미늄 2.5), H : 커터에 주어지는 마력(PS)
F_t : 날 1개당 이송(in), N : 커터의 매분 회전수(rpm), d : 절입 길이(in)
W : 절삭 나비(in)

또한, 동시 절삭 날수를 제한한 정면 밀링 커터 실험식은 다음과 같이 나타내고 있다.

$$T=\frac{2\pi D}{W}$$

여기서, T : 날수, D : 커터 지름(in), W : 절삭 나비(in)

플레인 커터에 대하여는 다음 식으로 나타낸다.

$$T=\frac{4\pi D}{D+4d}\cos\alpha$$

여기서, T : 날수, D : 커터 지름(in), d : 절입(in), α : 비틀림각(도)

(12) 밀링 커터 다듬질면 체크 포인트

① 평면 커터의 경우

㈎ 날이 1개만 닿게 되면 치명적으로 다듬질면이 열화되기 때문에 날 연삭에 주의한다.

㈏ 아버가 가늘면 휨이 생기므로 되도록 굵은 것을 사용한다.

㈐ 커터의 경사각, 여유각을 정확하게 연삭한다.

㈑ 엔드밀 등의 원통형 커터는 원둘레상의 날로서 절삭할 때에는 지름을 되도록 굵게 하여 휨을 방지하고 테이퍼 섕크형 밀링 커터를 사용하여 편심을 방지한다.

㈒ 아버 끝, 너트, 칼라 등의 직각 불량으로 생기는 아버의 떨림을 방지한다.

② 정면 커터의 경우

㈎ 정면 절삭날의 연삭에 주의한다. 이때의 떨림(run out)은 0.02(mm/200ϕ) 이하가 되도록 한다.

㈏ 아버를 설치한 그대로 날 끝을 연삭한다.

㈐ 지름 200 mm 이상의 밀링 커터는 밀링 머신의 주축 끝면에 직접 설치하는 것이 유리하다.

(13) 정면 커터의 채터링(그물눈 자리)

정면 커터에 의한 그물눈 자리(무늬)는 앞날이 새로운 절입을 하여 절삭한 면을 뒷날이 마찰하면서 통과하기 때문에 생기는 것이며, 일반적으로 테이블면과 주축 축심의 직각도의 기준으로 하는 일이 많으나 커터 날의 수명과 면 거칠기에 나쁜 영향을 준다.

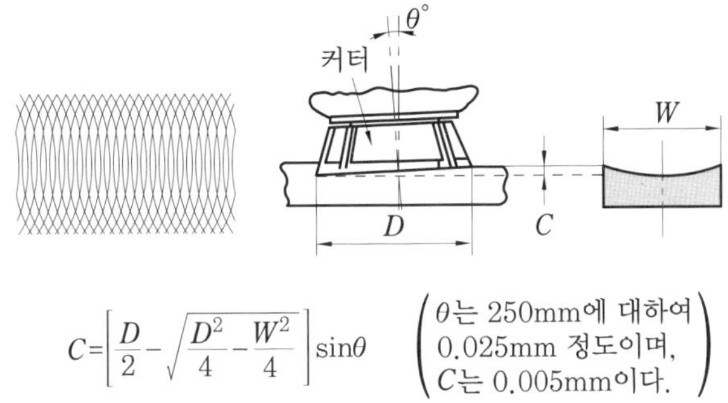

$$C = \left[\frac{D}{2} - \sqrt{\frac{D^2}{4} - \frac{W^2}{4}}\right] \sin\theta$$

(θ는 250mm에 대하여 0.025mm 정도이며, C는 0.005mm이다.)

정면 커터에 의한 가는 눈 흔적

① 커터의 결함
- (가) 커터 날수의 부적당(너무 많은 경우가 많다.)
- (나) 커터 여유각의 부적당(너무 작은 경우), 랜드의 과대
- (다) 커터 연삭의 불균일로 인한 정밀도 불량
- (라) 커터의 날 끝이 너무 예리한 경우
- (마) 아버 서포트(arbor support) 간격이 너무 넓거나 아버가 너무 가는 경우
- (바) 아버의 주축 구멍에 대한 끼워 맞춤 불량
- (사) 커터의 지름이 표준보다 클 때
- (아) 아버 서포트의 베어링(bearing) 틈새가 너무 클 때

② 공작물 설치상의 결함
- (가) 공작물의 살두께 부족, 강성 부족으로 인한 공명, 진동
- (나) 절삭면의 불균일, 공작물에 커터가 파고든 날수가 2개 이하일 경우
- (다) 설치 자리, 고정구의 불비(고정에 의한 변형 및 열에 의한 변형 포함)

③ 절삭 조건의 부적당
- (가) 이송 속도가 너무 느리다.
- (나) 절삭 속도가 너무 빠르거나 너무 느리다.
- (다) 절삭 칩의 배출이 나쁘며 절입량이 너무 크다.

④ 기계 본체의 결함
- (가) 테이블의 끼워 맞춤 불량에 의한 마모
- (나) 주축의 클램프(clamp) 불량
- (다) 주축·베어링의 틈새 과다
- (라) 테이블의 강성이 부족하고 틈새가 너무 클 때
- (마) 주축·속도 변환 기어의 치형 오차가 크거나 접촉 불량, 틈새의 과다
- (바) 오버 암 서포트(over arm support)의 클램프 불량

예상문제

1. 평면 절삭에 적당한 커터는?
① 플레인 커터 ② 사이드 커터
③ 메탈 소 ④ 엔드밀

2. 홈 절삭에 적당한 커터는?
① 플레인 커터 ② 엔드밀
③ 메탈 소 ④ 총형 커터

3. V형 또는 세레이션 절삭에 적당한 커터는 어느 것인가?
① 앵귤러 커터 ② 엔드밀
③ 플레인 커터 ④ 페이스 커터

4. 밀링 작업에서 2개 이상의 커터를 동시에 사용하여 1회에 가공 완성하는 커터는?
① 플레인 커터 ② 앵귤러 커터
③ 총형 커터 ④ 정면 커터

5. 경사면이나 리머, 커터 등의 날 홈 가공에 쓰이는 커터는?
① 메탈 소 ② T-슬롯 커터
③ 플레인 커터 ④ 앵귤러 커터

6. 다음 중 엔드밀의 용도에 대한 설명으로 옳은 것은?
① 드릴로 뚫은 구멍을 다듬는 공구이다.
② 평면을 다듬질할 때만 사용된다.
③ 밀링 머신에서 홈을 파거나 다듬질할 때 사용된다.
④ 밀링 머신에서 평면 가공할 때 쓴다.

7. 커터의 랜드는 작은 지름인 경우 나비가 얼마 정도 되는가?
① 0.5 mm ② 1 mm
③ 1.5 mm ④ 2 mm

해설 • 지름이 작은 경우 : 0.5 mm
• 지름이 큰 경우 : 1.5 mm

8. 엔드밀 생크가 테이퍼로 된 것은 지름이 얼마 초과일 때인가?
① 10 mm ② 15 mm
③ 20 mm ④ 25 mm

해설 엔드밀의 자루(생크)는 20 mm 이하일 때 곧은 자루, 20 mm 초과일 때 테이퍼 생크로 되어 있다.

9. 커터의 지름 D와 피삭 재료의 나비 W와의 관계로 맞는 것은?
① $\frac{D}{W}=\frac{1}{2}\sim\frac{1}{3}$ ② $\frac{D}{W}=\frac{3}{5}\sim\frac{1}{3}$
③ $\frac{D}{W}=\frac{5}{3}\sim\frac{3}{2}$ ④ $\frac{D}{W}=\frac{1}{3}\sim\frac{1}{4}$

10. 날의 비틀림각을 45~75°로 크게 하여 진동이 적고 깨끗한 가공면을 얻도록 한 커터는?
① 평면 커터 ② 헬리컬 커터
③ 엔드밀 ④ 측면 커터

11. 다음 중 정면 커터의 그물자리가 생기는 원인이 아닌 것은?
① 커터의 결함
② 공작물 설치상의 결함
③ 절삭 조건의 부적당
④ 공작물 재질

12. KS에서 밀링 커터의 테이퍼 생크는 무엇으로 규정하고 있는가?
① 브라운 샤프 테이퍼
② 내셔널 테이퍼

정답 » 1. ① 2. ② 3. ① 4. ② 5. ④ 6. ③ 7. ① 8. ③ 9. ③ 10. ② 11. ④ 12. ①

③ 자콥스 테이퍼
④ 모스 테이퍼

13. 각종 곡면을 가공하는 커터는?
① 앵귤러 커터
② 메탈 소
③ 총형 커터
④ 플레인 커터

14. 다음 중 커터용 재료의 구비 조건이 아닌 것은?
① 상온 및 고온에서 경도가 높을 것
② 마모 저항이 클 것
③ 인성이 클 것
④ 가격이 비쌀 것

15. 다음 중 본체에 심은날의 설치 방법으로 틀린 것은?
① 키에 의한 설치
② 나사에 의한 설치
③ 클램프에 의한 설치
④ 용접에 의한 설치

16. T홈 절삭에 사용하는 커터는?
① T-슬롯 커터
② 더브테일 커터
③ 셸 엔드밀
④ 앵귤러 커터

17. 재료 절단용으로 사용하는 커터는?
① 플레인 커터
② 메탈 소
③ 사이드 커터
④ 총형 커터

18. 메탈 소는 어떻게 되어 있는가?
① 중심쪽보다 날쪽의 두께가 두껍다.
② 중심쪽보다 날쪽의 두께가 얇다.
③ 중심쪽과 날쪽의 두께는 같다.
④ 일감에 따라 다르다.

해설 메탈 소는 절단용 밀링 커터이므로 절삭날이 있는 곳으로부터 중심으로 들어감에 따라 2/1000의 구배가 되어 있으므로 두께가 얇아진다.

19. 다음 중 기어 절삭에 사용되는 공구가 아닌 것은?
① 래크 커터 ② 피니언 커터
③ 호브 ④ 혼

20. 다음 중 총형 밀링 커터의 종류가 아닌 것은?
① 기어 커터 ② 오목 커터
③ 플레인 커터 ④ 각 커터

21. 페이스 커터의 실험에 의한 날수 계산식은? [단, T : 날수, D : 커터 지름(in), W : 절삭 나비(in)이다.]
① $T=\frac{2\pi D}{W}$ ② $T=2\pi DW$
③ $T=\frac{W}{\pi D}$ ④ $T=\frac{D}{\pi W}$

22. 날의 나비가 20 mm 이상이며, 모두 비틀림 날로 된 커터는?
① 플레인 밀링 커터
② 정면 밀링 커터
③ 총형 밀링 커터
④ 갱 커터

정답 » 13. ③ 14. ④ 15. ④ 16. ① 17. ② 18. ① 19. ④ 20. ③ 21. ① 22. ①

11 밀링 가공법

(1) 밀링 바이스 설치

① 설치 준비

㈎ 테이블 상면과 바이스 밑면을 깨끗이 닦는다.

㈏ 테이블 위에 임시 부착을 한다.

② 설치 방법

㈎ 다이얼 게이지를 오버 암에 설치하여 평행도를 측정한다.

㈏ 조(jaw)의 양쪽 끝의 차이가 없을 때까지 수정을 되풀이한다.

㈐ 평행이 맞으면 부착 볼트를 오른쪽, 왼쪽 번갈아서 완전히 죈다.

㈑ 다시 평행도를 측정 수정한다.

(2) 밀링 커터 부착(수평 밀링)

① 주축 테이퍼 구멍과 아버의 테이퍼부를 깨끗이 닦는다.

② 아버의 노치를 주축의 노스 키에 맞추어 꽂는다.

③ 드로잉 볼트를 조여서 아버를 주축에 단단히 고정한다.

④ 필요한 수만큼 칼라(collar)를 넣어 중간 서포트를 장착한다. 가공하기 쉬운 위치를 정하면 칼라 개수가 결정된다.

⑤ 재차 칼라를 넣어 커터, 칼라, 서포트의 순으로 장착한다.

⑥ 아버 베어링을 끼워 아버 너트를 가볍게 조인 후 서포트 너트를 강하게 조이고 아버 너트를 조인다.

⑦ 평면 커터의 경우 추력 상쇄를 갖게 하는 것이 좋다. 그림 (a)의 방법이 좋으며, 그림 (b)처럼 1개 판으로 절삭하게 되면 추력이 생기게 된다.

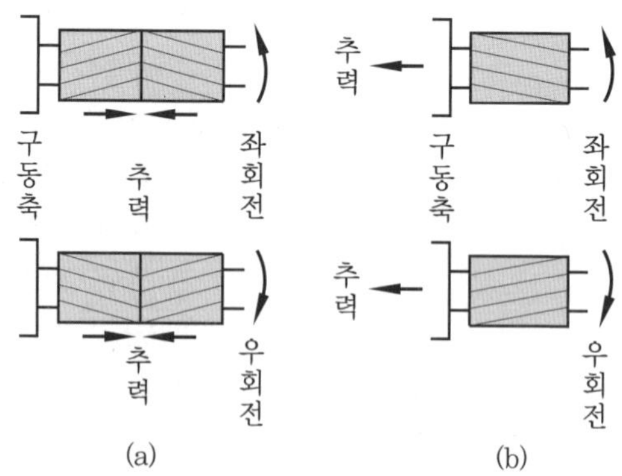

(a) 플레인 밀링 커터의 조합과 회선 방향은 추력을 상쇄하게 한다.
(b) 플레인 밀링 커터의 회전 방향은 추력이 구동축으로 작용하게 한다.

평면 커터의 고정

(3) 가공물 고정

① 테이블에 가공물을 고정하는 방법 : 고정법은 작업자와 작업물에 따라 여러 가지가 있으며, 여기서는 원칙만을 기억해 두기로 한다.

(가) 볼트는 가능한 한 가공물에 가까운 곳에서 조여야 한다.

(나) 고정 방향은 절삭력이 걸리는 방향, 즉 이송 방향으로 체결한다.

(다) 볼트 고정 시는 힘이 균형이 되게 교대로 조여야 한다.

② 바이스에 가공물을 고정하는 순서

(가) 바이스를 벌린 후 깨끗하게 청소한다.

(나) 평행대 2매를 가지런히 맞추어 준다.

(다) 평행대와 공작물이 밀착되도록 한다.

(라) 가공 전과 가공 중에 측정을 할 수 있게 한다.

(마) 평행대는 여러 종류로 준비해 두면 편리하다(평행대는 높이가 낮은 경우에 필요).

③ 바이스에 가공물을 고정하는 방법

(가) 동일 규격의 가공물을 다수 절삭할 때는 클램프를 사용하면 능률적이다.

(나) 평행면이 없는 가공물은 넓은 쪽을 고정 조에 대고 고정시킨다.

(다) 가공면이 평면이고 바이스로 물릴 수 없는 얇은 가공물은 전자 척을 이용한다.

(라) 긴 물건인 경우 바이스를 여러 개 사용하여 안정시킨다.

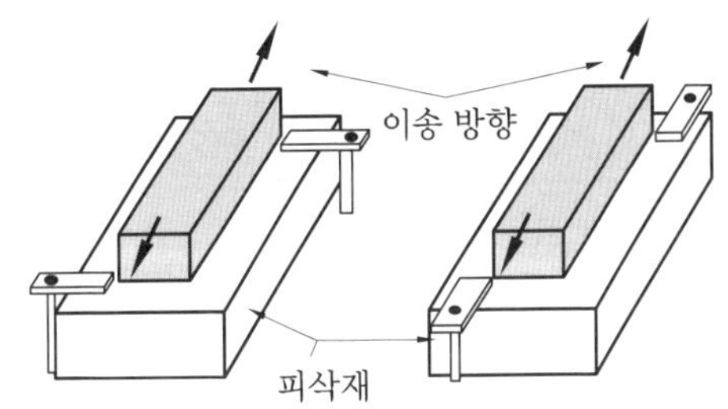

(a) 고정 불량(절삭력에 의해 움직인다.)　(b) 양호(반드시 이송 방향으로 체결한다.)

고정 방향

(4) 기본 밀링 작업

① 평면 절삭 작업(face milling) : 밀링 머신은 평면을 절삭할 때 매우 위력을 발휘하는 기계이다. 수평형에서는 플레인 밀링 커터, 수직형에서는 정면 밀링 커터(페이스 커터)를 사용하는 것이 일반적이지만 능률이 좋은 것은 수직형으로 정면 밀링 커터를 사용하는 경우이다. 평면을 절삭할 때는 그 폭은 커터 지름의 60～70 %로 하는 것이 보통이다. 절삭 폭을 커터 지름과 같게 하면 커터 밑의 중앙에서 칩이 배출되지 않으므로 칩에 의한 흠집이 생기고 커터의 수명도 단축된다.

② 홈파기

(가) 엔드밀이나 사이드 커터를 사용한다. 환봉에 홈을 팔 때는 먼저 환봉 중심에 엔드밀 커터를 맞춘 다음 홈 폭보다 약간 작게 상면을 깎아준다.

(나) 니(knee)를 올려서 깊이를 정하고 길이는 테이블의 이동으로 정한다.

(다) 수평 밀링으로 사이드 커터를 사용할 경우는 주로 긴 홈을 가공할 때이다.

③ T홈 파기

(가) T형 홈을 팔 때는 T형 커터를 사용한다. T형 밀링 커터는 절삭 시 절삭날 주위에 칩이 완전히 쌓여 있으므로 칩의 배출이 나쁘다.

(나) 먼저 직선 홈을 파고 칩을 제거한다.

(다) 다음에 T홈 밀링 커터를 윗면에 맞춘다.

(라) 깊이만큼 니를 올려서 절입(약간 절입하여 접촉면을 확인해 본 다음 절입)한다.

(마) 완성 가공한다.

④ 정면 절삭과 원통 절삭 : 공작물의 평면을 절삭하는 것으로 정면 커터와 플레인 커터가 있다. 선반과는 달리 공구를 회전시켜서 공작물을 이송하여 절삭한다.

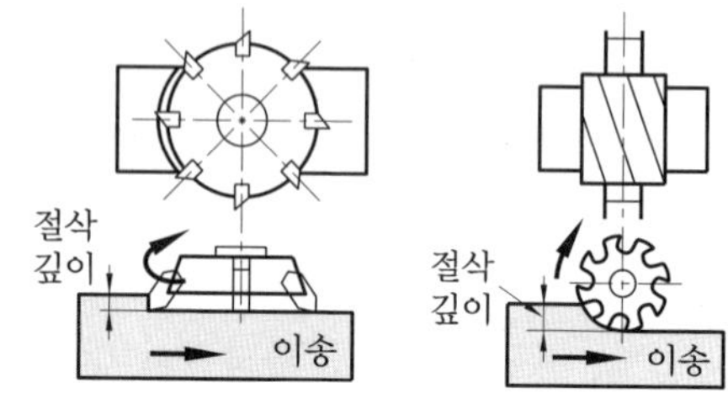

정면 절삭과 원통 절삭

⑤ 측면 절삭 작업 : 측면 절삭이라 하여도 대부분은 단절삭의 일부이다. 단절삭 가운데에서 측면이 크거나, 측면을 다듬질하거나, 피삭재의 측면이 되었을 뿐이다. 측면이라 해도 평면이란 점만은 변하지 않는다. 단, 평면이 테이블에 수직이 되었다는 것뿐이다.

⑥ 비틀림 홈 절삭 : 비틀림 홈 절삭은 밀링 머신에서 드릴, 헬리컬 기어 등을 절삭할 때 공작물을 θ각 만큼 회전시키는 동시에 테이블을 이송시켜야 한다. 이때는 만능 머신을 사용해야 한다. 공작물의 지름을 d[mm], 리드를 L[mm], 비틀림각을 θ라 하면,

$$\tan\theta = \frac{\pi d}{L},\ L = \frac{\pi d}{\tan\theta} = \pi d \cot\theta$$

또 웜과 웜 기어의 회전비를 $\frac{1}{40}$, 분할대에 고정할 변환 기어의 잇수를 W, 테이블의 이송 나사에 고정할 변환 기어의 잇수를 S라고 하면 변환 기어의 잇수비 i는 다음과 같다.

$$i = \frac{W}{S} = \frac{L}{p} \times \frac{1}{40}$$

여기서, p : 테이블 이송 나사의 피치(mm)
L : 공작물의 리드(mm)

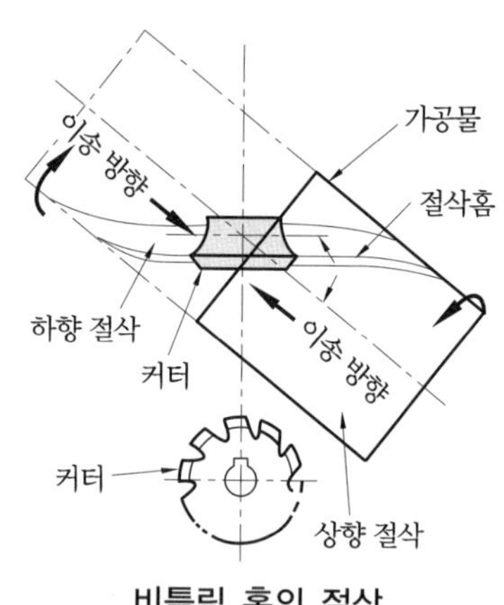

비틀림 홈의 절삭

(5) 특수 가공

① 자동 사이클 장치에 의한 가공

(가) 테이블 전면 T홈에 임의로 배치된 여러 개의 도그(또는 센서)에 따라 전기적 제어에 의해 테이블의 이동을 자동 사이클로 하여 능률적으로 연속 작업을 하는 방법이다.

(나) 모터에 의해 이송, 변속 등을 한다.

(다) 자동 사이클 동작은 블록 다이어프램에 의해 이송 방향과 속도를 조작판상의 변환 레버 스위치에 세팅시킨 후 자동 사이클 기동의 스위치를 누르면 된다.

(라) 다량 생산에 적합하다.

② CNC(computer numerical control) 가공 : 컴퓨터에 의한 수치 제어는 여러 가지 기계가공 동작을 모두 컴퓨터로 제어하여 신뢰성이 향상되고 다품종 소량 생산에 적합한 체계를 이

룰 수 있다. 또한 소프트웨어 기술의 급진적인 발전으로 복잡한 설계나 제어 등을 간단한 조작으로 손쉽게 편집과 수정할 수 있게 되었다.

㈎ 프로그램 시간의 단축

㈏ 작업준비(세팅) 시간 단축으로 높은 정밀도의 제품을 다량 생산할 수 있다.

㈐ 시간과 인건비 절약

㈑ 생산비가 낮아지므로 가격 경쟁력이 크다.

③ 모방 절삭 : 별도로 둔 모형을 따라 동일한 형상으로 본을 따는 절삭을 말한다. 테이블의 이송 나사를 풀고 추로 당기면서 모형판을 모방케 하는 가공은 옛날부터 실시해 왔다. 지금은 유압이나 전기를 사용한다. 모형을 모방하는 것을 스타일러스라 한다. 테이블에 이송을 걸면 스타일러스가 모형에 닿아 약간 기울면 그 기울기를 유압이나 전기로 검출하여 그것을 증폭시켜 주축이나 테이블에 똑같게 동작시킨다.

④ 더브테일 홈 절삭

㈎ 그림 (a)와 같은 더브테일 홈(비둘기꼬리 홈) 가공을 하려면 먼저 그림 (b)의 W를 구한다.

㉮ $W = 30 - 2Z$이다. 즉 Z만 알면 되므로 그림 (c)에서

㉯ $Z = 7\tan 30° = 4.04145$

㉰ 그러므로 $W = 30 - 2Z = 30 - 2 \times 4.04145 = 21.917$

㈏ 그림 (d)에서 홈 모서리 모떼기는 1 mm이다.

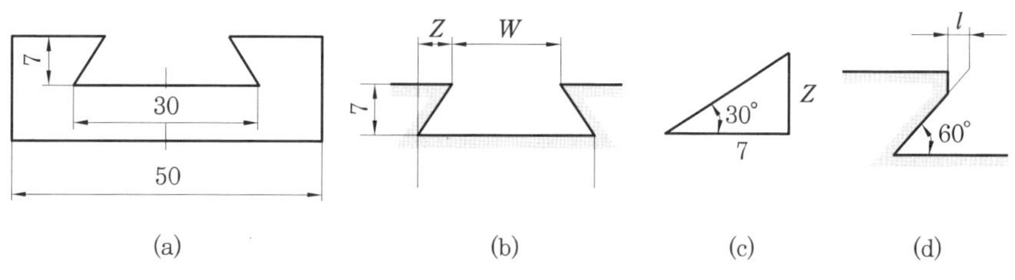

더브테일 홈 절삭

(6) 회전 테이블과 취급법

회전 테이블은 원형의 홈, 캠의 절삭 등에 쓰인다. 회전 테이블의 종류는 다음과 같다.

① 기계적 분할 회전 테이블 장치

② 광학식 분할 회전 테이블 장치

③ 경사형 분할 회전 테이블 장치

회전 테이블에 장치한 분할판은 통상 3매이고, 60까지 모든 수가 분할될 수 있으며, 120까지는 2, 3, 5의 배수를 분할할 수 있다.

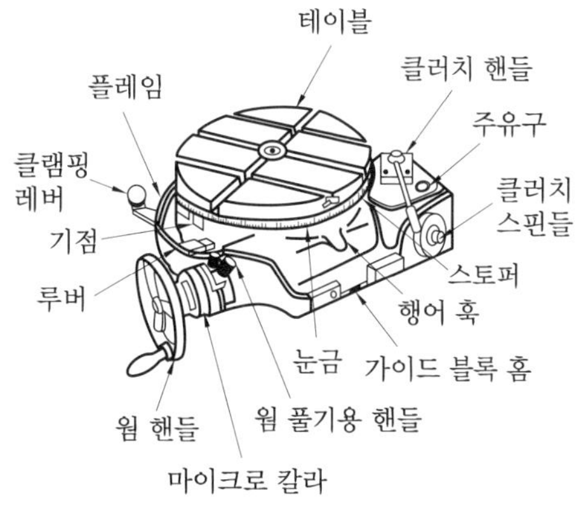

회전 테이블의 각부 명칭

분할판의 구멍 수

No.1	30	32	34	37	38	41
No.2	43	44	46	47	49	52
No.3	53	54	56	58	59	62

회전 테이블의 분할법은 웜과 웜 휠의 회전비가 90 : 1이므로 다음 식으로 구한다.

$$\text{핸들의 회전수} = \frac{90}{\text{구하는 분할수}}$$

(7) 밀링 조작 기호

밀링 머신에 조작 기호로 표시한 것을 보고 조작을 하려면 다음 표를 완전히 숙지하고 있어야 한다.

조작 표시 기호

표시 기호	설명	표시 기호	설명	표시 기호	설명	표시 기호	설명
	밀링머신 주축		아래로 테이블 이송		저속 테이블 이송		중립
	매분 회전수 (주축 속도)		뒤로 테이블 이송		매분 이송량 mm/min		다판 클러치
	테이블 이송 (보통)		앞으로 테이블 이송		각 테이블		조정
	고속 테이블 이송		수동 조작		위로 테이블 이송		테이블 빨리 이송

(8) 분할대의 종류와 특성

분할대의 사용 목적으로는 첫째, 공작물의 분할 작업(스플라인 홈 작업, 커터나 기어 절삭 등), 둘째, 수평, 경사, 수직으로 장치한 공작물에 연속 회전 이송을 주는 가공 작업(캠 절삭, 비틀림 홈 절삭, 웜 기어 절삭 등) 등이 있다.

① 분할대의 분류

(가) 직접 분할대 : 분할 수가 적은 것으로 단순 직선 절삭

(나) 만능 분할대 : 직선 및 구배 절삭, 비틀림 절삭

(다) 광학적 분할대 : 광학적인 원리에 의해 직접 분할

[현재 많이 쓰이고 있는 대표적인 분할대]

- 신시내티형 만능 분할대
- 밀워키형 만능 분할대
- 라이비켈형 분할대
- 트아스형 광학 분할대
- 브라운 샤프형 만능 분할대

② 밀워키형 만능 분할대

(가) 미국 카이비 엔드 트레커사 제품으로서 구조는 신시내티형과 거의 같다.

(나) 크랭크 핸들과 주축이 하이포이드 기어에 의하여 구성되어 있다. 기어의 잇수는 100매이며, 20장의 피니언에 의해 전달된다.

㈐ 주축 테이퍼는 내셔널 테이퍼 No.50을 갖고 있다.

㈑ 분할판은 2장 표준의 것은 2∼100까지, 차동 분할은 500까지 분할이 가능하다.

③ 브라운 샤프형 만능 분할대

㈎ 분할판 3장을 사용한다.

㈏ 주축 끝을 수평 이하 5°에서 수직을 넘어 100°까지 임의의 각도로 선회한다.

㈐ 주축의 직접 분할에 쓰이는 24등분된 핀 구멍이 있다.

㈑ 분할판 표준형

- 제1매 : 15, 16, 17, 18, 19, 20
- 제2매 : 21, 23, 27, 29, 31, 33
- 제3매 : 37, 39, 41, 43, 47, 49

㈒ 단순 분할, 차동 분할 730까지 분할 가능하다.

④ 트아스형 광학 분할대

㈎ 기계 구조는 만능 분할대와 같다.

㈏ 선회대는 눈금판과 부척에 의해 5분까지 정밀도로 임의의 각도로 회전할 수 있다.

㈐ 주축에는 유리제의 눈금판과 자리잡기 현미경이 구성되어 있어 15초까지 정확히 구할 수 있다.

㈑ 현미경 접안경은 수직축 중심으로 360° 회전할 수 있다.

(9) 분할대의 구조

아래 분할대의 구조는 신시내티형 분할대의 구조이며, 브라운 샤프형과 같이 주축에 40개의 이를 가진 웜 기어가 고정되어 있고, 웜 축에는 1줄의 웜이 있어 웜 축을 1회전시키면 주축은 1/40회 회전한다. 즉 웜을 40회전시키면 분할대 주축은 1회전한다. 따라서 공작물이 회전하게 되면 핸들은 회전시켜야 하므로 분할 크랭크 핸들의 회전수 n은 다음과 같다.

$$n = \frac{40}{N}$$ 여기서, N : 분할수

① 분할판 : 분할하기 위하여 판에 일정한 간격으로 구멍을 뚫어 놓은 판을 말한다.

② 섹터 : 분할 간격을 표시하는 기구이다.

③ 선회대 : 주축을 수평에서 위로 110°, 아래로 10°로 경사시킬 수 있다.

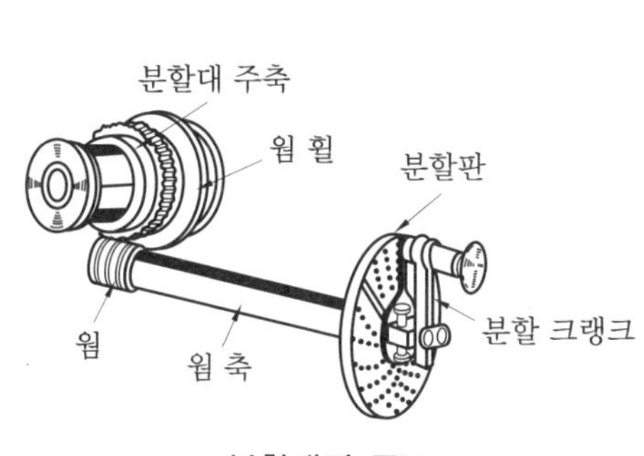

분할대의 구조

분할대(만능형)

(10) 밀링 분할 작업

분할대는 분할 작업 및 속도 변위가 요구될 때, 즉 기어나 드릴 홈을 깎을 때 이용되며 분할법은 다음과 같다(브라운 샤프형 분할대를 기준).

① 직접 분할법(direct dividing method) : 주축 앞 부분에 있는 24개의 구멍을 이용하여 분할하는 방법으로 24의 약수인 2, 3, 4, 6, 8, 12, 24로 등분할 수 있다(7종 분할이 가능).

예제

1. 원주를 8등분하시오.

해설 24÷8=3 즉, 3구멍씩 회전시켜 가며 절삭하면 원주는 8등분된다.

② 단식 분할법(simple dividing) : 분할판과 크랭크를 사용하여 분할하는 방법으로 위의 분할대의 구조와 같은 구조의 분할 장치를 이용하면 된다. 그림에서 보는 것과 같이 인덱스 크랭크를 1회전시키면 인덱스 스핀들에 붙어 있는 잇수 40의 웜 휠이 1/40 회전한다. 다시 말해 인덱스 크랭크 40회전에 웜 휠(인덱스 스핀들도 같음)이 1회전한다. 따라서 필요한 분할수 계산과 분할판의 종류와 구멍수는 다음과 같다.

$$n = \frac{40}{N}\text{(브라운 샤프형과 신시내티형)}$$

$$n = \frac{R}{N} = \frac{5}{N}\text{(밀워키형)}$$

여기서, n : 핸들의 회전수, N: 분할수, R : 웜기어의 회전비

분할판의 종류와 구멍수

종류	분할판	구멍수
브라운 샤프형	No. 1	15, 16, 17, 18, 19, 20
	No. 2	21, 23, 27, 29, 31, 33
	No. 3	37, 38, 39, 41, 43, 47, 49
신시내티형	표면	24, 25, 28, 30, 34, 37, 38, 39, 40, 42, 43
	이면	46, 47, 49, 51, 53, 54, 57, 58, 59, 62, 66
밀워키형	표면	60, 66, 72, 84, 92, 96, 100
	이면	54, 58, 68, 76, 78, 88, 98

③ 차동 분할법(differential dividing) : 단식 분할이 불가능한 경우에 차동 장치를 이용하여 분할하는 방법이다. 이때 사용하는 변환 기어의 잇수로는 24(2개), 28, 32, 40, 48, 56, 64, 72, 86, 100이 있다.

㈎ 분할수 N에 가까운 수로 단식 분할할 수 있는 N'를 가정한다.

㈏ 가정수 N'로 등분하는 것으로 하고 분할 크랭크 핸들의 회전수 n을 구한다.

$$n = \frac{40}{N'}$$

㈐ 변환 기어의 차동비 i를 구한다.

$$i = 40 \times \frac{N' - N}{N'} = \frac{S}{W} \text{ (2단)}$$

$$i = 40 \times \frac{N' - N}{N'} = \frac{S \times B}{W \times A} \text{ (4단)}$$

㈑ 여기서 차동비가 +값일 때에는 중간 기어 1개, −값일 때에는 중간 기어 2개를 사용한다.

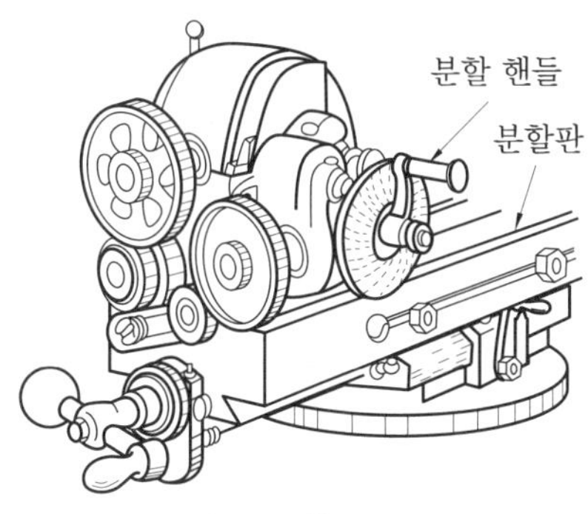

차동 분할 장치

예제

2. 브라운 샤프형 분할대를 사용하여 잇수가 92개인 스퍼 기어를 절삭하려 할 때, 분할 크랭크의 회전수를 구하시오.

해설 $n = \frac{40}{N} = \frac{40}{92} = \frac{10}{23}$

즉, 분할핀 No.2, 23 구멍짜리를 사용하여 10구멍씩 회전시켜 절삭한다.

예제

3. 원주를 239등분하시오.

해설 ① $N' = 240$으로 하면 분할판의 구멍수와 크랭크 회전수 n은,

$$n = \frac{40}{N'} = \frac{40}{240} = \frac{1}{6} = \frac{3}{18}$$

② 변환 기어 계산

$$\frac{S}{W} = \frac{40(N' - N)}{N'} = \frac{40(240 - 239)}{240}$$

$$= \frac{40}{240} = \frac{4}{24} = \frac{1 \times 4}{3 \times 8} = \frac{1 \times 24}{3 \times 24} \times \frac{4 \times 6}{8 \times 6} = \frac{24 \times 24}{72 \times 48}$$

즉, $W=72$, $A=48$, $S=24$, $B=24$로 한다.

중간 기어는 $N' - N > 0$이므로 같은 방향으로 돌도록 1개를 사용한다.

④ 섹터의 사용 : 분할 구멍의 위치를 기억하고 움직이는 구멍수를 세는 것은 번거롭다. 이때 섹터를 사용하면 쉽게 해결할 수 있다.

⑤ 각도 분할법 : 분할에 의해서 공작물의 원둘레를 어느 각도로 분할할 때에는 단식 분할법과 마찬가지로 분할판과 크랭크 핸들에 의해서 분할한다.

다음은 신시내티형 분할대에 대한 설명이다. 분할대의 주축이 1회전하면 360°가 되며, 크랭크 핸들과 분할대 주축과의 회전비는 40 : 1이므로 주축의 회전 각도는 다음과 같다.

$$\frac{360°}{40} = 9°$$

여기서 n을 구하고자 하는 분할 크랭크의 회전수, D를 분할각도라고 하면, $n = \frac{D°}{9°}$가 된다.

이상의 공식은 (°)로 나타낸 것이며, 분(′)과 초(″) 단위로 환산하면 다음과 같다.

$$n = \frac{D}{9 \times 60} = \frac{D'}{540'}, \ n = \frac{D}{9 \times 60 \times 60} = \frac{D''}{32400''}$$

가령, 54서클의 분할판 1피치의 각도(분)를 보기로 하면, 분할대 주축의 회전 각도는 다음과 같다.

$$D' = \frac{540}{54} = 10'$$

(11) 기타 가공법

① 조합 커터에 의한 밀링 절삭 : 일명 갱 밀링이라 하며, 2개 이상의 커터를 설치하여 더브테일 및 스플라인 홈 등을 가공한다.

② 총형 커터에 의한 밀링 절삭 : 일명 폼 밀링(form milling)이라 하며, 1개 또는 2개 이상의 커터를 설치하여 일정한 모양의 가공물을 절삭하는 방법이다.

③ 특수 분할대에 의한 클러치 가공 : 동력 전달을 연결·차단하는 것에 사용하는 것이며, 자동 분할 장치로 고안된 것으로 테이블의 움직임을 전기적인 신호로 바꾸어서 공기로 분할하는 방법이다.

④ 샤프트의 키 홈 가공 : 축의 홈 가공은 엔드밀, 커터에 의해 가공되며, 길이가 긴 공작물은 반드시 지그를 사용하여 가공해야 한다.

⑤ 특수 지그에 의한 원통 캠의 절삭 : 2날 엔드밀을 사용하여 원통 캠을 가공한다. 회전 이송 장치에는 모델을 설치하여 회전하면서 공작물을 가공한다.

⑥ 각도 밀링 가공 : 60°의 앵글 커터를 사용하여 모따기 및 각도 홈 등을 가공한다. 수직 밀링 머신으로 더브테일 커터를 사용하여 작업한다.

⑦ 곡면 밀링 가공 : 일반적으로 1차원의 가공이 많으며, 그 외에 부속 장치를 이용하여 곡면을 가공한다.

⑧ 초경질 금속 톱(metal saw)의 사용 : 절단 작업에는 쇠톱(hack saw)을 사용하는 것, 금속 톱(metal saw)을 사용하는 것, 절삭 숫돌에 의한 것, 가스 절단과 방전 절단 등이 있다. 밀링에서는 초경질 메탈 소를 사용함으로써 종전의 고속도강 메탈 소에 비하여 작업 능률을 향상시키며 수명도 길게 할 수 있다.

예상문제

1. 밀링에서 절삭하기가 가장 곤란한 것은?
① 나사 절삭 ② 스퍼 기어 절삭
③ 키 홈 절삭 ④ 내접 기어 절삭

2. 밀링 작업에서 커터 사용에 대한 설명 중 틀린 것은?
① 커터는 가능한 한 칼럼에 가까이 고정하는 것이 좋다.
② 주물의 표면을 깎을 때에는 절삭 깊이를 얕게, 그리고 천천히 이송하는 것이 좋다.
③ 얇은 메탈 소의 회전 방향으로 이송하는 것이 좋다.
④ 커터 아버의 칼럼 측면이 평평하면 구멍은 동심원이 아니라도 좋다.

3. 밀링 작업에서 커터를 설치하는 방식이 아닌 것은?
① 아버 타입 ② 섕크 타입
③ 정면 타입 ④ 어댑터 타입

4. 다음 중 밀링 머신에서 깎을 수 없는 기어는 어느 것인가?
① 직선 베벨 기어 ② 스퍼 기어
③ 하이포이드 기어 ④ 헬리컬 기어

해설 밀링 머신에서는 평 기어, 웜 기어, 헬리컬 기어, 직선 베벨 기어 가공이 가능하다.

5. 일감에 회전운동을 주고 분할, 윤곽 가공을 할 수 있는 밀링 머신의 부속 장치는?
① 면판 ② 원형 테이블
③ 머신 바이스 ④ 슬로팅 장치

6. 밀링에서 상향 절삭의 장점은?
① 칩이 잘 빠진다.
② 백래시 제거 장치가 필요하다.
③ 공작물 고정에 신경 쓸 필요가 없다.
④ 커터의 마모가 적다.

7. 밀링 작업에서 하향 절삭 시 백래시 장치를 어느 곳에 설치하는가?
① 주축 구멍
② 테이블 이송 나사
③ 주축 변속 기어
④ 테이블 변속 기어

8. 밀링 바이스에 가공물을 고정하는 방법으로 적당하지 않은 것은?
① 긴 가공물에는 바이스를 중심부에 하나 설치한다.
② 바이스로 물리기 힘든 얇은 가공물에는 전자 척을 사용한다.
③ 평행면이 없는 경우 넓은 쪽을 고정 조(jaw)에 대고 고정한다.
④ 동일 규격, 다수 절삭 시 클램프 사용이 능률적이다.

9. 자동 사이클 장치의 조작 기호 설명 중 틀린 것은?
① ←── : 테이블 진행 방향
② ● : 푸시 버튼 기동
③ ─∿∿─ : 급속 이송
④ |←── : 테이블 스토퍼

해설 ──── : 급속 이송, ─∿∿─ : 절삭 이송

10. NC 가공의 장점이 될 수 없는 것은?
① 누구든 동일한 속도, 방법으로 제품을 만든다.
② 시간과 인건비가 절약된다.
③ 생산비와 가격이 싸진다.

정답 » 1. ④ 2. ④ 3. ③ 4. ③ 5. ② 6. ① 7. ② 8. ① 9. ③ 10. ④

④ 복잡한 모양 절삭에 실용적이다.

11. 밀링 조작 기호 중에서 수동 조작을 뜻하는 것은?

① ② ③ ④

해설 ① : 주축 속도, ② : 조정
④ : 각 테이블

12. 밀링 머신에서 절삭률이 7.5 cm^3/min이고, 1 kW당 매분 절삭량이 1.5 cm^3/min/kW일 때, 이 기계의 소요 동력은?

① 3 kW ② 4 kW
③ 5 kW ④ 6 kW

해설 $P=\frac{W}{S}=\frac{7.5}{1.5}=5\text{ kW}$

13. 이송 나사의 피치가 6 mm인 밀링 머신에서 지름 20 mm의 공작물에 리드 75 mm의 비틀림 홈을 깎을 경우, 테이블의 선회 각도와 변환 기어의 잇수는?

① 각도 40°, 잇수 40, 64, 28, 56
② 각도 35°, 잇수 40, 60, 32, 56
③ 각도 40°, 잇수 40, 60, 32, 56
④ 각도 35°, 잇수 40, 64, 28, 56

해설 $\tan\theta=\frac{\pi d}{L}=\frac{\pi\times 20}{75}=0.837$

$\therefore\ \theta=40°$

변환 기어 $\frac{W}{S}=\frac{L}{p\times 40}=\frac{75}{6\times 40}=\frac{5}{16}$

$=\frac{5\times 1}{8\times 2}=\frac{40\times 28}{64\times 56}$이 된다.

따라서 $W=40$, $S=56$, 중간 기어 잇수는 64, 28이 된다.

14. 이송 나사 4산/in인 밀링 머신에서 리드 24인치의 드릴을 절삭하려고 할 때, 변환 기어 잇수를 구하면?

① 60, 36, 52, 36
② 56, 40, 52, 40
③ 64, 32, 48, 40
④ 60, 38, 42, 50

해설 $\frac{W}{S}=\frac{L}{p\times 40}=\frac{L}{\frac{1}{4}\times 40}=\frac{L}{10}=\frac{24}{10}$

$=\frac{4\times 6}{2\times 5}=\frac{64\times 48}{32\times 40}$

15. 다음 중 밀링 작업의 분할법 종류가 아닌 것은?

① 직접 분할법 ② 복동 분할법
③ 단식 분할법 ④ 차동 분할법

16. 분할판의 24구멍을 8구멍씩 이동할 때만 필요한 것은?

① 섹터 ② 복동 분할법
③ 단식 분할법 ④ 차동 분할법

17. 분할대의 크기는 무엇으로 나타내는가?

① 양 센터 사이의 거리
② 테이블상의 스윙
③ 분할할 수 있는 수
④ 공작물을 회전시킬 수 있는 각도

18. 분할대를 이용하여 원주를 7등분하고자 한다. 브라운 샤프형의 21구멍 분할판을 사용하여 단식 분할하면?

① 5회전하고 3구멍씩 전진시킨다.
② 3회전하고 7구멍씩 전진한다.
③ 3회전하고 5구멍씩 전진시킨다.
④ 5회전하고 15구멍씩 전진한다.

해설 $n=\frac{40}{N}=\frac{40}{7}=5\frac{5}{7}$이므로 브라운 샤프형 No.2 분할에서 7의 3배인 21이 있으므로 $\frac{5}{7}=\frac{15}{21}$가 된다. 즉, 21구멍의 분할판을 써서 크랭크를 5회전하고 15구멍씩 돌리면 7등분이 된다.

정답 » 11. ③ 12. ③ 13. ① 14. ③ 15. ② 16. ① 17. ② 18. ④

19. 원판 주위에 5°의 눈금을 넣으려 할 때 사용하는 분할판은 어느 것인가?(단, 브라운 샤프형이다.)

① 15구멍 ② 21구멍
③ 27구멍 ④ 41구멍

해설 각도의 분할에는 단식 분할법을 응용하는 경우와 각도 분할 장치를 사용하는 2가지 방법이 있다. 단식 분할법은 분할 핸들을 40회전하면 주축은 1회전하므로, 분할 핸들을 1회전하면 주축 공작물은 $\frac{360°}{40}=9°$ 회전한다.

$\therefore n=\frac{A°}{9}$ ($A°$: 분할하고자 하는 각도)

$n=\frac{5°}{9}=\frac{15}{27}$

즉, 브라운 샤프형 No.2의 27구멍판을 사용하여 15구멍씩 돌린다.

20. 브라운 샤프형 분할대의 인덱스 크랭크를 1회전시키면 주축은 몇 회전하는가?

① 40회전 ② $\frac{1}{40}$ 회전
③ 24회전 ④ $\frac{1}{24}$ 회전

해설 인덱스 크랭크 1회전에 웜이 1회전하고, 웜 기어가 $\frac{1}{40}$ 회전(웜 기어 잇수가 40개이므로)하며 스핀들의 회전 각도는 9°이다.

21. 밀링 작업에서 공작물 고정 방법이 아닌 것은?

① 콜릿에 고정하는 방법
② 테이블에 고정하는 방법
③ 바이스에 고정하는 방법
④ 앵글 플레이트에 고정하는 방법

22. 다음 중 밀링에서 할 수 없는 작업은?

① 평면 절삭
② T홈 절삭
③ 널링 절삭
④ 측면 절삭

23. 그림은 더브테일 홈 가공 작업의 도면이다. W값은 얼마인가?

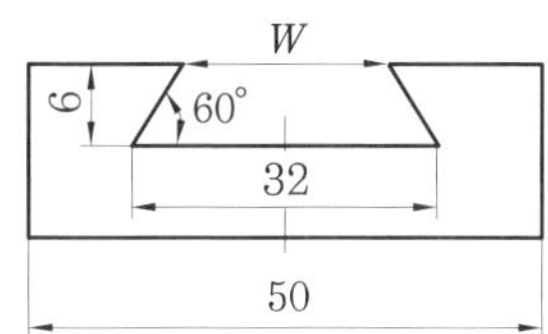

① 23.072 mm
② 24.072 mm
③ 25.072 m
④ 26.072 mm

해설 $W=32-2\times6\tan30°=25.072\text{mm}$

정답 » 19. ③ 20. ② 21. ① 22. ③ 23. ③

2-3 연삭 가공

1 연삭 가공

(1) 개요

연삭 작업은 여러 가지 모양의 연삭 숫돌을 고속으로 회전시켜 이것을 공구로 사용하여 가공물(공작물)에 상대 운동을 시켜 정밀하게 가공하는 작업을 말하며, 이에 사용되는 기계를 연삭기(grinding machine)라 한다.

(2) 특징

절삭 속도나 절입량(연삭 깊이)에는 큰 차이가 있으나 연삭 숫돌을 구성하고 있는 입자 하나하나가 밀링 커터의 날 끝과 같이 공작물을 절삭한다. 그 칩을 보면 날카로운 날 끝으로 절삭된 것을 알 수 있다. 연삭 숫돌은 날 끝에 해당되는 입자가 마모되어 절삭 저항이 커지면 입자가 부서지고 새로운 절삭날(입자)이 나타난다.

(3) 연삭 가공의 이점

① 입자는 단단한 광물질이기 때문에 초경합금이나 담금질강, 주철, 구리 등의 금속류와 고무, 유리, 플라스틱, 석재에 이르기까지 연삭할 수 있다.

② 선반이나 밀링 머신에 의해서 가공된 공작물보다 훨씬 정밀도가 높으며 우수한 다듬질면을 능률적이고 경제적으로 만들 수 있다. 특히 공구나 게이지류, 기타 담금질로 경화된 부품의 다듬질에는 연삭 가공이 가장 효과적이다.

(4) 연삭기의 종류

① 원통 연삭기(cylindrical grinder) : 원통, 테이퍼

② 만능 연삭기(universal grinder) : 원통, 테이퍼, 단면, 구멍

③ 내면 연삭기(internal grinder) : 구멍, 단면

④ 평면 연삭기(surface grinder) : 평면, 측면

⑤ 공구 연삭기(tool and cutter grinder) : 밀링 커터, 드릴, 바이트(bite)

⑥ 센터리스 연삭기(centerless grinder) : 원통, 테이퍼 등에서 센터 구멍이 없는 것

⑦ 나사 연삭기(thread grinder) : 나사, 탭(tap), 나사 게이지

⑧ 스플라인 연삭기(spline grinder) : 스플라인 축

⑨ 크랭크 축 연삭기(crank shaft grinder) : 크랭크 축의 주 저널(main journal) 및 크랭크 핀(pin)

⑩ 롤 연삭기(roll grinder) : 강, 구리, 알루미늄 등의 압연 롤

⑪ 캠 연삭기(cam grinder) : 캠

⑫ 기어 연삭기(gear grinder) : 평 기어, 헬리컬 기어, 베벨 기어

⑬ 모방 연삭기(profile grinder) : 총형 바이트, 블랭킹 다이(blanking die)

2 각종 연삭기의 특징 및 용도

(1) 원통 연삭기(cylindrical grinder)

원통 연삭기는 연삭 숫돌과 가공물을 접촉시켜 연삭 숫돌의 회전 연삭 운동과 공작물의 회전 이송 운동에 의하여 원통형 공작물의 외주 표면을 연삭 다듬질하는 기계이다.

① 연삭 이송 방법

㈎ 테이블 이동형 : 노턴 방식이라고도 하며, 소형 공작물의 연삭에 적당하고 숫돌은 회전 운동, 공작물은 회전, 좌우 직선 운동을 한다.

㈏ 숫돌대 왕복형 : 렌디스 방식이라고도 하며, 대형 공작물의 연삭에 사용한다. 공작물은 회전 운동, 숫돌대는 수평 이송 운동을 한다.

㈐ 플런지 컷형 : 짧은 공작물의 전길이를 동시에 연삭하기 위하여 숫돌에 회전 운동만을 주며, 좌우 이송 없이 숫돌차를 절삭 깊이 방향으로 이송하는(윤곽 가공) 방식이다.

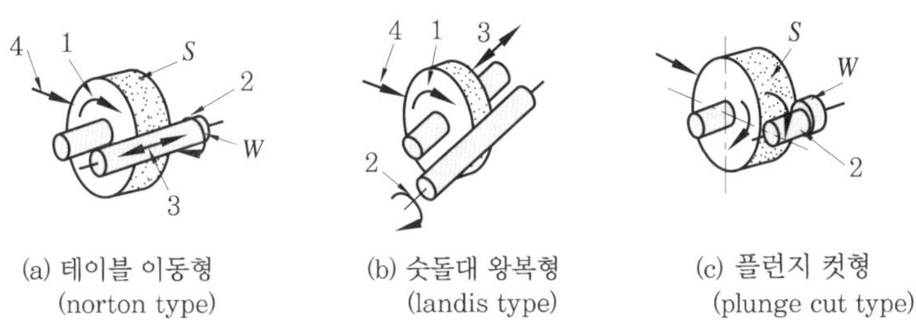

(a) 테이블 이동형 (norton type)　(b) 숫돌대 왕복형 (landis type)　(c) 플런지 컷형 (plunge cut type)

S : 숫돌, *W* : 공작물
1 : 절삭 운동, 2 : 주 이송 운동, 3 : 부 이송 운동, 4 : 절삭 깊이 운동

원통 연삭기의 이송 방식

② 주요 부분의 구조

㈎ 주축대

㉮ 공작물을 지지하는 것으로 회전, 구동용 전동기, 속도 변환 장치 및 공작물의 주축으로 구성되며 고정식과 선회식이 있다.

- 고정식 : 센터 작업 또는 척을 붙여서 내면 연삭이 가능하고, 테이블 위에 위치한다.
- 선회식 : 센터 작업 또는 테이퍼 연삭이 가능하고, 테이블 위에서 360° 선회한다.

㉯ 공작물의 양 센터 지지형, 회전 센터형, 만능형이 있다.

㉰ 가공물 회전 원주 속도 : 7～50 m/min에서 사용하므로 무단 변속 장치가 필요하다.

㈏ 심압대

㉮ 주축 센터의 연장선상의 길이 방향에서 자유로이 이동이 가능하도록 한다.

㉯ 테이블 안내면을 따라 적당한 위치에 고정시켜 가공물을 지지한다.

㈐ 연삭 숫돌대

㉮ 연삭기 성능을 좌우하는 중요한 구성 요소이며 숫돌과 구동 장치로 되어 있다.

㉯ 테이블 운동 방향에 대하여 직각으로 된 안내면에 따라 고정되어 이송되거나 나사에

의해 이송되며, 절삭 깊이 방향 이동도 된다(성형(michell) 베어링, 유막형, 정압형 베어링 사용).

㈑ 테이블과 테이블 이송 장치

㉮ 하부 좌우 왕복 운동 테이블과 그 위에 어느 정도 선회(보통 7° 정도) 가능한 구조로, 테이퍼, 원통도 조정이 가능하다.

㉯ 기어식에 의한 방법보다 유압식에 의해 베드 위를 미끄럼 왕복 운동을 하는 것이 널리 쓰인다.

㉰ 각 행정 끝부분에서 공작물 끝부분의 비틀림 흔적을 방지하기 위해 테이블을 급정지시키고 역전 작용 전까지의 여유 시간(tarry motion)을 가질 수 있다.

(2) 센터리스 연삭기(centerless grinding machine)

① 원통 연삭기의 일종이며, 센터 없이 연삭 숫돌과 조정 숫돌 사이를 지지판으로 지지하면서 연삭하는 것으로 주로 원통면의 바깥면에 회전과 이송을 주어 연삭하며 통과·전후·접선 이용법이 있다.

② 용도에 따라 외면용, 내면용, 나사 연삭용, 단면 연삭용이 있다.

③ 이점

㈎ 연속 작업이 가능하다.

㈏ 공작물의 해체·고정이 필요 없다.

㈐ 대량 생산에 적합하다.

㈑ 기계의 조정이 끝나면 초보자도 작업을 할 수 있다.

㈒ 고정에 따른 변형이 적고 연삭 여유가 작아도 된다.

㈓ 가늘고 긴 핀, 원통, 중공 등을 연삭하기 쉽다.

㈔ 센터나 척에 고정하기 힘든 것을 쉽게 연삭할 수 있다.

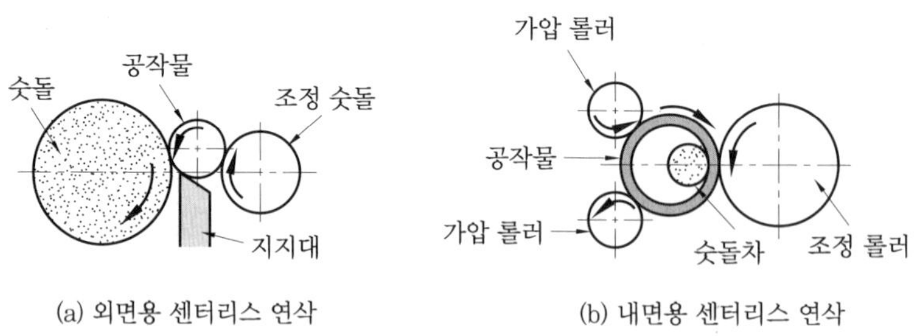

(a) 외면용 센터리스 연삭 (b) 내면용 센터리스 연삭

센터리스 연삭

(3) 내면 연삭기

① 용도 : 원통이나 테이퍼의 내면을 연삭하는 기계로서 구멍의 막힌 내면을 연삭하며, 단면 연삭도 가능하다.

② 연삭 방법

㈎ 보통형 연삭 : 공작물에 회전 운동을 주어 연삭한다.

㈏ 플래니터리(planetary)형 : 공작물은 정지하고, 숫돌은 회전 연삭 운동과 동시에 공전 운동을 한다.

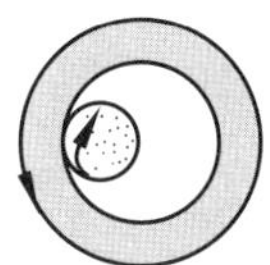

(a) 공작물 회전식

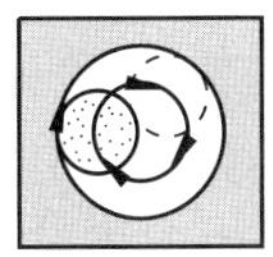

(b) 공작물 고정식

내면 연삭 방법

(4) 만능 연삭기(universal grinding machine)

① 외관 : 원통 연삭기와 유사하나 공작물 주축대와 숫돌대가 회전하고 테이블 자체의 선회 각도가 크며 또 내면 연삭 장치를 구비한 것이다.

② 용도 : 원통 연삭, 테이퍼, 플런지 컷 등의 원통과 측면의 동시 연삭이 가능하고 척 작업, 평면·내면 연삭이 가능하다.

③ 연삭 방법

㈎ 테이블 회전 연삭

㈏ 숫돌대(주축대) 회전 연삭

㈐ 내면 연삭 장치에 의한 내면 연삭

㈑ 모방 숫돌 튜링 장치에 의한 모방 연삭

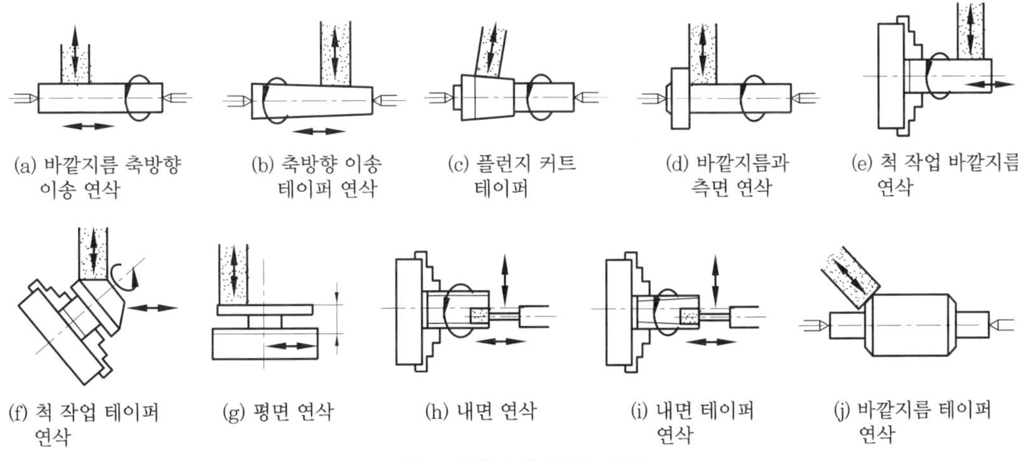

(a) 바깥지름 축방향 이송 연삭 (b) 축방향 이송 테이퍼 연삭 (c) 플런지 커트 테이퍼 (d) 바깥지름과 측면 연삭 (e) 척 작업 바깥지름 연삭

(f) 척 작업 테이퍼 연삭 (g) 평면 연삭 (h) 내면 연삭 (i) 내면 테이퍼 연삭 (j) 바깥지름 테이퍼 연삭

만능 연삭기의 연삭 가공

(5) 평면 연삭기(surface grinding machine)

테이블에 T홈을 두고 마그네틱 척, 고정구, 바이스 등을 설치하고 이곳에 일감을 고정시켜 평면 연삭을 하며, 테이블 왕복형과 테이블 회전형이 있다.

① 용도 : 평면 연삭, 각도 연삭, 성형 연삭

② 연삭 방식

(가) 숫돌의 원주면으로 연삭하는 형식

㉮ 수평축 긴 테이블형 : 주축은 수평이고 4각 테이블이 왕복하면서 숫돌축이 테이블 윗면에 평행한 형식이다.

㉯ 수평축 원형 테이블형 : 주축은 수평이고 테이블은 원형으로 회전하면서 숫돌축이 테이블 윗면에 평행한 형식이다.

(나) 숫돌의 측면으로 연삭하는 형식

㉮ 수직축 긴 테이블형 : 주축은 수직, 테이블은 4각형이고 왕복 운동을 하면서 숫돌축이 테이블 윗면에 수직이다.

㉯ 수직축 원형 테이블형 : 주축은 수직, 테이블은 원형으로 회전하면서 숫돌축이 테이블 윗면에 수직이다.

㉰ 수평축 긴 테이블형 : 주축은 수평, 테이블은 4각형이고 왕복 운동을 하면서 숫돌축이 테이블 윗면에 평행하다.

㉱ 수평축 원형 테이블형 : 주축은 수평, 테이블은 원형으로 회전하면서 숫돌축이 테이블 윗면에 평행하다.

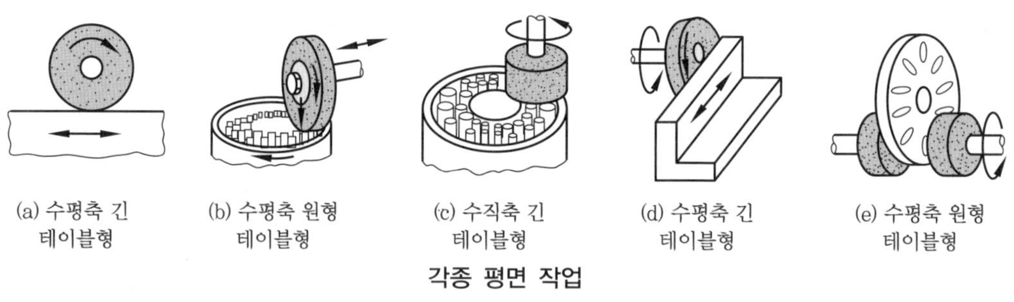

(a) 수평축 긴 테이블형 (b) 수평축 원형 테이블형 (c) 수직축 긴 테이블형 (d) 수평축 긴 테이블형 (e) 수평축 원형 테이블형

각종 평면 작업

③ 평면 연삭

(가) 공작물 설치

㉮ 공작물에 흠집이나 스케일이 있으면 기름 숫돌로 제거한다.

㉯ 공작물을 척 중앙에 길이 방향이 테이블 운동 방향이 되게 놓는다.

㉰ 평면이 맞으면 고정한다.

(나) 상면 연삭

㉮ 테이블을 공작물 양끝 30～50 mm 되게 행정을 조정한다.

㉯ 수동 이송에 의해 공작물 위 0.5 mm까지 내린다(닿기 전 0.5 mm부터 미동 연마 레버 사용).

㉰ 일단 숫돌바퀴를 공작물에서 뗀다.

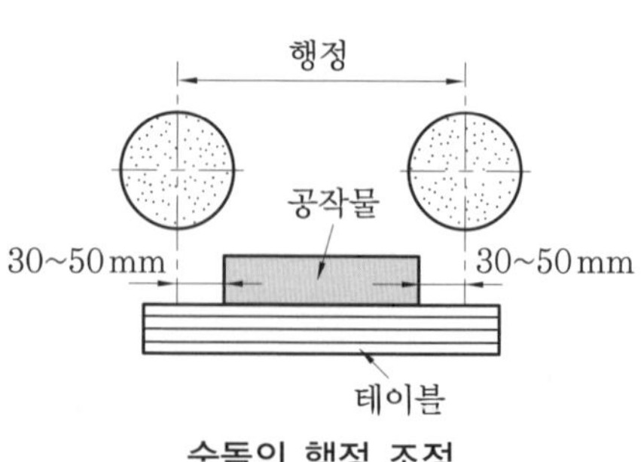

숫돌의 행정 조정

㉱ 1회에 0.02～0.04 mm 정도 연삭되게 한 후 연삭액을 분출시키며 연삭한다.

(다) 뒷면 연삭 : 측정을 해가며 상면 연삭과 같은 방법으로 연삭한다.

㈑ 탈자 : 모따기를 기름 숫돌로 한 후 탈자기에 넣어 탈자시킨다.

(6) 공구 연삭기(tool grinding machine)

① 바이트 연삭기
  ㈎ 공작기계의 바이트 전용 연삭기이며 기타 용도로도 쓰인다.
  ㈏ 바이트 이송, 절삭 깊이 조절은 작업자 손으로 가감한다.
② 드릴 연삭기 : 보통 드릴의 날끝 각, 선단 여유각 등 드릴 전문 연삭기이다.
③ 만능 공구 연삭기 : 여러 가지 부속 장치를 써서 드릴, 리머, 탭, 밀링 커터, 호브 등의 연삭을 하며 숫돌대, 공작물 설치대의 회전 및 상하 운동이 되는 연삭기이다.
④ 기타 특수 공구 연삭기 : 나사 연삭기, 기어 연삭기, 크랭크축 연삭기, 캠 연삭기, 롤러 연삭기 등이 있다.

예상문제

1. 원통 연삭기에서 세로 이송 없이 절삭 깊이만 주어 연삭하는 방법은?
① 플런지 컷형 ② 테이블 왕복형
③ 숫돌대 왕복형 ④ 센터리스 연삭형

2. 플래니터리형 내면 연삭기는 다음 중 무엇을 연삭하는 데 사용하는가?
① 정밀 기계 부품의 연삭
② 암나사의 연삭
③ 대형 공작물의 내면 연삭
④ 링 게이지의 연삭

3. 만능 연삭기에서만 가장 정밀하게 가공되는 연삭은?
① 나사 연삭 ② 단면 연삭
③ 테이퍼 연삭 ④ 외경 연삭

4. 만능 연삭기에 대한 설명으로 옳은 것은?
① 테이블, 연삭 숫돌대가 선회하고 내면 연삭이 가능한 것
② 테이블만 회전하고 주축대, 연삭 숫돌대는 회전할 수 없는 것
③ 연삭 숫돌대만 회전하고 테이블은 회전할 수 없는 것
④ 주축대만 회전하고 테이블 연삭 숫돌대는 회전할 수 없는 것

5. 센터리스 연삭기가 쓰이는 곳은?
① 직경이 불규칙한 가공물
② 척에 고정하기 어려운 외경
③ 단면이 4각형인 가공물
④ 일반적으로 평면인 가공물

6. 센터리스 연삭기에 대한 틀린 설명은?
① 센터 구멍을 만들 필요가 없다.
② 길이가 긴 가공물의 연삭에 좋다.
③ 중공의 원통 연삭에 좋다.
④ 정밀한 소량 제품 생산에 좋다.

7. 센터리스 연삭기의 장점이 아닌 것은?
① 일감의 고정 시간이 감소된다.
② 가늘고 긴 것은 연삭할 수 있다.
③ 연속적인 연삭 작업을 할 수 있다.
④ 단이 붙은 일감을 연속적으로 연삭할

정답 » 1. ① 2. ③ 3. ③ 4. ① 5. ② 6. ④ 7. ④

수 있다.

8. 다음 중 일반용 연삭기의 종류가 아닌 것은 어느 것인가?
① 내면 연삭기 ② 나사 연삭기
③ 평면 연삭기 ④ 센터리스 연삭기

해설 • 전용 연삭기 : 나사 연삭기, 기어 연삭기, 크랭크축 연삭기, 캠 연삭기
• 일반용 연삭기 : 원통 연삭기, 내면 연삭기, 평면 연삭기, 센터리스 연삭기

9. 다음 중 평면 연삭기의 크기를 표시하는 방법이 아닌 것은?
① 테이블의 최대 이동 거리
② 테이블의 크기
③ 숫돌차의 크기
④ 숫돌의 재질

10. 연삭 작업에서 입도가 가장 거친 작업은 어느 것인가?
① 내면 연삭 ② 평면 연삭
③ 원통 연삭 ④ 센터리스 연삭

11. 탈자기를 사용하는 목적은 무엇인가?
① 공작물을 자화시키기 위해서
② 공작물의 잔류자기를 없애기 위해서
③ 마그네틱 척의 보조기를 사용하기 위해서
④ 공작물을 마그네틱 척에서 떼어낼 때 사용하기 위하여

12. 플래니터리형(유성형) 연삭기는 다음 중 어느 것에 해당되는가?
① 공작물 회전형 ② 공작물 고정형
③ 테이블 왕복형 ④ 숫돌대 왕복형

13. 원통 연삭기의 주요 구성 요소가 아닌 것은?
① 공작물 지지대 ② 주축대
③ 숫돌대 ④ 심압대

14. 다음 중 공구 연삭기가 아닌 것은?
① 드릴 연삭기 ② 커터 연삭기
③ 평면 연삭기 ④ 바이트 연삭기

15. 다이아몬드 숫돌의 설명 중 틀린 것은?
① 기공이 작다.
② 눈메움이 잘 일어난다.
③ 열에 대하여 불안정하다.
④ 연삭액을 적게 쓴다.

16. 유압식 연삭기의 단점은?
① 속도 조정을 무단계로 할 수 있다.
② 효율이 나쁘다.
③ 운전이 확실하며 원활하다.
④ 부하에 견딜 수 있다.

17. 공작물이 정지하고 숫돌바퀴 축이 자전과 공전으로 연삭하는 연삭기는 어느 것인가?
① 공작물 고정형 연삭기
② 공작물 회전형 평면 연삭기
③ 평면 연삭기
④ 플래니터리형 내면 연삭기

18. 연삭기에서 스윙이란 무엇인가?
① 숫돌차의 크기
② 양 센터 간의 길이
③ 테이블의 폭과 길이
④ 테이블에서 센터까지 높이의 두 배

19. 연삭을 할 때 숫돌차가 일감의 끝에서 어느 정도 나가면 역전시키는가?
① $\frac{1}{2}$ ② $\frac{1}{3}$
③ $\frac{1}{4}$ ④ $\frac{1}{5}$

정답 » 8. ② 9. ④ 10. ② 11. ② 12. ② 13. ① 14. ③ 15. ④ 16. ② 17. ④ 18. ④ 19. ②

20. 센터리스 연삭기에서 조정 연삭 숫돌(regulating wheel)의 기능을 가장 바르게 나타낸 것은?

① 일감의 회전과 이송
② 일감의 회전과 지지
③ 일감의 지지와 이송
④ 일감의 절삭량 조정

해설 센터리스 연삭기는 원통 연삭기의 일종으로 원통면의 바깥면에 회전과 이송을 주어 연삭한다.

21. 평면 연삭 시 숫돌차의 적당한 원주 속도는 얼마인가?

① 600~1800 m/min
② 1100~1400 m/min
③ 900~1400 m/min
④ 1200~1800 m/min

22. 외경 연삭에서 플런지 컷 방식이란?

① 연삭 숫돌을 절입하고 공작물을 세로 이송만 하는 방식
② 연삭 숫돌은 세로와 가로 이송을 하고 공작물은 회전만을 하는 방식
③ 연삭 숫돌에 절입만 주고 세로 이송은 없는 방식
④ 연삭 숫돌은 세로 이송만 하고 공작물은 회전만 하는 방식

23. 원통 연삭기와 만능 연삭기는 무엇에 의해 구분하는가?

① 숫돌대의 수
② 양 센터 사이의 거리
③ 주축대, 숫돌대의 선회 유무
④ 왕복대 유무

24. 평 기어, 헬리컬 기어, 베벨 기어 등의 전용 연삭기는 어느 것인가?

① 공구 연삭기
② 센터리스 연삭기
③ 기어 연삭기
④ 모방 연삭기

25. 다음 중 연삭 가공의 특징이 아닌 것은?

① 고무, 유리, 플라스틱의 연삭이 불가능하다.
② 선반, 밀링 가공에 비해 절삭속도가 빠르다.
③ 공구나 게이지류의 연삭이 정밀도 높게 가능하다.
④ 담금질로 경화된 부품의 다듬질에 효과적이다.

26. 원통 연삭기의 주요 부분의 구조가 아닌 것은?

① 분할대
② 주축대
③ 심압대
④ 연삭숫돌대

27. 원통 연삭 가공에서 이송 방법으로 적당하지 않은 것은?

① 플런지 컷형
② 테이블 이동형
③ 숫돌대 왕복형
④ 주축대 이동형

정답 » 20. ① 21. ④ 22. ③ 23. ③ 24. ③ 25. ① 26. ① 27. ④

2 연삭 숫돌

(1) 연삭 숫돌의 3요소

연삭 숫돌의 3요소는 숫돌 입자, 결합제, 기공을 말하며, 입자는 숫돌 재질을, 결합제는 입자를 결합시키는 접착제를, 기공은 숫돌과 숫돌 사이의 구멍을 말한다.

숫돌바퀴의 요소

(2) 연삭 숫돌의 5대 요소

숫돌바퀴는 숫돌 입자의 종류, 입도, 결합도, 조직, 결합제의 종류에 의하여 연삭 성능이 달라진다.

① 숫돌 입자 : 인조산과 천연산이 있는데, 순도가 높은 인조산이 구하기 쉽기 때문에 널리 쓰이며 알루미나와 탄화규소가 많다.

(가) 알루미나(Al_2O_3) : WA 입자와 A 입자가 있으며, 순도가 높은 WA는 담금질강으로, 갈색의 A는 일반 강재의 연삭에 쓰인다.

(나) 탄화규소(SiC) : C 입자와 GC 입자가 있으며 암자색의 C 입자는 주철, 자석, 비철금속에 쓰이며, 녹색인 GC 입자는 초경합금의 연삭에 쓰인다.

숫돌 입자의 종류와 용도

연삭 숫돌		숫돌 기호	용도	비고
인조 연삭 숫돌	산화알루미늄 (Al_2O_3)	A 숫돌	중연삭용	갈색
		WA 숫돌	경연삭용, 담금질강, 특수강, 고속도강	백색
	탄화규소질(SiC)	C 숫돌	주철, 동합금, 경합금, 비철금속, 비금속	암자색
		GC 숫돌	경연삭용, 특수주철, 칠드주철, 초경합금, 유리	녹색
	탄화붕소질(BC)	B 숫돌	메탈 본드 숫돌, 일래스틱 본드 숫돌, D 숫돌의 대용, 래핑재	
	다이아몬드 (MD)	D 숫돌	D 숫돌용	
천연 연삭 숫돌	다이아몬드 (MD)	D 숫돌	메탈, 일래스틱 비트리 화이트 숫돌, 유리, 보석 절단, 연삭, 각종 래핑재, 연질금속, 절삭용 바이트, 초경합금 연삭	
	애머리, 가넷 프린트, 카보런덤		숫돌에는 사용하지 않고 연마재나 사포에 쓰임	

② 입도(grain size) : 입자의 크기를 번호(#)로 나타낸 것으로 입도의 범위는 #10～3000번이며, 번호가 커지면 입도는 고와진다. #10～220까지는 체로 분별하며, 그 이상의 것은 평균 지름을 μm로 나타낸다.

숫돌의 입도

호칭	거친 눈	보통 눈	가는 눈	아주 가는 눈	극히 가는 눈
입도	12, 14, 15, 16, 20, 24	30, 36, 46, 54, 60	70, 80, 90, 100, 120, 150, 180, 200	240, 280, 400, 500, 600, 700, 800	1000, 1200, 1500, 2000, 2500, 3000
용도	막다듬질	다듬질	경질 다듬질	광내기	

③ 결합도(grade) : 숫돌의 경도를 말하며 입자가 결합하고 있는 결합제의 세기를 말한다.

결합도

결합도 번호	E, F, G	H, I, J, K	L, M, N, O	P, Q, R, S	T, U, V, W, X, Y, Z
호칭	극히 연함	연함	보통	단단함	극히 단단함

④ 조직(structure) : 숫돌바퀴에 있는 기공의 대소 변화, 즉 단위 부피 중 숫돌 입자의 밀도 변화를 조직이라 한다.

(가) 거친 조직(W) : 숫돌 입자율 42 % 미만

(나) 보통 조직(M) : 숫돌 입자율 42～50 %

(다) 치밀 조직(C) : 숫돌 입자율 50 % 이상

조직

입자의 밀도	조밀	보통	거침
KS 기호	C	M	W
노턴(norton) 기호	0, 1, 2, 3	4, 5, 6	7, 8, 9, 10, 11, 12
숫돌 입률(%)	62, 60, 58, 56 (56 % 이상)	54, 52, 50 (50~54 %)	48, 46, 44, 42, 40, 38 (48 % 이하)

※ 숫돌 입률이란 숫돌 전용적에 대한 숫돌 입자 용적의 백분율이다.

⑤ 결합제(bond) : 숫돌을 성형하는 재료로서 연삭 입자를 결합시키며, 구비 조건은 다음과 같다.

(가) 결합력의 조절 범위가 넓을 것

(나) 열이나 연삭액에 안정할 것

(다) 적당한 기공과 균일한 조직일 것

(라) 원심력, 충격에 대한 기계적 강도가 있을 것

(마) 성형이 좋을 것

결합제의 종류와 용도

결합제의 종류		기호	재질	제조	용도
비트리파이드 (vitrified)		V	장석, 점토	형에 넣어 성형하여 1300℃로 굽는다.	숫돌 전량의 80% 이상을 차지하며 거의 모든 재료의 연삭에 쓰인다.
실리케이트 (silicate)		S	규산나트륨 (물초자)	프레스 성형하여 적열로 소성한다.	주수연삭, 물초자의 용출로 윤활성이 있으며, 대형 숫돌을 만들고, 절삭공구나 연삭 균열이 잘 일어나는 재료의 연삭에 쓰인다.
탄성 숫돌	고무 (rubber)	R	생고무 인조고무	유황 등을 첨가해 저온 압착한다.	얇은 숫돌, 절단용 쿠션의 작용이 있으며, 유리면 다듬질에 쓰인다.
	레지노이드 (resinoid)	B	합성수지	합성수지의 제작과 동일하다.	강도가 커지고 안전 숫돌, 주물 덧쇠떼기, 빌릿의 흠 없애기, 석재 연삭에 쓰인다.
	셸락 (shellac)	E	천연 셸락	가열 압착한다.	고무 숫돌보다 탄성이 있으며, 유리면 다듬질에는 최고이다.
	폴리비닐 알코올	PVA	폴리비닐 알코올	PVA를 아세틸화하여 성형한다.	독특한 탄성 작용으로 연금속이나 목재 다듬질에 쓰인다.
메탈		M	연강, 은, 동, 황동, 니켈	금속분과 함께 소결하거나 연금속으로 압입한다.	초경합금, 세라믹, 보석, 유리 등의 연삭에 쓰인다.

(3) 숫돌바퀴의 모양

연삭 목적에 따라 여러 가지 모양으로 만들어져 왔으나 근래에 규격을 통일하였다.

(4) 표시

숫돌바퀴를 표시할 때에는 구성 요소를 부호에 따라 일정한 순서로 나열한다.

숫돌의 표시법

WA	70	K	m	V	1호	A	205	× 19	× 15.88
↓	↓	↓	↓	↓	↓	↓	↓	↓	↓
숫돌 입자	입도	결합도	조직	결합제	숫돌 형상	연삭면 형상	바깥지름	두께	구멍지름

3 다이아몬드 숫돌

초경합금 공구류가 대량 생산됨에 따라 다이아몬드 숫돌의 사용이 많아지고 있으며, 다이아몬드 숫돌은 일반 연삭 숫돌과 같이 입도, 결합도, 집중도, 결합제의 종류 등에 의해서 분류된다. 또한 다이아몬드 층의 두께를 명시한다.

(1) 다이아몬드의 종류

현재 사용되고 있는 다이아몬드의 종류는 천연 다이아몬드와 합성 다이아몬드가 대표적이며, 표시 기호는 다음 표와 같다.

다이아몬드의 종류

종류	천연 다이아몬드	합성 다이아몬드	금속피복 다이아몬드	보라존
표시 기호	D 또는 ND	SD 또는 MD	SDC	CBN

(2) 결합도와 집중도

① 결합도 : 연한 쪽으로부터 순차로 H, J, L, N, O, P, R, T의 8가지로 분류되어 있다.

② 집중도 : 다이아몬드가 본드 1 cm^3 중에 4.4캐럿이 함유된 것을 100 %라 표시할 때, 그것의 반인 2.2캐럿이 함유된 것을 50으로 표시하며, 표시 숫자와 함유율의 관계는 다음 표와 같다.

집중도의 표시

표시 기호 (%)	25	50	75	100	125	150	175	200
캐럿 (cst/cm^3)	1.1	2.2	3.3	4.4	5.5	6.6	7.7	8.8

(3) 입도

입도는 대부분 메시로 나타내지만, 입자의 지름을 미크론($\mu m : \frac{1}{1000}$ mm) 단위로 나타내는 경우도 있다.

(4) 결합제

① 메탈 결합제(metal bond) : 은·구리·황동 등의 금속 분말을 사용하며 다이아몬드 입자를 소결하는 결합제로 주로 사용되는 것으로서 내열성, 내마모성이 우수하고 수명이 길며, 변형이 잘 안되므로 중연삭과 정밀 연삭에 사용된다. 특히 애자, 렌즈(lens), 세라믹(ceramic), 석재, 콘크리트의 연삭, 절단에 우수하다. 메탈 결합제 숫돌은 충분한 냉각액을 공급하여 습식으로 사용한다.

② 레지노이드 결합제(resinoid bond) : 합성수지로 결합시킨 것으로, 특히 연삭성이 우수하며 가공면의 조도가 요구될 때 우수하여 습식, 건식에 많이 사용된다.

③ 비트리파이드 결합제(vitrified bond) : 다이아몬드 입자의 결합력이 높아 열에 강하며, 메탈 결합제에 비하여 연삭면이 좋고 레지노이드 결합제에 비하여 수명이 길다.

(5) 다이아몬드의 두께와 숫돌 표시

① 다이아몬드 층의 두께 : 직각 방향의 두께를 표시한다.

② 다이아몬드 숫돌의 표시 방법

다이아몬드 숫돌의 표시 예

다이아몬드의 종류	입도	결합도	집중도	본드	다이아몬드의 층	냉각 방법
D	120	N	100	B	2.0	W

예상문제

1. 숫돌차의 표시에서 표시되지 않아도 되는 것은?

① 종류
② 결합도
③ 사용 원주 속도의 넓이
④ 사용 전동 마력수

2. 숫돌 입자의 순도가 가장 높은 것은?

① A ② 2A
③ 3A ④ 4A

해설 산화알루미늄계의 숫돌 입자의 종류에는 A(1A, 2A)와 WA(3A, 4A)가 있고, 순도는 4A, 3A, 2A, 1A 순서로 되어 있다. 더불어 탄화규소계에서도 C는 1C와 2C가 있고, GC는 3C와 4C가 있다.

3. 초경합금의 연삭에 쓰이며 색깔이 녹색인 숫돌은?

① A 숫돌 ② B 숫돌
③ GC 숫돌 ④ WA 숫돌

해설 숫돌 재료를 크게 나누면, A, WA로 불리는 산화알루미늄질 숫돌 재료와 C, GC로 불리는 탄화규소질 숫돌 재료가 있다.

4. 결합제의 표시 기호가 잘못된 것은?

① 비트리파이드 : V
② 셸락 : E
③ 실리케이트 : S
④ 러버 : B

해설 러버(rubber)는 R이고, B는 레지노이드를 표시한다.

5. 탄성 숫돌의 용도는?

① 평면 연삭 ② 절단
③ 원통 연삭 ④ 내경 절단

6. 다음 중 숫돌바퀴의 검사 방법에 해당되지 않는 것은?

① 균형 검사 ② 음향 검사
③ 색도 검사 ④ 속도 시험

7. 일반적으로 숫돌의 경도는 결합제에 따라 어떻게 되는가?

① 결합제의 양이 많은 것이 경도가 크다.
② 결합제의 양이 적은 것이 경도가 크다.
③ 결합제와 경도는 관계가 없다.
④ 결합제의 양이 많아도 경도는 떨어진다.

8. 다음 중 유기질 결합제가 아닌 것은 어느 것인가?

① 고무(R)
② 셸락(E)
③ 실리케이트(S)
④ 레지노이드(B)

해설 실리케이트(s)와 비트리파이드(V)는 무기질 결합제이다.

9. 거친 가공물의 연삭이나 절단에 사용되는 것은?

① WA ② A
③ C ④ GC

10. 전연성이 큰 비철금속, 고무, 자기 등을 연삭할 때 사용하는 입자는?

① A ② WA
③ C ④ GC

해설 C 입자는 주철과 같이 인상 강도가 작고 취성이 있는 재료, 전연성이 높은 비철금속, 석재, 플라스틱, 유리, 도자기 등의 연삭에 쓰인다.

정답 » 1. ④ 2. ④ 3. ③ 4. ④ 5. ② 6. ③ 7. ① 8. ③ 9. ② 10. ③

11. 거울면 연삭에 쓰이는 결합제는?
① 폴리비닐알코올
② 셀락
③ 레지노이드
④ 레버

12. 연삭 숫돌의 고정 방법 중 숫돌 구멍과 축과의 적당한 틈새는?
① 0.1~0.15 mm
② 0.15 mm 이하
③ 0.07~0.1 mm
④ 0.1~0.3 mm

13. 장석, 점토를 재료로 하여 강도가 충분하지는 못하나 널리 쓰이는 결합제는 어느 것인가?
① 비트리파이드
② 실리케이트
③ 레지노이드
④ 레버

해설 결합제는 대별하여 불연성의 무기질과 연소성의 유기질 및 기타 다이아몬드 숫돌에 사용되는 메탈 본드가 있다.

14. 다음 중 흑자색으로 된 연삭 숫돌은?
① GC 숫돌 ② WA 숫돌
③ C 숫돌 ④ A 숫돌

15. 다음 중 WA 숫돌 입자의 연삭에 부적합한 재료는?
① 청동 ② 담금질강
③ 고속도강 ④ 특수강

16. 숫돌의 입자 중 산화알루미늄계에서 가장 순도가 높은 것은?
① WA 숫돌
② A 숫돌
③ C 숫돌
④ GC 숫돌

17. 초경합금을 연삭하려 할 때 가장 적합한 연삭 숫돌 입자는?
① WA ② A
③ C ④ GC

18. 탄성 숫돌 결합제가 아닌 것은? (단, 연삭 숫돌바퀴에서)
① S ② R
③ B ④ E

19. C 숫돌 입자의 연삭 용도가 아닌 재료는 어느 것인가?
① 주철 ② 합금강
③ 경합금 ④ 비금속

20. 연삭 숫돌의 3대 요소에 해당하지 않는 것은?
① 입자 ② 기공
③ 결합도 ④ 결합제

해설 연삭 숫돌의 3요소는 입자, 기공, 결합제이고, 5요소는 입자, 입도, 조직, 결합도, 결합제이다.

21. WA 54L 6V의 연삭 숫돌 표시 기호에서 6은 무엇을 뜻하는가?
① 결합도가 높은 것을 표시한다.
② 결합제가 메탈이다.
③ 숫돌 입자의 재질이 메탈이다.
④ 조직이 중간 정도이다.

해설 WA : 입자(종류), 54 : 입도(보통), L : 결합도(보통), 6 : 조직(보통), V : 결합제(비트리파이드)

정답 » 11. ② 12. ① 13. ① 14. ③ 15. ① 16. ① 17. ④ 18. ① 19. ② 20. ③ 21. ④

22. 연삭 숫돌의 결합제가 갖추어야 할 조건이 아닌 것은?

① 회전에 따른 원심력에 충분히 견디어야 한다.
② 입자의 탈락이 되지 않아야 한다.
③ 연삭 시 충격에 견디어야 한다.
④ 적당한 기공을 가지고 있어야 한다.

23. 다음 중 숫돌 조직에 대한 설명으로 틀린 것은?

① W는 입자율이 42 % 이상이다.
② M은 입자율이 42~50 %이다.
③ C는 입자율이 50 % 이상이다.
④ W는 입자율이 42 % 미만이다.

해설 숫돌 입자의 조직을 나타낼 때 입자와 입자 사이의 간격이 가까운 것을 C로 표시하고 조직이 치밀하다고 하며, 반대인 것을 W로 표시하고 조직이 거칠다고 하며, 중간 것을 M으로 표시한다. 또, 이들을 입자율로 나타내면 W는 42 % 미만, M은 42 % 이상 50 % 미만, C는 50 % 이상이다.

24. 다음 중 비트리파이드 연삭 숫돌의 결합제는 어느 것인가?

① 인조 수지　② 합성수지
③ 규산소다　④ 자기질

해설 비트리파이드 숫돌은 각종 점토와 입자를 배합해서 약 1300℃로 가열하면 점토가 용해됨으로써 자기질이 되어 입자를 결합한다.

25. 연삭 숫돌의 조직이란 무엇을 말하는가?

① 숫돌차의 단위 체적에 대한 입자의 밀도
② 입자의 결합 능력
③ 결합제가 숫돌 입자를 지지하는 힘
④ 결합제에 따른 결합 능력

26. 다음 중 숫돌바퀴의 결합제 구비 조건으로 틀린 것은?

① 열이나 연삭액에 안전해야 한다.
② 기공이 전혀 없어야 한다.
③ 숫돌 입자의 접착력이 강해야 한다.
④ 적당한 기공과 균일한 조직이어야 한다.

정답 » 22. ② 23. ① 24. ④ 25. ① 26. ②

4 연삭 작업

(1) 연삭 숫돌의 드레싱

① 자생 작용 : 연삭 시 숫돌의 마모된 입자가 탈락되고 새로운 입자가 나타나는 현상을 의미한다.

② 로딩(loading) : 숫돌 입자의 표면이나 기공에 칩이 끼어 연삭성이 나빠지는 현상으로 눈메움이라고도 하며, 다음과 같은 경우에 발생한다.

㈎ 입도의 번호와 연삭 깊이가 너무 클 경우

㈏ 조직이 치밀할 경우

㈐ 숫돌의 원주 속도가 너무 느린 경우

③ 글레이징(glazing) : 자생 작용이 잘 되지 않아 입자가 납작해지는 현상(날의 무딤)을 말하며, 이로 인하여 연삭열과 균열이 생긴다. 이 현상은 다음과 같은 경우에 발생한다.

㈎ 숫돌의 결합도가 클 경우

㈏ 원주 속도가 클 경우

㈐ 공작물과 숫돌의 재질이 맞지 않을 경우

④ 드레싱(dressing) : 글레이징이나 로딩 현상이 생길 때 강판 드레서 또는 다이아몬드 드레서(dresser)로 숫돌 표면을 정형하거나 칩을 제거하는 작업을 드레싱이라고 하며, 절삭성이 나빠진 숫돌의 면에 새롭고 날카롭게 입자를 발생시키는 것이다. 드레서는 강판(별꼴 드레서)이나 다이아몬드(입자봉 드레서)로 만든다.

(a) 강판 드레서 (b) 다이아몬드 드레서

드레서

(2) 트루잉(truing)

모양 고치기라고도 하며, 연삭 조건이 좋더라도 숫돌바퀴의 질이 균일하지 못하거나 공작물이 영향을 받아 모양이 좋지 못할 때 일정한 모양으로 고치는 방법이다. 트루잉에 쓰는 공구는 다이아몬드 드레서를 많이 사용하고, 총형 연삭 시에는 숫돌을 일감의 반대 모양으로 성형하는 크러시 롤러(crush roller)를 사용하며, 흔히 드레싱과 병행하여 실시한다.

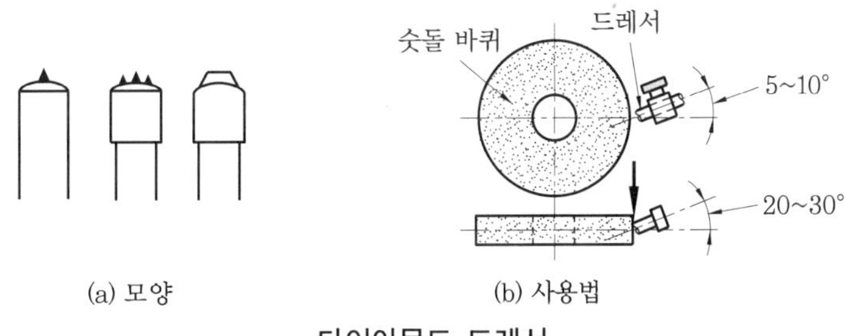

(a) 모양 (b) 사용법

다이아몬드 드레서

(3) 연삭 숫돌 고정법

연삭 숫돌을 회전축에 고정할 때, 고정법이 불량하면 파손되거나 진동이 생겨 공작물에 충격을 주는 등의 사고가 일어나는 원인이 되므로 준수사항에 따라 고정하도록 한다.

① 설치 전에 홈·균열의 조사 : 육안 및 나무 해머로 두드려 그 음향으로 검사를 실시한다.
② 스핀들(축)의 턱에 내측 플랜지를 끼우고 종이 와셔(압지)나 고무판 와셔를 끼운 후 휠을 끼우고 외측에 와셔·플랜지·너트 순으로 조인다.
③ 너트는 숫돌차에 변형이 생기지 않을 정도로 조인다.
④ 숫돌바퀴의 구멍은 축 지름보다 0.1 mm 정도 큰 것이 좋다.
⑤ 설치 후 3분 정도 공회전시켜 본다.
⑥ 받침대와 휠 간격은 3 mm 이내로 해야 한다.
⑦ 받침대는 휠의 중심에 맞추어 단단히 고정한다.

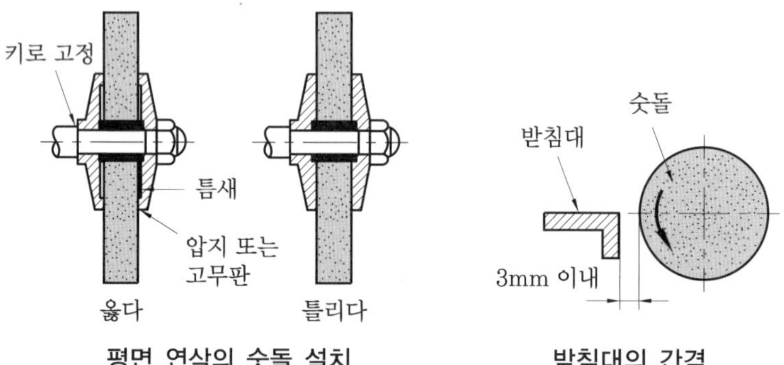

평면 연삭의 숫돌 설치　　받침대의 간격

(4) 연삭 조건

① 연삭 깊이 : 거친 연삭 시 깊이를 깊게 주고 다듬질 연삭 시는 얕게 준다.
② 이송 : 원통 연삭에서 일감 1회전마다의 이송은 숫돌바퀴의 접촉나비 B[mm]보다 작아야 한다. 이송을 f라 하면,

㈎ 거친 연삭 : ㉮ 강철일 때 $f=\left(\frac{1}{3}\sim\frac{3}{4}\right)B$, ㉯ 주철일 때 $f=\left(\frac{3}{4}\sim\frac{4}{5}\right)B$

㈏ 다듬질 연삭 : $f=\left(\frac{1}{4}\sim\frac{1}{3}\right)B$

③ 숫돌바퀴의 원주 속도

숫돌바퀴의 원주 속도

작업의 종류	원주 속도(m/min) 범위	작업의 종류	원주 속도(m/min) 범위
원통 연삭 내면 연삭 평면 연삭	1700~2000 600~1800 1200~1800	공구 연삭 초경합금 연삭	1400~1800 900~1400

㈜ ① 숫돌바퀴의 원주 속도가 지나치게 빠르면 파괴 위험이 있다.
② 반대로 속도가 느리면 숫돌바퀴의 마모가 심하다.

④ 피연삭성 : 숫돌바퀴의 소모에 대한 피연삭재 연삭의 용이성을 말한다. 즉, 숫돌바퀴의 단위 부피가 소모될 때 피연삭재가 연삭된 부피의 비이며, 이를 연삭비라 한다.

$$\text{연삭비} = \frac{\text{피연삭재의 연삭된 부피}}{\text{숫돌바퀴의 소모된 부피}}$$

(5) 숫돌바퀴의 선정

일반 금속 재료를 연삭할 때의 선정 방법은 다음과 같다.

숫돌바퀴 선택의 보기

재료	연삭 숫돌	재료	연삭 숫돌
밀링 커터 : 탄소강	A. 46. K. m. V	주철	C. 36. L. m. V
고속도강	A. 60. J. m. V	황동	C. 36. L. m. V
드릴 : 고속도강	WA. 46. M . m. V	초경합금 공구	GC. 20. R. w. B
탭 : 고속도강	A. 60. N. m. V	(거친 연삭)	
끝 사각부 연삭		초경합금 공구	GC. 36. M. m. B
선반 바이트 :	A. 24. L. m. V	(다듬질 연삭)	
고속도강	WA. 46. K. m. V	담금질 연삭	
바깥지름 연삭 :	WA. 46. K. m. V	냉간 압연 롤	
고속도강, 경화강	A. 46. L. m. V	거친 연삭	C. 150. L. m. B
스테인리스강	C. 36. K. m. V	다듬질 연삭	C. 320. J. m. E

(6) 연삭 작업의 결함

① 연삭 과열 : 공작물이 연삭될 때 순간적으로 매우 고온이 되어 공작물의 표면이 산화됨으로써 변색되기 때문에 연삭과 열은 관계가 크다.

[연삭 과열의 원인]

- 연삭 속도(숫돌의 원주 속도)가 클 때
- 숫돌의 연삭 깊이가 클 때
- 습식 연삭보다도 건식 연삭일 때
- 공작물의 열적 성질이 클 때

② 연삭 균열 : 공작물이 쫙 갈라지는 것이 아니고 공작물의 표면에 가늘게 나뭇가지 모양의 줄무늬가 나타나는 것으로서 연삭 균열의 깊이는 일반적으로 0.05～0.25 mm 정도이다.

③ 떨림(chatter)

[떨림 무늬의 원인]

- 기계에 있는 경우 : 규칙적으로 같은 간격의 무늬가 생기는 것은 대개 기계의 진동에 원인이 있다.
- 숫돌의 선택이나 사용법에 있는 경우 : 숫돌의 결합도가 너무 크거나 평형도가 나쁠 때
- 공작물에 있는 경우 : 공작물의 고정이 불충분하거나 불균형일 때 불규칙한 떨림 무늬가 나타난다.

④ 이송 자국 : 숫돌면과 공작물이 평행으로 되어 있지 않을 때, 또는 숫돌의 모서리가 너무

예리한 경우에 생긴다.

⑤ 연삭 흠집 : 스크래치(scratch)라고도 하며, 깨끗하게 다듬질된 면에 불규칙하게 생긴 긁힌 자국을 말한다.

[없애는 방법]

- 연삭액을 순수하게 한다.
- 드레싱할 때 스파크 아웃을 하여 드레싱에 의하여 헐거워진 숫돌 입자를 확실하게 떨어뜨린다.

예상문제

1. 다음 연삭 작업의 특징을 설명한 것 중 틀린 것은?

① 절삭날에 자생 작용이 있다.
② 다듬질 정도가 양호하다.
③ 절삭 속도가 빠르다.
④ 담금질강은 절삭이 잘 되지만 경합금에는 별도의 장치가 필요하다.

2. 숫돌바퀴와 플랜지 사이에 접촉을 좋게 하기 위해 사용되는 것 중 좋지 않은 것은?

① 가죽　② 얇은 나무판
③ 얇은 종이　④ 고무판

3. 연삭 작업 시 공작물 이송량을 연삭 숫돌 폭의 1/2로 하면 어떤 현상이 발생하는가?

① 연삭량이 증가한다.
② 다듬면이 깨끗하게 된다.
③ 숫돌 연삭면의 양끝이 빨리 마모된다.
④ 글레이징 현상이 일어난다.

4. 연삭 작업 시 숫돌이 어떻게 되었을 때 다듬질 면에 떨림 현상이 생기는가?

① 습식 연삭을 할 때
② 숫돌의 밸런스가 맞지 않을 때
③ 숫돌의 원주 속도가 빠를 때
④ 숫돌을 새것으로 바꿨을 때

5. 다음 중 숫돌의 자생 작용에 가장 크게 영향을 주는 것은?

① 결합도　② 입자의 종류
③ 결합제의 종류　④ 입도

6. 연삭 숫돌의 입자 틈에 칩이 막혀 광택이 나며 잘 깎이지 않는 현상을 무엇이라고 하는가?

① 로딩　② 드레싱
③ 트루잉　④ 글레이징

7. 다음 중 글레이징(glazing) 연삭의 원인이 아닌 것은?

① 결합도가 너무 높다.
② 숫돌의 원주 속도가 너무 크다.
③ 구리와 같이 연성이 풍부한 재질의 연삭시 발생한다.
④ 숫돌 재질과 연삭 재질이 적합하지 않을 때 발생한다.

8. 연삭 직업 시 태리 모션(tarry motion)이란 무엇인가?

① 공작물의 이송을 양끝에서 잠시 정지

정답 » 1. ④ 2. ② 3. ③ 4. ② 5. ① 6. ① 7. ③ 8. ①

시킨 후 반대 방향으로 이송시키는 것
② 거친 공작물의 연삭 시 원주 속도를 크게 하는 것
③ 최종 다듬 연삭 시 불꽃이 없어질 때까지 하는 것
④ 숫돌 표면의 정형이나 칩을 제거하는 것

9. 연삭 숫돌이 자동적으로 닳아 떨어져 새로운 입자가 생성되는 현상은?
① 드레싱(dressing)
② 트루잉(truing)
③ 글레이징(glazing)
④ 자생 작용

10. 연삭 숫돌의 외형을 수정하여 소정의 모양으로 만드는 것을 무엇이라고 하는가?
① 로딩(loading)
② 글레이징(glazing)
③ 드레싱(dressing)
④ 트루잉(truing)

11. 원통 연삭 작업에서 연삭 숫돌과 공작물의 중심과의 관계는?
① 숫돌과 공작물 중심의 높이는 관계가 없다.
② 숫돌의 높이를 낮게 한다.
③ 숫돌과 공작물 중심의 높이를 같게 한다.
④ 숫돌의 높이를 높게 한다.

12. 로딩의 원인 중 틀린 것은?
① 연삭 깊이가 너무 깊다.
② 숫돌차의 속도가 너무 느리다.
③ 숫돌의 입자가 너무 크다.
④ 숫돌의 조직이 너무 치밀하다.

13. 얇은 판 또는 소형 일감을 동시에 대량으로 연삭하고자 할 때 가장 적당한 척은?
① 단동 척 ② 만능 척
③ 콜릿 척 ④ 마그네틱 척

14. 연삭액의 역할이 아닌 것은?
① 냉각성 ② 유동성
③ 흡수성 ④ 방식성

15. 연삭 숫돌은 자동적으로 닳아 떨어져서 바이트나 커터와 같이 갈지 않아도 된다. 이 현상은?
① 드레싱 ② 트루잉
③ 글레이징 ④ 자생 작용

16. 원통 연삭에서 숫돌 회전 방향과 공작물 회전 방향은 어떠한가?
① 동일 방향이다.
② 반대 방향이다.
③ 공작물의 재질에 따라 달리한다.
④ 숫돌 종류에 따라 방향을 달리한다.

17. 다이아몬드 드레서 사용 방법으로 틀린 것은?
① 연삭액은 사용하지 않도록 한다.
② 숫돌차의 원주면에 날 끝이 일정하게 접촉되게 한다.
③ 드레서의 이송 속도는 약 25 mm/min 이 넘지 않게 한다.
④ 드레서의 절입은 적당한 양(0.02~0.03 mm)이어야 한다.

18. 다이아몬드 숫돌에 대한 설명으로 틀린 것은?
① 드레서는 숫돌면에 직각으로 고정한다.
② 드레서는 1점만 사용하지 말고 가끔 조금씩 돌려 사용한다.
③ 끝이 둥글게 된 드레서를 사용하면 숫돌이 잘 갈리지 않는다.
④ 크기가 작은 다이아몬드를 지름이 큰 숫돌에 사용하지 않는다.

정답 » 9. ④ 10. ④ 11. ③ 12. ③ 13. ④ 14. ③ 15. ④ 16. ② 17. ① 18. ①

19. 내면 연삭에 사용하는 숫돌의 지름은 가공물 지름의 얼마 정도가 좋은가?

① $\frac{1}{2}$ 정도 ② $\frac{2}{3}$ 정도
③ $\frac{3}{4}$ 정도 ④ $\frac{4}{5}$ 정도

20. 연삭 번(grinding burn)이란 무엇인가?

① 칩이 탄 상태
② 공작물 표면이 국부적으로 갈색으로 타는 현상
③ 숫돌바퀴가 타는 현상
④ 절삭유가 타는 현상

21. 연삭 작업 중 사고의 원인이 되지 않는 것은?

① 숫돌에 균열이 있는 경우
② 숫돌이 규정 이상으로 회전하는 경우
③ 숫돌과 축 사이에 여유를 두었을 경우
④ 무거운 물체가 충돌했을 때

22. 공작물을 연삭했을 때 치수 정도가 불량하게 되는 원인이 아닌 것은?

① 센터 불량
② 전동기 불량
③ 숫돌차 불균형
④ 주축 및 베어링 마모

23. 숫돌 구멍의 지름은 축의 지름보다 어떤 것이 좋은가?

① 약간 큰 것 ② 아주 큰 것
③ 약간 작은 것 ④ 똑같은 치수

24. 연삭 가공 시 연삭액을 사용하는 이유에 대한 설명으로 틀린 것은?

① 탈락된 숫돌 입자를 씻어낸다.
② 연삭열의 상승을 방지한다.
③ 정밀도가 낮아진다.
④ 로딩을 방지한다.

25. 센터리스 연삭 작업 중 통과 이송법에서 조정 숫돌의 기울기 각도는?

① 1~3° ② 8~15°
③ 5~12° ④ 3~5°

해설 전후 이송법의 경우, 조정 숫돌 기울기의 각도는 약 1~3° 정도이다.

26. 연삭 작업에서 가공물이 1회전할 때의 이송량은?

① 숫돌차의 폭과 같게 한다.
② 숫돌차 폭보다 작게 한다.
③ 숫돌차 폭의 2배로 한다.
④ 숫돌차 폭의 1배로 한다.

27. 연삭액의 구비 조건 중 틀린 것은?

① 냉각성이 우수할 것
② 인체에 해가 없을 것
③ 윤활성은 적고 유동성은 우수할 것
④ 화학적으로 안정될 것

28. 지름이 50 mm인 연삭 숫돌로 지름이 10 mm인 일감을 연삭할 때 숫돌바퀴의 회전수는?(단, 숫돌바퀴의 원주 속도는 1500 m/min이다.)

① 47770 rpm ② 9554 rpm
③ 5800 rpm ④ 4750 rpm

해설 숫돌바퀴의 원주 속도와 회전수의 관계는 다음 식과 같다.

$V = \frac{\pi dn}{1000}$[m/s]에서, $n = \frac{1000V}{\pi d}$

$\therefore n = \frac{1000 \times 1500}{\pi \times 50} = \frac{1500000}{157} = 9554\text{rpm}$

29. 숫돌바퀴의 균형이 불안정했을 때에 뒤따르는 문제점 중 관련이 제일 없는 것은?

① 소요 동력이 커진다.
② 좋은 연삭면을 얻을 수 없다.
③ 진동을 수반하게 된다.
④ 연삭 균열이 일어난다.

정답 » 19. ③ 20. ② 21. ③ 22. ② 23. ① 24. ③ 25. ④ 26. ② 27. ③ 28. ② 29. ①

2-4 드릴 가공 및 보링 가공

1 드릴 가공

(1) 드릴 머신의 종류

① 탁상 드릴링 머신(bench drilling machine) : 소형 드릴링 머신으로서 주로 지름이 작은 구멍의 작업 시에 쓰이며, 공작물을 작업대 위에 설치하여 사용한다.

② 레이디얼 드릴링 머신(radial drilling machine) : 비교적 큰 공작물의 구멍을 뚫을 때 쓰이며, 공작물을 테이블에 고정시켜 놓고 필요한 곳으로 주축을 이동시켜 구멍의 중심을 맞추어 사용한다.

③ 다축 드릴링 머신(multiple spindle drilling machine) : 많은 구멍을 동시에 뚫을 때 쓰이며, 공정의 수가 많은 구멍의 가공에는 많은 드릴 주축을 가진 다축 드릴링 머신을 사용한다.

④ 직립 드릴링 머신(up-right drilling machine) : 주축이 수직으로 되어 있고 기둥, 주축, 베이스, 테이블로 구성되어 있으며, 소형 공작물의 구멍을 뚫을 때 쓰인다. 크기는 스핀들(spindle)의 지름과 스윙으로 표시하며, 탁상 드릴 머신보다 크다.

⑤ 심공 드릴링 머신(deep hole drilling machine) : 내연 기관의 오일 구멍보다 더 깊은 구멍을 가공할 때에 사용한다.

⑥ 다두 드릴링 머신(multi-head drilling machine) : 나란히 있는 여러 개의 스핀들에 여러 가지 공구를 꽂아 드릴링, 리밍, 태핑 등을 연속적으로 가공한다.

(2) 드릴링 머신의 크기 표시

① 스윙, 즉 스핀들 중심부터 기둥까지 거리의 2배 정도가 된다.

② 뚫을 수 있는 구멍의 최대 지름으로 나타낸다.

③ 스핀들 끝부터 테이블 윗면까지의 최대 거리로 표시한다.

(3) 드릴 작업의 종류

① 드릴링(drilling) : 드릴링 머신의 주된 작업으로서 드릴을 사용하여 구멍을 뚫는 작업이다.

② 리밍(reaming) : 드릴을 사용하여 뚫은 구멍의 내면을 리머로 다듬는 작업이다.

③ 태핑(tapping) : 드릴을 사용하여 뚫은 구멍의 내면에 탭을 사용하여 암나사를 가공하는 작업이다.

④ 보링(boring) : 드릴을 사용하여 뚫은 구멍이나 이미 만들어져 있는 구멍을 넓히는 작업이다.

⑤ 스폿 페이싱(spot facing) : 너트 또는 볼트 머리와 접촉하는 면을 고르게 하기 위하여 깎는 작업이다.

⑥ 카운터 보링(counter boring) : 볼트의 머리가 일감 속에 묻히도록 깊게 스폿 페이싱을 하는 작업이다.

⑦ 카운터 싱킹(counter sinking) : 접시머리 나사의 머리 부분을 묻히게 하기 위하여 자리를 파는 작업이다.

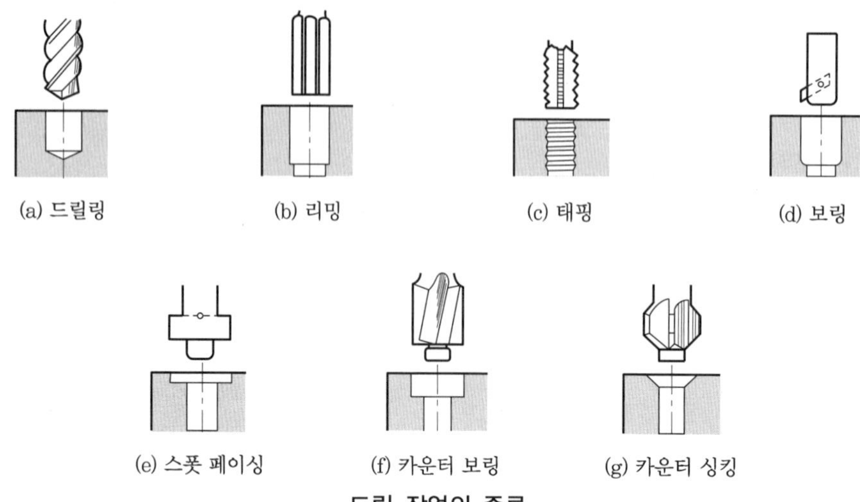

드릴 작업의 종류

(4) 드릴의 종류와 용도

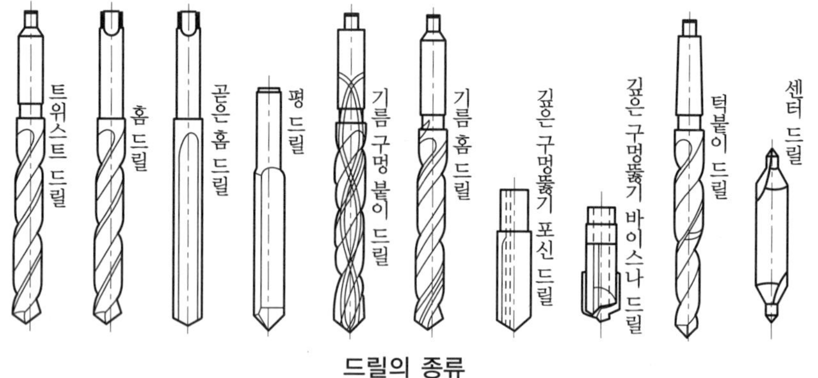

드릴의 종류

① 트위스트 드릴(twist drill) : 가장 널리 쓰이는 드릴로서, 2개의 비틀림날이 회전 날끝으로 되어 있어 절삭성이 매우 좋다.

② 평 드릴(flat drill) : 둥근 봉의 선단을 납작하게 만들어 날을 붙인 것이며, 가장 간단한 형식으로 보통 연한 재질을 가진 공작물의 구멍을 뚫을 때 사용된다.

③ 센터 드릴(center drill) : 공작물을 선반이나 연삭기에 고정할 때 공작물에 지지가 되는 센터 구멍을 뚫을 때 사용된다.

④ 곧은 홈 드릴(straight flute drill) : 홈이 직선으로 파여진 드릴로서 선단의 각도가 0°이므로 황동이나 얇은 판의 구멍을 뚫을 때 사용된다.

⑤ 유공 드릴(oil tublar drill) : 트위스트 드릴의 내부에 기름 구멍을 만든 것으로서 기름의 공급과 칩의 배출이 용이하므로 깊은 구멍을 뚫을 때 사용한다.

⑥ 반원 드릴(rifle barvel drill) : 드릴의 선단이 1개의 날로 되어 있으며, 날끝은 드릴의 중심부에 대해 편위되어 있다.

(5) 드릴의 각부 명칭

① 드릴 끝(drill point) : 드릴의 끝 부분으로 원뿔형으로 되어 있으며, 2개의 날이 있다.

② 날끝 각도(drill point angle) : 드릴의 양쪽 날이 이루고 있는 각도를 날끝 각도라고 하며, 보통 118° 정도이다.

③ 절삭날 여유각(lip clearance angle) : 드릴이 재료를 용이하게 파고 들어갈 수 있도록 드릴의 절삭날에 주어진 여유각을 절삭날각이라고 하며, 보통 10∼15° 정도이다.

④ 비틀림각(angle of torsion) : 드릴에는 두 줄의 나선형 홈이 있으며, 이것이 드릴축과 이루는 각도를 비틀림각이라고 한다. 일반적으로 비틀림각은 20∼35° 정도이며, 단단한 재료에는 각도가 작은 것을, 연한 재료에는 큰 것을 사용한다.

공작물의 재료와 드릴 날끝각 및 여유각

공작물 재료	날끝각	절삭날 여유각
일반 재료	118°	12~15°
연강	90~120°	12°
경강	120~140°	10°
주철	90~118°	12~15°
구리	100°	12°
황동	118°	12~15°
고무 파이버	60°	12°

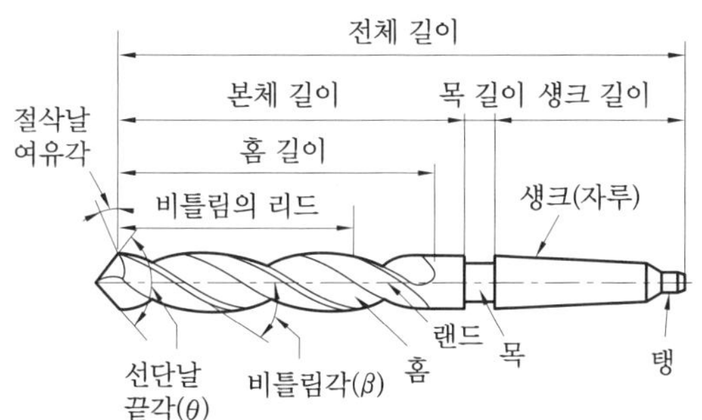

드릴의 각부 명칭

⑤ 백 테이퍼(back taper) : 드릴의 선단보다 자루 쪽으로 갈수록 약간씩 테이퍼가 되므로 구멍과 드릴이 접촉하지 않도록 한 테이퍼이다(끝에서 자루 쪽으로 0.025∼0.5 mm/100 mm).

⑥ 마진(margin) : 예비 날의 역할 또는 날의 강도를 보강하는 역할을 한다.

⑦ 랜드(land) : 마진의 뒷부분이다.

⑧ 웨브(web) : 홈과 홈 사이의 두께를 말하며 자루 쪽으로 갈수록 두꺼워진다.

⑨ 탱(tang) : 드릴 소켓이나 드릴 슬리브에 드릴을 고정할 때 사용하며, 테이퍼 섕크 드릴 맨 끝의 납작한 부분이다.

⑩ 시닝(thinning) : 드릴이 커지면 웨브가 두꺼워져서 절삭성이 나빠지게 되므로 치즐 포인

트를 연삭할 때 절삭성이 좋아지는데, 이와 같은 것을 시닝이라 한다.

⑪ 드릴의 크기 표시 : 드릴 끝 부분의 지름을 mm 또는 inch로 표시하며 인치식의 작은 드릴의 경우 번호로 표시하기도 한다.

(6) 드릴 작업

① 한 일감에 여러 개의 구멍을 뚫을 때는 지그(jig)를 사용하면 좋다.

㈎ 작업이 간편하다.

㈏ 구멍의 위치가 정확하다.

㈐ 생산성이 향상된다.

㈑ 제품의 호환성이 보장된다.

② 구멍의 위치가 틀리면 둥근 끌로 홈을 파서 드릴의 중심을 이동시킨다.

③ 얇은 판에 드릴 가공을 할 때에는 왼쪽 그림과 같은 드릴을 사용한다.

④ 경사면이나 뾰족한 정점은 가운데 그림 (a)와 같이 미리 돌출시키거나 (b)와 같이 끝을 날려준다.

⑤ 오른쪽 그림과 같이 겹친 구멍을 뚫을 경우는 1개를 뚫고 같은 재료로 메운 후 다른 1개를 뚫고 메운 재료를 제거한다.

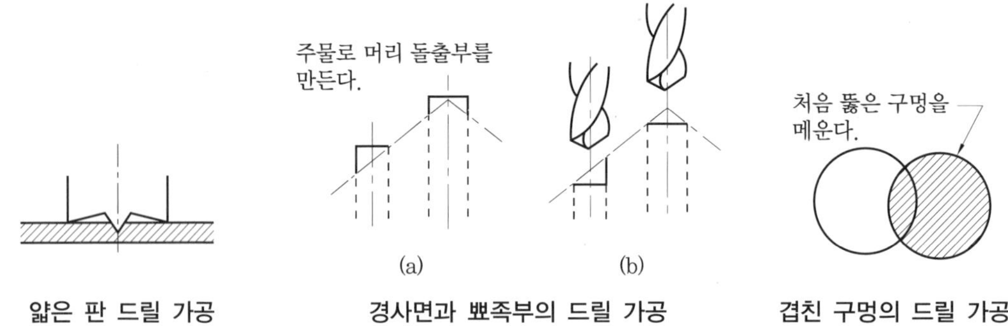

얇은 판 드릴 가공　　경사면과 뾰족부의 드릴 가공　　겹친 구멍의 드릴 가공

(7) 드릴의 부속품

① 드릴 척 : 직선 자루 드릴(ϕ13 이하)을 고정하는 것으로 상부는 주축에 연결되고 드릴 고정은 드릴 핸들을 사용한다.

② 드릴 소켓 : 테이퍼 자루 드릴을 고정하는 것으로 드릴 제거 시에는 소켓 중간부의 구멍에 쐐기를 박아 뺀다.

(8) 리머 가공

① 드릴 구멍이 더욱 정확하고 정밀한 치수로 가공될 수 있도록 다듬는 공구로서 핸드 리머, 척 리머가 있다.

② 날은 짝수로 하며 여유각은 3~5°, 표준 윗면 경사각은 0°이다.

③ 가공 시 떨림이 적도록 날의 간격이 같지 않게 되어 있다.

④ 다듬 여유를 작게 하고 낮은 절삭 속도로서 이송을 크게 하면 좋은 가공면이 된다.

⑤ 다듬질 여유 : 구멍 ϕ10 mm에 0.05 mm 정도로 한다.

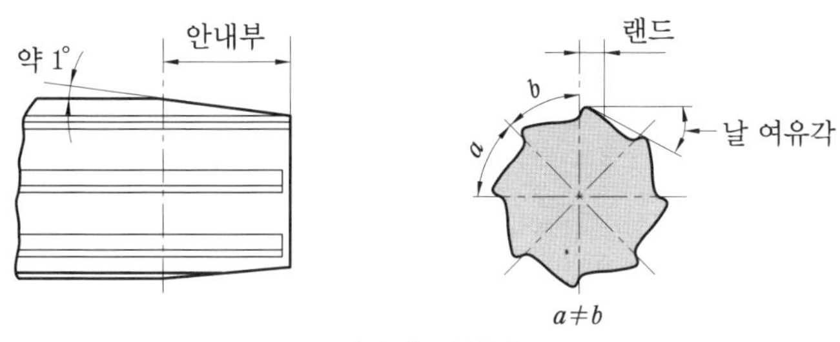

리머의 절삭날

2 보링 가공

(1) 보링 머신에 의한 가공

보링의 원리는 선반과 비슷하나 일반적으로 공작물을 고정하여 이송 운동을 하고 보링 공구를 회전시켜 절삭하는 방식이 주로 쓰인다. 이 기계는 보링을 주로 하지만 드릴링, 리밍, 정면 절삭, 원통 외면 절삭, 나사깎기(태핑), 밀링 등의 작업도 할 수 있다.

(2) 보링 머신의 종류

① 수평 보링 머신(horizontal boring machine) : 주축대가 기둥 위를 상하로 이동하고, 주축이 동시에 수평 방향으로 움직인다. 공작물은 테이블 위에 고정하고 새들을 전후, 좌우로 이동시킬 수 있으며, 회전도 가능하므로 테이블 위에 고정한 공작물의 위치를 조정할 수 있다. 보링 머신의 크기는 테이블의 크기, 스핀들의 지름, 스핀들의 이동 거리, 스핀들 헤드의 상하 이동 거리 및 테이블의 이동 거리로 표시한다.

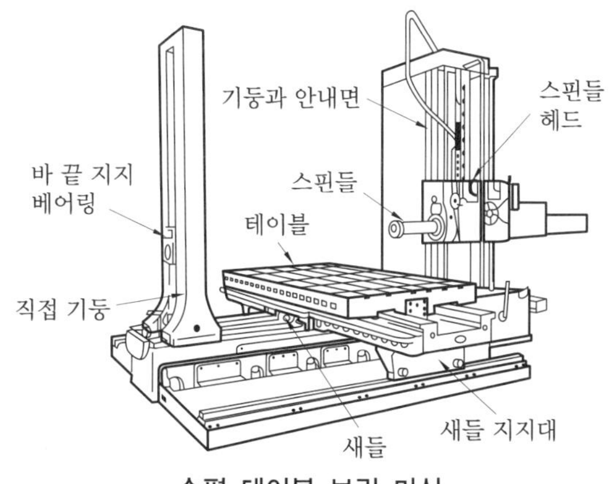

수평 테이블 보링 머신

② 정밀 보링 머신(fine boring machine) : 다이아몬드 또는 초경합금 공구를 사용하여 고속도와 미소 이송, 얕은 절삭 깊이에 의하여 구멍 내면을 매우 정밀하고 깨끗한 표면으로 가공하는 데 사용한다. 크기는 가공할 수 있는 구멍의 크기로 표시한다.

③ 지그 보링 머신(jig boring machine) : 주로 일감의 한 면에 2개 이상의 구멍을 뚫을 때, 직교 좌표 XY 두 축 방향으로 각각 2～10 μm의 정밀도로 구멍을 뚫는 보링 머신이다.

크기는 테이블의 크기 및 뚫을 수 있는 구멍의 최대 지름으로 표시한다. 이 기계는 정밀도 유지를 위해 20℃ 항온실에 설치해야 한다.

(3) 보링 공구

보링 작업 시 사용하는 공구는 다음과 같다.

① 보링 바이트(boring bite) : 보링 바이트의 재질은 다이아몬드, 초경합금 등을 사용하고, 날끝은 원형 또는 각형이다.

② 보링 바(boring bar) : 보링 바이트를 장치하는 봉으로 한쪽은 모스 테이퍼로 되어 있으며, 반대쪽은 보링 바 지지대로 지지하고 그 사이에 바이트를 고정한다.

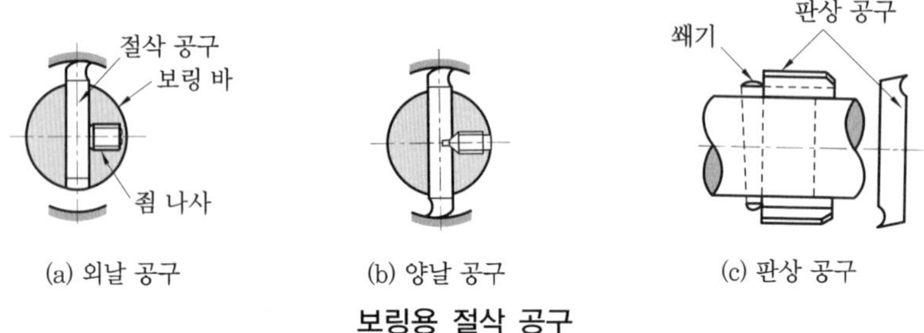

(a) 외날 공구 (b) 양날 공구 (c) 판상 공구

보링용 절삭 공구

③ 보링 헤드(boring head) : 지름이 큰 공작물을 가공할 때 사용하며, 보링 바에 고정한다.

④ 센터링 인디케이터 : 보링 축의 중심과 공작물의 구멍 중심이 일치하는가를 조사하는 공구이다.

⑤ 바이트 세팅 게이지 : 바이트를 바에 장치할 때에 소요의 보링경에 정확하게 맞추기 위하여 사용한다.

⑥ 센터 펀치 : 지그 보링 머신에서 표점 각인, 중심표시 금긋기 등에 쓰인다.

⑦ 원형 테이블 : 지그 보링 머신에서 분할 작업에 쓰인다.

예상문제

1. 드릴 머신에서 할 수 없는 작업은?
① 태핑 ② 리밍
③ 센터 구멍내기 ④ 릴리빙

2. 다음 중 수직 드릴링 머신의 크기 표시법으로 잘못된 것은?
① 테이블의 크기
② 스윙
③ 기계 자체의 중량
④ 뚫을 수 있는 구멍의 최대 지름

3. 일반적으로 많이 사용되는 드릴의 명칭은 어느 것인가?
① 직선홈 드릴 ② 플랫 드릴
③ 비틀림 드릴 ④ 센터 드릴

4. 트위스트 드릴 날끝의 표준 각도는?
① 118° ② 100°
③ 130° ④ 170°

5. 얇은 철판에 구멍을 뚫을 때 적당한 드릴의 날끝각은 어느 것인가?
① 60° 이하 ② 90° 이하
③ 118° ④ 120° 이상

6. 드릴의 선단각이 0°이고 황동 또는 얇은 판의 구멍 뚫기에 많이 사용되고 있는 드릴은 어느 것인가?
① 트위스트 드릴 ② 평 드릴
③ 직선홈 드릴 ④ 심공 드릴

7. 일반적으로 드릴의 여유각은 약 몇 도(°)인가?
① 2~5° ② 5~10°
③ 10~15° ④ 15~20°

해설 여유각은 KS에서 10~15°이며, 원칙적으로 변하지 않는다. 단, 단단한 재료에는 여유각을 작게 하고 연한 재료에는 크게 하는 것이 좋다.

8. 드릴의 절삭날 길이가 같을 경우, 드릴 축을 중심으로 한(드릴 날끝 각도의 1/2) 양쪽 각도가 다를 경우 뚫은 구멍의 크기는?
① 드릴 지름과 같아진다.
② 드릴 지름보다 커진다.
③ 드릴 지름보다 작아진다.
④ 절삭 조건에 따라 다른 현상이 발생한다.

9. 주철에는 어떤 절삭유를 사용하는가?
① 물 ② 사용하지 않는다.
③ 수용성 절삭유 ④ 기름

10. 다음 중 너트가 닿는 부분을 절삭하여 자리를 만드는 것은?
① 스폿 페이싱 ② 카운터 보링
③ 카운터 싱킹 ④ 태핑

11. 접시머리 나사머리를 묻히게 원뿔형으로 자리를 만드는 것은?
① 스폿 페이싱 ② 카운터 보링
③ 카운터 싱킹 ④ 리밍

해설 스폿 페이싱은 너트 또는 볼트 머리와 접촉하는 부분을 고르게 깎는 작업이다.

12. 드릴링 구멍을 뚫을 때 편심이 생겼다. 가장 적합한 수정 방법은?
① 완전히 구멍을 뚫고 정으로 따낸다.
② 더 큰 드릴로 수정한다.
③ 리머로 수정한다.

정답 » 1. ④ 2. ③ 3. ③ 4. ① 5. ④ 6. ③ 7. ③ 8. ② 9. ② 10. ① 11. ③ 12. ④

④ 드릴의 날이 들어가기 전에 펀치로 수정한다.

13. 다음 중 드릴이 부러지는 원인이 아닌 것은 어느 것인가?
① 공작물의 고정이 불량한 경우
② 여유각이 큰 경우
③ 드릴의 날끝이 무딜 경우
④ 드릴의 수동 이송이 지나치게 클 때

14. 치즐 포인트의 파손 원인은?
① 절삭 속도가 빠를 때
② 테이퍼가 잘 맞지 않을 때
③ 절삭제가 불충분할 때
④ 여유각이 너무 크거나 보내기가 지나칠 때

15. 다음 중 정밀 측정 기구가 달린 기계는 어느 것인가?
① 레이디얼 드릴링 머신
② 만능 연삭기
③ 만능 밀링 머신
④ 지그 보링 머신

16. 구멍 뚫기에서 구멍이 거의 뚫렸을 경우에 이송은 어떻게 하는가?
① 빠르게 한다. ② 느리게 한다.
③ 동일하게 한다. ④ 잠시 멈춘다.

17. 구멍 뚫기 작업에서 사용하는 지그 중 부시(bush)의 길이는 드릴 지름에 비하여 어떠한가?
① 같아야 한다. ② 커야 한다.
③ 작아야 한다. ④ 상관없다.

18. 드릴의 날끝에서 자루 쪽으로 오면 약간의 경사가 있다. 이를 무엇이라 하는가?
① 웨브 ② 치즐 포인트
③ 백 테이퍼 ④ 프런트 테이퍼

19. 드릴링 머신의 종류를 열거한 것 중 한 번에 많은 구멍을 뚫을 수 있는 것은?
① 휴대용 전기 드릴링 머신
② 레이디얼 드릴링 머신
③ 직접 드릴링 머신
④ 다축 드릴링 머신

20. 레이디얼 드릴링 머신에 가장 맞는 작업은 어느 것인가?
① 바이트에 의한 암나사 절삭
② 대형 공작물의 구멍 뚫기
③ 소형 공작물의 구멍 뚫기
④ 여러 개의 구멍을 한꺼번에 뚫기

21. 다음 중 드릴을 시닝하는 이유는?
① 보기 좋게 하기 위하여
② 치즐 에지를 길게 하기 위하여
③ 여유각을 크게 하기 위하여
④ 드릴의 절삭성을 좋게 하기 위하여

22. 드릴의 지름이 6 mm, 회전수가 400 rpm일 때, 절삭 속도는?
① 6.0 m/min ② 6.5 m/min
③ 7.0 m/min ④ 7.5 m/min

해설 $V=\frac{\pi dN}{1000}=\frac{3.14\times 6\times 400}{1000}$
$=7.536\text{m/min}$

23. 드릴 자루는 지름이 몇 mm 이상부터 테이퍼 섕크로 되어 있는가?
① 6 mm ② 13 mm
③ 18 mm ④ 25 mm

24. 드릴에서 치즐 포인트를 짧게 하면 어떤 현상이 일어나는가?
① 절삭력 감소
② 회전 속도 감소

정답 » 13. ② 14. ④ 15. ④ 16. ② 17. ② 18. ③ 19. ④ 20. ② 21. ④ 22. ④ 23. ② 24. ①

③ 절삭 속도 감소
④ 이송 속도 감소

25. 얇은 철판에 구멍을 뚫을 때 어떻게 하면 가장 좋은가?
① 바이스에 확실히 고정한다.
② 베이스에 확실히 고정한다.
③ 테이블에 확실히 고정한다.
④ 나무를 밑에 깔고 위에 공작물을 확실히 고정한다.

26. 드릴로 카운터 싱킹할 때 떨릴 경우, 그 원인이 아닌 것은?
① 웨이브가 작다.
② 여유각이 크다.
③ 회전수가 빠르다.
④ 절삭 깊이가 크다.

해설 드릴로 카운터 싱킹할 때 떨림은 드릴의 여유각이 크고 회전수가 빠르며 절삭 깊이가 클 경우에 발생한다.

27. 리머 가공에 대한 설명으로 틀린 것은?
① 날은 홀수로 하며 여유각은 3~5°이다.
② 가공 시 떨림이 적도록 날의 간격은 같지 않게 되어 있다.
③ 다듬질 여유를 작게 하면서 낮은 절삭 속도로 이송을 크게 하면 가공면이 깨끗하다.
④ 리머 다듬질 여유는 ϕ10 mm에 0.05 mm 정도이다.

28. 드릴 작업에서 모든 절삭 조건이 같을 경우, 회전수가 가장 커야 하는 경우의 드릴 지름은?
① 3 mm ② 6 mm
③ 12 mm ④ 19 mm

해설 모든 절삭 조건이 같을 경우, 절삭 속도도 같아야 하므로 드릴 지름이 작을수록 회전수가 커야 절삭 속도가 같아진다.

29. 다음 보링 머신 중에서 매우 빠른 절삭 속도를 주어 정밀도가 높은 가공면을 얻는 것은 어느 것인가?
① 지그 보링 머신
② 정밀 보링 머신
③ 수평 보링 머신
④ 수직 보링 머신

30. 다음 중 보링 바에 대한 설명으로 틀린 것은?
① 보링 바는 튼튼하게 만들어 구부러지지 않게 한다.
② 보링 바의 재질은 경강을 사용하며, 연삭하여 다듬는다.
③ 보링 바는 주축 또는 보링 헤드에 끼워 사용한다.
④ 보링 바는 주축에 끼우고 다른 끝은 보링 헤드를 지지하여 사용한다.

31. 보링 머신의 크기 표시법 중 일반적으로 사용할 수 없는 것은?
① 테이블의 크기
② 주축의 이동 거리
③ 기계의 무게
④ 주축의 지름

32. 보링 작업 시 지름이 큰 것을 가공할 때만 반드시 필요한 것은?
① 보링 바
② 보링 바이트
③ 보링 헤드
④ 보링 홀더

33. 보링 바이트의 단점을 열거한 것 중 잘못 설명한 것은?

정답 » 25. ④ 26. ① 27. ① 28. ① 29. ② 30. ④ 31. ③ 32. ③ 33. ③

① 절삭 저항을 쉽게 받는다.
② 진동이 발생하기 쉽다.
③ 바이트 수명이 짧다.
④ 막힌 구멍의 구석 다듬질에 불편하다.

34. 구멍 뚫기 지그에는 부시를 사용하는데, 다음 설명 중 옳은 것은?
① 드릴의 지름보다 부시가 짧아야 좋다.
② 드릴의 지름보다 부시가 길어야 된다.
③ 아무 상관없다.
④ 드릴의 지름과 부시가 같아야 한다.

35. 다음 수평 보링 머신의 크기를 나타낸 것 중 틀린 것은?
① 테이블의 크기
② 주축의 이동 거리
③ 주축과 지름
④ 테이블과 베드의 이동 거리

36. 지그를 사용하는 목적 중 틀린 것은?
① 작업이 복잡하여 구멍의 위치가 부정확하다.
② 제품이 정확하여 호환성이 있다.
③ 미숙련자도 작업이 가능하다.
④ 대량 생산에 적합하다.

37. 드릴이 1회전할 때 이송을 s[mm], 드릴 끝 원뿔 높이를 h[mm], 공작물의 구멍 깊이를 t[mm], 드릴의 회전수를 n이라고 할 때, 이 구멍을 뚫는 데 소요되는 시간 T는 다음 중 어느 것인가?
① $T=\frac{ns}{t+h}$　② $T=\frac{h+t}{ns}$
③ $T=\frac{s(t+h)}{n}$　④ $T=\frac{t-h}{n-s}$

38. 드릴 작업을 설명한 것 중 틀린 것은?
① 칩의 비산이 있으므로 보안경을 착용한다.
② 칩에 의해 손을 다칠 수 있으므로 반드시 장갑을 착용한다.
③ 주철 가공에는 절삭유를 주지 않는다.
④ 구멍 가공이 끝나가면 이송은 천천히 한다.

39. 드릴의 탱(자루)이 테이퍼로 되어 있는 것은 어느 부속품에 고정하여 사용하는가?
① 드릴 소켓(슬리브)
② 유압 바이스
③ 콜릿 척
④ 수직 아버

정답 » 34. ② 35. ④ 36. ① 37. ② 38. ② 39. ①

2-5 브로칭, 슬로터 가공 및 기어 가공

1 브로칭 가공

(1) 브로치 작업

브로치라는 공구를 사용하여 표면 또는 내면을 필요한 모양으로 절삭 가공하는 작업이다.

① 내면 브로치 작업 : 둥근 구멍에 키 홈, 스플라인 구멍, 다각형 구멍 등을 내는 작업을 말한다.

② 표면 브로치 작업 : 세그먼트(segment) 기어의 치통형이나 홈, 특수한 모양의 면을 가공하는 작업을 말한다.

내면 브로치 작업과 표면 브로치 작업

(2) 브로치의 구분 및 각부 명칭

브로치는 그림과 같이 자루부, 안내부, 절삭날부, 뒷부분 안내부로 되어 있으며, 앞쪽 안내부는 미리 가공한 구멍과 같은 치수로 되어 있는데, 절삭날부 쪽으로 갈수록 날이 차차 커지고 있다. 그림은 □ 가공을 할 경우 날이 ○ → ◌ → □ 모양으로 되어 있음을 나타낸 것이다.

① 당기는 브로치 : 작은 구멍, 절삭량이 많은 구멍 가공

② 밀어 넣는 브로치 : 큰 구멍, 절삭량이 적은 구멍, 다듬질 가공

③ 브로치 구조

㈎ 일체 브로치 : 보통 브로치

㈏ 심은날 브로치 : 특수 브로치

㈐ 조립식 브로치 : 특수 브로치

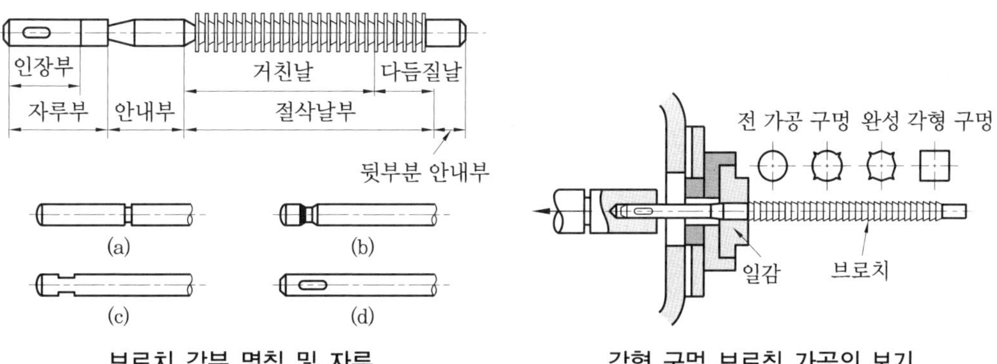

브로치 각부 명칭 및 자루　　각형 구멍 브로칭 가공의 보기

(3) 절삭 속도 및 크기

① 절삭 속도는 5～10 m/min이고, 후진 속도는 15～40 m/min이다.

② 크기는 최대 인장력과 브로치를 설치하는 슬라이드의 행정 길이로 표시한다.

2 슬로터 가공

(1) 슬로터 가공

슬로터(slotter)를 사용하여 바이트로 각종 일감의 내면을 가공하는 것이며, 수직 셰이퍼라고도 한다. 슬로터 가공은 그림과 같다.

① 키 홈, 각으로 된 구멍을 가공하며 셰이퍼보다 능률이 좋다.

② 운동 기구에는 로커 암과 크랭크를 사용한 것이 있다.

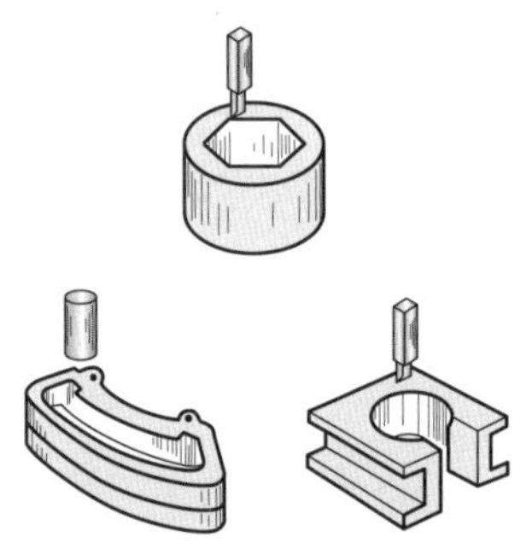

슬로터 가공의 보기

(2) 슬로터의 구조

① 크기 표시

㈎ 램의 최대 행정

㈏ 테이블의 크기

㈐ 테이블의 이동 거리 및 원형 테이블의 지름

② 구조 : 슬로터의 모양은 오른쪽 그림과 같고 램은 적당한 각도로 기울일 수 있으며, 경사면을 절삭할 수도 있다. 이송은 테이블에서 행하고, 테이블은 베이스 위에서 전후 좌우로 이송이 된다. 또, 원형 테이블은 선회하므로 분할 작업이 되며, 내접 기어 등의 분할 절삭이 가능하다.

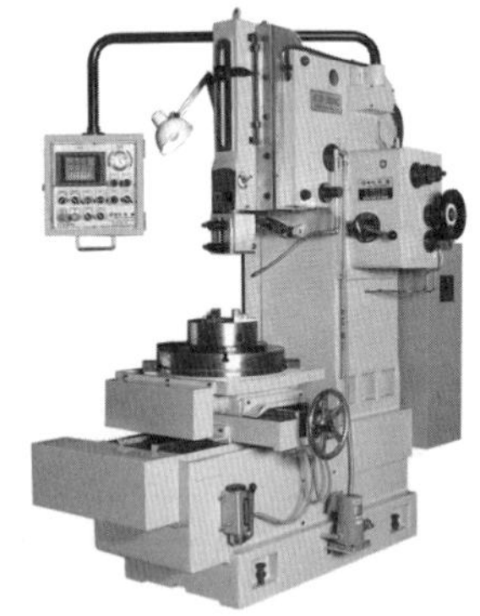

슬로터

3 기어의 개요

맞물린 마찰차의 접촉원을 기준으로 하여 원 주위에 일정하게 요철(凹凸)을 만들어 서로 물려 운동을 전달할 수 있게 한 것을 기어(gear)라고 하며, 凸 부분을 이(tooth)라고 한다.

(1) 두 축이 평행한 경우

① 스퍼 기어(평치차 : spur gear) : 둥그런 구름 접촉을 하는 원통과 같이 생긴 곳에 기어의 홈을 파서 만든다.

② 래크와 피니언(rack and pinion) : 래크란 기어의 반지름을 무한히 크게 하였을 때 거의 직선과 같아지는데, 이와 같은 것을 래크라고 말한다. 이 래크(rack)에 물려 돌아가는 기어를 피니언(pinion)이라고 하는데, 래크는 직선 운동을 하고 피니언은 회전 운동을 한다.

③ 헬리컬 기어(helical gear) : 평행한 두 축 사이에 사용되며 스퍼 기어와 달리 기어의 나사선이 경사를 이루고 있다.

④ 더블 헬리컬 기어 : 두 개의 헬리컬 기어는 이의 중앙이 산 모양으로 된 것인데, 헬리컬 기어에서 축방향에 힘이 미치므로 베어링 손실이 많아지는 것을 없애기 위한 기어 형태이며, 헤링 본 기어(herring bone gear) 또는 산형 기어라고도 한다.

스퍼 기어　　래크와 피니언　　헬리컬 기어

(2) 두 축이 교차한 경우

① 베벨 기어(bevel gear) : 원뿔면에 이를 만든 것으로 이가 직선인 것을 직선 베벨 기어라고 한다.

② 스큐 베벨 기어(skew bevel gear) : 이가 원뿔면의 모선에 경사진 기어이다.

③ 스파이럴 베벨 기어(spiral bevel gear) : 이가 구부러진 기어이다.

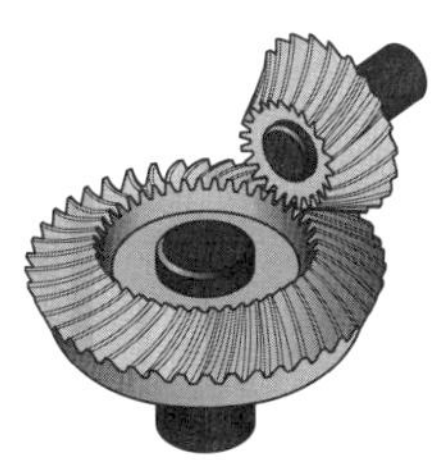

스파이럴 베벨 기어

(3) 두 축이 교차 또는 평행하지 않는 경우

① 하이포이드 기어(hypoid gear) : 스파이럴 베벨 기어와 같은 형상이고 축만 엇갈린 기어이다.

② 스크루 기어(screw gear) : 비틀림각이 서로 다른 헬리컬 기어를 엇갈리는 축에 조합시킨 것이다.

③ 웜 기어(worm gear) : 웜과 웜 기어를 한 쌍으로 사용하며, 큰 감속비를 얻을 수 있고 원동차를 보통 웜으로 한다.

하이포이드 기어　　나사 기어　　웜과 웜 기어

(4) 기어 각부의 명칭

평기어에서 기어 각부의 명칭과 용어를 다음과 같이 설명한다.

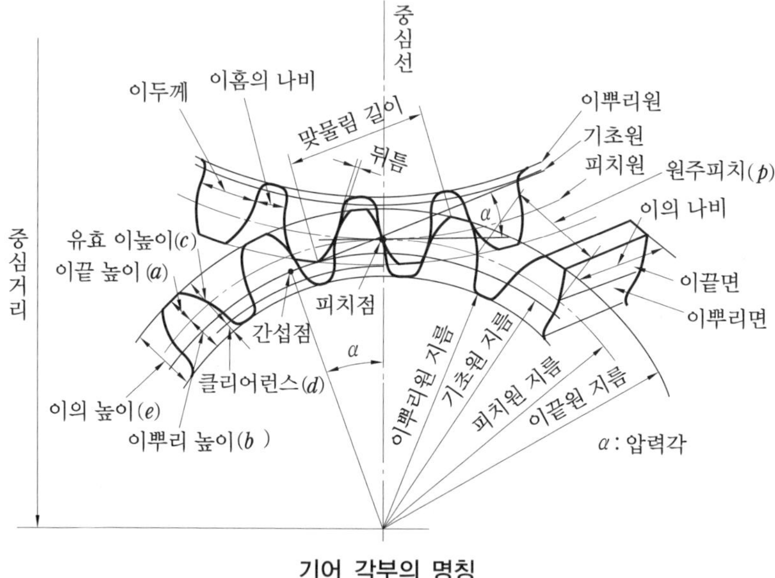

기어 각부의 명칭

① 피치원(pitch circle) : 축에 수직한 평면과 피치면이 교차하여 이루는 원

② 피치점(pitch point) : 서로 맞물리는 기어의 피치원 상에 만나는 점

③ 원주 피치(circular pitch) : 피치원 상에서 측정한 인접한 이와 이의 같은 위치 사이의 원호의 길이(p)

④ 이끝 높이(addendum) : 피치원에서 이끝원까지의 거리(a)

⑤ 이뿌리 높이(dedendum) : 피치원에서 이뿌리원까지의 거리(b)

⑥ 이의 높이(whole depth) : 이 전체의 높이($e=a+b$)

⑦ 유효 이높이(working depth) : 서로 물린 한 쌍의 기어에서 이끝 높이의 합으로 기어와 피니언의 어덴덤을 합한 값(c)

⑧ 이끝의 틈새(top clearence) : 이뿌리원에서 상대 기어의 이끝원까지의 거리($d=e-c$)
⑨ 백래시(back lash) : 서로 물린 한 쌍의 기어에서 잇면 사이의 간격
⑩ 이면(tooth surface) : 이의 물리는 면
⑪ 이의 나비(face width) : 이의 축단면의 길이
⑫ 압력각(α) : 서로 물린 한 쌍의 기어에서 피치점에 있어서 피치원의 공통 접선과 작용선이 이루는 각
⑬ 기초원(base circle) : 인벌류트 이를 만드는 데 기초가 되는 원
⑭ 법선 피치(normal pitch) : 인벌류트 기어에서 각 이의 인벌류트 곡선을 연장하여 기초원에 접선을 그어 이 인벌류트 곡선과 만나는 간격을 법선 피치라 한다. 또한 인벌류트 곡선과 곡선의 간격은 전부 같다. 즉, 기초원의 원둘레 길이를 잇수로 나눈 값이 된다.

(5) 이의 크기

① 모듈(m) : 피치원의 지름 D[mm]를 잇수 Z로 나눈 값으로 미터 단위를 사용한다.

$$m=\frac{\text{피치원의 지름}}{\text{잇수}}=\frac{D}{z}$$

② 지름 피치(p_d) : 잇수 Z를 피치원의 지름 d[inch]로 나눈 것으로 인치 단위를 사용한다.

$$p_d=\frac{\text{잇수}}{\text{피치원의 지름}}=\frac{Z}{D}$$

③ 원주 피치(p) : 피치원의 원주를 잇수로 나눈 것으로 최근에는 많이 사용하지 않는다.

$$p=\frac{\text{피치원의 둘레}}{\text{잇수}}=\frac{\pi D}{Z}$$

따라서 모듈과 지름 피치 및 원주 피치 사이에는 다음과 같은 관계가 있다.

$$p=\pi m,\ p_d=\frac{25.4}{m}$$

모듈과 지름 피치에서 이의 크기는 m값이 클수록 커지며 지름 피치는 작아진다.

4 기어 가공법

(1) 기어 가공법의 종류

① 총형 공구에 의한 법(formed cutter process) : 성형법이라고도 하며 기어 치형에 맞는 공구를 사용하여 기어를 깎는 방법으로, 총형 바이트 사용법은 셰이퍼, 플레이너, 슬로터에서, 총형 커터에 의한 방법은 밀링에서 사용한다. 최근 전문 기어 절삭기의 등장으로 소규모 업체에서만 쓰인다.
② 형판(template)에 의한 법 : 모방 절삭법이라고도 하며 형판을 따라서 공구가 안내되어 절삭하는 방법으로 대형 기어 절삭에 쓰인다.
③ 창성법 : 가장 많이 사용되고 있으며 인벌류트 곡선을 그리는 성질을 응용하여 기어를 깎는 방법으로 절삭할 기어와 같은 정확한 기어 절삭 공구인 호브, 래크 커터, 피니언 커터 등으로 절삭한다. 창성법에 의한 기어 절삭은 공구와 소재가 상대 운동을 하여 기어를 절삭한다.

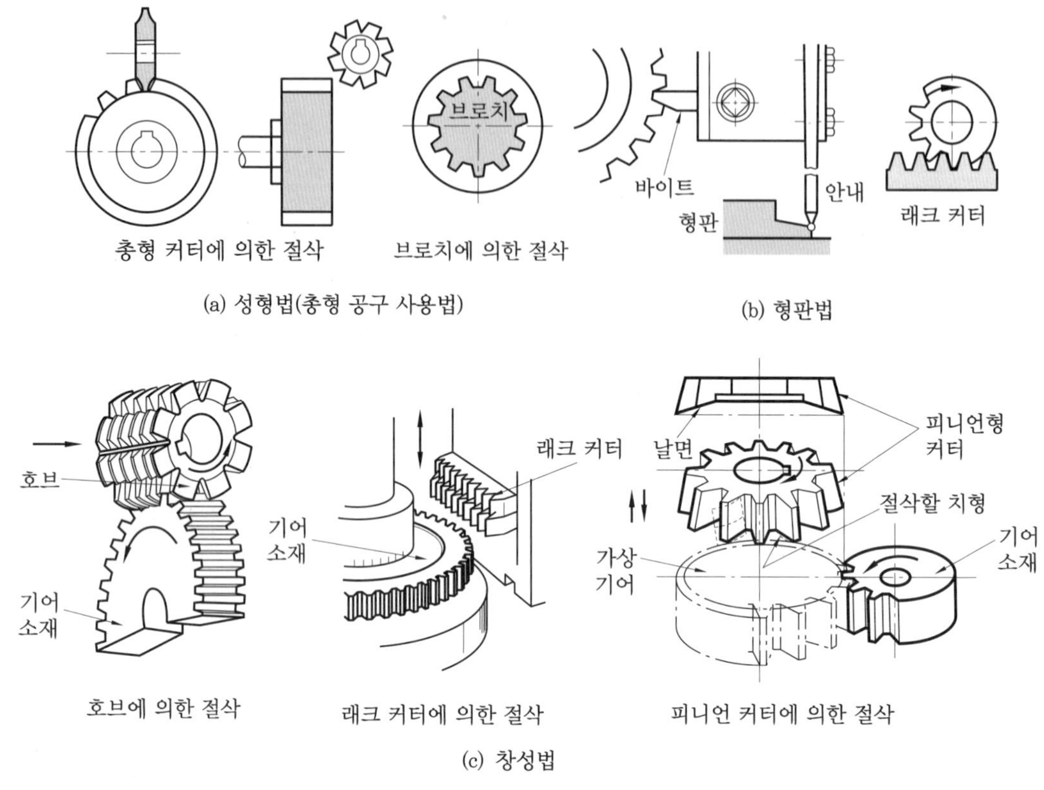

기어 가공법의 종류

(2) 기어 절삭기의 종류

① 원통형 기어 절삭기

㈎ 호빙 머신(hobbing machine) : 절삭 공구인 호브(hob)와 소재를 상대 운동시켜 창성법으로 기어 이를 절삭한다. 호브의 운동에는 호브의 회전 운동, 소재의 회전 운동, 호브의 이송 운동이 있다. 호브에서 깎을 수 있는 기어는 스퍼 기어, 헬리컬 기어, 스플라인 축 등이며, 베벨 기어는 절삭할 수 없다.

㈏ 기어 셰이퍼(gear shaper) : 절삭 공구인 커터에 왕복 운동을 주어 기어를 창성법으로 절삭하는 기어 절삭기이다. 이 기계는 커터에 따라 2가지가 있는데, 피니언 커터를 사용하는 펠로스 기어 셰이퍼(fellous gear shaper)와 래크 커터를 사용하는 마그식 기어 셰이퍼(maag gear shaper)이다. 또한 스퍼 기어만 절삭하는 것과 헬리컬 기어만 절삭하는 것이 있다.

㉮ 펠로스 기어 절삭기

- 피니언 커터를 사용하는 대표적인 기어 절삭기이다.
- 소재와 커터 사이에 기어가 물리는 것처럼 절삭(창성)된다(커터 축의 상하 운동으로 절삭).
- 원주 방향 이송량과 소재에 깊이를 주는 반지름 방향 이송량이 변환 기어에 의해 주어진다.

• 커터의 회전 운동 및 절삭 깊이 이송, 기어 소재의 회전, 소재와 커터의 분리 운동으로 각각 운동한다.

㈏ 사이크스 기어 셰이퍼

• 두 개의 수평한 피니언 커터에 의하여 기어 절삭이 된다.
• 주로 더블 헬리컬 기어, 스퍼 기어 가공에 이용된다.
• 창성 운동은 펠로스 기어 절삭기와 동일하다.

㈐ 마그식 기어 셰이퍼

• 래크 커터 사용법에 의해 기어 절삭을 하는 기계이다.
• 커터가 절삭을 위해 왕복 운동을 하며, 기어 소재는 회전 미끄럼 운동을 한다.

㈑ 선더랜드 기어 셰이퍼 : 수평형이고 두 개의 래크 커터를 사용하여 2중 헬리컬 기어 절삭에 사용된다. 원리는 마그식 기어 셰이퍼와 비슷하다.

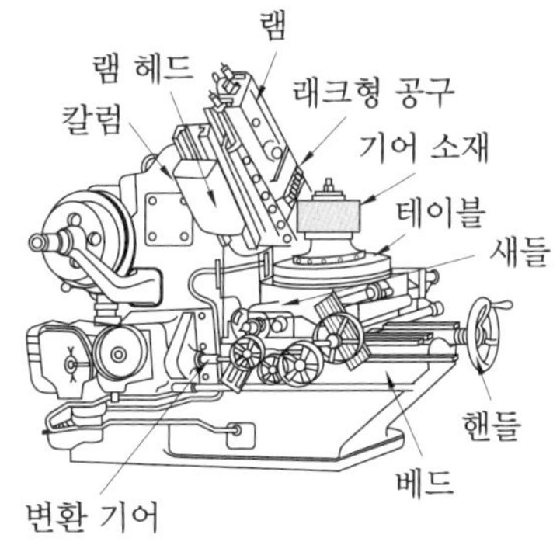

마그 기어 절삭기

② 베벨 기어 절삭기 : 커터가 왕복 운동하며 베벨 기어를 창성법으로 절삭하는 것이며, 중심에 가까워짐에 따라 치형이 작게 되므로 절삭이 까다롭다.

(가) 직선 베벨 기어 절삭기 : 밀링 커터법, 형판법, 창성법이 있으며, 단인(單刃) 커터에 의해 치형을 1개씩 절삭하는 라이네커식 직선 베벨 기어 절삭기와 2개 날 커터를 사용하는 글리슨식 베벨 기어 절삭기가 있다.

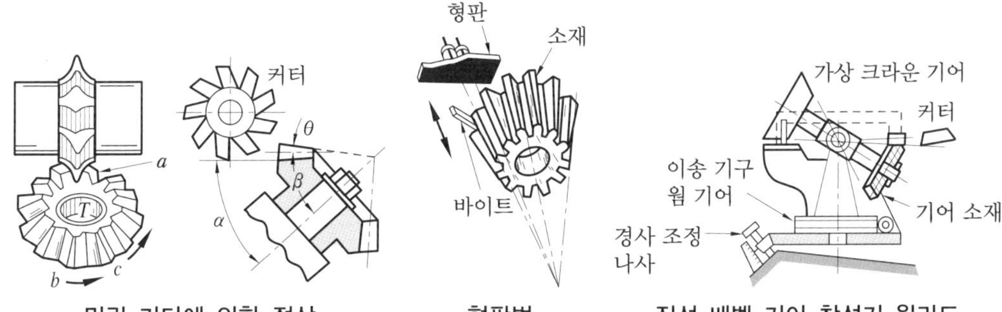

밀링 커터에 의한 절삭　　형판법　　직선 베벨 기어 창성기 원리도

㉮ 라이네커식 직선 베벨 기어 창성 절삭기

• 커터는 절삭을 위한 왕복 운동만 한다.
• 소재는 가상 크라운 기어상을 구름하여 치면을 창성한다.

㈏ 글리슨식 직선 베벨 기어 창성 절삭기

• 커터와 소재가 다 같이 창성 운동을 한다.
• 크래들 축 둘레를 요동하는 크라운 기어 세그먼트(segment)와 베벨 기어 세그먼트가 물려 일체로 고정시켜 왕복 운동을 하는 2개의 커터에 의해서 1개씩 절삭한다.

※ 글리슨식 : 직선 베벨 기어 절삭과 비슷하나 크라운 베벨 기어의 잇줄이 원호를 이룬다.

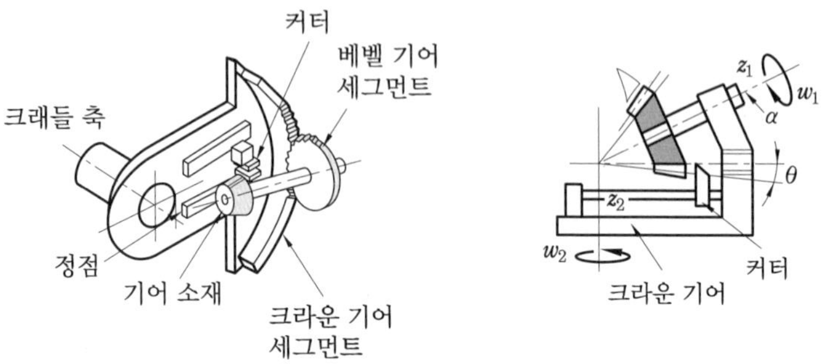

글리슨 직선 베벨 기어 절삭기 창성 원리

(나) 곡선 베벨 기어(spiral bevel gear) 절삭기 : 대부분 창성법을 채용하며 동일 원주상에 심은 절삭날에 의한 환상 정면 밀링 커터에 의한 글리슨식, 원추 호브에 의한 크린게룬 벨그 호빙법, 원판 호빙법(에리콘, 크린게룬 벨그), 셰이퍼 절삭 공구에 의한 방식이 있다.

(3) 기어 연삭기의 종류

① 마그 기어 연삭기 : 숫돌로 피삭 기어를 창성 연삭하면서 잇줄 방향으로 연삭해 가는 형이며, 숫돌의 마모를 자동적으로 보정하는 장치가 있어 정밀도가 높다.

② 나이루스 기어 연삭기

(가) 잇줄 방향으로 연삭 행정을 반복하면서 창성해 가는 방식이다.

(나) 피치 블록 없이 체인지 기어 변환만으로 임의의 크기의 기어를 연삭하는 것이 가능하다.

(4) 기어 셰이빙 머신

연삭 가공에 비해 대단히 짧은 시간에 정밀도가 높은 기어를 가공할 수 있다.

① 셰이빙 커터

(가) 고속도강으로 만들며 래크형과 피니언형이 있다.

(나) 치면에는 많은 날카로운 톱니들이 있는데 이것이 슬라이딩 운동을 하며 교축으로 기어를 절삭하여 다듬질한다.

(다) 칩이 다른 절삭 가공과 달리 대단히 작으며, 강제적인 창성 없이 0.03 mm까지 정밀도를 얻을 수 있다.

② 셰이빙 종류

(가) 컨벤셔널 셰이빙(conventional shaving)

㉮ 기어축과 평행하게 이송을 주는 방법이다.

㉯ 내기어 가공을 할 수 있고, 이 폭이 큰 기어를 가공할 수도 있으며, 행정이 길게 되므로 가공 시간이 길게 된다.

㉰ 커터의 마모가 한정된 부분에 생기므로 공구 수명이 짧다.

㈏ 언더 패스 셰이빙(under pass shaving)

㉮ 테이블의 이송이 축과 직각인 방향에 주어진다.

㉯ 테이블 행정이 짧고 커터의 마모가 균등하게 분포한다.

㉰ 이 폭이 큰 기어의 가공이 불가능하다.

㈐ 다이애거널 셰이빙(diagonal shaving)

㉮ 테이블의 이송 방향이 기어축과 어떤 각도를 유지하도록 되어 있다.

㉯ 컨벤셔널 셰이빙과 언더 패스 셰이빙의 중간적인 가공법이다.

(5) 기어 셰이빙 작업

① 절삭 조건

㈎ 커터 원주 속도는 100～130 m/min, 이송은 0.2～0.4 mm/rev, 절삭 깊이(반지름 방향)는 1회 왕복 0.02～0.04 mm가 표준이다.

㈏ 셰이빙 여유 : 이 두께로 0.05～0.10 mm

㈐ 커터와 기어축 교차각 : 8～12° 정도

② 셰이빙 작업의 이점

㈎ 치형과 편심이 수정된다.

㈏ 피치가 고르며 물림이 정확해진다.

㈐ 기어의 내마멸성이 향상된다.

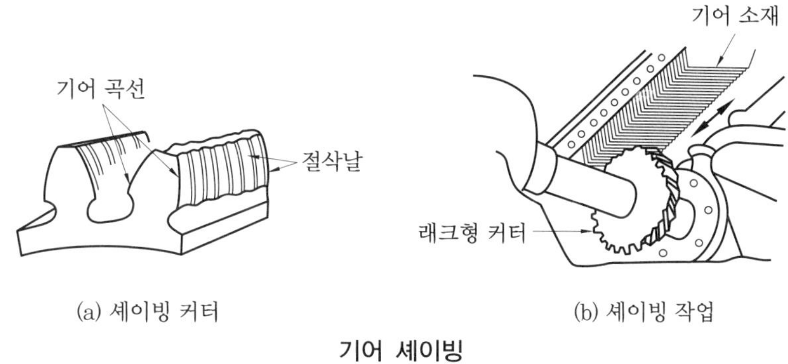

(a) 셰이빙 커터　　(b) 셰이빙 작업

기어 셰이빙

5 각종 기어 절삭법

(1) 평기어 절삭법

① 기어 소재 준비

㈎ 기어의 치수를 계산한다.

㈏ 선반 가공으로 정확한 치수와 모양의 소재를 깎는다.

㈐ 소재의 외경 계산

d_k(이끝원 지름)$=(Z+2)m$　　여기서, m : 모듈, Z : 잇수

② 호브 선택

㈎ 보통 오른나사 한줄 호브가 쓰인다.

(나) 제작도면 지시에 따라 모듈, 압력각, 리드 등이 맞는 것을 택한다.

(다) 날의 수는 보통 9~12개가 많이 쓰인다.

③ 호브의 기울기 및 위치 결정

(가) 호브 나선줄과 기어 잇줄 방향을 일치시킨다. γ각이 정확하지 않으면 호브의 앞뒷날의 간섭으로 홈의 나비가 넓어진다.

(나) 정밀도가 높은 기어나 잇수가 적은 기어를 가공할 때에는 호브의 위치를 정확히 선정한다.

(다) 호브의 날 1개 중심이 기어 소재 중심과 일치해야 하는데, 이때 센터링 게이지가 사용된다.

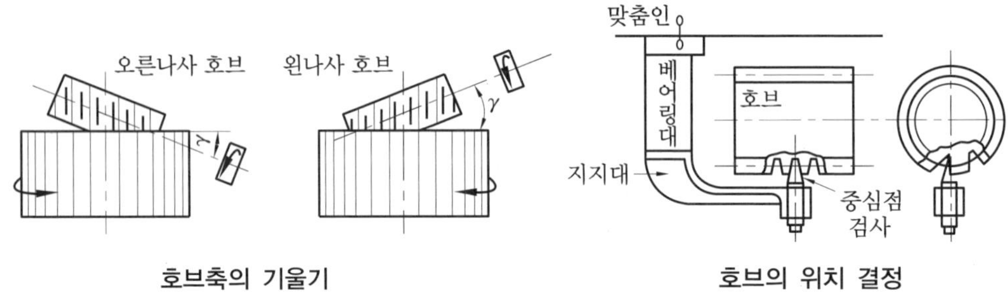

호브축의 기울기　　　　호브의 위치 결정

④ 절삭 속도 : 호브의 절삭 속도는 호빙 머신의 강성, 기어 소재 재질, 호브 재질 등으로 결정된다.

$$V = \frac{\pi dN}{1000} [\text{m/min}]$$

여기서, V : 절삭 속도(m/min), d : 호브 외경(mm), n : 호브 회전수(rpm)

⑤ 평기어의 절삭 순서

(가) 커터를 선택하여 아버에 고정한다.

(나) 기어 소재를 분할대에 수평으로 설치한다.

(다) 잇수 계산을 하여 이의 수에 맞도록 분할대를 조정한다.

(라) 커터가 가공물 최상부에 접촉할 때까지 테이블을 상승시키고 수직 이송 핸들에 있는 마이크로미터 컬러(눈금)를 0에 맞춘다.

(마) 테이블을 분할대 반대쪽으로 이동시킨 후 기어 이의 깊이만큼 테이블을 상승시키고, 적당한 속도로 절삭한다.

(2) 헬리컬 기어 절삭법

① 기어 소재 준비

① 소재 바깥지름의 계산을 정확히 한다.

(가) d_k(이끝원 지름)$= \left(\dfrac{Z}{\cos\beta} + 2\right) m_n$　(나) d(피치원 지름)$= \dfrac{Z m_n}{\cos\beta}$

여기서, Z : 잇수, β : 비틀림각, m_n : 치직각모듈

② 계산된 바깥지름으로 소재를 선반으로 깎는다.

② 호브축의 기울기 조정

(가) 호브의 나선각과 기어 이의 비틀림각을 맞춘다(β : 이 비틀림각, γ : 호브의 리드각).

㉮ 오른나사 호브로 오른나사 헬리컬 기어 깎기 : $\beta-\gamma$(호브 오른쪽 올림)

㉯ 오른나사 호브로 왼나사 헬리컬 기어 깎기 : $\beta+\gamma$(호브 왼쪽 올림)

㉰ 왼나사 호브로 왼나사 헬리컬 기어 깎기 : $\beta-\gamma$(호브 왼쪽 올림)

㉱ 왼나사 호브로 오른나사 헬리컬 기어 깎기 : $\beta+\gamma$(호브 오른쪽 올림)

(나) 호브의 나선 방향과 기어 나선 방향이 반대이면 앞뒷날의 간섭으로 이 홈의 나비가 넓어진다.

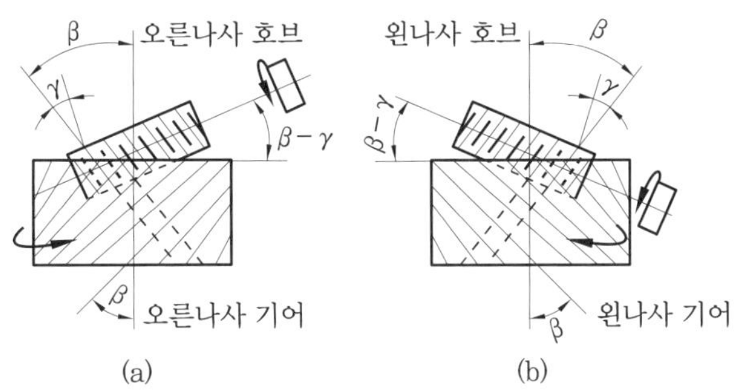

호브축의 기울기와 테이블의 회전 방향

(3) 베벨 기어 절삭법

① 절삭 방법 : 스퍼 기어와 같으나 분할대의 중심을 α각만큼 위로 선회해야 한다.

② 커터의 선정

$$N' = \frac{N}{2p_d \cos\alpha} \times 2p_d = \frac{N}{\cos\alpha}$$

여기서, N : 베벨 기어의 잇수

N' : 커터를 선정하기 위한 상당 스퍼 기어의 잇수

α : 베벨 기어의 중심 각도

p_d : 원 피치(지름 피치)

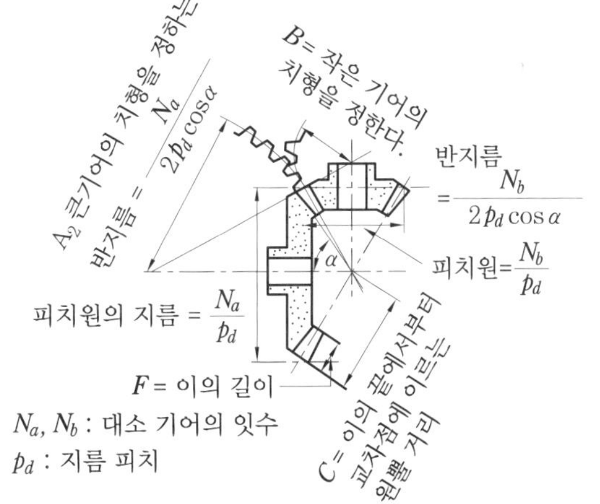

베벨 기어

(4) 래크 기어 절삭법

① 래크 부속 장치

(가) 래크 절삭용 밀링 커터 헤드

(나) 피치 분할 장치

(다) 래크 설치 바이스

② 밀링 커터 헤드 : 밀링 머신의 주축단에서 회전이 전달되며, 회전수는 주축과 똑같다. 이 장치는 스퍼 기어 가공용 인벌류트 커터로 하며, 최대 지름은 120 mm이다.

③ 래크 분할 장치 : 분할용 핸들을 1회전함으로써 래크의 1피치만큼 테이블이 이송되도록 되어 있다.

예상문제

1. 각형 구멍, 키 홈, 스플라인의 구멍 등을 다듬는 데 사용되고 제품 모양과 꼭 맞는 단면 모양을 한 공구를 한 번 통과시켜 가공 완성하는 기계는?

① 호빙 머신 ② 기어 셰이퍼
③ 브로칭 머신 ④ 보링 머신

2. 브로칭 머신에 대한 설명 중 옳은 것은?

① 환봉의 외주를 만드는 기계이다.
② 구멍 내면에 키 홈을 깎는 기계이다.
③ 브로칭 머신으로 가공하려면 고속 회전으로 해야 한다.
④ 큰 평면을 가공하는 기계이다.

3. 다음 중 브로치 머신의 크기를 표시하는 방법은?

① 테이블의 최대 이동 거리
② 최대 인장력과 슬라이드의 행정 길이
③ 브로치의 크기
④ 브로치의 폭과 길이

4. 브로칭 머신으로 가공할 수 없는 작업은?

① 비대칭의 뒤틀림 홈
② 내면 키 홈
③ 스플라인 홈
④ 테이퍼 홈 가공

해설 브로칭 머신은 브로치라는 공구를 사용하여 소요의 형상을 고정밀도 또는 고능률적으로 가공하는 대량 생산에 알맞은 공작기계로서, 대칭, 비대칭의 내외면, 뒤틀림 홈(브로치의 절삭 행정 중 브로치 또는 공작물의 일정한 회전비에 의함.) 등을 가공할 수 있다.

5. 다음 공작기계 중 가공물 고정용 T형 홈이 있는 테이블이 사용되지 않는 것은?

① 셰이퍼 ② 보링 머신
③ 밀링 머신 ④ 드릴링 머신

6. 슬로터에 대한 설명 중 틀린 것은?

① 램은 적당한 각도로 기울일 수 있다.
② 슬로터의 크기는 램의 최대 행정, 테이블의 크기, 테이블의 이동 거리 등으로 정한다.
③ 테이블은 베드 위에서 전후, 좌우로 이송된다.
④ 슬로터는 급속 귀환 장치가 없다.

7. 바이트에 직선 절삭 운동을 주어서 수직면을 깎는 기계는?

① 셰이퍼 ② 플레이너
③ 슬로터 ④ 연삭반

8. 슬로터 작업에 쓰이는 바이트의 재료로 알맞은 것은?

① 고속도강 ② 초경합금
③ 쾌삭강 ④ 세라믹

9. 슬로터에서 원주를 분할할 때 다음 중 주로 어느 부속 장치를 사용하는가?

① 만능 분할대 ② 차동 장치
③ 원형 테이블 ④ 만능 척

10. 다음 중 슬로터 크기의 표시법이 아닌 것은?

① 램의 왕복 운동 최대 길이
② 테이블의 크기
③ 테이블의 이동 거리
④ 깎을 수 있는 최대 폭 및 최대 높이

정답 » 1. ③ 2. ② 3. ② 4. ④ 5. ④ 6. ④ 7. ③ 8. ① 9. ③ 10. ④

11. 슬로터에서 할 수 있는 작업은?
① 드릴의 홈 가공
② 나사 절삭 가공
③ 환봉의 바깥지름 가공
④ 구멍의 내면 홈파기

12. 다음 중 슬로터의 주요 구성 요소가 아닌 것은?
① 램 ② 칼럼
③ 테이블 ④ 만능 분할대

13. 다음 중 기어 전동의 특징에 대한 설명으로 틀린 것은?
① 큰 동력을 전달할 수 있다.
② 속도비가 일정하다.
③ 충격에 강하다.
④ 감속비가 크다.

14. 다음 중 두 축이 평행한 기어에 속하지 않는 것은?
① 하이포이드 기어 ② 스퍼 기어
③ 인터널 기어 ④ 헬리컬 기어

15. 헬리컬 기어의 나사각은 일반적으로 몇 도인가?
① 30° ② 25° ③ 20° ④ 15°

16. 두 축이 평행하고 이를 축에 경사시킨 기어는?
① 스퍼 기어 ② 헬리컬 기어
③ 래크 기어 ④ 인터널 기어

17. 한 쌍의 기어가 맞물려서 회전할 때 잇수가 작은 기어를 무엇이라고 하는가?
① 피니언 ② 큰 기어
③ 전위 기어 ④ 래크 기어

18. 두 축이 만나지도, 평행하지도 않을 경우에 사용되는 기어가 아닌 것은?
① 하이포이드 기어 ② 웜 기어
③ 래크 기어 ④ 스크루 기어

19. 다음 중 감속 기구에 쓰이는 기어는?
① 웜 기어 ② 스크루 기어
③ 베벨 기어 ④ 헬리컬 기어

20. 다음 중 호빙 머신에서 깎을 수 없는 기어는?
① 스퍼 기어 ② 베벨 기어
③ 헬리컬 기어 ④ 웜 기어

21. 래크는 어떤 기계로 절삭할 수 있는가?
① 호빙 머신
② 펠로스 기어 커팅 머신
③ 베벨 기어 절삭기
④ 밀링 머신

22. 기어의 이뿌리원에서 피치원까지의 높이를 무엇이라고 하는가?
① 이의 나비 ② 이의 높이
③ 이뿌리 높이 ④ 이끝 높이

23. 다음 중 모듈과 같은 높이의 것은 어느 것인가?
① 이 높이 ② 이끝 높이
③ 이뿌리 높이 ④ 이의 두께

24. 다음 중 지름 피치를 나타낸 식은 어느 것인가?
① 잇수÷피치원의 지름
② 25.4÷잇수
③ 피치원의 지름÷잇수
④ 피치원의 둘레÷잇수

25. 지름 피치의 값이 커질수록 이의 크기는 어떻게 되는가?

정답 » 11. ④ 12. ④ 13. ③ 14. ① 15. ① 16. ② 17. ① 18. ③ 19. ① 20. ② 21. ④ 22. ③ 23. ② 24. ① 25. ②

① 커진다. ② 작아진다.
③ 같다. ④ 관계없다.

26. 기어에서 모듈 m과 지름 피치 p_d 사이의 관계는?

① $mp_d = 1$ ② $m = \frac{25.4}{p_d}$
③ $m = 25.4p_d$ ④ $p_d = 25.4m$

27. 1500 rpm의 3줄 웜이 잇수가 50인 웜 휠에 물리어 돌아가고 있다. 이때 웜 휠의 회전수는?

① 15 rpm ② 50 rpm
③ 80 rpm ④ 90 rpm

해설 속도비$(i) = \frac{n_2}{n_1} = \frac{Z_1}{Z_2}$에서 $n_2 = n_1 \frac{Z_1}{Z_2}$

$\therefore\ 1500 \times \frac{3}{50} = 90\ \text{rpm}$

28. 원뿔면에 이를 깎은 것으로 두 축이 만나는 곳에 사용하는 기어는?

① 인터널 기어 ② 래크 기어
③ 스퍼 기어 ④ 베벨 기어

29. 기어열은 속도비가 얼마 이상일 때 사용하는가?

① 1 : 5 ② 1 : 6
③ 1 : 7 ④ 1 : 8

30. 다음 중 전위기어의 장점으로 틀린 것은 어느 것인가?

① 베어링의 마모가 적다.
② 언더컷을 방지한다.
③ 맞물림이 좋아진다.
④ 이 밑이 굵고 튼튼해진다.

31. 잇수 32, 피치원의 지름 320 mm인 기어의 모듈은?

① $m = 5$ ② $m = 6$
③ $m = 7$ ④ $m = 10$

해설 $m = \frac{D}{Z} = \frac{320}{32} = 10$

32. 모듈 5, 잇수 47인 표준 스퍼 기어의 바깥지름은 얼마인가?

① 69 mm ② 96 mm
③ 90 mm ④ 245 mm

해설 바깥지름$(D_o) = (Z+2)m$

$= (47+2) \times 5 = 245\ \text{mm}$

33. 모듈 3, 잇수가 각각 38, 72인 두 개의 기어가 맞물려 있을 경우 축간 거리는 얼마인가?

① 150 mm ② 165 mm
③ 250 mm ④ 300 mm

해설 중심거리(C)

$= \frac{m(Z_A + Z_B)}{2} = \frac{3(38+72)}{2} = 165\ \text{mm}$

34. 원동차의 잇수가 28, 종동차의 잇수가 112인 한 쌍의 스퍼 기어의 속도비(i)는 얼마인가?

① $i = \frac{1}{3}$ ② $i = \frac{1}{4}$
③ $i = \frac{1}{6}$ ④ $i = \frac{1}{8}$

해설 속도비$(i) = \frac{n_A}{n_B} = \frac{Z_B}{Z_A} = \frac{28}{112} = \frac{1}{4}$

35. 다음 중 차동 기구가 사용되는 공작기계는 어느 것인가?

① 만능 밀링 머신 ② 터릿 선반
③ 기어 호빙 머신 ④ 수직 드릴링 머신

해설 기어 호빙 머신 가공 시 헬리컬 기어나 웜 기어 가공에만 차동 기구를 사용하고 평기어 가공 시에는 사용하지 않는다.

정답 » 26. ② 27. ④ 28. ④ 29. ② 30. ① 31. ④ 32. ④ 33. ② 34. ② 35. ③

36. 가상 잇수는 다음 중 어느 기어를 절삭할 때 필요한가?

① 스퍼 기어 ② 래크 기어
③ 직선 베벨 기어 ④ 헬리컬 기어

37. 기어 전조기에서 제작된 기어의 장점이 아닌 것은?

① 섬유 조직이 파괴되지 않아서 인장강도가 좋다.
② 피로강도 및 충격에 대하여 강하다.
③ 제작 시간이 빠르다.
④ 정밀한 기어 제작이 용이하다.

해설 기어 전조기에서 만든 기어는 정밀도가 낮아서 다듬질 가공을 행해야 하는 번거로움이 있다.

38. 다음 셰이빙 커터에 대한 설명 중 틀린 것은?

① 보통 고속도강으로 만든다.
② 커터의 잇면에 있는 홈의 폭은 0.7~1 mm 정도이다.
③ 셰이빙 커터의 모든 형태는 피니언형이다.
④ 셰이빙 커터의 피치와 치형은 정확해야 한다.

해설 셰이빙 커터는 고속도강으로 만들고 열처리한 후 연삭하여 다듬는 것으로 피니언형과 래크형이 있다.

39. 베벨 기어 절삭기의 대표적인 것은?

① 펠로스 기어 셰이퍼
② 마그식 기어 셰이퍼
③ 기어 셰이빙 머신
④ 글리슨식 기어 절삭기

해설 글리슨식 기어 절삭기는 창성법에 의하여 베벨 기어를 절삭하는 것으로서 기어 소재는 크라운 기어에 물려서 돌아가는 세그먼트 기어 축에 장치되어 왕복 운동하는 커터에 의하여 절삭된다.

40. 인벌류트 곡선을 그리는 원리를 응용한 기어 절삭법은?

① 총형 기어 절삭법
② 창성법
③ 형판법
④ 래크 커터법

41. 직선 베벨 기어 절삭기로 적당하지 않은 것은?

① 글리슨식 ② 밀링 커터 사용법
③ 라이네커식 ④ 총형 커터 사용법

42. 다음 중 셰이빙 커터에 대한 설명으로 틀린 것은?

① 헬리컬 기어 잇면에 많은 홈을 한 것이다.
② 이 홈과 치면 교선이 날 구실을 한다.
③ 칩이 대단히 작다.
④ 강제적인 창성 운동이 된다.

43. 치형을 절삭하는 방법에는 총형 커터에 의한 방법, 형판에 의한 방법, 창성법이 있다. 다음 중에서 창성법에 의한 것은?

① 평삭기 ② 호빙 머신
③ 형삭기 ④ 밀링 머신

44. 호브의 회전수 N[rpm]을 나타내는 식은?[단, d : 호브 외경(mm), V : 절삭 속도(m/min)이다.]

① $N=\frac{\pi d V}{1000}$ ② $N=\frac{1000}{\pi d V}$
③ $N=\frac{1000\,V}{\pi d}$ ④ $N=\frac{\pi d}{1000\,V}$

45. 호브에 의한 절삭에서 피치원의 접선과 기어가 서로 맞물려 회전할 때 힘의 작용 방향이 이루는 각은 어느 것인가?

① 압력각 ② 상 레이크 각
③ 횡 레이크 각 ④ 접촉각

정답 » 36. ④ 37. ④ 38. ③ 39. ④ 40. ② 41. ④ 42. ④ 43. ② 44. ③ 45. ①

46. 호브의 이송은 보통 얼마인가?

① 0.5~1 mm ② 1~3 mm
③ 3~5 mm ④ 5~10 mm

47. 호빙 머신에서 이송에 대한 설명으로 옳은 것은?

① 테이블이 1회전할 동안의 호브의 회전수
② 기어 소재 1회전에 대한 호브의 피드
③ 호브 1회전에 대한 기어의 전진 잇수
④ 호빙 머신의 효율

48. 기어가 맞물려 있을 때 힘의 전달 방향을 나타내는 각은?

① 압력각 ② 여유각
③ 맞물림각 ④ 경사각

해설 기준 압력각은 20°이다.

49. 호빙 머신으로 기어를 절삭할 때 기어의 정밀도에 영향을 주는 것은?

① 테이블 새들 ② 호브의 모양
③ 칼럼 ④ 마스터 웜 기어

해설 테이블을 회전시키는 마스터 웜 기어의 정밀도가 좋으면 피치의 정밀도가 높은 기어가 된다.

50. 셰이빙 커터의 재질은 어느 것이 많이 쓰이는가?

① 고탄소강 ② 고속도강
③ 다이어몬드 ④ 초경합금

51. 다음 셰이빙 작업의 이점을 설명한 것 중 틀린 것은?

① 기어의 내마멸성이 향상된다.
② 치형과 편심이 수정된다.
③ 피치가 고르며 물림이 정확해진다.
④ 기어의 이가 두꺼워진다.

52. 총형 기어 절삭법에 의한 방법으로 치형을 절삭할 때 사용하는 커터는?

① 래크 커터
② 사이클로이드 커터
③ 정면 커터
④ 인벌류트 커터

53. 다음 마그식 기어 셰이퍼에 대한 설명 중 틀린 것은?

① 피니언형 커터를 사용한다.
② 테이블은 회전하면서 좌우로 직선 운동을 한다.
③ 커터가 위아래로 왕복 절삭 운동을 한다.
④ 스퍼 기어와 헬리컬 기어를 깎을 수 있다.

54. 잇수 42개의 기어를 가공할 때, 한줄 호브 1회전에 대한 소재를 설치한 테이블의 회전수는?

① $\frac{1}{21}$ ② $\frac{1}{42}$ ③ 21 ④ 42

55. 가장 정밀한 기어를 만들 수 있는 기계는 어느 것인가?

① 기어 셰이퍼 ② 기어 연삭기
③ 호빙 머신 ④ 밀링 머신

56. 다음 중 기어 절삭이나 연삭 시에 남은 자국을 없애는 것은?

① 기어 셰이퍼 ② 기어 셰이빙
③ 기어 래핑 머신 ④ 기어 모따기 기계

57. 피치원의 지름이 156 mm와 58 mm인 두 기어의 축간 거리는?

① 101 mm ② 105 mm
③ 107 mm ④ 111 mm

해설 평기어의 축간 거리는 두 기어의 피치원 지름을 합한 후에 둘로 나눈 값이다.

$$L=\frac{d_a+d_b}{2}=\frac{156+58}{2}=107\text{mm}$$

정답 » 46. ② 47. ② 48. ① 49. ④ 50. ① 51. ④ 52. ④ 53. ① 54. ② 55. ② 56. ② 57. ③

2-6 정밀 입자 가공 및 특수 가공

1 정밀 입자 가공

(1) 호닝(honing)

보링, 리밍, 연삭 가공 등을 끝낸 원통 내면의 정밀도를 더욱 높이기 위하여 막대 모양의 가는 입자의 숫돌을 방사상으로 배치한 혼(hone)으로 다듬질하는 방법을 호닝(honing)이라 한다.

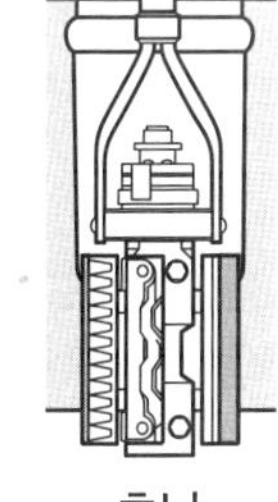
호닝

① 치수 정밀도 : 3~10 μm 정도이며 다듬질 호닝 여유는 0.005~0.025 mm이다.

② 사용 숫돌 : GC 또는 WA의 숫돌 재질로 열처리강에는 J~M, 연강에는 K~N, 주철, 황동에는 J~N 정도의 결합도가 쓰인다.

③ 호닝 속도 : 원주 속도는 40~70 m/min이고, 왕복 속도는 원주 속도의 $\frac{1}{2}$~$\frac{1}{5}$ 정도이다.

④ 호닝 연삭액 : 등유에 돼지기름을 섞은 것 또는 황을 첨가한 것을 사용한다.

(2) 슈퍼 피니싱(super finishing)

숫돌 입자가 작은 숫돌로 일감을 가볍게 누르면서 축방향으로 진동을 주는 것으로 변질층 표면 깎기, 원통 외면, 내면, 평면을 다듬질할 수 있다.

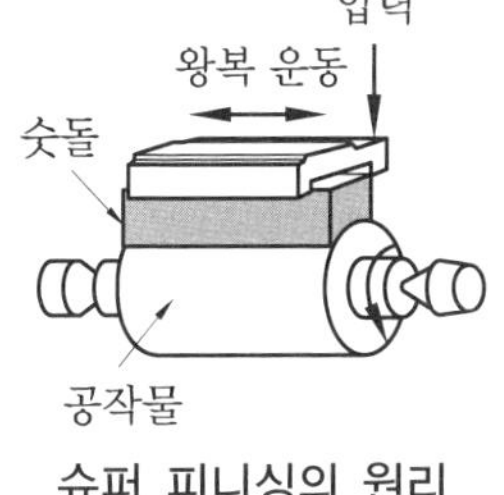

슈퍼 피니싱의 원리

① 특징 : 연삭 흠집이 없는 가공을 할 수 있다.

② 숫돌의 나비 및 길이 : 나비는 일감 지름의 60~70 % 정도이며 길이는 일감의 길이와 같은 정도로 한다.

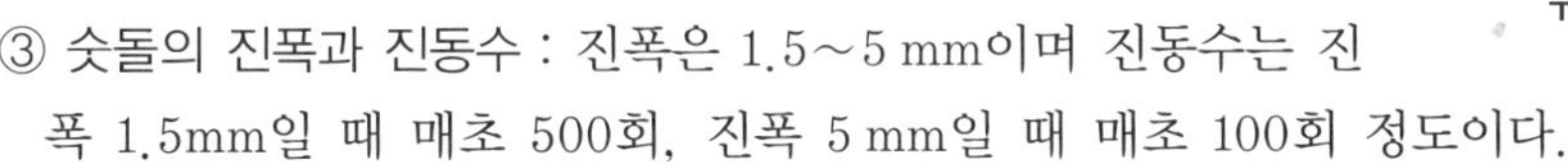
③ 숫돌의 진폭과 진동수 : 진폭은 1.5~5 mm이며 진동수는 진폭 1.5mm일 때 매초 500회, 진폭 5 mm일 때 매초 100회 정도이다.

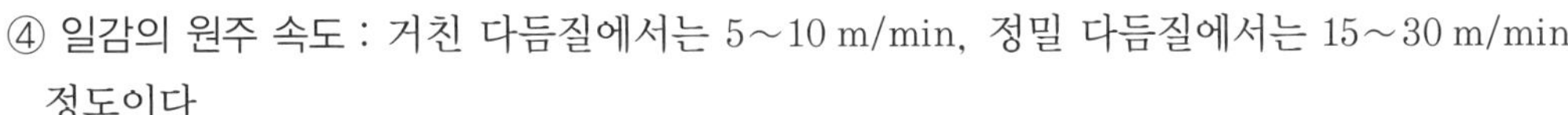
④ 일감의 원주 속도 : 거친 다듬질에서는 5~10 m/min, 정밀 다듬질에서는 15~30 m/min 정도이다.

⑤ 가공 표면 정밀도 : 0.1 μm 정도이며 0.1~0.3 μm 정도가 보통이다.

(3) 랩 작업(lapping)

랩과 일감 사이에 랩제를 넣어 서로 누르고 비비면서 다듬는 방법이다.

래핑 머신

① 랩제 : 랩판의 재료로 탄화규소, 산화알루미늄, 산화철, 다이아몬드 미분 등이 있다.

② 랩 작업

(가) 습식법 : 거친 래핑에 쓰이며 경유나 그리스 기계유, 중유 등에 랩제를 혼합하여 쓴다.

(나) 건식법 : 습식 래핑 후 랩제를 닦아낸 다음 랩에 박힌 랩제만으로 가공한다. 절삭량이 극히 적고 높은 정밀도 가공이 가능하며 표면의 조도가 매우 높다.

③ 특징 : 정밀도가 향상되며, 다듬질면은 내식성, 내마멸성이 높다.

④ 래핑 여유는 0.01~0.02 mm 정도, 가공 표면 거칠기는 0.025~0.0125 μm 정도, 랩은 저속에서 가공이 빠르며, 고속에서 면이 아름답다.

2 특수 가공

(1) 전해 연마(electrolytic polishing)

전해액에 일감을 양극으로 전기를 통하면 표면이 용해 석출되어 공작물의 표면이 매끈하도록 다듬질하는 것을 말한다.

① 장점

(가) 가공 표면의 변질층이 생기지 않는다.

(나) 복잡한 모양의 연마에 사용한다.

(다) 광택이 매우 좋으며, 내식성·내마멸성이 좋다.

(라) 면이 깨끗하고 도금이 잘 된다.

(마) 설비가 간단하고 시간이 짧으며 숙련이 필요 없다.

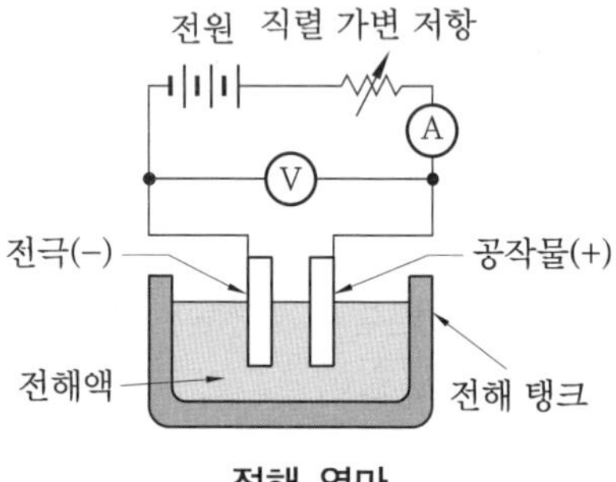

전해 연마

② 단점

(가) 불균일한 가공 조직이 발생된다.

(나) 두 종류 이상의 재질은 다듬질이 곤란하다.

(다) 연마량이 적어 깊은 상처는 제거하기가 곤란하다.

③ 용도 : 드릴 홈, 주사침, 반사경, 시계의 기어 등의 연마에 응용된다.

(2) 전해 연삭

전해 연마에서 나타난 양극 생성물을 연삭 작업으로 갈아 없애는 가공법을 전해 연삭(electrolytic grinding)이라 한다.

① 초경합금 등 경질 재료 또는 열에 민감한 재료 등의 가공에 적합하다.

② 평면, 원통, 내면 연삭도 할 수 있다.

③ 가공 변질이 적고 표면 거칠기가 좋다.

전해 연삭

(3) 화학적 가공

① 화학 연마 : 공작물의 전면을 일정하도록 용해하여 두께를 얇게 하거나, 표면의 작은 요철부의 오목부를 녹이지 않고 볼록부를 신속히 용융시키는 방법으로 경험과 숙련이 필요하다. 화학 연마가 가능한 금속은 구리, 황동, 니켈, 모넬 메탈, 알루미늄, 아연 등이다.

② 용삭 가공

(가) 일감을 가공액에 넣어 녹여내는 가공법이며 녹이지 않을 부분에는 방식 피막으로 씌워야 한다.

(나) 가공액 : 염화제이철, 인산, 황산, 질산, 염산 등이 이용된다.

(다) 방식 피막액 : 네오프렌, 경질염화비닐, 에폭시 레진이 들어 있는 래커를 사용한다.

(라) 가공법 : 잘라내기, 살빼기, 눈금새기기 등의 방법이 있다.

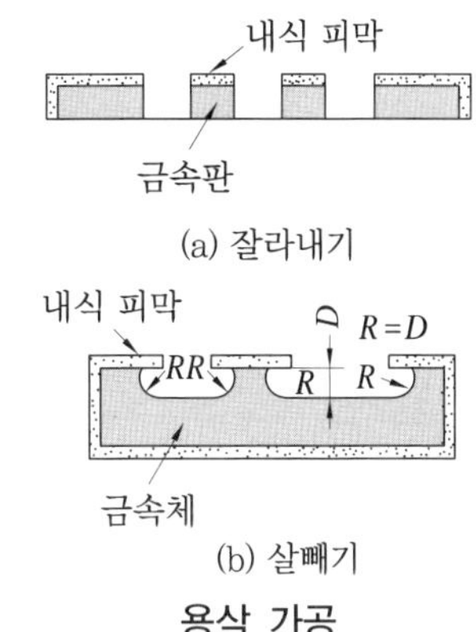

용삭 가공

(4) 버핑(buffing)

직물, 피혁, 고무 등으로 만든 원판 버프를 고속 회전시켜 광택을 내는 가공법으로 복잡한 모양도 연마할 수 있으나 치수, 모양의 정밀도는 더 이상 좋게 할 수 없다.

(5) 액체 호닝(liquid honing)

압축 공기를 사용하여 연마제를 가공액과 함께 노즐을 통해 고속 분사시켜 일감 표면을 다듬는 가공법으로 장점은 다음과 같다.

① 단시간에 매끈하고 광택이 없는 다듬질면을 얻을 수 있다.
② 피닝 효과가 있고 피로한계를 높일 수 있다.
③ 복잡한 모양의 일감에 대해서도 간단히 다듬질할 수 있다.
④ 일감 표면에 잔류하는 산화피막과 거스러미를 간단히 제거할 수 있다.

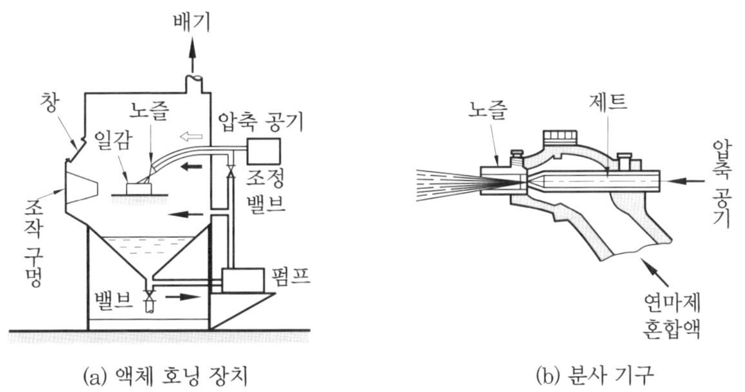

액체 호닝의 분사 기구와 그 장치

(6) 방전 가공(electric spark machining)

일감과 공구 사이 방전을 이용해 재료를 조금씩 용해하면서 제거하는 가공법이다.

① 가공 재료 : 초경합금, 담금질강, 내열강 등의 절삭 가공이 곤란한 금속을 쉽게 가공할 수 있다.
② 가공액 : 기름, 물, 황화유
③ 가공 전극 : 구리, 황동, 흑연

(7) 초음파 가공(supersonic waves machining)

초음파 진동수로 기계적 진동을 하는 공구와 공작물 사이에 숫돌 입자, 물 또는 기름을 주입하면 숫돌 입자가 일감을 때려 표면을 다듬는 방법이다.

① 표면 거칠기 : 1 μm, 10 μm과 0.2 μm 이하로 쉽게 가공할 수 있다.

② 공구의 재질 : 황동, 연강, 피아노선, 모넬 메탈(monel metal)

③ 정압력의 크기 : 200～300 N/mm^2

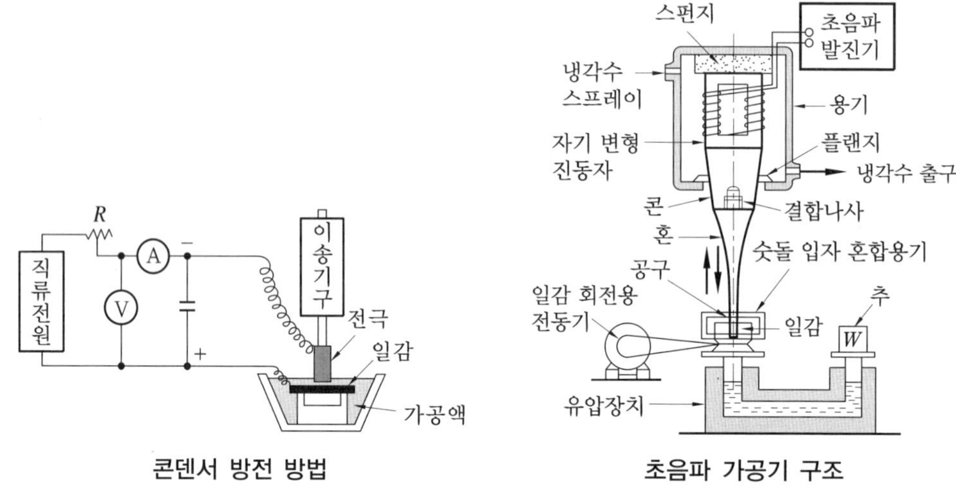

콘덴서 방전 방법 초음파 가공기 구조

(8) 입자 벨트 가공

① 숫돌 입자 : 주철에는 A, 강철에는 WA, 비금속에는 C, 초경합금에는 GC 입자를 사용한다.

② 숫돌 입도 : 거친 가공은 100번 이하, 정밀 다듬질은 200～400번 정도이다.

③ 벨트 속도 : 1000～2000 m/min

(9) 쇼트 피닝(shot peening)

① 쇼트 볼을 가공면에 고속으로 강하게 두드려 금속 표면층의 경도와 강도 증가로 피로한계를 높여주는 가공법이며, 피닝 효과라 한다.

② 스프링, 기어, 축 등 반복 하중을 받는 기계 부품에 효과적이다.

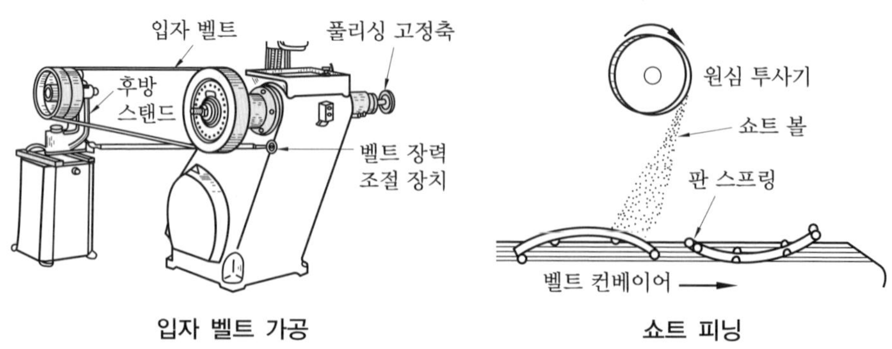

입자 벨트 가공 쇼트 피닝

(10) 기타 특수 가공

① 폴리싱 : 미세한 연삭 입자를 부착한 목재, 피혁, 직물 등으로 만든 바퀴로 공작물의 표면을 연마한다. 폴리싱은 버핑에 선행한다.

② 버니싱(burnishing) : 1차로 가공된 구멍보다 다소 큰 강철 볼을 구멍에 압입하여 통과시켜 구멍 표면의 거칠기와 정밀도, 피로한도를 높이고 부식저항을 증가시킨다.

③ 배럴(barrel) 가공 : 회전하는 상자에 공작물과 공작액, 콤파운드 등을 함께 넣어 공작물이 입자와 충돌하는 동안에 그 표면의 요철을 제거하여 공작물 표면을 매끄럽게 한다.

예상문제

1. 호닝 머신에서 내면 가공 시 공작물에 대해 혼은 어떤 운동을 하는가?

① 직선 왕복 운동
② 회전 운동
③ 상하 운동
④ 회전 및 직선 왕복 운동

2. 다음 중 연삭제(Al_2O_3, SiC)를 사용하지 않고 가공하는 기계는?

① 호닝 머신 ② 연삭기
③ 래핑 머신 ④ 호빙 머신

3. 다음 중 호닝의 다듬질 가공 여유로 적당한 것은?

① 0.005~0.025 mm
② 0.025~0.05 mm
③ 0.05~0.1 mm
④ 0.1~0.3 mm

4. 호닝 작업의 특징이 아닌 것은?

① 전 가공에서 나타난 테이퍼, 진원도는 수정할 수 없다.
② 최소의 발열과 변형으로 신속한 정밀 가공을 한다.
③ 표면 정밀도를 향상시킬 수 있다.
④ 크기를 정확히 조절할 수 있다.

5. 호닝의 원주 속도는 얼마인가?

① 15~30 m/min ② 40~70 m/min
③ 70~80 m/min ④ 80~95 m/min

6. 슈퍼 피니싱에 주로 쓰이는 연삭액은?

① 머신유 ② 올리브유
③ 경유 ④ 스핀들유

7. 가공면에 기름숫돌을 접촉시킨 후 진동을 주어 가공하는 방법은?

① 호닝 ② 래핑
③ 슈퍼 피니싱 ④ 버핑

8. 슈퍼 피니싱의 최대 가공 정도는?

① 0.1 μm까지 ② 0.5 μm까지
③ 0.8 μm까지 ④ 1.0 mm까지

9. 래핑에 대한 설명 중 잘못된 것은?

① 랩은 공작물보다 부드러워야 한다.
② 랩은 치밀해야 한다.
③ 랩 작업 시 서서히 압력을 주며 작업한다.
④ 랩은 표면이 약간 굴곡이 있어야 한다.

정답 » 1. ④ 2. ④ 3. ① 4. ① 5. ② 6. ③ 7. ③ 8. ① 9. ④

해설 랩은 랩제를 유지하는 역할을 하는데, 표면 형상이 정확하여 공작물에 접촉 상태가 좋아야 한다.

10. 랩(lap) 공구는 어떤 것을 사용하는가?
① 공작물보다 단단한 것
② 공작물보다 경도가 낮은 것
③ 공작물보다 전도율이 높은 것
④ 공작물보다 큰 것

11. 랩 정반의 재질은?
① 주철 ② 고급 주철
③ 강 ④ 특수강

12. 다음 중 가공 후 가장 높은 정밀도를 얻을 수 있는 것은?
① 호닝 ② 슈퍼 피니싱
③ 래핑 ④ 버핑

13. 습식 래핑 여유는 어느 정도인가?
① 0.01~0.02 mm
② 0.05~0.07 mm
③ 0.1~0.2 mm
④ 0.5~1 mm

14. 전해 연마의 설명 중 맞는 것은?
① 숫돌이나 숫돌 입자를 사용한다.
② 전기 도금법을 말한다.
③ 교류를 사용하여 연마한다.
④ 인산이나 황산 등의 전해액 속에서 전기 도금의 반대 방법으로 한다.

15. 공작물을 양극으로 하고, 불용해성 Pb, Cu를 음극으로 하여 전해액 속에 넣으면 공작물 표면이 전기 분해되어 매끈한 면을 얻을 수 있는 방법은?
① 전해 연삭 ② 전해 가공
③ 방전 연삭 ④ 방전 가공

16. 금속 표면을 도금하는 방법과 반대되는 가공 방법은?
① 전해 연삭 ② 화학 연마
③ 초음파 가공 ④ 방전 가공

17. 다음 중 전해 연마할 때 사용하는 전해액으로 틀린 것은?
① 인산 ② 황산
③ 과염소산 ④ 초산

해설 전해 연마 시 사용하는 전해액으로는 과염소산($HClO_4$), 황산(H_2SO_4), 인산(H_3PO_4), 청화 알칼리, 불산 등이 있다.

18. 전해 연삭의 장점이 아닌 것은??
① 가공 속도가 크다.
② 복잡한 면의 정밀 가공이 가능하다.
③ 가공에 의한 표면 균열이 생기지 않는다.
④ 치수 정밀도가 좋지 않다.

19. 용삭 가공에서 녹이지 않을 부분에는 어떻게 해야 하는가?
① 진흙을 바른다.
② 아연을 입힌다.
③ 방식 피막을 한다.
④ 염산에 담근다.

20. 용삭 가공법으로 할 수 없는 가공은 어느 것인가?
① 잘라내기 ② 구멍뚫기
③ 살빼기 ④ 눈금새기기

21. 초음파 가공에서 연삭 입자의 재질로 사용하지 않는 것은
① 알루미나
② 산화동
③ 탄화규소
④ 산화알루미늄

정답 » 10. ② 11. ② 12. ③ 13. ① 14. ④ 15. ② 16. ① 17. ④ 18. ④ 19. ③ 20. ② 21. ②

22. 초음파 가공의 혼 끝에 붙인 공구의 재질로서 알맞지 않은 것은?

① 주철 ② 황동
③ 모넬 메탈 ④ 피아노선

해설 초음파 가공에서 공구 재질은 황동, 연강, 피아노선, 모넬 메탈 등이 쓰인다.

23. 다음 중 방전 가공 시 전극 재질의 구비 조건이 아닌 것은?

① 방전 시 안정성이 있을 것
② 가공하기가 쉬울 것
③ 전극 소모가 많을 것
④ 가공 정밀도가 높을 것

24. 다음 작업 중 복잡하고 작은 물건을 다량으로 연마하는 데 가장 적합한 것은?

① 벨트 연마
② 버프 연마
③ 배럴 연마
④ 랩 연마

25. 다음 중 버핑(buffing)의 사용 목적이 아닌 것은?

① 녹 제거
② 공작물 표면의 광택을 내기 위하여
③ 치수 정밀도를 높이기 위하여
④ 공작물 표면을 매끈하게 하기 위하여

26. 스프링이나 기어와 같이 반복 하중을 받는 기계 부품의 끝가공에 이용되는 것은 어느 것인가?

① 액체 호닝
② 쇼트 피닝
③ 버니싱
④ 전해 연삭

27. 쇼트 피닝 가공을 하면 어떤 이점이 있는가?

① 가공 시간이 단축된다.
② 가공면에 광택이 생긴다.
③ 경도와 피로강도가 증가한다.
④ 정밀한 치수를 얻을 수 있다.

28. 주로 공작물 구멍 내면에 강구 또는 초경 볼을 압입하여 구멍 표면을 매끈하게 다듬는 가공법은?

① 방전 가공 ② 버니싱
③ 액체 호닝 ④ 폴리싱

29. 액체 호닝에 대한 설명 중 틀린 것은?

① 짧은 시간에 광택이 나지 않는 매끈한 면을 얻을 수 있다.
② 피닝 효과가 있고 공작물의 피로한도를 높일 수 있다.
③ 복잡한 모양의 공작물은 다듬질이 곤란하다.
④ 공작물 표면의 산화막과 거스러미를 간단히 제거할 수 있다.

30. 액체 호닝에서 연삭제와 가공액과의 혼합비는 어느 정도로 하는가?

① 1 : 1 ② 1 : 2
③ 1 : 4 ④ 1 : 10

31. 호닝 작업에서 혼의 길이는 공작물 길이의 얼마 이하로 하는 것이 원칙인가?

① $\frac{1}{2}$ ② $\frac{1}{4}$
③ $\frac{1}{6}$ ④ $\frac{1}{10}$

정답 » 22. ① 23. ③ 24. ③ 25. ③ 26. ② 27. ③ 28. ② 29. ③ 30. ② 31. ①

2-7 CNC 공작기계 및 기타 기계 가공법

1 NC의 원리

(1) NC의 정의 및 발달 과정

NC란 Numerical Control의 약자로서 수치 제어란 뜻으로 KS B 0125에 규정되어 있으며 숫자나 기호로써 정보를 매개 수단으로 하여 기계의 운전을 자동 제어하는 것을 말한다.

즉, NC 파트 프로그램을 컴퓨터 또는 수동으로 수치 정보(coded-data)를 정보 처리 회로에서 읽어 지령 펄스열로 변환하고, 이 지령 펄스에 따라 서보 기구를 작동시켜서 NC 기계가 자동적으로 가공하도록 한 것이다.

따라서 지금까지 손으로 작동하던 기계의 조작이 자동화될 뿐만 아니라, 사람의 조직으로 매우 곤란하였던 복잡한 형태의 가공이 용이하게 되었다.

NC의 발달 과정을 4단계로 분류하면 다음과 같다.

① 제1단계 : 공작기계 1대를 NC 1대로 단순 제어하는 단계(NC)

② 제2단계 : 공작기계 1대를 NC 1대로 제어하며 복합 기능을 수행하는 단계(CNC)

③ 제3단계 : 여러 대의 공작기계를 컴퓨터 1대로 제어하는 단계(DNC)

④ 제4단계 : 여러 대의 공작기계를 컴퓨터 1대로 제어하며 생산 관리를 수행하는 단계(FMS)

(2) NC 시스템의 구성

NC 시스템은 크게 하드웨어(hard ware) 부분과 소프트웨어(soft ware) 부분으로 구성되어 있다. 하드웨어 부분은 공작기계 본체와 제어 장치, 주변장치 등의 구성 부품을 말하며, 일반적으로 본체와 서보기구, 검출 기구, 제어용 컴퓨터, 인터페이스 회로 등이 해당된다.

소프트웨어 부분은 NC 공작기계를 운전하기 위하여 필요한 NC 데이터 테이프 작성에 관한 모든 사항을 포함하며, 일반적으로 프로그래밍 기술과 자동 프로그래밍 컴퓨터 시스템을 말한다. 즉, 소프트웨어란 부품의 가공도면을 NC 장치가 이해할 수 있는 내용으로 변환시키는 과정을 말하며, 보통 NC 카드, 자기 테이프 또는 USB 및 단말 장치를 사용한다.

① 부품 도면 : 기계 가공을 하기 위하여 현장으로 넘어온 설계도를 말한다.

② 가공 계획 : 부품 도면이 가공하는 범위와 파트 프로그래밍 및 NC 가공을 하기 위하여 가공 계획을 세운다.

③ 파트 프로그래밍 : NC 기계를 운반하려면 부품 도면을 NC 기계가 알 수 있도록 정보를 제공해야 하는데, 이 역할은 NC 데이터를 사용하여 정보를 제공한다.

④ 지령 데이터(NC data) : 프로그래밍한 것을 NC 기계에 입력시키기 위한 하나의 수단으로서 일종의 지령이다. 지령 데이터에는 공구의 경로, 이송 속도, 기타 보조 기능 등이 코드화되어 천공된다.

⑤ 컨트롤러(정보 처리 회로 : controller) : NC 데이터에 기록된 언어(정보)를 받아서 펄스화하여 이 펄스화된 정보를 서보 기구에 전달하여 여러 가지 제어 역할을 한다.

⑥ 서보 기구와 서보 모터(servo-unit and motor) : 마이크로컴퓨터에서 번역 연산된 정보는 다시 인터페이스 회로를 걸쳐서 펄스화되고 이 펄스화된 정보는 서보 기구에 전달되어서 서보 모터를 작동시킨다. 서보 모터는 펄스에 의한 각각의 지령에 의하여 대응하는 회전 운동을 한다. 다음 그림은 NC의 정보 처리 회로와 서보 기구 및 기계와의 관계를 나타낸 것이다.

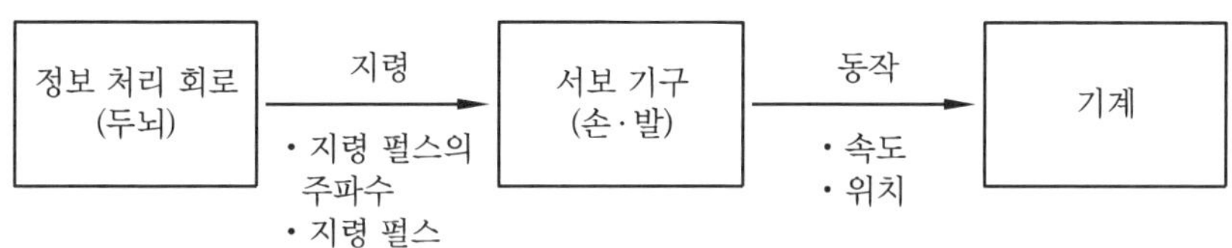

NC의 서보 기구

그림에서 보는 바와 같이 NC 공작기계에서는 범용 공작기계에서 사람의 두뇌가 하던 일을 정보 처리 회로에서 하며, 사람의 손, 발이 하던 일을 서보 기구가 수행한다. 즉, 일반 범용 공작기계에 정보처리 회로와 서보 기구를 결합시킨 것이 NC 공작기계이다.

⑦ 볼 스크루(ball screw) : 서보 모터에 연결되어 있어 서보 모터의 회전 운동을 받아 NC 기계의 테이블을 직선 운동시키는 일종의 나사이다.

⑧ 리졸버(resolver) : NC 기계의 움직임을 전기적인 신호로 표시하는 일종의 회전 피드백 장치이다.

⑨ NC 기계 : 주로 공작기계에 대부분 적용하고 있으며, NC 선반, NC 밀링, NC 와이어 컷, NC 머시닝 센터 등에 이용하고 있다.

(3) NC 가공의 특성

NC 가공은 다품종 소량 생산에 그 이용도가 크다. 일반 범용공작기계에서 치공구를 사용해야 하는 가공품도 경우에 따라서 쉽게 프로그램할 수 있으며, 유연성이 광범위하므로 공장 자동화에도 한 몫을 하고있다.

이러한 NC 가공의 장점은 다음과 같다.

① 생산성이 향상된다.
② 생산 제품의 균일화가 쉽다.
③ 다품종 소량 생산이 용이하다.
④ 제조 원가 및 인건비를 절감할 수 있다.
⑤ 공구 관리비를 절감할 수 있다.
⑥ 공장의 자동화 라인을 쉽게 구축할 수 있다.
⑦ 무인 가공이 가능하다.

(4) 개방 회로 방식

개방 회로 방식(open loop control)은 다음 그림과 같이 구동 전동기로 펄스 전동기를 이용하며, 제어 장치로부터 입력된 펄수 수만큼 움직인다. 검출기나 되먹임 회로가 없으므로 구조가 간단하며, 펄스 전동기의 회전 정밀도와 볼 나사의 정밀도 등에 직접적인 영향을 받는다.

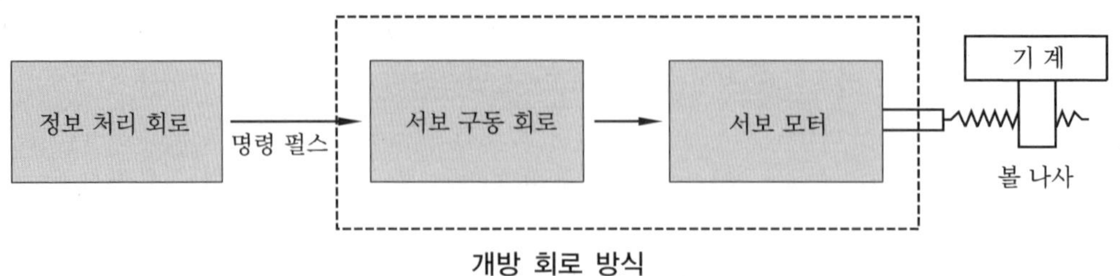

개방 회로 방식

(5) 반 폐쇄 회로 방식

반 폐쇄 회로 방식(semi-closed loop control)은 다음 그림과 같이 위치와 속도의 검출을 서보 모터의 축이나 볼나사의 회전 각도로 검출하는 방식이다. 최근에는 고정밀도의 볼나사 생산과 뒷틈 보정 및 피치 오차 보정이 가능하게 되어 대부분의 수치 제어 공작기계에서 이 방식을 채택하고 있다.

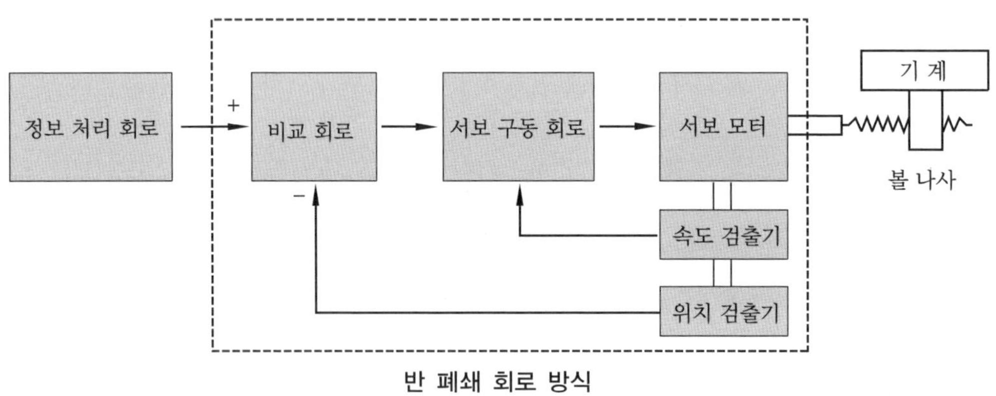

반 폐쇄 회로 방식

(6) 폐쇄 회로 방식

폐쇄 회로 방식(closed loop control)은 다음 그림과 같이 기계의 테이블 등에 직선자(linear scale)를 부착해 위치를 검출하여 되먹임하는 방식이다. 이 방식은 높은 정밀도를 요구하는 공작기계나 대형의 기계에 많이 이용한다.

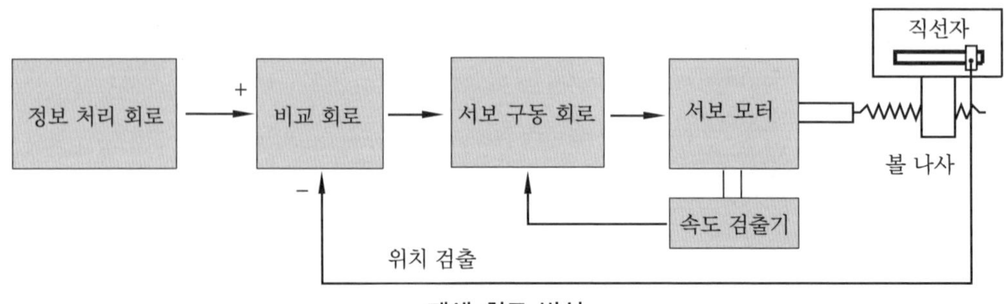

폐쇄 회로 방식

(7) 하이브리드 서보 방식

다음 그림과 같이 반 폐쇄 회로 방식과 폐쇄 회로 방식을 혼합하여 사용한 방식으로 높은 정밀도가 요구되며, 공작기계의 중량이 커서 기계의 강성을 높이기 어려운 경우와 안정된 제어가 어려운 경우에 많이 이용된다. 그림에서 시뮬레이터부에는 폐쇄 회로 방식의 되먹임과 반 폐쇄 회로 방식의 되먹임의 차를 보정하는 회로를 가지고 있다.

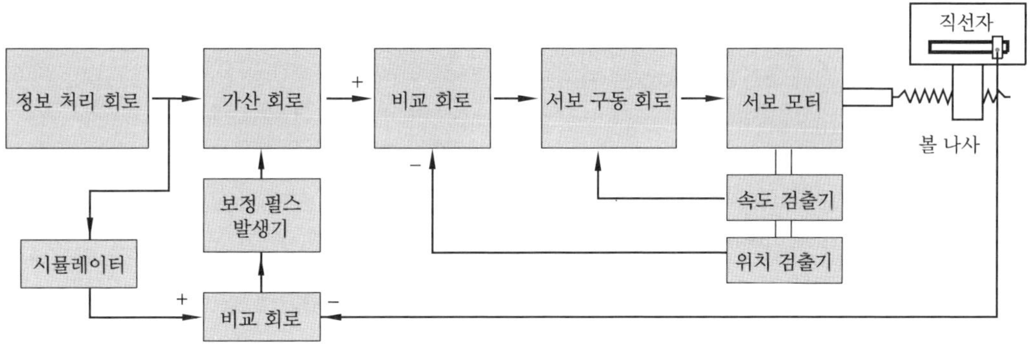

하이브리드 서보 방식

예상문제

1. 다음 중 직선 보간이나 원호 보간 등에 쓰이는 보간법이 아닌 것은?

① MIT 방식
② DDA 방식
③ 증분 절대 좌표 방식
④ 대수 연산 방식

2. NC에 사용되는 서보 기구의 위치 검출을 어떻게 하느냐에 따라 분류한 방식으로 볼 수 없는 것은?

① 반 폐쇄 회로(semi-closed loop) 방식
② 리졸버(resolver) 방식
③ 하이브리드 서보(hybrid servo) 방식
④ 폐쇄 회로(close loop) 방식

3. 다음 중 NC 공작기계를 사용함으로써 더욱 두드러지는 생산 방식은?

① 다종 소량생산　② 소종 다량생산
③ 단종 다량생산　④ 단종 소량생산

해설 NC 공작기계는 일반적으로 다종 소량생산 및 항공기 부품과 같이 복잡한 형상의 부품 가공에 유리하다.

4. 절삭 가공 시 가공물과 공구와의 상대 속도를 지정하는 기능은?

① 준비 기능(G 기능)
② 이송 기능(F 기능)
③ 주축 기능(S 기능)
④ 보조 기능(M 기능)

해설 이송 기능(F)은 NC 공작기계에서 가공물과 공구와의 상대 속도를 지정하는 기능으로 일반적으로 NC 선반에서는 mm/rev 단위를, NC 머시닝 센터에서는 mm/min 단위를 사용한다.

정답 » 1. ③ 2. ② 3. ① 4. ②

5. 주축의 회전수를 지정하는 기능은?
① 준비 기능(G 기능)
② 이송 기능(F 기능)
③ 주축 기능(S 기능)
④ 보조 기능(M 기능)

해설 주축 기능(S)은 주축의 회전수를 지령하는 기능으로 선반에서는 공구의 인선 위치에 따라서 일정한 절삭 속도가 되도록 회전수를 제어하는 공작물 원주 속도 일정 제어에 사용되기도 한다.

6. 한 개 또는 두 개의 블록 내의 정보에 의하여 공구의 운동을 원호에 따르도록 제어하는 윤곽 제어는?
① 원호 보간(G02) ② 위치 결정(G00)
③ 직선 보간(G01) ④ 드웰(G04)

해설 원호 보간(circular interpolation) 기능은 공구의 원호에 따라 움직이도록 하는 윤곽 제어이다. G02는 시계 방향(CW)의 원호 보간 지령이며, G03은 반시계 방향(CCW)의 원호 보간 지령이다.

7. 블록에 있어 제어 기능의 종류를 지시하며 그 기능을 발휘하기 위해 준비를 완료하는 기능은?
① 준비 기능(G 기능)
② 이송 기능(F 기능)
③ 주축 기능(S 기능)
④ 보조 기능(M 기능)

해설 준비 기능(G)은 NC 지령 블록의 제어 기능을 준비시키기 위한 기능으로 G 다음에 2자리의 숫자를 붙여 지령한다(G00~G99).

8. G코드 중 입력 자료가 인치(inch) 단위인지 메트릭(metric) 단위인지를 지령하기 위한 코드는?
① G00, G01 ② G02, G03
③ G20, G21 ④ G96, G97

해설 • G00 : 급속 위치 결정
• G02, G03 : 원호 보간
• G96 : 절삭속도 일정 제어
• G97 : 절삭속도 일정 제어 취소
• G20 : 인치 입력
• G21 : 메트릭 입력

9. 수치 제어 장치를 이용한 최초 NC 공작기계는?
① 선반 ② 밀링
③ 드릴링 머신 ④ 와이어 컷

해설 밀링에 수치 제어 장치를 설치한 것이 최초의 진공관식 NC 공작기계이다.

10. NC 공작기계에 있어서 범용 공작기계에서 사람의 두뇌가 하던 일을 하는 것은?
① 서보(servo) 기구 ② 정보 처리 회로
③ 연산 회로 ④ 비교 회로

해설 NC 공작기계에서는 범용 공작기계에서 사람의 두뇌가 하던 일을 정보 처리 회로에서 하며 사람의 손, 발이 하던 일을 서보 기구가 수행한다.

11. 다음 중 NC의 장점이 아닌 것은?
① 리드 타임이 단축된다.
② 품질의 균일성이 유지된다.
③ 형상이 복잡한 부품 가공에 유리하다.
④ 다품종 다량 생산에 유리하다.

해설 NC 가공의 장점
(1) 생산성이 향상된다.
(2) 생산 제품의 균일화가 쉽다.
(3) 다품종 소량 생산이 용이하다.
(4) 제조 원가 및 인건비를 절감할 수 있다.
(5) 공구 관리비를 절감할 수 있다.
(6) 공장의 자동화 라인을 쉽게 구축할 수 있다.
(7) 무인 가공이 가능하다.

12. NC 기계의 움직임을 전기적인 신호로 표시하는 회전 피드백 장치는?
① 볼 스크루 ② 리졸버
③ 컨트롤러 ④ 서보 기구

정답 » 5. ③ 6. ① 7. ① 8. ③ 9. ② 10. ② 11. ④ 12. ②

해설 볼 스크루(ball screw)는 NC 기계의 테이블을 직선 운동시키는 일종의 나사로서 정밀도가 높다. 컨트롤러(controller)는 NC 정보를 펄스화시켜 서보 기구에 전달하여 여러 가지 제어를 한다.

13. 기계의 테이블에 직접 검출기를 설치하여 위치를 검출하여 피드백시키는 방법은?

① 폐쇄 회로 방식
② 하이브리드 방식
③ 개방 회로 방식
④ 반 폐쇄 회로 방식

해설 폐쇄 회로 방식과 반 폐쇄 회로 방식은 검출기 위치만 다르다. 또한 하이브리드 방식은 리졸버에 의한 반 폐쇄 회로 제어계와 직선 스케일에 의한 폐쇄 회로 제어계의 혼합 방식이다.

14. NC의 발달 과정을 4단계로 분류한 것 중 맞는 것은?

① NC – CNC – DNC – FMS
② CNC – NC – DNC – FMS
③ NC – CNC – FMS – DNC
④ CNC – NC – FMS – DNC

15. 서보 기구 중 가장 높은 정밀도를 얻을 수 있는 방식은?

① 개방 회로 방식
② 반 개방 회로 방식
③ 반 폐쇄 회로 방식
④ 하이브리드 서보 방식

해설 개방 회로 방식은 정밀도가 낮아 거의 사용하지 않으며, 일반적으로 반 폐쇄 회로 방식이 많이 사용된다.

16. NC에서 최소 설정 단위의 부호는 어느 것인가?

① CPU ② BLU ③ BPI ④ BIM

해설 최소 설정 단위(BLU)란 NC 기계에 대한 이동 지령이 최소로 얼마까지 가능한가를 표시해 주는 단위이다.

17. 정보 처리 지령에 의하여 NC 기계를 움직이는 기구는?

① 직류 모터 ② 교류 모터
③ 자기 모터 ④ 서보 모터

해설 서보 모터는 움직임을 지령하면 제어 계측 회로에 의해 정확하게 움직일 수 있는 모터이다.

18. NC 공작기계에 있어서 백 래시(back lash)의 오차를 줄이기 위해 사용하는 NC 기구는?

① 리드 스크루 ② 볼 스크루
③ 세트 스크루 ④ 유니파이 스크루

해설 볼 스크루(ball screw)는 마찰이 적고 또 너트를 조정함으로써 백 래시를 거의 0에 가깝도록 할 수 있다.

19. 10진수의 26을 2진수로 나타내면 얼마인가?

① 11010 ② 10010
③ 11001 ④ 10100

해설 26을 2로 나누어 간다.

2) 26
2) 13……0
2) 6 ……1
2) 3 ……0
1 ……1

$26_{(10)} = 11010_{(2)}$

20. 대형 기계에서 고 정밀도가 요구될 때 사용하는 정보 처리 회로는?

① 개방 회로 방식
② 폐쇄 회로 방식
③ 반 폐쇄 회로 방식
④ 하이브리드 서보 방식

해설 하이브리드 서보 방식은 반 폐쇄 회로와 폐쇄 회로를 합한 방식으로 조건이 좋지 않은 기계에서 고 정밀도를 필요로 할 때 사용된다.

정답 » 13. ① 14. ① 15. ④ 16. ② 17. ④ 18. ② 19. ① 20. ②

21. 다음은 NC 기계의 정보 흐름을 적은 것이다. 맞는 것은?

① 컴퓨터 – NC 데이터 – 서보 기구 – NC 기계
② 서보 기구 – 컴퓨터 – NC 데이터 – NC 기계
③ NC 데이터 – 컴퓨터 – NC 기계 – 서보 기구
④ NC 데이터 – NC 기계 – 컴퓨터 – 서보 기구

22. 다음 중 block이 끝나는 것을 나타내는 것은?

① EOB ② PEND
③ AEND ④ JOG

해설 EOB는 end of block의 약자로 블록이 끝남을 나타낸다.

23. NC에서 수동으로 데이터를 입력하여 가공하는 방법은?

① TAPE ② MDI
③ EDIT ④ READ

해설 MDI는 manual data input의 약자로 NC 공작기계에서 직접 입력하여 가공하는 방법이다.

24. 여러 대의 공작기계를 1대의 컴퓨터에 결합시켜 제어하는 시스템은?

① CNC ② DNC
③ FMS ④ FA

해설 DNC(direct numerical control)는 여러 대의 공작기계를 1대의 컴퓨터로 군(群) 시스템을 구성함으로써 생산성을 향상시키는 시스템이다.

25. 다음 중 NC용 DC 모터의 특성이 아닌 것은?

① 가감속 특성과 응답성이 우수해야 한다.
② 연속 운전 이외에 빈번한 가감속을 할 수 있어야 한다.
③ 진동이 적고 대형이며 견고해야 한다.
④ 높은 회전각도를 얻을 수 있어야 한다.

해설 DC 모터는 ①, ②, ④ 외에도 큰 출력을 낼 수 있어야 하고 넓은 속도 범위에서 안정한 속도 제어가 이루어져야 하며 온도 상승이 적고 내열성이며 소형이어야 한다.

26. 다음 중 NC 선반의 본체가 아닌 부분은?

① 헤드 스톡 ② 서보 모터
③ 이송 장치 ④ 공구대

해설 NC 선반의 서보 모터는 NC 장치이다.

27. 서보 기구에서 볼 스크루의 피치가 6 mm일 때, 지령 펄스에 의해 0.03 mm만큼 움직인다면 볼 스크루에 필요한 회전 각도는 얼마인가?

① 0.6° ② 1.2°
③ 1.5° ④ 1.8°

해설 $360° \times \frac{\text{이동량}}{\text{볼 스크루의 피치}}$

$= 360° \times \frac{0.03}{6} = 1.8°$

28. NC 공작기계에서 공구의 최종 위치만을 제어하는 기능을 가진 것은?

① 위치 결정 제어
② 위치 결정 직선 제어
③ 윤곽 절삭 제어
④ 중심 절삭 제어

29. NC 공작기계 중에서 위치 결정 제어 기능만을 가진 것은?

① 드릴 ② 선반
③ 밀링 ④ 셰이퍼

30. 윤곽 절삭 제어 기능을 이용하고 있는 NC 공작기계는?

① 드릴 ② 선반
③ 밀링 ④ 셰이퍼

정답 » 21. ① 22. ① 23. ② 24. ② 25. ③ 26. ② 27. ④ 28. ① 29. ① 30. ③

2 NC 프로그래밍

(1) 프로그래밍의 정의

보통 공작기계에서 기계의 조작은 작업자가 하므로 기계만 있으면 그것으로 충분하다. 그러나 NC 공작기계에서는 기계의 동작이 거의 자동적이기 때문에 그 동작 지령은 NC 데이터에 의해 주어진다. 따라서 NC 데이터가 없으면 NC 공작기계는 움직이지 않는다.

이와 같이 NC 공작기계를 사용할 때는 부품 도면으로부터 NC 데이터를 작성하는 새로운 작업이 필요해진다. 이 작업을 파트 프로그래밍이라 하며, 파트 프로그래밍을 하는 사람을 파트 프로그래머라 한다.

다음 그림은 NC 가공에 있어서 정보의 흐름을 나타낸 것이다.

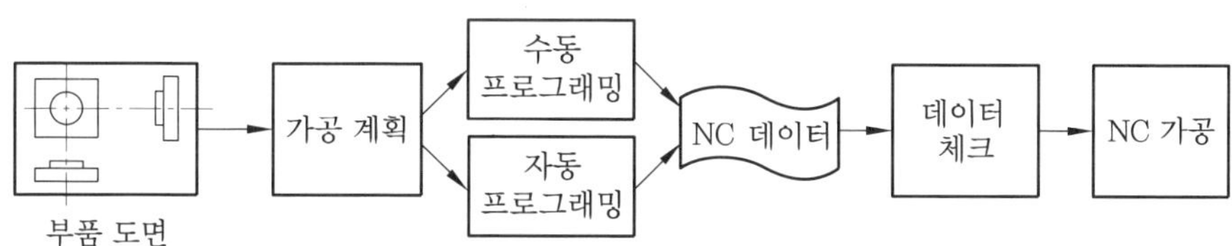

NC 가공에 있어서 정보의 흐름

(2) 프로그램의 작성

NC 기계는 프로그램 지령에 의해 공구대가 이동하는데, 이 프로그램에 공구 이동 경로와 절삭 조건을 부여한다. 프로그램 작성 순서는 다음과 같다.

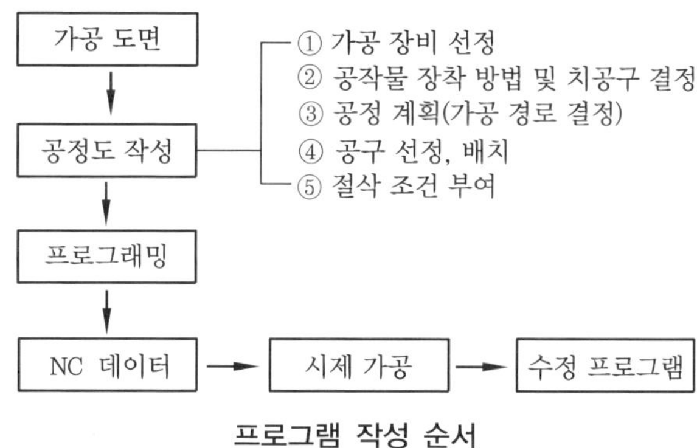

프로그램 작성 순서

(3) 프로그램의 구성

① 블록(block) : 몇 개의 단어(word)로 이루어지며 하나의 블록은 EOB(end of block)로 구별되고 한 블록에서 사용되는 최대 문자수는 제한이 없다. 다음 그림은 블록과 블록의 구분을 보여 주고 있다.

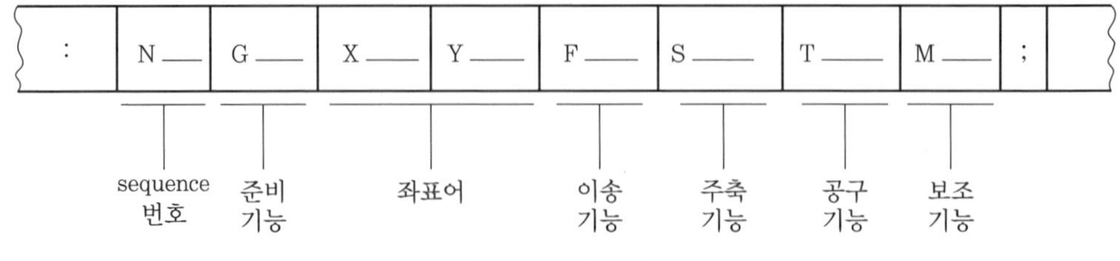

프로그램 블록

※ EOB는 ";"로 표기한다.

② 단어(word) : 블록을 구성하는 가장 작은 단위가 단어이며 주소와 수치로 구성된다.

X　　　300000
주소　　　수치
└──단어──┘

CNC 선반 기본 어드레스

어드레스	기능	의미
O	프로그램 번호	프로그램 번호
N	시퀀스 번호	시퀀스 번호
G	준비기능	동작의 조건을 지정
X, Z, U, W	좌표어	좌표축의 이동 지령
R	원호의 반경 좌표어	원호 반경
I, K	좌표어	좌표어
C	좌표어	면취량
F	이송 기능	이송속도의 지정
S	주축 기능	주축 회전속도 지정
T	공구 기능	공구번호, 공구보정번호 지정
M	보조 기능	기계의 보조장치 ON/OFF 제어 지령
P, U, X	정지시간 지정	정지시간 지정
P	보조프로그램 호출번호	보조프로그램 번호 및 횟수 지정
P, Q, R	파라메타	고정 사이클 파라메타

머시닝 센터 기본 어드레스

어드레스	기 능	의미
O	프로그램 번호	프로그램 번호
N	시퀀스 번호	시퀀스 번호
G	준비기능	동작의 조건을 지정

X, Z, U	좌표어	좌표축의 이동 지령
A, B, C	좌표어	부가축의 이동 지령
R	원호의 반경 좌표어	원호 반경
I, J, K	원호의 중심 좌표어	원호 중심까지의 거리
F	이송 기능	이송속도의 지정
S	주축 기능	주축 회전속도 지정
T	공구 기능	공구번호, 공구보정번호 지정
M	보조 기능	기계의 보조장치 ON/OFF 제어 지령
H, D	보정번호 지정	공구길이, 공구경 보정번호
P, X	정지시간 지정	정지시간 지정
P	보조프로그램 호출번호	보조프로그램 번호 및 횟수 지정
P, Q, R	파라메타	고정 사이클 파라메타

(4) 지령절 개요

NC 지령의 블록을 구성하는 준비 기능(C기능)과 보조 기능(M기능)은 NC 기계의 기본적인 성질을 나타낸다.

KS에서는 이와 같은 기능에 대해서 다음과 같이 정하고 있다.

① 준비 기능 및 보조 기능은 각각 어드레스 G 및 M에 연달아 2자리 숫자 코드(G00～G99, M00～M99)로 나타낸다.

② 기능이 지정된 코드는 특별히 지정이 없는 한 다른 기능으로 사용할 수 없다.

③ 규칙에서 '앞으로도 지정하지 않음'이라고 지정된 것은 앞으로도 기능이 지정되지 않음을 의미한다. 그러나 이 코드는 규격으로 지정된 이외의 기능으로는 사용할 수 있다. 다만 이 경우에는 반드시 사용된 코드의 기능을 포맷 사용서에 기재하여 놓아야 한다.

④ 규격으로 '미지정'이라고 제정된 코드는 앞으로 이 규격을 개정할 경우에 기능을 지정할 수가 있다. 이 코드는 '앞으로도 지정하지 않음'으로 제정된 코드와 같이 다른 기능에 사용할 수 있다.

(5) 준비 기능(G)

준비 기능(G : preparation function)은 NC 지령 블록의 제어 기능을 준비시키기 위한 기능으로 G 다음에 2자리의 숫자를 붙여 지령한다(G00～G99). 이 지령에 의하여 제어 장치는 그 기능을 발휘하기 위한 동작을 준비하기 때문에 준비 기능이라 한다.

G코드는 다음의 2가지로 구분한다.

① 1회 유효 G코드(00그룹의 G코드) : 지령된 블록에서만 이 G코드가 의미를 갖는다.

② 연속 유효 G코드(00그룹 이외의 G코드) : 동일한 그룹 내에서 다른 G코드가 나올 때까지 지령된 G코드가 유효하다.

CNC 선반 준비 기능

코드	그룹	기능
G00	01	위치 결정(급속이송)
G01		직선보간(절삭이송)
G02		원호보간 CW
G03		원호보간 CCW
G04	00	드웰(dwell)
G09		Exact stop
G20	06	인치 입력
G21		메트릭 입력
G22	04	stored stroke limit ON
G23		stored stroke limit OFF
G27	00	원점 복귀 check
G28		자동 원점에 복귀
G29		원점으로부터의 복귀
G30		제2기준점으로 복귀
G32	01	나사 절삭
G40	07	공구인선반지름 보정 취소
G41		공구인선반지름 보정 좌측
G42		공구인선반지름 보정 우측
G50	00	가공물 좌표계 설정
G52		지역 좌표계 설정
G53		기계 좌표계 선택
G70		다듬 절삭 사이클
G71		내·외경 황삭 사이클
G72		단면 황삭 사이클
G73		형상 반복 사이클
G74		Z 방향 펙 드릴링
G75		X 방향 홈 파기
G76		나사 절삭 사이클
G90	01	절삭 사이클 A
G92		나사 절삭 사이클
G94		절삭 사이클 B
G96	02	절삭속도 일정 제어
G97		절삭속도 일정 제어 취소
G98	05	분당 이송(mm/min) 지정
G99		회전당 이송(mm/rev) 지정

예 G□□(01~99까지 지정된 2자리수)

```
O0010          ┌── 좌표계 설정(선반)의 준비 기능
N0010  [G50]   X150.0  Z 200.0  S1300  T0100  M41 ;

N0011  [G96]   S130  M03 ;
               └── 주축속도 일정 제어의 준비 기능
```

머시닝 센터 준비 기능

코드	그룹	기능
G00	01	위치 결정(급속이송)
G01		직선보간(절삭이송)
G02		원호보간 CW
G03		원호보간 CCW
G04	00	드웰(dwell)
G09		exact stop
G10		공구 원점 오프셋량 설정
G17	02	XY 평면지정
G18		ZX 평면지정
G19		YZ 평면지정
G20	06	인치 입력
G21		메트릭 입력
G22	04	stored stroke limit ON
G23		stored stroke limit OFF
G27	00	원점 복귀 check
G28		자동 원점에 복귀
G29		원점으로부터의 복귀
G30		제2, 제3, 제4원점에 복귀
G31		skip 기능
G33	01	헬리컬 절삭
G40	07	공구지름 보정 취소
G41		공구지름 보정 좌측
G42		공구지름 보정 우측
G43	08	공구길이 보정 +방향
G44		공구길이 보정 −방향
G49		공구길이 보정 취소
G45	00	공구위치 오프셋 신장

G46	00	공구위치 오프셋 축소
G47		공구위치 오프셋 2배 신장
G48		공구위치 오프셋 2배 축소
G54	12	가공물 좌표계 1번 설정
G55		가공물 좌표계 2번 설정
G56		가공물 좌표계 3번 설정
G57		가공물 좌표계 4번 설정
G58		가공물 좌표계 5번 설정
G59		가공물 좌표계 6번 설정
G60	00	한방향 위치 결정
G61	13	exact stop check mode
G64		연속 절삭mode
G65	00	user macro 단순호출
G66	14	user macro modal 호출
G67		user macro modal 호출 무시
G73	09	peck drilling cycle
G74		역 tapping cycle
G76		정밀 보링 사이클
G80		고정 사이클 취소
G81		drilling cycle, spot boring
G82		counter boring
G83		peck drilling cycle
G84		tapping cycle
G85		boring cycle
G86		boring cycle
G87		back boring cycle
G88		boring cycle
G89		reaming cycle
G90	03	절대값 지령
G91		증분값 지령
G92	00	좌표계 설정
G94	05	분당 이송
G95		회전당 이송
G98	10	초기점에 복귀(고정 cycle)
G99		R점에 복귀(고정 cycle)

(6) 보조 기능(M)

보조 기능(M : miscellaneous function)은 NC 공작기계가 여러 가지 동작을 행할 수 있도록 하기 위하여 서보 모터를 비롯한 여러 가지 구동 모터를 ON/OFF하고 제어 조정하여 주는 것으로 지령 방법은 M 다음에 2자리 숫자를 붙여서 사용한다(M00～M99).

CNC 선반 보조 기능

코드	기능 내용
M00	프로그램 정지
M01	옵셔널(optional) 정지
M02	프로그램 종료
M03	주축 시계방향 회전(CW)
M04	주축 반시계방향 회전(CCW)
M05	주축 정지
M06	공구 교환
M07	냉각제(coolant) 2
M08	냉각제(coolant) 1
M09	냉각제(coolant) 정지
M10	클램프 1(index clamp)
M11	언클램프 1(index unclamp)
M13	주축 시계방향 회전 및 냉각제
M14	주축 반시계방향 회전 및 냉각제
M15	정방향 회전
M16	부방향 회전
M19	정회전 위치에 주축 정지
M30	엔드 오브 테이프(end of tape)
M31	인터로크 바이 패스(interlock by pass)
M36	이송 범위 1
M37	이송 범위 2
M38	주축 속도 범위 1
M39	주축 속도 범위 2
M40~45	기어 교환
M48	오버라이드(override) 무시의 취소
M49	오버라이드(override) 무시
M50	냉각제(coolant) 3
M51	냉각제(coolant) 4
M55	위치 1에서의 공구 직선 이동

M56	위치 2에서의 공구 직선 이동
M60	공작물 교환
M61	위치 1에서 공작물의 직선 이동
M62	위치 2에서 공작물의 직선 이동
M68	클램프 2(2)
M69	언클램프 2(2)
M71	위치 1에서 공작물의 선회
M72	위치 2에서 공작물의 선회
M78	클램프 3(2)
M79	언클램프 3(2)
M90~99	이후에도 지정하지 않음

㈜ (2) : 이들의 기능이 공작기계에 없을 때는 '미지정'으로 되고, 본 표에 지정되어 있지 않은 기능에 사용해도 좋다.

머시닝 센터 보조 기능

코드	기능 내용
M00	프로그램 정지
M01	옵셔널(optional) 정지
M02	프로그램 종료
M03	주축 정회전(CW)
M04	주축 역회전(CCW)
M05	주축 정지
M06	공구 교환
M08	절삭유 ON
M09	절삭유 OFF
M19	공구 정위치 정지(spindle orientation)
M30	엔드 오브 테이프 & 리와인드(end of tape & rewind)
M48	주축 오버라이드(override) 취소 OFF
M49	주축 오버라이드(override) 취소 ON
M98	주프로그램에서 보조 프로그램으로 변환
M99	보조 프로그램에서 주프로그램으로 변환, 보조 프로그램의 종료

㉨ M□□(01～99까지 지정된 2자리수)

N0010 G50 X150.0 Z200.0 S1300 T0100 M41 ; 기어 교환(1단)

N0011 G96 S130 M03 ; 주축 정회전

N0012 G00 X62.0 Z0.0 T0100 M08 ; 절삭유 on

① 소수점 입력 : 소수점 입력이 가능한 어드레스(address)
A, X, Y, W, I, K, R, F 예 X2.5, R2.0, F0.15

② 프로그램 번호 : NC 기계의 제어 장치는 여러 개의 프로그램을 NC 메모리에 등록할 수 있다. 이때 프로그램과 프로그램을 구별하기 위하여 서로 다른 프로그램 번호를 붙이는데 프로그램 번호는 0 다음에 4자리로 숫자로 1~9999까지 임의로 정할 수 있으나 0은 불가능하며, leading 0은 생략할 수 있다. 프로그램은 이 번호로 시작하여 M02;, M30;, M99;로 끝난다.

예 O□□□□(0001~9999까지 임의의 4자리수)
O0001 → 프로그램 번호

③ 전개 번호(sequence number) : 블록의 번호를 지정하는 번호로서 프로그램 작성자 또는 사용자가 알기 쉽도록 붙여놓는 숫자이다. 전개 번호는 어드레스 N 다음에 4자리 이내의 숫자로 구성된다.

예 N□□□□(0001~9999까지 임의의 4자리수)

④ 옵셔널 블록 스킵(optional block skip : 지령절 선택 도약) : 앞머리에 빗금(/)으로 시작하는 지령절은 조작반 위의 이 기능 스위치가 켜져 있을 경우 수행하지 않고 뛰어 넘는다.

(7) 좌표어

좌표치는 공구의 위치를 나타내는 어드레스와 이동 방향과 양을 지령하는 수치로 되어 있다. 또 좌표치를 나타내는 어드레스 중에서 X, Y, Z는 절대 좌표치에 사용하고 U, V, W, R, I, J, K는 증분 좌표치에 사용한다.

절대 좌표 방식은 운동의 목표를 나타낼 때 공구의 위치와는 관계없이 프로그램 원점을 기준으로 하여 현재의 위치에 대한 좌표값을 절대량으로 나타내는 방식으로 그림 (a)와 같다. 증분 좌표 방식은 공구의 바로 전 위치를 기준으로 목표 위치까지의 이동량을 증분량으로 표현하는 방법으로 그림 (b)와 같다.

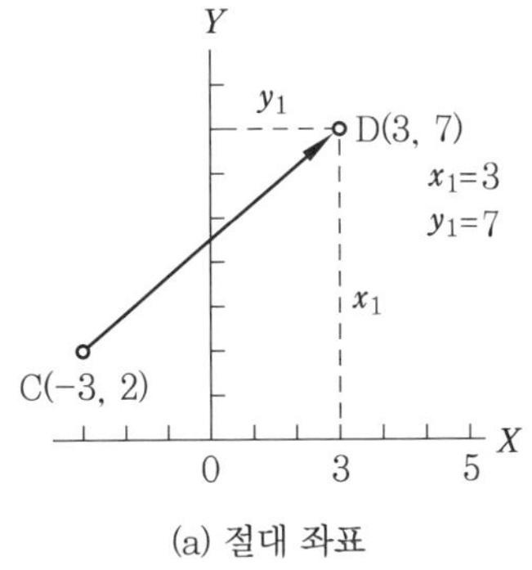

(a) 절대 좌표

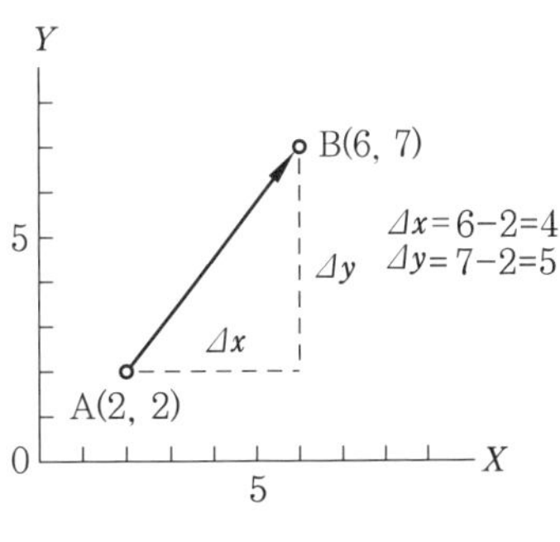

(b) 증분 좌표

절대 좌표와 증분 좌표 방식

(8) 이송 기능(F)

이송 기능이란 NC 공작기계에서 가공물과 공구와의 상대 속도를 지정하는 것으로 이송 속도(feed rate)라고 부른다. 이러한 이송 속도를 지령하는 코드로 어드레스 F를 사용하며, 최근에는 이송 속도 직접 지령 방식을 사용하여 F 다음에 필요한 이송 속도의 수치를 직접 기입하여 지령한다. 직접 수치를 기입하는 경우 mm/min과 mm/rev의 2가지 단위가 있어서 주의할 필요가 있다. 일반적으로 NC 선반에서는 mm/rev 단위, NC 머시닝 센터에서는 mm/min 단위를 사용한다. 또 mm 대신 인치 단위를 사용하는 기계도 있으므로 지령은 명시된 사양서에 따르도록 한다.

(9) 주축 기능(S)

주축 기능이란 주축의 회전수를 지령으로 하는 것으로 어드레스 S(spindle speed function) 다음에 2자리나 4자리로 숫자를 지정한다. 종전에는 2자리 코드로 주축 회전수를 지정하는 방식을 사용해 왔으나 최근 DC 모터를 사용함으로써 무단 회전수를 직접 지령하는 방식이 사용된다. 또 선반에서는 공구의 인선 위치에 따라서 S 기능으로 일정한 절삭 속도가 되도록 회전수를 제어하는 공작물 원주 속도 일정 제어에 사용되기도 한다.

DC 모터에는 파워(power) 일정 영역과 토크(torque) 일정 영역이 있는데, 그 특성을 발휘하기 위해서는 기계적인 변속을 행하기 위하여 M 기능과 함께 지령하는 것이 보통이다.

(10) 공구 기능(T)

공구의 선택과 공구 보정을 하는 기능으로 어드레스 T(tool function) 다음에 4자리 숫자를 지정한다.

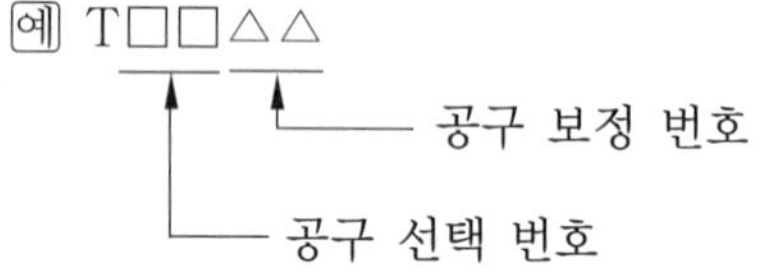

예상문제

1. 프로그램된 시간 또는 정해진 시간만큼 다음의 블록에 들어가는 것을 늦추게 하는 모드는?

① 드웰(G04) ② 원호 보간(G02)
③ 가속(G08) ④ 감속(G09)

해설 프로그램에 지정된 시간 동안 기계의 이동 작업을 잠시 중지시키는 지령을 드웰(dwell : 휴지) 기능이라 한다. 구멍 가공 시 칩을 절단시키는 작업, 모서리부를 정밀 가공할 때 홈작업 등에 사용된다.

2. 다음 중 소수점을 사용할 수 있는 주소로 묶인 것은?

① X, Z, U, W, I, K, R, E, F
② X, Z, U, W, I, K, R, P, Q
③ X, Z, U, W, I, K, R, A, D
④ X, Z, U, W, I, K, R, G, N

해설 좌표치를 나타내는 주소 X, Z, U, W, I, K, R 및 이송을 나타내는 주소 E, F는 소수점을 사용할 수 있다.

3. 전개 번호(sequence No)는 주소 N(address No) 다음에 4단 이내의 수치로 번호를 붙이는데 몇 번까지 가능한가?

① 1~1000 ② 1~1111
③ 1~5555 ④ 1~9999

해설 지령절의 머리에다 주소 N에 이어 1~9999까지 차례로 전개 번호를 부여하면 전개 번호를 탐색할 수 있어 편리해진다. 복합 반복 주기(G70~G73)를 사용할 때에는 반드시 전개 번호를 사용해야 한다.

4. 선반 가공에서 회전체에 적용하기 위해 프로그래밍 시 지름 치수를 관리하는 데 편리한 방식은?

① 반지름 지정 프로그래밍
② 지름 지정 프로그래밍
③ 연속 유효 지령 프로그래밍
④ 1회 유효 지령 프로그래밍

해설 선반 가공은 회전체에 적용되기 때문에 실제 이동량의 2배로 X축 눈금을 주면 지름 치수가 편리하므로 선반은 지름 지정 방식으로 프로그래밍한다.

5. 일반적으로 각 지령은 대개 어떠한 순서로 구성되는가?

① N－G－X,Z－F－S－T－M－;
② N－G－X,Z－T－M－F－S－;
③ G－N－X,Z－F－S－T－M－;
④ G－N－X,Z－T－M－F－S－;

해설 일반적으로 전개 번호를 제일 앞에 놓고 맨 마지막에는 반드시 하나의 블록(block)이 끝나는 EOB(end of block)를 둔다. N0010 G50 X150.0 Z200.0 F0.4 S1300 T0100 M41;

6. 드웰(G04)은 지령된 점에서 일정 시간 멈추기 위하여 사용하는데, 사용할 수 없는 어드레스는?

① X ② U ③ P ④ S

해설 X, U는 소수점 프로그램이 가능하나 P는 0.001 단위를 사용한다. G04 X2.5; 또는 G04 U2.5; 또는 G04 P2500;
즉 2.5초 공구의 이송을 멈춘다.
※ S : 주축 기능

7. 100 rpm으로 회전하는 스핀들에서 2회전 드웰을 프로그래밍하려면 몇 초간 정지 지령을 사용하는가?

① 0.8초 ② 1.2초
③ 1.5초 ④ 1.8초

정답 » 1. ① 2. ① 3. ④ 4. ② 5. ① 6. ④ 7. ②

해설 회전수 100 rpm, 스핀들 회전수 2회전이므로 $\frac{60}{100} \times 2 = 1.2$초이다. G04 X1.2; 또는 G04 U1.2; 또는 G04 P1200;으로 지령한다.

8. 다음 M 기능 중 관계가 없는 것은?

① M45 ② M40
③ M42 ④ M44

해설 기어 변환에서 M40은 중립 위치, M41은 저속으로 강력 절삭 및 저속 회전일 때 사용한다. 그리고 M42, M43, M44는 각각 2단, 3단, 4단의 위치를 나타낸다. 그러나 최근의 CNC 공작기계는 M41, M42뿐인 것이 보통이다.

9. NC 프로그래밍 언어가 아닌 것은?

① APT ② FMS
③ EXAPT ④ FAPT

해설 NC 프로그래밍 언어

- APT : Automatically Programmed Tods의 약자로 미국에서 개발한 언어이다.
- EXAPT : Extended Subest of APT의 약자로 APT와 호환되며, 독일에서 개발한 언어이다.
- FAPT : FUNUC(일본) 회사에서 개발한 언어로 세계에 가장 많이 보급되어 있다.

10. 기준 공구 인선의 좌표와 해당 공구 인선의 좌표 차이를 무엇이라 하는가?

① 공구 간섭
② 공구 보정
③ 공구 벡터(vector)
④ 공구 운동

해설 공구 보정이란 프로그램을 작성할 때 표시된 좌표치와 실제 공구의 이동량에서 발생하는 오차를 없애주는 기능을 말한다.

11. NC 프로그램에서 보조 프로그램을 호출하는 보조 기능은?

① M09 ② M08
③ M99 ④ M98

12. 다음 보기 중 ( ) 안에 맞는 것은?

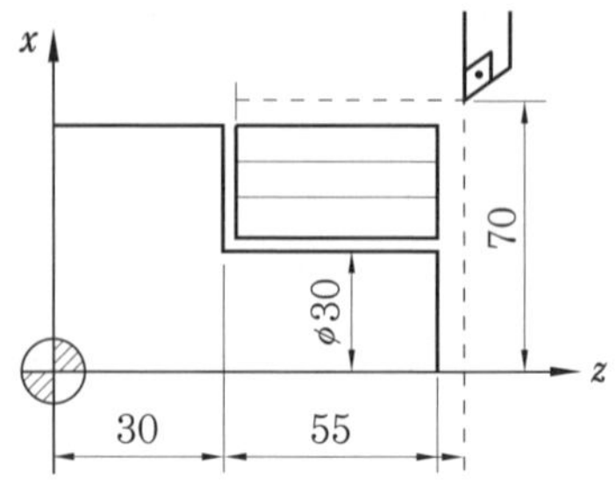

보기

```
G00 X70. Z85.0. T0101;
(    ) X50. Z30. F0.5;
X40.
X30.
G00 X200. Z200. T0100;
```

① G50 ② G90
③ G91 ④ G92

해설 NC 선반에서 G90은 절삭 고정 사이클로 G90 X(U)_ Z(W)_ F_ ;로 프로그래밍한다.

13. 다음 중 G04 X2.0에 대한 설명으로 맞는 것은?

① 가공 후 2초 동안 정지하라는 뜻이다.
② 가공 후 $\frac{2}{100}$만큼 후퇴하라는 뜻이다.
③ 가공 후 $\frac{2}{100}$만큼 전진하라는 뜻이다.
④ 가공 후 2분 동안 정지하라는 뜻이다.

해설 G04는 드웰(dwell) 기능으로 P, U 또는 X를 사용하여 공구의 이송을 잠시 멈추는 것이다. 그리고 2초간 멈추기 위해서 U2.0 또는 P 2000을 사용할 수 있다.

14. 다음 선반의 그림에서 맞는 프로그램은?

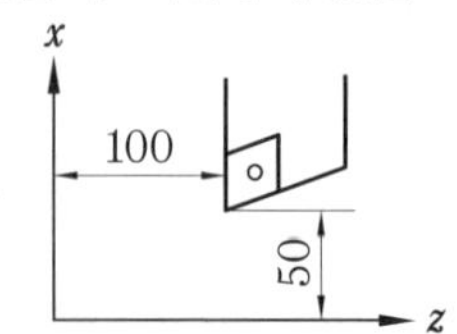

① G50, X100, Z100

정답 » 8. ① 9. ② 10. ② 11. ④ 12. ② 13. ① 14. ①

② G92, X100, Z100
③ G50, X50, Z100
④ G92, X50, Z100

해설 선반의 X 방향은 지름 지령이므로 X100으로 표시한다.

15. 프로그램에서 절삭 속도가 120 m/min으로 일정하고 가공 지름이 ϕ40일 때 주축의 회전수는?

① 855 rpm ② 905 rpm
③ 955 rpm ④ 1005 rpm

해설 $V=\frac{\pi DN}{1000}$에서

$$N=\frac{1000V}{\pi D}=\frac{1000\times 120}{3.14\times 40}=955\text{ rpm}$$

16. 다음 중 공구의 이동 형태를 지정하지 않는 코드는?

① G00 ② G03
③ G32 ④ G97

해설 G 97은 주축 속도 일정 제어 취소로 공구의 이동과는 관계가 없다.

17. 지령치 $X=60$ mm로서 소재를 가공한 후 측정한 결과 ϕ59.95이었다. 기존의 X축 보정치를 0.005라 하면 수정해야 할 공구 보정치는 총 얼마인가?

① 0.05 ② 0.055
③ 0.01 ④ 0.001

해설 가공에 따른 X축 보정치는 60−59.95=0.05이고 기존의 보정치는 0.005이므로 공구의 보정치는 0.05+0.005=0.055이다.

18. 다음 보기는 NC 선반의 프로그램이다. (   )에 들어갈 G 코드는 어느 것인가?

보기
(   ) X100.0 Z150.0 S1200 T0100 M41;

① G30 ② G50
③ G70 ④ G90

해설 G50은 좌표계 설정 G코드이다.

19. 다음 NC 선반의 프로그램에서 (   ) 안에 맞는 것은 어느 것인가? (단, 주축 속도 일정 제어 방식이다.)

```
G50  X150.0  Z200.0  (①)1300  T0100  M41;
(②)  S130  M03;
G00  X62.0  Z0.0  T(③)  M08;
G01  X-1.0  (④)0.15;
```

① S, G96, 0101, F
② S, G97, 0101, F
③ S, G96, 0100, F
④ S, G97, 0100, F

20. G76 X_ Z_ I_ K_ D_ F_ A_;에서 K가 뜻하는 것은 무엇인가?

① 나사산의 높이 ② 나사의 리드
③ 1회의 절입량 ④ 나사골의 높이

해설 G76은 나사 절삭 사이클인데 K는 나사산의 높이를 의미하고 F는 피치를 뜻한다.

21. 전개 번호를 쓰지 않아도 되는 경우에 해당되는 것은?

① G71 ② G72 ③ G73 ④ G74

해설 복합 반복 주기 G70~G73에는 반드시 전개 번호를 써야 한다.

22. CNC 머시닝 센터에서 프로그램의 좌표계를 설정하는 준비 기능 코드는?

① G30 ② G50
③ G90 ④ G92

23. CNC 선반에서 가공할 수 없는 작업은?

① 테이퍼 가공 ② 편심 가공
③ 나사 가공 ④ 내경 가공

해설 CNC 선반에서는 특별히 소프트 조(soft jaw)를 사용하지 않고서는 편심 가공은 할 수 없고 또한 널링 작업도 불가능하다.

정답 » 15. ③ 16. ④ 17. ② 18. ② 19. ① 20. ① 21. ④ 22. ④ 23. ②

24. NC 공작기계의 작동 시 컴퓨터와 기계의 제어반과 직접 RS-232C 인터페이스로 연결하여 기계를 제어하는 방법은?

① CNC ② DNC
③ FA ④ FMS

25. NC 공작기계에서 MDI 패널에 전원을 투입한 후 기계 운전을 안전하게 하기 위한 첫 번째 조작은?

① 기계 좌표계 설정
② 원점 복귀
③ 공구 보정
④ 공작물 좌표계 설정

26. 다음 중 자동 공구 교환 장치(ATC)가 있는 NC 기계는?

① NC 선반
② NC 와이어 컷
③ 머시닝 센터
④ NC 연삭기

27. 다음 R 가공 프로그램이 맞는 것은?

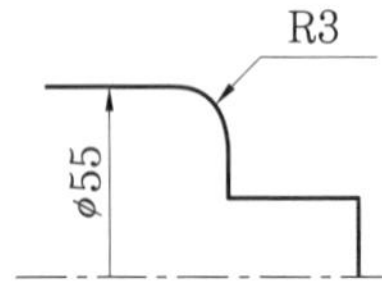

① G02 X55.0 W-3.0 R3.0 F0.1;
② G02 X22.5 W-3.0 R3.0 F0.1;
③ G03 X55.0 W-3.0 R3.0 F0.1;
④ G03 X22.5 W-3.0 R3.0 F0.1;

해설 반시계 방향(CCW)이므로 G03이고 NC 선반은 직경 지령이므로 X55.0이다.

28. CNC 머시닝 센터에서 지름이 ϕ20인 엔드밀로 주철을 가공하고자 할 때 주축의 회전수는 얼마인가? (단, 주철의 절삭 속도는 60 m/min이다.)

① 855 rpm ② 955 rpm
③ 1055 rpm ④ 1155 rpm

해설 $V=\frac{\pi DN}{1000}$에서

$$N=\frac{1000V}{\pi D}=\frac{1000\times 60}{3.14\times 20}=955\text{rpm}$$

29. 다음 그림에서 절대 방식에 의한 이동을 지령하고자 한다. 올바른 지령은?

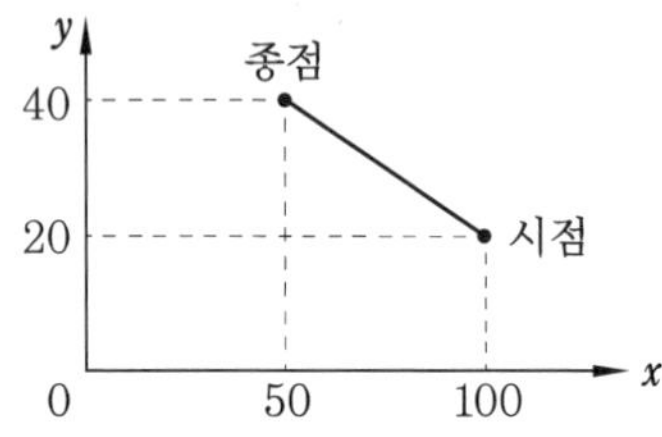

① G90 X50 Y40;
② G90 X-50 Y-40;
③ G91 X50 Y40;
④ G91 X-50 Y-40;

30. 테이퍼 절삭 사이클 지령 방법은?

① G90 X(U)_Z(W)_F_;
② G90 X(U)_Z(W)_R_F_;
③ G94 X(U)_Z(W)_F_;
④ G92 X(U)_Z(W)_R_F_;

31. 기계상에 지정된 고정 위치는?

① 공작물 좌표계 ② 프로그램 원점
③ 기계 원점 ④ 좌표계 설정

정답 » 24. ② 25. ② 26. ③ 27. ③ 28. ② 29. ① 30. ② 31. ③

3 기타 기계 가공법

(1) 방전 가공(EDM : electrical discharge machining)

① 원리 : 전도성 재료(Cu, graphite 등)로 공작물 모양에 따라 만든 전극(공구)과 가공물을 방전유 등 가공액 속에서 약 5~10 μm 정도의 간격을 두고 전압(60~400 V)을 가하면 간헐적인 방전이 일어나는데, 방전에 의하여 발생하는 이상적 소모 현상을 이용하여 가공하는 방법으로 도체화 세라믹스, 경질 합금, 담금질 고속도강, 내열강, 스테인리스, 강철 등 도체 재질을 절단, 천공, 연마 등으로 가공한다.

② 방전 현상 : 방전기의 방전 회로에서 충전 전압이 콘덴서의 용량보다 높아지면 순간적으로 절연이 파괴되어 짧은 시간 내에 전류는 공구와 가공물 사이에서 흐르게 되고 방전이 끝날 무렵에 다시 콘덴서에는 전압이 충전되기 시작하여 가공물과 공구 사이에서 충전 및 방전이 연속적으로 발생된다.

③ 방전 가공의 조건

(가) 사용 전원 : 직류를 사용하며 전극은 -, 가공물은 +전원에 연결한다.

(나) 공작물과 공구 간의 간격 : 5~10 μm

(다) 사용전압과 전류 : 50~300 V, 0.1~500 A

(라) 방전 순간 온도 : 약 3000~10000℃

(마) 펄스 주파수 : 50~500 kHz

(바) 방전 시간(단발 방전 횟수) : 10^3~10^6회/s

④ 방전 가공의 특징

[장점]

(가) 공작물이 전도성을 가지고 있으면 경도 등은 가공에 제약을 받지 않는다.

(나) 복잡한 형상이 비교적 높은 정도로 가공되며 가공면이 균일하다.

(다) 가공 확대 여유가 일정하고 고정밀도가 보장된다.

(라) 가공면에 방향성이 없고 가공성이 높다.

(마) 가공 표면의 열 변질층 두께가 균일하며 마무리 가공이 쉽다.

(바) 미세한 구멍(ϕ0.1 mm 이상)이나 좁고 정밀한 홈 가공이 가능하다.

(사) 컴퓨터와 CNC 기계의 연결로 공정의 자동화, 프로그램화가 가능하다.

[단점]

(가) 가공에 필요한 전극이 있어야 하므로 전극 가공 시간이 필요하다.

(나) 사용할 전극의 소재에 제한이 있다.

(다) 극히 미소량을 가공하므로 다른 절삭방식에 비해 가공 속도는 느리다.

(라) 가공액은 일반적으로 등유나 황화유를 사용하므로 화재의 위험성이 있다.

(마) 전기의 도전성 재료에 가공이 한정되어 가공 재료에 제약이 있다.

(바) 가공 부분에 경도가 높은 변질층이 생겨서 경면작업이 어렵다.

⑤ 전극 재료 : 일반적으로 구리, 흑연(그라파이트)이 주로 사용되며 황동, 흑연+구리, 은-텅스텐, 동-텅스텐 등이 사용된다.

㈎ 구리 : 전극 재료의 구비조건을 거의 만족시키나 소모가 다소 크다.
㈏ 흑연 : 전극 무소모 가공법에 쓰이며 가공성이 높고 전극의 소모가 적다.

⑥ 전극 재료의 구비 조건
㈎ 전기 저항이 작고 전도성 및 열전도도가 좋을 것
㈏ 피가공재료에 대해서 안정된 가공
㈐ 방전에 의한 전극의 소모가 적을 것
㈑ 기계적 강도가 어느 정도 있을 것
㈒ 전극의 형상으로 가공이 쉬울 것
㈓ 가격이 저렴하고 쉽게 구할 수 있는 것
㈔ 전극의 가공 정밀도와 표면 조도가 우수할 것

⑦ 가공액의 작용
㈎ 방전 가공에서 발생하는 열을 냉각시킨다.
㈏ 가공 과정에서 발생한 칩(용융금속, 탄소 등)을 씻어낸다.
㈐ 전극의 소모를 방지하고 양극 간의 절연 작용을 한다.

⑧ 가공액의 구비 조건
㈎ 냉각능력이 우수하고 절연성이 높아야 한다.
㈏ 점도가 낮고 산화에 강해야 한다.
㈐ 인화점과 기화점이 높아야 한다(화재에 안전).
㈑ 인체에 해가 없고 저렴하며 구입이 쉬워야 한다.

(2) 와이어 컷 방전 가공(WEDM : wire cut electric discharge machining)

와이어 컷(wire cut) 방전 가공은 기본적인 방전 가공 원리와 같지만 전극 대신에 연속적으로 보내는 와이어를 공구로 이용하여 X, Y 테이블 상에 고정된 가공물과의 사이에서 발생하는 기화 현상을 이용하여 가공한다. 와이어 컷 방전 가공기는 가공물이 전도성이면 그 재질, 경도에 상관없이 고정밀도의 가공이 가능한 기계이며 가공하고자 하는 가공물의 형상이 복잡한 것에 더욱 효과적이다. 가공액은 물을 사용하므로 화재의 염려가 없어 무인 운전이 가능한 것도 큰 장점이다.

[와이어 컷 방전 가공의 진행 순서]
암류 → 코로나 방전 → 불꽃 방전 → 짧은 아크 방전 → 본 아크 방전

① 적용 분야 : 프레스 타발 금형, 2차원 및 3차원 형상의 금형 제작, 방전 가공용 전극 제작, 시험 제작품 및 부품 가공, 각종 윤곽 형상의 가공, 미세한 부분 가공

② 특징
[장점]
㈎ 도체의 재료는 경도, 강도, 인성, 취성 등과 관계없이 가공할 수 있다.
㈏ CNC 가공 프로그램을 적용할 수 있으며 특수한 공구가 필요하지 않다.
㈐ 가공 형상의 제한이 없이 가공할 수 있다.
㈑ 고정밀도, 양호한 가공면의 가공이 가능하다.

㈒ 와이어 전극의 소모는 거의 무시할 수 있다.
㈓ 화재 발생의 위험이 없다.
[단점]
㈎ 가공비가 고가이다.
㈏ 전기에 전도성이 있는 재료의 가공만 가능하다.
㈐ 3차원 곡면 가공이 불가능하다.
㈑ 측면 가공이 가능한 경우가 아니면 드릴, 슈퍼 드릴 작업이 필요하다.

③ 절연액과 와이어

㈎ 절연액 : 절연액은 보통 탈이온화 된 물을 사용하며 작용은 아래와 같다.
㉮ 양극 간의 절연을 회복시킨다.
㉯ 방전 폭압을 발생시킨다.
㉰ 방전 가공 부분을 냉각시킨다.
㉱ 가공으로 발생한 칩을 제거한다.

㈏ 가공액 공급 불량의 영향
㉮ 가공액의 분출이 약하면 와이어를 완전히 감싸지 못한다.
㉯ 가공액의 분출이 강하면 기포가 발생한다.
㉰ 다이아몬드 다이스의 냉각용 가로 구멍이 막히면 분출이 불량하다.
㉱ 노즐의 방향이 정확하지 않으면 다른 방향으로 가공액이 분산, 토출된다.

㈐ 와이어의 선택 : 보통 가공에는 황동제 0.15~0.3 mm, 초정밀 가공에는 텅스텐 합금의 0.05~0.2 mm의 와이어를 사용하고 대형일수록 직경이 큰 와이어를 사용하며 직경이 클수록 가공 속도를 빠르게 할 수 있다.

㈑ 와이어의 단선 원인과 방지 대책
[원인]
㉮ 와이어의 처짐 정도가 클 때
㉯ 와이어의 장력이 지나치게 클 때
㉰ 와이어 공급 릴의 작동상태가 나쁠 때
㉱ 다이스 가이드의 고정 불량
[대책]
㉮ 가공 조건 변환 때 일시 정지(dwell) 기능을 5~10초로 한 다음 가공한다.
㉯ 테이퍼 가공 시 가공액이 비산되지 않도록 커버를 씌우고 작업한다.
㉰ 가공물의 재질, 열처리 상태는 균일하게 하고 반드시 탈자한 후 가공한다.
㉱ 가공물과 상하 노즐과의 간격은 0.1 mm 정도로 세팅한다.
㉲ 가공액의 분출압력은 칩과 기포를 제거할 정도로 조정하여 가공한다.
㉳ 다이아몬드 다이스의 냉각용 구멍의 물때(스케일)를 제거한다.
㉴ 가공 조건을 상세히 점검하여 부적당한 부분을 수정한다.

(3) 슈퍼 드릴(세혈 방전 가공기)

① 개요 : 금형이나 정밀부품 등에 정밀하고 가는 구멍을 가공하는 공작기계로서 CNC 프로그램을 사용하여 더욱 정밀한 가공을 할 수 있다.

② 특징

㈎ 금속을 양극(+)으로 중공의 전극을 음극(-)으로 한다.

㈏ 일정한 전압을 가해준 공작물과 전극을 가까이 접근시키면 간극 사이에 방전이 일어난다.

㈐ 전극과 공작물의 가공 부위가 방전 에너지에 의해 용융되며 가공된다.

㈑ 전극 중앙의 구멍을 통하여 방전액(탈이온수)을 연속으로 공급하면서 가공하면 발생된 칩은 공작물 밖으로 제거되고 연속 가공이 가능하다.

㈒ 일반적으로 ϕ1.0~10.0 mm의 정밀 구멍 가공에 적합하나 현재는 ϕ0.05까지 개발되어 작은 구멍을 비교적 깊고 쉽게 가공할 수 있다.

㈓ 터빈 블레이드의 냉각 구멍, 인젝션 노즐, 와이어 컷 방전 가공의 스타트 홀(start hole) 등을 가공한다.

㈔ 일반 드릴이나 초경 드릴로 작업이 불가능(열처리된 금속 또는 초경)한 제품의 가공이 가능하다.

[장점]

㈎ 최대 마이크로미터(μm) 단위까지 정확한 가공이 가능하다.

㈏ 특수한 공구가 필요 없다.

㈐ 전극봉의 소모는 무시할 수 있다

㈑ 가공액으로 물을 사용하므로 화재 발생 위험이 없다.

[단점]

㈎ 가공비가 비싸다.

㈏ 전기 전도성이 있는 소재만 가공이 가능하다.

㈐ 직선 가공만 가능하고 곡면, 곡선 가공이 불가능하다.

㈑ 가공 시간이 오래 걸린다.

(4) 레이저 가공(laser machining)

① 레이저 가공의 원리 및 가공기의 구조 : 가공물의 표면에 레이저 빔을 렌즈 또는 반사경을 사용하여 초점을 형성하고 집중적인 가열로 발생한 고열을 순간적인 용융 또는 증발 상태로 만들어 고압의 제트가스를 이용한 분사를 통하여 가공하는 방법이다.

② 레이저 가공의 특징

㈎ 비접촉식 가공이므로 공구의 소모가 없다.

㈏ 다품종 소량 생산할 때 금형 없이 CNC 프로그램에 의한 가공이 가능하다.

㈐ 절단되는 폭이 좁고 열의 영향을 받는 폭이 매우 좁아 가공 정도가 높다.

㈑ 수정, 사상 등의 후공정이 필요 없다.

㈒ 금속 및 비금속 등의 가공이 가능하다.

(바) 거울이나 광파이버를 이용하여 임의의 위치에서 가공이 가능하다.

③ 레이저의 종류

(가) 고체 레이저 : 루비, 네오디뮴, 유리, 플라스틱 레이저 등

(나) 기체 레이저 : He-Ne, Ar, CO_2 레이저 등 대단히 종류가 많다.

(다) 반도체 레이저 : PN 접합 레이저, 전자 광 여기 반도체 레이저, 광 펌핑 반도체 레이저 등이 있다.

예상문제

1. 방전 가공용 전극 재료로 사용할 수 없는 금속은 어느 것인가?

① 구리 ② 그라파이트(흑연)
③ 은-텅스텐 합금 ④ 니켈-크롬

2. 방전 가공에서 전극과 공작물의 간격으로 옳은 것은?

① 0.1~0.5 mm ② 5~10 mm
③ 5~10 μm ④ 10~15 μm

3. 방전 가공이 불가능한 소재는 다음 중 어느 것인가?

① 스테인리스 스틸 ② 세라믹
③ 경질 합금 ④ 도체화 세라믹스

4. 방전 가공에서 공작물에 연결하는 전원은 어느 것인가?

① 직류, -전원 ② 직류, +전원
③ 교류, -전원 ④ 교류, +전원

5. 다음 중 방전 가공의 장점이 아닌 것은?

① 공작물이 전도성을 가지고 있으면 경도 등은 가공에 제약을 받지 않는다.
② 복잡한 형상의 공작물도 정밀도 높게 가공할 수 있다.
③ 가공 표면에 열 변질층이 얇고 균일하며 가공면은 방향성이 없다.
④ 미세한 구멍이나 좁고 정밀한 홈 가공이 불가능하다.

6. 다음 중 방전 가공의 단점이 아닌 것은?

① 가공에 필요한 전극이 있어야 하므로 전극 가공 시간이 필요하다.
② 사용할 전극의 소재에 제한이 있다.
③ 가공 속도는 느리고 변질층이 생겨서 경면 작업이 어렵다.
④ 전도성 재료는 물론 비전도성 가공 재료에 제약이 없다.

7. 다음 중 방전용 전극 재료의 구비 조건이 아닌 것은?

① 전기 저항이 크고 전도성 및 열전도도가 낮을 것
② 방전에 의한 전극의 소모가 적을 것
③ 전극의 가공 정밀도와 표면 조도가 우수할 것
④ 전극의 형상으로 가공이 쉬울 것

8. 방전 가공액의 작용이 아닌 것은?

① 방전 가공에서 발생하는 열을 냉각시킨다.
② 가공 과정에서 발생한 칩(용융 금속, 탄소 등)을 씻어낸다.
③ 전극의 소모를 방지하고 양극 간의 절

정답 » 1. ④ 2. ③ 3. ② 4. ② 5. ④ 6. ④ 7. ① 8. ④

연 작용을 한다.
④ 가공액의 온도 상승으로 절삭 저항이 감소한다.

9. 방전 가공액의 구비 조건으로 틀린 것은?
① 냉각능력이 우수하고 절연성이 낮아야 한다.
② 점도가 낮고 산화에 강해야 한다.
③ 인화점과 기화점이 높아야 한다.
④ 인체에 해가 없고 저렴하며 구입이 쉬워야 한다.

10. 다음 중 와이어 컷 방전 가공의 장점으로 틀린 것은?
① 도체의 재료는 경도, 강도, 인성, 취성 등과 관계없이 가공할 수 있다.
② CNC 가공 프로그램을 적용할 수 있으며 특수한 공구가 필요하지 않다.
③ 가공 형상에 제한이 없고 와이어 전극 소모는 무시할 수 있다.
④ 높은 열로 가공하므로 화재 발생의 위험성이 대단히 높다.

11. 다음 중 와이어 컷 방전 가공의 단점이 아닌 것은?
① 가공비가 고가이다.
② 전기에 전도성이 있는 재료의 가공만 가능하다.
③ 3차원 곡면 및 테이퍼 가공이 가능하다.
④ 측면 진입이 가능한 경우가 아니면 드릴, 슈퍼 드릴 작업이 필요하다.

12. 와이어의 단선 원인이 아닌 것은?
① 와이어의 처짐 정도가 클 때
② 와이어의 장력이 지나치게 클 때
③ 와이어 공급 릴의 작동상태가 나쁠 때
④ 와이어의 직경이 클 때

13. 다음 중 슈퍼 드릴의 특징이 아닌 것은?
① 최대 마이크로미터(μm) 단위까지 정확한 가공이 가능하다.
② 특수한 공구가 필요 없다.
③ 전극봉의 소모가 많아 비경제적이다.
④ 가공액으로 물을 사용하므로 화재 발생 위험이 없다.

14. 다음 중 슈퍼 드릴의 단점이 아닌 것은?
① 가공비가 비싸고 가공 시간이 오래 걸린다.
② 전기 전도성이 있는 소재만 가공이 가능하다.
③ 직선 가공만 가능하고 곡면, 곡선 가공이 불가능하다.
④ 가공액으로 인하여 화재의 발생 위험이 크다.

15. 다음 중 레이저 가공의 특징이 아닌 것은 어느 것인가?
① 비접촉식 가공이므로 공구의 소모가 없다.
② 다품종 소량 생산할 때 금형 없이 CNC 프로그램에 의한 가공이 가능하다.
③ 절단되는 폭이 넓고 열의 영향을 받는 폭이 매우 넓어 가공 정도가 낮다.
④ 수정, 사상 등의 후공정이 필요 없다.

정답 » 9. ① 10. ④ 11. ③ 12. ④ 13. ③ 14. ④ 15. ③

CHAPTER 2 손다듬질 가공 및 안전

1. 손다듬질 가공

1-1 손다듬질 가공법

1 손다듬질용 설비와 공구

① 작업대 : 바이스를 고정하여 절단, 줄 작업 등을 할 수 있는 것으로 적당한 무게와 흔들림이 없어야 한다. 크기는 가로×세로×높이로 표시한다.

② 바이스(vise) : 일감 고정을 할 때 사용하며, 수평 바이스와 수직 바이스가 있다. 수평 바이스는 금속 가공용으로, 수직 바이스는 목공용으로 주로 사용하며, 바이스의 크기는 바이스 조(jaw)의 폭으로 나타낸다.

③ 정반 : 주철이나 석재를 사용하며, 정밀 측정에는 석재가 사용된다. 크기는 가로×세로×높이로 표시한다.

④ C 클램프(C-clamp : squill vice) : 얇은 철판을 겹쳐서 가공하거나 공작물을 조립하기 전에 잠시 물릴 때 사용한다.

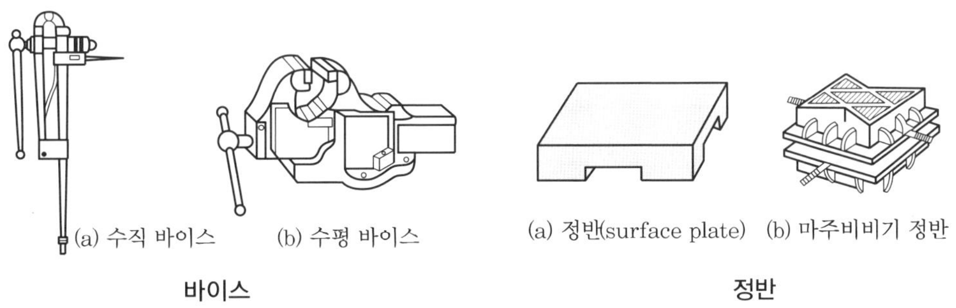

(a) 수직 바이스 (b) 수평 바이스

바이스

(a) 정반(surface plate) (b) 마주비비기 정반

정반

2 금긋기 작업

(1) 금긋기 공구

① 금긋기 바늘 : 직선이나 형판에 따라 금긋기할 때 사용하며, 크기는 전체의 길이로 나타낸다.

② 펀치 : 교점을 표시하거나 드릴 구멍을 뚫기 전 펀치 마크를 찍을 때 사용하며, 선단 각도는 60~90°이다.

③ 서피스 게이지 : 공작물의 평행선이나 환봉 중심내기에 사용하며, 크기는 높이로 나타낸다.

④ 중심내기 자 : 환봉, 구멍 등의 중심선 긋기에 사용하는 자이다.

⑤ 홈자 : 축이나 구멍에 중심선과 평행한 선이나 키 홈의 금긋기에 사용하는 자이다.

⑥ 직각자 : 직각으로 금긋기할 때, 가공면의 직각을 맞출 때 사용된다.

⑦ 브이 블록(V-block) : 주철 또는 강재이며 원통형 공작물이나 평행대 등을 고정하여 금긋기할 때, 기계 가공할 때 사용한다. 크기는 길이로 나타내고 50~200 mm 정도의 것이 있으며, 같은 것 두 개가 한 조로 되어 있다.

⑧ 평행대와 앵글 플레이트 : 평행대는 평면 측정이나 금긋기할 때, 앵글 플레이트는 공작물을 볼트 등으로 홈에 고정하고 각도의 금긋기나 기계 가공할 때 사용한다.

⑨ 컴퍼스와 편퍼스 : 컴퍼스는 금긋기 선이나 선의 분할에, 편퍼스는 둥근 봉이나 구멍의 중심을 구할 때 사용된다.

⑩ 소형 스크루 잭(small screw jack) : 복잡한 공작물의 지지에 사용되며, 크기는 머리부분의 선단 최저와 최대의 높이(작동 유효 거리)로 표시한다.

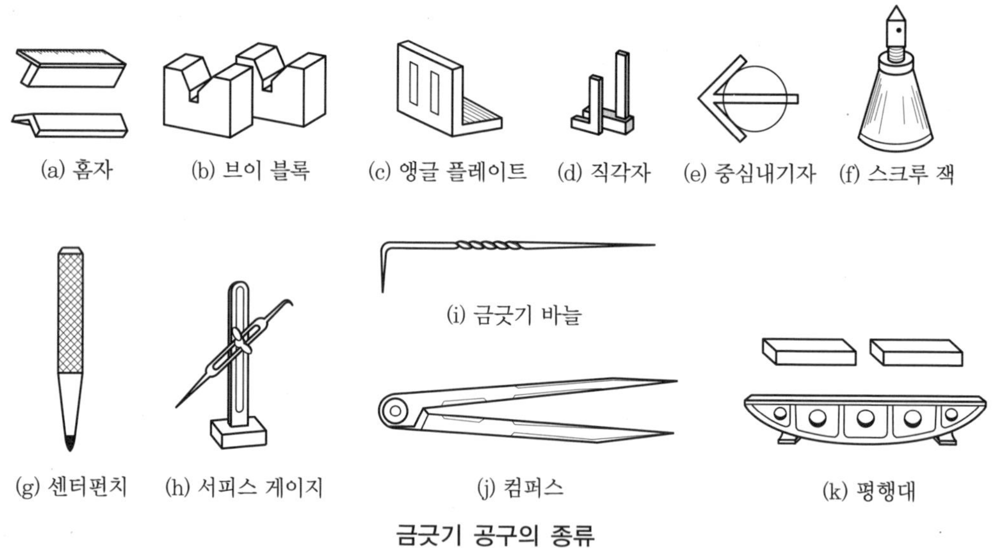

금긋기 공구의 종류

(2) 금긋기 작업

① 금긋기용 도료

㈎ 백묵(분필) : 간단한 금긋기에 사용하며, 잘 지워진다.

㈏ 호분 : 호분과 물의 비는 1 : 2이고, 아교 소량을 혼합한 것으로 건조가 늦은 것이 결점이다.

㈐ 마킹 페인트 : 도료용 시너(thinner)로 녹여 사용하며, 건조가 빠르다.

② 금긋기의 기준과 공작물 놓는 법

(가) 다듬질면을 기준으로 하는 법 : 다듬질면을 정반 위에 놓고 여기를 기준으로 금긋기를 실시한다.

(나) 중간 위치를 기준으로 하는 법 : 베어링 케이스 등 중간 위치를 기준으로 금긋기를 실시한다.

(다) 중간 위치와 다듬질면을 기준으로 하는 법 : 복잡한 물건을 금긋기할 때는 기준선과 중간 위치를 병용한다.

③ 금긋기 순서

(가) 기준면 또는 중심면을 잡는다.

(나) 금긋기 도료를 칠한다.

(다) 정반 위에 적당한 지지용구로 공작물의 기준면과 정반이 평행이 되도록 한다.

(라) 원호, 각도, 구멍은 이에 필요한 용구를 사용한다.

(마) 금을 긋는다.

(바) 중심선 또는 잘 보이지 않는 곳에서 센터 펀칭을 한다.

④ 금긋기 작업

(가) 환봉 중심내기법 : 서피스 게이지, 편퍼스, 콤비네이션 세트, 중심내기자, 하이트 게이지를 이용한다.

(나) 구멍 중심 구하기법 : 작은 구멍에는 아연이나 납을 넣으며, 큰 구멍의 경우 목재를 끼운 후 철판을 끼워서 환봉의 중심내기법으로 중심선을 긋는다.

(다) 수평선 금긋기 : 공작물을 정반 위에 수직으로 세우고 앵글 플레이트에 C 클램프 등으로 고정한 후 서피스 게이지, 하이트 게이지로 금긋기한다.

(라) 가공 구멍 확인하기 : 드릴 구멍 금긋기 선 이외에 약간 큰 지름의 보조선의 원을 그려 드릴 작업 시 정확하게 구멍을 뚫었는지 확인할 수 있게 한다.

(마) 키 홈의 금긋기 : 키 홈자나 평형 직각자에 의하여 환봉이나 구멍의 키 홈의 금긋기를 할 수 있다.

3 절단 작업

(1) 쇠톱(손톱)

쇠톱(hack saw)은 금속 재료를 손으로 절단하는 톱으로 프레임에 톱날(hack saw blade)을 끼운 것이다.

① 톱날 재질 : 탄소 공구강(SK 3)이나 합금 공구강(SKS) 7종, 고속도강을 사용하며, 특수 열처리하여 쓴다.

② 날의 모양

(가) 톱날을 절단 부위와 수직으로 하며, 잇날 두께보다 중심 두께를 얇게 한 것이다.

(나) 잇날을 소 세팅(saw setting)하여 엇갈리게 한 것으로 3날마다 또는 파문으로 한 것이다.

③ 톱날의 크기 표시 : 톱날의 길이는 프레임에 끼우기 위한 구멍과 구멍의 거리로 표시한다. 톱날의 폭은 12 mm, 두께는 0.64 mm 정도이다.

④ 톱날의 잇수와 공작물 관계 : 톱날의 잇수는 25.4 mm(1 inch) 내의 산수(잇수)로 나타낸다. 다음 표는 공작물의 재질과 두께(지름)에 따른 적당한 잇수를 나타낸 것이다.

톱날의 잇수와 공작물의 재질

잇수(25.4 mm당)	공작물의 종류	잇수(25.4 mm당)	공작물의 종류
14	탄소강(연강), 주철, 동합금, 경합금, 레일	24	강관, 합금강, 앵글
18	탄소강(경강), 주철, 합금강	32	얇은 철판, 얇은 철관, 작은 지름의 관, 합금강

(2) 톱 작업

① 절단 준비

㈎ 공작물 재질과 모양에 따른 톱날을 선택한다.

㈏ 톱 틀에 톱날을 고정한다. 고정력이 너무 강하면 쉽게 부러지며, 너무 약하면 톱 작업 중 비틀리게 되거나 부러지기 쉽다.

㈐ 톱날은 톱날 끝의 앞쪽으로 향하게 고정한다(밀 때 절삭되게 한다).

② 절단 방법

㈎ 절단 재료를 바이스 좌측으로 20 mm 정도 나오게 물린다.

㈏ 절단 위치에 왼손 엄지손톱을 세우고 오른손으로 톱을 잡아 절단 자국을 낸다.

㈐ 톱날을 끝까지 사용한다.

㈑ 밀 때는 힘을 주고 당길 때는 힘을 뺀다.

㈒ 절단이 끝나면 나비 너트를 풀어 톱날을 늦추어 둔다.

③ 각재, 판재의 절단 : 그림 (a)와 같은 순서로 반복하며, 판재의 경우는 넓은 쪽에서부터 절단을 시작한다. 판금재는 그림 (b)와 같이 목재 사이에 끼우고 톱날을 30° 정도 기울인다.

④ 환봉, 파이프 절단 : 그림 (c), (d)와 같이 절단하며, 파이프는 톱니가 빠져 들어가기 쉬우므로 파이프를 조금씩 회전시키며 절단한다. 절단 행정은 매분 50~60회 정도로 한다.

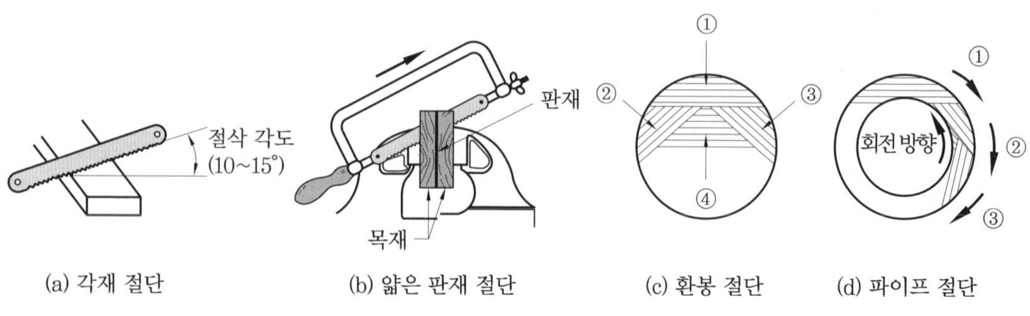

(a) 각재 절단 (b) 얇은 판재 절단 (c) 환봉 절단 (d) 파이프 절단

톱 작업

(3) 기계톱(sawing machine)

① 톱의 종류

㈎ 기계 활톱(hack sawing machine) : 프레임(frame)에 톱날을 고정하고 왕복 운동과 이송 운동으로 재료를 절단한다. 톱날의 길이는 300～600 mm, 절삭 속도는 15～50 m/min이며, 크기는 톱날의 길이, 행정거리, 절단 가능한 최대 치수로 나타낸다.

㈏ 기계 띠톱(band sawing machine) : 띠 모양의 톱, 즉 띠톱의 회전 운동과 이송 운동 또는 일감의 이송 운동에 의하여 판재의 곡선 절단을 할 수 있으며, 형상에 따라 수직형과 수평형이 있다. 크기는 풀리의 지름, 테이블의 크기로 나타낸다.

㈐ 기계 둥근톱(circular sawing machine) : 둥근 원판의 바깥 둘레에 날이 있는 톱을 사용하는 기계톱이다. 둥근톱의 회전과 이송 운동에 의하여 절단된다. 크기는 둥근톱의 지름, 절단할 수 있는 최대 치수로 나타낸다.

㈑ 마찰 절단기(friction sawing machine) : 일감을 숫돌바퀴 또는 마찰판을 사용하여 고속으로 절단하는 공작기계이다.

㉮ 절삭 속도 : 1000～6000 m/min

㉯ 크기 : 숫돌바퀴 또는 마찰판의 지름, 일감의 최대 치수

② 톱날

톱날의 재질은 공구강 또는 고속도강으로 만들며, 전체를 담금질한 것이다(날만 담금질하기도 한다). 띠톱날에는 표준 피치, 특수 피치, 곧은 날세움, 갈퀴 날세움, 파형 날세움이 있다.

③ 절삭 속도

절삭 속도는 공작물의 재질, 톱날의 경도, 톱날의 모양 및 절삭유 등에 따라 다르다. 띠톱에 있어서 절삭 속도가 빠르고, 이송 압력이 작으면 가공면은 매끈해진다.

4 정 작업(chipping)

(1) 정의 종류와 모양

정은 0.8～1.0 % 정도의 탄소강으로 만들며, 그 모양에 따라 평정(날끝이 넓고 똑바름), 캡정(날을 좁게 하고 두께를 크게 한 것), 기름홈 정, 구멍용 정, 세공용 정 등이 있다. 다음 표는 공작물 재질에 따른 공구각을 나타낸 것이며, 정은 단조 후 담금질과 뜨임하여 사용한다. 정의 크기는 보통 날의 폭으로 나타낸다.

평정의 날끝각

공작물의 재질	날끝각 θ[°]	공작물의 재질	날끝각 θ[°]
구리·납·화이트메탈	25～35	주철	55～60
황동·청동	40～50	경강	60～70
연강	45～55		

(2) 정의 단조와 열처리

① 단조 온도는 900～1150℃가 적당하다.

② 단조된 것은 연삭 후 열처리한다. 담금질 온도는 760～820℃, 뜨임 온도는 200～220℃가 적당하다.

(3) 정의 연삭법

① 양두 그라인더나 공구 연삭기로 연마한다.

② 숫돌 입도 30～60번이 적당하다. 공구 지지대와 숫돌차 간격은 2～3 mm 이내로 한다.

③ 정의 날 끝 각도는 좌우 대칭이 되게 연삭한다.

④ 머리 부분이 퍼진 경우도 바르게 연삭한다.

(4) 정 작업

① 정 작업 시 주의사항

㈎ 정과 해머를 잡은 손에 힘을 주지 않는다.

㈏ 정 작업 시 장갑을 끼지 않는다.

㈐ 담금질된 강에 정 작업을 해서는 안 된다.

㈑ 정 작업 시 칩의 비산에 주의한다.

㈒ 사용 전에 결함이 있는지 검사한다.

㈓ 연강의 경우 바이스의 수평면에 대해 25° 정도 기울인다. 일반적으로 정날의 공구각의 $\frac{1}{2}$ 정도로 기울인다.

㈔ 중요한 것은 눈의 주시 위치이며, 정의 날끝을 정확히 보아야 한다.

② 치핑 및 절단

㈎ 치핑 시는 1회 1～2 mm 정도, 정밀 치핑 시는 0.2～0.5 mm 정도이다.

㈏ 봉재의 경우 전후 또는 사방에서 정을 대고 절단한다.

㈐ 판금재는 전단기가 없는 경우 사용하는 쪽을 바이스 밑으로 하여 고정하고 가장자리부터 절단한다.

(5) 손 해머 사용

① 해머의 크기는 무게로 나타내며, 손다듬질 시 0.45～0.9 kg 정도가 쓰인다(몸에 적당한 것 선택).

② 재질은 탄소강이며, 담금질과 뜨임하여 사용한다.

③ 손잡이 길이는 260～360 mm가 사용된다.

④ 해머는 쐐기를 박아 빠지지 않게 해야 한다.

5 줄 작업

(1) 줄의 각부 명칭과 종류

① 줄 단면의 모양 : 그림과 같이 평줄, 반원줄, 둥근줄, 각줄, 삼각줄의 5가지가 있다.

② 줄의 각부 명칭 : 줄의 각부는 자루부, 탱, 절삭날, 선단 등으로 되어 있다.
③ 줄눈의 크기 : 황목, 중목, 세목, 유목 순으로 눈이 작아진다.
④ 줄날의 방식 : 홑줄날, 두줄날(다듬질용), 라스프줄날, 곡선줄날 등이 있다.

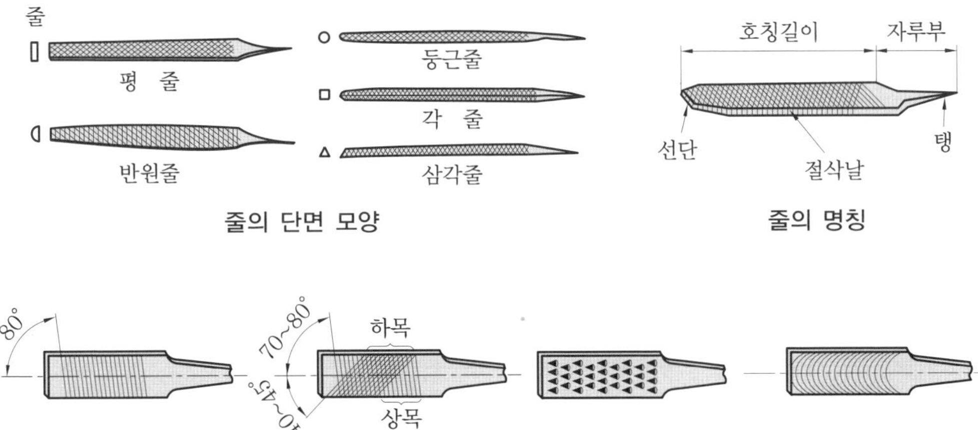

줄의 단면 모양 줄의 명칭

(a) 홑줄날(단목) (b) 두줄날(복목) (c) 라스프줄날(귀목) (d) 곡선줄날(파목)

줄날의 모양

(2) 줄의 크기 표시

줄의 크기는 자루 부분(tang)을 제외한 전체 길이를 호칭 치수로 표시한다.

(3) 줄 작업

① 줄을 잡는 법
㈎ 손바닥의 중앙에 자루의 끝을 댄다.
㈏ 왼손은 줄의 끝에 중지를 대고서 평행과 무게 중심을 잡는다.
㈐ 다른 손가락은 전부 밑으로 오게 하여 가볍게 잡는다.
㈑ 엄지손가락을 위로 한다.

② 줄 작업 자세와 동작
㈎ 공작물의 중심에 줄의 끝이 오게 한다.
㈏ 오른쪽 팔꿈치를 공작물 높이와 같게 한다.
㈐ 반 오른쪽으로 향해서 왼발을 반보 가량 앞으로 낸다.
㈑ 편한 자세를 취한다.
㈒ 상체의 중력은 분배하는 기분으로 양팔에 올려 놓는다.
㈓ 1분에 30～40회 정도 왕복한다.

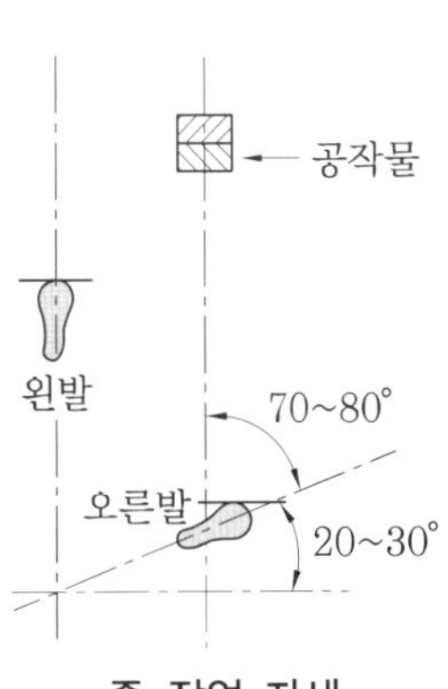

줄 작업 자세

③ 평면 줄 작업법의 종류
㈎ 직진법 : 줄을 길이 방향으로 직진시켜 절삭하는 방법으로 최종 다듬질 작업에 사용한다.
㈏ 사진법 : 넓은 면 절삭에 적합하며, 절삭량이 많아 황삭 및 모따기에 적합하다.

㈐ 병진법 : 줄을 길이 방향과 직각 방향으로 움직여 절삭하는 법이다. 횡진법이라고도 한다.

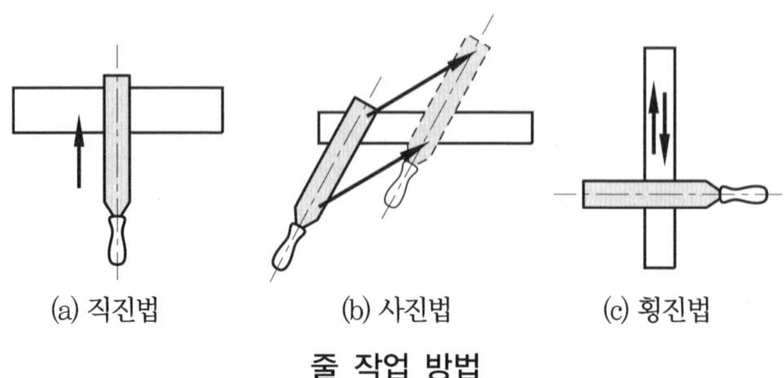

줄 작업 방법

④ 곡면 줄 작업

㈎ 원을 만들기 위해서 우선 4각으로 만든 후 8각, 16각, 32각의 순으로 만들어 간다.

㈏ 둥근 것의 줄 작업은 상하직진법으로 가공한다.

6 스크레이퍼 작업(scraping)

(1) 스크레이퍼 종류

평면, 곡면, 훅, 반원, 빗면날 스크레이퍼 등이 있다. 스크레이퍼의 재질은 SKH 2(고속도강 2종)으로 만들며, 초경합금으로 하기도 한다.

(2) 스크레이퍼 작업

스크레이퍼 작업이란 셰이퍼나 플레이너, 선반 작업 등 기계 가공된 면을 더욱 정밀하게 다듬질하는 것을 말하며, 정반 위에 광명단을 바른 후 공작물을 문지르면 거칠기가 높은 면은 광명단이 묻게 된다. 이 광명단이 묻은 부분을 스크레이퍼 공구로 다듬어 주면 거칠기가 평활해지며 정밀도의 요구 정도에 따라 이 작업을 반복한다.

(3) 스크레이퍼 날끝 각도

스크레이퍼의 날끝 각도는 다음 표와 같다.

스크레이퍼의 사용 방법

스크레이퍼의 날끝 각도

피삭재의 재질	거친다듬질용	본다듬질용
주철, 연강	70~90°	90~120°
동합금, 화이트메탈	60~75°	75~80°

(4) 스크레이퍼 작업 시 주의사항

① 스크레이퍼를 대는 방향은 매회마다 90°로 바꾼다.

② 광명단은 얼룩 없이 고르게 바른다.

③ 피삭재의 재질에 따라 적당한 크기의 스크레이퍼를 택한다.

④ 문지를 때 너무 세게 누르지 않는다.
⑤ 공작물의 표면은 깨끗이 닦아낸다.

(5) 자동 스크레이핑 머신

① 가공면에 대면 작동, 떼면 즉시 정지하는 장치가 되어 있으며 소형으로 휴대가 가능하다.
② 행정은 15 mm까지이며 저속, 고속의 2단 변속이 가능하다.

7 리머 작업

드릴에 의해 뚫린 구멍은 진원 진직 정밀도가 낮고 내면 다듬질의 정도가 불량하다. 따라서 리머 공구를 사용하여 이러한 구멍을 정밀하게 다듬질하는 것을 말한다.

(1) 리머의 모양과 종류

① 수동 리머
㈎ 리머는 보통 날 부분과 자루 부분으로 구분한다.
㈏ 모양에 따라 단체 리머(통형), 셸 리머(날과 자루 조합), 조정 리머(날 교환), 평행 리머, 테이퍼 리머(모스테이퍼 리머, 테이퍼 핀 리머), 파이프 리머가 있다.
㈐ 날의 간격을 부등 간격으로 하고, 홀수날로 되어 있다(짝수날로 등간격일 때 채터링이 생김).
㈑ 비틀림날은 보통 좌회전시킨다(우회전 시 오버리드를 한다).
㈒ 끝 부분에는 1단 모따기(30~45°), 2단 모따기(1~10°)를 하며 자루 쪽이 선단 쪽보다 지름이 조금 가늘게 되어 있는데, 이것을 백 테이퍼(back taper)라 한다(테이퍼의 크기는 0.01~0.03 mm/100 mm).

② 기계 리머
㈎ 드릴링 머신이나 선반 등에 붙여서 사용하는 것이며 수동용의 각진 부분에 모스테이퍼나 직선 섕크가 붙어 있다.
㈏ 종류에는 처킹 리머(chucking reamer), 조버 리머, 브리지 리머 등이 있다.

③ 기타 리머 : 센터 리머(center reamer), 버링 리머(burring reamer), 밸브 시트 리머, 블록 리머 등이 있다.

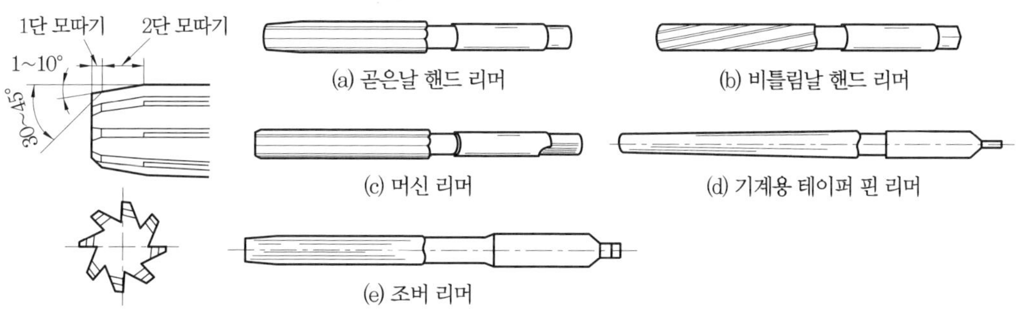

리머의 2단 모따기 리머의 종류

(2) 리머 작업

① 리머 작업 다듬질 공차 : 리머 작업을 할 경우에는 드릴링을 할 때 리밍 여유를 정확히 남기고 구멍을 뚫어야 한다. 공차가 너무 많으면 절삭력이 많이 필요하며, 리머 수명이 감축된다.

② 리머 선택 : 공작물의 재질과 공작 조건에 따라 선택하고, 리머의 구멍 깊이는 지름의 2배 정도를 표준으로 하며 더 깊으면 가이드를 붙여 요동을 막아야 한다.

③ 핸드 리머 작업 : 자루 부분의 사각부를 리머 핸들에 끼워 작업하며, 구멍의 중심을 잘 유지해야 한다.

④ 테이퍼 리머 작업 : 드릴로 구멍을 계단지게 뚫은 후 테이퍼 리머를 사용하여 작업한다.

⑤ 기계 리머 작업 : 리머 작업을 기계로 하는 방법으로 정밀도가 많이 필요할 경우에 쓴다.

예상문제

1. 줄의 거칠기 표시법 중 맞는 것은?

① 줄의 길이에 관계없다.
② 1 mm에 대한 날수
③ 1인치에 대한 날수
④ 1 cm에 대한 날수

해설 줄의 거칠기는 길이 1인치에 대한 눈의 수로서 나타낸다. 100 mm의 줄에서 황목은 36, 중목은 45, 세목은 70, 유목은 110으로 되어 있다.

2. 새 줄을 사용할 때의 순서로서 좋은 것은?

① 주철 → 합금 → 동 → 납
② 동 → 동합금 → 납 → 주철
③ 경강 → 연강 → 동합금 → 주철
④ 납 → 동 → 동합금 → 연강

해설 새 줄의 수명을 오래 유지하기 위해서는 먼저 부드러운 재료에 사용하고 절삭성이 나빠졌을 때 굳은 재료에 사용한다. 납 → 동 → 동합금 → 연강 → 경강·합금강 → 주철의 순서로 사용하면 된다.

3. 줄눈의 크기에 따른 분류로 틀린 것은?

① 거친 눈 ② 검줄 눈
③ 중간 눈 ④ 가는 눈

4. 목재나 피혁 등을 줄질할 때 적당한 줄은?

① 홑눈줄 ② 겹눈줄
③ 세눈줄 ④ 라스프줄

5. 줄 손잡이를 끼울 때 가장 좋은 방법은?

① 손잡이를 쥐고 줄 선단을 해머로 친다.
② 줄날을 쥐고 손잡이를 해머로 친다.
③ 손잡이를 아래로 하고 테이블에 손잡이를 친다.
④ 줄날을 아래로 하고 테이블에 줄 선단을 친다.

6. 다음은 줄 작업을 할 때의 요령이다. 틀린 것은?

① 새 줄은 처음에 연한 금속에 사용한 다음 경한 것에 사용한다.
② 평탄한 면을 만들기 위해서는 새 줄보다 헌 줄이 좋다.

정답 » 1. ③ 2. ④ 3. ② 4. ④ 5. ③ 6. ③

③ 줄질 방향을 직각으로 하여 교대로 줄질해야 다듬는 면이 깨끗해진다.
④ 주물은 표면의 흑피를 벗겨내고 줄질하는 것이 좋다.

7. 그림에서 줄눈의 자국이 일반적으로 잘못된 것은?

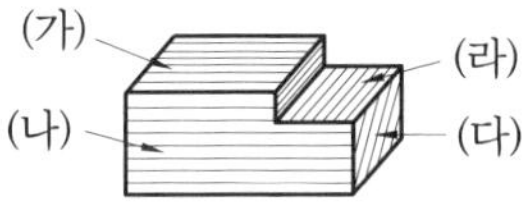

① (가)
② (나)
③ (다)
④ (라)

8. 5본조 조줄에 들어 있지 않은 줄의 단면은 어느 것인가?

①
②
③ 
④

해설 5본조 조줄에는  이 들어 있고, 8본조에는 5본조 조줄 이외에  이 더 들어 있다. 이외에 10본조, 12본조 조줄이 있다.

9. 다음 중 줄 작업법이 아닌 것은?

① 사진법 ② 횡진법
③ 직진법 ④ 각진법

10. 3날줄의 줄로 가공할 때 알맞은 용도는 어느 것인가?

① 톱의 날세우기 작업
② 아연, 알루미늄 등 연질 금속
③ 일반 금속
④ 목재, 피혁 등과 연금속

11. 줄의 크기 표시는 무엇으로 나타내는가?

① 줄 전체의 길이
② 줄의 폭
③ 줄의 두께
④ 날 부분의 길이

해설 줄 자루 부분을 제외한 길이를 크기로 표시한다.

12. 다듬질 작업에서 줄의 선택과 관계없는 것은?

① 줄의 크기 ② 줄의 모양
③ 줄의 두께 ④ 날 부분의 길이

13. 다음 중 스크레이퍼 작업에 사용되지 않는 것은?

① 광명단 ② 스크레이퍼
③ 정반 ④ 해머

14. 일감과 스크레이퍼와의 각도는 어느 정도가 적당한가?

① 10~15° ② 15~30°
③ 30~50° ④ 50~70°

15. 스크레이퍼 작업 시 날끝이 떨리는 원인이 아닌 것은?

① 날끝각이 클 경우
② 일감과 스크레이퍼와의 각도가 클 경우
③ 움직이는 속도가 늦을 경우
④ 스크레이퍼 날 폭이 클 경우

16. 광명단은 어떤 기름으로 반죽하여 사용하는가?

① 머신유 ② 돈유
③ 올리브유 ④ 고래기름

해설 광명단은 머신유를 가장 많이 사용하며, 잘 퍼지지 않을 때는 석유나 경유를 조금 섞으면 좋다.

17. 리머 지름을 제일 많이 조절할 수 있는 리머는?

① 팽창 리머 ② 조정 리머
③ 처킹 리머 ④ 기계 리머

정답 » 7. ③ 8. ③ 9. ④ 10. ① 11. ④ 12. ③ 13. ④ 14. ② 15. ③ 16. ① 17. ②

18. 리머 작업의 설명 중 맞는 것은?
① 다듬질 리밍 시 여유는 10 mm에서 0.15 mm 정도이다.
② 리머의 가공 여유는 리머의 지름에 따라 변하지 않는다.
③ 리머 작업 시 절삭유는 사용하지 않는다.
④ 핸드 리머 쪽이 기계 리머보다 다듬질 여유를 크게 한다.

해설 리머 구멍 지름이 1~10 mm에서는 거친 리머의 여유는 0.1~0.2, 다듬질 리밍의 여유는 0.05~0.15 정도이다.

19. 다음 중 스크레이퍼로 이상적인 것은?

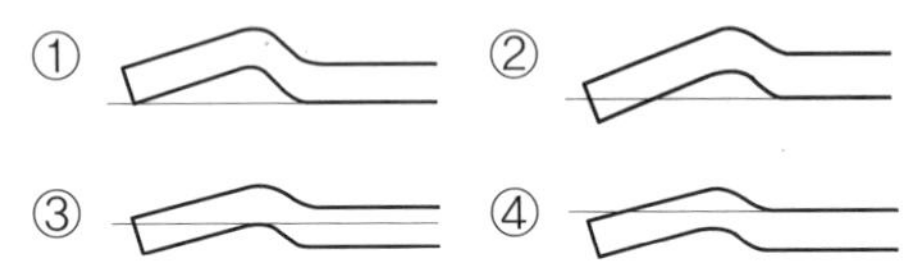

20. 스크레이퍼 작업 시 주의사항으로 틀린 것은?
① 공작물의 표면을 깨끗이 닦아낸다.
② 광명단을 얼룩 없이 바른다.
③ 피삭재의 재질과 크기에 따라 선택한다.
④ 스크레이퍼를 대는 방향은 매회 45°로 바꾼다.

해설 스크레이퍼를 대는 방향은 매회 90°로 바꾼다.

21. 기계 리머 작업 시 구멍이 작아지는 원인은?
① 가공 중 열 팽창에 의하여
② 리머의 중심과 일감의 중심이 맞지 않을 때
③ 리머 날의 원주가 진원이 아닐 때
④ 드릴 구멍이 작을 때

해설 리머 구멍은 열 팽창에 의하여 작아지는 경우가 많으므로 그때는 회전수를 낮추거나 랜드의 폭을 좁히거나 날 뒤를 재연삭해야 한다.

22. 핸드 리머(직선 날)의 랜드 여유각은?
① 1~3° ② 5~10°
③ 10~14° ④ 15~18°

23. 다음 핸드 리머 작업 시 주의사항 중 잘못 설명한 것은?
① 공작물을 바이스에 확실히 고정하도록 한다.
② 리머와 구멍의 중심을 일치하게 한다.
③ 리머의 회전 방향은 항상 오른쪽으로 해야 한다.
④ 작업이 끝나면 리머를 역전시키며 뺀다.

24. 핸드 리머의 일반적인 재질은?
① 탄소강 ② 탄소 공구강
③ 주철 ④ 고속도강

25. 다음 중 손다듬질 작업이 아닌 것은?
① 줄 작업 ② 금긋기 작업
③ 호빙 작업 ④ 조립 작업

26. 곧은 날 리머에서 떨림 방지 방법으로 옳은 것은?
① 여유각을 크게 한다.
② 날의 길이를 다르게 한다.
③ 날의 간격을 다르게 한다.
④ 경사각을 크게 한다.

정답 » 18. ① 19. ① 20. ④ 21. ① 22. ② 23. ④ 24. ④ 25. ③ 26. ③

2. 기계 안전 작업

2-1 기계 가공과 관련되는 안전 수칙

(1) 수공구 작업 시 안전사항

① 작업복, 보안경, 안전화, 안전 장갑 등 작업에 알맞은 보호구를 착용한다.
② 사용할 수공구는 작업자의 신체 등 여러 조건에 알맞은 것을 선택한다.
③ 수공구는 사용하기 전에 기름 등 이물질을 제거하고 반드시 이상 유무를 확인한 후 사용한다.
④ 수공구는 정해진 용도 이외의 작업에는 사용하지 않는다.
⑤ 수공구는 원상태로 사용하여야 하고 임의로 변형해서 사용해서는 안 된다.
⑥ 수공구는 작업의 처음과 끝은 무리한 힘을 주지 말고 서서히 힘을 준다.
⑦ 수공구를 사용할 때는 안전한 장소와 안정된 자세를 확보한 후 작업한다.
⑧ 작업 대상을 견고하게 고정한 다음 확인을 하고 작업해야 한다.
⑨ 수공구의 손잡이가 파손되었거나 헐거운 수공구는 사용하지 않는다.
⑩ 스패너, 조절 스패너(멍키) 등은 사용 공구를 밀지 않고 당겨서 작업한다.
⑪ 더 큰 힘을 얻기 위해 손잡이에 파이프 등을 끼워서 길이를 연장하지 않는다.
⑫ 작업 장소가 어두울 경우 충분한 기준 조도를 확보한 후 작업을 해야 한다.
⑬ 작업 후 사용한 수공구는 청결하게 유지하고 지정된 장소에 보관한다.

(2) 선반 작업 시 안전사항

① 이송을 걸은 채 기계를 정지시키지 않는다.
② 기계 타력 회전을 손이나 공구로 멈추지 않는다.
③ 가공물 절삭공구의 장착은 확실하게 한다.
④ 절삭공구의 장착은 짧게 하고 절삭성이 나쁘면 일찍 바꾼다.
⑤ 칩의 비산 시 보안경을 착용하며, 비산을 막는 차폐막을 설치한다.
⑥ 칩을 제거 시 브러시나 긁기봉을 사용한다.
⑦ 절삭 중이나 회전중에 공작물을 측정하지 않으며 장갑 낀 손을 사용하지 않는다.
⑧ 가공물을 장착하거나 끄집어 낼 때에는 반드시 스위치를 끄고 바이트를 충분히 연 다음 행한다.
⑨ 캐리어는 적당한 크기의 것을 선택하고 심압대는 스핀들을 지나치게 내놓지 않는다.
⑩ 가공물의 장착이 끝나면 척 렌치는 곧 벗겨놓는다.
⑪ 무게가 편중된 가공물의 장착에는 균형추를 장착한다.
⑫ 긴 재료가 돌출되었을 때에는 빨간 천 등을 부착하여 위험 표시를 하거나 커버를 씌운다.
⑬ 바이트 착탈은 기계를 정지시킨 다음에 한다.
⑭ 기계 위에 공구나 재료를 올려놓지 않는다.

(3) 밀링 작업 시 안전사항

① 사용 전에는 기계·기구를 점검하고 시운전해 본다.
② 일감은 테이블 또는 바이스에 안전하게 고정하도록 한다.
③ 공구의 장치 제거 시에는 시동 레버에 닿지 않도록 한다.
④ 커터의 제거, 설치 시에는 반드시 스위치를 내려놓고 한다.
⑤ 회전하는 커터에 손을 대지 않도록 한다.
⑥ 테이블 위에 측정 기구나 공구류를 올려놓지 않도록 한다.
⑦ 칩을 제거할 때에는 기계를 정지시킨 후 브러시로 청소한다.
⑧ 주축 회전속도를 바꿀 때에는 회전을 정지시키고 한다.
⑨ 상하 이송 장치의 핸들을 사용한 후 반드시 풀어둔다.
⑩ 가공 중에 절대로 얼굴을 기계에 접근시키지 않는다.
⑪ 무거운 것을 기계에 올려놓을 때에는 가급적 테이블을 낮게 내리고 작업한다.
⑫ 슬롯 커터나 더브테일 커터는 파손되기 쉬우므로 주의해서 다룬다.
⑬ 강력 절삭을 할 때에는 일감을 바이스에 깊게 물린다.
⑭ 가공 중에 손으로 가공면을 점검하지 않는다.
⑮ 황동이나 주강같이 철가루가 날리기 쉬운 작업 시에는 방진안경을 착용한다.

(4) 드릴 머신 작업 시 안전사항

① 회전하고 있는 주축이나 드릴에 손이나 걸레를 대거나 머리를 가까이하지 않는다.
② 드릴을 사용 전에 점검하고 마모나 균열이 있는 것은 사용하지 않는다.
③ 가공 중에 드릴의 절삭률이 불량해지고 이상음이 발생하면 작업을 중지하고 즉시 드릴을 바꾼다.
④ 드릴의 착탈은 회전이 완전히 멈춘 다음 행한다.
⑤ 작은 물건은 바이스나 클램프를 사용하여 장착하고 직접 손으로 지지하는 것을 피한다.
⑥ 가공 중 드릴이 깊이 먹어 들어가면 기계를 멈추고 손돌리기로 드릴을 뽑아낸다.
⑦ 드릴이나 소켓을 뽑을 때는 공구를 사용하고 해머 등으로 쳐서는 안된다.
⑧ 드릴이나 척을 뽑을 때는 되도록이면 주축을 내려서 낙하 거리를 적게 하고 테이블 등에 나뭇조각 등을 놓고 받는다.
⑨ 레이디얼 드릴 머신은 작업 중 칼럼과 암을 확실하게 체결하여 암을 회전시킬 때 주변을 확인한다.

(5) 연삭 작업 시 안전사항

① 숫돌의 장착이나 시운전은 반드시 지정된 자가 실시한다.
② 숫돌을 장착하기 전에 먼저 외관을 점검하고 균열이 있는가를 점검한다.
③ 숫돌차는 기계에 규정된 것을 작용한다.
④ 숫돌은 축에 무리가 없도록 끼운다.
⑤ 플랜지는 좌우 동형으로 숫돌차의 바깥지름의 $\frac{1}{3}$ 이상의 것을 사용한다.

⑥ 숫돌은 작업 개시 전 1분 이상, 점검 후 3분 이상 시운전한다.
⑦ 숫돌과 받침대 간격은 3 mm 이내로 유지한다.
⑧ 숫돌 커버를 벗기고 작업을 해서는 안 된다.
⑨ 소형 숫돌은 측압이 약하므로 측면 사용을 금한다.
⑩ 연삭기를 사용할 때 방진 마스크와 보안경을 착용한다.

예상문제

1. 다음의 절삭공구 중 절삭유가 필요하지 않은 것은?

① 고속도강
② 주조경질 합금
③ 소결 경질 합금
④ 세라믹 공구

해설 세라믹 공구는 주성분이 Al_2O_3이므로 열에 강해 절삭유가 필요 없다.

2. 줄 작업 시 안전사항으로 틀린 것은?

① 줄을 두들기지 않는다.
② 줄 작업에서 생긴 가루는 입으로 분다.
③ 손잡이가 빠졌을 때는 주의해서 잘 꽂는다.
④ 용접 이음한 줄은 부러지기 쉬우므로 사용하지 않는다.

3. 수공구 취급에 대한 안전수칙으로 옳지 않은 것은?

① 해머 자루에 쐐기를 박는다.
② 렌치는 자기쪽을 당기는 식으로 사용하지 않는다.
③ 스크루 드라이버 사용 시 일감을 손으로 잡지 않는다.
④ 스크레이퍼 사용 시 한 손으로 일감을 잡는 것은 위험하다.

4. 장비의 점검 내용이다. 이 중 거리가 먼 것은 어느 것인가?

① 장비의 외관상의 점검을 한다.
② 작업 전 공회전을 시켜 이상한 소음 등을 체크한다.
③ 각종 안전장치와 스위치를 점검한다.
④ 기어박스를 분해하여 윤활유의 양을 점검한다.

해설 윤활유의 양은 윤활유 창(oil gage)을 보고 중심선 아래로 줄었을 때 보충한다.

5. 선반에서 보링 작업시 주의할 점을 옳게 설명한 것은?

① 회전 중에도 측정할 수 있다.
② 손가락을 구멍에 넣지 않는다.
③ 보링 바이트의 길이는 되도록 길게 고정한다.
④ 회전 중에 걸레로 칩을 제거한다.

6. 선반 작업에서 원심력이 큰 긴 공작물을 가공할 때에는 무엇을 사용하는가?

① 방진구
② 주축대
③ 심압대
④ 공구대

해설 길이가 긴 공작물을 가공할 때에는 반드시 방진구를 사용한다.

정답 » 1. ④ 2. ② 3. ② 4. ④ 5. ② 6. ①

7. 다음 중 선반 바이트의 설치 방법 중 틀린 것은?

① 바이트 날 끝의 높이와 센터의 높이를 일치시킨다.
② 초경 바이트는 자루 높이의 3배 정도 돌출시켜 설치한다.
③ 받침판은 될수록 적은 개수를 사용한다.
④ 바이트 고정볼트를 조일 때는 2~3회 나누어 조인다.

8. 다음 중 선반 작업 시 안전사항으로 틀린 것은?

① 긴 가공물은 방진구를 써서 흔들리지 않게 한다.
② 기름숫돌로 갈거나 샌드 페이퍼질을 할 때는 장갑을 낀다.
③ 바이트는 가급적 짧게 물린다.
④ 가공물의 무게 중심이 한쪽으로 기울어질 때에는 균형추를 단다.

9. 다음 중 선반 작업의 안전사항과 거리가 먼 것은?

① 절삭 중이나 회전 중에 공작물을 측정하지 않으며, 장갑 낀 손을 사용하지 않는다.
② 가공물의 장착이 끝나면 척 렌치류를 곧 벗겨놓는다.
③ 바이트 착탈은 기계를 정지시킨 다음에 한다.
④ 정밀 절삭 부분은 보안경을 벗고 잘 보이도록 가까이 접근하여 가공한다.

10. 밀링 작업의 안전사항과 거리가 먼 것은?

① 사용 전에는 기계·기구를 점검하고 시운전해 본다.
② 커터를 제거할 때에는 반드시 스위치를 내려놓고 한다.
③ 가공물의 측정 시 숙련자는 주축의 회전을 유지하며 실시한다.
④ 회전하는 커터에 손을 대지 않는다.

11. 다음 중 밀링 작업 시 안전사항으로 옳지 않은 것은?

① 강력 절삭을 할 때에는 일감을 바이스에 깊게 물린다.
② 연금속을 가공할 때에는 장갑을 착용해도 무방하다.
③ 황동이나 주강같이 칩 가루가 날리기 쉬운 작업 시에는 보안경을 착용한다.
④ 가공 중에 손으로 가공면을 점검하지 않는다.

12. 밀링 작업에서 보안경을 착용하는 가장 큰 이유는?

① 커터날 끝이 부러져 튀기 때문에
② 주유가 비산하기 때문에
③ 공작물이 튈 염려가 있기 때문에
④ 칩의 비산이 있기 때문에

13. 다음 중 드릴 머신 작업의 안전사항이 아닌 것은?

① 회전하고 있는 주축이나 드릴에 손이나 걸레를 대거나 머리를 가까이 대지 않는다.
② 드릴을 사용 전에 점검하고 마모나 균열이 작으면 그냥 사용한다.
③ 가공 중에 드릴의 절삭률이 불량해지고 이상음이 발생하면 중지하고 즉시 드릴을 바꾼다.
④ 드릴의 착탈은 회전이 완전히 멈춘 다음에 행한다.

14. 드릴 작업의 안전사항으로 잘못 설명된 것은?

정답 » 7. ② 8. ② 9. ④ 10. ③ 11. ② 12. ④ 13. ② 14. ④

① 공작물은 바이스나 클램프를 사용하여 장착하고 직접 손으로 지지하지 않는다.
② 가공 중 드릴이 깊이 먹어 들어가면 기계를 멈추고 손돌리기로 드릴을 뽑아낸다.
③ 드릴이나 소켓을 뽑을 때는 공구를 사용하고 해머 등으로 타격을 가하면 안 된다.
④ 두께가 얇은 철판을 뚫을 경우에는 손으로 단단히 잡고 가공한다.

15. **다음 중 연삭기의 사용상 안전사항이 아닌 것은?**
① 숫돌의 장착이나 시운전은 반드시 지정된 자가 실시한다.
② 숫돌차는 기계에 규정된 것을 사용한다.
③ 숫돌은 작업 개시 전 1분 이상, 점검 후 3분 이상 시운전한다.
④ 숫돌과 받침대 간격은 10 mm 이내로 유지한다.

16. **연삭숫돌 바퀴의 설치 방법을 잘못 설명한 것은?**
① 숫돌면과 플랜지 사이에는 양철판을 끼우고 조립한다.
② 숫돌의 균열 검사를 위해 설치 전 반드시 나무 해머로 두드려 본다.
③ 숫돌바퀴 설치 후 반드시 3~5분간 공회전을 시켜본다.
④ 플랜지는 숫돌바퀴 지름의 $\frac{1}{3}$ 이상이 되어야 한다.

17. **연삭숫돌의 파단 원인으로 적합하지 않은 것은?**
① 숫돌과 공작물, 숫돌과 지지대 간에 불순물이 끼었을 경우
② 숫돌이 과도한 고속으로 회전하는 경우
③ 숫돌의 측면이 공작물로 심하게 삽입됐을 때
④ 숫돌이 진원이 아닐 경우

18. **다음 중 일반공구의 사용법 및 안전관리에 대한 내용으로 옳지 않은 것은?**
① 사전에 불안전한 공구는 사용하지 않는다.
② 공구에 기름이 묻었을 때 완전히 닦고 사용한다.
③ 공구는 사전에 이상이 없는지 확인하고 사용한다.
④ 공구를 옆 사람에게 빌려줄 때는 빨리 던져서 시간을 줄인다.

19. **기계는 일반적으로 정지 상태와 운전 상태로 분류하여 점검을 한다. 기계의 정지 상태의 점검 사항은?**
① 클러치의 상태
② 급유 상태
③ 기어의 결합 상태
④ 베어링의 온도 상승 상태

20. **회전하는 부분의 접선 방향으로 물려 들어갈 위험이 없는 기계는?**
① V 벨트
② 체인
③ 래크와 피니언
④ 볼 스크루

정답 » 15. ④ 16. ① 17. ④ 18. ④ 19. ② 20. ④

PART 3 금형 재료 및 정밀 계측

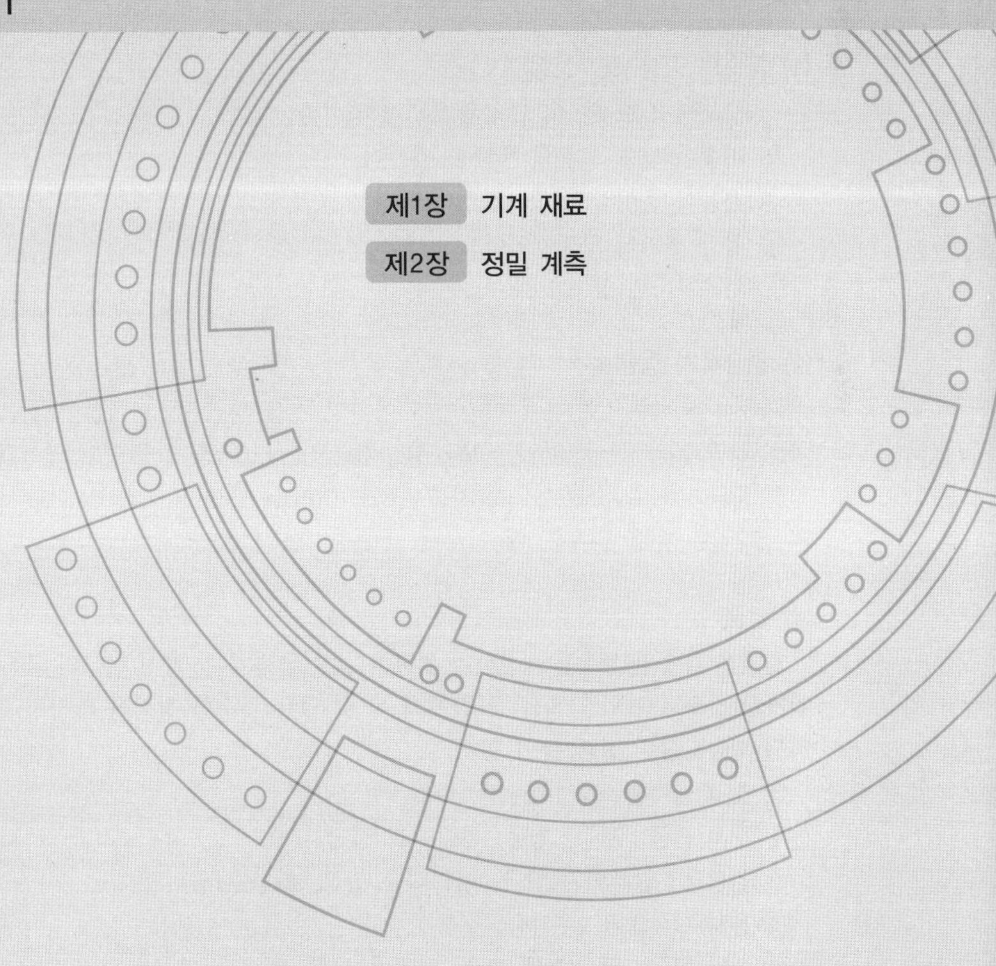

CHAPTER 1

기계 재료

1. 기계 재료의 성질과 분류

1-1 기계 재료의 개요

1 금속 재료의 일반적 성질

(1) 금속의 공통적인 성질

① 상온에서 고체이며 결정체(Hg 제외)이다.
② 비중이 크고 고유의 광택을 갖는다.
③ 가공이 용이하고, 연·전성이 좋다.
④ 열과 전기의 양도체이다.
⑤ 이온화하면 양(+)이온이 된다.

(2) 경금속과 중금속

비중 5를 기준으로 하여 비중이 5 이하인 것을 경금속, 5 이상인 것을 중금속이라 한다.
① 경금속(light metal) : Al, Mg, Be, Ca, Ti, Li(비중 0.53으로 금속 중 가장 가벼움) 등
② 중금속(heavy metal) : Fe(비중 7.87), Cu, Cr, Ni, Bi, Cd, Ce, Co Mo, Pb, Zn, Ir(비중 22.5로 가장 무거움) 등

(3) 합금

합금은 금속의 성질을 개선하기 위하여 단일 금속에 한 가지 이상의 금속이나 비금속 원소를 첨가한 것으로 단일 금속(순금속)에서 볼 수 없는 특수한 성질을 가지며, 원소의 개수에 따라 이원 합금, 삼원 합금 등이 있다.
① 철 합금 : 탄소강, 특수강, 주철, 합금강
② 구리 합금 : 황동, 청동, 특수구리 합금
③ 경합금 : 알루미늄 합금, 마그네슘 합금, 티탄 합금
④ 원자로용 합금 : 우라늄, 토륨
⑤ 기타 합금 : 납-주석 합금, 베어링 합금, 저용융 합금

(4) 준금속, 귀금속, 희유 금속

① 준금속 : 금속적 성질과 비금속적 성질을 같이 갖는 것으로 B(붕소), Si(규소) 등이 있다.
② 귀금속 : 자체의 광택이 아름다우며, 산출량이 적고 화학약품에 대한 저항력이 크다(Pt, Ag, Au).
③ 희유 금속 : 채취가 힘들고 특수한 목적에 사용한다(U, Th, Hf, Ge).

(5) 금속의 결정

결정체란 물질을 구성하는 원자가 3차원 공간에서 규칙적으로 배열되어 있는 것을 말한다.
① 결정의 성장 순서 : 핵 발생(온도가 낮은 곳) → 결정의 성장(수지상) → 결정 경계 형성(불순물 집합)

결정의 성장 과정

② 결정의 크기 : 냉각 속도에 영향을 받는다(냉각 속도가 빠르면 핵 발생 증가 → 결정 입자가 미세해진다).
③ 주상정(columnar) : 금속 주형에서 표면의 빠른 냉각으로 중심부를 향하여 방사상으로 이루어지는 결정
④ 수지상 결정(dendrite) : 용융 금속이 냉각 시 금속 각부에 핵이 생겨 가지가 되어 나뭇가지와 같은 모양을 이루는 결정
⑤ 편석 : 금속의 처음 응고부와 차후 응고부의 농도차가 있는 것(불순물이 주원인)

(6) 결정의 구조

① 결정 격자 : 결정 입자 내의 원자가 금속 특유의 형태로 배열되어 있는 것(결정형 : 7종, 격자형 : 14종)

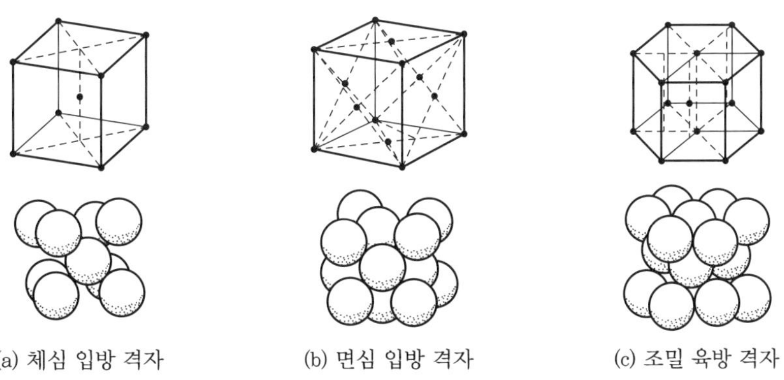

중요한 금속 격자형

결정격자의 구조

격자	기호		성질	원소	귀속 원자수	배위수	원자 충진율 (%)	비고
	약호	원어						
체심 입방 격자	B.C.C	body centered cubic lattice	• 전연성이 적다. • 융점이 높다. • 강도가 크다.	α-Fe, δ-Fe, Cr, W, Mo, V, Li, Na, Ta, K	2	8	68	순철의 경우 1400℃ 이상과 910℃ 이하에서 이 구조를 갖는다.
면심 입방 격자	F.C.C	face centered cubic lattice	• 많이 사용된다. • 전연성과 전기 전도도가 크다. • 가공이 우수하다.	Al, Ag, Au, γ-Fe, Cu, Ni, Pb, Pt, Ca, β-Co, Rh, Pd, Ce, Th	4	12	74	순철에서는 γ구역(140~910℃)에서 생긴다.
조밀 육방 격자	H.C.P	hexagonal closepacked cubic lattice	• 전연성이 불량하다. • 접착성이 작다. • 가공성이 좋지 않다.	Mg, Zn, Ti, Be, Hg, Zr, Cd, Ce, Os	2	12	74	

② 단위포 : 결정 격자 중 금속 특유의 형태를 결정짓는 원자의 모임, 기본 격자 형태

③ 격자 상수 : 단위포 한 모서리의 길이(금속의 격자 상수 크기 : 2.5~3.3 Å, Fe=2.86 Å)

④ 결정립의 크기 : 고체 상태에서 0.01~0.1 mm

(7) 금속의 변태

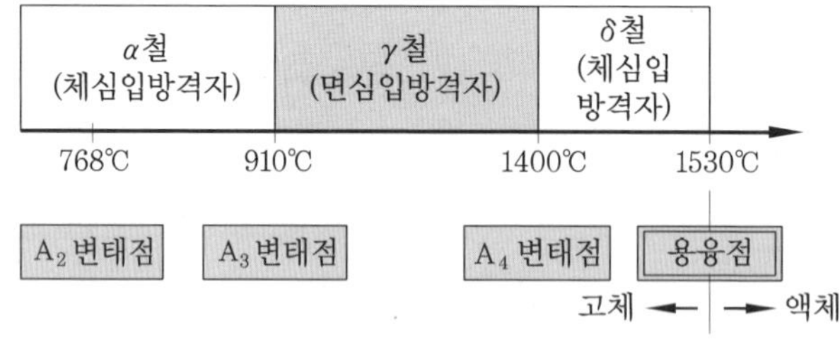

금속의 변태

① 동소 변태 : 고체 내에서 원자 배열이 변하는 것

(가) 성질의 변화가 일정 온도에서 급격히 발생

(나) 동소 변태의 금속 : Fe, Co, Ti, Sn

② 자기 변태 : 원자 배열은 변화가 없고, 자성만 변하는 것

(가) 성질의 변화가 점진적이고 연속적으로 발생

(나) 자기 변태의 금속 : Fe, Ni, Co

㈐ 전기저항의 변화는 자기 크기와 반비례한다.

㈜ 히스테리시스(이력 현상) : 강자성 재료를 교류로서 자화할 때 발생하는 현상

③ 변태점 측정 방법

㈎ 열분석법 ㈏ 열팽창법

㈐ 전기저항법 ㈑ 자기분석법

㈜ 열전쌍 : 열분석법에서 온도 측정 막대(텅스텐, 몰리브덴 : 1800℃, 백금-로듐 : 1600℃, 크로멜-알루멜 : 1200℃, 철-콘스탄탄 : 800℃, 구리-콘스탄탄 : 600℃)

2 합금

(1) 합금의 특징

① 경도가 증가한다.

② 색이 변하며 주조성이 커진다.

③ 용융점이 낮아진다.

④ 성분을 이루는 금속보다 우수한 성질을 나타내는 경우가 많다.

(2) 상태도

합금 성분의 고체 및 액체 상태에서의 융합 상태는 공정, 고용체, 금속간 화합물 등 여러 가지가 있다.

① 상률 : 어떤 상태에서 온도가 자유로이 변할 수 있는가를 알아낸다($F=0$일 때는 불변 상태).

금속일 경우 $F=C-P+1$

여기서, F : 자유도, C : 성분 수, P : 상 수

② 평형 상태도 : 공존하고 있는 물질의 상태를 온도와 성분의 변화에 따라 나타낸 것

(3) 공정(eutectic)

두 개의 성분 금속이 용융 상태에서 균일한 액체를 형성하나 응고 후에는 성분 금속이 각각 결정으로 분리, 기계적으로 혼합된 것을 말한다(액체 ⇄ 고체 A+고체 B). 미세한 입상, 층상을 형성하며, 분리가 가능한 상태로 존재하고, 철강에서는 4.3 %C점에서 공정이 나타나며, 이 공정을 레데부라이트라 한다.

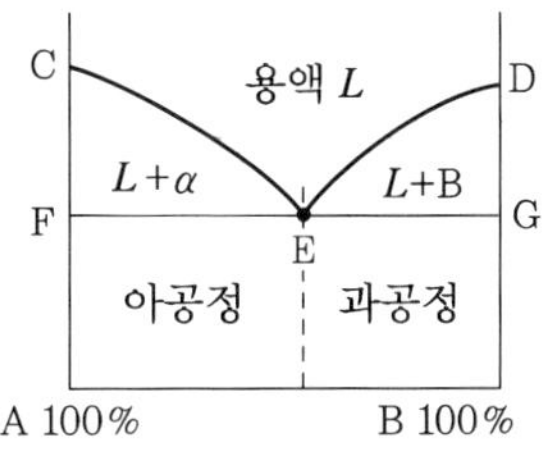

공정형 상태도

(4) 고용체(solid solution)

고체 A+고체 B ⇄ 고체 C(성분 금속이 완전히 융합되어 기계적 방법으로는 분리할 수 없는 상태로 존재)

① 고용체의 종류

(가) 전율 고용체 : 전 농도에 걸친 고용체, AB 두 성분의 50 %점에서 경도, 강도가 최대이다.

(나) 한율 고용체 : 농도에 따라 공정을 만드는 고용체이며, 공정점에서 경도, 강도가 최대이다.

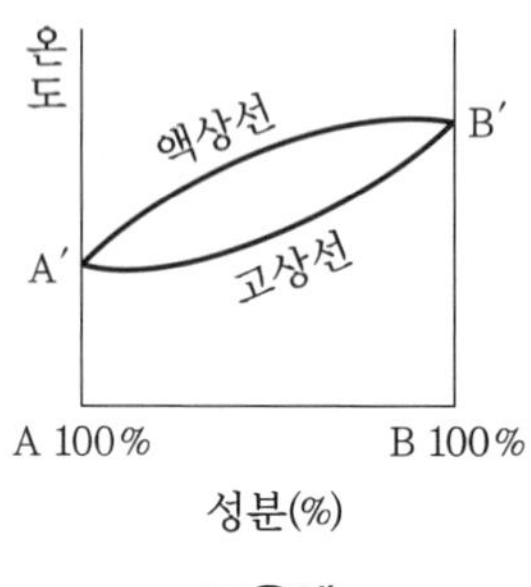

고용체

② 고용체의 결정 격자

(가) 침입형 고용체 : Fe−C

(나) 치환형 고용체 : Ag−Cu, Cu−Zn

(다) 규칙 격자형 고용체 : Ni_3−Fe, Cu_3−Au, Fe_3−Al

③ 고용체 성분 원자 지름의 차가 15 % 이내이어야 한다.

(5) 금속간 화합물(intermetallic compound)

두 가지 원소의 친화력이 클 때 성분 물질과는 성질이 전혀 다른 독립된 화합물을 생성한 것을 말하며 Fe_3C, Cu_4Sn, $CuAl_2$, Mg_2Si 등이 있다.

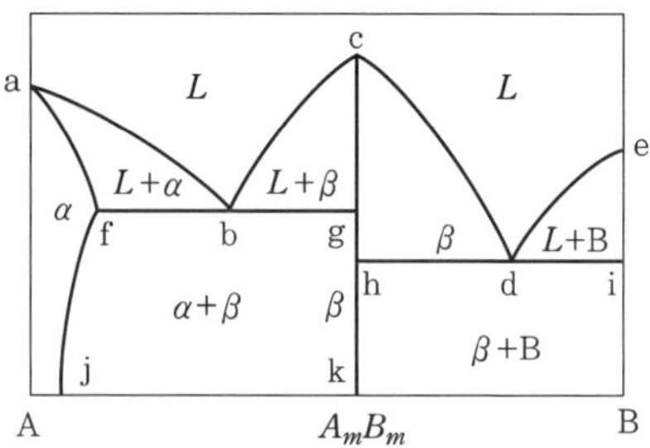

금속간 화합물의 상태도

(6) 공석(eutectoid)

고체 상태에서 공정과 같은 현상으로 생성되며, 철강의 경우 0.86 %C점에서 페라이트(α)와 시멘타이트(Fe_3C)의 공석(펄라이트 조직)을 석출한다.

(7) 포정 반응

고체 A+액체 ⇄ 고체 B로 변화(편정 반응 : 고체+액체 A ⇄ 액체 B)

예상문제

1. 대표적인 결정 격자와 관계없는 것은?
① 체심 입방 격자 ② 면심 입방 격자
③ 조밀 육방 격자 ④ 결정 입방 격자

2. 면심 입방 격자의 한 변의 길이를 a라 할 때 원자 반지름(r)은?
① $\frac{\sqrt{2}}{4}a$ ② $\frac{\sqrt{3}}{4}a$
③ $\frac{\sqrt{3}}{5}a$ ④ $\frac{\sqrt{2}}{5}a$

해설 $4r=\sqrt{2}\,a$이므로 $r=\frac{\sqrt{2}}{4}a$이다.

3. 조밀 육방 격자의 중요 금속 원소가 아닌 것은?
① Co ② Mg
③ Zn ④ Ag

4. 동소 변태에서 $\alpha-\text{Fe}\rightleftarrows\gamma-\text{Fe}$일 때의 변태 온도는?
① 477℃ ② 910℃
③ 1400℃ ④ 1500℃

5. 자기 변태를 일으키는 중요 금속으로 잘못된 것은?
① Fe ② Ni ③ Co ④ W

6. 상자성체인 금속 중 강자성체 금속은?
① Cr ② Pt
③ Mn ④ Co

7. 변태점 측정법과 관련이 없는 것은?
① 열 분석법 ② 열팽창법
③ 침열법 ④ 시차열분석법

8. 고용체의 결정 격자의 종류로 관계가 없는 것은?
① 공정형 고용체
② 침입형 고용체
③ 치환형 고용체
④ 규칙 격자형 고용체

9. 다음 중 금속간 화합물이 아닌 것은?
① 탄소강 ② 청동
③ 니켈 ④ 알루미늄 합금

10. 고온에서 균일한 고용체로 된 것이 고체 내부에서 공정과 같은 조직으로 분리되는 경우를 무엇이라 하는가?
① 공정 반응 ② 포정 반응
③ 공석 반응 ④ 고용체

11. Mo의 결정 격자는?
① 체심 입방 격자 ② 면심 입방 격자
③ 면심 육방 격자 ④ 조밀 육방 격자

12. 합금이 순금속보다 우수한 점은?
① 강도가 감소하고 연신율이 증가한다.
② 열처리가 잘된다.
③ 용융점이 높아진다.
④ 열전도도가 높아진다.

해설 합금은 순금속보다 열처리가 잘되고, 강도·경도 및 내식성·내마모성이 증가하며 용융점이 낮아지는 반면 연성, 전성, 가단성이 나빠지고, 전기 및 열의 전도도가 떨어지기도 한다.

13. 텅스텐의 용융온도는?
① 3804℃ ② 1800℃
③ 1966℃ ④ 3400℃

정답 » 1. ④ 2. ① 3. ④ 4. ② 5. ④ 6. ④ 7. ③ 8. ① 9. ③ 10. ③ 11. ① 12. ② 13. ④

해설 텅스텐(tungsten)은 비중 19.24, 융점 3400℃인 중금속으로 강회색이다. 초경합금의 주요 성분이며, 내열강과 고속도강에도 없어서는 안 될 요소이다. 전구의 필라멘트 제조 등에 널리 쓰인다.

14. 금속의 응고 순서가 맞는 것은?
① 결정핵 발생 → 결정의 성장 → 결정 경계 형성
② 결정핵 발생 → 결정 경계 형성 → 결정의 성장
③ 결정 경계 형성 → 결정핵 발생 → 결정의 성장
④ 결정의 성장 → 결정핵 발생 → 결정 경계 형성

15. 금속의 변태에서 온도의 변화에 따라 원자 배열의 변화, 즉 결정 격자가 바뀌는 것은 어느 것인가?
① 자기 변태 ② 동소 변태
③ 동소 변화 ④ 자기 변화

16. 쌍정(twin)이 생기기 쉬운 원소로 알맞은 것은?
① Sn ② Sb
③ Bi ④ Cu

해설 특정면을 경계로 하여 처음의 결정과 대칭적 관계에 있는 원자 배열을 갖는 결정을 쌍정이라 한다.

17. 결정 격자를 이루면서 나뭇가지 같은 형상으로 성장하는 것을 무엇이라고 하는가?
① 재결정 ② 수지상 결정
③ 결정 경계 ④ 결정 격자

18. 결정 입자의 크기에 영향을 주는 것이 아닌 것은?
① 금속의 종류 ② 불순물의 포함량
③ 냉각속도 ④ 시간의 경과

19. 주형에 쇳물을 주입할 때 나타나는 결정은 어느 것인가?
① 주상 결정 ② 수상 결정
③ 결정체 ④ 결정 경계

20. 단위포의 입체적인 3축 방향의 길이 a, b, c를 무엇이라 하는가?
① 격자 상수 ② 단위포
③ 결정 격자 ④ 결정 경계

해설 결정 경계란 결정 입자 사이의 경계를, 결정 격자란 결정 입자의 배열을, 격자 상수란 결정 격자의 각 모서리의 길이를 말한다.

21. 다음 중 변태점이 있는 금속은?
① Mn ② Pt
③ Na ④ Co

22. A_0 변태란 무엇인가?
① 시멘타이트의 자기 변태점(210℃)
② δ철의 변태점
③ α철의 자기 변태점(768℃)
④ γ고용체의 자기 변태점

23. 퀴리점(curie point)이란?
① 자기 변태점 ② 동소 변태점
③ 공정점 ④ 공석점

24. 다음 중 포정 반응은?
① 고용체 A → 용액 A+용액 B
② 용액 → 고용체 A+고용체 B
③ 용액+고용체 A → 고용체 B
④ 융액 A+고용체 B → 고용체 A

25. 원자의 크기가 서로 다른 금속이 고용체를 만들 때 원자들이 서로 침입하거나 또는 치환하여 합금으로 되었을 때의 결정은 단일 금속의 결정에 비하여 변형은 어떻게 되는가?

정답 » 14. ① 15. ② 16. ④ 17. ② 18. ④ 19. ① 20. ① 21. ④ 22. ① 23. ① 24. ③ 25. ①

① 큰 변형(strain)이 생긴다.
② 작은 변형(strain)이 생긴다.
③ 같은 변형(strain)이 생긴다.
④ 변화하지 않는다.

해설 큰 변형이 생기기 때문에 가공 변형이 어렵고, 또 합금으로서 강도, 경도가 크게 된다.

26. 순철에는 몇 개의 동소체가 있는가?
① 5개 ② 2개 ③ 6개 ④ 3개

해설 순철의 동소체로는 α철, γ철, δ철이 있다.

27. 금속의 가공성이 가장 좋은 격자는?
① 조밀 육방 격자 ② 체심 입방 격자
③ 면심 육방 격자 ④ 면심 입방 격자

해설 금속의 가공성은 면심 입방 격자, 체심 입방 격자, 조밀 육방 격자의 순이다.

28. 금속의 공통적인 성질이 아닌 것은?
① 상온에서 고체이며 결정체이다.
② 금속적 광택을 가지고 있다.
③ 일반적으로 비중이 작다.
④ 전기 및 열의 양도체이다.

해설 금속은 일반적으로 비중이 크다.

29. 침입형 고용체에 용해되는 원소가 아닌 것은?
① Si ② C ③ Cr ④ H

해설 침입형 고용체에 용해되는 원소로는 Si, C, H, N, B가 있다.

30. 금속과 금속 사이의 친화력이 클 때에는 화학적으로 결합하여 성분 금속과는 다른 성질을 가지는 독립된 화합물을 만드는 것을 무엇이라 하는가?
① 공정 상태
② 고용체 상태
③ 금속간 화합물
④ 공석 상태

31. 결정 격자가 조밀 육방 격자로 묶여진 것은?
① Fe, Cr, Mo ② Al, Ni, Cu
③ Au, Pt, Pb ④ Mg, Zn, Ti

32. 결정의 핵(nucleus)이 1개로 크게 성장한 것은?
① 수상정 ② 주상정
③ 수정 ④ 접종

33. 금속에 고온으로 장시간 일정한 인장 하중을 가하면 시간과 더불어 변형도가 증가되는 현상은?
① 석출 ② 공석
③ 공정 ④ 크리프 현상

34. 다음 금속 중 비중이 가장 낮은 것은?
① Ag ② Al ③ Co ④ Mg

35. Al의 재결정 온도는?
① 150～240℃ ② 200～350℃
③ 90～140℃ ④ 360～414℃

36. 포정 반응이란 무엇인가?
① 하나의 고체에서 다른 액체가 작용하여 다른 고체를 형성하는 반응
② 2종 이상의 물질이 고체 상태로 완전히 융합되는 것
③ 하나의 액체에서 고체와 다른 종류의 액체를 동시에 형성하는 반응
④ 하나의 액체를 어떤 온도로 냉각시키면서 동시에 2개 또는 그 이상의 종류의 고체를 생기게 하는 반응

37. 액체로부터 고체의 결정이 생성되는 현상은?
① 포정 ② 석출
③ 응고 ④ 정출

정답 » 26. ④ 27. ④ 28. ③ 29. ③ 30. ③ 31. ④ 32. ③ 33. ④ 34. ④ 35. ① 36. ① 37. ④

38. 격자 상수란 무엇인가?
① 격자를 이루고 있는 분자의 수
② 격자의 단위 체적상의 원자의 수
③ 결정체
④ 단위포 한 모서리의 길이

해설 결정 내에서 이루어지고 있는 원자 배열 중 소수의 원자를 택해서 그 중심을 연결하여 만든 간단한 기하학적 형태를 단위 격자 또는 단위포라 하며, 이것의 한 변의 길이를 격자 상수(lattice constant)라 한다.

39. 순철의 A_2(자기 변태점)는?
① 910℃ ② 768℃
③ 1400℃ ④ 721℃

40. 다음 중 금속의 색깔을 탈색하는 힘이 제일 큰 것은?
① Zn ② Sn ③ Fe ④ Cu

41. 금속의 변태점 측정법이 아닌 것은?
① 열분석법 ② 전기저항법
③ 비열법 ④ 비등점법

42. 다음 중 가장 널리 이용되는 이원합금은?
① 철 ② 청동
③ Al ④ 두랄루민

43. 자기풀림 현상이 일어나지 않는 금속은?
① Fe ② Sn
③ Zn ④ Pb

44. 다음 그림은 금속 AB의 공정형 상태도이다. 공정점은 어느 것인가?

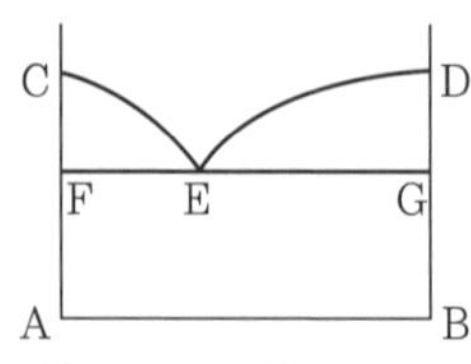

① C ② E ③ A ④ D

45. 다음 상태도에서 액상선은?

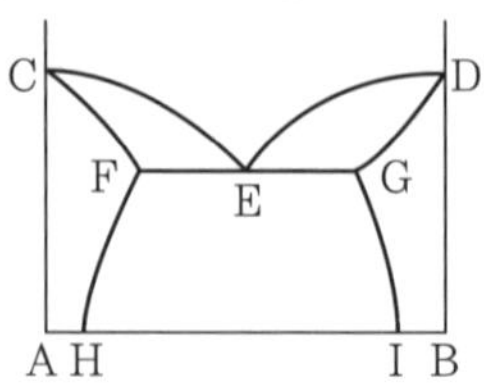

① CFH ② CED
③ FEG ④ DGI

46. 다음 중 틀린 설명은?
① 금속은 온도가 상승하면 팽창한다.
② 물질의 상에 변화가 생기면 성질의 변화가 생긴다.
③ 금속의 전기저항은 온도 상승에 따라 감소하고 변태점에서는 변화가 없다.
④ 결정 격자의 변화 또는 자성의 변화를 변태라고 한다.

47. γ(고상) ⇄ α(고상)+β(고상)의 반응을 무슨 반응이라 하는가?
① 공석 반응 ② 포정 반응
③ 공정 반응 ④ 재용 반응

48. 다음 금속 중 비중이 제일 큰 것은?
① Ir ② Ce
③ Ca ④ Li

해설 Ir : 22.5, Ce : 6.9, Ca : 1.6, Li : 0.53

49. 다음 중 물보다 가벼운 비중을 갖는 금속은?
① Li ② Ni
③ Fe ④ Cu

50. 경금속과 중금속의 구분점이 되는 비중은 어느 것인가?
① 6 ② 1
③ 5 ④ 8

정답 » 38. ④ 39. ② 40. ② 41. ④ 42. ① 43. ① 44. ② 45. ② 46. ③ 47. ① 48. ① 49. ① 50. ③

1-2 기계 재료의 물성 및 재료시험

1 물리적 성질

금속 원소와 물리적 성질

원소 기호	금속명	원소 번호	원자량	비중 (20℃)	용융점 (℃)	비등점 (℃)	비열 (cal/g·℃)
Ag	은	47	107.88	10.497	960.5	2210	0.056
Al	알루미늄	13	26.98	2.699	660.2	2060	0.223
Au	금	79	192.1	19.32	1063	2970	0.131
Ba	바륨	56	137.36	3.78	704±20	1640	0.068
Be	베릴륨	4	9.013	1.84	1278±5	1500	0.4246
Bi	비스무스	83	209.00	9.80	271	1420	0.0303
Ca	칼슘	20	40.08	1.55	850±20	1440	0.149
Nb	니오브	41	92.91	8.569	2415	3300	0.065
Cd	카드뮴	48	112.41	8.65	320.9	767	0.0559
Ce	세륨	58	140.13	6.90	600±50	1400	0.042
Co	코발트	27	58.94	8.90	1495	2375±40	0.1042
Cr	크롬	24	52.04	7.09	1.553	2220	0.1178
Cu	구리	29	63.54	8.96	1083	2310	0.0931
Fe	철	26	55.85	7.871	1538±3	2450	0.1172
Ca	칼륨	31	69.72	5.91	29.78	2070	0.079
Ge	게르마늄	32	72.60	5.36	958±10	2700	0.073
Hg	수은	80	200.61	13.55	−38.89	357	0.033
In	인듐	49	114.76	7.31	156.4	1450	0.057
Ir	이리듐	77	193.50	22.50	2454±3	5300	0.031
K	칼륨	19	39.090	0.862	63±1	762.2	0.182
Li	리튬	3	0.940	0.534	180±5	1400	0.092
Mg	마그네슘	12	24.32	1.743	650	1110	0.2475
Mn	망간	25	54.93	7.40	1245±10	1900	0.1211
Mo	몰리브덴	42	95.95	10.218	2625	3700	0.059
Na	나트륨	11	22.99	0.971	97.9	882.9	0.295
Ni	니켈	28	58.68	8.85	1455	2450~2900	0.2079
Pb	납	82	207.21	11.341	327.43	1540±15	0.031
Pd	팔라듐	46	106.70	12.03	1554	4000	0.058

Pt	백금	78	195.23	21.43	1773.5	4410	0.032
Rh	로듐	45	102.91	12.44	1966±3	4500	0.059
Sb	안티몬	51	121.76	6.62	630.5	1440	0.0502
Se	셀렌	34	78.96	4.81	220±5	680	0.084
Si	규소	14	28.09	2.33	1414	3500	0.162
Sn	주석	50	118.70	7.298	231.84	2270	0.551
Te	텔루르	52	127.61	6.235	450±10	1390	0.047
Th	토륨	90	232.12	11.50	1800±150	3000	0.034
Ti	티탄	22	47.90	4.54	1800±22	3400	0.1125
U	우라늄	92	238.07	18.70	1133±2	–	0.028
V	바나듐	23	50.95	5.82	1725±50	3400	0.1153
W	텅스텐	74	183.92	19.26	3410±20	5930	0.0338
Zn	아연	30	65.38	7.133	419.46	906	0.0944
Zr	지르코늄	40	91.22	6.50	1530	2900	0.066

① 비중(specific gravity) : 4℃의 순수한 물을 기준으로 몇 배 무거운가, 가벼운가를 수치로 표시한다.

② 용융점(melting point) : 고체에서 액체로 변화하는 온도점이며, 금속 중에서 텅스텐은 3410℃로 가장 높고, 수은은 −38.8℃로서 가장 낮다. 순철의 용융점은 1530℃이다.

③ 비열(specific heat) : 단위 질량의 물체의 온도를 1℃ 올리는 데 필요한 열량으로 비열 단위는 kJ/kg·℃이다.

④ 선팽창 계수(coefficient of linear expansion) : 물체의 단위 길이에 대하여 온도가 1℃만큼 높아지는 데 따라 막대의 길이가 늘어나는 양이다. 단위는 cm/cm·℃(=1/℃)

⑤ 열전도율(thermal conductivity) : 거리 1 m에 대하여 1℃의 온도차가 있을 때 $1m^2$의 단면을 통하여 1시간에 전해지는 열량으로 단위는 kJ/m·h·℃이며, 열전도율이 좋은 금속은 은>구리>백금>알루미늄 등의 순서이다.

⑥ 전기 전도율(electric conductivity) : 물질 내에서 전류가 잘 흐르는 정도를 나타내는 양으로, 전기 전도율은 은>구리>금>알루미늄>마그네슘>아연>니켈>철>납>안티몬 등의 순서로 좋아진다.

⑦ 색(color) : 금, 황동 및 청동은 황색을 띠고, 구리 및 구리를 주성분으로 하는 합금은 황적색을 띤다. 금속 색깔은 탈색력이 큰 주석>니켈>알루미늄>철>구리>아연>백금>은>금 등의 순서로 탈색된다.

2 기계적 성질

① 항복점(yielding point) : 금속 재료의 인장 시험에서 하중을 0으로부터 증가시키면 응력의 근소한 증가나 또는 증가 없이도 변형이 급격히 증가하는 점에 이르게 되는데, 이 점을

항복점이라 하며 연강에는 존재하지만 경강이나 주철의 경우는 거의 없다.

② 연성(ductility) : 물체가 탄성한도를 초과한 힘을 받고도 파괴되지 않고 늘어나서 소성 변형이 되는 성질로서 금, 은, 알루미늄, 구리, 백금, 납, 아연, 철 등의 순으로 좋다.

③ 전성(malleability) : 가단성과 같은 말로서 금속을 얇은 판이나 박(箔)으로 만들 수 있는 성질로서 금, 은, 알루미늄, 철, 니켈, 구리, 아연 등의 순으로 좋다.

④ 인성(toughness) : 굽힘이나 비틀림 작용을 반복하여 가할 때 이 외력에 저항하는 성질, 즉 끈기 있고 질긴 성질을 말한다.

⑤ 인장 강도(tensile strength) : 인장 시험에서 인장 하중을 시험편 평행부의 원단면적으로 나눈 값이다.

⑥ 취성(brittlness) : 물체가 약간의 변형에도 견디지 못하고 파괴되는 성질로서 인성에 반대된다.

⑦ 가공 경화(work hardening) : 금속이 가공에 의하여 강도, 경도가 커지고 연신율이 감소되는 성질이다.

⑧ 강도(strength) : 물체에 하중을 가한 후 파괴되기까지의 변형 저항을 총칭하는 말로서 보통 인장 강도가 표준이 된다.

⑨ 경도(hardness) : 물체의 기계적인 단단함의 정도를 수치로 나타낸 것이다.

⑩ 가주성(castability) : 가열하면 유동성이 좋아져서 주조 작업이 가능한 성질을 말한다.

⑪ 피로(fatigue) : 재료에 인장과 압축 하중을 오랜 시간 동안 연속적으로 되풀이하면 파괴되는 현상을 말한다.

예상문제

1. 금속 재료 중 단일 금속으로 사용되지 않는 것은?

① Ni ② Cu
③ Al ④ Zn

2. 기계적 성질과 관계없는 것은?

① 인장 강도 ② 비중
③ 연신율 ④ 경도

3. 단위 질량의 물체의 온도를 1℃ 올리는 데 필요한 열량을 무엇이라 하는가?

① 비중 ② 용융점
③ 비열 ④ 열전도율

4. 다음은 선팽창 계수가 큰 것들이다. 선팽창 계수가 가장 작은 것은?

① Ir ② Zn
③ Pb ④ Mg

5. 열전도율이 가장 좋은 것은?

① Ag ② Cu
③ Au ④ Al

정답 » 1. ① 2. ② 3. ③ 4. ① 5. ①

6. 가공 경화와 관계가 없는 작업은?

① 인발 ② 단조
③ 주조 ④ 압연

해설 가공 경화(work hardening)는 금속이 가공되면서 더욱 단단해지고 부서지기 쉬운 성질을 갖게 되는 것으로, 대부분의 금속은 상온 가공에서 가공 경화 현상을 일으킨다.

7. 금속의 조직이 성장되면서 불순물은 어느 곳에 모이는가?

① 결정의 중앙 ② 결정립 경계
③ 결정의 모서리 ④ 결정의 표면

해설 금속 중의 불순물은 용융 상태에 있어서 금속 중에 잘 녹아 들어가며 결정립 경계에 많이 집합된다.

8. 다음 중 순금속이 아닌 것은?

① 구리 ② 알루미늄
③ 니켈 ④ 강

9. 다음 설명 중 틀린 것은?

① 열전도율이란 길이 1 cm에 대하여 1℃의 온도차가 있을 때 1 cm^2의 단면적을 통하여 1초간에 전해지는 열량을 말한다.
② 비중이란 어떤 물체의 무게와 같은 체적의 4℃ 때의 물의 무게와의 비를 말한다.
③ 베어링 재료는 열전도율이 낮은 것이 좋다.
④ 바이메탈이란 팽창계수가 다른 2개의 금속을 이용한 것이다.

10. 다음 중 금속의 색깔을 탈색하는 힘이 큰 것부터 작은 순서로 나타낸 것은?

① Al → Ni → Sn → Mn → Cu → Fe → Au
② Sn → Ni → Al → Mn → Fe → Cu → Au
③ Mn → Fe → Al → Ni → Sn → Pt → Au
④ Ag → Au → Cu → Zn → Mn → Fe → Al

해설 탈색력 크기는 Sn → Ni → Al → Mn → Fe → Cu → Zn → Pt → Ag → Au 순이다.

11. 다음 중 선팽창 계수가 큰 순서로 나열된 것은?

① Mg – Zn – Pb
② Pb – Mg – Zn
③ Zn – Pb – Mg
④ Mg – Pb – Zn

해설 선팽창 계수 : 물체의 단위 길이에 대하여 온도가 1℃만큼 높아지는 데 따라 막대의 길이가 늘어나는 양(cm/cm·℃=1/℃)

12. 다음 중 기계적 성질이 아닌 것은?

① 경도 ② 비중
③ 피로 ④ 충격

해설
- 기계적 성질 : 경도, 피로, 충격, 탄성률, 항장력, 항복점, 연신율
- 물리적 성질 : 비중, 비열, 융점, 팽창 계수, 열전도도

13. 다음 중 용융점이 가장 높은 것은?

① 구리(Cu) ② 크롬(Cr)
③ 알루미늄(Al) ④ 은(Ag)

해설 Cu : 1083℃, Cr : 1553℃, Al : 660℃, Ag : 960℃

14. 다음 중 비열이 가장 큰 것은?

① Mg ② Mn
③ Au ④ Fe

해설 Mg : 0.247, Mn : 0.121, Au : 0.131, Fe : 0.117

15. 기계적 성질 중 부서지기 쉬운 성질은?

① 전성 ② 인성
③ 소성 ④ 취성

정답 » 6. ③ 7. ② 8. ④ 9. ③ 10. ② 11. ② 12. ② 13. ② 14. ① 15. ④

3 재료 시험

(1) 정적 시험

① 경도 시험(hardness test) : 경도는 기계적 성질 중 대단히 중요하며, 단단한 정도를 시험하는 것이다. 경도 값을 알면 내마모성을 알 수 있으며, 단단한 재료일수록 연신율, 드로잉률이 작다. 다음 표는 경도 시험기의 종류에 따른 특징과 구조를 설명한 것이다.

경도 시험기

시험기의 종류	브리넬 경도 (Brinell hardness)	비커스 경도 (Vickers hardness)	로크웰 경도 (Rockwell hardness)	쇼 경도 (Shore hardness)
기호	H_B	H_V	$H_R(H_RB,\ H_RC)$	H_S
시험법의 원리	압입자의 하중을 걸어 자국의 크기로 경도를 조사한다. $H_B=\dfrac{P}{\pi Dt}$ $=\dfrac{2P}{\pi D(D\sqrt{D^2-d^2})}$	압입자에 하중을 작용시켜 자국의 대각선 길이로 조사한다. $H_V=\dfrac{하중}{자국의\ 표면적}$ $=\dfrac{P}{A}=\dfrac{1.8544P}{d^2}$	압입자에 하중을 걸어 홈의 깊이로 측정한다. 기준 하중은 98 N이고, B 스케일은 하중이 980N, C 스케일은 1470 N이다. $H_RB=130-500h$ $H_RC=100-500h$	추를 일정한 높이에서 낙하시켜, 이때 반발한 높이로 측정한다. $H_S=\dfrac{10000}{65}\times\dfrac{h}{h_0}$
압입자의 모양	P, D, t, d 압입자는 강구	P, 136°, d 압입자는 선단이 4각뿔인 다이아몬드	120° 1.588 mm 강구 B 스케일의 입자 다이아몬드 C 스케일의 입자 압입자는 강구 (B 스케일)와 다이아몬드 (C 스케일)	

경도 시험에는 이외에도 긁힘 시험(scratch test), 진자 시험(pendulum test), 마이어 경도(meyer hardness) 시험 방법이 있다.

② 인장 시험(tensile test)

㈎ 항복점 : 하중이 일정한 상태에서 하중의 증가 없이 연신율이 증가되는 점

- 항복 강도(응력)

$$=\frac{비철금속의\ 항복점}{원래의\ 단면적}$$

[N/mm² 또는 MPa]

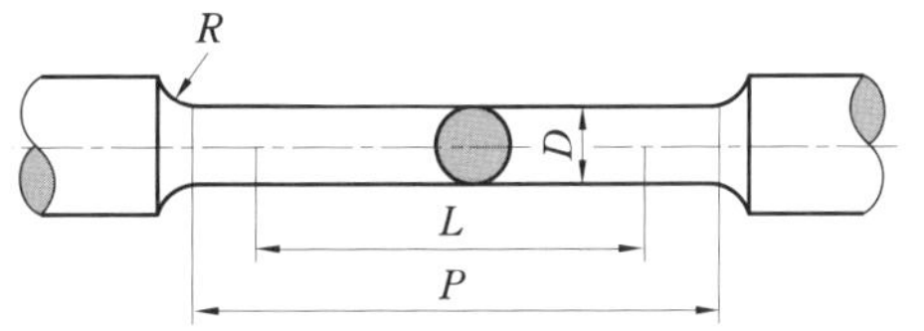

D : 시험편의 지름(14 mm), R : 턱의 반지름(15 mm 이상)
L : 표점 거리(50 mm), P : 평행부의 길이(60 mm)

4호 시험봉

(나) 영률(세로 탄성 계수) : 탄성한도 이하에서 응력과 연신율은 비례(훅의 법칙)하는데 응력을 연신율로 나눈 상수이다.

(다) 인장 강도(σ_B)= $\frac{최대하중}{원단면적}$[N/mm² 또는 MPa]

(라) 변형률(ε)= $\frac{시험\ 후\ 늘어난\ 길이}{표점\ 길이}\times 100(\%)$

(마) 내력 : 주철과 같이 항복점이 없는 재료에서는 0.2%의 영구 변형이 일어날 때의 응력값을 내력으로 표시한다.

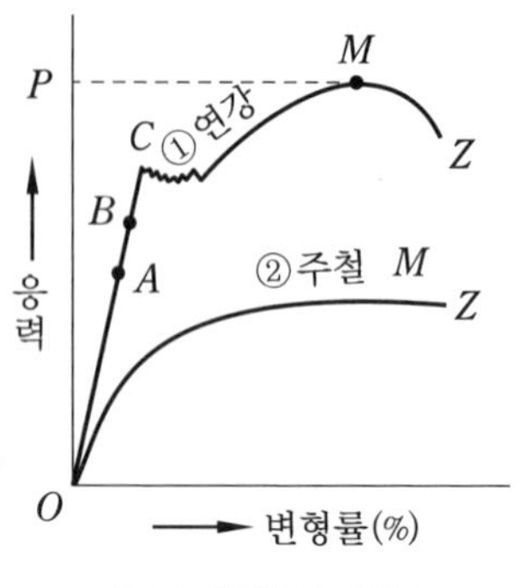

응력-변형률 선도

(2) 동적 시험

① 충격 시험(impact test) : 시험편 노치부에 동적 하중을 가하여 재료의 인성과 취성을 알아낸다. 일반적으로 충격 시험이라 함은 충격 굽힘 시험을 말하며, 샤르피(sharpy) 충격 시험과 아이조드(izod) 충격 시험이 있다.

시험편 파괴에 필요한 충격 에너지 $(E) = WR(\cos\beta - \cos\alpha)$

충격강도$(U)= \frac{WR}{A}(\cos\beta - \cos\alpha)$

여기서, W: 해머의 무게, A : 노치부의 단면적, R : 해머 길이
β : 파괴 후 각도, α : 낙하 전 각도

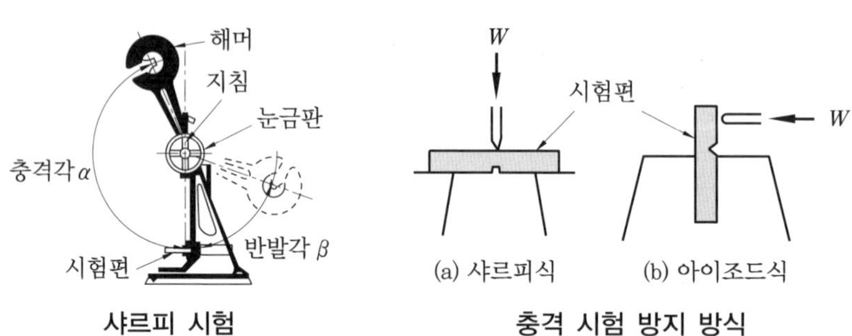

샤르피 시험　　충격 시험 방지 방식

② 피로 시험(fatigue test) : 반복되어 작용하는 하중 상태에서의 성질을 알아낸다.

(가) 피로한도 : 반복 하중을 받아도 파괴되지 않는 한계

(나) $S-N$ 곡선 : 피로한도를 구하기 위하여 반복횟수를 알아내는 곡선($\log S - \log N$ 곡선)

(다) 강철의 반복횟수 : $10^6 \sim 10^7 N$(비철금속 또는 피로한도를 알 수 없는 것은 $10^7 N$ 이상으로 본다.)

③ 비파괴 검사(non-destructive inspection) : 시간의 단축, 재료의 절약, 완성된 제품의 검사가 가능함을 알아낸다.

(가) 침투 탐상 시험(PT) : 침투제로 결합부를 검사하며, 유침법과 형광 침투법(현상액 MgO, $BaCO_3$, 자외선으로 검출)이 있다.

㈏ 와전류 탐상 시험(ET) : 와전류를 이용하여 소재 속에 섞여 있는 서로 다른 소재를 선별할 수 있으며, 열처리 상태 체크, 치수 변화 등을 측정한다.

㈐ 자분 탐상 시험(MT) : 상자성체에서만 시험이 가능하며, 재료를 자화시켜 자속선의 흐트러짐으로 결함을 검출한다.

㈑ 초음파 탐상 시험(NT) : 초음파를 재료에 통과시켜 그 반사파나 진동으로 결함을 검출하며, 투과법, 임펄스법, 공진법 등이 있다.

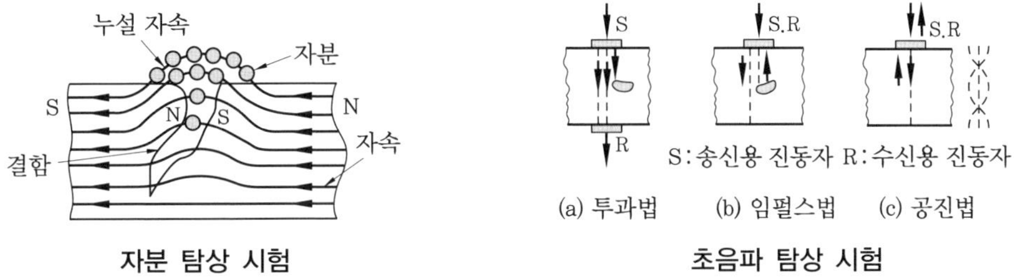

자분 탐상 시험 초음파 탐상 시험

㈒ 누설 검사(LT) : 압력 용기 및 각종 부품 등의 관통 균열 여부를 검사하는 시험

㈓ 방사선 투과 시험(RT) : X선(5″ 이하의 재료에 사용, 필름의 명암으로 결함 검출), γ선(Co60 사용, 파장이 짧으므로 투과율이 큼, 5″ 이상의 재료에 사용)을 사용한다.

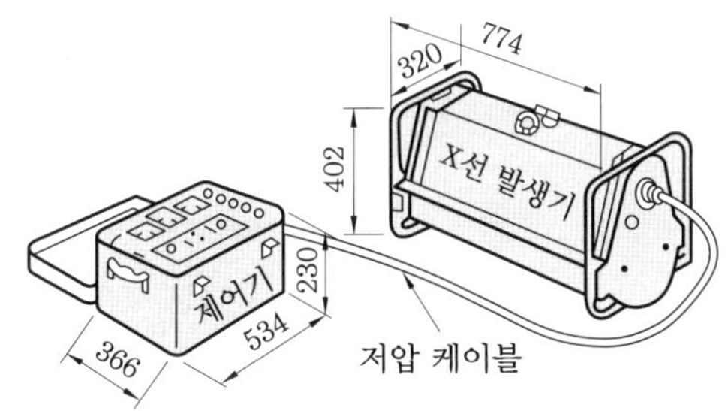

방사선(X선) 검사장치(가반식)

④ 조직 검사 : 재료의 중앙부와 끝부분을 육안이나 현미경으로 검사하여 결함 유무를 알아낸다.

㈎ 매크로(육안) 조직 시험 : 육안이나 10배 정도의 확대경 사용(파단면, 매크로 부식, 설퍼프린트법)

㈏ 마이크로(현미경) 조직 시험 : 금속 현미경 사용(1500~40000배까지 확대)

㈐ 조직 시험의 순서 : 시편 채취(10 mm의 각이나 환봉) → 마운팅 → 연마 → 부식 → 검사

㈑ 부식제

㉮ 철강 및 주철용 : 5 % 초산 또는 피크르산 알코올 용액

㉯ 탄화철용 : 피크르산 가성소다 용액

㉰ 동 및 동합금용 : 염화제2철 용액

㉱ 알루미늄 합금용 : 불화수소 용액

예상문제

1. 피로 시험과 관계없는 것은?

① 인장 강도 및 항복점으로부터 계산한 안전 하중 상태에서도 작은 힘이 계속적으로 반복하여 작용했을 때 파괴되는 것
② 반복 하중이 작용하여도 재료가 영구히 파단되지 않을 때의 응력 중에서 가장 큰 값을 피로한도라 한다.
③ $S-N$ 곡선은 충격과 반복횟수의 관계를 나타낸 것이다.
④ 피로한도는 탈탄으로 감소되나 강의 표면에 침탄 질화 혹은 냉간 가공, 쇼트 피닝으로 증가한다.

해설 $S-N$ 곡선은 응력과 반복횟수의 관계를 나타낸다.

2. 다이아몬드 원추를 사용한 경도 시험은?

① 브리넬 경도 ② 로크웰 경도
③ 비커스 경도 ④ 쇼 경도

3. 쇼 경도에 대한 설명 중 관계없는 것은?

① 중량이 1/12 온스인 작은 다이아몬드 해머를 사용한다.
② 해머를 10″ 높이에서 자유 낙하시켜 반발된 높이로 경도를 산출한다.
③ 압입체는 대면각 $\theta=136°$의 원뿔형 다이아몬드를 사용한다.
④ 자국이 눈에 잘 띄지 않아 완성 제품 시험에 널리 사용한다.

4. 충격 시험과 관계없는 것은?

① 충격적인 힘을 가하여 시험편이 파괴될 때 필요한 에너지를 충격값이라 한다.
② 재료의 인성과 취성을 알아 볼 수 있다.
③ 충격 시험기에는 아이조드식과 샤르피식이 있다.
④ 하중 100 kg의 1/16″ 강구를 주로 연한 재료의 시험에 사용한다.

5. 브리넬 경도 시험에서의 경도값은?(단, D : 강구 지름, P : 하중, t : 홈 깊이)

① $\dfrac{Pt}{D\pi}$ ② $\dfrac{\pi D}{Pt}$
③ $\dfrac{P}{\pi Dt}$ ④ $\dfrac{\pi Dt}{P}$

6. 충격적으로 한 물체에 다른 물체를 낙하시켰을 때 반발되어 오르는 높이에 의하여 측정할 수 있는 경도기는?

① 비커스 경도기 ② 브리넬 경도기
③ 쇼 경도기 ④ 로크웰 경도기

7. 다음 중 암슬러 만능 시험기로 시험할 수 있는 것은?

① 굽힘 시험 ② 조직 시험
③ 경도 시험 ④ 충격 시험

해설 암슬러 만능 재료 시험기(Amsler's universal material testing machine는 유압식으로서 인장 시험(tensile test), 압축 시험(compressive test), 전단 시험(shearing test), 굽힘 시험(bending test) 등을 할 수 있다.

8. 재료의 강도는 무엇으로 표시하는가?

① 인장 응력 ② 비례한도
③ 항복점 ④ 탄성한도

9. 연신율을 구하는 식은?(단, L_0 : 시험 전의 원길이, L_1 : 시험 후의 변형된 길이)

① $\dfrac{L_0-L_1}{L_0}\times 100\%$

정답 » 1. ③ 2. ② 3. ③ 4. ④ 5. ③ 6. ③ 7. ① 8. ① 9. ②

② $\frac{L_1 - L_0}{L_0} \times 100\%$

③ $\frac{L_1 - L_0}{L_1} \times 100\%$

④ $\frac{L_0 - L_1}{L_1} \times 100\%$

10. 블로 홀(blow hole)의 유무를 검사하는 데 적당한 방법은?

① 인장 시험 ② 굽힘 시험
③ 외관 시험 ④ X선 투과 시험

11. 시험 자국이 나타나지 않아야 할 완성된 제품의 경도 시험에 적당한 방법은?

① 로크웰 경도 ② 쇼 경도
③ 비커스 경도 ④ 브리넬 경도

12. 비커스 경도기의 다이아몬드 사각추의 꼭지각은?

① 120° ② 136°
③ 90° ④ 145°

13. 쇼 경도를 나타내는 식은? (h_0 : 낙하 높이, h : 반발하는 높이)

① $H_S = \frac{10000}{65} \times \frac{h}{h_0}$

② $H_S = \frac{65}{10000} \times \frac{h}{h_0}$

③ $H_S = \frac{10000}{65} \times \frac{h_0}{h}$

④ $H_S = \frac{65}{10000} \times \frac{h_0}{h}$

14. 로크웰 경도 시험기의 다이아몬드 추의 꼭지각과 뿔의 형상은?

① 136°, 사각뿔 ② 136°, 원뿔
③ 120°, 사각뿔 ④ 120°, 원뿔

해설 로크웰 경도기에는 B 스케일과 C 스케일이 있으며, B 스케일은 지름이 1/16″인 강구이고, C 스케일은 꼭지각이 120°인 원뿔형의 다이아몬드 제품이다.

15. 다음 중 비파괴 시험법이 아닌 것은?

① 초음파 탐상 시험
② 자분 탐상 시험
③ X선 투과 시험
④ 충격 시험

16. 금속 재료의 연신율을 조사하기 위한 시험기는?

① 샤르피 ② 암슬러
③ 쇼 ④ 아이조드

17. 금속 재료에 일정한 하중을 가했을 때 시간의 경과에 따라서 변형도가 증가하는 현상은?

① 피로한도 ② 크리프
③ 인장 변율 ④ 시효경화

해설 크리프(creep)는 고온에서 나타나는 현상인데 이에 대한 저항 또는 나타나는 온도를 측정하는 시험으로 크리프 시험(creep test)이 있으며, 고온에서 사용하는 재료에는 중요한 시험으로 시간이 오래 걸린다.

18. 다음 중 물체를 긁어서 긁힌 흠집으로 경도를 측정하는 것은?

① 아이조드기 ② 브리넬기
③ 마텐스기 ④ 암슬러기

해설 마텐스 시험기는 도금이나 도장층의 경도 시험에 쓰인다.

19. 시험편을 따로 준비하지 않고 제품에 시험할 수 있는 것은?

① 쇼 경도기
② 로크웰 경도기
③ 비커스 경도기
④ 마텐스 경도기

정답 » 10. ④ 11. ② 12. ② 13. ① 14. ④ 15. ④ 16. ② 17. ② 18. ③ 19. ①

20. 로크웰에 쓰이는 B 스케일인 강구의 지름은?

① $\frac{1''}{4}$ ② $\frac{1''}{8}$

③ $\frac{1''}{16}$ ④ $\frac{1''}{32}$

21. 인장 시험에서 하중의 증가 없이 변형만이 급격히 증가하는 부분은?

① 탄성한도 ② 항복점

③ 비례한도 ④ 파괴점

22. 단면 수축률을 내는 식은 어느 것인가? (단, A_0 : 시험 전 단면적, A_1 : 시험 후 축소 단면적)

① $\frac{A_0 - A_1}{A_0} \times 100\%$

② $\frac{A_0 - A_1}{A_1} \times 100\%$

③ $\frac{A_1 - A_0}{A_0} \times 100\%$

④ $\frac{A_1 - A_0}{A_1} \times 100\%$

23. 브리넬 경도 측정 시 고려할 사항이 아닌 것은?

① 브리넬 경도 값이 450 이상이 될 경우는 사용하지 않는다.

② 시편의 두께는 압입 깊이의 10배 이상 되어야 한다.

③ 강구의 가압 시간은 30초 정도가 적당하다.

④ 시편의 나비는 강구 지름의 1.5배 이상 되어야 한다.

24. 다음은 금속의 재료 시험에서 얻은 인장 강도를 나타낸 곡선이다. 사용된 재료의 금속은?

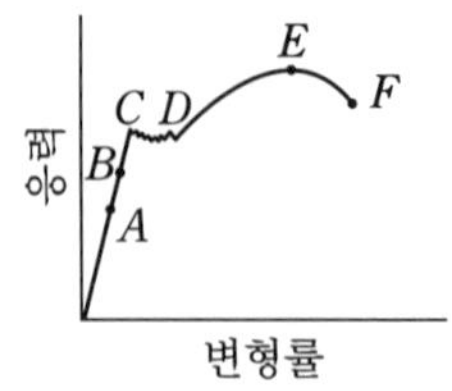

① 황동 ② 주철

③ 납 ④ 연강

해설 특수강, 주철, 구리 등의 재료를 인장 시험한 응력-변형률 곡선에서는 항복점이 명확하지 않다.

25. 문제 24번 그림에서 B점이 나타낸 것은 무엇인가?

① 비례 한계 ② 상항복점

③ 탄성 한계 ④ 인장 강도

26. 만능 재료 시험기를 이용한 인장 시험으로 알 수 없는 것은?

① 비례한도 ② 탄성한도

③ 피로한도 ④ 항복점

27. 구리 및 그 합금의 현미경 조작 시험에서 사용되는 부식제는?

① 피크르산 알코올 용액

② 염화제2철 용액

③ 수산화나트륨 용액

④ 질산초산 용액

28. 현미경 조직 시험에 쓰이는 철강재의 부식제는?

① 피크르산 알코올 용액

② 염화제2철 용액

③ 수산화나트륨 용액

④ 질산초산 용액

29. 강재의 결정 조직 상태나 가공 방향 등을 검사할 때 가장 좋은 방법은?

① 설퍼 프린트법 ② 초음파 탐상법

정답 » 20. ③ 21. ② 22. ① 23. ④ 24. ④ 25. ③ 26. ③ 27. ② 28. ① 29. ③

③ 매크로 검사법 ④ X선 투과법

30. 최대 응력과 최소 응력의 비를 무엇이라 하는가?

① 변형도 ② 안전율
③ 하중 ④ 연신율

해설 안전율(factor of safety) : 파괴 강도를 허용 응력으로 나눈 값으로 안전 계수라고도 하며 구조물의 안전을 유지하는 정도로서 하중과 재료의 종류에 따라 다르다.

31. 현상제(MgO, $BaCO_3$)를 이용하여 결함을 검사하는 시험은?

① 자분 탐상 시험
② 침투 탐상 시험
③ 초음파 탐상 시험
④ 방사선 탐상 시험

32. 파면 검사, 매크로 부식, 설퍼 프린트법을 이용한 시험은?

① 현미경 조사
② 조직 시험
③ 초음파 탐상 시험
④ 침투 탐상 시험

33. 작용점의 크기와 방향이 항상 일정한 하중은?

① 정하중 ② 동하중
③ 교번 하중 ④ 반복 하중

34. 만능 재료 시험기의 형식이 아닌 것은?

① 암슬러(amsler)
② 백톤(backton)
③ 모어(mohr)
④ 샤르피(sharpy)

해설 샤르피는 충격 시험기이며, ①, ②, ③항 중에서 암슬러식이 가장 널리 쓰이고 있다.

35. 인장 시험에서 인장 강도를 계산하는 식은 어느 것인가?

① $\frac{단면적}{하중}$ ② $\frac{변형률}{하중}$
③ $\frac{최대하중}{단면적}$ ④ $\frac{하중}{변형률}$

36. 다음 중 재료의 정적 시험이 아닌 것은?

① 경도 시험
② 압축 시험
③ 인장 시험
④ 충격 시험

37. 다음 중 비파괴 시험의 종류가 아닌 것은 어느 것인가?

① 자분 탐상 시험
② 초음파 탐상 시험
③ 매크로 조직 시험
④ 방사선 투과 시험

38. 그림은 4호 봉형 표준 시험편이다. L의 명칭과 길이는 다음 중 어느 것인가?

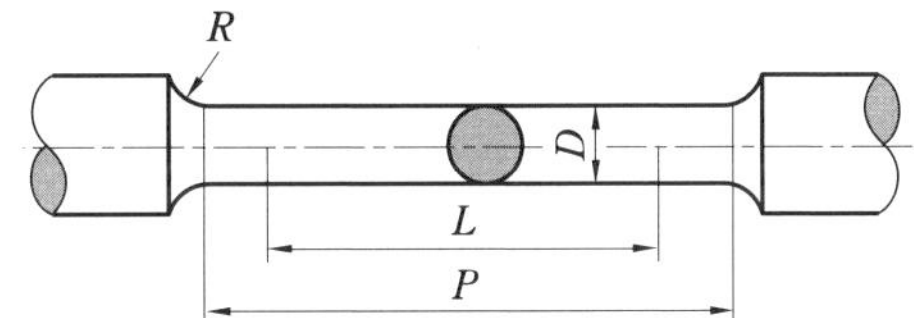

D : 시험편의 지름(14 mm)
P : 평행부의 길이(60 mm)
R : 턱의 반지름(15 mm 이상)

① 중간 거리, 60 mm
② 표점 거리, 50 mm
③ 측정 거리, 55 mm
④ 임계 거리, 50 mm

정답 » 30. ② 31. ② 32. ② 33. ① 34. ④ 35. ③ 36. ④ 37. ③ 38. ②

4 금속의 가공과 풀림

(1) 금속 가공

① 소성 가공 : 금속에 외력을 주어 영구 변형(소성 변형)을 시켜 가공하는 것이며, 조직의 미세화로 기계적 성질이 향상된다. 내부 응력이 발생하고 잔류 응력이 남게 되는 단점이 있다.

② 소성 가공 원리

㈎ 슬립(slip) : 결정 내의 일정면이 미끄럼을 일으켜 이동하는 것

㈏ 쌍정(twin) : 결정의 위치가 어떤 면을 경계로 대칭으로 변하는 것

㈐ 전위(dislocation) : 결정 내의 불완전한 곳, 결함이 있는 곳에서부터 이동이 생기는 것

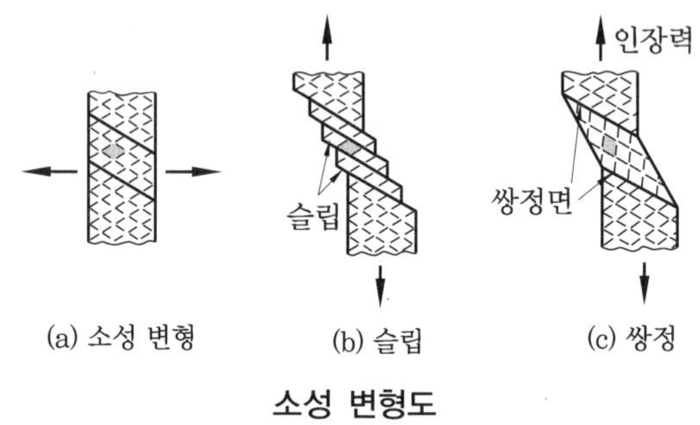

소성 변형도

③ 가공 방법

㈎ 냉간 가공 : 재결정 온도 이하의 가공 경화로 강도·경도가 커지고 연신율이 저하된다.

㈜ 냉간 가공을 하는 이유는 치수의 정밀, 매끈한 표면을 얻을 수 있기 때문이다.

㈏ 열간 가공 : 재결정 온도 이상의 가공으로 내부 응력이 없어 가공이 용이하다.

㉮ 가공 경화 : 가공도의 증가에 따라 내부 응력이 증가되어 경도·강도가 커지고 연신율이 작아지는 현상

㉯ 시효 경화 : 가공이 끝난 후 시간의 경과와 더불어 경화 현상이 일어나는 것으로 두랄루민, 강철, 황동 등에서 일어난다.

㉰ 인공 시효 : 가열로써 시효 경화를 촉진시키는 것(100~200℃)

㈐ 회복 : 가열로써 원자 운동을 활발하게 해주어 경도를 유지하나 내부 응력을 감소시켜 주는 것

(2) 재결정과 풀림

① 재결정(recrystallization) : 냉간 가공으로 소성 변형된 금속을 적당한 온도로 가열하면 가공으로 인하여 일그러진 결정 속에 새로운 결정이 생겨나 이것이 확대되어 가공물 전체가 변형이 없는 본래의 결정으로 치환되는 과정을 재결정이라 하며, 재결정을 시작하는 온도가 재결정 온도이다. 다음 표는 각종 금속에 따른 재결정 온도이다.

금속의 재결정 온도

금속 원소	재결정 온도(℃)	금속 원소	재결정 온도(℃)
Au	200	Al	150
Ag	200	Fe·Pt	450
W	1200	Pb	−3
Cu	200~300	Mg	150
Ni	600	Sn	−7~25

[재결정 온도의 특성]

- 금속의 순도가 높을수록 낮아진다.
- 가열 시간이 길수록 낮아진다.
- 가공도가 클수록 낮아진다.
- 가공 전 결정 입자의 크기가 미세할수록 낮아진다.

② 풀림(annealing) : 재결정 온도 이상으로 가열하여 가공 전의 연한 상태로 만드는 것

㈜ 피니싱 온도 : 열간 가공이 끝나는 온도(재결정이 끝나는 온도 바로 위)

예상문제

1. 냉간 가공재의 기계적 성질 중 감소하는 것은?

① 인장강도 ② 경도
③ 연신율 ④ 피로한도

2. 금속 및 합금이 가공 후 시간의 경과와 더불어 기계적 성질이 변화하는 현상을 무엇이라 하는가?

① 시효 경화 ② 인공 시효
③ 냉간 가공 ④ 열간 가공

해설 인공 시효란 시효 경화의 기간이 너무 길게 되므로 인공으로 시효 경화를 속히 완료시키기 위하여 약 100~200℃로 높여 주는 방법이다.

3. 재결정 온도 이상에서 소성 가공하는 것을 무엇이라 하는가?

① 냉간 가공 ② 열간 가공
③ 상온 가공 ④ 저온 가공

해설 금속 가공에 있어 재결정 온도를 기준으로 재결정 온도 이하의 가공을 냉간 가공, 그 이상의 온도에서 가공하는 것을 열간 가공이라 한다.

4. 피니싱 온도는 무엇이 끝나는 온도인가?

① 열처리 ② 재결정
③ 고온 가공 ④ 상온 가공

5. 다음 중 시효 경화성이 있는 것은?

① 두랄루민 ② Co
③ Ag ④ Au

6. 다음 중 소성 가공이 아닌 것은?

① 단조 ② 압출

정답 » 1. ③ 2. ① 3. ② 4. ③ 5. ① 6. ③

③ 주조 ④ 인발

7. 다음 중 재결정 온도가 가장 낮은 것은?

① Au ② Ag

③ Pb ④ Pt

8. 금속 재료를 냉간 가공하는 경우 기계적 성질에 대한 설명 중 틀린 것은?

① 경도가 증가된다.

② 연신율이 증가된다.

③ 인장 강도가 증가된다.

④ 항복점이 높아진다.

9. 다음 중 재결정에 대한 설명으로 옳지 않은 것은?

① 변형된 결정 입자가 완전한 재결정 조직이 되기 위해서는 특정한 온도에서 일정 시간 동안 유지되어야 한다.

② 금속 및 합금의 재결정 온도는 종류에 따라 다르다.

③ 가공도가 클수록 재결정 온도는 높다.

④ 가공 전의 결정 입자가 미세할수록 재결정 온도는 낮아진다.

10. 철의 재결정 온도는 몇 ℃인가?

① 250~350℃

② 350~450℃

③ 530~600℃

④ 200℃

11. 알루미늄의 재결정 온도는?

① 150~240℃

② 250~300℃

③ 300~350℃

④ 350~400℃

12. 가공 경화된 재료를 어떤 온도까지 가열하면 가공 전의 연한 상태로 돌아가는 현상을 무엇이라 하는가?

① 풀림 ② 재결정

③ 조질 ④ 편석

13. 황동을 풀림하거나 또는 연강을 저온에서 변형시켰을 때 흔히 볼 수 있는 것은 어느 것인가?

① 회복 ② 슬립

③ 쌍정 ④ 전위

14. 금속은 가공 경화한 직후부터 시간의 경과와 더불어 기계적 성질이 변화하나 나중에는 일정한 값을 나타낸다. 이런 현상은 무엇인가?

① 가공 경화 ② 시효 경화

③ 인공 시효 ④ 재결정

15. 다음 중 시효 경화를 일으키기 쉬운 금속이 아닌 것은?

① 니켈 ② 강철

③ 황동 ④ 두랄루민

16. 가열함으로써 시효 경화를 촉진시키는 것을 무엇이라 하는가?

① 가공 시효

② 자연 시효

③ 인공 시효

④ 청열 시효

정답 » 7. ③ 8. ② 9. ③ 10. ② 11. ① 12. ① 13. ③ 14. ② 15. ① 16. ③

2. 철강재료의 기본 특성과 용도

2-1 철강의 개요

(1) 철강의 5대 원소

철강의 5대 원소는 탄소(C), 규소(Si), 망간(Mn), 인(P), 황(S)이며, 탄소가 철강 성질에 가장 큰 영향을 준다.

(2) 철강의 분류

① 순철(pure iron) : 탄소 0.03 % 이하를 함유한 철

② 강(steel) : 아공석강(0.85 %C 이하), 공석강(0.85 %C), 과공석강(0.85~1.7 %C)

(가) 탄소강 : 탄소 0.03~2.0 %를 함유한 철

(나) 합금강 : 탄소강에 한 종류 이상의 금속을 합금시킨 철

③ 주철(cast iron) : 탄소 2.0~6.68 %를 함유한 철이나 보통 탄소 4.5 %까지의 것을 쓰며, 보통 주철과 특수 주철이 있다. 아공정 주철(1.7~4.3 %C), 공정 주철(4.3 %C), 과공정 주철(4.3 %C 이상) 등

(3) 철강의 성질

철강	제조로	담금질	성질	용도
순철	전기분해로	담금질 안 됨	연하고 약함	전기 재료
강	제강로	담금질 잘 됨	강도, 경도가 큼	기계 재료
주철	큐폴라	담금질 안 됨	강도는 크나 취성이 있음	주물 재료

(4) 강괴(steel ingot)

정련이 끝난 용해된 강은 주형(mould)에 주입하게 되는데, 이때 용강의 탈산 정도에 따라 다음과 같이 분류한다.

① 림드(rimmed)강

(가) 평로, 전로에서 제조된 것을 Fe-Mn으로 불완전 탈산시킨 강이다.

(나) 과잉 산소와 탄소가 반응하여 리밍 액션이 있고 기공, 편석이 생기며, 질이 나쁘다. 0.3 %C 이하의 저탄소강 제조에 쓰이며 제조비가 저렴하고, 림부는 순철에 가깝다(핀, 봉, 파이프 등에 쓰임).

(다) 리밍 액션(rimming action) : 림드 강 제조 시 O_2와 C가 반응하여 CO가 생성되는데, 이 가스가 대기 중으로 빠져나오는 현상(끓는 것처럼 보임)이다.

② 킬드(killed)강(진정강)

(가) 평로, 전기로에서 제조된 용강을 Fe-Mn, Fe-Si, Al 등으로 완전 탈산시킨 강이다.

㈏ 조용히 응고하여 수축관이 생기나 질은 양호하고 고탄소강, 합금강 제조에 쓰이며 가격이 비싸다.

㈐ 헤어 크랙(hair crack) : H_2 가스에 의해서 머리카락 모양으로 미세하게 갈라진 균열

㊟ 백점(flake) : H_2 가스에 의해서 금속 내부에 백색의 점상으로 나타난다.

③ 세미 킬드(semi-killed)강 : Al으로 림드와 킬드의 중간 탈산, 중간 성질 유지로 용접 구조물에 많이 사용되며, 기포나 편석이 없다.

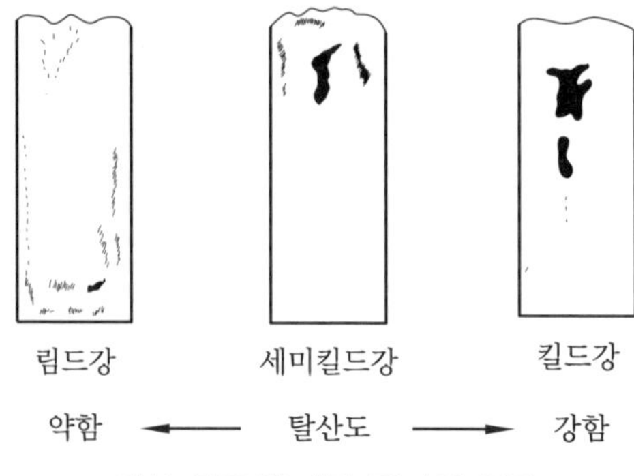

탈산 정도에 따른 강괴의 종류

예상문제

1. 다음 중 철광석, 코크스, 석회석, 망간, 광석 등을 써서 선철을 제조하는 데 쓰이는 것은?

① 고로 ② 평로
③ 전로 ④ 용선로

2. 다음 중 철광석이 갖추어야 할 성분으로 옳은 것은?

① 철분이 40 % 이상, 인과 황이 0.1 % 이하
② 철분이 40 % 이상, 인과 황이 0.3 % 이상
③ 철분이 40 % 이하, 인과 황이 0.3 % 이하
④ 철분이 40 % 이하, 인과 황이 0.1 % 이상

3. 철광석을 용해할 때 사용되는 용제에 대한 설명 중 틀린 것은?

① 철과 불순물이 분리가 잘 되도록 하기 위해서 첨가한다.
② 용제로 석회석 또는 형석이 쓰인다.
③ 탈산제로 사용한다.
④ 용제는 제철할 때 염기성 슬래그가 되도록 하는 성분 조성이다.

해설 탈산제에는 페로실리콘(Fe-Si), 페로망간(Fe-Mn)이 있다.

4. 용광로의 용량은?

① 기계의 전 중량
② 10시간 제철 능력
③ 1일의 제철 능력
④ 아침에서 저녁까지의 제철 능력

정답 » 1. ① 2. ① 3. ③ 4. ③

해설 용광로의 용량은 1일 제철 능력을 나타내며 ton/일로 표시한다.

5. 다음 중 평로 제강에 사용되는 탈산제는?
① 암모니아수
② 코크스, 석회석, 규산
③ 산화철, 석회석, 철광석
④ 망간철, 규산철, 알루미늄

해설 평로 제강에 사용되는 탈산제는 망간철, 규산철, 알루미늄 등이다. 강의 탈산제로는 페로망간, 페로 실리콘 등이 쓰인다.

6. 강을 제조법에 의해 분류할 때 해당되지 않는 것은?
① 림드강 ② 킬드강
③ 세미 림드강 ④ 세미 킬드강

해설 강을 제조할 때 탈산 정도에 따라 림드강, 킬드강, 세미킬드강으로 분류한다.

7. 평로의 용량은?
① 1시간에 용해할 수 있는 용선의 무게
② 1회당 용해할 수 있는 용선의 무게
③ 10시간에 용해할 수 있는 용선의 무게
④ 1일에 용해할 수 있는 용선의 무게

8. 강철을 만드는 법 중 베세머법(bessemer process)에 해당하는 것은?
① 전로 제강법
② 평로 제강법
③ 도가니로 제강법
④ 고주파로 제강법

9. 전기로 제강법에서 틀린 것은?
① 산성 조업을 할 수 없다.
② 고온을 쉽게 얻을 수 있다.
③ 제강 원료를 선택할 필요가 없다.
④ 온도 조절을 쉽게 할 수 있다.

10. 인이나 황이 포함된 강괴를 압연하면 불순물이 긴 띠 모양으로 늘어난다. 부식이나 파손이 원인이 되는 이 긴 띠를 무엇이라고 하는가?
① 헤어 크랙
② 수축관
③ 고스트 라인
④ 헤어 라인

11. 석회석은 제철할 때 다음 중 어느 성질이 되도록 성분 조절을 하는가?
① 염기성 ② 중성
③ 산성 ④ 휘발성

12. 다음의 전기로 제강법에 관한 내용 중 관계없는 것은?
① 고온 정련이 가능하다.
② 정련 중에 슬래그의 성질은 변화가 불가능하다.
③ 산화성 및 환원성에 적당하다.
④ 온도 조절이 가능하다.

해설 전기로에서는 정련 중에 슬래그의 성질을 변화시킬 수 있다.

13. 다음 중 원소가 철강재에 미치는 영향에 대한 설명으로 틀린 것은?
① S : 고온 가공성이 나쁘고 절삭성이 증가된다.
② Mn : 황의 해를 막는다.
③ H_2 : 유동성을 좋게 한다.
④ P : 편석을 일으키기 쉽다.

해설 H_2(수소)는 철강에서 머리카락 모양의 미세한 균열인 헤어 크랙(hair crack)의 원인이 된다.

14. 강에 Mn을 첨가하면 어떤 성질이 생기는가?
① 내식성 증가

정답 » 5. ④ 6. ③ 7. ② 8. ① 9. ① 10. ③ 11. ① 12. ② 13. ③ 14. ④

② 내산성 증가
③ 인장 강도 증가
④ 내마멸성 증가

해설 강 중에 Mn은 0.2~0.8 % 함유되어 있는데, 유황의 해를 제거하며 내마멸성 및 절삭성을 증가시킨다.

15. 철강의 분류는 무엇에 의해서 하는가?
① 성질 ② 탄소 함유량
③ 조직 ④ 제작 방법

16. 강과 선철의 한계를 탄소 함유량으로 구분하면 얼마인가?
① 0.035 % ② 0.85 %
③ 2.0 % ④ 2.5 %

17. 주철의 탄소 함유량은 몇 %인가?
① 0.85~2.0 %
② 0.5~4.5 %
③ 2.0~6.68 %
④ 0.035~2.0 %

18. 킬드강을 제조할 때 사용하는 탈산제는?
① Al, Si ② Mn, Mg
③ C, Si ④ Mg, Si

19. 다음 중 철광석이 아닌 것은?
① 적철광 ② 자철광
③ 능철광 ④ 휘철광

20. 노 안에 녹인 선철을 주입하고 공기를 불어넣어 탄소, 규소, 그 밖의 불순물을 산화 제거하여 강을 만드는 방법은?
① 평로 제강법
② 전로 제강법
③ 도가니 제강법
④ 전기로 제강법

21. 선철을 만드는 과정에서 철분과 불순물을 분리하는 것은?
① 석회석 ② 망간
③ 내화물 ④ 코크스

22. 제철을 하는 데 용제(flux)로서 가장 적당한 것은?
① 형석, 석회석 ② 석회석, 장석
③ 석회석, 화강암 ④ 형석, 석영

23. 다음 중 철강의 5대 원소에 해당하는 것은 어느 것인가?
① C－Cr－Mo－Mn－S
② C－Ni－W－P－S
③ C－Si－Mn－P－S
④ C－Si－W－P－S

24. 다음 중 담금질이 안 되는 것은?
① 연강, 공석강
② 순철, 주철
③ 경강, 아공석강
④ 연강, 과공석강

정답 » 15. ② 16. ③ 17. ③ 18. ① 19. ④ 20. ② 21. ① 22. ① 23. ③ 24. ②

2-2 탄소강

(1) 순철의 성질

탄소 함유량(0.03 % 이하)이 낮아서 기계 재료로서는 부적당하지만 항장력이 낮고 투자율(permeability)이 높기 때문에 변압기, 발전기용의 박철판으로 사용된다. 순철의 물리적 성질 중 융점은 1530℃, 비중은 7.86~7.88, 열전도율은 0.18이며, 기계적 성질 중 경도는 H_B로 60~65 정도이다.

(2) 순철의 변태

순철의 변태에는 A_2(768℃), A_3(910℃), A_4(1400℃) 변태가 있으며 A_3, A_4 변태를 동소 변태라 하고 A_2 변태를 자기 변태라 한다. 순철은 변태에 따라 α철, γ철, δ철의 3개 동소체가 있는데, α철은 910℃ 이하에서 체심 입방 격자(B.C.C) 원자 배열이고, γ철은 910~1400℃에서 면심 입방 격자(F.C.C)로 존재하며, 1400℃ 이상에서는 δ철이 체심 입방 격자(B.C.C)로 존재한다. 순철의 표준 조직은 대체로 다각형 입자로 되어 있으며, 상온에서 체심 입방 격자 구조인 α 조직(ferrite structure)이다.

(3) 탄소강의 표준 조직(normal structure)

강을 A_3선 또는 A_3선 이상, 10~50℃까지 가열한 후 서랭시켜서 조직의 평준화를 기한 것을 말하며, 이때의 작업을 풀림(annealing)이라 한다.

① 페라이트(ferrite) : 일명 지철(地鐵)이라고도 하며, 강의 현미경 조직에 나타나는 조직으로서 α철이 녹아 있는 가장 순철에 가까운 조직이다. 극히 연하고 상온에서 강자성체인 체심 입방 격자 조직이다.

② 펄라이트(pearlite) : 726℃에서 오스테나이트가 페라이트와 시멘타이트의 층상의 공석정으로 변태한 것으로서 탄소 함유량은 0.85 %이다. 강도, 경도는 페라이트보다 크며, 자성이 있다.

③ 시멘타이트(cementite) : 고온의 강 중에서 생성하는 탄화철(Fe_3C)로 경도가 높고 취성이 많으며 상온에서는 강자성체이다.

강의 표준 조직의 기계적 성질

성질 \ 조직	페라이트	펄라이트	시멘타이트
인장강도(N/mm^2)	300~350	900~1000	35 이하
연신율(%)	40	10~15	0
브리넬 경도(H_B)	80~90	200	800

조직과 결정 구조

기호	명칭	결정 구조 및 내용
α	α－페라이트	B. C. C
γ	오스테나이트	F. C. C
δ	δ－페라이트	B. C. C
Fe_3C	시멘타이트 또는 탄화철	금속간 화합물
$\alpha + Fe_3C$	펄라이트	α와 Fe_3C의 기계적 혼합
$\gamma + Fe_3C$	레데부라이트	γ와 Fe_3C의 기계적 혼합

(4) 탄소강 중에 함유된 성분[Mn, Si, P, S, 가스(O_2, N_2, H_2)]과 그 영향

① 0.2~0.8 % Mn : 강도·경도·인성·점성 증가, 연성 감소, 담금질성 향상, 황(S)의 양과 비례하고, 황의 해를 제거하며, 고온 가공으로 용해한다(FeS → MnS로 슬래그화).

② 0.1~0.4 % Si : 강도·경도·주조성 증가(유동성 향상), 연성·충격치 감소, 단접성 및 냉간 가공성을 저하시킨다.

③ 0.06 % 이하 S : 강도·경도·인성·절삭성 증가(MnS로), 변형률·충격치 저하, 용접성을 저하시키며, 적열 메짐이 있으므로 고온 가공성을 저하시킨다(FeS가 원인).

④ 0.06 % 이하 P : 강도·경도 증가, 연신율 감소, 편석 발생(담금 균열의 원인), 결정립을 거칠게 하고, 냉간 가공을 저하시키며(Fe_3P가 원인), 상온 메짐(취성)의 원인이 된다.

⑤ H_2 : 헤어 크랙(백점) 발생

⑥ Cu : 부식 저항 증가, 압연 시 균열 발생

(5) 탄소강의 종류와 용도

① 저탄소강(0.3 %C 이하) : 가공성 위주, 단접 양호, 열처리 불량

② 고탄소강(0.3 %C 이상) : 경도 위주, 단접 불량, 열처리 양호

③ 기계 구조용 탄소 강재(SM) : 저탄소강(0.08~0.23 %C), 구조물, 일반 기계 부품으로 사용한다.

④ 탄소 공구강(STC), 합금 공구강(STS), 스프링강(SPS) : 고탄소강(0.6~1.5 %C), 킬드강으로 제조한다.

⑤ 주강(SC) : 수축률은 주철의 2배, 융점(1600℃)이 높고 강도가 크나 유동성이 작다. 응력, 기포가 많고 조직이 억세므로 주조 후 풀림 열처리가 필요하다(주강 주입 온도 : 1450~1530℃).

⑥ 쾌삭강(free cutting steel) : 강에 S, Zr, Pb, Ce를 첨가하여 절삭성을 향상시킨 강이다(S의 양 : 0.25 % 함유).

⑦ 침탄강(표면경화강) : 표면에 C를 침투시켜 강인성과 내마멸성을 증가시킨 강이다.

(6) Fe-C계 상태도

철과 탄소의 평형 상태도는 다음 그림과 같다.

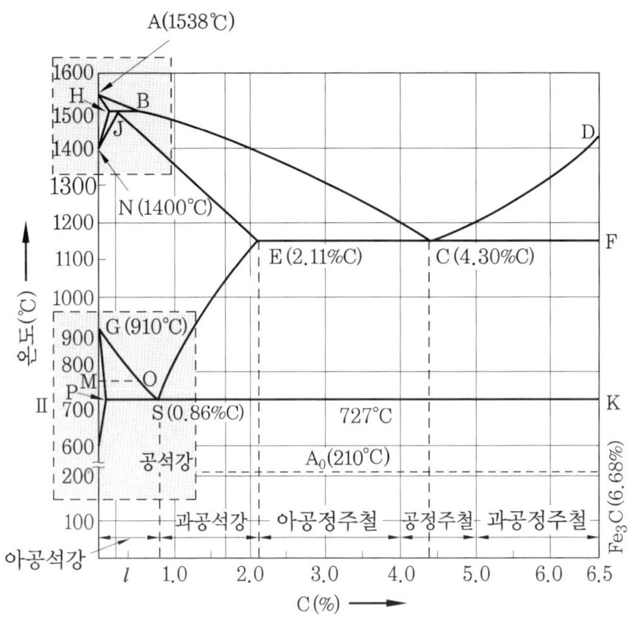

Fe-C계 상태도

A : 순철의 용융점, 1538℃

D : 시멘타이트의 용융점, 1430℃, 6.68 %

N : 1400℃, 순철의 A_4 변태점, δFe ⇄ γFe(동소 변태)

G : 910℃, 순철의 A_3 변태점, γFe ⇄ αFe(동소 변태)

A_0 : 210℃, 강의 A_0 변태(Fe_3C의 자기 변태)

6.68 %C : Fe_3C 100 % 점(Fe이 C를 최대로 고용)

C : 공정점, 1130℃, 4.3 %C 공정(레데부라이트)($\gamma + Fe_3C$)

E : 포화점, 1148℃, 2.11 %C 강과 주철의 분리점(γ가 C를 최대로 고용)

S : 공석점, 723℃, 0.86 %C 공석(펄라이트)($\alpha + Fe_3C$)

B : 0.51 %C 포정 반응을 하는 액체

J : 1495℃, 0.16 %C 포정점

H : 0.10 %C 포정 반응을 하는 고체(δ가 C를 최대로 고용)

P : 0.03 %C(α가 C를 최대로 고용)

AB : δ 고용체가 정출하기 시작하는 액상선

AH : δ 고용체가 정출을 끝내는 고상선

HJB : 1492℃ 포정선 = B(용액) + H(δ 고용체) ⇄ J(γ고용체)

BC : γ 고용체를 정출하기 시작하는 액상선

CD : Fe_3C(시멘타이트)를 정출하기 시작하는 액상선

JE : γ 고용체가 정출을 끝내는 고상선

GP : γ 고용체로부터 α 고용체가 석출되기 시작하는 선(A_3선)

PQ : α 고용체에 대한 시멘타이트의 용해도 곡선

HN : δ 고용체가 γ 고용체로 변화하기 시작하는 온도, 즉 강철의 A_4 변태가 시작하는 온도(A_4 변태선)

JN : δ 고용체가 γ 고용체로 변화가 끝나는 온도, 즉 강철의 A_4 변태가 끝나는 온도

ECF : 1148℃ 공정선 = E(γ 고용체) + F(Fe_3C) ⇄ (융액)

ES : Fe_3C의 초석선, γ 고용체에서 Fe_3C가 석출되기 시작하는 온도(A_{cm}선)

MO : 768℃, α 고용체의 자기 변태점(A_2 변태선)

GS : α 고용체의 초석선, γ 고용체에서 α 고용체가 석출되기 시작하는 온도(A_3선)

PSK : 727℃ 공석선 = P(α 고용체) + K(Fe_3C) ⇄ S($\alpha + Fe_3C$, 펄라이트)

(7) 탄소강의 성질

함유 원소, 가공, 열처리 상태에 따라 다르나 표준 상태에서는 주로 탄소 함유량에 따라 결정된다. 황 < 0.05 %, 인 < 0.04 %, 규소 < 0.5 %, 망간 < 0.8 %이며 그 밖의 불순물이 탄소강에 미치는 영향은 실질적으로 무시된다.

① 물리적 성질 : 탄소 함유량의 증가에 따라 비중, 선팽창률, 온도 계수, 열전도도는 감소하나 비열, 전기저항, 항자력은 증가한다.

② 기계적 성질 : 표준 상태에서 탄소가 많을수록 인장 강도, 경도는 증가하다가 공석 조직에서 최대가 되나 연신율과 충격값은 감소한다.

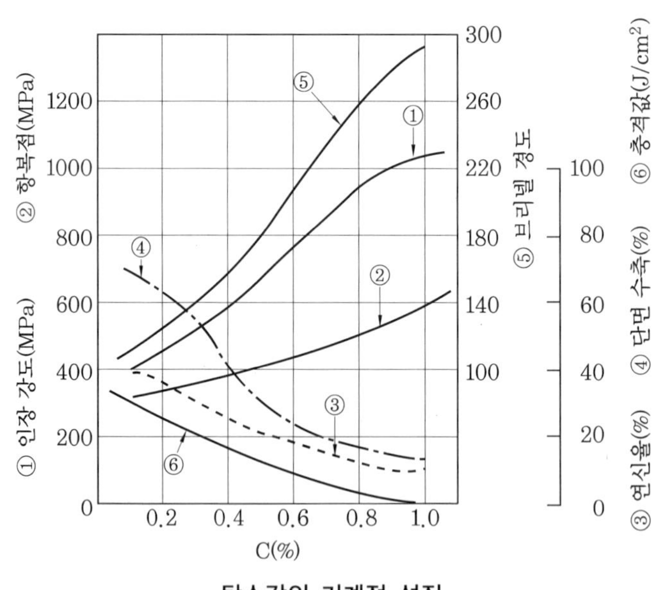

탄소강의 기계적 성질

(가) 과공석강이 되면 망상의 초석 시멘타이트가 생겨 경도는 증가하고, 인장 강도는 급격히 감소한다.

(나) 청열 메짐(blue shortness) : 강이 200~300℃로 가열되면 경도, 강도가 최대로 되고 연신율, 단면 수축은 줄어들어 메지게 되는 것으로 이때 표면에 청색의 산화 피막이 생성된다. 이것은 인 때문인 것으로 알려져 있다.

(다) 적열 메짐(red shortness) : 황이 많은 강으로 고온(900℃ 이상)에서 메짐(강도는 증가, 연신율은 감소)이 나타난다.

(라) 저온 메짐 : 상온 이하로 내려갈수록 경도, 인장 강도는 증가하나 연신율은 감소하여 차차 여리며 약해진다. −70℃에서는 연강에서도 취성이 나타나며 이런 현상을 저온 메짐 또는 저온 취성이라 한다.

③ 화학적 성질

(가) 강은 알칼리에 거의 부식되지 않지만 산에는 약하다.

(나) 0.2 % 이하 탄소 함유량은 내식성에 관계되지 않으나, 그 이상에서는 많을수록 부식이 쉽다.

(다) 담금질된 강은 풀림 및 불림 상태보다 내식성이 크다.

(라) 구리를 0.15~0.25 % 가함으로써 대기 중 부식이 개선된다.

(8) 강재의 KS 기호

강재의 KS 기호

기호	설명	기호	설명
SM	기계 구조용 탄소 강재	STR	내열강
SV	리벳용 원형강	BMC	흑심 가단 주철
SKH	고속도 공구 강재	SS	일반 구조용 압연 강재
WMC	백심 가단 주철	SK	자석강
GCD	구상 흑연 주철	SF	탄소강 단강품
SNC	Ni−Cr 강재	STD	합금 공구강(냉간 금형)
GC	회주철	STF	합금 공구강(열간 금형)
SC	탄소 주강	STS	합금 공구강(절삭 공구)
SM	용접 구조용 압연 강재	STC	탄소 공구강
SB	보일러 및 압력 용기용 탄소강	SPS	스프링 강재

예상문제

1. 순철은 3개의 동소체가 있는데, 여기에 해당되지 않는 것은?

① α철 ② β철
③ γ철 ④ δ철

2. 순철의 변태에 대한 설명 중 잘못된 것은?

① A_2점은 768℃로 α철의 자기변태(강자성체가 상자성체로 변화)가 일어난다.
② A_3점은 910℃로 α철의 체심입방격자가 γ철의 면심입방격자로 바뀐다.
③ A_4점은 1400℃로 γ철의 면심입방격자가 δ철의 체심입방격자로 바뀐다.
④ A_5점은 1538℃로 δ철의 체심입방격자가 γ철의 면심입방격자로 바뀐다.

3. 다음 중 강의 표준 조직이 아닌 것은?

① 트루스타이트 ② 페라이트
③ 시멘타이트 ④ 펄라이트

해설 강의 표준 조직에는 페라이트(α), 시멘타이트(Fe_3C), 펄라이트($\alpha+Fe_3C$)가 있다.

4. 탄소강이 가열되어 200~300℃ 부근에서 상온일 때보다 메지게 되는 현상을 무엇이라 하는가?

① 적열 메짐 ② 청열 메짐
③ 고온 메짐 ④ 상온 메짐

해설 강은 200~300℃에서 상온일 때보다 연신율이 저하되고 강도는 높아지며 부스러지기 쉬운데, 이것을 청열 메짐이라 한다. 보통 P(인)이 원인이 된다.

5. 레일을 만드는 탄소강으로서 탄소의 함유량(%)은 어느 것이 적당한가?

① 0.40~0.50 ② 0.15~0.3
③ 0.85~0.95 ④ 0.15~2.15

6. 다음 조직 중 가장 순철에 가까운 것은?

① 페라이트 ② 소르바이트
③ 펄라이트 ④ 마텐자이트

해설 페라이트 조직은 매우 연하며, 가장 순철에 가깝다.

7. 1.5 %C가 들어 있는 강의 표준 현미경 조직은?

① 펄라이트
② 펄라이트+시멘타이트
③ 펄라이트+페라이트
④ 페라이트+시멘타이트

8. 다음 중 탄소강에 인(P)이 주는 영향이 아닌 것은?

① 연신율(ductility) 증가
② 충격치(impact value) 감소
③ 가공 시 균열
④ 강도, 경도(hardness) 증가

해설 인은 제강 시 편석을 일으키고, 이 때문에 담금 균열이 생기며, 연신율(ductility)을 감소시키고 조직을 거칠게 하여 강을 메지게 하므로 함량을 최대로 줄여야 한다.

9. 다음 중 레데부라이트(ledeburite)는 어느 것인가?

① 시멘타이트의 용해 및 응고점
② δ 고용체가 석출을 끝내는 고상선
③ γ 고용체로부터 α 고용체와 시멘타이트가 동시에 석출되는 점
④ 포화되고 있는 2.1 %C의 γ 고용체와 6.67 %C의 Fe_3C와의 공정

해설 금속 조직학적으로 Fe-C 평형 상태도에서 탄소 함유량 4.3 %일 때 $\gamma-Fe+Fe_3C$의 공정을 레데부라이트라 한다.

정답 » 1. ② 2. ④ 3. ① 4. ② 5. ① 6. ① 7. ② 8. ① 9. ④

10. 다음 중 시멘타이트(cementite) 조직이란 어느 것인가?

① Fe와 C의 화합물
② Fe와 S의 화합물
③ Fe와 P의 화합물
④ Fe와 O의 화합물

해설 시멘타이트는 C 6.7 %와 Fe와의 금속간의 화합물이며 경도가 가장 높다.

11. 빙점(0℃) 이하의 온도에서 사용되는 내한강의 탄소강 조직은 다음 중 어느 것이 가장 좋은가?

① 소르바이트 ② 트루스타이트
③ 마텐자이트 ④ 펄라이트

12. 탄소량이 0.85 %C 이하인 강을 무슨 강이라고 하는가?

① 자석강 ② 공석강
③ 아공석강 ④ 과공석강

해설 0.85 %C의 강을 공석강, 0.85 %C 이하의 강을 아공석강, 0.85 %C 이상의 강을 과공석강이라 한다. 아공석강의 조직은 페라이트+펄라이트이다.

13. 변압기 철심에 쓰이는 강은?

① Ni강 ② Cr강
③ Mo강 ④ Si강

해설 규소는 단접성 및 냉간 가공성을 해치고 또 탄소강의 충격 저항을 감소시키므로 저탄소강에는 0.2 % 이하로 제한하여 전기·자기 재료에 사용하는 규소강에는 망간이 적은 편이 좋다.

14. 순철에는 3개의 동소체가 있다. 그중 γ철은 910~1400℃에서 결정 격자가 어떤 상태인가?

① 체심 입방 격자
② 수지상 결정
③ 면심 입방 격자
④ 조밀 육방 격자

15. 다음 중 순철의 용융온도는?

① 1400℃ ② 1538℃
③ 1769℃ ④ 2610℃

16. 다음 중 탄소량이 0.85 %인 강은?

① 자석강 ② 공석강
③ 초공석강 ④ 아공석강

17. Fe-C 평형 상태도에 의하여 α철은 910℃ 이하에서 어떠한 원자 배열을 가지고 있는가?

① 면심 입방 격자
② 체심 입방 격자
③ 조밀 육방 격자
④ 정방 격자

18. 탄소강의 조직 중 연하고 연성이 크며 자성을 갖고 있는 것은?

① 오스테나이트 ② 페라이트
③ 펄라이트 ④ 시멘타이트

19. 다음 중 강 중의 펄라이트 조직은 어느 것인가?

① α 고용체와 Fe_3C의 혼합물
② γ 고용체와 Fe_3C의 혼합물
③ α 고용체와 γ 고용체의 혼합물
④ δ 고용체와 α 고용체의 혼합물

20. 다음 설명 중 규소의 영향으로 옳은 것은 어느 것인가?

① 강의 유동성을 증가시킨다.
② 상온 메짐을 크게 일으킨다.
③ 강의 유동성을 해치고 고온 메짐을 일으킨다.
④ 담금성을 현저하게 증가시킨다.

정답 » 10. ① 11. ③ 12. ③ 13. ④ 14. ③ 15. ② 16. ② 17. ② 18. ② 19. ① 20. ①

2-3 » 주철 및 주강

주철은 탄소 함유량이 1.7~6.68 %(보통 2.5~4.5 % 함유)이며, Fe, C 이외에 Si, Mn, P, S 등의 원소를 포함한다.

1 주철의 개요

(1) 주철의 장단점

주철의 장단점

장점	단점
• 용융점이 낮고 유동성이 좋다. • 주조성이 양호하다. • 마찰저항이 좋다. • 가격이 저렴하다. • 절삭성이 우수하다. • 압축강도가 크다(인장강도의 3~4배).	• 인장강도가 작다. • 충격값이 작다. • 소성 가공이 안 된다.

(2) 주철의 조직

바탕조직(펄라이트, 페라이트)과 흑연으로 구성되어 있는데, 주철 중의 탄소는 일반적으로 흑연 상태로 존재한다(Fe_3C는 1000℃ 이하에서는 불안정하다).

① 주철 중 탄소의 형상

(가) 유리 탄소(흑연) – Si가 많고 냉각속도가 느릴 때 : 회주철

(나) 화합 탄소(Fe_3C) – Mn이 많고 냉각속도가 빠를 때 : 백주철

주철 중 탄소의 형상

종류	탄소의 형태	발생 원인	주괴의 위치	조직		용도
회주철 (경도 소)	흑연 상태	Si가 많을 때	중심 (회색)	펄라이트+흑연	강력 펄라이트	보통· 고급합금· 구상흑연 주철용
		냉각이 느릴 때		펄라이트 +페라이트+흑연	보통 주철	
		주입온도가 높을 때		페라이트+흑연	연질 주철	
백주철 (대)	Fe_3C 상태	Mn이 많고 냉각이 빠를 때	표면 (백색)	펄라이트+Fe_3C	극경질 주철	칠드, 가단 주철용
반주철 (중)	흑연+Fe_3C		중간 (반회색)	펄라이트 +Fe_3C+흑연	경질 주철	

㈜ 강력 펄라이트 주철 : C는 2.8~3.2 %, Si는 1.5~2.0 %, 기계 구조용으로 가장 우수한 주철

② 흑연화 : Fe_3C가 안정한 상태인 3Fe와 C(탄소)로 분리되는 것

③ 흑연의 영향

㈎ 용융점을 낮게 한다(복잡한 형상의 주물 가능).

㈏ 강도가 작아진다(회주철로 되므로).

④ 마우러 조직도 : 주철 중의 C, Si의 양, 냉각 속도에 따른 조직의 변화를 표시한 것으로

마우러 조직도에서 점 A는 Fe-C계의 공정점 4.3 %C에 해당하며, 점 B는 1 %C에 있어서의 백주철과 회주철의 경계로서 2 %Si의 점에 해당한다. 즉, AB선은 백주철과 흑연을 함유하는 주철의 경계선이 된다. 점 C는 1 %C, 7 %Si에 해당하고, AB선은 펄라이트의 유무를 나타내는 경계이며, AC선은 펄라이트를 함유하는 주철과 페라이트와 흑연만을 함유하는 주철과의 경계선이 된다. 또, 1.7 %C가 강과 주철의 경계점이라 생각하여 XY를 긋고, 이것에 점 B에서 수선을 세워 점 B_0를 구하여 AB′선을 긋고, D에서 수선을 내리고 점 D′를 구하여 AD′선을 그으면 전체가 I(백주철), Ⅱ(펄라이트 주철), $Ⅱ_a$(반주철), $Ⅱ_b$(회주철), Ⅲ(페라이트 주철)의 다섯 구역으로 구분된다. 빗금친 부분은 2.8~3.2 %C, 1.5~2.0 %Si의 조성으로 우수한 펄라이트 주철의 범위를 나타낸 것이다.

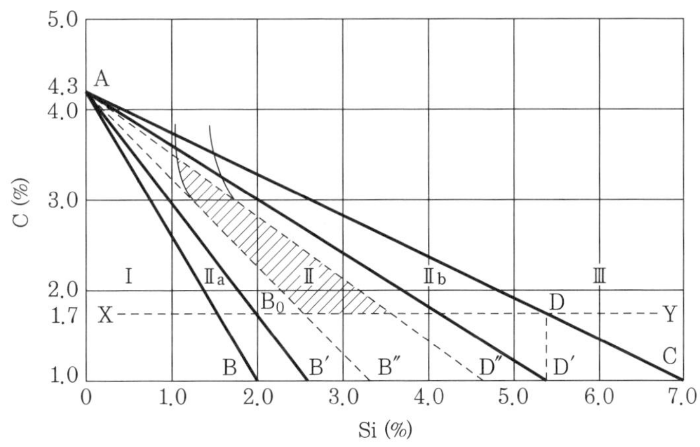

마우러 조직도

⑤ 스테다이트 : $Fe-Fe_3C-Fe_3P$의 3원 공정 조직(주철 중 P에 의한 공정 조직)

㈜ 스테다이트가 함유된 주철은 내마모성이 강해지나 다량일 때는 오히려 취약해진다.

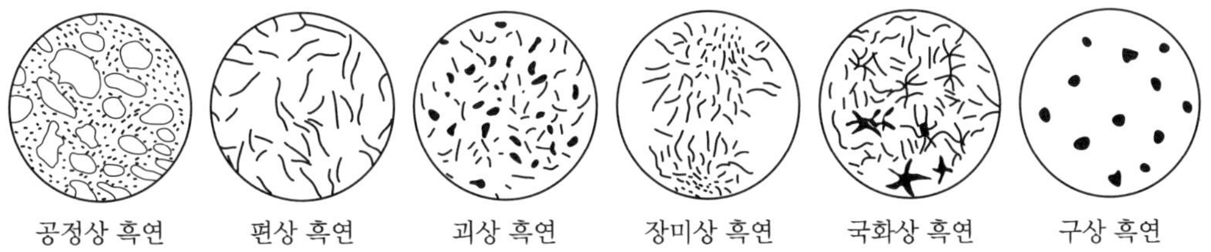

주철 조직의 흑연 형상 종류

(3) 주철의 성질

전·연성이 작고 가공이 안 된다(점성은 C, Mn, P이 첨가되면 낮아진다).

① 비중 : 7.1~7.3(흑연이 많을수록 작아진다.)

② 열처리 : 담금질, 뜨임이 안 되나 주조 응력 제거의 목적으로 풀림 처리(500~600℃, 6~10시간)는 가능하다.

③ 자연 시효(시즈닝) : 주조 후 장시간(1년 이상) 방치하여 주조 응력을 없애는 것

④ 주철의 성장 : 고온에서 장시간 유지 또는 가열 냉각을 반복하면 주철의 부피가 팽창하여 변형, 균열이 발생하는 현상

㈎ 성장 원인 : Fe_3C의 흑연화에 의한 팽창, A_1 변태에 따른 체적의 변화, 페라이트 중의 Si의 산화에 의한 팽창, 불균일한 가열로 균열에 의한 팽창

㈏ 방지법 : 흑연의 미세화(조직 치밀화), 흑연화 방지제, 탄화물 안정제 첨가

㈜ • 흑연화 촉진제 : Si, Ni, Ti, Al • 흑연화 방지제 : Mo, S, Cr, V, V, Mn

(4) 주철의 평형 상태도

① 전탄소량 : 유리 탄소(흑연)+화합 탄소(Fe_3C)

② 공정점 : 공정 주철 4.3 %C, 1145℃, 아공정 주철 1.7~4.3 %C, 과공정 주철 4.3 %C 이상

㈜ 공정점은 Si가 증가함에 따라 저탄소 쪽으로 이동한다(이동된 거리=탄소당량(CE)).

2 주철의 종류

(1) 보통 주철(회주철 : GC 1~3종)

① 인장 강도 : 98~196 MPa

② 성분 : C=3.2~3.8 %, Si=1.4~2.5 %

③ 조직 : 페라이트+흑연(편상)

④ 용도 : 주물 및 일반 기계 부품(주조성이 좋고, 값이 싸다.)

(2) 고급 주철(회주철 : GC 4~6종)

펄라이트 주철을 말한다.

① 인장 강도 : 250 MPa 이상

② 성분 : 고강도를 위하여 C, Si량을 작게 한다(특수 원소를 첨가 않는다).

③ 조직 : 펄라이트+흑연

④ 용도 : 강도를 요하는 기계 부품

⑤ 종류 : 란츠, 에멜, 코살리, 파워스키, 미하나이트 주철

(3) 미하나이트 주철(meehanite cast iron)

흑연의 형상을 미세, 균일하게 하기 위하여 Si, Ca-Si 분말을 첨가하여 흑연의 핵 형성을 촉진시킨 주철이다.

① 인장 강도 : 343~441 MPa

② 조직 : 펄라이트+흑연(미세)

③ 용도 : 고강도, 내마멸, 내열, 내식성 주철로 공작기계의 안내면, 내연 기관의 실린더 등에 쓰이며, 담금질이 가능하다.

(4) 특수 합금 주철

특수 원소의 첨가로 기계적 성질을 개선한 주철이며, 각종 원소의 영향은 다음과 같다.

- Ni : 흑연화 촉진(복잡한 형상의 주물 가능), Si의 1/2~1/3의 능력
- Ti : 소량일 때 흑연화 촉진, 다량일 때 흑연화 방지(흑연의 미세화), 강탈산제
- Cr : 흑연화 방지, 탄화물 안정, 내열·내식성 향상
- Mo : 흑연화 다소 방지, 두꺼운 주물의 조직을 미세·균일하게 한다.
- V : 강력한 흑연화 방지(흑연의 미세화)

① 고합금 주철

㈎ 내열 주철 : 크롬 주철(Cr 34~40 %), Ni 오스테나이트 주철(Ni 12~18 %, Cr 2~5 %)

㈏ 내산 주철 : 규소 주철(Si 14~18 %)(절삭이 안 되므로 연삭 가공하여 사용)

② 구상 흑연 주철(GCD) : 용융 상태에서 Mg, Ce, Mg−Cu 등을 첨가하여 흑연을 편상 → 구상화로 석출시킨다.

㈎ 기계적 성질

㉮ 주조 상태 : 인장 강도 390~690 MPa, 연신율 2~6 %

㉯ 풀림 상태 : 인장 강도 440~540 MPa, 연신율 12~20 %

㈏ 조직 : 시멘타이트형, 페라이트형, 펄라이트형

㈜ 불스 아이(bulls eye) 조직은 펄라이트를 풀림 처리하여 페라이트로 변할 때 구상 흑연 주위에 나타나는 조직으로 경도, 내마멸성, 압축 강도가 증가한다.

㈐ 특성 : 풀림 열처리 가능, 내마멸·내열성이 크고 성장이 작다.

③ 칠드(냉경) 주철 : 용융 상태에서 금형에 주입하여 접촉면을 백주철로 만든 것(칠 부분−Fe_3C 조직)

㈎ 표면 경도 : $H_S=60\sim75$, $H_B=350\sim500$

㈏ 칠의 깊이 : 10~25 mm

㈐ 용도 : 각종 용도의 롤러, 기차바퀴

㈑ 성분 : Si가 적은 용선에 Mn을 첨가하여 금형에 주입한다.

④ 가단 주철 : 백주철을 풀림 처리하여 탈탄 또는 흑연화에 의하여 가단성을 준 것(연신율 : 5~12 %)

㈎ 백심 가단 주철(WMC) : 탈탄이 주목적, 산화철(탈탄제)을 가하여 950℃에서 70~100시간 가열

㈏ 흑심 가단 주철(BMC) : Fe_3C의 흑연화가 목적, 산화철을 가하여 1단계 850~950℃(유리 Fe_3C → 흑연화), 2단계 680~730℃(펄라이트 중의 Fe_3C → 흑연화)로 풀림(가열 시간 : 각 30~40시간)

㈐ 고력(펄라이트) 가단 주철(PMC) : 흑심 가단 주철의 2단계를 생략한 것(풀림 흑연+펄라이트 조직)

㈜ 가단 주철의 탈탄제 : 철광석, 밀 스케일, 헤어 스케일 등의 산화철을 사용한다.

⑤ 애시큘러 주철(acicular cast iron) : 보통 주철에 1~1.5 % Mo, 0.5~4.0 % Ni, 소량의 Cu, Cr 등을 첨가한 것으로 흑연은 편상이나 조직은 침상이며, 인장 강도 440~640 MPa, 경도(H_B) 300 정도이다. 강인성과 내마멸성이 우수하여 크랭크축, 캠축 등에 쓰인다.

3 주강

주강은 주조할 수 있는 강을 말하는데, 단조강보다 가공 공정을 감소시킬 수 있으며 균일한 재질을 얻을 수 있다.

주강의 종류와 특징

종류	특징
• 0.2 %C 이하인 저탄소 주조강 • 0.2~0.5 %C의 중탄소강 • 0.5 %C 이상인 고탄소 주강	• 대량 생산에 적합하다. • 주철에 비해 용융점이 낮아 주조하기 힘들다.

예상문제

1. 다음 중 주철의 기계적 성질로서 틀린 것은 어느 것인가?
① 압축 강도가 크다.
② 경도가 높다.
③ 절삭성이 크다.
④ 연성 및 전성이 크다.

해설 주철은 연성 및 전성이 작고 취성이 크며 변태점은 5개이다.

2. 다음 주철에 대한 설명 중 틀린 것은 어느 것인가?
① 담금질 효과가 좋다.
② 융점이 강에 비해 낮고, 주조성이 우수하다.
③ 주조성은 탄소량과 기타 성분의 함량에 따라 다르다.
④ 주철 중의 탄소는 흑연(유리 탄소)과 화합 탄소(Fe_3C)로 존재한다.

3. 주철은 다음 조건에 의하여 회주철과 백주철로 나누어진다. 옳지 않은 것은?
① 탄소, 규소의 함유량
② 용해 조건
③ 냉각 속도의 차이
④ 뜨임 온도

해설 주철을 냉각 응고시키면 탄소는 화합 탄소로 되거나 또는 흑연으로 분해된다. 그 어느 쪽이 되는가 하는 것은 냉각 속도와 성분 등에 따라 달라지며 특히 용융 금속 중의 탄소나 규소의 분량에 따라 크게 좌우된다.

4. KS에서 주철의 기호 GC 20과 같이 GC 다음의 숫자가 뜻하는 것은?
① 인장 강도
② 탄소 함유량
③ 주철 규격 일련 번호
④ 주철 20종

정답 » 1. ④ 2. ① 3. ④ 4. ①

5. 다음 중 주물 속에 기포가 생기게 하는 원소는?
① 산소 ② 질소
③ 수소 ④ 황

6. 규소를 특별히 적게 하고 냉각 속도를 크게 함으로써 주철 중의 탄소가 Fe_3C의 화합 상태로 존재하는 주철은?
① 회주철 ② 백주철
③ 반주철 ④ 합금주철

7. 다음 중 경도가 가장 큰 것은?
① 백주철
② 얼룩 주철
③ 펄라이트 주철
④ 페라이트 주철

해설 얼룩 주철은 반주철이라고도 하는데, 회주철과 백주철이 섞여 얼룩얼룩한 파면이 형성되며 경도는 백주철이 가장 크고 다음이 얼룩 주철이다.

8. 보통 주철의 주성분은 어느 것인가?
① Fe－C－Si ② C－Mn－Ni
③ Fe－Mn－Cr ④ Fe－C－Co

9. Fe－C계 평형 상태도에서 규소가 증가함에 따라 공정점 C는 어떻게 변하는가?
① 고탄소 쪽으로 이동
② 변동이 없다.
③ 저탄소 쪽으로 이동
④ Si에는 관계가 없다.

10. 실용 주철의 탄소 함유량은 몇 %인가?
① 1.7~2.5 % ② 2.5~4.5 %
③ 4.5~5.5 % ④ 5.5~6.67 %

해설 실용 주철의 성분은 C 2.5~4.5 %, Si 0.5~1.3 %, Mn 0.5~1.5 %, P 0.05~1.0 %, S 0.05~0.15 % 정도이다.

11. 다음 주철 중 기계 구조용 주물로서 우수하여 널리 사용되는 것으로 강력 주철(고급 주철)이라고도 하는 것은?
① 백주철 ② 펄라이트 주철
③ 얼룩 주철 ④ 페라이트 주철

12. 마우러의 조직도를 바르게 설명한 것은 어느 것인가?
① C와 Si량에 따른 주철의 조직 관계를 표시한 것
② 탄소와 Fe_3C량에 따른 주철의 조직 관계를 표시한 것
③ 탄소와 흑연량에 따른 주철의 조직 관계를 표시한 것
④ Si와 Mn량에 따른 주철의 조직 관계를 표시한 것

13. 특수 주철은 강도, 내마멸성을 향상하기 위하여 담금질을 한다. 담금질 온도로 적당한 것은?
① 700~800℃ 공랭
② 800~900℃ 유랭
③ 180~400℃ 수랭
④ 500℃ 공랭

14. 주철의 풀림온도로 적당한 것은?
① 300℃ 약 1시간 ② 700℃ 장시간
③ 500℃ 장시간 ④ 400℃ 단시간

15. 주강을 만들 때 사용되지 않는 탈산제는 어느 것인가?
① 알루미늄(Al) ② 망간강(Fe－Mn)
③ 산화철 ④ 규소강(Fe－Si)

16. 주강의 주조 온도는 몇 ℃인가?
① 500~800℃ ② 800~1000℃
③ 1000~1500℃ ④ 1500~1550℃

정답 » 5. ③ 6. ② 7. ① 8. ① 9. ③ 10. ② 11. ② 12. ① 13. ② 14. ③ 15. ③ 16. ④

17. 주철의 전탄소량(total carbon)이란?
① 유리 탄소와 흑연을 합한 것
② 화합 탄소와 유리 탄소를 합한 것
③ 화합 탄소와 구상 흑연을 합한 것
④ 탄화철과 편상 흑연을 합한 것

해설 일반적으로 주철이라 함은 회주철을 말하며, 탄소를 흑연화하여 회주철을 하는 데는 전탄소량 및 규소량 등이 대단히 큰 영향을 미친다.

18. 주철을 현미경 조직으로 보면 상은 모두 몇 개인가?
① 2개 ② 3개
③ 4개 ④ 5개

해설 주철의 현미경 조직은 페라이트와 시멘타이트, 흑연으로 구분되며 흑연은 흑색을 띤다.

19. 접종(inoculation)에 대한 가장 올바른 설명은 어느 것인가?
① 주철에 내산성을 주기 위하여 Si를 첨가하는 조작
② 주철을 금형에 주입하여 주철의 표면을 경화시키는 조작
③ 용융선에 Ce이나 Mg을 첨가하여 흑연의 모양을 구상화시키는 조작
④ 흑연을 미세화시키기 위해서 규소 등을 첨가하여 흑연의 씨를 얻는 조작

20. 미하나이트 주철 제조 시 첨가 원소는?
① 칼슘-규소 ② 망간-규소
③ 규소-크롬 ④ 크롬-몰리브덴

해설 미하나이트(meehanite) 주철은 일종의 상품명으로서 미하나이트 회사에서 만든 것이다. 이것은 C+Si %가 적은 백주철 또는 얼룩주철로 될 용융 금속에 칼슘-규소를 첨가하여 미세한 흑연을 균등하게 석출시킨 주철이다.

21. 고급 주철의 인장 강도(kg/mm^2)는 어느 정도인가?
① 15 kg/mm^2 이상
② 40 kg/mm^2 이상
③ 55 kg/mm^2 이상
④ 25 kg/mm^2 이상

22. 다음 중 인장 강도가 가장 큰 주철은 어느 것인가?
① 미하나이트 주철
② 구상 흑연 주철
③ 칠드 주철
④ 가단 주철

23. 불스 아이 조직(bulls eye structure)이란 어느 주철에 나타나는 조직인가?
① 구상 흑연 주철
② 가단 주철
③ 고급 주철
④ 칠드 주철

24. 기차의 차륜은 어떤 주철로 만드는가?
① 구상 흑연 주철 ② 가단 주철
③ 미하나이트 주철 ④ 칠드 주철

해설 기차의 바퀴는 칠드 주철로 만드는데, 칠드 주철의 표면은 매우 단단하여 내마모성이 있는 시멘타이트 조직이며 이것을 금형에 주입함으로써 금형에 닿는 부분은 급랭이 되어 칠층이 형성된다. 칠드 주철을 냉경 주철이라고도 한다. 칠층을 깊게 하는 원소는 Cr, V, W, Mo 등이다.

25. 다음 서로 짝지어진 것 중 관계가 없는 것은 어느 것인가?
① 애시큘러(acicular)-내마모용 주철
② 미하나이트(meehanite)-고급 주철
③ 노듈러(nodular)-구상 흑연 주철
④ 칠드(chilled)-고급 주철

26. 주철의 여린 결점을 보충한 주철로서 철도 및 자동차용의 작은 부품, 각종 이음 부품, 조선용 부품 등에 널리 쓰이는 주철은

정답 » 17. ② 18. ② 19. ④ 20. ① 21. ④ 22. ② 23. ① 24. ④ 25. ④ 26. ②

어느 것인가?

① 칠드 주철 ② 가단 주철
③ 구상 흑연 주철 ④ 펄라이트 주철

27. 다음 중 가단 주철에 대한 설명으로 잘못된 것은?

① 백심 가단 주철의 강도가 흑심 가단 주철보다 크다.
② 백심 가단 주철은 내부로 들어갈수록 연한 조직이 된다.
③ 밀 스케일(mill scale)이란 압연 작업에서 나오는 산화 표피를 말한다.
④ 온도가 너무 높으면 산화제의 산화력에 의해 제품 표면의 산화층이 두꺼워진다.

28. 다음 중 백심 가단 주철에 주로 쓰이는 탈탄제는 어느 것인가?

① 철광석, 밀 스케일
② 철광석, 탄소 가루
③ 산화철, 알루미늄
④ Fe－Mn, Fe－Si

해설 철광석과 밀 스케일 등의 산화철을 넣고 950℃에서 70~100시간 가열한다.

29. 내열, 내식, 내마멸성이 우수하고 고강도이므로 내연 기관의 실린더 등에 쓰이는 주철은 어느 것인가?

① 회주철
② 백주철
③ 미하나이트 주철
④ 백심 가단 주철

30. 보통 주철에 Mo, Ni, Cu, Cr 등을 첨가한 것으로 인장 강도 440~640 MPa, 경도(H_B) 300 정도로 강인성과 내마멸성이 우수하여 크랭크축, 캠축 등에 사용되는 주철은 어느 것인가?

① 구상 흑연 주철
② 백심 가단 주철
③ 흑심 가단 주철
④ 애시큘러 주철

31. 다음 중 주철의 장점이 아닌 것은?

① 용융점이 낮고 유동성이 좋다.
② 주조성이 좋고 마찰저항이 작다.
③ 압축강도가 크고 절삭성이 우수하다.
④ 소성 가공성이 좋고 충격값이 크다.

정답 » 27. ② 28. ① 29. ③ 30. ④ 31. ④

2-3 구조용 강

구조용으로 강도가 큰 것이 필요할 때 사용하면 좋은 것으로 다음과 같은 것이 있다.

(1) 강인강

① Ni강(1.5~5 % Ni 첨가) : 표준 상태에서 펄라이트 조직이며 자경성, 강인성이 목적이다.

② Cr강(1~2 % Cr 첨가) : 상온에서 펄라이트 조직이며 자경성, 내마모성이 목적이다.

㈜ 830~880℃에서 담금질, 550~680℃에서 뜨임(급랭하여 뜨임 취성 방지)

③ Ni－Cr강(SNC) : 가장 널리 쓰이는 구조용 강이며 Ni강에 1 % 이하의 Cr 첨가로 경도를 보충한 강이다.

㈜ 850℃에서 담금질, 600℃에서 뜨임하여 소르바이트 조직을 얻는다(급랭하여 뜨임 취성 방지, 뜨임 취성 방지제 : W, Mo, V).

④ Ni－Cr－Mo강 : 가장 우수한 구조용 강이며 SNC에 0.15~0.3 % Mo 첨가로 내열성, 담금질성이 증가한다.

㈜ 뜨임 취성 감소(고온 뜨임 가능), Cr－Mo강(SCM)은 SNC의 대용품으로, 값이 싸고 Ni 대신 0.01 % Mo 첨가로 용접성, 고온강도가 증가한다.

⑤ Mn－Cr강 : Ni－Cr강의 Ni 대신 Mn을 넣은 강

⑥ Cr－Mn－Si : 차축에 사용하며 값이 싸다.

⑦ Mn강 : 내마멸성, 경도가 크므로 광산기계, 레일 교차점, 칠드 롤러, 불도저 앞판에 사용한다. 1000~1100℃에서 유랭 또는 수랭하여 완전 오스테나이트 조직으로 만든다(유인, 수인법).

㈎ 저Mn강(1~2 % Mn) : 펄라이트 Mn강, 듀콜(ducol)강, 구조용 강

㈏ 고Mn강(10~14 % Mn) : 오스테나이트 Mn강, 하드필드(hadfield) 강, 수인강

(2) 표면 경화강

① 침탄용 강 : Ni, Cr, Mo 함유강　　② 질화용 강 : Al, Cr, Mo 함유강

(3) 스프링강

탄성한계, 항복점이 높은 Si－Mn강이 사용된다(정밀·고급품에는 Cr－V강 사용).

2-4 특수강

1 특수강의 개요

(1) 특수강의 종류

특수강은 탄소강에 다른 원소를 첨가하여 강의 기계적 성질을 개선한 강을 말하며, 특수한 성질을 부여하기 위하여 사용하는 특수 원소로서는 Ni, Mn, W, Cr, Mo, Co, V, Al 등이 있다

(5 % 기준 : 저/고합금).

용도별 합금강의 분류

분류	종류
구조용 합금강	강인강, 표면 경화용 강(침탄강, 질화강), 스프링강, 쾌삭강
공구용 합금강(공구강)	합금 공구강, 고속도강, 다이스강, 비철 합금 공구 재료
특수 용도 합금강	내식용 합금강, 내열용 합금강, 자성용 합금강, 전기용 합금강, 베어링 강, 불변강

(2) 첨가 원소의 영향

① Ni : 강인성, 내식, 내마멸성 증가
② Si : 내열성 증가, 전자기적 특성
③ Mn : Ni과 비슷, 내마멸성 증가, 황(S)의 메짐 방지
④ Cr : 탄화물 생성(경화 능력 향상), 내식, 내마멸성 증가
⑤ W : Cr과 비슷, 고온 강도, 경도 증가
⑥ Mo : W 효과의 두 배, 뜨임 메짐 방지, 담금질 깊이 증가
⑦ V : Mo과 비슷, 경화성은 더욱 커지나 단독으로 사용 안 됨.

(3) 자경성

특수 원소를 첨가하여 가열 후 공랭하여도 자연히 경화하여 담금질 효과를 얻는 것으로 Cr, Ni, Mn, W, Mo 등이 있다.

2 공구용 특수강

(1) 합금 공구강(STS)

탄소 공구강의 결점인 담금질 효과, 고온 경도를 개선하기 위하여 Cr, W, Mo, V 첨가

㈜ 고탄소 고크롬강은 다이, 펀치용, (W)−Cr−Mn강은 게이지 제조용(200℃ 이상 장기 뜨임)

(2) 공구 재료의 조건

① 고온 경도, 내마멸성, 강인성이 클 것
② 열처리, 공작이 쉽고 가격이 쌀 것

(3) 고속도강(SKH)

대표적인 절삭용 공구 재료로 일명 HSS−하이스라고 하며, 표준형 고속도강은 18W−4Cr−1V(탄소량 0.8 %)이다.

① 특성 : 600℃까지 경도가 유지되므로 고속 절삭이 가능하고 담금질 후 뜨임으로 2차 경화한다.
② 종류
㈎ 텅스텐(W) 고속도강(표준형)

(나) 코발트(Co) 고속도강 : Co 3~20 % 첨가로 경도, 점성 증가, 중절삭용
(다) 몰리브덴(Mo) 고속도강 : Mo 5~8 % 첨가로 담금질성 향상, 뜨임 메짐 방지

③ 열처리
(가) 예열(800~900℃) : W의 열전도율이 나쁘기 때문
(나) 급가열(1250~1300℃ 염욕) : 담금질 온도는 2분간 유지
(다) 냉각(유랭) : 300℃에서부터 공기 중에서 서랭(균열 방지)－1차 마텐자이트
(라) 뜨임(550~580℃로 가열) : 20~30분 유지 후 공랭, 300℃에서 더욱 서랭－2차 마텐자이트
주 고속도강은 뜨임으로 더욱 경화된다(2차 마텐자이트＝2차 경화).
(마) 풀림 : 850~900℃

(4) 주조경질합금

Co－Cr－W(Mo)을 금형에 주조 연마한 합금으로 Co(40 %)-Cr-W인 스텔라이트(stellite)가 대표적이다.

① 특성 : 열처리 불필요, 절삭 속도는 SKH의 2배, 800℃까지 경도 유지, SKH보다 인성, 내구력이 작다.
② 용도 : 강철, 주철, 스테인리스강의 절삭용

(5) 초경합금

금속 탄화물을 프레스로 성형·소결시킨 합금으로 분말 야금 합금을 말한다.

① 금속 탄화물의 종류 : WC, TiC, TaC(결합재 : Co 분말)
② 제조 방법
(가) 분말을 금형에서 성형 후 800~1000℃로 예비 소결
(나) H_2 분위기에서 1400~1500℃로 소결
③ 특성 : 열처리 불필요, 고온 경도가 가장 우수
④ 용도 : 구리 합금, 유리, PVC의 정밀 절삭용
⑤ 종류 : S종(강절삭용), D종(다이스), G종(주철용)

(6) 세라믹 공구(ceramics)

알루미나(Al_2O_3)를 주성분으로 소결시킨 일종의 도기

① 제조 방법 : 산화물 Al_2O_3를 1600℃ 이상에서 소결 성형
② 특성 : 내열성이 가장 크고, 고온 경도, 내마모성이 크며, 비자성, 비전도체이고 충격에 약하다(항절력＝초경합금의 1/2).
③ 용도 : 고온 절삭, 고속 정밀 가공용, 강자성 재료의 가공용

3 특수 용도용 합금강

(1) 스테인리스강(STS : stainless steel)

강에 Cr, Ni 등을 첨가하여 내식성을 갖게 한 강이다.

① 13Cr 스테인리스 : 페라이트계 스테인리스강으로 담금질로 마텐자이트 조직을 얻는다.

② 18Cr－8Ni 스테인리스 : 오스테나이트계 스테인리스강으로 담금질이 되지 않는다. 연전성이 크고 비자성체이며, 13Cr보다 내식·내열성이 우수하다.

㈎ Cr 12 % 이상을 스테인리스(불수)강, 이하를 내식강이라 한다.

㈏ Cr, Ni량이 증가할수록 내식성이 증가한다.

(2) 내열강

① 내열강의 조건 : 고온에서 조직, 기계적·화학적 성질이 안정할 것

② 내열성을 주는 원소 : Cr(고크롬강), Al(Al_2O_3), Si(SiO_2)

③ Si－Cr강 : 내연 기관 밸브 재료로 사용

④ 초내열합금 : 탐켄, 하스텔로이, 인코넬, 서미트

(3) 자석강(SK)

① 자석강의 조건 : 잔류자기와 항장력이 크고, 자기강도의 변화가 없어야 한다.

② Si강 : 1~4 % Si 함유(변압기 철심용)

㈜ 비자성강 : 비자성인 오스테나이트 조직의 강(오스테나이트강, 고Mn강, 고Ni강, 18－8 스테인리스강)

(4) 베어링강

고탄소크롬강(C＝1 %, Cr＝1.2 %)으로 내구성이 크고, 담금질한 후 반드시 뜨임을 해야 한다.

(5) 불변강(고Ni강)

비자성강으로 Ni 26 %에서 오스테나이트 조직을 갖는다.

① 인바(invar) : Ni 36 %, 줄자, 정밀 기계 부품으로 사용, 길이 불변

② 슈퍼인바(super invar) : Ni 29~40 %, Co 5 % 이하, 인바보다 열팽창률이 작다.

③ 엘린바(elinvar) : Ni 36 %, Cr 12 %, 시계 부품, 정밀 계측기 부품으로 사용, 탄성 불변

④ 코엘린바 : 엘린바에 Co 첨가, Fe, Cr 10~11 %, Co 26~58 %, Ni 10~16 %의 합금, 탄성이 극히 작고 공기나 물에 부식되지 않으며 스프링, 태엽, 기상관측용 기구 등에 사용된다.

⑤ 퍼멀로이(permalloy) : Ni 75~80 %, 장하코일용, 투자율이 큰 합금

⑥ 플래티나이트(platinite) : Ni 42~46 %, Cr 18 %의 Fe－Ni－Co 합금, 전구, 진공관 도선용

예상문제

1. 다음 중 흑연화를 방해하는 원소는?
① Ti ② Cr ③ Al ④ Ni

해설 크롬(Cr)은 흑연화를 방지하며 탄화물을 안정시킨다.

2. 다음 중 합금의 공통적인 성질은?
① 경도는 감소한다.
② 용융점은 내려간다.
③ 주조성은 일반적으로 감소한다.
④ 압축력은 약해진다.

해설 합금은 순금속보다 용융점이 내려간다.

3. 다음은 고탄소강의 결점을 든 것이다. 틀린 것은 어느 것인가?
① 담금질 효과가 나쁘다.
② 고온에서 경도가 저하된다.
③ 담금질 균열과 변형이 많이 생긴다.
④ 고속 절삭이나 강력 절삭용 공구로 적합하다.

4. 구조용 특수강인 Ni－Cr강에서 Ni 함유량은 몇 %인가?
① 5 % 이하 ② 10~20 %
③ 20~30 % ④ 30 % 이상

5. 내열강의 주요 성분은?
① Cr ② Ni ③ Co ④ Mn

해설 고크롬강은 내열강으로 높은 온도에서 크롬의 산화 피막이 나타나며 내부로 산화되는 것을 막는다. 알루미늄, 규소도 내열성을 주는 성분이다.

6. 다음 중 게이지강 재료로 적당한 것은 어느 것인가?
① Cr－Mn강 ② Si강
③ B강 ④ Cr－Ni강

해설 게이지강으로서 실용되는 것의 성분은 Co 0.85~1.2 %, W 0.5~3 %, Cr 0.5~3.6 %, Mn 0.9~1.45 %이다.

7. 시계용 스프링을 만드는 재질은?
① 인청동
② 엘린바(elinvar)
③ 미하나이트(meehanite)
④ 애드미럴티(admiralty)

해설 엘린바(elinvar)는 탄성 불변으로 시계용 스프링을 만드는 재료로 많이 쓰인다.

8. 불변강인 엘린바(elinvar)의 성분 원소가 아닌 것은?
① Ni ② Cr
③ Fe ④ P

해설 불변강에는 인바(invar), 엘린바(elinvar), 플래티나이트(platinite)가 있다. 인바는 C, Ni, Mn의 조성이고, 엘린바는 Ni, Cr, Fe의 조성으로 시계의 진자, 지진계, 저울의 스프링 등에 쓰인다. 또 플래티나이트는 Ni, Fe의 조성으로 전구 내에 도입하는 전선의 재료로서 유리, 백금선의 대용품이 된다.

9. 다음 중 스프링강(spring steel)이 갖추어야 할 성질로 틀린 것은?
① 탄성 한도가 커야 한다.
② 피로 한도가 작아야 한다.
③ 항복 강도가 커야 한다.
④ 충격값이 커야 한다.

10. 스프링강에 함유된 탄소량은 대략 몇 %인가?
① 0.2~0.5 % ② 0.4~0.8 %

정답 » 1. ② 2. ② 3. ④ 4. ① 5. ① 6. ① 7. ② 8. ④ 9. ② 10. ③

③ 0.6~1.0 % ④ 1.2~2.0 %

11. P이나 S을 첨가하여 절삭성을 향상시킨 특수강을 무엇이라 하는가?

① 내열강 ② 내부식강
③ 쾌삭강 ④ 내마모강

해설 강의 절삭성을 향상시키기 위하여 인, 납, 황, 망간 등을 첨가하여 쾌삭강으로 만들어 사용한다.

12. C 0.9~1.3 %, Mn 10~14 %인 고망간강으로 마모에 견디는 것은?

① 듀콜강
② 스테인리스강
③ 하드필드강
④ 마그네틱강

해설 고망간강은 내마멸성강의 대표적인 것으로 C와 Mn의 비율은 약 1 : 10으로 C 1.0~ 1.2 %, Mn 11~13 % 정도가 많이 사용된다. Mn 12 % 정도의 고망간강은 발명자의 이름을 따서 하드필드(hadfield)강이라 한다.

13. 고망간강의 특성이 아닌 것은?

① 내마모성 ② 내충격성
③ 방진성 ④ 자성

해설 고망간강은 탄소 1.2 %, 망간 13 %, 규소 0.1 % 이하를 표준으로 하는 강으로 내마멸성이 우수하고 경도가 크므로 각종 광산 기계, 기차 레일의 교차점, 불도저 등에 쓰인다.

14. 다음의 저망간강에 대한 설명 중 틀린 것은?

① Mn을 2~5 % 함유한 강이다.
② 듀콜강이라고도 한다.
③ 펄라이트 Mn강이라고도 한다.
④ 선박, 교량, 차량, 건축 등의 구조용에 사용된다.

해설 저망간강은 Mn 1~2 %, C 0.2~1.0 %이며, 펄라이트 망간강 또는 듀콜강이라고 한다.

15. WC 분말과 Co 분말을 약 1400℃로 소결하여 만든 금속명은?

① 고속도강 ② 초경질 합금
③ 모넬 메탈 ④ 화이트 메탈

해설 초경합금의 주성분은 WC, TaC, TiC이며 Co를 결합재로 쓴다.

16. 고속도강의 표준 성분은?

① W 18 %, Cr 4 %, V 1 %
② W 18 %, V 14 %, Cr 1 %
③ Cr 8 %, W 14 %, V 1 %
④ V 18 %, W 14 %, Cr 1 %

17. 고속도강에 함유된 탄소량은 대략 몇 %인가?

① 0.03~0.07 % ② 0.2~0.5 %
③ 0.65~0.85 % ④ 1.2~1.7 %

18. 절삭 능력은 고속도강의 2배의 속도에 견디며 700℃ 이상의 고온에서도 경도를 유지하는 주조합금은?

① 세라믹 ② 스텔라이트
③ 합금 공구강 ④ 탄소 공구강

19. 스테인리스강을 조직상으로 분류한 것 중 옳지 않은 것은?

① 마텐자이트계
② 페라이트계
③ 오스테나이트계
④ 시멘타이트계

20. 다음 중 스테인리스강에 가장 많이 함유되는 원소는?

① 아연 ② 텅스텐
③ 코발트 ④ 크롬

해설 스테인리스강의 성분 원소는 Cr 17~20 %, Ni 7~10 %, C 0.2 % 이하이다.

정답 » 11. ③ 12. ③ 13. ④ 14. ① 15. ② 16. ① 17. ③ 18. ② 19. ④ 20. ④

21. 스테인리스강에서 합금의 주성분은?

① Cr ② Ti
③ Co ④ Mo

해설 스테인리스강의 주성분은 Fe-Cr-Ni-C 이다.

22. 줄의 재질로는 일반적으로 어떤 강을 사용하는가?

① 고속도강 ② 고탄소강
③ 초경합금강 ④ 특수 합금강

23. 다음 중 강의 자경성을 높여 주는 원소는 어느 것인가?

① Cr ② Mg
③ Co ④ C

해설 담금질 효과에서 적당한 양의 니켈·크롬 등을 포함한 강은 고온에서 공기 중에 방치해 두는 것만으로도 충분히 경화된다. 이와 같은 성질을 자경성(self hardening)이라고 한다.

24. 강에 적당한 원소를 첨가하면 기계적 성질을 개선할 수 있는데, 특히 강인성, 저온 충격 저항을 증가시키기 위하여 어떤 원소를 첨가하는 것이 좋은가?

① W ② Cr
③ Mn ④ Ni

25. 초경질 합금이 아닌 것은?

① 위디아 ② 카볼로이
③ 다이아몬드 ④ 텅갈로이

해설 초경질 합금은 금속 탄화물의 분말형 금속 원소를 프레스로 성형하고 이것을 소결하여 만든 합금으로 위디아, 텅갈로이, 카볼로이 등의 상품명이 있다.

26. 초경질 합금 공구에는 S, G, D의 세 종류가 있다. S종류에 해당되는 사항은 어느 것인가?

① 강철의 절삭용
② 주물·비철금속·비금속 등의 절삭용
③ 인성 공구용
④ 텅스텐·티타늄·코발트 및 탄소를 성분으로 한 것

해설 S종에 해당되는 것은 강철의 절삭용, G종은 주철, D종은 다이스용이다.

27. 인코넬(Inconel)의 주요 성분에 속하지 않는 금속 원소는 어느 것인가?

① Cr ② Ni
③ Fe ④ Mn

해설 인코넬은 Ni에 Cr 13~21 %와 Fe 6.5 %를 함유한 강으로서 내식성 및 내열성이 우수하고, 염류, 알칼리, 탄산가스에 우수한 내식성을 가지고 있으며, 질산은($AgNO_3$) 용액에 침식되지 않는다.

28. 게이지강의 구비 조건을 가장 잘못 설명한 것은?

① 내마멸성, 내식성이 클 것
② 고온에서 기계적 성질이 좋을 것
③ 열처리에 의한 변형이 적을 것
④ 치수의 변화가 적을 것

29. 불변강이 갖추어야 할 첫째 조건은 어느 것인가?

① 열팽창 계수가 작을 것
② 내식성, 내마멸성이 클 것
③ 자기 감응도가 낮을 것
④ 산이나 알칼리에 강할 것

정답 » 21. ① 22. ② 23. ① 24. ④ 25. ③ 26. ① 27. ④ 28. ② 29. ①

3. 비철금속재료의 기본 특성과 용도

3-1 구리와 그 합금

1 구리

(1) 구리의 종류

① 전기동 : 조동을 전해 정련하여 99.96 % 이상의 순동으로 만든 동
② 무산소 구리 : 전기동을 진공 용해하여 산소 함유량을 0.006 % 이하로 탈산한 구리
③ 정련 구리 : 전기동을 반사로에서 정련한 구리

(2) 구리의 성질

① 물리적 성질
㈎ 구리의 비중은 8.96, 용융점은 1083℃이며, 변태점이 없다.
㈏ 비자성체이며 전기 및 열의 양도체이다.
② 기계적 성질
㈎ 전연성이 풍부하며, 가공 경화로 경도가 증가한다.
㈏ 경화 정도에 따라 연질, $\frac{1}{4}$경질, $\frac{1}{2}$경질로 구분하며 O, $\frac{1}{4}$H, $\frac{1}{2}$H, H로 표시한다.
㈐ 인장 강도는 가공도 70 %에서 최대이며, 600~700℃에서 30분 동안 풀림하면 연화된다.
③ 화학적 성질
㈎ 황산·염산에 용해되며, 습기, 탄산가스, 해수에 녹이 생긴다.
㈏ 수소병 : 환원 여림의 일종이며, 산화구리를 환원성 분위기에서 가열하면 H_2가 구리 중에 확산 침투하여 균열이 발생한다.

2 구리 합금

(1) 구리 합금의 특징

고용체를 형성하여 성질을 개선하며, α 고용체는 연성이 커서 가공이 용이하나, β, δ 고용체로 되면 가공성이 나빠진다.

(2) 황동(Cu – Zn)

① 황동의 성질 : 구리와 아연의 합금으로 가공성, 주조성, 내식성, 기계성이 우수하다.
㈎ Zn의 함유량
㉮ 30 % : 7·3 황동(α 고용체)은 연신율 최대, 상온 가공성 양호, 가공성을 목적
㉯ 40 % : 6·4 황동($\alpha+\beta$ 고용체)은 인장 강도 최대, 상온 가공성 불량(600~800℃

열간 가공), 강도 목적

㉰ 50 % 이상 : γ 고용체는 취성이 크므로 사용 불가

(나) 자연 균열 : 냉간 가공에 의한 내부 응력이 공기 중의 NH_3, 염류로 인하여 입간 부식을 일으켜 균열이 발생하는 현상이다[방지책 : 도금법, 저온 풀림(200~300℃, 20~30분간)].

(다) 탈아연 현상 : 해수에 침식되어 Zn이 용해 부식되는 현상으로 ZnCl이 원인이다(방지책 : Zn편 연결).

(라) 경년 변화 : 상온 가공한 황동 스프링이 사용 시간의 경과와 더불어 스프링의 특성을 잃는 현상

② 황동의 종류

5 % Zn	15 % Zn	20 % Zn	30 % Zn	35 % Zn	40 % Zn
길딩 메탈	레드 브라스	로 브라스	카트리지 브라스	하이, 옐로 브라스	문츠 메탈
화폐, 메달용	소켓, 체결구용	장식용, 톰백	탄피가공용	7·3 황동보다 저가	값싸고 강도 큼

㈜ 톰백(tombac) : 8~20 % Zn을 함유한 것으로 금에 가까운 색이며 연성이 크다. 금 대용품, 장식품에 사용한다.

③ 특수 황동

(가) 연황동(leaded brass, 쾌삭 황동) : 6·4 황동에 Pb 1.5~3 %를 첨가하여 절삭성을 개량한 것으로 대량 생산, 정밀 가공품에 사용한다.

(나) 주석 황동(tin brass) : 내식성 목적(Zn의 산화, 탈아연 방지)으로 Sn 1 % 첨가

㉮ 애드미럴티 황동 : 7·3 황동에 Sn 1 %를 첨가한 것이며, 콘덴서 튜브에 사용한다.

㉯ 네이벌 황동 : 6·4 황동에 Sn 1 %를 첨가한 것이며, 내해수성이 강해 선박 기계에 사용한다.

(다) 철황동(델타 메탈) : 6·4 황동에 Fe 1~2 %를 첨가한 것으로 강도, 내식성이 우수하다(광산, 선박, 화학 기계에 사용)

㈜ 두라나 메탈 : 7·3 황동에 Fe 1~2 %을 첨가시킨 황동

(라) 강력 황동(고속도 황동) : 6·4 황동에 Mn, Al, Fe, Ni, Sn 등을 첨가하여 주조와 가공성을 향상시킨 것으로 열간 단련성, 강인성이 뛰어나다(선박 프로펠러, 펌프 축에 사용).

(마) 양은(german silver, nickel silver) : 7·3 황동에 Ni 15~20 %를 첨가한 것으로 주조 및 단조가 가능하고 양백, 백동, 니켈, 청동, 은 대용품으로 사용되며, 전기저항선, 스프링 재료, 바이메탈용으로 쓰인다.

(바) 규소 황동 : Si 4~5 %를 첨가한 것으로 실진(silzin)이라 한다.

(사) Al 황동 : 알부락(albrac)이라 하며, 금 대용품으로 사용한다.

(3) 청동(Cu－Sn)

① 청동의 성질

㈎ 주조성, 강도, 내마멸성이 좋다.

㈏ Sn의 함유량
- 4 %에서 연신율 최대
- 15 % 이상에서 강도, 경도 급격히 증대(Sn 함량에 비례하여 증가)

㈜ 포금(건메탈) : 청동의 예전 명칭, 청동 주물(BC)의 대표이다. 유연성, 내식·내수압성이 좋다. 성분＝Cu＋Sn 10 %＋Zn 2 %

② 특수 청동

㈎ 인청동

㉮ 성분 : Cu＋Sn 9 %＋P 0.35 %(탈산제)

㉯ 성질 : 내마멸성이 크고 냉간 가공으로 인장 강도, 탄성한계가 크게 증가한다.

㉰ 용도 : 스프링제(경년 변화가 없다), 베어링, 밸브 시트

㈜ 두랄플렉스(duralflex) : 미국에서 개발한 5 % Sn의 인청동으로 성형성, 강도가 좋다.

㈏ 베어링용 청동

㉮ 성분 : Cu＋Sn 13~15 %

㉯ 성질 : $\alpha+\delta$ 조직으로 P를 가하면 내마멸성이 더욱 증가한다.

㉰ 용도 : 외측의 경도가 높은 δ 조직으로 이루어졌기 때문에 베어링 재료로 적합하다.

㈐ 납청동

㉮ 성분 : Cu＋Sn 10 %＋Pb 4~16 %

㉯ 성질 및 용도 : Pb은 Cu와 합금을 만들지 않고 윤활 작용을 하므로 베어링에 적합하다.

㈑ 켈밋(kelmet)

㉮ 성분 : Cu＋Pb 30~40 %(Pb 성분이 증가될수록 윤활 작용이 좋다.)

㉯ 성질 및 용도 : 열전도, 압축 강도가 크고 마찰 계수가 작다. 고속 고하중 베어링에 사용한다.

㈒ Al 청동

㉮ 성분 : Cu＋Al 8~12 %

㉯ 성질 : 내식성, 내열성, 내마멸성이 크다. 강도는 Al 10 %에서 최대이며 가공성은 Al 8 %에서 최대이다. 주조성이 나쁘다.

㉰ 자기 풀림(self－annealing) 현상 발생 : $\beta \rightarrow \alpha+\delta$로 분해하여 결정이 커진다.

㈜ 암스 청동(arms bronze) : Mn, Fe, Ni, Si, Zn을 첨가한 강력 Al 청동

㈓ Ni 청동

㉮ 어드밴스 : Cu 54 %＋Ni 44 %＋Mn 1 %(Fe＝0.5 %). 정밀 전기 기계의 저항선에 사용한다.

㉯ 콘스탄탄 : Cu＋Ni 45 %의 합금으로 열전대용, 전기 저항선에 사용한다.

㉰ 코슨(corson) 합금 : Cu＋Ni 4 %＋Si 1 %의 합금으로 통신선, 전화선에 사용한다.

㉱ 쿠니알(kunial) 청동 : Cu＋Ni 4~6 %＋Al 1.5~7 %의 합금으로 뜨임 경화성이 크다.

(사) 호이슬러 합금 : 강자성 합금으로 Cu 61 %+Mn 26 %+Al 13 %이다.

(아) 오일리스 베어링 : 다공질의 소결 합금인 베어링 합금의 일종으로 무게의 20~30 % 기름을 흡수시켜 흑연 분말 중에서 700~750℃ H_2 기류로 소결시킨 것으로 Cu+Sn+흑연 분말이 주성분이다.

예상문제

1. 다음 중 구리판의 경화 정도 표시로서 틀린 것은?

① 연질-Cu Pl-O
② 경질-Cu Pl-I
③ 경질-Cu Pl-$\frac{1}{2}$H
④ 경질-Cu Pl-$\frac{1}{4}$H

해설 O : 연질, H : 경질, $\frac{1}{2}$H : $\frac{1}{2}$경질 등으로 표시한다. Pl은 판을 나타낸다.

2. 다음 구리의 물리적 성질 중 틀린 것은?

① 비중이 8.96, 용융점이 1083℃이다.
② 강자성체이다.
③ 전기 전도율은 은 다음으로 크다.
④ 불순물들은 전기 전도율을 저하시킨다.

해설 구리는 비자성체이고 용융점이 1083℃이며 철보다 무겁다. 비중은 8.96이고, 전기는 은 다음으로 잘 통한다.

3. 조동(粗銅)을 반사로나 전기로에서 전기 분해하여 정련시킨 구리는 무엇인가?

① 순구리 ② 탈산 구리
③ 전기 구리 ④ 무산소 구리

4. 황동에 Pb 1.5~3.0 % 첨가한 합금을 무엇이라고 하는가?

① 쾌삭 황동 ② 강력 황동
③ 문츠 메탈 ④ 톰백

해설 황동의 절삭성을 높이기 위하여 황동에 Pb 1.5~3.0 %를 첨가한 것을 쾌삭 황동이라 하며, 대량 생산하는 부속품 또는 시계용 기어와 같은 정밀 가공을 요하는 부품에 사용된다.

5. 다음은 구리에 포함된 불순물들이다. 이들 중에서 특히 전기 전도도를 감소시키는 것들은?

① As, Sb ② Bi, Pb
③ Fe, Si ④ Cu_2O

해설 구리는 은 다음으로 전기 전도도가 높으나 티탄, 인, 철, 규소, 비소 등이 아주 조금 함유되어도 전기 전도도가 급격히 저하된다.

6. 상온 가공에서 경화된 동의 완전 풀림 온도 범위는?

① 400~450℃ ② 500~550℃
③ 600~650℃ ④ 700~750℃

해설 구리의 열간 가공은 750~850℃에서 행하고, 상온 가공으로 강하게 된 것은 100~150℃에서 다소 연하게 되며 150~200℃에서 재결정 현상이 생겨 연화된다. 350℃에서는 가공 전의 상태로 복귀되나 완전한 풀림은 600~650℃ 정도에서 생긴다.

7. 황동의 연신율은 Zn 몇 %에서 최대가 되는가?

① 40 % ② 30 % ③ 20 % ④ 50 %

정답 » 1. ② 2. ② 3. ③ 4. ① 5. ③ 6. ③ 7. ②

해설 황동(brass)의 기계적 성질은 30 % 아연(Zn) 부근에서 최대의 연신율을 나타내며, 인장 강도는 45 % 아연 부근에서 최대치를 나타내고, 그것을 초과하면 급격하게 감소한다.

8. 청동 원소의 주요 성분은?

① Cu－Sn ② Cu－Zn
③ Cu－Pb ④ Cu－Ni

9. 다음 중 황동을 불순한 물이나 해수 중에서 사용할 때 발생하는 결함은?

① 자연 균열 ② 탈아연 부식
③ 경년 변화 ④ 방치 갈림

10. 색깔이 아름답고 장식품에 많이 쓰이는 황동은?

① 문츠 메탈 ② 포금
③ 톰백 ④ 7·3 황동

해설 구리에 아연 5~20 %를 가한 황동을 톰백(tombac)이라 하는데, 전연성이 좋고 색깔도 금에 가까우므로 모조금으로 사용된다.

11. 황동의 재결정 풀림 온도는?

① 700~730℃ ② 800~830℃
③ 900~930℃ ④ 1000~1030℃

12. 다음은 황동의 합금명이다. 6·4 황동은?

① 문츠 메탈 ② 로 브라스
③ 레드 브라스 ④ 톰백(tombac)

13. 황동에 어떤 원소를 첨가하면 취약하지 않고 강력하며 부식성, 내해수성이 큰 고강도 황동을 만들 수 있는가?

① Fe ② Cu
③ Sn ④ Co

해설 6·4 황동에 Fe, Mn, Ni, Al을 첨가하면 고강도 황동을 만들 수 있다.

14. 다음 중 네이벌 황동(naval brass)은?

① 7·3 황동에 1 %의 주석을 첨가한 것이다.
② 6·4 황동에 1 %의 주석을 첨가한 것이다.
③ 6·4 황동에 3.5 %의 망간을 첨가한 것이다.
④ 황동에 Pb 1.5~3 %를 첨가한 것이다.

해설 네이벌 황동(naval brass)은 6·4 황동을 개량한 것으로서 내해수성이 강하므로 선박용의 기계, 기구, 냉각용 콘덴서 등에 사용된다. ①은 애드미럴티 황동이다.

15. 다음 중 내마멸성, 내식성이 우수하고 탄성이 있어 스프링 재료에 쓰이는 청동은?

① 알루미늄 청동 ② 규소 청동
③ 망간 청동 ④ 인청동

16. 구리 합금류에서 Cu＝70 %, Zn＝29 %, Sn＝1 %인 내식성 합금은 어느 것인가?

① 델타 황동 ② 켈밋(kelmet)
③ 애드미럴티 황동 ④ 6·4 황동

17. Cu－Ni 합금에 소량의 Si를 첨가하여 강도와 전기 전도율을 좋게 한 합금은?

① 네이벌 황동 ② 암스 청동
③ 코슨 합금 ④ 켈밋

해설 C합금 또는 코슨(corson) 합금은 Cu－Ni계 합금에 소량의 Si를 첨가한 것으로, 강도가 105 kgf/mm^{2}에 달하고 전기 전도율이 크므로 전선으로 쓰이며 스프링으로도 사용된다.

18. 마찰 계수가 작고 고온, 고압에 잘 견디는 주석을 주성분으로 한 베어링 메탈의 합금 명칭은 어느 것인가?

① 알루미늄 청동 ② 배빗 메탈
③ 청동 ④ 켈밋

해설 Sn, Cu 5 %, Sb 5 %의 합금으로 Pb 계통의 것보다 마찰 계수가 작으며, 고온·고압에서 점도가 크고 내식성이 풍부하며 주조가 용

정답 » 8. ① 9. ② 10. ③ 11. ① 12. ① 13. ① 14. ② 15. ④ 16. ③ 17. ③ 18. ②

이하다. 고속 베어링에 사용된다.

19. 다음 중 배빗 메탈의 장점이 아닌 것은?
① 충격과 진동에 잘 견딘다.
② 비열이 작고 열전도도가 크다.
③ 고온도에서도 성능이 좋고, 중하중의 기계용으로 적합하다.
④ 유동성과 주조성이 좋지 않다.

20. 다음 중 청동의 성질을 설명한 것으로 틀린 것은?
① 인장 강도가 크다.
② 내식성이 크다.
③ 황동보다 주조하기 어렵다.
④ 내마멸성이 좋다.

21. 화이트 메탈의 주성분은 어느 것인가?
① Pb, Al, Sn ② Zn, Sn, Cr
③ Sn, Sb, Cu ④ Zn, Sn, Cu

해설 Pb, Zn, Sn, Sb, Bi 등의 융점이 낮은 백색의 합금을 화이트 메탈(white metal)이라 하는데, 항압력, 점성, 인성 등이 커서 베어링에 적합하다.

22. 다음 중 오일리스 베어링 금속의 주요 합금 원소는 어느 것인가?
① Cu, Sn, Si ② Cu, Sn, C
③ Cu, Sn, Pb ④ Cu, Pb, C

해설 오일리스 베어링은 다공질 재료에 윤활유가 들어 있어 항상 급유할 필요가 없으며, 구리 분말과 주석, 흑연 분말을 혼합하여 휘발성 물질을 가한 후 가압 성형한 것이다. 이것은 너무 큰 하중이나 고속 회전부에는 부적당하다.

23. 다음 중 배빗 메탈(babbit metal)이란?
① Sb를 기지로 한 화이트 메탈
② Sn을 기지로 한 화이트 메탈
③ Pb를 기지로 한 화이트 메탈
④ Zn을 기지로 한 화이트 메탈

해설 배빗 메탈(babbit metal)은 주석을 기지로 한 화이트 메탈(white metal)로 우수한 베어링 합금이다.

24. 알루미늄 청동이 황동이나 청동에 비해 우수한 점이 아닌 것은?
① 내식성 ② 내열성
③ 내마멸성 ④ 주조성

25. 암스 청동과 관계가 있는 것은?
① 청동 주물 ② 납청동
③ 인청동 ④ 알루미늄 청동

26. 알루미늄 청동에 철, 망간, 니켈, 규소, 아연 등을 첨가한 강력한 알루미늄 청동은?
① 청동 주물 ② 암스 청동
③ 납청동 ④ 켈밋

27. 다음 중 구리에 납을 주입한 베어링 합금은?
① 켈밋(kelmet)
② 코슨(corson)
③ 암스 청동(arms bronze)
④ 네이벌 황동(naval brass)

28. 청동은 주석이 몇 % 이상일 때 경도가 급격히 커지는가?
① 5 % ② 10 %
③ 15 % ④ 20 %

29. 구리에 주석 10 %, 아연 2 % 정도를 함유한 합금은?
① 톰백 ② 델타 메탈
③ 문츠 메탈 ④ 포금

정답 » 19. ④ 20. ③ 21. ③ 22. ② 23. ② 24. ④ 25. ④ 26. ② 27. ① 28. ③ 29. ④

3-2 알루미늄과 그 합금

1 알루미늄

(1) Al의 성질

① 물리적 성질

㈎ 비중 2.7, 경금속, 용융점 660℃, 변태점이 없다.

㈏ 열 및 전기의 양도체이며, 내식성이 좋다.

② 기계적 성질

㈎ 전연성이 풍부하며, 400~500℃에서 연신율이 최대이다.

㈏ 가공에 따라 경도·강도 증가, 연신율 감소, 수축률이 크다.

㈐ 풀림 온도 250~300℃이며 순 Al은 주조가 안 된다.

③ 화학적 성질 : 무기산, 염류에 침식되며, 대기 중에서 안정한 산화 피막을 형성한다.

(2) Al의 특성과 용도

① Cu, Si, Mg 등과 고용체를 형성하며, 열처리로 석출 경화, 시효 경화시켜 성질을 개선한다.

② 용도 : 송전선, 전기 재료, 자동차, 항공기, 폭약 제조 등에 사용한다.

㈜ ① 석출 경화(Al의 열처리법) : 급랭으로 얻은 과포화 고용체에서 과포화된 용해물을 석출시켜 안정화시킨다(석출 후 시간 경과와 더불어 시효 경화).

② 인공 내식 처리법 : 알루마이트법, 황산법, 크롬산법

2 알루미늄 합금

(1) 주조용 알루미늄 합금

유동성이 좋을 것, 열간취성이 좋을 것, 응고 수축에 대한 용탕 보급성이 좋을 것, 금형에 대한 점착성이 좋지 않을 것 등이 요구된다.

① Al-Cu계 합금 : Cu 8%를 첨가한 합금으로 주조성·절삭성이 좋으나 고온 메짐, 수축 균열이 있다.

② Al-Si계 합금

㈎ 실루민(silumin)이 대표적이며, 주조성이 좋으나 절삭성은 나쁘다.

㈏ 열처리 효과가 없고, 개질 처리로 성질을 개선한다.

㈐ 개질 처리(개량 처리)란 Si의 결정을 미세화하기 위하여 특수 원소를 첨가시키는 조작이며, 방법은 다음과 같다.

㉮ 금속 Na 첨가법 : 제일 많이 사용, Na 0.05~0.1% 또는 Na 0.05%+K 0.05%

㉯ F(불소) 첨가법 : F 화합물과 알칼리 토금속을 1 : 1로 혼합하여 1~3% 첨가

㉰ NaOH 첨가법 : 수산화나트륨(가성소다) 첨가

(라) 로엑스(Lo－EX) 합금 : Al－Si에 Mg을 첨가한 특수 실루민으로 열팽창이 극히 작고, Na 개질 처리한 것이며, 내연 기관의 피스톤에 사용한다.

③ Al－Mg계 합금 : Mg 12 % 이하로서 하이드로날륨이라고도 한다.

④ Al－Cu－Si계 합금 : 라우탈(lautal)이 대표적이며, Si 첨가로 주조성을 향상시키고, Cu 첨가로 절삭성을 향상시킨다.

⑤ Y합금(내열 합금) : Al(92.5 %)－Cu(4 %)－Ni(2 %)－Mg(1.5 %) 합금이며, 고온 강도가 크므로(250℃에서도 상온의 90 % 강도 유지) 내연 기관의 실린더에 사용한다.

⑥ 다이캐스트용 합금 : 유동성이 좋고 1000℃ 이하의 저온 용융 합금이며, Al－Cu계, Al－Si계 합금을 사용하여 금형에 주입시켜 만든다.

(2) 가공용 알루미늄 합금

① 두랄루민(duralumin) : 주성분은 Al－Cu－Mg－Mn이며 Si는 불순물로 함유되어 있다. 고온에서 물에 급랭하여 시효 경화시켜 강인성을 얻는다(시효 경화 증가 : Cu, Mg, Si).

(가) 기계적 성질 : 비강도가 연강의 3배나 된다.

(나) 풀림한 상태 : 인장 강도 177~245 MPa, 연신율 10~14 %, 경도(H_B) 39.2~58.8

(다) 시효 경화 상태 : 인장 강도 294~440 MPa, 연신율 20~25 %, 경도(H_B) 88.2~117.6, 기계적 성질은 0.2 % 탄소강과 비슷하나 비중이 2.9이다.

㈜ 복원 현상 : 시효 경화가 일단 완료된 것은 상온에서 변화가 없으나 200℃에서 수분간 가열하면 다시 연화되어 시효 경화 전의 상태로 되는 현상

② 초두랄루민(super－duralumin) : 두랄루민에 Mg을 증가시키고 Si를 감소시킨 것으로 시효 경화 후 인장 강도는 490 MPa 이상이며, 항공기 구조재, 리벳 재료로 사용한다.

③ Y합금 : Al－Cu－Ni계 내열 합금이며, Ni의 영향으로 300~450℃에서 단조가 가능하다.

예상문제

1. 다음 Al에 대한 설명 중 틀린 것은 어느 것인가?

① 비중 2.7, 융점 660℃이며 면심입방격자이다.
② 전기 및 열의 전도율이 매우 불량하다.
③ 산화 피막 때문에 대기 중에서는 잘 부식이 안 되나 해수 또는 산, 알칼리에 부식된다.
④ 경금속에 속한다.

2. 다음 중 알루미늄의 내식성을 더욱 향상시키고 아름다운 피막을 얻는 방법이 아닌 것은 어느 것인가?

① 알루마이트법　② 두랄루민법
③ 크롬산법　④ 황산법

해설 알루미늄 표면을 적당한 전해액으로 양극 산화 처리하면 치밀한 피막이 생기며, 이것을 다시 높은 온도의 수증기 중에 가열하면 내식성이 더욱 향상되고 아름다운 피막이 얻어진다. 이 방법에는 알루마이트법, 황산법, 크롬산법 등이 있다.

3. Y합금이 개발되어 주로 쓰이는 것은?

① 펌프용　② 도금용
③ 내연 기관용　④ 공구용

4. Y(와이) 합금의 주성분은?

① 구리, 니켈, 마그네슘, 알루미늄
② 구리, 아연, 납, 알루미늄
③ 구리, 주석, 니켈, 망간
④ 구리, 납, 주석, 아연

5. 다음 금속 중 시효 경화가 일어나는 것은 어느 것인가?

① 황동　② 청동
③ 두랄루민　④ 화이트 메탈

해설 두랄루민(duralumin)은 알루미늄-구리-마그네슘계 합금으로 열처리에 의해 재질 개선이 가능한 합금이다. 이 합금은 담금질 후에는 그다지 경화되지 않는다. 시효성이 있으면서도 기계적 성질이 우수하여 항공기의 주요 구조나 차량 부속품 등에 많이 사용한다.

6. 3% 이하의 니켈을 구리, 마그네슘, 규소 등과 함께 가한 합금으로 규소 함유량이 많아서 가벼우며 내열성이 있어 피스톤 등에 사용하는 주조용 알루미늄 합금은 어느 것인가?

① 로엑스　② 실루민
③ 로탈　④ 하이드로날륨

7. 알루미늄의 표면에 인공적으로 얇은 산화 피막을 만들어 내식성을 갖게 해 준 것은?

① 실루민　② 두랄루민
③ 알루마이트　④ 하이드로날륨

8. 실루민(silumin)은 알루미늄(Al)의 합금으로 보통 주물에 많이 사용하는데 어떤 것과의 합금인가?

① Al과 Cu의 합금
② Al과 Mg의 합금
③ Al과 Si의 합금
④ Al, Cu, Ni, Mg 합금

해설 실루민에는 알루미늄 이외에 Si(10~13%)가 함유되어 있다.

9. 다음 실루민(silumin)의 기계적 성질을 열거한 것 중 틀린 것은 어느 것인가?

① 내마모성이 작다.
② 내식성이 풍부하다.

정답 » 1. ② 2. ② 3. ③ 4. ① 5. ③ 6. ① 7. ③ 8. ③ 9. ①

③ 고온에서 강도가 크다.
④ 개량 처리 효과가 크다.

해설 실루민은 알팩스(alpax)라고도 하며 Al, Si 12%, FeO 3% 이하의 합금으로 다이캐스트용, 선박, 철도, 차량 부속품, 자동차의 피스톤 등에 쓰인다.

10. 알루미늄 합금으로서 내식성이 가장 큰 것은 어느 것인가?
① 하이드로날륨 ② 실루민
③ 알드리 ④ 알민

해설 하이드로날륨(hydronalium)은 Al에 약 10%까지 Mg를 첨가한 합금으로 내식성, 강도, 연신율이 우수하며 비중은 작다. 이것은 화학 장치, 선박에 이용된다. Al 합금에 내식성을 증가시키기 위하여 첨가되는 원소는 Mg, Mn, Si이며, 내식성을 악화시키는 원소는 Cu, Ni, Fe이다.

11. Al-Mg계 합금으로서 Mg이 12% 이하인 알루미늄 합금은 어느 것인가?
① 하이드로날륨
② 로엑스
③ 실루민
④ 두랄루민

12. 다음 중 Mn 26.3%, Al 13%, 나머지가 구리인 합금으로 강자성체인 것은?
① 호이슬러 합금
② 스테인리스강
③ 고망간강
④ 포금

13. 알루미늄 합금의 열처리에 속하지 않는 것은?
① 고용체화 처리
② 인공 시효 처리
③ 항온 열처리
④ 풀림

14. 알루미늄, 구리, 규소계 합금의 주조성을 개선하고 절삭성을 향상시키기 위해 첨가되는 합금 원소는?
① Si ② Sb
③ Ti ④ Mg

해설 라우탈에는 규소를 3~8% 합금하여 주조성, 절삭성을 향상시킨다.

15. 다음 중 두랄루민(duralumin)의 합금은 어느 것인가?
① Al+Cu+Ni+Fe
② Al+Cu+Mg+Mn
③ Al+Cu+Sn+Zn
④ Al+Cu+Si+Mn

해설 두랄루민은 단조용 알루미늄의 대표적 합금으로 구리 3.5~4.5%, 마그네슘 1~1.5%, 망간 0.5~1%, 나머지는 알루미늄으로 되어 있다.

16. 알루미늄의 재결정 온도는?
① 150℃ ② 160℃
③ 170℃ ④ 180℃

17. 다이캐스팅용 합금에서 주석 합금의 용도와 특성으로 옳은 것은?
① 점성이 크고 가볍다.
② 주형에 손상을 줄 우려가 있다.
③ 복잡한 것에 적합하다.
④ 주형의 수명이 짧다.

18. 실루민의 개량 처리에 사용되는 것은?
① Ag ② Na
③ Mg ④ Mo

19. 실루민에 나트륨을 첨가하여 조직을 미세화하고 기계적 성질을 개량하는 것을 무엇이라 하는가?
① 시효 경화 ② 항온 처리

정답 » 10. ① 11. ① 12. ① 13. ③ 14. ① 15. ② 16. ① 17. ③ 18. ② 19. ④

③ 마템퍼 ④ 개량 처리

20. 시효 경화성이 있는 합금은?

① Fe－Ni ② Cu－Zn
③ Al－Cu ④ Cu－Si

21. 알루미늄－구리－규소계 합금은?

① 실루민
② 로엑스
③ 하이드로날륨
④ 라우탈

22. 알루미늄－규소계 합금으로서 규소 함량이 높아 주조성이 좋고 열처리에 의하여 기계적 성질이 향상되는 주조용 알루미늄 합금은?

① 실루민
② 라우탈
③ 하이드로날륨
④ 로엑스

23. 다음 중 알루미늄의 용도가 아닌 것은?

① 송전선, 리벳 재료
② 항공기, 자동차, 구조용 재료
③ 약품, 과자류의 포장재
④ 절삭 날, 키

24. 열처리 중에서 시간의 경과와 더불어 강도와 경도가 증가되는 현상을 무엇이라 하는가?

① 인공 경화 ② 시효 경화
③ 장기 경화 ④ 항온 경화

25. 알루미늄 합금의 특징이 아닌 것은?

① 알루미늄은 변태가 있다.
② 알루미늄의 열처리 효과는 시효 경화로 얻어진다.
③ 알루미늄의 기계적 성질 개선은 석출 경화로 얻어진다.
④ 순금속 상태에서 강도는 약하다.

26. 알루미늄 합금의 열처리는 무엇을 이용하는가?

① 자기 풀림 ② 시효 경화
③ 항온 열처리 ④ 마템퍼

27. 실루민 합금의 개량 처리를 하기 위하여 금속 나트륨을 첨가하면 어떤 변화가 생기는가?

① 알루미늄 입자가 미세화된다.
② 규소가 미세한 공정으로 된다.
③ 주조성이 좋아진다.
④ α－고용체 구역이 넓어진다.

28. 알루미늄－구리계 합금에서 α－고용체를 급랭에 의하여 공정 조직을 얻어 시효 경화로 재질을 개선한다. 이때 공정 조직은 어느 것인가?

① $CuAl_2$ ② β－고용체
③ LiCl ④ Al_2O_3

29. 알루미늄 합금 중에서 열팽창 계수가 가장 작은 것은?

① 실루민 ② 두랄루민
③ 로엑스 ④ 와이합금

30. 두랄루민에 Mg을 증가시키고 Si를 감소시킨 것으로 시효 경화 후 인장 강도가 490 MPa 이상이며, 항공기 구조재, 리벳 재료로 사용되는 것은?

① 라우탈
② 초두랄루민
③ 실루민
④ Y합금

정답 » 20. ③ 21. ④ 22. ① 23. ④ 24. ② 25. ① 26. ② 27. ② 28. ① 29. ③ 30. ②

3-3 » 마그네슘과 그 합금

(1) 마그네슘의 물리적 성질

① 비중 1.74, 용융점 650℃, 재결정 온도 150℃
② 조밀육방격자이며 고온에서 발화가 쉽다.
③ 선팽창계수는 철(Fe)의 2배 이상이다.
④ 실용 금속 중 가장 가볍고 절삭성이 좋다.
⑤ 냉간 가공성이 안 좋아 350~450℃에서 압연, 압출 가공한다.

(2) 마그네슘의 화학적 성질

① 전위가 낮아 공기, 물, 화학약품 등에 접촉 시 부식된다.
② 내식성이 나쁘고, 알칼리에 내식성 양호하다.
③ 산이나 염류에는 침식이 잘 된다.

[부식 방지 방법]

- 양극 산화 처리(전기·화학적으로 보호성의 피막 형성)
- 화성 처리(화학 용액 중에서 피막 형성)
- 도금 및 도장 처리 등이 있다.

(3) 마그네슘의 기계적 성질

① 강도는 작으나 절삭성이 우수하다.
② 상온가공 시 경화 속도가 빨라 가공이 어렵다.
③ 열간 가공성이 우수하다.
④ 350~450℃에서 압연, 압출 등 열간 가공이 용이하다.
⑤ 탄성한도, 연신율이 작아 Al, Mn, Zr 등 함유로 경도, 인장강도가 증가한다.

(4) 가공용 Mg 합금

가공용 Mg 합금에는 Mg-Mn계, Mg-Al-Zn계, Mg-Zn 희토류 원소계 합금 등이 있다. 내식성이 나쁘고, 압연, 단조, 압출 등의 가공으로 항공기, 로켓 부품 소재로 사용된다.

① Mg-Mn계 : 압출, 압연재로, 고온 가공이 용이하다.
② Mg-Al-Zn계 : 항공기, 자동차 내장 부품 소재로 사용되며, PE 합금은 사진 제판용 재료로 쓰인다.
③ Mg-Zn-Zr계 : 압출 재료로 우수하고, ZK 21A, ZK 400A, ZK 60A 등이 이에 속하며, ZK 60A는 강도가 가장 커서 압출 봉, 형재 등 항공기 재료로 쓰인다.
④ Mg-Zn-희토류 원소계 : 용접재로 응력을 제거 후 사용한다.
⑤ Mg-Th계 : HM 31A(압출 재료), HM 21A(단조 재료)에 사용되며, 내열성이 우수하여 고온용 내열성 재료(항공기, 미사일 재료)로 쓰인다.

3-4 티타늄과 그 합금

1 티타늄과 그 합금의 개요

(1) 순수 티타늄

① 불순물 원소량에 따라 ASTM에서 4종류로 구분하는데 98~99 %의 순도를 가진 거의 순수한 티타늄을 말한다.

② 강도 향상을 위해 약간의 산소(O), 질소(N), 탄소(C), 철(Fe)을 첨가하며, 우수한 내식성과 함께 쉽게 용접할 수 있는 특징이 있다.

(2) 합금

① 실온에서의 조직에 따라 α, $\alpha+\beta$, β의 세 가지 그룹(group)으로 구분하며, 합금 성분에 맞는 열처리에 의해 기계적 성질이 크게 변한다.

② 합금 중에는 용접 조직에 의해 상당히 약해지는 것도 있으므로 용접용으로 선택할 때에는 그 합금 성분량과 용도에 주의해야 한다.

③ 일반적으로 3 % 이상의 Cr, Fe, Mn, Mo 및 4～6 % 이상의 V를 단독 또는 복합하여 포함한 합금은 용접부의 연성이 낮아지기 때문에 용접에는 사용되지 않는다.

(3) 용도

① 미국은 우주 항공기용 구조재 등 군사용으로, 일본은 화학공업용, 신소재 기기 제품으로 사용한다.

② 높은 내식성이 요구되는 부분에 Cr계 스테인리스강, 고 Cr-Ni계가 사용되었으나 더 높은 내식성이 요구되는 곳에 티타늄 수요가 급증되고 있다.

2 티타늄 및 그 합금의 성질

(1) 물리적 성질

① 순수 티타늄은 고융점(1668℃)으로, 탄소강, 스테인리스강에 비해 가볍고(비중 4.5, 강의 60 %), 열팽창계수(오스테나이트 스테인리스강의 1/2) 및 탄성계수 등이 작으며 전기저항이 크다.

② 티타늄 합금의 물리적 성질(순수 티타늄과 비교)

㈎ 열전도도가 순수 티타늄보다 작다(약 40～70 %).

㈏ 전기 저항값은 순수 티타늄보다 2～3배 크다.

㈐ 융점은 순수 티타늄보다 약간 낮다.

㈑ 영률은 순수 티타늄보다 약간 크고 합금에서의 차이는 없다.

(2) 기계적 성질

① 순수 티타늄

㈎ 인장 강도는 주로 산소, 수소, 질소 등이 증가함에 따라 증가하나 연신률이 감소

한다.

(나) 비강도$\left(=\dfrac{\text{강도}}{\text{비중}}\right)$: 철의 $\dfrac{1}{2}$ 정도의 무게로 철과 유사한 수준의 강도이므로 크다.

② 티타늄 합금

(가) 인장 강도는 약 100 kg/mm^{2}이며, $\dfrac{\text{내력}}{\text{인장강도}}$의 값은 순수 티타늄보다 훨씬 높아 90 ~98 %를 나타낸다.

(나) 연신율은 10~20 %, 경도는 H_V 290~360 범위이며 400℃ 정도까지는 거의 증가하지 않고, 400℃를 넘어가면 급격히 증대하는 경향이다.

(다) 인장 강도, 내력의 온도에 따른 변화는 400℃를 넘으면 급격히 저하한다.

(라) 충격 강도는 순수 티타늄과는 완전히 달라, 저온에서 고온이 됨에 따라 인성이 증대한다.

(3) 화학적 성질

① 물 또는 공기 중에서는 피막이 형성되어 우수한 내식성을 가진다.

② 매우 활성이 커서 고온 산화가 문제시되고 있다.

③ 응력부식, 점부식, 입계부식 등이 거의 생기지 않는다.

④ 스테인리스 기기는 열처리, 용접 또는 냉간 가공 시 부식이 문제가 되는데, 티타늄제 기기는 거의 문제가 안 된다.

⑤ 내열성 : 산소, 질소와 친화력이 커서 이들과 반응하여 안정한 산화물이나 질화물이 되어 경도가 높아진다.

(4) 가공적 성질

① 충격 강도 : 공업용 순 티타늄은 -196℃의 저온에서도 인성이 좋으며, 연신율도 저온에서 오히려 높아 저온 재료로서 충분한 인성을 가지고 있다.

② 가공 경화성 : 냉간 가공에 의해 경도, 인장 강도가 증대하지만, 스테인리스강보다는 가공 경화가 적다.

3-5 » 니켈과 그 합금

(1) 니켈의 특성

① 니켈은 면심 입방 결정 구조를 가진 은백색의 금속으로, 비중이 8.9, 용융점이 1453℃이다.

② 니켈은 상온에서 강자성체이지만 358℃ 부근에서 자기 변태점이 있으므로 그 이상의 온도에서는 강자성이 없어지며, V, Si, Al, Ti 등은 니켈의 자기 변태점의 온도를 저하시키고 Cu, Fe은 이 온도를 상승시킨다.

③ 니켈은 전연성이 크고 상온에서도 소성가공이 용이하므로 열간 가공은 1000~1200℃에

서 풀림 열처리는 800℃에서 행한다.

④ 니켈은 황산이나 염산에는 부식이 되지만 알칼리에는 잘 견디고 500℃ 이하에서는 산화되지 않으나 그 이상에서는 취약해지며 750℃ 이상에서는 산화 속도가 빨라진다.

(2) 니켈 합금의 종류

① 모넬 메탈(monel metal) : 구리에 65~70 %의 니켈을 첨가한 합금으로 내열, 내식성이 우수하므로 내연 기관의 밸브, 터빈 날개, 펌프의 임펠러의 재료로 쓰인다.

㈎ R 모넬 : 소량의 황(0.025~0.06 %)을 첨가하여 강도를 저하시키고 절삭성을 개선한 것

㈏ K 모넬 : 3 %의 Al을 첨가한 것으로 석출경화에 의해 경도가 향상된 것

㈐ KR 모넬 : K 모넬에 탄소량을 다소 높게(0.28 %C) 첨가하여 절삭성을 향상시킨 것

㈒ S 모넬 : 규소를 4 % 첨가하여 강도를 향상시킨 것

② 큐프로 니켈(cupro-nickel) : 70 % Cu, 30 % Ni의 합금으로 강도 및 내식성이 좋고 전연성이 우수하다.

③ 콘스탄탄(constantan) : 구리에 40~50 %의 니켈을 첨가한 합금으로 전기 저항이 크고 온도계수가 낮으므로 저항선, 전열선 등으로 사용된다.

④ 니켈-몰리브덴 합금 : 하스텔로이(hastelloy) A 합금이 대표적이며 60 % Ni, 20 % Mo, 20 % Fe이 함유된 합금으로 Mo을 첨가하여 염산에 내식성을 향상시킨 것이다.

⑤ 니켈-몰리브덴-크롬 합금 : 하스텔로이 C, N, W 등의 합금이 있으며 부식에 대한 저항성이 우수하다.

⑥ 니크롬(nichrome) : 50~90 % Ni, 11~33 % Cr, 0~25 % Fe의 합금으로 1100℃ 이하에서 사용한다.

⑦ 인코넬(inconel) : 72~76 % Ni, 14~17 % Cr, 8 % Fe의 합금으로 내식, 내열성이 우수하고 기계적 강도도 좋아 진공관의 필라멘트, 전열기의 부품으로 사용된다.

⑧ 크로멜-알루멜(chromel-alumel) : 크로멜은 크롬을 10 % 함유한 니켈 크롬 합금이며, 알루멜은 알루미늄을 3 % 함유한 니켈-알루미늄계 합금으로 최고 1200℃까지 온도 측정이 가능한 열전쌍으로 사용된다.

3-6 » 기타 비철금속 재료와 그 합금

1 주석(Sn)과 그 합금

(1) 성질

① 비중 7.3, 용융온도 232℃, 청백색, 조밀육방격자

② 산화 피막 형성으로 내부 부식(수분과 탄산가스) 방지

③ 산, 알칼리에 침식된다.

④ Sn 80 %, Zn 20 % : 경도 증가, Sn 70 %, Zn 30 % : 연화 현상

(2) 화이트 메탈

주석, 안티몬, 아연, 구리 등의 베어링 합금으로 주석계 화이트 메탈은 배빗 메탈이며, 저융점 합금이다.

(3) 저융점 합금

주석의 용융점(232℃)보다 낮은 온도에서 녹는 합금(공정 합금)으로 퓨즈, 활자, 안전장치, 정밀모형에 사용된다. 종류에는 우드 메탈(68℃), 리포위츠 합금(68℃), 뉴톤 합금(94℃), 로즈 합금(100℃), 비스무트 땜납(113℃) 등이 있다.

2 Zn과 그 합금

(1) 성질

① 비중 : 7.14, 용융온도 : 420℃
② 공기 중에서 산화아연 형태로 되며, 탄소로 환원되어 금속이 된다.
③ 산, 알칼리에 약하다.

(2) 용도

철강재 도금, 인쇄용 판, 다이캐스팅 합금, 퓨즈에 사용한다.

① 인쇄용 : Zn - Pb(0.3 %) - Fe(0.2 %) - Cd(0.12 %)
② 건전지용 : Zn - Pb(0.05 %) - Fe, Cd 소량
③ 다이캐스팅 합금 : Zn - Al, Zn - Al - Cu계를 사용하며, 특히 Al 4% 첨가한 것을 마작(mazak) 또는 자막(zamak)이라 한다.

(3) 다이캐스팅용 Zn 합금

용융금속에 압력을 가하여 주물을 생산하며 특징은 다음과 같다.

① 결정입자 미세화와 강도가 크다.
② 치수가 정확하다.
③ 복잡하고 얇은 주물을 제작할 수 있고 표면이 깨끗하다.
④ 대량 생산이 가능하다.
⑤ Zn에 Al 첨가 시 강도 및 경도가 증가하고, 유동성이 양호해진다.
⑥ 고온에서 입간부식이 생긴다.

(4) 가공용 Zn 합금

Zn-Cu, Zn-Cu-Mg, Zn-Cu-Ti계 등으로 판, 봉, 선 등을 만드는 데 사용된다.

(5) 금형용 Zn 합금

Al, Cu 첨가로 강도 및 경도가 증가하고 KM 합금, 커크사이트 합금 등은 프레스형, 발취형, 플라스틱 성형 등으로 사용한다.

3 납(Pb)과 그 합금

(1) 성질

① 비중 11.34, 용융온도 327℃
② 금속 중 제일 연하며 전연성이 풍부하다.
③ 인체에 유해하지만 수돗물에 피막이 생겨 수도관으로 사용된다.
④ 질산 및 진한 염산에 침식되나 다른 산에는 강하다.
⑤ 방사선 투과도가 낮다.

(2) 종류

① Pb+Sn계
(가) 연납(soft solder) : 일반용 땜납
(나) 경납(hard solder) : 융점이 높은 황동, 금, 은, 양은 등
② Pb+As(0.12~0.2 %)+Sn(0.08~0.12 %)+Bi(0.05~0.15 %) : 전선 케이블 피복제
③ Pb+Sb(6~8 %) : 화학공업용 밸브 콕

(3) 용도

① 퓨즈 : Sn+Pb
② 방사선 차폐용
③ 축전지
④ 베어링 메탈 : Sn+Pb+Sb
⑤ 활자 : Sn(15 %)+Pb+Sb(7 %)
⑥ 도료
⑦ 판, 관, 총탄

4 카드뮴(Cd)과 그 합금

(1) 성질

① 비중 8.65, 용융온도 320.9℃
② 가격이 고가로 잘 사용하지 않는다.
③ Ni, Ag, Cu를 첨가하면 피로 강도가 화이트 메탈보다 우수하다.
④ 유류에 침식되나 Zn을 첨가하여 침투하면 내식성이 풍부하다.

(2) 용도

① 전기 도금
② 축전지 재충전용 양극 물질
③ 저융점 합금
④ 원자로 제어봉

5 이리듐(Ir)과 그 합금

① 비중 22.5, 용융온도 2454℃, 색상 : 백색, 결정의 구조 : 조밀육방격자
② 합금 성분 : Ir(40 %)+Os(17~45 %)+소량 Ru, Pt, Rh
③ 용도 : 만년필 촉, 외과용 핀, 회전축, 내연 기관의 플러그로 쓰인다.

6 팔라듐(Pd)과 그 합금

(1) 성질

① 비중 12.03, 용융온도 1554℃, 백금색, 면심입방격자
② 전기 접점용 : Pd – Ag – Cu
③ 상온에서 부피의 900배의 수소를 흡수한다.
④ 값비싸고 연성이 매우 크며 가공이 쉽다.
⑤ 매우 무겁고 희귀하며, 백금과 합금을 만든다.
⑥ 백금색의 귀금속으로 단단하고 부서지기 쉽다.
⑦ 1200~1500℃의 백열(white heat)에서는 가공할 수 있을 정도의 연성이 있으며 가장 무거운 물질 중의 하나이다.

(2) 용도

① 상온에서 공기로 인해 변색되지 않으므로 이 금속과의 합금은 보석과 전기 접촉에서 백금의 대체물로 사용된다.
② 두드려서 얇게 편 박판은 장식용으로 사용된다.
③ 금과 그보다 적은 양의 Pd을 합금하면 가장 좋은 화이트 골드가 생성된다.
④ 치과용 합금, 전화 설비의 전기 접촉 장치, 인쇄 배선 회로 등에 쓰인다.

7 코발트(Co)와 그 합금

(1) 성질

① 비중 8.9, 용융온도 1495℃, 회백색
② 스텔라이트
(가) Co(45~46 %) – Cr(25~30 %) – W(15~20 %) – C(2.5~2.6 %) – Fe(2 %)
(나) 내마모성 우수
(다) 600℃ 이하에서 경도 저하
③ 비탈리움
(가) Co(60 %) – Cr(28 %) – Ni(3 %) – Fe(2 %) – Mo(6 %)
(나) 내열재(터보제트)

(2) 용도

① 내열 합금, 영구 자석, 공구 재료, 촉매 등에 사용된다.
② 나노 절삭 공구의 핵심 기술은 W–C 입자 크기를 미세하게 하고 결합제인 Co를 균일하게 혼합함으로써 내마모성과 파괴 인성을 증가시키는 것이다.
③ 나노 테크 소재는 신공법을 이용한 나노 WC/Co 복합 분말로 제조된 소재로 우수한 경도, 인성, 내마모 특성을 동시에 겸비하고 있다.

8 텅스텐(W)과 그 합금

(1) 성질

① 비중 19.3, 용융온도 3410℃, 회백색
② 상온의 물과 반응하지 않지만, 고온에서는 산화물이 된다.

(2) 용도

전구나 진공관의 필라멘트, 용접용 전극, 전기 접점 등에 사용하며 합금으로서는 고속도강에 약 18 %, 영구자석 강에 5~6 %, 스텔라이트 계통의 내열·내식 합금에 5~22 % 첨가된다. 또한 탄화물은 대단히 단단하여 소결 탄화물 합금으로서 공구 제조에 사용된다.

9 몰리브덴(Mo)과 그 합금

(1) 성질

① 비중 10.2, 용융온도 2625℃, 은백색
② 공기, 알칼리 용액에는 침식이 안 되지만 염산, 질산에는 침식된다.

(2) 용도

전기 저항선, 진공관 소재 등으로 사용된다.

10 금(Au)과 그 합금

① 비중 19.32, 용융온도 1063℃, 연신율 68~73 %
② 전연성이 커서 10^{-6} cm의 박판 가공이 가능하다.
③ 왕수 외에는 침식, 산화되지 않는다.
④ 귀금속, 금화 : Au+Cu(10 %)
⑤ 치과 재료 : Au+Ag(3 %)+Cu(35 %)
⑥ 핑크 골드(pink gold) : Au+Ag(3 %)+Cu(31 %)+Ni(35 %)+Zn(4 %)

11 은(Ag)과 그 합금

(1) 성질

비중 10.49, 용융온도 960.5℃, 양질의 도체

(2) 용도

① 사진 인화용 재료
② 은제 식기류
③ 전기 접점 및 도선
④ 전기 도금 제품
⑤ 치과용 소재
⑥ 촉매제
⑦ 기념품
⑧ 보석류, 거울, 동전

12 백금(Pt)과 그 합금

① 비중 21.43, 용융온도 1774℃, 연신율 68~73 %
② 내식, 내열, 고온 저항성이 좋다.
③ 장식품, 전기 저항선, 치과 재료, 공업용 재료로 쓰인다.
④ 열전대 : Pt – Rh(10~13 %), 장식용 : Pt – Pd(10~75 %)

예상문제

1. 마그네슘 합금의 특징이 아닌 것은?
① 공업용 재료 중 가장 가볍다.
② 상온에서 단조 가공이 잘된다.
③ 공업용 지금이 부식에 약하다.
④ 상온에서 소성 변형이 어렵다.

2. 다음 중 마그네슘 합금의 용도와 거리가 먼 것은?
① 스마트폰의 소재
② 자동차, 비행기의 소재
③ 고속철도의 레일
④ 노트북, 태블릿 등의 소재

3. 주물용 마그네슘 합금인 다우메탈의 설명 중 틀린 것은?
① Mg–Al계 합금이다.
② Al 2~8 % 첨가하면 주조성이 향상된다.
③ Al 6 %에서 인장강도가 최대이다.
④ 경도는 Al 10 %에서 급격히 저하된다.

4. 일렉트론의 설명 중 틀린 것은?
① Mg–Al–Zn계 합금이다.
② 내열성이 우수하여 내연 기관의 피스톤 소재로 사용한다.
③ Al이 많으면 내식성이 저하된다.
④ Al+Zn이 많으면 주조성이 좋아진다.

5. Mg의 비중은 다음 중 어느 것인가?
① 1.74 ② 9.8
③ 8.5 ④ 2.8

6. 티타늄 합금의 용도가 아닌 것은?
① 항공 우주 구조용 소재
② 화학공업용 소재
③ 정밀 부품의 주조용 소재
④ 내식성 소재

7. 티타늄 합금의 물리적 성질이 아닌 것은?
① 열전도도가 순수 티타늄보다 작다.
② 전기 저항값이 순수 티타늄보다 2~3배 크다.
③ 융점은 순수 티타늄보다 낮다.
④ 영률(Young's modulus)은 순수 티타늄보다 많이 작다.

8. Mg 금속은 어떤 결정격자로 되어 있는가?
① 면심입방격자 ② 체심입방격자
③ 조밀육방격자 ④ 정방격자

해설 (1) 면심입방격자(F.C.C) : Al, Ag, Au, Cu, Ni, Pb, Pt, Ca(전연성 및 전기 전도도, 가공성이 우수하다.)
(2) 체심입방격자(B.C.C) : Fe, Cr, W, Mo, V, Li, Na, Ta, K(강도가 크고 전연성이 작으며 고융점이다.)

정답 » 1. ② 2. ③ 3. ④ 4. ③ 5. ① 6. ③ 7. ④ 8. ③

(3) 조밀육방격자(H.C.P) : Mg, Zn, Ti, Be, Cd, Ce, Zr, Hg(전연성 및 가공성, 접착성이 나쁘다.)

9. **다음 중 켈밋 합금(kelmet alloy)에 대한 설명으로 옳은 것은?**

① Pb－Sn 합금, 저속 중하중용 베어링 합금
② Cu－Pb 합금, 고속 고하중용 베어링 합금
③ Sn－Sb 합금, 인쇄용 활자 합금
④ Zn－Al－Cu 합금, 다이캐스팅용 합금

해설 켈밋 합금은 Cu+Pb(30~40 %)이며 열전도, 압축강도가 크고 마찰계수가 작아서 고속 고하중 베어링에 사용한다.

10. **조밀육방격자로만 짝지어진 것은?**

① Fe, Cr, Mo ② Pb, Ti, Pt
③ Mg, Zn, Cd ④ Al, Ni, Cu

해설 조밀육방격자(H.C.P) 원소에는 Mg, Zn, Ti, Be, Hg, Zr, Cd, Ce, Os 등이 있다.

11. **아연(Zn)의 특성에 대한 설명으로 틀린 것은?**

① 융점은 약 420℃이다.
② 고온의 증기압이 높다.
③ 상온에서 면심입방격자이다.
④ 일반적으로 25℃에서 밀도는 약 7.13 g/cm^{3}이다.

12. **Mg계 합금이 구조재료로서 갖는 특성에 관한 설명 중 틀린 것은?**

① 소성가공성이 높아 상온에서 변형이 쉽다.
② 감쇠능이 주철보다 커서 소음 방지 구조재로서 우수하다.
③ 비강도가 커서 휴대용 기기나 항공 우주용 재료로 사용된다.
④ 치수 안정성이 좋아 상온에서 100℃까지는 장시간에 걸쳐도 치수 변화가 없다.

13. **모넬메탈(monel metal)을 설명한 것 중 옳은 것은?**

① Ni에 Al을 첨가하여 주조성을 높인 합금이다.
② 일명 백동이라 하며 가공성과 절삭성을 개선한 합금이다.
③ Ni(60~70 %)에 Cu를 첨가하여 내식성, 내마모성을 향상시킨 합금이다.
④ R-monel은 소량의 Si를 넣어 강도를 향상시키고 절삭성을 저하한 합금이다.

14. **다음 중 Ag－Cu 합금에 해당되는 것은?**

① 스텔라이트 ② 핑크 골드
③ 스털링 실버 ④ 화이트 골드

해설 스털링 실버(sterling silver)는 은(Ag) 92.5 %, 구리(Cu) 7.5 %의 합금이다.

15. **백금(Pt)에 대한 설명으로 틀린 것은?**

① 비중은 21.43이다.
② 용융온도는 200℃이다.
③ 내식, 내열성이 좋다.
④ 장식품, 치과 재료 등에 쓰인다.

16. **Mg-Al계 합금 중 소량의 Zn과 Mn을 첨가하여 강도와 내식성을 개선한 합금은?**

① 모넬메탈 ② 콘스탄탄
③ 자마크 합금 ④ 일렉트론 합금

17. **다음 금속 원소 중 경(經)금속 원소에 해당되는 것은?**

① Fe ② Cu ③ Pb ④ Al

해설 비중 5를 기준으로 5 이하를 경금속, 5 이상인 것을 중금속이라고 한다.

• 경금속 : Li(0.53), Na(0.97), Ca(1.55),

정답 » 9. ② 10. ③ 11. ③ 12. ① 13. ③ 14. ③ 15. ② 16. ③ 17. ④

Mg(1.7), Be(1.8), Al(2.7), Ti(4.5)
• 중금속 : Ir(22.5), Pt(21.4), Au(19.3), Pb(11.3), Cu(8.9), Fe(7.8), Mo(10.2)

18. 다음 중 전기 전도율이 가장 높은 것은?
① 알루미늄 ② 마그네슘
③ 구리 ④ 니켈

해설 전기 전도율 순서 : Ag>Cu>Au>Al>Mg>Zn>Ni>Fe>Pb>Sb

19. 티타늄 합금의 일반적인 성질에 대한 설명으로 틀린 것은?
① 열팽창계수가 작다.
② 전기 저항이 높다.
③ 비강도가 낮다.
④ 내식성이 우수하다.

해설 일반적으로 티타늄 합금은 열팽창계수 및 탄성계수가 낮고 비강도가 높으며 내열성, 내마모성, 내식성, 인장강도 등이 우수하다.

20. 배빗 메탈(babbit metal)의 주요 성분으로 옳은 것은?
① Cu－Pb ② Pb－Sn－Sb
③ Sn－Sb－Cu ④ Zn－Al－Cu

해설 배빗 메탈(화이트 메탈)은 주석(90 %)+안티몬(5 %)+구리(5 %)의 합금으로 베어링용 합금으로 쓰이는 금속이다.

21. 10～30 % Ni이 함유된 Ni－Cu 합금으로 가공성과 내식성이 좋아 화폐, 열교환기 등에 사용되는 것은?
① 백동(cupronickel)
② 인바(invar)
③ 콘스탄탄(constantan)
④ 모넬메탈(monel metal)

해설 백동(white copper)은 Cu(70 %)+Zn(18 %)+Ni(12 %)의 백색의 강인한 합금으로서 화폐, 의료기기, 화학기기, 열교환기, 장식품 등에 사용한다.

22. Mg 금속에 대한 설명으로 틀린 것은?
① 비중이 약 1.7 정도이다.
② 알루미늄보다 쉽게 부식한다.
③ 면심입방격자(FCC) 구조를 갖는다.
④ Zr의 첨가로 결정립은 미세하고, 희토류 원소의 첨가로 고온 크리프 특성이 우수하다.

해설 마그네슘(Mg)은 연금속이며 경금속으로 조밀육방격자(HCP) 구조이다.

23. 다이캐스팅용 아연 합금에서 합금의 강도와 경도를 증가시키고 유동성 개선을 위하여 첨가되는 합금 원소는?
① Al ② Li
③ Si ④ Sn

해설 다이캐스팅용 합금으로는 알루미늄, 아연, 마그네슘, 동합금, 납합금, 주석합금 등이 사용되며 이 중에 Al 합금이 가장 많이 사용된다.

24. 60～70 % Ni에 Cu를 첨가한 합금은 어느 것인가?
① 엘린바 ② 플래티나이트
③ 모넬 메탈 ④ 콘스탄탄

해설 모넬 메탈(monel metal) : 표준 화학 조성은 니켈 67 %, 구리 30 %, 철 1.4 %, 망간 1 %로서, 기계적 성질이 좋고 내식성도 뛰어나 콘덴서 튜브, 열교환기, 펌프 부품 등에 이용된다.

25. 고강도 알루미늄 합금인 두랄루민에 강도를 더욱 증가시킨 초초두랄루민(Extra Super Duralumin, ESD)은 두랄루민에 어떤 원소를 추가하여 제조되는가?
① C ② W
③ Si ④ Zn

해설 초초두랄루민은 Zn 8 %, Cu 1.5 %, Mg 1.5 %인 합금에 Cr, Mn을 0.25 % 가하여 아연이 섞여 있는 합금의 결점인 응력부식을 방지한 합금이다.

정답 » 18. ③ 19. ③ 20. ③ 21. ① 22. ③ 23. ① 24. ③ 25. ④

4. 비금속 기계 재료

비금속 재료는 금속의 공통 성질을 전혀 구비하지 않은 것으로 무기 재료와 유기 재료로 구분하며, 기초용 재료, 내화재료와 단열 재료, 연삭 재료, 패킹 및 벨트용 재료, 합성수지, 윤활유 및 절삭유, 도료, 기타가 있다.

4-1 유기 재료(범용·플라스틱 등)

유기질 재료는 비중이 0.5~2로 무기질에 비해 낮다. 대표적인 유기질 재료에는 플라스틱(합성수지), 고무, 섬유, 도료, 접착제 등이 있다.

(1) 합성수지의 개요

① 합성수지는 플라스틱(plastics)이라고도 한다. 플라스틱이라는 말은 '어떤 온도에서 가소성을 가진 성질'이라는 의미이다.

② 가소성 물질이란 유동체와 탄성체도 아닌 것으로서 인장, 굽힘, 압축 등의 외력을 가하면 어느 정도의 저항력으로 그 형태를 유지하는 성질의 물질을 말한다.

(2) 합성수지의 성질

합성수지는 인조수지로서 다음과 같은 공통적인 성질을 나타낸다.

① 가볍고 튼튼하다.
② 가공성이 크고 성형이 간단하다.
③ 전기 절연성이 좋다.
④ 산, 알칼리, 유류, 약품 등에 강하다.
⑤ 단단하나 열에는 약하다.
⑥ 투명한 것이 많으며, 착색이 자유롭다.
⑦ 비강도는 비교적 높다.
⑧ 금속 재료에 비해 충격에 약하다.
⑨ 표면 경도가 낮아 흠집이 나기 쉽다.
⑩ 열팽창은 금속보다 크다.

(3) 합성수지의 종류

① 열경화성 수지 : 가열 성형한 후 굳어지면 다시 가열해도 연화하거나 용융되지 않는 수지이다.

종류		기호	특징	용도
페놀 수지		PF	강도, 내열성	전기 부품, 베이클라이트
불포화폴리에스테르		UP	유리 섬유에 함침 가능	FRP용
아미노계	요소 수지	UF	접착성	접착제
	멜라민 수지	MF	내열성, 표면 경도	테이블 상판
폴리우레탄		PU	탄성, 내유성, 내한성	우레탄 고무, 합성 피혁
에폭시		EP	금속과의 접착력 우수	실링, 절연 니스, 도료
실리콘(silicone)		-	열 안정성, 전기 절연성	그리스, 내열 절연재

② 열가소성 수지 : 가열 성형하여 굳어진 후에도 다시 가열하면 연화 및 용융되는 수지이다.

종류	기호	특징	용도
폴리에틸렌	PE	무독성, 유연성	랩, 종이컵 원지 코팅, 식품 용기
폴리프로필렌	PP	가볍고 열에 약함	일회용 포장 그릇, 뚜껑, 식품 용기
오리엔티드폴리프로필렌	OPP	투명성, 방습성	투명 테이프, 방습 포장
폴리초산비닐	PVA	접착성 우수	접착제, 껌
폴리염화비닐	PVC	내수성, 전기 절연성	수도관, 배수관, 전선 피복
폴리스티렌	PS	굳지만 충격에 약함	컵, 케이스
폴리에틸렌테레프탈레이트	PET	투명, 인장파열 저항성	사출 성형품, 생수용기
폴리카보네이트	PC	내충격성 우수	차량의 창유리, 헬멧, CD
폴리메틸메타아크릴레이트	PMMA	빛의 투과율이 높음	광파이버

(4) 신고분자 재료

① 엔지니어링 플라스틱 : 금속보다 강한 플라스틱 제품으로서, 경량화를 지향하는 자동차, 전자기기, 전기제품 등에 쓰인다.

② 고효율성 분자막(high efficiency separator) : 특정한 물질만을 통과시키는 기능을 지닌 고분자막과 같은 특수 재료이다.

③ 태양광발전 플라스틱 전지 : p형과 n형 실리콘 단결정을 접합하여 만든 태양전지보다 더욱 발전 변환 효율이 높은 전지로서 차후 대량 공급될 것이다.

4-2 무기 재료(파인 세라믹스 등)

(1) 무기 재료의 특징

① 용융점이 높고 상온 및 고온에서 변형저항(강도, 경도)이 크다.

② 내열성과 내식성이 크다.

③ 밀도와 선팽창계수가 작다.

④ 대부분 전기 절연체이고 열전도율도 작다.

⑤ 취성 파괴의 특성을 가진다.

⑥ 유리처럼 빛을 투과하는 것이 많다.

(2) 무기 재료의 종류

점토, 유리, 시멘트, 도자기, 내화물, 파인 세라믹스, 다이아몬드 등이 있다.

(3) 파인 세라믹스(fine ceramics)

뉴 세라믹스라고도 한다. 천연 또는 인공적으로 합성한 무기화합물인 질화물, 탄화물을 원료로 하여 소결한 자기 재료이다. 내열성, 경도, 초정밀 가공성, 절연성, 내식성이 철보다 강하여 절삭 공구, 저항 재료, 원자로 부품, 인공 관절 등에 쓰인다.

(4) 광섬유(optical fiber)

빛을 머리카락 굵기에 불과한 수십 μm의 유리 섬유로 보냄으로써 광섬유 한 가닥에 전화 12000회선에 해당하는 정보를 전송할 수 있다.

(5) 결정화 유리(crystallized glass)

유리 세라믹스라고도 하며, 비결정구조로 된 유리를 기술적으로 결정화하여 종래에 없던 특성을 지니게 한 유리이다.

(6) 시멘트

① 시멘트는 석회석과 규산질 점토를 기본 원료로 한다.
② 기본 조성은 $CaO-SiO_3-Al_2O_3$이다.
③ 물과 골재를 혼합한 콘크리트 형태로 사용된다.
④ 시멘트에 물만 더하여 응고시킨 것은 모르타르(mortar)라 한다.

(7) 도자기

① 도자기는 넓은 의미에서의 세라믹스이다.
② 점토를 주원료로 하고 규산질 장석과 석영을 배합한 재료를 성형, 소성한 소결 제품의 총칭이다.
③ 조성, 유약 및 소성 온도의 차이에 의해 토기, 도기, 석기, 자기 등으로 분류된다.
④ 내화물이나 건축용 제품은 제외한다.

예상문제

1. 다음 중 유기질 재료가 아닌 것은?
① 고무
② 엔지니어링 플라스틱
③ 섬유
④ 파인 세라믹스

해설 파인 세라믹스는 무기질 재료이다.

2. 유기질 재료의 특징으로 옳지 않은 것은?
① 비중이 0.5~2이다.
② 고효율 분자막 기능이 있다.
③ 금속보다 강한 플라스틱이 있다.
④ 산화가 잘된다.

3. 무기질 재료의 특징으로 옳지 않은 것은?
① 내열성과 내식성이 크다.
② 밀도와 선팽창계수가 작다.
③ 대부분 전기의 도체이고 열전도율도 크다.

정답 » 1. ④ 2. ④ 3. ③

④ 취성 파괴의 특성을 가진다.

4. 다음 중 무기질 재료가 아닌 것은?
① 파인 세라믹스, 점토
② 시멘트, 유리
③ 도자기, 다이아몬드
④ 고무, 도료

5. 보기는 무엇을 설명한 것인가?

보기
천연 또는 인공적으로 합성한 무기화합물인 질화물, 탄화물을 원료로 하여 소결한 자기 재료이다. 내열성, 경도, 초정밀 가공성, 절연성, 내식성이 철보다 강하여 절삭 공구, 저항 재료, 원자로 부품, 인공관절 등에 쓰인다.

① 파인 세라믹스
② 시멘트
③ 엔지니어링 플라스틱
④ 결정화 유리

6. 빛을 수십 μm의 유리 섬유로 보냄으로써 한 가닥에 전화 12000회선에 해당하는 정보를 전송할 수 있는 것은?
① 파인 세라믹스
② 결정화 유리(crystallized glass)
③ 광섬유(optical fiber)
④ 엔지니어링 플라스틱

7. 다음 중 일반적으로 합성수지의 장점이 아닌 것은?
① 가공성이 뛰어나다.
② 절연성이 우수하다.
③ 가벼우며 비교적 충격에 강하다.
④ 임의의 색깔을 착색할 수 있다.

8. 합성수지의 공통된 성질 중 틀린 것은?
① 가볍고 튼튼하다.
② 전기 절연성이 좋다.
③ 단단하며 열에 강하다.
④ 가공성이 크고 성형이 간단하다.

9. 다음 합성수지 중 일명 EP라고 하며, 현재 이용되고 있는 수지 중 가장 우수한 특성을 지닌 것으로 널리 이용되는 것은?
① 페놀 수지
② 폴리에스테르 수지
③ 에폭시 수지
④ 멜라민 수지

10. 열경화성 수지에서 높은 전기 절연성이 있어 전기부품 재료를 많이 쓰고 있는 베이클라이트(bakelite)라고 불리는 수지는?
① 요소 수지
② 페놀 수지
③ 멜라민 수지
④ 에폭시 수지

정답 » 4. ④ 5. ① 6. ③ 7. ③ 8. ③ 9. ③ 10. ②

5. 열처리와 신소재

5-1 열처리 및 표면처리

1 일반 열처리

금속 재료를 각종 사용 목적에 따라 기능을 충분히 발휘하려면 합금만으로는 되지 않는다. 그러므로 충분한 기능을 발휘시키기 위해서 금속을 적당한 온도로 가열 및 냉각시켜 특별한 성질을 부여하는 것을 열처리(heat treatment)라 한다.

(1) 담금질(quenching)

강(鋼)을 A_3 변태 및 A_1 선 이상 30~50℃로 가열한 후 수랭 또는 유랭으로 급랭시키는 방법이며, A_1 변태가 저지되어 경도가 큰 마텐자이트로 된다.

① 담금질 목적 : 강의 경도와 강도를 증가시킨다.

② 담금질 조직

(가) 마텐자이트(martensite)

㉮ 수랭으로 인하여 오스테나이트에서 C가 과포화된 페라이트로 된 것이다.

㉯ 침상의 조직으로 열처리 조직 중 경도가 최대이고, 부식에 강하다.

㉰ Ar″ 변태 : 마텐자이트가 얻어지는 변태

㉱ Ms, Mf점 : 마텐자이트 변태의 시작되는 점과 끝나는 점

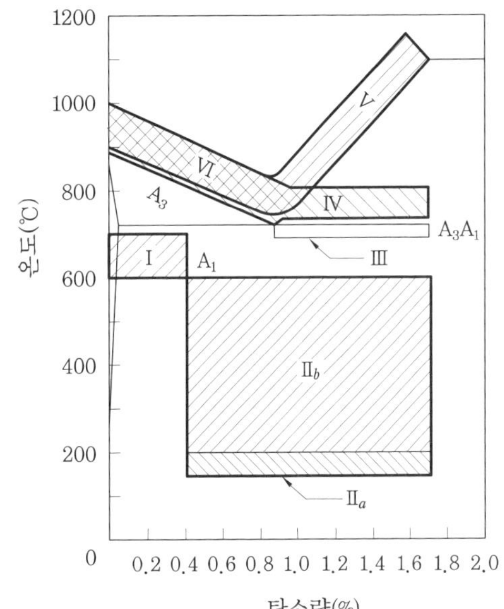

I : 풀림(600~700℃)
II_a, II_b : 뜨임(150~200℃, 200~600℃)
III : 풀림(700~720℃)
IV : 풀림(A_3 이상 30~50℃)
V : 담금질(A_3 이상 30~50℃)
VI : 불림(A_3와 Acm 이상 30~60℃)

강의 열처리와 온도

(나) 트루스타이트(troostite)

㉮ 유랭(수랭보다 냉각 속도가 더디다.)으로 얻어진다.

㉯ 마텐자이트보다 경도는 작으나 강인성이 있어 공업상 유용하고 부식에 약하다.

㉰ Ar′ 변태 : 트루스타이트가 얻어지는 변태

(다) 소르바이트(sorbite)

㉮ 트루스타이트보다 냉각이 느릴 때(공랭) 얻어진다.

㉯ 트루스타이트보다 경도는 작으나 강도, 탄성이 함께 요구되는 구조 강재(스프링 등)에 사용된다.

㈑ 오스테나이트(austenite)

㉮ 냉각 속도가 지나치게 빠를 때 A_1 이상에 존재하는 오스테나이트가 상온까지 내려온 것(경도가 낮고 연신율이 큼, 전기 저항이 크나 비자성체임, 고탄소강에서 발생, 제거 방법 : 서브 제로 처리)

㉯ 서브 제로(심랭) 처리 : 담금질 직후(조직 성질 저하, 뜨임 변형 유발하는) 잔류 오스테나이트를 없애기 위하여 0℃ 이하로 냉각하는 것(액체 질소, 드라이아이스로 −80℃까지 냉각한다.)

③ 담금질 질량 효과 : 재료의 크기에 따라 내·외부의 냉각 속도가 달라져 경도가 차이나는 것으로 질량 효과가 큰 재료는 담금질 정도가 작다. 즉, 경화능이 작다.

④ 각 조직의 경도 순서 : 시멘타이트(H_B 800) > 마텐자이트(600) > 트루스타이트(400) > 소르바이트(230) > 펄라이트(200) > 오스테나이트(150) > 페라이트(100)

㈜ 펄라이트(pearlite) : 노(爐) 안에서 서랭한 조직(열처리 조직이 아님)

⑤ 냉각 속도에 따른 조직 변화 순서 : M(수랭) > T(유랭) > S(공랭) > P(노랭)

⑥ 담금질액

㈎ 소금물 : 냉각 속도가 가장 빠르다.

㈏ 물 : 처음에는 경화능이 크나 온도가 올라갈수록 저하한다(C강, Mn강, W강의 간단한 구조).

㈐ 기름 : 처음에는 경화능이 작으나 온도가 올라갈수록 커진다(20℃까지 경화능 유지).

(2) 뜨임(tempering)

담금질된 강을 A_1 변태점 이하로 가열 후 냉각시켜 담금질로 인한 취성을 제거하고 강도를 떨어뜨려 강인성을 증가시키기 위한 열처리이다.

① 저온 뜨임 : 내부 응력만 제거하고 경도 유지(150℃)

② 고온 뜨임 : 소르바이트(sorbite) 조직으로 만들어 강인성 유지(500~600℃)

뜨임 조직의 변태

온도(℃)	변태
100~300	A → M
200~400	M → T
400~600	T → S
600~700	S → P

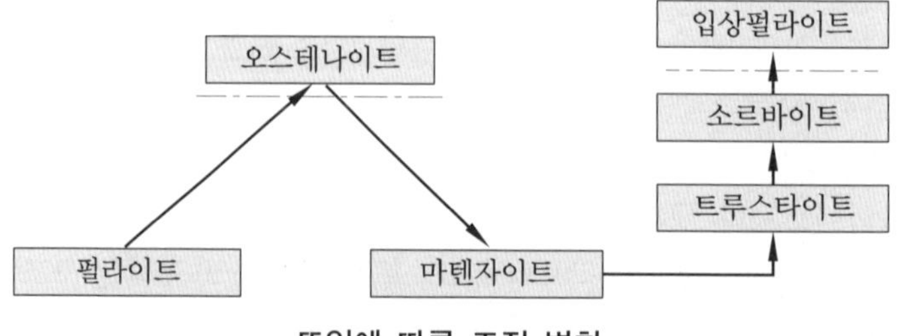

뜨임에 따른 조직 변화

(3) 불림(normalizing)

① 목적 : 결정 조직의 균일화(표준화), 가공 재료의 잔류 응력 제거

② 방법 : A_3, Acm 이상 30~50℃로 가열한 후 공기 중 방랭하면 미세한 소르바이트(sorbite) 조직이 얻어진다.

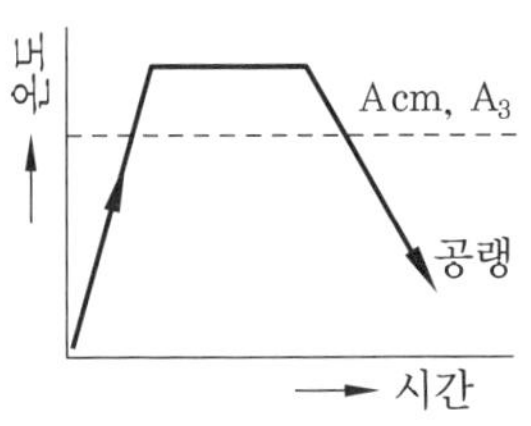

불림(normalizing)

(4) 풀림(annealing)

① 목적 : 재질의 연화

② 종류

㈎ 완전 풀림 : A_3, A_1 이상, 30~50℃로 가열 후 노(爐) 내에서 서랭(넓은 의미에서의 풀림)

㈏ 저온 풀림 : A_1 이하(650℃) 정도로 노 내에서 서랭(재질의 연화)

㈐ 시멘타이트 구상화 풀림 : A_3, Acm±20~30℃로 가열 후 서랭(시멘타이트 연화가 목적)

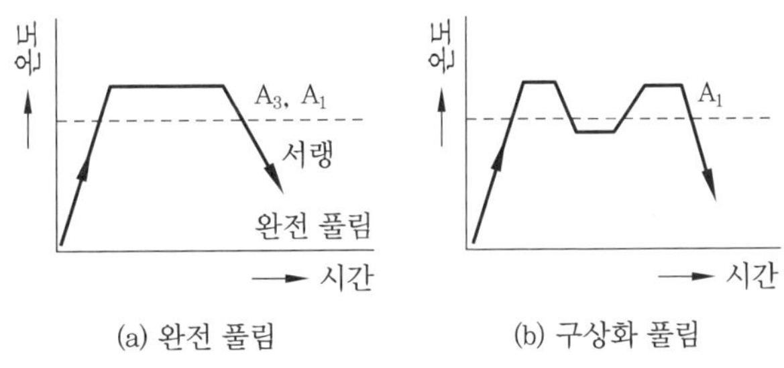

(a) 완전 풀림 (b) 구상화 풀림

풀림(annealing)의 종류

2 항온 열처리

강을 A_{c1} 변태점 이상으로 가열한 후 변태점 이하의 어느 일정한 온도로 유지된 항온 담금질욕 중에 넣어 일정한 시간 항온 유지 후 냉각하는 열처리이다.

(1) 항온 열처리의 특징

① 계단 열처리보다 균열 및 변형이 감소하고 인성이 좋아진다.

② Ni, Cr 등의 특수강 및 공구강에 좋다.

③ 고속도강의 경우 1250~1300℃에서 580℃의 염욕에 담금질하여 일정 시간 유지 후 공랭한다.

(2) 항온 열처리의 종류

① 오스템퍼(austemper) : 오스테나이트 상태에서 항온 변태 곡선의 코와 Ms점 사이의 온도에서 항온 변태를 완료하고 염욕 담금질하여 점성이 큰 베이나이트 조직을 얻을 수 있으며, 뜨임이 불필요하고, 담금 균열과 변형이 없다.

② 마템퍼(martemper) : 오스테나이트 상태에서 Ms점과 Mf점 사이에서 항온 변태 후 열처리하여 얻은 마텐자이트와 베이나이트의 혼합 조직을 얻는 열처리 과정으로 충격치가 높아진다.

③ 마퀜칭(marquenching) : S곡선의 코 아래서 항온 열처리 후 뜨임으로 담금 균열과 변형이 적은 조직이 된다.

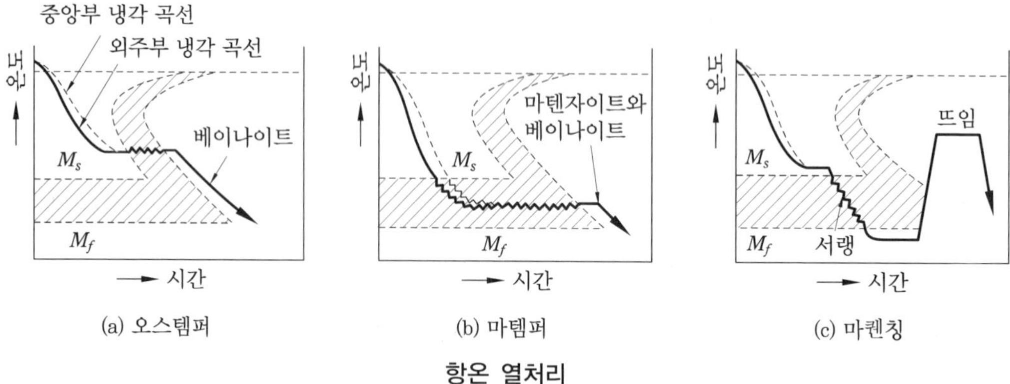

항온 열처리

3 표면처리

(1) 침탄법(carburizing)

0.2 % 이하의 저탄소강에 침탄제와 침탄 촉진제를 함께 넣어 가열하면 침탄층이 형성된다.

① 고체 침탄법 : 침탄제인 목탄이나 코크스 분말과 침탄 촉진제($BaCO_3$, 적혈염, 소금 등)를 소재와 함께 침탄 상자에서 900~950℃로 3~4시간 가열하여 표면에서 0.5~2mm의 침탄층을 얻는 방법이다.

② 액체 침탄법 : 침탄제(NaCN, KCN)에 염화물(NaCl, KCl, $CaCl_2$ 등)과 탄화염(Na_2CO_3, K_2CO_3 등)을 40~50 % 첨가하고 600~900℃에서 용해하여 C와 N가 동시에 소재의 표면에 침투하게 하여 표면을 경화시키는 방법으로 침탄 질화법이라고도 하며, 침탄과 질화가 동시에 된다.

③ 가스 침탄법 : 탄화수소계 가스(메탄 가스, 프로판 가스 등)를 이용한 침탄법이다.

(2) 질화법(nitriding)

NH_3(암모니아) 가스를 이용하여 520℃에서 50~100시간 가열하면 Al, Cr, Mo 등이 질화되며, 질화가 불필요하면 Ni, Sn 도금을 한다.

침탄과 질화의 비교

침탄법	질화법
경도가 작다	경도가 크다
침탄 후 열처리가 크다	열처리가 불필요하다
침탄 후 수정 가능하다	질화 후 수정 불가능하다
단시간 표면 경화한다	시간이 길다
변형이 생긴다	변형이 적다
침탄층이 단단하다	여리다

질화층과 시간과의 관계

시간(h)	깊이(mm)
10	0.15
20	0.30
50	0.50
80	0.60
100	0.65

(3) 액체 침탄법

CN 화합물인 시안화나트륨(NaCN), 시안화칼륨(KCN)을 주성분으로 한 600~900℃의 염욕 중에 일정 시간을 유지하여 탄소와 질소를 소재 표면에 침투시키는 것을 액체 침탄법이라 한다. 염욕의 유동성을 좋게 하고 융점을 강하시키기 위해서 NaCl, KCl, Na_2CO_3, $BaCl_2$, $BaCl_3$ 등을 첨가한다. 청화법, 시안화법(cyaniding), 침탄 질화법이라고도 한다.

(4) 금속 침투법(cementation)

① 세라다이징 : Zn 침투
② 크로마이징 : Cr 침투
③ 칼로라이징 : Al 침투
④ 실리코나이징 : Si 침투
⑤ 보로나이징 : B 침투

(5) 기타 표면 경화법

① 화염 경화법 : 0.4 %C 전후의 강을 산소-아세틸렌 화염으로 표면만 가열 냉각시키는 방법으로 경화층 깊이는 불꽃 온도, 가열 시간, 화염의 이동 속도에 의하여 결정된다.

② 고주파 경화법 : 고주파 열로 표면을 열처리하는 법으로 경화 시간이 짧고 탄화물을 고용시키기가 쉽다.

예상문제

1. 다음 중 강철의 담금질 성질을 높이기 위한 원소가 아닌 것은?
① 니켈 ② 망간
③ 텅스텐 ④ 크롬

해설 니켈, 크롬, 텅스텐은 강철의 담금질 성질을 높여준다.

2. 다음 중 질화법에 대한 설명으로 옳지 않은 것은?
① 사용 재료는 NH_3가스이다.
② 경도는 침탄법보다 크지만 여리다.
③ 경화층의 두께는 0.5~0.8 mm이다.
④ 가열 온도는 1150℃이다.

해설 가열 온도 : 암모니아 가스 중에서 500℃ 정도로 18~19시간 가열하여 서랭시킨다.

3. 침탄을 방지할 목적으로 도금할 때의 도금재는?
① 니켈 ② 아연
③ 크롬 ④ 구리

4. 키나 캠의 표면에 사용하는 경화법은?
① 청화법 ② 침탄법
③ 고주파 경화법 ④ 불꽃 담금질

5. 다음 중 고체 침탄법에 사용하는 침탄제인 것은?
① 질소(N)
② Na_2CO_3(탄산나트륨)
③ 목탄
④ $BaCO_3$(탄산바륨)

정답 » 1. ② 2. ④ 3. ④ 4. ② 5. ③

6. 금속 침투법 중 알루미늄을 침투시키는 것은 어느 것인가?
① 칼로라이징(calorizing)
② 세라다이징(sheradizing)
③ 크로마이징(chromizing)
④ 실리코나이징(siliconizing)

해설 ① 칼로라이징 → Al 침투
② 세라다이징 → Zn 침투
③ 크로마이징 → Cr 침투
④ 실리코나이징 → Si 침투

7. 고속도강(H.S.S)의 담금질 온도는?
① 800~900℃ ② 910~1200℃
③ 1250~1300℃ ④ 1530℃ 이상

8. 다음 중 표면 경화법과 관계 없는 것은 어느 것인가?
① 침상법 ② 침탄법
③ 질화법 ④ 청화법

해설 표면 경화법에는 침투법, 침탄법, 질화법, 청화법이 있다. 침투법(금속침투법)은 다른 금속을 침투시켜 내산성, 내부식성, 내마모성을 갖게 함으로써 이에 따라 표면 경화를 수반하는 정도이며, 이를 금속 시멘테이션(metal cementation)이라 한다.

9. 강의 조직을 표준 상태로 하기 위한 열처리는?
① 담금질 ② 풀림
③ 불림 ④ 뜨임

10. 강의 내부 응력을 제거하고 조직을 균일하게 하는 열처리는?
① 담금질 ② 뜨임
③ 불림 ④ 풀림

11. 다음 중 담금질 조직이 아닌 것은?
① 소르바이트 ② 레데부라이트
③ 마텐자이트 ④ 트루스타이트

해설 레데부라이트(ledeburite) : 오스테나이트와 시멘타이트의 공정 반응에서 생긴 공정 조직으로 탄소 함량은 4.3 %이다.

12. 뜨임은 보통 어떤 강재에 하는가?
① 가공경화된 강
② 담금질경화된 강
③ 용접응력이 생긴 강
④ 풀림연화된 강

13. 크랭크축과 같이 복잡하고 큰 재료의 표면을 경화시키는 데 이용되는 방법은?
① 침탄법
② 청화법
③ 질화법
④ 불꽃 담금질

14. 선반 주축의 표면 경화법은?
① 질화법 ② 침탄법
③ 청화법 ④ 화염 경화법

15. 고속도강의 풀림 온도는?
① 800~850℃ ② 850~900℃
③ 950~1050℃ ④ 1250℃

16. 침탄층의 깊이와 관계없는 것은?
① 침탄로의 종류
② 원재료의 성분
③ 가열 온도와 시간
④ 침탄제의 종류

17. 침탄강으로 사용되지 않는 재료는?
① 저Ni강 ② 저Ni-Cr강
③ 저Cr강 ④ 저탄소강

18. 질화법에 쓰이는 기체는?
① 아황산가스 ② 암모니아가스
③ 탄산가스 ④ 석탄가스

정답 » 6. ① 7. ③ 8. ① 9. ③ 10. ③ 11. ② 12. ② 13. ④ 14. ① 15. ② 16. ① 17. ③ 18. ②

19. 다음 중 질화법에 의한 표면 경화 시 가열 온도는?
① 500~550℃ ② 600~660℃
③ 700~770℃ ④ 800~880℃

20. 마텐자이트의 설명 중 틀린 것은?
① 탄소강의 수중 냉각 시 나타난다.
② 침상 조직이며 내식성, 경도, 인장 강도가 매우 크다.
③ 강의 담금질에서 나타나며 전연성이 매우 작다.
④ 비중이 오스테나이트나 펄라이트보다 크다.

21. 기어의 표면만을 경화시킬 경우에 적당한 방법은?
① 풀림
② 고주파 경화법
③ 불림
④ 뜨임

22. 고속도강의 담금질 조직은?
① 소르바이트 ② 트루스타이트
③ 시멘타이트 ④ 마텐자이트

23. 항온 열처리와 관계가 없는 것은?
① 베이나이트 ② 솔트베스
③ 오스템퍼 ④ 청화법

24. 질화법과 침탄법을 비교 설명한 것이 아닌 것은?
① 침탄법은 질화법보다 경도가 높다.
② 침탄법은 질화법보다 시간이 짧으나 질화층보다 여리지 않다.
③ 침탄층은 침탄 후 수정이 가능하지만, 질화층은 수정이 불가능하다.
④ 침탄층은 침탄 후 열처리가 필요하지만, 질화층은 열처리가 필요 없다.

25. 질화법의 장점이 아닌 것은?
① 경화층은 얇고, 경도는 침탄층보다 크다.
② 담금질할 필요가 없다.
③ 마모 및 부식에 대한 저항이 크다.
④ NH_3 가스 분위기 중에서의 작업 시간이 18~19시간 정도 걸린다.

26. 다음 중 강의 표준 조직이 아닌 것은 어느 것인가?
① 펄라이트 ② 시멘타이트
③ 트루스타이트 ④ 페라이트

해설 트루스타이트는 오스테나이트, 마텐자이트, 소르바이트와 함께 담금질 4대 조직의 하나이다.

27. 다음 중 풀림의 목적이 될 수 없는 것은 어느 것인가?
① 가공 후 변형 제거
② 가공 중 균열 제거
③ 점성 제거
④ 재료 내부의 변형 제거

28. 침탄법에서 침탄강의 가열 온도와 가열 시간은?
① 950~1000℃에서 4~7시간
② 850~900℃에서 8~10시간
③ 750~800℃에서 12~15시간
④ 650~700℃에서 18~19시간

29. 침탄 후에 담금질된 것의 성질은?
① 내부와 표면이 동일하게 강인하다.
② 내부와 표면이 균일하게 경화된다.
③ 내부는 경화, 외부는 연화된다.
④ 외부는 경화, 내부는 인성을 얻는다.

30. 다음 중 경도가 가장 낮은 조직은?
① 마텐자이트 ② 트루스타이트

정답 » 19. ① 20. ④ 21. ② 22. ④ 23. ④ 24. ① 25. ④ 26. ③ 27. ③ 28. ② 29. ④ 30. ④

③ 소르바이트 ④ 오스테나이트

해설 경도 순서 : 페라이트(90~100), 오스테나이트(150~155), 펄라이트(200~225), 소르바이트(270~275), 트루스타이트(400~500), 마텐자이트(600~720), 시멘타이트(800~920)

31. 강철의 담금질에 있어서 잔류 오스테나이트를 소멸시키기 위하여 0℃ 이하의 냉각제 중에서 처리하는 담금질 작업은?
① 심랭 처리
② 염욕 처리
③ 항온 변태 처리
④ 오스템퍼링

32. 탄소강의 시효 경화가 가장 잘 되는 온도는?
① 500~700℃
② 300~400℃
③ 100~200℃
④ 상온(0~30℃)

33. 침탄과 질화가 동시에 일어나는 표면 경화법은?
① 고주파 담금질
② 금속 침투법
③ 청화법
④ 불꽃 담금질

34. 스프링의 휨, 뒤틀림 등의 반복 응력에서 피로한도를 향상시키는 데 이용되는 방법은?
① 고주파 경화법
② 쇼트 피닝법
③ 침탄법
④ 오스템퍼링

35. 중심부는 질기고 표면은 단단하여 내마모성이 있으며 충격에 견디어야 할 재료의 열처리법이 아닌 것은?
① 도장법
② 질화법
③ 고주파 열처리법
④ 도금법

36. 강재 표면에 Cr을 침투시키는 법은?
① 세라다이징
② 칼로라이징
③ 크로마이징
④ 실리코나이징

37. 강재 표면에 Zn을 침투 확산시키는 방법을 세라다이징이라 하는데 어떤 성질을 개선하기 위함인가?
① 내식성 ② 내열성
③ 전연성 ④ 내충격성

38. 강재를 Ms점까지 급랭시키고 강재가 그 온도로 되었을 때 이것을 공랭하는 방법은?
① 노치 효과 ② 마퀜칭
③ 질량 효과 ④ 심랭 처리

39. 침탄법 중에서 가장 널리 쓰이는 것은?
① 가스 침탄법
② 고체 침탄법
③ 액체 침탄법
④ 질화법

40. 저온 뜨임의 온도는?
① 50℃ ② 100℃
③ 150℃ ④ 200℃

41. 일반 열처리에 속하지 않는 것은?
① 담금질
② 노멀라이징
③ 풀림
④ 마템퍼링

정답 » 31. ① 32. ③ 33. ③ 34. ② 35. ① 36. ③ 37. ① 38. ② 39. ② 40. ③ 41. ④

5-2 신소재

(1) 신소재 정의

신소재는 신금속을 포함하여 금속, 무기, 유기의 원료 및 이들을 조합한 원료에 새로운 제조 기술 또는 상품화 기술을 결합시켜 새로운 기능, 특성을 얻는 부가가치가 높은 소재를 말한다.

(2) 신소재의 종류

① 형상 기억 합금(shape memory alloy) : 형상 기억 합금에는 Ti－Ni, Cu－Zn－Si, Cu－Zn－Al 등이 있으며, 이를 이용한 제품에는 인공위성 부품, 인공심장밸브, 감응장치 등이 있다.

형상 기억 합금

형상 기억 합금	제품명
Ti－Ni	기록계용 팬 구동 장치, 치열 교정용, 안경테, 각종 접속관, 에어컨 풍향 조절 장치, 전자레인지 개폐기, 온도 경보기 등
Cu－Zn－Si	직접 회로 접착 장치
Cu－Zn－Al	온도 제어 장치

② 제진 합금(damping alloy) : 기계 장치의 표면에 접착하여 그 진동을 제어하기 위한 재료로서 Mg－Zr, Mn－Cu, Ti－Ni, Cu－Al－Ni, Al－Zn, Fe－Cr－Al 등이 있다.

③ 복합 재료(composite material) : 2종 이상의 소재를 복합하여 물리적, 화학적으로 다른 상을 형성하여 다른 기능을 발휘하는 재료이다.

㈎ 고강도, 고인성, 경량성, 내열성 등을 부여한 재료로 유리 섬유, 탄소 섬유, 아라미드 섬유 등이 이에 속한다.

㈏ 탄소섬유강화플라스틱(CFRP : carbon fiber reinforced plastic) : 강도가 좋으면서도 가벼운 재료를 만들기 위해 플라스틱에 탄소섬유를 넣어 강화시킨 것으로 자동차 부품, 비행기 날개, 테니스 라켓, 안전 및 군용 헬멧 등에 이용된다.

㈐ 섬유강화금속(FRM : fiber reinforced metal) : 금속 안에 매우 강한 섬유를 넣은 것으로, 금속과 같은 기계적 강도를 가지면서도 가벼운 재료이며 우주 항공 분야에 이용된다.

㈑ 바이오센서(biosensor) : 생체에 적합한 의료용 신소재로서 인간의 5감을 가지는 것으로, 산업용 로봇 제어 기술, 자동 제어, 정밀계측기 분야에 쓰인다.

④ 초전도 재료(superconducting material) : 어떤 재료를 절대영도에 가까운 극저온으로 냉각하였을 때 임계 온도에 이르러 전기 저항이 0이 되는 것으로 초전도 상태에서 재료에 전류가 흘러도 에너지의 손실이 없고, 전력 소비 없이 대전류를 보낼 수 있다. 선재료로는 Nb－Zr계 합금과 Nb－Ti계 합금이 있다. 통신 케이블, 핵융합 등의 에너지 개발, 자기부상열차, 고에너지 가속기 등에 이용된다.

⑤ 자성 재료 : 자기 특성상 경질 자성 재료와 연질 자성 재료로 구분한다.

자성 재료

분류	재료명
경질 자성 재료 (영구 자석 재료)	희토류-Co계 자석, 페라이트 자석, 알니코 자석, 자기 기록 재료, 반경질 자석
연질 자성 재료 (고투자율 재료)	45 퍼멀로이, 78 퍼멀로이, Mo 퍼멀로이

⑥ 초소성 합금 : 고온 크리프의 일종으로 고압을 걸지 않는 단순 인장 시점에서 변형되지 않고 정상적으로 수백 퍼센트(%) 연신되는 합금을 말한다.

⑦ 반도체

반도체의 분류와 종류

분류	족	종류
원소 반도체	Ⅳ	Si(트랜지스터, 태양전지, IC), Ge(트랜지스터)
	Ⅵ	Se(광전 소자, 정류 소자)
화합물 반도체	Ⅱ~Ⅵ	ZnO(광전 소자), ZnS(광전 소자), BaO, CdS, CdSe
	Ⅲ~Ⅴ	GaAs(레이저), InP(레이저), InAs, InSb (광전 소자)
	Ⅳ~Ⅵ	GeTe(발전 소자), PbS(광전 소자), PbSe, PbTe(광전 소자, 열전 소자)
	Ⅴ~Ⅵ	$SeTe_3$(발전 소자), $BiSe_3$(발전 소자), VO_2
	기타	Cs_3Sb, Cu_2O(정류 소자), ZnSb, SiC, $AsSbTe_2$, $AsBiS_2$

예상문제

1. 다음 중 실용 형상 기억 합금이 아닌 것은?

① Ti－Ni ② Cu－Zn－Si
③ Cu－Zn－Al ④ 탄소강

2. 온도 제어 장치에 실용되는 형상 기억 합금은?

① Ti－Ni ② Cu－Zn－Si
③ Cu－Zn－Al ④ Al－Cu－Mg－Ni

3. 다음 중 제진 합금의 종류가 아닌 것은?

① Mg－Zr ② Mn－Cu
③ Ti－Ni ④ Cu－Zn

4. 다음 중 최근 절삭 공구 지지용으로 사용되는 제진 합금은?

① 젠달로이 ② 소노스톤
③ 사일렌탈로이 ④ 인크라뮤트

5. 형상 기억 합금과 관련된 설명으로 틀린 것은?

① 외부의 응력에 의해 소성 변형된 것이 특정 온도 이상으로 가열되면 원래의 상태로 회복되는 현상을 형상 기억 효과라 한다.
② 형상 기억 효과를 나타내는 합금을 형상 기억 합금이라 한다.
③ 형상 기억 효과에 의해서 회복할 수 있는 변형량에는 일정한 한도가 있다.
④ Ti－Ni계 합금은 Ti과 Ni의 원자비를 1 : 1로 혼합한 금속간 화합물이지만 소성가공이 불가능하다는 특성이 있다.

해설 Ti－Ni계 합금은 Ti과 Ni의 원자비를 1 : 1로 혼합한 금속간 화합물이지만, 소성가공이 가능하다는 특성이 있다.

6. 형상 기억 합금으로 가장 대표적인 합금은 어느 것인가?

① Ti－Ni ② Ti－Cu
③ Fe－Al ④ Fe－Cu

해설 대표적인 형상 기억 합금으로 Ti－Ni, Cu-Zn-Si, Cu-Zn-Al 등이 있다.

7. 형상 기억 합금은 어떤 성질을 이용한 것인가?

① 전기 ② 자기 ③ 하중 ④ 온도

해설 형상 기억 합금은 가열에 의해 원래의 성질로 돌아가는 성질을 이용한다.

8. 형상 기억 합금은 다음 중 금속의 어떤 성질을 이용한 것인가?

① 탄성 변형 ② 확산
③ 질량 효과 ④ 마텐자이트 변태

해설 형상 기억 합금은 마텐자이트의 정변태, 역변태의 원리를 이용한 것이다.

9. 처음에 주어진 특정 모양의 것을 인장하거나 소성변형된 것이 가열에 의하여 원래의 모양으로 되돌아가는 합금은 다음 중 어느 것인가?

① 초탄성 합금 ② 형상 기억 합금
③ 초소성 합금 ④ 비정질 합금

해설 형상 기억 합금은 일정 온도 이상의 범위로 가열하면 변형 전의 상태로 돌아가는 특성을 가지고 있다.

10. 다음 중 기능성 특성 재료가 아닌 것은?

① 형상 기억 합금 ② 초소성 합금
③ 제진 합금 ④ 초경합금

해설 초경합금은 분말 합금 재료이다.

정답 » 1. ④ 2. ③ 3. ④ 4. ① 5. ④ 6. ① 7. ④ 8. ④ 9. ② 10. ④

11. 내식성, 내마모성, 내피로성 등이 좋은 형상 기억 합금은 어느 것인가?

① Ni－Si ② Ti－Ni
③ Ti－Zn ④ Ni－Si

해설 Ti－Ni 합금은 내식성, 내마모성, 내피로성 등이 우수하지만 값이 비싸고 제조하기 어렵다.

12. 초소성(SPF) 재료에 대한 다음 설명 중 틀린 것은?

① 금속 재료가 유리질처럼 늘어나며 300～500 % 이상의 연성을 갖는다.
② 초소성은 일정한 온도 영역에서만 일어난다.
③ 초소성은 재질의 결정 입자 크기가 클 때 잘 일어난다.
④ 초소성 합금의 종류에는 아연계, 알루미늄계, 티탄계 합금 등이 있다.

해설 초소성 재료는 초소성 온도 영역에서 결정 입자 크기를 미세하게 유지해야 한다.

13. 초소성 합금의 성질은?

① 잘 늘어난다. ② 경도가 크다.
③ 취성이 크다. ④ 보자력이 크다.

해설 초소성은 금속 재료가 유리질처럼 잘 늘어나는 성질이다.

14. 초소성 재료는 일정 온도 영역과 변형 속도에서 유리질처럼 300～500 % 이상의 연성을 가지게 된다. 이러한 초소성을 얻기 위한 조직의 조건 중 맞지 않는 것은?

① 약 $10^{-4}s^{-1}$의 변형 속도로 초소성을 기대한다면 결정립의 크기는 수 μ이어야 한다.
② 초소성 온도에서 변형 중의 미세 조직을 유지하려면 모상의 결정 성장을 억제하기 위해 제2상이 수 %～50 % 존재하는 것이 좋다.
③ 제2상의 강도는 원칙적으로 모상보다 높아야 한다.
④ 제2상이 단단하면 모상 입계에서 공공이 생기기 쉽고, 입계슬립이나 전위밀도는 원자의 확산 이동이 저지된다.

해설 제2상의 강도는 원칙적으로 모상과 같은 정도인 것이 좋다.

15. 다음 초소성 재료의 특징을 열거한 것 중 맞지 않는 것은?

① 초소성은 일정한 온도 영역과 변형 속도의 영역에서만 나타난다.
② 300～500 % 이상의 연성을 가질 수 없다.
③ 결정 입자가 극히 미세하며 외력을 받았을 때 슬립 변형이 쉽게 일어난다.
④ 결정 입자는 10μ 이하의 크기로서 등방성이다.

해설 초소성 재료는 300～500 % 이상의 연성을 갖는다.

16. 다음 중 금속 재료가 유리질처럼 늘어나는 특수한 성질을 가진 재료는?

① 초소성 재료 ② 초탄성 재료
③ 형상 기억 합금 ④ 수소 저장 합금

17. 고순도의 규소 반도체를 얻는 물리적 정제법은?

① 플로팅존법 ② 존레벨링법
③ 브리지 벤법 ④ 인상법

해설 Si는 불순물의 농도가 높아 다시 물리적인 정제법으로 고순도의 반도체를 얻는데, 이에는 플로팅존법(floating zone method)이 주로 이용된다.

18. 반도체 기판으로 사용되며 단결정, 다결정, 비정질의 3종으로 사용되는 금속은?

① W ② Si ③ Ni ④ Cr

정답 » 11. ② 12. ③ 13. ① 14. ③ 15. ② 16. ① 17. ① 18. ②

CHAPTER

2 정밀 계측

1. 정밀 측정의 기초

1-1 » 정밀 측정의 개념

(1) 정밀 측정

기계 가공된 기계요소 부품은 그 사용 목적에 따른 치수, 형상, 공작 및 재료의 양부에 관하여 일정 기준에 적합해야 한다. 이 중에서 재료 시험을 제외한 치수, 형상 및 면 등을 가공 및 제작 후에 정밀하게 측정 또는 검사하는 것을 정밀 측정이라 한다.

(2) 정밀 측정의 목적

① 동일 부품은 다른 장소, 다른 시각에 제작된 것이라도 호환성(interchangeability)을 갖게 한다.

② 품질과 성능의 우수성을 갖게 되어 제품 수명을 길게 한다.

③ 국제 표준 규격화에 의한 수출을 할 수 있다.

④ 우수한 공작기계, 치구 및 공구, 적당한 측정기 및 측정 방법이 필요하며, 단위 통일이 필요하다.

1-2 » 측정기의 특성 및 측정의 종류

1 측정기의 특성

① 측정범위(measuring range) : 측정기 눈금 범위에서 읽을 수 있는 측정량 범위이다.

② 최소눈금값(minimum scale value) : 측정기의 최소눈금은 1눈금의 지시 변화에 상당하는 측정량 변화이다.

③ 감도(sensitivity) : 측정값의 변화되는 양에 대하여 측정기가 지시할 수 있는 지시량의 비율로, 측정기가 미세한 양의 변화까지 포착할 수 있는 것에 대한 표현이며 측정량의 변화 ΔM에 대한 지시량의 변화 ΔA의 비(감도 $E=\dfrac{\Delta A}{\Delta M}$)를 말한다.

④ 되돌림 오차(backward movement error) : 동일 측정량에 대하여 다른 방향으로부터 접근할 경우 지시의 평균값의 차

(가) 마찰력과 히스테리시스(hysteresis) 및 흔들림이 원인이다.

(나) 측정량이 증가하는 방향과 감소하는 방향 사이에 측정압이 가산 또는 감산으로 측정물과 측정면에 위치 및 변형이 발생한다.

⑤ 측정력

(가) 모든 치수는 측정압을 0으로 하여 측정한 것이다.

(나) 직접 측정 시에는 측정물에 일정한 힘으로 접촉한다.

(다) 측정력의 변동은 측정기, 측정물, 측정 보조 장치에 영향을 준다.

⑥ 배율(magnification) : 배율 E는 눈금간격 l대 최소눈금 s의 비$\left(E=\dfrac{l}{s}\right)$이다.

⑦ 지시범위(scale range)

(가) 눈금을 보고 읽을 수 있는 측정값의 범위를 말한다.

(나) 지시범위를 반드시 0부터 시작할 필요는 없다.

예 마이크로미터는 0～25 mm, 25～50 mm …, 다이얼 게이지는 5 또는 10 mm

(다) 대부분의 길이 측정기는 지시범위와 측정범위가 일치한다.

⑧ 조정범위 : 측정 테이블 또는 앤빌이 조정 가능한 측정기에서는 측정범위를 조정할 수 있는데, 이 범위를 말한다.

⑨ 유효 측정범위(effective range) : 오차가 일정한 수치 이하인 지시범위 부분을 말한다.

⑩ 참값(truth value) : 측정에 의해서 구한 값(관념적인 값으로 실제로는 구할 수 없다.)을 말한다.

⑪ 측정값(measuring numerical value) : 측정되는 양의 참값을 말한다.

⑫ 평균값(average numerical value) : 측정값을 모두 더하여 측정 횟수로 나눈 값, 즉 측정값의 산술 평균값이다.

⑬ 정확도(correctness degree) : 치우침이 작은 정도를 말한다.

⑭ 정밀도(precision degree) : 분산이 작은 정도, 즉 얼마만큼 참값에 가깝게 했느냐의 정도를 말한다.

⑮ 오차(error) : 측정값으로부터 참값을 뺀 값(오차의 참값에 대한 비를 오차율이라 하고, 오차율을 %로 나타낸 것을 오차의 백분율이라 한다.)을 말한다.

⑯ 편차(declination) : 측정값으로부터 모평균을 뺀 값을 말한다.

⑰ 허용차(permission difference) : 기준으로 잡은 값과 그에 대해서 허용되는 한계값과의 차를 말한다.

⑱ 공차(common difference)

(가) 규정된 최댓값과 최솟값과의 차

(나) 허용값과 같은 뜻으로 사용한다.

2 측정의 종류

① 직접 측정(direct measurement) : 측정기로부터 직접 측정값을 읽을 수 있는 방법으로 눈금자, 버니어 캘리퍼스, 마이크로미터 등이 있다.

② 간접 측정(indirect measurement) : 나사 또는 기어 등과 같이 형태가 복잡한 것에 이용되며, 기하학적으로 측정값을 구하는 방법이다. 측정하고자 하는 양과 일정한 관계가 있는 양을 측정하여 간접적으로 측정값을 구한다. 사인바에 의한 테이퍼 측정, 전류와 전압을 측정하여 전력을 구하는 방법이 있다.

③ 절대 측정(absolute measurement) : 피측정물의 절대량을 측정하는 방법이다.

④ 비교 측정(relative measurement) : 피측정물에 의한 기준량으로부터의 변위를 측정하는 방법으로 다이얼 게이지, 내경 퍼스 등이 있다.

⑤ 편위법 : 측정량의 크기에 따라 지침이 영점에서 벗어난 양을 측정하는 방법이다.

⑥ 영위법 : 지침이 영점에 위치하도록 측정량을 기준량과 똑같이 맞추는 방법이다.

1-3 측정 오차 및 변형

(1) 측정 단위

측정 단위는 길이, 무게, 시간을 기본으로 하며, 우리나라는 미터법을 쓰고 있다.

단위계와 측정 단위

단위의 명칭	길이	무게	시간	전류
CGS	cm	g	s	
MKS	m	kg	s	
MKSA	m	kg	s	A
MTS	m	t	s	

① 미터(meter)

㈎ 1 m의 정의 : 빛이 진공 중에서 2억9979만2458분의 1초 동안에 진행한 경로의 거리로 한다(1983년 제17차 국제 도량형 총회에서 결정되어 현재 사용하고 있다).

㈏ 1 km = 1000 m, 1 m = 100 cm, 1 cm=10 mm, 1 mm = 1000 μm, 1 μm = 0.001 mm

② 야드(yard)

㈎ 야드, 피트, 인치 등의 단위로 미국, 영국, 캐나다 등에서 사용되고 있다.

㈏ 1yd = 0.914 m = 3 ft = 36″, 1 M = 39.37″, 1″(inch) = 25.4 mm

③ 각도 단위

㈎ 각도 단위는 도(°)와 라디안(radian)이며, 길이와 길이의 비로서, 또는 원주를 분할한 중심각으로 표시한다.

㈏ 1° : 원주를 360등분한 호의 중심각 각도이다.

(다) 1 rad(라디안) : 원의 반지름과 같은 길이의 호 중심에 대한 각도이다.

(2) 측정 오차

① 개인 오차 : 측정하는 사람에 따라서 생기는 오차는 숙련됨에 따라서 어느 정도 줄일 수 있다.

② 계기 오차

(가) 측정 기구 눈금 등의 불변의 오차 : 보통 기차(器差) 또는 기기 오차라고 하며, 0점의 위치 부정, 눈금선의 간격 부정으로 생긴다.

(나) 측정 기구의 사용 상황에 따른 오차 : 계측기 가동부의 녹, 마모로 생긴다.

③ 시차(視差) : 측정기의 눈금과 눈 위치가 같지 않은 데서 생기는 오차로 측정 시는 반드시 눈과 눈금의 위치가 수평이 되도록 한다.

측정 위치 불량 오차 시차

④ 온도 변화에 따른 측정 오차 : KS에서는 표준온도 20℃, 표준습도 65 %, 표준기압 1013 mb (760 mmHg)로 규정되어 있다.

⑤ 재료의 탄성에 기인하는 오차 : 자중 또는 측정압력에 의해 생기는 오차

⑥ 확대 기구의 오차 : 확대 기구의 사용 부정으로 생긴다.

⑦ 우연의 오차 : 확인될 수 없는 원인으로 생기는 오차로서 측정값을 분산시키는 원인이 된다.

(3) 변형 방지를 위한 적정한 측정력(측정압력)

단도기를 제외한 대부분의 측정기에서 정확한 측정을 하기 위해 일정한 측정압(measuring pressure)이 필요하다. 측정압력은 미니미터(1μm 눈금의 것)에서는 300 g, 다이얼 게이지에서는 150 g 정도로 한다. 측정압을 크게 하면 영구 변형이 생기므로 피해야 한다. 다음 표는 각종 측정기의 측정력을 나타낸 것이다. 길이 측정에 대한 표준온도는 20±0.5℃로 ISO 규격으로 통일하고 있다.

각종 측정기의 측정력

측정기	아버식 구식형 측정기	지침 측미기	다이얼 게이지	opticator
구성 요소	표준자, 측미 현미경	레버, 기어 소기어	래크 기어	비틀림 박판, 반사경, 광지침
측정 범위	100 mm	±60 μ	10 mm	±25 μ
최소 눈금	1 μ	1 μ	10 μ	0.2 μ
정적 측정력	200 g	125 g	70～150 g	110～180 g

예상문제

1. 다음 중 개인 오차에 속하는 것은 어느 것인가?
① 후퇴 오차
② 관측 오차
③ 계통 오차
④ 우연 오차

2. 다음 중 오차란?
① 측정값-참값
② 기준값-측정값
③ 측정값-미디언 중앙값
④ 측정값-평균값

3. 측정 오차에 해당되지 않는 것은?
① 측정 기구의 눈금, 기타 불변의 오차
② 측정자(測定者)에 기인하는 오차
③ 조명도에 의한 오차
④ 측정 기구의 사용 상황에 따른 오차

해설 ①, ②, ④ 이외에도 확대 기구의 오차, 온도 변화에 따른 오차 등이 존재한다.

4. 다음 중 측정 방법이 아닌 것은?
① 직접 측정
② 간접 측정
③ 비교 측정
④ 차등 측정

5. CGS 단위란 다음 중 어느 것인가?
① 길이 : m, 무게 : kg, 시간 : 초
② 길이 : m, 무게 : 톤, 시간 : 초
③ 길이 : cm, 무게 : g, 시간 : 분
④ 길이 : cm, 무게 : g, 시간 : 초

6. 다음 중 절대온도(K)란?
① ℃에 °F를 합한 것
② ℃에 273.15°를 합한 것
③ ℃에 273.15°를 뺀 것
④ ℃에 27.3°를 뺀 것

해설 절대온도(T) = T_c + 273.15[K]

7. 다음 중 1μ(미크론)의 크기는?
① $\frac{1}{10}$mm ② $\frac{1}{100}$mm
③ $\frac{1}{1000}$mm ④ $\frac{1}{10000}$mm

해설 1μ(미크론) = 10^{-6}m = 10^{-3}mm

8. 1m는 몇 피트인가?
① 2.28 ② 3
③ 3.28 ④ 4

해설 1m = 3.28ft, 1ft = 12inch, 1inch = 25.4mm

9. 공차란 무슨 뜻인가?
① 최대 허용 치수-최소 허용 치수
② 기준 치수-최소 허용 치수
③ 기준 치수-최대 허용 치수
④ 최대 허용 치수-기준 치수

10. 다음 중 오차의 종류가 아닌 것은?
① 개인적인 오차
② 시차(視差)
③ 측정 기구 사용 상황에 따른 오차
④ 재료 소성에 기인한 오차

해설 오차의 종류에는 측정 계기 오차, 개인 오차, 온도 관계 오차, 우연의 오차, 확대 기구의 오차, 재료의 탄성에 의한 오차 등이 있다.

정답 » 1. ② 2. ① 3. ③ 4. ④ 5. ④ 6. ② 7. ③ 8. ③ 9. ① 10. ④

2. 길이 측정

2-1 » 버니어 캘리퍼스, 하이트 게이지

(1) 버니어 캘리퍼스

버니어 캘리퍼스(vernier calipers)는 프랑스 수학자 버니어(P. Vernier)가 발명한 것이다. 일본 명칭으로 현장에서 노기스라고도 부른다. 이것으로 길이 및 안지름, 바깥지름, 깊이, 두께 등을 측정할 수 있다. 측정 정도는 0.05 또는 0.02 mm로 피측정물을 직접 측정하기에 간단하여 널리 사용된다.

① 버니어 캘리퍼스의 종류

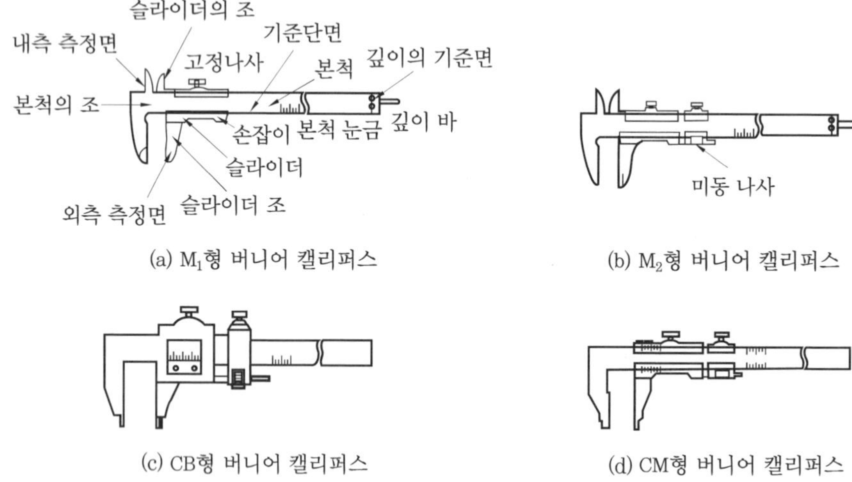

(a) M_1형 버니어 캘리퍼스 (b) M_2형 버니어 캘리퍼스

(c) CB형 버니어 캘리퍼스 (d) CM형 버니어 캘리퍼스

버니어 캘리퍼스의 종류

(가) M_1형 버니어 캘리퍼스

㉮ 슬라이더가 홈형이며, 내측 측정용 조(jaw)가 있고 300 mm 이하에는 깊이 측정자가 있다.

㉯ 최소 측정값은 0.05 mm 또는 0.02 mm(19 mm를 20등분 또는 39 mm를 20등분)이다.

(나) M_2형 버니어 캘리퍼스

㉮ M_1형에 미동 슬라이더 장치가 붙어 있는 것이다.

㉯ 최소 측정값은 $\frac{1}{50}$=0.02 mm(24.5 mm를 25등분)이다.

(다) CB형 버니어 캘리퍼스 : 슬라이더가 상자형으로 조의 선단에서 내측 측정이 가능하고 이송바퀴에 의해 슬라이더를 미동시킬 수 있다. CB형은 경량이지만 화려하기 때문에 최근에는 CM형이 널리 사용된다. 조의 두께로는 10 mm 이하의 작은 안지름을 측정할 수 없다.

㈑ CM형 버니어 캘리퍼스 : 슬라이더가 홈형으로 조의 선단에서 내측 측정이 가능하고 이송바퀴에 의해 미동이 가능하다. 최소 측정값은 $\frac{1}{50}=0.02$ mm로 CM형의 롱 조(long jaw) 타입은 조의 길이가 길어서 깊은 곳을 측정하는 것이 가능하다. 10 mm 이하의 작은 안지름은 측정할 수 없다.

㈒ 기타 버니어 캘리퍼스의 종류 : 오프셋 버니어, 정압 버니어, 만능 버니어, 이 두께 버니어, 깊이 버니어 캘리퍼스 등이 있다.

② 눈금 읽는 법 : 본척과 부척의 0점이 닿는 곳을 확인하여 본척을 읽은 후에 부척의 눈금과 본척의 눈금이 합치되는 점을 찾아서 부척의 눈금수에다 최소 눈금(예 M형에서는 0.05 mm)을 곱한 값을 더하면 된다.

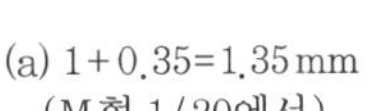

(a) 1+0.35=1.35mm
(M형 1/20에서)

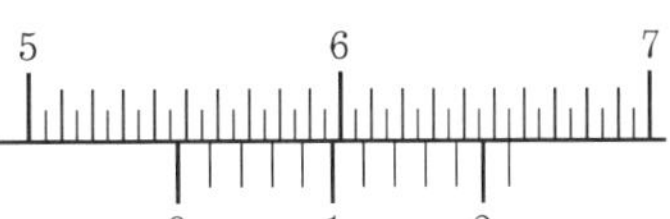

버니어 11번째 눈금이 합치되어 있다.

(b) 54.72 mm의 판독(1/50mm에서)
54.5+(0.02×11)=54.72mm

버니어 캘리퍼스 눈금 읽기의 보기

③ 아들자의 눈금 : 어미자(본척)의 $(n-1)$개의 눈금을 n등분한 것이다. 어미자의 1눈금(최소 눈금)을 A, 아들자(부척)의 최소 눈금을 B라고 하면, 어미자와 아들자의 눈금차 C는 다음 식으로 구한다.

$$(n-1)A = nB \text{이므로, } C = A - B = A - \frac{n-1}{n} \times A = \frac{A}{n}$$

M형의 버니어 캘리퍼스와 같이 어미자 19 mm를 20등분하였다면 $C=\frac{1}{20}$ mm가 되어 최소 측정 가능한 길이가 되는 것이다.

다음 표는 각종 버니어 캘리퍼스의 호칭 치수와 눈금 방법을 나타낸 것이다.

각종 버니어 캘리퍼스의 호칭 치수와 눈금 방법

종류	호칭 치수	눈금			
		단수	최소 측정 길이	어미자	아들자
M형	15 cm(150 mm) 20 cm(200 mm)	2	$\frac{1}{20}$ mm(0.05 mm)	1 mm	어미자 19 mm를 20등분했다.
CB형	15 cm(150 mm) 20 cm(200 mm) 30 cm(300 mm) 60 cm(600 mm) 1 m(1000 mm)	2	$\frac{1}{50}$ mm(0.02 mm)	$\frac{1}{2}$ mm	어미자 12mm를 25등분했다.

CM형	15 cm(150 mm) 20 cm(200 mm) 30 cm(300 mm) 60 cm(600 mm) 1 m(1000 mm)	2	$\frac{1}{50}$ mm(0.02 mm)	1mm	어미자 49mm를 50등분했다.

④ 사용상의 주의점

(가) 버니어 캘리퍼스는 아베의 원리에 맞는 구조가 아니기 때문에 가능한 한 조의 안쪽(본척에 가까운 쪽)을 택해서 측정해야 한다.

※ 아베의 원리(Abbe's principle) : "측정하려는 시료와 표준자는 측정 방향에 있어서 동일 축 선상의 일직선 상에 배치하여야 한다."는 것으로서 콤퍼레이터의 원리라고도 한다.

(나) 깨끗한 헝겊으로 닦아서 버니어가 매끄럽게 이동되도록 한다.

(다) 측정할 때에는 측정면을 검사하고 본척과 부척의 0점이 일치되는가를 확인한다.

(라) 피측정물은 내부의 측정면에 끼워서 오차를 줄인다.

(마) 측정 시 무리한 힘을 주지 않는다.

(바) 눈금을 읽을 때는 시차(parallex)를 없애기 위하여 눈금으로부터 직각의 위치에서 읽는다.

⑤ 정도 검사

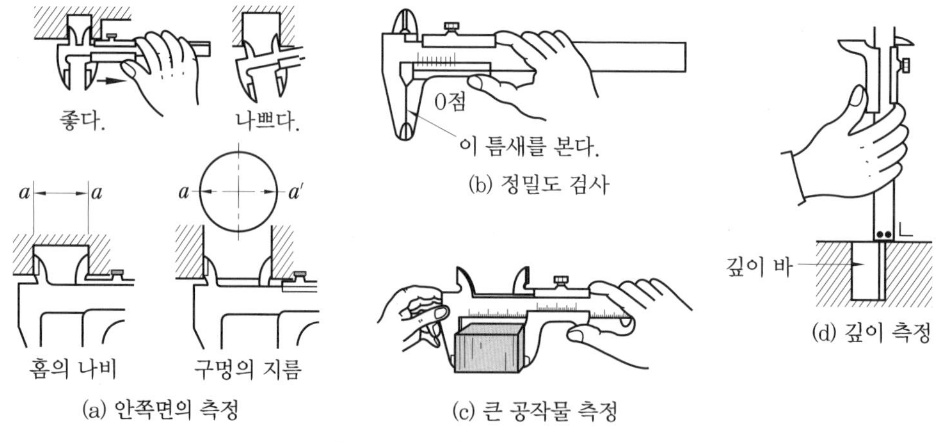

버니어 캘리퍼스에 의한 측정

(가) 눈금면이 바른가, 조(jaw)의 선단 등 파손 여부 검사

(나) 슬라이더의 작동이 원활한지의 여부 검사

(다) 측정면과 측정 정도 검사

(2) 하이트 게이지(hight gauge)

① 구조 : 스케일(scale)과 베이스(base) 및 서피스 게이지(surface gauge)를 하나로 합한 구조로, 여기에 버니어 눈금을 붙여 고정도로 정확한 측정을 할 수 있게 하였으며, 스크라이버로 금긋기에도 쓰인다. 일명 높이 게이지라고도 한다.

② 하이트 게이지의 종류

하이트 게이지

(가) HM형 하이트 게이지 : 견고하여 금긋기에 적당하며, 비교적 대형이다. 0점 조정이 불가능하다.

(나) HB형 하이트 게이지 : 경량 측정에 적당하나 금긋기용으로는 부적당하다. 스크라이버의 측정면이 베이스면까지 내려가지 않는다. 0점 조정이 불가능하다.

(다) HT형 하이트 게이지 : 표준형이며 본척의 이동이 가능하다.

(라) 다이얼 하이트 게이지 : 다이얼 게이지를 버니어 눈금 대신 붙인 것으로 최소 눈금은 0.01 mm이다.

(마) 디지트 하이트 게이지 : 스케일 대신 직주 2개로 슬라이더를 안내하며, 0.01 mm까지의 치수가 숫자판으로 지시한다.

(바) 퀵 세팅 하이트 게이지 : 슬라이더와 어미자의 홈 사이에 인청동판이 접촉하여 헐거움 없이 상하 이동이 되며 클램프 박스의 고정이 불필요한 형으로 원터치 퀵 세팅이 가능하고 0.02 mm까지 읽을 수 있다.

(사) 에어플로팅 하이트 게이지 : 중량 20 kg, 호칭 1000 mm 이상인 대형에 적용되는 형으로 베이스 내부에 노즐 장치가 있어 일정한 압축 공기가 정반과 베이스 사이에 공기막을 형성하여 가벼운 이동이 가능한 측정기이다.

③ 눈금 읽는 법 : 최소 측정값은 보통 0.02 mm이며, 2단 눈금의 경우 0.05mm 눈금이다. 읽는 법은 버니어 캘리퍼스와 같다.

④ 사용법

(가) 평면도가 좋은 정반을 사용하며, 정반 위는 깨끗이 닦는다.

(나) 사용 전 0점 점검으로 0점 조정 또는 오차만큼 측정치를 보정한다.

(다) 스크라이버를 필요 이상 길게 하지 않는다.

(라) 시차, 오차에 주의한다.

(마) 금긋기면은 가공이 잘된 곳에 사용해야 한다.

(바) 스크라이버의 끝에 찔리는 일이 없도록 주의한다.

(사) 금긋기 부분은 판별이 용이하도록 광명단이나 매직을 칠한 후 금긋기를 한다.

⑤ 하이트 게이지와 병용하는 공구

(가) 정밀 석정반

㉮ 경년 변화가 전혀 없다.

㉯ 온도 변화에 변형이 적어 항상 안정하다.

㉰ 주철제보다 경도가 2배 이상이며 수명이 길다.

㉱ 방청유 없이도 녹슬음이 없다.

㉲ 비자성체이므로 자성체도 측정할 수 있다.

㉳ 유지비가 적게 든다.

(나) 테스트 인디케이터 : 소형 경량으로 보통의 다이얼 게이지로 측정하기 힘든 좁은 곳이나 깊은 곳의 측정에 필요하다.

㉮ 기점에서의 테스트 인디케이터 지침의 지시와 피측정물 표면에서 지침의 지시가 일치할 때의 하이트 게이지의 눈금을 읽는다.

㉯ 피측정물의 높이를 대강 알고 있는 경우에는 하이트 게이지의 슬라이더를 그 위치에 고정했을 때의 테스트 인디케이터의 지침의 읽음과 기점에 있어서 지침 읽음과의 차에 의해서 피측정물의 높이를 구한다.

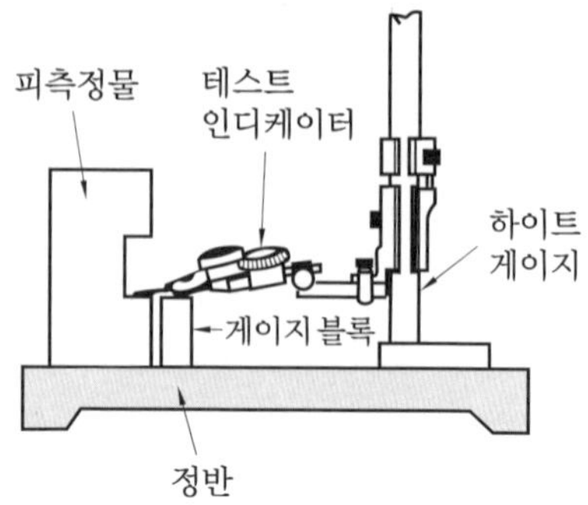

레버식 다이얼 게이지를 사용해서 블록 게이지와 비교 측정하는 경우

㈐ 하이트 마이크로미터 : 미크론(μ) 단위의 정밀 측정을 위해서 블록 게이지와 비교 측정하는 불편을 덜고 하이트 마이크로미터를 사용하면 높은 정밀도와 능률을 올릴 수 있다(열팽창의 염려가 없다).

2-2 마이크로미터

마이크로미터(micrometer)는 마이크로 캘리퍼스 또는 측미기라고도 불리며, 나사가 1회전하면 1피치 전진하는 성질을 이용하여 프랑스의 파머가 발명한 것이다. 마이크로미터의 용도는 버니어 캘리퍼스와 같다.

(1) 구조

다음 그림은 외경 마이크로미터로서 스핀들과 같은 축에 있는 1중 나사인 수나사(mm 식에서는 피치 0.5 mm가 많음)와 암나사가 맞물려 있어서 스핀들이 1회전하면 0.5 mm 이동한다.

① 심블은 슬리브 위에서 회전하며, 50등분되어 있다.

② 심블과 수나사가 있는 스핀들은 같은 축에 고정되어 있으며, 심블의 한 눈금은 $0.5\text{ mm}\times\frac{1}{50}=\frac{1}{100}=0.01\text{ mm}$이다. 즉, 최소 0.01mm까지 측정할 수 있다.

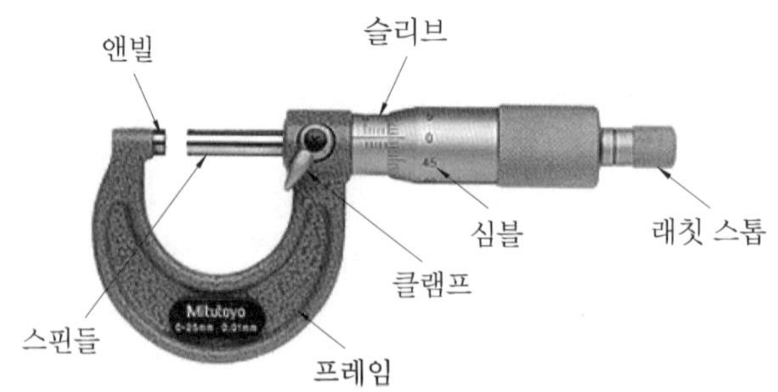

마이크로미터의 구조

(2) 측정범위

외경 및 깊이 마이크로미터는 0~25, 25~50, 50~75 mm로 25 mm 단위로 측정할 수 있으

며, 내경 마이크로미터는 5~25 mm, 25~50 mm와 같이 처음 측정범위만 다르다.

(3) 마이크로미터의 종류

① 표준 마이크로미터(standard micrometer)

② 버니어 마이크로미터(vernier micrometer) : 최소 눈금을 0.001 mm로 하기 위하여 표준 마이크로미터의 슬리브 위에 버니어의 눈금을 붙인 것이다.

③ 다이얼 게이지 마이크로미터(dial gauge micrometer) : 0.01 mm 또는 0.001 mm의 다이얼 게이지를 마이크로미터의 앤빌 측에 부착시켜서 동일 치수의 것을 다량으로 측정한다.

④ 지시 마이크로미터(indicating micrometer) : 인디케이트 마이크로미터라고도 하며, 측정력을 일정하게 하기 위하여 마이크로미터 프레임의 중앙에 인디케이터(지시기)를 장치하였다. 이것은 지시부의 지침에 의하여 0.002 mm 정도까지 정밀한 측정을 할 수 있다.

⑤ 기어 이 두께 마이크로미터(gear tooth micrometer) : 일명 디스크 마이크로미터라고도 하며 평기어, 헬리컬 기어의 이 두께를 측정하는 것으로서 측정범위는 0.5~6모듈이다.

⑥ 나사 마이크로미터(thread micrometer) : 수나사용으로 나사의 유효 지름을 측정하며, 고정식과 앤빌 교환식이 있다.

⑦ 포인트 마이크로미터(point micrometer) : 드릴의 홈 지름과 같은 골경의 측정에 쓰이며, 측정범위는 (0~25 mm)~(75~100 mm), 최소 눈금은 0.01 mm이고, 측정자의 선단 각도는 15°, 30°, 45°, 60°이다.

⑧ 내측 마이크로미터(inside micrometer) : 단체형, 캘리퍼형, 삼점식이 있다.

(4) 눈금 읽는 법

다음 그림에서와 같이 먼저 슬리브 기선상에 나타나는 치수를 읽은 후, 심블의 눈금을 읽어서 합한 값을 읽으면 된다. 여기서는 최소 눈금을 0.01 mm까지 읽은 것의 보기를 들었지만, 숙련에 따라서는 0.001 mm까지 읽을 수 있다.

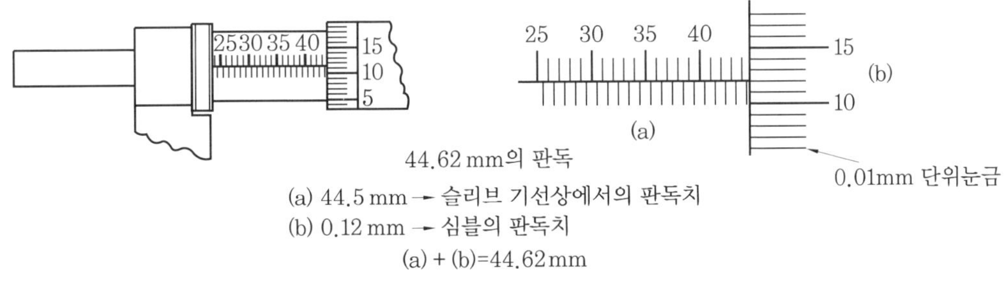

마이크로미터 판독법

(5) 사용상의 주의점

① 스핀들은 언제나 균일한 속도로 돌려야 한다.

② 동일한 장소에서 3회 이상 측정하여 평균값을 내어서 측정값을 낸다.

③ 공작물에 마이크로미터를 접촉할 때에는 스핀들의 축선에 정확하게 직각 또는 평행하게 한다.

④ 장시간 손에 들고 있으면 체온에 의한 오차가 생기므로 신속히 측정한다(스탠드를 사용하면 좋다).
⑤ 사용 후의 보관 시에는 반드시 앤빌과 스핀들의 측정면을 약간 떼어 둔다.
⑥ 0점 조정 시에는 비품으로 딸린 스패너를 사용하여 슬리브의 구멍에 끼우고 돌려서 조정한다.

2-3 블록 게이지 및 다이얼 게이지

(1) 블록 게이지

블록 게이지(block gauge)는 면과 면, 선과 선의 길이의 기준을 정하는 데 가장 정도가 높고 대표적인 것이며, 이것과 비교하거나 치수 보정을 하여 측정기를 사용한다.

① 특징
㈎ 광(빛) 파장으로부터 직접 길이를 측정할 수 있다.
㈏ 정도가 매우 높다(0.01μm 정도).
㈐ 손쉽게 사용할 수 있으며, 서로 밀착하는 특성이 있어 여러 치수로 조합할 수 있다.

② 종류 : KS에서는 장방형 단면의 요한슨형(johansson type)이 쓰이지만, 이 밖에 장방형 단면(각면의 길이 0.95″)으로 중앙에 구멍이 뚫린 호크형(hoke type), 얇은 중공 원판 형상인 캐리형(cary type)이 있다.

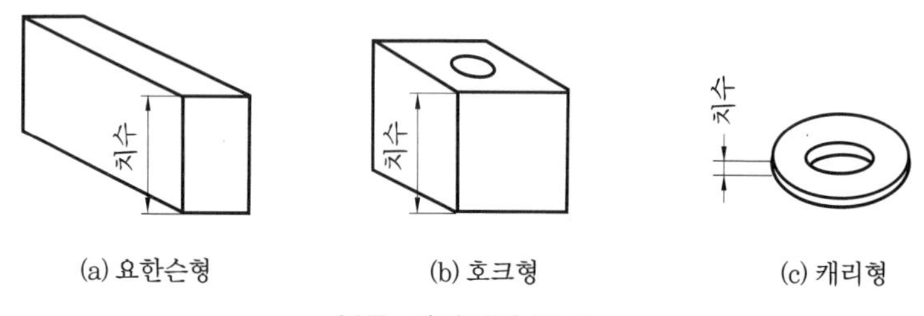

블록 게이지의 종류

③ 치수 정도(dimension precision) : 블록 게이지의 정도를 나타내는 등급은 K급 또는 00급, 0급, 1급 2급의 4등급으로 분류하고 있으며, 용도는 다음 표와 같다.

블록 게이지의 등급과 용도 및 검사주기

등급	용도	검사주기
K급 또는 00급(참조용, 최고 기준용)	표준용 블록 게이지의 참조, 정도, 점검, 연구용	3년
0급(표준용)	검사용 게이지, 공작용 게이지의 정도 점검, 측정기구의 정도 점검용	2년
1급(검사용)	기계 공구 등의 검사, 측정기구의 정도 조정	1년
2급(공작용)	공작물, 생산품의 가공 및 측정용	6개월

④ 표준 조합(standard combination) : 블록 게이지의 조합에는 사용 목적에 알맞은 등급의

것을 선택하고 최소의 개수로서 소요의 길이를 구하도록 해야 한다.

⑤ 밀착(wringing) : 측정면을 청결한 천으로 닦아낸 후 돌기나 녹의 유무를 검사한다.

(가) 두꺼운 블록끼리의 밀착 : 측정면에 약간의 기름을 남긴 상태에서 그림 (a)와 같이 측정면의 중앙에서 직교되도록 놓고 조금 문지르면 흡착한다. 그 다음 두 블록을 눌러 붙이면서 회전시켜 두 개의 블록 게이지 방향을 맞춘다.

(나) 두꺼운 것과 얇은 것의 밀착 : 그림 (b)와 같이 얇은 것을 두꺼운 블록 게이지의 한쪽 끝에 놓고 가볍게 밀어 넣어 흡착하여 눌러 붙으면 밀어 넣어 두 개의 블록 게이지를 합치시킨다. 2 mm 이하의 얇은 것은 휨이 생겨 국부적으로 밀착되지 않은 곳은 뜨게 되므로 주의한다.

(다) 얇은 것끼리의 밀착 : 같은 요령으로 우선 임의의 두꺼운 것에 소정의 얇은 것을 1장 밀착하여 확인한 다음 그 위에 얇은 것을 밀착시키고 두꺼운 것을 떼어내면 된다. 떼어낼 때는 그림 (c)와 같이 십자형으로 회전시키면서 잡아당긴다.

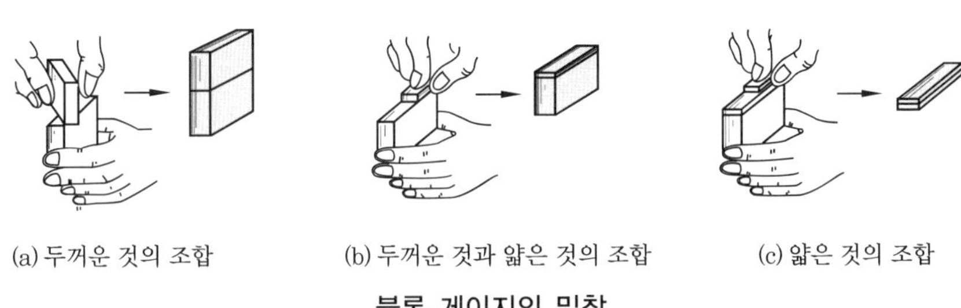

(a) 두꺼운 것의 조합　(b) 두꺼운 것과 얇은 것의 조합　(c) 얇은 것의 조합

블록 게이지의 밀착

⑥ 블록 게이지의 부속품

(가) 조(jaw)와 홀더(holder) : 바깥지름이나 안지름을 블록 게이지로 검사할 때 배합해서 쓰이며, 조는 둥근형(A형)과 평형(B형)이 있다.

(나) 스크라이버 포인트(scriber point) : 정밀한 금긋기에서 블록 게이지 및 베이스 게이지와 1조가 되어 사용되며, 하이트 게이지로도 사용될 수 있다.

(다) 센터 포인트(center point) : 나사산(60°)을 검사하는 부품이다.

(라) 기타 : 이외에도 베이스 블록(base block)과 스트레이트 에지(straight edge)가 있다.

⑦ 취급상의 주의점

(가) 먼지가 적고 건조한 실내에서 사용한다.

(나) 측정면상의 상처를 막기 위하여 목재의 대, 헝겊, 가죽 위에서 취급한다.

(다) 측정면은 깨끗한 헝겊이나 가죽으로 닦아낸다.

(라) 작업대에 떨어뜨리지 않는다.

(마) 필요한 것만을 꺼내어 쓰며, 쓰지 않는 것은 반드시 보관 상자에 보관한다.

(바) 사용 후에 밀착(링잉)시킨 채로 놓아두면 떨어지지 않으므로 반드시 떼어서 놓는다.

(사) 사용 후는 벤젠으로 닦아내고 다시 양질의 방청유(그리스)를 발라서 녹스는 것을 막는다.

(아) 정기적으로 치수 정도를 점검한다.

㈜ 표면 검사 시 돌기부가 있으면 WA #2000 정도로 래핑한 기름 숫돌(oil stone) 위에 올려놓고 0.5 kg의 힘으로 문질러서 교정한다.

⑧ 블록 게이지의 기타 사항

㈎ 측정면의 거칠기 : 최대 높이(R_{max})로 AA, A급은 0.06μm 이하, B·C급은 0.08μm 이하이다.

㈏ 열팽창 계수 : $(11.5 \pm 1.0) \times 10^{-6}$/℃이다.

㈐ 측정면의 경도 : H_v 750～800 이상이다.

㈑ 치수의 경년 변화 : 블록 게이지는 서브제로(subzero) 열처리와 뜨임(tempering) 처리를 반복해서 조직을 안정시켰다고 하지만, 경년 변화 현상으로 인하여 100 mm당 ±0.05μm 정도 치수의 변화가 생긴다.

(2) 다이얼 게이지

다이얼 게이지(dial gauge)는 기어 장치로서 미소한 변위를 확대하여 길이 또는 변위를 정밀 측정하는 비교 측정기이다.

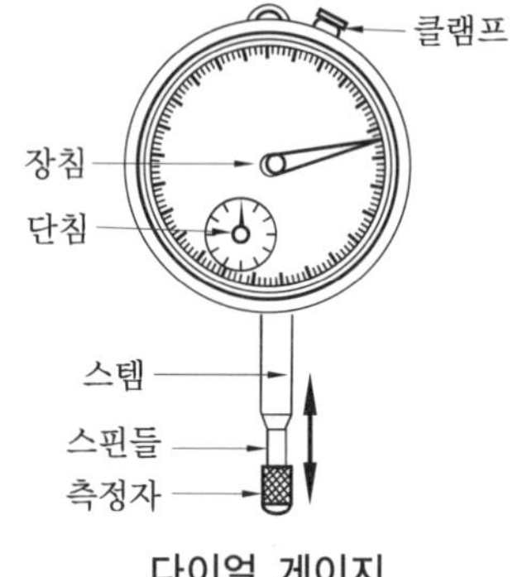

다이얼 게이지

① 특징

㈎ 소형이고 경량이라 취급이 용이하며 측정범위가 넓다.

㈏ 연속된 변위량의 측정이 가능하다.

㈐ 다원 측정(많은 곳 동시 측정)의 검출기로서 이용이 가능하다.

㈑ 읽음 오차가 작다.

㈒ 어태치먼트의 사용 방법에 따라서 측정범위가 넓어진다.

② 종류

㈎ 눈금량에 따라 최소 눈금이 0.1 mm, 0.05 mm, 0.01 mm, 0.005 mm이며, 측정범위는 5 mm, 10 mm, 20 mm 등이 있다.

㈏ 사용 목적에 따라 높이, 두께, 깊이, 바깥지름 등을 측정하는 것이 있다.

③ 사용상의 주의점

㈎ 장치하는 대(台)는 고정도(高精度)이어야 하며, 다이얼 게이지 전문의 측정대를 쓰는 것이 좋다.

㈏ 손에서 전달되는 체온에 의한 오차에 주의해야 한다(직사광선도 피해야 한다).

㈐ 많이 사용하면 내부 기구의 마모로 인하여 정도가 떨어지므로 사용 도수에 의한 정도 검사를 해야 한다.

㈑ 시차를 없애기 위하여 눈의 위치와 지침을 이은 선이 눈금판에 대하여 직각이 되도록 한다.

㈒ 충격은 절대 금해야 한다.

㈓ 스핀들에 급유해서는 안 된다.

㈔ 사용 후에는 깨끗한 헝겊으로 닦아서 보관한다.

2-4 측장기 및 콤퍼레이터

(1) 측장기(measuring machine)

측장기는 마이크로미터보다 더 정밀한 정도를 요하는 게이지류의 측정에 쓰이며, 0.001 mm(1 μm)의 정밀도로 측정된다. 일반적으로 1~2 m에 달하는 치수가 큰 것을 고정밀도로 측정할 수 있다. 측장기의 구조와 종류는 다음과 같다.

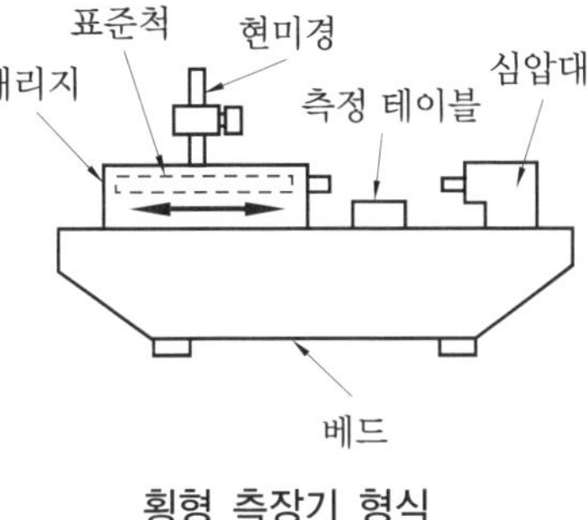

횡형 측장기 형식

① 블록 게이지나 표준 게이지 등을 기준으로 피측정물의 치수를 비교 측정하여 그 치수를 구하는 비교 측장기(측미기, 콤퍼레이터)
② 측장기 자체에 표준척을 가지고 이와 비교하여 치수를 직접 구할 수 있는 측장기
③ 빛의 파장을 기준으로 빛의 간섭에 의해 피측정물의 치수를 구하는 간섭계

(2) 콤퍼레이터(comparator)

① 측미 현미경(micrometer microscope) : 길이의 정밀 측정에 사용되는 것으로 대물렌즈에 의해 피측정물의 상을 확대하여 그 하나의 평면 내에 실상을 맺게 해서 이것을 접안렌즈로 들여다보면서 측정한다.

② 공기 마이크로미터(air micrometer, pneumatic micrometer) : 보통 측정기로는 측정이 불가능한 미소한 변화를 측정할 수 있는 것으로서 확대율 만 배, 정도 ±0.1~1 μm이지만 측정 범위는 대단히 작다. 일정압의 공기가 두 개의 노즐을 통과해서 대기 중으로 흘러 나갈 때의 유출부의 작은 틈새의 변화에 따라서 나타나는 지시압의 변화에 의해서 비교 측정이 된다. 공기 마이크로미터는 노즐 부분을 교환함으로써 바깥지름, 안지름, 진각도, 진원도, 평면도 등을 측정할 수 있다. 또 비접촉 측정이라서 마모에 의한 정도 저하가 없으며, 피측정물을 변형시키지 않으면서 신속한 측정이 가능하다.

③ 미니미터(minimeter) : 지렛대를 이용한 것으로서 지침에 의해 100~1000배로 확대 가능한 기구이다. 부채꼴의 눈금 위를 바늘이 180° 이내에서 움직이도록 되어 있으며, 지침의 흔들림은 미소해서 지시범위는 60 μm 정도이고, 최소 눈금은 보통 1 μm, 정도는 ±0.5 μm 정도이다.

④ 오르토 테스터(ortho tester) : 지렛대와 1개의 기어를 이용하여 스핀들의 미소한 직선 운동을 확대하는 기구로서 최소 눈금 1 μm, 지시범위 100 μm 정도이지만 확대율을 배로 하여 지시범위를 ±50 μm으로 만든 것도 있다.

⑤ 전기 마이크로미터(electric micrometer) : 길이의 근소한 변위를 그에 상당하는 전기량으로 바꾸고, 이를 다시 측정 가능한 전기 측정 회로로 바꾸어서 측정하는 장치로서 0.01 μm 이하의 미소의 변위량도 측정 가능하다. 다음 표는 전기 마이크로미터의 성능을 나타낸 것이다.

전기 마이크로미터의 성능

항목	성능
절연 시험	절연은 500 V의 절연 저항계로 충전부와의 사이에 절연 저항을 측정하여 1 MΩ 이상인 것을 확인하고 주파수 50 Hz 또는 60 Hz의 1000 V 정상파 전압을 가해서 1분 동안 이 상태를 견디어야 한다.
응답 시간	검출기에 지시 범위의 약 1/2에 상당하는 변화를 급히 주었을 때부터 지침이 지시값의 1눈금 이내로 안정될 때까지의 시간은 1초 이내를 원칙으로 한다.
제로 조정	제로 조정은 원활하고 지침을 임의의 위치에 안착할 수 있어야 하며, 그 조정 가능 범위는 최대 배율에 있어서 지시범위 이상이어야 한다.
제로점의 변위	배율 전환이 가능한 것은 고배율로부터 저배율로의 절환에 의한 제로점의 변위가 1눈금 이내이어야 한다.

⑧ 패소미터(passometer) : 마이크로미터에 인디케이터를 조합한 형식으로서 마이크로미터부에 눈금이 없고, 블록 게이지로 소정의 치수를 정하여 피측정물과의 인디케이터로 읽게 되어 있다. 측정범위는 150 mm까지이며, 지시범위(정도)는 0.002～0.005 mm, 인디케이터의 최소눈금은 0.002 mm 또는 0.001 mm이다.

⑨ 패시미터(passimeter) : 기계 공작에서 안지름을 검사·측정할 때 사용되며, 구조는 패소미터와 거의 같다. 측정부의 머리는 각 호칭 치수에 따라서 교환이 가능하다.

⑩ 옵티미터(optimeter) : 측정자의 미소한 움직임을 광학적으로 확대하는 장치로서 확대율은 800배이며 최소 눈금 1 μm, 측정범위 ±0.1 mm, 정도 ±0.25 μm 정도이다. 원통의 안지름, 수나사, 암나사, 축 게이지 등과 같이 높은 정밀도를 필요로 하는 것을 측정한다.

2-5 기타 길이 측정기

(1) 자(scale)

① 강철자 : 15 cm, 30 cm, 50 cm, 60 cm, 1 m 등의 종류가 있으며, 최소 측정범위는 0.5～1 mm이다. 철공용으로 많이 쓰인다.

② 줄자 : 릴 형상에 감아둔 것으로 천 또는 얇은 강판(탄성 강판)에 눈금을 새긴 것이다. 휴대가 편리하며, 일반 건축, 목공에서 많이 쓰인다.

③ 접는 자 : 목공용으로 쓰이며, 15～20 cm 간격으로 접도록 되어있다.

(2) 퍼스(pers)

바깥지름을 측정하는 외경 퍼스와 안지름을 측정하는 내경 퍼스가 있다.

① 외경 퍼스 : 바깥지름이나 두께를 측정할 때 사용하는 측정기로서 측정한 것을 자로 재서 측정값을 구한다.

② 내경 퍼스 : 구멍의 지름, 홈 폭을 측정할 때 사용하며, 측정값은 외경 퍼스와 같은 방법으로 구한다.

예상문제

1. 다음 중 석정반의 장점이 아닌 것은 어느 것인가?

① 밀착이 잘 된다.
② 온도에 의한 변형이 크다.
③ 수명이 길다.
④ 경년 변화가 없다.

2. 외경 마이크로미터 측정범위의 종류가 아닌 것은?

① 0～25 mm ② 25～50 mm
③ 50～75 mm ④ 100～150 mm

해설 마이크로미터의 측정범위는 25 mm 단위로 되어 있는 것이 보통이다.

3. 다음 그림은 M형 버니어 캘리퍼스의 본척과 부척을 나타낸 것이다. 맞게 읽은 것은?

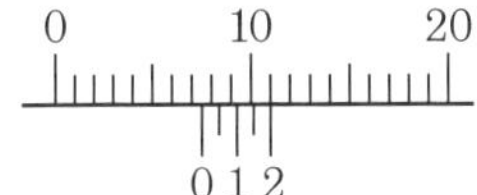

① 7.1 mm ② 7.2 mm
③ 7.3 mm ④ 7.4 mm

4. 버니어 캘리퍼스 부척의 한 눈금은 본척의 $n-1$개의 눈금을 n등분한 것이다. 본척의 한 눈금이 A라고 한다면 측정 가능한 최솟값은 어느 것인가?

① $\dfrac{A}{n}$ ② $\dfrac{n}{A}$
③ $\dfrac{A}{A-1}$ ④ $\dfrac{n-1}{A}$

5. M형 캘리퍼스는 본척 눈금이 1mm이며, 부척의 눈금은 19 mm를 20등분한 것인데 측정 가능한 최솟값은?

① $\dfrac{1}{5}$mm ② $\dfrac{1}{10}$mm
③ $\dfrac{1}{15}$mm ④ $\dfrac{1}{20}$mm

6. 원척의 한 눈금이 1 mm일 때 0.05 mm까지 측정하려고 한다. 부척의 눈금은?

① 부척 눈금은 원척 20 mm를 19등분
② 부척 눈금은 원척 19 mm를 20등분
③ 부척 눈금은 원척 1 mm를 20등분
④ 부척 눈금은 원척 99 mm를 100등분

7. M_1형 버니어 캘리퍼스로서 지름이 작은 구멍을 측정할 때 다음 중 맞는 것은?

① 실제 지름보다 크게 측정된다.
② 실제 지름보다 작게 측정된다.
③ 실제 지름과 같게 측정된다.
④ 측정하는 사람에 따라 다르다.

8. 마이크로미터의 측정면의 평면도를 검사하는 기구는?

① 투영기
② 공구 현미경
③ 옵티컬 플랫
④ 하이트 마이크로미터

해설 옵티컬 플랫(optical flat : 광선 정반)을 이용하여 백색광에 의한 적색 간섭무늬의 수에 의해 측정한다. 일반적으로 적색 간섭무늬 1개를 0.32 μ(적색광의 반파장)로 계산한다.

9. 마이크로미터에 사용되는 나사는?

① 테이퍼 나사
② 3각 나사
③ 관용 나사
④ 애크미 나사

정답 » 1. ② 2. ④ 3. ② 4. ① 5. ④ 6. ② 7. ② 8. ③ 9. ②

10. 마이크로미터의 슬리브의 최소 눈금이 A이고, 심블이 N등분되어 있다면 최소 눈금 C를 나타내는 식은?

① $C = N \times A$ ② $C = \frac{2}{N} \times A$

③ $C = \frac{1}{N} \times A$ ④ $C = \frac{N}{A}$

11. 외측 마이크로미터에서 측정력을 주는 장치는?

① 앤빌 ② 래칫

③ 심블 ④ 클램프

해설 피측정물에 스핀들을 접촉시킨 후에 래칫 슬리브를 1.5~2회전시키면 된다. 이때의 슬리브 1.5~2회전은 손가락으로 래칫을 3~4회 돌리는 것에 해당된다.

12. 다음 중 아베의 원리에 맞는 구조를 가진 측정기는?

① M_1형 버니어 캘리퍼스

② 캘리퍼스형 내측 마이크로미터

③ M_2형 버니어 캘리퍼스

④ 단체형 내측 마이크로미터

13. 본척 눈금의 이동이 가능하여 0점 조정을 할 수 있는 하이트 게이지는?

① HB형 ② HM형

③ HT형 ④ HA형

14. 마이크로미터의 설명 중 틀린 것은?

① 나사의 회전에 따른 전진을 이용한 것이다.

② 보통 $\frac{1}{100}$ mm까지의 측정이 가능하다.

③ 래칫 스톱은 적어도 2회 이상 공전시킨 후 눈금을 읽는다.

④ 단 1회의 측정으로 참값을 얻을 수 있는 측정기이다.

15. 나사 피치가 0.5 mm인 마이크로미터에서 심블의 원주 눈금이 100등분되었다면 측정 가능한 최솟값은?

① 0.01 mm ② 0.001 mm

③ 0.005 mm ④ 0.05 mm

16. 측정범위가 0~25 mm인 마이크로미터의 측정력은 얼마인가?

① 300~400 g ② 400~600 g

③ 600~800 g ④ 800~850 g

17. 다음 마이크로미터에 나타난 측정값은?

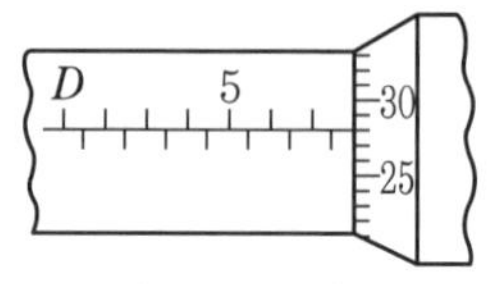

① 5.25 ② 7.28

③ 7.78 ④ 5.35

18. 마이크로미터 0점 조정 시 슬리브 기선과 심블의 눈금 차이가 하나 이하일 때는 무엇을 돌려야 하나?

① 슬리브 ② 심블

③ 래칫스톱 ④ 클램프

19. 마이크로미터의 종합 정도 검사 시 기준이 되는 것은?

① 다이얼 게이지

② 블록 게이지

③ 옵티컬 플레이트

④ 버니어 캘리퍼스

20. 하이트 게이지의 사용 목적 중 틀린 것은 어느 것인가?

① 실제 높이를 측정할 수 있다.

② 금긋기를 할 수 있다.

③ 다이얼 게이지를 붙여 비교 측정할 수 있다.

④ 안지름을 측정할 수 있다.

정답 » 10. ③ 11. ② 12. ④ 13. ③ 14. ④ 15. ③ 16. ② 17. ③ 18. ① 19. ② 20. ④

21. 다음 중 가장 많이 사용되는 하이트 게이지는?
① HT형 ② HB형
③ HM형 ④ CB형

22. 측정기 본체에 표준자를 가지고 측정물을 이것과 비교하여 직접 치수를 측정할 수 있는 측정기를 무엇이라 하는가?
① 측장기
② 콤퍼레이터
③ 다이얼 게이지
④ 마이크로 인디케이터

23. 비교 측정기가 아닌 것은?
① 미니미터
② 다이얼 게이지
③ 공기 마이크로미터
④ 블록 게이지

24. 그림과 같이 테이퍼 $\frac{1}{30}$의 검사를 할 때 A에서 B까지 다이얼 게이지를 이동시키면 다이얼 게이지의 차이는 몇 mm인가?

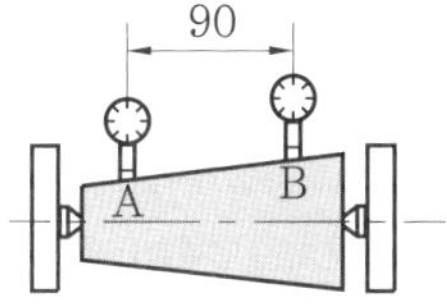

① 1.5 mm ② 2 mm
③ 2.5 mm ④ 3 mm

해설 $\frac{1}{30}=\frac{a-b}{90}$에서 $a-b=\frac{90}{30}=3$ mm
a는 A점의 지름이고, b는 B점의 지름이므로 A점에서의 높이와 B점에서 높이의 차는 그 절반값이 된다. 그러므로 3÷2=1.5 mm가 된다.

25. 1mm 이상을 측정하는 다이얼 게이지에서 장침이 1회전할 때 단침은 몇 눈금 움직이는가?
① 1눈금 ② 2눈금
③ 3눈금 ④ 4눈금

26. $\frac{1}{100}\sim\frac{1}{10}$ mm의 다이얼 게이지의 후퇴 오차는 얼마인가?
① 1μ ② 2μ
③ 2.5μ ④ 3μ

해설 측정량의 증가와 감소 상태에서 측정을 할 경우 마찰력과 백래시, 부속품의 공차 등으로 인하여 후퇴 오차(되돌림 오차)가 발생한다. 0.01 mm용에서는 약 2 μm의 오차가 발생하므로 한 방향으로 측정을 해야 한다.

27. 다이얼 게이지에 대한 설명 중 잘못된 것은?
① 같은 급수에서는 측정범위가 큰 쪽이 정밀도가 낮다.
② 후퇴 오차는 규정하지 않는다.
③ 측정범위가 같은 경우 특급 쪽의 정밀도가 가장 높다.
④ 최소 눈금 범위는 $\frac{1}{100}$ mm~$\frac{1}{1000}$ mm까지 읽을 수 있다.

28. 표준편인 블록 게이지에 -2μ의 오차가 있는 것으로 세팅된 다이얼 게이지로 측정한 결과 25.035 mm를 얻었다면 실치수는?
① 25.033 mm ② 25.035 mm
③ 25.037 mm ④ 25.039 mm

29. 블록 게이지의 설명 중 틀린 것은?
① 접속한 그대로 보관해야 표면이 상하지 않는다.
② 접속 시 질이 좋은 기름을 얇게 바르면 좋다.
③ 측정기의 검사 및 기준용으로 널리 쓰인다.
④ 최소의 개수로 소요의 길이를 만드는 것이 좋다.

정답 » 21. ① 22. ① 23. ④ 24. ① 25. ① 26. ② 27. ② 28. ① 29. ①

30. 블록 게이지를 완성시키는 것은?
① 래핑 ② 연삭
③ 호닝 ④ 슈퍼 피니싱

31. 블록 게이지를 밀착시키는 세기의 힘은?
① 10~30 kg ② 20~40 kg
③ 40~60 kg ④ 50~70 kg

32. 블록 게이지의 세척제로서 부적당한 것은 어느 것인가?
① 벤젠 ② 휘발유
③ 알코올 ④ 석유

33. 블록 게이지의 등급이 정밀한 것부터 나열된 것은?
① 0-K-1-2 ② 2-1-0-K
③ 0-1-2-K ④ K-0-1-2

34. 블록 게이지 사용 시 링잉(wringing)이란 무엇인가?
① 두 조각을 눌러 밀착시키는 것
② 개수를 줄이는 것
③ 블록 게이지의 보호 장치
④ 여러 개를 조립해 규정 치수로 만든 것

35. 블록 게이지 측정면의 평면도, 밀착 상태, 돌기의 유무를 알아보는 데 사용되는 것은 무엇인가?
① 정반 ② 옵티컬 플레이트
③ 공구 현미경 ④ 옵티컬 패럴렐

36. 다음 중 블록 게이지의 취급사항 중 틀린 것은?
① 먼지가 적고 습기가 있는 실내에서 사용할 것
② 나무나 천 위에서 사용할 것
③ 측정면은 잘 세탁된 천으로 닦을 것
④ 사용 후에는 반드시 방청유를 발라 둘 것

37. 다음 중 전기 마이크로미터의 장점이 아닌 것은?
① 고 배율이 얻어진다.
② 릴레이(relay) 신호 발생이 쉽다.
③ 유동적인 피측정물도 측정이 가능하다.
④ 디지털 표시가 용이하다.

38. 유량식 공기 마이크로미터에서 틈새와 유량과의 간격으로 적당한 것은?
① 0.025~0.5 mm
② 0.1~0.3 mm
③ 0.015~0.2 mm
④ 0.001~0.005 mm

39. 공기 마이크로미터의 종류와 관계없는 것은?
① 배압식
② 유량식
③ 유속식
④ 유출식

해설 ①, ②, ③항 외에 진공식이 있다.

40. 다음 중 공기 마이크로미터의 장점은 어느 것인가?
① 안지름 측정이 편리하다.
② 디지털 지시가 용이하다.
③ 측정력이 많이 필요하다.
④ 고장이 많다.

해설 공기 마이크로미터는 디지털 지시가 불가능하고 응답 시간이 늦다.

41. 다음 중 지침 측미기가 아닌 것은?
① 복식 레버 지침 측미기
② 기어 레버 측미기
③ 단일 레버 지침 측미기
④ 레버 기어식 지침 측미기

정답 » 30. ① 31. ② 32. ④ 33. ④ 34. ① 35. ② 36. ① 37. ② 38. ③ 39. ④ 40. ① 41. ②

3. 각도 측정 및 한계 게이지

3-1 각도, 평면 및 테이퍼 측정

1 각도 측정

(1) 분도기와 만능 분도기

① 분도기(protractor) : 가장 간단한 측정 기구로서 주로 강판제의 원형 또는 반원형으로 되어 있다.

② 만능 분도기(universal protractor) : 정밀 분도기라고도 하며, 버니어에 의하여 각도를 세밀히 측정할 수 있다. 최소 눈금은 어미자 눈금판의 23°를 12등분한 버니어가 있는 것이 5′이고, 19°를 20등분한 버니어가 붙은 것이 3′이다.

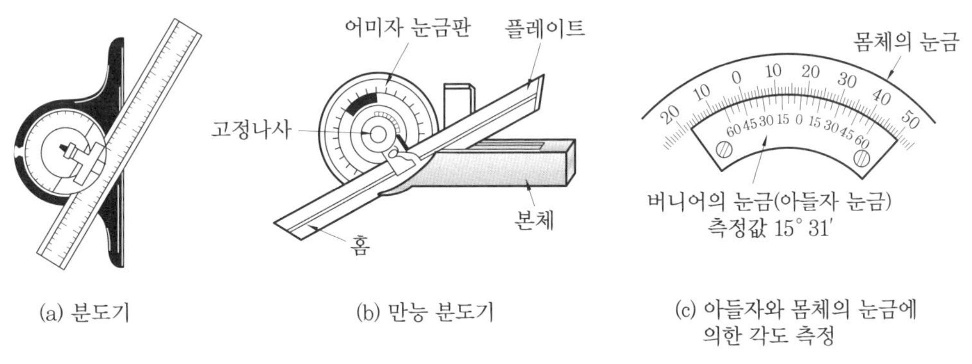

(a) 분도기 (b) 만능 분도기 (c) 아들자와 몸체의 눈금에 의한 각도 측정

분도기와 만능 분도기

③ 직각자(square) : 공작물의 직각도, 평면도 검사나 금긋기에 쓰인다.

④ 콤비네이션 세트(combination set) : 분도기에다 강철자, 직각자 등을 조합해서 사용하며, 각도의 측정, 중심내기 등에 쓰인다.

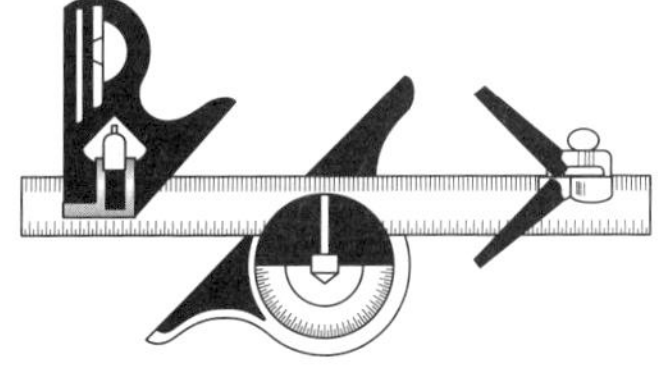

콤비네이션 세트

(2) 사인 바(sine bar)

사인 바는 블록 게이지 등을 병용하며, 삼각 함수의 사인(sine)을 이용하여 각도를 측정하고 설정하는 측정기이다.

① 각도 구하는 법

(가) 본체 양단에 2개의 롤러를 조합한다. 이때 중심거리(사인 바의 호칭치수)는 일정하다. 즉, 사인 바의 길이(크기)는 양쪽 롤러의 중심거리로 한다.

(나) 롤러 밑에 블록 게이지(block gauge)를 넣어서 양단의 높이를 H, h로 한다.

(다) 각도 구하는 공식은 다음과 같다.

$$\sin\phi = \frac{H-h}{L},\ H = L\sin\phi$$

여기서, H : 높은 쪽 높이, h : 낮은 쪽 높이, L : 사인 바의 길이

㈑ 사인 바의 호칭치수는 100 mm 또는 200 mm이다.

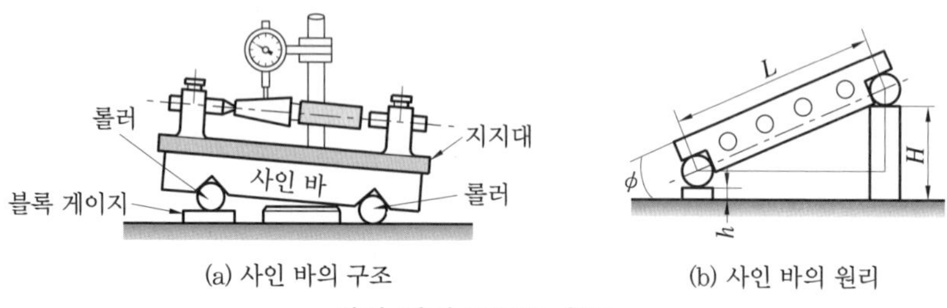

(a) 사인 바의 구조 (b) 사인 바의 원리

사인 바의 구조와 원리

② 각도 설정법

㈎ 계산식에 의하여 블록 게이지 H와 h를 롤러 밑에 넣는다.

㈏ 블록 게이지는 정확한 것을 선택한다.

㈐ 각도 1°는 $(H-h)$를 1.75 mm로 하면 된다.

③ 사인 바의 사용법

㈎ 각도 ϕ가 45° 이상이면 오차가 커진다. 따라서 45° 이하의 각도 측정에 사용해야 한다.

㈏ 사용 후에는 블록 게이지를 손질하여 원위치로 한다.

(3) 각도 게이지(angle gauge)

길이 측정 기준으로 블록 게이지(block gauge)가 있는 것처럼 공업적인 각도 측정에는 각도 게이지가 있는데, 이것은 폴리곤(polygon)경과 같이 게이지, 지그(jig), 공구 등의 제작과 검사에 쓰이며, 원주 눈금의 교정에도 편리하게 쓰인다.

① 요한슨식 각도 게이지(Johansson type angle gauge)

지그, 공구, 측정 기구 등의 검사에 없어서는 안 되는 것이며, 박강판을 조합해서 여러 가지의 각도를 만들 수 있게 되어 있다.

㈎ 길이 약 50 mm, 폭 약 20 mm, 두께 1.5 mm 정도의 판 게이지 49개 또는 85개가 한 조로 되어 있다.

㈏ 이 중 1개 또는 적당한 것을 2개 결합해서 임의의 각도로 만들어 쓴다.

㈐ 각도 형성

㉮ 85개 조는 0~10°와 350~360° 사이의 각도를 1° 간격으로, 그 외의 각도를 1분 간격으로 만들 수 있다.

㉯ 49개 조는 0~10°와 350~360° 사이의 각도를 1° 간격으로, 그 외의 각도를 5분 간격으로 만들 수 있다.

다음 그림은 게이지의 조합 예이다.

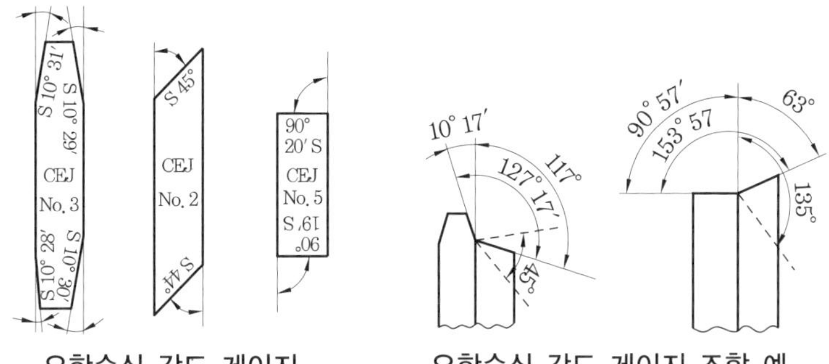

요한슨식 각도 게이지 요한슨식 각도 게이지 조합 예

② NPL식 각도 게이지(NPL type angle gauge)

(가) 길이 약 90 mm, 폭 약 15 mm의 측정면을 가진 쐐기형의 열처리된 블록으로 각각 6″, 18″, 30″, 1′, 3′, 9′, 27′, 1°, 3°, 9°, 27°, 41°의 각도를 가진 12개의 게이지를 한 조로 한다(고정도의 측정용으로는 6″, 18″, 30″ 대신에 3″, 9″, 27″를 쓴다).

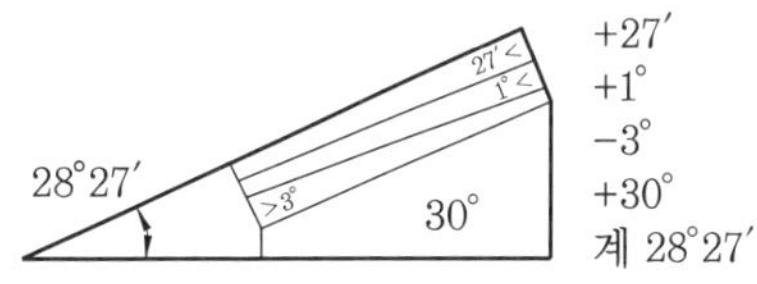

NPL식 각도 게이지의 조합 예

(나) 이들 게이지를 2개 이상 조합해서 6″부터 81° 사이를 임의로 6″ 간격으로 만들 수 있다.

(다) NPL식 각도 게이지는 측정면이 요한슨식(Johansson type) 각도 게이지보다 크며, 몇 개의 블록을 조합하여 임의의 각도를 만들 수 있고, 그 위에 밀착이 가능하여(홀더가 불필요) 현장에서도 많이 쓰고 있다.

(라) 1″라고 하는 것은 대단히 작은 각이다. 조합 후의 정도는 개수에 따라 2～3″ 정도이다.

(4) 광학식 각도계(optical protracter)

원주 눈금은 베이스(base)에 고정되어 있고, 원판의 중심축의 둘레를 현미경이 돌며 회전각을 읽을 수 있게 되어 있다.

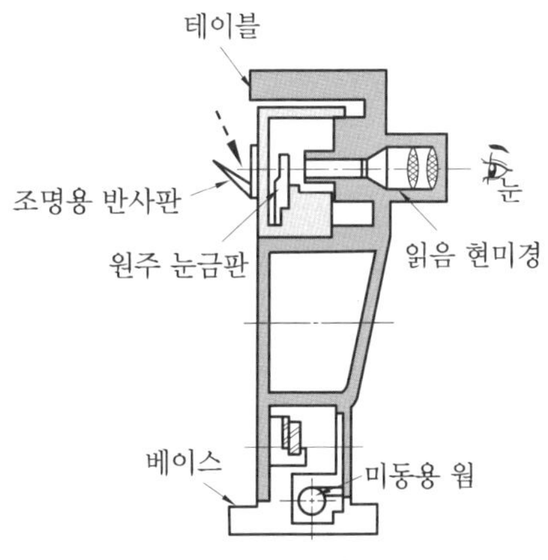

광학식 각도계의 구조

(5) 오토콜리메이터(auto collimator)

① 오토콜리메이션 망원경이라고도 부르며 공구나 지그 취부구의 세팅과 공작 기계의 베드나 정반의 정도 검사에 정밀 수준기와 같이 사용되는 각도기이다.

② 각도, 진직도, 평면도 등을 측정한다.

(6) 수준기

수준기는 수평 또는 수직을 측정하는 데 사용한다. 수준기는 기포관 내의 기포 이동량에 따라서 측정하며, 감도는 특종(0.01mm/m(2초)), 제1종(0.02mm/m(4초)), 제2종(0.05mm/m(10초)), 제3종(0.1mm/m(20초)) 등이 있다.

2 평면 측정

기계 가공 후 가공된 면이 울퉁불퉁한 것을 거칠기라고 한다. 이러한 거칠기가 작은 것은 평면도가 좋다고 할 수 있다.

(1) 정반에 의한 방법

정반의 측정면에 광명단을 얇게 칠한 후 측정물을 접촉하여 측정면에 나타난 접촉점의 수에 따라서 판단하는 방법이다.

(2) 직선 정규에 의한 측정

진직도를 나이프 에지(knife edge)나 직각 정규로 재서 평면도를 측정한다.

(3) 옵티컬 플랫(optical flat)

광학적인 측정기로서 비교적 작은 면에 매끈하게 래핑된 블록 게이지나 각종 측정자 등의 평면 측정에 사용하며, 측정면에 접촉시켰을 때 생기는 간섭무늬의 수로 측정한다.

① 간섭무늬에 의한 평면도 측정

㈎ 완전한 평면은 간섭무늬가 없다.

㈏ 요철이 있는 경우 간섭무늬가 있으며 간섭무늬는 지도의 등고선과 같다.

㈐ 간섭무늬는 약 0.32 μm(0.0032 mm)마다 1개씩 나타난다.

㈑ 요철이 커지면 간섭무늬 간격이 좁게 나타난다.

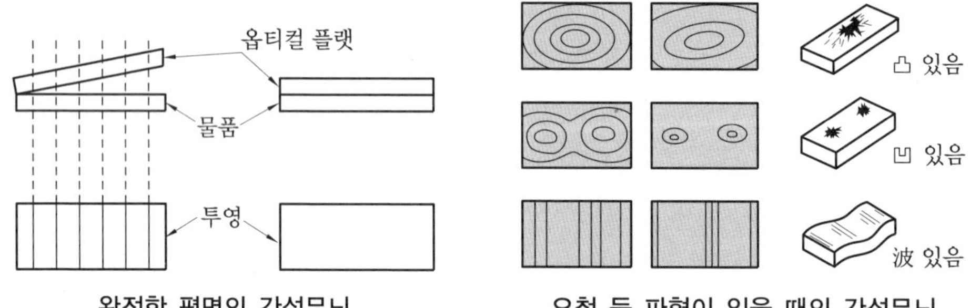

완전한 평면의 간섭무늬 요철 등 파형이 있을 때의 간섭무늬

② 사용 주의

㈎ 크라운 유리나 석영 유리로 되어 있어 흠이 생기기 쉽다.

㈏ 바깥지름이 작기 때문에 같은 개소를 자주 쓰게 되어 마모가 심하므로 자주 점검한다.

㈐ 사용 전에 간섭무늬 형상, 홈, 돌기의 유무를 점검한 후 사용한다.

(4) 공구 현미경(tool maker's microscope)

① 용도

㈎ 현미경으로 확대하여 길이, 각도, 형상, 윤곽을 측정한다.

㈏ 정밀 부품 측정, 공구 치구류 측정, 각종 게이지 측정, 나사 게이지 측정 등에 사용한다.

② 종류 : 디지털(digital) 공구 현미경, 레이츠(leitz) 공구 현미경, 유니언(union) SM형, 만능 측정 현미경 등이 있다.

(5) 투영기(profile projector)

광학적으로 물체의 형상을 투영하여 측정하는 방법이다.

3 테이퍼 측정

(1) 테이퍼 측정법의 종류

테이퍼의 측정법에는 테이퍼 게이지(링 게이지와 플러그 게이지)·사인 바·각도 게이지에 의한 법, 접촉자에 의한 법, 공구 현미경 부분에 의한 법이 있다.

(2) 테이퍼 측정 공식

롤러와 블록 게이지를 접촉시켜서 M_1과 M_2를 마이크로미터로 측정하면 다음 식에 의하여 테이퍼 각(α)을 구할 수 있다.

$$\tan\frac{\alpha}{2} = \frac{M_2 - M_1}{2H}$$

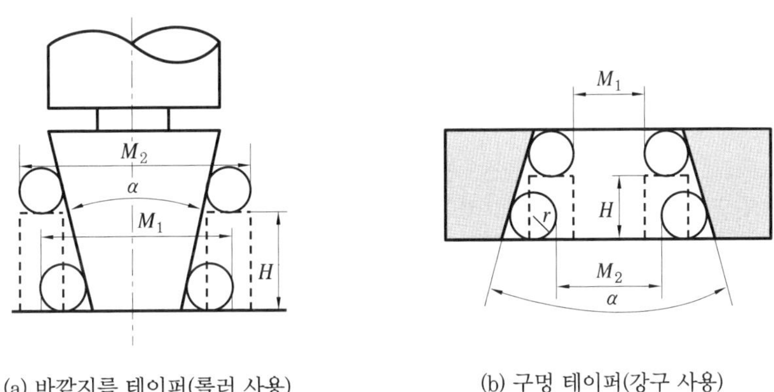

(a) 바깥지름 테이퍼(롤러 사용)

(b) 구멍 테이퍼(강구 사용)

롤러를 이용한 테이퍼 측정

3-2 한계 게이지

제품을 정확한 치수대로 가공한다는 것은 거의 불가능하므로 오차의 한계를 주게 되며 이때의 오차 한계를 재는 게이지를 한계 게이지라고 한다. 한계 게이지는 통과측(go side)과 정지측(no go side)을 갖추고 있는데, 정지측으로는 제품이 들어가지 않고 통과측으로 제품이 들어가는 경우 제품은 주어진 공차 내에 있음을 나타내는 것이다. 한계 게이지는 그 용도에 따라 공작용 게이지, 검사용 게이지, 점검용 게이지가 있다.

(1) 한계 게이지의 장단점

① 제품 상호간에 교환성이 있다.
② 완성된 게이지가 필요 이상 정밀하지 않아도 되기 때문에 공작이 용이하다.
③ 측정이 쉽고 신속하며 다량의 검사에 적당하다.
④ 최대한의 분업 방식이 가능하다.
⑤ 가격이 비싸다.
⑥ 특별한 것은 고급 공작 기계가 있어야 제작이 가능하다.

(2) 종류

① 봉형 게이지(bar gauge)
(가) 블록 게이지로 재기 힘든 측정에 사용한다.
(나) 블록 게이지와 같이 단면에 의하여 길이 표시를 한다.
(다) 단면 형상은 양단 평면형, 곡면형이 있다.
(라) 블록 게이지와 병용하며 사용법도 거의 같다.

② 플러그 게이지(plug gauge)와 링 게이지(ring gauge)
(가) 플러그 게이지는 구멍의 안지름을, 링 게이지는 구멍의 바깥지름을 측정하며, 플러그 게이지와 링 게이지는 서로 1조로 구성되어 널리 사용된다.
(나) 캘리퍼스나 공작물 지름 검사에 쓰인다.

③ 테보 게이지(tebo gauge) : 한 부위에 통과측과 불통과측이 동시에 있다.

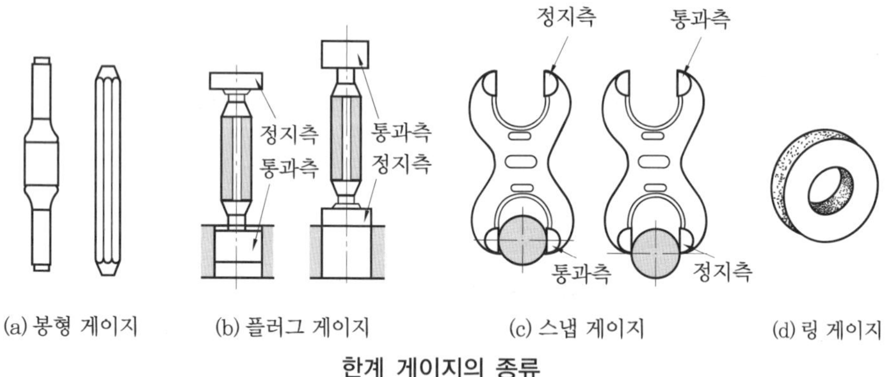

(a) 봉형 게이지 (b) 플러그 게이지 (c) 스냅 게이지 (d) 링 게이지

한계 게이지의 종류

(3) 테일러의 원리(Taylor's theory)

한계 게이지에 의해 합격된 제품에 있어서도 축의 약간 구부림 형상이나 구멍의 요철, 타원 등을 가려내지 못하기 때문에 끼워 맞춤이 안 되는 경우가 있다. 이러한 현상을 영국의 테일러(W.Taylor)가 처음으로 발표했는데 테일러의 원리를 요약하면 다음과 같다.

"통과측의 모든 치수는 동시에 검사되어야 하고, 정지측은 각 치수를 개개로 검사하여야 한다."

(4) 기타 게이지류

① 틈새 게이지(thickness gauge, clearance gauge, feeler gauge)

(가) 미세한 간격, 틈새 측정에 사용된다.

(나) 박강판으로 두께 0.02～0.7 mm 정도를 여러 장 조합하여 1조로 묶은 것이다.

(다) 몇 가지 종류의 조합으로 미세한 간격을 비교적 정확히 측정할 수 있다.

② 반지름 게이지(radius gauge)

(가) 모서리 부분의 라운딩 반지름 측정에 사용된다.

(나) 여러 종류의 반지름으로 된 것을 조합한다.

③ 드릴 게이지(drill gauge) : 직사각형의 강판에 여러 종류의 구멍이 뚫려 있어서 여기에 드릴을 맞추어 보고 드릴의 지름을 측정하는 게이지이다. 번호로 표시하거나 지름으로 표시하며, 번호 표시의 경우는 번호가 클수록 지름이 작아진다.

④ 센터 게이지(center gauge)

(가) 선반의 나사 바이트 설치, 나사 깎기 바이트 공구각을 검사하는 게이지이다.

(나) 미터나사용(60°)과 휘트워드 나사용(55°) 및 애크미 나사용이 있다.

⑤ 피치 게이지(나사 게이지 : pitch gauge, thred gauge) : 나사산의 피치를 신속하게 측정하기 위하여 여러 종류의 피치 형상을 한데 묶은 것이며 mm계와 inch계가 있다.

⑥ 와이어 게이지(wire gauge)

(가) 철사의 지름을 번호로 나타낼 수 있게 만든 게이지이다.

(나) 구멍의 번호가 커질수록 와이어의 지름은 가늘어진다.

⑦ 테이퍼 게이지(taper gauge) : 테이퍼의 크기를 측정하는 게이지이다.

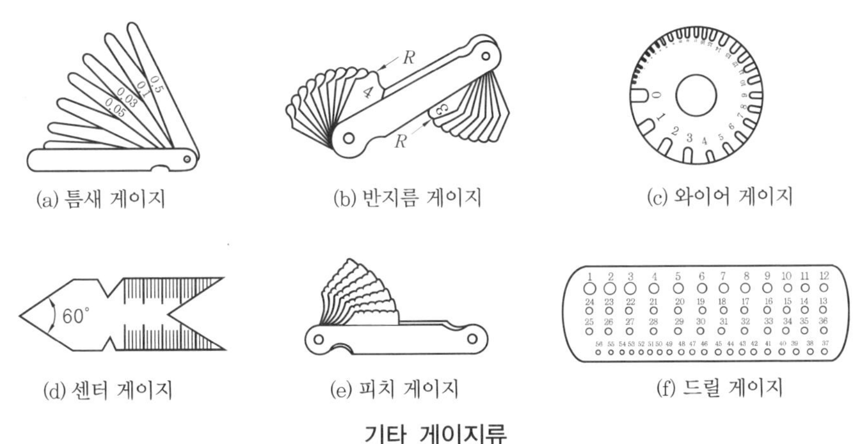

(a) 틈새 게이지 (b) 반지름 게이지 (c) 와이어 게이지

(d) 센터 게이지 (e) 피치 게이지 (f) 드릴 게이지

기타 게이지류

예상문제

1. 다음 중 사인 바의 크기는?

① 양쪽에 달린 롤러 원주 길이
② 전체 길이
③ 아래면의 길이
④ 양쪽 롤러의 중심거리

2. 사인 바로 각도 측정 시 오차가 심하게 되는 한계는?

① 45° ② 30° ③ 20° ④ 60°

3. 200 mm의 사인 바에 의해서 30°를 만드는 데 필요 없는 블록 게이지는?

① 40 ② 50 ③ 10 ④ 20

해설 $H=\sin\theta \times L=\sin 30° \times 200$
$=0.5 \times 200=100$
∴ 10+40+50이 필요하다.

4. 콤비네이션 세트가 측정하는 것은?

① 각도 ② 평행도
③ 표면 거칠기 ④ 길이

5. 100 mm의 사인 바에 의해서 30°를 만드는 데 필요한 블록 게이지가 다음과 같이 준비되어 있을 때 필요 없는 것은?

① 40 ② 20
③ 5.5 ④ 4.5

해설 사인 바에 의한 각도 측정 : $\sin\theta=\frac{H}{L}$ 에서 $H=\sin\theta \times L=\sin 30° \times 100=0.5 \times 100=50$mm이다. 그러므로 블록 게이지를 50 mm가 되게 조합하면 된다.

6. 다음 중 각도의 단위에서 1 rad(라디안)을 맞게 나타낸 것은?

① $\frac{180°}{\pi}$ ② $\frac{\pi}{180°}$ ③ $\frac{360°}{\pi}$ ④ $\frac{\pi}{360°}$

해설 라디안(radian) : 원의 반지름과 같은 길이의 호의 중심에 대한 각도

$$1\,\text{rad}=\frac{r}{2\pi r}\times 360°=\frac{180°}{\pi}=57.29577951°$$

7. 다음 중 각도 측정기가 아닌 것은?

① 사인 바 ② 센터 게이지
③ 분할대 ④ 피치 게이지

8. NPL식 앵글 게이지와 관계없는 것은?

① 9개조 또는 12개조
② 길이 100 mm, 폭 15 mm의 쐐기 모양이다.
③ 웨지 블록 게이지라고도 한다.
④ 쐐기 모양의 것을 더함으로써만 조합된다.

해설 NPL식 각도 게이지(NPL type angle gauge)는 일명 웨지 블록 게이지라고도 하며, 6″, 18″, 30″, 1′, 3′, 9′, 27′, 1°, 3°, 9°, 27°, 41°의 각도를 가진 12개조(9개조도 있음.)가 1조로 되어 어느 것이나 결합하여 각도를 더하거나 빼서 사용한다.

9. 옵티컬 플랫에 의해 블록 게이지의 평면도를 측정하였더니 그림과 같은 간섭무늬가 나타났다. 이 블록 게이지의 평면도는 얼마인가? (단, $\frac{b}{a}=\frac{4}{5}$, $\lambda=0.64\,\mu$m이다.)

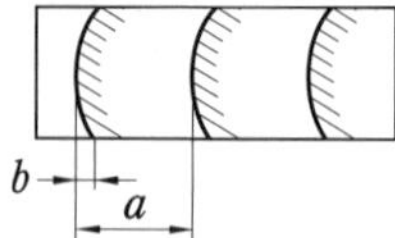

① 0.03 μm ② 0.256 μm
③ 0.06 μm ④ 0.543 μm

해설 평면도$=\frac{b}{a}\times\frac{\lambda}{2}$로 구한다.
여기서, a : 무늬의 중심 간격

정답 » 1. ④ 2. ① 3. ④ 4. ① 5. ② 6. ① 7. ④ 8. ④ 9. ②

b : 무늬의 휨량, λ : 빛의 파장

그러므로 $\frac{4}{5} \times \frac{0.64}{2} = 0.256\mu m$이다.

10. NPL식 각도 게이지의 정도는?

① 1~2″　② 2~3″
③ 5″　④ 7~9″

11. 다음 중 NPL식 각도 게이지와 관계없는 것은?

① 쐐기형 블록　② 12개조
③ 홀더　④ 밀착이 가능

12. 다음 중 사인 바의 H값을 알아내는 공식으로 알맞은 것은?

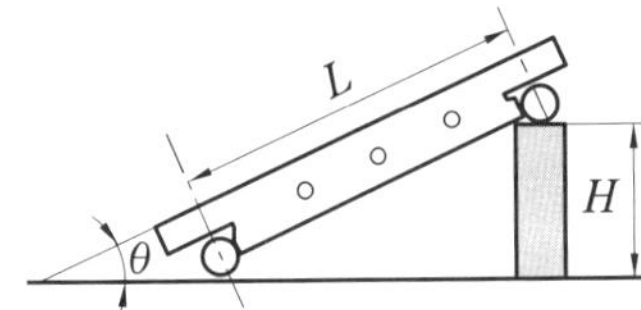

① $H = L\sin\theta$　② $H = \frac{L}{\sin\theta}$
③ $H = \frac{L\sin\theta}{2}$　④ $H = 2L\sin\theta$

13. 광선 정반을 측정면에 올려놓았더니 간섭무늬가 그림과 같이 나타났다. 이때 광선 정반을 가볍게 눌렀더니 화살표같이 간섭무늬가 가운데로 움직였다. 이때 중앙 부분의 상태는 어떠한가?

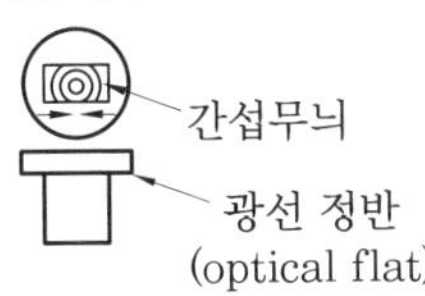

① 양호한 평면이다.
② 오목한 면이다.
③ 볼록한 면이다.
④ 중앙이 평면, 양단은 경사져 있다.

해설 광선 정반의 중심을 눌렀을 때 내측으로 움직이면 오목한 면, 외측으로 움직이면 볼록한 면을 나타낸다.

14. 옵티컬 플랫은 다음 중 어느 원리를 이용한 것인가?

① 빛의 직진 작용을 이용한 것이다.
② 빛의 굴절을 이용한 것이다.
③ 빛의 간섭을 이용한 것이다.
④ 빛의 반사를 이용한 것이다.

15. 오토콜리메이터로 측정할 수 없는 것은?

① 소음　② 진직도
③ 미소 각도　④ 평행도

16. 평면의 측정 방법이 아닌 것은?

① 오토콜리메이터에 의한 방법
② 수준기에 의한 방법
③ 기준면에 의한 방법
④ 콤비네이션 세트에 의한 방법

해설 ①, ②, ③항 이외에 시준기, 나이프 에지, 3차원 측정기, 광선 정반, 측미기 등이 있다. 콤비네이션 세트는 각도, 원형의 중심 구하기, 길이 측정 등에 사용한다.

17. 옵티컬 플랫에서 평면도(F)를 구하는 식은? [단, a : 간섭무늬의 중심 간격(mm), b : 간섭무늬의 굽은 양(mm), λ : 사용하는 빛의 파장(μm)]

① $F = \frac{\lambda}{2} \times \frac{b}{a} [\mu m]$　② $F = \frac{ab\lambda}{2} [\mu m]$
③ $F = \frac{2}{\lambda} \times \frac{b}{a} [\mu m]$　④ $F = \frac{\lambda}{3} \times \frac{b}{a} [\mu m]$

18. 다음 그림 중 수평인 평면은? (단, 수준기는 이상이 없다고 가정한다.)

①　②
③　④

정답 » 10. ① 11. ③ 12. ① 13. ② 14. ③ 15. ① 16. ④ 17. ① 18. ①

19. 다량의 제품이 치수 허용 범위에 있는가를 검사하는 데 적합한 것은?
① 마이크로미터
② 다이얼 게이지
③ 곧은 자
④ 한계 게이지

20. 감도에 따라 분류한 수준기의 종류가 아닌 것은?
① 0종 ② 1종
③ 2종 ④ 3종

해설 ②, ③, ④항의 3종류가 있으며 제1종은 0.02 mm/m(4초), 제2종은 0.05mm/m(10초), 제3종은 0.1 mm/m(20초)의 감도를 가지고 있다.

21. 빛의 간섭무늬의 유무를 광학적인 방법으로 찾아보는 데 쓰이는 평면도 측정기는?
① 공구 현미경
② 투영기
③ 오토콜리메이터
④ 옵티컬 플랫

22. NPL식 각도 게이지를 그림과 같이 조합했을 때의 각도 θ는?

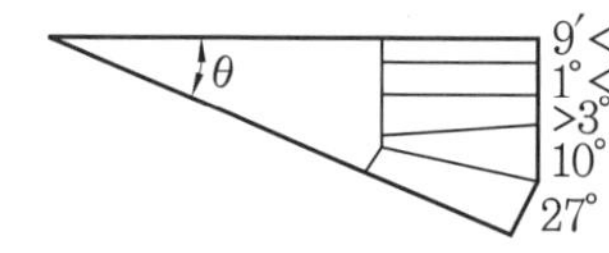

① 35°9′ ② 41°9′
③ 38°51′ ④ 41°91′

해설 $\theta = 27° + 10° - 3° + 1° + 9' = 35°9'$

23. 테이퍼 측정법으로 맞지 않는 것은?
① 테이퍼 게이지 사용
② 각도 게이지에 의한 방법
③ 사인 바에 의한 방법
④ 마이크로미터에 의한 방법

24. 와이어 게이지는 번호가 높을수록 와이어 지름이 어떻게 되는가?
① 커진다.
② 작아진다.
③ 불변한다.
④ 커졌다가 작아진다.

25. 다음 게이지에 대한 설명 중 틀린 것은?
① 레이디어스 게이지 : 지름 측정
② 피치 게이지 : 나사 피치 측정
③ 센터 게이지 : 선반의 나사 바이트 고정이나 나사 각도 측정
④ 티크니스 게이지 : 미세한 간격(두께) 측정

26. 한계 게이지의 마모 여유는 어디에다 두는가?
① 정지측 ② 여유 안둠
③ 통과측 ④ 양쪽 모두

27. 스냅 게이지가 측정하는 것은?
① 안지름 ② 바깥지름
③ 두께 ④ 틈새

28. 구멍의 안지름 측정에 쓰이는 것은?
① 롤러 게이지 ② 플러그 게이지
③ 와이어 게이지 ④ 링 게이지

29. 한계 게이지의 설명 중 맞는 것은?
① 일감의 치수가 허용한계 내에 있는가를 재지만 마이크로미터 측정보다는 속도가 느리다.
② 양쪽 모두 통과해야 공작물 측정이 가능하다.
③ 한계 게이지는 구멍용 게이지와 축용 게이지의 두 종류가 있다.
④ 스냅형의 한계 게이지에서 최대 허용 치수는 정지측으로 한다.

정답 » 19. ④ 20. ① 21. ④ 22. ① 23. ④ 24. ② 25. ① 26. ③ 27. ② 28. ② 29. ③

4. 치수 공차 및 기하 공차

4-1 치수 공차와 끼워 맞춤

1 치수 공차

(1) 공차의 개요

대량 생산 방식에 의해서 제작되는 기계 부품은 호환성을 유지할 수 있도록 가공되어야 한다. 즉, 모든 부품은 확실하게 조립되고 요구되는 성능을 얻을 수 있어야 한다. 또한, 치수 공차와 기하학적 형상 공차 및 표면 거칠기는 상호 상관 관계를 갖도록 설정해야 하는데, 이들 중 기본이 되는 것이 치수 공차이다. 이 치수 공차는 IT 공차에 따르며, KS B 0401에 규정되어 있다.

(2) 용어의 뜻

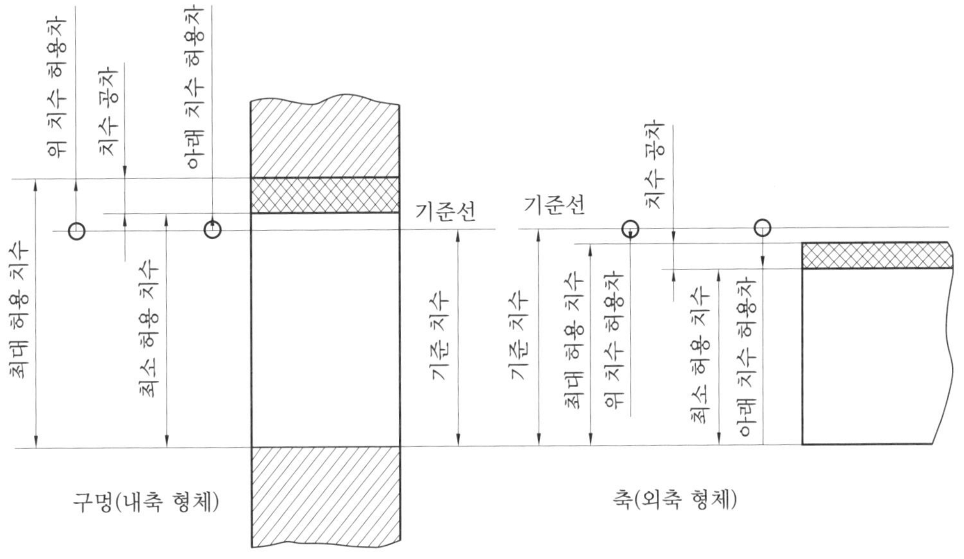

치수 공차 용어

① 구멍 : 주로 원통형의 내측 형체를 말하나, 원형 단면이 아닌 내측 형체도 포함된다.

② 축 : 주로 원통형의 외측 형체를 말하나, 원형 단면이 아닌 외측 형체도 포함된다.

③ 기준 치수(basic dimension) : 치수 허용 한계의 기본이 되는 치수이다. 도면상에는 구멍, 축 등의 호칭 치수와 같다.

④ 기준선(zero line) : 허용 한계 치수와 끼워 맞춤을 도시할 때 치수 허용차의 기준이 되는 선으로, 치수 허용차가 0(zero)인 직선이며 기준 치수를 나타낼 때에 사용한다.

⑤ 허용 한계 치수(limits of size) : 형체의 실치수가 그 사이에 들어가도록 정한, 허용할 수 있는 대소 2개의 극한의 치수, 즉 최대 허용 치수 및 최소 허용 치수
⑥ 실치수(actual size) : 형체를 측정한 실측 치수
⑦ 최대 허용 치수(maximum limits of size) : 형체의 허용되는 최대 치수
⑧ 최소 허용 치수(minimum limits of size) : 형체의 허용되는 최소 치수
⑨ 공차(tolerance) : 최대 허용 한계 치수와 최소 허용 한계 치수와의 차이며, 치수 허용차라고도 한다.
⑩ 치수 허용차(deviation) : 허용 한계 치수에서 기준 치수를 뺀 값으로서 허용차라고도 한다.
⑪ 위 치수 허용차(upper deviation) : 최대 허용 치수에서 기준 치수를 뺀 값
⑫ 아래 치수 허용차(lower deviation) : 최소 허용 치수에서 기준 치수를 뺀 값

(3) 기본 공차

기본 공차는 IT01부터 IT18까지 20등급으로 구분하여 규정되어 있으며, IT01과 IT0에 대한 값은 사용 빈도가 적으므로 별도로 정하고 있다. IT 공차를 구멍과 축의 제작 공차로 적용할 때 제작의 난이도를 고려하여 구멍에는 IT_n, 축에는 IT_{n-1}을 부여하며 다음과 같다.

기본 공차의 적용

용도	게이지 제작 공차	끼워 맞춤 공차	끼워 맞춤 이외의 공차
구멍	IT01~IT5	IT6~IT10	IT11~IT18
축	IT01~IT4	IT5~IT9	IT10~IT18

2 끼워 맞춤

구멍과 축이 조립되는 관계를 끼워 맞춤(fitting)이라 한다.

※ 틈새(clearance) : 구멍의 지름이 축의 지름보다 큰 경우 두 지름의 차를 말한다.
- 최소 틈새 : 구멍의 최소 허용 치수－축의 최대 허용 치수
- 최대 틈새 : 구멍의 최대 허용 치수－축의 최소 허용 치수

※ 죔새(interference) : 축의 지름이 구멍의 지름보다 큰 경우 두 지름의 차를 말한다.
- 최소 죔새 : 축의 최소 허용 치수－구멍의 최대 허용 치수
- 최대 죔새 : 축의 최대 허용 치수－구멍의 최소 허용 치수

(1) 끼워 맞춤에 사용되는 구멍과 축의 종류

끼워 맞춤에 사용되는 구멍과 축의 종류는 기초가 되는 치수 허용차의 수치와 방향에 의해서 결정되며, 이것은 공차역의 위치를 나타낸다. 구멍은 A부터 ZC까지 영문자의 대문자로 나타내고, 축은 a~zc까지 영문자의 소문자로 나타내며, 이들 구멍과 축의 위치는 기준선을 중심으로 대칭이다.

(2) 끼워 맞춤의 종류

① 끼워 맞춤 방식에 따른 종류 : 끼워 맞춤 부분을 가공할 때 부품의 소재 상태와 가공의 난이도에 따라 구멍을 기준으로 할 것인지, 또는 축을 기준으로 할 것인지에 따라 구멍 기준식과 축 기준식으로 나눈다.

㈎ 구멍 기준식 끼워 맞춤 : 아래 치수 허용차가 0인 H 기호 구멍을 기준 구멍으로 하고, 이에 적당한 축을 선정하여 필요한 죔새나 틈새를 얻는 끼워 맞춤이다. 6~H10의 다섯 가지 구멍을 기준 구멍으로 사용한다.

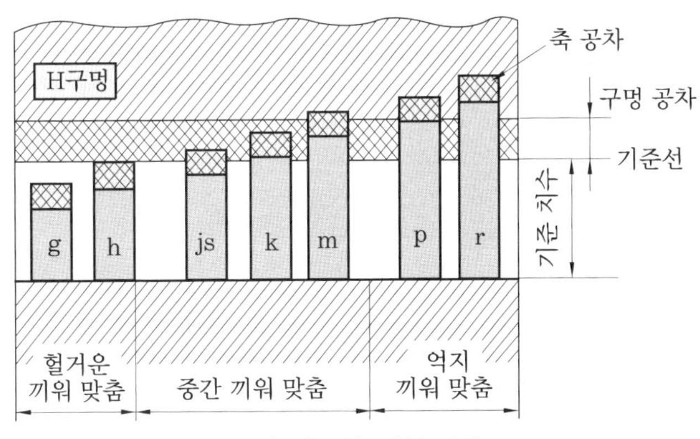

구멍 기준식 끼워 맞춤

상용하는 구멍 기준 끼워 맞춤

기준 구멍	축의 공차역 클래스																
	헐거운 끼워 맞춤							중간 끼워 맞춤			억지 끼워 맞춤						
H6						g5	h5	js5	k5	m5							
					f6	g6	h6	js6	k6	m6	n6[a]	p6[a]					
H7					f6	g6	h6	js6	k6	m6	n6	p6[a]	r6[a]	g6	t6	u6	x6
				e7	f7		h7	js7									
H8					f7		h7										
				e8	f8		h8										
			d9	e9													
H9			d8	e8			h8										
		c9	d9	e9			h9										
H10	b9	c9	d9														

주 [a] 이들의 끼워 맞춤은 치수의 구분에 따라 예외가 생긴다.

㈏ 축 기준식 끼워 맞춤 : 위 치수 허용차가 0인 h축을 기준으로 하고, 이에 적당한 구멍을 선정하여 필요한 죔새나 틈새를 얻는 끼워 맞춤이다. h5~h9의 다섯 가지 축을 기준 축으로 사용한다.

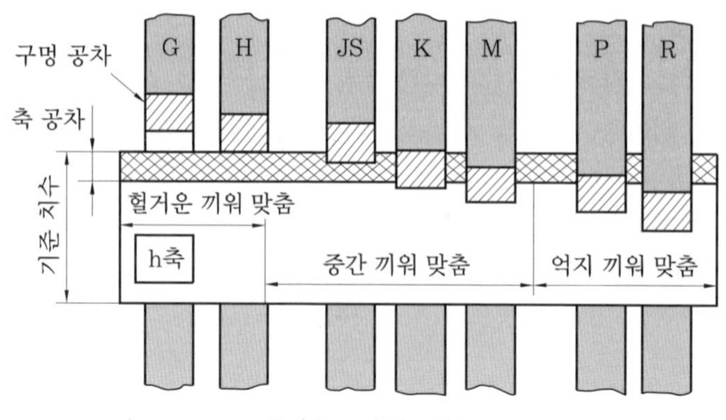

축 기준 끼워 맞춤

상용하는 축 기준 끼워 맞춤

기준 구멍	축의 공차역 클래스																
	헐거운 끼워 맞춤							중간 끼워 맞춤			억지 끼워 맞춤						
h5							H6	JS6	K6	M6	N6[a]	P6					
h6					F6	G6	H6	JS6	K6	M6	N6	P6[a]					
					F7	G7	H7	JS7	K7	M7	N7	P7[a]	R7	S7	T7	U7	X7
h7				E7	F7		H7										
					F8		H8										
h8			D8	E8	F8		H8										
			D9	E9			H9										
h9			D8	E8			H8										
		C9	D9	E9			H9										
	B10	C10	D10														

주 [a] 이들의 끼워 맞춤은 치수의 구분에 따라 예외가 생긴다.

② 끼워 맞춤 상태에 따른 분류

A : 구멍의 최소 허용 치수 B : 구멍의 최대 허용 치수 a : 축의 최대 허용 치수 b : 축의 최소 허용 치수

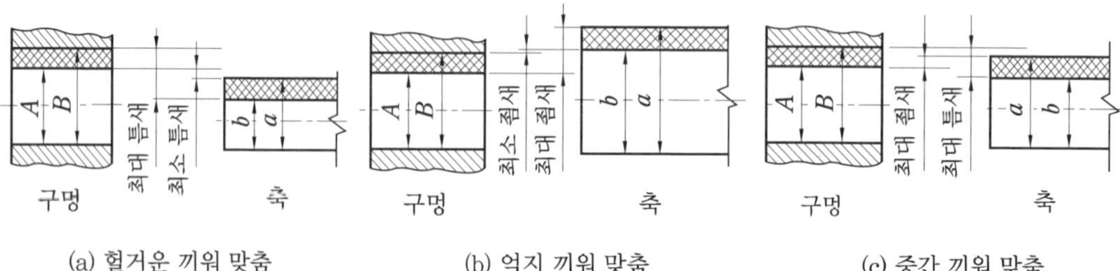

(a) 헐거운 끼워 맞춤 (b) 억지 끼워 맞춤 (c) 중간 끼워 맞춤

끼워 맞춤 상태에 따른 분류

㈎ 헐거운 끼워 맞춤 : 구멍의 최소 치수가 축의 최대 치수보다 큰 경우이며, 항상 틈새가 생기는 끼워 맞춤이다.

㈏ 억지 끼워 맞춤 : 구멍의 최대 치수가 축의 최소 치수보다 작은 경우이며, 항상 죔새가 생기는 끼워 맞춤이다.

㈐ 중간 끼워 맞춤 : 축, 구멍의 치수에 따라 틈새 또는 죔새가 생기는 끼워 맞춤으로, 헐거운 끼워 맞춤이나 억지 끼워 맞춤으로 얻을 수 없는 더욱 작은 틈새나 죔새를 얻는 데 적용된다.

(3) 끼워 맞춤 방식의 선택

구멍이 축보다 가공하거나 측정하기가 어려우므로, 여러 가지 종류의 구멍을 가공해야 하는 축 기준 끼워 맞춤을 선택하는 것보다 1개의 구멍에 여러 가지 축을 가공하여 끼워 맞춤하는 구멍 기준 끼워 맞춤을 선택하는 것이 유리하다.

3 치수 공차와 끼워 맞춤 기호의 기입법

(1) 치수 공차의 기입법

① 치수 공차는 공차의 클래스 기호(치수 공차 기호) 또는 공차값을 기준 치수에 계속하여 [보기]와 같이 기입한다.

[보기]

- ϕ50H7 또는 ϕ50g6
- $\phi 50^{+0.0250}_{0}$ 또는 $\phi 50^{-0.009}_{-0.025}$

② 텔렉스 등 한정된 문자수의 장치를 이용하여 통신할 경우에는 구멍과 축을 구별하기 위하여 구멍에는 H 또는 h, 축에는 S 또는 s를 기준 치수 앞에 붙인다.

[보기]

- 50H7 구멍 : H50H7 또는 h50h7
- 50h6 축 : S50H6 또는 s50h6

③ 치수 공차를 허용 한계 치수로 나타낼 때에는 최대 치수를 위에, 최소 치수를 아래에 겹쳐서 기입한다.

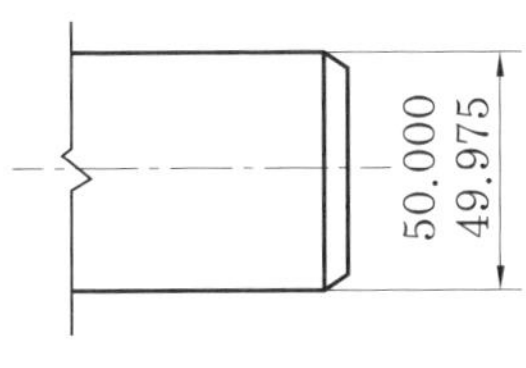

허용 한계 치수의 기입

④ 1개의 부품에서 서로 관련되는 치수를 기입하는 경우에는 다음과 같이 한다.

㈎ 기준면 없이 직렬로 기입할 경우에는 치수 공차가 누적되므로 공차 누적이 부품 기

능에 관계되지 않을 때에 사용하는 것이 좋다[그림 (a), (b)].

(나) 치수 중 기능상 중요도가 적은 치수는 ( )를 붙여서 참고 치수로 나타낸다[그림 (c)].

(다) 그림 (d)는 한 변을 기준으로 하여 병렬로 기입하는 방법이고, (e)는 누진 치수로 기입하는 방법으로, 이들은 다른 치수의 공차에 영향을 끼치지 않을 때 사용하는 것이 좋다.

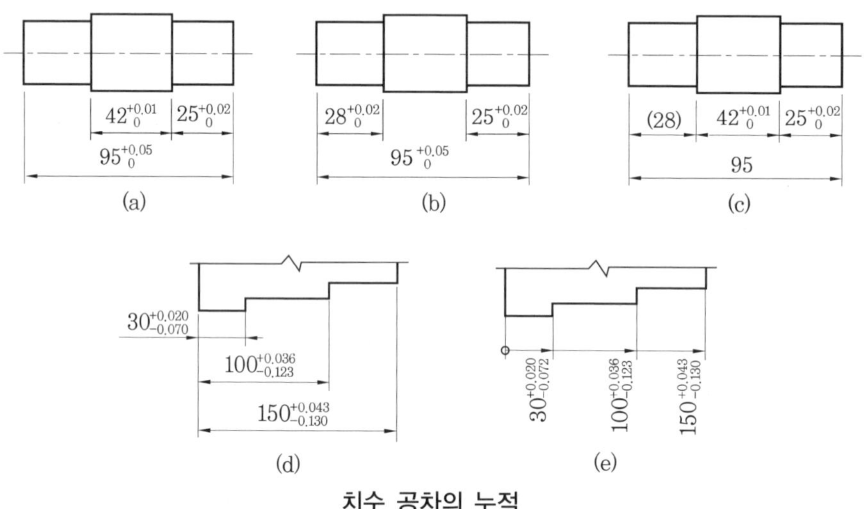

치수 공차의 누적

(2) 끼워 맞춤의 기입법

① 공차에 의한 기입법 : 끼워 맞춤은 구멍, 축의 공통 기준 치수에 구멍의 공차 기호와 축의 공차 기호를 계속하여 [보기]와 같이 표시한다.

> [보기]
>
> • 50H7 구멍과 50g6 축의 끼워 맞춤 기입일 경우 50H7/g6, 50H7-g6, $50\frac{H7}{g6}$와 같이 기입한다.

② 공차값에 의한 기입법 : 같은 기준 치수에 대하여 구멍 및 축에 대한 위·아래 치수 허용차를 명기할 필요가 있을 때에는 각각의 치수선 위에 기입하고, 또 구멍과 축의 기준 치수 앞에 "구멍", "축"이라고 명기한다.

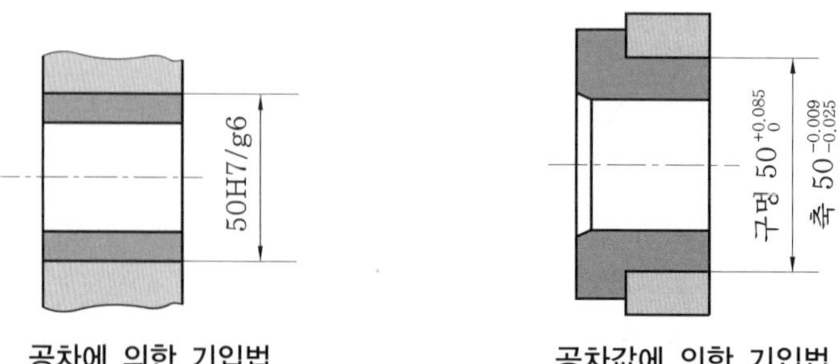

공차에 의한 기입법　　**공차값에 의한 기입법**

예상문제

1. 다음 중 치수 공차(일명 공차)란 어느 것인가?

① 최대 허용 치수−기준 치수
② 최소 허용 치수−기준 치수
③ 허용 한계 치수−기준 치수
④ 최대 허용 치수−최소 허용 치수

해설 ①은 위 치수 허용차, ②는 아래 치수 허용차, ③은 허용차를 나타낸다.

2. 실제 치수(actual size)에 대하여 허용되는 최대의 치수는?

① 최소 허용 치수 ② 최대 허용 치수
③ 허용 한계 치수 ④ 호칭 치수

3. 부품의 정해진 치수를 다듬질하여 실제로 측정한 치수를 무엇이라 하는가?

① 기준 치수 ② 치수 공차
③ 실제 치수 ④ 최대 허용 치수

4. 대소 2개의 허용할 수 있는 한계를 나타내는 치수를 무엇이라 하는가?

① 최대 허용 치수 ② 허용 한계 치수
③ 기준 치수 ④ 실제 치수

5. 기준 치수에 대한 설명 중 옳은 것은?

① 최대 허용 치수와 최소 허용 치수와의 차를 말한다.
② 실제 치수에 대해 허용되는 한계 치수를 말한다.
③ 실제로 가공된 기계 부품의 치수를 말한다.
④ 허용 한계 치수의 기준이 되며 호칭 치수라고도 한다.

해설 ①은 치수 공차, ②는 허용 한계 치수, ③은 실제 치수를 나타낸다.

6. 허용 한계 치수를 사용하면 여러 가지 면에서 좋다. 다음 중 틀린 것은?

① 대량 생산에 편리하다.
② 높은 정밀도를 얻을 수 있다.
③ 도면이 필요 없다.
④ 서로 호환성이 좋다.

7. 다음과 같은 치수가 있을 경우 구멍과 축에서 최소 틈새는 얼마인가?

구분	구멍	축
최대 허용 치수	50.05	49.975
최소 허용 치수	50.00	49.950

① 0.05 ② 0.025
③ 0.01 ④ 0.075

해설 최소 틈새=구멍의 최소 허용 치수−축의 최대 허용 치수=50.00−49.975=0.025

8. 문제 7번에서 최대 틈새는 얼마인가?

① 0.05 ② 0.025
③ 0.1 ④ 0.075

해설 최대 틈새=구멍의 최대 허용 치수−축의 최소 허용 치수=50.05−49.950=0.1

9. 축의 지름이 $80^{+0.025}_{-0.020}$일 때, 공차는?

① 0.025 ② 0.02
③ 0.045 ④ 0.005

해설 공차=(80+0.025)−(80−0.020)=0.045

10. KS 규격에서 ϕ90h6은 다음 중 무엇을 뜻하는가?

① 축 기준식
② 축과 구멍 기준식
③ 구멍 기준식
④ 억지 끼워 맞춤

정답 » 1. ④ 2. ② 3. ③ 4. ② 5. ④ 6. ③ 7. ② 8. ③ 9. ③ 10. ①

11. 다음 중 호칭 치수와 같은 용어는 어느 것인가?

① 기준 치수
② 실치수
③ 허용 한계 치수
④ 치수 허용차

12. $70^{+0.05}_{+0.04}$의 치수 공차 표시에서 공차(tolerance)는 얼마인가?

① 0.04 ② 0.09
③ 0.01 ④ 0.05

해설 공차=(70+0.05)−(70+0.04)=0.01

13. 70±0.05의 치수 공차 표시에서 최대 허용 치수는?

① 70 ② 70.05
③ 69.95 ④ 71

14. 다음 중 공차가 가장 큰 것은?

① 30±0.02 ② $40^{\ 0}_{-0.03}$
③ $30^{+0.03}_{-0.02}$ ④ $40^{+0.04}_{\ 0}$

해설 ①의 공차=(30+0.02)−(30−0.02)=0.04
②의 공차=40−(40−0.03)=0.03
③의 공차=(30+0.03)−(30−0.02)=0.05
④의 공차=(40+0.04)−40=0.04

15. 다음 표는 어떤 끼워 맞춤인가?

구분	구멍	축
최대 허용 치수	50.025	50.050
최소 허용 치수	50.000	50.034

① 억지 끼워맞춤
② 중간 끼워 맞춤
③ 헐거운 끼워 맞춤
④ 냉간 끼워 맞춤

16. 다음 중 억지 끼워 맞춤은?

① F6h6 ② G6h6
③ H6h6 ④ S7h6

해설 축 기준식 h는 모두 같은데(일정한데), 대문자 기호인 구멍 기호는 Z쪽으로 갈수록 허용 치수가 작아지므로 억지 끼워 맞춤이 된다.

17. E6, H6, K6, N6의 공차의 범위는 어떻게 되는가?

① E6이 크다. ② K6이 크다.
③ N6이 크다. ④ 같다.

해설 같은 치수, 같은 등급에서는 공차가 같다.

18. ϕ50H7에 대한 설명 중 틀린 것은?

① ϕ50−기준 치수
② H−축의 종류
③ 7−공차의 등급
④ ϕ−지름 표시

해설 H는 대문자이므로 구멍 기호이다.

19. 기준 치수가 50.00 mm이고, 최소 허용 치수가 50.01 mm일 때, 아래 치수 허용차는 얼마인가?

① 0.09 mm ② 0.9 mm
③ 0.01 mm ④ 0.1 mm

해설 아래 치수 허용차=최소 허용 치수−기준 치수=50.01−50.00=0.01mm

20. 틈새가 가장 큰 끼워 맞춤은?

① H6f6 ② H6g6
③ H6k6 ④ H6m6

해설 구멍 H는 일정할 때 축 기호가 a쪽으로 갈수록 허용 치수가 작아진다.

21. 구멍 기호와 축 기호의 관계를 표시한 것 중 틀린 것은?

① 구멍 기준식은 A쪽으로 갈수록 지름이 커진다.
② 축 기준식은 a쪽으로 갈수록 지름이 작아진다.

정답 » 11. ① 12. ③ 13. ② 14. ③ 15. ① 16. ④ 17. ④ 18. ② 19. ③ 20. ① 21. ③

③ 구멍 기준식은 X쪽으로 갈수록 지름이 커진다.
④ 축 기준식은 X쪽으로 갈수록 지름이 커진다.

해설 구멍 기준식은 X쪽으로 갈수록 지름이 작아진다.

22. 치수 공차의 급수가 커짐에 따라 치수 공차의 절댓값은?
① 커진다.
② 작아진다.
③ 구멍은 작아지고 축은 커진다.
④ 변함없다.

23. 끼워 맞춤의 방식에 대한 설명 중 맞는 것은?
① 구멍은 소문자, 축은 대문자로 쓴다.
② 부품 번호에 대문자가 쓰이고 있으므로 구멍과 축은 다같이 소문자로 쓴다.
③ 구멍 기준식과 축 기준식을 구별하기 쉽게 구멍은 소문자, 축은 적당히 쓴다.
④ 구멍은 대문자, 축은 소문자로 표기한다.

24. 다음 중 최소 틈새를 나타낸 것은?
① 축의 최대 치수－구멍의 최소 치수
② 구멍의 최대 치수－축의 최소 치수
③ 축의 최소 치수－구멍의 최대 치수
④ 구멍의 최소 치수－축의 최대 치수

25. 최대 죔새를 나타내는 것은?
① 축의 최대 치수－구멍의 최소 치수
② 구멍의 최대 치수－축의 최소 치수
③ 축의 최소 치수－구멍의 최대 치수
④ 구멍의 최대 치수－축의 최대 치수

26. 다음은 끼워 맞춤을 표시한 것이다. 이 중 옳지 않은 것은?
① 50H7/g6　② 50H7－g6
③ $50\frac{\mathrm{H7}}{\mathrm{g6}}$　④ 50g6H7

27. IT 기본 공차는 모두 몇 등급으로 나타내는가?
① 18등급　② 19등급
③ 20등급　④ 21등급

28. IT 공차의 구멍 기본 공차에서 주로 게이지류에 적용되는 IT 공차는?
① IT5～IT9　② IT01～IT4
③ IT6～IT10　④ IT01～IT5

해설 IT 기본 공차(I.S.O. tolerance)의 등급은 IT01급, IT0급~IT18등급의 모두 20등급으로 구분한다. 구멍 기본 공차에서 IT 01~IT 5등급은 게이지류, IT6~IT10급은 끼워 맞춤 부분, IT11~IT18급은 끼워 맞춤이 아닌 부분에 적용된다.

정답 » 22. ① 23. ④ 24. ④ 25. ① 26. ④ 27. ③ 28. ④

4-2 기하 공차

1 기하 공차의 개요

기하 공차는 형상 공차라고도 하며, 부품 또는 조립품의 기본 치수에 대하여 가능한 범위 내의 허용 치수 간의 편차를 나타내는 기호로 GD & T(Geometric Dimension and Tolerance) 라고도 한다.

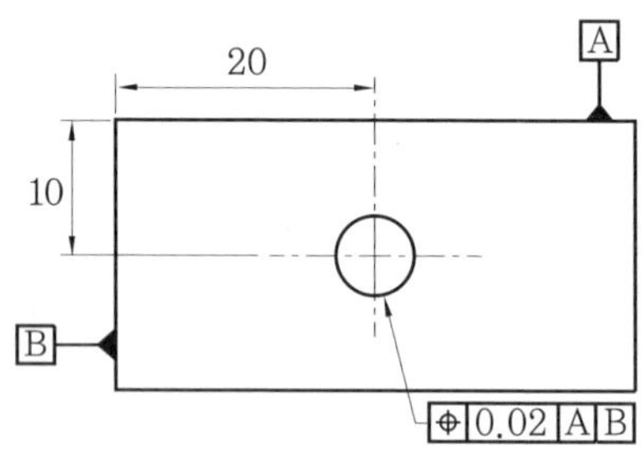

기하 공차 표시 예

기하 공차의 기호 및 종류

용도	공차의 명칭		기호
단독 형체	모양 공차	진직도 공차	⏤
		평면도 공차	⏥
		진원도 공차	○
		원통도 공차	⌭
단독 형체 또는 관련 형체		선의 윤곽도 공차	⌒
		면의 윤곽도 공차	⌓
관련 형체	자세 공차	평행도 공차	//
		직각도 공차	⊥
		경사도 공차	∠
	위치 공차	위치도 공차	⌖
		동축도 공차 또는 동심도 공차	◎
		대칭도 공차	⌯
	흔들림 공차	원주 흔들림 공차	↗
		온 흔들림 공차	⌰

2 기하 공차의 종류

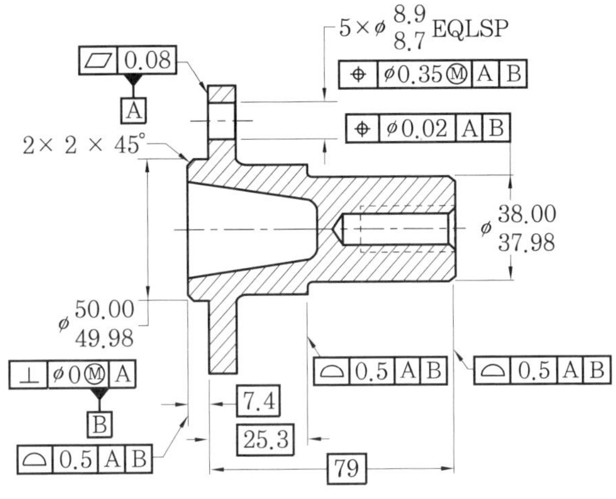

기하 공차 사용의 예

(1) 형상 공차

① 진원도 : 원형 형태의 부분이 기하학적인 원으로부터 벗어난 크기로서 원형을 2개의 동심의 기하학적인 원으로부터 두 원간의 거리가 최소가 되는 반지름의 차이로 나타내며, mm, μm 단위를 사용한다.

② 원통도 : 원통 형상의 모든 표면이 2개의 동심 원통 사이에 들어가야 하는 공차 구역을 말하며, 진원도, 진직도, 평행도를 모두 합친 복합 공차라고 할 수 있다.

③ 진직도 : 2개의 점을 지나는 직선 부분이 기하학적인 직선(이상 직선)으로부터 벗어난 정도를 말하며, 기준 직선에서 벗어난 높이 중 최대치와 최소치의 차이가 진직도 값이다.

④ 평면도 : 평면 부분이 3점을 포함한 기하학적 평면(이상 평면)으로부터 벗어난 크기를 말한다.

(2) 윤곽 공차

① 선의 윤곽도 : 곡면에 대한 한 방향의 선과의 관계를 공차 범위 내에서 규제하고 선의 윤곽에 완전하게 평행한 가상적인 곡선 사이의 폭으로 나타낸다.

② 면의 윤곽도 : 윤곽 표면에 완전하게 평행한 2개의 가상 곡면 사이의 틈새(간격)로 표시하며 편측 공차 방식과 양측 공차 방식이 있다.

(3) 방향 공차

① 평행도 : 기준선 또는 기준면을 원점으로 하여 기학학적인 이상 평면으로부터 벗어난 크기를 말한다. 여기에는 2개의 평면, 1개의 평면과 축의 중심, 2개의 축의 중심과 중간 평면이 있다.

② 직각도 : 축의 중심(축심)이나 평면이 직각인 기준으로부터 벗어난 정도

③ 경사도 : 기준으로부터 주어진 경사도가 공차범위 내에서 허용되는 각도

(4) 위치 공차

① 위치도 : 이상적인 정밀한 위치(점, 선, 면)에서 벗어난 양을 말하며, 이상적인 위치를 중심으로 얼마만큼 떨어졌나를 표시한다.

② 동심도 : 기준으로 하는 축심에서 벗어난 원통상의 양을 공차 영역으로 표시하는 것을 말하며, 축심을 중심으로 대칭이 정확할 때 완전한 동심이 된다.

(5) 흔들림 공차

기준 축심을 중심으로 원통, 원뿔, 평면 등이 완전한 형상으로부터 벗어난 크기를 말하며, 가장 크게 벗어난 값으로 표시한다. 흔들림 공차는 진원도, 진직도, 직각도, 동심도의 오차를 모두 포함하는 복합 공차이다.

예상문제

1. 동심형체의 피측정물을 진원도 측정기로서 측정할 수 없는 항목은?

① 직각도　　② 진직도
③ 평행도　　④ 표면거칠기

2. 그림과 같이 형상 및 위치 정도를 측정할 때 측정 대상으로 가장 적합한 것은?

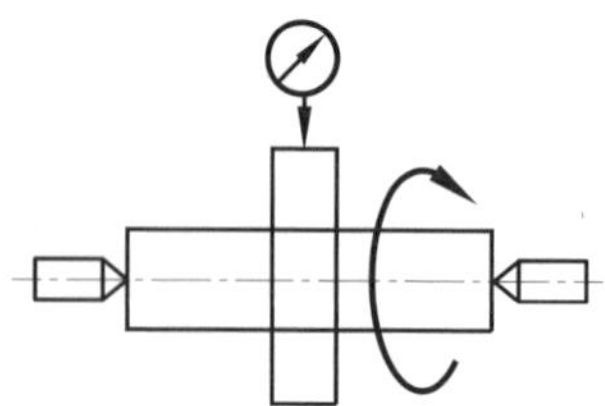

① 평행도　　② 평면도
③ 직각도　　④ 흔들림

3. 다음 중 진원도의 평가 방법과 가장 거리가 먼 것은?

① 최소 영역 기준원법
② 최소 외접 기준원법
③ 최대 내접 기준원법
④ 최대 제곱 기준원법

4. 다음 중 위치 공차의 종류가 아닌 것은?

① ⌖　　② ◎
③ ○　　④ ⌯

5. 다음 중 형상(모양) 공차의 종류가 아닌 것은?

① 진원도　　② 원통도
③ 정밀도　　④ 평면도

6. 자세(방향) 공차의 종류가 아닌 것은?

① 직각도　　② 경사도
③ 동심도　　④ 평행도

7. 형상 정도와 관련된 측정법으로 지름법, 반지름법, 3점법으로 구별되는 측정법은?

① 평면도 측정법
② 진직도 측정법
③ 직각도 측정법
④ 진원도 측정법

해설 (1) 진원도 측정법
- 지름법 : 마이크로미터, 버니어 캘리퍼스, 실린더 게이지 사용
- 반지름법 : 센터와 측미기 사용
- 3점법 : V 블록과 측미기, 삼각 게이지 사용

(2) 진직도 측정법 : 수준기, 오토콜리메이터, 나이프에지 사용
(3) 평면도 측정법 : 옵티컬 플랫, 수준기, 오토콜리메이터, 레이저 측정기 사용

정답 » 1. ④ 2. ④ 3. ④ 4. ③ 5. ③ 6. ③ 7. ④

4-3 표면 거칠기 및 윤곽 측정

1 표면 거칠기

부품 가공 시 절삭 공구의 날이나 숫돌 입자에 의해 제품의 표면에 생긴 가공 흔적 또는 가공 무늬로 형성된 요철(凹, 凸)을 표면 거칠기라 한다.

(1) 프로파일 용어

① 프로파일 필터 : 프로파일을 장파와 단파로 분리하는 필터를 말한다. 거칠기, 파상도, 1차 프로파일을 측정하는 기기에 사용되는 필터에는 λs, λc, λf의 3가지가 있다.

② 거칠기 프로파일 : 프로파일 필터 λc를 이용하여 장파 성분을 억제함으로써 1차 프로파일로부터 유도한 프로파일이다.

③ 파상도 프로파일 : 프로파일 필터 λf를 이용하여 장파 성분을 억제하고 프로파일 필터 λc를 이용하여 단파 성분을 억제한 다음 λf와 λc를 1차 프로파일에 적용하여 유도한 프로파일이다.

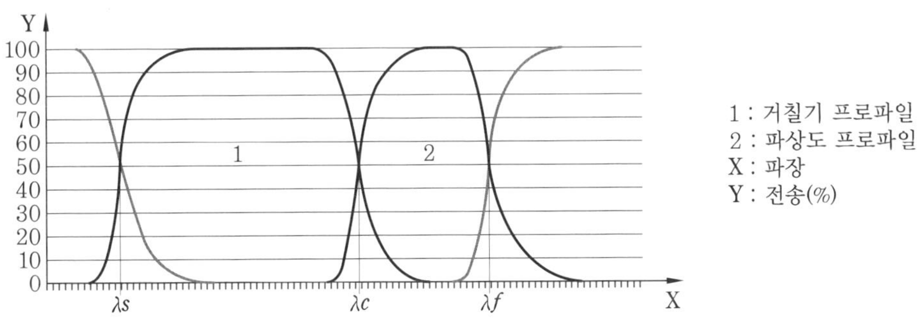

거칠기와 파상도 프로파일의 전송 특성

(2) 기하학적 형상 파라미터의 용어

① 프로파일 산과 골 : X축과 프로파일의 교차점 중 2개의 인접한 점을 연결하는 프로파일에서 프로파일 산은 바깥쪽 방향으로, 골은 안쪽 방향으로 향하는 부분이다.

② 프로파일 산 높이(Zp)와 골 깊이(Zv) : 프로파일 산 높이는 X축과 프로파일 산의 최고점 간 거리이고, 골 깊이는 X축과 프로파일 골의 최저점 간 거리이다.

③ 프로파일 요소의 높이(Zt)와 요소의 폭(Xs) : 프로파일 요소의 높이는 산 높이와 골 깊이의 합이고, 요소의 폭은 요소와 교차하는 X축 선분의 길이이다.

2 표면 프로파일 파라미터

(1) 진폭 파라미터(산과 골)

① 진폭 파라미터의 최대 높이(Pz, Rz, Wz) : 기준 길이 내에서 최대 프로파일 산 높이 Zp

와 골 깊이 Zv의 합이다.

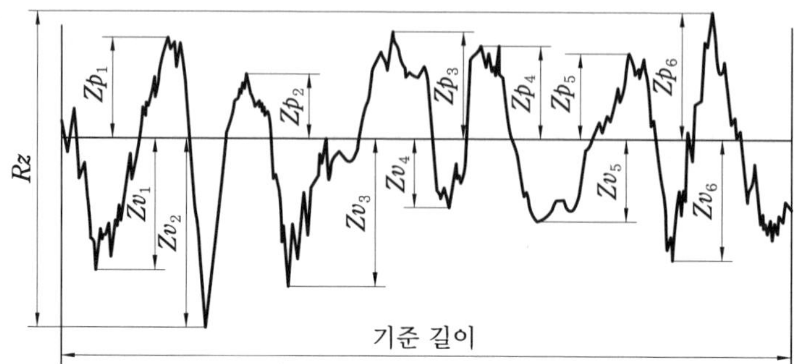

프로파일의 최대 높이(거칠기 프로파일의 예)

② 프로파일 요소의 평균 높이(Pc, Rc, Wc) : 기준 길이 내에서 프로파일 요소의 높이 Zt의 평균값이다.

$$Pc,\ Rc,\ Wc = \frac{1}{m}\sum_{i=1}^{m} Zt_i$$

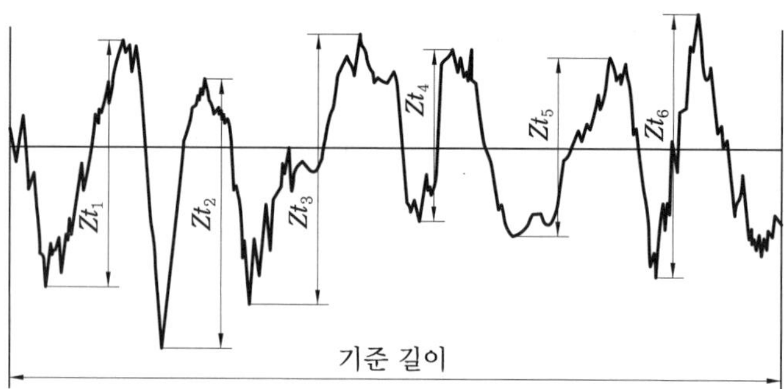

프로파일 요소의 평균 높이(거칠기 프로파일의 예)

(2) 진폭 파라미터(세로 좌표의 평균)

① 평가 프로파일의 산술평균 높이(편차) : 기준 길이 내에서 절대 세로 좌푯값 $Z(X)$의 산술평균이다.

$$Pa,\ Ra,\ Wa = \frac{1}{l}\int_0^1 |Z(X)|\,dX$$

② 평가 프로파일의 제곱 평균 제곱근 높이(편차) : 기준 길이 내에서 세로 좌푯값 $Z(X)$의 제곱의 평균 제곱근값이다.

$$Pq,\ Rq,\ Wq = \sqrt{\frac{1}{l}\int_0^1 Z^2(X)\,dX}$$

③ 평가 프로파일 비대칭도(Psk, Rsk, Wsk) : 기준 길이 내에서 세로 좌푯값 $Z(X)$의 평균

세제곱값과 Pq, Rq, Wq 각각의 세제곱의 몫이다.

$$Rsk = \frac{1}{Rq^3}\left[\frac{1}{lr}\int_0^{lr} Z^3(X)dX\right]$$

④ 평가 프로파일 첨도(Pku, Rku, Wku) : 기준 길이 내에서 세로 좌푯값 Z(X)의 평균 네제곱값과 Pq, Rq, Wq 각각의 네제곱의 몫이다.

$$Rku = \frac{1}{Rq^4}\left[\frac{1}{lr}\int_0^{lr} Z^4(X)dX\right]$$

3 표면 거칠기 측정

(1) 표면 거칠기의 측정 부분

① 기계류의 미끄럼면, 운동 부분 표면
② 블록 게이지, 마이크로미터의 측정면 등 기준이 되는 면
③ 피스톤 링, 밸브, 유압 실린더 등과 같이 유밀, 기밀을 요하는 부분
④ 도장 부분 등 접착력을 요하는 부분의 표면
⑤ 내식성을 필요로 하는 피복 표면
⑥ 외관 및 성능에 영향을 주는 부분
⑦ 기타 반복 하중을 받는 스프링, 인쇄 용지 표면, 기타 정밀 가공 표면

(2) 표면 거칠기 측정법

① 광 절단식 표면 거칠기 측정법 : 피측정물의 표면에 수직인 방향에 대하여 β쪽에서 좁은 틈새(slit)로 나온 빛을 투사하여 광선으로 표면을 절단하도록 한다. 이와 같이 선상에 비추어진 부분을 γ의 방향에서 현미경이나 투영기에 의해서 확대하여 관측하거나 사진을 찍는다. 이렇게 하면 표면의 요철 상태를 잘 알 수 있다. 최대 1000배까지 확대되며 비교적 거칠은 표면 측정에 사용한다.

② 현미 간섭식 표면 거칠기 측정법 : 빛의 표면 요철에 대한 간섭무늬의 발생 상태로 거칠기를 측정하는 방법이며, 요철의 높이가 1 μm 이하인 비교적 미세한 표면 측정에 사용된다.

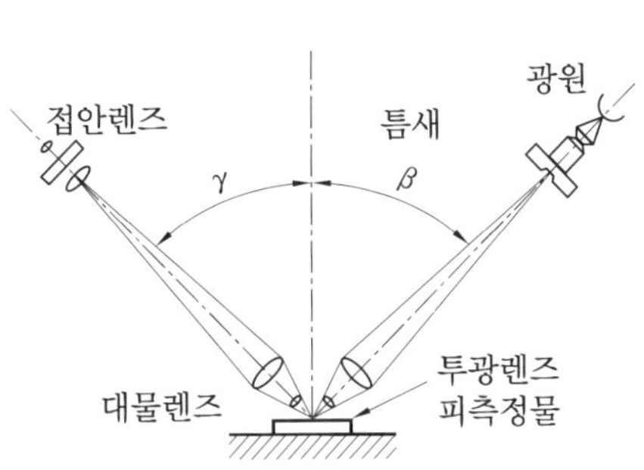

광 절단식 표면 거칠기 측정법

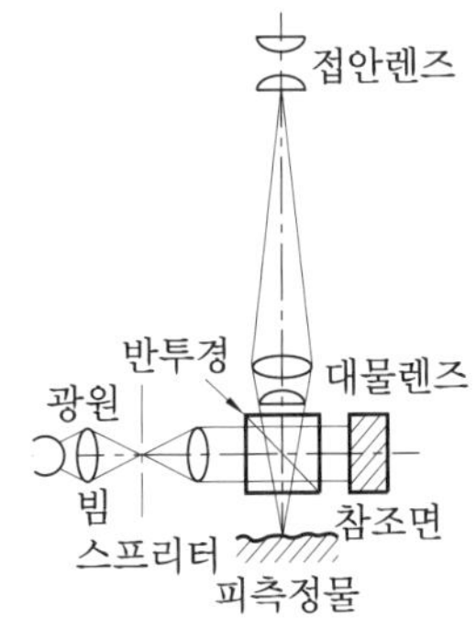

현미 간섭식 표면 거칠기 측정법

③ 비교용 표준편과의 비교 측정법 : 비교용 표준편과 가공된 표면을 비교하여 측정하는 방법으로 육안 검사 및 손톱에 의한 감각 검사, 빛, 광택에 의한 검사가 쓰인다.

④ 촉침식 측정기 : 촉침을 측정면에 긁었을 때, 전기 증폭 장치에 의해 촉침의 상하 이동량으로 표면 거칠기를 측정한다.

4 표면 거칠기의 표시

(1) 대상면을 지시하는 기호

표면의 결을 도시할 때에 대상면을 지시하는 기호는 60°로 벌린, 길이가 다른 절선으로 하는 면의 지시 기호[그림 (a)]를 사용하며, 지시하는 대상면을 나타내는 선의 바깥에 붙여서 쓴다.

면의 지시 기호

① 절삭 등 제거 가공의 필요 여부를 문제삼지 않는 경우에는 그림 (a)와 같이 면에 지시 기호를 붙여서 사용한다.

② 제거 가공을 필요로 한다는 것을 지시할 때에는 면의 지시 기호의 짧은 쪽의 다리 끝에 가로선을 부가한다[그림 (b)].

③ 제거 가공해서는 안 된다는 것을 지시할 때에는 면의 지시 기호에 내접하는 원을 부가한다[그림 (c)].

(2) 표면 거칠기 값의 지시

중심선 평균 거칠기(R_a)로 지시하는 경우, 표면 거칠기는 KS B 0161에 규정하는 중심선 평균 거칠기의 표준 수열 중에서 선택하여 지시한다. 거칠기의 표준값, 기준 길이, 컷오프값을 나타내는 표에서 이 경우 첨자 'a'는 기입하지 않는다. 다만, 필요가 있어서 표준 수열에 따를 수 없는 경우, 허용할 수 있는 최댓값을 $R_a \leq 10$ 등과 같이 지시한다. 그리고 표면 거칠기의 지시값 기입 위치는 다음 중 어느 하나에 따른다.

① 표면 거칠기의 최댓값만을 지시하는 경우에는 다음 그림과 같이 기입한다.

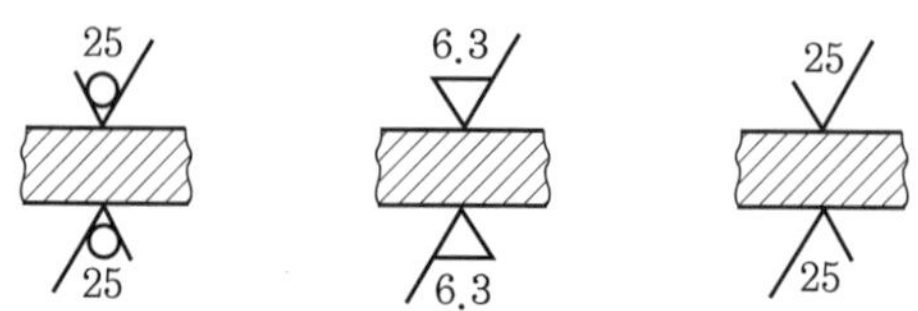

최댓값만을 지시하는 경우

② 면의 지시 기호에 대한 각 지시 사항의 기입 위치는 다음 그림과 같다.

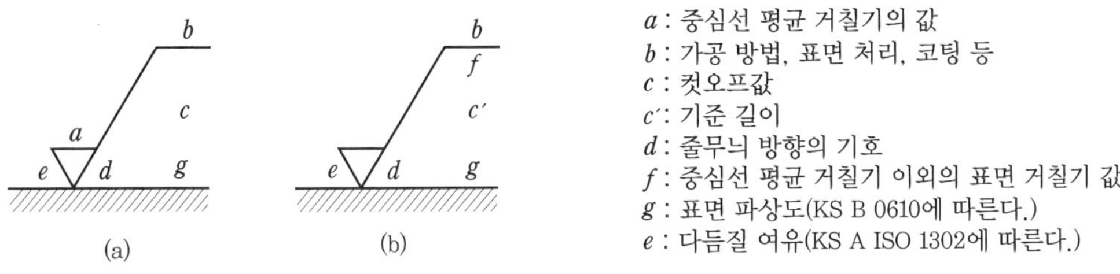

면의 지시 기호에 대한 각 지시 사항의 위치

③ 표면 거칠기 값을 어느 구간으로 지시하는 경우에는 상한 값을 위로, 하한 값을 아래로 나란히 기입한다.

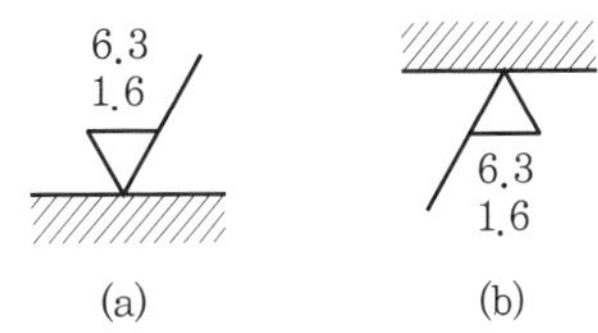

구분 구간으로 지시하는 경우

④ 줄무늬 영향을 지시할 때에는 규정하는 기호를 면의 지시 기호의 오른쪽에 부기한다.

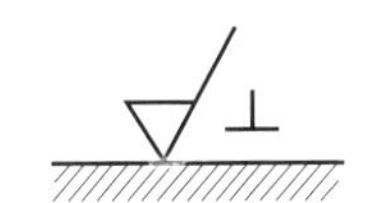

줄무늬 방향의 지시

줄무늬 방향의 기호

기호	뜻	설명도
=	가공에 의한 커터의 줄무늬 방향이 기호를 기입한 그림의 투상면에 평행 예 셰이핑 면 그림	커터의 줄무늬 방향
⊥	가공에 의한 커터의 줄무늬 방향이 기호를 기입한 그림의 투상면에 직각 예 셰이핑 면(옆으로부터 보는 상태) 선삭, 원통 연삭면 그림	커터의 줄무늬 방향
×	가공에 의한 커터의 줄무늬 방향이 기호를 기입한 그림의 투상면에 경사지고 두 방향으로 교차 예 호닝 다듬질면	커터의 줄무늬 방향

M	가공에 의한 커터의 줄무늬가 여러 방향으로 교차 또는 무방향 예 래핑 다듬질면, 슈퍼 피니싱면, 가로 이송을 한 정면 밀링 또는 엔드 밀 절삭면 그림	M
C	가공에 의한 커터의 줄무늬가 기호를 기입한 면의 중심에 대하여 대략 동심원 모양 예 끝면 절삭면 그림	C
R	가공에 의한 커터의 줄무늬가 기호를 기입한 면의 중심에 대하여 대략 레이디얼 모양 그림	R

⑤ 어떤 표면의 결을 얻기 위하여 특정한 가공 방법을 지시할 때에는 그림 (a), (b)와 같이 하고, 표면 처리 전과 후의 표면 거칠기를 지시할 때에는 그림 (c)와 같이 한다.

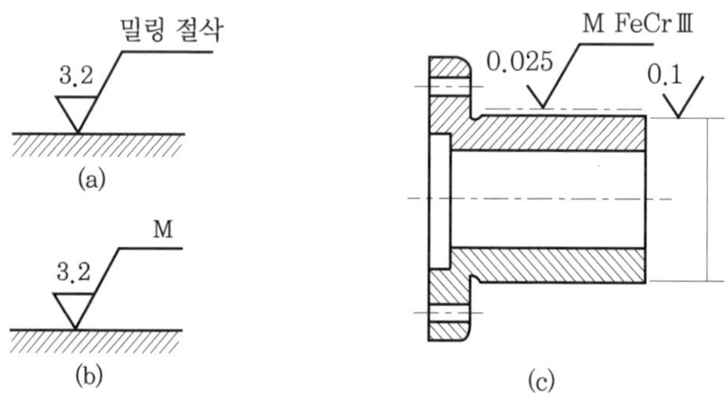

가공 방법의 지시

⑥ 최대 높이(R_y) 또는 10점 평균 거칠기(R_z)로써 지시하는 경우는 면의 지시 기호의 긴쪽 다리에 가로선을 붙여 그 아래쪽에 약호와 함께 기입한다.

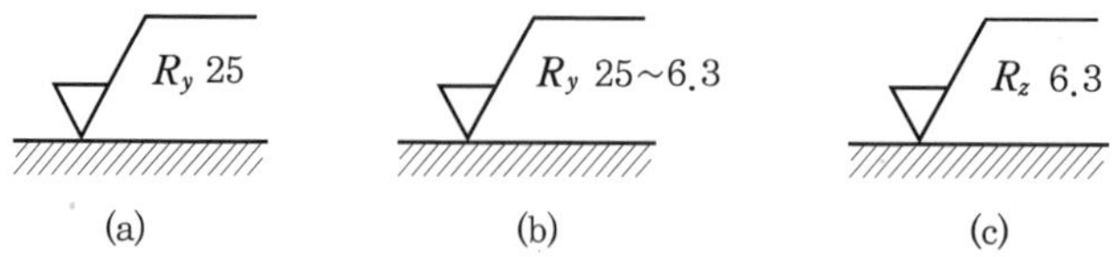

최대 높이, 10점 평균 거칠기로 지시하는 경우

⑦ 표면 거칠기의 지시값에 대한 컷오프값을 지시할 필요가 있을 때에는 면의 지시 기호의 긴 쪽 다리에 붙인 가로선 아래에 표면 거칠기의 지시값을 대응시켜 기입한다.

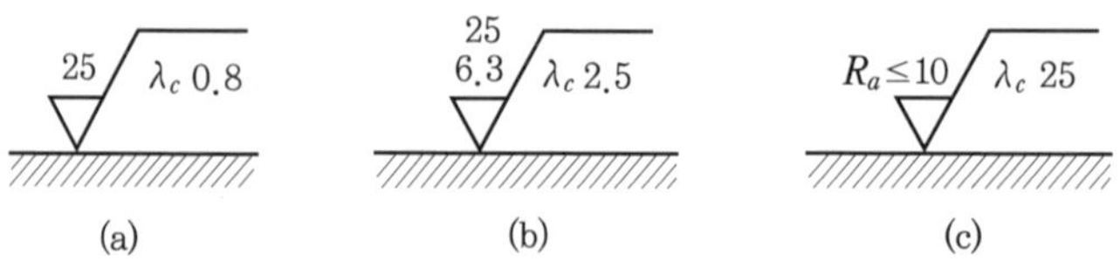

컷오프값을 지시하는 경우

(3) 도면 기입 방법

① 기호는 그림의 아래쪽 또는 오른쪽부터 읽을 수 있도록 기입한다.

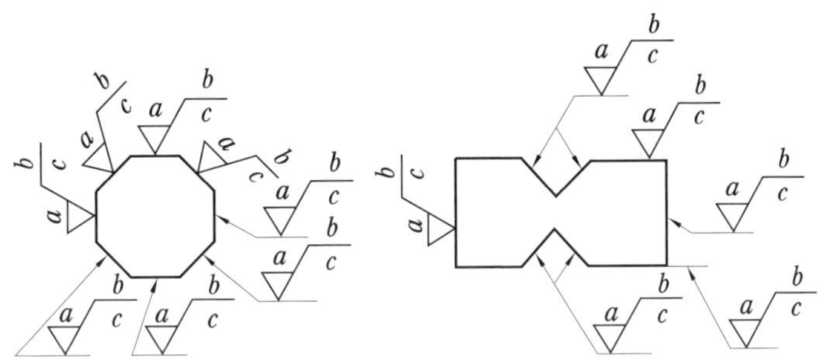

거칠기값의 기입 방법

② 중심선 평균 거칠기 값만을 지시하는 경우에는 다음 그림과 같이 한다.

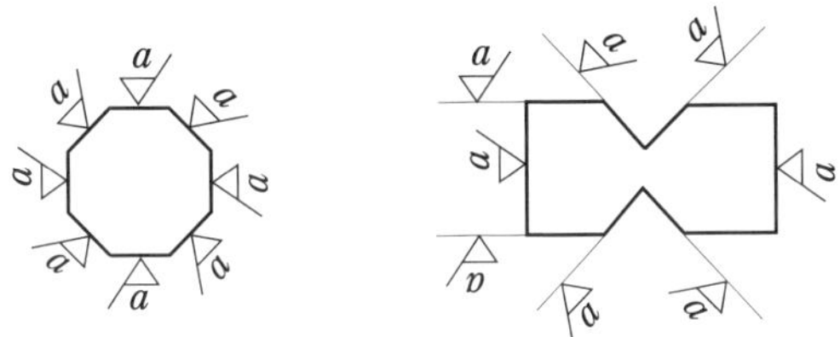

중심선 평균 거칠기 값만을 지시하는 경우

③ 면의 지시 기호는 대상면을 나타내는 선, 그 연장선 또는 그로부터의 치수 보조선에 접하여 실체의 바깥쪽에 기입한다(①항 그림 포함).

④ 그림의 형편상 ③항에 따를 수 없는 경우에는 대상면에서 끌어낸 지시선에 기입해도 좋다(①항 그림).

⑤ 둥글기부 또는 모따기부에 면의 지시 기호를 기입하는 경우에는 반지름 또는 모따기를 나타내는 치수선을 연장한 지시선에 기입한다.

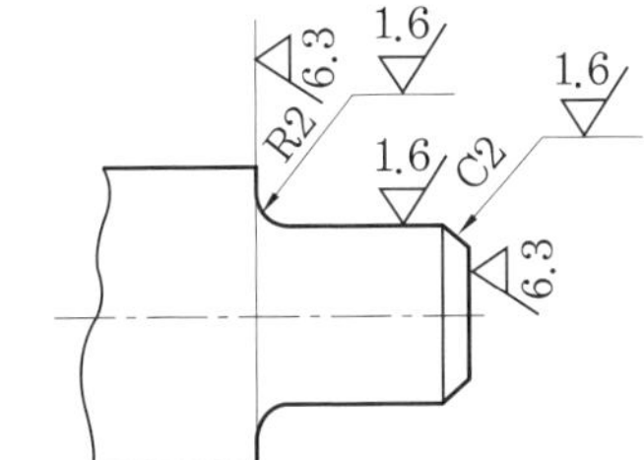

둥글기부, 모따기부에서의 면의 지시

⑥ 둥근 구멍의 지름 치수 또는 호칭을 지시선에 사용하여 표시하는 경우에는 다음 그림과 같이 지름 치수 다음에 기입한다.

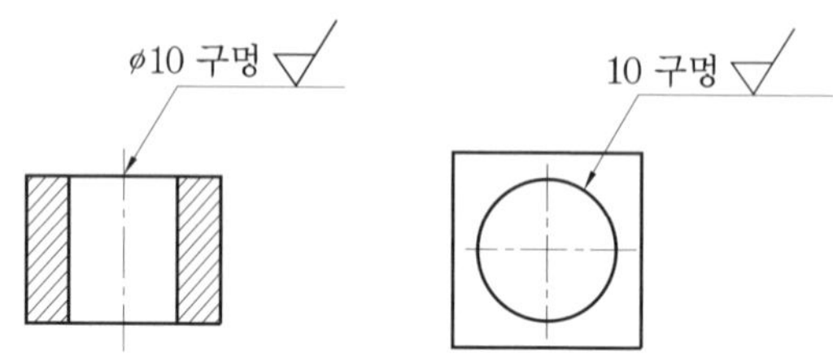

지시선을 사용할 경우

⑦ 표면의 거칠기 기호는 되도록 치수를 지시한 투상도에 기입한다.

⑧ 도면 기입의 간략법

㈎ 부품의 전체면을 동일한 거칠기로 지정하는 경우에는 다음 그림과 같이 주투상도 위쪽 또는 부품 번호 옆에 기입한다.

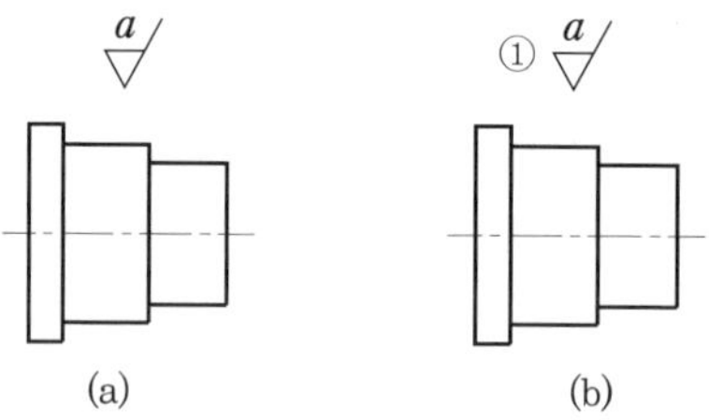

전체를 동일한 거칠기로 지시

㈏ 한 개 부품에서 대부분이 동일한 표면 거칠기이고 일부분만이 다를 경우에는 공통이 아닌 기호를 해당하는 면 위에 기입함과 동시에 공통인 거칠기 기호 다음에 묶음표를 붙여서 면의 지시 기호만을 기입하든지 [그림 (a)] 또는 공통이 아닌 기호를 나란히 기입한다.

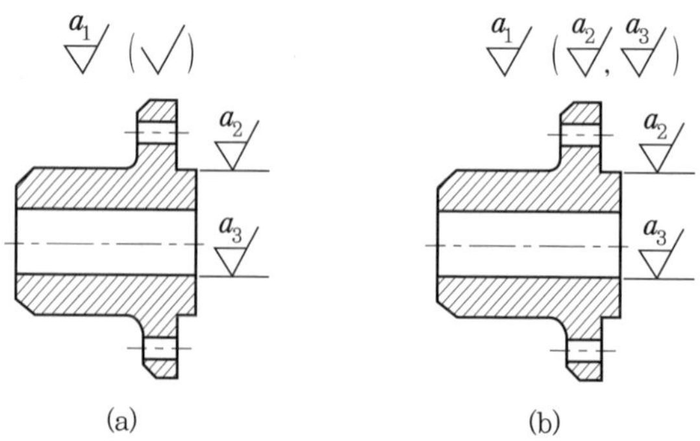

대부분이 같을 경우

㈐ 면의 지시 기호를 여러 곳에 반복해서 기입하는 경우 또는 기입하는 여지가 한정되어 있는 경우에는 대상면에 면의 지시 기호와 알파벳의 소문자로 기입하고, 그 뜻을 주투상도, 부품 번호 또는 표제란 곁에 기입한다.

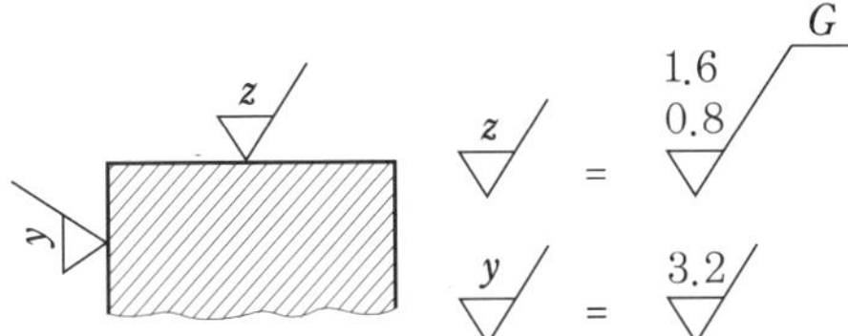

여러 곳에 반복 지시하는 경우

㈑ 둥글기부, 모따기부에 면의 지시 기호를 기입하는 경우, 이들 부분에 접속하는 두 개의 면 중에서 어느 것이든 한쪽의 면과 같으면 되는 경우에는 이 기호는 생략해도 좋다.

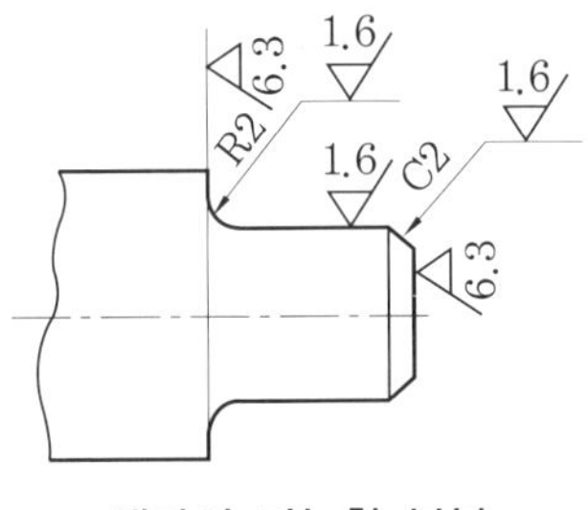

생략이 가능한 부분

4 다듬질 기호

KS B 0617의 부속서에 의하면 면의 지시 기호 대신 다듬질 기호를 사용할 수 있다고 규정하고 있다. 그러나 이 방법은 KS B 0617 원규격과 ISO 규격에는 맞지 않으므로 부득이한 경우가 아니고는 사용하지 않는 것이 좋다.

(1) 다듬질 기호

다듬질 기호를 사용하여 표면 거칠기를 지시할 때는 삼각 기호(▽)와 ○, w, x, y, z 표시한다. 다음 표는 다듬질 기호에 대한 표면 거칠기의 표준값으로, 특별히 지정하는 경우 이외에는 이 중 하나를 선택해서 사용한다.

다듬질 기호의 표면 거칠기의 표준

명칭	다듬질 기호 (종래의 심벌)	표면 거칠기 기호 (새로운 심벌)	가공 방법 및 표시하는 부분
파형	～	(기호)	• 절삭 가공 및 기타 제거 가공을 하지 않는 부분으로써 특별하지 규정은 하지 않는다. 예 주물의 표면부

거친 다듬질	▽	w ▽	• 밀링, 선반, 드릴 등 기타 여러 가지 공작 기계로 일반 절삭 가공만 하고, 끼워 맞춤은 없는 표면에 표시한다. 예 드릴 구멍, 각종 공작 기계에 의한 선삭 가공부 등 • 평균거칠기 값은 약 25~100 μm • 절삭 가공이 거칠다.
중 다듬질	▽▽	x ▽	• 가공된 부분으로써 단지 끼워 맞춤만 있고 마찰운동은 하지 않는 표면에 표시한다. 예 커버와 몸체와의 끼워 맞춤부, 키 홈, 기타 축과 회전체와의 결합부 등 • 평균거칠기 값은 약 6.3~25 μm
상 다듬질	▽▽▽	y ▽	• 끼워 맞춤이 있고 마찰이 되어 서로 회전운동이나 직선왕복운동 등을 하는 표면에 표시한다. 예 베어링과 같은 정밀 다듬질된 축계 기계 요소 등이 끼워지는 표면 등 연삭 가공 및 기타 정밀 가공이 요구되는 가공 표면 • 평균거칠기 값은 약 0.8~6.3 μm
정밀 다듬질	▽▽▽▽	z ▽	• 각종 정밀 가공이 요구되는 가공 표면으로, 대단히 매끄럽고 각종 게이지류, 피스톤, 실린더 등 이러한 정밀도가 높은 부속품이 아니고는 되도록 이 지시 기호는 쓰지 않는다. 예 호닝 등 각종 정밀 입자 가공 등 • 평균거칠기 값은 약 0.1~0.8 μm

주 ① 다듬질 기호의 삼각은 60° 정삼각형에 한 변과 같은 길이의 연장선으로 표시한다.
② 표의 표준 수열 이외의 값을 특히 지시할 필요가 있는 경우에는 다듬질 기호에 그 값을 부기한다.
③ 지시하는 표면 거칠기의 범위가 서로 다른 구간에 있는 경우 삼각형 상면의 표시는 표면 거칠기의 상한에 맞춘다.

(2) 도면 기입 방법

다듬질 기호를 도면에 기입할 때에는 다음 그림과 같이 표시한다.

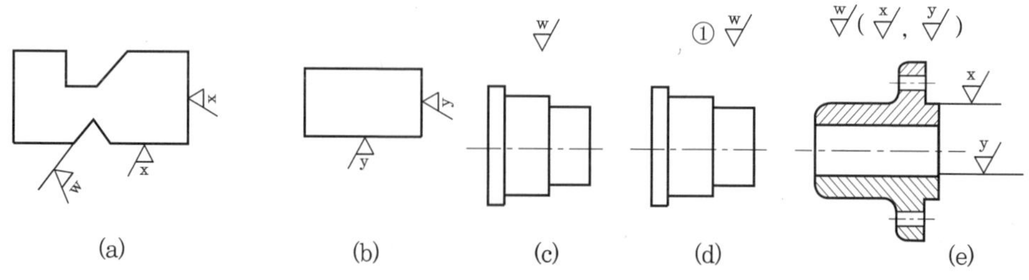

다듬질 기호의 기입 방법

5 가공 방법의 약호

가공 방법의 약호

가공 방법	약호		가공 방법	약호	
	I	II		I	II
선반 가공	L	선반	호닝 가공	GH	호닝
드릴 가공	D	드릴	액체 호닝 가공	SPL	액체 호닝
보링 머신 가공	B	보링	배럴 연마 가공	SPBR	배럴
밀링 가공	M	밀링	버프 다듬질	FB	버프
평삭반 가공	P	평삭	블라스트 다듬질	SB	블라스트
형삭반 가공	SH	형삭	래핑 다듬질	FL	래핑
브로치 가공	BR	브로치	줄 다듬질	FF	줄
리머 가공	FR	리머	스크레이퍼 다듬질	FS	스크레이퍼
연삭 가공	G	연삭	페이퍼 다듬질	FCA	페이퍼
벨트 샌딩 가공	GR	포연	주조	C	주조

6 윤곽 측정

공작물의 윤곽(profile)은 전체 표면에 대한 윤곽과 표면의 요소인 선에 대한 윤곽으로 구분한다. 이론적으로 정확한 치수에 의해 정해진 기하학적 윤곽으로부터 선 또는 면의 윤곽 변화의 크기를 선의 윤곽도 또는 면의 윤곽도라고 부르며, 윤곽에 대한 공차역은 요구되는 선 또는 면의 윤곽에 완전히 평행한 두 개의 가상 곡선 또는 면 사이의 거리이다. 입체적인 윤곽을 가진 공작물에는 그 모양에 알맞게 접촉식 측정기를 입체적으로 이동시키는 등의 방법으로 측정할 수 있으나 지정된 많은 평면 안에서의 선의 윤곽일 때는 측정이 간단해진다.

최근에는 3차원 측정기에 윤곽 측정용 프로그램을 개발하여 3차원적인 모든 윤곽을 측정하기도 한다. 반지름 게이지, 피치 게이지, 센터 게이지, 치형 게이지도 간단한 윤곽 게이지이며, 특별한 경우에는 정지측과 통과측 두 개의 윤곽 게이지를 사용할 수도 있다.

(1) 선의 윤곽도

선의 윤곽도는 이론적으로 정확한 치수에 의해서 정해진 기하학적 윤곽에서 선의 윤곽의 어긋남의 크기를 말한다. 선의 윤곽도 측정에는 투영기, 윤곽 측정기, 3차원 측정기 등을 사용하여 윤곽선을 확대, 투영하거나 또는 그려서 그것들을 이론적으로 정확하게 확대해서 측정한다.

3차원 측정기를 사용해서 윤곽 형상의 확대 도형을 그리는 경우에는 퍼스널 컴퓨터와 XY 플로터(plotter)가 필요하고, 이것을 사용해서 이론적으로 정확하게 확대한 윤곽 형상의 확대도를 그리는 일도 가능하다.

선단 또는 박판의 윤곽도의 경우에는 피측정물을 정반 위의 두 점에 지지하여 될 수 있는 한 분리된 윤곽상의 두 점을 정반면에서 동일 거리가 되도록 조정해서 정반상의 스탠드에 설치한 측미기로 윤곽상 필요한 수의 점으로 측정한다. 구해진 값은 이론적으로 정확한 윤곽에 대해서 선도상에 작도한 템플릿(template)에 의하여 측정, 검사할 수가 있다. 또한 같은 원리에 의한 측정은 윤곽 투영기를 사용해서 할 수 있다.

(2) 면의 윤곽도

면의 윤곽도는 이론적으로 정확한 치수에 의해 정해진 기하학적 윤곽에서 면의 윤곽의 어긋남의 크기를 말한다. 보통 면의 측정은 3차원 측정기가 가장 적합하고 다른 측정기로 행하는 것은 매우 어렵다. 면의 윤곽도는 피측정물을 정확한 자세로 정반 위에 3점을 지지해 놓고 그 윗방향에 놓여진 피측정물을 둘러싼 형상, 템플릿을 사용해서 필요한 수의 점에 양자의 거리를 측정해서 얻어진 값을 선도에 작동해서 결정한다.

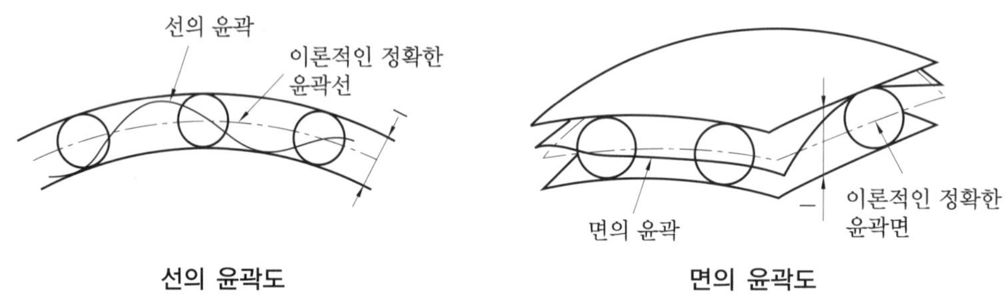

선의 윤곽도 면의 윤곽도

(3) 윤곽 측정기

윤곽 측정기는 촉침에 의해 형상의 윤곽 변위를 자동 변압기에 의해 검출하고 확대, 기록하는 측정기이다. 기구적으로 촉침식 표면 거칠기 측정기와 유사하지만 표면 거칠기 측정기가 가로 방향의 배율을 높게 하고 미세한 표면 형상을 측정하는 데 비하여 윤곽 측정기는 낮은 비율로 세로 방향과 동일 배율로 측정해서 광범위한 윤곽 형상을 데이터와 도형으로 얻는 것이다.

(4) 윤곽 측정의 특징

① 측정력 : 윤곽 측정의 측정력은 약 3 g으로 조정하고 변경하는 경우는 가동 중량 정지 나사를 늦춰서 변동시킨다.

② 추종 각도 : 윤곽 측정 검출기의 촉침은 추종성을 향상시키기 위해서 좌우 방향에 진폭 0.01 mm, 진동수 50~60 Hz의 진동을 주고 있다. 그러나 구멍이 있는 표면이나 불투명면에 대해서는 경사를 작게 해야 한다.

③ 판독 방식 : 기록 도형의 판독에는 직접법, 템플릿법, 비교법 등이 사용된다. 모니터에 측정된 윤곽을 표현하고 소프트웨어를 활용하여 곡선의 반경, 면과 면의 각도, 길이 등의 각 윤곽 형상의 치수를 측정하고 출력할 수 있다.

예상문제

1. 다듬질 기호와 다듬질 상태를 나타낸 것 중 틀린 것은?

① ∽ : 보통 다듬질
② $\overset{\text{w}}{\nabla}$: 거치른 다듬질
③ $\overset{\text{x}}{\nabla}$: 중간 다듬질
④ $\overset{\text{y}}{\nabla}$: 상 다듬질

해설 ∽ 기호는 가공을 하지 않고 그대로 두거나 돌기부만 약간 따내는 것으로 주물, 단조품면에 쓰이며, 비절삭 가공 기호이다.

2. 줄가공, 플레이너, 선반 등에 의한 가공으로서 가공의 흔적이 남을 정도의 거치른 가공면을 나타내는 기호는 어느 것인가?

① $\overset{\text{y}}{\nabla}$ ② $\overset{\text{x}}{\nabla}$ ③ $\overset{\text{w}}{\nabla}$ ④ ∽

3. 공작 기계의 미끄럼면, 게이지의 측정면 등 가공의 흔적이 없는 가공면의 기호는 다음 중 어느 것인가?

① $\overset{\text{y}}{\nabla}$ ② $\overset{\text{x}}{\nabla}$
③ $\overset{\text{w}}{\nabla}$ ④ ∽

4. 다듬질 기호 $\overset{\text{z}}{\nabla}$ 는 다음 중 어느 것에 해당하는가?

① 0.1~0.8S ② 1.5~6S
③ 12~25S ④ 35~100S

해설 ②항은 $\overset{\text{y}}{\nabla}$, ③항은 $\overset{\text{x}}{\nabla}$, ④항은 $\overset{\text{w}}{\nabla}$ 에 해당한다.

5. 표면 거칠기의 표시 0.8S에 대한 설명 중 틀린 것은?

① S는 서피스(surface : 표면)의 첫 자이다.
② 0.8S는 0.8μ 이하의 조도로서 요철의 최대 높이가 0.8μ임을 표시한다.
③ S는 μ로 표시하는데 $\frac{1}{1000}$ mm이다.
④ 0.8S는 0.08 mm이다.

6. 표면 거칠기 중 일반적으로 쓰이는 것은?

① 최대 높이(H_{max})
② 10점 평균 거칠기(R_z)
③ 중심선 평균 거칠기(R_a)
④ 전체 평균 거칠기

7. 다음 대상면의 표시 기호 중 제거 가공을 허용하지 않는 것을 지시하는 경우로 옳은 것은?

① ②
③ ④

8. 다음 중 표면 거칠기를 표시하는 기호가 서로 잘못 짝지어진 것은?

① 최대 높이 거칠기 : R_y
② 기준선 거칠기 : R_μ
③ 중심선 평균 거칠기 : R_a
④ 10점 평균 거칠기 : R_z

9. KS와 ISO 모두에 규정되어 있는 표면 거칠기 방법은 어느 것인가?

① 최대 높이 거칠기
② 10점 평균 거칠기
③ 중심선 평균 거칠기
④ 기준선 평균 거칠기

정답 » 1. ① 2. ③ 3. ① 4. ① 5. ④ 6. ③ 7. ② 8. ② 9. ③

10. 다음 최대 거칠기를 표시한 것 중에서 가장 표면이 매끄러운 것은?

① 1.6S ② 0.1Z
③ 12.5a ④ 0.1S

해설 S는 최대 높이 거칠기, a는 중심선 평균 거칠기, Z는 10점 평균 거칠기를 표시한다.

11. 그림에서 $\overset{x}{\bigtriangledown}(\overset{y}{\bigtriangledown})$에 대한 설명으로 옳은 것은?

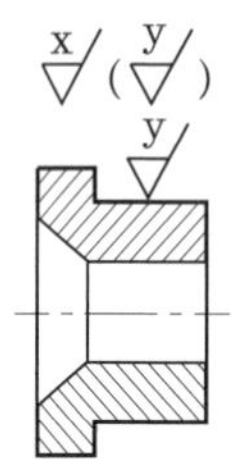

① $\overset{x}{\bigtriangledown}$로 일부만 다듬질하고 $\overset{y}{\bigtriangledown}$는 나머지 부분을 다듬질한다.

② 일부는 $\overset{y}{\bigtriangledown}$로 다듬질하고 $\overset{x}{\bigtriangledown}$는 나머지 부분을 다듬질한다.

③ 전부 다듬질하되 $\overset{x}{\bigtriangledown}$나 $\overset{y}{\bigtriangledown}$을 선택해서 다듬질한다.

④ 전면을 $\overset{y}{\bigtriangledown}$로 다듬질한다.

12. 가공 방법의 약호 중 주조를 표시한 것은 어느 것인가?

① FB ② C
③ B ④ FL

13. 다음 가공 방법의 약호 중 선반 가공을 나타내는 것은?

① FR ② L
③ B ④ FL

해설 ①은 리머 가공, ③은 보링 가공, ④는 래핑 가공을 뜻한다.

14. 다음 가공 모양의 기호 중 가공으로 생긴 선이 거의 방사상을 표시하는 것은?

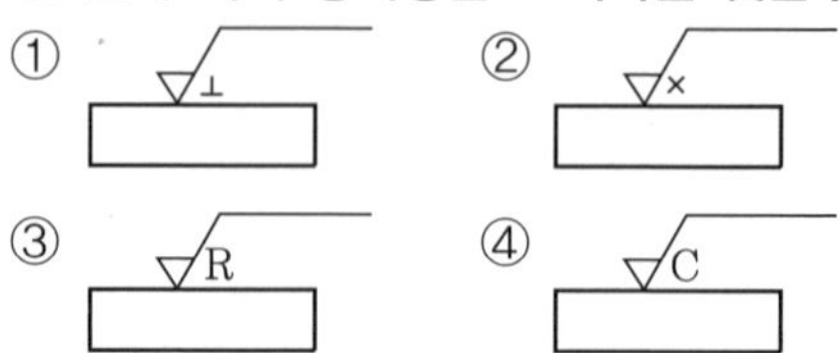

해설 ①은 가공으로 생긴 줄이 수직, ②는 가공으로 생긴 줄이 교차, ④는 가공으로 생긴 선이 거의 동심원, $\overset{=}{\bigtriangledown}$은 가공으로 생긴 줄이 평행, $\bigtriangledown M$은 가공으로 생긴 줄이 다방면으로 되어 있는 것을 나타낸다.

15. 가공 방법의 약호 중 잘못된 것은?

① FR－리머
② FS－스크레이퍼
③ M－밀링
④ D－보링

16. 표면 거칠기를 작게 하면 다음과 같은 이점이 있다. 틀린 것은?

① 공구의 수명이 연장된다.
② 유밀, 수밀성에 큰 영향을 준다.
③ 내식성이 향상된다.
④ 반복 하중을 받는 교량의 경우 강도가 크다.

해설 표면 거칠기는 극히 작은 길이에 대하여 μ 단위 길이나 높이로서 구분하고 있으며 교량 등에는 적용할 수 없다.

17. 표면 거칠기 측정법으로 틀린 것은?

① 수준기를 사용하는 법
② 광절단식 표면 거칠기 측정법
③ 비교용 표준편과 비교 측정하는 법
④ 촉침식 측정기 사용법

해설 ②, ③, ④ 외에 현미 간섭식 표면 거칠기 측정법이 있다.

정답 » 10. ④ 11. ② 12. ② 13. ② 14. ③ 15. ④ 16. ④ 17. ①

18. KS에 규정된 표면 거칠기 표시법이 아닌 것은?
① 중심선 평균 거칠기(R_a)
② 최대 높이 거칠기(R_y)
③ 10점 평균 거칠기(R_z)
④ 제곱 평균 거칠기(R_s)

19. 윤곽 측정의 측정력은 약 몇 g인가?
① 3 g ② 10 g
③ 30 g ④ 50 g

20. 윤곽 측정 시 구멍이 있는 표면이나 불투명면에 대해서는 경사를 어떻게 해야 하는가?
① 크게 한다.
② 작게 한다.
③ 경사와 무관하다.
④ 크거나 같게한다.

21. 윤곽 측정의 판독 방식이 아닌 것은?
① 직접법 ② 템플릿법
③ 비교법 ④ 간접법

22. 윤곽 측정기로 할 수 있는 윤곽 형상의 측정이 아닌 것은?
① 면과 면의 각도
② 곡선의 반경
③ 면의 경도
④ 면과 면의 길이

23. 면의 윤곽도 측정에 가장 적합한 측정기는 다음 중 어느 것인가?
① 미니미터
② 오토콜리메이터
③ 측미현미경
④ 3차원 측정기

24. 다음 중 윤곽 측정기라고 할 수 없는 것은 어느 것인가?
① 반지름 게이지
② 피치 게이지
③ 블록 게이지
④ 센터 게이지

25. 측정되는 표면 거칠기 값 중에 작은 값보다 큰 값에 비중을 두어 산술 평균값보다 의미 있는 제곱 평균값을 갖는 표면 거칠기 표시 방법은?
① R_a ② R_q
③ R_z ④ $R_{mr}(c)$

정답 » 18. ④ 19. ① 20. ② 21. ④ 22. ③ 23. ④ 24. ③ 25. ②

4-4 나사 및 기어 측정

1 나사 측정

(1) 나사의 기준산 모양과 기준 치수

아래 그림은 미터 보통 나사의 기준산 모양으로 여기서 사용된 기호의 의미는 다음과 같다.

① 수나사의 바깥지름(d) : 수나사의 산봉우리에 접하는 가상 원통 지름

② 암나사의 골지름(D) : 암나사의 골 밑에 접하는 가상 원통 지름

③ 수나사의 골지름(d_1) : 수나사의 골 밑에 접하는 가상 원통 지름

④ 암나사의 안지름(D_1) : 암나사의 산봉우리에 접하는 가상 원통 지름

⑤ 유효지름(d_2, D_2) : 축선에 평행하게 측정한 나사산의 홈의 나비와 산의 나비가 같게 되는 가상 원통의 지름

⑥ 피치(P) : 나사의 축선을 포함한 단면에서 서로 이웃하는 산에 대응하는 2점을 축선에 평행하게 측정한 거리

⑦ 나사산의 각도 : 축선을 포함한 단면에서 측정한 서로 이웃하는 2개의 플랭크가 이루는 각도

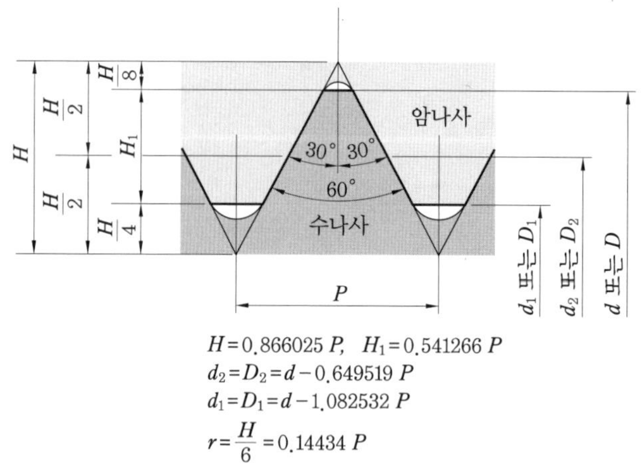

$H = 0.866025\,P$, $H_1 = 0.541266\,P$

$d_2 = D_2 = d - 0.649519\,P$

$d_1 = D_1 = d - 1.082532\,P$

$r = \frac{H}{6} = 0.14434\,P$

나사의 기준산 모양과 기준 치수

(2) 등가 유효지름

수나사와 암나사가 서로 끼워 맞춤되기 위해서는 먼저 나사산의 피치와 산의 반각이 꼭 같아야 하겠지만 실제로는 불가능하다. 따라서 유효지름 D_2의 정확한 암나사에 피치오차 δ_P 또는 반각오차 $\delta_{\alpha/2}$가 있는 수나사를 끼워 맞춤하기 위해서는 유효지름이 D_2보다 어떤 값(f_1 또는 f_2)만큼 작아야 한다. 이 f_1 및 f_2를 피치오차 및 반각오차의 등가유효지름(effective diameter equvilent)이라 하며, 다음 식으로 표시한다.

$f_1 = \delta_P \cot\frac{\alpha}{2}$

$f_2 = \delta_{\alpha/2}\frac{2H_1}{\sin\alpha}$ ($\delta_{\alpha/2}$: 라디안)

또는 $f_2 = \delta_{\alpha/2}\frac{0.582H_1}{\sin\alpha}$ [μm] [$\delta_{\alpha/2}$: 분(min), H_1 : mm]

여기서, δ_P: 나사산 피치오차 중 절댓값의 최댓값

$\delta_{\alpha/2}$: 반각오차 중 절댓값의 최댓값

KS의 미터 나사 및 유니파이 나사의 등가유효지름(μ)은 다음 식과 같다.

$f_1 = 1.732\,\delta_P$

$f_2 = 0.364\,P\,\delta_{\alpha/2}$(단, P는 mm, δ_P는 μ, $\delta_{\alpha/2}$는 분 단위이다.)

단독유효지름 d_2, D_2의 수나사와 암나사의 피치오차 및 반각오차의 등가유효지름을 각각 f_1, F_1 및 f_2, F_2라 하면, 수나사와 암나사의 종합유효지름 d_{2W}, D_{2W}는 다음과 같다.

$d_{2W} = d_2 + (f_1 + f_2)$

$D_{2W} = D_2 - (F_1 + F_2)$

끼워 맞춤이 가능한 조건은 다음과 같다.

$d_{2W} \leqq D_{2W}$

(3) 수나사의 측정법

수나사의 바깥지름은 마이크로미터로 측정하면 좋고, 골지름의 측정은 V형 프리즘을 사용한다. 유효지름을 측정하는 데는 나사마이크로미터에 의한 방법과 3개의 지름이 같은 선을 이용하는 삼선법 및 공구 현미경 등의 광학적 측정기로 사용하는 방법이 있다.

① 삼선법 : 나사 게이지와 같이 정도가 높은 나사의 유효지름 측정에 사용된다. 그림과 같이 지름이 같은 3개의 선을 나사산에 대고, 와이어의 바깥쪽을 마이크로미터로 측정하여 다음과 같은 계산으로 유효지름을 구할 수 있다.

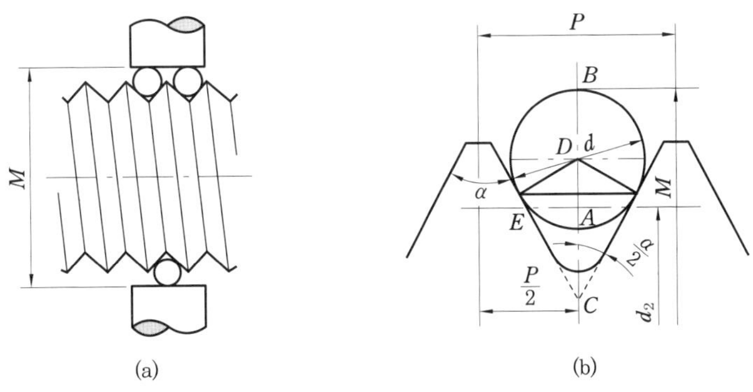

삼선법에 의한 유효지름의 측정법

여기서, P : 피치, d : 와이어의 지름, α : 나사산의 각도, M : 마이크로미터의 읽음

$$AB = BD + DC - AC$$

$$AE = \frac{P}{4},\ AC = \frac{P}{4} \cdot \cot\frac{\alpha}{2}$$

$$DC = \frac{\frac{d}{2}}{\sin\frac{\alpha}{2}}$$

$$\therefore\ AB = \frac{d}{2} + \frac{\frac{d}{2}}{\sin\frac{\alpha}{2}} - \frac{P}{4} \cdot \cot\frac{\alpha}{2}$$

따라서 $d_2 = M - 2AB = M - d\left(1 + \frac{1}{\sin\frac{\alpha}{2}}\right) + \frac{1}{2}P\cot\frac{\alpha}{2}$

미터나사 및 유니파이 나사에서는 60°이므로 $d_2 = M - 3d + 0.86603P$로 된다.

다음 그림과 같이 와이어가 유효지름에서 나사선에 닿도록 하는 것이 좋다.

$$d = \frac{P}{2\cos\frac{\alpha}{2}}$$

미터나사 및 유니파이 나사에서는 $d = 0.57735P$로 산출할 수 있다.

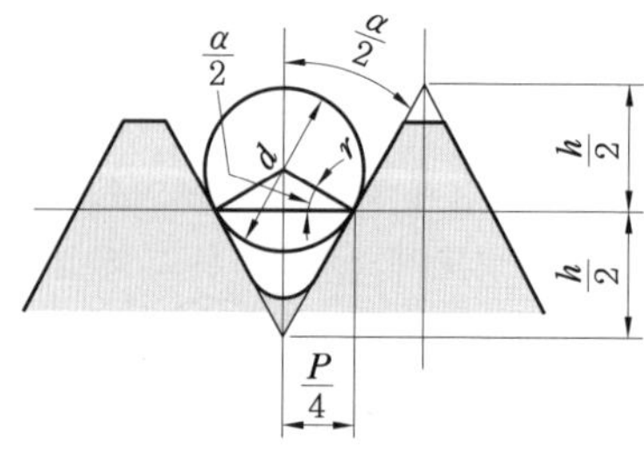

삼선의 유효지름

2 기어 측정

기어는 차례차례로 맞물려 돌아가는 이에 의해 그 축 간의 운동 또는 동력을 전달하는 주요한 기계요소로서 부정확한 이의 모양을 가진 기어는 회전 시에 진동, 소음이 생기고 따라서 이 면의 손상도 심하여 원활한 운동이 곤란하게 된다.

기어에는 두 축 간의 관계 위치에 따라 평기어, 베벨 기어, 헬리컬 기어, 웜 기어 등이 있다.

(1) 인벌류트 평기어의 기본 치수

그림 (a)와 같이 기초원 D_g에 감은 실을 잡아당기면서 S점에서부터 원주를 따라 풀었을 때, 실 위의 한 점 P가 그리는 궤적 SP가 인벌류트 곡선이며, 인벌류트 기어는 이 곡선을 이의 모양으로 한 것이다.

인벌류트 곡선 SP의 한 점 P에서의 압력각을 α라 하면 각 θ는

$\theta = \tan\alpha - \alpha = \text{inv}\alpha$

여기서, inv : 인벌류트 함수

즉, θ는 α만의 함수가 된다. 그러므로 그림 (a)는 α값에 대한 θ의 값을 표시한 것이다. 인벌류트 기어를 결정하는 기본 치수는 그림 (b)와 같이 잇수 Z, 기초원 D_g(또는 법선 피치 t_n) 및 기초원 위의 이의 틈새를 표시하는 각 x의 세 가지이다.

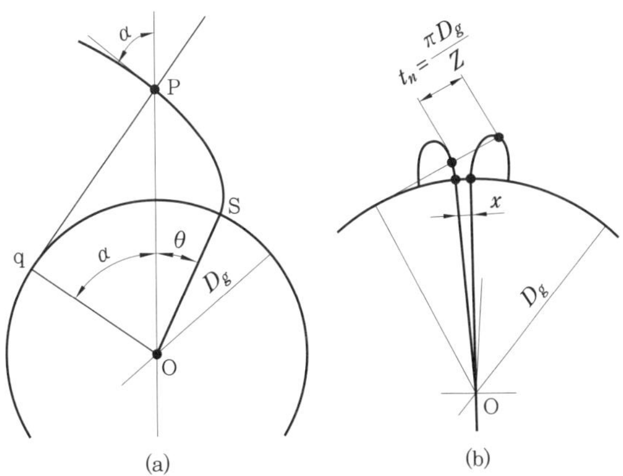

인벌류트 곡선과 인벌류트 기어의 기본 치수

아래 그림은 모듈 m, 공구압력각 α_n의 표준 래크 공구에 의한 전위 이 모양을 표시한 것인데, X는 다음 식과 같이 나타낼 수 있다.

$$X = \frac{\pi}{2} - 2\text{inv}\alpha_n - \frac{4\tan\alpha_n}{Z} \cdot X \text{ (단, } X \text{ : 전위 개수)}$$

위의 식에서, $X = 0$일 때에는 표준 기어, $X > 0$일 때에는 정전위 기어,

$X < 0$일 때에는 부전위기어

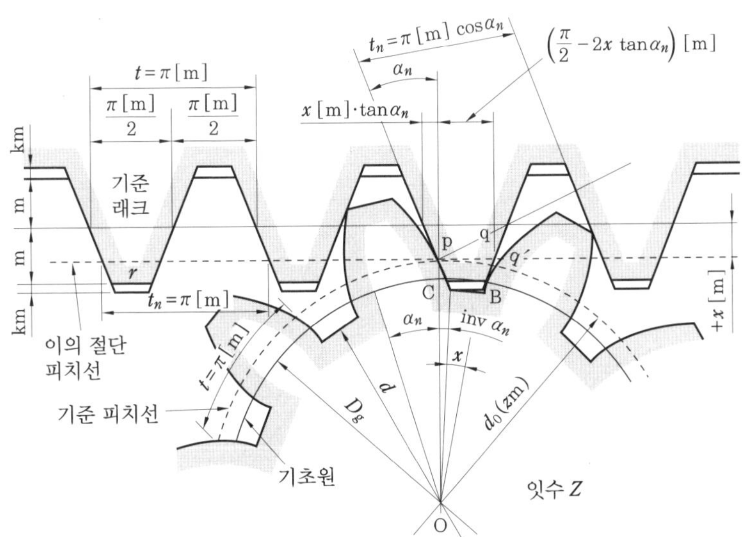

래크형 공구에 의한 전위 기어

① 기준 피치원 지름(d_0) : 잇수 Z에 모듈 m을 곱한 것과 같다.

$$d_0 = Z \cdot m$$

② 기초원 지름(D_g) : 인벌류트 이의 모양을 만드는 데 기초가 되는 원을 기초원이라 한다.

③ 기준 압력각(α_n) : 피치점에서 반지름선과 이의 모양의 접선이 이루는 각도를 기준 압력각이라 한다.

$$\cos\alpha_n = \frac{D_g}{d_0}$$

④ 기준 원주 피치(t) : 기준 피치원 위에서 측정하여 인접한 이에 대응하는 부분 사이의 거리를 기준 원주 피치라고 한다.

$$t = \frac{\pi d_0}{z} = \pi \cdot m$$

⑤ 법선 피치(t_n) : 축에 직각인 단면에서 오른쪽 또는 왼쪽의 서로 이웃하는 이의 모양 사이의 공통 법선에 따라 측정한 피치를 법선 피치라 한다.

$$t_n = \pi \cdot m \cdot \cos\alpha_n$$

⑥ 기초 원주 피치(t_g) : 이의 면을 형성하는 오른쪽 또는 왼쪽의 인벌류트의 기점 사이의 기초원의 길이로 이의 면이 동일 기초원에 의한 정확한 인벌류트면인 경우에는 법선 피치와 같다. 또한, 측정된 법선 피치와 기초 원주 피치 및 기준 원주 피치 사이에는 다음과 같은 관계가 성립된다.

$$t_n = t_g = t \cdot \cos\alpha_0$$

⑦ 중심거리(C) : 한 쌍의 기어 축 사이의 최단 거리를 중심거리라 한다.

$$C = (Z_1 + Z_2)\frac{m}{2}$$

(2) 걸치기 이두께의 측정

인벌류트 기어를 몇 개의 이를 걸쳐서 측정한 이두께를 걸치기 이두께라 한다.

다음 그림과 같이 외측 마이크로미터의 앤빌 및 스핀들에 원판형의 플랜지를 붙인 이두께 마이크로미터를 사용하여 측정한다.

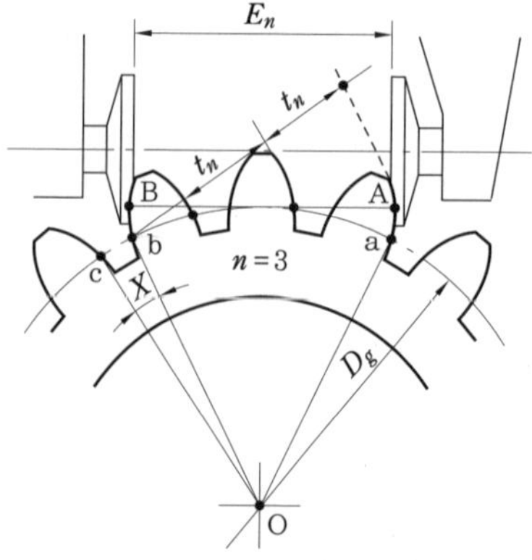

이두께 마이크로미터

기어의 제작 도면에는 걸치기 이두께의 치수가 기입되어 있는데, 제작 완료된 기어는 물론이지만 절삭 가공 중에도 규정된 치수로 있는지를 측정해야 한다.

그림에서와 같이 이두께 마이크로미터로 n개의 이 두께를 측정하면

$$E_n = \left(n - \frac{ZX}{2\pi}\right)t_n$$

X를 대입하면

$$E_n = m \cdot \cos\alpha_n\{\pi(n-0.5) + Z\mathrm{inv}\,\alpha_n\}$$

$\alpha_n = 14.5°$이면

$$E_n = m(3.04152n + 0.0053682Z - 1.52076)$$

$\alpha_n = 20°$이면

$$E_n = m(2.95213n + 0.0140055Z - 1.47606)$$

(3) 이두께 버니어 캘리퍼스에 의한 이두께 측정

이두께 버니어 캘리퍼스는 이의 높이와 그 위치에서 이두께를 동시에 측정할 수 있는 버니어 캘리퍼스이다. 그림 (a)는 이두께 버니어 캘리퍼스에 의한 이두께 측정법을 표시한 것이다. 그림 (b)에서 이두께 버니어 캘리퍼스로 측정한 이두께 T는 직선 이두께이고, h는 현 어덴덤이라 하는데, 각각 다음과 같은 식으로 계산할 수 있다.

직선 이두께 $T = z \cdot m \cdot \sin\dfrac{90°}{z}$

현 어덴덤 $h = \dfrac{zm}{2}\left(1 - \cos\dfrac{90°}{z}\right) + m$

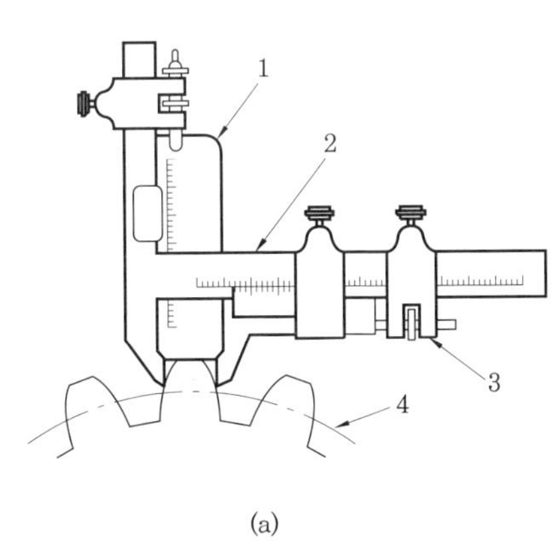

(a)

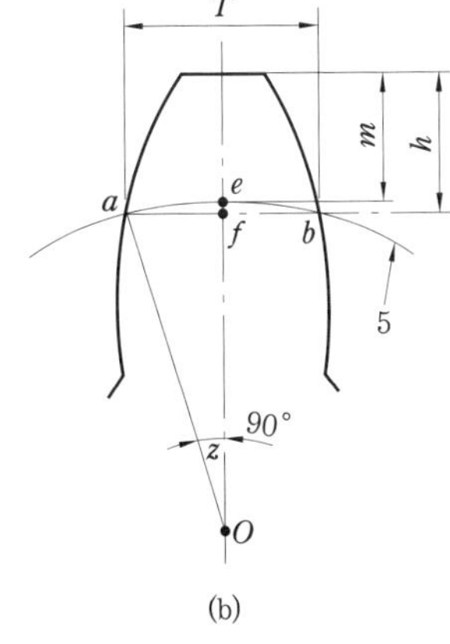

(b)

1. 이 높이용 버니어 캘리퍼스　　2. 이 두께용 버니어 캘리퍼스
3. 이송 장치　　4, 5. 피치원

이두께 버니어 캘리퍼스

(4) 평기어 정도와 이 모양 치수의 허용 오차

평기어의 등급은 정도에 따라 0급부터 8급까지 총 9등급으로 구분되어 있다.

① 이 모양 오차 : 실제의 이 모양과 피치원 상의 교점을 지나는 정확한 인벌류트를 기준으로 하며 그것에 수직 방향으로 측정한 이 모양 검사 범위 내에서 (+)측 오차와 (−)측 오차의 합을 이 모양 오차라 한다.

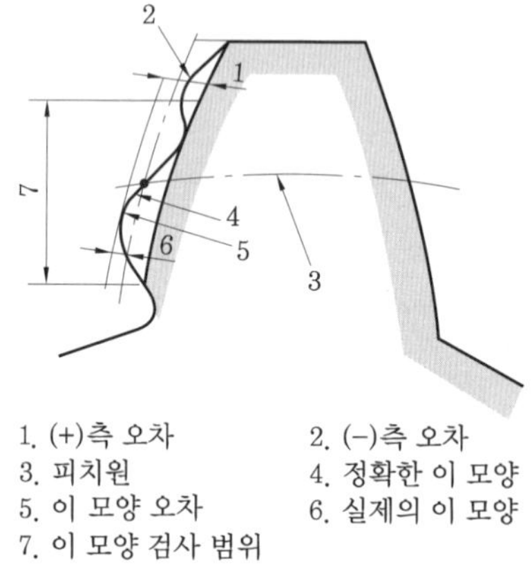

1. (+)측 오차
2. (−)측 오차
3. 피치원
4. 정확한 이 모양
5. 이 모양 오차
6. 실제의 이 모양
7. 이 모양 검사 범위

이 모양 오차

② 단일 피치 오차 : 인접한 이의 피치원 상에서의 실제 피치와 이론적인 피치와의 차를 단일 피치 오차라 한다.

③ 인접 피치 오차 : 피치원 상의 인접한 두 피치의 차를 인접 피치 오차라 한다.

④ 누적 피치 오차 : 피치원 상에서 임의의 두 이 사이의 실제 피치의 합과 이론값의 차를 누적 피치 오차라 한다.

⑤ 법선 피치 오차 : 정면 법선 피치의 실제 치수와 이론값의 차를 법선 피치 오차라 한다.

⑥ 이 홈의 흔들림 : 볼 또는 핀 등의 측정자를 이 홈의 양측 이의 면에 피치원 부근에서 접촉시켰을 때 반지름 방향 위치의 최대차를 이 홈의 흔들림이라 한다.

(5) 기어의 물림 시험

기어의 피치 오차, 이 모양 오차 등의 단독 측정 이외에 기어의 정도를 종합적으로 시험하는 방법으로서 기어의 물림 시험이 있다. 즉, 마스터 기어에 제작된 기어를 물려서 그 물림 상태를 조사하는 것이다.

예상문제

1. 다음 중 나사의 유효지름을 측정하는 방법이 아닌 것은?
① 나사 게이지에 의한 방법
② 투영기에 의한 방법
③ 공구 현미경에 의한 방법
④ 삼선에 의한 방법

2. 나사산각을 측정할 때 주의할 점은?
① 나사를 나사산의 반각만큼 경사시킨다.
② 나사를 나사산 각만큼 경사시킨다.
③ 나사를 나사의 리드각만큼 경사시킨다.
④ 나사를 수평으로 하여 측정한다.

3. 나사 측정에서 가장 많이 사용하는 광학 측정기는?
① 공구 현미경
② 기어 테스터
③ 나사 마이크로미터
④ 피치 게이지

4. 나사의 측정 대상이 아닌 것은?
① 유효지름　② 리드각
③ 산의 각도　④ 피치

해설 나사 측정 대상 : 유효지름, 피치, 산의 각도, 바깥지름, 골지름

5. 나사의 유효지름을 측정할 때 가장 정밀도가 높은 측정법은?
① 나사 마이크로미터에 의한 측정
② 공구 현미경에 의한 측정
③ 삼침법에 의한 방법
④ 피치 게이지

6. 나사의 유효지름을 측정할 수 없는 측정기는 어느 것인가?
① 나사 마이크로미터
② 공구 현미경
③ 측장기
④ 콤비네이션 세트

7. 나사의 유효지름 측정과 관계없는 것은?
① 나사 마이크로미터
② 센터 게이지
③ 삼침법
④ 만능 측정기

8. 삼침법은 나사의 무엇을 측정하는가?
① 바깥지름　② 골지름
③ 유효지름　④ 피치

9. 수나사의 검사는 다음 중 어느 것을 측정해야 가장 정확한가?
① 산의 각도, 피치, 유효지름
② 바깥지름, 골지름, 산의 각도, 유효지름
③ 산의 각도, 바깥지름, 피치, 유효지름
④ 바깥지름, 골지름, 유효지름, 피치, 산의 각도

10. 나사 마이크로미터, 삼침법, 나사 한계 게이지의 측정 대상은?
① 바깥지름　② 유효지름
③ 골지름　④ 나사산각

11. 삼선법에 의하여 미터나사의 유효지름 d_2를 구하는 공식은 다음 중 어느 것인가? [단, d_m : 삼선의 지름(mm), P : 나사의 피치(mm), M : 삼선을 나사의 골에 넣고 측정한 외측거리(mm)]

정답 » 1. ① 2. ③ 3. ① 4. ② 5. ③ 6. ④ 7. ② 8. ③ 9. ④ 10. ② 11. ②

① $M - 3.16567d_0 + 0.96049P$
② $M - 3d_m + 0.866025P$
③ $M + 3.16567d_0 - 0.96049P$
④ $M + 3d_0 - 0.866025P$

12. 나사의 끼워 맞춤과 가장 관계가 깊은 결정량은?
① 바깥지름 ② 유효지름
③ 피치 ④ 산각

13. 미터나사에 대해 최적 지름 $W = 3\text{mm}$의 3침을 사용하여 외측거리 $M = 50\text{mm}$를 얻었다. 유효지름은?
① 44.785 mm ② 44.483 mm
③ 44.672 mm ④ 45.500 mm

해설 $M = 50\text{ mm},\ W = 3\text{ mm}$

$W = 0.57735 \times P \rightarrow P = \frac{W}{0.57735}$ 이므로

$d_e = M - 3W + 0.866025P$

$= 50 - 3 \times 3 + 0.866025 \times \left(\frac{3}{0.57735}\right)$

$= 45.500\text{ mm}$

14. 피치 2.5 mm의 미터나사의 유효지름 측정 시 가장 적당한 삼침의 지름은?
① 1.443 mm ② 1.486 mm
③ 1.326 mm ④ 1.238 mm

해설 $W_0 = \frac{P}{2\cos\frac{\alpha}{2}} = 0.57735 \times P$

$= 1.443\text{ mm}$

15. 나사의 결정량 중 끼워 맞춤의 종합적 판단의 기준이 되는 것은?
① 바깥지름 ② 유효지름
③ 골지름 ④ 피치

16. 공구 현미경으로 나사를 측정할 때 나사 축 또는 경통의 지주를 얼마나 경사시켜야 하나?
① 3° ② 5°
③ 리드각만큼 ④ 나사산 각만큼

17. 삼선법에 의한 유효지름 측정 시 피치가 1.25 mm 이상일 때 측정력은 몇 g을 사용해야 하는가?
① 200 g ② 400 g
③ 1000 g ④ 1500 g

해설 900~1100 g 사용

18. 삼침법에 의한 유효지름 측정 시 삼선지름에 2 μm의 측정 오차가 있으면 60° 나사의 경우 유효지름에 미치는 오차값은?
① 2 μm ② 4 μm ③ 6 μm ④ 8 μm

해설 유효지름 d_e

$= M - W\left(1 + \frac{1}{\sin\frac{\alpha}{2}}\right) + \frac{1}{2}P \cdot \cos\frac{\alpha}{2}$

위의 공식을 W에 대해 편미분하면,
$\delta W = 2\mu\text{m}$

$\Psi W = \delta W\left(1 + \frac{1}{\sin\frac{\alpha}{2}}\right)$

$= 2\left(1 + \frac{1}{\sin\frac{60}{2}}\right) = 6\mu\text{m}$

19. 선반의 리드(lead) 나사 피치 측정 시 관계없는 기기는 어느 것인가?
① 다이얼 게이지 ② V형 블록
③ 블록 게이지 ④ 하이트 게이지

20. V 블록 위에 측정물을 올려놓고 회전하였을 때, 다이얼 게이지의 눈금이 0.5 mm의 차이가 있었다면 진원도는?
① 0.25 mm ② 0.5 mm
③ 1.0 mm ④ 5 mm

해설 진원도 $= \frac{\text{편심량}}{2} = \frac{0.5}{2} = 0.25\text{mm}$

정답 » 12. ② 13. ④ 14. ① 15. ② 16. ③ 17. ③ 18. ③ 19. ④ 20. ①

5. 3차원 측정 및 정도 관리

5-1 3차원 측정

1 3차원 측정기의 일반

3차원 측정기란 주로 측정점 검출기(probe)가 서로 직각인 X, Y, Z축 방향으로 운동하고 각 축이 움직인 이동량을 측정장치에 의해 측정점의 공간 좌표값을 읽어 피측정물의 위치, 거리, 윤곽, 형상 등을 측정하는 만능 측정기를 말한다.

(1) 3차원 측정기의 사용 효과

① 측정 능률의 향상

㈎ 피측정물의 설치 변경에 따른 시간이 절약된다.

㈏ 보조 치공구를 거의 사용하지 않는다.

㈐ 측정점의 데이터는 컴퓨터에 의해 연산되고 즉시 프린트된다.

㈑ 프로그램에 의해 측정 결과의 합부 판정이 동시에 표시된다.

② 컴퓨터와 병용해서 종래에 곤란한 측정 문제가 해결된다.

③ 복잡한 측정물의 측정 정도 및 신뢰성이 향상된다.

④ 측정값이 안정적이다.

⑤ 피로가 경감된다.

⑥ 데이터 정리의 자동화가 이루어진다.

⑦ 자동화 효과가 있다.

(2) 사용 환경

정밀측정기를 설치하는 환경은 측정값의 신뢰성에 큰 영향을 미친다. 정밀측정실은 20℃±1℃ 정도의 환경을 만들어 줄 필요가 있으며 습도는 측정값에 영향을 미치지 않으나, 공작물이 녹스는 것을 방지하기 위하여 55%±5% 정도로 유지시키는 것이 좋다.

(3) 3차원 측정기의 분류

① 측정값 읽음 방식에 의한 분류

㈎ 아날로그(analog) 방식

㈏ 디지털(digital) 방식

㉮ 절대(absolute) 방식 ㉯ 증가(incremental) 방식

② 구조 형태상의 분류

㈎ 고정 테이블 캔틸레버형(fixed table cantilever type)

㈏ 무빙 브리지형(moving bridge type)

㈐ 고정 브리지형(fixed bridge type)

(라) 칼럼형(column type)
(마) 갠트리형(gantry type)
(바) 수평형(horizontal type)

③ 조작상의 분류

(가) 플로팅형(floating type) (나) 모터 드라이브형(motor drive type)
(다) CNC형

(4) 3차원 측정기의 구성 요소

① 안내 방식

(가) 구름 베어링 (나) 공기 베어링

② 측장 유닛

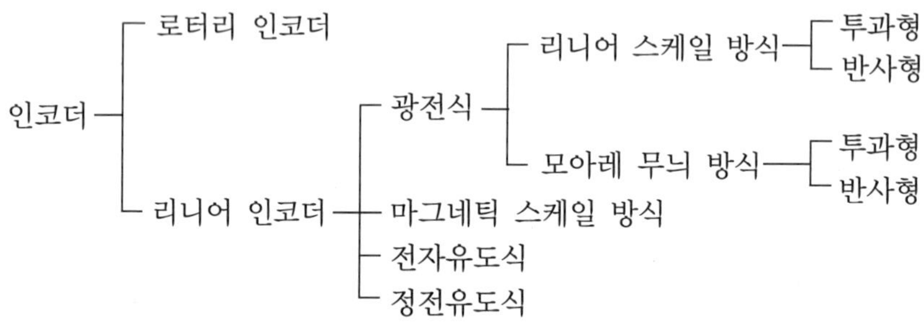

2 측정점 검출기

3차원 측정기의 진가를 충분히 발휘하기 위해서는 측정 내용 또는 측정 능률을 고려한 프로브의 적절한 선택이 필요하다. 특히 측정이 가능한가의 여부와 어느 정도 정확한 데이터를 얻을 수 있느냐 하는 것은 프로브에 의해 결정된다 해도 지나치지 않다.

프로브는 3차원 측정기의 Z축 스핀들에 부착할 수 있도록 섕크부를 가지고 있으며, 프로브 교환 시에도 측정 관계 위치가 틀리지 않도록 측정 선단부의 위치와 섕크 중심과의 연관된 정도를 보증하고 있는 것이 많다.

(1) 접촉식 프로브의 종류

① 테이퍼 프로브(taper probe)
② 원통 프로브(cylindrical probe)
③ 볼 프로브(ball probe)
④ 만능 프로브(universal probe)
⑤ 디스크 프로브(disk probe)

(2) 비접촉식 프로브

비접촉식 프로브는 광학계를 이용한 것으로 접촉 측정이 부적당하거나 곤란한 측정에 사용되며 대표적인 비접촉 프로브는 심출 현미경, 심출 투영기, CMM 계측용 TV 시스템이 있다.

(3) 정압 접촉식 프로브

정압 접촉식 프로브는 측정자에 측정력이 가해지면 변위하는 기구를 가지고 있으며, 변위를 검출하는 센서를 가지고 있다. 트리거(trigger) 신호를 검출하는 것과 아날로그 신호를 검출하는 것이 있다.

① 전방향성 접촉 신호 프로브
② 측정용 프로브(measuring probe)

5-2 측정기의 정도 관리

3차원 측정기의 정밀도를 이상적으로 표현하면 "측정범위 전역의 측정 정밀도가 3차원 공간 내에서의 진위치에서 측정값의 통계를 포함한 편차의 작은 정도"라 할 수 있다. 3차원 측정기의 정도 검사는 사용 빈도에 따라 다르지만 6개월에 1번 정도 하는 것이 좋다.

(1) 정도 검사

① 각 축의 이송 시 진직도
② 각 축의 이송 시 직각도
③ 각 축의 지시 정밀도
④ 각 축의 반복 정밀도

(2) 대형일 경우 정도 검사

위의 네 가지와 다음 사항이 포함된다.

① 각 축의 피치(pitch), 롤(roll), 요(yaw) 시험
② 링 게이지(ring gage)를 이용한 각 좌표면의 지름과 진원도 측정
③ 임의의 위치에 설치된 게이지 블록(gage block)의 치수 측정

(3) 3차원 측정기 정밀도 검사의 기준기

① 게이지 블록(gage block)
② 롱 게이지 블록(long gage block)
③ 직선자(straight edge)
④ 직각자
⑤ 전기 마이크로미터
⑥ 레이저(laser)

5-3 정밀 측정의 자동화

(1) 정밀 측정에 있어서 자동화가 요구되는 조건

① 생산의 자동화에 수반되어 그것에 부수적인 측정 작업을 자동화하지 않으면 안 되는 경우
② 측정 작업의 고속화를 위해 자동화를 해야 하는 경우
③ 측정 작업의 성질상 또는 피측정물의 형상치수 등에서 자동화를 해야 하는 경우
④ 기타 인건비의 절약상 또는 측정자의 피로와 그에 따른 과실오차, 개인오차를 고려할 때

(2) 자동선별과 자동치수

① 자동검사(automatic gauging) : 자동측정을 행한 후, 측정 결과를 표시하고 다시 기록한다.

② 자동기각 분리(automatic gauging and segregating) : 자동측정을 기입하고 기각 분리(OK, +, −로 분리)한다.

③ 자동선별(automatic gauging and classifying) : 자동측정에 따라서 자동선별을 행한다.

④ 가공 중 자동치수(automatic gauging in process) : 가공 중의 공작물 치수의 각각에 대한 자동측정을 기초로 하여 필요한 지식을 가공기계에 부여한다.

⑤ 피드백 방식에 따른 자동치수(gauging control post-process) : 가공 직후의 공작물 치수를 자동측정값의 기초로 하며 필요한 지식을 가공기계에 부여한다.

[자동선별과 자동치수를 필요로 하는 요인]

- 자동치수와 자동선별의 결합
- 측정 결과의 자동각인
- 측정 결과에 의한 자동선택조합
- 가공 중의 자동치수와 피드백 방식에 의한 자동치수의 결합
- 측정 결과 계산의 자동화
- 자동선택조합 조립
- 자동공작기계와 자동조립기와의 결합

(3) 자동선별과 자동치수의 조건

① 자동선별과 자동치수를 위한 자동측정기기가 갖추어야 할 조건

㈎ 정도 ㈏ 안정성 ㈐ 신속성 ㈑ 내구성

② 필요 조건을 만족하는 자동측정기기의 종류

㈎ 기계적 자동측정기기

㈏ 공기적 자동측정기기

㈐ 전기적 자동측정기기

③ 자동적으로 조작하는 장치]

㈎ 피측정물의 이송

㈏ 피측정물의 고정

㈐ 자동측정

㈑ 피측정물의 이송과 빠짐, 자동선별 또는 자동치수

(4) 자동선택조합

자동선택조합을 행하고 여기에 조립된 시스템으로 라인화하는 것이다. 자동차 엔진 조립의 각종 자동측정기기를 생산 라인 중에 붙여 실린더 블록의 자동조립을 행하고 있다.

① 피스톤 자동측정 각인기

② 피스톤 핀 바깥지름 자동선별기

③ 피스톤, 피스톤 핀 자동측정 조립기

④ 커넥팅 로드 자동측정 각인기

⑤ 실린더 블록 보어 자동측정 각인기

예상문제

1. 다음 중 3차원 측정기의 사용 효과로 거리가 먼 것은?
① 측정 능률의 향상
② 측정값의 불안정성
③ 피로의 경감
④ 데이터 정리의 자동화

2. 3차원 측정기에서 사용하는 리니어 인코더(linear encoder)의 방식에 해당하지 않는 것은?
① 로터리식
② 광전식
③ 전자유도식
④ 마그네틱 스케일 방식

해설 리니어 인코더 방식에는 광전식, 마그네틱 스케일 방식, 전자유도식, 정전유도식이 있다. 로터리식은 별도의 방식이다.

3. 다음 중 3차원 측정기의 정도 평가 시 X(Y)축의 롤링(rolling) 검사에 사용되는 측정기로 적합한 것은?
① 전기 수준기
② 단색 광원장치
③ 진원도 측정기
④ 공기 마이크로미터

4. 수동형(manual type) 3차원 측정기에 관한 설명으로 적절하지 않은 것은?
① X, Y, Z축의 각 가동부를 사람의 힘으로 이동해서 측정한다.
② 측정자의 숙련도에 따라 측정 정밀도가 변할 수도 있는 결점이 있다.
③ 보통 Z축 스핀들 선단을 이용하며 급격한 가속 상태에서 측정해서는 안 된다.
④ 프로브 자동교환 장치를 사용하여 형상에 따라 편리하게 측정할 수 있다.

해설 프로브 교환 장치(auto probe changer)는 대부분 옵션으로 CNC 3차원 측정기에 있다.

5. 금형 부품을 측정하기 위한 길이 측정기 선택 시 고려사항이 아닌 것은?
① 부품의 경도
② 부품의 크기
③ 부품의 공차값
④ 측정할 부품의 수량

6. 다음 중 3차원 측정점 검출기의 종류가 아닌 것은?
① 비접촉식 프로브
② 정압 접촉식 프로브
③ 마이크로 프로브
④ 접촉식 프로브

7. 다음 중 3차원 측정기의 정도 시험 항목이 아닌 것은?
① 공간의 측정 정도
② 각 축의 측정 정도
③ 인코더의 정밀도
④ 각 축의 운동 정도

8. 3차원 측정기를 이용하여 금형 부품의 평면도를 측정하기 위한 최소한의 측정점의 수는?
① 3 ② 4 ③ 5 ④ 6

9. 3차원 측정기의 정밀도 시험 항목으로 거리가 먼 것은?
① 각 축의 측정 정밀도
② 공간의 측정 정밀도

정답 » 1. ② 2. ① 3. ① 4. ④ 5. ① 6. ③ 7. ③ 8. ② 9. ③

③ 인코더의 정밀도
④ 진직도

해설 3차원 측정기 정밀도 시험 항목
(1) 각 축의 이송 시 진직도
(2) 각 축의 이송 시 직각도
(3) 각 축의 지시 정밀도
(4) 각 축의 반복 정밀도

10. 자동선별과 자동치수를 필요로 하는 요인이 아닌 것은?
① 자동치수와 자동선별의 분리
② 측정 결과의 자동각인
③ 측정 결과에 의한 자동선택조합
④ 측정 결과 계산의 자동화

11. 자동선별과 자동치수를 위한 자동측정기기가 갖추어야 할 조건이 아닌 것은?
① 경도 ② 안정성
③ 신속성 ④ 내구성

12. 다음 중 3차원 측정기로 측정할 수 없는 것은?
① 두 점 사이의 거리
② 윤곽 및 위치
③ 비중
④ 형상 및 각도

13. 3차원 측정기의 설치 환경으로 올바른 것은?
① 온도 20℃±1℃, 습도 55 %±5 %
② 온도 25℃±0.5℃, 습도 50 %±5 %
③ 온도 18℃±1℃, 습도 50 %±10 %
④ 온도 20℃±5℃, 습도 55 %±10 %

14. 3차원 측정기의 조작(운전)상의 종류가 아닌 것은?
① 플로팅형
② 디스크형
③ CNC형
④ 모터 드라이브형

15. 자동선별과 자동치수를 위한 자동측정기기의 종류가 아닌 것은?
① 기계적 자동측정기기
② 물리적 자동측정기기
③ 공기적 자동측정기기
④ 전기적 자동측정기기

16. 다음 3차원 측정기에서 사용되는 프로브 중 광학계를 이용하여 얇거나 연한 재질의 피측정물을 측정하기 위한 것으로 심출 현미경, CMM 계측용 TV 시스템 등에 사용되는 것은?
① 전자식 프로브
② 접촉식 프로브
③ 터치식 프로브
④ 비접촉식 프로브

해설 3차원 측정기에 적용되는 프로브에는 접촉식, 비접촉식, 정압(전자) 접촉식 등이 있다. 비접촉식 프로브는 광학계를 이용한 것으로 접촉 측정이 부적당하거나 곤란한 측정에 사용되며 대표적인 비접촉 프로브는 심출 현미경, 심출 투영기, CMM 계측용 TV 시스템이 있다.

정답 » 10. ① 11. ① 12. ③ 13. ① 14. ② 15. ② 16. ④

사출/프레스 금형설계 문제해설

부록 과년도 출제문제

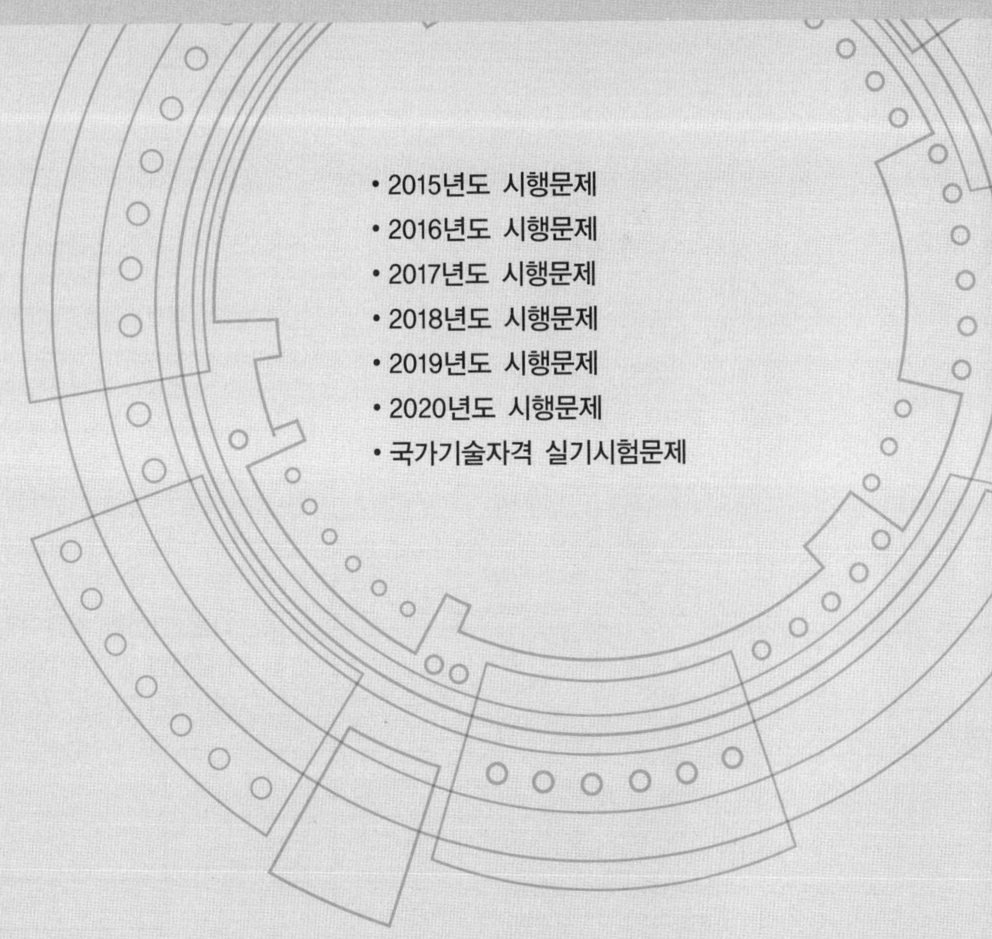

- 2015년도 시행문제
- 2016년도 시행문제
- 2017년도 시행문제
- 2018년도 시행문제
- 2019년도 시행문제
- 2020년도 시행문제
- 국가기술자격 실기시험문제

2015년도 시행문제

사출금형산업기사

2015년 3월 8일 (제1회)

1과목 금형설계

1. 한 번의 블랭킹 공정으로 제품 전체 두께에 걸쳐 필요로 하는 고운 전단면과 양호한 제품 정밀도를 얻는 프레스가공 공정은?
① 드로잉
② 파인블랭킹
③ 코이닝
④ 트리밍

2. 기계식 프레스를 유압 프레스와 비교했을 때 특징으로 틀린 것은?
① 생산 속도가 빠르다.
② 스트로크 길이를 변화시키기 어렵다.
③ 가압 속도의 조절이 불가능하다.
④ 일정 가압력 유지가 가능하다.

해설 기계식과 유압식 프레스 비교

특징	기계식	유압식
생산(가공) 속도	빠르다.	느리다.
스트로크 길이의 한도	너무 길게 할 수 없다(600~1000 mm).	1000 mm 이상 가능
스트로크의 변화	일반적으로 행하기 어렵다.	다소 쉽게 할 수 있다.
가압 속도의 조절	불가능하다.	가능하다.
일정 가압 유지	불가능하다.	가능하다.
스트로크 최후의 위치	정확히 결정된다.	정확히 결정되지 않는다.

3. 다음 중 드로잉 가공에 의한 제품의 바닥 부분이 파단되었을 때의 방지 대책과 관계없는 것은?
① 클리어런스를 작게 한다.
② 블랭크 홀더의 압력을 조정한다.
③ 펀치 및 다이의 모서리 반지름을 크게 한다.
④ 가공 속도를 낮추고 적당한 윤활유를 선택한다.

해설 (1) 제품 바닥 부분의 파단 원리
- 펀치 또는 다이의 모서리 반지름이 작다.
- 쿠션 압력이 강하다(쿠션 압력 부적당).
- 드로잉률이 작다.
- 드로잉 윤활성이 나쁘다.
- 다이 및 주름 누르기면의 면이 거칠다.

(2) 파단되었을 때의 방지 대책
- 펀치 및 다이의 모서리 반지름을 크게 한다.
- 블랭크 홀더의 압력을 조정한다.
- 드로잉률을 크게 하고 클리어런스를 크게 한다.
- 가공 속도를 늦추며 윤활성이 좋은 윤활유로 바꾼다.

4. 다음 그림과 같은 제품을 블랭킹하려 할 때 블랭킹 압력(P)은 어느 것인가? (단, 소재의 전단 강도는 K_s이다.)

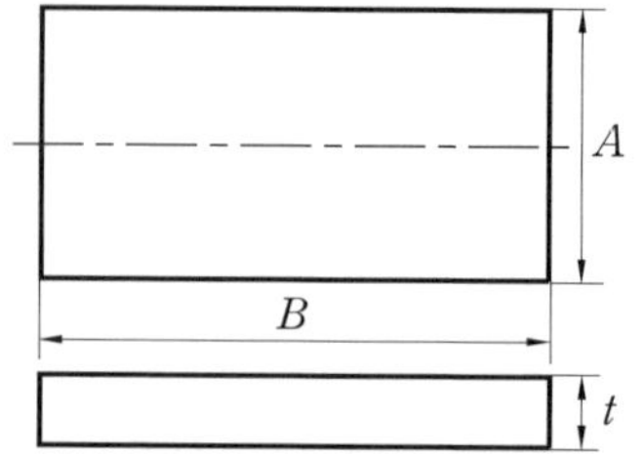

정답 » 1. ② 2. ④ 3. ① 4. ①

① $P = 2(A+B) \times t \times K_s$

② $P = A \times B \times t \times K_s$

③ $P = 0.3 \times 2(A+B) \times t \times K_s$

④ $P = A \times B \times 2t \times K_s$

해설 $P = L \times t \times S$

P : 전단 압력(kg)

L : 전단 형상의 전 둘레 길이(mm)

t : 피가공재의 판 두께(mm)

S : 피가공재의 전단 저항값(kg/mm²)

5. 지름 30 mm, 높이 40 mm인 연강 봉재를 업세팅 단조에 의해 높이를 30 mm될 때까지 압축시켰을 때의 업세팅비(%)는?

① 15 ② 25 ③ 35 ④ 75

해설 (1) 처음 제품의 체적

$$= \frac{\pi D^2}{4} \times L = \frac{3.14 \times 30^2}{4} \times 40$$

$$= 28260 \text{ mm}^2$$

(2) 단조 가공 부분의 체적

$$= \frac{\pi D^2}{4} \times L = \frac{3.14 \times 30^2}{4} \times 10 = 7065 \text{ mm}^2$$

(3) 업세팅비(%)

$$= \frac{\text{단조 가공 부분의 체적}}{\text{처음 제품의 체적}} \times 100 = 25\%$$

6. 다이 세트(die set)의 표기 방법 중 200×300으로 표기되었다면, 다음 중 옳은 것은?

① 다이 세트의 중량

② 다이 세트의 부피

③ 다이 세트의 형식

④ 다이 세트의 크기

해설 세트의 호칭 표기는 다이 세트의 크기로 결정된다.

7. 트랜스퍼 금형의 가공 공정 설정 시 유의할 사항이 아닌 것은?

① 재료 중간 풀림 공정 설정

② 가공 제품의 적절한 위치 결정

③ 프레스 스트로크가 충분한지 여부

④ 최후에 가공 레이아웃은 무리가 없는지 여부

8. 순차 이송 금형(progressive die)에서 할 수 없는 가공법은?

① 벤딩 ② 엠보싱

③ 스피닝 ④ 드로잉

해설 스피닝(spinning) 가공은 프레스 기계나 금형을 사용하는 보통 프레스 가공과는 전혀 다르다. 스피닝 선반의 주축에 다이를 고정하고 그 다이에 블랭크를 심압대로 눌러 다이와 함께 회전시켜 작업자가 직접 수공구를 이용하거나 기계적으로 스피닝 공구 또는 롤러(roller)로서 블랭크를 다이에 밀어붙여서 형상을 만드는 방법이다. 시험 제작용에 적합하고, 금형 가격이 저렴하며, 소량 생산에 적합하고, 작업자의 숙련도에 따라 치수 오차가 크다.

9. 드로잉 지름 $d_1 = 60$ mm, 플랜지 지름 $d_2 = 120$ mm, 드로잉 높이 $h = 40$ mm로 플랜지 달린 원통 용기를 드로잉하려면 블랭크의 지름 D[mm]는? (단, 가공 소재는 연강판이고, 소재 두께는 1 mm이다.)

① 123 ② 155

③ 160 ④ 165

해설 $D = \sqrt{d_2^2 + 4d_1 h} = \sqrt{120^2 + 4 \times 60 \times 40}$

$= 154.92 \fallingdotseq 155$ mm

10. 다음 중 Q.D.C 시스템(Quick Die Change system) 장치의 장점이 아닌 것은?

① 금형 표준화의 촉진

② 금형 교환 시간의 단축

③ 다종 소량 생산에 적합

④ 소종 대량 생산에 적합

해설 보통의 프레스 작업에서는 금형 교환에 상당히 긴 시간이 걸리는 것이 일반적이나 그 해결책으로 Q.D.C(신속 금형 교환) 시스템을 사용하면 금형 교환 시간을 단축할 수 있다.

정답 » 5. ② 6. ④ 7. ① 8. ③ 9. ② 10. ④

11. 사출 금형을 설치할 때 성형기의 노즐과 금형의 스프루 부시의 중심 위치 결정 역할을 하는 것은?

① 리턴 핀(return pin)
② 로케이트 링(locate ring)
③ 슬리브(sleeve)
④ 코킹(calking)

해설 로케이트 링은 고정 측 부착판의 카운터 보어 자리에 들어가며 사출기의 노즐과 스프루 부시의 중심을 맞추는 데 사용된다.

12. 용융 수지가 노즐에서부터 캐비티까지 가는 동안 가장 많은 압력 손실을 받는 곳은?

① 게이트(gate) ② 스프루(sprue)
③ 노즐(nozzle) ④ 러너(runner)

해설 수지가 게이트를 지나면서 마찰저항을 많이 받아 압력 손실이 제일 크다.

13. 가소화된 용융 수지를 성형기 노즐을 통하여 금형 내에 충진시키는 유동 경로로 옳은 것은?

① 노즐 → 러너 → 스프루 → 게이트 → 캐비티
② 노즐 → 게이트 → 스프루 → 러너 → 캐비티
③ 노즐 → 스프루 → 러너 → 게이트 → 캐비티
④ 노즐 → 러너 → 스프루 → 캐비티 → 게이트

14. 사출성형에서 생산성을 결정하는 요소가 아닌 것은?

① 사출성형품의 냉각 속도
② 사출성형기의 형 체결력
③ 사출성형기의 동작 속도
④ 사출성형기의 가소화 능력

해설 사출 성형기의 형 체결력은 품질성을 결정하는 요소이다.

15. 게이트의 단면적은 작은 반면 사출 속도는 빨라 게이트의 마찰열에 의한 온도 상승으로 인한 첨가제의 열분해 등으로 일어나는 불량은?

① blank streak ② sink mark
③ silver streak ④ black streak

해설 흑줄은 성형품의 내부 또는 표면에 수지나 수지 중의 첨가제 또는 윤활제가 열분해하고 공기가 말려들어가 타서 검은 줄 모양으로 되어 나타나는 현상이며, 사출 압력이 높거나 속도가 빠를 때 발생한다.

16. 다음 중 제한 게이트의 특징이 아닌 것은 어느 것인가?

① 성형품의 뒤틀림이 감소한다.
② 열 변형 온도가 올라간다.
③ 금형 구조가 간단하다.
④ 게이트의 제거가 간단하다.

해설 (1) 비제한 게이트(다이렉트 게이트)
- 압력 손실이 작고, 수지량이 절약된다.
- 금형의 구조가 간단하고, 고장이 적다.
- 스프루의 끝 다듬질을 충분히 해야 한다.
- 스프루의 고화 시간이 비교적 길기 때문에 사이클이 길어지기 쉽다.
- 게이트의 후가공이 필요하며, 상품 가치를 저하시키지 않는 연구가 필요하다.
- 잔류응력, 압력과 충전 변형이 감소되기 때문에 굽힘, 크랙이 발생하기 쉽다.

(2) 제한 게이트
- 게이트 부근의 잔류응력, 변형이 감소된다.
- 성형품의 변형이 감소되기 때문에 굽힘, 크랙, 뒤틀림 등이 감소된다.
- 수지가 게이트를 통과할 때 마찰열에 의해 수지의 온도가 상승되어 유동성이 개선된다.
- 데이트 실(seal) 시간이 짧으므로 사이클을 단축할 수 있다.
- 다수 개 뽑기, 다점 게이트의 경우 게이트의 밸런스를 맞추기 쉽다.
- 게이트의 제거가 용이하다.
- 게이트 통과 시 압력 손실이 크다.

정답 » 11. ② 12. ① 13. ③ 14. ② 15. ④ 16. ③

17. 캐비티 내의 공기가 빠지지 않을 때 가장 적합한 대책은?

① 금형 온도를 높인다.
② 에어 벤트를 설치한다.
③ 러너의 형상을 바꾼다.
④ 사출량을 증가시킨다.

18. 성형품 1개의 중량이 100 g인 플라스틱 제품을 시간당 180쇼트(shot)로 사출성형한다. 금형 내에 2개의 캐비티가 있다고 할 때 사출기의 가소화 능력은?

① 26 kg/h ② 30 kg/h
③ 36 kg/h ④ 40 kg/h

해설 가소화 능력 : 가열 실린더가 매시 어느 정도의 성형 재료를 가소화할 수 있는지를 표시하며, 이때의 기준은 폴리스티렌(GPPS)이다(단위 : kg/h).
가소화 능력
= 캐비티 수×성형품 1개의 중량×시간당 쇼트 = 2×100×180 = 36000 g/h = 36 kg/h

19. 성형 수축률을 바르게 표시한 것은? (단, 상온에서 금형 치수 : M, 상온에서 성형품 치수 : P이다.)

① 성형 수축률 $= \dfrac{M-P}{P} \times 100\,\%$

② 성형 수축률 $= \dfrac{P-M}{M} \times 100\,\%$

③ 성형 수축률 $= \dfrac{P-M}{P} \times 100\,\%$

④ 성형 수축률 $= \dfrac{M-P}{M} \times 100\,\%$

20. 제품의 언더컷 부분을 처리하기 위해 사용하는 금형 부품이 아닌 것은?

① 슬라이드 코어 ② 앵귤러 핀
③ 안내 핀 ④ 로킹 블록

해설 안내 핀(guide pin) : 금형 부품이 정확한 결합이 되도록 안내해주는 핀으로 가동 측 형판에 고정되어 있으며, 열처리하여 연삭한 강철 핀으로서 고정형과 가동형을 정확하게 맞추기 위한 안내 역할을 한다.

2과목 기계가공법 및 안전관리

21. 연삭숫돌의 결합도 표시 중 제일 연질의 종류는?

① H ② L ③ E ④ T

해설 연삭숫돌의 결합도

결합도	호칭
E, F, G	극연
H, I, J, K	연
L, M, N, O	중
R, Q, R, S	경
T, U, V, W, X, Y, Z	극경

22. 블랭킹한 제품의 전단면을 다시 한 번 깎아내어 곱게 다듬질하는 가공은?

① 셰이빙 ② 트리밍
③ 노칭 ④ 펀칭

23. CAD/CAM 시스템과 CNC 기계를 근거리 통신망으로 연결하여 1대의 컴퓨터에서 여러 대의 CNC 공작기계에 데이터를 분배하여 전송함으로써 동시에 운전할 수 있는 방식을 무엇이라 하는가?

① CAD ② DNC ③ FMS ④ FMC

24. 주축의 회전운동을 직선운동으로 변화시키고, 바이트를 사용하여 공작물의 안지름에 키 홈, 스플라인 등을 가공할 수 있는 밀링 머신의 부속 장치는?

① 주축대 ② 슬로팅 장치
③ 심압대 ④ 밀링 바이스

해설 슬로팅 장치 : 수평 밀링 머신이나 만능 밀링 머신의 주축의 회전운동을 직선운동으로

정답 » 17. ② 18. ③ 19. ④ 20. ③ 21. ③ 22. ① 23. ② 24. ②

변환하여 슬로터 작업을 할 수 있다. 슬로팅 부속 장치는 주축을 중심으로 좌우 90°씩 선회할 수 있다.

25. 래핑(lapping) 작업에 대한 설명으로 잘못된 것은?

① 건식만이 있기 때문에 먼지가 많은 단점이 있다.
② 정도 높은 다듬질 면을 얻을 수 있다.
③ 다듬질 면의 내마모성과 내식성이 향상된다.
④ 랩제가 비산하여 주위가 더럽게 되는 단점이 있다.

해설 (1) 습식 래핑 : 랩제와 래핑유를 혼합하여 가공물에 주입하면서 가공하는 방법
(2) 건식 래핑 : 래핑유를 공급하지 않고 랩제만을 이용하여 가공하는 방법

26. 소재를 체임버(chamber) 안에 넣고 램(ram)으로 압력을 가하여 일정한 구멍 모양의 다이(die)에 통과시켜 제품을 생산하는 소성가공법은 무엇인가?

① 인발 가공 ② 단조 가공
③ 압출 가공 ④ 전조 가공

27. 다음 중 유리, 수정, 루비, 다이아몬드, 열처리강 등의 재료를 가공할 수 있는 가공법은?

① 초음파 가공 ② CNC 밀링 가공
③ 셰이퍼 가공 ④ CNC 선반 가공

해설 초음파 가공 : 복합 가공기에 초음파 가공 헤드를 교환하여 소성변형이 되지 않고 취성이 커서 절삭가공이 곤란한 수정, 유리, 다이아몬드, 세라믹, 보석류 등의 눈금, 무늬, 문자, 구멍, 절단 등의 가공에 효율적으로 사용된다.

28. 배럴 가공(barrel finishing)에 대하여 바르게 설명한 것은?

① 원통의 내면 및 외면을 강구(steel ball)나 롤러로 거칠게 나온 부분을 눌러 매끈한 면으로 다듬질하는 일종의 소성가공법이다.
② 공작물, 미디어(media), 공작액, 콤파운드를 상자 속에 넣고, 회전 또는 진동시키면서 공작물과 연삭 입자가 충돌하여 공작물 표면의 요철을 없애고 평활한 다듬질면을 얻는 가공법이다.
③ 공작물 표면에 쇼트 등의 연삭 입자를 고속으로 분사하여 다듬질하거나 표면의 기계적 성질을 개선하는 가공법이다.
④ 입도가 작고 연한 숫돌을 작은 압력으로 공작물 표면에 가압하면서 공작물에 이송을 주고 또 숫돌을 좌우로 진동시키면서 가공하는 가공법이다.

해설 (1) 미디어 : 공작물 사이에 상대운동으로 가공 작용하는 것으로, 거친 다듬질에는 숫돌입자, 석영, 돌, 모래 등이 사용되고 광택작업에는 나무, 가죽, 톱밥 등이 사용된다.
(2) 콤파운드 : 연삭 입자와 유지가 혼합된 것을 말한다.

29. CNC 프로그래밍 시 G04의 기능은 어느 것인가?

① 위치 결정 기능 ② 직선 보간 기능
③ 드웰 기능 ④ 원호 보간 기능

해설 • G00 : 위치 결정(급이송)
• G01 : 직선 보간(절삭 이송)
• G02 : 원호 보간(CW 시계 방향)
• G03 : 원호 보간(CCW 시계 반대 방향)
• G04 : 휴지(dwell)

30. 다음 중 금긋기용 공구가 아닌 것은?

① 리머 ② V-블록
③ 금긋기 바늘 ④ 하이트 게이지

31. 윤곽 절삭 제어 기능을 이용하고 있는 NC 공작기계는?

정답 » 25. ① 26. ③ 27. ① 28. ② 29. ③ 30. ① 31. ④

① 지그 보링 머신 ② 드릴링
③ 펀칭 프레스 ④ CNC 밀링 머신

32. 다음 중 전해 연마의 특징이 아닌 것은?

① 가공면에 방향성이 있다.
② 복잡한 형상의 제품도 연마가 가능하다.
③ 연질 금속, 알루미늄, 구리 등을 용이하게 연마할 수 있다.
④ 가공 변질층이 없고, 평활한 가공면을 얻을 수 있다.

해설 전해 연마 : 전해 도금의 반대 현상으로 가공물을 양극(+), 전기 저항이 작은 구리, 아연을 음극(-)으로 연결하고, 전해액 속에서 1 A/cm^2 정도의 전기를 통하면 전기에 의한 화학적인 작용으로 가공물의 표면이 용출되어 필요한 형상으로 가공하는 방법

33. 다음 중 방전 가공 시 전극 재질로 사용되지 않는 것은?

① 아연 ② 은 ③ 구리 ④ 황동

34. 연강용 드릴의 표준 선단 각도는?

① 118° ② 120° ③ 108° ④ 100°

해설 드릴의 선단 각도

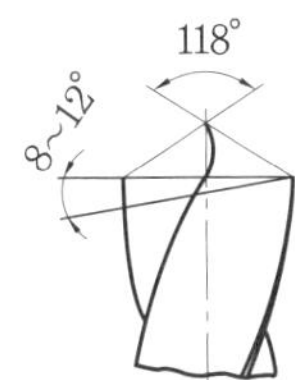

35. 실린더 속에서 가열, 유동화시킨 성형 재료를 고압으로 금형 내에 사출하고 냉각고화를 하는 성형은?

① 적층 성형 ② 사출성형
③ 진공성형 ④ 블랭킹 성형

36. 지름이 120 mm인 연강 봉을 회전수 320 rpm, 이송 0.26 mm/rev, 가공 길이 80 mm를 1회 가공할 때 소요되는 시간은?

① 27.7초 ② 37.7초
③ 47.7초 ④ 57.7초

해설 $T = \dfrac{L}{nf} i$

여기서, T : 가공 시간(min)
L : 가공 길이(mm), n : 회전수(rpm)
i : 가공 횟수, f : 1회전당 이송(mm/rev)

$\therefore T = \dfrac{80}{320 \times 0.26} \times 1 \times 60 = 57.7$ 초

37. 금속 절삭 시 공구가 받는 절삭 저항은 거의 일정하게 유지되며, 따라서 진동이 적게 일어나게 되어 가장 양호한 가공 표면을 얻을 수 있는 칩의 형태는 어느 것인가?

① 균열형(crack type) 칩
② 경작형(tear type) 칩
③ 전단형(shear type) 칩
④ 유동형(flow type) 칩

해설 절삭 칩의 발생 원인과 특징

① 균열형 칩 : 주철과 같이 메진 재료를 저속으로 절삭할 때 생성되는 칩으로 절삭력의 변동이 크고, 다듬질 면이 거칠다.
② 경작형 칩 : 공작물의 재질이 공구에 점착하기 쉬울 때 생기는 칩으로 절삭면이 거칠어 좋지 않다.
③ 전단형 칩 : 경강 또는 동합금 등의 절삭각이 크고(90° 가깝게) 절삭 깊이가 깊을 때 생기며 절삭면은 거칠다.
④ 유동형 칩 : 공작물의 재질이 연하고 인성이 많을 때, 윗면 경사각이 클 때, 절삭 깊이가 얕을 때, 절삭 속도가 빠를 때 등의 경우에 생기며 절삭면이 깨끗하다.

38. 금형의 분류 중 플라스틱 금형은?

① 전단 금형 ② 드로잉 금형
③ 굽힘 금형 ④ 블로 성형 금형

해설 플라스틱 금형에는 압축 금형, 이송 금형, 압출 금형, 취입 금형(블로 성형 금형), 진공 금형 등이 있다.

2015년

정답 » 32. ① 33. ① 34. ① 35. ② 36. ④ 37. ④ 38. ④

39. 지그(jig)의 주 기능으로 틀린 것은?

① 공작물의 위치 결정
② 공구의 안내
③ 가공물의 지지 및 고정
④ 공작물의 선 긋기

40. 다음 중 전단 가공에 속하는 것은?

① 플랜지 ② 엠보싱
③ 시밍 ④ 셰이빙

해설 ①, ②, ③은 굽힘·성형 가공에 속한다.

3과목 금형재료 및 정밀계측

41. 800 mm 길이의 표준자를 중립축의 길이 변화가 가장 적게 유지되도록 지지하는 베셀점(bessel point)은?(단, a는 지지 표준자의 양 끝에서부터 각 지지점까지의 거리를 의미한다.)

① a=137.21 mm ② a=158.68 mm
③ a=169.04 mm ④ a=176.24 mm

해설 (1) 에어리점 : 긴 블록 게이지와 같이 양 끝 면이 항상 평행 위치를 유지해야 할 경우의 지지점($A=0.2113L$)
(2) 베셀점 : 중립면 상에 눈금을 만든 선도기를 2점에서 지지하는 경우 전체 길이의 측정오차를 최소로 하기 위한 지지점 ($a=0.2203L$)
$\therefore a=0.2203\times 800=176.24$ mm

42. 이론적으로 본척(어미자)의 눈금이 0.5 mm, 부척(아들자)의 눈금은 12 mm를 25등분한 버니어 캘리퍼스는 몇 mm까지 읽을 수 있는가?

① 0.5 mm ② 0.48 mm
③ 0.04 mm ④ 0.02 mm

해설 $C=A-B=A-\dfrac{n-1}{n}\times A$

$=\dfrac{A}{n}=\dfrac{0.5}{25}=0.02$ mm

43. 마이크로미터의 보관 방법 중 틀린 것은?

① 앤빌과 스핀들 면은 잘 밀착시켜 보관한다.
② 진동이나 직사광선을 피한다.
③ 나사 부분은 양질의 기름을 바른다.
④ 사용 후 측정 면을 잘 닦은 후 방청유를 바르고 보관한다.

해설 앤빌과 스핀들 면은 떨어뜨려놓고 보관해야 한다.

44. 아베의 원리에 맞는 구조를 가진 측정기는 어느 것인가?

① 캘리퍼형 내측 마이크로미터
② 단체형 내측 마이크로미터
③ 하이트 게이지
④ 버니어 캘리퍼스

해설 아베의 원리 : 피측정물과 측정자는 측정 방향에 대하여 동일축 선상에 있어야 한다. 이 원리에 적합한 측정기에는 외측 마이크로미터, 단체형 내측 마이크로미터, 텔레스코핑 게이지, 측장기 등이 있다.

45. 투영기에서 초점이 맞지 않아도 측정오차를 작게 하려면 어떤 광학기계를 사용해야 하는가?

① 나이프 에지
② 텔리센트릭(telecentric)
③ 촉침식
④ 줌(zoom)식

46. 다음 중 공기 마이크로미터에 관한 설명으로 틀린 것은?

① 배율이 높고 정도가 좋다.
② 응답시간이 통상 0.05초 이하로 빠른 속도로 측정이 가능하다.

정답 » 39. ④ 40. ④ 41. ④ 42. ④ 43. ① 44. ② 45. ② 46. ②

③ 비교 측정기로서 큰 치수와 작은 치수의 2개의 마스터가 필요하다.
④ 유량식일 경우 확대 기구에 기계적 요소가 없기 때문에 고장이 거의 없다.

47. 그림에서 A 다이얼 게이지의 값이 3.50 mm이고 B 다이얼 게이지의 값이 3.25 mm일 때 이 부품의 테이퍼량은?

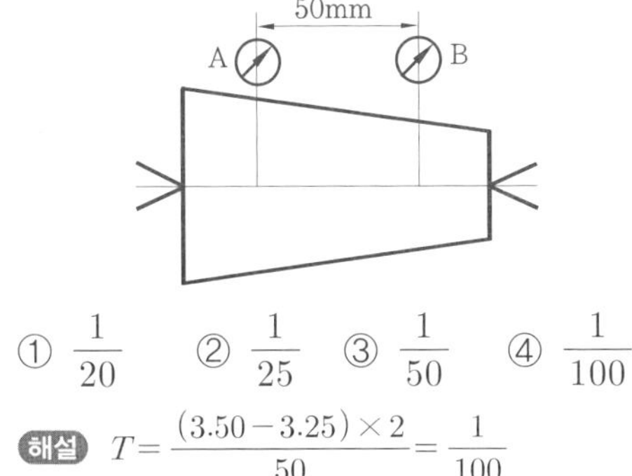

① $\frac{1}{20}$ ② $\frac{1}{25}$ ③ $\frac{1}{50}$ ④ $\frac{1}{100}$

해설 $T=\frac{(3.50-3.25)\times 2}{50}=\frac{1}{100}$

48. 암나사의 유효 지름 측정에 가장 적합한 측정기는?
① 측장기 ② 미니미터
③ 오르토 테스터 ④ 미크로케이터

해설 암나사의 유효 지름 측정 시에는 옵티미터, 광학적 비교 측정기, 측장기를 사용한다.

49. 평면경, 프리즘을 이용한 광학 측정기로 정밀 정반의 평면도, 측정면의 직각도 및 평행도, 그 밖에 작은 각도차와 미세 변위량을 검사할 수 있는 측정기는?
① 오토콜리메이터
② 투영기
③ 베벨 프로텍터
④ 콤비네이션 세트

해설 오토콜리메이터(auto collimator)는 평면 반사경을 사용하여 평면도를 측정하고 펜타 프리즘을 사용하여 직각도 등을 측정하며, 다각 프리즘 또는 각도 게이지를 사용하여 회전 테이블을 교정한다.

50. 수나사의 정밀도를 검사하는 중요 부분 5개소로 가장 적합한 것은?
① 산의 각도, 피치, 유효 지름, 골지름, 리드각
② 바깥지름, 골지름, 유효 지름, 피치, 산의 각도
③ 바깥지름, 피치, 골지름, 산의 각도, 리드각
④ 바깥지름, 골지름, 피치, 유효 지름, 리드각

51. 다음 중 금속의 물리적 성질로만 짝지어진 것은?
① 인장성, 내식성 ② 주조성, 용접성
③ 비중, 비열 ④ 강도, 경도

해설 (1) 금속의 물리적 성질 : 비중, 용융점(녹는점), 비열, 선팽창계수, 열전도율, 전기전도율, 색 등
(2) 금속의 기계적 성질 : 항복점, 연성, 전성, 인성, 인장강도, 취성, 가공경화, 강도, 경도, 가단성, 가주성, 피로 등

52. 강도가 크고 투명도가 매우 좋아서 방풍 유리나 광학렌즈에 쓰이는 가장 적당한 플라스틱은 어느 것인가?
① 멜라민 수지 ② 염화비닐
③ 아크릴 수지 ④ 페놀 수지

해설 아크릴 수지는 일명 메타크릴 수지(PMMA : polymethyl methacrylate)라고도 하며, 장기간에 걸쳐서 일광에 노출되거나 비바람을 맞아도 견디는 뛰어난 저항성을 가지고 있다. 굳고 딱딱하고 투명한 재료로서, 광선 투과율 약 92%를 지니고 있으며, 유리보다 더욱 큰 내충격성을 가지고 있는 플라스틱이다.

53. 강괴(steel ingot)의 종류 등 페로망간, 페로실리콘, 알루미늄 등으로 완전히 탈산시킨 강은 어느 것인가?
① 킬드강(killed steel)

정답 » 47. ④ 48. ① 49. ① 50. ② 51. ③ 52. ③ 53. ①

② 림드강(rimmed steel)
③ 세미 킬드강(semi-killed steel)
④ 캡드강(capped steel)

해설 강괴의 종류
① 킬드강 : 평로, 전기로에서 제조된 용강을 Fe-Mn, Fe-Si, Al 등으로 완전 탈산시킨 강
② 림드강 : 평로, 전기로에서 제조된 용강을 Fe-Me으로 불완전 탈산시킨 강
③ 세미 킬드강 : 킬드강과 리드강의 중간 성질을 가진 강으로, 용접 구조물에 많이 사용되며, 기포나 편석이 없다.

54. 금속 침투법에서 붕소를 침투시키는 것은 어느 것인가?

① 보로나이징 ② 칼로라이징
③ 세라다이징 ④ 실리코나이징

해설 금속 침투법
(1) 세라다이징 : Zn 침투
(2) 크로마이징 : Cr 침투
(3) 칼로라이징 : Al 침투
(4) 실리코나이징 : Si 침투
(5) 보로나이징 : B 침투

55. 다음 중 합금이 아닌 것은?

① 황동 ② 청동
③ 고속도강 ④ 크롬

해설 ① 황동 : 구리 + 아연
② 청동 : 구리 + 주석
③ 고속도강 : 텅스텐 + 크롬 + 바나듐

56. 주철 중에 함유되는 유리 탄소(free carbon)란 무엇을 말하는가?

① 화합 탄소 ② 유황
③ 페라이트 ④ 흑연

57. 다음 중 기계 구조용 탄소강은?

① SM 20C ② SPS 3
③ STC 3 ④ GC 20

해설 (1) SM : 기계 구조용 탄소 강재
(2) SPS : 스프링 강재
(3) STC : 탄소공구강 강재
(4) GC : 회주철품

58. 수소 저장 합금이 갖추어야 할 조건이 아닌 것은?

① 활성화가 쉽고 수소 저장량이 많을 것
② 수소의 흡수 방출 속도가 클 것
③ 평형 수소압 차이가 작을 것
④ 수소 저장 합금의 유효 열전도도가 작을 것

59. 다음 중 구리의 성질을 설명한 것으로 틀린 것은?

① 전기 및 열전도성이 우수하다.
② 합금으로 제조하기 곤란하다.
③ 구리는 비자성체로 전기전도율이 크다.
④ 구리는 건조한 공기에서는 산화되지 않으나, 습기나 CO_2 가스에는 구리녹이 생긴다.

해설 구리의 성질
(1) 전기와 열의 양도체이다.
(2) 유연하고 전연성이 좋으므로 가공성이 우수하다.
(3) 화학적 저항력이 커서 부식이 쉽게 되지 않는다.
(4) 아름다운 색을 가지고 있다.
(5) Zn, Sn, Ni, Au, Ag 등과 쉽게 합금을 만든다.

60. 디프 드로잉 금형 재료를 선택할 때 고려해야 할 사항이 아닌 것은?

① 다이링
② 백업량
③ 생산 수량
④ 용탕의 온도

정답 » 54. ① 55. ④ 56. ④ 57. ① 58. ④ 59. ② 60. ④

프레스금형산업기사

2015년 5월 31일 (제2회)

1과목 금형설계

1. 냉각 채널의 지름이 10 mm인 경우 다음 중 가장 적당한 채널 피치(mm)는 어느 것인가?

① 15~30　　② 35~50
③ 50~60　　④ 60~70

해설 냉각 구멍 지름과 위치

(1) 통상 사용되는 피치(1 : 3 : 5)

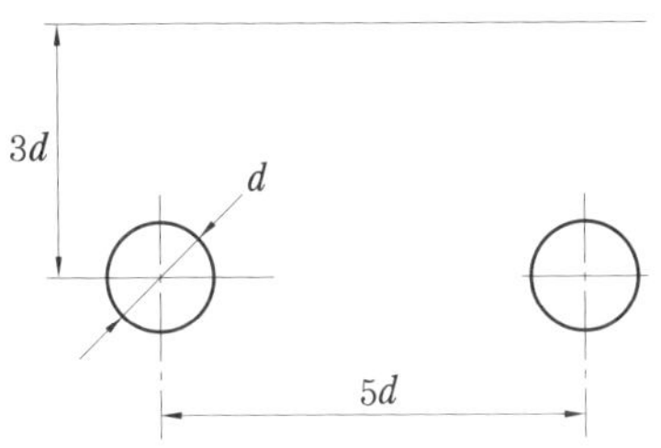

(2) 냉각 효율을 고려한 피치(1 : 2 : 3.5)

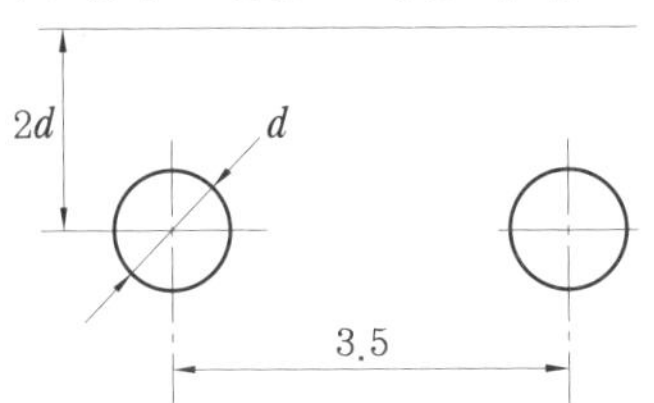

2. 다음 중 외측 언더컷 처리 방법으로 적합하지 않은 것은?

① 강제형　　② 회전형
③ 분할 코어형　　④ 분할 캐비티형

해설 (1) 외측 언더컷 처리 방법 : 분할 캐비티형, 슬라이드 블록형, 회전형, 강제형
(2) 내측 언더컷 처리 방법 : 분할 코어형, 슬라이드 블록형, 이젝터 핀형, 회전형, 강제형

3. 성형품 불량 중에서 싱크 마크가 생기는 원인과 관계가 없는 것은?

① 형체력이 과다할 때
② 성형 압력이 부족할 때
③ 수지의 수축률이 클 때
④ 성형품 두께가 불균일할 때

해설 싱크 마크의 발생 원인
(1) 금형 캐비티의 압력이 낮을 때
(2) 성형품 두께가 불균일할 때
(3) 수지의 수축률이 클 때
(4) 계량 조정이 불충분할 때

4. 원추 형상의 게이트로서 스프루가 그대로 게이트가 되므로 스프루 게이트라고도 하는 게이트는?

① 태브 게이트　　② 표준 게이트
③ 오버랩 게이트　　④ 다이렉트 게이트

해설 다이렉트 게이트는 원추 형상의 게이트로서 성형기 노즐에서 스프루에 들어간 수지를 직접 캐비티에 유입하기 때문에 사출 압력 손실이 작다.

5. 다음 중 열가소성 수지는?

① 페놀 수지　　② 멜라민 수지
③ 알키드 수지　　④ 폴리아세탈

해설 (1) 열가소성 수지 : 폴리에틸렌(PE), 폴리프로필렌(PP), 폴리아미드(PA), 폴리아세탈(POM), 폴리스티렌(PS), ABS, AS, 메타크릴(PMMA), 폴리부틸렌테레프탈레이트(PBT), 유리섬유강화 열가소성 플라스틱(FRTP)
(2) 열경화성 수지 : 알키드, 페놀, 멜라민, 에폭시, 우레아 등

6. 다음 중 충전 밸런스를 맞출 수 있는 방법으로 가장 적합하지 못한 것은?

① 사출 속도의 조절
② 러너의 치수 조절
③ 러너의 대칭 배열
④ 게이트의 치수 조절

정답 » 1. ②　2. ③　3. ①　4. ④　5. ④　6. ①

7. 성형품 치수가 150 mm이고, 성형 수축률이 6/1000일 때 상온에서의 금형 치수는 얼마로 가공하여야 하는가?

① 180.9 mm ② 150.9 mm
③ 181.9 mm ④ 151.9 mm

해설 상온에서의 금형 치수

$$= \frac{\text{상온에서의 성형품 치수}}{1-\text{성형 수축률}}$$

$$= \frac{150}{1-0.006} = 150.9$$

8. 다음 중 콜드 슬러그 웰의 배치 위치로 적합한 장소는?

① 러너의 첫 부분
② 러너의 말단 부분
③ 게이트와 러너 사이 부분
④ 스프루와 러너 사이 부분

해설 콜드 슬러그 웰의 길이는 일반적으로 러너 지름의 1.5~2배이다.

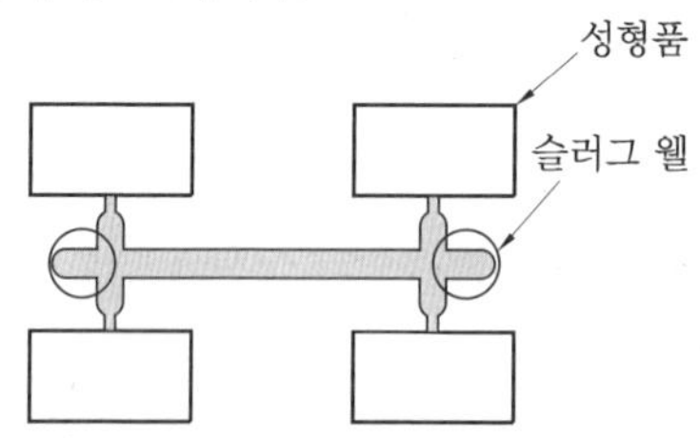

러너 말단의 슬러그 웰

9. 성형품의 이젝터 기구에 대한 설명으로 틀린 것은?

① 이젝터 핀을 배치할 때는 성형품의 이형저항 밸런스가 유지되도록 한다.
② 공기압 이젝터의 경우는 이젝터 플레이트 조립 기구가 필요하다.
③ 성형품의 파팅면이 복잡한 경우, 스트리퍼 플레이트의 대용으로 링을 사용하는 방법도 있다.
④ 슬리브 이젝터 방식이 핀 이젝터보다 크랙 및 백화 현상을 방지할 수 있다.

해설 공기압 이젝터의 경우 이젝터 플레이트 조립 기구가 필요 없으므로 금형 구조가 간략화된다.

10. 인라인 스크루(inline screw) 사출성형기의 구조가 아닌 것은?

① 사출장치 ② 형체 장치
③ 공압 구동부 ④ 유압 구동부

해설 사출성형기의 구조

(1) 사출 기구 : 호퍼, 재료 공급 장치, 가열 실린더, 노즐, 사출 실린더
(2) 형체 기구 : 금형 설치판, 타이 바, 형체 실린더, 이젝터, 안전문
(3) 프레임
(4) 유압 구동부
(5) 전기제어부

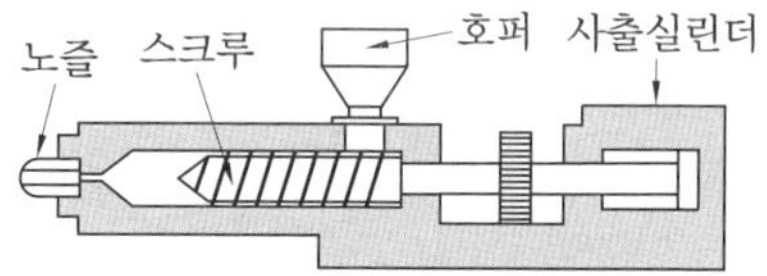

인라인 스크루식 사출성형기

11. 블랭크 지름 100 mm이고 드로잉 펀치 안지름이 70 mm일 때 드로잉비는?

① 0.9 ② 0.8 ③ 1.4 ④ 1.9

해설 드로잉비$(\beta) = \frac{D}{d} = \frac{1}{m} = \frac{100}{70} = 1.4$

12. 다음 중 트랜스퍼 프레스 금형의 특징이 아닌 것은?

① 생산성이 높다.
② 재료를 절약할 수 있다.
③ 초기 설비 투자비가 높다.
④ 무인화 또는 작업 인원 감소가 불가능하다.

해설 트랜스퍼 프레스 금형의 장점과 단점

(1) 장점

- 작업 안정성을 높인다.
- 생산성이 높고 작업 능률이 좋다.
- 무인화 또는 작업 인원 감소가 가능하다.
- 재료비를 절약할 수 있다.
- 설치 공간을 절약할 수 있다.

정답 » 7. ② 8. ② 9. ② 10. ③ 11. ③ 12. ④

• 프레스 작업에 숙련을 필요로 하지 않는다.
• 생산기술이 축적된다.

(2) 단점
• 기계 설비의 초기 투자비가 높다.
• 금형 제작비가 높다.
• 트랜스퍼 장치의 예측 못한 현상의 발생 소지가 높다.
• 위치 결정, 분리, 스크랩 처리 등에 세심한 주의를 요한다.

13. 파일럿 핀(pilot pin)의 기능을 수행하기 위한 파일럿 구멍 지름 크기로 다음 중 적합한 것은?(단, 피어싱 펀치의 지름은 15 mm이고, 스트립 소재 두께는 2 mm일 경우이다.)

① 12.94 mm ② 14.92 mm
③ 12.36 mm ④ 13.36 mm

해설 $A = d - (0.03 \sim 0.05) \times t$
여기서, A : 파일럿 구멍의 지름(mm)
t : 가공 소재의 두께(mm)
d : 피어싱 펀치의 지름(mm)
문제 풀이 시 지름 감소 계수를 0.04로 결정한다.
$\therefore A = 15 - 0.04 \times 2 = 14.92$ mm

14. 전단 금형 설계 시 펀치에 시어(shear)를 주는 이유는?

① 펀치 행정을 증가시키기 위해
② 전단면 형상을 향상시키기 위해
③ 제품의 평면변형(dish-shape)을 방지하기 위해
④ 펀치 하중을 감소시키기 위해

15. 원통 드로잉을 하였더니 그림과 같이 입구 부분이 불규칙하게 되었다. 이와 같은 현상을 무엇이라고 하는가?

① 벌징(bulging)
② 컬링(culing)
③ 이어링(earing)
④ 플랜징(flanging)

16. 다이 세트(die set)의 형식 중 재료를 전후좌우로 이송할 수 있고 재연삭과 작업성에서 가장 편리한 것은?

① BB형 ② CB형 ③ DB형 ④ FB형

해설 BB형 : 가이드 포스트를 뒷면에 설치한 것으로 재연삭과 작업성에서 가장 편리하다. 프레스 작업 시 전후 방향의 편심하중으로 정도 유지가 저하된다.

17. 다음 중 다이 세트를 구성하는 부품이 아닌 것은?

① 펀치
② 하홀더(die holder)
③ 상홀더(punch holder)
④ 가이드 포스트와 가이드 부시

해설 다이 세트(die set)를 구성하는 부품
(1) 상홀더(punch holder)
(2) 하홀더(die holder)
(3) 가이드 포스트(guide post)
(4) 가이드 부시(guide bush)

18. 스트립 레이아웃(strip layout) 설계 시 고려하지 않아도 되는 사항은?

① 배열 방법 ② 이송 피치
③ 납품 방법 ④ 이송 잔폭

해설 스트립 레이아웃 작성
(1) 소재의 송급 방법 검토
(2) 소재의 이송 잔폭, 폭 잔폭 및 강도 검토
(3) 제품의 취출 및 회수 방법 검토
(4) 정밀 치수 및 정밀 형상 부분의 가공 대책

19. 금형 재료를 절약할 수 있고, 2개 이상의 원형 피어싱 가공을 할 경우 다이의 중심거리가 정확하여 날 맞추기가 간단한 다이는?

① 일체 다이 ② 부시 다이
③ 분할 다이 ④ 노칭 다이

해설 부시 다이 : 2개 이상의 블랭킹이나 피어싱 작업을 동시에 할 때 열처리 변형으로 중심거리가 어긋날 경우 부시만 수정하면 된다.

2015년

정답 » 13. ② 14. ④ 15. ③ 16. ① 17. ① 18. ③ 19. ②

20. 드로잉 가공에서 주름이 발생하였을 때의 대책을 설명한 것으로 틀린 것은?

① 다이의 모서리 반지름을 크게 한다.
② 블랭크 홀더의 압력을 적절히 조절한다.
③ 클리어런스를 허용 범위 안에서 최소로 한다.
④ 재료에 적합한 윤활성이 좋은 드로잉유를 사용한다.

해설 다이의 모서리 반지름이 크면 용기의 측벽에 수직으로 불균일한 주름이 발생하고, 제품의 끝부분에 주름이 발생한다.

2과목 기계가공법 및 안전관리

21. 절삭가공이 아닌 것은?

① 밀링　② 인발
③ 보링　④ 래핑

해설 인발은 금속 재료를 축 방향으로 통과시켜 일감을 잡아당겨 바깥지름을 줄이고 길이를 늘리는 소성가공법으로, 봉이나 관을 제작할 때 쓰인다.

22. 금긋기 공구가 아닌 것은?

① 드릴
② 컴퍼스
③ 직각자
④ 서피스 게이지

해설 금긋기 공구에는 금긋기 바늘, 펀치, 서피스 게이지, 중심내기자, 컴퍼스, 앵글 플레이트, 스크루 잭 등이 있다.

23. 나사의 규격이 "3/8-16 UNC"일 때 탭 가공을 위한 드릴 지름으로 적당한 것은?

① 6 mm　② 6.8 mm
③ 7.9 mm　④ 8.7 mm

해설 (1) 3/8 : 나사의 바깥지름(inch)
(2) 16 : 나사산의 수
(3) UNC : 나사의 종류(유니파이 나사)

• 나사의 바깥지름 $D=\frac{3}{8}\times 25.4=9.5\,\text{mm}$

• 나사의 피치 $P=\frac{25.4}{16}=1.6\,\text{mm}$

• 드릴 지름 $d=D-P=9.5-1.6=7.9\,\text{mm}$

24. 고속 가공기의 장점으로 틀린 것은?

① 2차 공정을 증가시킨다.
② 표면 정도를 향상시킨다.
③ 공작물의 변형을 감소시킨다.
④ 절삭 저항이 감소하고, 공구 수명이 길어진다.

해설 고속 가공의 장점
(1) 가공 시간을 단축시켜 가공 능률, 생산성을 향상시킨다.
(2) 2차 공정을 감소시킨다.
(3) 금형 가공에 있어서 수작업을 줄여준다.
(4) 표면 정도를 향상시킨다.
(5) 작은 지름의 공구를 효율적으로 사용할 수 있다.
(6) 얇고 취성이 있는 소재를 효율적으로 가공할 수 있다.
(7) 공작물의 변형을 감소시킨다.
(8) 얇은 공작물을 가공할 수 있다.

25. 금형의 성능을 충분히 발휘시키기 위한 중요한 작업인 조립 작업과 거리가 먼 것은?

① 금형의 사용 방법을 충분히 이해한다.
② 동일 치수의 부품도 조정 후에는 다른 곳에 사용한다.
③ 조립은 가공 도면에 의해 가공된 금형의 부품을 금형 조립 도면과 공정에 맞추어 조립, 조정한다.
④ 마무리 작업의 각 요소를 선체 종합하여 결합, 끼워 맞춤, 기타 작동 부분의 원활한 조립, 조정 등 순서대로 정리해야 한다.

정답 » 20. ①　21. ②　22. ①　23. ③　24. ①　25. ②

26. 두께가 5 mm이고 굽힘 길이가 3000 mm이며, 인장강도가 50 kg/mm²인 재료를 90°로 V-굽힘 가공을 할 때 굽힘 가공력(ton)은?(단, 다이 견폭은 판 두께의 8배이고, 굽힘 반지름은 판 두께의 1.2배로 계산한다.)

① 54 ② 96 ③ 125 ④ 150

해설 $P_V = \dfrac{K \cdot b \cdot t^2 \cdot \sigma_b}{1000L}$

여기서, P_V : V-굽힘 가공력(ton)

t : 재료의 두께(mm)

b : 굽힘부의 길이(mm)

L : 다이의 견폭(mm)

σ_b : 재료의 인장 응력(kgf/mm²)

K : 다이 견폭과 재료 두께에 대한 보정 계수(다이 견폭이 소재 두께의 8배일 때 1.33)

$$\therefore P_V = \frac{1.33 \times 3000 \times 5^2 \times 50}{1000 \times (5 \times 8)} = 125 \text{ ton}$$

27. 다음 중 와이어컷 방전 가공의 특징으로 틀린 것은?

① 전극을 별도 제작할 필요가 없다.
② 복잡한 형상도 가공이 가능하다.
③ 담금질된 강이나 초경합금의 가공은 어렵다.
④ 가공 속도가 형상에 따라 크게 변하지 않는다.

해설 와이어컷 방전 가공은 초경합금, 담금질강, 내열강 등의 절삭 가공이 곤란한 금속을 쉽게 가공할 수 있다.

28. 다음 중 유동형 칩을 얻는 데 가장 방해가 되는 조건은?

① 절삭 속도가 빠를 때
② 절삭 깊이가 작을 때
③ 연성의 재료를 가공할 때
④ 공구의 윗면 경사각이 작을 때

해설 유동형 칩 발생 원인

(1) 절삭 속도가 클 때
(2) 바이트 경사각이 클 때
(3) 연강, Al 등 점성이 있고 연한 재질일 때
(4) 절삭 깊이가 낮을 때
(5) 윤활성이 좋은 절삭제의 공급이 많을 때

29. 레이저 가공을 설명한 것으로 틀린 것은?

① 비접촉 가공이므로 공구의 마모가 없다.
② 국부 순간 가열로 열변형이 많이 발생한다.
③ 자동 가공이 쉽고 특히 CNC 이용이 가능하다.
④ 세라믹, 유리, 인조대리석 등 고경도 취성 재료의 가공이 용이하다.

해설 레이저 가공은 공작물의 국부 순간 가열로 열변형 등이 생기지 않는다.

30. 금형의 표면처리 방법 중 PVD(물리 증착) 증착법의 특징에 속하지 않는 것은?

① 온도 조절이 용이하다.
② 화학반응이 활발하다.
③ 증착의 밀착성이 좋다.
④ 저온(100~500℃)에서 가능하다.

해설 물리 증착(PVD)의 특징

(1) 물리적인 변수의 제어로 공정을 결정할 수 있다.
(2) 저온(100~500℃)에서 가능하다.
(3) 정확한 합금 성분의 조절이 용이하다.
(4) 온도 조절이 용이하다.
(5) 화학반응이 거의 없다.
(6) 증착의 밀착성이 좋다.

31. 손 다듬질용 탭 중에서 최초의 나사 작업을 하는 탭은?

① 1번 탭 ② 2번 탭
③ 3번 탭 ④ 4번 탭

해설 핸드 탭은 1번, 2번, 3번 탭의 3개가 1조로 되어있으며, 1번 탭은 황삭 탭, 2번 탭은 중간 탭, 3번 탭은 다듬질 탭으로 사용된다.

2015년

정답 » 26. ③ 27. ③ 28. ④ 29. ② 30. ② 31. ①

32. 다음 중 모래 입자를 가공물 표면에 분사시켜 가공하는 방법은?

① 래핑 ② 배럴 가공
③ 슈퍼 피니싱 ④ 샌드 블라스팅

33. 다음 중 치공구의 분류 방법으로 적당하지 않은 것은?

① 성능에 의한 분류
② 모양에 의한 분류
③ 기구에 의한 분류
④ 공작물에 의한 분류

34. 공작기계의 진동 등에 의해서 충격이 가해져 절삭공구 인선의 일부가 미세하게 탈락되는 현상은?

① 치핑 ② 온도 파손
③ 플랭크 마모 ④ 크레이터 마모

해설 (1) 치핑(chipping) : 날의 결손
(2) 플랭크 마모(flank wear) : 여유 마모
(3) 크레이터 마모(cratering) : 경사면 마모

35. 슈퍼 피니싱(super finishing) 작업 조건으로 틀린 것은?

① 일반적으로 연삭액은 수용성 절삭유를 사용한다.
② 숫돌 입자는 주로 Al_2O_3 또는 SiC를 사용한다.
③ 입자의 크기는 #400~1000 범위에서 주로 사용한다.
④ 숫돌의 초기 가공에서의 진폭은 2~3 mm 정도로 한다.

해설 슈퍼 피니싱 가공액으로는 일반적으로 석유를 사용하며, 기계유, 스핀들유를 10~30 % 혼합하여 사용한다.

36. 금형 제작을 할 때 탭 작업의 주의사항으로 틀린 것은?

① 탭 핸들은 공작물과 수평을 유지한다.
② 탭 중심과 구멍의 중심을 잘 맞춘다.
③ 탭 핸들은 절대로 역회전시키지 않는다.
④ 가공할 재료는 수평이 되도록 고정한다.

해설 탭 가공을 할 때는 무리하게 힘을 가하지 말고 정회전과 역회전을 반복하며 조심스럽게 작업하고 가공이 완료되면 역회전하여 빼낸다.

37. 다음 중 압연 가공에서 두께 0.75~15 mm이고, 폭 450 mm 이하인 coil로 된 긴 판재는?

① plate
② wide strip
③ narrow strip
④ sheet

38. 공작물의 가공 모양에 따라서 적당한 모양으로 만든 전극(공구)을 사용하여 구멍 뚫기, 조각, 절단, 그 밖의 가공을 하는 방법은 어느 것인가?

① 보링 가공 ② 배럴 가공
③ 방전 가공 ④ 초음파가공

39. 다음 중 선반에서 각종 공구를 가장 많이 부착하고 가공할 수 있는 선반은?

① 모방 선반 ② 터릿 선반
③ 탁상 선반 ④ 보통 선반

해설 터릿 선반(turret lathe)은 보통 선반의 심압대 대신 여러 개의 공구를 방사상으로 설치하여 공정 순서대로 공구를 차례대로 사용할 수 있도록 되어있는 선반으로, 모양에 따라 6각형과 드럼형이 있으나 6각형이 주로 쓰인다.

40. 다음 중 압연 가공에서 판을 압연할 때 쓰이는 롤은?

① 홈 롤 ② 개방형 롤
③ 원기둥 롤 ④ 밀폐형 롤

정답 » 32. ④ 33. ④ 34. ① 35. ① 36. ③ 37. ③ 38. ③ 39. ② 40. ③

3과목 금형재료 및 정밀계측

41. 전기 마이크로미터에서 가장 많이 사용하는 변환 방식은?

① 용량식
② 가변저항식
③ 차동변압기식
④ 저항선 스트레인 게이지식

42. 측정기 1눈금의 지시 변화에 상당하는 측정량의 변화는?

① 측정 범위 ② 지시 범위
③ 최소 눈금값 ④ 눈금선 간격

43. 눈금 측정 시 습관에서 생기는 오차로 숙련됨에 따라 어느 정도 줄일 수 있는 것은?

① 개인 오차
② 우연 오차
③ 기기 오차
④ 외부 조건에 의한 오차

해설 (1) 개인 오차 : 측정하는 사람에 따라서 생기는 오차로, 숙련됨에 따라서 어느 정도 줄일 수 있다.
(2) 우연 오차 : 확인될 수 없는 원인으로 생기는 오차로, 측정차를 분산시키는 원인이 된다.

44. 마이크로미터의 평행도 검사에 가장 적합한 측정기는?

① 옵티컬 패럴렐 ② 하이트 게이지
③ 다이얼 게이지 ④ 버니어 캘리퍼스

해설 옵티컬 패럴렐은 광학유리를 연마하여 만든 매우 정확한 평면 판으로, 평면도, 평행도 및 주위 오차를 측정하는 데 사용된다.

45. 길이 500 mm 표준자의 전 길이 측정 오차를 최소로 하기 위해 베셀점(bessel point)으로 지지하기 위해서는 양 끝에서 약 몇 mm 지점에 받쳐주면 되는가?

① 101 ② 106 ③ 110 ④ 120

해설 베셀점 : 중립면 상에 눈금을 만든 선도기를 2점에서 지지하는 경우, 전체 길이의 측정 오차를 최소로 하기 위한 지지점
$A = 0.2203L = 0.2203 \times 500 = 110.15$

46. 다음 중 석정반의 장점을 설명한 것으로 틀린 것은?

① 유지비가 싸다.
② 온도 변화가 주철보다 둔감하다.
③ 상처 발생 시 돌기가 생기지 않는다.
④ T 홈이나 태핑 등의 가공이 쉽다.

47. 하이트 게이지의 용도로 거리가 먼 것은?

① 금긋기를 할 수 있다.
② 홈의 각도를 측정할 수 있다.
③ 실제 높이를 측정할 수 있다.
④ 다이얼 테스트 인디케이터를 부착하여 비교 측정을 할 수 있다.

48. 기준 치수 25 mm의 원통 4개를 만들어 측정한 결과가 A, B, C, D로 나타났다. 오차 백분율이 ±0.4 % 이하가 합격이라고 할 때 합격품에 해당하는 것은? (단, $A=24.90$ mm, $B=25.10$ mm, $C=24.86$ mm, $D=25.12$ mm이다.)

① D ② A, B
③ A, B, D ④ A, B, C

해설 오차 백분율$= \dfrac{\text{측정값}-\text{참값}}{\text{참값}} \times 100\%$

(1) A : $\dfrac{24.90-25}{25} \times 100\% = -0.4\%$

(2) B : $\dfrac{25.10-25}{25} \times 100\% = 0.4\%$

(3) C : $\dfrac{24.86-25}{25} \times 100\% = -0.56\%$

(4) D : $\dfrac{25.12-25}{25} \times 100\% = 0.48\%$

정답 » 41. ③ 42. ③ 43. ① 44. ① 45. ③ 46. ④ 47. ② 48. ②

49. 3침법으로 나사의 유효 지름 측정에서 다음과 같은 공식을 적용할 수 있는 나사는? [단, d_2는 유효 지름, M은 침(針)을 적용했을 때의 외측 거리, d_0는 침의 지름, P는 나사의 피치이다.]

$$d_2 = M - 3.16568 \times d_0 + 0.960491 \times P$$

① 미터 나사 ② 애크미 나사
③ 유니파이 나사 ④ 휘트워드 나사

해설 미터 나사 및 유니파이 나사에서의 유효 지름 $d_2 = M - 3d_0 + 0.8662025P$

50. 감도가 1눈금에 대하여 0.02 mm/m의 수준기에 있어서 1눈금의 너비가 3 mm인 기포관 내면의 곡률반지름은 약 몇 m인가?

① 41.3 ② 82.5
③ 103 ④ 154

해설 $\rho = 206265 \times \dfrac{\alpha}{R}$

여기서, ρ : 한 눈금의 경사에 상당하는 각도(초)
※ 각도는 감도가 0.02 mm/m일 때 4초, 0.05 mm/m일 때 10초, 0.1 mm/m일 때 20초가 된다.
α : 한 눈금의 길이(mm)
R : 곡률반지름(mm)

$\therefore R = 206265 \times \dfrac{3}{4} = 154698.75\text{mm}$

$\fallingdotseq 154\text{m}$

51. 서멧(cermet)의 특성이 아닌 것은?

① 세라믹과 금속의 특성을 가진다.
② 세라믹과 금속을 결합시킨 소결 복합체이다.
③ 고온에서 불안정하며 내열성이 나쁘다.
④ 산화물계 서멧에 사용되는 재질은 Al_2O_3 등이 있다.

52. 특수강을 제조하기에 가장 적합한 제강로는 어느 것인가?

① 평로 ② 전로
③ 전기로 ④ 도가니로

해설 ① 평로 : 선철, 철광석을 용해시켜 탈산(Mn, Si, Al)하여 제조하며, 대규모, 장시간이 필요하다.
② 전로 : 용해된 선철 주입 후 공기, 산소로 불순물을 산화시켜 제조한다.
④ 도가니로 : 선철, 비철금속을 석탄가스, 코크스 등으로 가열하여 고순도 처리한다.

53. 강도가 크고, 투명도가 좋아 방풍 유리 및 광학렌즈로 사용되는 열가소성 수지는?

① 멜라민 수지 ② 아크릴 수지
③ 페놀 수지 ④ 요소 수지

해설 메타크릴 수지(PMMA)는 일명 아크릴 수지라고 하며, 광선 투과율 93 %로 빛의 투과율이 높다.

54. 열간 단조용 금형 재료에 요구되는 일반적인 조건이 아닌 것은?

① 가공성이 좋을 것
② 열전도도가 작을 것
③ 금형의 표면은 내열성이 좋을 것
④ 온도 상승 및 냉각에 의한 히트 체크에 대한 내력이 클 것

55. 주조성과 절삭성이 우수하고 주로 주물로 사용되는 주철은?

① 회주철(gray cast iron)
② 백주철(white cast iron)
③ 가단주철(malleable cast iron)
④ 구상흑연주철(spheroidal graphite cast iron)

해설 보통 주철(회주철 : GC 1~3종)은 주조성이 좋고 값이 싸므로, 주물 및 일반 기계 부품에 사용된다.

56. Fe-C 상태도에서 L(융액) → 결정(A) + 결정(B)로의 변화 반응은?

정답 » 49. ④ 50. ④ 51. ③ 52. ③ 53. ② 54. ② 55. ① 56. ①

① 공정 반응　　② 포정 반응
③ 공석 반응　　④ 편정 반응

해설 ② 포정 반응 : 고체 A+액체 ⇄ 고체 B
④ 편정 반응 : 고체+액체 A ⇄ 액체 B

57. 배빗메탈(babbit metal)의 주성분은?

① Sn-Sb-Cu　　② Sn-Sb-Zn
③ Sn-Pb-Si　　④ Sn-Pb-Cu

해설 배빗메탈은 Sn, Cu 5 %, Sb 5 %의 합금으로 Pb 계통의 것보다 마찰계수가 작으며 고온, 고압에서 점도가 크다. 내식성이 풍부하고 주조가 용이하며 고속 베어링에 사용된다.

58. 다음의 설명 중 옳지 않은 것은?

① A_1변태는 강에서 일어나는 변태이다.
② 펄라이트는 순철의 일종이다.
③ 오스테나이트의 최대 탄소 고용량은 1130℃에서 약 2.0 %이다.
④ 시멘타이트는 철과 탄소의 화합물이다.

해설 펄라이트(pearlite) : 726℃에서 오스테나이트가 페라이트와 시멘타이트의 층상의 공석강으로 변태한 것으로서 탄소 함유량이 0.85 %이다. 강도, 경도는 페라이트보다 크며, 자성이 있다.

59. 다음 중 순철의 기계적 성질을 가장 바르게 나타낸 것은?

① 인장강도 25~26 kgf/mm^2, 브리넬 경도 60~70
② 인장강도 30~40 kgf/mm^2, 브리넬 경도 100~220
③ 인장강도 40~50 kgf/mm^2, 브리넬 경도 25~32
④ 인장강도 60~75 kgf/mm^2, 브리넬 경도 420~570

60. 담금질한 강재의 잔류 austenite를 제거하여 치수 변화를 방지하는 열처리법은?

① 저온 뜨임
② 구상화 처리
③ 심랭 처리
④ 용체화 처리

해설 심랭(sub-zero) 처리 : 강철의 담금질에 있어서 잔류 오스테나이트를 소멸시키기 위하여 0℃ 이하의 냉각제 중에서 처리하는 것

정답 » 57. ①　58. ②　59. ①　60. ③

사출금형산업기사

2015년 8월 16일 (제3회)

1과목 금형설계

1. 프로그레시브 작업을 위한 스트립 레이아웃을 설계할 때 고려할 사항이 아닌 것은?

① 재료의 폭 및 잔폭
② 스트립의 압연 방향
③ 프레스 다이 하이트
④ 절단이나 성형 개소의 위치

해설 (1) 프레스 다이 하이트(press die height) : 슬라이드 조절을 상한값으로 한 상태에서 스트로크를 하사점까지 내렸을 때 슬라이드 하면과 볼스터(bolster) 상면과의 직선거리로 프레스 기계의 사양을 의미한다.
(2) 셧 하이트(shut height) : 다이 하이트에 볼스터 두께를 더한 것, 즉 슬라이드의 스트로크가 하사점에 있을 때 슬라이드 하면과 베드(bed) 상면까지의 거리

2. 지름 200 mm의 블랭크 소재를 지름 50 mm의 원통 용기로 드로잉 가공하려고 한다. 몇 회의 드로잉 공정이 필요한가? (단, 1차 드로잉률은 0.55, 재드로잉률은 0.75로 기준한다.)

① 2회 ② 3회 ③ 4회 ④ 5회

해설 (1) 드로잉률

$$m = \frac{d}{D} \times 100\ \%$$

여기서, D : 블랭크의 지름 (mm)
d : 드로잉 가공된 제품의 지름 (mm)

(2) 블랭크의 지름(D_0)= $\sqrt{d^2+4dh}$

여기서, d : 용기의 지름(mm)
h : 용기의 측벽 높이(mm)
m_1 : 1차 드로잉률
m_2 : 재드로잉률

$D_0 = \sqrt{d^2+4dh} = 200$ mm

$d_1 = m_1 D_0 = 0.55 \times 200 = 110$ mm

$d_2 = m_2 d_1 = 0.75 \times 110 = 82.5$ mm

$d_3 = m_2 d_2 = 0.75 \times 82.5 = 61.87$ mm

$d_4 = m_2 d_3 = 0.75 \times 61.87 = 46.4$ mm

4공정에서 얻어진 $\phi 46.4$ mm를 $\phi 50$ mm로 바꾸어 마지막 공정의 지름을 완성 제품의 지름과 같게 한다.

3. 다음 중 트랜스퍼 프레스 가공의 특징으로 옳은 것은?

① 설치 공간을 절약할 수 없다.
② 위치 결정, 분리, 스크랩 처리가 중요하지 않다.
③ 제품 설계에서부터 가공성 검토가 필요하지 않다.
④ 안정성 및 생산성이 높고 작업 인원 감소가 가능하다.

해설 트랜스퍼 프레스 가공의 장점과 단점
(1) 장점
- 작업 안정성을 높인다.
- 생산성이 높고 작업 능률이 좋다.
- 무인화 또는 작업 인원 감소가 가능하다.
- 재료비를 절약할 수 있다.
- 설치 공간을 절약할 수 있다.
- 프레스 작업에 숙련을 필요로 하지 않는다.
- 생산기술이 축적된다.

(2) 단점
- 기계 설비의 초기 투자비가 높다.
- 금형 제작비가 높다.
- 트랜스퍼 장치의 예측 못한 현상의 발생 소지가 높다.
- 위치 결정, 분리, 스크랩 처리 등에 세심한 주의를 요한다.

4. 프로그레시브 금형(progressive die)의 가공 공정도를 설계할 때 고려하여야 할 사항으로 틀린 것은?

① 금형의 강도와 수명을 고려한다.

정답 » 1. ③ 2. ③ 3. ④ 4. ③

② 제품의 생산 비용을 고려하여 공정 수를 줄인다.
③ 공정 수를 많게 하여 제품을 정밀하게 가공한다.
④ 작업을 안전하고 쉽게 연속 가공할 수 있도록 가공도를 낮춘다.

해설 프로그레시브 금형(progressive die) : 대량생산품 제조에 사용하며 단일형에 비하여 작업 능률이 좋고 준비품이 없으며 안정성도 높은 점 등 여러 가지의 이점을 가지고 있다. 한편 금형 제작의 비용이 높기 때문에 경제성을 충분히 검토하기 위해서는 공정 수를 적게 하고 제품을 정밀하게 가공한다.

5. **프로그레시브 금형(progressive die)에서 두께가 2 mm인 연강판으로 지름이 50 mm인 원판을 블랭킹하려고 할 때 필요한 전단력(kgf)은 약 얼마인가? (단, 전단 저항은 32 kgf/mm²이다.)**

① 10054 ② 11053
③ 12053 ④ 13053

해설 $P=l \cdot t \cdot \tau$

여기서, P : 전단력(kgf)
l : 전단선의 길이(mm)
t : 소재의 두께(mm)
τ : 재료의 전단 강도(kgf/mm^2)

$\therefore P=\pi d t \tau = 3.14 \times 50 \times 2 \times 32$
$= 10048\,kgf$

6. **프로그레시브 금형에서 이송 방향을 좌측에서 우측으로 할 때 사용할 수 없는 다이 세트는?**

① BB형 ② CB형
③ DB형 ④ FB형

해설 CB형(center post bush type) : 홀더의 형상은 타원형이므로 재료를 전후 이송할 때 편리하다.

7. **다음 중 프레스 금형의 조립 시 필요한 사항과 거리가 가장 먼 것은?**

① 스크랩 맞춤
② 타이밍 맞춤
③ 클리어런스 맞춤
④ 시험 타발 전 검사

8. **프레스 기계의 안전에 관한 사항 중 틀린 것은?**

① 작업 전 정해진 급유를 반드시 실시한다.
② 작업을 중지할 때에는 반드시 스위치를 절연시킨다.
③ 재료의 송급이나 가공물을 취출할 때는 반드시 손으로 작업한다.
④ 운전 중에는 어떠한 작업일지라도 금형 사이에 손을 절대로 넣어서는 안 된다.

해설 프레스 작업 시 안전사항
(1) 작업 전에 급유하고 몇 번 운전하여 활동부의 움직임 및 작업 상태를 점검한다.
(2) 작업이 끝난 후엔 반드시 스위치를 내린다.
(3) 손질, 수리, 조정 및 급유 시에는 기계를 멈추고 한다.
(4) 이송 장치나 배출 장치를 사용하며, 손의 사용은 가급적 줄인다.

9. **플러그인 타입이라고도 하며 가장 정밀한 제품 생산용 프로그레시브 금형의 다이 플레이트 분할 형식은?**

① 요크 형식
② 조합 형식
③ 솔리드 형식
④ 인서트 형식

해설 플러그인 타입은 다이 플레이트에 다이 부품을 삽입하는 형식으로 일명 인서트 형식이라고도 한다.

10. **철판을 사용하여 굽힘 가공 시 균열이 발생하였을 때의 대책으로 틀린 것은?**

① 펀치 R을 작게 한다.
② 신장이 큰 피가공재로 바꾼다.

정답 » 5. ① 6. ② 7. ① 8. ③ 9. ④ 10. ①

2015년

③ 클리어런스를 판 두께와 같거나 다소 크게 한다.
④ 피가공재의 롤 방향과 굽힘선을 평행으로 하지 않는다.

해설 균열 방지 대책
(1) 연성이 큰 재료를 사용한다.
(2) 철판 가장자리를 우수하게 다듬질한다.
(3) 판의 압연 방향과 평행하게 굽힌다.
(4) 블랭크의 배 방향을 외측으로 하여 굽힌다.

11. 나사부가 있는 성형품의 이형 방법 설명 중 틀린 것은?

① 강제적으로 빼내는 방법 : 수지 종류나 성형 나사의 형상에 따라 제약을 받으나 암나사, 수나사에 관계없이 적용할 수 있다.
② 코어를 고정하는 방법 : 시험 제작, 극소량의 생산, 또는 강도상의 문제로 자동 나사 빼기 장치를 사용할 수 없을 경우에 사용한다.
③ 분할형 코어에 의한 방법 : 수나사에 적합하며 금형 구조나 제작이 비교적 간단하며 이젝팅도 확실하다.
④ 회전 기구에 의한 방법 : 회전시키는 방법은 1개만을 성형하므로 능률이 떨어진다.

해설 자동적으로 나사붙이 성형품을 빼내기 위해서는 코어 또는 캐비티를 회전시킨다. 이때 1개만이 아니라 여러 개를 성형할 수 있다.

12. 일반적으로 스프루 로크 핀의 언더컷 양은 어느 것인가?

① 1 mm 정도 ② 3 mm 정도
③ 5 mm 정도 ④ 7 mm 정도

해설 스프루 로크 핀에서 언더컷의 치수는 보통 0.5~1.0 mm, 러너 로크 핀(runner lock pin)에서는 0.2~0.4 mm이다.

13. 금형 설계에서 성형품 치수 150 mm, 성형 수축률 5/1000일 때, 상온의 금형 치수(mm)는?

① 148.75 ② 149.25
③ 150.75 ④ 151.25

해설 상온에서의 금형 치수

$$= \frac{\text{상온에서의 성형품 치수}}{1-\text{성형 수축률}}$$

$$= \frac{150}{1-0.005} = 150.75$$

14. 금형 설계에서 러너의 치수 결정 시 고려하여야 할 사항이 아닌 것은?

① 러너의 길이
② 러너의 단면적
③ 사출성형기의 용량
④ 성형품의 살 두께 및 중량

해설 러너의 치수 결정 시 고려사항
(1) 성형품의 살 두께 및 중량, 주 러너 또는 스프루에서 캐비티까지의 거리, 러너의 냉각, 금형 제작용 공구의 범위, 사용 수지에 대해 검토한다.
(2) 러너의 굵기는 살 두께보다도 굵게 한다.
(3) 러너의 길이가 길어지면 유동 저항이 커진다.
(4) 러너의 단면적은 성형 사이클을 좌우하는 것이어서는 안 된다.

15. 성형기의 형체력(F)이 150 ton, 캐비티 내의 작용 수지 압력은 500 kgf/cm^{2}로 성형하고자 할 때, 이 성형기에서 성형이 가능한 성형품의 투영 면적(cm^2)은?

① 200 ② 300 ③ 400 ④ 500

해설 $F = \frac{\pi}{4} D_0^2 P_0 \times 10^{-3}$

여기서, F : 사출력(ton)
D_0 : 실린더의 지름(cm)
P_0 : 유압(kgf/cm^2)

150 ton $= A \times 500$ kgf/cm^2

정답 » 11. ④ 12. ① 13. ③ 14. ③ 15. ②

$$\therefore A = \frac{150000\,\text{kgf}}{500\,\text{kgf/cm}^2} = 300\,\text{cm}^2$$

16. 슬라이드 코어의 위치를 결정하는 동시에, 수지 압력에 의해 슬라이드 코어가 후퇴하려고 하는 것을 방지하는 언더컷 처리 기구는 어느 것인가?

① 판캠 ② 스프링
③ 경사 핀 ④ 로킹 블록

해설 로킹 블록은 슬라이드 코어가 후퇴하는 것을 방지하는 역할을 한다.

17. 사출 금형에서 충전 부족에 의한 성형 불량 원인으로 적합하지 않은 것은?

① 사출 압력이 낮다.
② 금형 온도가 높다.
③ 사출 속도가 너무 느리다.
④ 캐비티 내의 공기가 잘 빠지지 못한다.

해설 충전 부족에 의한 성형 불량 원인
(1) 사출기의 사출 용량이 부족할 때
(2) 수지의 유동성이 나쁠 때
(3) 캐비티 내의 공기가 빠지지 못할 때
(4) 다수 캐비티 중 일부 캐비티가 성형되지 못할 때
(5) 금형 체결력이 부족할 때

18. 금형 설계에서 게이트 위치 선정과 러너의 크기를 설정하고, 수지의 유동 흐름 등을 해석하는 방법은?

① CAD ② CAE ③ CAM ④ CAT

해설 사출성형 CAE(Computer Aided Engineering)는 제품설계로부터 양상화로 이동하는 시점에서 발생하는 시행착오를 줄여서 제품 개발 기간을 단축하기 위한 도구이다. 즉 휨, 웰드라인, 수축 등의 불량을 예측할 수 있으며, 이를 방지하기 위한 여러 가지 방법(살두께, 게이트 위치와 종류, 제품 형상, 사출 조건)을 동원하여 적정 조건을 찾아주는 종합 솔루션 시스템이다.

19. 결정성 수지의 종류가 아닌 것은?

① 폴리스티렌(PS)
② 폴리아미드(PA)
③ 폴리프로필렌(PP)
④ 폴리카보네이트(PC)

해설 (1) 결정성 수지 : 폴리에틸렌(PE), 폴리프로필렌(PP), 폴리아미드(나일론)(PA), 폴리아세탈(폴리옥시메틸렌)(POM), 폴리페닐렌설파이드(PPS), 폴리에틸렌테레프탈레이트(PETP), 불소수지(PTEF)
(2) 비결정성 수지 : 염화비닐(PVC), 폴리스티렌(PS), ABS, 폴리메타크릴산메틸(메타크릴수지)(PMMA), 폴리페닐렌옥사이드(PPO), 폴리우레탄(PUR)

20. 열가소성, 열경화성의 모든 플라스틱에 적용되며 전자동으로 복잡한 형상을 쉽게 성형할 수 있는 성형법은?

① 사출성형 ② 압출성형
③ 압축성형 ④ 진공성형

2과목 기계가공법 및 안전관리

21. 프레스 기계에서 조작을 양손으로 동시에 하지 않으면 기계가 가동되지 않으며 한 손이라도 떼어내면 기계가 급정지 또는 급상승하게 하는 방호 장치는?

① 가드식 ② 수인식
③ 양수조작식 ④ 손쳐내기식

22. 다음 열거한 것 중에서 초음파 가공의 특징에 속하지 않는 것은?

① 가공 오차가 0.01 mm까지 가능하다.
② 유리, 수정 등의 가공이 가능하다.
③ 가공 물체에 가공 변형이 남는다.
④ 공구 이외에 거의 마모 부품이 없다.

해설 초음파 가공의 특징

정답 » 16. ④ 17. ② 18. ② 19. ① 20. ① 21. ③ 22. ③

(1) 초경질이며, 메짐성이 큰 재료에 사용된다.
(2) 구멍 가공, 절단, 평면, 표면 가공 등을 할 수 있다.
(3) 연삭 가공에 비하여 가공면의 변질 및 스트레인(변형)이 적다.
(4) 전기적으로 불량 도체일지라도 보통 금속과 동일하게 가공된다.

23. 밀링 머신 가공에서 커터의 날 수 8개, 1날당 이송량 0.15 mm, 회전수가 540 rpm일 때 밀링 테이블의 이송 속도(mm/min)는?

① 348 ② 432 ③ 528 ④ 648

해설 $F = f_Z \times Z \times N$

여기서, F : 테이블(공작물)의 이송 속도 (mm/mim)

f_Z : 커터 1개당 이송량(mm)

Z : 커터 수, N : 커터의 회전수(rpm)

$\therefore F = F_Z \times Z \times N$

$= 0.15 \times 8 \times 540 = 648$ mm/min

24. 다음 재료 중에서 방전 가공의 전극 재질이 아닌 것은?

① 구리
② 텅스텐
③ 그라파이트(graphite)
④ 초경합금

해설 방전 가공의 전극 재질에는 구리(Cu), 그라파이트(GR), 은-텅스텐(Ag-W), 동-텅스텐(Cu-W), 텅스텐(W), 철강, 인청동 등이 있다.

25. 직선 왕복운동을 통하여 작업이 진행되며, 절삭 행정에서는 표준 절삭 속도로 작업하고 귀환 행정에서는 빠른 속도로 귀환하는 행정 기구가 적용된 기계로만 짝지어진 것은 어느 것인가?

① 플레이너, 셰이퍼, 슬로터
② 선반, 밀링 머신, 플레이너
③ 플레이너, 슬로터, 띠톱 기계
④ 브로치 머신, 플레이너, 드릴 머신

26. 다음 중 밀링 작업 시 하향 절삭의 특징이 아닌 것은?

① 동력 소비가 적다.
② 가공면이 깨끗하다.
③ 날 끝의 마모가 심하다.
④ 뒤 틈(back lash) 제거 장치가 필요하다.

해설 밀링 작업 시 하향 절삭의 장단점
(1) 칩이 잘 빠지지 않아 가공면에 흠집이 생기기 쉽다.
(2) 백래시 제거 장치가 필요하다.
(3) 커터가 공작물을 누르므로 공작물 고정에 신경 쓸 필요가 없다.
(4) 커터의 마모가 적다.
(5) 동력 소비가 적다.
(6) 가공면이 깨끗하다.

27. 프레스 금형에서 고정 스트리퍼형의 트리밍 다이 조립 순서를 올바르게 나열한 것은?

㉠ 상형의 위치 결정
㉡ 상형 조립
㉢ 하형 조립
㉣ 하형의 위치 결정
㉤ 상하형 조립
㉥ 간극 조정 및 위치 결정

① ㉠→㉡→㉢→㉣→㉤→㉥
② ㉠→㉡→㉥→㉣→㉢→㉤
③ ㉡→㉢→㉠→㉣→㉥→㉤
④ ㉣→㉡→㉢→㉥→㉤→㉠

해설 고정 스트리퍼형의 트리밍 다이 조립 순서 : 상형의 위치 결정 → 상형 조립 → 간극 조정 및 위치 결정 → 하형의 위치 결정→ 하형 조립 → 상하형 조립

28. 고주파 유도가열로 표면경화할 때의 장점으로 틀린 것은?

① 가열 시간이 길다.
② 산화가 적다.
③ 응력이 적게 발생한다.

정답 » 23. ④ 24. ④ 25. ① 26. ③ 27. ② 28. ①

④ 탈탄이 적다.

29. 금형 제작에서 건 드릴(gun drill)의 사용 목적으로 옳은 것은?

① 핀 가공 ② 코어 가공
③ 캐비티 가공 ④ 냉각수 구멍 가공

해설 건 드릴의 사용 목적
(1) 냉각수 구멍 가공
(2) 히터(heater) 구멍 가공
(3) 돌출 구멍 가공

30. G코드 중에 극좌표 지령을 취소하는 코드는 어느 것인가?

① G10 ② G15 ③ G16 ④ G17

31. 프레스 기계에서 금형을 부착, 해체 또는 조정 작업을 하는 때에 사용할 수 있는 안전 조치는?

① 풋 스위치 사용
② 안전 블록
③ 광전자식 안전장치
④ 양수조작식 안전장치

32. CNC 공작기계에서 100 rpm으로 회전하는 스핀들에서 2회전 드웰을 프로그래밍하려면 몇 초간 정지 지령을 사용하는가?

① 0.8 ② 1.2 ③ 1.5 ④ 1.8

해설 휴지 기능(dwell : 일시 정지) : G04

$$\text{휴지 시간(초)} = \frac{60}{N} \times \text{재료 회전수}$$

$$= \frac{60}{100} \times 2 = 1.2\text{초}$$

33. 연삭숫돌의 표시에 WA46-H8V라고 되어 있을 때 H는 무엇을 나타내는가?

① 입도 ② 조직
③ 결합도 ④ 결합제

해설 WA : 숫돌 입자, 46 : 입도, H : 결합도, 8 : 조직, V : 결합제

34. 금속 침투법에 대한 설명으로 옳은 것은?

① 세라다이징이란 금속 표면에 질소, 탄소막을 만드는 것이다.
② 칼로라이징이란 금속 표면에 크롬(Cr)을 침투시켜 내식성을 증가시키는 것이다.
③ 크로마이징이란 금속 표면에 알루미늄(Al)을 침투시켜 강도를 증가시키는 것이다.
④ 실리코나이징이란 금속 표면에 규소(Si)를 침투시켜 내식성을 증가시키는 것이다.

해설 금속 침투법의 종류
(1) 세라다이징 : Zn 침투
(2) 크로마이징 : Cr 침투
(3) 칼로라이징 : Al 침투
(4) 실리코나이징 : Si 침투
(5) 보로나이징 : B 침투

35. 다음 중 금형의 경면 작업을 할 때 콤파운드(compound)를 사용하는 작업은?

① 버핑 ② 폴리싱
③ 슈퍼 피니싱 ④ 샌드 블라스팅

36. 금형은 높은 정밀도와 숙련이 요구되는 노동 집약적 제품이다. 금형 제작비를 낮추는 방법이 아닌 것은?

① 금형의 정밀도를 최대한 높여 제작한다.
② 열처리할 때 변형을 고려한 적절한 재료를 선택한다.
③ 제품의 용도에 따라 금형의 정밀도를 정하여 제작한다.
④ NC 공작기계로 제작하여 정밀도를 향상시키고 제작 시간을 단축시킨다.

정답 » 29. ④ 30. ② 31. ② 32. ② 33. ③ 34. ④ 35. ① 36. ①

37. 다음 가공 방법 중 가공물의 표면 정밀도를 가장 정밀하게 가공할 수 있는 방법은?

① 선반 ② 슈퍼 피니싱
③ 드릴링 ④ 밀링

해설 슈퍼 피니싱(super finishing) : 입자가 작은 숫돌로 일감을 가볍게 누르면서 축 방향으로 진동을 주는 것으로 변질층 표면 깎기, 원통 외면, 내면, 평면을 다듬질할 수 있다. 가공 정밀도는 0.1~0.3 정도이며 0.1 정도가 보통이다.

38. 금속 재료를 회전하는 2개의 롤러 사이로 통과시켜 두께나 지름을 줄이는 가공법은?

① 압연 ② 단조
③ 압출 ④ 인발

39. 리밍(reaming) 작업을 할 때 떨림을 없애기 위한 방법은?

① 날의 간격을 같게 한다.
② 절삭 속도를 고속으로 한다.
③ 날의 간격을 같지 않게 한다.
④ 드릴의 절삭 속도와 같게 한다.

40. CNC 와이어컷 가공에 있어서 세컨드컷 가공의 효과가 아닌 것은?

① 펀치 형상에서의 돌기 부분 가공
② 거친 가공면과 가공면의 연화층 제거
③ 가공물의 내부응력 개방 후 형상 수정
④ 코너부 형상 에러 및 가공면의 진직 정도 수정

해설 세컨드컷 가공의 효과
(1) 면조도 향상과 가공면 이상 연화층 제거
(2) 다이 형상에서의 돌기 부분 제거
(3) 공작물의 내부응력 개방 후 형상 수정
(4) 코너부의 형상 에러 및 가공면의 진직 정도 수정

3과목 금형재료 및 정밀계측

41. 기어 측정에 있어서 오버핀 법은 기어의 무엇을 측정하는 방법인가?

① 이두께 ② 압력각
③ 모듈 크기 ④ 피치원 지름

42. 다음 중 나사산의 각도를 측정하는 방법이 아닌 것은?

① 투영기에 의한 방법
② 삼침법에 의한 방법
③ 공구 현미경에 의한 방법
④ 만능 측정 현미경에 의한 방법

해설 삼침법에 의한 방법은 유효 지름을 측정하는 방법이다.

43. 가공물을 직접 측정하여 25.022 mm의 측정값을 얻었다. 사용한 측정기에 $-3\,\mu m$의 오차가 있다고 하면 참값은 몇 mm인가?

① 25.019 ② 25.022
③ 25.025 ④ 22.022

해설 오차=측정값−참값
$-3\mu m = -0.003\ mm = 25.022\ mm -$ 참값
$\therefore$ 참값$= 25.022\ mm + 0.003\ mm = 25.025\ mm$

44. 다음 중 측정값이 참값에 대한 한쪽으로의 치우침이 작은 정도를 의미하는 것은?

① 정도 ② 정밀도
③ 정확도 ④ 평균도

해설 정밀도 : 흩어짐(산포)의 작은 정도

45. 공구 현미경으로 측정할 수 없는 것은?

① 나사의 피치 측정
② 표면 거칠기의 측정
③ 중심거리 측정
④ 테이퍼 측정

해설 공구 현미경 : 현미경을 확대하여 길이,

정답 » 37. ② 38. ① 39. ③ 40. ① 41. ① 42. ② 43. ③ 44. ③ 45. ②

각도, 형상, 윤곽을 측정한다. 정밀 부품 측정, 공구 치구류 측정, 각종 게이지 측정, 나사 게이지 측정 등에 사용한다.

46. 광선정반으로 평면도를 측정하고자 할 때 평면도 F를 구하는 공식은? (단, 이웃하는 간섭무늬의 중심거리는 a, 간섭무늬의 굽은 양은 b, 사용하는 빛의 파장은 λ이다.)

① $F=\frac{\lambda}{2}\times\frac{a}{b}$ ② $F=\frac{\lambda}{4}\times\frac{a}{b}$

③ $F=\frac{\lambda}{2}\times\frac{b}{a}$ ④ $F=\frac{\lambda}{4}\times\frac{b}{a}$

47. 공기 마이크로미터의 장점에 관한 설명으로 틀린 것은?

① 배율과 정도가 높아서 미소 변위의 측정이 가능하다.
② 피측정물에 부착하고 있는 기름이나 먼지를 분출 공기로 불어내기 때문에 정확한 측정이 가능하다.
③ 일반적으로 안지름 측정은 어려운 일인데 공기 마이크로미터를 사용하면 쉽게 정도가 높은 측정을 할 수 있다.
④ 응답시간이 0.01초 수준으로 매우 빠른 편이다.

해설 공기 마이크로미터의 장단점

(1) 장점
- 배율이 높고, 정밀도가 좋다.
- 측정력이 0에 가깝다.
- 안지름 측정이 용이하다.
- 다원 측정, 자동 제어가 가능하다.

(2) 단점
- 응답시간이 늦다.
- 디지털 지시가 불가능하다.
- 표면이 거칠면 측정값에 신빙성이 없다.
- 지시 범위가 작아 공차가 큰 것은 측정이 불가능하다.

48. 외측 마이크로미터에서 지름 5 mm인 강구를 넣어 측정력 9.8 N을 주었을 때 앤빌과 스핀들의 탄성적 접근량은? (단, Hertz의 경험식을 사용한다.)

① 1.2 μm ② 2.2 μm
③ 3.2 μm ④ 4.2 μm

해설 탄성적 접근량$(\delta)=3.8\times\sqrt[3]{\frac{P^2}{D}}$ [μm]

여기서, P : 측정력(kgf), D : 구의 지름(mm)

$\therefore\ \delta=3.8\times\sqrt[3]{\frac{1^2}{5}}=2.2\,\mu\text{m}$

49. 다음 중 중간 끼워 맞춤에 대한 설명으로 옳은 것은?

① 구멍과 축의 실제 치수에 따라 억지 끼워 맞춤이 되는 경우
② 구멍과 축의 실제 치수에 따라 틈새가 있는 끼워 맞춤이 되는 경우
③ 구멍과 축의 실제 치수에 따라 억지 또는 헐거운 끼워 맞춤이 되는 경우
④ 구멍과 축의 실제 치수에 따라 헐거운 끼워 맞춤이 되는 경우

50. 다음 중 아베의 원리를 만족하는 측정기는 어느 것인가?

① M형 버니어 캘리퍼스
② 표준형 이동형 측장기
③ 캘리퍼형 마이크로미터
④ HT형 하이트 게이지

해설 아베의 원리 : 피측정물과 측정자는 측정 방향에 대하여 동일축 선상에 있어야 한다. 이 원리에 적합한 측정기에는 외측 마이크로미터, 단체형 내측 마이크로미터, 텔레스코핑 게이지, 측장기 등이 있다.

51. 구조용강에서 뜨임 취성이 없고 용접성 및 고온 강도가 좋아서 각종 축, 기어, 강력 볼트 등의 사용에 적합한 합금강은?

① 크롬-몰리브덴강 ② 니켈-텅스텐강
③ 망간-크롬강 ④ 망간-규소강

정답 » 46. ③ 47. ④ 48. ② 49. ③ 50. ② 51. ①

52. 다음 철강 재료 중 담금질 열처리에 의해 경화되지 않는 것은?

① 순철
② 탄소강
③ 탄소공구강
④ 고속도 공구강

해설 순철의 탄소 함유량은 0.0218 % 이하로서 열처리에 의해 경화되지 않는다.

53. 탄소강은 일반적으로 충격치가 천이 온도에 도달하면 현저히 감소되어 취성이 생긴다. 이것을 무엇이라 하는가?

① 저온취성 ② 청열취성
③ 고온취성 ④ 적열취성

54. 냉간가공용 다이스강이 아닌 것은?

① Cr-Mo-W-V강
② Ni-Cr-Mo-V강
③ W-Cr-Mn강
④ W-Cr강

55. 체심입방격자와 면심입방격자의 원자 충전율은 얼마인가?

① 체심입방격자 : 68 %, 면심입방격자 : 74 %
② 체심입방격자 : 74 %, 면심입방격자 : 68 %
③ 체심입방격자 : 52 %, 면심입방격자 : 74 %
④ 체심입방격자 : 74 %, 면심입방격자 : 52 %

해설 조밀육방격자의 원자 충전율은 70.45 %이다.

56. 다음 탄소강 중 표준 상태에서 인장강도가 최대인 것은?

① 아공석강 ② 공석강
③ 과공석강 ④ 저탄소강

57. 금속의 공통된 성질에 대한 설명으로 틀린 것은?

① 전성 및 연성이 좋다.
② 전기 및 열의 부도체이다.
③ 비중이 크고 금속 특유의 광택을 갖는다.
④ 수은을 제외한 모든 금속은 상온에서 고체이며 결정체이다.

해설 금속의 공통적인 성질
(1) 상온에서 고체이며 결정체(Hg 제외)이다.
(2) 비중이 크므로 고유의 광택을 갖는다.
(3) 가공이 용이하고 연·전성이 좋다.
(4) 열과 전기의 양도체이다.
(5) 이온화하면 양(+)이온이 된다.

58. 다음 중 비중이 가장 낮으며 주로 항공기 부품으로 많이 사용되는 합금은?

① Sn 합금 ② Mg 합금
③ Ti 합금 ④ Cu 합금

해설 마그네슘(Mg)은 비중이 1.74로, 실용 금속 중 제일 가벼우며 Mg 합금은 항공기, 전기기기, 광학기계 등에 사용된다.

59. 다음 중 열가소성 수지는 어느 것인가?

① 페놀 수지 ③ 요소 수지
③ 멜라민 수지 ④ 폴리에틸렌 수지

해설 (1) 열가소성 수지 : 염화비닐 수지(PVC), 폴리스티렌(PS), ABS 수지, 메타크릴(PMMA), 폴리에틸렌(PE), 폴리프로필렌(PP), 폴리아미드(PA), 폴리카보네이트(PC), 폴리아세탈(POM), AS, 폴리페닐렌옥사이드(PPO), 폴리부틸렌테레프탈레이트(PBT)
(2) 열경화성 수지 : 페놀(PF), 우레아(UF), 멜라민(MF), 에폭시(EP)

60. 다음 중 대표적인 투광성 세라믹스가 아닌 것은?

① 알루미나 ② 마그네시아
③ 탄화규소 ④ 지르코니아

정답 » 52. ① 53. ① 54. ① 55. ① 56. ② 57. ② 58. ② 59. ④ 60. ③

사출/프레스금형설계기사

2015년 5월 31일 (제2회)

1과목 금형설계

1. 특수 사출성형기인 가스 사출성형기를 이용하여 성형품을 생산하였을 때의 장점이 아닌 것은?

① 수지를 절약할 수 있다.
② 리브 근처의 싱크마크를 줄일 수 있다.
③ 다색 다재질 성형을 할 수 있다.
④ 일체 성형이 가능하여 성형품의 부품 수를 줄일 수 있다.

해설 가스 사출성형 : 주로 스티로폼 등의 단열, 포장재의 생산에 적용하며 1차 충진 과정 후에 고압의 순도 98% 이상의 질소 가스를 금형 내부에 있는 제품의 살 두께에 직접 주입하여 수지의 수축을 보상하는 기술로서 특징은 다음과 같다.
(1) 보압단계가 없어 사이클 타임이 단축된다.
(2) 제품의 중량 감소
(3) 성형수축의 완전 제거
(4) 성형 후 변형 방지
(5) 장비의 가격이 고가이다.
(6) 수지의 선택이 어렵다.
(7) 작업 조건의 제어가 까다롭다.
(8) 컬러의 변환이 어렵다.

2. 다음 중 강제 언더컷 처리용으로 적합한 성형 재료는?

① 폴리스티렌(PS)
② 폴리아미드(PA)
③ 폴리프로필렌(PP)
④ 메타크릴 수지(PMMA)

3. 다음 사출금형 중 특수 금형에 속하지 않는 것은?

① 3단 금형
② 분할 금형
③ 나사 금형
④ 슬라이드 코어 금형

해설 특수 금형은 성형 사이클이 길고, 고가이며, 부속 장치가 필요하다. 고장과 파손이 많아 유지, 보수 비용이 많이 든다. 종류에는 분할 금형, 슬라이드 코어 금형, 나사 금형 등이 있다.

4. 핫 러너 금형의 장점이 아닌 것은?

① 3매 구조로 하지 않고도 다점 게이트를 사용할 수 있다.
② 성형 사이클이 단축된다.
③ 러너의 압력손실이 적다.
④ 수지 색상을 바꾸기가 쉽다.

5. 다음 중 중앙에 긴 구멍이 뚫려 있는 부시 모양의 성형품, 구멍이 뚫려 있는 보스 등에 적합한 이젝터는?

① 핀 이젝터
② 각핀 이젝터
③ 슬리브 이젝터
④ 스트리퍼 플레이트 이젝터

6. 다수개 빼기 금형에서 러너의 길이를 20 mm, 게이트의 랜드 길이를 1.5 mm, 그리고 러너의 직경을 4.0 mm로 했을 때, 게이트 밸런스의 값은 약 얼마인가? (단, $S_G/S_R = 7\%$이다.)

① 0.31 ② 0.20
③ 0.18 ④ 0.13

해설 $\frac{S_G}{S_R} = 0.07$이므로

$$S_G = 0.07 \times \frac{\pi d^2}{4} = 0.07 \times \frac{3.14 \times 4^2}{4} = 0.8792$$

게이트 밸런스(BGV)

2015년

정답 » 1. ③ 2. ③ 3. ① 4. ④ 5. ③ 6. ④

$$= \frac{S_G}{\sqrt{L_R} \times L_G} = \frac{0.8792}{\sqrt{20} \times 1.5} = 0.1311$$

여기서, S_G : 게이트의 단면적
S_R : 러너의 단면적
L_G : 게이트 랜드의 길이
L_R : 러너의 길이

7. 다음 중 사출금형 부품의 사용 재질로써 부적합한 것은?

① 슬라이드용 가이드 : STC3~STC5
② 앵귤러 핀 : SACM3~SACM5
③ 앵귤러 캠 : SM50C~SM55C
④ 슬라이드 홀더 : SM50C~SM55C

해설 (1) 앵귤러 핀의 재질 : STC3~STC5, STS2~STS3, STB2,
(2) 앵귤러 캠, 슬라이드 홀더의 재질 : SM50C~SM55C

8. 다음 중 웰드라인(weld line) 발생을 가장 억제할 수 있는 게이트 방식은?

① 오버랩 게이트
② 태브 게이트
③ 서브마린 게이트
④ 디스크 게이트

해설 ① 오버랩 게이트 : 플로 마크 방지
② 태브(tab) 게이트 : 태브로 성형압력 완충 및 흐름 원활
③ 서브마린 게이트 : 일명 터널 게이트, 러너를 파팅면에 설치

9. 가소화 능력을 수치로 나타낼 때에 열가소성 수지의 기준 수지는?

① 폴리에틸렌(PE)
② 폴리아미드(PA)
③ 폴리스티렌(PS)
④ 폴리카보네이트(PC)

해설 사출성형기의 사양은 최대 가소화 능력을 기준으로 하며 여기에 사용하는 수지는 폴리스티렌(PS)이다.

10. 사출속도를 빠르게 하는 고속 사출의 장점으로 틀린 것은?

① 각종 분자배향을 증가시킨다.
② 냉각에 따른 압력 저하가 적다.
③ 수축이 감소하고 치수정밀도가 높아진다.
④ 냉각속도 및 사이클 타임을 단축시킬 수 있다.

11. 다음 중 프레스의 능력 표시법에 속하지 않는 것은?

① 압력능력　② 운동량
③ 작업능력　④ 토크능력

12. 다음 다이 세트(die set) 중 각 모서리에 한 개씩, 4개의 가이드 포스트가 있고, 평행도가 뛰어나며, 높은 강성과 펀치와 다이가 정밀하게 안내되는 것은?

① FB형　② DB형　③ CD형　④ BB형

해설 다이 세트의 종류
(1) CB형(center post bushing type) : 금형의 일직선 양단에 가이드 포스트를 설치한 것이다. 홀더의 형상이 타원형으로 재료(소재)의 전후 이송 시 안정된 가공을 할 수 있다. BB형보다 고정도의 제품을 얻을 수 있다.
(2) BB형(back post bushing type) : 가이드 포스트를 뒷면에 설치한 것으로 재연삭과 작업성에서 가장 편리하다. 프레스 작업 시 전후 방향의 편심하중으로 정도 유지가 저하된다.
(3) DB형(diagonal post bushing type) : 금형의 대각선의 양단에 가이드 포스트를 설치한 것으로 강성, 정도, 작업성에서 가장 우수하다. BB형과 CB형의 결점을 보완한 것으로 제품의 정도에서는 CB형과 같은 정도를 얻을 수 있다.
(4) FB형(four post bushing type) : 금형의 네 모서리에 가이드 포스트를 설치한 것으로 평행도가 우수하다. 높은 강성과 펀치, 다이의 정밀한 안내가 되므로 클리어런스

정답 » 7. ②　8. ④　9. ③　10. ①　11. ②　12. ①

(clearance)가 적은 곳에 사용한다.

(5) 멀티 포스트형(multi post type) : 가이드 포스트가 6~8개가 있는 것으로 대형 금형에 사용한다.

(6) 볼 슬라이드 다이 세트(ball slide die type) : 가이드 부시와 가이드 포스트 사이에 강구와 볼 리테이너를 삽입한 것이다.

13. 프로그레시브 금형(progressive die)에서 파일럿 핀(pilot pin)을 사용하는 목적 중 가장 적당한 것은?

① 소재를 눌러주기 위해서
② 가공된 스크랩을 떨어뜨리기 위해서
③ 소재의 이송피치를 정확히 맞추어주기 위해서
④ 가공된 제품을 금형으로부터 취출시키기 위해서

14. 펀치를 이용하여 제품(blank)을 다이 속으로 밀어 넣어서 밑바닥이 달린 원통 용기의 벽 두께를 얇게 하고 벽 두께를 고르게 하여 원통도 향상이나 표면을 매끄럽게 하는 가공법은?

① 드로잉 가공(drawing)
② 재 드로잉 가공(redrawing)
③ 역 드로잉 가공(reverse drawing)
④ 아이어닝 가공(ironing)

15. 다음 중 사이드 커터(side cutter)의 역할로 가장 적합한 것은?

① 소재 고정 장치
② 소재 검출 장치
③ 소재 누름 장치
④ 소재 이송 제한 장치

16. 전단 가공 시 블랭크가 펀치 하면(下面)에 달라붙는 것을 방지할 수 있게 설치하는 것은 어느 것인가?

① 맞춤 핀 ② 키커 핀
③ 스톱 핀 ④ 리턴 핀

해설 키커 핀은 제품이나 스크랩(scrap)이 펀치(punch)의 밑면에 부착되는 것을 방지한다.

17. 판두께 2 mm이고 전단저항이 40 kgf/mm^{2}의 연강판을 지름 100 mm의 원형으로 블랭킹하려 한다. 이때 시어 크기를 2 mm 정도로 하고 시어계수를 0.6으로 할 때, 블랭킹력은 약 얼마인가?

① 10.1톤 ② 13.1톤
③ 15.1톤 ④ 20.1톤

해설 전단력 $P = \pi \times D \times t \times \tau \times k$[kgf]

여기서, D : 연강판 지름(mm)
t : 시어 크기(mm)
τ : 전단저항(kgf/mm^2)
k : 시어계수

$\therefore P = 3.14 \times 100 \times 2 \times 40 \times 0.6$
$= 15072\,\text{kgf} = 15.1\,\text{ton}$

18. 굽힘 금형에서 스프링 백(spring back)의 양이 커지는 것과 관계가 없는 것은?

① 두께가 동일한 재료일지라도 굽힘 반경이 커지면 커진다.
② 같은 굽힘 반경일지라도 두께가 얇으면 커진다.
③ 연질 재료에 비하여 경질 재료의 스프링 백이 크다.
④ 가압속도가 고속일수록 증가한다.

해설 (1) 경질의 재료일수록 스프링 백이 크고 동일 재질일 경우는 판 두께가 얇을수록 크며 풀림을 하면 스프링 백을 적게 할 수 있다.

(2) 가압력 : 굽히는 부분에 큰 압력을 가하면 감소할 수 있다.

(3) 펀치 선단의 R : 펀치 선단의 R이 너무 크면 스프링 백은 증가한다.

(4) 다이 두께 R : 다이의 두께 R이 크면 스프링 백이 커진다. $R = (2 \sim 4)t$ 정도로 한다.

정답 » 13. ③ 14. ④ 15. ④ 16. ② 17. ③ 18. ④

(5) 펀치와 다이의 클리어런스 : 펀치와 다이 사이에 판 두께 이상의 틈이 있으면 펀치의 R보다 제품은 큰 반지름으로 되어 펀치에 밀착되지 않아 스프링 백이 커진다.

19. 다음 중 프로그레시브 금형의 특징이 아닌 것은?

① 생산속도가 증가한다.
② 보수나 교환하기가 쉽다.
③ 사용 재료 및 프레스 기계의 제약이 없다.
④ 복잡한 형상의 제품도 몇 개의 스테이지로 나누어서 간단하고 견고한 금형 구조로 가공할 수 있다.

20. 다음 중 드로잉 금형에서 용기의 형상이 원통이고 일정한 두께로 아이어닝할 경우 일반적인 클리어런스(C_P)의 값으로 적합한 것은?(단, t : 소재의 두께이다.)

① $C_P≒(1.1\sim1.2)t$ ② $C_P≒(1.4\sim2.0)t$
③ $C_P≒(0.1\sim0.5)t$ ④ $C_P≒(2.5\sim2.8)t$

2과목 기계제작법

21. 선반 바이트에서 요구되는 성질로 틀린 것은?

① 경도가 높을 것
② 마모 저항이 적을 것
③ 점성 강도가 높을 것
④ 사용상 취급에 용이할 것

22. 연삭 숫돌 직경이 200 mm일 때 연삭속도는 약 얼마인가?(단, 회전수는 2000 rpm이다.)

① 1128 m/min ② 1256 m/min
③ 2124 m/min ④ 3140 m/min

해설 $V=\frac{\pi Dn}{1000}=\frac{3.14\times200\times2000}{1000}$
$=1256\text{ m/min}$

23. 쾌속조형기술(rapid prototyping) 가공의 특징으로 틀린 것은?

① 비숙련자에 의한 운용이 가능하다.
② 적층에 따른 단차가 발생할 수 있다.
③ 어떠한 재료로도 제품 제작이 가능하다.
④ 시제품 형상에 따른 재료만 있으면 된다.

24. 금형용 탄소강 재료를 플레인 밀링 커터로 회전수 30 rpm으로 가공할 때 이송량은?(단, 커터 잇수 12, 한 날당 이송길이 0.25 mm이다.)

① 30 mm/min ② 36 mm/min
③ 75 mm/min ④ 90 mm/min

해설 이송량 $f=f_z\times Z\times N$[mm/min]

$$f_z=\frac{f_r}{Z}=\frac{f}{ZN}$$

여기서, f_z : 커터 날당 이송거리(mm)
Z : 커터의 날 수
N : 커터의 회전수(rpm)
f_r : 커터 1회전에 대한 이송(mm/rev)
$\therefore\ f=0.25\times12\times30=90\text{mm/min}$

25. 치공구의 표준화 설계 시 고려하지 않아도 되는 항목은?

① 치공구 부품의 표준화
② 치공구 형식의 표준화
③ 치공구 재료의 표준화
④ 치공구 중량의 표준화

26. 사출금형의 구조에서 고정측 형판과 가동측 형판으로 구성되어 있으며, 파팅라인에 의하여 고정측과 가동측으로 분할되는 금형은 어느 것인가?

정답 » 19. ③ 20. ① 21. ② 22. ② 23. ③ 24. ④ 25. ④ 26. ①

① 2매 구성 금형 ② 3매 구성 금형
③ 4매 구성 금형 ④ 특수 금형

27. 패러데이(Faraday)의 전기분해법칙에 따라 전해액 중에 넣은 두 개의 전극에 직류전압을 걸어 그 회로에 전류가 흐르면 도금장치와는 반대로 양극 금속(공작물)은 흐르는 전기량에 비례하여 전해액 중에 용출작용을 하여 가공이 이루어지는 가공법은?

① 레이저 가공 ② 초음파 가공
③ 전주 가공 ④ 전해 가공

28. 기계공작 방법 중 소성 가공이 아닌 것은 어느 것인가?

① 판금 ② 전조
③ 용접 ④ 압출

해설 소성가공의 종류에는 단조, 압연, 인발, 압출, 판금, 전조 등이 있다.

29. 연삭 가공 시 숫돌차 표면의 기공에 칩이 끼어 연삭성이 나빠지는 현상은?

① 로딩 현상 ② 글레이딩 현상
③ 드레싱 현상 ④ 트루잉 현상

30. 콤파운드 금형으로 다음 그림과 같은 제품을 가공할 때 필요한 전단력은 약 얼마인가?(단, 소재의 전단저항 σ_s는 40 kgf/mm^{2}이다.)

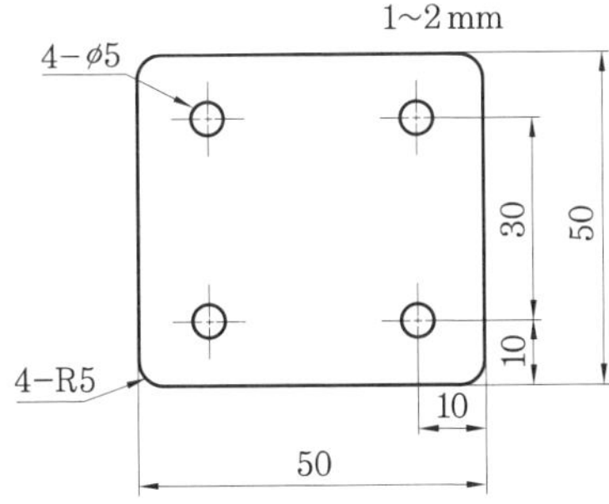

① 19085 kgf ② 20340 kgf
③ 21660 kgf ④ 24850 kgf

해설 $전단저항(kgf/mm^2) = \frac{최대압력}{전단면적}$

전단력 $P = l \times t \times \tau$

여기서, l : 제품의 외주 전단길이(mm)
t : 재료의 두께(mm)
τ : 재료의 전단하중(kgf/mm^2)

$l = (3.14 \times 10) + (3.14 \times 5 \times 4) + (50 - 10) \times 4$
$= 31.4 + 62.8 + 160 = 254.2$
$\therefore P = 254.2 \times 2 \times 40 = 20336$ kgf

31. 전해 연마의 설명으로 옳은 것은?

① 숫돌이나 숫돌입자를 사용한다.
② 전기 도금법을 말한다.
③ 교류를 사용하여 연마한다.
④ 인산이나 황산 등의 전해액 속에서 전기도금의 반대 방법으로 한다.

해설 전해 연마는 전해액에 일감을 양극으로 전기를 통하면 표면이 용해 석출되어 공작물의 표면이 매끈하게 다듬질 된다. 전해 연삭은 전해 연마에서 나타난 양극 생성물을 연삭 작업으로 마모시켜 가공하는 방법이다.

32. 다음 중 수공구인 렌치(wrench)와 스패너(spanner)의 설명으로 틀린 것은?

① 재질은 공구강, 가단주철이 많다.
② 모든 렌치와 스패너는 폭 조절이 안 된다.
③ 양구스패너의 크기는 일반적으로 너트의 치수로 표시한다.
④ 양구스패너는 양쪽 스패너 폭의 크기가 서로 다르게 되어 있다.

33. 다음 중 슈퍼 피니싱에 사용되는 연삭액으로 가장 적합한 것은?

① 경유 ② 그리스
③ 비눗물 ④ 피마자 기름

해설 슈퍼 피니싱은 숫돌 입자가 작은 숫돌로 일감을 가볍게 누르면서 축방향으로 진동을 주며 가공하는 것으로 변질층 표면 깍기, 원통

정답 » 27. ④ 28. ③ 29. ① 30. ② 31. ④ 32. ② 33. ①

외면, 내면, 평면을 연삭하여 흠집이 없는 다듬질을 할 수 있다. 가공액은 경유, 기계유, 스핀들유가 사용된다.

34. 다음 중 플라스틱 금형의 검사에 속하지 않는 것은?

① 수축 ② 유동
③ 전단각 ④ 거스러미

35. 방전 가공 시 밑면 R을 작게 하기 위한 방법으로 틀린 것은?

① 가공 깊이를 얇게 한다.
② 가공 간극을 작게 한다.
③ 소모비가 나쁜 전극을 이용한다.
④ 전극을 자주 교환해서 사용한다.

36. 직물 또는 피혁 등의 연한 재료의 회전 원반에 광택제를 부착시키고 공작물을 접촉시켜 마찰에 의해 다듬질하는 가공법은?

① 호닝(honing)
② 래핑(lapping)
③ 버핑(buffing)
④ 슈퍼 피니싱(superfinishing)

37. NC의 발달과정을 4단계로 분류한 것 중 맞는 것은?

① NC → CNC → DNC → FMS
② CNC → NC → DNC → FMS
③ NC → CNC → FMS → DNC
④ CNC → NC → DNC → DNC

해설 NC의 발달 과정을 4단계로 분류하면 다음과 같다.
(1) 제1단계 : 공작기계 1대를 NC 1대로 단순 제어하는 단계(NC)
(2) 제2단계 : 공작기계 1대를 NC 1대로 제어하며 복합 기능을 수행하는 단계(CNC)
(3) 제3단계 : 여러 대의 공작기계를 컴퓨터 1대로 제어하는 단계(DNC)
(4) 제4단계 : 여러 대의 공작기계를 컴퓨터 1대로 제어하며 생산 관리를 수행하는 단계(FMS)

38. NC 공작기계에서 S자형 경로나 크랭크형 경로 등 어떠한 경로라도 자유자재로 공구를 이동시켜 연속절삭을 할 수 있도록 하는 제어는?

① 절대좌표결정 제어
② 위치결정 제어
③ 직선절삭 제어
④ 윤곽절삭 제어

39. 다음 중 탭(tap)이 부러지는 원인으로 가장 적합하지 않은 것은?

① 드릴 구멍이 일정하지 않을 때
② 소재보다 경도가 높을 때
③ 핸들에 과도한 힘을 주었을 때
④ 탭이 구멍 밑바닥에 부딪쳤을 때

40. 사인 바를 이용하여 각도를 측정하고자 한다. 다음 중 각도 측정에 필요 없는 측정기는 어느 것인가?

① 사인 바 ② 블록 게이지
③ 다이얼 게이지 ④ 테이퍼 게이지

3과목 금속재료학

41. 다음 중 불변강의 종류가 아닌 것은?

① 인바 ② 코엘린바
③ 쾌스테르강 ④ 엘린바

해설 불변강은 온도 변화에 따라 열팽창계수, 탄성계수 등이 변하지 않는 강으로 인바, 엘린바, Co-엘린바, 슈퍼 인바, 퍼멀로이, 플래티나이트 등이 있다.

42. 고속도강의 담금질 온도(quenching temperature)로 가장 적당한 것은?

정답 » 34. ③ 35. ③ 36. ③ 37. ① 38. ④ 39. ② 40. ④ 41. ③ 42. ③

① 720℃ ② 910℃
③ 1250℃ ④ 1590℃

43. 400℃로 뜨임한 조직으로 산에 부식되기 가장 쉬운 조직은?

① 페라이트(ferrite)
② 오스테나이트(austenite)
③ 오스몬다이트(osmondite)
④ 마텐자이트(martensite)

44. 주철의 성장 원인으로서 틀린 것은?

① 가열 냉각 반복에 의한 팽창
② 순철의 흑연화 억제에 의한 팽창
③ 흡수되어 있는 가스에 의한 팽창
④ 고용원소인 Si의 산화에 의한 팽창

45. 철강재료의 열처리에서 많이 이용되는 S 곡선이 의미하는 것은?

① T.T.S 곡선 ② C.C.C 곡선
③ T.T.T 곡선 ④ S.T.S 곡선

46. Mo 금속은 어떤 결정 격자로 되어 있는가?

① 면심입방격자 ② 체심입방격자
③ 조밀육방격자 ④ 정방격자

해설 (1) 체심입방격자(B.C.C) : 강도가 크고 전연성이 작으며 융점이 높다.
예 Fe, Cr, W, Mo, V, Li, Na, Ta, K
(2) 면심입방격자(F.C.C) : 전연성 및 전기 전도도, 가공성이 우수하다.
예 Al, Ag, Au, Cu, Ni, Pb, Pt, Ca
(3) 조밀육방격자(H.C.P) : 전연성 및 가공성, 접착성이 나쁘다.
예 Mg, Zn, Ti, Be, Cd, Ce, Zr, Hg

47. 지름 15 mm의 연강봉에 500 kgf의 인장 하중이 작용할 때 여기에 생기는 응력(kgf/cm^2)은 약 얼마인가?

① 11.3 ② 128
③ 283 ④ 1132

해설 응력 σ

$$= \frac{W(\text{무게})}{A(\text{단면적})} = \frac{P(\text{하중})}{A} = \frac{F(\text{힘})}{A}$$

$$A = \frac{\pi D^2}{4} = \frac{3.14 \times 15^2}{4} = 176.625\,\text{mm}^2$$

$$\therefore \sigma = \frac{500\,\text{kgf}}{176.6\,\text{mm}^2} = \frac{500\,\text{kgf}}{176.6 \times 10^{-2}\,\text{cm}^2}$$

$$= 283.1\,\text{kgf/cm}^2$$

48. 표면만 단단하고 내부는 회주철로 되어 있어 강인한 성질을 가지며 압연용 롤, 분쇄기 롤, 철도 차량 등 내마멸성이 필요한 기계 부품에 사용되는 특수 주철은?

① 칠드 주철 ② 구상흑연 주철
③ 고급 주철 ④ 흑심가단 주철

49. C와 Si의 함량에 따른 주철의 조직을 나타낸 조직 분포도는?

① 18-8강의 입계부식 조직도
② 마우러 조직도
③ Fe-C 복평형 상태도
④ 황동의 평형 상태도

50. 다음 식으로 경도값을 구하는 경도계는?

$$H_s = \frac{10000}{65} \times \frac{h}{h_0}$$

① 로크웰 경도계 ② 비커스 경도계
③ 브리넬 경도계 ④ 쇼 경도계

해설 ① 로크웰 경도계
$H_R B$(B스케일)=130-500h
$H_R C$(C스케일)=100-500h
② 비커스 경도계

$$H_V = \frac{\text{하중}}{\text{자국의 표면적}} = \frac{1.8544 \times P}{d^2}$$

③ 브리넬 경도계

$$H_B = \frac{P}{\pi D t} = \frac{2P}{\pi D(D - \sqrt{D^2 - d^2})}$$

정답 » 43. ③ 44. ② 45. ③ 46. ② 47. ③ 48. ① 49. ② 50. ④

51. 구상흑연 주철에서 흑연을 구상으로 만드는 데 사용하는 원소는?

① S ② Cu
③ Mg ④ Ni

52. Mg의 용융점은 약 몇 도인가?

① 700℃ ② 650℃
③ 600℃ ④ 550℃

53. 다음 중 황동의 화학적 성질과 관계없는 것은?

① 탈아연 부식 ② 고온 탈아연
③ 자연 균열 ④ 고온 취성

해설 고온 취성(적열 취성)은 탄소강에서 S가 많을 때 나타나는 기계적 성질이다.

54. 표준형 고속도 공구강의 주성분을 나열한 것으로 옳은 것은?

① 18 % W, 4 % Cr, 1 % V, 0.8~0.9 % C
② 18 % C, 4 % Mo, 1 % V, 0.8~0.9 % Cu
③ 18 % W, 4 % Cr, 1 % Ni, 0.8~0.9 % Al
④ 18 % C, 4 % Mo, 1 % Cr, 0.8~0.9 % Mg

55. 금속재료의 표면에 강이나 주철의 작은 입자들을 고속으로 분산시켜 표면층을 가공경화에 의하여 경도를 높이는 방법은?

① 금속 침투법
② 하드 페이싱(hard facing)
③ 쇼트 피닝(shot peening)
④ 고체 침탄법

56. 다음 중 레데부라이트(ledeburite) 조직은 어느 것인가?

① α고용체와 FeC의 화합물
② α고용체와 Fe_3C의 혼합물
③ γ고용체와 FeC의 화합물
④ γ고용체와 Fe_3C의 혼합물

57. 피아노선의 조직으로 가장 적당한 것은?

① austenite ② ferrite
③ sorbite ④ martensite

58. 다음 중 켈밋 합금(kelmet alloy)에 대한 설명으로 옳은 것은?

① Pb-Sn 합금, 저속 중하중용 베어링 합금
② Cu-Pb 합금, 고속 고하중용 베어링 합금
③ Sn-Sb 합금, 인쇄용 활자 합금
④ Zn-Al-Cu 합금, 다이캐스팅용 합금

해설 켈밋 합금은 Cu+Pb(30 ~ 40%)이며 열전도, 압축강도가 크고 마찰계수가 작아서 고속 고하중 베어링에 사용한다.

59. 다음 원소 중 적열 취성의 주된 원인이 되는 것은?

① P ② S ③ Mg ④ Pb

60. 순철의 자기 변태 온도는 약 몇 도인가?

① 210℃ ② 768℃
③ 910℃ ④ 1410℃

해설 순철의 온도에 따른 변태
(1) 768℃ : 자기 변태점 A_2
(2) 910℃ : 동소 변태점 A_3
(3) 1410℃ : 동소 변태점 A_4

4과목 정밀계측

61. 제품 치수의 정밀도가 0.1 mm인 부품을 정밀도 0.01 mm의 측정기로 측정했을 때, 그 측정기로 측정한 제품의 측정 정도로 다음 중 가장 적합한 것은?

① 0.01 ② 0.02
③ 0.2 ④ 0.1

정답 » 51. ③ 52. ② 53. ④ 54. ① 55. ③ 56. ④ 57. ③ 58. ② 59. ② 60. ② 61. ④

해설 측정 정도 $= \frac{\text{측정기 정밀도}}{\text{치수 정밀도}}$

$= \frac{0.01}{0.1} = 0.1$

62. 표면거칠기를 측정하는 이유는 다양하다. 다음 중 그 이유로 가장 적합하지 않은 것은 어느 것인가?

① 가공무늬에 홈의 유무 검토
② 기밀성에 대한 검토
③ 내마모성에 대한 검토
④ 접착력에 대한 검토

63. 마스터 기어와 측정용 기어를 백래시 없이 맞물려 회전시켜서 기어의 중심거리 변화를 평가하는 방법은?

① 오버핀 법
② 양 잇면 물림 시험
③ 활줄 이두께 법
④ 편 잇면 물림 시험

64. 전기 마이크로미터의 장단점을 설명한 것 중 잘못 설명한 것은?

① 25 mm 이상의 긴 변위의 고정도 측정이 가능하다.
② 기계적 확대기구를 사용하지 않아 되돌림 오차가 극히 적다.
③ 고장이 났을 때 수리가 용이하다.
④ 공기 마이크로미터에 비해 응답속도가 빨라 고속 측정에 적합하다.

65. 미터 나사의 피치가 2.0 mm인 수나사의 유효지름을 측정하고자 할 때 가장 적당한 삼침 게이지의 지름은?

① 1.154 mm ② 1.205 mm
③ 1.304 mm ④ 1.360 mm

해설 와이어의 지름 d

$= \frac{P}{2\cos\theta\frac{\alpha}{2}} = 0.5774 \times P$

$= 0.5774 \times 2 = 1.1548$ mm

66. 그림과 같은 광 지렛대에서 $x = 1\ \mu$m의 변위를 $Y = 0.1$ mm로 확대하려면 광원 "A"와 반사경과의 거리 L은 얼마가 되는가? (단, $l = 5$ mm이다.)

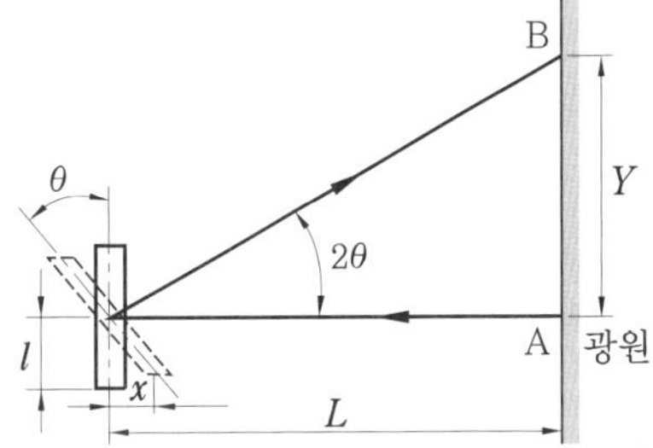

① 125 mm ② 375 mm
③ 250 mm ④ 500 mm

해설 광 지레를 활용한 대표적인 측정기로 옵티미터(optimeter)가 있으며 미소한 길이를 확대할 때 사용된다.

$x = l\theta,\ L \times 2\theta \fallingdotseq Y$

$Y = \frac{2xL}{l}$

$\therefore L = \frac{Yl}{2x} = \frac{0.1 \times 5}{2 \times 1 \times 10^{-3}} = 250\text{mm}$

67. 다음과 같은 원심원상의 간섭무늬가 5개 있을 때, 사용광파의 파장 λ가 0.6 μm이면, 중심부와 원 모서리부 사이의 높이차는 얼마인가?

① 2.0 μm ② 1.8 μm
③ 1.5 μm ④ 1.0 μm

해설 옵티컬 플랫으로 검사한 결과는 높이차 $h = n(\text{간섭무늬 수}) \times \frac{\lambda(\text{파장})}{2}$의 식을 활

정답 » 62. ① 63. ② 64. ③ 65. ① 66. ③ 67. ③

용한다.

높이차 $h = 5 \times \frac{0.6}{2} = 1.5\,\mu\text{m}$

68. 유량식 공기 마이크로미터의 특징으로 틀린 것은?

① 정도가 0.2 μm 이하까지 가능하다.
② 직접측정기이므로 마스터가 필요 없다.
③ 압력지시계가 필요 없다.
④ 여러 측정 위치에 대한 다원 측정이 가능하다.

69. 다음과 같은 측정치의 분포곡선 중 "정확성은 좋지 않으나 정밀성이 좋은" 경우는?

①

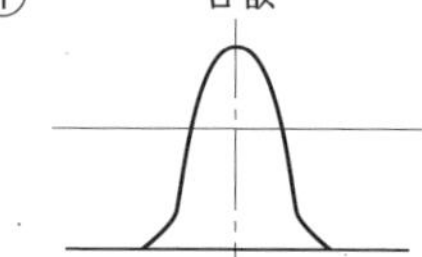

②
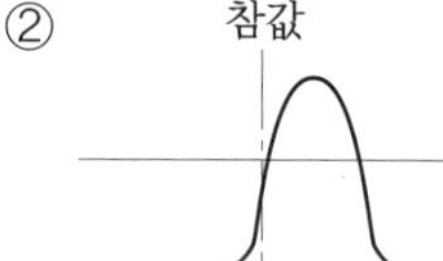

③
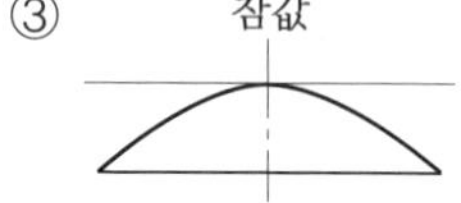

④
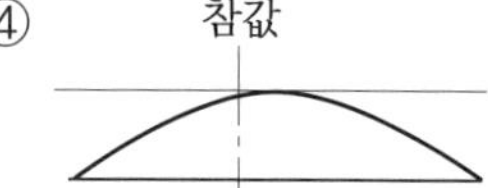

70. 치형 오차의 측정 방법이 아닌 것은?

① 기초원판식 기어 측정기에 의한 방법
② 기초원 조절 방식 기어 측정기에 의한 방법
③ 직교좌표 방식에 의한 방법
④ 오버 핀에 의한 방법

71. 다음 중 한계 게이지의 장점으로 가장 옳은 것은?

① 분업방식을 취할 수 있다.
② 조작이 복잡하고 많은 숙련이 필요하다.
③ 제품의 실제 치수를 읽을 수가 있다.
④ 측정된 제품 사이의 호환성이 비교적 부족하다.

72. 측정력에 의한 변형에서 헤르츠(Hretz)법칙에 의한 변형 중 구면과 평면일 경우 탄성 변형량을 구하는 공식은 어느 것인가? [단, P는 측정력(kgf), D는 구면지름(mm), L은 평면의 길이(mm), δ는 변형 길이(μm)]

① $\delta = 1.9\sqrt[3]{\frac{P^2}{D}}$　　② $\delta = 2.4\sqrt[3]{\frac{P^2}{D}}$

③ $\delta = 3.8\sqrt[3]{\frac{P^2}{D}}$　　④ $\delta = 0.46\frac{P}{L}\sqrt{\frac{1}{D}}$

73. 최대허용오차 $MPE_E = (3.0 + 4\,L/1000)\,\mu$m인 3차원 좌표 측정기에서 250 mm를 측정하였을 때 예상되는 오차는? (단, L의 단위는 mm이다.)

① 1.0 μm　　② 2.0 μm
③ 3.0 μm　　④ 4.0 μm

해설 측정에 대한 CMM 지시의 최대허용오차(MPE_E)는 KS B ISO 10360-1:2004 규정에 따라 $MPE_E = \pm(A + L/K)$

여기서, A : 양의 상수(제조사 제공)
K : 양의 상수(제조사 제공)
L : 측정 길이

예상 오차 $= 3.0 + \frac{4 \times 250}{1000} = 4\,\mu\text{m}$

74. 지름 28.00 mm의 실린더 안지름을 측정한 결과 28.02 mm이었다. 이때 오차율은 얼마인가?

① 0.02　　② 0.0002
③ 0.07　　④ 0.0007

정답 » 68. ② 69. ② 70. ④ 71. ① 72. ① 73. ④ 74. ④

해설 오차율= $\frac{측정값-이론값}{이론값}$

$=\frac{28.02-28.00}{28.00}=0.000714$

75. 동심형체의 피측정물을 진원도 측정기로서 측정할 수 없는 항목은?

① 직각도 ② 진직도
③ 평행도 ④ 표면거칠기

76. 게이지류에 사용되는 IT 기본 공차는?

① IT5~IT10 ② IT10~IT15
③ IT01~IT4 ④ IT11~IT18

해설 IT 기본 공차의 구분 및 적용(01~18까지 20등급으로 구성)

용도	구멍	축
게이지 제작 공차	IT01~IT5	IT01~IT4
상용 끼워 맞춤 공차	IT6~IT10	IT6~IT9
끼워 맞춤 이외 공차	IT11~IT18	IT10~IT18

77. 측장기에 대한 다음 설명 중 옳지 않은 것은 어느 것인가?

① 확대기구를 이용하여 작은 길이의 차이를 확대하여 측정하는 것이다.
② 형식은 아베의 원리에 맞는 것과 맞지 않는 것이 모두 있다.
③ 표준자와 기타 길이의 기준을 가지고 있다.
④ 측미 현미경으로 길이를 직접 측정할 수 있다.

78. 나사 게이지에 의해서 나사를 검사할 때 정지측 게이지가 몇 회전 이내로 들어가는 것을 게이지에 의한 합격품으로 하는가?

① 2회전 이내 ② 5회전 이내
③ 7회전 이내 ④ 10회전 이내

해설 통과(go)측은 통과되고 정지(not go)측은 2회전 이내로 들어가야 합격품이다.

79. 측정값에 대한 통계적 의미에서의 측정값과 모평균의 차이를 의미하는 용어는?

① 오차 ② 잔차
③ 치우침 ④ 편차

80. 소형 부품의 길이, 각도 및 나사 등을 측정할 수 있는 측정기로 가장 적합한 것은?

① 측장기 ② 스트레인 게이지
③ 공구 현미경 ④ 마이크로미터

해설 ① 측장기 : 마이크로미터보다 더욱 정밀한 측정(0.001 mm)이 가능하며 보통 1~2 m의 큰 치수도 측정할 수 있다.
② 스트레인 게이지 : 기구적인 미세한 변화를 전기 저항의 변화로 검출하는 센서의 일종

2015년

정답 » 75. ④ 76. ③ 77. ① 78. ① 79. ④ 80. ③

2016 년도 시행문제

사출금형산업기사

2016년 3월 6일 (제1회)

1과목 금형설계

1. 다음 압축 가공 방법 중 소재의 단면적을 확대하면서 제품을 성형하는 방식이 아닌 것은?

① 압인　② 업세팅
③ 후방 압출　④ 밀폐 단조

해설 밀폐 단조는 금형보다 큰 재료의 단면적을 축소하며 성형하는 방법이다.

2. 판 두께 2 mm인 경질 황동판에 탄소강의 공구를 사용하여 뚫을 수 있는 최소 블랭킹 지름(mm)은 얼마인가? (단, 황동판의 전단 저항 : 35 kg/mm^2, 탄소강의 압축강도 : 200 kg/ mm^{2}이다.)

① 0.3　② 0.7　③ 1.4　④ 2.1

해설 d(펀치 최소 직경)$=\dfrac{4t\tau}{\sigma}$

여기서, t : 소재의 두께, τ : 소재의 전단응력
σ : 펀치의 압축응력

$\therefore\ d=\dfrac{4\times2\times35}{200}=1.4\text{ mm}$

3. 가공할 소재의 두께 $t=2$ mm이고 압축강도 $\sigma=150$ kgf/mm^{2}이며 전단강도가 $\tau=$ 40 kgf/mm^{2}일 때 펀치의 최소 직경은?

① 2.14 mm　② 3.14 mm
③ 4.14 mm　④ 5.14 mm

해설 d(펀치 최소 직경)$=\dfrac{4t\tau}{\sigma}$

여기서, t : 소재의 두께
τ : 소재의 전단응력
σ : 펀치의 압축응력

$\therefore\ d=\dfrac{4\times2\times40}{150}=2.1333333...\fallingdotseq2.14\text{ mm}$

4. 스트립의 소재 이송을 위해 다이레벨에서 이송레벨까지 올려주면서 동시에 스트립의 이송 안내 기능까지 겸하고 있는 금형 부품은 어느 것인가?

① 바 리프터　② 스톡 리프터
③ 가이드 레일　④ 가이드 리프터

해설 ① 바 리프터 : 봉이나 파이프를 안내하는 장치
② 스톡 리프터 : 대형물 운반이나 방향 제어용
③ 가이드 레일 : 체인 로크, 터미널 블록, 슬라이더 바 등을 안내하는 레일

5. 블랭크를 생산하기 위하여 블랭킹 가공을 하였더니 블랭크가 낙하하지 않고 떠오르는 (블랭크 업) 현상이 발생하였을 때의 방지대책으로 틀린 것은?

① 펀치에 셰더핀을 설치한다.
② 펀치의 반경값을 크게 한다.
③ 클리어런스 값을 작게 한다.
④ 펀치에 에어 벤트(공기 구멍)를 설치한다.

해설 펀치의 반경값을 작게 해야 한다.

6. 다음 중 전단가공에서 전단면 형상에 가장 큰 영향을 주는 것은?

① 전단력　② 측방력
③ 소재 경도　④ 클리어런스

정답 » 1. ④　2. ③　3. ①　4. ④　5. ②　6. ④

해설 전단면 형상에 영향을 주는 요소에는 소재의 종류, 지지 방법, 날 끝의 형상, 전단 윤곽 등이 있으며, 이 중 가장 큰 영향을 주는 것은 클리어런스이다.

7. 블랭킹 다이 설계 시 다이 세트의 사용 목적으로 틀린 것은?

① 금형 수명이 길어진다.
② 금형 정밀도가 높아진다.
③ 금형 운반, 관리가 용이하다.
④ 금형 제작비를 줄일 수 있다.

해설 다이 세트 사용의 특징
(1) 정밀도가 높은 제품이 생산된다.
(2) 금형의 수명이 길어진다.
(3) 금형의 장착과 장탈 시간이 단축된다.
(4) 제작, 조립이 편리하다.
(5) 보관이 편리하다.
(6) 다이 세트 사용으로 제작 비용이 높아진다.

8. 판 또는 용기의 가장자리 부분에 원형 단면의 테두리를 말아 넣는 가공 방법은?

① 벌징 ② 벤딩
③ 비딩 ④ 컬링

해설 컬링은 재료나 드로잉 가공으로 성형한 용기의 테두리를 프레스나 선반 등으로 둥그스름하게 굽히는 가공법을 말한다. 벌징은 용기의 측벽을 내부에서 압력을 가하여 배를 부르게 하는 가공이며, 비딩은 용기 또는 판재에 폭이 좁은 선모양의 돌기를 만드는 방법이다.

9. 굽힘 가공 시 스프링 백(spring back)이 증가하는 원인으로 틀린 것은?

① 굽힘 반경이 클수록
② 굽힘 각도가 클수록
③ 클리어런스가 클수록
④ 가압 속도가 고속일수록

해설 스프링 백 현상은 가압 속도와는 관련 없으며, 스프링 백을 감소시키는 방법은 다음과 같다.
(1) 펀치에 백 테이퍼(back taper)를 준다.
(2) 펀치 바닥에 도피 홈을 준다.
(3) 패드에 배압을 준다.
(4) 캠 기구를 활용한다.
(5) 펀치 하면을 원호로 가공한다.

10. 드로잉 작업에서 코너 R이 있는 원통 용기를 드로잉할 때 필요한 블랭크 직경을 구하는 식은? (단, D : 블랭크 직경, d : 드로잉 직경, h : 드로잉 깊이, r_p : 펀치 코너 반경이다.)

① $D=\sqrt{d^2-4d(h-0.43r_p)}$
② $D=\sqrt{d^2-4d(h+0.43r_p)}$
③ $D=\sqrt{d^2+4d(h-0.43r_p)}$
④ $D=\sqrt{d^2+d(h+0.43r_p)}$

해설 (1) 플랜지가 없는 경우
$D=\sqrt{d^2+4d(h-0.43r_p)}$
(2) 플랜지가 있는 경우
$D=\sqrt{d^2+4d(h-0.43r_p-0.43r_d)}$

11. 금형 온도 제어 시스템 중 금형 가열 히터의 용량을 구하는 공식으로 옳은 것은? [단, P : 히터 용량(kW), t_1 : 상승 희망 온도(℃), t_2 : 대기의 온도(℃), M : 제어부의 금형 중량(kg), T : 희망 상승 시간(h), C : 금형 재료의 비열, η : 히터 효율(%)이다.]

① $P=\dfrac{MC(t_1-t_2)}{860\eta T}$
② $P=\dfrac{\eta MC(t_1-t_2)}{860T}$
③ $P=\dfrac{860C(t_1-t_2)}{MT\eta}$
④ $P=\dfrac{860T(t_1-t_2)}{MC\eta}$

해설 히터 용량
$=\dfrac{\text{금형 무게}\times\text{금형 재료의 비열}}{860\times\text{히터의 효율}\times\text{온도 상승 시간}}$

정답 » 7. ④ 8. ④ 9. ④ 10. ③ 11. ①

12. 사이드 코어 또는 분할 코어를 후퇴시킬 때만 사용하는 언더컷 처리 기구로서 구조가 간단하지만 인발력과 습동 거리를 크게 할 수 없고, 정확성이 부족한 언더컷 처리 기구는?

① 판 캠
② 유압실린더
③ 스프링 구조 장치
④ 도그 레그 캠(dog leg cam)

해설 스프링의 장력을 이용하여 슬라이드 블록을 후퇴시키는 방법은 슬라이드 블록의 인장력 거리를 크게 할 수 없기 때문에 주로 소형 금형에서 응용된다.

13. 결정성 수지에 속하며 유백색, 불투명 또는 반투명으로 범용 수지 중에서 가장 가볍고(비중 0.9), 폴리스티렌에 비하여 표면광택이 우수하고 내약품성이 좋으며, 내충격성이 강한 수지는?

① PA ② PP ③ PVC ④ PMMA

해설 ① PA : 공업용 수지, 흔히 나일론이라고 하며 폴리아미드 수지로 기어, 캠, 부시 등에 사용된다.
② PP : 폴리프로필렌이라고 하며 결정성 수지로 범용 수지 중에 가장 가볍고 비중이 0.9~0.91 정도이다.
③ PVC : 공업용 수지로 폴리염화비닐이며 전선 피복, 전화기, 전연판 등의 원료로 쓰인다.
④ PMMA : 공업용 메타크릴 수지로 렌즈, 자동차 전등 커버, 조명 기구, 장신구 등의 원료로 쓰인다.

14. 사출 금형에서 게이트 위치 선정에 대한 설명으로 틀린 것은?

① 웰드라인이 생기기 쉬운 곳에 설치한다.
② 가급적 성형품의 가장 두꺼운 부분에 설치한다.
③ 상품의 가치상 가능한 눈에 띄지 않는 곳에 설치한다.
④ 각 캐비티의 말단까지 동시에 충전할 수 있는 위치에 설치한다.

해설 웰드라인이 생성되지 않는 곳, 제팅을 방지할 수 있는 곳, 인서트 등 장애물을 피할 수 있는 곳 등에 게이트의 위치를 선정한다.

15. 사출성형 작업 시 플래시 방지 대책과 가장 거리가 먼 것은?

① 사출 압력을 낮춘다.
② 수지 온도를 높인다.
③ 형 조임력을 높인다.
④ 받침판을 두껍게 한다.

해설 수지의 온도가 높으면 플래시의 원인이 되므로 온도를 낮춘다. 플래시의 주요 원인은 맞춤면(파팅 라인) 등의 금형 불량, 형체력 부족, 수지의 공급량 과다, 수지의 유동성 과다 등이다.

16. 다음 중 성형품 설계에서 여러 개의 구멍이 있을 때 적합한 구멍의 피치는?

① 구멍 지름의 0.5배
② 구멍 지름의 1배
③ 구멍 지름의 1.5배
④ 구멍 지름의 2배

해설 구멍과 구멍 간의 거리, 즉 피치는 구멍 지름의 2배이며 구멍의 중심과 제품의 끝까지 거리는 구멍 지름의 3배 이상으로 한다.

17. 다음 중 2매 구성 금형에서 게이트 절단이 용이하여 자동 성형이 용이한 게이트로 가장 적합한 것은?

① 팬 게이트
② 표준 게이트
③ 터널 게이트
④ 핀 포인트 게이트

해설 게이트 절단이 용이한 게이트는 터널 게이트이며, 일명 서브마린 게이트라고도 한다. 3매 금형일 경우 핀 포인트 게이트 중에 자동 성형이 용이한 게이트는 터널 게이트다.

정답 » 12. ③ 13. ② 14. ① 15. ② 16. ④ 17. ③

18. 사출 금형에서 받침판을 지지하고 성형품을 빼낼 때, 이젝터 플레이트가 움직일 수 있는 공간을 만들어주는 부품은?

① 스톱 핀(stop pin)
② 로케이트 링(locate ring)
③ 스프루 부시(sprue bush)
④ 스페이서 블록(spacer block)

19. 다음 그림과 같이 덮개형상의 성형품에 일반적인 빼기 구배를 적용할 때, 다음 중 가장 적합한 것은? (단, H가 100 mm 이상인 경우이다.)

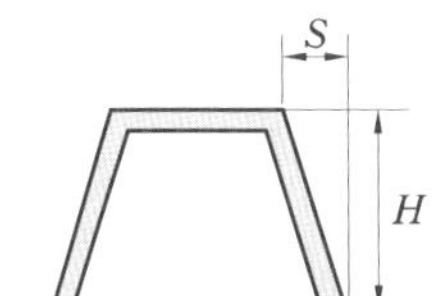

① $\frac{S}{H}=\frac{1}{2}\sim\frac{1}{3}$ ② $\frac{S}{H}=\frac{1}{5}\sim\frac{1}{10}$
③ $\frac{S}{H}=\frac{1}{20}\sim\frac{1}{25}$ ④ $\frac{S}{H}=\frac{1}{40}\sim\frac{1}{50}$

해설 $\frac{S}{H}=\frac{1}{60}$ 이하가 정답이지만, 가장 가까운 것이 $\frac{1}{40}\sim\frac{1}{50}$이다.

H가 50 mm까지는 $\frac{S}{H}=\frac{1}{30}\sim\frac{1}{35}$로 한다.

20. 사출 용적이 112 cm^3이고 용융 수지의 밀도가 1.05 g/cm^3인 사출기의 사출량(g)은 약 얼마인가? (단, 사출 효율은 86%이다.)

① 91 ② 101
③ 118 ④ 138

해설 $V=\left(\frac{\pi D^2}{4}\right)\times S$

여기서, V : 사출 용적(cm^3)
D : 스크루의 지름(cm)
S : 스트로크(cm)

W(사출량)$=V$(사출 용적)$\times\rho$(밀도)$\times\eta$(사출 효율)이므로

$\therefore\ W=112\times1.05\times0.86=101.136$ g

2과목 기계가공법 및 안전관리

21. 다음 중 분할법의 종류에 해당하지 않는 것은?

① 간접 분할법 ② 단식 분할법
③ 직접 분할법 ④ 차동 분할법

해설 분할법의 종류에는 직접 분할법, 단식 분할법, 차동 분할법이 있다.

22. 주철을 저속으로 가공할 때 생기는 칩의 형태는?

① 균열형 ② 열단형
③ 유동형 ④ 전단형

해설 균열형 칩은 메진 재료(주철 등)에 작은 절삭각으로 저속 절삭을 할 때에 나타나며, 절삭력의 변동이 크고 다듬질 면이 거칠다.

23. 드릴링 머신으로 구멍 가공 작업을 할 때 주의사항으로 틀린 것은?

① 드릴은 흔들리지 않게 정확하게 고정해야 한다.
② 크기가 작은 공작물은 손으로 잡고 드릴링 한다.
③ 구멍 가공 작업이 끝날 무렵에는 이송을 천천히 한다.
④ 드릴을 고정하거나 풀 때는 주축이 완전히 정지된 후 작업한다.

해설 크기가 작은 공작물을 손으로 잡고 드릴링하면 위험하다. 안전을 위하여 공작물은 바이스에 완전히 고정한 후 드릴링한다.

24. 다음 중 공작기계의 일반적 구비 조건으로 틀린 것은?

① 가공 능률이 우수할 것
② 가공물의 공작 정밀도가 높을 것
③ 사용이 간편하고 운전 비용이 저렴할 것
④ 기계의 강성도가 작고 가격이 고가일 것

해설 기계의 강성이 크고 가격이 저가여야 한다.

정답 » 18. ④ 19. ④ 20. ② 21. ① 22. ① 23. ② 24. ④

25. 수평 밀링과 유사하나 복잡한 형상의 지그, 게이지, 다이 등을 가공하는 소형 밀링 머신은?

① 공구 밀링 머신 ② 나사 밀링 머신
③ 만능 밀링 머신 ④ 모방 밀링 머신

해설 ② 나사 밀링 머신 : 나사를 가공하는 전용 밀링 머신이다.
③ 만능 밀링 머신 : 수평 밀링 머신과 거의 비슷하며, 차이점은 테이블이 수평면 내에서 일정한 각도를 선회할 수 있다는 것과 테이블이 상하로 경사지는 것, 또는 주축 헤드를 임의의 각도로 경사하는 것 등의 구조로 되어 있다는 점이다.
④ 모방 밀링 머신 : 모방 장치를 사용하는 밀링 머신이다.

26. 브로칭 머신에서 브로치 공구를 사용하여 가공하기에 가장 적합하지 않은 것은?

① 키 홈
② 암나사
③ 스플라인 홈
④ 세그먼트 기어의 치형

해설 암나사 가공은 수기 가공이나 드릴 머신의 태핑(tapping) 장치로 가공한다. 브로칭은 브로치를 이용하여 표면 또는 내면을 필요한 모양으로 절삭가공한다(키 홈, 스플라인 홈, 다각형 구멍, 세그먼트 기어의 치형 등).

27. 측정자의 미소한 움직임을 광학적으로 확대하여 측정하는 측정기는?

① 미니미터
② 옵티미터
③ 공기 마이크로미터
④ 전기 마이크로미터

해설 ① 미니미터 : 부채꼴의 눈금 위를 바늘이 180° 이내에서 움직이도록 되어 있다.
③ 공기 마이크로미터 : 일정압의 공기가 두 개의 노즐을 통과해서 대기 중으로 흘러나갈 때의 유출부의 작은 틈새의 변화에 따라 나타나는 지시압의 변화에 의해서 비교 측정이 된다.
④ 전기 마이크로미터 : 길이의 근소한 변위를 그에 상당하는 전기치로 바꾸고 이를 다시 측정 가능한 전기 측정 회로로 바꾸어서 측정하는 장치이다.

28. 선반 가공에서 테이퍼를 가공하는 방법으로 적합하지 않은 것은?

① 맨드릴을 이용하는 방법
② 총형 바이트를 이용하는 방법
③ 복식 공구대를 경사시키는 방법
④ 테이퍼 절삭 장치를 이용하는 방법

해설 선반 가공에서 테이퍼를 가공하는 방법에는 심압대를 편위시키는 방법, 복식 공구대를 경사시키는 법, 회전법, 테이퍼 절삭 장치 이용법, 총형 바이트에 의한 법이 있다.

29. 옵티컬 패럴렐을 이용하여 마이크로미터의 평행도를 검사하였더니 백색광에 의한 적색 간섭무늬의 수가 앤빌에서 2개, 스핀들에서 4개였다. 마이크로미터의 평행도는 약 얼마인가? (단, 측정에 사용한 빛의 파장은 0.32 μm이다.)

① 1 μm ② 2 μm ③ 4 μm ④ 6 μm

해설 평행도

$$= \frac{(N_{앤빌} + N_{스핀들})\lambda}{2}$$

$$= \frac{(2+4) \times 0.32}{2} = 0.96\mu m \fallingdotseq 1\,\mu m$$

30. 연삭숫돌에 쓰는 연삭 입자의 종류는 천연 입자와 인조 입자가 있다. 인조 입자에 해당하는 것은?

① 사암(sandstone)
② 석영(quartz)
③ 에머리(emery)
④ 산화알루미늄(Al_2O_3)

해설 인조 입자의 종류에는 Al_2O_3(산화알루미

정답 » 25. ① 26. ② 27. ② 28. ① 29. ① 30. ④

늄), SiC(탄화규소), 탄화붕소 등이 있으며, 천연 입자에는 사암, 석영, 에머리, 코런덤, 다이아몬드 등이 있다.

31. **다음 중 리머 작업과 드릴 작업과의 관계에 대한 설명으로 적합한 것은?**

① 리머 작업을 위한 드릴 가공의 여유는 0.2~0.3 mm가 적당하다.
② 드릴의 직경과 리머의 직경은 동일하여야 한다.
③ 드릴의 직경과는 관계없이 리머 가공은 정밀한 가공이 된다.
④ 드릴의 직경보다 리머의 직경이 작은 것을 사용하여야 정밀한 가공이 된다.

해설 드릴 작업에서 요구치보다 조금 작은 구멍을 뚫고, 리밍 작업으로 정밀하고 매끈한 구멍을 가공한다.

32. **가공물을 양극(+)으로 하여 전해액 속에서 전류를 통전하여 전기에 의한 화학적인 작용을 이용한 가공법은?**

① 전해 연마 ② 액체 호닝
③ 레이저 가공 ④ 초음파 가공

해설 ② 액체 호닝 : 압축공기를 사용하여 연마제를 가공액과 함께 노즐을 통해 고속 분사시켜 알감 표면을 다듬는 가공법
③ 레이저 가공 : 특수한 빛을 가진 에너지를 열에너지로 변화시켜 공작물을 국부적으로 가열하여 미세한 가공을 행하는 방법
④ 초음파 가공 : 초음파 주파수에 따라 진동하는 공구와 공작물 사이에서 순환하는 입자 슬러시의 연마 작용으로 재료가 제거되는 가공

33. **밀링 머신 가공에서 하향 절삭(내려깎기)의 장점에 해당되는 사항은?**

① 기계의 강성이 낮아도 무방하다.
② 절삭력이 하향으로 작용하므로 공작물의 고정이 유리하다.
③ 절입할 때 마찰력은 작으나 하향으로 충격력이 작용한다.
④ 가공물의 이송과 공구의 회전이 서로 다른 방향으로 작용하므로 백래시 제거 장치가 필요치 않다.

해설 하향 절삭의 장점
(1) 커터의 마모가 적다. (2) 동력 소비가 적다.
(3) 가공면이 깨끗하다. (4) 고정이 유리하다.

34. **내면 연삭기의 연삭 방식이 아닌 것은?**

① 가공물과 연삭숫돌에 회전운동을 주어 연삭하는 방식
② 공작물을 테이블에 고정시키고, 테이블을 회전시키는 방식
③ 센터리스 연삭기를 이용하여 가공물을 고정하지 않고 연삭하는 방식
④ 가공물을 고정시키고, 연삭숫돌이 회전운동 및 공전운동을 동시에 진행하는 방식

해설 내면 연삭 방법에는 보통 방식과 유성 방식이 있다. 보통 방식은 공작물과 연삭숫돌에 회전운동을 주어 연삭하는 방식으로, 축 방향의 이송은 연삭 숫돌대의 왕복운동으로 한다. 유성 방식은 공작물은 정지시키고 숫돌축이 회전 연삭운동과 동시에 공전운동을 하는 방식이다.

35. **다음 중 다이얼 게이지의 측정오차와 관계없는 것은?**

① 눈금 ② 시차
③ 측정력 ④ 온도 변화

해설 다이얼 게이지는 시차, 측정력, 온도 변화, 지지 방법, 측정 범위 등에 영향을 받는다.

36. **선반 작업에 대한 설명으로 옳은 것은?**

① 선반 작업에서는 탭(tap)을 사용하여 나사를 깎는다.
② 바이트의 자루는 길게 하여 작업하는 것이 훨씬 능률적이다.

정답 » 31. ① 32. ① 33. ② 34. ② 35. ① 36. ③

③ 절단 작업은 외경 절삭에 비하여 절삭 속도, 이송, 절삭 깊이 등을 작게 하여 가공한다.
④ 척(chuck) 작업에서 앵글 플레이트(angle plate)를 사용하면 정확한 작업을 할 수 있다.

해설 바이트는 작업에 지장이 없는 범위에서 가능한 짧고 단단하게 고정한다.

37. **PTP(Point To Point) 제어라고도 하며, 드릴 작업이나 펀칭 작업 등과 같이 공작물의 지정된 위치에 공구가 도달되는 것만이 요구되는 가공에 사용하는 NC 제어 방식은?**

① 곡선 절삭 제어　② 윤곽 절삭 제어
③ 위치 결정 제어　④ 직선 절삭 제어

해설 위치 결정 제어 : 공구의 이동에 있어서 공구의 이공 경로에는 관계없이 공구의 멈춤 위치(가공 위치)만을 결정하는 제어로 NC 공작기계에 이용한다.

38. **나사식 보정 장치, 현미경을 사용한 광학 장치, 표준 봉 게이지 또는 다이얼 게이지, 전기계측 장치 중에서 선택한 것을 이용하여 테이블과 주축대의 위치를 결정하므로 2~10 μm의 높은 정밀도로 가공할 수 있는 보링 머신은?**

① 수직 보링 머신　② 수평 보링 머신
③ 정밀 보링 머신　④ 지그 보링 머신

해설 지그 보링 머신은 주로 일감의 한 면에 2개 이상의 구멍을 뚫을 때, 직교좌표 X, Y 두 축 방향으로 각각 2~10 μ의 정밀도로 구멍을 뚫는 보링 머신이다. 크기는 테이블의 크기 및 뚫을 수 있는 구멍의 최대 지름으로 표시한다. 정밀도 유지를 위해 20℃ 항온실에 설치해야 한다.

39. **선반의 규격 표시 방법으로 옳은 것은?**

① 기계의 중량　② 모터의 마력
③ 바이트의 크기　④ 베드 위의 스윙

해설 선반의 규격은 베드 상의 스윙, 양 센터 간의 최대 거리로 표시한다.

40. **ϕ13 이하의 작은 구멍 뚫기에 사용하며 작업대 위에 설치하여 사용하고, 드릴 이송은 수동으로 하는 소형의 드릴링 머신은?**

① 다두 드릴링 머신
② 직립 드릴링 머신
③ 탁상 드릴링 머신
④ 레이디얼 드릴링 머신

해설 ① 다두 드릴링 머신 : 나란히 있는 여러 개의 스핀들에 여러 가지 공구를 꽂아 드릴링, 리밍, 대핑 등을 연속적으로 가공한다.
② 직립 드릴링 머신 : 주축이 수직으로 되어 있고 기둥, 주축, 베이스, 테이블로 구성되어 있으며, 소형 공작물의 구멍을 뚫을 때 쓰인다.
④ 레이디얼 드릴링 머신 : 비교적 큰 공작물의 구멍을 뚫을 때 쓰이며, 공작물을 테이블에 고정시켜놓고 필요한 곳으로 주축을 이동시켜 구멍의 중심을 맞추어 사용한다.

3과목 금형재료 및 정밀계측

41. **그림과 같이 형상 및 위치 정도를 측정할 때 측정 대상으로 가장 적합한 것은?**

① 평행도
② 평면도
③ 직각도
④ 흔들림

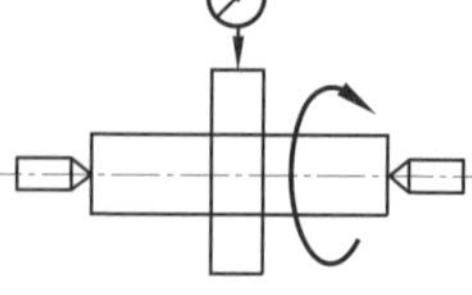

42. **마이크로미터를 이용한 측정법은 다음 중 어느 것에 속하는가?**

① 절대 측정　② 비교 측정
③ 간접 측정　④ 직접 측정

해설 버니어 캘리퍼스나 마이크로미터는 측정기로 직접 측정을 하는 방식이다.

정답 » 37. ③　38. ④　39. ④　40. ③　41. ④　42. ④

43. 선반 베드의 진직도 검사 시 0.02 mm/m의 눈금을 가진 길이 200 mm의 수준기가 한 위치에서 다음 위치로 옮기니 3눈금 이동하였다. 이때 경사(기울기)는 몇 초 변동이 되는가?

① 약 4초　　② 약 12초
③ 약 20초　　④ 약 16초

해설 경사(기울기)
= 2×이동한 눈금×수준기 감도
= 2×3×0.02 = 0.12 = 12초
(처음 위치에서 다음 위치로 옮겼으면 2배로 계산)

44. 0.01 mm 보통형 다이얼 게이지의 확대 방식은?

① 레버식　　② 기어식
③ 나사식　　④ 광학식

해설 다이얼 게이지는 직선적 이동량을 기어 등에 의해 기계적으로 확대시켜 지침 회전량의 변화를 읽어내는 것이기 때문에 기어식이다.

45. 한계 게이지와 같은 용도로 사용할 수 있는 마이크로미터로 가장 적합한 것은?

① 기어 마이크로미터
② 그루브 마이크로미터
③ 디지털 마이크로미터
④ 다이얼 게이지 부착 마이크로미터

해설 한계 게이지는 2개의 게이지를 짝지어 한쪽은 허용 최대 치수로, 다른 한쪽은 허용 최소 치수로 만들어 제품 치수가 이 두 한도 내에 들도록 만들어졌는가를 검사하는 게이지이다. 이는 다이얼 게이지 부착 마이크로미터와 같은 용도로 사용할 수 있다.

46. 다이얼 게이지에서 스핀들이 들어갈 때와 나올 때의 양 방향에 대하여 다이얼 게이지의 읽음값이 참값으로부터 어긋난 양의 값을 의미하는 것으로 기차(器差)라고도 하는 것은?

① 인접 오차　　② 반복 정밀도
③ 되돌림 오차　　④ 지시 오차

해설 기차는 측정기 눈금의 지시값과 참값의 차를 말한다.

47. 기어의 치형 오차 측정법의 종류가 아닌 것은?

① 기초 원판식
② 피치 원판 방식
③ 기초원 조절 방식
④ 피치 좌표 방식

48. 다이얼 게이지에서 눈금판의 원주를 200 등분하여 눈금 간격이 2 mm가 되도록 하려면 바늘의 반지름 r은 약 몇 mm 정도가 가장 적당한가?

① 63.7　② 72.8　③ 80.4　④ 127.3

해설 $r = \dfrac{\text{원주} \times \text{눈금 간격}}{2\pi}$
$= \dfrac{200 \times 2}{2 \times 3.14} = 63.7\,\text{mm}$

49. 오토콜리메이터와 함께 원주 눈금의 정도를 확인하는 데 가장 적합한 것은?

① 클리노미터
② 요한슨식 각도 게이지
③ 분할판
④ 폴리곤 프리즘

해설 폴리곤 프리즘은 원주를 4면경, 8면경, 10면경, 12면경 등으로 등분한 각도 기준기로, 원주 눈금 검사, 각도 분할 정도 검사, 분할판 등에 사용된다.

50. 테일러의 원리를 적용하는 게이지로 거리가 먼 것은?

① 원통형 플러그 게이지
② 평형 플러그 게이지
③ 나사 피치 게이지
④ 링 게이지

해설 테일러의 원리 : 통과측(go side)의 모든

2016년

정답 » 43. ② 44. ② 45. ④ 46. ④ 47. ④ 48. ① 49. ④ 50. ③

치수는 동시에 검사되어야 하고 정지측(no go side)은 각 치수를 개개로 검사하여야 한다.

51. 다음 중 열경화성 수지는?

① 멜라민 수지 ② 초산비닐 수지
③ 폴리아미드 수지 ④ 폴리에틸렌 수지

해설 폴리아미드, 폴리에틸렌, 초산비닐 수지는 열가소성 수지이다.

52. 순철의 변태에서 α-Fe이 γ-Fe로 변화하는 동소 변태는?

① A_1 변태 ② A_2 변태
③ A_3 변태 ④ A_4 변태

해설 순철이 910℃에서 알파철이 감마철로 변화하는 동소 변태를 A_3 변태라고 한다.

53. 알루미늄이 공업 재료로 사용되는 특성의 설명으로 틀린 것은?

① 무게가 가볍다.
② 열전도도가 우수하다.
③ 소성가공성이 우수하다.
④ 연강보다 비강도가 작다.

해설 알루미늄은 연강보다 비강도가 크다.

54. Fe-C 평형 상태도에는 3개의 불변점(invariant point)이 있다. 이에 해당되지 않는 것은?

① 공정점 ② 공석점
③ 포정점 ④ 포석점

55. 강도와 탄성을 요구하는 스프링 및 와이어(wire)에서 많이 사용되는 조직은?

① 펄라이트(pearlite)
② 소르바이트(sorbite)
③ 마텐자이트(martensite)
④ 오스테나이트(austenite)

해설 소르바이트는 강인하여 충격 저항이 크고 저온에 있어서도 취성이 없다. 이러한 특성으로 인해 스프링 및 와이어에서 많이 사용된다.

56. 초소성을 얻기 위한 조직의 조건이 아닌 것은?

① 모상입계는 고경각인 편이 좋다.
② 결정립의 모양은 등축이어야 한다.
③ 모상입계가 인장 분리되기 쉬워야 한다.
④ 결정립의 크기는 수 μm 이하이어야 한다.

해설 모상입계가 인장 분리되기 어려워야 한다.

57. 열간 금형용 소재로 가장 적당한 것은?

① SM15C ② SM50C
③ STD61 ④ SS400

58. 다음 중 강자성체가 아닌 것은?

① Ni ② Mn
③ Co ④ Fe

59. 탄소강에 함유된 황을 제거하려면 어떤 원소를 첨가하여야 하는가?

① P ② Ni
③ Al ④ Mn

해설 탄소강에 망간(Mn)을 첨가하면 황(S)과 화합하여 MnS를 형성하여 황이 제거된다.

60. 일반적인 열처리에서 뜨임(tempering)의 주목적을 설명한 것으로 옳은 것은?

① 연화가 주목적이다.
② 경도를 얻는 목적으로 한다.
③ 인성을 부여하기 위한 목적이다.
④ 표준화된 조직을 얻는 목적으로 한다.

해설 뜨임 : 담금질된 강을 A_1 변태점 이하로 가열 후 냉각시켜 담금질로 인한 취성을 제거하고 경도를 낮게 하여 강인성을 증가시키기 위한 열처리이다.

정답 » 51. ① 52. ③ 53. ④ 54. ④ 55. ② 56. ③ 57. ③ 58. ② 59. ④ 60. ③

프레스금형산업기사

2016년 5월 8일 (제2회)

1과목 금형설계

1. 사출성형기의 형체 장치가 아닌 것은?

① 이젝터(ejector)
② 프레임(frame)
③ 타이 바(tie-bar)
④ 금형 설치판(mold plate)

2. 비결정성 플라스틱과 비교한 결정성 플라스틱의 특징으로 틀린 것은?

① 수지가 불투명하다.
② 금형 냉각 시간이 짧다.
③ 굽힘, 휨, 뒤틀림 등의 변형이 크다.
④ 가소화 능력이 큰 성형기가 필요하다.

해설 결정성 플라스틱과 비결정성 플라스틱의 특징

결정성 수지	비결정성 수지
수지가 불투명하다.	수지가 투명하다.
가소화 능력이 큰 성형기가 필요하다.	가소화 능력이 작아도 된다.
굽힘, 휨, 뒤틀림 등의 변형이 크다.	굽힘, 휨, 뒤틀림 등의 변형이 작다.
금형 냉각 시간이 길다.	금형 냉각 시간이 짧다.
배향성과 성형 수축률이 크다.	배향성과 성형 수축률이 작다.
강도가 크다.	강도가 작다.
치수 정밀도가 낮다.	치수 정밀도가 높다.

3. 사출 금형에서 외측 언더컷을 처리할 때의 처리 기구에 해당되는 것은?

① 일체 코어형 ② 편심 로드형
③ 이젝터 핀형 ④ 분할 캐비티형

해설 사출 금형에서 내측 언더컷 처리 방법에는 경사 이젝터 방식, 분할 코어 방식, 슬라이더 코어 방식, 강제 언더컷 처리 방식, 회전 코어 방식 등이 있다. 외측 언더컷 처리 방법에는 분할 캐비티형, 슬라이더 블록형 등이 있다.

4. 나사 성형품의 설계 시 주의 사항으로 틀린 것은?

① 공차가 수축값보다는 커야 된다.
② 나사에는 반드시 빼기 구배를 준다.
③ 나사의 피치는 약 0.5 mm 이하로 한다.
④ 나사의 끼워 맞춤은 0.1~0.4 mm 정도의 틈새를 준다.

해설 나사 성형품의 설계 시 주의 사항

(1) 성형 나사의 설계 기준은 나사산의 피치는 0.75 mm(32산) 이상, 긴 나사는 수축으로 인한 피치가 변형되므로 피한다.
(2) 공차가 수축 값보다 작은 경우에는 피한다.
(3) 나사의 끼워맞춤은 0.1~0.4 mm 정도 틈새를 준다.
(4) 나사에는 반드시 $\frac{1}{15} \sim \frac{1}{25}$ 빼기 구배를 준다.
(5) 나사의 가공은 나사 끝에서 0.8~1.0 mm 아래부터 가공한다. 8 mm 이하의 나사는 태핑 또는 금속 인서트를 한다.

5. 그림과 같은 제품을 수축률 5/1000인 ABS 수지를 이용하여 성형하고자 할 때 ϕ100, ϕ70에 해당하는 캐비티는 각각 얼마로 가공하여야 하는가? (단, 수지의 수축량만을 고려한다.)

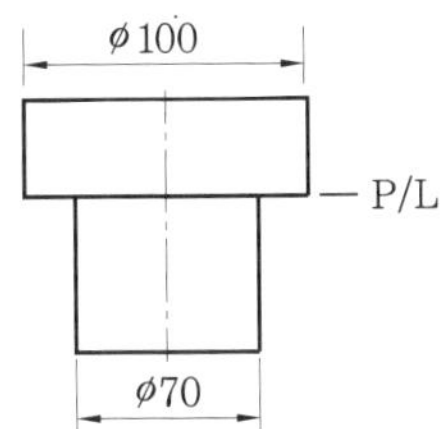

① ϕ100.50, ϕ70.35

정답 » 1. ② 2. ② 3. ④ 4. ③ 5. ①

② ϕ101.50, ϕ71.50
③ ϕ103.50, ϕ71.50
④ ϕ105.50, ϕ73.50

해설 금형치수 = 제품치수×수축률

$\therefore$ 100×1.005 = 100.50
70×1.005 = 70.35

6. 다음 중 사출 속도가 너무 빠를 때 발생되는 불량 현상은?

① 제팅 ② 플래시
③ 싱크 마크 ④ 충전 부족

해설 사출 속도가 빨라서 생기는 제팅의 대책으로 사출 속도를 느리게 하고 게이트를 크게 하며 게이트의 위치를 변경한다.

7. 다음 러너의 단면 형상 중 효율이 가장 높은 것은?

① 원형 ② 반원형
③ 삼각형 ④ 육각형

해설 러너의 단면 형상에는 원형, 반원형, 사다리꼴형 등이 있으며, 이 중에서 원형의 효율이 가장 우수하다.

8. 성형기의 형체력 90 ton, 캐비티 내 유효 사출압 500 kgf/cm^{2}로 성형하고자 한다. 성형품의 투영 면적은 몇 cm^2 이내여야 하는가?

① 90 ② 180 ③ 270 ④ 360

해설 형체력(F) ≥ 유효 사출 압력(P)×투영 면적(A)

$$\therefore A \leq \frac{F}{P} = \frac{90000\text{ kg}}{500\text{ kgf/cm}^2} = 180\text{ cm}^2$$

9. 사출 금형은 2매 구성 금형과 3매 구성 금형으로 구분하는데, 2매 구성 금형에는 없으며 3매 구성 금형에는 있는 부품은?

① 가동 측 형판
② 스페이서 블록
③ 이젝터 플레이트
④ 러너 스트리퍼 플레이트

해설 2매 구성 금형과 3매 구성 금형의 가장 큰 차이는 러너 스트리퍼 플레이트의 유무이다.

10. 원형 또는 상자 모양의 성형품으로 살 두께가 얇을 경우에 사용하는 이젝터는?

① 이젝터 핀(ejector pin)
② 플랫 이젝터(flat ejector)
③ 슬리브 이젝터(sleeve ejector)
④ 스트리퍼 플레이트 이젝터(stripper plate ejector)

해설 스트리퍼 플레이트 이젝터는 성형품의 전 둘레를 균일하게 밀어내는 방법으로 살 두께가 얇고 상자 또는 원통 모양의 성형품의 깊이가 깊어 측면의 벽에 큰 저항이 있는 경우에 사용된다. 특히 이젝터 핀의 사용이 성형품에 나쁜 영향을 줄 경우 많이 사용된다.

11. 직접 파일럿 핀 방식으로 할 수 없는 경우를 설명한 것으로 틀린 것은?

① 구멍 간격이 너무 가까울 때
② 구멍이 블랭크의 말단에서 멀어질 때
③ 판 두께가 얇고 구멍의 정밀도가 요구될 때
④ 블랭크에 구멍이 없을 때나 구멍이 너무 작을 때

해설 직접 파일럿 핀 방식으로 할 수 없는 경우에는 간접 파일럿 방식을 채택하는데 그 기준은 다음과 같다.

(1) 재료가 얇고 구멍의 치수공차와 정밀도가 높을 때
(2) 구멍의 치수가 작고 가장자리에 있을 때
(3) 약한 부분에 구멍이 있는 경우, 파일럿 구멍 형상이 복잡할 때
(4) 구멍의 위치가 제품의 윤곽과 너무 한쪽으로 치우쳐 있을 때

12. 제품의 외경이 40 mm이고, 높이가 30 mm인 제품을 2 mm의 강판으로 드로잉한다

정답 » 6. ① 7. ① 8. ② 9. ④ 10. ④ 11. ② 12. ③

면 이때 드로잉에 필요한 힘(kgf)은 약 얼마인가?(단, 소재의 최대 인장강도는 42 kgf/mm²이다.)

① 7636 ② 8038 ③ 10028 ④ 10048

해설 단순 드로잉력을 구하는 식은
$P=\pi \times d \times t \times \sigma$[kgf]이므로
$P=\pi \times (40-2) \times 2 \times 42 = 10028$ kgf
여기서, d : 제품의 중립면 지름(mm)
t : 소재의 두께(mm)
σ : 소재의 최대 인장강도(kgf/mm²)

13. 드로잉 작업 시 쇼크 마크 발생의 원인이 아닌 것은?

① 재료가 너무 연질인 경우
② 쿠션 압력이 너무 약한 경우
③ 드로잉 속도가 너무 빠른 경우
④ 펀치나 다이의 모서리 반경이 작을 경우

해설 쇼크 마크(shock mark)의 원인 : 펀치, 다이의 모서리 반경이 작을 경우, 재료가 너무 연질인 경우, 쿠션 압력이 너무 클 경우, 드로잉 속도가 너무 빠를 경우

14. 트랜스퍼 프레스 금형의 특징으로 틀린 것은?

① 금형 제작비가 높다.
② 기계 설비의 초기 투자비가 높다.
③ 제품설계에서부터 가공성 검토가 필요 없다.
④ 금형의 내구성과 보수 및 정비에 주의를 요한다.

해설 트랜스퍼 프레스 금형의 특징

장점	단점
• 작업 안전성과 생산성이 높다. • 재료비 절약, 설치 공간 절약, 금형 교환 시간 절약이 가능하다. • 숙련이 불필요하다.	• 기계 설비와 금형 제작비가 고가이다. • 제품설계에서부터 가공성 검토가 필요하다. • 위치 결정, 분리, 스크랩 처리가 어렵다.

15. 다이 하이트에 볼스터의 두께를 합한 것을 무엇이라 하는가?

① SPM ② stroke
③ die height ④ shut height

해설 ① SPM : 매분 스트로크 수
② stroke : 크랭크의 상사점과 하사점과의 거리
③ die height : 슬라이드를 최대 높이로 했을 때 볼스터 상면과의 거리

16. 용기의 가장자리에 여러 가지 형상으로 따내기를 하는 가공법은?

① 노칭 ② 펀칭
③ 포밍 ④ 블랭킹

해설 일반적으로 펀칭은 타발(blanking)을 말하며, 따낸 것이 제품이고 나머지는 스크랩이다. 포밍(forming)은 소재 두께의 변화를 거의 주지 않고 형상을 변화시키는 것이다.

17. 블랭킹에 필요한 전단 하중은 50 ton, 판 두께는 3 mm, 재료 계수가 0.7인 경우에 소요되는 전단 에너지(ton · mm)는?

① 95 ② 100
③ 105 ④ 110

해설 전단에 소요된 에너지 $E=m \cdot p \cdot t$이므로 $E=0.7 \times 50 \times 3 = 105$ton · mm
여기서, m : 재료 계수, p : 전단력
t : 재료의 두께

18. 다음 중 크랭크 프레스의 능력을 표현한 것과 가장 관계가 없는 것은?

① 일 능력 ② 압력 능력
③ 토크 능력 ④ 크랭크 능력

해설 프레스 능력 3요소 : 압력 능력, 토크 능력, 일 능력

19. 대형의 각통 드로잉이나 이형 드로잉 가공에서 가공 재료에 저항을 주어 미끄러져 들어가는 것을 억제하여 주름 발생을 방지하려

정답 » 13. ② 14. ③ 15. ④ 16. ① 17. ③ 18. ④ 19. ①

고 설치하는 것은?

① 비드
② 녹아웃
③ 드로잉 오일
④ 프레셔 패드

해설 ① 비드(bead) : 드로잉 가공 시 부분적인 마찰저항 증가, 용기의 미끄럼 저항 유지, 드로잉률 향상 목적
② 녹아웃 : 가공된 제품을 금형으로부터 제거하는 장치

20. 다음 중 딥 드로잉성에 제일 큰 영향을 미치는 재료의 인자는?

① 에릭슨값
② 균일 연신율
③ 랭크포드값
④ 가공경화 지수

해설 에릭슨값은 강판의 인발성, 랭크포드값은 소재의 방향성(이방성)을 나타낸다.

2과목 기계가공법 및 안전관리

21. 수직 밀링 머신에서 정면 밀링 커터를 사용하여 평면 절삭을 할 때의 설명으로 틀린 것은?

① 테이블이 비틀려 있으면 다듬질면도 비틀리게 된다.
② 날의 출입은 면에 미소한 요철을 만들며 뒷날이 다듬질면에 닿지 않아야 한다.
③ 테이블이 길이 방향으로 테이퍼가 있어도 주축의 직각이 정확한 경우 평면이 가공된다.
④ 주축 중심선과 테이블 전후 운동과의 직각도가 맞지 않으면 공작물에 단차가 생기는 원인이 된다.

해설 테이퍼 각도만큼 사선으로 비틀려 가공된다.

22. 한계 게이지의 특징으로 틀린 것은?

① 제품 사이의 호환성이 있다.
② 제품의 실제 치수를 읽을 수 없다.
③ 1개의 치수마다 4개의 게이지가 필요하다.
④ 조작이 간단하므로 높은 숙련도를 요하지 않는다.

해설 한계 게이지 : 봉형, 플러그, 링, 터보 게이지 등이 있다. 제품 상호 간에 호환성이 있으며 완성된 게이지는 필요 이상의 정밀도가 불필요하다. 측정이 쉬워 신속하게 다량의 검사를 할 수 있으며, 분업 방식이 가능하나 가격이 고가인 난점이 있다.

23. 다음 공작기계 중 공작물이 직선 왕복운동을 하는 것은?

① 선반 ② 드릴 머신
③ 플레이너 ④ 호빙 머신

해설 공작물은 선반에서 회전운동, 드릴 머신에서 고정, 호빙 머신에서 직선운동 또는 회전운동을 한다.

24. 연삭숫돌 바퀴의 회전수를 n[rpm], 숫돌 바깥지름을 d[mm]라 하면, 다음 중 원주 속도 V[m/ min]를 구하는 식으로 옳은 것은?

① $V=\pi dn$ ② $V=\dfrac{n}{\pi d}$
③ $V=\dfrac{\pi dn}{1000}$ ④ $V=\dfrac{1000n}{\pi d}$

25. 수용성(물) 절삭유와 비수용성(기름) 절삭유를 비교한 것으로 틀린 것은?

① 냉각성은 수용성이 비수용성에 비하여 우수하다.
② 수용성은 비수용성에 비하여 녹을 발생시키기 쉽다.
③ 윤활성은 수용성이 비수용성에 비하여 좋지 않다.
④ 공구와의 마찰저항은 수용성이 비수

정답 » 20. ③ 21. ③ 22. ③ 23. ③ 24. ③ 25. ④

용성보다 작게 발생한다.

26. 일반 연삭숫돌에서 눈메움의 발생 원인으로 가장 거리가 먼 것은?

① 조직이 너무 치밀한 경우
② 결합도가 필요 이상으로 높은 경우
③ 입도가 너무 작거나 연삭 깊이가 클 경우
④ 원주 속도가 느리거나 연한 금속을 연삭할 경우

해설 연삭숫돌의 눈메움 현상을 로딩(loading)이라 하며, 입도의 번호와 연삭 깊이가 너무 클 경우, 조직이 치밀할 경우, 숫돌의 원주 속도가 너무 느린 경우에 발생한다.

27. 마이크로미터의 최소 눈금이 0.01 mm이고 눈금선 간격이 1 mm일 때 마이크로미터의 배율은?

① 10배 ② 100배
③ 500배 ④ 1000배

해설 배율 $E=\dfrac{l(\text{눈금 간격})}{S(\text{최소 눈금})}$

$$=\frac{1\text{mm}}{0.01\text{mm}}=100$$

28. CNC 장치의 일반적인 정보 흐름을 올바르게 나열한 것은?

① NC 명령 → 제어 장치 → 서보 기구 → NC 가공
② 서보 기구 → NC 명령 → 제어 장치 → NC 가공
③ 제어 장치 → NC 명령 → 서보 기구 → NC 가공
④ 서보 기구 → 제어 장치 → NC 명령 → NC 가공

해설 CNC 프로그램으로 명령하면 제어 회로에서 처리하여 결과를 펄스(pulse) 신호로 출력한다. 이 펄스 신호로 제어 장치를 통해 서보(servo) 전동기가 구동되며, 서보 전동기에 결합되어있는 볼 스크루(ball screw)가 회전함으로써 요구한 위치와 속도로 테이블이나 주축 헤드를 이동시켜 자동으로 가공이 이루어진다.

29. 정반(surface plate) 사용 시 유의사항으로 틀린 것은?

① 공작물의 표면과 정반의 표면을 깨끗이 한다.
② 정반 표면에 윤활유를 깨끗이 바르고 공작물을 올려놓는다.
③ 공작물의 버(burr) 등을 완전히 제거한 후 정반에 놓는다.
④ 측정 시 공작물 또는 공구 등으로 정반에 타격을 주지 않도록 주의한다.

해설 주철 정반을 장기간 사용하지 않을 때는 윤활유를 바르지만, 석정반은 전용 세제나 알코올로 깨끗이 닦아내고 사용한다.

30. 다음 중 수직 밀링 머신에서 사용되는 커터로 적합한 것은?

① 엔드밀(end mill)
② 각 밀링 커터(angle milling cutter)
③ 메탈 슬리팅 소(metal slitting saw)
④ 측면 밀링 커터(side milling cutter)

해설 수직 밀링 머신에서 사용되는 커터에는 엔드밀, T홈 커터, 더브테일 커터, 페이스 커터 등이 있다. 수평 밀링 공구에는 평면 커터, 측면 커터, 정면 커터, 총형 커터, 각형 커터, 메탈 슬리팅 소(saw) 등이 사용된다.

31. 고가의 다인(多刃) 절삭공구가 사용되며, 공작물의 홈을 빠르게 가공할 수 있어 대량생산에 적합한 가공 방법은?

① 보링(boring)
② 태핑(tapping)
③ 셰이핑(shaping)
④ 브로칭(broaching)

해설 ① 보링 : 선반의 내면 가공과 비슷한 원리

2016년

정답 » 26. ② 27. ② 28. ① 29. ② 30. ① 31. ④

로 뚫린 구멍을 정밀하게 가공

③ 셰이핑 : 셰이퍼로 평면, 홈 등을 가공

④ 브로칭 : 브로치라는 많은 날을 가진 공구로 한 번에 각형 구멍, 키 홈 등을 통과시켜 가공

32. 작은 덩어리를 고속도로 가공물 표면에 투사하여 기어나 스프링과 같이 반복하중을 받는 기계 부품의 피로 한도 및 기계적 성질을 개선하는 가공법은?

① 호닝 ② 버니싱
③ 쇼트 피닝 ④ 슈퍼 피니싱

해설 ① 호닝 : 원통 내면의 정밀도를 더욱 높이기 위하여 막대 모양의 가는 입자의 숫돌을 방사상으로 배치한 혼(hone)으로 다듬질하는 방법

② 버니싱 : 뚫린 구멍에 정밀하게 가공된 경질의 쇠구슬(steel ball)을 넣고 밀어내어 가공하는 방법이다.

④ 슈퍼 피니싱 : 입자가 작은 숫돌로 일감을 가볍게 누르면서 축방향으로 진동을 주는 것으로 변질층 표면 깍기, 원통 외면, 내면, 평면을 다듬질할 수 있다.

33. 지름 65 mm, 길이 120 mm의 강재 환봉을 초경 바이트로 거친 절삭을 할 때의 1회 가공 시간은 약 얼마인가? (단, 절삭 속도 70 m/min, 이송량은 0.3 mm/rev이다.)

① 1.2분 ② 4.6분
③ 6.2분 ④ 10.1분

해설 환봉을 1회 절삭할 때의 가공 시간

$$T = \frac{L}{N \times S}$$

여기서, T : 가공 시간(min)
L : 공작물의 길이(mm)
N : 회전수(rpm)
S : 이송(mm/rev)

$$N = \frac{1000V}{\pi d} = \frac{1000 \times 70}{T \times 65} = 343$$

$$\therefore T = \frac{120}{343 \times 0.3} = 1.17 \fallingdotseq 1.2 \text{ min}$$

34. 선반의 리브(rib)에 대한 설명으로 옳은 것은?

① 선반 왕복대 속의 기름 저장 부분을 말한다.

② 선반 베드의 미끄럼면이 볼록한 부분을 말한다.

③ 선반 변환 기어의 고정을 조절하는 부분을 말한다.

④ 선반 베드의 구조적인 강성을 증가시킨 부분을 말한다.

해설 기계공학에서의 리브는 대부분 구조적으로 취약한 부분에 보강을 통하여 강성을 증가시킨 부분을 말한다.

35. 독일형 버니어캘리퍼스라고도 부르며, 슬라이더가 홈형으로 내측 면의 측정이 가능하고, 최소 $\frac{1}{50}$ mm로 측정할 수 있는 버니어 캘리퍼스는?

① M_1형 ② M_2형
③ CB형 ④ CM형

해설 M_1형은 주로 공작용으로 사용하며, M_2형은 M_1형에 미동 슬라이더가 붙어있고 CB형은 슬라이더가 상자형(box)이다.

36. 스핀들이 칼럼(column) 상부에 수평방향으로 설치되고, 주축에 아버(arbor)를 고정하고 회전시켜 가공물을 절삭하는 밀링 머신은 어느 것인가?

① 수직 밀링 머신
② 수평 밀링 머신
③ 생산형 밀링 머신
④ 플레이너형 밀링 머신

해설 수직 밀링 머신은 주축이 테이블에 수직이며, 생산형 밀링 머신은 전용기에 준하는 5호기 밀링 이상, 플레이너형 밀링 머신은 바이트 대신 밀링 커터를 사용하는 대형 밀링이다.

정답 » 32. ③ 33. ① 34. ④ 35. ④ 36. ②

37. 다음 중 선반 작업 시 가공물이 크고 중량일 때, 일반적인 센터(center) 끝의 각도로 적합한 것은?

① 45° ② 60° ③ 90° ④ 120°

해설 센터의 끝 각이 보통용은 60°를 사용하나 중량이 클 경우 75°, 90°를 사용한다.

38. 가공물이 대형이거나 무거운 중량 제품을 드릴 가공할 때에 가공물을 고정시키고 드릴 스핀들을 암 위에서 수평으로 이동시키면서 가공할 수 있는 드릴링 머신은?

① 직립 드릴링 머신
② 터릿 드릴링 머신
③ 레이디얼 드릴링 머신
④ 만능 포터블 드릴링 머신

해설 직립 드릴링 머신은 탁상 드릴링 머신보다 크고 작업 방식은 대동소이하며, 터릿 드릴링 머신은 서로 다른 공구를 여러 개 끼워서 사용할 수 있다. 이외에도 다축, 다두, 심공 드릴링 머신 등이 있다.

39. 암나사를 핸드 탭(tap)을 사용하여 가공할 때 일반적으로 최종 다듬질에 사용하는 것은 어느 것인가?

① 3번 탭 ② 2번 탭
③ 1번 탭 ④ 0번 탭

해설 핸드 탭에는 외경의 치수가 같은 동경 탭과 치수가 커지는 증경 탭이 있으며 1, 2, 3번 탭으로 3개가 1조로 구성되어 있다. 모두 마지막 가공은 3번 탭으로 한다.

40. 가늘고 긴 일정한 단면을 가진 공구를 사용하여 키 홈, 스플라인 홈, 다각형 등의 구멍을 1회 통과시켜 완성 가공하는 것은?

① 버핑 ② 브로칭
③ 폴리싱 ④ 배럴 가공

해설 버핑, 폴리싱, 배럴 가공은 모서리나 표면이 광택이 나도록 곱게 연마하는 가공법이다.

3과목 금형재료 및 정밀계측

41. 나사의 유효 지름 측정 방법 중 가장 정밀도가 높은 것은?

① 삼침법
② 투영기에 의한 방법
③ 공구현미경에 의한 방법
④ 나사 마이크로미터에 의한 방법

해설 대부분의 나사 측정은 힘이 전달되는 부분인 유효 지름을 측정하는 것이며, 삼각함수를 활용하여 계산에 의해 구하는 삼침법이 가장 정밀도가 높은 측정 방법이다.

42. 다음 중 위 치수 허용차를 올바르게 설명한 것은?

① 실 치수와 대응하는 기준 치수와의 대수차
② 최대 허용 치수와 최소 허용 치수와의 차
③ 최소 허용 치수와 대응하는 기준 치수와의 대수차
④ 최대 허용 치수와 대응하는 기준 치수와의 대수차

해설 위 치수 허용차는 최대 허용 치수에서 기준 치수를 뺀 값을 말하며, 아래 치수 허용차는 최소 허용 치수에서 기준 치수를 뺀 값이다.

43. 석정반에 대한 설명으로 틀린 것은?

① 석정반은 일반적으로 화성암이나 화강암이 적합한 것으로 알려져 있다.
② 등급이 0급, 1급인 정반의 윗면(작업면)은 정반 위에 놓인 물체가 윗면에 밀착되도록 래핑에 의해 다듬질되어야 한다.
③ 석정반의 강성은 정반 중심에 집중 부하가 가해졌을 때 부하가 가해진 영역이 정반의 나머지 영역에 대하여 1 μm/200 N 이상 굽힘이 발생하지 않도록 해야 한

정답 » 37. ③ 38. ③ 39. ① 40. ② 41. ① 42. ④ 43. ②

다. (400 mm×250 mm 이상 크기 대상)

④ 모든 정반은 기본적으로 3개의 받침으로 지지되어야 하며 일정 사이즈 이상의 큰 정반은 안전 받침이 있어야 한다.

해설 석정반은 경년 변화가 없고, 온도 변화에 변형이 거의 없으며, 녹이 슬지 않는다. 주철제보다 경도가 2배 이상이고 수명이 길다. 또한 유지비가 적게 들고 자성체의 측정이 가능하다.

44. 마이크로미터 스핀들 측정 면 평면도 측정 시 광선정반(optical flat)에 그림과 같은 형상의 무늬가 5개일 때에 사용 광선의 파장이 0.6 μm이면 중심부와 원 모서리의 높이 차는 몇 μm인가?

① 0.6 ② 0.9
③ 1.2 ④ 1.5

해설 높이차 $h = n(\text{간섭무늬수}) \times \frac{\lambda(\text{파장})}{2}$

$$= 5 \times \frac{0.6}{2} = 1.5\mu m$$

45. 길이 측정 방법 중 게이지 블록 등을 이용하여 기준 치수를 설정한 후 기준 치수와의 차이값을 이용하여 측정하는 방법은?

① 직접 측정 ② 절대 측정
③ 비교 측정 ④ 간접 측정

해설 길이 측정은 선도기와 단도기로 크게 나누며 선도기 중 직접 측정기로는 버니어 캘리퍼스, 마이크로미터, 하이트 게이지 등이 있고 비교 측정기로는 다이얼 게이지, 미니미터, 옵티미터 등이 있다. 단도기로는 블록 게이지, 한계 게이지, 틈새 게이지가 있다.

46. 마이크로미터의 구조 및 기능에 관한 설명으로 틀린 것은?

① 나사부의 끼워 맞춤은 양호하고 작동 범위 전역에 걸쳐 원활하며 헐거움 없이 작동해야 한다.

② 마이크로미터의 눈금 기점은 고정식으로 하여 움직이지 않아야 한다.

③ 스핀들은 클램프로 확실히 고정할 수 있는 것이어야 한다.

④ 래칫 스톱 또는 프릭션 스톱은 원활하게 회전할 수 있어야 한다.

해설 눈금의 기점인 슬리브는 영점 조정 시 회전이 되어야 한다.

47. 측정 범위 300~325 mm인 외측 마이크로미터의 종합 정도가 ±6 μm일 때 이 마이크로미터 정도가 ±6 μm인 기준 봉에 영점 조정하여 측정하였을 경우 최대 오차의 범위는 어느 것인가? [단, 오차 전파의 공식(error propagation formula)에 의한 최대 오차 범위를 구한다.]

① ±6.0 μm ② ±8.5 μm
③ ±12.0 μm ④ ±17.2 μm

해설 오차 전파의 공식

$\delta_2 = \sqrt{\left(\frac{af}{ax^2}\right)\delta x^2 + \left(\frac{af}{ay}\right)^2 \delta y^2}$ 으로부터

$\sqrt{(\pm 6)^2 + (\pm 6)^2} = 8.48528 ≒ \pm 8.5\ \mu m$

48. 표면 거칠기 값을 다음 식에 의해 구하는 표면 거칠기 파라미터는? [단, l은 기준길이이고, $Z(x)$는 세로 좌표값이다.]

$$\text{표면 거칠기} = \sqrt{\frac{1}{l}\int_0^l Z^2(x)dx}$$

① 프로파일의 최대 높이

② 프로파일 요소의 평균 높이

③ 평가 프로파일의 제곱 평균 평방근 편차

④ 평가 프로파일의 산술평균 편차

정답 » 44. ④ 45. ③ 46. ② 47. ② 48. ③

49. 초점 거리 500 mm의 오토콜리메이터로 서 상의 변위가 0.2 mm일 때 경사각은 몇 초(″)인가?

① 약 41″ ② 약 46″
③ 약 51″ ④ 약 56″

해설 $d = f\tan 2\theta \fallingdotseq 2f\theta$

여기서, f : 대물렌즈의 초점 거리
θ : 경사각, d : 변위

$\therefore\ \theta = \frac{d}{2f} = \frac{0.2}{2 \times 500} = 0.0002\ \text{rad}$

도(°)로 환산하면

$0.0002 \times 57.29578 = 0.011459156°$

$1° = 3600″$ 이므로 약 41″

50. 측정하는 사람에 따라 생기는 오차로, 숙달되면 어느 정도 줄일 수 있는 오차는?

① 과실 오차 ② 우연 오차
③ 계기 오차 ④ 개인 오차

해설 측정에서 발생하는 오차에는 측정기 자체에 의한 기기 오차, 측정기를 조정하여 수정이 가능한 계통 오차, 원인을 알 수 없는 환경에 의한 우연 오차 등이 있으나 여러 번 측정하여 평균값을 얻을 수 있다.

51. 알루미늄 표면의 방식성을 개선하는 방법은 어느 것인가?

① 시효 처리 ② 뜨임 처리
③ 재결정화 ④ 양극산화 처리

해설 양극산화 처리를 하면 치밀하고 내식성이 높은 피막이 형성되며, 알루마이트법, 황산법, 크롬산법 등이 있다.

52. 순철에 대한 설명으로 틀린 것은?

① 비중은 약 7.87 정도이다.
② 융점은 약 1539℃ 정도이다.
③ 순철은 페라이트 조직이다.
④ 순철의 변태는 A_0, A_1, A_2가 있다.

해설 순철의 변태는 A_2(768℃), A_3(910℃), A_4(1400℃)가 있다.

53. 2종 금속 원소의 고용체에서 조성이 간단한 원자비로 표시되고, 더욱이 특정한 결정격자 내에서 각기 원자의 위치가 분명히 결정되어있는 것(물질)은?

① 고용체
② 공정 합금
③ 동소 변태
④ 금속간 화합물

해설 금속간 화합물에는 Fe_3C, Cu_4Sn, $CuAl_2$, Mg_2Si 등이 있다.

2016년

54. 어떤 재료를 냉각하였을 때 임계온도에 이르러 전기저항이 0이 되는 현상의 극저온성 재료는?

① 제진 합금 ② 초전도 재료
③ 초소성 재료 ④ 반도체 재료

해설 진동이나 충격에 소음이 감쇄되는 제진 합금으로는 Mg-Zr, Mn-Cu, Ti-Ni, Cu-Al-Ni, Al-Zn, Fe-Cr-Al 등이 있으며 이러한 합금들은 내부 마찰이 크므로 고유 진동 계수가 작게 되고 금속음이 나지 않는다. 초소성이란 재료가 어느 응력하에서 파단에 이르기까지 수백 퍼센트 이상의 많은 연신을 나타내는 현상을 말한다.

55. 열전쌍으로 사용되는 재료가 갖추어야 할 조건으로 틀린 것은?

① 내열, 내식성이 커야 한다.
② 히스테리시스 차가 커야 한다.
③ 고온에서 기계적 강도가 커야 한다.
④ 열기전력이 크고 안정성이 있어야 한다.

해설 열전쌍(열전대)으로 사용되는 재료의 구비 조건

(1) 열기전력이 크고 온도 상승에 따라 기전력이 연속적으로 상승할 것
(2) 열기전력 특성이 안정되고 장시간 사용해도 변화가 없을 것
(3) 온도와 열기전력과의 사이에 이력현상이 없을 것

정답 » 49. ① 50. ④ 51. ④ 52. ④ 53. ④ 54. ② 55. ②

(4) 전기저항, 온도 계수 및 열전도율이 작을 것
(5) 고온에서 기계적 강도를 유지하고 내열성, 내식성이 있을 것
(6) 재현성이 좋고 동일 특성을 얻기 쉬울 것
(7) 가격이 저렴하고 재료의 공급 및 가공이 쉬울 것

56. 기계적 성질이 우수하고, 전기절연성이 좋아 전기절연물, 기어, 프로펠러 등으로 쓰이는 플라스틱 재료로서 일명 베이클라이트라고 하는 합성수지는?

① 페놀 수지
② 요소 수지
③ 멜라민 수지
④ 실리콘 수지

해설 베이클라이트(bakelite)
(1) 페놀과 포름알데히드를 축합하여 만든 합성수지이다.
(2) 경화제 또는 촉매를 가하지 않고 가열하면 경화하지 않으며 이 점이 다른 열경화성 수지와 다르다.
(3) 주형품에서는 강도가 크고 치수 안정성이 우수하며 내수성이 좋아 흡수율이 작다.
(4) 전기절연성, 내약품성이 우수하며 내열성과 기계적 강도가 뛰어나다.
(5) 보통 용제에는 침해되지 않는다.
(6) 열변형 온도가 높지 않고 내자외선성이 떨어진다.

57. 단조 소재용 재료로 사용되기 어려운 것은 어느 것인가?

① 고온용 주철
② 고강도 기어용 강
③ 표면경화 기어용 강
④ 내식 알루미늄 합금

해설 고온용 주철은 충격에 약하므로 단조용 재료로 부적합하다.

58. 제강 원료로서 사용하는 선철 중에 존재하며, 황과 결합하여 황의 해를 줄이고 강의 점성을 증가시키며 고온 가공을 쉽게 하는 원소는?

① P　② Cu
③ Mn　④ Si

해설 망간 : 선철에 탈황 작용을 하고, 제강에서 강성, 인성, 경도를 높여주며 정련 시 과산화 방지, 열연 시 크랙 방지 등의 역할을 한다.

59. 다음 중 선팽창계수가 큰 순서로 옳게 나열된 것은?

① 알루미늄>구리>니켈>크롬
② 알루미늄>크롬>니켈>구리
③ 구리>알루미늄>니켈>크롬
④ 구리>니켈>알루미늄>크롬

해설 선팽창계수가 큰 순서는 Al>Sb>Pb>Fe>Au>Ag>Pt>Cu>Mn>Mo>Ni이다.

60. 고주파 경화법의 설명으로 틀린 것은?

① 가열 시간이 짧다.
② 재료의 표면 부위를 경화한다.
③ 표면에 산화가 많이 발생한다.
④ 표면의 탈탄 및 결정 입자의 조대화가 거의 일어나지 않는다.

해설 고주파 열처리(경화법 또는 담금질)의 특징
(1) 가열 시간이 짧다.
(2) 피로 강도 증가, 표면 산화, 탈탄이 최소로 발생한다.
(3) 변형이 적고 제한된 국부 경화법이며 유지비가 저렴하다.
(4) 시설비가 고가이다.
(5) 재료와 특이한 형상은 제한적이다.

정답 » 56. ①　57. ①　58. ③　59. ①　60. ③

사출금형산업기사

2016년 8월 21일 (제3회)

1과목 금형설계

1. U-굽힘 가공에서 스프링 백의 방지법으로 틀린 것은?

① 펀치의 측면에 릴리프를 만든다.
② 다이 측면에 구배 클리어런스를 만든다.
③ 펀치의 내측에 구배 클리어런스를 만든다.
④ 패드 장치를 하여 압력을 적당히 조절한다.

해설 스프링 백(spring back)은 굽힘가공 후에 제품이 약간 원상태로 돌아가 다이의 형상과 일치하지 않는 현상을 말하며 방지책으로 다이와 펀치에 경사 틈(구배 클리어런스)을 주는 방법과 패드 장치, 캠 기구 사용, 큰 압력으로 가공 등이 있다.

2. 지름이 60 mm인 원통 컵을 지름이 100 mm의 블랭크로 1회 드로잉할 때 드로잉률(%)은?

① 40 ② 60 ③ 70 ④ 80

해설 드로잉률$(m) = \dfrac{\text{제품의 직경}(d)}{\text{소재의 지름}(D)} \times 100$

$= \dfrac{60}{100} \times 100 = 60\%$

3. 드로잉 가공을 하였더니 전 둘레에 걸쳐서 바닥이 빠졌다. 그 결함 원인과 가장 거리가 먼 것은?

① 클리어런스가 너무 크다.
② 드로잉 속도가 너무 빠르다.
③ 판 누르개 압력이 너무 세다.
④ 펀치 및 다이의 모서리가 예리하다.

해설 드로잉 가공시 전 둘레에 걸쳐서 바닥이 빠지는 원인은 ②, ③, ④ 외에 펀치의 반경(r_p)이 작을 때, 블랭크 홀더의 압력이 클 때, 판 뜨기가 적당하지 않을 때 등이 있다.

4. 블랭크로 원통형 용기를 가공할 때 소요되는 드로잉력(P)을 구하는 식으로 옳은 것은? (단, d = 펀치 직경, D = 블랭크 직경, δ_b = 가공 재료의 인장강도, t = 가공 재료의 두께, k = 보정 계수이다.)

① $P = \pi \times d \times t \times \delta_b \times k$
② $P = \pi \times D \times t \times \delta_b \times k$
③ $P = \pi \times \dfrac{D}{d} \times t \times \delta_b \times k$
④ $P = \pi \times \dfrac{d}{D} \times t \times \delta_b \times k$

5. 소재 이송 장치 중 가장 일반적인 방식이며 소재의 재질이나 표면의 상태에 제한이 없고, 코일재와 프로그레시브 금형을 사용하여 고능률로 자동 가공할 때 사용하는 것은 어느 것인가?

① 롤 피더
② 푸셔 피더
③ 다이얼 피더
④ 산업용 로봇

6. 다음 중 전단 과정의 순서가 옳은 것은?

① 전단기 → 소성변형기 → 파단기
② 파단기 → 전단기 → 소성변형기
③ 소성변형기 → 전단기 → 파단기
④ 소성변형기 → 파단기 → 전단기

해설 소재가 인장과 압축응력을 받아 비례한계를 넘으면 탄성한계에 도달하여 소성변형기 → 전단기 → 파단기를 거쳐 전단된다.

7. 프로그레시브 금형에서 소재의 정확한 가공 위치를 결정하는 기능을 갖고 있는 핀은?

① 가이드 핀 ② 리프터 핀
③ 파일럿 핀 ④ 로케이트 핀

2016년

정답 » 1. ① 2. ② 3. ① 4. ① 5. ① 6. ③ 7. ③

해설 가이드 핀은 콤파운드 금형에서 주로 사용하며 맞춤 핀(dowel pin)은 금형 조립 시 위치 결정, 세터 핀 또는 키커 핀은 펀치에 달라붙는 제품의 분리에 사용된다. 소재나 반제품의 위치 결정에는 위치 결정 핀, 스톱 핀, 스톡 가이드 핀 등이 사용된다.

8. 프레스 금형의 구성 요소 중 키커 핀(kicker pin)의 주된 기능을 설명한 것으로 옳은 것은?

① 부품과 부품의 위치를 정확하게 잡아준다.
② 상형과 하형의 위치를 정확하게 잡아준다.
③ 다이 속의 제품 추출을 도와주는 기능을 한다.
④ 제품이나 스크랩(scrap)이 펀치(punch)의 밑면에 부착되는 것을 방지한다.

9. 전단 가공의 종류가 아닌 것은?

① 노칭 가공 ② 절단 가공
③ 펀칭 가공 ④ 드로잉가공

해설 전단 가공의 종류에는 노칭, 시어링, 펀칭, 블랭킹, 슬리팅, 트리밍, 셰이빙, 루브링, 일평면 커팅 등이 있다.

10. 금형의 설계, 제작이 완료되면 금형에 의한 시험 작업을 하면서 금형의 수정을 용이하게 하기 위한 전용의 시험 작업용 프레스는?

① OBI 프레스
② 트랜스퍼 프레스
③ 프레스 브레이크
④ 다이 스포팅 프레스

해설 OBI(open back inclinable) 프레스는 경사식 C형 범용 프레스이며, 드랜스퍼 프레스는 자동 이송 프레스이다. 프레스 브레이크는 절곡기라고도 하며 성형, 천공, 외곽 절단에 사용한다.

11. 사출 금형에서 냉각 구멍을 설계할 때 유의사항으로 틀린 것은?

① 냉각 구멍의 위치는 이젝터 핀의 위치보다 우선한다.
② 고정측 형판과 가동측 형판은 각각 독립해서 조정한다.
③ 수축률이 큰 수지의 경우 수축 방향과 직각으로 냉각 구멍을 설치한다.
④ 큰 냉각 구멍보다는 작고 많은 수의 냉각 구멍을 설치하는 것이 효과적이다.

해설 냉각 구멍 설계 시 유의사항
(1) 고정측, 가동측 형판을 독립해서 조정되도록 설계한다.
(2) 스프루와 가까운 곳부터 냉각수가 통과하도록 설계한다.
(3) 수축률이 큰 수지는 수축 방향으로 냉각수 구멍을 설계한다.
(4) 캐비티에서 최소 10 mm 이상 거리를 두고 설계한다.

12. 러너리스 시스템 중 핫 러너(hot runner) 방식의 특징으로 틀린 것은?

① 성형 사이클이 단축된다.
② 러너에 의한 수지 손실이 없다.
③ 구조가 복잡하게 되고, 고가이다.
④ 노즐의 열이 금형에 전달되기 쉽다.

해설 핫 러너(hot runner)의 특징
(1) 다점게이트를 사용할 수 있다.
(2) 압력손실이 작다.
(3) 불량률이 감소한다.
(4) 러너의 압력손실을 작게 할 수 있다.
(5) 구조가 복잡하고 고가이다.
(6) 보수하기가 어렵다.
(7) 온도 조절이 어렵다.
(8) 수지에 이물질이 완전히 제거되어야 한다.

13. 스프루 로크 핀의 역할에 대하여 설명한 것 중 옳은 것은?

① 금형이 닫힐 때, 캐비티와 코어의 편

정답 » 8. ④ 9. ④ 10. ④ 11. ③ 12. ④ 13. ④

심 방지 역할
② 금형이 열릴 때, 성형품을 캐비티 코어에서 뽑아내는 역할
③ 금형이 닫힐 때, 고정측 형판과 가동측 형판의 안내 역할
④ 금형이 열릴 때, 스프루 부시에서 스프루를 뽑아내는 역할

14. 다음 중 중앙에 긴 구멍이 뚫려 있는 부시 모양의 성형품, 구멍이 뚫려 있는 보스, 둥근 원통 모양의 성형품 등을 금형으로부터 밀어내는 데 적합한 이젝터는?

① 에어 이젝터
② 슬리브 이젝터
③ 접시핀 이젝터
④ 스트리퍼 플레이트 이젝터

해설 에어 이젝터는 깊고 얇은 성형품에, 슬리브 이젝터는 보스나 둥근 원통상 성형품에 적합하고 접시핀 이젝터는 $\phi 16$ 이상의 이젝터 핀을 사용할 때, 스트리퍼 플레이트 이젝터는 성형품 전체를 파팅라인에 두고 균일하게 밀어낼 때 사용하는 방법이다.

15. 사출성형품의 변형 방지를 위한 대책이 아닌 것은?

① 측벽 구배
② 모서리 라운딩
③ 보스 주위 리브 설치
④ 테두리의 살 붙이기

해설 성형품의 변형 방지 대책
(1) 모서리에 라운딩을 준다.
(2) 내면 구석에 살 두께의 1/2을 주어 응력을 감소시킨다.
(3) 외측 모서리에는 살 두께의 1.5배의 라운딩을 준다.
(4) PS, AS, ABS 수지는 내면 구석에 $\frac{1}{4}t$ 이상을, 외측에는 $1\frac{1}{4}t$ 이상의 라운딩을 준다.

16. 사출성형기에서 형체 실린더의 유압이 40 kgf/cm^{2}이고 실린더 직경이 100 mm라면 형체력(ton)은 약 얼마인가?

① 3.14 ② 4.14 ③ 31.4 ④ 41.4

해설 형체력 $F=\frac{\pi d^2}{4}\times p\times 10^{-3}$

$\therefore\ F=\frac{3.14\times 100^2}{4}\times 40\times 10^{-3}=3.14\text{ ton}$

※ mm, ton 등 단위환산에 주의한다.

17. 다음 중 결정성 수지가 아닌 것은?

① PA ② PC ③ PP ④ POM

해설 결정성 수지는 배향성과 변형, 성형수축이 크며 강도는 높으나 정밀도가 낮다. 종류에는 PE, PP, PA, POM 등이 있다. 비결정성 수지는 결정성 수지와 반대이며 종류에는 PS, AS, ABS, PC, PVC, CA, PMMA 등이 있다.

18. 러너 형판에 러너를 가열할 수 있는 시스템을 내장시켜 러너 내의 수지를 일정한 용융 상태로 유지시키는 방법으로, 러너리스 성형에서 가장 확실하고 형상이나 사용 수지의 제한이 적은 방식은?

① 핫 러너 방식
② 웰 타입 노즐 방식
③ 익스텐션 노즐 방식
④ 인슐레이티드 러너 방식

해설 ② 웰 타입 노즐 방식 : 구조가 간단하며 1개 뽑기에 적당하고 치수 정밀도가 낮다.
③ 익스텐션 노즐 방식 : 성형기의 노즐을 캐비티까지 연장한 구조로 1개 뽑기에 적당하다.
④ 인슐레이티드 러너 방식 : 러너의 단면적을 크게 한 구조로 단열 러너 방식이며 PE, PP에 적합하다.

19. 이젝터 스트로크가 30 mm이고, 경사가 30°인 경사 이젝터 핀에 직각이 되도록 한 이젝터 플레이트 위를 슬라이딩 할 경우, 가로 방향의 움직임은 약 몇 mm인가?

2016년

정답 » 14. ② 15. ① 16. ① 17. ② 18. ① 19. ①

① 17.32 mm ② 15.29 mm
③ 13.54 mm ④ 12.52 mm

해설 $M = E \times \tan\psi$
$= 30 \times \tan 30° = 17.321\text{ mm}$

20. 러너의 치수 및 형상을 결정할 때 고려사항으로 틀린 것은?

① 러너의 길이는 가급적 짧게 한다.
② 러너 단면 형상은 사다리꼴 형태가 가장 좋다.
③ 러너의 굵기는 성형품의 살 두께보다 굵게 한다.
④ 금형을 제작할 때 표준 커터를 사용할 수 있는 크기로 선정한다.

해설 러너는 가능한 굵고 짧게, 단면 형상은 진원에 가깝고 유동저항이 적으며 가공이 쉬운 것이 좋다.

2과목 기계가공법 및 안전관리

21. 높은 정밀도를 요구하는 가공물, 각종 지그, 정밀기계의 구멍 가공 등에 사용하는 보링 머신으로, 온도 변화에 따른 영향을 받지 않도록 항온·항습실에 설치해야 하는 것은 어느 것인가?

① 수직 보링 머신 ② 수평 보링 머신
③ 지그 보링 머신 ④ 코어 보링 머신

해설 보링 머신의 종류에는 수평 보링 머신, 정면 보링 머신, 지그 보링 머신 등이 있으며, 그 중 지그 보링 머신은 2~10 μ의 정밀도 가공이 가능하도록 20℃ 항온실에 설치한다.

22. 일반적으로 밀링 머신의 크기를 구분하는 기준으로 옳은 것은?

① 모터의 마력
② 주축의 두께
③ 밀링 머신의 높이
④ 테이블의 이송 거리

해설 밀링 머신의 크기는 주로 테이블의 전후, 좌우, 상하 이송거리(이동량)로 표시하며 테이블의 크기인 길이와 폭으로도 표시한다.

23. 공차의 설명으로 옳은 것은?

① 최대 허용 치수에서 기준 치수를 뺀 값
② 최소 허용 치수에서 기준 치수를 뺀 값
③ 최대 허용 치수와 최소 허용 치수와의 차
④ 구멍의 치수가 축의 치수보다 클 때 생기는 치수차

해설
• 오차=측정치−참값
• 공차=최대 허용 치수−최소 허용 치수
• 편차=측정치−모평균

24. 산화알루미늄 분말을 주성분으로 마그네슘, 규소 등의 산화물과 소량의 다른 원소를 첨가하여 소결한 것으로 고온에서 경도가 높고 내마모성이 좋아 빠른 절삭 속도로 절삭이 가능한 절삭 공구 재질은?

① 서멧 ② 세라믹
③ 합금공구강 ④ 주조경질합금

해설 세라믹은 Al_2O_3와 Si 등을 1600°C에서 소결하여 만들며 주조경질합금은 Co−Cr−W를 주조, 연마한 합금으로 스텔라이트가 대표적이다. 서멧은 TiC−Ni−Mo가 주성분이며 WC계 합금에 비해 가볍고 고온 강도가 크며, 내산화성이 뛰어나고, 마찰 계수가 작다. 합금공구강은 Cr, Mo, W, V, Ni, Si 등의 합금 원소를 첨가한 공구강이다.

25. 기계 작업에서 고속 연삭기, 고속 드릴, 고속 베어링 등의 급유 방법에서 압축공기를 이용하는 급유법은?

① 오일링(oiling) 급유법
② 분무(oil mist) 급유법

정답 » 20. ② 21. ③ 22. ④ 23. ③ 24. ② 25. ②

③ 패드(pad oiling) 급유법
④ 강제 급유법(circulating oiling)

해설 ① 오일링 급유법 : 고속축의 급유를 목적으로 사용축보다 직경이 큰 링을 축에 걸어 기름통에 담가서 급유한다.
② 분무 급유법 : 압축공기를 사용하여 고속축에 분사하여 급유한다.
③ 패드 급유법 : 모세관을 현상을 이용하여 기름에 무명천을 담가서 급유한다.
④ 강제 급유법 : 중대형 기계에 기어 펌프를 사용하여 오일을 강제적으로 가압하여 급유한다.

26. 테이퍼 $\frac{1}{30}$의 검사를 할 때 A에서 B까지 다이얼 게이지를 이동시키면 다이얼 게이지의 차이는 몇 mm인가?

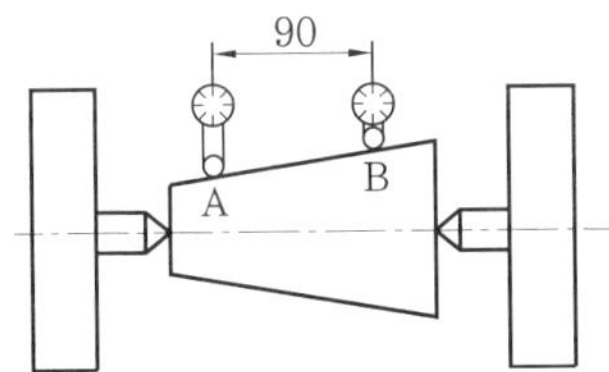

① 1.5　② 2
③ 2.5　④ 3.5

해설 테이퍼 $\theta = \frac{D-d}{L}$

여기서, D : A점의 지름, d : B점의 지름, L : 측정거리

$\frac{1}{30} = \frac{D-d}{90}$, $D-d = \frac{90}{30} = 3$이며 D와 d는 지름이므로 움직인 높이의 차는 $\frac{1}{2}(D-d)$이다.

$\therefore \frac{1}{2} \times 3 = 1.5$

27. 보링 작업에는 여러 가지 절삭 공구가 사용된다. 다음 중 보링 작업에서 내면 다듬질 가공으로 가장 많이 사용하는 공구는?

① 탭　② 드릴
③ 바이트　④ 밀링 커터

해설 보링 머신은 주로 공작물을 고정하고 절삭 공구인 보링 공구(바이트)를 회전시켜 절삭하는 기계이다. 가능한 작업으로는 드릴링, 리밍, 정면 절삭, 밀링 작업 등이 있다.

28. 니형 밀링 머신의 종류만 나열되어 있는 것은?

① 만능 밀링 머신, 수직 밀링 머신, 수평 밀링 머신
② 만능 밀링 머신, 모방 밀링 머신, 수직 밀링 머신
③ 모방 밀링 머신, 수평 밀링 머신, 수직 밀링 머신
④ 수직 밀링 머신, 수평 밀링 머신, 플레이너형 밀링 머신

해설 모방 밀링 머신은 형판이나 모형을 본떠서 같은 모양의 공작물을 가공하는 밀링 머신의 한 종류이며 플레이너 밀링 머신은 플레이너의 바이트 대신 밀링 커터, 엔드밀 등을 사용하여 공작물을 가공한다.

29. 선반 가공에서 공작물과의 마찰을 방지하기 위하여 주어지는 바이트의 각도는?

① 전방각　② 측면 여유각
③ 후방 여유각　④ 노즈(nose) 반경

해설
• 전방각 : 떨림 방지, 가공면 거칠기, 날의 강도, 칩 배출을 결정하는 바이트의 각도
• 노즈 반경 : 바이트의 끝에 주는 작은 라운딩이며 다듬질면의 거칠기, 날 끝의 강도를 좌우한다.
• 전방 여유각 : 날의 강도와 다듬질면의 거칠기를 결정한다.

30. 선반 작업을 할 때 절삭 속도를 v[m/min], 원주율을 π, 일감의 지름을 d[mm]라고 할 때 회전수를 n(rpm)을 구하는 식은?

① $n = \frac{\pi d}{1000v}$　② $n = \frac{\pi v}{1000d}$

2016년

정답 » 26. ①　27. ③　28. ①　29. ②　30. ④

③ $n = \frac{1000v\pi}{d}$ ④ $n = \frac{1000v}{\pi d}$

해설 절삭 속도 $V = \frac{\pi dn}{1000}$의 식에서 유도하면

$n = \frac{1000V}{\pi d}$

31. 주축의 회전운동을 직선 왕복운동으로 변화시키고 바이트를 사용하여 가공물의 안지름에 키 홈, 스플라인, 세레이션 등을 가공할 수 있는 밀링 부속 장치는?

① 회전 테이블 ② 슬로팅 장치
③ 수직 밀링 장치 ④ 래크 절삭 장치

해설 회전 테이블은 원형의 홈, 캠(cam) 등의 절삭 시 사용하고 래크 절삭 장치는 래크 기어 절삭에 사용하는 부속 장치이다.

32. 센터리스 연삭기의 통과 이송법에서 조정 숫돌바퀴 1회전으로 일감이 이송되는 길이 f [mm]를 구하는 식으로 옳은 것은? [단, d : 조정숫돌 바퀴의 지름(mm), α : 조정숫돌 바퀴의 경사각(도)이다.]

① $f = \pi d \sin\alpha$ ② $f = \pi d \cos\alpha$
③ $f = \frac{\pi d}{\sin\alpha}$ ④ $f = \frac{\pi d}{\cos\alpha}$

해설 센터리스 연삭기의 통과 이송법에서 조정 숫돌의 기울기 각도는 1~3°이며 조정숫돌 1회전에 이송되는 공작물의 길이(f)는 다음 식으로 구한다.

$f = \pi \times d \times \sin\alpha$

33. 수나사의 정밀 측정 대상은?

① 길이 ② 리드각
③ 산의 높이 ④ 유효 지름

해설 수나사의 정밀 측정 대상은 유효 지름이며 나사의 유효 지름 측정법으로는
(1) 삼침법에 의한 측정
(2) 나사 마이크로미터에 의한 측정
(3) 광학적 방법에 의한 측정이 있다.

34. 금긋기 작업을 할 때 유의사항으로 틀린 것은?

① 선은 가늘고 선명하게 한 번에 그어야 한다.
② 금긋기 선은 여러 번 그어 혼동이 일어나지 않도록 한다.
③ 기준면과 기준선을 설정하고 금긋기 순서를 결정하여야 한다.
④ 같은 치수의 금긋기 선은 전후, 좌우를 구분하지 말고 한 번에 긋는다.

해설 ①, ③, ④ 외에도 금긋기를 한 후에는 올바른지 도면과 비교 검토해야 한다.

35. 다음 중 기어의 절삭 방법으로 적합하지 않은 것은?

① 창성에 의한 절삭법
② 형판에 의한 절삭법
③ 총형 공구에 의한 절삭법
④ 센터리스 연삭에 의한 절삭법

해설 기어를 절삭하는 방법에는 가장 많이 사용하며 인벌류트 곡선을 응용한 창성법과 형판을 따라 공구가 안내되어 대형 기어를 절삭하는 형판에 의한 방법(일명 모방절삭법)이 있으며, 성형법이라고도 하는 총형 커터에 의한 방법이 있으나 현재는 거의 쓰이지 않는다.

36. 액체 호닝의 장점으로 틀린 것은?

① 가공 시간이 짧다.
② 형상이 복잡한 것도 쉽게 가공한다.
③ 가공물의 피로 강도를 50% 이상 향상시킨다.
④ 가공물의 표면에 산화막이나 거스러미를 제거하기 쉽다.

해설 액체 호닝은 압축공기로 연마제와 가공액을 고속으로 분사하여 공작물의 표면 등을 다듬는 가공법으로 단시간 내에 무광택의 매끈한 다듬질면을 가공하며 약간의 피로 강도를 얻을 수 있고 복잡한 형상의 공작물도 쉽게 가공한다.

정답 » 31. ② 32. ① 33. ④ 34. ② 35. ④ 36. ③

37. 연삭숫돌 결합제의 구비 조건에 관한 설명 중 틀린 것은?

① 입자 간에 기공이 생겨야 한다.
② 고속 회전에서도 파손되지 않아야 한다.
③ 연삭열과 연삭액에 대해 안정성이 있어야 한다.
④ 입자가 탈락되지 않도록 접합성이 강해야 한다.

해설 결합제는 숫돌입자를 결합시키는 본드로서 비트리파이드(V), 셸락(E), 실리케이트(S), 러버(R), 레지노이드(B) 등이 있다. 마모된 입자는 적당히 탈락되어 새로운 입자가 나올 수 있어야 한다(자생작용).

38. 지름 12 mm의 고속도강 드릴로 연강에 구멍을 뚫을 때 스핀들의 회전수(rpm)는? (단, 절삭 속도는 32 m/min이다.)

① 119 ② 318 ③ 425 ④ 849

해설 절삭 속도 $V=\frac{\pi dn}{1000}$에서

$$n=\frac{1000\times 32}{\pi\times 12}=849\,\text{rpm}$$

39. CNC 프로그램에서 일시 정지 기능인 G04 다음에 사용될 수 없는 어드레스는?

① P ② S ③ U ④ X

해설 G04는 일시 정지(dwell) 기능으로 X와 U는 소수점을 사용하고 P는 μ단위인 0.001 단위를 사용한다. 예 2.5초 드웰은 G04 X2.5; , G04 U2.5; , G04 P2500; 으로 쓸 수 있다. S는 주축의 회전속도를 지정하는 기능이다.

40. 쇠톱의 절단 가공 방법에 대한 설명 중 틀린 것은?

① 절단이 끝날 무렵에는 힘을 빼고, 가볍게 절삭토록 한다.
② 톱날의 절삭 각도는 보통 수평으로 하나 절단하는 재료에 따라 다르다.
③ 쇠톱의 절단 작업은 밀 때에는 힘을 빼고 가볍게 전진시키며, 당길 때는 힘을 주어 절단한다.
④ 연강과 황동 등을 절단하는 것은 날이 거칠고, 잇수가 적은 것을 주로 사용한다.

해설 톱날의 크기는 프레임에 끼우는 구멍 간의 거리로 표시하며 일반적으로 톱날의 폭은 12 mm, 두께는 0.64 mm 정도이다. ③항과 반대로 밀 때 힘을 주고 당길 때 힘을 빼는 것이 올바른 방법이다.

3과목 금형재료 및 정밀계측

41. 다음 중 마이크로미터를 교정하고자 할 때 필요하지 않은 것은?

① 옵티컬 플랫 ② 옵티컬 패럴렐
③ 게이지 블록 ④ V 블록

해설 옵티컬 플랫과 옵티컬 패럴렐은 광선정반이라고도 하며 측정면에 접촉시켜 생기는 간섭무늬수로 각각 평면도와 평행도를 측정한다.

42. 다음 중 실린더 게이지와 같은 내경 측정용 측정기의 0점 조정용으로 사용되는 것은?

① 에어 스위치 게이지(air switch gauge)
② 텔레스코핑 게이지(telescoping gauge)
③ 마스터 링 게이지(master ring gauge)
④ 스몰 홀 게이지(small hole gauge)

해설 에어 스위치 게이지는 공기압력 조절기이며 텔레스코핑 게이지는 내경 마이크로미터로 소형 엔진, 모터 사이클 정비에 사용하고 마스터 링 게이지는 홀 테스터, 실린더 게이지, 내측 마이크로미터의 영점 조정에 사용한다. 스몰 홀 게이지는 좁은 구석의 내경이나 작은 홈의 폭 등을 측정하는 일종의 소형 텔레스코핑 게이지이다.

43. 광학식 측정기에서 사용하는 것으로 집광렌즈의 초점 위치에 점광원을 두어 배율오차

가 생기지 않도록 하는 조명 방법을 이용한 광학계는?

① 텔레센트릭(telecentric) 광학계
② 리볼버(revolver) 광학계
③ 줌(zoom) 광학계
④ 수직 반사식(vertical reflect) 광학계

해설 ① 텔레센트릭 광학계 : 원근 왜곡이 없어 렌즈 간의 거리와 상관없이 크기가 동일하게 나타난다.
② 리볼버 광학계 : 머신비전의 하드웨어 부분으로 카메라 센서 해상도 및 픽셀 사이즈에 사용한다.
③ 줌 광학계 : 카메라의 배율을 정하는 기준이며 플레이밍 어시스트 기능을 지원한다.
④ 수직 반사식 광학계 : 미소면적의 광학 이방성을 정밀 측정하는 기구

44. 다음 중 수나사의 유효 지름을 측정할 수 없는 측정기는?

① 투영기
② 나사 마이크로미터
③ 공구현미경
④ 깊이 마이크로미터

해설 수나사의 유효 지름을 측정하는 방법에는 투영기에 의한 방법, 공구현미경에 의한 방법, 나사 마이크로미터에 의한 방법, 삼침(선)법에 의한 방법 등이 있다.

45. 측정의 오차와 관련하여 정확도(accuracy)와 정밀도(precision)가 중요하게 고려되어야 하는데 여기서 정확도를 가장 옳게 설명한 것은?

① 정확도는 참값에 비해 한쪽으로 치우침이 작은 정도를 의미하며 주로 계통적 오차에 의해 발생한다.
② 정확도는 참값에 비해 한쪽으로 치우침이 작은 정도를 의미하며 주로 우연적 오차에 의해 발생한다.
③ 정확도는 측정값의 흩어짐이 작은 정도를 의미하며 주로 계통적 오차에 의해 발생한다.
④ 정확도는 측정값의 흩어짐이 작은 정도를 의미하며 주로 우연적 오차에 의해 발생한다.

해설 정확도는 측정이나 계산된 양이 참값(실제값)과 얼마나 가까운지를 나타내는 기준이며 정밀도(재현성)는 여러 번 측정, 계산한 결과가 서로 얼만큼 가까운지를 나타내는 기준이다.

46. 고정 나이프 에지와 스핀들 상단의 나이프 에지를 이용하여 나타난 레버비에 따라 확대율을 높여서 측정하는 콤퍼레이터는?

① 다이얼 게이지 ② 미니미터
③ 오르토 테스터 ④ 미크로케이터

해설 ① 다이얼 게이지 : 기어 장치의 미소변위를 확대하여 바늘로 눈금을 가리키는 비교 측정기
③ 오르토 테스터 : 지렛대와 기어 1개를 이용하여 미소한 지시값을 확대하여 측정한다.
④ 미크로케이터 : 비틀린 얇은 조각을 확대 기구로 이용한 측정기

47. 다음 측정값에서 유효숫자의 자릿수가 틀린 것은?

① "0.022"의 유효숫자 자릿수는 4
② "28.76"의 유효숫자 자릿수는 4
③ "4.50"의 유효숫자 자릿수는 3
④ "45000"의 유효숫자 자릿수는 5

해설 유효숫자란 "0"을 제외한 1~9까지의 숫자이며 어떤 근삿값을 나타내는 숫자 가운데서 자릿수를 나타내는 숫자 "0" 이외의 신뢰할 수 있는 숫자이다.
① "0.022"의 유효숫자 자릿수는 2

48. 공구현미경을 이용하여 2개의 작은 구멍 중심 사이 거리를 측정할 때 가장 편리하게 사용하는 부속품은?

① 센터 지지대

정답 » 44. ④ 45. ① 46. ② 47. ① 48. ④

② 형판 접안렌즈
③ 각도 접안렌즈
④ 이중상 접안경

해설 ① 센터 지지대 : 나사, 기어, 호브 등의 측정 시 경사를 주는 지지대
② 형판 접안렌즈 : 나사의 피치, 나사산, 기어의 이 크기 등을 측정한다.
③ 각도 접안렌즈 : 렌즈에 "+"자선이 있고 회전각을 읽을 수 있다.

49. 최대 측정 범위가 150 mm이고 종합 오차가 ±5 μm인 외측 마이크로미터를 허용 오차가 ±3 μm인 기준 봉을 사용하여 0점 조정하였다면 영점 조정 시 발생할 수 있는 최대 오차는? [단, 여기서는 오차의 전파 법칙(law of propagation errors)을 적용한다.]

① ±1.8 μm ② ±4.1 μm
③ ±5.8 μm ④ ±7.8 μm

해설 오차의 전파 법칙

$x=\sqrt{\sigma_a^2+\sigma_b^2}$

여기서, x : 발생할 수 있는 최대 오차
σ_a : 종합 오차, σ_b : 허용 오차

$\therefore x=\sqrt{5^2+3^2}=\sqrt{34}\fallingdotseq\pm5.8\mu m$

50. 눈금 간격이 2 mm, 감도가 1′(분)인 수준기(level) 기포관의 곡률 반지름은?

① 약 4875.5 mm ② 약 6875.5 mm
③ 약 21253 mm ④ 약 45253 mm

해설 곡률 반지름 $R=206265\times\dfrac{\alpha}{\rho}$

여기서, R : 곡률 반지름(mm)
α : 수준기 1눈금의 간격(mm)
ρ : 수준기 1눈금의 감도(초)

$\therefore R=206265\times\dfrac{2}{60}=6875.5\text{ mm}$

51. 블랭킹 금형의 생크 재질로 가장 적합한 것은?

① STS3 ② STC4
③ SKH2 ④ SM45C

해설 (1) STS3는 가이드 리프터용 재료
(2) STC4는 블랭킹 플레이트용 재료
(3) STD11은 펀치와 다이의 재료
(4) SM45C는 스트리퍼 플레이트, 생크용 재료
(5) SM25C는 펀치 및 다이 홀더, 생크용 재료

52. 백주철(white cast iron)을 열처리로에 넣어 가열해서 탈탄 또는 Fe_3C를 가열 분해하여 흑연을 입상으로 제조한 주철은?

① 회주철
② 가단주철
③ 구상흑연주철
④ 미하나이트주철

해설 ① 회주철 : 일반적인 주철로 기계가공성이 양호하다.
② 가단주철 : 고탄소 백주철을 풀림 처리하여 만든 것으로 주강과 주철의 단점을 보완하여 주조성이 우수하다.
③ 구상흑연주철 : 내마모, 내열, 내식성이 우수하고 변형이 적다.
④ 미하나이트주철 : Fe-Si, Ca-Si 등을 첨가하여 흑연을 미세화한 주철

53. 순수한 철(Fe)을 용융 상태에서 냉각시킬 때 나타나는 결정구조의 변화 순서로 옳은 것은? [단, L은 융액(liquid)이다.]

① L → BCC → BCC → FCC
② L → BCC → FCC → BCC
③ L → FCC → BCC → FCC
④ L → FCC → FCC → BCC

해설 순철의 결정격자의 종류에는 체심입방격자(BCC : body centered cubic lattice), 면심입방격자(FCC : face centered cubic lattice)가 있다.

- A_2점은 768℃로 α철의 자기변태(강자성체가 상자성체로 변화)가 일어난다.
- A_3점은 910℃로 α철의 체심입방격자(BCC)가 γ철의 면심입방격자(FCC)로 바뀐다.

2016년

정답 » 49. ③ 50. ② 51. ④ 52. ② 53. ②

• A_4점은 1400℃로 γ철의 면심입방격자(FCC)가 δ철의 체심입방격자(BCC)로 바뀐다.

54. 레데부라이트 조직으로 옳은 것은?

① α고용체
② γ고용체
③ α고용체와 Fe_3C의 혼합물
④ γ고용체와 Fe_3C의 혼합물

해설 α고용체는 페라이트 조직으로 전연성이 풍부하고, γ고용체는 오스테나이트 조직으로 상자성체이며, α고용체와 Fe_3C의 혼합물은 펄라이트 조직이다.

55. 플라스틱 재료의 특성으로 틀린 것은?

① 열에 약하다.
② 가볍고 강하다.
③ 성형성이 불량하다.
④ 표면의 경도가 약하다.

해설 플라스틱 재료는 가볍고 내식성이 크며 완충성이 좋고 자기윤활성이 풍부하다. 또한 성형성이 우수하고, 다양한 색채내기가 가능한 반면에 열에 약하고 치수가 불안정하며 기계적 강도가 낮고 내구성이 낮은 단점이 있다.

56. 순철에 나타나는 변태가 아닌 것은?

① A_1 ② A_2 ③ A_3 ④ A_4

해설 ② A_2 변태점(768℃)-체심입방격자-자기변태-α철
③ A_3 변태점(910℃)-면심입방격자-동소변태-γ철
④ A_4 변태점(1400℃)-체심입방격자-동소변태-δ철

57. Al-Si계의 대표적인 합금은?

① 라우탈 ② 실루민
③ 알코아 ④ 다우메탈

해설 라우탈은 Al-Cu-Si계 합금, 알코아는 Al-Mg계 합금, 다우메탈은 Mg(92%)-Al(8%) 합금이다.

58. 다음의 조직 중 열처리 과정에서 용적 변화가 가장 큰 것은?

① 펄라이트 ② 베이나이트
③ 마텐자이트 ④ 오스테나이트

59. 열처리 방법과 그 설명이 옳은 것은?

① 템퍼링(tempering) : 담금질한 것에 취성을 부여하는 작업이다.
② 어닐링(annealing) : 재질을 강하게 하고 균일하게 하는 작업이다.
③ 퀜칭(quenching) : 서랭시켜 재질에 인성을 부여하는 작업이다.
④ 노멀라이징(normalizing) : 공랭하여 재료를 표준화시키는 작업이다.

해설 템퍼링은 담금질한 것에 인성을 부여하는 작업이고, 어닐링은 풀림이라고도 하며 냉간 가공이나 담금질에 의한 영향을 제거한다. 퀜칭은 급랭시켜 재질의 경도를 높이는 목적으로 열처리하는 방법이다.

60. 형상기억합금에 관한 설명 중 틀린 것은?

① 형상 기억 효과는 일방향성의 현상이다.
② 형상기억합금의 대표적인 합금은 Ni-Ti 합금이다.
③ 형상 기억 효과를 나타내는 합금은 반드시 오스테나이트 변태를 한다.
④ 소성변형된 것을 특정 온도 이상으로 가열하면 변형되기 이전의 원래 상태로 돌아가는 합금이다.

해설 철(Fe) 계통의 형상기억합금으로 만든 스프링만 오스테나이트로 변태한다.

정답 » 54. ④ 55. ③ 56. ① 57. ② 58. ③ 59. ④ 60. ③

사출/프레스금형설계기사

2016년 5월 8일 (제2회)

1과목 금형설계

1. 다음 중 핀 포인트 게이트의 특징이 아닌 것은?

① 변형하기 쉬운 성형품에 다점 주입을 할 수 있다.
② 성형품에 직접 충전되는 게이트로서 압력손실이 작다.
③ 게이트의 위치가 비교적 제한받지 않고 자유롭게 결정된다.
④ 게이트 부위는 절단하기 쉬우므로, 금형의 형개력(型開力)에 의해 자동 절단된다.

해설 핀 포인트 게이트(pin point gate)의 특징
(1) 게이트 위치가 비교적 제한받지 않고 자유롭게 결정된다.
(2) 게이트 부근에서 잔류응력이 작다.
(3) 투영면적이 큰 성형품, 변형하기 쉬운 성형품의 경우 다점 게이트로 함으로써 수축 및 변형을 적게 할 수 있다.
(4) 성형품의 게이트 흔이 거의 보이지 않을 정도로 나타나기 때문에 후가공이 용이하다.
(5) 게이트는 자동으로 절단된다.
(6) 압력손실이 크다.
(7) 금형 구조는 3매 구조가 많이 사용되나 러너리스 금형 구조의 경우에는 2매 구조도 가능하다.
(8) 3매 구조일 경우 성형 사이클이 길어진다.
(9) 핀 포인트 방식은 러너를 꺼내는 장치가 필요하다.

2. 사출성형품 설계 시 빼기 구배에 대한 설명으로 틀린 것은?

① 성형품을 쉽게 빼내기 위해서 가능한 한 크게 설계한다.
② 성형 수축률이 적은 재료는 가능한 한 구배를 크게 한다.
③ 성형품의 형상 및 성형 재료의 종류에 따라 빼기 구배를 다르게 준다.
④ 컵과 같은 제품은 외면측보다 내면측에 빼기 구배를 약간 적게 주는 것이 좋다.

3. 스크루의 지름이 42 mm이고 사출속도가 5 cm/s일 경우, 사출률(cm^3/s)은 약 얼마인가?

① 67.3 ② 69.3 ③ 70.5 ④ 78.2

해설 사출률 $Q=\frac{\pi}{4}D^2\times v$

또는 $Q=\frac{V}{t}$ $[cm^3/s]$

여기서, D : 스크루, 플런저의 지름(cm)
v : 사출속도(cm/s)
V : 사출용적(cm^3)
t : 사출시간(s)

$\therefore Q=\frac{3.14\times 4.2^2}{4}\times 5=69.237\ cm^3/s$

4. 금형 조립 시 사용되는 핀을 설계할 때, 전단응력에 대해 필요한 핀의 지름을 구하는 식으로 옳은 것은? (단, P는 하중, τ_a는 허용 전단 응력이다.)

① $d=\sqrt{\frac{4P}{\pi\tau_a}}$ ② $d=\sqrt{\frac{8P}{\pi\tau_a}}$
③ $d=\sqrt{\frac{12P}{\pi\tau_a}}$ ④ $d=\sqrt{\frac{16P}{\pi\tau_a}}$

5. 다음 중 성형품의 구멍이 있는 깊은 보스(boss) 부위에 직접 접촉하여 성형품을 밀어내는 데 사용되는 가장 적합한 금형 부품은 어느 것인가?

① D형 핀 ② 슬리브 핀
③ 블레이드 핀 ④ 밸브 헤드 핀

2016년

정답 » 1. ② 2. ④ 3. ② 4. ① 5. ②

6. 다음 중 물통이나 컵과 같은 성형품을 밀어내기 시 진공상태로 되는, 깊고 얇은 성형품을 밀어내기에 가장 적당한 방식은?

① 공기압 이젝터 방식
② 슬리브 이젝터 방식
③ 가이드 핀 이젝터 방식
④ 이젝터 핀에 의한 방식

7. 언더컷 처리에 대한 설명으로 틀린 것은?

① 구조가 복잡하다.
② 이형이 어렵게 된다.
③ 성형사이클이 단축된다.
④ 성형불량의 원인이 될 수 있다.

8. 성형품의 호칭치수 200 mm이며, 성형 수지의 수축률이 15/1000일 때, 상온의 금형 치수는 약 얼마인가?

① 200.30 mm ② 203.05 mm
③ 215.16 mm ④ 230.04 mm

해설 상온에서 금형치수

$$L=\frac{\text{성형품의 치수}}{1-\text{성형수축률}}$$

$$=\frac{200}{1-0.015}=203.046\,\text{mm}$$

9. 러너리스(runnerless) 금형의 특징으로 틀린 것은?

① 생산원가가 절감된다.
② 제품의 외관이나 물리적 특성이 좋아진다.
③ 사출 용량이 적은 성형기로 성형이 가능하다.
④ 성형품의 형상 및 사용 수지에 제약을 받지 않는다.

10. 파팅 라인(parting line)의 선정 시 고려사항으로 틀린 것은?

① 게이트의 위치 및 형상을 고려한다.
② 언더컷이 있는 곳에 설치하도록 한다.
③ 제품의 후처리가 쉬운 곳에 설치하도록 한다.
④ 제품 표면 및 눈에 잘 보이는 곳은 가능한 한 피한다.

해설 파팅 라인 선정 시 고려사항

(1) 눈에 잘 띄지 않는 위치, 형상으로 한다.
(2) 마무리가 잘 될 수 있는 위치로 한다.
(3) 언더 컷이 없는 위치를 택한다.
(4) 금형가공이 용이한 부위를 정한다.
(5) 게이트의 위치, 형상을 고려한다.
(6) 고정측 형판과 이동측 형판이 다소 어긋나도 파팅 라인은 눈에 띄지 않도록 한다.

11. 트랜스퍼 금형의 특징으로 틀린 것은?

① 생산성이 높다.
② 작업안정성이 높다.
③ 재료비를 절약할 수 있다.
④ 기계설비의 초기 투자비가 낮다.

12. 두께가 3 mm이고, 직경이 30 mm인 제품의 블랭킹 가공을 하기 위한 펀치와 다이의 직경은? (단, 소재의 편측 클리어런스는 4 %이다.)

① 펀치 직경 : 29.76 mm, 다이 직경 : 30 mm
② 펀치 직경 : 29.88 mm, 다이 직경 : 30 mm
③ 펀치 직경 : 30 mm, 다이 직경 : 29.76 mm
④ 펀치 직경 : 30 mm, 다이 직경 : 29.88 mm

해설 클리어런스 $C=\frac{D-d}{2t}\times 100(\%)$

여기서, D : 다이의 지름(mm)
d : 펀치의 지름(mm)
t : 소재의 두께(mm)

$$4=\frac{30-d}{2\times 3}\times 100$$

$\therefore\ d=29.76\,\text{mm}$

(1) 블랭킹 가공
다이 치수=제품 치수
펀치 치수=제품 치수-클리어런스
제품 치수가 30 mm이므로 다이 치수는 30 mm이다.

정답 » 6. ① 7. ③ 8. ② 9. ④ 10. ② 11. ④ 12. ①

(2) 피어싱 가공
펀치 치수=구멍(제품) 치수
다이 치수=제품 치수−클리어런스

13. 두께 1.8 mm의 연강판을 사용하여 지름 38 mm의 구멍을 피어싱 가공할 경우 소요되는 전단력(kgf)은 약 얼마인가? (단, 전단하중은 40 kgf/mm^{2}이다.)

① 4798.5　② 8595.4
③ 12893.6　④ 17691.2

해설 전단력 $P=l\times t\times\tau$[kgf]
여기서, l : 전개길이(mm)
t : 소재의 두께(mm)
τ : 전단하중(kgf/mm^2)
$\therefore P=3.14\times38\times1.8\times40$
$=8595.397 \fallingdotseq 8595.4$ kgf

14. 소요 공정 수에 상당하는 대수의 프레스 기계를 병렬로 배치한 프레스 라인을 통해 가공제품을 전자동으로 이송하여 각 기계 간에 흐르게 하는 방법은?

① 조립 가공
② 트랜스퍼 가공
③ 파인블랭킹 가공
④ 프로그레시브 가공

15. 용기 또는 판재에 장식, 보강, 변형 제거의 목적으로 끈 모양의 돌출부를 내는 가공은 어느 것인가?

① 비딩(beading)　② 벌징(bulging)
③ 시밍(seaming)　④ 사이징(sizing)

16. 두께 1 mm, 지름 100 mm의 원형 소재를 가지고 지름 40 mm의 원통컵을 만들고자 할 때 필요한 드로잉 공정 수는? (단, 초기 드로잉률은 0.55, 2공정 이후의 재드로잉률은 0.8로 계산한다.)

① 1공정　② 2공정
③ 3공정　④ 4공정

해설 드로잉률 $m=\frac{d}{D}$
여기서, d : 펀치의 지름(제품의 안지름, mm)
D : 소재의 바깥지름(mm)
1공정 드로잉 : $100\times0.55=55$
2공정 드로잉 : $55\times0.8=44$
3공정 드로잉 : $44\times0.8=35.2$
∴ 3공정, 즉 3회의 드로잉이 필요하다.

17. 다음 금형 부품 중 가공 압력에 의한 변형 및 파손 방지를 위해 충분한 강도를 갖도록 반드시 열처리를 해야 하는 부품은?

① 다이홀더　② 펀치홀더
③ 펀치 고정판　④ 다이플레이트

18. 다음 중 프레스 기계의 점검 사항 내용이 아닌 것은?

① 클러치의 동작 상태
② 안전장치의 동작 상태
③ 램의 생크 고정볼트 조임 상태
④ 가이드 핀과 부시의 슬라이딩 상태

19. 다음 중 프로그레시브 금형 가공에서 캐리어(carrier)의 가장 큰 역할로 적합한 것은?

① 소재 잔폭을 결정한다.
② 재료의 이용률을 높게 한다.
③ 블랭크의 이빠짐 현상을 방지한다.
④ 반 가공 제품을 다음 공정으로 정확하게 운송한다.

해설 캐리어는 가공 재료를 정확하고 변형이 없게 빠른 속도로 후공정으로 이송시키는 것이 목적이며 종류에는 솔리드 캐리어, 센터 캐리어, 사이드 캐리어가 있다.

20. 가동식 스트리퍼의 설명으로 틀린 것은?

① 펀치를 고정시킨다.
② 가공한 제품의 거스러미가 적다.
③ 펀치가 소재에 박힐 때까지 안내한다.

정답 » 13. ② 14. ② 15. ① 16. ③ 17. ④ 18. ④ 19. ④ 20. ①

④ 스트립을 누르면서 가공하기 때문에 제품이 휘지 않는다.

2과목 기계제작법

21. 주형을 만드는 데 사용되는 주물사의 구비 조건이 아닌 것은?

① 반복 사용하여도 노화하지 않을 것
② 용탕의 압력에 견딜 만한 고온 강도
③ 용탕의 온도에 견딜 만한 내화 온도
④ 용탕에서 나오는 가스를 외부로 배출시키지 않을 것

22. 합금 주철에 첨가되는 원소의 영향으로 틀린 것은?

① 크롬은 경도, 내열성, 내부식성을 증가시킨다.
② 니켈은 얇은 부분의 칠(chill) 발생을 방지한다.
③ 몰리브덴은 흑연화를 방지하며, 경도를 증가시킨다.
④ 바나듐은 흑연을 조대화시키고, 흑연화를 촉진시킨다.

23. 드로잉(drawing) 시 역장력을 가함으로써 얻어지는 효과에 대한 설명으로 틀린 것은 어느 것인가?

① 다이 수명이 증가된다.
② 드로잉 저항이 감소된다.
③ 다이면에 발생되는 압력이 증가된다.
④ 가공된 제품의 기계적 성질이 좋아진다.

24. 절삭작업에서 절삭저항력이 300 kgf, 절삭속도가 75 m/min일 때 절삭동력은 몇 PS인가?

① 3　　② 5
③ 7　　④ 9

해설 (1) 마력 $N=\dfrac{P\times V}{75\times 60\times \eta}$ [PS]

(2) 동력 $N=\dfrac{P\times V}{102\times 60\times \eta}$ [kW]

여기서, P : 절삭저항(kgf)
V : 절삭속도(m/min)
η : 기계의 효율

$\therefore N=\dfrac{300\times 75}{75\times 60\times 1}=5$ PS

25. 지름 6 mm, 날수 6개인 엔드밀을 사용하여 회전수 1500 rpm, 이송속도 1800 mm/min으로 가공할 때, 날 1개당 이송량(mm)은?

① 0.1　　② 0.2
③ 0.3　　④ 0.4

해설 커터날 1개당 이송량 $f_z=\dfrac{f}{Z\times N}$

여기서, f : 테이블의 이송속도(mm/min)
Z : 밀링 커터의 날수
N : 커터의 회전수(rpm)

$\therefore f_z=\dfrac{1800}{6\times 1500}=0.2$ mm

26. 삼침법에서 나사산이 각도 60°인 미터나사의 유효 지름(D_e)을 구하는 식이 옳은 것은?(단, M은 삼침을 나사 홈에 접촉 후 측정한 외측거리, W는 삼침의 지름, P는 미터나사의 피치이다.)

① $D_e=M+3W-0.86601P$
② $D_e=M-3W+0.86603P$
③ $D_e=M-5W+0.96605P$
④ $D_e=M+3W-0.96607P$

해설 미터나사의 각도는 60°이므로
유효 지름 $D_e=M-3d+0.86603P$

여기서, M : 마이크로미터 읽음 값
d : 삼선(침)의 직경($=0.57735P$)
P : 나사의 피치

정답 » 21. ④　22. ④　23. ③　24. ②　25. ②　26. ②

27. 방전 가공 시 전극 재질로 적합하지 않은 것은?

① 구리 ② 황동
③ 세라믹 ④ 그라파이트(흑연)

28. 다음 중 구멍의 내면을 가장 정밀하게 가공하는 방법은?

① 소잉(sawing) ② 호닝(honing)
③ 펀칭(punching) ④ 드릴링(drilling)

29. 강을 $A_3 \sim A_{cm}$ 변태점보다 높은 온도로 가열하여 조직을 변화시킨 후 공랭시키는 열처리 방법은?

① 뜨임 ② 불림
③ 질화법 ④ 침탄법

해설 (1) 불림 : A_3 변태점 이상 30~50℃
(2) 뜨임 : 저온 뜨임(150℃)
고온 뜨임(500~600℃)
(3) 풀림 : 완전 풀림(A_3, A_1 이상 30~50℃)
저온 풀림(A_1 이하 650℃ 정도)

30. 교류 아크 용접기에서 효율(%) 계산식으로 옳은 것은?

① $\dfrac{\text{아크출력}}{\text{소비전력}} \times 100\,\%$

② $\dfrac{\text{소비전력}}{\text{아크출력}} \times 100\,\%$

③ $\dfrac{\text{소비전력}}{\text{전원입력}} \times 100\,\%$

④ $\dfrac{\text{전원입력}}{\text{소비전력}} \times 100\,\%$

31. 절삭저항의 3분력 중 주분력 P_1, 이송분력 P_2, 배분력 P_3일 때 크기 비교가 옳은 것은? (단, 공구는 초경바이트, 피삭재는 저탄소강, 절삭 깊이는 노즈 반지름 이내로 가공할 때이다.)

① $P_1 > P_2 > P_3$ ② $P_1 > P_3 > P_2$
③ $P_3 > P_1 > P_2$ ④ $P_3 > P_2 > P_1$

해설 (1) 주분력 : 회전축과 직각방향의 분력으로 대부분의 절삭저항이다.
(2) 이송분력 : 공작물의 회전 중심방향의 분력으로 주분력의 약 10~20 % 정도
(3) 배분력 : 공작물의 절삭깊이 방향의 분력으로 주분력의 20~40 % 정도

32. 용접 이음의 안전율에 영향을 미치는 요소가 아닌 것은?

① 시공 조건
② 재료의 용접성
③ 용접사의 심리상태
④ 구조상의 노치부 회피

33. 절삭 공구 재료 중 다이아몬드의 특징이 아닌 것은?

① 장시간 고속 절삭이 가능하다.
② 날 끝이 손상되면 재가공이 어렵다.
③ 금속에 대한 마찰계수 및 마모율이 크다.
④ 표면거칠기가 우수한 면을 얻을 수 있다.

34. 래핑 가공의 특징으로 틀린 것은?

① 정밀도가 높은 제품을 얻을 수 있다.
② 가공면은 윤활성 및 내마모성이 좋다.
③ 가공이 간단하고 대량생산이 가능하다.
④ 먼지가 발생하지 않아 작업장의 청결을 유지하기 쉽다.

35. 전해 연마 가공법의 특징이 아닌 것은?

① 가공면에 방향성이 없다.
② 복잡한 형상의 제품도 연마가 가능하다.
③ 가공 변질층이 있고 평활한 가공면을 얻을 수 있다.
④ 연질의 알루미늄, 구리 등도 쉽게 광택면을 얻을 수 있다.

2016년

정답 » 27. ③ 28. ② 29. ② 30. ① 31. ② 32. ③ 33. ③ 34. ④ 35. ③

36. 다이 내의 테이퍼 구멍으로 소재를 잡아 당겨서 테이퍼 구멍과 동일한 단면의 봉재, 관재, 선재를 제작하는 가공 방법은?

① 압연 ② 압출 ③ 인발 ④ 전조

37. 사인 바에서 오차가 크게 발생하게 되는 각도는?

① 15° ② 25° ③ 35° ④ 45°

해설 사인 바는 45° 이상이면 오차가 커지므로 45° 이하의 각도 측정에 사용한다.

38. 선반에서 절삭에 필요한 전 소비동력에 해당하지 않는 것은?

① 손실동력 ② 이송동력
③ 회전동력 ④ 유효절삭동력

39. 선반에서 경사면 위를 연속적으로 흘러 나가는 모양의 칩이 발생되기 위한 조건이 아닌 것은?

① 경사각이 클 때
② 절삭 속도가 빠를 때
③ 절삭 깊이가 클 때
④ 윤활성이 좋은 절삭제를 사용할 때

해설 선반에서 경사면 위를 연속적으로 흘러나가는 모양의 칩은 유동형 칩으로 발생 원인은 다음과 같다.

- 절삭 속도가 클 때
- 바이트 경사각이 클 때
- 연강, Al 등 점성이 있고 연한 재질일 때
- 절삭 깊이가 낮을 때
- 윤활성이 좋은 절삭제의 공급이 많을 때

40. 알루미늄 합금과 마그네슘 합금 등의 주조에 주로 사용하나, 금형의 선택 조건이 까다롭고 비싸므로 대량 생산에 주로 이용되는 주조법은?

① 원심 주조법 ② 칠드 주조법
③ 다이캐스팅법 ④ 셸 몰드 주조법

3과목 금속재료학

41. 섬유강화금속(FRM)의 특성이 아닌 것은?

① 비강도 및 비강성이 낮다.
② 2차 성형성 및 접합성이 있다.
③ 섬유축 방향의 강도가 크다.
④ 고온의 역학적 특성 및 열적 안정성이 우수하다.

해설 섬유강화금속(FRM : fiber reinforced metal) : 금속에 매우 강한 섬유를 넣어 금속과 같은 기계적 강도를 가지면서도 가벼운 재료로 우주·항공 분야에 이용된다.

42. 조밀육방격자로만 짝지어진 것은?

① Fe, Cr, Mo ② Pb, Ti, Pt
③ Mg, Zn, Cd ④ Al, Ni, Cu

해설 조밀육방격자(H.C.P) 원소에는 Mg, Zn, Ti, Be, Hg, Zr, Cd, Ce, Os 등이 있다.

43. 크리프 시험에 대한 설명 중 틀린 것은?

① 크리프의 3단계 중 1단계를 정상 크리프라 한다.
② 어떤 재료가 크리프가 생기는 요인은 온도와 하중과 시간이다.
③ 어떤 시간 후에 크리프가 정지하는 최대 응력을 크리프 한도라 한다.
④ 철강 및 합금 등은 250℃ 이상의 온도가 되어야 크리프 현상이 일어난다.

해설
- 1단계 : 변율이 점차 감소되는 단계(감속 크리프)
- 2단계 : 변율이 일정하게 진행되는 단계(정상 크리프)
- 3단계 : 변율이 점차 증가하여 파단에 이르는 단계(가속 크리프)

44. 일반구조용강에서 청열취성의 원인이 되는 고용 성분은?

① P ② V ③ Al ④ Nb

정답 » 36. ③ 37. ④ 38. ③ 39. ③ 40. ③ 41. ① 42. ③ 43. ① 44. ①

45. **오스테나이트계 스테인리스강의 부식 현상에 관한 설명으로 틀린 것은?**

① 공식 발생을 일으키는 주요 이온은 Cl^-, F^-, Br^-이다.
② 고온(1000~1150℃)에서 가열 후 급랭하면 입계부식을 방지할 수 있다.
③ 공식 발생 대책은 재료 중에 C를 많게 하거나 Ni, Cr, Mo, I, N 등을 적게 한다.
④ 입계부식의 방지대책은 C와의 친화력이 Cr보다 큰 Ti, Nb, Ta을 첨가해서 안정화시킨다.

46. **아연(Zn)의 특성에 대한 설명으로 틀린 것은?**

① 융점은 약 420℃이다.
② 고온의 증기압이 높다.
③ 상온에서 면심입방격자이다.
④ 일반적으로 25℃에서 밀도는 약 7.13 g/cm^3이다.

해설 아연(Zn)은 상온에서 조밀육방격자이다.

47. **다음의 강재 중 탄소함유량이 가장 많은 것은?**

① SKH51 ② SM15C
③ SCr415 ④ SNCM220

48. **신소재를 각 군으로 나눌 때 반도체군으로 구성되어 있는 것은?**

① U, Th ② Cs, Na, Li
③ Ge, Si, Se ④ V, W, Mo

49. **Mg계 합금이 구조재료로서 갖는 특성에 관한 설명 중 틀린 것은?**

① 소성가공성이 높아 상온에서 변형이 쉽다.
② 감쇠능이 주철보다 커서 소음 방지 구조재로서 우수하다.
③ 비강도가 커서 휴대용 기기나 항공 우주용 재료로 사용된다.
④ 치수 안정성이 좋아 상온에서 100℃까지는 장시간에 걸쳐도 치수 변화가 없다.

50. **쾌삭강(快削鋼)의 제조에서 쾌삭성을 향상시키는 원소가 아닌 것은?**

① S ② Se ③ Cr ④ Pb

해설 쾌삭강(free cutting steel)은 저탄소강의 일종으로 절삭 가공을 쉽게 하기 위하여 황, 납, 인, 망간, 셀레늄 등을 소량 혼합하여 제조한 특수한 강이다.

51. **분말야금법의 특징을 설명한 것 중 틀린 것은?**

① 절삭공정을 생략할 수 있다.
② 다공질의 금속재료를 만들 수 있다.
③ 융해법으로 만들 수 없는 합금을 만들 수 있다.
④ 제조과정에서 융점 이상까지 온도를 올려야 한다.

해설 분말야금법의 특징
(1) 기계가공을 생략할 수 있다.
(2) 제조과정에서 융점까지 온도를 올릴 필요가 없다.
(3) 융해법으로 만들 수 없는 합금을 만들 수 있다.
(4) 다공질의 금속재료를 만들 수 있다.
(5) 다량 생산 시 경제적이다.
(6) 좋은 표면 상태를 얻을 수 있다.

52. **다음 중 항온 열처리 방법이 아닌 것은?**

① 마퀜칭(marquenching)
② 마템퍼링(martempering)
③ 인상 담금질(time quenching)
④ 오스템퍼링(austempering)

해설 인상 담금질은 소정의 담금질 온도로부터

정답 » 45. ③ 46. ③ 47. ① 48. ③ 49. ① 50. ③ 51. ④ 52. ③

일정 온도로 유지된 담금질액에 일정 시간 담금질하는 방법이다.

53. 모넬 메탈(monel metal)을 설명한 것 중 옳은 것은?

① Ni에 Al을 첨가하여 주조성을 높인 합금이다.
② 일명 백동이라 하며 가공성과 절삭성을 개선한 합금이다.
③ Ni(60~70 %)에 Cu를 첨가하여 내식성, 내마모성을 향상시킨 합금이다.
④ R-monel은 소량의 Si를 넣어 강도를 향상시키고 절삭성을 저하한 합금이다.

54. 금속의 강화기구 중 강도와 인성을 동시에 증가시키는 데 가장 효과적인 방법은?

① 고용강화
② 가공경화
③ 분산강화
④ 결정립미세화강화

55. 다음 중 주철을 접종 처리하는 가장 큰 이유는?

① 기지조직을 조대화하기 위해서
② 흑연형상의 개량을 방지하기 위해서
③ 주철에서 chill화를 촉진하기 위해서
④ 결정의 핵생성을 촉진하고 조직 및 성질을 개선하기 위해서

56. Al-Cu-Si계 합금으로 Si에 의하여 주조성을 개선하고, Cu에 의해 피삭성을 좋게 한 합금의 명칭은?

① 라우탈(lautal)
② 슈퍼인바(superinvar)
③ 문츠메탈(muntz metal)
④ 하이드로날륨(hydronalium)

57. 6 : 4 황동에 주석을 첨가한 것으로 판·봉 등으로 가공되어 복수기판, 용접봉 등에 사용되는 합금은?

① 델타 메탈(delta metal)
② 네이벌 브라스(naval brass)
③ 두라나 메탈(durana metal)
④ 애드미럴티 메탈(admiralty metal)

58. 강을 열간가공한 후 냉간가공하여 제품의 치수 조절, 표면 마무리면을 아름답게 하거나 가공 경화하는 과정에서 나타나는 현상에 관한 설명으로 틀린 것은?

① 냉간가공은 잔류응력이 압축응력일 때 피로강도의 향상에 효과적이다.
② 청열취성온도 영역에서 온간가공하면 전위밀도의 증가에 따라 강도가 상승한다.
③ 적층결함에너지가 낮은 오스테나이트 조직에서 경화현상이 현저하다.
④ 항복점 연신을 나타내는 강을 항복점 이상으로 냉간가공하면 항복점과 항복연신이 증가한다.

59. 강과 주철을 구분하는 탄소(C) 함량은 약 몇 %인가?

① 0.027 wt%C ② 0.8 wt%C
③ 2.0 wt%C ④ 6.67 wt%C

60. 강의 표면을 경화시키는 쇼트 피닝(shot peening)에 관한 설명으로 틀린 것은?

① 강재의 피로한도(fatigue limit)를 높여준다.
② 쇼트 피닝은 강재의 화학 조성을 변화시키는 표면 경화법이다.
③ 크랭크 축(crank shaft), 각종 기어, 스프링 등의 부품에 이용된다.
④ 강재의 표면경도를 높게 하고 표면층에 압축응력을 존재하게 한다.

정답 » 53. ③ 54. ④ 55. ④ 56. ① 57. ② 58. ④ 59. ③ 60. ②

4과목 정밀계측

61. 측정에서 정확도(accuracy)와 정밀도(precision)에 관한 설명으로 틀린 것은?

① 정확도 차이가 발생하는 원인은 주로 우연오차에 의한 것이고, 정밀도 차이가 발생하는 원인은 주로 계통적 오차에 의한 것이다.
② 측정에 있어서는 정확도와 정밀도의 양쪽을 포함한 것 또는 그 어느 쪽을 지적하여 정도라 한다.
③ 정확도는 한쪽으로 치우침이 작은 정도를 말하며, 정밀도는 흩어짐이 작은 정도를 말한다.
④ 양적인 표시에 대해서 정확도는 모평균에서 참값을 뺀 값으로 표시하고 정밀도는 모표준편차값으로 표시한다.

62. 20℃에서 50.000인 게이지 블록을 손으로 잡아서 30℃가 되었다면, 이때의 게이지 블록 치수는 약 몇 mm인가?(단, 게이지 블록의 선팽창계수 $\alpha = 11.1 \times 10^{-5}$/℃라 한다.)

① 50.006 ② 50.012
③ 50.056 ④ 50.082

해설 변화된 치수 $\delta L = L(\alpha \times \delta t)$
여기서, L : 기본 치수, α : 선팽창계수
δt : 변화된 온도
$\delta L = 50.000(11.1 \times 10^{-5} \times 10) = 0.0555$
∴ 게이지 블록 치수
$= 50.000 + 0.0555 = 50.056$ mm

63. KS에서 규정하고 있는 표면거칠기의 종류가 아닌 것은?

① R_a ② R_{max}
③ R_z ④ R_q

64. 다음 중 3차원 측정기의 사용 효과로 거리가 먼 것은?

① 측정 능률의 향상
② 측정값의 불안정성
③ 피로의 경감
④ 데이터 정리의 자동화

65. 다음 중 간접 측정에 속하는 것은?

① 하이트 마이크로미터에 의한 금형 부품의 높이 측정
② 삼점식 내측 마이크로미터에 의한 내경의 측정
③ 버니어 캘리퍼스에 의한 외경의 측정
④ 3침에 의한 나사 유효지름 측정

66. 다음 중 한계 게이지에 의한 검사로 불합격된 부품에 관한 설명으로 틀린 것은?

① 통과쪽이 불합격인 축의 경우는 허용치수보다 크기 때문이다.
② 통과쪽이 불합격인 구멍의 경우는 허용치수보다 작기 때문이다.
③ 통과쪽이 불합격인 제품은 모두 재가공이 불가능한 것들이다.
④ 정지쪽이 불합격인 축의 경우는 허용치수보다 작기 때문이다.

67. 촉침식 표면거칠기 측정기의 검출, 확대 방법의 종류가 아닌 것은?

① 기계식 ② 광학식
③ 전기식 ④ 베어링식

68. 그린 도형에 대해 같은 중심으로 공유해서 도형의 내측에 접하는 원과 외측에 접하는 원과의 반지름차가 최소가 되는 중심을 기준으로 하는 진원도 측정 방식은

① 최소자승 중심법 ② 최소외접 중심법
③ 최대내접 중심법 ④ 최소영역 중심법

해설 ① 최소자승 중심법(LSC) : 평균 원과 실측 단면과의 반경의 차를 제곱하여 그 제곱의 총합이 최소가 되는 평균 원의 중심에서

정답 » 61. ① 62. ③ 63. ② 64. ② 65. ④ 66. ③ 67. ④ 68. ④

실측 단면까지의 최대 반경과 최소 반경과의 차이로 진원도를 정의한다.

② 최소외접 중심법(MOC) : 외접원의 중심에서 실측 단면까지의 최대 반경과 최소 반경과의 차이로 진원도를 정의한다.

③ 최대내접 중심법(MIC) : 내접원의 중심에서 실측 단면까지의 최대 반경에서 최소 반경을 뺀 값으로 진원도를 정의한다.

④ 최소영역 중심법(MZC) : 내·외접원의 반경 차이로 진원도를 정의한다.

69. **투영기의 투영배율이 20×일 때, 10 μm까지 읽을 수 있다면, 투영배율이 50×일 때는 몇 μm까지 읽을 수 있는가?**

① 3 ② 4 ③ 5 ④ 6

해설 20배일 때 : $10\,\mu\text{m} = \dfrac{x}{20}$

$x = 200\,\mu\text{m}$

50배일 때 : $\dfrac{x}{50} = \dfrac{200\,\mu\text{m}}{50} = 4\,\mu\text{m}$

70. **그림과 같은 300 mm의 게이지 블록을 사용하여 측정할 경우 에어리점(airy point) a의 값은 약 몇 mm인가?**

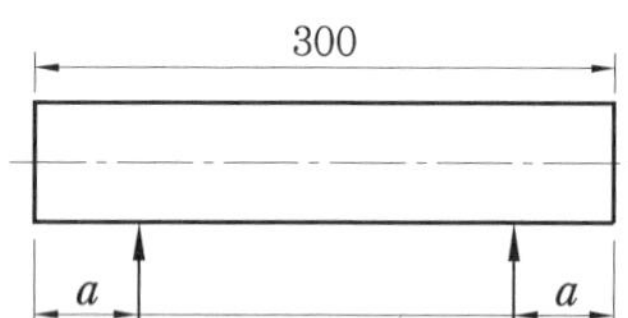

① 63.39 ② 66.09
③ 68.96 ④ 71.58

해설 에어리점(airy points)은 2점 지지에서 양 끝면이 평행이 되도록 하는 지지점이다.

에어리점 $a = 0.2113 \times L$

여기서, L : 블록 게이지의 전체 길이

$\therefore\ a = 0.2113 \times 300 = 63.39\,\text{mm}$

71. **3차원 측정기에서 사용하는 리니어 인코더(linear encoder)의 방식에 해당하지 않는 것은?**

① 로터리식
② 광전식
③ 전자유도식
④ 마그네틱 스케일 방식

해설 리니어 인코더 방식에는 광전식, 마그네틱 스케일 방식, 전자유도식, 정전유도식이 있다. 로터리식은 별도의 방식이다.

72. **다음 중 한계게이지 설계가 옳지 않은 것은 어느 것인가?**

① 구멍의 통과측 = 구멍의 최소치수 + 마모여유 ± (게이지 제작공차/2)
② 구멍의 정지측 = 구멍의 최대치수 ± (게이지 제작공차/2)
③ 축의 통과측 = 축의 최대치수 − 마모여유 ± (게이지 제작공차/2)
④ 축의 정지측 = 축의 최대치수 ± (게이지 제작공차/2)

73. **구면계를 이용하여 곡면을 측정하고자 할 때, 측정자로부터 고정다리(앤빌)까지의 길이(r)는 15.000 mm, 평면 위의 읽음과 피측정물 위의 읽음값의 차(높이, h)는 2.500 mm였다면 곡률 반지름 R은 약 몇 mm인가? (단, L의 단위는 mm이다.)**

① 46.250 ② 48.250
③ 49.750 ④ 50.050

해설 곡률 반지름 $R = \dfrac{h^2 + r^2}{2h}$

$= \dfrac{2.500^2 + 15.000^2}{2 \times 2.500} = \dfrac{231.250}{5.00}$

$= 46.250\,\text{mm}$

74. **다음 중 공기 마이크로미터로 측정하기 힘든 것은?**

① 구멍 내경 측정
② 표면거칠기 측정
③ 진직도 측정

정답 » 69. ② 70. ① 71. ① 72. ④ 73. ① 74. ②

④ 테이퍼 측정

해설 공기 마이크로미터로 측정이 가능한 것에는 외경, 내경, 진직(각)도, 진원도, 평면도, 테이퍼 등이 있다.

75. 평행도 또는 평면도를 측정 시 필요한 측정기가 아닌 것은?

① 정밀 수준기
② 버니어 캘리퍼스
③ 광선 정반
④ 오토콜리메이터

76. 표면거칠기 측정에서 평가길이(evaluation length)에 대한 설명으로 가장 옳은 것은?

① 평가 대상 부품의 전체 길이이다.
② 평가 대상 단면 곡선을 특성화하는 불규칙성을 식별하는 데 사용된 X축 방향에서의 길이이다.
③ 측정을 하기 위해 촉침이 움직인 표면의 전체 구간 길이이다.
④ 평가 대상 단면 곡선을 평가하는 데 사용되는 X축 방향의 길이로 하나 이상의 기준길이를 포함할 수 있다.

77. 6.50×10^3 측정값의 유효숫자는 몇 자리인가?

① 2자리　　② 3자리
③ 5자리　　④ 6자리

해설 유효숫자는 측정 결과를 표시하는 숫자 중 숫자의 자릿수를 정하는 것만을 의미하는 0을 제외한 나머지의 의미를 가진 숫자로서 측정값의 유효숫자를 명확히 하기 위해 정수 부분이 1자리인 수에 10^n 또는 10^{-n}을 곱하여 표시한다.

(1) 5400 m = 5.40×10^3 m(유효숫자 3자리 수)
(2) 5400 m = 5.400×10^3 m(유효숫자 4자리 수)
(3) 0.0540 m = 5.40×10^{-2} m(유효숫자 3자리수)
(4) 0.0540 m = 5.4×10^{-2} m(유효숫자 2자리 수)

78. 다음 중 공구 현미경으로 측정할 수 있는 항목만으로 구성된 것은?

① 길이, 각도, 표면거칠기
② 각도, 표면거칠기, 윤곽
③ 길이, 표면거칠기, 윤곽
④ 길이, 각도, 윤곽

해설 공구 현미경으로 측정할 수 있는 항목에는 길이, 각도, 윤곽, 형상 등이 있으며 주로 정밀부품, 치공구, 게이지, 나사 등을 정밀 측정한다.

79. 대물렌즈의 접점거리가 500 mm인 오토콜리메이터에서 십자선상의 상의 이동량이 0.3 mm일 때 각도 변화는 약 몇 초(″)인가?

① 30.82″　　② 40.55″
③ 61.88″　　④ 80.58″

해설 $d = f \times \tan 2\theta \fallingdotseq 2f\theta$

$\theta = \dfrac{d}{2f} = \dfrac{0.3}{2 \times 500} = 0.0003\,\text{rad}$

rad을 도(°)로 환산하면

$0.0003 \times 57.29578°\left(\dfrac{180°}{\pi}\right) = 0.01788734°$

1°=60분(′), 1분(′)=60초(″)이므로

도(°)를 초(″)로 환산하면

$\theta = 0.017188734 \times 60 \times 60$

$= 61.8794 \fallingdotseq 61.88''$

80. 원주율 π를 3.14로 하고 계산하면 오차율은 약 몇 %인가? (단, 참값 $\pi = 3.14159$로 한다.)

① 0.03 %　　② 0.04 %
③ 0.05 %　　④ 0.06 %

해설 오차율(%)

$= \dfrac{\text{이론값} - \text{측정값}}{\text{이론값}} \times 100$

$= \dfrac{3.14159 - 3.14}{3.14159} \times 100 \fallingdotseq 0.05\%$

2016년

정답 » 75. ② 76. ④ 77. ② 78. ④ 79. ③ 80. ③

2017 년도 시행문제

사출금형산업기사

2017년 3월 5일 (제1회)

1과목 금형설계

1. 금형 다이의 종류가 아닌 것은?

① 요크 타입 ② 솔리드 타입
③ 인서트 타입 ④ 스웨이징 타입

해설 스웨이징은 프레스 가공 방법의 하나로 압축소성변형을 재료의 일부에 주는 가공법이다.

2. 다음 전단 작업 중 구멍을 뚫어내는 작업이 아닌 것은?

① curling ② slotting
③ punching ④ perforating

해설 컬링은 원형 단면의 테두리를 말아 넣는 가공이며 구멍 가공법에는 펀칭, 퍼포레이팅, 피어싱, 긴 구멍을 가공하는 슬로팅 등이 있다.

3. 전단 가공에서 발생되는 버(burr) 현상의 원인으로 적합한 것은?

① 클리어런스가 크다.
② 프레스의 속도가 빠르다.
③ 스트레이트 랜드가 짧다.
④ 프레스의 정적 정밀도가 높다.

해설 버 현상의 원인으로 ① 외에 펀치, 다이의 마모 등이 있다.

4. 프로그레시브 금형에서 다이의 지름이 50 mm이고 펀치의 지름이 49.95 mm이며, 소재의 두께가 1 mm일 때 편측 클리어런스(clearance)는?

① 소재 두께의 1.5 %
② 소재 두께의 2.5 %
③ 소재 두께의 3.5 %
④ 소재 두께의 4.5 %

해설 클리어런스 $C=\dfrac{D-d}{2t}\times 100\,(\%)$

$$\therefore\ C=\frac{50-49.95}{2\times 1}\times 100=2.5\,\%$$

5. 원형 블랭크 지름을 80 mm, 드로잉 제품의 지름을 65 mm라 할 때, 드로잉률은 약 얼마인가?

① 0.68 ② 0.81
③ 1.23 ④ 1.33

해설 드로잉률$(m)=\dfrac{\text{제품의 직경}(d)}{\text{블랭크의 직경}(D)}$

$$=\frac{65}{80}=0.8125$$

6. 굽힘 가공(bending)에서 굽힘부의 굽힘 반경이 작아지면 스프링 백은 어떻게 변화하는가?

① 커진다.
② 작아진다.
③ 변화가 없다.
④ 커지다가 점차 작아진다.

해설 스프링 백은 경질 재료일수록, 판두께가 얇을수록, 굽힘각도, 굽힘반경, 클리어런스가 클수록 커지고 가압력, 고속, 압연방향과 직각 가공 때 감소한다.

7. 다음 중 트랜스퍼 금형 내에서 가공하기 어려운 작업은?

① 펀칭 ② U굽힘
③ 드로잉 ④ 스피닝

정답 » 1. ④ 2. ① 3. ① 4. ② 5. ② 6. ② 7. ④

해설 트랜스퍼 금형은 펀칭, 벤딩, 드로잉 가공 등을 순차이송식으로 가공한다.

8. 사이드 커터(side cutter)의 기능에 대한 설명으로 옳은 것은?

① 소재를 전단하여 분할한다.
② 제품 외곽의 치수 정도를 증가시킨다.
③ 소재 바깥쪽을 전단하여 제품 형상을 만든다.
④ 소재 바깥쪽을 전단하면서 이송 피치를 결정한다.

해설 사이드 커터는 정확한 소재의 이송장치인 동시에 정확한 소재의 안내장치로 노치 스토퍼(notch stopper)라고도 한다.

9. 굽힘 가공에서 스프링 백(spring back)의 설명으로 옳은 것은?

① 스프링에서 장력의 세기를 나타내는 척도이다.
② 판재를 구부릴 때 움직이지 않도록 하기 위한 장치이다.
③ 판재를 구부렸을 때 구부린 모양의 형상을 나타낸 것이다.
④ 판재를 구부린 후 하중을 제거하면 탄성적 회복에 의하여 약간 처음의 상태로 돌아가는 현상이다.

10. 다음 중 프로그레시브 금형의 특징으로 틀린 것은?

① 대량생산에 적합
② 저렴한 금형 제작 비용
③ 재료의 자동 공급 기능
④ 프레스 가공의 고속화 가능

해설 프로그레시브 금형의 특징
(1) 재료의 자동 공급과 제품의 자동 취출이 가능하다.
(2) 고속운전이 가능하다.
(3) 정밀도가 높다.
(4) 복잡한 형상은 분할 가공이 가능하다.
(5) 대량생산이 가능하다.
(6) 작업효율이 높다.

11. 폴리프로필렌으로 살 두께 2 mm인 성형품을 만들려고 할 때, 사이드 게이트의 깊이(mm)는? (단, 수지 상수는 0.7이다.)

① 0.7 ② 1.4
③ 2.8 ④ 3.5

해설 게이트의 깊이 $h = n \times t$
여기서, n : 수지 상수, t : 성형품 살 두께(mm)
$\therefore h = 0.7 \times 2 = 1.4\text{mm}$

12. 사출 금형의 온도 컨트롤 효과에 대한 설명으로 틀린 것은?

① 성형성을 개선한다.
② 치수 정밀도가 향상된다.
③ 성형 사이클이 단축된다.
④ 성형품 강도 및 경도가 감소한다.

해설 금형 온도 컨트롤 효과
(1) 성형 사이클 단축
(2) 성형성 개선
(3) 성형품의 표면상태 개선
(4) 성형품의 강도 저하 및 변형 방지
(5) 성형품의 치수 정밀도 향상

13. 금형용 CAE 시스템의 기능에 해당되지 않는 것은?

① 휨 해석 ② 냉각 해석
③ 충전 해석 ④ 취출 해석

해설 금형용 CAE 시스템은 냉각 해석, 충전 해석, 보압 해석, 구조 해석, 뒤틀림과 휨 해석, 잔류응력 예측, 섬유 배향성 해석 등을 한다.

14. 압출기에서 패리슨이라고 하는 튜브를 압출하고, 이것을 금형으로 감싼 후 압축공기를 불어넣어 중공품을 성형하는 공법은?

① 취입 성형(blow molding)
② 진공 성형(vacuum molding)
③ 압출 성형(extrusion molding)

정답 » 8. ④ 9. ④ 10. ② 11. ② 12. ④ 13. ④ 14. ①

④ 캘린더 성형(calender molding)

해설 ② 진공 성형 : 면적에 비해 얇은 제품 생산
③ 압출 성형 : 유동성 있게 재료를 가열한 후 다이를 통해 연속 생산
④ 캘린더 성형 : 얇은 시트, 필름 등을 연속 생산

15. 사출 금형에서 게이트의 위치로 적합하지 않은 것은?

① 가스가 고이기 쉬운 곳에 설치한다.
② 외관을 손상하지 않는 곳에 설치한다.
③ 제팅이 발생하지 않는 부분에 설치한다.
④ 웰드라인이 생성되기 어려운 곳에 설치한다.

해설 게이트의 위치는 ②~④ 외에 성형품의 가장 두꺼운 부분, 가스가 고이기 쉬운 곳의 반대방향, 인서트, 기타 장애를 피할 수 있는 곳에 설치한다.

16. 웰드라인(weld line)에 대한 방지 대책으로 적합하지 않은 것은?

① 이형제를 사용한다.
② 수지 온도를 높인다.
③ 에어 벤트를 설치한다.
④ 금형 온도를 높게 한다.

해설 ②~④ 외에 사출속도를 빠르게, 사출압력을 높게, 합류부 말단에 에어 벤트를 붙이는 방법이 있다.

17. 형 개폐 방향과는 무관하게 슬라이드 코어를 전진·후퇴시킬 수 있고, 긴 스트로크가 가능한 언더 컷(under cut) 처리 기구는?

① 판 캠　② 스프링
③ 앵귤러 핀　④ 유압실린더

18. 결정성 플라스틱과 비교한 비결정성 플라스틱 재료의 일반적인 특징으로 옳은 것은?

① 수지가 불투명하다.
② 금형의 냉각 시간이 짧다.
③ 수지 용융 시 많은 열량이 필요하다.
④ 가소화 능력이 큰 성형기가 필요하다.

해설 비결정성 플라스틱의 특징
(1) 성형수축률이 작다.
(2) 배향 특성이 작다.
(3) 변형이 작다.
(4) 강도가 낮다.
(5) 치수 정밀도가 높다.
(6) 수지가 투명하다.
(7) 수지 용융이 잘 된다.
(8) 가소화 능력이 작은 성형기도 가능하다.

19. 중앙에 긴 구멍이 뚫려 있는 부시 모양의 성형품이나 구멍이 뚫려 있는 보스 형상의 취출에 적합한 이젝팅 방식은?

① 스프링 방식
② 스트리퍼 방식
③ 에어 이젝팅 방식
④ 슬리브 이젝터 방식

20. 제품 투영 면적이 10000 mm^2이고 사출 압력이 400 kgf/cm^2일 때, 형체력은 최소 몇 톤(ton) 이상이어야 하는가?

① 4　② 40　③ 400　④ 4000

해설 $F \geq P \times A \times 10^{-3}$
여기서, P : 캐비티의 평균압력(kg/cm^2)
A : 투영면적(cm^2)
$\therefore F \geq 400 \times 100 \times 10^{-3} = 40 \text{ton}$

2과목 기계가공법 및 안전관리

21. 밀링 작업의 단식 분할법에서 원주를 15등분하려고 한다. 이때 분할대 크랭크의 회전수를 구하고, 15구멍열 분할판을 몇 구멍씩 보내면 되는가?

① 1회전에 10구멍씩

정답 » 15. ①　16. ①　17. ④　18. ②　19. ④　20. ②　21. ②

② 2회전에 10구멍씩
③ 3회전에 10구멍씩
④ 4회전에 10구멍씩

해설 $n = \frac{40}{N} = \frac{H}{N'}$

여기서, N : 일감의 등분 분할수
n : 분할 크랭크의 회전수
N' : 분할판에 있는 구멍수
H : 크랭크를 돌리는 구멍수

$n = \frac{40}{15} = 2\frac{10}{15}$

∴ 2회전에 10구멍씩

22. 다음 중 선반에서 맨드릴(mandrel)의 종류가 아닌 것은?

① 갱 맨드릴 ② 나사 맨드릴
③ 이동식 맨드릴 ④ 테이퍼 맨드릴

해설 선반용 맨드릴의 종류에는 단체형, 팽창형, 나사형, 테이퍼형, 갱형, 조립형 등이 있다.

23. 기어 절삭기에서 창성법으로 치형을 가공하는 공구가 아닌 것은?

① 호브(hob)
② 브로치(broach)
③ 래크 커터(rack cutter)
④ 피니언 커터(pinion cutter)

해설 기어의 절삭 방법에는 총형 공구에 의한 성형법, 형판에 의한 방법(모방 절삭), 래크, 피니언, 호브로 가공하는 창성법이 있다. 이 중 창성법이 가장 많이 사용되고 있으며 브로치는 성형법에서 적용한다.

24. 다음 중 절삭공구의 절삭면에 평행하게 마모되는 현상은?

① 치핑(chipping)
② 플랭크 마모(flank wear)
③ 크레이터 마모(crater wear)
④ 온도 파손(temperature failure)

해설 ① 치핑 : 절삭날의 결손으로 바이트와 공작물의 마찰이 증가한다.
② 플랭크 마모 : 여유면의 마모 현상
③ 크레이터 마모 : 경사면의 마모로 시간 경과에 따라 바이트의 상면이 파이는 현상

25. 연삭숫돌의 표시에 대한 설명으로 옳은 것은?

① 연삭 입자 C는 갈색 알루미나를 의미한다.
② 결합제 R은 레지노이드 결합제를 의미한다.
③ 연삭숫돌의 입도 #100이 #300보다 입자의 크기가 크다.
④ 결합도 K 이하는 경한 숫돌, L~O는 중간 정도 숫돌, P 이상은 연한 숫돌이다.

해설 연삭 입자 C는 탄화규소질의 흑색이고 R은 러버(고무)를 의미하며, 결합도 E~K는 연한 숫돌, P 이상은 단단한 숫돌이다.

26. CNC 기계의 움직임을 전기적인 신호로 속도와 위치를 피드백하는 장치는?

① 리졸버(resolver)
② 컨트롤러(controller)
③ 볼 스크루(ball screw)
④ 패리티 체크(parity check)

27. 그림에서 플러그 게이지의 기울기가 0.05일 때 M_2의 길이(mm)는?(단, 그림의 치수 단위는 mm이다.)

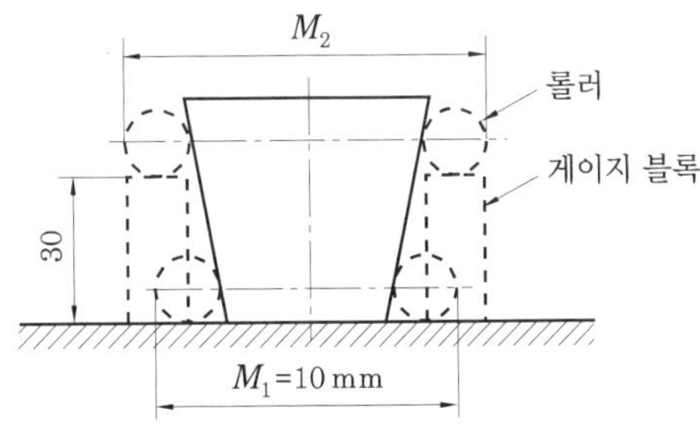

① 10.5 ② 11.5 ③ 13 ④ 16

정답 » 22. ③ 23. ② 24. ② 25. ③ 26. ① 27. ③

해설 $\tan\frac{\alpha}{2}=\frac{M_2-M_1}{2H}=\frac{M_2-10}{2\times30}=0.05$

$M_2-10=3$

$\therefore M_2=13$

28. 절삭 공작기계가 아닌 것은?

① 선반 ② 연삭기
③ 플레이너 ④ 굽힘 프레스

29. 삼각함수에 의하여 각도를 길이로 계산하여 간접적으로 각도를 구하는 방법으로, 블록 게이지와 함께 사용하는 측정기는?

① 사인 바
② 베벨 각도기
③ 오토콜리메이터
④ 콤비네이션 세트

30. 상향 절삭과 하향 절삭에 대한 설명으로 틀린 것은?

① 하향 절삭은 상향 절삭보다 표면 거칠기가 우수하다.
② 상향 절삭은 하향 절삭에 비해 공구의 수명이 짧다.
③ 상향 절삭은 하향 절삭과는 달리 백래시 제거 장치가 필요하다.
④ 상향 절삭은 하향 절삭을 할 때보다 가공물을 견고하게 고정하여야 한다.

해설 상향 절삭은 하향 절삭과는 달리 백래시가 발생하지 않으므로 백래시 제거 장치가 필요하지 않다.

31. 일감에 회전운동과 이송을 주며, 숫돌을 일감 표면에 약한 압력으로 눌러대고 다듬질할 면에 따라 매우 작고 빠른 진동을 주어 가공하는 방법은?

① 래핑 ② 드레싱
③ 드릴링 ④ 슈퍼 피니싱

32. 다음 중 드릴 작업에 대한 설명으로 적절하지 않은 것은?

① 드릴 작업은 항상 시작할 때보다 끝날 때 이송을 빠르게 한다.
② 지름이 큰 드릴을 사용할 때에는 바이스를 테이블에 고정한다.
③ 드릴은 사용 전에 점검하고 마모나 균열이 있는 것은 사용하지 않는다.
④ 드릴이나 드릴 소켓을 뽑을 때에는 전용공구를 사용하고 해머 등으로 두드리지 않는다.

해설 드릴 작업 시 작업을 시작할 때와 끝날 때는 힘을 빼고 이송을 천천히 하여 안전하게 뚫는다.

33. 다음 중 선반을 설계할 때 고려할 사항으로 틀린 것은?

① 고장이 적고 기계효율이 좋을 것
② 취급이 간단하고 수리가 용이할 것
③ 강력 절삭이 되고 절삭 능률이 클 것
④ 기계적 마모가 높고 가격이 저렴할 것

34. 드릴 머신으로 할 수 없는 작업은?

① 널링 ② 스폿 페이싱
③ 카운터 보링 ④ 카운터 싱킹

해설 널링은 선반에서 하는 가공 방법으로 공구의 손잡이, 회전 노브의 외곽 부분에 미끄럼 방지를 위해 다이아몬드 형상의 요철을 가공하는 작업이다.

35. 20℃에서 20 mm인 게이지 블록이 손과 접촉 후 온도가 36℃가 되었을 때, 게이지 블록에 생긴 오차는 몇 mm인가? (단, 선팽창계수는 1.0×10^{-6}/℃이다.)

① 3.2×10^{-4} ② 3.2×10^{-3}
③ 6.4×10^{-4} ④ 6.4×10^{-3}

해설 $\delta l=\alpha\times l\times t=1.0\times10^{-6}\times20\times16$
$=3.2\times10^{-4}$

정답 » 28. ④ 29. ① 30. ③ 31. ④ 32. ① 33. ④ 34. ① 35. ①

36. 나사 연삭기의 연삭 방법이 아닌 것은?

① 다인 나사 연삭 방법
② 단식 나사 연삭 방법
③ 역식 나사 연삭 방법
④ 센터리스 나사 연삭 방법

해설 나사의 연삭 방법에는 센터리스 연삭, 날이 하나인 단인 연삭과 날이 여러 개인 다인 연삭이 있으며 다인 연삭에는 플런지 연삭과 트래버스 연삭 방법이 있다.

37. 선반의 주요 구조부가 아닌 것은?

① 베드
② 심압대
③ 주축대
④ 회전 테이블

해설 선반의 주요 구조부는 주축대, 왕복대, 심압대, 베드, 다리, 이송장치 등이다.

38. 구멍 가공을 하기 위해서 가공물을 고정시키고 드릴이 가공 위치로 이동할 수 있도록 제작된 드릴링 머신은?

① 다두 드릴링 머신
② 다축 드릴링 머신
③ 탁상 드릴링 머신
④ 레이디얼 드릴링 머신

해설 다두 드릴링 머신은 여러 개의 스핀들이 나란히 있으며 다축 드릴링 머신은 많은 구멍을 동시에 뚫을 때 사용한다.

39. 일반적인 손다듬질 작업의 공정 순서로 옳은 것은?

① 정 → 줄 → 스크레이퍼 → 쇠톱
② 줄 → 스크레이퍼 → 쇠톱 → 정
③ 쇠톱 → 정 → 줄 → 스크레이퍼
④ 스크레이퍼 → 정 → 쇠톱 → 줄

해설 거친 가공부터 정밀 가공 순으로 드릴링 → 쇠톱 → 정 → 줄 → 스크레이퍼 → 래핑 순서로 작업한다.

40. 주축의 회전운동을 직선 왕복운동으로 변화시킬 때 사용하는 밀링 부속장치는?

① 바이스
② 분할대
③ 슬로팅 장치
④ 래크 절삭 장치

3과목 금형재료 및 정밀계측

41. 게이지 블록에 관한 설명으로 틀린 것은?

① 게이지 블록의 치수 측정은 광 간섭계만이 가능하다.
② 기계 제품의 길이 측정 및 길이 측정기 교정 등의 기준으로 사용된다.
③ 게이지 블록의 밀착이 원활하지 않은 경우는 표면이 거칠거나 평면도가 저하되었기 때문이다.
④ 게이지 블록은 높은 정밀도 유지를 위해서 표준온도에서 사용하거나 온도에 따른 길이 편차를 보정하여야 한다.

42. 안지름을 측정할 수 없는 측정기는?

① 센터 게이지
② 실린더 게이지
③ 공기 마이크로미터
④ 텔레스코핑 게이지

해설 센터 게이지는 선반에서 나사를 절삭할 때 나사 바이트의 날 끝 각을 맞추거나 바이트를 바르게 설치하는 데 사용한다.

43. 500 mm 게이지 블록과 조를 홀더에 넣고 250 N으로 고정할 때 게이지 블록의 변형량은?(단, 게이지 블록의 단면은 35 mm×9 mm, 세로탄성계수 E는 $20.58 \times 10^4 N/mm^2$이다.)

① 약 1.2 μm ② 약 1.5 μm

③ 약 1.9 μm　　④ 약 2.4 μm

해설 변형된 길이 $\delta l = \dfrac{l \times P}{E \times S}$

여기서, l : 게이지 블록의 처음 길이
P : 체결력, E : 탄성계수
S : 단면적

$\therefore \delta l = \dfrac{500 \times 250}{20.58 \times 10^4 \times 35 \times 9}$
$= 0.001928\,\text{mm} = 1.928\,\mu\text{m}$

44. 그림의 측정값 분포곡선에 대한 설명 중 틀린 것은?

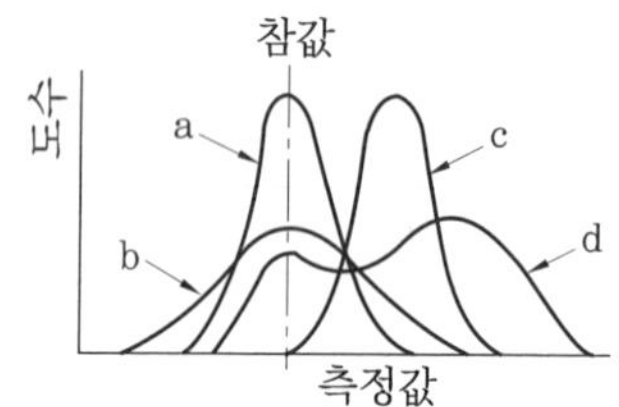

① a곡선은 정확도와 정밀도가 모두 좋다.
② b곡선은 정확도는 좋고 정밀도는 나쁘다.
③ c곡선은 정확도와 정밀도가 모두 나쁘다.
④ d곡선은 정규분포가 아니다.

해설 정확도(accuracy)는 참값에 대해 한쪽으로 치우침이 작은 정도, 정밀도(precision)는 측정값의 흩어짐이 작은 정도이다.

45. 옵티컬 플랫으로 게이지 블록의 평면도를 측정한 결과 그림과 같은 등간격 간섭무늬가 생겼다. $A : B = 5 : 1$이고 빛의 파장이 0.6 μm 일 때 평면도는?

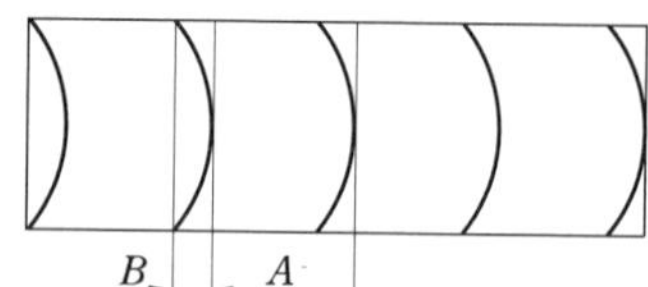

① 0.04 μm　　② 0.06 μm
③ 1.24 μm　　④ 1.58 μm

해설 평면도 $F = \dfrac{B}{A} \times \dfrac{\lambda}{2} = \dfrac{1}{5} \times \dfrac{0.6}{2}$
$= 0.06\,\mu\text{m}$

46. 절삭가공된 금속 제품의 표면 거칠기 측정 방법으로 틀린 것은?

① 촉침식 표면 거칠기 측정법
② 광 절단식 표면 거칠기 측정법
③ 현미 간섭식 표면 거칠기 측정법
④ 테이블 회전식 표면 거칠기 측정법

해설 표면 거칠기 측정 방법에는 표준편에 의한 방법, 촉침식, 광파 간섭식, 광 절단식 등이 있다.

47. 마이크로미터 측정면의 평행도 측정에 사용되는 측정기는?

① 옵티미터
② 각도 게이지
③ 옵티컬 패럴렐
④ 오토콜리메이터

해설 평면도 측정에는 옵티컬 플랫을 사용하며 옵티미터는 표준길이와 측정물의 차이를 광학적으로 확대하여 정밀 측정하는 기기이고 오토콜리메이터는 미소각도, 직각도, 평면도 등을 광학적으로 측정하는 측정기이다.

48. 한 쌍의 기어축에서 한쪽이 다른 쪽에 대해 이동할 수 있는 구조의 시험기에 백래시 없이 맞물리고, 이들을 회전시켰을 때의 중심거리 변화량을 측정하는 시험은?

① 이홈 흔들림 시험
② 잇줄 방향 오차 시험
③ 편측 치면 맞물림 시험
④ 양측 치면 맞물림 시험

49. 그림과 같이 ※로 표시된 부분의 눈금이 일치한 버니어 마이크로미터의 측정값은 몇 mm인가?

정답 » 44. ③　45. ②　46. ④　47. ③　48. ④　49. ①

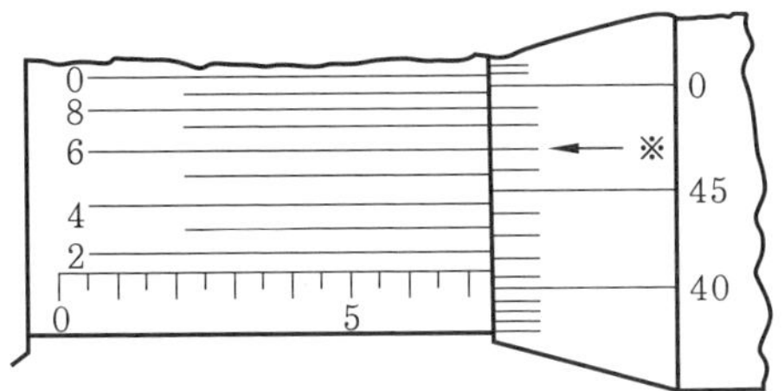

① 7.416 ② 7.456
③ 7.476 ④ 7.916

해설 버니어 마이크로미터 읽는 순서
(1) 슬리브의 눈금을 읽는다.(0, 5, 10~)
(2) 심블의 눈금을 읽는다.(0, 5, 10, ~45)
(3) 아들자와 심블의 일치점을 읽는다.

50. 테이퍼각이 30° 30′인 원뿔의 테이퍼량은 얼마인가?

① $\frac{1}{1.834}$ ② $\frac{1}{1.667}$
③ $\frac{1}{1.311}$ ④ $\frac{1}{1.019}$

해설 원뿔의 직경 D와 그 길이 L과의 비 D/L에서 직경 D를 1로 환산한 값을 테이퍼량이라 하고, 각도 α를 테이퍼각이라 한다.

$$\frac{1}{x} = \frac{(D-d)}{L} = 2\tan\frac{\alpha}{2}$$

$$\frac{1}{x} = 2\tan\left(\frac{30.5°}{2}\right) = 0.545 = \frac{1}{1.834}$$

51. 두 종류 이상의 금속을 폭발 압착법 등의 방법을 이용하여 두 금속의 특성을 복합적으로 얻을 수 있는 재료는?

① 다공질 재료
② 클래드 재료
③ 입자강화 금속복합재료
④ 분산강화 금속복합재료

해설 ① 다공질 재료 : 가볍고 제진성, 흡음성이 우수하며, 특이한 열전도 특성을 갖는다.
③ 입자강화 금속복합재료 : 구성요소인 섬유, 입자, 층, 모재에 따라 강화복합종류가 달라진다.
④ 분산강화 금속복합재료 : 대부분이 금속 합금이며 경도가 높고 안정된 입자를 첨가하여 경도, 강도가 증가한다.

52. 용융점이 약 1670℃이고 비중이 약 4.54이며, 비강도가 커 제트엔진의 컴프레서 부품 재료 등에 사용되는 원소는?

① W ② Ti
③ Pt ④ Si

53. 열가소성 수지는?

① 페놀 수지 ② ABS 수지
③ 에폭시 수지 ④ 멜라민 수지

해설 열가소성 수지에는 PE, PP, PS, PC, ABS, AS, PVC, POM, PET 등이 있고 열경화성 수지에는 페놀, 에폭시, 멜라민 수지 등이 있다.

54. 적열취성의 원인이 되는 원소는?

① Mn ② Si
③ P ④ S

해설 적열취성 : 철을 1200℃에서 가공할 때 결정입자 경계에 있는 공정조직이 녹아서 발생하는 성질

55. 축비가 $a=b \neq c$이며 축각이 $\alpha=\beta=\gamma=90°$인 결정격자형은?

① 단사정계 ② 육방정계
③ 입방정계 ④ 정방정계

해설 ① 단사정계 : $a \neq b \neq c$, $\alpha=\gamma=90°$
② 육방정계 : 세 개의 결정축이 한 평면에 있다.
③ 입방정계 : $a=b=c$, $\alpha=\beta=\gamma=90°$

56. 내부 변형이 있는 결정립이 내부 변형이 없는 새로운 결정립으로 치환되어가는 과정을 무엇이라 하는가?

① 정출 ② 쌍정
③ 상변태 ④ 재결정

정답 » 50. ① 51. ② 52. ② 53. ② 54. ④ 55. ④ 56. ④

해설 ① 정출 : 용융상태에서 금속이 응고되어 나타나는 것
② 쌍정 : 결정의 위치가 어떤 면을 경계로 하여 대칭으로 변하는 것
③ 상변태 : 금속이 액상에서 고상으로, 즉 비결정체에서 결정체로 바뀌는 것

57. 황(S)의 성분이 적은 선철을 용해로, 전기로 등에서 용해한 후 주형에 주입 전 Mg, Ca, Ce 등을 첨가해서 흑연을 구상화하여 만든 주철은?

① 가단주철
② 칠드주철
③ 고급주철
④ 구상흑연주철

해설 ① 가단주철 : 단조가 가능한 주철로 백심, 흑심, 펄라이트, 특수 가단주철이 있다.
② 칠드주철 : 내마모성을 위해 Ni, Cr, Mo, Mn을 첨가한 주철
③ 고급주철 : 인장강도 30 kg/mm^2 이상의 흑연주철로 강인주철이라고도 한다.

58. 금형 공구 재료가 갖추어야 할 구비 조건이 아닌 것은?

① 변형이 적을 것
② 경도가 높을 것
③ 마멸성이 클 것
④ 열처리가 용이할 것

59. 순철, 강, 주철을 분류하는 기준은 어느 것인가?

① 탄소 함유량
② 규소 함유량
③ 산소 함유량
④ 망간 함유량

해설 탄소 함유량
- 순철 : 0.03 % 이하
- 강 : 0.85~2.11%
- 주철 : 2.11~6.68%

60. 탄소강 및 합금강을 담금질(quenching)할 때 정지 상태에서 냉각 효과가 가장 빠른 냉각액은 어느 것인가?

① 물 ② 기름
③ 염수 ④ 공기

해설 냉각 효과 순서 : 소금물(염수) > 물 > 기름 > 공기 > 노랭

정답 » 57. ④ 58. ③ 59. ① 60. ③

2017년 5월 31일 (제2회)

프레스금형산업기사

1과목 금형설계

1. 성형 공정 중에 금속 인서트를 삽입할 경우 주의사항으로 틀린 것은?

① 금형의 온도 변화에 주의가 요구된다.
② 인서트 부위의 바깥지름은 일반적으로 인서트 제품 직경의 2배 이상으로 한다.
③ 볼트를 인서트할 때 나사 일부를 수지에 잠기도록 하여 견고하게 고정되도록 한다.
④ 인서트 제품에는 언더컷 등을 주어서 인서트가 기계적 구속력을 갖도록 한다.

해설 인서트와 수지의 열팽창계수가 다르므로 인서트 주위에 크랙이 발생하는 수가 있으므로 연신율이 작은 일반용 폴리스티렌, 아크릴 등은 인서트를 피한다.

2. 성형품의 두께가 불균일할 경우 나타나는 현상이 아닌 것은?

① 성형 사이클이 길어진다.
② 성형품의 변형 원인이 된다.
③ 웰드라인(weld line)이 발생한다.
④ 싱크 마크(sink mark)가 발생한다.

3. 다음 중 사출성형 금형에서 제품 형상을 결정하는 부품은?

① 러너 ② 게이트
③ 스프루 ④ 캐비티

4. 실린더의 직경이 5 cm, 스크루의 직경이 4.75 cm이고, 이때 작용하는 유압이 30 kgf/cm^{2}이면 작용하는 사출력(kgf)은 약 얼마인가?

① 450.55 ② 480.65
③ 589.05 ④ 688.85

해설 사출력 $F = \frac{\pi D^2}{4} \times P$

여기서, D : 실린더의 직경(cm)
P : 유압(kgf/cm^2)

$\therefore F = \frac{\pi \times 5^2}{4} \times 30 \fallingdotseq 589.05\,\text{kgf}$

5. 이젝터 플레이트를 금형이 닫힘과 동시에 복귀시키는 목적으로 사용하는 부품은?

① 리턴 핀 ② 스톱 핀
③ 서포트 핀 ④ 앵귤러 핀

6. 수지의 평균 압력이 500 kgf/cm^{2}이고 캐비티의 투영 면적이 20 cm^{2}라면 형체력(ton)은 얼마인가?

① 1 ② 10
③ 50 ④ 100

해설 형체력 $F = P \times A$

여기서, P : 평균 압력(kgf/cm^2)
A : 투영 면적(cm^2)

$\therefore F = 500 \times 20 = 10000\,\text{kgf} = 10\,\text{ton}$

7. 사출성형에서 품질 좋은 성형품을 얻기 위해서는 캐비티의 온도를 재료 특성에 맞는 온도로 조절하여 효과적으로 열을 흡수해야 한다. 다음 중 온도 조절 효과가 아닌 것은?

① 치수 품질이 안정된다.
② 수지를 절약할 수 있다.
③ 성형품의 표면 상태를 개선할 수 있다.
④ 성형품의 강도 저하를 방지할 수 있다.

해설 금형 온도 조절 효과 : 미성형, 웰드라인, 플로 마크, 가스 발생, 변형, 뒤틀림 방지

정답 » 1. ③ 2. ③ 3. ④ 4. ③ 5. ① 6. ② 7. ②

8. 다음 중 게이트의 치수, 종류, 위치 선정을 할 때 고려사항으로 적절하지 않은 것은?

① 사출성형기의 형체력
② weld line 및 gate 후처리
③ 성형품의 외관 및 치수 정밀도
④ 캐비티 내의 용융 수지의 유동 방향

9. 성형품 치수 오차의 발생 요인으로 적절하지 않은 것은?

① 성형 조건의 변동
② 금형의 중량 변동
③ 금형의 가공 제작 오차
④ 수지의 수축률 차에 의한 오차

해설 성형품 치수 오차 발생 원인
(1) 금형 : 가공 정밀도, 구조 및 형식, 마모 및 변형
(2) 수지 : 성형 조건, 유동성 변화, 수축률 변화

10. 슬라이드 코어를 형체결력에 의해 밀어붙여 슬라이드 코어의 위치를 결정하는 동시에 수지 압력에 의해 슬라이드 코어가 후퇴하려고 하는 것을 방지하는 부품은?

① 로킹 블록 ② 앵귤러 핀
③ 도그 레그 캠 ④ 슬라이드 블록

11. 다음 프레스 가공 중 굽힘(bending) 가공에 속하지 않는 것은?

① 컬링(curling) ② 버링(burring)
③ 사이징(sizing) ④ 시밍(seaming)

해설 굽힘 가공의 종류에는 컬링, 시밍, 벤딩, 버링, 플랜징 등이 있다.

12. 다이 세트의 특징으로 틀린 것은?

① 금형의 수명이 연장된다.
② 금형의 설치 작업이 어렵다.
③ 가공 중 분력에 의한 파손이 적다.
④ 정밀도가 높은 제품을 얻을 수 있다.

13. 두께 2 mm의 연강판을 직경 200 mm의 원판으로 블랭킹할 때의 블랭킹력(ton)은 약 얼마인가? (단, 소재의 전단저항은 40 kgf/mm^2, 계수는 1로 한다.)

① 25.12 ② 36.56
③ 50.27 ④ 73.12

해설 블랭킹력 $P = l \times t \times \tau = \pi D \times t \times \tau$
여기서, l : 전단길이(mm)
t : 소재의 두께(mm)
D : 소재의 지름(mm)
τ : 전단저항(kgf/mm^2)
$\therefore\ P = \pi \times 200 \times 2 \times 40$
$= 50265.48\,\text{kgf} = 50.27\ \text{ton}$

14. 전단 제품의 절단 단면 형상은 가공 소재의 종류, 날 끝의 형상 등에 의하여 변화하는데 이보다 더 큰 영향을 주는 인자는?

① 가공력
② 가공 속도
③ 금형 형식
④ 클리어런스

15. 트랜스퍼 금형의 특징으로 틀린 것은?

① 작업 안정성을 높인다.
② 기계 설비의 초기 투자비가 낮다.
③ 무인화 또는 작업 인원 감소가 가능하다.
④ 위치결정, 분리, 스크랩 처리 등에 세심한 주의를 요한다.

해설 기계 설비의 초기 투자비가 많이 든다.

16. 프로그레시브 금형에서 파일럿 핀을 사용하는 목적으로 적합한 것은?

① 소재를 눌러주기 위해서
② 가공한 스크랩을 떨어버리기 위해서
③ 소재의 이송 피치를 정확히 맞춰주기 위하여
④ 재료가 넓을 때 움직이지 않도록 하기 위해서

정답 » 8. ① 9. ② 10. ① 11. ③ 12. ② 13. ③ 14. ④ 15. ② 16. ③

17. 전단저항이 40 kgf/mm^{2}인 두께 1 mm의 연강판을 사용하여 지름 100 mm의 블랭크를 블랭킹하려 한다. 블랭킹력은 약 몇 톤(ton)인가? (단, 전단각은 무시한다.)

① 31.5　② 25.6
③ 20.5　④ 12.6

해설 블랭킹력 $P = l \times t \times \tau = \pi D \times t \times \tau$
여기서, l : 전단길이(mm)
t : 소재의 두께(mm)
D : 소재의 지름(mm)
τ : 전단저항(kgf/mm^2)
$\therefore P = \pi \times 100 \times 1 \times 40$
$= 12566.37\,\text{kgf} = 12.6\,\text{ton}$

18. 다음 중 프로그레시브 금형의 특징으로 틀린 것은?

① 설계 변경에 대한 대응 범위가 제한된다.
② 재료의 자동 공급, 자동 취출이 가능하다.
③ 사용 재료 및 프레스 기계의 제약이 없다.
④ 복잡한 형상을 여러 개의 공정으로 분할 가공할 수 있다.

19. 지름이 작은 피어싱 가공에서는 펀치가 잘 절손되고 있다. 절손 원인으로 적합하지 않은 것은?

① 펀치의 강도가 불량하다.
② 스트리퍼 플레이트가 경사 측압을 받았다.
③ 클리어런스가 크기 때문에 스트리핑할 때 휨 하중이 생긴다.
④ 클리어런스가 불균일하므로 펀치에 휨 하중이 작용하였다.

해설 절손 원인 : 피어싱 펀치의 마모와 발열, 장시간 사용으로 인한 피로 누적, 측압, 외부의 충격, 펀치 재료의 부적합, 펀치의 가공 불량, 클리어런스의 불균일 등

20. 클리어런스(clearance)에 대한 설명으로 틀린 것은?

① 클리어런스가 클수록 전단력이 작아진다.
② 클리어런스가 작을수록 전단면이 커진다.
③ 클리어런스가 클수록 파단면의 경사각이 작아진다.
④ 클리어런스가 작을수록 전단날에 큰 하중이 작용하므로 마모가 심하다.

2과목 기계가공법 및 안전관리

21. 밀링 머신에서 테이블의 이송 속도(f)를 구하는 식으로 옳은 것은? [단, f_z : 1개의 날당 이송(mm), z : 커터의 날 수, n : 커터의 회전수(rpm)이다.]

① $f = f_z \times z \times n$
② $f = f_z \times \pi \times z \times n$
③ $f = \dfrac{f_z \times z}{n}$
④ $f = \dfrac{(f_z \times z)^2}{n}$

22. 수기 가공할 때 작업 안전 수칙으로 옳은 것은?

① 바이스를 사용할 때는 조에 기름을 충분히 묻히고 사용한다.
② 드릴 가공을 할 때에는 장갑을 착용하여 단단하고 위험한 칩으로부터 손을 보호한다.
③ 금긋기 작업을 하는 이유는 주로 절단을 할 때에 절삭성이 좋아지기 위함이다.
④ 탭 작업 시에는 칩이 원활하게 배출이 될 수 있도록 후퇴와 전진을 번갈아가면서 점진적으로 수행한다.

정답 » 17. ④　18. ③　19. ③　20. ③　21. ①　22. ④

23. 트위스트 드릴은 절삭날의 각도가 중심에 가까울수록 절삭 작용이 나쁘게 되기 때문에 이를 개선하기 위해 드릴의 웨브 부분을 연삭하는 것은?

① 시닝(thinning)
② 트루잉(truing)
③ 드레싱(dressing)
④ 글레이징(glazing)

24. 다이얼 게이지 기어의 백래시(back lash)로 인해 발생하는 오차는?

① 인접 오차 ② 지시 오차
③ 진동 오차 ④ 되돌림 오차

해설 되돌림 오차 : 스핀들이 들어갈 때와 나올 때의 동일 측정량에 대한 지시의 차이

25. 입자를 이용한 가공법이 아닌 것은?

① 래핑 ② 브로칭
③ 배럴 가공 ④ 액체호닝

26. 밀링 머신에서 절삭공구를 고정하는 데 사용되는 부속 장치가 아닌 것은?

① 아버(arbor) ② 콜릿(collet)
③ 새들(saddle) ④ 어댑터(adapter)

27. 범용 밀링머신으로 할 수 없는 가공은?

① T홈 가공 ② 평면 가공
③ 수나사 가공 ④ 더브테일 가공

28. 풀리(pulley)의 보스(boss)에 키 홈을 가공하려 할 때 사용되는 공작기계는?

① 보링 머신 ② 호빙 머신
③ 드릴링 머신 ④ 브로칭 머신

29. 선반에서 할 수 없는 작업은?

① 나사 가공
② 널링 가공
③ 테이퍼 가공
④ 스플라인 홈 가공

해설 스플라인 홈 가공은 밀링 머신을 이용한다.

30. 산화알루미늄(Al_2O_3) 분말을 주성분으로 마그네슘(Mg), 규소(Si) 등의 산화물과 소량의 다른 원소를 첨가하여 소결한 절삭공구의 재료는?

① CBN ② 서멧
③ 세라믹 ④ 다이아몬드

31. 다음 중 센터리스 연삭에 대한 설명으로 틀린 것은?

① 가늘고 긴 가공물의 연삭에 적합하다.
② 긴 홈이 있는 가공물의 연삭에 적합하다.
③ 다른 연삭기에 비해 연삭 여유가 작아도 된다.
④ 센터가 필요치 않아 센터 구멍을 가공할 필요가 없다.

해설 센터리스 연삭은 긴 홈이 있는 공작물, 대형이나 중량물의 연삭은 불가능하다.

32. 다음 그림과 같이 피측정물의 구면을 측정할 때 다이얼 게이지의 눈금이 0.5 mm 움직이면 구면의 반지름(mm)은 얼마인가? (단, 다이얼 게이지 측정자로부터 구면계의 다리까지의 거리는 20 mm이다.)

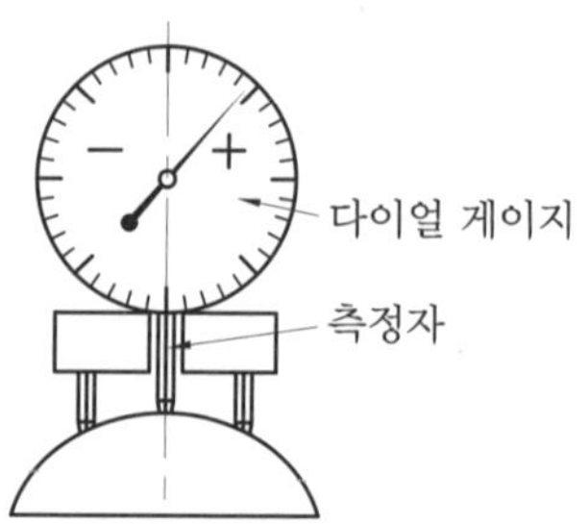

① 100.25 ② 200.25
③ 300.25 ④ 400.25

정답 » 23. ① 24. ④ 25. ② 26. ③ 27. ③ 28. ④ 29. ④ 30. ③ 31. ② 32. ④

해설 구면의 반지름 $R = \frac{r^2 + h^2}{2r}$

$= \frac{0.5^2 + 20^2}{2 \times 0.5} = 400.25\,\text{mm}$

33. 다음 중 박스 지그(box jig)의 사용처로 옳은 것은?

① 드릴로 대량생산을 할 때
② 선반으로 크랭크 절삭을 할 때
③ 연삭기로 테이퍼 작업을 할 때
④ 밀링으로 평면 절삭 작업을 할 때

34. 심압대의 편위량을 구하는 식으로 옳은 것은?(단, X : 심압대 편위량이다.)

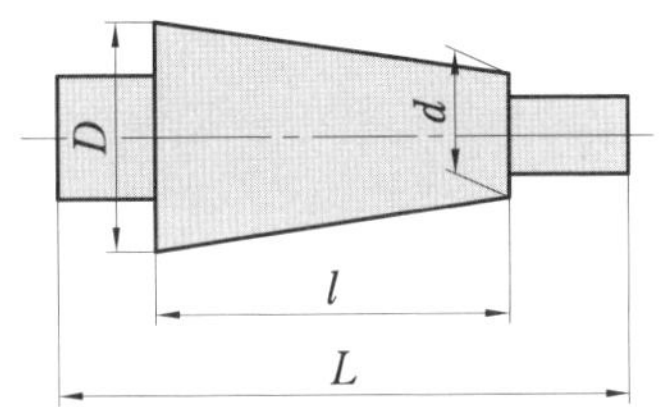

① $X = \frac{D - dL}{2l}$ ② $X = \frac{L(D-d)}{2l}$
③ $X = \frac{l(D-d)}{2L}$ ④ $X = \frac{2L}{(D-d)l}$

35. 비교 측정하는 방식의 측정기는?

① 측장기 ② 마이크로미터
③ 다이얼 게이지 ④ 버니어캘리퍼스

36. 미끄러짐을 방지하기 위한 손잡이나 외관을 좋게 하기 위하여 사용되는 다음 그림과 같은 선반 가공법은?

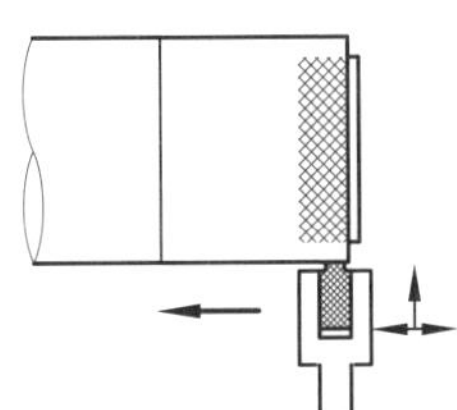

① 나사 가공 ② 널링 가공
③ 총형 가공 ④ 다듬질 가공

37. 래핑 작업에 사용하는 랩제의 종류가 아닌 것은?

① 흑연
② 산화크롬
③ 탄화규소
④ 산화알루미나

해설 랩제의 종류에는 탄화규소, 산화알루미늄(알루미나), 산화철, 산화크롬, 탄화붕소, 다이아몬드 분말 등이 있다.

38. 공기 마이크로미터에 대한 설명으로 틀린 것은?

① 압축공기원이 필요하다.
② 비교 측정기로 1개의 마스터로 측정이 가능하다.
③ 타원, 테이퍼, 편심 등의 측정을 간단히 할 수 있다.
④ 확대 기구에 기계적 요소가 없기 때문에 장시간 고정도를 유지할 수 있다.

39. 연삭 작업에 대한 설명으로 적절하지 않은 것은?

① 거친 연삭을 할 때에는 연삭 깊이를 얕게 주도록 한다.
② 연질 가공물을 연삭할 때는 결합도가 높은 숫돌이 적합하다.
③ 다듬질 연삭을 할 때는 고운 입도의 연삭숫돌을 사용한다.
④ 강의 거친 연삭에서 공작물 1회전마다 숫돌바퀴 폭의 $\frac{1}{2} \sim \frac{3}{4}$으로 이송한다.

40. 일반적으로 센터 드릴에서 사용되는 각도가 아닌 것은?

① 45° ② 60°
③ 75° ④ 90°

해설 공작물이 무거울수록 큰 각의 센터 드릴로 구멍을 가공한다.

정답 » 33. ① 34. ② 35. ③ 36. ② 37. ① 38. ② 39. ① 40. ①

2017년

3과목 금형재료 및 정밀계측

41. 오차의 종류에서 계통오차에 속하지 않는 것은?

① 기기오차 ② 환경오차
③ 우연오차 ④ 이론오차

42. 다음 중 우연오차를 줄일 수 있는 가장 적합한 방법은?

① 기차를 없앤다.
② 시차를 없앤다.
③ 측정 온도를 조절한다.
④ 반복 측정하여 평균치를 취한다.

43. 피치 2.5 mm, 나사산 각 60°인 미터나사를 지름이 1.315 mm인 3침을 넣고 측정한 외측 거리가 20.235 mm일 때 이 나사의 유효지름은 약 몇 mm인가?

① 17.45 ② 18.46
③ 19.47 ④ 20.48

해설 유효 지름 $d_2 = M - 3d_w + 0.866025 \times P$
$= 20.235 - 3 \times 1.315 + 0.866025 \times 2.5$
$= 18.4556 ≒ 18.46\text{mm}$

44. 다음 중 게이지 블록의 평면도 측정에 이용하는 측정기로 가장 적합한 것은?

① 수준기
② 사인 바
③ 광선 정반
④ 비접촉식 3차원 측정기

해설 평면도는 옵티컬 플랫(광선 정반), 평행도는 옵티컬 패럴렐로 측정한다.

45. 다음 중 진원도의 평가 방법과 가장 거리가 먼 것은?

① 최소 영역 기준원법
② 최소 외접 기준원법
③ 최대 내접 기준원법
④ 최대 제곱 기준원법

해설 진원도 평가 방법에는 직경법, 3점법, 반경법이 있으며 반경법에는 최소 제곱 중심법, 최소 외접 중심법, 최대 내접 중심법, 최소 영역 중심법 등이 있다.

46. 다음 중 마이크로미터 평행도 측정에 가장 적합한 것은?

① 석정반 ② 주철 정반
③ 각도 정반 ④ 옵티컬 패럴렐

47. 기계적 콤퍼레이터의 확대 방식에 이용되는 요소가 아닌 것은?

① 기어 ② 레버
③ 마찰차 ④ 비틀림 박편

48. 가공면의 표면 거칠기를 촉각 등으로 비교 측정할 때 표준이 되는 표준편의 종류는?

① 교정용 ② 표준용
③ 참조용 ④ 비교용

49. 테이퍼각이 38°인 원뿔의 테이퍼량은?

① $\frac{1}{1.1213}$ ② $\frac{1}{1.4521}$
③ $\frac{1}{1.9826}$ ④ $\frac{1}{2.3524}$

해설 원뿔의 직경 D와 그 길이 L과의 비 D/L에서 직경 D를 1로 환산한 값을 테이퍼량이라 하고, 각도 α를 테이퍼각이라 한다.

$$\frac{1}{x} = \frac{(D-d)}{L} = 2\tan\frac{\alpha}{2}$$

$$\frac{1}{x} = 2\tan\left(\frac{38°}{2}\right) = 0.68866 = \frac{1}{1.4521}$$

50. 버니어 캘리퍼스의 어미자의 눈금이 1 mm이고 어미자의 눈금 19 mm를 20등분한 것의 최소 측정값은 몇 mm인가?

① 0.01 ② 0.02 ③ 0.05 ④ 0.10

정답 » 41. ③ 42. ④ 43. ② 44. ③ 45. ④ 46. ④ 47. ③ 48. ④ 49. ② 50. ③

51. 다음의 조직 중 경도가 가장 낮은 것은?

① 오스테나이트
② 마텐자이트
③ 펄라이트
④ 페라이트

해설 강 조직의 경도 순서
시멘타이트 > 마텐자이트 > 트루스타이트 > 소르바이트 > 펄라이트 > 오스테나이트 > 페라이트

52. 다음 중 알루미늄 합금이 아닌 것은?

① 실루민 ② 라우탈
③ 콘스탄탄 ④ Y합금

해설 콘스탄탄은 Cu+Ni 45 %의 합금으로 열전대용, 전기저항선에 사용된다.

53. 노멀라이징(normalizing)의 주목적은?

① 조직을 표준화시키기 위해
② 인성을 부여하기 위해
③ 경도를 부여하기 위해
④ 취성을 부여하기 위해

54. 다음 중 금속간 화합물에 대한 설명으로 틀린 것은?

① 높은 용융점을 갖는다.
② Fe_3C는 금속간 화합물이다.
③ 간단한 원자비로 구성되어 있다.
④ 일반 화합물에 비하여 결합력이 강하다.

해설 금속간 화합물은 각 성분의 특성이 없어지며, 일반 화합물에 비하여 결합력이 약하다.

55. Fe-C 평형 상태도에서 α-Fe이 탄소를 고용할 수 있는 최대 한도는 약 몇 %까지 인가?

① 0.025 % ② 0.8 %
③ 2.1 % ④ 4.3 %

56. 상온에서 탄성계수가 거의 변화하지 않는 Fe-Ni-Cr 합금으로 정밀 기기의 재료에 적합한 재료는?

① 엘린바 ② 쾌삭강
③ 규소강 ④ 스프링강

57. 다이캐스트용 알루미늄 합금에서 요구되는 성질로 틀린 것은?

① 유동성이 좋을 것
② 열간 취성이 적을 것
③ 금형에 대한 점착성이 좋을 것
④ 응고 수축에 대한 용탕 보급성이 좋을 것

58. 플라스틱 재료의 일반적 특성으로 틀린 것은?

① 색상이 다양하다.
② 내식성이 우수하다.
③ 자기 윤활성이 풍부하다.
④ 복합화에 의한 재질 개량이 불가능하다.

59. 처음에 주어진 특정 모양의 제품을 인장하거나 소성변형된 제품이 가열에 의하여 원래의 모양으로 돌아가는 현상은?

① 신소재 효과
② 형상기억 효과
③ 초탄성 효과
④ 초소성 효과

60. 다음 중 강의 5대 원소에 해당되지 않는 것은?

① C ② Mn
③ Cr ④ Si

해설 강의 5대 원소는 C, Mn, Si, P, S이다.

2017년

정답 » 51. ④ 52. ③ 53. ① 54. ④ 55. ① 56. ① 57. ③ 58. ④ 59. ② 60. ③

사출금형산업기사

2017년 8월 26일 (제3회)

1과목 금형설계

1. 프레스 금형을 이용하여 제품을 전단할 때 필요한 힘은 실제와 상당히 다르다. 그 원인과 관계 없는 것은?

① 클리어런스
② 생크의 크기
③ 스트리퍼 압력
④ 펀치 다이 날끝의 여유각

2. 프레스 금형을 이용한 제품 생산 시 금형 보호 및 생산성을 향상시키기 위해 사용하는 자동화 장치가 아닌 것은?

① 언코일러 ② NC 롤 피더
③ 핫 러너 시스템 ④ 하사점 검출장치

3. 다음 중 일반 전단 금형에서 다이의 여유각(relief angle) 범위로 적당한 것은?

① 1～3° ② 5～10°
③ 10～20° ④ 30～45°

4. 순차 이송 금형에서 피어싱 가공된 구멍을 이용하여 정확한 가공 소재의 위치를 결정하며, 제품의 형상에 따라 트랜스퍼 금형에도 사용되는 것은?

① 녹아웃 핀 ② 이젝터 핀
③ 파일럿 핀 ④ 사이트 커터

5. 프레스 기계의 능력을 표시하는 요소가 아닌 것은?

① 속도 능력 ② 압력 능력
③ 작업 능력 ④ 토크 능력

해설 프레스 능력 3요소 : 압력 능력, 토크 능력, 작업 능력(일 능력)

6. 다음 중 표준형(형굽힘) V-벤딩 금형에 있어서 적절한 V홈 폭의 크기는?

① 판재 두께의 6배
② 판재 두께의 8배
③ 판재 두께의 10배
④ 판재 두께의 12배

7. 블랭크 지름이 100 mm인 블랭크를 지름 70 mm의 원통으로 드로잉할 때 드로잉률은 얼마인가?

① 0.3 ② 0.49
③ 0.7 ④ 1.43

해설 • 드로잉률 $m = \frac{d}{D_o} \times 100(\%)$

• 한계 드로잉률 $m_1 = \left(\frac{D_p}{D_o}\right)_{\max}$

• 드로잉비 $R = \frac{D_o}{D_p} = \frac{1}{m}$

여기서, d : 제품의 외경, D_p : 펀치의 직경
D_o : 블랭크의 외경

$\therefore m = \frac{70}{100} = 0.7$

8. 피어싱 지름이 13 mm이고, 판 두께가 1.6 mm일 때 직접 파일럿 핀의 지름으로 적절한 것은?

① 12.75 mm ② 12.85 mm
③ 12.95 mm ④ 13.05 mm

해설 파일럿 핀은 피어싱 구멍보다 아래의 표를 참고하여 그 치수만큼 작아야 한다.

소재 두께		0.2	0.3	0.5	0.8	1.0	1.2	1.5	2	3
클리어런스	정밀	0.01		0.02		0.02		0.03	0.04	0.05
	일반	0.02		0.03		0.04		0.05	0.06	0.07

$\therefore 13 - 0.05 = 12.95$ mm

정답 » 1. ② 2. ③ 3. ① 4. ③ 5. ① 6. ② 7. ③ 8. ③

9. 순차 이송 금형(progressive die)에서의 프레스 작업 시 주로 발생하는 트러블 중 파일럿 핀에 소재가 달려 올라가는 문제점을 해결하는 방법으로 적절하지 않은 것은?

① 파일럿 핀의 직각도를 확인한다.
② 파일럿 핀 주위에 세더 핀을 설치한다.
③ 파일럿 구멍에 대한 파일럿 핀 지름을 확대한다.
④ 파일럿 핀 직선부 돌출량을 보통 소재의 (0.3~1.5)t 이내로 적용한다(최소 0.5 mm).

10. 프로그레시브 가공에서 제품에 타흔과 상처가 발생하였을 경우 대책으로 적절하지 않은 것은?

① 적정 클리어런스로 한다.
② 인서트의 떠오름을 방지한다.
③ 프레스의 속도를 빠르게 한다.
④ 리프터 핀, 세더 핀의 모서리에 R을 붙인다.

해설 타흔과 상처가 발생하였을 경우 대책
(1) 스크랩의 떠오름을 방지한다.
(2) 적정한 클리어런스를 준다.
(3) 버의 발생을 방지한다.
(4) 제품의 삽입, 이송의 미스 피드 방지
(5) 금형 부품에 라운딩을 준다.

11. 사출성형에서 유동해석을 할 수 있는 시스템은?

① CAE ② CAM
③ CIM ④ FMS

12. 다음 중 2매 구성 금형과 비교한 3매 구성 금형의 특징을 설명한 것으로 틀린 것은?

① 금형값이 비교적 저렴하다.
② 성형 사이클이 길어지는 것은 피할 수 없다.
③ 성형품과 스프루, 러너 등을 각각 빼내어야 한다.
④ 게이트의 위치를 성형품이 요구하는 위치에 정할 수 있다.

13. 사출 성형기의 구성 중 형체 장치의 분류가 아닌 것은?

① 수직식 ② 직압식
③ 토글식 ④ 직압 토글식

14. 사출성형 작업에서 성형품 이젝터 방식의 종류가 아닌 것은?

① 이젝터 핀 방식
② 앵귤러 핀 방식
③ 에어 이젝팅 방식
④ 스트리퍼 플레이트 방식

15. 게이트에서 충전량을 조정하고 게이트의 급속한 고화를 일으키도록 게이트 단면적을 제한한 게이트의 특징으로 옳은 것은?

① 게이트의 고화시간이 길다.
② 게이트 통과 시 압력손실이 작다.
③ 게이트 부근의 잔류응력이 증가된다.
④ 성형품의 변형, 크랙, 휨을 감소시킨다.

16. 다음 중 위생성이 우수하여 우리가 흔히 마시는 플라스틱 음료수 용기나 간장 용기 등에 이용되는 수지는?

① PET ② PPS
③ PPO ④ PMMA

17. 어떤 성형품의 호칭치수가 200 mm 이며, 성형수축률이 15/1000 일 때, 다음 중 상온에서 적절한 금형 치수는?

① 197 mm ② 199.985 mm
③ 20.015 mm ④ 203 mm

해설 상온에서 금형 치수(M)

2017년

정답 » 9. ③ 10. ③ 11. ① 12. ① 13. ① 14. ② 15. ④ 16. ① 17. ④

$$= \frac{\text{상온에서 성형품 치수}}{1-\text{성형품의 수축률}}$$

$$= \frac{200}{1-0.015} = 203.046 \text{ mm}$$

18. **사출금형에서 표준 게이트의 폭(W)을 구하는 식으로 옳은 것은? (단, n : 수지상수, A : 성형품 외측의 표면적(mm^2)이다.)**

① $W = \frac{\sqrt{A}}{20}$　　② $W = \frac{\sqrt{nA}}{8}$

③ $W = \frac{\sqrt{A}}{30}$　　④ $W = \frac{n\sqrt{A}}{30}$

19. **언더컷 처리기구 설계 방법 중 슬라이드 블록형에 대한 설명으로 틀린 것은?**

① 성형품의 외측에 언더컷이 있을 때 사용한다.

② 주로 캐비티 전체를 대칭적으로 2분할하는 방법이다.

③ 언더컷 부분 또는 이형할 때 장애를 받는 부분만 분할 처리하여 사용한다.

④ 앵귤러 핀, 도그 레그 캠, 판 캠, 공압 및 유압실린더 등에 의해 가동 부분을 작동시킨다.

해설 슬라이드 블록형의 특징

(1) 성형품 외측에 언더컷이 있는 경우에 사용하는 방법으로 언더컷 부분 또는 이형상 장애를 받는 부분만을 부분 분할 처리하는 방법이다.

(2) 경사핀(앵귤러 핀), 도그 레그 캠, 판캠, 공기압·유압 실린더 등에 의해 가동 부분을 이동시킨다.

(3) 타금형에 비하여 구조가 복잡하고 고장이 나면 수리가 어려우므로 구조가 간단하고, 강도가 크고, 작동이 확실하게 되도록 설계한다.

②는 분할 캐비티형에 대한 설명이다.

20. **사출성형할 때 충전 부족(short shot)이 발생하는 원인으로 거리가 먼 것은?**

① 사출기 압력이 낮다.

② 콜드 슬러그 웰이 크다.

③ 수지의 유동성이 나쁘다.

④ 에어벤트 설치가 나쁘다.

해설 충전 부족의 원인으로는 ①, ③, ④ 외에 금형의 체결력 부족, 다수 캐비티 중 일부의 미성형 등이 있다.

2과목 기계가공법 및 안전관리

21. **측정자의 미소한 움직임을 광학적으로 확대하여 측정하는 장치는?**

① 옵티미터(optimeter)

② 미니미터(minimeter)

③ 공기 마이크로미터(air micrometer)

④ 전기 마이크로미터(electrical micrometer)

22. **기어 절삭법이 아닌 것은?**

① 배럴에 의한 법(barrel system)

② 형판에 의한 법(templet system)

③ 창성에 의한 법(generated tool system)

④ 총형 공구에 의한 법(formed tool system)

23. **선반의 주축을 중공축으로 할 때의 특징으로 틀린 것은?**

① 굽힘과 비틀림 응력에 강하다.

② 마찰열을 쉽게 발산시켜 준다.

③ 길이가 긴 가공물 고정이 편리하다.

④ 중량이 감소되어 베어링에 작용하는 하중을 줄여 준다.

24. **다음 중 수직 밀링 머신의 주요 구조가 아닌 것은?**

① 니　　② 칼럼

③ 방진구　　④ 테이블

해설 방진구는 선반에서 긴 공작물을 가공할 때 진동과 원심력에 의한 진동을 억제하기 위한

정답 » 18. ④　19. ②　20. ②　21. ①　22. ①　23. ②　24. ③

부속품이다.

25. TiC 입자를 Ni 혹은 Ni과 Mo를 결합제로 소결한 것으로 구성인선이 거의 발생하지 않아 공구수명이 긴 절삭공구 재료는?

① 서멧　② 고속도강
③ 초경합금　④ 합금 공구강

26. 연삭 깊이를 깊게 하고 이송속도를 느리게 함으로써 재료 제거율을 대폭적으로 높인 연삭 방법은?

① 경면(mirror) 연삭
② 자기(magnetic) 연삭
③ 고속(high speed) 연삭
④ 크립 피드(creep feed) 연삭

27. 밀링 머신 테이블의 이송속도가 720 mm/min, 커터의 날수가 6개, 커터 회전수가 600 rpm 일 때, 1날당 이송량은 몇 mm 인가?

① 0.1　② 0.2
③ 3.6　④ 7.2

해설 1날당 이송량 $f_z = \dfrac{F}{Z \times N}$

여기서, F : 테이블 이송속도(mm/min)
Z : 커터의 날수
N : 회전속도(rpm)

$\therefore\ f_z = \dfrac{720}{6 \times 600} = 0.2$ mm

28. 선반의 가로 이송대에 4 mm 리드로 100 등분 눈금의 핸들이 달려 있을 때 지름 38 mm의 환봉을 지름 32 mm로 절삭하려면 핸들의 눈금은 몇 눈금을 돌리면 되겠는가?

① 35　② 70
③ 75　④ 90

해설 한 눈금의 이송거리(L)

$= \dfrac{l(\text{리드})}{n(\text{등분수})} = \dfrac{4}{100} = 0.04$ mm

가공량 $= 38 - 32 = 6$ mm이므로
선반에서 바이트의 이송깊이는 3 mm이다.

$\therefore$ 눈금수 $= \dfrac{3}{0.04} = 75$

29. 드릴을 가공할 때, 가공물과 접촉에 의한 마찰을 줄이기 위하여 절삭날 면에 주는 각은 어느 것인가?

① 선단각　② 웨브각
③ 날 여유각　④ 홈 나선각

30. 호닝 작업의 특징으로 틀린 것은?

① 정확한 치수 가공을 할 수 있다.
② 표면정밀도를 향상시킬 수 있다.
③ 호닝에 의하여 구멍의 위치를 자유롭게 변경하여 가공이 가능하다.
④ 전 가공에서 나타난 테이퍼, 진원도 등에 발생한 오차를 수정할 수 있다.

31. 주축(spindle)의 정지를 수행하는 NC-code는?

① M02　② M03
③ M04　④ M05

32. 밀링 머신의 테이블 위에 설치하여 제품의 바깥부분을 원형이나 윤곽 가공할 수 있도록 사용되는 부속장치는?

① 더브테일　② 회전 테이블
③ 슬로팅 장치　④ 래크 절삭 장치

33. 비교 측정 방법에 해당되는 것은?

① 사인 바에 의한 각도 측정
② 버니어 캘리퍼스에 의한 길이 측정
③ 롤러와 게이지 블록에 의한 테이퍼 측정
④ 공기 마이크로미터를 이용한 제품의 치수 측정

정답 » 25. ①　26. ④　27. ②　28. ③　29. ③　30. ③　31. ④　32. ②　33. ④

34. 높은 정밀도를 요구하는 가공물, 각종 지그 등에 사용하며 온도 변화에 영향을 받지 않도록 항온·항습실에 설치하여 사용하는 보링 머신은?

① 지그 보링 머신(jig boring machine)
② 정밀 보링 머신(fine boring machine)
③ 코어 보링 머신(core boring machine)
④ 수직 보링 머신(vertical boring machine)

35. 가연성 액체(알코올, 석유, 등유류)의 화재 등급은?

① A급 ② B급 ③ C급 ④ D급

해설 화재 등급 분류

- A급 : 일반 화재(백색)
- B급 : 유류 화재(황색)
- C급 : 전기 화재(청색)
- D급 : 금속 화재(회색, 은색)
- E급 : 가스(LNG, LPG) 화재

36. 지름 75 mm의 탄소강을 절삭속도 150 m/min으로 가공하고자 한다. 가공 길이 300 mm, 이송은 0.2 mm/rev로 할 때 1회 가공 시 가공시간은 약 얼마인가?

① 2.4분 ② 4.4분 ③ 6.4분 ④ 8.4분

해설 가공시간 $T = \frac{l}{nf} \times i$

여기서, T : 가공시간(min)
n : 회전수(rpm)
f : 1회전당 이송(mm/rev)
l : 가공 길이(mm)
i : 가공 횟수

$$n = \frac{1000V}{\pi D} = \frac{1000 \times 150}{\pi \times 75} = 636.9426\,\text{rpm}$$

$$T = \frac{300}{636.94 \times 0.2} \times 1 = 2.35501\,\text{min}$$

37. 합금공구강에 대한 설명으로 틀린 것은 어느 것인가?

① 탄소공구강에 비해 절삭성이 우수하다.
② 저속 절삭용, 총형 절삭용으로 사용된다.
③ 탄소공구강에 Ni, Co 등의 원소를 첨가한 강이다.
④ 경화능을 개선하기 위해 탄소공구강에 소량의 합금 원소를 첨가한 강이다.

해설 합금공구강은 탄소공구강의 담금질성을 좋게 하며, 균열과 비틀림을 방지하기 위하여 Cr, W, V, Si, Ni 등을 첨가하고, 고온 경도를 갖게 한 강으로 Co는 사용하지 않는다.

38. 표면거칠기의 측정법으로 틀린 것은?

① NPL식 측정 ② 촉침식 측정
③ 광 절단식 측정 ④ 현미 간섭식 측정

39. 동일 지름 3개의 핀을 이용하여 수나사의 유효지름을 측정하는 방법은?

① 광학법 ② 삼침법
③ 지름법 ④ 반지름법

40. 연삭 가공에서 내면 연삭에 대한 설명으로 틀린 것은?

① 바깥지름 연삭에 비하여 숫돌의 마모가 많다.
② 바깥지름 연삭보다 숫돌 축의 회전수가 느려야 한다.
③ 연삭숫돌의 지름은 가공물의 지름보다 작아야 한다.
④ 숫돌 축은 지름이 작기 때문에 가공물의 정밀도가 다소 떨어진다.

해설 내면 연삭의 특징

(1) 바깥지름 연삭에 비하여 숫돌의 마멸이 심하다.
(2) 가공도중 안지름을 측정하기 곤란하므로 자동치수 측정장치가 필요하다.
(3) 숫돌의 바깥지름이 작으므로 소정의 연삭속도를 얻으려면 숫돌축의 회전수를 높여야 한다.
(4) 숫돌축의 지름이 작기 때문에 가공물의 정밀도가 다소 떨어진다.

정답 » 34. ① 35. ② 36. ① 37. ③ 38. ① 39. ② 40. ②

3과목 금형재료 및 정밀계측

41. 외측 마이크로미터의 보관 방법 중 잘못된 것은?

① 습기가 없는 곳에 둔다.
② 방청을 위하여 기름을 발라 둔다.
③ 표준온도를 유지하면서 보관한다.
④ 변형 방지를 위하여 앤빌과 스핀들은 밀착시켜 둔다.

해설 앤빌과 스핀들은 밀착시켜 두면 표준온도 이상에서는 구성품이 팽창되므로 이격하여 보관한다.

42. 나사 측정, 기어 측정 등과 같이 계산에 의해서 측정값을 구하는 방법은?

① 직접 측정법 ② 절대 측정법
③ 간접 측정법 ④ 비교 측정법

43. 0점 조정한 수준기(KS 1종)를 정반 면상에 올려 놓았더니 기포가 4눈금 이동하였다. 1 m에 대한 경사량의 높이는?

① 0.6 mm ② 0.8 mm
③ 0.06 mm ④ 0.08 mm

해설 경사된 높이 $h = \dfrac{n \times p \times l}{1000}$

여기서, n : 이동한 눈금수
p : 감도(KS 1종은 0.02)
l : 기준으로 정한 길이

$\therefore h = \dfrac{4 \times 0.02 \times 1000}{1000} = 0.08 \text{ mm}$

※ 수준기의 감도
- 특종 (0.01 mm/m, 2초)
- 제1종 (0.02 mm/m, 4초)
- 제2종 (0.05 mm/m, 10초)
- 제3종 (0.1 mm/m, 20초)

44. 게이지 블록은 KS 규정에 따라 치수 안정도를 몇 개의 등급으로 구분하는가?

① 4개 ② 6개 ③ 8개 ④ 10개

45. 나사의 피치, 나사산의 형상, 기어 이의 크기 등을 측정할 때 가장 적합한 공구현미경의 부속품은?

① 각도 접안렌즈 ② 형판 접안렌즈
③ 광학적 접촉각 ④ 이중상 접안렌즈

46. 허용공차 이내에 있는 제품을 측정할 경우 한계 게이지에 대한 설명 중 올바른 것은 어느 것인가?

① 양쪽 다 통과하도록 되어 있다.
② 양쪽 다 통과하지 않도록 되어 있다.
③ 한쪽은 통과하고, 다른 한쪽은 통과하지 않도록 되어 있다.
④ 한쪽은 헐겁게, 다른 한쪽은 빡빡하게 통과되도록 되어 있다.

47. 지름 20 mm의 축을 제작한 결과 다음의 "A, B, C, D"로 4개가 제작되었을 때, 오차율 0.02 까지를 합격선으로 한다면 합격품은 어느 것인가?

A : 20.45 mm	B : 19.65 mm
C : 19.55 mm	D : 21.05 mm

① B ② A, B
③ D ④ C, D

해설 오차율 $= \dfrac{|\text{이론값} - \text{측정값}|}{\text{이론값}}$

A : $\dfrac{|20-20.45|}{20} = 0.0225$

B : $\dfrac{|20-19.65|}{20} = 0.0175$

C : $\dfrac{|20-19.55|}{20} = 0.0225$

D : $\dfrac{|20-21.05|}{20} = 0.0525$

오차율 0.02 이내 값은 0.0175이므로 합격품은 B이다.

48. 버니어 캘리퍼스에서 어미자의 눈금선 간격이 0.5 mm이고, 어미자의 19.5 mm를 아

정답 » 41. ④ 42. ③ 43. ④ 44. ① 45. ② 46. ③ 47. ① 48. ③

들자에서 20등분하였다면 최소 읽음 값은 몇 mm인가? (단, 실제 제작되는 버니어 캘리퍼스와 관계없이 이론적으로 계산한다.)

① $\frac{1}{10}$ mm ② $\frac{1}{20}$ mm
③ $\frac{1}{40}$ mm ④ $\frac{1}{50}$ mm

해설 $C=\frac{S}{n}=\frac{0.5}{20}=\frac{1}{40}=0.025$ mm

여기서, C : 최소 읽음 값
S : 어미자 한 눈금의 간격(mm)
n : 아들자의 등분 수

49. 다음 중 한계 게이지의 종류가 아닌 것은 어느 것인가?

① 스냅 게이지 ② 틈새 게이지
③ 링 게이지 ④ 플러그 게이지

50. 나사의 피치가 2.5 mm인 미터나사의 유효지름 측정 시 가장 적합한 3침법의 지름은 어느 것인가?

① 1.443 mm ② 1.553 mm
③ 1.691 mm ④ 1.764 mm

해설 $d_2=\frac{P}{2\cos\frac{\alpha}{2}}=0.57735\times P$

$=0.57735\times 2.5=1.4435$ mm

나사의 3선(침)법에 의한 산출방식

나사의 종류(표시)	산의 각도	최적 선의 지름	3선법에 의한 산출식
미터(M) 유니파이(U), ABC 애크미(Acme)	60°	0.57735 $\times P$	• 바깥지름 기준 $M=d_2-1.516\times P+3d$ • 유효지름 기준 $(\sin 60°=0.866025)$ $d_2=M-0.86603\times P+3d$
휘트워드(W)	55°	0.5637 $\times P$	• 바깥지름 기준 $M=d_2-1.60082\times P+3.166d$ • 유효지름 기준 $d_2=M-0.960491\times P+3.166d$

여기서, M : 삼침의 바깥을 실제로 측정한 길이
d : 삼침의 지름, P : 나사의 피치
d_2 : 나사의 유효지름

51. 다음 열처리 방법 중 표면경화법에 해당하는 것은?

① 침탄법 ② 뜨임법
③ 풀림법 ④ 항온처리법

52. 다음 가단주철의 성질을 설명한 것 중 틀린 것은?

① 주조성이 우수하다.
② 담금질(燒入) 경화성이 없다.
③ 경도는 Si 량이 많을수록 높다.
④ 내충격성, 내열성이 우수하고 절삭성이 좋다.

해설 가단주철은 백주철을 열처리하여 가단성을 부여한 것으로 흑심가단주철과 백심가단주철이 있으며 균열을 방지하여 단조가 가능하다.

53. 형상기억 효과와 같이 특정한 모양의 제품을 인장하여 탄성한도를 넘어서 소성 변화를 시킨 경우에도 하중을 제거하면 원래 상태로 돌아가는 성질을 무엇이라 하는가?

① 초연성 효과 ② 초변형 효과
③ 초탄성 효과 ④ 초소성 효과

54. 다음 중 구리 및 그 합금에 대한 설명으로 틀린 것은?

① 황동은 Cu + Zn 합금이다.
② 구리는 체심입방격자이며, 소성변형이 없다.
③ 7-3 황동에 Sn을 약 1% 첨가한 합금을 애드미럴티 합금이라 한다.
④ 구리는 비자성체이며, 금속 중 은(Ag) 다음으로 열전도율이 좋다.

정답 » 49. ② 50. ① 51. ① 52. ② 53. ③ 54. ②

55. 다음 중 열가소성 수지에 해당하는 것은 어느 것인가?

① 페놀 수지
② 에폭시 수지
③ 멜라민 수지
④ 폴리에틸렌 수지

해설 열경화성 수지 : 멜라민 수지, 에폭시 수지, 페놀 수지, 우레아 수지 등

56. 금형재료로 요구되는 성질이 아닌 것은 어느 것인가?

① 인성과 내마모성이 좋아야 한다.
② 시장성과 가격이 저렴하여야 한다.
③ 내압축 및 고온강도가 낮아야 한다.
④ 열처리 변형이 적어야 한다.

57. Fe-C 평형 상태도에서 나타나는 조직 중에서 금속간 화합물에 해당하는 것은?

① ferrite
② cementite
③ pearlite
④ austenite

해설 탄화철(Fe_3C)인 시멘타이트는 고용체라기보다는 금속간 화합물로서 6.67 %의 탄소를 함유하고 있다.

58. Fe-C 평형 상태도에서 탄소함유량이 약 0.8 ~ 2.0 %C 이하인 강은?

① 공석강 ② 과공석강
③ 아공석강 ④ 과공정 주철

해설 탄소함유량
- 아공석강 : 0.85 %C 이하
- 공석강 : 0.85 %C
- 과공석강 : 0.85~1.7 %C
- 과공정 주철 : 4.3 %C 이상

59. 기계재료의 파단면을 관찰해 보면 무수히 많은 입자로 구성되어 있는 것을 알 수 있다. 이렇듯 결정체를 이루고 있는 각 결정체를 무엇이라 하는가?

① 결정립자 ② 고용체
③ 공정 ④ 쌍정

60. 강 중의 수소에 의해 발생하는 강괴의 결함은?

① 수축공 ② 편석
③ 수축관 ④ 백점

해설 ② 편석 : 금속의 처음 응고부와 차후 응고부의 농도차가 있는 것(불순물이 주원인)
④ 백점(flake) : H_2 가스에 의해서 금속 내부에 백색의 점상으로 나타난다.

정답 » 55. ④ 56. ③ 57. ② 58. ② 59. ① 60. ④

사출/프레스금형설계기사

2017년 5월 7일 (제2회)

1과목 금형설계

1. 사출금형 부품인 스프루 부시 설계에 대한 설명으로 옳은 것은?

① 스프루 구멍의 테이퍼는 1° 이하로 한다.
② 스프루 길이는 될 수 있는 한 길게 하는 것이 좋다.
③ 스프루 입구의 R은 노즐 선단 r보다 1~2 mm 정도 작게 한다.
④ 스프루 부시 직경은 노즐 선단 직경보다 0.5~1 mm 정도 크게 한다.

해설 스프루 부시 설계 시 유의사항
(1) 스프루 부시 R은 노즐 선단 r보다 1 mm 정도 큰 것이 좋다.
(2) 스프루 입구의 지름 D는 노즐 구멍 지름 d보다 0.5~1.0 mm 정도 크게 한다.
(3) 스프루 길이는 될 수 있는 한 짧은 편이 좋다.
(4) 스프루 구멍 테이퍼는 2~4°이다.

2. 다음 중 PET병과 같은 용기를 성형하는 데 적합한 성형법은?

① 압축 성형
② 압출 성형
③ 캘린더 성형
④ 블로(중공) 성형

3. 용융된 수지가 금형의 캐비티 내에서 분기하여 흐르다가 합류한 부분에 선이 생기는 현상을 무엇이라 하는가?

① 싱크마크 ② 웰드라인
③ 충전부족 ④ 플로마크

4. 사출 성형기에서 스크루 선단의 지름이 56 cm, 램의 지름은 82 cm, 램에 걸리는 유압이 260 kgf/cm^{2}일 때, 사출압력(kgf/cm^2)은 약 얼마인가?

① 38.1 ② 55.8
③ 380.7 ④ 557.5

해설 사출압력(injection pressure)

$$P = 10^3 \times \frac{F}{\frac{\pi D^2}{4}} = \frac{D_0^2}{D^2} \times P_0 [\text{kgf/cm}^2]$$

여기서, D_0 : 실린더의 지름(cm)
D : 플런저 또는 스크루의 지름(cm)
P_0 : 유압(kg/cm^2)

$$\therefore P = \frac{82^2}{56^2} \times 260 = 577.475 \text{ kgf/cm}^2$$

5. 에어 이젝트 방식에 대한 설명으로 틀린 것은?

① 에어밸브에는 리턴 핀이 필요하다.
② 이젝트 플레이트 조립기구가 필요 없다.
③ 코어형과 캐비티형 중 어느 것에도 사용이 가능하다.
④ 성형품과 코어 사이의 진공에 의한 문제점을 해결할 수 있다.

6. 러너리스 금형의 특징으로 틀린 것은?

① 금형설계 및 보수에 고도의 기술이 요구된다.
② 성형품의 형상 및 사용 수지에 제한이 따른다.
③ 성형 개시를 위한 준비에 긴 시간이 소요된다.
④ 스프루나 러너의 재처리에 따르는 비용이 증가한다.

7. 다음 수지 중 성형수축률이 가장 작은 것은 어느 것인가?

① PE ② PP
③ ABS ④ POM

해설 각종 수지의 성형수축률 : ABS(0.5 %),

정답 » 1. ④ 2. ④ 3. ② 4. ④ 5. ① 6. ④ 7. ③

PE(1.5~2.5 %), PP(0.8 %), POM(2~3.5 %), PVC(연질 : 2.5 %, 경질 : 0.3~0.4 %), PC(0.6 %), SAN(0.45 %), PMMA(0.5 %), PS(0.4 %), AS(0.3 %)

8. **파팅 라인의 위치 선정에 대한 설명으로 틀린 것은?**

① 제품의 조립부 부분은 피한다.
② 언더컷을 피할 수 있는 곳으로 택한다.
③ 눈에 잘 보이는 위치 또는 형상으로 한다.
④ 금형 열림의 방향에 수직인 평면으로 한다.

해설 파팅 라인의 위치 선정 시 유의사항
(1) 눈에 잘 띄지 않는 위치 또는 형상으로 한다.
(2) 마무리가 잘 될 수 있는 위치에 있도록 한다.
(3) 언더컷이 없는 부위를 택한다.
(4) 금형의 공작이 용이하도록 부위를 정한다.
(5) 게이트의 위치 및 그 형상을 고려한다.
(6) 금형의 고정측 형판과 이동측 형판이 다소 어긋남이 생겨도 파팅 라인은 눈에 띄지 않도록 한다.

9. **다음 중 앵귤러 핀의 각도가 20°일 때 적절한 로킹 블록의 각도는 얼마인가?**

① 14° ② 16°
③ 19° ④ 22°

해설 경사 핀의 경사각(ϕ)은 일반적으로 10° 정도가 적당하며 최대 25° 이하가 바람직하다. 경사 핀의 모따기 각도는 보통 ϕ+5°이며, 로킹 블록의 각도는 ϕ보다 2~3° 크게 한다.

10. **사출성형에서 CAE를 이용한 냉각해석 시 입력 조건과 관련 없는 것은?**

① 온도 경계 조건
② 냉각수 회로 특성
③ 수지의 배향 조건
④ 캐비티의 두께와 재질

11. **전단 가공된 제품을 정확한 치수로 다듬질하거나 전단면을 깨끗하게 가공하기 위한, 전단 가공을 무엇이라 하는가?**

① 노칭 ② 셰이빙
③ 슬리팅 ④ 트리밍

12. **드로잉 가공 제품의 쇼크 마크에 대한 설명으로 틀린 것은?**

① 드로잉 속도가 빠를 때 생긴다.
② 재드로잉 펀치의 모서리 반경이 클 때 생긴다.
③ 펀치 또는 다이의 모서리 반경이 작을 때 생긴다.
④ 용기의 측벽에 생기는 작은 홈 모양의 고리를 말한다.

해설 쇼크 마크(shock mark)의 원인 : 펀치, 다이의 모서리 반경이 작을 경우, 재료가 너무 연질인 경우, 쿠션 압력이 너무 클 경우, 드로잉 속도가 너무 빠를 경우

13. **다음 드로잉 금형의 구조에서 ⓐ가 지시하는 부품의 명칭은?**

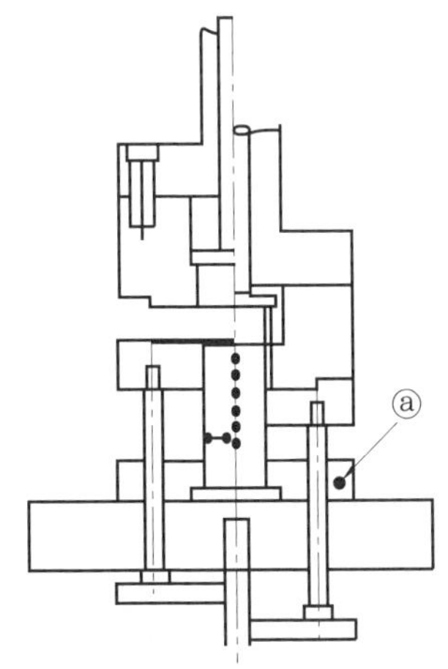

① 녹아웃
② 다이 홀더
③ 녹아웃 로드
④ 펀치 플레이트

정답 » 8. ③ 9. ④ 10. ③ 11. ② 12. ② 13. ④

2017년

14. 전단력을 줄이기 위하여 펀치 또는 다이의 절삭날에 각도를 주는 것을 무엇이라 하는가?

① 굽힘각 ② 시어각
③ 릴리프각 ④ 클리어런스

15. 프로그레시브 프레스 작업을 자동화하기 위한 주변 장치로서 적합하지 않은 것은?

① 텀블러 ② 레벨러
③ 롤 피더 ④ 언코일러

16. 굽힘 가공(bending) 시 스프링 백 현상의 원인과 관계가 없는 것은?

① 펀치의 R이 크다.
② 굽힘 깊이가 깊다.
③ 클리어런스가 크다.
④ 녹아웃 압력이 낮다.

17. 두께가 5 mm이고 굽힘길이가 2000 mm이며 연강판 인장강도가 40 kgf/mm^{2}인 재료를 90도로 V굽힘 가공을 하려고 한다. 다이 어깨폭이 판 두께의 8배이고 굽힘 반지름이 판 두께의 1.2배일 때, 필요한 힘은 몇 ton인가? (단, 보정계수는 1.33으로 한다.)

① 79.8 ② 76.5
③ 66.5 ④ 56.5

해설 굽힘력 $P_V = \dfrac{k_1 \cdot \sigma_b \cdot b \cdot t^2}{1000L}$ [ton]

여기서, σ_b : 재료의 인장강도(kgf/mm^2)
t : 판 두께(mm)
L : 다이 어깨폭 길이(mm)
k_1 : 보정계수(= 1.33)
b : 굽힘길이(mm)

$\therefore P_V = \dfrac{1.33 \times 40 \times 2000 \times 5^2}{1000 \times (5 \times 8)} \fallingdotseq 66.5$ ton

18. 스트리퍼(stripper)의 기능에 대한 설명 중 틀린 것은?

① 펀치의 강도를 보강하는 기능을 가지고 있다.
② 소재의 변형 방지 및 펀치의 안내를 하여 준다.
③ 소재를 펀치로부터 빼주는 기능을 가지고 있다.
④ 스트리퍼는 항상 하형에 다이와 함께 고정되어 있다.

19. 아이어닝률을 구하는 식으로 옳은 것은? (단, 가공 전의 판 두께는 t_0, 가공 후의 판 두께는 t_1이다.)

① $\dfrac{t_0 - t_1}{t_0} \times 100$ ② $\dfrac{t_1 - t_0}{t_0} \times 100$
③ $\dfrac{t_0 - t_1}{t_1} \times 100$ ④ $\dfrac{t_1 - t_0}{t_1} \times 100$

20. 다음 중 트랜스퍼 금형에 대한 설명으로 틀린 것은?

① 대량생산이 용이하다.
② 중간 열처리 공정 삽입이 가능하다.
③ 프레스에 여러 개의 다이 세트가 설치된다.
④ 트랜스퍼 바(transfer bar)라는 이송 장치를 사용한다.

2과목 기계제작법

21. 진공 중에서 용접하는 방법으로 일반 금속의 접합뿐만 아니라 내화성 금속, 매우 산화되기 쉬운 금속에 적합한 용접법은?

① 레이저용접 ② 전자빔용접
③ 초음파용접 ④ TIG 용접

22. 쇼트 피닝(shot peening)에 대한 설명으로 틀린 것은?

정답 » 14. ② 15. ① 16. ② 17. ③ 18. ④ 19. ① 20. ② 21. ② 22. ②

① 쇼트 피닝은 얇은 공작물일수록 효과가 크다.
② 가공물 표면에 작은 해머와 같은 작용을 하는 형태로 일종의 열간 가공법이다.
③ 가공물 표면에 가공 경화된 잔류압축 응력층이 형성된다.
④ 반복하중에 대한 피로파괴에 큰 저항을 갖고 있기 때문에 각종 스프링에 널리 이용된다.

23. 다음 중 연삭입자를 사용하지 않는 가공법은?

① 버핑　② 호닝
③ 버니싱　④ 래핑

24. 연삭 숫돌에서 눈메움(loading)의 발생 원인으로 가장 거리가 먼 것은?

① 연삭 숫돌 입도가 너무 작거나 연삭 깊이가 클 경우
② 숫돌의 조직이 너무 치밀한 경우
③ 연한 금속을 연삭할 경우
④ 숫돌의 원주 속도가 너무 클 경우

해설 연삭숫돌의 눈메움(로딩) 발생 원인
(1) 입도의 번호와 연삭 깊이가 너무 클 경우
(2) 조직이 치밀할 때
(3) 숫돌의 원주 속도가 너무 느릴 경우

25. 다음 중 고속회전 및 정밀한 이송기구를 갖추고 있으며, 다이아몬드 또는 초경합금의 절삭공구로 가공하는 보링 머신으로 정밀도가 높고 표면거칠기가 우수한 내연기관 실린더나 베어링 면을 가공하기에 적합한 것은?

① 보통 보링 머신　② 코어 보링 머신
③ 정밀 보링 머신　④ 드릴 보링 머신

26. 다음 연삭 숫돌의 표시 방식에서 V가 나타내는 것은?

WA46KmV

① 무기질 입도　② 무기질 결합제
③ 유기질 입도　④ 유기질 결합제

해설 WA : 숫돌 입자, 46 : 입도, K : 결합도
m : 조직, V : 결합제

27. 절삭공구로 공작물을 가공 시 유동형 칩이 발생하는 조건으로 틀린 것은?

① 절삭깊이가 클 때
② 연성 재료를 가공할 때
③ 경사각이 클 때
④ 절삭속도가 빠를 때

해설 유동형 칩의 발생 원인
(1) 절삭속도가 클 때
(2) 바이트의 경사각이 클 때
(3) 절삭깊이가 작을 때
(4) 윤활성이 좋은 절삭제를 사용할 때
(5) 연강, Cu, Al 등의 연성이 많은 재료를 가공할 때

28. 다음 중 냉간 가공의 특징이 아닌 것은?

① 결정 조직의 미세화 효과가 있다.
② 정밀한 가공으로 치수가 정확하다.
③ 가공면이 깨끗하고 아름답다.
④ 강도 증가와 같은 기계적 성질을 개선할 수 있다.

29. 다음 중 보석, 유리, 자기 등을 정밀 가공하는 데 가장 적합한 가공 방법은?

① 전해 연삭　② 방전 가공
③ 전해 연마　④ 초음파 가공

해설 ①~③은 전기에 도체인 소재에 한하여 가공이 가능하다.

30. 일반적으로 봉재의 지름이나 판재의 두께를 측정하는 게이지는?

① 와이어 게이지　② 틈새 게이지

2017년

정답 » 23. ③　24. ④　25. ③　26. ②　27. ①　28. ①　29. ④　30. ①

③ 반지름 게이지　④ 센터 게이지

31. 다음 중 목형 제작 시 주형이 손상되지 않고 목형을 주형으로부터 뽑아내기 위한 것은 어느 것인가?

① 코어 상자　② 다월 핀
③ 목형 구배　④ 코어

32. 두께 2 mm의 연강판에 지름 20 mm의 구멍을 뚫을 때 필요한 전단력의 크기는 약 몇 kN인가? (단, 판의 전단저항은 250 N/mm^2 이다.)

① 18.24　② 26.87
③ 31.42　④ 42.55

해설 전단력 $P = L \times t \times \tau$
여기서, L : 전단가공길이(mm)
t : 두께(mm)
τ : 전단저항(N/mm^2)
$\therefore P = (20 \times \pi) \times 2 \times 250 = 31.416$ kN

33. 가공의 영향으로 생긴 스트레인이나 내부 응력을 제거하고 미세한 표준조직으로 기계적 성질을 향상시키는 열처리법은?

① 소프트닝　② 보로나이징
③ 하드 페이싱　④ 노멀라이징

34. 일반적으로 화학적 가공공정 순서가 가장 적절한 것은?

① 청정 – 마스킹(masking) – 에칭(etching) – 피막 제거 – 수세
② 청정 – 수세 – 마스킹(masking) – 피막 제거 – 에칭(etching)
③ 마스킹(masking) – 에칭(etching) – 피막 제거 – 청정 – 수세
④ 에칭(etching) – 마스킹(masking) – 청정 – 피막 제거 – 수세

해설 화학적 가공(CHM)은 소재를 부식액 속에 넣고 화학반응을 일으켜 소재의 표면을 필요한 형태로 가공하는 것으로 특징은 다음과 같다.
(1) 소재의 경도나 강도에 무관하게 가공한다.
(2) 전체의 표면을 동시에 가공한다.
(3) 가공 경화나 변질층이 없다.
※ 순서 : 청정–마스킹–에칭–피막 제거–수세

35. 다음 중 심랭 처리의 목적으로 가장 적절한 것은?

① 잔류 오스테나이트를 마텐자이트화시키는 것
② 잔류 마텐자이트를 오스테나이트화시키는 것
③ 잔류 펄라이트를 오스테나이트화시키는 것
④ 잔류 소르바이트를 마텐자이트화시키는 것

36. 주물을 제작할 때 생사형 주형의 경우, 주물 중량을 500 kg, 주물의 두께에 따른 계수를 2.2라 할 때 주입시간은 약 몇 초인가?

① 33.8　② 49.2
③ 52.8　④ 56.4

해설 주입시간 $T = K\sqrt{W}$ [s]
여기서, K : 계수
W : 주물 중량(kg)
$\therefore T = 2.2\sqrt{500} = 49.193$ s

37. 공작기계의 회전 속도열에서 다음 중 가장 많이 사용되는 것은?

① 등차급수 속도열　② 등비급수 속도열
③ 대수급수 속도열　④ 조화급수 속도열

38. 주철을 저속으로 절삭할 때 나타나는 것으로 순간적인 균열이 발생하여 생기는 칩의 형태는?

① 유동형(flow type)
② 전단형(shear type)
③ 열단형(tear type)

정답 » 31. ③　32. ③　33. ④　34. ①　35. ①　36. ②　37. ②　38. ④

④ 균열형(crack type)

39. 다음 중 각도 측정 게이지가 아닌 것은?

① 하이트 게이지 ② 오토콜리메이터
③ 수준기 ④ 사인 바

해설 각도 측정 게이지의 종류에는 직각자, 콤비네이션 세트, 사인 바, 각도 게이지, 수준기, 광학식 각도계, 오토콜리메이터 등이 있다.

40. 테르밋 용접(thermit welding)에 대한 설명으로 옳은 것은?

① 피복 아크 용접법 중의 한 가지 방법이다.
② 산화철과 알루미늄의 반응열을 이용한 방법이다.
③ 원자수소의 발열을 이용한 방법이다.
④ 액체 산소를 사용한 가스용접법의 일종이다.

해설 산화철과 알루미늄 분말에 합금 원소 등을 첨가해 용접용으로 조정된 테르밋제를 이용한 테라밋 용접기로 주강, 연강, 철도궤도 등의 금속부품들을 결합시킨다.

3과목 금속재료학

41. 다음 중 Ag-Cu 합금에 해당되는 것은?

① 스텔라이트(stellite)
② 핑크 골드(pink gold)
③ 스털링 실버(sterling silver)
④ 화이트 골드(white gold)

해설 스털링 실버(sterling silver)는 은(Ag) 92.5 %, 구리(Cu) 7.5 %의 합금이다.

42. 반도체 기판으로 사용되며 단결정, 다결정, 비정질의 3종으로 사용되는 금속은?

① W ② Si
③ Ni ④ Cr

43. 경질 합금의 소결 고온압착법(hot press method)에 대한 설명으로 틀린 것은?

① 완성치수와 가까운 형상의 것을 얻을 수 있다.
② 로 내에서 1개씩 소결되므로 다량 생산방식을 사용할 수 없다.
③ 소결온도와 압력을 잘못 조절하면 액상이 주위에 배어 나와 편석을 일으킨다.
④ 조직이 조대하고 경도는 향상되며, 상온에서 압착한 소결체보다 표면조도가 낮다.

44. 정적인 하중으로 파괴를 일으키는 응력보다 훨씬 낮은 응력으로도 반복하여 하중을 가하면 결국 재료가 파괴되는 현상은?

① 피로 현상 ② 에릭센 현상
③ 항복 응력 현상 ④ 크리프 한도 현상

45. 다음 중 Mg 및 그 합금에 대한 설명으로 옳은 것은?

① Mg은 실용 재료로 비중이 약 8.5로 무거운 금속이다.
② 비강도(比强度)가 작아서 휴대용 기기나 항공 우주용 재료로는 사용할 수 없다.
③ Mg은 고온에서 매우 비활성이므로 분말이나 절삭은 발화의 위험이 없다.
④ 고순도의 제품에서는 내식성이 우수하나 저순도 제품에서는 떨어지므로 표면피막처리가 필요하다.

46. 분말야금법(powder metallurgy)에 대한 설명으로 틀린 것은?

① 경하고 취약한 금속제품의 단조가 가능하다.
② 통상의 용융방법으로는 얻을 수 없는 고융점 금속재료의 제조에 응용할 수

정답 » 39. ① 40. ② 41. ③ 42. ② 43. ④ 44. ① 45. ④ 46. ①

있다.

③ 재료를 용해하지 않으므로 용기나 탈산제 등에서 오는 불순물의 혼입이 없이 순수한 금속을 제조할 수 있다.

④ 부분적 용해는 있으나 전부 또는 대부분이 용해되는 일이 없으므로 각 성분 금속의 배합비대로 분말의 혼합이 균일하면 균일 제품이 얻어진다.

47. Al-Cu-Si계 합금으로서 Si를 넣어 주조성을 개선하고 Cu를 첨가하여 피삭성을 향상시킨 합금은?

① Y합금
② 라우탈(lautal)
③ 로엑스(Lo-Ex) 합금
④ 하이드로날륨(hydronalium)

해설 (1) Y합금(내열합금) : Al-Cu-Ni-Mg
(2) 로엑스 합금 : Al-Si-Mg
(3) 하이드로날륨 : Al-Mg
(4) 실루민 : Al-Si

48. 5~20 % Zn 황동으로 빛깔이 금빛에 가까우며 금박 및 금분의 대용품으로 사용되는 것은 어느 것인가?

① 톰백(tombac)
② 문츠 메탈(muntz metal)
③ 하드 브라스(hard brass)
④ 델타 메탈(delta metal)

49. 베어링용 합금 중에서 고하중 고속 전용 베어링으로 적합하며 주석계 화이트 메탈이라 불리는 합금은?

① 오일라이트(oilite)
② 바이메탈(bimetal)
③ 반메탈(bahn metal)
④ 배빗메탈(babbit metal)

해설 배빗메탈(babbitt metal)은 미끄럼 베어링용의 합금으로 화이트 메탈이라고도 불린다. 일반적인 배빗메탈의 조성은 90 % 주석-10 % 구리, 89 % 주석-7 % 안티몬-4 % 구리, 80 % 납-15 % 안티몬 -5 % 주석이며 고하중용의 합금이므로 미끄럼 베어링으로 이용된다.

50. 게이지용 강의 특징을 설명한 것 중 틀린 것은?

① 내식성이 좋을 것
② 마모성이 크고 경도가 높을 것
③ 담금질에 의한 변형이 적을 것
④ 오랜 시간 경과하여도 치수의 변화가 적을 것

51. 초강인강에 있어 예리한 노치를 넣은 다음 항복강도보다 낮은 정적 인장응력을 가하면 어느 시간 후에 갑자기 파괴되는 지체파괴(delayed fracture)현상이 나타난다. 이러한 지체파괴의 원인을 설명한 것 중 틀린 것은?

① 잔류응력이 있을 때
② 응력집중부가 있을 때
③ 압축응력이 있을 때
④ 강재의 강도 수준이 높을 때

52. 철강에 함유되는 원소 중 Fe와 반응하여 저융점의 화합물을 형성하여 열간 가공 시에 고온(적열) 취성을 일으키는 원소는?

① N ② S ③ O ④ P

해설 적열 취성(red shortness)은 황(S)이 많은 강에서 고온(900℃ 이상)일 때 메짐(강도는 증가, 연신율은 감소)이 나타나는 현상이다.

53. 강과 비교하여 회주철의 특징을 설명한 것 중 틀린 것은?

① 감쇠능이 크다.
② 피삭성이 좋다.
③ 탄성계수가 높다.
④ 인장강도에 비해 압축강도가 높다.

정답 » 47. ② 48. ① 49. ④ 50. ② 51. ③ 52. ② 53. ③

54. 강 중에 비금속 개재물의 영향을 설명한 것으로 틀린 것은?

① 재료 내부에 점재하여 인성을 해친다.
② 강에 백점이나 헤어 크랙의 원인이 된다.
③ 산화철, 알루미나 등은 단조나 압연 중에 균열을 일으킨다.
④ 열처리하였을 때 개재물로부터 균열을 일으키기 쉽다.

55. 쾌삭강(free cutting steel)에 관한 설명으로 틀린 것은?

① 연(Pb)쾌삭강에서 Pb는 미립자로 존재한다.
② 황복합쾌삭강은 S와 Pb를 동시에 첨가한 초쾌삭강이다.
③ 황쾌삭강에서 MnS는 열간 가공 시 압연방향과 직각방향의 기계적 성질을 다르게 한다.
④ 칼슘쾌삭강은 쾌삭성을 높이고 기계적 성질을 저하시킨 강이다.

56. 고속도공구강에 대한 설명 중 틀린 것은?

① 대표적인 표준 조성으로는 18 %W-4 % Cr-1 %V이다.
② 적열경도를 유지시키기 위하여 W를 첨가한다.
③ 내산화성과 경도를 높이기 위하여 Pb를 첨가한다.
④ 고속도공구강은 고합금강이며 고속절삭에 사용한다.

57. Fe 52 %, Ni 36 %, Cr 12 %의 합금으로 고급시계나 정밀저울 등의 스프링 및 정밀기계 부품에 사용하는 것은?

① 엘린바 ② 라우탈
③ 덕타일 ④ 미하나이트

58. 질화강(nitriding steel)의 특징으로 옳은 것은?

① 경화층은 두껍고 경도가 침탄한 것보다 낮다.
② 마모 부식에 대한 저항이 낮다.
③ 피로강도가 크다.
④ 고온강도가 낮다.

해설 질화강의 특징
(1) 경도가 높다.
(2) 열처리가 불필요하다.
(3) 수정이 불가능하다.
(4) 질화 시간이 오래 걸린다.
(5) 변형이 적고 여리다.

59. 금속의 일반적 특성이 아닌 것은?

① 전기의 양도체이다.
② 연성 및 전성이 크다.
③ 금속 고유의 광택을 갖는다.
④ 액체 상태에서 결정구조를 가진다.

60. 주철의 성장을 방지하는 방법으로 틀린 것은?

① C 및 Si의 양을 적게 한다.
② 구상흑연을 편상화시킨다.
③ 흑연의 미세화로 조직을 치밀하게 한다.
④ Cr, Mo, V 등을 첨가하여 펄라이트 중의 Fe_3C 분해를 막는다.

4과목 정밀계측

61. 0점 조정한 KS 1종(0.02 mm/m) 수준기를 정밀 정반면에 올려놓았더니 기포가 2눈금 이동하였다. 길이가 200 mm인 수준기 양 끝단 정반면의 높이차는 얼마인가?

① 0.008 mm ② 0.02 mm
③ 0.04 mm ④ 0.06 mm

정답 » 54. ② 55. ④ 56. ③ 57. ① 58. ③ 59. ④ 60. ② 61. ①

해설 높이차 H

$= \frac{\text{정밀도}}{1000} \times \text{이동눈금수} \times \text{수준기 길이(mm)}$

$\therefore H = \frac{0.02}{1000} \times 2 \times 200 = 0.008 \text{ mm}$

62. 지름 20 mm, 길이 1 m의 연강봉의 길이를 측정할 때 0.6 μm의 압축이 있었다고 할 경우, 측정력은 몇 N인가? (단, 봉의 굽힘은 없으며, 세로탄성계수는 210 GPa이다.)

① 5.6 ② 39.6

③ 134.6 ④ 205.6

해설 피측정물을 측정력이 작용하는 사이에 넣으면 힘이 가해진 방향으로 압축이 생긴다. 이를 훅의 법칙이라 하며 훅의 법칙에 의한 길이의 변형은 다음과 같다.

$\Delta L = \frac{Pl}{AE}$, $P = \frac{\Delta L \times AE}{l}$

여기서, ΔL : 길이의 변화량(mm)

A : 단면적(mm^2)

l : 단면 간의 거리(mm)

P : 하중(kgf)

E : 세로탄성계수(kgf/mm^2)

단면적 $A = \frac{\pi D^2}{4} = \frac{3.14 \times 20^2}{4} = 314 \text{ mm}^2$

$\therefore P = \frac{0.6 \times 10^{-3} \times 314 \times 210 \times 10^9 \times 10^{-6}}{1000}$

$= 39.564 \text{N}$

63. 수준기의 1눈금을 2 mm로 하고 감도를 1′으로 하고자 할 때 기포관의 곡률반지름은 약 얼마인가?

① 3.4 m ② 6.9 m

③ 42 m ④ 106 m

해설 $\rho = 206265 \times \frac{\alpha}{R}$

여기서, ρ : 1눈금의 경사에 해당하는 각도(초)

α : 한 눈금의 길이(mm)

R : 곡률반지름(mm)

$\therefore R = \frac{206265 \times 2}{60} = 6875.5 \text{mm} \fallingdotseq 6.9 \text{m}$

64. 아베의 원리에 부적합한 측정기는?

① 나사 마이크로미터

② 외측 마이크로미터

③ 그루브 마이크로미터

④ 포인트 마이크로미터

해설 아베의 원리 : "측정하려는 시료와 표준자는 측정 방향에 있어서 동일축 선상의 일직선상에 배치하여야 한다."는 것으로서 콤퍼레이터의 원리라고도 한다. 아베의 원리에 맞는 측정기에는 내측 마이크로미터, 외측 마이크로미터, 측장기 등이 있다.

65. 다음 그림과 같은 표면거칠기 곡선(세로는 ×10000배, 가로는 ×100배)을 기록하였을 때 세로방향 길이 15 mm의 실제 길이는 몇 μm인가? (단, L은 기준 길이이다.)

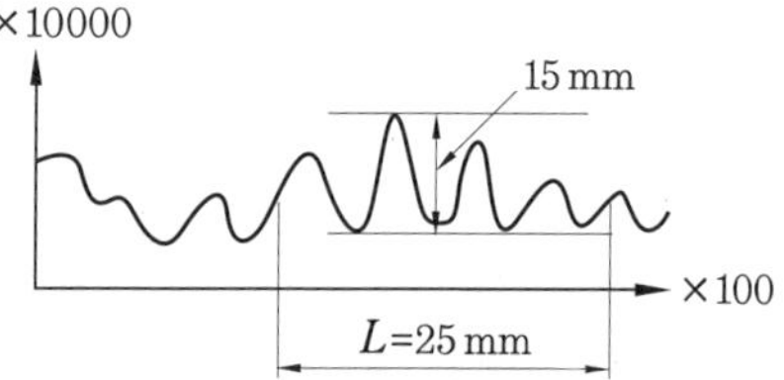

① 1.5 μm ② 15 μm

③ 2.5 μm ④ 25 μm

해설 세로방향 길이 15 mm의 실제 길이를 x라 하면 $x \times 10000 = 15\text{mm}$이므로

$x = 15 \times 10^{-4}\text{mm} = 1.5 \times 10^{-3}\text{mm} = 1.5 \mu\text{m}$

66. 미터나사에서 최적선경 $d_w = 3.000$ mm의 3침을 사용하여 외측거리 $M = 50.000$ mm를 얻었다면 유효지름은?

① 34.780 ② 34.880

③ 35.500 ④ 45.500

해설 미터나사, 유니파이 나사의 유효지름(D)

$D = M - 3d_w + 0.86603 \times P$

삼침(선)의 직경 $d_w = 0.57735 \times P$

$P = \frac{d_w}{0.57735} = \frac{3}{0.57735} = 5.1961548 \text{mm}$

정답 » 62. ② 63. ② 64. ③ 65. ① 66. ④

$D = 50.000 - 3 \times 3 + 0.86603 \times 5.1961548$
$= 45.500\text{mm}$

67. 측정 관련 용어의 정의가 틀린 것은?

① 정밀도 – 산포가 작은 정도를 말한다.
② 정확도 – 치우침이 작은 정도를 말한다.
③ 오차 – 측정치에서 참값을 뺀 값을 말한다.
④ 되돌림 오차 – 측정치에서 시료평균을 뺀 값을 말한다.

68. 거칠기 프로파일에서 산출한 표면거칠기 파라미터는?

① P ② R
③ W ④ X

69. 다음 끼워 맞춤 공차 중 억지 끼워 맞춤에 해당되는 것은 어느 것인가? (단, 구멍 기준 끼워 맞춤이다.)

① 20H7/g6 ② 40H7/h6
③ 20H7/f6 ④ 40H7/s6

70. 석(石) 정반의 특징으로 틀린 것은?

① 녹이 슬지 않는다.
② 온도 변화에 민감하다.
③ 자성체의 측정에도 사용할 수 있다.
④ 상처 발생 시 돌기가 생기지 않는다.

해설 석정반은 경년변화가 전혀 없고 온도 변화에 안정적이며 주철제보다 수명이 2배 이상 길어 유지비가 싸고 자성체 측정이 가능하며 녹이 없는 특징이 있다.

71. 미터나사의 유효경을 삼침 게이지로 측정하고자 한다. 피치가 1.50 mm인 나사에 사용될 삼침 게이지의 최적선경은 얼마인가?

① 0.845535 mm ② 0.866025 mm
③ 1.299037 mm ④ 1.447365 mm

해설 삼침(선)의 최적선경 D
$= 0.57735 \times P$
여기서, P : 나사의 피치
$\therefore D = 0.57735 \times 1.5 = 0.866025\text{ mm}$

72. 원형 부분의 기하학적 원으로부터의 차이의 크기를 측정하는 진원도는 크게 3가지 종류로 규정하고 있는데 그 종류에 포함되지 않는 것은?

① 3점법에 의한 진원도
② 지름법에 의한 진원도
③ 타원법에 의한 진원도
④ 반지름법에 의한 진원도

73. 다음 중 3차원 측정기의 정도 평가 시 X(Y)축의 롤링(rolling) 검사에 사용되는 측정기로 적합한 것은?

① 전기 수준기
② 단색 광원장치
③ 진원도 측정기
④ 공기 마이크로미터

74. 유체를 이용한 콤퍼레이터는?

① 수준기 ② 미니미터
③ 멀티미터 ④ 옵티미터

75. 외측 마이크로미터의 나사 피치가 0.5 mm이고, 심블의 원주눈금이 50등분되어 있을 경우 심블의 1눈금 회전에 의한 스핀들의 이동량은 얼마인가?

① 0.01 mm ② 0.02 mm
③ 0.05 mm ④ 0.1 mm

해설 스핀들의 이동량 $M = \frac{P}{n}$
여기서, P : 나사의 피치
n : 심블의 등분수
$\therefore M = \frac{0.5}{50} = 0.01\text{ mm}$

정답 » 67. ④ 68. ② 69. ④ 70. ② 71. ② 72. ③ 73. ① 74. ① 75. ①

76. +2 μm의 오차가 있는 50 mm 게이지 블록에 다이얼 게이지(최소눈금 0.001 mm)를 0점으로 조정하여 부품을 비교 측정하였더니 다이얼 게이지 눈금이 3눈금 더 시계방향으로 움직였다. 부품의 치수는 얼마인가?

① 49.999 mm ② 49.997 mm
③ 50.003 mm ④ 50.005 mm

해설 실제 치수
=기준 치수+실측 치수+오차 치수
$=50+(0.001\times3)+0.002=50.005$ mm

77. 다음 중 콤퍼레이터(comparator)의 종류에 해당하지 않는 것은?

① 미니미터 ② 옵티미터
③ 게이지 블록 ④ 다이얼 게이지

해설 콤퍼레이터는 측정하고자 하는 양의 값을 같은 종류의 양만큼 미리 측정한 값과 비교하여 측정하는 기기(비교 측정기)로 측정물과 표준자를 현미경으로 비교 측정하여 길이를 구하는 것이 대표적이다. 정밀도는 0.001 mm까지 측정할 수 있다. 오르토 테스터, 패소미터, 패시미터, 옵티미터, 미니미터, 공기·전기 마이크로미터, 측미 현미경, 다이얼 게이지 등이 있다.

78. 35G6/h6의 최소 틈새 및 최대 틈새의 값은? (단, 35G6 $=^{+0.025}_{+0.009}$, 35h6 $=^{\ 0}_{-0.016}$)

① 최소 0 μm, 최대 16 μm
② 최소 9 μm, 최대 25 μm
③ 최소 0 μm, 최대 25 μm
④ 최소 9 μm, 최대 41 μm

해설 • 최소 틈새
=구멍의 최소 허용 치수−축의 최대 허용치수
$=35+0.009-35=0.009$ mm=9μm
• 최대 틈새
=구멍의 최대 허용 치수−축의 최소 허용치수
$=35+0.025-(35-0.016)$
$=0.041$ mm=41μm

79. 길이 400 mm인 제품의 온도가 5℃ 올라가면 얼마나 팽창하는가? (단, 재질은 강철이고 선팽창계수는 24×10^{-6}/℃이다.)

① 14 μm ② 28 μm
③ 38 μm ④ 48 μm

해설 열에 의한 길이 팽창량 $\delta l=\alpha l_0 \delta t$
여기서, l_0 : 최초 길이
α : 선팽창계수
δt : 온도 변화
$\therefore \delta l=24\times10^{-6}\times400\times5$
$=0.048$ mm$=48$ μm

80. 다음 중 실린더 게이지 및 텔레스코핑 게이지를 이용하여 측정할 때의 주의사항으로 틀린 것은?

① 텔레스코핑 게이지의 치수를 마이크로미터로 측정할 때는 가능한 측정압을 크게 해야 확실하다.
② 실린더 게이지를 기준 링 게이지에 0점 조정할 때는 좌우방향으로 움직여 측정자가 최대점에 닿도록 한다.
③ 실린더 게이지를 이용하여 내경을 측정할 때 링 게이지 축심과 다이얼 게이지 스핀들의 축심이 일치한 상태에서 측정한다.
④ 실린더 게이지를 마이크로미터나 게이지 블록을 이용하여 0점 조정할 때는 항상 측정자는 최단지점을 찾으면서 지침은 최대로 회전하는 지점을 찾는다.

정답 » 76. ④ 77. ③ 78. ④ 79. ④ 80. ①

2018년도 시행문제

사출금형산업기사

2018년 3월 4일 (제1회)

1과목 금형설계

1. 다음 중 금형의 설치 전 작업에 해당되지 않는 것은?

① 녹 아웃봉을 푼다.
② 자동 스톱 기능을 확인한다.
③ 램의 하사점 위치를 확인한다.
④ 프레스의 램 하면과 테이블을 청소한다.

2. 일반적으로 트랜스퍼 금형에서 금형에 들어간 가공품의 위치를 1단계로 교정해 주는 역할을 하는 부품은?

① 펀치 ② 스트리퍼
③ 가이드 핀 ④ 스톡 와이퍼

3. 전단 금형 설계 시 펀치에 시어(shear)각을 주는 이유는?

① 펀치 하중을 감소시키기 위해
② 펀치 행정을 증가시키기 위해
③ 전단면 형상을 향상시키기 위해
④ 제품의 평면변형(dish-shape)을 방지하기 위해

해설 전단력을 20~30% 감소시키기 위하여 전단각(시어각)을 준다. 블랭킹 가공에는 다이에, 피어싱 가공에는 펀치에 준다.

4. 프로그레시브 금형 작업에서 이상 요인 발생 시 부품의 파손 또는 손상을 방지하기 위해 설치하는 것은?

① 키커 핀
② 가이드 핀
③ 리프트 유닛
④ 미스 피드 검출 장치

해설 미스 피드 검출 장치는 프레스 가공 시 발생할 수 있는 사고를 방지하기 위해 설치하며, 장점은 다음과 같다.
(1) 제품의 불량 최소화와 생산성 향상
(2) 재료의 말단에서 검출 기능
(3) 재료의 휨 변형 검출 기능
(4) 합격/불합격 검출 기능
(5) 언더피드 및 오버피드 검출 기능

5. 어레인지(arrange) 도면을 작성할 때 피어싱 구멍의 치수가 $20^{+0.1}_{0}$mm일 때 목적 치수를 감안한 설계치수(mm)로 옳은 것은 어느 것인가?

① 19.80 ② 20.00
③ 20.08 ④ 21.05

해설 피어싱의 경우에는 펀치가 마모되므로 이를 감안하여 미리 마모 여유를 펀치 치수보다 0.05~0.08 mm 크게 한다.

6. 원통형, 반구형 등과 같이 밑이 있고, 이음새가 없는 중공 용기를 가공하는 방법은 어느 것인가?

① 네킹 가공
② 비딩 가공
③ 시밍 가공
④ 드로잉 가공

해설 드로잉 가공은 성형 조건을 만족하는 평판 재료를 가공하여 이음매가 없는 중공 용기를 주름살이나 균열이 생기지 않게 다이와 펀치를 활용하여 성형시키는 작업이다.

정답 » 1. ④ 2. ④ 3. ① 4. ④ 5. ③ 6. ④

7. 두께 2 mm인 열연강판에 ϕ15 mm의 피어싱 가공을 할 때 피어싱 펀치와 버튼 다이의 직경은 얼마인가?(단, 클리어런스는 8 %이다.)

① 펀치 : 15 mm, 버튼 다이 : 15.16 mm
② 펀치 : 15 mm, 버튼 다이 : 15.32 mm
③ 펀치 : 15.16 mm, 버튼 다이 : 15 mm
④ 펀치 : 15.32 mm, 버튼 다이 : 15 mm

해설 (1) 블랭킹 : 펀치에 클리어런스를 준다.
블랭킹 치수=다이의 치수
(2) 피어싱 : 다이에 클리어런스를 준다.
구멍 치수=펀치 치수(d)=15 mm

클리어런스 $C=\dfrac{D-d}{2t}\times 100(\%)$

여기서, D : 다이의 지름(mm)
d : 펀치의 지름(mm)
t : 소재의 두께(mm)

$$0.08=\frac{D-15}{2\times 2}$$

$\therefore D=15+0.32=15.32\text{mm}$

8. 프레스 가공 윤활제 중 액체 윤활제가 아닌 것은?

① 광유 ② 수성계
③ 유기계 ④ 합성윤활유

해설 윤활의 목적과 윤활제의 종류
윤활은 고체 마찰을 액체 마찰화하여 상대운동하는 마찰면에 유막을 형성하는 것으로 마찰, 마모, 융착 방지가 목적이며 윤활, 냉각, 청정작용을 한다.
(1) 액체 윤활제 : 광물유, 동식물유, 수성계, 합성윤활유, 실리콘유
(2) 고체 윤활유 : 흑연, 활석, 비누 돌, 운모
(3) 반고체 윤활제 : 그리스

9. 파인 블랭킹 제품의 특징으로 틀린 것은?

① 제품의 만곡이 작다.
② 치수 정밀도가 매우 높다.
③ 전단면 끝의 처짐이 크다.
④ 가공 공정수를 줄일 수 있다.

해설 파인 블랭킹(정밀 블랭킹) 금형의 특징
(1) 전단면이 깨끗하다.
(2) 각이 정확한 전단면을 한 공정으로 얻는다.
(3) 치수 정밀도가 높다.
(4) 생산하는 제품의 변형이 작다.
(5) 제품 생산의 공정수를 줄일 수 있다.
(7) 금형의 설계 및 제작이 어렵고 비싸다.
(8) 프레스의 가격이 고가이다.

10. 재료를 업세팅하여 볼트, 리벳 등의 머리를 만드는 압축가공법은?

① 압인 가공 ② 압입 가공
③ 헤딩 가공 ④ 사이징 가공

11. 노즐에서 사출되는 수지의 속도를 나타내며, 단위시간에 사출하는 최대용적으로 표시하는 사출 성형기의 사양은?

① 사출률 ② 사출 압력
③ 사출 용량 ④ 호퍼 용량

해설 ① 사출률 : 노즐에서 사출되는 수지의 속도를 나타내며, 단위시간에 사출하는 최대용적으로 표시한다.

사출률 $Q=\dfrac{\pi D^2}{4}\cdot v=\dfrac{V}{t}[\text{cm}^3/\text{s}]$

여기서, v : 사출속도(cm/s)
V : 사출용적(cm^3)
t : 사출시간(s)
D : 스크루의 지름(cm)

② 사출 압력 : 사출기의 끝면에서 수지에 작용하는 단위면적당의 힘의 최댓값을 말한다.

사출력 $F=\dfrac{\pi D^2}{4}\cdot P_1\cdot 10^{-3}$

③ 사출 용량 : 1회 쇼트(shot)의 최대량을 나타내는 값으로, 형체력과 함께 사출성형기의 능력을 대표하는 수치이다.

• 사출 용적(V) $=\dfrac{\pi D^2}{4}\cdot S$

여기서, D : 스크루의 지름(cm)
S : 스트로크(cm)

• 사출량(W) $=V\cdot\rho\cdot\eta$

정답 » 7. ② 8. ③ 9. ③ 10. ③ 11. ①

여기서, ρ : 수지의 밀도(g/cm^3)

η : 사출 효율

④ 호퍼 용량 : 수지가 호퍼에 저장될 때의 최대 저장량으로 나타내며, 용적(L)과 중량(kgf)의 2가지 방법으로 표시한다.

12. 3매 구성 금형에서 러너를 빼내기 위한 기구가 아닌 것은?

① 풀러 볼트(puller bolt)

② 이젝터 로드(ejector rod)

③ 러너 로크 핀(runner lock pin)

④ 러너 스트리퍼 플레이트(runner stripper plate)

해설 이젝터 기구에는 이젝터 플레이트, 이젝터 핀, 스프루 로크 핀, 슬리브, 공기, 러너 로크 핀 등이 있으며 이젝터 로드는 금형이 열릴 때 이젝터 플레이트를 밀어 올리는 역할을 한다.

13. 표준게이트의 폭을 구하는 식으로 옳은 것은? (단, W : 게이트의 폭[mm], n : 수지 상수, A : 성형품 외측의 표면적[mm^2]이다.)

① $W=\frac{\sqrt{nA}}{30}$ ② $W=\frac{n\sqrt{A}}{30}$

③ $W=\frac{\sqrt{nA}}{8}$ ④ $W=\frac{n\sqrt{A}}{8}$

14. 공업용 수지에 해당하는 것은?

① PC ② PE ③ PP ④ PS

해설 공업용 수지의 종류 : 폴리아미드(PA, 나일론), 메타크릴 수지(PMMA), 폴리염화비닐 수지(PVC), 폴리카보네이트(PC), 폴리아세탈(POM), AS 수지(SAN), 폴리페닐렌 옥사이드(PPO), 유리섬유강화 수지(FRTP), 노릴

15. 성형품의 언더컷 처리 방법으로 적합하지 않은 것은?

① 코어나 캐비티를 인서트 형식으로 한다.

② 언더컷 부분을 슬라이드 코어 형식으로 한다.

③ 내측 언더컷의 경우 경사 이젝트 핀 방식을 사용한다.

④ 나사부가 있는 언더컷은 나사 회전 장치를 설치한다.

해설 언더컷 처리 방법

언더컷의 종류	처리 방법
외측 언더컷	분할 캐비티형 슬라이드 블록형 회전 코어형 강제 뽑기형
내측 언더컷	분할 코어형 슬라이드 코어형 회전 코어형 강제 뽑기형

16. 사출성형품의 구멍 설계 시 고려해야 할 사항으로 틀린 것은?

① 구멍 주변의 살 두께는 보통 얇게 설계한다.

② 구멍 사이의 피치는 구멍 지름의 2배 이상으로 한다.

③ 성형품의 구멍으로 인해 웰드라인이 생기고 강도가 감소될 수 있다.

④ 구멍의 중심과 제품 끝까지 거리는 보통 구멍 지름의 3배 이상으로 한다.

해설 구멍 설계 시 유의사항

(1) 구멍 간의 피치는 구멍 지름의 2배 이상으로 한다.

(2) 구멍 주변의 살 두께는 두껍게 한다.

(3) 구멍과 성형품 끝의 거리는 구멍 지름의 3배 이상이 좋다.

(4) 구멍 주위에 웰드 마크가 생겨서는 안 될 경우는 후가공으로 구멍을 만드는 방법이 좋다.

17. 금형온도 조절 목적이 아닌 것은?

① 색상 개선

② 표면상태 개선

③ 성형 사이클 단축

정답 » 12. ② 13. ② 14. ① 15. ① 16. ① 17. ①

④ 치수 정밀도 향상

해설 금형의 온도 조절 효과
(1) 일정한 성형 조건을 얻을 수 있고 성형 사이클을 단축할 수 있다.
(2) 성형품의 물리적 성질 개선
(3) 성형품의 외관적 결함 방지
(4) 성형품의 변형 방지
(5) 성형품의 치수 정밀도 향상

18. 성형품 파팅 라인의 선정 기준으로 틀린 것은?

① 언더컷이 없는 위치
② 외관상 잘 보이는 위치
③ 마무리가 잘 될 수 있는 위치
④ 게이트의 위치 및 형상을 고려한 위치

해설 파팅 라인(P.L)의 선정 기준
(1) 눈에 잘 띄지 않는 위치 및 형상으로 한다.
(2) 마무리가 잘 될 수 있는 위치에 설계한다.
(3) 언더컷이 없는 부위를 택한다.
(4) 금형의 공작이 쉽도록 부위를 정한다.
(5) 게이트의 위치 및 그 형상을 고려한다.
(6) 고정측 형판과 이동측 형판이 약간 어긋나도 눈에 띄지 않도록 한다.

19. 다음 중 표준 몰드 베이스에 포함되지 않는 부품은?

① 가이드 핀 ② 파일럿 핀
③ 고정측 형판 ④ 가동측 설치판

해설 표준 몰드 베이스의 부품은 고정측 설치판, 고정측 형판, 로케이트 링, 스프루 부시, 가이드 핀과 부시, 이동측 형판, 받침판, 스페이스 블록, 이젝트 플레이트 상/하, 이동측 설치판 등이 있으며 파일럿 핀은 프레스 금형에서 정밀이송에 사용하는 부품이다.

20. 금형 캐비티 내의 평균압력이 300 kg/cm^{2}이고, 캐비티의 투영면적이 100 cm^{2}일 때, 형체력(ton)은 얼마인가?

① 10 ② 20 ③ 30 ④ 40

해설 형체력 $F = P \cdot A \cdot 10^{-3}$
여기서, P : 캐비티 내의 평균압력(kgf/cm^2)
A : 캐비티의 투영면적(cm^2)
$\therefore F = 300 \times 100 \times 10^{-3} = 30\,\text{ton}$

2과목 기계가공법 및 안전관리

21. 기어 절삭 가공 방법에서 창성법에 해당하는 것은?

① 호브에 의한 기어 가공
② 형판에 의한 기어 가공
③ 브로칭에 의한 기어 가공
④ 총형 바이트에 의한 기어 가공

해설 창성법은 인벌류트 곡선을 활용한 기어제작법으로 호브, 래크 커터, 피니언 커터 등으로 공구와 소재를 상대운동시켜 가공한다.

22. 드릴의 속도가 V[m/min], 지름이 d[mm]일 때, 드릴의 회전수 n[rpm]을 구하는 식은?

① $n = \dfrac{1000}{\pi d V}$ ② $n = \dfrac{1000V}{\pi d}$
③ $n = \dfrac{\pi d V}{1000}$ ④ $n = \dfrac{\pi d}{1000V}$

23. 선반에서 긴 가공물을 절삭할 경우 사용하는 방진구 중 이동식 방진구는 어느 부분에 설치하는가?

① 베드 ② 새들
③ 심압대 ④ 주축대

해설 방진구는 지름이 작고 긴 공작물을 절삭할 때 생기는 떨림을 방지하기 위한 장치이며, 보통 지름에 비해 길이가 20배 이상 길 때 쓰인다.
(1) 이동식 방진구 : 왕복대의 새들에 설치하여 왕복대와 같이 움직인다(조의 수 : 2개).
(2) 고정식 방진구 : 베드면에 설치하여 긴 공작물의 떨림을 방지해 준다(조의 수 : 3개).
(3) 롤 방진구 : 고속 중절삭용

정답 » 18. ② 19. ② 20. ③ 21. ① 22. ② 23. ②

24. **밀링 가공에서 일반적인 절삭속도 선정에 관한 내용으로 틀린 것은?**

① 거친 절삭에서는 절삭속도를 빠르게 한다.
② 다듬질 절삭에서는 이송속도를 느리게 한다.
③ 커터의 날이 빠르게 마모되면 절삭속도를 낮춘다.
④ 적정 절삭속도보다 약간 낮게 설정하는 것이 커터의 수명 연장에 좋다.

해설 좋은 다듬질면이 필요할 때에는 절삭속도는 빠르게 하고 이송은 늦게 한다.

25. **절삭제의 사용 목적과 거리가 먼 것은?**

① 공구 수명 연장
② 절삭 저항의 증가
③ 공구의 온도 상승 방지
④ 가공물의 정밀도 저하 방지

해설 절삭제의 사용 목적
(1) 절삭 저항의 감소 및 공구 수명의 연장
(2) 가공면의 열팽창 방지로 가공 정밀도 향상
(3) 칩을 신속히 제거하여 절삭능력 향상
(4) 냉각, 윤활, 세척 작용

26. **밀링 머신에서 사용하는 바이스 중 회전과 상하로 경사시킬 수 있는 기능이 있는 것은?**

① 만능 바이스 ② 수평 바이스
③ 유압 바이스 ④ 회전 바이스

해설 만능 바이스는 공작물을 원하는 각도로 테이블과 360° 평행회전이 가능하고 상하로 90° 이내로 경사시킬 수 있다.

27. **다음 중 금속의 구멍작업 시 칩의 배출이 용이하고 가공 정밀도가 가장 높은 드릴날은 어느 것인가?**

① 평 드릴 ② 센터 드릴
③ 직선홈 드릴 ④ 트위스트 드릴

해설 트위스트 드릴은 가장 널리 쓰이는 드릴로서 2개의 비틀림 날이 회전 날 끝으로 되어 있어 절삭성이 매우 좋다.

28. **W, Cr, V, Co 등의 원소를 함유하는 합금강으로 600℃까지 고온경도를 유지하는 공구재료는?**

① 고속도강 ② 초경합금
③ 탄소공구강 ④ 합금공구강

해설 고속도강(재료 기호 : SKH, 약칭 : HSS)은 W, Cr, V, Co 등의 원소로 된 합금강이다. 표준 고속도강은 18W-4Cr-1V에 C 0.8%이다.

29. **연삭 작업에 관련된 안전사항 중 틀린 것은 어느 것인가?**

① 연삭숫돌을 정확하게 고정한다.
② 연삭숫돌 측면에 연삭을 하지 않는다.
③ 연삭가공 시 원주 정면에 서 있지 않는다.
④ 연삭숫돌 덮개 설치보다는 작업자의 보안경 착용을 권장한다.

30. **탭으로 암나사 가공작업 시 탭의 파손 원인으로 적절하지 않은 것은?**

① 탭이 경사지게 들어간 경우
② 탭 재질의 경도가 높은 경우
③ 탭의 가공 속도가 빠른 경우
④ 탭이 구멍 바닥에 부딪쳤을 경우

해설 탭의 파손 원인
(1) 드릴로 뚫은 구멍이 너무 작을 경우
(2) 탭의 가공 속도가 너무 빠를 경우
(3) 탭의 크기에 비해 큰 탭 핸들을 사용한 경우
(4) 탭이 구멍에 경사지게 들어간 경우
(5) 탭이 관통가공이 아닌 가공에서 드릴 구멍 끝에 닿았는데도 계속 탭을 돌렸을 경우
(6) 탭을 역방향으로 돌리지 않았을 경우

정답 » 24. ① 25. ② 26. ① 27. ④ 28. ① 29. ④ 30. ②

31. 테일러의 원리에 맞게 제작되지 않아도 되는 게이지는?

① 링 게이지 ② 스냅 게이지
③ 테이퍼 게이지 ④ 플러그 게이지

해설 테일러의 원리 : 통과측(go side)의 모든 치수는 동시에 검사되어야 하고 정지측(no go side)은 각 치수를 개개로 검사하여야 한다.

32. 래핑에 대한 설명으로 틀린 것은?

① 습식 래핑은 주로 거친 래핑에 사용한다.
② 습식 래핑은 연마입자를 혼합한 랩액을 공작물에 주입하면서 가공한다.
③ 건식 래핑의 사용 용도는 초경질 합금, 보석 및 유리 등 특수 재료에 널리 쓰인다.
④ 건식 래핑은 랩제를 랩에 고르게 누른 다음 이를 충분히 닦아내고 주로 건조 상태에서 래핑을 한다.

해설 래핑은 가공물과 랩 사이에 미세한 분말 상태의 렙제를 넣고 가공물에 압력을 가하면서 마모작용인 상대운동을 시켜 가공하는 것으로 정밀도가 향상되고, 내식성, 내마멸성이 우수하다.

(1) 습식 래핑 : 거친 래핑 작업이며 랩제와 래핑유(경유나 중유)를 혼합하여 주입하면서 가공하는 방법으로 가공량이 많고 광택이 없다.
(2) 건식 래핑 : 래핑유는 사용하지 않고 랩제만을 이용하여 가공하는 방법으로 가공량이 적고 정밀도가 높으며 광택이 많다.

33. 다음 연삭숫돌 기호에 대한 설명이 틀린 것은?

WA 60 K m V

① WA : 연삭숫돌 입자의 종류
② 60 : 입도
③ m : 결합도
④ V : 결합제

해설 WA : 입자, 60 : 입도, K : 결합도
m : 조직, V : 결합제

34. 절삭공구 수명을 판정하는 방법으로 틀린 것은?

① 공구 인선의 마모가 일정량에 달했을 경우
② 완성 가공된 치수의 변화가 일정량에 달했을 경우
③ 절삭저항의 주분력이 절삭을 시작했을 때와 비교하여 동일할 경우
④ 완성 가공면 또는 절삭가공한 직후에 가공 표면에 광택이 있는 색조 또는 반점이 생길 경우

해설 절삭공구 수명 판정 방법

(1) 공구 날끝의 마모가 일정량에 달했을 때
(2) 완성 가공면 또는 절삭 가공한 직후에 가공 표면에 광택이 있는 색조나 반점이 생길 때
(3) 완성 가공된 치수의 변화가 일정 허용 범위에 이르렀을 때
(4) 절삭 저항의 주분력에는 변화가 없으나 배분력 또는 횡분력이 급격히 증가하였을 때

35. 측정자의 직선 또는 원호운동을 기계적으로 확대하여 그 움직임을 지침의 회전 변위로 변환시켜 눈금으로 읽을 수 있는 측정기는 어느 것인가?

① 수준기 ② 스냅 게이지
③ 게이지 블록 ④ 다이얼 게이지

해설 다이얼 게이지(dial gauge) : 기어 장치로 미소한 변위를 확대하여 회전 변위로 정밀하게 측정하는 비교 측정기이다.

36. 머시닝센터에서 드릴링 사이클에 사용되는 G-코드로만 짝지어진 것은?

① G24, G43 ② G44, G65
③ G54, G92 ④ G73, G83

정답 » 31. ① 32. ③ 33. ③ 34. ③ 35. ④ 36. ④

해설 • G43 : 공구길이 보정 +방향
- G44 : 공구길이 보정 −방향
- G54~G59 : 가공물 좌표계 1~6번 설정
- G73 : 고속 심공 드릴 사이클(peck drilling cycle)
- G83 : 심공 드릴 고정 사이클(peck drilling cycle)
- G92 : 좌표계 설정

37. 다음 중 터릿 선반에 대한 설명으로 옳은 것은?

① 다수의 공구를 조합하여 동시에 순차적으로 작업이 가능한 선반이다.
② 지름이 큰 공작물을 정면가공하기 위하여 스윙을 크게 만든 선반이다.
③ 작업대 위에 설치하고 시계부속 등 작고 정밀한 가공물을 가공하기 위한 선반이다.
④ 가공하고자 하는 공작물과 같은 실물이나 모형을 따라 공구대가 자동으로 모형과 같은 윤곽을 깎아내는 선반이다.

해설 터릿 선반은 심압대 대신 여러 개의 절삭공구를 방사상으로 설치하여 공정 순서에 따라 알맞은 절삭공구를 교환하여 가공하는 기계이다. 주로 6~8각형의 터릿이 많다.

38. 연삭기의 이송 방법이 아닌 것은?

① 테이블 왕복식
② 플랜지 컷 방식
③ 연삭 숫돌대 방식
④ 마그네틱 척 이동 방식

39. 다음 중 각도를 측정할 수 있는 측정기는 어느 것인가?

① 사인 바 ② 마이크로미터
③ 하이트 게이지 ④ 버니어 캘리퍼스

해설 사인 바(sine bar)는 블록 게이지 등을 병용하며, 삼각함수의 사인(sine)을 이용하여 각도를 측정하고 설정하는 측정기이다.

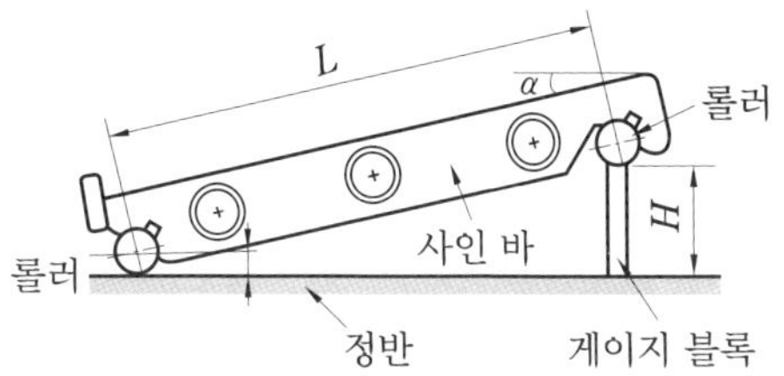

40. 밀링 절삭 방법 중 상향절삭과 하향절삭에 대한 설명이 틀린 것은?

① 하향절삭은 상향절삭에 비하여 공구수명이 길다.
② 상향절삭은 가공면의 표면 거칠기가 하향절삭보다 나쁘다.
③ 상향절삭은 절삭력이 상향으로 작용하여 가공물의 고정이 유리하다.
④ 커터의 회전방향과 가공물의 이송이 같은 방향의 가공방법을 하향절삭이라 한다.

해설 밀링 작업 시 하향 절삭의 장단점
(1) 칩이 잘 빠지지 않아 가공면에 흠집이 생기기 쉽다.
(2) 백래시 제거 장치가 필요하다.
(3) 커터가 공작물을 누르므로 공작물 고정에 신경 쓸 필요가 없다.
(4) 커터의 마모가 적다.
(5) 동력 소비가 적다.
(6) 가공면이 깨끗하다.

3과목 금형재료 및 정밀계측

41. 주로 부품의 깊이 검사 등에 사용되며, 슬리브와 핀으로 구성되어 있는 한계 게이지는 어느 것인가?

① 스냅 게이지
② 테보 게이지
③ 플러그 게이지
④ 플러시 핀 게이지

해설 플러시 핀 게이지(flush pin gauge)는 연

정답 » 37. ① 38. ④ 39. ① 40. ③ 41. ④

속 작업 또는 대량생산으로 제작된 공작물의 깊이 검사 등에 사용되며 슬리브와 핀으로 구성되어 있다. 정밀도 0.05 mm 이하의 측정에 사용한다.

42. 버니어 캘리퍼스가 어미자의 눈금은 1 mm, 아들자의 눈금은 49 mm를 50등분하고 있을 때, 최소 읽음값은 몇 mm인가?

① 0.01　② 0.02
③ 0.04　④ 0.05

해설 최소 읽음값(C)

$$=\frac{\text{어미자의 1눈금의 크기}(A)}{\text{아들자의 등분수}(n)}$$

$$\therefore C=\frac{1}{50}=0.02 \text{ mm}$$

43. 눈금의 간격 2 mm가 20초의 각도를 나타내고 있는 수준기의 기포관 내면의 곡률 반지름은 약 몇 mm인가?

① 10313.2　② 15626.5
③ 20626.5　④ 41253.0

해설 $\rho=206265\times\frac{\alpha}{R}$

여기서, ρ : 한 눈금의 경사에 상당하는 각도(초)
※ 각도는 감도가 0.02 mm/m일 때 4초, 0.05 mm/m일 때 10초, 0.1 mm/m일 때 20초가 된다.
α : 한 눈금의 간격(mm)
R : 곡률 반지름(mm)

$$\therefore R=\frac{2\times 206265}{20}=20626.5 \text{ mm}$$

44. 다음 중 삼침법으로 나사의 유효지름을 측정할 때, 보기의 공식이 적용되는 나사는? (단, d_2는 유효지름, M은 침을 적용했을 때의 외측거리, d_0는 삼침의 지름, P는 나사의 피치이다.)

보기
$d_2=M-3.16568\times d_0+0.960491\times P$

① 미터 나사　② 애크미 나사
③ 휘트워드 나사　④ 유니파이 나사

해설 미터 나사, 애크미 나사, 유니파이 나사의 유효지름 d_2를 구하는 공식은 다음과 같다.

$M=d_2-0.866025P+3d_0$
$d_2=M-3d_0+0.866025P$

45. 다음 측정값 중에서 오차율이 가장 낮은 것은?

① 기준 치수 20 mm의 외경을 측정한 결과 19.99 mm
② 기준 치수 30 mm의 외경을 측정한 결과 30.01 mm
③ 기준 치수 50 mm의 외경을 측정한 결과 49.98 mm
④ 기준 치수 100 mm의 외경을 측정한 결과 100.03 mm

해설 오차의 참값에 대한 비를 오차율이라고 하며 %로 나타낸다.

$$\text{오차율}=\frac{\text{오차}}{\text{참값}}\times 100(\%)$$

① : $\frac{|20-19.99|}{20}\times 100=0.05\%$

② : $\frac{|30-30.01|}{30}\times 100=0.0333\%$

③ : $\frac{|50-49.98|}{50}\times 100=0.04\%$

④ : $\frac{|100-100.03|}{100}\times 100=0.03\%$

46. 오차의 종류 중 계통 오차에 속하지 않는 것은?

① 과실 오차　② 계기 오차
③ 환경 오차　④ 개인 오차

해설 오차의 종류에는 측정계기 오차, 개인 오차, 환경 오차, 우연 오차, 재료 탄성에 의한 오차 등이 있으며 수정이 가능한 오차는 대부분 계통 오차이다.

47. 다음 중 구멍용 한계 게이지가 아닌 것

정답 » 42. ② 43. ③ 44. ③ 45. ④ 46. ① 47. ②

은 어느 것인가?

① 봉 게이지
② 스냅 게이지
③ 판형 플러그 게이지
④ 평형 플러그 게이지

해설 구멍 및 축용 한계 게이지의 종류
(1) 구멍용 한계 게이지 : 봉형 게이지, 플러그 게이지, 테보(tebo) 게이지
(2) 축용 한계 게이지 : 링 게이지, 스냅 게이지

48. 다음 중 다면경(폴리곤 프리즘)과 병용하여 원주 눈금, 기어의 각도 분할 검정 등에 이용되는 측정기는?

① 클리노미터 ② 만능 각도기
③ 마이크로미터 ④ 오토콜리메이터

해설 오토콜리메이터(auto collimator)는 다면경을 이용하여 공구나 지그 취부구의 세팅과 공작기계의 베드, 정반의 정도 검사 등에 수준기와 같이 사용하는 각도기이다. 주로 각도, 진직도, 평면도의 측정에 사용된다.

49. 마이크로미터 나사의 피치는 1 mm이고 심블 둘레를 500등분 하였다면, 최소 눈금값은 얼마인가?

① 0.02 mm ② 0.002 mm
③ 0.05 mm ④ 0.005 mm

해설 마이크로미터의 최소 눈금값(M)

$$M = \frac{P}{N} = \frac{1}{500} = 0.002\,\text{mm}$$

여기서, P : 스핀들의 나사 피치
N : 심블의 눈금 등분 수

50. 다음 중 게이지 블록에서 적용되는 등급에 해당하지 않는 것은?

① 0 ② 1 ③ 2 ④ 3

해설 게이지 블록의 KS 등급 규정
(1) 참조용 : K급 또는 00급 - 검사 주기 3년
(2) 표준용 : 0급 - 검사 주기 2년
(3) 검사용 : 1급 - 검사 주기 1년
(4) 공작용 : 2급 - 검사 주기 6개월

51. Mg-Al계 합금 중 소량의 Zn과 Mn을 첨가하여 강도와 내식성을 개선한 합금은?

① 모넬메탈 ② 콘스탄탄
③ 자마크 합금 ④ 엘렉트론 합금

52. 구상 흑연 주철에서 흑연을 구상화시키는 주된 원소는?

① S ② Bi ③ Mg ④ Pb

해설 구상 흑연 주철은 용융상태에서 Mg, Ce, Mg-Cu 등을 첨가하여 판상의 흑연을 구상화시켜 석출한 것이다. 풀림 처리하면 인장강도 440~540 MPa, 연신율 12~20 % 정도이다.

53. 질화법에서 사용하는 가스로 가장 적합한 것은?

① 탄산 가스 ② 수소 가스
③ 아르곤 가스 ④ 암모니아 가스

해설 질화법 : NH_3(암모니아) 가스를 이용하여 520℃에서 50~100시간 가열하면 Al, Cr, Mo 등이 질화되며, 질화가 불필요하면 Ni, Sn 도금을 한다.

54. 탄소강에서 인(P)을 많이 함유한 경우 나타나는 것은?

① 망간과 결합하여 절삭성을 좋게 한다.
② 헤어 크랙의 원인이 된다.
③ 부식 저항성을 증가시킨다.
④ 저온 메짐의 원인이 된다.

55. 다음 조직 중 경도가 가장 높은 것은?

① 페라이트 ② 펄라이트
③ 시멘타이트 ④ 오스테나이트

해설 브리넬 경도(H_B) 시험 결과를 보면 페라이트(80~90), 펄라이트(125~150), 오스테나이트(150~200), 시멘타이트(800)이므로 시멘타이트가 가장 경도가 높다.

정답 » 48. ④ 49. ② 50. ④ 51. ④ 52. ③ 53. ④ 54. ④ 55. ③

56. 금형재료의 품질 조건으로 틀린 것은?

① 열처리가 용이하여야 한다.
② 결정입자가 조대하여야 한다.
③ 고온에서 내식성이 우수하여야 한다.
④ 고온 강도, 경도가 우수하여야 한다.

57. 결정성 플라스틱의 구조적 특징을 설명한 것 중 틀린 것은?

① 분자간의 결합력이 약하다.
② 분자의 규칙적인 배열로 이루어진다.
③ 특별한 용융 온도나 고화 온도를 갖는다.
④ 일반적으로 수지가 흐름 방향으로 크게 배향된다.

58. 다음 금속 원소 중 경(經)금속 원소에 해당되는 것은?

① Fe ② Cu ③ Pb ④ Al

해설 비중 5를 기준으로 5 이하를 경금속, 5 이상을 중금속이라고 한다.
(1) 경금속 : Li(0.53), Na(0.97), Ca(1.55), Mg(1.7), Be(1.8), Al(2.7), Ti(4.5)
(2) 중금속 : Ir(22.5), Pt(21.4), Au(19.3), Pb(11.3), Cu(8.9), Fe(7.8), Mo(10.2)

59. 다음 구조용 복합재료 중 섬유 강화 금속에 해당되는 것은?

① SPF ② FRP
③ FRM ④ FRTP

해설 구조용 복합재료
(1) GFRP : 유리섬유 복합재료
(2) CFRP : 탄소섬유 복합재료
(3) WRS : 고밀도 탄력 젤 소재
(4) FRM : 섬유 강화 금속(fiber reinforced metals)

60. 결정격자가 면심입방격자(FCC)인 금속은 어느 것인가?

① $\gamma-$ Fe
② $\alpha-$ Fe
③ Mo
④ Zn

해설 (1) BCC(체심입방구조) : Cr, W, Mo, V, α-Fe, δ-Fe
(2) FCC(면심입방구조) : Al, Ag, Au, Cu, Pt, Pb, Ni, γ-Fe
(3) HCP(조밀육방구조) : Cd, Mg, Zn, Ti

정답 » 56. ② 57. ① 58. ④ 59. ③ 60. ①

프레스금형산업기사

2018년 4월 28일 (제2회)

1과목 금형설계

1. 로케이트 링(locate ring)의 사용 목적으로 옳은 것은?

① 캐비티와 코어의 위치 결정
② 사출성형기의 노즐과 가이드 핀의 위치 결정
③ 가이드 핀과 금형의 스프루 부시의 위치 결정
④ 사출성형기 노즐과 금형의 스프루 부시의 위치 결정

해설 로케이트 링은 고정측 부착판의 카운터 보어 자리에 들어가며 사출기의 노즐과 스프루 부시의 중심을 맞추는 데 사용된다.

2. 표준게이트의 게이트 폭(W)[mm]을 구하는 식으로 옳은 것은? (단, n : 수지 상수, A : 성형품 외측의 표면적(mm^2)이다.)

① $W=\dfrac{n\sqrt{A}}{16}$ ② $W=\dfrac{\sqrt{nA}}{16}$
③ $W=\dfrac{n\sqrt{A}}{30}$ ④ $W=\dfrac{\sqrt{nA}}{30}$

3. 성형품에 플로 마크가 발생하는 것을 방지하기 위해 사용되는 게이트로, 사출 성형 후 게이트 제거 및 후가공에 유의하여야 하는 게이트는?

① 터널 게이트 ② 오버랩 게이트
③ 커브드 게이트 ④ 핀 포인트 게이트

4. 사출성형품의 치수가 50 mm이고, 수지의 성형수축률이 2 %일 때, 상온에서 금형치수는 약 몇 mm로 가공하여야 하는가?

① 49.02 ② 50.03
③ 51.02 ④ 52.003

해설 $M=\dfrac{A}{1-S}$

여기서, M : 상온에서의 금형 치수
A : 성형품 치수
S : 성형수축률

$\therefore M=\dfrac{50}{1-0.02}=51.02\text{ mm}$

5. 다음 중 슬라이드 코어의 행정거리를 결정하는 것은?

① 슬라이드 레일
② 슬라이드 로킹블럭
③ 슬라이드 코어의 길이
④ 경사 핀의 각도와 길이

6. 사출성형품에 나타난 수축에 관한 설명으로 틀린 것은?

① 실린더 온도를 높이면 수축은 작아진다.
② 리브의 두께가 두꺼울수록 수축은 작아진다.
③ 캐비티 내의 수지압이 높을수록 수축은 작아진다.
④ 러너의 단면적을 크게 하고 사출 유지시간을 길게 하면 수축은 작아진다.

7. 다이렉트 게이트의 특징으로 틀린 것은?

① 성형성이 우수하다.
② 게이트의 후가공이 필요 없다.
③ 스프루의 고화시간이 길어 성형 사이클이 길어지기 쉽다.
④ 사출성형기 플런저의 압력이 직접 캐비티에 전해져 압력손실이 적다.

해설 다이렉트 게이트의 특징
(1) 성형기 노즐에서 스프루에 들어간 수지를 직접 캐비티에 유입하기 때문에 사출 압력

정답 » 1. ④ 2. ③ 3. ② 4. ③ 5. ④ 6. ② 7. ②

손실이 적다.
(2) 성형성이 비교적 좋아 어떤 종류의 수지에 도 용이하게 적용할 수 있다.
(3) 스프루 내의 고화시간이 길므로 사이클이 길어진다.
(4) 잔류응력 또는 배향이 일어나기 쉬우므로 게이트 주변에 링 모양의 리브를 돌려서 보강하는 것이 좋다.

8. 일반적으로 사출 용량의 단위로 사용하지 않는 것은?

① g ② oz ③ cm^2 ④ ton

해설 사출 용량은 쇼트(shot)의 최대량을 나타내는 값으로 형체력과 함께 사출성형기의 능력을 대표하는 수치로서 단위는 cm^3, g, oz, ton으로 표시한다.

9. 성형품 설계 시 성형품의 장식, 보강, 얇은 두께로 강도를 증가시키기 위해 적합한 방법은?

① 성형품에 리브를 설치한다.
② 성형품에 단을 많이 설치한다.
③ 성형품 평면에 보스를 설치한다.
④ 성형품 두께를 불규칙하게 변화시킨다.

해설 리브는 두께를 두껍게 하지 않고 강성이나 강도를 부여하기 위한 방법으로 성형품에 이용되고, 넓은 평면의 휨을 방지하기 위해 사용된다.

10. 게이트 실(gate seal)의 설명으로 옳은 것은?

① 다이렉트 게이트에서 가장 많이 나타나는 현상이다.
② 금형 개폐 시 게이트를 강제 절단할 때 나타나는 흠집을 말한다.
③ 표준 게이트에서는 잘 나타나지 않고, 사출온도의 영향이 크다.
④ 캐비티의 중앙부가 굳기 전에 게이트가 먼저 굳어지는 것이다.

해설 게이트 실(gate seal) : 게이트부는 캐비티보다 두께를 얇게 하기 때문에 캐비티부의 중앙부가 굳기 전에 게이트부가 먼저 굳어진다.

11. 인장·파단된 부분으로, 미소한 요철이 심한 전단면 형상은?

① 처짐 ② 전단면
③ 파단면 ④ 버(burr)

12. 피더를 사용하여 성형품을 이송시키면서 연속적인 자동 프레스 작업을 하기 위한 금형은 어느 것인가?

① 복합 금형 ② 포밍 금형
③ 트랜스퍼 금형 ④ 프로그레시브 금형

13. 다이 세트와 프레스 금형을 조립할 때 주의사항으로 틀린 것은?

① 접촉 부분에 거스러미나 돌기부를 제거한다.
② 볼트는 시계방향을 따라가면서 단단히 조인다.
③ 다이 세트의 중심에 금형의 중심이 맞도록 한다.
④ 조립면의 정도를 유지하고 이물질이 들어가지 않도록 한다.

14. 블랭킹, 피어싱, 노칭 가공 등에 버(burr)의 발생 원인으로 적절한 것은?

① 클리어런스가 크다.
② 스트레이트 랜드가 짧다.
③ 프레스의 속도가 빠르다.
④ 프레스의 정적 정밀도가 높다.

해설 버(bur) : 전단 가공에서 클리어런스에 의해 반드시 발생하며 클리어런스가 판두께의 18 % 이상일 때 급격히 증가한다. 날끝의 무뎌짐 등으로 판두께의 1~2 % 정도는 피할 수 없다.

정답 » 8. ③ 9. ① 10. ④ 11. ③ 12. ③ 13. ② 14. ①

15. U형 굽힘(bending) 금형에서 그림과 같이 펀치와 다이 밑과의 간격(δ)을 주는 이유는 무엇인가?

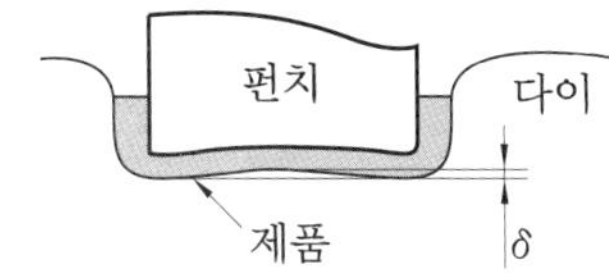

① 금형 수명을 길게 하기 위해
② 스프링 백을 보정하기 위해
③ 펀치의 미끄러짐 방지를 위해
④ 제품이 잘 빠져 올라오게 하기 위해

16. 프로그레시브 금형에서 펀치(punch) 고정판의 역할에 대한 설명으로 옳은 것은 어느 것인가?

① 소재를 안내하는 역할을 한다.
② 제품을 절단하는 역할을 한다.
③ 펀치 안내 및 제품을 밀어내는 역할을 한다.
④ 펀치 및 사이드 커터와 파일럿 핀 등을 잡아 주거나 고정하는 역할을 한다.

17. 드로잉 금형을 이용하여 다음 그림과 같은 제품을 성형하였다. 이때 블랭크의 직경 D_0는 약 얼마인가?

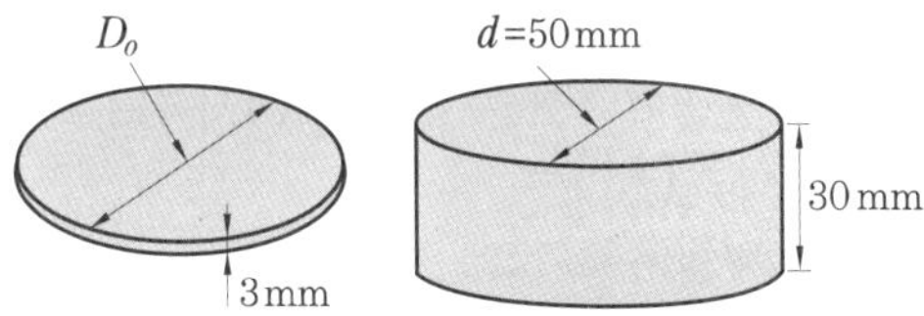

① 71.5 mm ② 84.5 mm
③ 92.2 mm ④ 104.2 mm

해설 $D=\sqrt{d^2+4dh}$ [mm]

$=\sqrt{50^2+(4\times50\times30)}$

$=\sqrt{2500+6000}$

$=\sqrt{8500} ≒ 92.2$ mm

18. 두께 2 mm의 연강판에 평균속도 4 m/min으로 지름 20 mm의 구멍을 펀칭할 때 프레스의 소요마력(PS)은 약 얼마인가? (단, 프레스 효율 $\eta=60$ %, 판의 전단응력은 25 kgf/mm^{2}이다.)

① 1.7 ② 3.6
③ 4.7 ④ 5.6

해설 $N=\dfrac{P\times V}{75\times60\times\eta}$ [PS]

$P=\pi\times d\times t\times\tau$

$=3.14\times20\times2\times25=3140$ kgf

$N=\dfrac{3140\times4}{75\times60\times0.6}=4.652 ≒ 4.7$ PS

19. 스트립 레이아웃(strip layout)을 작성할 때 고려사항으로 적절하지 않은 것은?

① 제품의 취출 및 회수 방법을 검토한다.
② 굽힘 공정, 변형 등을 주의하여 배치한다.
③ 미스피드 검출은 변형이 일어나지 않는 곳에 배치한다.
④ 정밀도상 중요한 부분은 다른 스테이지에서 가공한다.

20. 전단가공에서 펀치의 진행방향과 다이구멍의 직각방향으로 발생하는 저항력을 무엇이라 하는가?

① 전단력 ② 측방력
③ 쿠션력 ④ 블랭크 홀딩력

2과목 기계가공법 및 안전관리

21. 화재를 A급, B급, C급, D급으로 구분했을 때, 전기화재에 해당하는 것은?

① A급 ② B급
③ C급 ④ D급

해설 화재의 분류

- A급 : 일반 화재(목재, 종이, 특수가연물)
- B급 : 유류 화재(휘발성 액체, 알코올, 기름)

정답 » 15. ② 16. ④ 17. ③ 18. ③ 19. ④ 20. ② 21. ③

- C급 : 전기 화재(전압기기나 변압기 등)
- D급 : 금속 화재(마그네슘, 나트륨, 칼륨)
- E급 : 가스 화재(LPG, LNG 등)

22. 일반적인 보통 선반 가공에 관한 설명으로 틀린 것은?

① 바이트 절입량의 2배로 공작물의 지름이 작아진다.
② 이송속도가 빠를수록 표면거칠기는 좋아진다.
③ 절삭속도가 증가하면 바이트의 수명은 짧아진다.
④ 이송속도는 공작물의 1회전당 공구의 이동거리이다.

23. 다음 나사의 유효지름 측정 방법 중 정밀도가 가장 높은 방법은?

① 삼침법을 이용한 방법
② 피치 게이지를 이용한 방법
③ 버니어 캘리퍼스를 이용한 방법
④ 나사 마이크로미터를 이용한 방법

24. 원형 부분을 두 개의 동심의 기하학적 원으로 취했을 경우, 두 원의 간격이 최소가 되는 두 원의 반지름의 차로 나타내는 형상 정밀도는?

① 원통도 ② 직각도
③ 진원도 ④ 평행도

25. 드릴링 머신 작업 시 주의해야 할 사항 중 틀린 것은?

① 가공 시 면장갑을 착용하고 작업한다.
② 가공물이 회전하지 않도록 단단하게 고정한다.
③ 가공물을 손으로 지지하여 드릴링하지 않는다.
④ 얇은 가공물을 드릴링할 때에는 목편을 받친다.

해설 드릴링 가공 시 장갑을 끼고 작업을 하지 않는다.

26. 도금을 응용한 방법으로 모델을 음극에 전착시킨 금속을 양극에 설치하고, 전해액 속에서 전기를 통전하여 적당한 두께로 금속을 입히는 가공 방법은?

① 전주 가공 ② 전해 연삭
③ 레이저 가공 ④ 초음파 가공

27. 표면 프로파일 파라미터 정의의 연결이 틀린 것은?

① Rt–프로파일의 전체 높이
② RSm–평가 프로파일의 첨도
③ Rsk–평가 프로파일의 비대칭도
④ Ra–평가 프로파일의 산술 평균 높이

해설 RSm–프로파일 요소의 평균 너비

28. 드릴 작업 후 구멍의 내면을 다듬질하는 목적으로 사용하는 공구는?

① 탭 ② 리머
③ 센터 드릴 ④ 카운터 보어

29. 밀링 가공에서 분할대를 사용하여 원주를 6° 30′씩 분할하고자 할 때, 옳은 방법은?

① 분할크랭크를 18공열에서 13구멍씩 회전시킨다.
② 분할크랭크를 26공열에서 18구멍씩 회전시킨다.
③ 분할크랭크를 36공열에서 13구멍씩 회전시킨다.
④ 분할크랭크를 13공열에서 1회전하고 5구멍씩 회전시킨다.

해설 $n = \frac{D}{9} = \frac{6\frac{1}{2}}{9} = \frac{\frac{13}{2}}{9} = \frac{13}{18}$ 이므로 브라운 샤프형 No.1에서 18구멍 분할판을 사용하여 13구멍씩 돌려서 가공한다.

정답 » 22. ② 23. ① 24. ③ 25. ① 26. ① 27. ② 28. ② 29. ①

30. 다음 중 밀링 머신에 포함되는 기계장치가 아닌 것은?

① 니 ② 주축
③ 컬럼 ④ 심압대

해설 심압대는 선반의 주요 5요소인 주축대, 왕복대, 심압대, 베드, 이송장치 중의 하나이다.

31. 다음 중 윤활제의 구비 조건으로 틀린 것은 어느 것인가?

① 사용 상태에 따라 정도가 변할 것
② 산화나 열에 대하여 안정성이 높을 것
③ 화학적으로 불활성이며 깨끗하고 균질할 것
④ 한계 윤활 상태에서 견딜 수 있는 유성이 있을 것

32. 연삭 작업에서 숫돌 결합제의 구비 조건으로 틀린 것은?

① 성형성이 우수해야 한다.
② 열이나 연삭액에 대하여 안전성이 있어야 한다.
③ 필요에 따라 결합 능력을 조절할 수 있어야 한다.
④ 충격에 견뎌야 하므로 기공 없이 치밀해야 한다.

33. 밀링 작업에서 분할대를 사용하여 직접 분할할 수 없는 것은?

① 3등분 ② 4등분
③ 6등분 ④ 9등분

해설 직접 분할은 24의 약수인 2, 3, 4, 6, 8, 12, 24만 가능하다.

34. 다음 3차원 측정기에서 사용되는 프로브 중 광학계를 이용하여 얇거나 연한 재질의 피측정물을 측정하기 위한 것으로 심출 현미경, CMM 계측용 TV 시스템 등에 사용되는 것은?

① 전자식 프로브
② 접촉식 프로브
③ 터치식 프로브
④ 비접촉식 프로브

해설 3차원 측정기에 적용되는 프로브에는 접촉식, 비접촉식, 정압(전자) 접촉식 등이 있다. 비접촉식 프로브는 광학계를 이용한 것으로 접촉 측정이 부적당하거나 곤란한 측정에 사용되며 대표적인 비접촉 프로브는 심출 현미경, 심출 투영기, CMM 계측용 TV 시스템이 있다.

35. 공작물을 센터에 지지하지 않고 연삭하며, 가늘고 긴 가공물의 연삭에 적합한 특징을 가진 연삭기는?

① 나사 연삭기
② 내경 연삭기
③ 외경 연삭기
④ 센터리스 연삭기

36. 가늘고 긴 일정한 단면 모양을 가진 공구를 사용하여 가공물의 내면에 키 홈, 스플라인 홈, 원형이나 다각형의 구멍 형상과 외면에 세그먼트 기어, 홈, 특수한 외면의 형상을 가공하는 공작기계는?

① 기어 셰이퍼(gear shaper)
② 호닝 머신(honing machine)
③ 호빙 머신(hobbing machine)
④ 브로칭 머신(broaching machine)

37. 선반 작업에서 구성인선(built-up edge)의 발생 원인에 해당하는 것은?

① 절삭깊이를 작게 할 때
② 절삭속도를 느리게 할 때
③ 바이트의 윗면 경사각이 클 때
④ 윤활성이 좋은 절삭유제를 사용할 때

해설 구성인선의 방지책
(1) 바이트의 전면 경사각을 크게 한다.
(2) 절삭속도를 크게 한다.
(3) 윤활성이 좋은 윤활제를 사용한다.

정답 » 30. ④ 31. ① 32. ④ 33. ④ 34. ④ 35. ④ 36. ④ 37. ②

(4) 절삭깊이를 작게 한다.
(5) 이송속도를 작게 한다.

38. 4개의 조가 90° 간격으로 구성 배치되어 있으며, 보통 선반에서 편심 가공을 할 때 사용되는 척은?

① 단동척 ② 연동척
③ 유압척 ④ 콜릿척

39. CNC 프로그램에서 보조 기능에 해당하는 어드레스는?

① F ② M
③ S ④ T

해설 ① F(feedrate) : 이송(mm/min) 기능
② M(miscellaneous): 기계조작 보조 기능
③ S(spindle speed): 주축 회전수 제어
④ T(tool function): 공구 선택과 보정 기능

40. 다음 중 절삭유의 사용 목적으로 틀린 것은 어느 것인가?

① 절삭열의 냉각
② 기계의 부식 방지
③ 공구의 마모 감소
④ 공구의 경도 저하 방지

해설 절삭유의 사용 목적
(1) 냉각 작용 : 절삭 공구와 일감의 온도 상승을 방지한다.
(2) 윤활 작용 : 공구날의 윗면과 칩 사이의 마찰을 감소한다.
(3) 세척 작용 : 칩을 씻어 제거한다.
(4) 절삭 저항이 감소하여 공구의 수명을 연장한다.
(5) 다듬질면의 상처를 방지하므로 가공면이 좋아진다.
(6) 일감의 열 팽창 방지로 가공물의 치수 정밀도가 좋아진다.
(7) 칩의 흐름이 좋아지기 때문에 절삭 작용을 쉽게 한다.

3과목 금형재료 및 정밀계측

41. 다음 중 공구현미경으로 측정하기 가장 어려운 것은?

① 테이퍼 ② 나사산
③ 나사의 피치 ④ 표면거칠기

해설 공구현미경은 주로 길이, 각도, 형상, 윤곽, 나사 등을 측정한다.

42. 다음 중 한계 게이지에 대한 설명과 가장 거리가 먼 것은?

① 제품의 실제 치수를 읽을 수가 없다.
② 재료는 내마모성이 큰 것으로 사용한다.
③ 조작이 복잡하므로 많은 경험을 필요로 한다.
④ 한계 게이지 검사에 합격한 부품은 부품 간에 호환성이 좋다.

43. 수나사의 정밀도를 검사하는 주요 부분 5개소는?

① 산의 각도, 피치, 유효지름, 골지름, 리드각
② 바깥지름, 골지름, 유효지름, 피치, 산의 각도
③ 바깥지름, 피치, 골지름, 산의 각도, 리드각
④ 바깥지름, 골지름, 피치, 유효지름, 리드각

44. 마이크로미터의 스핀들 나사 피치가 0.5 mm이고, 심블의 원주 눈금이 100등분일 때, 이 장비의 최소 측정값은?

① 60 μm ② 10 μm
③ 5 μm ④ 2 μm

해설 감도(최소 측정값) $M=\frac{P}{n}$
여기서, P : 스핀들의 나사 피치
n : 원주의 등분수

정답 » 38. ① 39. ② 40. ② 41. ④ 42. ③ 43. ② 44. ③

$$\therefore M = \frac{0.5}{100} = 0.005\,\text{mm} = 5\,\mu\text{m}$$

45. 다음 중 측정값 14.50이 뜻하는 범위로 적합한 것은?

① 14.490≤14.50<14.510
② 14.45≤14.50<14.55
③ 14.495≤14.50<14.505
④ 14.49≤14.50<14.51

46. 측정값과 참값의 차에 해당하는 용어는?

① 감도 ② 오차
③ 정도 ④ 정확도

47. 내측 마이크로미터에 대한 설명 중 옳지 않은 것은?

① 봉형, 캘리퍼형, 삼점식 등이 있다.
② 봉형은 아베의 원리에 어긋나는 구조이므로 사용 시 주의해야 한다.
③ 삼점식은 본체에 직각으로 움직이는 3개의 측정자에 의해 정확히 측정할 수 있다.
④ 캘리퍼형은 조의 이동에 의해 비교적 작은 안지름이나 홈의 폭 측정에 사용한다.

48. 옵티컬 플랫으로 게이지 블록의 평면도를 측정한 결과 적색 파장의 간섭 무늬가 6개일 때, 게이지 블록의 평면도는 몇 μm인가? (단, 적색의 파장은 0.64 μm이다.)

① 0.043 ② 0.96 ③ 1.92 ④ 3.84

해설 평면도 $= n \times \frac{\lambda}{2} = 6 \times \frac{0.64}{2} = 1.92\,\mu\text{m}$

49. 다음 중 일반적인 표면거칠기 측정 방법이 아닌 것은?

① 촉침식 ② 광절단식
③ 현미 간섭식 ④ 테이블 회전식

50. 주철정반과 비교한 석정반의 특징으로 틀린 것은?

① 녹이 슬지 않는다.
② 유지비가 적게 든다.
③ 비자성, 비전도체이다.
④ T홈과 같은 태핑 가공이 용이하다.

51. 세라믹(ceramics) 공구의 특징이 아닌 것은?

① 내마모성이 좋다.
② 충격에 강하다.
③ 내열성이 우수하다.
④ 고속절삭에 적합하다.

해설 세라믹은 충격에 약한 단점이 있다.

52. 아공석강 내에서 탄소함유량이 증가할수록 감소하는 기계적 성질은?

① 경도 ② 충격값
③ 항복점 ④ 인장강도

53. Fe-C 평형 상태도에서 시멘타이트의 자기 변태점 온도는?

① 약 723℃ ② 약 210℃
③ 약 768℃ ④ 약 1492℃

54. 금속의 결정 구조가 아닌 것은?

① 체심입방격자 ② 면심입방격자
③ 조밀육방격자 ④ 중심입방격자

해설 ① 체심입방구조(BCC) : Cr, W, Mo, V
② 면심입방구조(FCC) : Al, Ag, Au, Cu, Pt, Pb, Ni
③ 조밀육방구조(HCP) : Cd, Mg, Zn, Ti

55. 주철에 대한 설명으로 틀린 것은?

① 흑연과 화합탄소를 더한 값은 전탄소라 한다.
② 흑연편이 클수록 자기 감응도가 좋아진다.

정답 » 45. ③ 46. ② 47. ② 48. ③ 49. ④ 50. ④ 51. ② 52. ② 53. ② 54. ④ 55. ②

③ C와 Si가 많을수록 용융점은 낮아진다.
④ 흑연이 많을 경우 그 파단면이 회색을 띤 주철을 회주철이라 한다.

56. 다음 금형 재료 중 비자성인 강은?

① STC105 ② SKH51
③ STD61 ④ STS304

해설 STS는 스테인리스강으로 비자성체이다.

57. 동일한 재료를 열처리하였을 때 다음의 조직 중 경도의 크기가 큰 것에서 작은 순서로 나열된 것은?

① 마텐자이트>펄라이트>소르바이트
② 마텐자이트>소르바이트>펄라이트
③ 소르바이트>펄라이트>마텐자이트
④ 펄라이트>소르바이트>마텐자이트

58. 다음 중 탄소강이 200~300℃ 부근에서 상온일 때보다 연신율 및 단면 수축률이 저하되어 단단하고 깨지기 쉬운 현상은 어느 것인가?

① 저온 취성 ② 고온 취성
③ 적열 취성 ④ 청열 취성

해설 (1) 청열 취성(blue shortness) : 강이 200~300℃ 가열되면 경도, 강도가 최대로 되고 연신율, 단면 수축은 줄어들어 취성이 커지는데 원인은 인(P) 때문이다.
(2) 적열 취성(red shortness) : 황(S)이 많은 강으로 고온(900℃ 이상)에서 메짐이 발생, 강도는 증가, 연신율은 감소가 나타난다.
(3) 저온 취성 : 강이 저온이 되면서 경도가 증가하고 수축률이 저하되어 부서지기 쉬운 현상이다.

59. 구리에 아연을 5% 정도 첨가하여 화폐, 메달 등의 재료로 사용되는 것은?

① 네이벌 황동 ② 델타 메탈
③ 길딩 메탈 ④ 문츠 메탈

해설 ① 네이벌 황동 : 6-4 황동에 Sn 1% 첨가, 선박용 기계에 사용
② 델타 메탈 : 6-4 황동에 Fe 1~2% 첨가, 강도, 내식성이 우수하여 광산, 선박, 화학 기계에 사용
③ 길딩 메탈 : Cu 95%에 Zn 5% 첨가, 화폐, 메달 등 주조용 재료로 사용
④ 문츠 메탈 : 6-4 황동으로 인장강도가 최고이나 상온 가공성이 불량하다.

60. 기계적 성질과 절연성이 우수하여 전기기구 및 기어 제조에 사용되는 열경화성수지는 어느 것인가?

① 페놀 수지 ② ABS 수지
③ 폴리스티렌 ④ 폴리에틸렌

해설 열경화성 수지의 종류와 특징
(1) 페놀 수지 : 열과 전기의 절연체이며 염가에 강성과 강도가 커서 커넥터, 스위치, 브레이커 등의 제조에 사용한다.
(2) 우레아 수지 : 무색무취에 다양한 컬러를 구현하고 값이 싸서 단추, 조명기구, 가전제품 케이스, 식기류 등의 제조에 사용한다.
(3) 멜라민 수지 : 무색무취로 물과 화학물질에 저항력이 크며 내열성, 강성, 내충격성 등이 크다. 면도기 케이스, 노브, 단추, 보청기 케이스 등의 제조에 사용한다.

정답 » 56. ④ 57. ② 58. ④ 59. ③ 60. ①

사출금형산업기사

2018년 8월 19일 (제3회)

1과목 금형설계

1. 펀치(punch) 고정 방법으로 적합하지 않은 것은?

① 키에 의한 고정
② 볼트에 의한 고정
③ 용접에 의한 고정
④ 클램프에 의한 고정

해설 펀치 고정 방법에는 키, 플랜지, 펀치 플레이트, 볼트, 클램프, 볼, 데프콘 접착제에 의한 고정 등이 있다.

2. 드로잉용 블랭크 홀더나 녹아웃 등을 작동시키는 베드 아래에 장치된 배압장치의 명칭은?

① 레벨러 ② 롤 피더
③ 언코일러 ④ 다이쿠션

3. 다음 그림과 같이 드로잉 가공에서 바닥 부분이 파단되는 원인이 아닌 것은?

① 드로잉률이 크다.
② 쿠션 압력이 강하다.
③ 드로잉 속도가 빠르다.
④ 드로잉 윤활성이 나쁘다.

4. 드로잉 공정에서 판의 미끄럼 운동을 국부적으로 제어하기 위한 수단으로 옳은 것은 어느 것인가?

① 비드(bead)
② 에어 벤트(air vent)
③ 받침판(backing plate)
④ 펀치 플레이트(punch plate)

해설 ② 에어 벤트 : 공기 배출 구멍
③ 받침판 : 펀치에 가해지는 압력으로 펀치와 다이 홀더에 파고드는 것을 방지하는 판
④ 펀치 플레이트 : 펀치를 고정하는 판

5. 세미노칭 가공이라고도 하며, 재료나 부품에 가늘고 긴 구멍을 펀칭하는 가공 방법은 어느 것인가?

① 루버링 가공 ② 슬로팅 가공
③ 슬리팅 가공 ④ 슬릿 포밍 가공

해설 루버링은 가공품의 일부를 절개와 동시에 성형하는 가공이고 슬리팅은 칩(chip)이 발생하지 않도록 절개만 하는 가공이며, 슬릿 포밍은 절개와 굽힘 가공을 하는 것이다.

6. 전단각에 대한 설명으로 틀린 것은?

① 펀치와 다이의 충격을 완화시킨다.
② 펀치와 다이의 전단력을 증가시킨다.
③ 블랭킹 가공은 다이에 전단각을 부여한다.
④ 피어싱 가공은 펀치에 전단각을 부여한다.

해설 전단력을 20~30 % 감소시키기 위하여 전단각(시어각)을 준다. 블랭킹 가공에는 다이에, 피어싱 가공에는 펀치에 준다.

7. 트랜스퍼 가공에서 반송 핑거의 조건이 아닌 것은?

① 핑거는 착탈, 교환, 보관이 쉽도록 한다.
② 핑거는 미세 조정이 불가하므로, 무겁고 강성이 있게 한다.
③ 이송레벨 위를 유연하게 보내고 금형의 간섭이 없도록 한다.
④ 핑거는 현장 작업의 상황에 따라 조정하기 쉬운 구조로 한다.

2018년

정답 » 1. ③ 2. ④ 3. ① 4. ① 5. ② 6. ② 7. ②

해설 반송 핑거는 프레스 금형에서 먼저 가공된 소재를 다음 공정의 금형으로 이송시키기 위하여 미세 조정이 가능하고 강성이 있도록 전용으로 제작, 부착한 장치이다.

8. 다음 중 프로그레시브 금형의 특징으로 옳은 것은?

① 제품의 정밀도가 매우 낮다.
② 대량생산 및 가공 속도가 우수하다.
③ 공정이 많아 자동화에 어려움이 있다.
④ 사용 재료 및 프레스 기계의 제약이 없다.

해설 프로그레시브 금형의 특징
(1) 대량생산이 목적이므로 생산성이 높고, 가공 속도가 우수하다.
(2) 대량생산에 적합한 방식으로 작업 능률이 좋다.
(3) 금형제작이 어려워지고, 제작비용이 비싸다.
(4) 사용 재료 및 프레스 기계의 제약이 있다.

9. 코일재를 사용한 프레스 자동화 시스템 구성 순서로 옳은 것은?

① 적재 → 교정 → 이송 → 프레스 → 취출
② 적재 → 교정 → 프레스 → 이송 → 취출
③ 적재 → 이송 → 교정 → 프레스 → 취출
④ 적재 → 프레스 → 교정 → 이송 → 취출

10. 드로잉 한계를 좋게 하는 펀치의 곡률반지름(r_p)과 소재의 두께(t)에 따른 일반적인 관계식은?

① $(2\sim3)t \leqq r_p \leqq (5\sim10)t$
② $(4\sim6)t \leqq r_p \leqq (10\sim20)t$
③ $(10\sim20)t \leqq r_p \leqq (40\sim60)t$
④ $(40\sim600)t \leqq r_p \leqq (80\sim900)t$

11. 사출금형을 사출성형기에 장착할 때 노즐의 위치를 결정해 주는 역할을 하는 것은 어느 것인가?

① 받침판　　② 가이드 핀
③ 스프루 부시　　④ 로케이트 링

해설 ① 받침판 : 사출압력으로 가동측 형판의 휨을 방지해주는 판
② 가이드 핀 : 상형판과 하형판을 정확하게 맞춰 안내해 주는 역할을 한다.

12. 성형품 치수가 200 mm, 성형수축률이 8/1000일 때 상온의 금형 치수는 약 얼마로 가공하여야 하는가?

① 1980.5 mm　　② 199.75 mm
③ 201.6 mm　　④ 202.6 mm

해설 $M=A(1+S)$
여기서, M : 상온에서의 금형 치수
A : 성형품 치수
S : 성형수축률
$\therefore M=200(1+0.008)=201.6$ mm

13. 다음 중 사출금형에서 스프루 부시 구멍의 적절한 각도 범위는?

① 2~4°　　② 6~8°
③ 10~12°　　④ 14~16°

14. 사출금형에서 성형품 치수 오차 발생 요인 중 금형과 직접 관련이 있는 요인이 아닌 것은 어느 것인가?

① 금형의 마모 변형
② 금형 가공 시 제작 오차
③ 금형의 형식 또는 금형 구조
④ 수지의 종류에 따른 수축률의 대소

해설 수지의 종류에 따른 수축률은 대부분 0.002~0.006 mm 정도이므로 오차 발생에 크게 관계가 없다.

15. 플래시(flash) 불량 현상의 원인으로 적절하지 않은 것은?

① 형체력이 큰 경우

정답 » 8. ② 9. ① 10. ② 11. ④ 12. ③ 13. ① 14. ④ 15. ①

② 금형의 휨에 의한 경우
③ 수지의 공급이 과한 경우
④ 금형의 분할면에 이물질이 있는 경우

16. 사출성형에서 수지의 평균 압력이 460 kg/cm²이고 캐비티의 투영면적이 50 cm²이라면 형체력(ton)은 얼마인가?

① 23 ② 41 ③ 46 ④ 51

해설 형체력 F=평균 압력(P)×투영면적(A)
$=50\times460=23000\text{kg}=23\text{ton}$

17. 비제한 게이트의 특징으로 틀린 것은?

① 압력손실이 작다.
② 잔류응력이 크다.
③ 사이클이 길어진다.
④ 스프루의 고화시간이 짧다.

해설 비제한 게이트는 스프루의 고화 시간이 비교적 길기 때문에 사이클이 길어지기 쉽다.

18. 다음 중 다수 캐비티의 금형에서 충전 밸런스를 조정할 수 있는 가장 적합한 방법은?

① 사출속도 조절
② 사출압력 조절
③ 수지온도 조절
④ 게이트의 치수 조절

19. 러너 시스템을 가열하여 항상 일정한 온도로 가열할 수 있도록 가열 시스템을 내장하여 러너가 항상 일정한 온도로 유지되도록 하는 것은?

① 핫 러너 ② 콜드 러너
③ 웰 타입 노즐 ④ 익스텐션 노즐

해설 핫 러너 : 러너 형판에 러너를 가열할 수 있는 시스템을 내장시켜 러너 내의 수지를 일정한 용융 상태로 유지시켜 항상 사출할 수 있는 상태가 되어야 하고, 그 반면 캐비티 쪽에서는 성형품이 고화되기에 충분한 온도로 냉각시킬 수 있어야 한다.

20. 보스(boss) 설계 시 유의사항에 해당하지 않는 것은?

① 높이가 높은 보스는 피하는 것이 좋다.
② 살 두께가 두꺼우면 싱크마크의 원인이 되므로 고려한다.
③ 보스를 높게 할 필요가 있을 때 보스 측벽에 리브를 붙이지 않는다.
④ 보스가 다리 역할을 할 경우, 4개 이상인 경우는 높이를 맞추기 어려우므로 3개로 한다.

해설 보스를 높게 할 필요가 있을 때 보스의 측면에 리브를 붙여서 재료의 흐름을 보강한다.

2과목 기계가공법 및 안전관리

21. 나사의 유효지름을 측정하는 방법이 아닌 것은?

① 삼침법에 의한 측정
② 투영기에 의한 측정
③ 플러그 게이지에 의한 측정
④ 나사 마이크로미터에 의한 측정

22. 밀링 가공할 때 하향절삭과 비교한 상향절삭의 특징으로 틀린 것은?

① 절삭 자취의 피치가 짧고, 가공면이 깨끗하다.
② 절삭력이 상향으로 작용하여 가공물 고정이 불리하다.
③ 절삭 가공을 할 때 마찰열로 접촉면의 마모가 커서 공구의 수명이 짧다.
④ 커터의 회전 방향과 가공물의 이송이 반대이므로 이송 기구의 백래시(back lash)가 자연히 제거된다.

해설 상향절삭은 가공면이 거칠고, 하향절삭은 가공면이 깨끗하다.

정답 » 16. ① 17. ④ 18. ④ 19. ① 20. ③ 21. ③ 22. ①

23. CNC 선반에서 나사 절삭 사이클의 준비 기능 코드는?

① G02　② G28
③ G70　④ G92

해설 G02 : 원주의 시계방향, G28 : 원점복귀, G70 : 다듬 절삭 사이클

24. 리머에 관한 설명으로 틀린 것은?

① 드릴 가공에 비하여 절삭속도를 빠르게 하고 이송은 작게 한다.
② 드릴로 뚫은 구멍을 정확한 치수로 다듬질하는 데 사용한다.
③ 절삭속도가 느리면 리머의 수명은 길게 되나 작업 능률이 떨어진다.
④ 절삭속도가 너무 빠르면 랜드(land)부가 쉽게 마모되어 수명이 단축된다.

25. 공작기계의 메인 전원 스위치 사용 시 유의사항으로 적합하지 않은 것은?

① 반드시 물기 없는 손으로 사용한다.
② 기계 운전 중 정전이 되면 즉시 스위치를 끈다.
③ 기계 시동 시에는 작업자에게 알리고 시동한다.
④ 스위치를 끌 때에는 반드시 부하를 크게 한다.

26. 1대의 드릴링 머신에 다수의 스핀들이 설치되어 1회에 여러 개의 구멍을 동시에 가공할 수 있는 드릴링 머신은?

① 다두 드릴링 머신
② 다축 드릴링 머신
③ 탁상 드릴링 머신
④ 레이디얼 드릴링 머신

27. 다음 중 전해가공의 특징으로 틀린 것은?

① 전극을 양극(+)에 가공물은 음극(−)으로 연결한다.
② 경도가 크고 인성이 큰 재료도 가공 능률이 높다.
③ 열이나 힘의 작용이 없으므로 금속학적인 결함이 생기지 않는다.
④ 복잡한 3차원 가공도 공구자국이나 버(burr)가 없이 가공할 수 있다.

해설 전해가공은 가공물을 양극(+)에 전극을 음극(−)에 연결한다.

28. 선반에서 지름 100 mm의 저탄소 강재를 이송 0.25 mm/rev, 길이 80 mm를 2회 가공했을 때 소요된 시간이 80초라면 회전수는 약 몇 rpm인가?

① 450　② 480
③ 510　④ 540

해설 가공시간 $T = \frac{l}{nf} \times i$

여기서, T : 가공시간(min)
n : 회전수(rpm)
f : 1회전당 이송(mm/rev)
l : 가공 길이(mm)
i : 가공 횟수

$$\frac{80}{60} = \frac{80}{n \times 0.25} \times 2$$

$\therefore\ n = 480\,\text{rpm}$

29. 나사를 1회전시킬 때 나사산이 축 방향으로 움직인 거리를 무엇이라 하는가?

① 각도(angle)　② 리드(lead)
③ 피치(pitch)　④ 플랭크(flank)

해설 리드 $L = n \times P$

여기서, n : 나사의 줄수
P : 피치

30. 센터 펀치 작업에 관한 설명으로 틀린 것은?(단, 공작물의 재질은 SM45C이다.)

① 선단은 45° 이하로 한다.
② 드릴로 구멍을 뚫을 자리 표시에 사용된다.

정답 » 23. ④　24. ①　25. ④　26. ②　27. ①　28. ②　29. ②　30. ①

③ 펀치의 선단을 목표물에 수직으로 펀칭한다.
④ 펀치의 재질은 공작물보다 경도가 높은 것을 사용한다.

해설 센터 펀치는 표준각이 60°이며 재질이 단단하면 75°까지 선단각을 줄 수 있다.

31. 다음 중 센터리스 연삭기에 필요하지 않는 부품은?

① 받침판 ② 양센터
③ 연삭숫돌 ④ 조정숫돌

해설 센터리스 연삭기는 센터 없이 연삭숫돌과 조정숫돌 사이를 받침(지지)판으로 지지하면서 가공하는 연삭기이다.

32. 절삭유를 사용함으로써 얻을 수 있는 효과가 아닌 것은?

① 공구수명 연장 효과
② 구성인선 억제 효과
③ 가공물 및 공구의 냉각 효과
④ 가공물의 표면거칠기 값 상승 효과

33. 측정 오차에 관한 설명으로 틀린 것은?

① 기기 오차는 측정기의 구조상에서 일어나는 오차이다.
② 계통 오차는 측정값에 일정한 영향을 주는 원인에 의해 생기는 오차이다.
③ 우연 오차는 측정자와 관계없이 발생하고, 반복적이고 정확한 측정으로 오차 보정이 가능하다.
④ 개인 오차는 측정자의 부주의로 생기는 오차이며, 주의해서 측정하고 결과를 보정하면 줄일 수 있다.

34. 선반 작업 시 절삭속도 결정 조건으로 가장 거리가 먼 것은?

① 베드의 형상
② 가공물의 경도
③ 바이트의 경도
④ 절삭유의 사용 유무

35. 수직 밀링 머신에서 좌우 이송을 하는 부분의 명칭은?

① 니(knee) ② 새들(saddle)
③ 테이블(table) ④ 칼럼(column)

36. 절삭공구의 측면과 피삭재의 가공면과의 마찰에 의하여 절삭공구의 절삭면에 평행하게 마모되는 공구인선의 파손 현상은?

① 치핑 ② 크랙
③ 플랭크 마모 ④ 크레이터 마모

37. 바깥지름 원통 연삭에서 연삭숫돌이 숫돌의 반지름 방향으로 이송하면서 공작물을 연삭하는 방식은?

① 유성형 ② 플런지 컷형
③ 테이블 왕복형 ④ 연삭숫돌 왕복형

해설 원통 연삭에서 세로 이송 없이 절삭 깊이만 주면서 가공하는 방식을 플런지 컷 연삭이라고 한다.

38. 정밀 입자 가공 중 래핑(lapping)에 대한 설명으로 틀린 것은?

① 가공면의 내마모성이 좋다.
② 정밀도가 높은 제품을 가공할 수 있다.
③ 작업 중 분진이 발생하지 않아 깨끗한 작업환경을 유지할 수 있다.
④ 가공면에 랩제가 잔류하기 쉽고, 제품을 사용할 때 잔류한 랩제가 마모를 촉진시킨다.

39. 절삭공구 재료가 갖추어야 할 조건으로 틀린 것은?

① 조형성이 좋아야 한다.
② 내마모성이 커야 한다.
③ 고온경도가 높아야 한다.

정답 » 31. ② 32. ④ 33. ③ 34. ① 35. ③ 36. ③ 37. ② 38. ③ 39. ④

④ 가공 재료와 친화력이 커야 한다.

40. 밀링가공에서 커터의 날수는 6개, 1날당의 이송은 0.2 mm, 커터의 외경은 40 mm, 절삭속도는 30 m/min일 때 테이블의 이송속도는 약 몇 mm/min인가?

① 274 ② 286 ③ 298 ④ 312

해설 절삭속도 $V=\frac{\pi dN}{1000}$에서

회전수 $N=\frac{1000V}{\pi d}=\frac{1000\times30}{\pi\times40}$

$=238.73\text{rpm}$

이송속도 $f=f_z(\text{날당 이송})\times Z(\text{잇수})\times N$

$=0.2\times6\times238.73=286\text{mm/min}$

3과목 금형재료 및 정밀계측

41. 기준치수 25 mm의 원통 4개를 측정한 결과가 A, B, C, D로 나타났다. 오차 백분율이 ±0.4 % 이하가 합격이라고 할 때, 합격품에 해당하는 것은?(단, A= 24.90 mm, B= 25.10 mm, C= 24.86 mm, D= 25.12 mm이다.)

① A, B ② C, D
③ A, B, D ④ A, B, C

해설 0.4 %=0.004이므로

25 mm × 0.004 = 0.1mm

∴ 기준치수 25 mm±0.1 mm 이내, 즉 24.90 mm~25.10 mm 범위 내에 들면 합격품이다.

42. 다음 중 이론적으로 0.001 mm까지 측정할 수 있는 마이크로미터 구조에 해당하지 않는 것은?

① 나사피치 1 mm, 심블원주 1000등분
② 나사피치 5 mm, 심블원주 1000등분
③ 나사피치 0.5 mm, 심블원주 500등분
④ 나사피치 0.2 mm, 심블원주 200등분

해설 스핀들의 이동량 $M=\frac{P}{n}$

여기서, P : 나사의 피치
n : 심블의 등분수

① : $M=\frac{1}{1000}=0.001\text{mm}$

② : $M=\frac{5}{1000}=0.005\text{mm}$

③ : $M=\frac{0.5}{500}=0.001\text{mm}$

④ : $M=\frac{0.2}{200}=0.001\text{mm}$

43. 다음 그림의 A, B에서의 지름을 측정한 결과 각각 7mm, 6.5 mm이었을 때, 이 부품의 테이퍼량은 얼마인가?

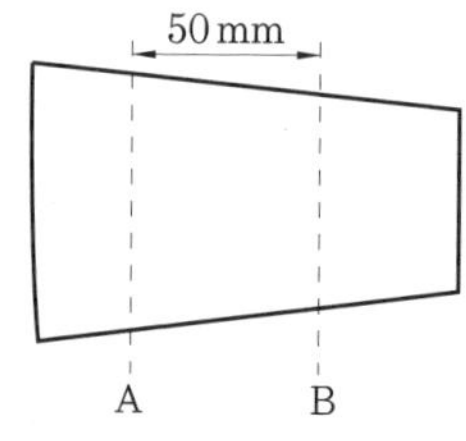

① $\frac{1}{20}$ ② $\frac{1}{25}$ ③ $\frac{1}{50}$ ④ $\frac{1}{100}$

해설 테이퍼량 $T=\frac{D-d}{L}$

여기서, D : 굵은 쪽 지름
d : 가는 쪽 지름
T : 테이퍼의 길이

$\therefore T=\frac{D-d}{L}=\frac{7-6.5}{50}=\frac{0.5}{50}=\frac{1}{100}$

44. 어미자의 49 mm를 아들자에서 50등분한 버니어캘리퍼스에서 읽을 수 있는 최소 눈금은?(단, 어미자의 1눈금은 1 mm이다.)

① $\frac{1}{50}$ mm ② $\frac{1}{25}$ mm
③ $\frac{1}{20}$ mm ④ $\frac{1}{10}$ mm

45. 각도의 측정에서 1라디안(radian)은 약 몇 도(°)인가?

정답 » 40. ② 41. ① 42. ② 43. ④ 44. ① 45. ④

① 114.592°　　② 94.694°
③ 67.257°　　④ 57.296°

해설 $1\text{rad} = \frac{180°}{\pi} = \frac{180°}{3.14159}$
$= 57.2958 \fallingdotseq 57.296°$

46. 기포관식 수준기에서 한 눈금의 길이가 2 mm일 때, 한 눈금 경사에 상당하는 각도가 5초라면 곡률 반지름 R은 약 몇 m인가?

① 83　　② 103
③ 206　　④ 309

해설 곡률 반지름(R)
$= \frac{1\text{rad} \times d}{\alpha} = \frac{206265초 \times 0.002\,\text{m}}{5초}$
$= 82.506\text{m} \fallingdotseq 83\,\text{m}$

47. 다음 중 한계 게이지에 대한 설명과 가장 거리가 먼 것은?

① 재질은 내마모성이 높아야 한다.
② 조작이 간단하므로 사용하기 쉽다.
③ 제품의 실제 치수를 정확히 알 수 있다.
④ 다량 검사 시 측정시간을 단축할 수 있다.

48. 높이 마이크로미터와 다이얼 테스트 인디케이터를 이용하여 블록의 높이를 정밀하게 측정하는 방법은?

① 절대 측정　　② 직접 측정
③ 간접 측정　　④ 비교 측정

해설 다이얼 게이지나 블록 게이지를 사용하면 기준 길이에 대한 차이의 측정이므로 모두 비교 측정이다.

49. 미터나사의 유효지름 측정에서 최적의 3침을 사용하여 측정한 결과 3침의 외측치수가 45.126 mm일 때, 나사의 피치가 2.5 mm이면 유효지름은 약 몇 mm인가?

① 1.443　　② 2.165
③ 41.626　　④ 42.961

해설 유효지름 $D = M - 3d + 0.86603 \times P$
여기서, M : 마이크로미터의 읽음값
d : 삼선의 직경
P : 나사의 피치
$d = 0.57735 \times P$
$= 0.57735 \times 2.5 = 1.4434$
$\therefore D = 45.126 - 3 \times 1.4434 + 0.86603 \times 2.5$
$\fallingdotseq 42.961\,\text{mm}$

50. 다음 중 게이지 블록의 밀착력과 가장 관계있는 것은?

① 호칭치수　　② 측정면의 경도
③ 측정면의 평면도　④ 측정면의 동심도

해설 게이지 블록의 밀착력은 표면의 조도 및 청결, 평면도, 적정한 밀착압력 등과 관계있다.

51. 플라스틱 재료의 일반적인 성질로 옳지 않은 것은?

① 온도에 의한 변화가 심하다.
② 크리프가 잘 일어나지 않는다.
③ 충격에 약한 것이 많다.
④ 내열성이 약하다.

해설 플라스틱의 일반적인 성질
(1) 장점
- 비중이 작고, 외관이 양호하다.
- 성형성, 가공성이 우수하다.
- 유연성이 있다.
- 방음, 방진, 단열 효과가 우수하다.
- 내식성이 우수하다.
- 색상이 다양하다.
- 전기 절연 특성이 있다.

(2) 단점
- 강도, 경도가 약하다.
- 열 및 충격에 약하다.
- 치수 안정성이 나쁘다.

52. 탄소강에서 적열메짐성(red shortness)을 방지하고 담금질 효과를 증가시키기 위하여 첨가하는 원소는?

정답 » 46. ① 47. ③ 48. ④ 49. ④ 50. ③ 51. ② 52. ②

① 규소 ② 망간
③ 니켈 ④ 구리

53. 복합재료에 널리 사용되는 강화책이 아닌 것은?

① 유리섬유 ② 탄소섬유
③ 구리섬유 ④ 세라믹섬유

54. 다음 중 순철의 자기변태점은?

① A_1 ② A_2 ③ A_3 ④ A_4

55. 다음 철강재료 중 스테인리스강은?

① STC3 ② STD11
③ SM20C ④ STS304

56. 다음 중 선팽창계수가 큰 순서로 옳게 나열된 것은?

① 알루미늄 > 구리 > 니켈 > 크롬
② 알루미늄 > 크롬 > 니켈 > 구리
③ 구리 > 알루미늄 > 니켈 > 크롬
④ 구리 > 니켈 > 알루미늄 > 크롬

해설 주요 금속의 선팽창계수
Al : 25.0, Mg : 25.4, Fe : 12.1,
Cu : 16.8, Cr : 6.8, Ni : 12.8
Au : 14.3, Pt : 9, W : 4.3
∴ Al>Cu>Ni>Cr

57. 다음 중 담금질한 강의 내부응력을 제거하고 인성을 부여하기 위한 열처리 방법은?

① 뜨임 ② 어닐링
③ 침탄법 ④ 고주파 열처리

58. 텅스텐을 주성분으로 한 소결합금으로 내마모성이 우수하여 대량생산용 금형재료로 쓰이는 재료는?

① 합금공구강 ② 기계구조용강
③ 초경합금 ④ 탄소공구강

59. 다음 중 알루미늄 표면의 방식성을 개선하는 방법은?

① 시효처리 ② 뜨임처리
③ 재결정화 ④ 양극산화처리

60. 다음 조직 중 공석 반응에 의해 생성된 것은 어느 것인가?

① 페라이트 ② 펄라이트
③ 오스테나이트 ④ 레데부라이트

해설 공석은 고체상태에서 공정과 같은 현상으로 생성되며 강의 경우 0.86 %C점에서 페라이트와 시멘타이트(Fe_3C)의 공석(펄라이트 조직)을 석출한다.

정답 » 53. ③ 54. ② 55. ④ 56. ① 57. ① 58. ③ 59. ④ 60. ②

사출/프레스금형설계기사

2018년 4월 28일 (제2회)

1과목 금형설계

1. 플라스틱 금형에서 나사 형상 성형품의 제작에 대한 설명으로 틀린 것은?

① 나사부의 공차가 수축값보다 작아야 한다.
② 금형의 나사부나 성형품을 회전시켜 이젝팅한다.
③ 금형의 나사를 고정 코어로 하면 작업 능률이 떨어진다.
④ 금형의 나사부를 분할형 또는 슬라이드 블록으로 한다.

해설 나사부가 있는 성형품의 설계 방식
(1) 강제로 밀어내기
(2) 분할형 또는 슬라이드 블록형
(3) 고정 core 방식
(4) 회전기구에 의한 방법
(5) collapsible core 방식

2. 이젝터 플레이트의 급속귀환 방식으로 옳은 것은?

① 링크 방식
② 가이드 핀 방식
③ 슬리브 핀 방식
④ 스프루 로크 핀 방식

해설 이젝터 플레이트의 급속귀환 방식
(1) 스프링에 의한 방법
(2) 링크에 의한 방법
(3) 바(bar)에 의한 방법
(4) 래크에 의한 방법
(5) 유압 실린더에 의한 방법

3. 다음 중 크랙(crack) 현상의 방지 대책으로 적절한 것은?

① 금형온도를 높인다.
② 냉각시간을 늘린다.
③ 사출시간을 줄인다.
④ 수지온도를 낮춘다.

해설 크랙(crack)은 성형품의 한 부분이 깨지거나 금이 가는 현상으로 발생 원인과 대책은 다음과 같다.
(1) 사출압력에 의한 불량 : 과충전되면 내부 응력이 발생되어 크랙이 발생되기 쉽다.
(2) 잔류응력 : 사출압력을 너무 높이면 잔류 응력이 발생될 수 있다.
(3) 이형불량 : 충분한 빼기 구배를 준다.
(4) 냉각 불충분에 의한 불량 : 고화가 덜 된 상태에서 밀핀 주위가 깨지거나 백화가 발생할 수 있다.
(5) 인서트 주위가 깨지는 현상 : 인서트는 수축하지 않고 수지만 수축하는 상태에서 응력이 집중될 수 있다.

4. 사출금형에서 성형품의 내측 형상을 만들기 위해 가동측 형판에 설치되는 금형의 돌출부분을 무엇이라고 하는가?

① 코어　　② 캐비티
③ 스프루 부시　　④ 로케이트 링

해설 대부분의 사출금형에서 성형품의 내측 형상을 결정하는 코어는 가동측에, 외측 형상을 결정하는 캐비티는 고정측에 형판을 설치한다.

5. 캐비티 블록 및 코어 블록을 분할 금형으로 제작할 경우의 장점으로 틀린 것은?

① 금형의 제조원가가 낮아진다.
② 에어 벤트의 설치가 쉬워진다.
③ 금형의 유지 보수가 용이하다.
④ 연삭 가공, 연마, 사상이 용이하게 된다.

해설 분할 금형
(1) 장점
• 금형의 강도와 강성을 유지시킬 수 있다.

2018년

정답 » 1. ① 2. ① 3. ① 4. ① 5. ①

- 부품의 조립된 틈새로 가스가 빠져나가기 때문에 에어 벤트가 자동으로 설치된다.
- 부품의 연삭 가공이 가능하여 고정밀도의 부품 제작과 수리 시 부품 교환이 용이하다.
- 빼기구배 가공과 성형품의 취출이 편리하다.

(2) 단점
- 연마가공 및 와이어 커팅 가공이 많다.
- 금형의 제작 비용이 높다.
- 냉각수 구멍 가공이 어렵다.
- 고장이 많고 성형품에 부품 자국이 발생한다.

6. 사출성형용 CAE의 사용 목적으로 틀린 것은?

① 냉각회로의 설계
② 사출성형기의 구조 결정
③ 러너의 크기 및 길이의 결정
④ 적절한 게이트 수와 위치의 선정

해설 CAE(computer aided engineering)의 사용 목적
(1) 제품개발 비용 및 시간 절감
(2) 동시 병행 업무 가능
(3) 금형설계(CAD) 및 가공공정의 최적화
(4) 생산성 및 신뢰성 향상
(5) 성형불량 감소

7. 다음 중 냉각회로 설계 시 유의사항으로 틀린 것은?

① 제품 형상에 따라 설계한다.
② 고정측 형판과 가동측 형판이 독립해서 조절될 수 있도록 설계한다.
③ 스프루나 게이트 등 온도가 높은 곳에 냉각수가 먼저 유입하도록 설계한다.
④ 냉각회로 구멍 직경이 작고 많은 개수보다는 구멍 직경이 크고 적은 개수로 설계한다.

해설 냉각수 구멍 설계 시 유의사항
(1) 고정측 형판과 가동측 형판을 각각 독립해서 조정되도록 한다.
(2) 형판에 여러 개의 관통 구멍을 설치할 때 게이트, 스프루의 가까운 곳에서부터 물이 순환되도록 한다.
(3) 코어의 냉각은 가능한 한 형상과 수축방향에 따라 회로를 설치한다.
(4) 이젝터 핀의 위치를 결정하기 전에 냉각 홈을 설계한다.
(5) 일반적으로 큰 1개의 냉각 구멍보다는 가늘고 많은 수의 냉각 구멍 쪽이 효과적이다.
(6) 냉각 구멍이나 홈은 캐비티 내에 반복 작용하는 성형압력을 견딜 수 있도록 캐비티에서 최소 10 mm 이상 되어야 한다.
(7) 냉매 입구 온도와 출구 온도의 차는 작은 것이 바람직하다.

8. 수지상수 0.7인 POM 수지를 사용하여 살 두께 2 mm인 성형품에 적합한 팬 게이트의 입구 깊이(mm)는 얼마인가? (단, 러너의 직경은 6 mm, 팬 게이트의 폭은 12 mm이다.)

① 1.2 ② 2.0
③ 2.8 ④ 3.6

해설 게이트 폭$(W) = \dfrac{n \times \sqrt{A}}{30}$

게이트 길이$(h_1) = n \times t$

게이트 입구 깊이$(h_2) = \dfrac{W \times h_1}{D}$

여기서, n : 수지상수
t : 살 두께
D : 러너의 직경

$h_1 = n \times t = 0.7 \times 2 = 1.4$

$\therefore h_2 = \dfrac{12 \times 1.4}{6} = 2.8\,\text{mm}$

9. 성형품의 투영면적 96 cm^2, 금형 내의 유효 사출압력 600 kgf/cm^{2}일 때, 사출성형기의 형체력(ton)은 얼마 이상인가?

① 44.4 ② 47.6
③ 54.4 ④ 57.6

해설 형체력 $F = A \times P \times 10^{-3}$
여기서, P : 사출압력(kgf/cm^2)

정답 » 6. ② 7. ④ 8. ③ 9. ④

A : 성형품의 투영면적(cm^2)

$\therefore\ F = 96 \times 600 \times 10^{-3} = 57.6\,\text{ton}$

10. **다음 사출성형 수지 중 일반적인 조건에서 용융온도가 가장 높은 것은?**

① PC ② EVA
③ POM ④ PVC

해설 사출성형 수지의 용융온도
① PC : 230℃ ② EVA : 72℃
③ POM : 165℃ ④ PVC : 150~170℃

11. **피어싱 금형(piercing die)에서 클리어런스(clearance)를 주는 부품은?**

① 다이
② 펀치
③ 스트리퍼
④ 펀치 고정판

해설 피어싱 금형에서는 구멍의 치수가 중요하므로 클리어런스를 다이에 주고 블랭킹 금형에서는 펀치에 클리어런스를 준다.

12. **다음 중 스트레치 드로 포밍(stretch draw forming) 가공법의 설명으로 옳은 것은?**

① 여러 가지 HERF 장치를 이용하여 초고속으로 행하는 가공
② 펀치는 금형을 사용하고 다이는 유압으로 지지된 고무막을 이용하는 가공
③ 홈 모양의 용기 및 관 등의 측벽을 내부로부터 압력을 가해 배를 부르게 하는 가공
④ 프레스 또는 스트레치 장치를 이용하여 강판을 항복점 이상으로 늘린 상태에서 행하는 가공

해설 스트레치 드로 포밍(stretch draw forming)은 프레스형의 양쪽에 설치된 스트레치 장치에 의해 강판을 항복점 이상으로 늘리고 그 상태에서 드로잉을 행하는 가공으로 여러 이점이 있는 새로운 성형법이다.

13. **순차이송 금형의 스트립 레이아웃 설계 시 고려할 사항이 아닌 것은?**

① 재료 폭
② 가공순서
③ 보관방법
④ 이송피치

해설 스트립 레이 아웃 설계 시 고려할 사항
(1) 소재의 이송 방법(사이드 컷, 파일럿 핀 등) 검토
(2) 이송 잔폭, 폭 잔폭 및 강도 검토
(3) 제품의 취출 및 회수 방법
(4) 치수 및 형상, 정밀도 유지 대책
(5) 하중 중심을 프레스 램의 중심에 위치하도록 설계
(6) 금형, 강도, 품질을 고려한 아이들 공정(idle stage) 설치 유무

14. **2개의 크랭크 기구로 구성된 크랭크 프레스의 호칭은?**

① 3점 크랭크 프레스
② 너클 크랭크 프레스
③ 단동 액션 크랭크 프레스
④ 더블 액션 크랭크 프레스

해설 프레스는 프레스 램이 1개인 단동 크랭크 프레스와 프레스 램이 2개인 복동 크랭크 프레스로 분류하며, 복동(더블 액션) 크랭크 프레스 특징은 다음과 같다.
(1) 편심 하중이 강하다.
(2) 강력 강판의 용접형 프레임 구조로 강성이 높고, 동적 정밀도가 우수하다.

15. **구멍 휨 형상의 원인 중 금형에 의한 원인이 아닌 것은?**

① 초벌 구멍이 휘어져 있다.
② 상형과 하형이 어긋나 있다.
③ 클리어런스가 균일하지 않다.
④ 피어싱 펀치가 수직으로 지지되어 있지 않다.

해설 금형에 의한 구멍 휨 형상의 원인

정답 » 10. ① 11. ① 12. ④ 13. ③ 14. ④ 15. ②

(1) 가공한 구멍이 직각이 아닌 경우
(2) 펀치나 다이에 부여한 클리어런스가 일정하지 않다.
(3) 펀치가 수직으로 조립되어 있지 않다.
(4) 배킹 플레이트가 설치되지 않아 펀치 플레이트에 펀치가 파고들어 수직이 아닌 경우

16. 내경 40 mm, 두께 0.3 mm, 깊이 60 mm의 플랜지 없는 원통컵 드로잉 시 트리밍 여유를 2 mm 고려한 블랭크 직경은 약 몇 mm인가? (단, 코너 반지름은 무시한다.)

① 101 ② 106
③ 109 ④ 113

해설 플랜지 없는 블랭크의 직경(D)

$= \sqrt{d^2+4dh}$, $A = \dfrac{\pi d^2}{4} + \pi dh$

여기서, d : 제품의 직경(두께, 트리밍 여유 포함)(mm)
h : 제품의 깊이(mm)

$\therefore\ d = 40+2+0.3 = 42.3$ mm

$D = \sqrt{(42.3)^2 + 4\times 42.3\times 60}$
$= 109.276$ mm

17. 트랜스퍼 금형의 프레스 작동 순서가 옳은 것은?

① 정지시간 → 핑거의 인입 → 트랜스퍼 몸체의 후진 → 정지시간 → 핑거의 진출 → 트랜스퍼 몸체의 전진
② 정지시간 → 핑거의 진출 → 핑거의 인입 → 트랜스퍼 몸체의 후진 → 정지시간 → 트랜스퍼 몸체의 전진
③ 핑거의 인입 → 정지시간 → 트랜스퍼 몸체의 후진 → 정지시간 → 핑거의 진출 → 트랜스퍼 몸체의 전진
④ 핑거의 인입 → 정지시간 → 트랜스퍼 몸체의 전진 → 정지시간 → 핑거의 진출 → 트랜스퍼 몸체의 후진

18. 정밀급 원형 평면(플레인) 가이드 포스트와 가이드 부시의 끼워 맞춤 틈새는?

① 0.015~0.02 mm
② 0.005~0.012 mm
③ 0.002~0.005 mm
④ 0.001~0.002 mm

해설 가이드 포스트와 가이드 부시의 끼워 맞춤 틈새는 보통급 : 0.005~0.012 mm, 정밀급 : 0.002~ 0.005 mm 이내로 한다.

19. U벤딩 가공을 할 때 나타나는 현상이 아닌 것은?

① 클리어런스가 작으면 스프링 백이 크다.
② 다이 모서리의 반지름이 크면 스프링 백이 크다.
③ 펀치 모서리의 반지름이 크면 스프링 백이 크다.
④ 패드의 압력이 강하면 스프링 백이 작아진다.

해설 V벤딩, U벤딩 모두 클리어런스가 작으면 작용압력이 커져 스프링 백은 작아진다.

20. 두께가 3mm인 어떤 제품을 가공하기 위한 전단력이 8 ton일 때, 프레스가 한 일량(energy)은 얼마인가? (단, 일량 보정계수는 0.45이다.)

① 13.5 kg · m
② 12.5 kg · m
③ 11.8 kg · m
④ 10.8 kg · m

해설 일량 $W = \dfrac{P\times t\times k}{1000}$

여기서, P : 전난력
t : 판 두께
k : 일량 보정계수

$\therefore\ W = \dfrac{8000\times 3\times 0.45}{1000} = 10.8\text{kg}\cdot\text{m}$

정답 » 16. ③ 17. ① 18. ③ 19. ① 20. ④

2과목 기계제작법

21. 지그의 종류 중 공작물의 전체 면이 지그로 둘러싸인 것으로써 공작물을 한 번 고정한 후 지그를 회전시키면서 전면을 가공할 수 있는 것은?

① 템플릿 지그(template jig)
② 채널 지그(channel jig)
③ 박스 지그(box jig)
④ 리프 지그(leaf jig)

해설 ① 템플릿 지그(형판 지그) : 정밀도가 크게 요구되지 않을 때, 소량 생산으로 빠른 생산이 필요할 때 클램프 없이 가공품을 고정하여 사용하는 지그
② 채널 지그 : 가공품을 지그 본체의 두 면 사이에 장착한 박스 지그의 가장 간단한 형태로 생산성 향상을 목적으로 사용되며 얇은 부품을 가공할 수 있다.
③ 박스 지그 : 상자형으로 지그를 회전시키면서 모든 면을 가공할 수 있으며 위치 결정이 정밀하고 견고하지만 제작비가 고가이며 칩 배출이 곤란하다.
④ 리프 지그 : 장착과 장탈이 용이한 소형 박스 지그의 일종으로 불규칙하고 복잡한 형태의 소형 가공품에 적합하며 한 번 장착으로 여러 면을 가공할 수 있다.

22. 재료를 재결정온도 이상에서 가공하는 열간가공의 특징으로 틀린 것은?

① 동력 소모가 많다.
② 방향성을 갖는 주조조직이 제거된다.
③ 파괴되었던 결정립이 다시 생성되어 재질이 균일해진다.
④ 변형저항이 작아 짧은 시간 내에 강력한 가공이 가능하다.

해설 (1) 냉간가공(상온가공 : cold working)
: 재결정온도 이하에서 가공
• 가공면이 미려하고 정밀한 가공이 가능하다.
• 가공 경화로 강도가 증가하고, 연신율이 저하된다.
• 가공 방향으로 섬유조직이 생긴다.
(2) 열간가공(고온가공 : hot working)
: 재결정온도 이상에서 가공
• 1회 가공으로 많은 변형이 가능하다.
• 가공 시간이 짧고 동력 소모가 적다.
• 조직이 치밀하나 균일성이 저하된다.
• 표면의 산화로 변질 가능성이 있다.
• 치수가 정밀하지 못하다.

23. 머시닝센터에서 로터리 테이블을 추가할 때 그 상부의 팰릿을 자동으로 교환시켜 기계 정지 시간을 단축시킬 수 있는 장치는?

① APC ② ATC
③ HSM ④ FA

해설 ② ATC(automatic tool changer) : 자동 공구 교환 장치
③ HSM(hardware security module) : 암호화 키를 생성하고 저장하는 역할을 하는 전용 장치
④ FA(factory automation) : 제품의 설계에서 제조, 출하에 이르기까지 공장 내의 공정을 자동화하는 기술로, 컴퓨터 시스템이나 산업 로봇을 도입하여 공장의 무인화, 생산 관리의 자동화 등을 행하는 시스템의 총칭이다. 구성 요소는 CAD/CAM/CAE, 자원 시스템, 해석 시스템, 생산 관리 시스템, 유연 생산 시스템(FMS) 등이 있다.

24. 다음 용접 결함의 검사 방법 중 파괴 검사에 속하는 것은?

① 자분 검사 ② 피로 검사
③ 방사선 검사 ④ 초음파 검사

해설 (1) 파괴 검사 : 재료를 파괴하여 상태를 파악하는 방법으로 종류에는 인장 시험, 굽힘 시험, 압축 시험, 경도 시험, 충격 시험, 피로 시험, 고온 크리프 시험 등이 있다.
(2) 비파괴 검사 : 육안 검사, 침투 검사, 자분 검사, 초음파 검사, 방사선 검사, 누설 검사, 와전류 검사, 음향 방출 검사 등이 있다.

2018년

정답 » 21. ③ 22. ① 23. ① 24. ②

25. 방전 가공에 사용되는 가공액 중 절연유로 사용할 수 없는 것은?

① 석유 ② 머신유
③ 휘발유 ④ 스핀들유

26. 광유에 비눗물을 첨가한 것으로 원액과 물을 혼합하여 냉각과 윤활성이 좋고 값이 저렴하여 널리 사용되는 절삭유는?

① 석유 ② 유화유
③ 극압유 ④ 지방유

해설 유화유는 냉각 작용 및 윤활 작용이 좋아 절삭 작업에 널리 사용하는 것으로 광유에 비눗물을 첨가하여 유화한 것이다. 절삭용은 10~30배, 연삭용은 50~100배로 혼합하여 사용한다. 물에 녹인 것으로 유백색을 띠고 있다.

27. 주철과 같이 취성이 큰 재질의 공작물을 절삭할 때 발생하기 쉬운 칩의 형태는?

① 유동형 ② 전단형
③ 열단형 ④ 균열형

해설 주철은 메짐(취성)이 큰 대표적인 소재로서 순간적으로 균열형 칩이 발생되므로 절삭성이 불안정하고 가공면이 거칠어진다.

28. 용접재를 강하게 맞대어 대전류를 통하게 하면 이음부 부근의 접촉 저항열에 의해 용접부가 적당한 온도에 도달한다. 이때 축방향으로 큰 압력을 주어 용접하는 방법은?

① 심 용접 ② 업셋 용접
③ 퍼커션 용접 ④ 프로젝션 용접

해설 ① 심 용접 : 원판형 롤러 전극 사이에 용접물을 끼워 전극에 압력을 주면서 전극을 회전시켜 모재를 이동하면서 점 용접을 반복하는 방법

② 업셋(버트) 용접 : 모재의 단면을 서로 맞대어 가압하고 전류를 통하면 모재 단면에 저항열이 발생되며 단접 온도가 되었을 때 가압하여 접합하는 방식

③ 퍼커션 용접 : 접합부에 직접 아주 짧은 시간에 아크를 발생시켜 국소적으로 용융시켜 가압, 접합하는 방법

④ 프로젝션 용접 : 모재 한쪽 또는 양쪽에 작은 돌기를 만들어 이 부분에 대전류와 압력을 가해 압접하는 방법

29. 방전 가공용 전극 재료의 구비 조건으로 틀린 것은?

① 전기 저항값이 높고 전기 전도도가 낮을 것
② 융점이 높아 방전 시 소모가 적을 것
③ 성형이 용이하고 가격이 저렴할 것
④ 방전 가공성이 우수할 것

해설 방전 가공용 전극 재료의 구비 조건

(1) 안정된 가공이 가능할 것
(2) 전극의 소모가 적을 것
(3) 가공성이 좋을 것
(4) 기계적 강도가 적당할 것
(5) 구입이 쉽고 염가일 것
(6) 전기 저항값이 낮고 전기 전도도가 클 것

30. 주입 중량이 256 kg이고 주물의 살 두께가 56 mm인 경우에 소요되는 주입시간은 약 몇 초인가? (단, 주물 살 두께 계수는 S=4.45이다.)

① 31.8 ② 43.6 ③ 64.5 ④ 71.2

해설 주입시간 $T=S\sqrt{W}$ [s]

여기서, S : 주물 살 두께 계수

W : 주물 중량

$\therefore T=4.45\sqrt{256}=71.2$ s

31. 금속의 표면을 경화시키기 위한 물리적인 표면 경화법은?

① 질화법 ② 청화법
③ 침탄법 ④ 화염 경화법

해설 ①~③은 화학적인 표면 경화법이다.

(1) 화학적 표면 경화 방법 : 고체 침탄법, 가스 침탄법, 액체 침탄법(청화법), 침유 처리법, 질화법 등이 있다.

정답 » 25. ③ 26. ② 27. ④ 28. ② 29. ① 30. ④ 31. ④

(2) 물리적 표면 경화 방법 : 화염 경화법, 고주파 경화법

32. 주조에서 탕구계의 기능이 아닌 것은?

① 부유 불순물을 분리시켜 모으는 기능
② 주형의 공간에 용탕을 주입시키는 기능
③ 주형의 침식과 가스의 혼입을 방지할 수 있는 기능
④ 용탕이 주입될 때 가급적 난류를 일으켜 주형 내에 유입되도록 하는 기능

해설 탕구계의 기능
(1) 주형 공간에 용탕을 주입하는 통로
(2) 주형의 침식이나 가스의 유입을 방지하기 위해 난류를 일으키지 않고 주형에 유도
(3) 주물의 응고 시 최적의 온도 기울기 부여
(4) 주입 금속에 대해 산화물과 슬래그 분리

33. 가공물, 미디어(media), 가공액 등을 통 속에 혼합하여 회전시킴으로써 깨끗한 가공면을 얻을 수 있는 특수 가공법은?

① 배럴 가공(barrel finishing)
② 롤 다듬질(roll finishing)
③ 버니싱(burnishing)
④ 블라스팅(blasting)

해설 ② 롤 다듬질(roll finishing) : 선반 가공 후 다듬질하는 방법으로 롤러 공구를 사용하여 공작물에 압착하고 공작물 표면을 소성변형시켜 다듬질하며 표면은 가공 경화가 일어나 피로강도가 증가한다.
③ 버니싱(burnishing) : 구멍의 진원도, 진직도 등 정밀도를 향상시키기 위하여 가공 구멍의 지름보다 약간 큰 초경합금 강구를 강제로 통과시켜 다듬질하는 방법
④ 블라스팅(blasting) : 모래나 실리카 또는 금속을 강하게 분사함으로써 금속 등의 표면에 붙어 있는 녹, 페인트, 각종 이물질을 제거하는 작업

34. 프로젝션 용접(projection welding)의 특징에 관한 설명으로 틀린 것은?

① 전극 수명이 짧다.
② 작업능률이 높다.
③ 작업속도가 빠르다.
④ 수 개의 용접이 동시에 가능하다.

해설 프로젝션 용접의 특징
(1) 서로 다른 금속의 접합이 가능하다.
(2) 동시에 여러 개의 용접이 가능하다.
(3) 전극의 수명이 길고 작업능률이 높다.
(4) 거리가 작은 스폿 용접이 가능하다.
(5) 용접의 신뢰도가 높다.
(6) 작업속도가 빠르다.

35. 다음 중 마찰 용접의 특징으로 옳지 않은 것은?

① 치수 정밀도가 높고 재료가 절약된다.
② 용접시간이 짧고 변형의 발생이 적다.
③ 조작이 간단하고 이종 금속의 접합이 가능하다.
④ 피용접물의 형상치수, 길이, 무게 등에 제한이 없다.

해설 마찰 용접(friction welding : 마찰 압접) : 접합면을 맞대고 압력을 가한 상태에서 회전을 시켜 접합부가 적당한 온도에 달했을 때 회전을 멈추고 가압력을 증가시켜 압접하는 방법으로 특징은 다음과 같다.
(1) 치수 정밀도가 높고 접합강도가 크다.
(2) 이종 금속끼리 용접이 가능하다.
(3) 소재가 절약된다.
(4) 용접시간이 짧고 변형이 적다.

36. 너트를 조정하여 점접촉이 이루어지므로 마찰이 적고 백래시를 "0"에 가깝게 할 수 있는 나사는?

① 볼 나사　② 삼각 나사
③ 사다리꼴 나사　④ 관용테이퍼 나사

해설 볼 나사(볼 스크루)의 특징
(1) 기계효율이 높다(미끄럼 나사의 3배).
(2) 마모가 적어 정밀도가 높다.
(3) 미동 이송이 가능하여 작동성이 높다.
(4) 백래시가 거의 없다.

정답 » 32. ④ 33. ① 34. ① 35. ④ 36. ①

(5) 고속 이송이 가능하다.
(6) 수명 예측이 가능하다.

37. 선반에서 지름 100 mm의 탄소강재를 회전수 200 rpm, 이송속도 0.25 mm/rev, 길이 50 mm를 1회 가공할 때 소요되는 시간은 몇 분인가?

① 0.01 ② 0.1 ③ 1 ④ 10

해설 가공시간 $T[\text{min}] = \frac{L}{n \times f} \times i$

여기서, L : 가공길이(mm), n : 회전수(rpm)
f : 이송(mm/rev), i : 가공횟수

$\therefore T = \frac{50}{200 \times 0.25} \times 1 = 1\,\text{min}$

38. 프레스 작업에서 전단 가공의 종류가 아닌 것은?

① 블랭킹 ② 딤플링
③ 트리밍 ④ 다이커팅

해설 전단 가공의 종류에는 시어링, 커팅, 슬리팅, 노칭, 블랭킹, 피어싱, 셰이빙, 트리밍, 파인블랭킹, 딩킹, 퍼포레이팅, 피시 블랭킹 등이 있다.
※ 딤플링(dimpling) : 접시머리 리벳의 머리 부분이 판재의 접합부와 정밀하게 맞도록 판재의 구멍 주변을 약간 깊게 가공하는 것을 말하며 이때 딤플링 다이를 사용한다.

39. 절삭공구의 여유각이 작아 측면과 공작물과의 마찰에 의해 발생되는 마모는?

① 치핑(chipping)
② 구성인선(built-up edge)
③ 플랭크 마모(flank wear)
④ 크레이터 마모(crater wear)

해설 ① 치핑 : 절삭공구의 인선 일부가 충격, 진동에 의하여 미세하게 탈락되는 현상
③ 플랭크 마모 : 공구의 여유면과 가공물의 마찰에 의하여 여유면이 마모되는 현상
④ 크레이터 마모 : 칩이 절삭공구의 경사면 위를 스칠 때 마찰력에 의하여 경사면이 오목하게 파여지는 현상

40. 다음 중 밀링 머신의 부속 장치가 아닌 것은 어느 것인가?

① 분할대(indexing gead)
② 회전 테이블(rotary table)
③ 칼럼 장치(column attachment)
④ 슬로팅 장치(slotting attachment)

해설 밀링 머신의 부속 장치에는 아버, 바이스, 분할대, 회전 테이블, 슬로팅 장치, 래크 절삭 장치, 어댑터, 콜릿 등이 있다.
※ 칼럼 장치는 밀링 머신의 본체이다.

3과목 금속재료학

41. 고망간강(high manganese steel)에 대한 설명으로 틀린 것은?

① 기지는 오스테나이트(austenite) 조직을 갖는다.
② 열처리에는 수인법(water toughening)을 이용한다.
③ 열전도성이 좋고 팽창계수가 작아 열변형을 일으키지 않는다.
④ 항복점은 낮으나 인장강도는 높게 되어 파괴에 대하여 높은 인성을 나타낸다.

42. 조직 검사에서 조직의 양을 측정하는 방법이 아닌 것은?

① 면적 측정법 ② 직선 측정법
③ 점의 측정법 ④ 직각의 측정법

해설 조직의 양을 측정하는 방법에는 면적 측정법, 직선 측정법, 점의 측정법이 있다.

43. 빙점 이하의 저온에서 잘 견디는 내한강의 조직은?

① 페라이트 ② 펄라이트
③ 마텐자이트 ④ 오스테나이트

정답 » 37. ③ 38. ② 39. ③ 40. ③ 41. ③ 42. ④ 43. ④

해설 극저온용 금속 소재로 오스테나이트계 스테인리스강, 9 % Ni강, Al 합금 등의 다양한 금속 소재가 사용되고 있다.

44. 다음 중 babbit metal의 주요 성분으로 옳은 것은?

① Cu – Pb ② Pb – Sn – Sb
③ Sn – Sb – Cu ④ Zn – Al – Cu

해설 배빗 메탈(화이트 메탈)은 주석(90 %)+안티몬(5 %)+구리(5 %)의 합금으로 베어링용으로 쓰인다.

45. 내해수성이 좋고 수압이나 증기압에도 잘 견디므로 선박용 재료 등에 사용되는 실용 주석 청동은?

① 문츠메탈
② 퍼멀로이
③ 하스텔로이
④ 애드미럴티 건 메탈

해설 ① 문츠메탈 : 4-6 황동으로 가단 황동이라고도 한다. 해수에 직접 닿을 수 있는 장소의 볼트 및 리벳 등에 사용된다.
② 퍼멀로이 : 불변강, Ni(78.5%)+Fe
③ 하스텔로이 : 니켈을 주요 성분으로 하고, 몰리브덴, 탄소, 철이 함유된 내산·내열 합금으로 펌프, 밸브, 기타 고온 재료에 쓰인다.
④ 애드미럴티 건 메탈(7-3 황동, 포금) : Cu(70 %)+Zn(28 %)+Sn(2 %), 내식성이 우수하고, 열교환기, 관, 증발기 등에 사용한다.

46. 쾌삭강(free cutting steel)의 피삭성을 증가시키는 합금 원소는?

① C ② Si ③ Ni ④ Se

해설 쾌삭강의 첨가 원소 : 인(P), 황(S), 납(Pb), 지르코늄(Zr), 셀레늄(Se) 등이 있다.

47. 분말을 캡슐에 넣어 진공 밀폐한 것을 고압용기에 넣은 후 고온·고압의 불활성가스에서 압력을 가하여 압축과 소결을 동시에 실시하는 성형법은?

① 소결단조법 ② 사출성형법
③ 분무성형법 ④ 열간정수압 성형법

해설 열간정수압 성형법(HIP)은 분체의 형성과 소결 작업을 동시에 행하는 기술을 말한다. HIP법은 일반적인 용해, 단압법에 비하여 재료를 65 %나 절약할 수 있고 기계 가공 시간을 단축하며 소성 가공을 할 수 없는 재료도 가공이 가능하다. 내열 합금 등의 분말을 유리 용기 속에 넣고 오토클레이브의 아르곤 가스 속에서 1100℃로 2시간 가열한 뒤 700 kg/cm^{2}의 정수압을 가하면 고밀도로 평활한 표면의 제품이 된다.
※ 오토클레이브 : 고온·고압에서 화학처리를 하는 용기

48. 10~30 % Ni이 함유된 Ni–Cu 합금으로 가공성과 내식성이 좋아 화폐, 열교환기 등에 사용되는 것은?

① 백동(cupronickel)
② 인바(invar)
③ 콘스탄탄(constantan)
④ 모넬메탈(monel metal)

해설 백동(white copper) : Cu(70 %)+Zn(18 %)+Ni (12 %)의 백색의 강인한 합금으로서 화폐, 의료 기기, 화학 기기, 열교환기, 장식품 등에 사용한다.

49. 구상흑연주철에서 구상화에 미치는 원소의 영향에 대한 설명으로 틀린 것은?

① 스테다이트(steadite)는 P에 의해서 생성된다.
② 연성의 재질을 얻기 위해서는 P의 함량이 적은 편이 좋다.
③ 탄소당량(C_E)값이 아공정으로 내려갈수록 수축결함이 잘 나타난다.
④ 탄소당량(C_E)값이 과공정구역에 들어가면 흑연은 구상화되기 어렵다.

2018년

정답 » 44. ③ 45. ④ 46. ④ 47. ④ 48. ① 49. ④

50. Mg 금속에 대한 설명으로 틀린 것은?

① 비중이 약 1.7 정도이다.
② 알루미늄보다 쉽게 부식한다.
③ 면심입방격자(FCC) 구조를 갖는다.
④ Zr의 첨가로 결정립은 미세하고, 희토류 원소의 첨가로 고온 크리프 특성이 우수하다.

해설 마그네슘(Mg)은 연금속이며 경금속으로 조밀육방격자(HCP) 구조이다.

51. 황동의 자연균열(season crack)을 방지하기 위한 방법을 설명한 것 중 틀린 것은?

① 도료나 아연 도금을 한다.
② 응력 제거 풀림을 한다.
③ Sn이나 Si를 첨가한다.
④ Hg 및 그 화합물을 첨가한다.

해설 황동의 자연균열을 방지하려면 도료를 도포하거나 아연 도금을 하고 소재의 응력 제거를 위하여 200~260℃에서 20~30분 동안 풀림 처리를 한다.

52. 시효(aging) 현상과 관련이 없는 것은?

① 석출　② 비열
③ 과포화　④ 고용한도

해설 시효(aging) 현상은 금속 재료를 급랭 또는 냉간 가공 후, 시간의 경과에 따라서 성질이 변화하는 현상을 말하며 시효 경화(quench aging)는 탄소와 질소가 과고용상태에서 석출되는 현상이다.

53. 다음 중 실용적 수소저장합금이 가져야 할 성질이 아닌 것은?

① 수소의 흡수와 방출속도가 클 것
② 수소의 흡수와 방출 시 평형압력의 차가 클 것
③ 상온 근방에서 수 기압의 수소 해리 평형 압력을 가질 것
④ 단위 중량 및 단위 체적당 수소 흡수와 방출량이 많을 것

해설 수소저장합금(hydrogen storage alloy) : 고압이나 저온 등 특수한 상태에서 수소를 흡수하고 압력이나 열 변화에 의해 수소를 방출하여 흡열하는 성질의 합금을 말한다. 이 금속의 특성은 다음과 같다.
(1) 흡수 ⇄ 방출(량) 반응속도가 클 것
(2) PCT(pressure/composition/temperature) 특성
(3) 흡수 ⇄ 방출 반복 횟수에 따른 재료의 저장 특성의 퇴화 정도가 작을 것 등이다.

54. 강의 상온취성(cold shortness)의 주요 원인이 되는 원소는?

① Mn　② Si　③ P　④ S

해설 인(P)이 많이 포함된 강은 작은 충격에도 부서지는 단점이 있는데 이것을 저온(상온)취성(cold shortness)이라고 한다. 인은 철과 결합해 인화철(Fe_3P) 화합물을 만드는데, 온도가 영하로 떨어지면 작은 충격에도 인화철이 깨져서 점차 균열을 크게 만든다.

55. 오스테나이트계 스테인리스강의 부식을 입계부식과 응력부식균열로 나눌 때 입계부식을 방지하기 위한 방법이 아닌 것은?

① 탄소 함량을 약 0.03 % 미만으로 낮게 한다.
② 쇼트 피닝을 실시하고, 고 Ni 재료를 사용한다.
③ Cr 탄화물의 석출을 막기 위하여 Ti, Nb 등을 첨가한다.
④ 고온으로 가열하여 Cr 탄화물을 고용시킨 후에 급랭한다.

해설 입계부식은 금속의 결정입자 경계에서 선택적으로 발생하는 부식을 말하며, 방지 대책은 다음과 같다.
(1) 고온 가열 후 크롬 산화물을 오스테나이트 조직에 용체화하여 급랭시킨다.
(2) 탄소량을 0.03 % 이하로 감소시켜 탄화크롬(Cr_4C) 발생을 저지한다.

정답 » 50. ③　51. ④　52. ②　53. ②　54. ③　55. ②

(3) Ti, V, Nb 등을 첨가하여 크롬 탄화물 발생을 저지한다.

56. 다이캐스팅용 아연 합금에서 합금의 강도와 경도를 증가시키고 유동성 개선을 위하여 첨가되는 합금 원소는?

① Al ② Li ③ Si ④ Sn

해설 알루미늄(Al)은 다이캐스팅용 아연 합금의 가장 중요한 첨가 원소로서 강도와 경도를 증가시키고 동시에 유동성을 개선한다.

57. 담금질한 상태의 강은 경도가 매우 높으나 취약해서 실용할 수 없어 변태점 이하의 적당한 온도로 재가열하여 사용해 인성과 같은 기계적 성질을 향상시키는 열처리법은?

① 어닐링(annealing)
② 담금질(quenching)
③ 뜨임(tempering)
④ 노멀라이징(normalizing)

해설 ① 어닐링(풀림) : 재질의 연화
② 담금질 : 경도와 강도 증가
③ 뜨임 : 담금질 취성 제거 및 강인성 증가 연화
④ 노멀라이징(불림) : 조직의 균일, 잔류응력 제거

58. 섬유강화 복합재료에서 섬유 축방향으로 인장력을 가하여 파단하는 경우에 복합재료의 강도와 관계없는 인자는?(단, 섬유와 모재의 계면에서 파단이 일어나지 않는다고 가정한다.)

① 쌍정
② 섬유의 강도
③ 섬유의 용적률
④ 모재 금속의 파단변형에서의 응력

해설 섬유강화 복합재료의 강도 관련 주요 인자
(1) 무게당 강도 또는 강성
(2) 비강도(인장강도 대 밀도)
(3) 비탄성률(탄성률 대 밀도)
(4) 섬유의 용적률
(5) 모재 금속의 강도 및 응력

59. 다음 중 변압기의 철심으로 사용되는 전자강판(규소강판)으로 가장 적합한 합금강은 어느 것인가?

① Fe－3% Si강
② SKH2강
③ Hadfield강
④ 13Cr 스테인리스강

해설 규소강판(silicon steel sheets)은 보통 강재보다도 Si 함유율이 1~5% 높고 뛰어난 전기적 특성을 갖고 있는 합금강으로 전기 기기의 철심으로 사용된다.

60. 강의 조직 중에서 가장 큰 팽창을 하는 것은 어느 것인가?

① 펄라이트(pearlite)
② 소르바이트(sorbite)
③ 마텐자이트(martensite)
④ 오스테나이트(austenite)

해설 강의 담금질 용적의 변화 순서는 마텐자이트>소르바이트>트루스타이트>펄라이트>오스테나이트이다.

4과목 정밀계측

61. 지름 30 mm의 실리더 안지름을 측정한 결과가 30.03 mm였다. 오차 백분율은 몇 %인가?

① 0.01 ② 0.03
③ 0.1 ④ 0.3

해설 오차 백분율(%)

$$= \frac{\text{측정값} - \text{참값}}{\text{참값}} \times 100$$

$$= \left(\frac{30.03 - 30}{30}\right) \times 100 = 0.1\%$$

정답 » 56. ① 57. ③ 58. ① 59. ① 60. ③ 61. ③

62. 200 mm 사인 바에서 게이지 블록의 높이 차가 17.82 mm이면 사인 바의 경사각은 약 얼마인가?

① $4°7'$ ② $5°7'$ ③ $6°7'$ ④ $10°7'$

해설 $\sin\theta = \frac{H-h}{L}$

여기서, θ : 사인 바의 각도
H : 높은 쪽 높이
h : 낮은 쪽 높이
L : 사인 바의 길이

$\sin\theta = \frac{17.82}{200} = 0.0891$

$\therefore\ \theta = \sin^{-1}0.0891 = 5.112°$
$= 5° + 0.112° = 5°7'$
($1° = 60'$ 이므로
$0.112° = 0.112 \times 60' = 6.72' \fallingdotseq 7'$)

63. 측정되는 표면 거칠기 값 중에 작은 값보다 큰 값에 비중을 두어 산술 평균값보다 의미 있는 제곱 평균값을 갖는 표면 거칠기 표시 방법은?

① R_a ② R_q
③ R_z ④ $R_{mr}(c)$

해설 표면 거칠기 표시법
R_a : 중심선 평균 거칠기
R_z : 10점 평균 거칠기
R_y : 최대높이 거칠기
R_q : 제곱 평균 거칠기
R_{tm} : 평균 최대높이 거칠기

64. 측정기를 관리하기 위한 보관 방법에 관한 설명으로 틀린 것은?

① 습도는 상대습도 55 % 이하가 적합하다.
② 사용 후에는 반드시 방청 처리하여 보관한다.
③ 온도 변화가 작고 습도가 낮은 장소에 보관한다.
④ 마이크로미터류는 유지성 방청유로 방청 처리한다.

해설 측정기 보관 방법
(1) 직사광선에 노출되지 않는 곳에 보관한다.
(2) 마이크로미터는 앤빌과 스핀들은 접촉시키지 말고 0.5~1 mm의 간격을 띄워 보관한다.
(3) 자성물질이 없는 곳에 보관한다.
(4) 습기가 적고 통풍이 잘되는 곳에 보관한다.
(5) 측정기 전용 박스에 넣어서 보관한다.
(6) 마이크로미터는 사용 후 스핀들에 수용성 방청유로 방청한다.

65. 측정값 45.234가 나타내는 범위는?

① $45.233 < 45.234 \le 2345$
② $45.233 \le 45.234 < 45.235$
③ $45.2335 \le 45.234 \le 236$
④ $45.2335 \le 45.234 < 45.2345$

해설 참값의 범위 : (근삿값−오차의 한계) ≤ 참값 < (근삿값+오차의 한계)

오차의 한계 $= 0.001 \times \frac{1}{2} = 0.0005$

$\therefore$ $(45.234-0.0005) \le$ 참값 $< 45.234+0.0005$
$45.2335 \le$ 참값 < 45.2345

66. 한 쌍의 기어를 소정의 중심거리로 맞물려서 각도 전달 오차의 측정을 목적으로 한 측정(시험)방법은?

① 양 잇면 물림 시험
② 편 잇면 물림 시험
③ 기초원 판식 기어 측정
④ 기초원 조절식 기어 측정

해설 물림 시험에는 다음과 같이 두 가지 방식이 있다.
(1) 중심거리 변화식 : 백래시 없이 물렸을 때의 중심거리 변동 측정(양 잇면 물림 시험)
(2) 중심거리 고정식 : 규정된 중심거리에서 물리고 이상적인 회전과의 차이 측정(편 잇면 물림 시험)

67. 3침법에 의하여 미터나사의 유효지름을 구하는 다음 식에서 A, B, C는 각각 어떤

정답 » 62. ② 63. ② 64. ④ 65. ④ 66. ② 67. ④

양인가?

$$A-3B+0.866025C$$

① A : 골지름(3침 포함), B : 피치, C : 3침 직경
② A : 골지름(3침 포함), B : 3침 직경, C : 피치
③ A : 바깥지름(3침 포함), B : 피치, C : 3침 직경
④ A : 바깥지름(3침 포함), B : 3침 직경, C : 피치

해설 A : 마이크로미터 측정값
B : 삼침(선)의 직경
C : 측정한 나사의 피치

68. 측정기에 관한 설명이 틀린 것은?

① 버니어 캘리퍼스의 눈금 교정을 할 때는 게이지 블록을 이용한다.
② 마이크로미터의 측정면은 평면도, 평행도가 일정 한도 내에 있어야 한다.
③ 다이얼 게이지는 연속된 변위량을 측정할 수 없고, 다원 측정 검출기로 이용할 수 있다.
④ "피측정물과 표준자는 측정 방향에 있어서 일직선 위에 배치하여야 한다"는 아베의 원리이다.

해설 다이얼 게이지(dial gauge) : 기어 장치로서 미소한 변위를 확대하여 길이 또는 변위를 정밀 측정하는 비교 측정기
(1) 소형이고 경량이라 취급이 용이하며 측정 범위가 넓다.
(2) 연속된 변위량의 측정이 가능하다.
(3) 다원 측정(많은 곳 동시 측정)의 검출기로 이용이 가능하다.
(4) 읽음 오차가 적다.
(5) 어태치먼트의 사용 방법에 따라서 측정 범위가 넓어진다.

69. 기계적 변위를 전기량으로 변환하여 확대율이 크고 원격조작과 자동화가 용이한 측정기는?

① 옵티미터
② 울트라 옵티미터
③ 공기 마이크로미터
④ 전기 마이크로미터

해설 전기 마이크로미터는 기계적 변위를 전기량으로 변환하여 전기회로에 의해 증폭함으로써 확대율이 크고 원격조작과 자동화가 용이하다.

70. 평면도 측정에 쓰일 수 없는 측정기는?

① 정밀 수준기
② 측미 현미경
③ 광선정반(optical flat)
④ 오토콜리메이터(autocollimator)

해설 측미 현미경은 마이크로미터와 현미경을 조합시킨 것으로 μm 단위까지 읽을 수 있는 길이 측정용 현미경이다.

71. 투영기에서 차트(chart)를 이용하여 제품의 윤곽을 측정하는 주된 목적은?

① 투영기의 유리판을 보호할 목적에서
② 투영상을 확대시키기가 좋기 때문에
③ 투영기는 공구현미경보다 해상력이 나빠서
④ 복잡한 형상의 각 부분을 쉽게 측정하기 위해서

해설 투영 스크린에 확대된 상을 확대 배율과 치수로 그린 윤곽을 차트를 이용하면 쉽고 정확한 측정을 할 수 있다.
• 차트의 재료 : 폴리에스테르, 트레이싱 페이퍼
• 차트의 종류 : 나사산, 기어, 곡률, 각도 등

72. 다음 중 직접 측정의 특징에 해당되지 않는 것은?

① 측정 범위가 넓은 편이다.
② 피측정물의 치수를 직접 읽을 수 있다.
③ 종류가 많은 제품을 측정하기에 적합

정답 » 68. ③ 69. ④ 70. ② 71. ④ 72. ④

하다.

④ 정밀한 측정기의 경우에도 측정자의 요구 숙련도는 높지 않다.

해설 직접(절대) 측정은 자, 버니어 캘리퍼스, 마이크로미터 등의 측정기를 이용하여 대상물체의 치수를 직접 측정하는 방법으로 측정기의 한계에서 폭넓게 측정할 수 있다. 측정자에 따라 오차가 발생할 수 있으므로 숙련도를 필요로 한다.

73. 진원도 측정 방법이 아닌 것은?

① 대각선법
② 최소 영역 중심법
③ 최소 외접 중심법
④ 최소 자승 중심법

해설 진원도는 한 중심점으로부터 같은(반경) 거리에 있는 조건이다. 즉, 둥근 봉, 둥근 구멍, 둥근 추, 구 등이 진원에서 벗어난 정도를 말한다. 측정의 종류에는 직경법, 3점법, 반경법이 있으며 반경법에는 최소 자승 중심법, 최소 외접 중심법, 최대 내접 중심법, 최소 영역 중심법 등이 있다.

74. 50 mm 게이지 블록 2개와 ϕ10 mm 핀 2개로 축의 테이퍼를 그림과 같이 정반 위에서 외측 마이크로미터를 사용하여 측정할 경우, 정반 위에서의 측정값(D_1)이 42.702 mm이고, 정반 위 높이 50 mm 되는 위치의 핀 외경사이 측정값(D_2)이 63.501 mm이었다면 이 축의 테이퍼 각도(α)는 약 몇 °인가?

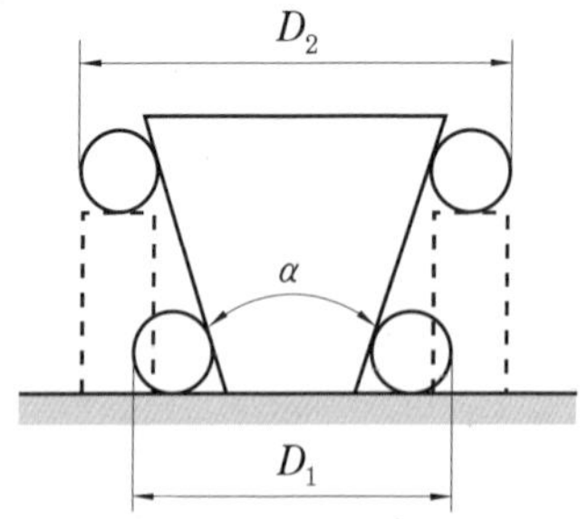

① 9.8 ② 11.5 ③ 21.3 ④ 23.5

해설 테이퍼 각도를 α라고 하면

$$\tan\frac{\alpha}{2}=\frac{M_2-M_1}{2H}=\frac{M_2-M_1}{2(h_2-h_1)}$$

$$\alpha=2\times\tan^{-1}\frac{M_2-M_1}{2H}$$

$$=2\times\tan^{-1}\frac{63.501-42.702}{2\times50}$$

$$=2\times\tan^{-1}0.20799=23.4989\fallingdotseq23.5°$$

75. 래핑 가공, 초정밀 가공 등 대단히 좋은 다듬질면, 즉 0.8 μm 이하의 거칠기 측정에 적합한 측정 방법은?

① 광 절단법
② 경사 절단법
③ 광파 간섭법
④ 광학적 반사법

해설 ① 광 절단법 : 측정부의 면 위에 빛의 띠를 45°로 투사하고 빛의 띠와 측정부의 겹친 선에 의해 생기는 단면 곡선을 현미경으로 확대하여 표면 거칠기를 측정한다.
② 경사 절단법 : 절단 용구, 현미경을 활용하여 기준면에 대해서 경사각을 측정한다.
③ 광파 간섭법 : 빛의 간섭을 이용하여 래핑면 같은 초정밀 면(0.8 μm 이하의 거칠기)을 측정하는 방법이다.
④ 광학적 반사법 : 측정면에 입사된 빛의 반사광의 분포로부터 거칠기를 측정한다.

76. 초점거리 500 mm의 오토콜리메이터에서 상의 변위가 0.6 mm가 될 때 경사각은 얼마나 되는가? (단, 1 rad = 2.06×10^{5}초이다.)

① 61.8″ ② 123.6″
③ 185.4″ ④ 247.2″

해설 변위 $d=2\times l\times\theta$에서 $\theta=\frac{d}{2\times l}$

여기서, l : 초점거리(mm)
θ : 경사각(rad)

$$\therefore\ \theta=\frac{0.6}{2\times500}=0.0006\,\text{rad}$$

$$=0.0006\times2.06\times10^5{}''=123.6''$$

정답 » 73. ① 74. ④ 75. ③ 76. ②

77. 다이얼 게이지를 이용한 구면계로 구의 반경을 측정하고자 한다. 다이얼 게이지의 지침의 변화량이 0.35 mm이고 스핀들의 중심에서 구면계의 각 지점까지의 거리가 50.008 mm일 때, 구의 반지름(mm)은 약 얼마인가?

① 35.76 mm　　② 59.77 mm
③ 3572.75 mm　　④ 4563.84 mm

해설 구의 반지름 $R=\dfrac{(h^2+r^2)}{2h}$

$=\dfrac{(0.35^2+50.008^2)}{2\times 0.35}=3572.7465\text{ mm}$

78. 다음 중 전기 마이크로미터의 특징으로 틀린 것은?

① 디지털 표시가 쉽다.
② 연산 측정이 가능하다.
③ 긴 변위의 측정은 불가능하다.
④ 주변에 전기 노이즈가 발생되면 측정치에 영향을 준다.

해설 전기 마이크로미터 : 길이의 근소한 변위를 그에 상당하는 전기치로 바꾸고, 이를 다시 측정 가능한 전기 측정 회로로 바꾸어서 측정하는 장치로서 0.01μ 이하의 미소한 변위량부터 긴 변위도 측정이 가능하다.

79. 한계 게이지에서 마모 여유에 대한 설명 중 틀린 것은?

① 마모 여유는 통과측에만 준다.
② 마모 여유는 제작 공차를 초과하여야 한다.
③ 마모 여유는 공작용, 검사용 게이지 모두 적용된다.
④ 마모 여유는 게이지의 경제성을 고려하여 적용한다.

80. 1/20 mm 버니어 캘리퍼스 부척의 눈금을 매기는 방법으로 옳은 것은? (단, 어미자의 1눈금 간격은 1 mm이다.)

① 본척의 19 mm를 20등분한다.
② 본척의 20 mm를 19등분한다.
③ 본척의 39 mm를 40등분한다.
④ 본척의 24.5 mm를 25등분한다.

해설 버니어 캘리퍼스 부척의 한 눈금은 본척의 $(n-1)$개의 눈금을 n등분한 것이다. 본척의 한 눈금이 A라고 한다면 측정 가능한 최소치는 $\dfrac{A}{n}$이다. 0.05 mm(1/20) 버니어 캘리퍼스는 본척의 19 mm를 20등분하여 눈금을 매긴다.

정답 » 77. ③　78. ③　79. ②　80. ①

2019년도 시행문제

사출금형산업기사

2019년 3월 3일 (제1회)

1과목 금형설계

1. 다음 중 공칭압력을 발생할 수 있는 최고 스트로크 위치의 하사점에서 거리는 어느 것인가?

① 압력 능력 ② 작업 능력
③ 토크 능력 ④ 호칭 압력

2. 블랭킹에 필요한 전단력(P)[kgf]을 구하는 식으로 옳은 것은? [단, K : 보정계수, l : 전단선의 길이(mm), t : 소재의 두께(mm), τ : 재료의 전단강도(kgf/mm^2)이다.]

① $P = K \times l \times t \times \tau$
② $P = K + (l \times t \times \tau)$
③ $P = K - (l \times t \times \tau)$
④ $P = \dfrac{l \times t \times \tau}{K}$

3. 다이 분할 방법이 적절하지 않은 것은?

①
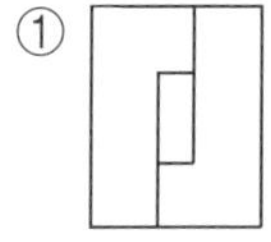
②
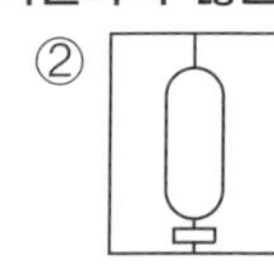
③
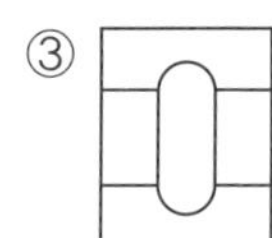
④
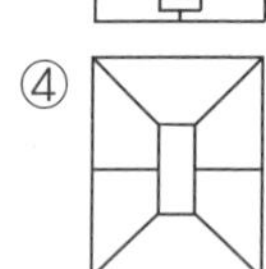

4. U굽힘 가공 후 그림처럼 좌우로 벌어지는 원인이 아닌 것은?

① 굽힘 깊이가 얕다.
② 클리어런스가 작다.
③ 펀치의 코너 R이 크다.
④ 피가공재 판 두께가 불균일하다.

해설 U형 굽힘에서 스프링 백 현상은 판 두께, 굽힘 반지름, 가공 조건에 따라 각도가 열리는 방향과 닫히는 방향으로 나타난다. 스프링 백을 방지하는 방법은 다음과 같다.
(1) 펀치에 백 테이퍼(back taper)를 주는 방법
(2) 펀치 하면에 도피홈을 주는 방법
(3) 펀치 하면을 원호로 하는 방법
(4) 패드에 배압을 주는 방법
(5) 캠 기구를 이용하는 방법

5. 다음 그림과 같이 구멍 부분에 플랜지를 만드는 굽힘 가공은?

① 버링 가공 ② 비딩 가공
③ 시밍 가공 ④ 컬링 가공

해설 ② 비딩 : 폭이 좁은 선 모양의 돌기
③ 시밍 : 판재를 구부려서 결합하는 가공
④ 컬링 : 판재에 원형 단면의 테두리를 만드는 가공

6. 전단 가공에서 클리어런스가 클 때 나타나는 현상이 아닌 것은?

① 파단면의 각도가 작아진다.
② 전단력이 작아지므로 금형의 파손이 적다.
③ 제품의 뒤틀림 현상이 제자리로 돌아가지 못한다.

정답 » 1. ③ 2. ① 3. ④ 4. ② 5. ① 6. ①

④ 전단날에 작용하는 하중이 작으므로 마모가 적다.

7. V형 굽힘 가공에서 스프링 백 현상에 대한 방지 대책으로 틀린 것은?

① 펀치 R을 작게 한다.
② 굽힘 깊이를 깊게 한다.
③ 굽힘부에 리브 또는 비드를 붙인다.
④ 클리어런스를 판 두께보다 크게 한다.

해설 펀치와 다이 사이에 판 두께 이상의 틈이 있으면 제품은 펀치의 R보다 큰 반지름으로 되어 펀치에 밀착되지 않아 스프링 백이 커진다.

8. 유압 프레스의 특징으로 옳은 것은?

① 생산속도가 빠르다.
② 가압력의 조절이 어렵다.
③ 스트로크 길이를 길게 할 수 없다.
④ 가압속도의 조절을 쉽게 할 수 있다.

해설 유압 프레스의 특징
(1) 프레스의 행정길이를 쉽게 조절할 수 있다.
(2) 하사점의 위치 결정이 용이하다.
(3) 가공속도와 압력을 쉽게 조절할 수 있다.
(4) 과부하를 일으키지 않는다.
(5) 가공속도가 매우 느리다.
(6) 손질을 자주해야 한다.

9. 프로그레시브 금형의 블랭크 레이아웃을 설계할 때 고려할 사항이 아닌 것은?

① 재질　② 폭 잔폭
③ 이송 잔폭　④ 재료 이용률

10. 프레스 금형용 다이 세트 종류에 해당하지 않는 것은?

① CB형　② DB형
③ EB형　④ FB형

해설 프레스 금형용 다이 세트의 재질은 GC20, SM45C, SM55C로 만들며 상 홀더에 부시가 없는 것은 B, C, D, F로 부시가 있는 것은 BB, CB, DB, FB로 표시한다.

11. 앵귤러 핀의 작용 길이 50 mm, 경사각 18°, 틈새 0.5 mm일 때 슬라이드 블록의 운동량은 약 몇 mm인가?

① 10　② 15
③ 20　④ 25

해설 슬라이더 블록의 이동량(M)

$$= L \cdot \sin\alpha - \frac{C}{\cos\alpha}$$

여기서, M : 슬라이드 블록의 이동량(mm)
L : 앵귤러 핀의 작용 길이(mm)
α : 앵귤러 핀의 경사각(°)
C : 틈새(mm)

$$\therefore M = 50 \times \sin 18° - \frac{0.5}{\cos 18°}$$
$$= 15.451 - 0.526 = 14.925 \text{ mm}$$

12. 러너리스 성형법의 특징으로 틀린 것은?

① 성형 재료 절감
② 성형품 품질 향상
③ 성형품 생산시간 단축
④ 성형품의 형상 및 사용 수지에 제약이 없음

13. 다음 중 게이트의 위치 선정으로 적절하지 않은 것은?

① 상품가치상 눈에 잘 띄는 곳에 정한다.
② 웰드라인이 생성되기 어려운 곳에 정한다.
③ 성형품의 상 두께가 가장 두꺼운 곳으로 정한다.
④ 각 캐비티의 말단이 동시에 충전되는 곳에 정한다.

14. 사출성형품의 설계 시 고려할 사항이 아닌 것은?

① 살 두께　② 성형 조건
③ 성형수축률　④ 보강과 변형

정답 » 7. ④　8. ④　9. ①　10. ③　11. ②　12. ④　13. ①　14. ②

15. 사출성형기의 형체력에 대한 관계식으로 옳은 것은? (단, P : 캐비티 내의 단위면적당 평균 압력, A : 캐비티 내의 투영면적, F : 형체력)

① $F+P>A$　　② $F<P\times A$

③ $F\geq P\times A$　　④ $F=\dfrac{P}{A}$

해설 형체력=(캐비티의 투영면적×캐비티 내의 압력)이며 안전을 위해 항상 형체력이 사출압력보다 커야 한다.

16. 사출성형할 때 금형온도가 낮으면 나타나는 현상이 아닌 것은?

① 수지의 응고가 빨라진다.
② 수지의 유동성이 증가한다.
③ 제품의 광택도가 저하된다.
④ 플로마크, 웰드라인이 발생한다.

17. 열경화성 수지로만 나열된 것은?

① 불소 수지, 알키드 수지, 폴리아미드
② ABS 수지, 멜라민 수지, 폴리우레탄
③ 페놀 수지, 에폭시 수지, 우레아 수지
④ 알키드 수지, 메타크릴 수지, 폴리카보네이트

해설 열경화성 수지에는 페놀, 우레아, 에폭시, 멜라민 수지 등이 있다.

18. 사출 금형 부품에 해당되지 않는 것은?

① 이젝터 핀　　② 파일럿 핀
③ 스프루 부시　　④ 로케이트 링

해설 파일럿 핀은 프레스 금형의 부품이다.

19. 사출금형에서 사용되는 이젝터 기구에 속하지 않는 것은?

① 리턴 핀
② 이젝터 핀
③ 로케이트 링
④ 이젝터 플레이트

20. 사출 성형불량 중 은줄 현상의 원인으로 적절하지 않은 것은?

① 수지의 열분해에 의한 경우
② 수분 및 휘발분에 의한 경우
③ 공기가 실린더에 흡입되는 경우
④ 사출속도가 느리고, 사출압력이 낮은 경우

해설 은줄 현상의 원인
(1) 수지 중에 수분 또는 휘발분이 포함되어 있다.
(2) 수지의 열분해
(3) 실린더 내에 공기가 흡입된다.
(4) 수지 온도가 너무 낮다.
(5) 금형 표면의 기름, 수분, 휘발분
(6) 종류가 다른 수지가 포함되어 있다.

2과목 기계가공법 및 안전관리

21. 일반적인 밀링 작업에서 절삭속도와 이송에 관한 설명으로 틀린 것은?

① 밀링 커터의 수명을 연장하기 위해서는 절삭속도는 느리게 이송을 작게 한다.
② 날 끝이 비교적 약한 밀링 커터에 대해서는 절삭속도는 느리게 이송을 작게 한다.
③ 거친 절삭에서는 절삭깊이를 얕게, 이송은 작게, 절삭속도를 빠르게 한다.
④ 일반적으로 나비와 지름이 작은 밀링 커터에 대해서는 절삭속도를 빠르게 한다.

22. 드릴링 머신의 안전사항으로 틀린 것은?

① 장갑을 끼고 작업을 하지 않는다.
② 가공물을 손으로 잡고 드릴링한다.
③ 구멍 뚫기가 끝날 무렵은 이송을 천천히 한다.
④ 얇은 판의 구멍 가공에는 보조 판 나

정답 » 15. ③　16. ②　17. ③　18. ②　19. ③　20. ④　21. ③　22. ②

무를 사용하는 것이 좋다.

해설 드릴링 머신의 안전사항

(1) 회전하고 있는 주축이나 드릴에 옷자락이나 머리카락이 말려들지 않도록 주의한다.
(2) 드릴을 회전시킨 후에는 테이블을 조정하지 않으며, 가공물은 완전하게 고정한다.
(3) 드릴을 고정하거나 풀 때는 주축이 완전히 정지된 후에 한다.
(4) 얇은 판의 구멍 뚫기에는 보조판 나무를 사용하는 것이 좋다.
(5) 구멍 뚫기가 끝날 무렵은 이송을 천천히 한다.
(6) 장갑을 끼고 작업을 하지 않는다.
(7) 가공물을 손으로 잡고 드릴링하지 않는다.

23. ϕ13 이하의 작은 구멍 뚫기에 사용하며 작업대 위에 설치하여 사용하고, 드릴 이송은 수동으로 하는 소형의 드릴링 머신은?

① 다두 드릴링 머신
② 직립 드릴링 머신
③ 탁상 드릴링 머신
④ 레이디얼 드릴링 머신

24. 연삭숫돌의 입도 선택의 일반적인 기준으로 가장 적합한 것은?

① 절삭깊이와 이송량이 많고 거친 연삭은 거친 입도를 선택
② 다듬질 연삭 또는 공구를 연삭할 때는 거친 입도를 선택
③ 숫돌과 일감의 접촉 면적이 작을 때는 거친 입도를 선택
④ 연성이 있는 재료는 고운 입도를 선택

25. 절삭공구에서 칩 브레이커의 설명으로 옳은 것은?

① 전단형이다.
② 칩의 한 종류이다.
③ 바이트 생크의 종류이다.
④ 칩이 인위적으로 끊어지도록 바이트에 만든 것이다.

26. 밀링 머신에서 커터 지름이 120 mm, 한 날당 이송이 0.1 mm, 커터 날수가 4날, 회전수가 900 rpm일 때, 절삭속도는 약 몇 m/min인가?

① 33.9 ② 113 ③ 214 ④ 339

해설 절삭속도 $V=\frac{\pi DN}{1000}$

$=\frac{3.14\times120\times900}{1000}=339.12\,\text{m/min}$

27. 측정에서 다음 설명에 해당하는 원리는?

> "측정하려는 시료와 표준자는 측정방향에 있어서 동일 축선상에 있어야 한다."

① 아베의 원리 ② 버니어의 원리
③ 에어리의 원리 ④ 헤르츠의 원리

28. 호칭치수가 200 mm인 사인 바로 21° 30′의 각도를 측정할 때 낮은 쪽 게이지 블록의 높이가 5 mm라면 높은 쪽은 얼마인가? (단, sin21°30′ = 0.3665이다.)

① 73.3 mm ② 78.3 mm
③ 83.3 mm ④ 88.3 mm

해설 $\sin\alpha=\frac{H-h}{L}$

$\sin 21°30' = \frac{H-5}{200}=0.3665$

$H-5=0.3665\times200$

$\therefore H=73.3+5=78.3\text{mm}$

29. 게이지 블록 구조 형상의 종류에 해당되지 않는 것은?

① 호크형 ② 캐리형
③ 레버형 ④ 요한슨형

30. 밀링 분할판의 브라운 샤프형 구멍열을 나열한 것으로 틀린 것은?

정답 » 23. ③ 24. ① 25. ④ 26. ④ 27. ① 28. ② 29. ③ 30. ④

① NO.1 – 15, 16, 17, 18, 19, 20
② NO.2 – 21, 23, 27, 29, 31, 33
③ NO.3 – 37, 39, 41, 43, 47, 49
④ NO.4 – 12, 13, 15, 16, 17, 18

해설 브라운 샤프형 구멍열

분할판	구멍 수
No.1	15, 16, 17, 18, 19, 20
No.2	21, 23, 27, 29, 31, 33
No.3	37, 39, 41, 43, 47, 49

31. 윤활유의 사용 목적이 아닌 것은?

① 냉각 ② 마찰
③ 방청 ④ 윤활

해설 윤활유의 사용 목적
(1) 윤활 작용 (2) 냉각 작용
(3) 밀폐 작용 (4) 청정 작용
(5) 방청 작용

32. 주성분이 점토와 장석이고 균일한 기공을 나타내며 많이 사용하는 숫돌의 결합제는?

① 고무 결합제(R)
② 셀락 결합제(E)
③ 실리케이트 결합제(S)
④ 비트리파이드 결합제(V)

해설 비트리파이드는 약 1300℃로 가열하면 점토가 융해되어 자기질이 되며 입자를 결합하고 기공을 만든다.

33. 슬로터에 관한 설명으로 틀린 것은?

① 규격은 램의 최대 행정과 테이블의 지름으로 표시된다.
② 주로 보스에 키 홈을 가공하기 위해 발달된 기계이다.
③ 구조가 셰이퍼를 수직으로 세워 놓은 것과 비슷하여 수직 셰이퍼라고도 한다.
④ 테이블의 수평길이 방향 왕복운동과 공구의 테이블 가로방향 이송에 의해 비교적 넓은 평면을 가공하므로 평삭기라고도 한다.

34. 구성인선의 방지 대책으로 틀린 것은?

① 경사각을 작게 할 것
② 절삭깊이를 작게 할 것
③ 절삭속도를 빠르게 할 것
④ 절삭공구의 인선을 날카롭게 할 것

35. 마이크로미터의 나사 피치가 0.2 mm일 때 심블의 원주를 100등분하였다면 심블 1눈금의 회전에 의한 스핀들의 이동량은 몇 mm인가?

① 0.005 ② 0.002
③ 0.01 ④ 0.02

해설 $L=\frac{P}{n}$

여기서, L : 이동거리(최소 측정값)
P : 나사의 피치
n : 원주의 등분수

$\therefore L=\frac{0.2}{100}=0.002\ \text{mm}$

36. 가공 능률에 따라 공작기계를 분류할 때 가공할 수 있는 기능이 다양하고, 절삭 및 이송속도의 범위도 크기 때문에 제품에 맞추어 절삭조건을 선정하여 가공할 수 있는 공작기계는?

① 단능 공작기계 ② 만능 공작기계
③ 범용 공작기계 ④ 전용 공작기계

37. 방전 가공용 전극 재료의 구비 조건으로 틀린 것은?

① 가공정밀도가 높을 것
② 가공전극의 소모가 적을 것
③ 방전이 안전하고 가공속도가 빠를 것
④ 전극을 제작할 때 기계 가공이 어려울 것

정답 » 31. ② 32. ④ 33. ④ 34. ① 35. ② 36. ③ 37. ④

38. 서보기구의 종류 중 구동 전동기로 펄스 전동기를 이용하며 제어장치로 입력된 펄스 수만큼 움직이고 검출기나 피드백 회로가 없으므로 구조가 간단하며, 펄스 전동기의 회전 정밀도와 볼 나사의 정밀도에 직접적인 영향을 받는 방식은?

① 개방 회로 방식
② 폐쇄 회로 방식
③ 반폐쇄 회로 방식
④ 하이브리드 서보 방식

39. 드릴 가공에서 깊은 구멍을 가공하고자 할 때 다음 중 가장 좋은 드릴 가공 조건은?

① 회전수와 이송을 느리게 한다.
② 회전수는 빠르게 이송은 느리게 한다.
③ 회전수는 느리게 이송은 빠르게 한다.
④ 회전수와 이송은 정밀도와는 관계없다.

40. 절삭공구에서 크레이터 마모의 크기가 증가할 때 나타나는 현상이 아닌 것은?

① 구성인선이 증가한다.
② 공구의 윗면 경사각이 증가한다.
③ 칩의 곡률반지름이 감소한다.
④ 날 끝이 파괴되기 쉽다.

3과목 금형재료 및 정밀계측

41. 전기 마이크로미터의 장점이 아닌 것은?

① 디지털 표시가 쉽다.
② 릴레이 신호 발생이 쉽다.
③ 높은 배율을 얻을 수 있다.
④ 전기적 노이즈에 영향을 받지 않아 안정적이다.

42. 기계 부품의 길이를 정밀 측정할 때의 기준이 되는 표준 온도는?

① 14.5℃　　② 15℃
③ 20℃　　④ 27℃

43. 피치 2 mm인 미터나사의 유효지름을 삼침법으로 측정하고자 할 때, 오차를 가장 줄일 수 있는 최적의 삼침 지름은 약 몇 mm인가?

① 1.155　　② 1.248
③ 1.552　　④ 2.000

해설 삼침의 지름 $d = \dfrac{P}{2\cos\dfrac{\alpha}{2}} = \dfrac{2}{2\cos\dfrac{60°}{2}}$

$= \dfrac{2}{1.732} = 1.1547\text{mm}$

(미터나사산의 각도는 60°)

※ 미터 및 유니파이 나사에서는
$d = 0.57735 \times P$로 산출할 수 있으므로
$d = 0.57735 \times 2 = 1.1547$

44. 게이지 블록의 사용 방법 중 가장 적합하지 않은 것은?

① 먼지가 적고 표준 온도에서 사용한다.
② 공작용 게이지 블록은 K급을 사용한다.
③ 필요 치수에 대하여 밀착되는 개수는 될 수 있는 대로 적게 선택한다.
④ 사용 후에는 휘발유, 알코올 등을 사용하여 세척한 다음 깨끗이 닦고 반드시 방청유를 발라 둔다.

45. 다음 중 드릴의 웨브 측정에 적합한 마이크로미터는?

① 그루브 마이크로미터
② 포인트 마이크로미터
③ 디스크 마이크로미터
④ V앤빌 마이크로미터

46. 수준기 2종(0.05 mm/m)의 1눈금 이동량은 몇 초의 각도차를 표시하는가?

① 4초　　② 8초

정답 » 38. ①　39. ①　40. ①　41. ④　42. ③　43. ①　44. ②　45. ②　46. ③

③ 10초 ④ 20초

해설 수준기는 수평, 수직을 측정하고 기포관의 곡률반지름이 클수록 정밀하며 감도에 따라

(1) 특종 : 0.01 mm/m(약 2초)
(2) 1종 : 0.02 mm/m(약 4초)
(3) 2종 : 0.05 mm/m(약 10초)
(4) 3종 : 0.1 mm/m(약 20초) 등이 있다.

47. 눈금선 간격 0.7 mm, 최소눈금이 0.001 mm인 마이크로미터의 배율은?

① 0.0007 ② 70
③ 700 ④ 70000

해설 $배율=\frac{눈금선\ 간격}{최소눈금}=\frac{0.7}{0.001}=700$

48. 다음 중 축용 한계 게이지는?

① 봉 게이지
② 스냅 게이지
③ 테보 게이지
④ 판형 플러그 게이지

49. 중심거리 200 mm의 사인 바로 각도를 측정 시 각도가 20°일 때, 양단의 게이지 블록 높이차는 약 몇 mm인가?

① 34.202 ② 66.984
③ 68.404 ④ 93.969

해설 $\sin\theta=\frac{(H-h)}{L}$

여기서, H : 높은 쪽 높이, h : 낮은 쪽 높이, L : 사인 바의 길이

높이차 $\Delta H=H-h=L\times\sin\theta$
$=200\times\sin 20°$
$=200\times 0.342020$
$=68.4040\text{mm}$

50. 정밀 측정에서 발생하는 오차의 종류가 아닌 것은?

① 개인 오차 ② 기기 오차
③ 우연 오차 ④ 필연 오차

해설 측정 오차의 종류

(1) 개인 오차 : 측정하는 사람에 따라 생기는 오차로 숙련도에 따라 줄일 수 있다.
(2) 계기 오차 : 계측기의 마모, 녹 및 측정기의 눈금, 0점의 불일치 등의 불변 오차
(3) 시차 : 측정기의 눈금과 눈의 위치가 직각이 아닐 때 발생되는 오차
(4) 우연 오차 : 확인이 불가능하고 예측할 수 없이 발생하는 오차
(5) 온도, 습도에 의한 오차 : 표준상태는 온도 20±1°C, 습도 55±5 %, 기압 1013 mb이다.

51. 주철의 마우러의 조직도에 대한 설명으로 옳은 것은?

① Si와 Mn에 따른 주철의 조직 관계를 표시한 것이다.
② C와 Si에 따른 주철의 조직 관계를 표시한 것이다.
③ C와 graphite에 따른 주철의 조직 관계를 표시한 것이다.
④ C와 Fe_3C에 따른 주철의 조직 관계를 표시한 것이다.

52. 다음 중 펄라이트에 대한 설명으로 옳은 것은?

① 탄소가 6.68 % 되는 철의 탄소화물인 시멘타이트로서 금속간 화합물이다.
② 0.80 %C의 γ고용체가 723℃에서 상변태하여 생긴 페라이트와 시멘타이트의 공석조직이다.
③ 4.3 %C의 γ고용체와 6.68 %C의 시멘타이트의 공정조직이다.
④ 2.01 %까지 탄소가 고용된 고용체이며, 오스테나이트라고도 한다.

53. 다음 중 강의 Ms점 및 Mf점에 가장 큰 영향을 미치는 것은?

① 화학성분 ② 가열온도
③ 재료의 질량 ④ 임계냉각속도

정답 » 47. ③ 48. ② 49. ③ 50. ④ 51. ② 52. ② 53. ①

54. 강의 적열 취성의 원인이 되는 원소는?

① Mn ② Si
③ S ④ P

해설 (1) 청열 취성(blue shortness) : 강이 200~300℃ 가열되면 경도, 강도가 최대로 되고 연신율, 단면 수축은 줄어들어 취성이 커지는데 원인은 인(P) 때문이다.
(2) 적열 취성(red shortness) : 황(S)이 많은 강으로 고온(900℃ 이상)에서 메짐이 발생, 강도는 증가, 연신율은 감소가 나타난다.

55. Al-Si계의 대표적인 합금은?

① 실루민 ② 라우탈
③ 알코아 ④ 다우메탈

해설 실루민(silumin)은 Al-Si계의 대표적 합금으로 주조성은 좋으나 절삭성이 나쁘다.

56. 다음 중 스테인리스 박판을 블랭킹할 때 펀치 재료로 가장 적절하지 않은 것은?

① STD11 ② STC3
③ SKH51 ④ STS304

해설 STS304는 스테인리스강으로 니켈이 함유되어 부식과 열에 강하며 건설 현장의 배관, 내외장재에 사용된다. JIS에서는 SUS로 표기한다.

57. 다음 중 전기 전도율이 가장 높은 것은?

① 알루미늄 ② 마그네슘
③ 구리 ④ 니켈

해설 전기 전도율 순서 : Ag > Cu > Au > Al > Mg > Zn > Ni > Fe > Pb > Sb

58. 강 내에 탄소가 고용되어 α-고용체를 형성하였을 때, 고용체의 형태는?

① 침입형 고용체
② 치환형 고용체
③ 공정형 고용체
④ 편석

59. 다음 복합재료에서 섬유 강화 금속은?

① GFRP ② CFRP
③ WRS ④ FRM

해설 ① GFRP : 유리섬유 복합재료
② CFRP : 탄소섬유 복합재료
③ WRS : 고밀도 탄력 젤 소재
④ FRM : 섬유 강화 금속(fiber reinforced metals)

60. 플라스틱의 일반적인 특성에 대한 설명으로 옳은 것은?

① 금속재료에 비해 강도가 높다.
② 절연성이 우수하다.
③ 내열성이 우수하다.
④ 비중이 크다.

해설 플라스틱의 일반적인 성질
(1) 장점
- 비중이 작다.
- 외관이 양호하다.
- 성형성, 가공성이 우수하다.
- 유연성이 있다.
- 방음, 방진, 단열 효과가 우수하다.
- 내식성이 우수하다.
- 색상이 다양하다.
- 전기 절연 특성이 있다.

(2) 단점
- 열에 약하다.
- 강도, 경도가 약하다.
- 충격에 약하다.
- 치수 안정성이 나쁘다.

2019년

정답 » 54. ③ 55. ① 56. ④ 57. ③ 58. ① 59. ④ 60. ②

프레스금형산업기사

2019년 4월 27일 (제2회)

1과목 금형설계

1. 이젝터 핀의 사용이 잘못되었을 경우 일어나는 불량 현상은?

① 은줄(silver streak)
② 크랙(crack) 및 백화
③ 웰드 라인(weld line)
④ 싱크 마크(sink mark)

2. 실린더 속에서 가열 유동화시킨 플라스틱을 다이를 통하여 연속적으로 성형하는 방법으로 직사각형, 원형, T형 등의 일정한 단면 형상만을 얻을 수 있는 성형법은?

① 사출성형　② 압축성형
③ 압출성형　④ 취입성형

3. 가로 치수가 100 mm인 제품의 금형을 제작하고자 할 때, 금형의 제작 치수는 얼마인가? (단, 사용수지는 폴리카보네이트이고 성형수축률은 0.6 %이다.)

① 100.06 mm　② 100.60 mm
③ 101.06 mm　④ 101.60 mm

해설 상온에서 금형 치수

$$= \frac{\text{상온에서 성형품 치수}}{1-\text{성형수축률}}$$

$$= \frac{100}{1-0.006} = \frac{100}{0.994} = 100.603 \text{ mm}$$

4. 열가소성 수지로서 비중이 작고 연신율이 크며 전기 절연성이 좋아 전선피복, 장난감, 파이프, 용기류 등에 사용되는 수지는?

① 페놀수지　② 멜라민 수지
③ 폴리스티렌　④ 폴리에틸렌

5. 금형제작에서 시험 사출 후 금형을 수정하는 경우가 있다. 이때 시험 사출 후 금형의 수정 대상이 아닌 것은?

① 금형의 크기
② 러너의 크기
③ 스프링의 크기
④ 게이트의 위치 및 크기

6. 다음 중 2매 구성 사출금형의 부품이 아닌 것은?

① 받침판　② 풀러 볼트
③ 고정측 형판　④ 스페이스 블록

해설 풀러 볼트는 2매 금형과 3매 금형의 경계가 되는 러너 스트리퍼 플레이트의 스트로크를 결정하는 볼트이다.

7. 제품의 단면에 대해 부채꼴로 퍼진 게이트 형상으로, 큰 평판상의 성형품에 적당한 형식이며 기포나 플로마크 방지를 위해 사용하는 게이트는?

① 팬 게이트
② 표준 게이트
③ 디스크 게이트
④ 오버랩 게이트

8. 캐비티 투영면적이 400 cm^{2}이고, 사출압력이 300 kg/cm^{2}일 때의 형체력(ton)은 얼마인가?

① 100　② 120
③ 150　④ 170

해설 형체력 (F)

=캐비티 투영면적(A)×사출압력(P)

$= 400 \times 300 = 120000$ kg$=120$ ton

9. 제품의 언더컷 부분을 처리하기 위해 사용하는 금형 부품이 아닌 것은?

① 풀러 볼트　② 로킹 블록
③ 앵귤러 핀　④ 슬라이드 코어

정답 » 1. ②　2. ③　3. ②　4. ④　5. ①　6. ②　7. ①　8. ②　9. ①

10. 성형품의 일부분이 성형되지 않는 충전부족(short shot) 현상을 개선하기 위한 조치로 적절하지 않는 것은?

① 금형온도를 올린다.
② 사출속도를 올린다.
③ 사출압력을 낮춘다.
④ 용융수지의 온도를 올린다.

11. 두께 3 mm, 굽힘 길이가 3000 mm인 연강판을 다이 견 폭이 30 mm인 V형 굽힘 다이로 구부릴 때 필요한 힘(ton)은 약 얼마인가?(단, 연강의 인장강도는 40 kgf/mm^2, 보정계수는 1.33이다.)

① 43 ② 45 ③ 48 ④ 50

해설 $P_v = \frac{k \times b \times t^2 \times \sigma}{1000 \times L}$

$= \frac{1.33 \times 3000 \times 3^2 \times 40}{1000 \times 30} = 47.88\,\text{ton}$

12. 피어싱 펀치 직경이 10 mm, 소재의 두께가 0.5 mm일 때 파일럿 핀의 직경은 몇 mm인가?(단, 직경감소계수는 0.04이다.)

① 4.98 ② 9.54
③ 9.56 ④ 9.98

해설 파일럿 핀의 직경$(D) = d - K \times t$

여기서, d : 피어싱 펀치의 직경
K : 직경감소계수
t : 소재의 두께

$\therefore D = 10 - 0.04 \times 0.5 = 9.98$ mm

13. 프레스 슬라이드(램)에 볼트로 고정하여 프레스와 금형을 연결시키는 금형 요소는?

① 섕크 ② 펀치
③ 리턴 핀 ④ 녹아웃 핀

14. 드로잉 작업에서 블랭크의 지름을 D, 성형품의 지름을 d, 성형품의 높이를 h, 밑 바닥부의 구석 r은 없는 것으로 표시할 때 블랭크 지름 D를 구하는 식으로 옳은 것은?

① $D = \pi d^2 + \pi dh$
② $D = \sqrt{d^2 + 4dh}$
③ $D = \frac{\pi d^2}{4} + \pi dh$
④ $D = d^2 + 4dh - 1.72d$

15. 슬라이드 밑면과 볼스터 사이의 거리를 표시한 것으로 프레스에 금형을 장착하는 공간을 무엇이라 하는가?

① S.P.M
② 스트로크(stroke)
③ 다이 하이트(die height)
④ 셧 하이트(shut height)

해설 S.P.M(stroke per minute) : 1분당 스트로크 수

16. 전단금형에서 절단 제품의 뒤틀림 현상(camber)이 발생한 원인으로 옳은 것은?

① 다이의 R이 크다.
② 주름홀더 압력이 작다.
③ 재료의 드로잉성이 적다.
④ 설정 클리어런스가 균일하지 않고 제품이 가늘고 길다.

17. 다이의 직경이 30 mm, 소재 두께가 1.2 mm일 때 펀치 직경은 얼마인가?(단, 클리어런스는 7%이다.)

① 27.90 mm ② 28.83 mm
③ 29.83 mm ④ 29.90 mm

해설 펀치의 직경(d)을 구하는 일반 경험식

$d = D - (t \times C) \times 2$

여기서, D : 다이의 직경, t : 소재의 두께,
C : 클리어런스, 2 : 양쪽을 의미

$\therefore d = 30 - (1.2 \times 0.07) \times 2 = 29.832$ mm

18. 블랭킹 가공에서 거스러미(burr)는 어느 쪽에서 발생하는가?(단, 펀치의 진행 방향

정답 » 10. ③ 11. ③ 12. ④ 13. ① 14. ② 15. ③ 16. ④ 17. ③ 18. ④

은 제품의 아래쪽이고, 반대 방향은 제품의 위쪽이다.)

① 펀치에 수직 방향으로 발생
② 펀치의 진행 방향(제품의 아래쪽)에 발생
③ 펀치의 진행 방향과 반대 방향 모두 발생
④ 펀치 진행 방향의 반대 방향(제품의 위쪽)에 발생

19. 전단 가공에 해당하지 않는 것은?

① 노칭(notching) ② 비딩(beading)
③ 블랭킹(blanking) ④ 슬리팅(slitting)

해설 전단 가공의 종류에는 절단, 슬리팅, 노칭, 블랭킹, 피어싱, 셰이빙, 트리밍, 딩킹, 퍼포레이팅 등이 있다.

20. 저용융 금속인 Al, Zn, Mg 합금 등을 정밀한 현상의 금형에 고압으로 주입하여 제품을 생산하는 금형은?

① 단조 금형 ② 유리 금형
③ 요업 금형 ④ 다이캐스팅 금형

2과목 기계가공법 및 안전관리

21. 다음 중 밀링 머신에 관한 안전사항으로 틀린 것은?

① 장갑을 끼지 않도록 한다.
② 가공 중에 손으로 가공면을 점검하지 않는다.
③ 칩받이가 있기 때문에 보호안경은 필요 없다.
④ 강력 절삭을 할 때에는 공작물을 바이스에 깊게 물린다.

22. 다음 중 기어 가공의 절삭법이 아닌 것은?

① 형판을 이용하는 절삭법
② 다인 공구를 이용하는 절삭법
③ 총형 공구를 이용하는 절삭법
④ 창성을 이용하는 절삭법

23. 구성인선(built-up edge)이 생기는 것을 방지하기 위한 대책으로 틀린 것은?

① 절삭속도를 높인다.
② 절삭깊이를 깊게 한다.
③ 절삭유를 충분히 공급한다.
④ 공구의 윗면 경사각을 크게 한다.

24. 가늘고 긴 일정한 단면 모양을 가진 공구에 많은 날을 가진 절삭공구가 사용되며, 공작물의 홈을 빠르게 가공할 수 있어 대량생산에 적합한 가공 방법은?

① 보링(boring)
② 태핑(tapping)
③ 셰이핑(shaping)
④ 브로칭(broaching)

25. 게이지 블록 중 표준용(calibration grade)으로서 측정기류의 정도 검사 등에 사용되는 게이지의 등급은?

① 00(AA)급 ② 0(A)급
③ 1(B)급 ④ 2(C)급

26. 원주를 단식 분할법으로 32등분하고자 할 때, 다음 준비된 분할판을 사용하여 작업하는 방법으로 옳은 것은?

〈분할판〉
No.1 : 20, 19, 18, 17, 16, 15
No.2 : 33, 31, 29, 27, 23, 21
No.3 : 49, 47, 43, 41, 39, 37

① 16구멍 열에서 1회전과 4구멍씩
② 20구멍 열에서 1회전과 10구멍씩
③ 27구멍 열에서 1회전과 18구멍씩

정답 » 19. ② 20. ④ 21. ③ 22. ② 23. ② 24. ④ 25. ② 26. ①

④ 33구멍 열에서 1회전과 18구멍씩

해설 $n=\frac{40}{N}$ 의 식에서 $n=\frac{40}{32}=1\frac{8}{32}$ 을 약분하면 $n=1\frac{1}{4}$ 이 된다. 분할판에 32개의 구멍이 없으므로 4의 배수 중 가장 작은 수는 16구멍이므로 분모, 분자에 4의 배수 중 가장 작은 4를 곱해 주면 $1\frac{4}{16}$ 가 된다. 분할 가공할 때 크랭크를 1회전 돌리고, 분할판에서 4구멍을 추가로 더 돌려준다.

27. 도면에 편심량이 3 mm로 주어졌다. 이때 다이얼 게이지 눈금의 변위량이 얼마로 나타나도록 편심시켜야 하는가?

① 3 ② 4.5 ③ 6 ④ 7.5

해설 변위량은 회전을 하며 측정한 양이므로 편심량의 2배이다.
즉, 3 mm×2=6 mm

28. 다음 중 수용성 절삭유에 속하는 것은?

① 유화유 ② 혼성유
③ 광유 ④ 동식물유

29. 다음 중 대형이며 중량의 공작물을 가공하기 위한 밀링 머신으로 중절삭이 가능한 것은 어느 것인가?

① 나사 밀링 머신(thread milling machine)
② 만능 밀링 머신(universal milling machine)
③ 생산형 밀링 머신(production milling machine)
④ 플레이너형 밀링 머신(planer type milling machine)

30. 고속도강 절삭공구를 사용하여 저탄소강재를 절삭할 때 가장 일반적인 구성인선(built up edge)의 임계속도(m/min)는?

① 50 ② 120 ③ 150 ④ 170

해설 (1) 구성인선 : 연강, 스테인리스강 및 알루미늄과 같은 연한 재료를 절삭할 때 고온, 고압으로 인해 공구 날 끝에 칩이 조금씩 달라붙어 경화된 것으로 발생-성장-분열-탈락을 반복하여 가공면이 거칠다.
(2) 구성인선의 방지 대책
- 절삭깊이를 적게 준다.
- 공구의 경사각을 크게 준다.
- 공구의 인선을 예리하게 연마한다.
- 가공할 때 절삭속도를 빠르게 한다.
(일반적인 임계속도 : 120 m/min)
- 성능이 우수한 절삭유를 사용한다.
- 마찰계수가 작은 절삭공구를 사용한다.

31. 다음 중 산화알루미늄(Al_2O_3) 분말을 주성분으로 소결한 절삭공구 재료는?

① 세라믹 ② 고속도강
③ 다이아몬드 ④ 주조경질합금

32. 탭(tap)이 부러지는 원인이 아닌 것은?

① 소재보다 경도가 높은 경우
② 구멍이 바르지 못하고 구부러진 경우
③ 탭 선단이 구멍 바닥에 부딪혔을 경우
④ 탭의 지름에 적합한 핸들을 사용하지 않는 경우

33. 다음 중 선반에서 테이퍼의 각이 크고 길이가 짧은 테이퍼를 가공하기에 가장 적합한 방법은?

① 백기어 사용 방법
② 심압대의 편위 방법
③ 복식 공구대를 경사시키는 방법
④ 테이퍼 절삭장치를 이용하는 방법

34. 허용할 수 있는 부품의 오차 정도를 결정한 후 각각 최대 및 최소 치수를 설정하여 부품의 치수가 그 범위 내에 드는지를 검사하는 게이지는?

① 다이얼 게이지 ② 게이지 블록
③ 간극 게이지 ④ 한계 게이지

정답 » 27. ③ 28. ① 29. ④ 30. ② 31. ① 32. ① 33. ③ 34. ④

35. 연삭 가공 중 가공 표면의 표면거칠기가 나빠지고 정밀도가 저하되는 떨림 현상이 나타나는 원인이 아닌 것은?

① 숫돌의 평형 상태가 불량할 경우
② 숫돌축이 편심되어 있을 경우
③ 숫돌의 결합도가 너무 작을 경우
④ 연삭기 자체에 진동이 있을 경우

36. 드릴로 구멍 가공을 한 다음에 사용하는 공구가 아닌 것은?

① 리머 ② 센터 펀치
③ 카운터 보어 ④ 카운터 싱크

해설 센터 펀치 작업은 드릴로 뚫을 구멍의 위치를 정확하게 안내하는 홈을 만드는 작업이다.

37. 선반 가공에 영향을 주는 절삭 조건에 대한 설명으로 틀린 것은?

① 이송이 증가하면 가공변질층은 깊어진다.
② 절삭각이 커지면 가공변질층은 깊어진다.
③ 절삭속도가 증가하면 가공변질층은 얕아진다.
④ 절삭온도가 상승하면 가공변질층은 깊어진다.

38. CNC 선반에 대한 설명으로 틀린 것은?

① 축은 공구대가 전후좌우의 2방향으로 이동하므로 2축을 사용한다.
② 휴지(dwell) 기능은 지정한 시간 동안 이송이 정지되는 기능을 의미한다.
③ 좌표치의 지령 방식에는 절대지령과 증분지령이 있고, 한 블록에 2가지를 혼합하여 지령할 수 없다.
④ 테이퍼나 원호를 절삭 시, 임의의 인선 반지름을 가지는 공구의 인선 반지름에 의한 가공 경로의 오차를 CNC 장치에서 자동으로 보정하는 인선 반지름 보정 기능이 있다.

39. 일반적으로 니형 밀링 머신의 크기 또는 호칭을 표시하는 방법으로 틀린 것은?

① 콜릿 척의 크기
② 테이블 작업면의 크기(길이×폭)
③ 테이블의 이동거리(좌우×전후×상하)
④ 테이블의 전·후 이송을 기준으로 한 호칭번호

40. 연삭균열에 관한 설명으로 틀린 것은?

① 열팽창에 의해 발생된다.
② 공석강에 가까운 탄소강에서 자주 발생된다.
③ 연삭균열을 방지하기 위해서는 결합도가 연한 숫돌을 사용한다.
④ 이송을 느리게 하고 연삭액을 충분히 사용하여 방지할 수 있다.

3과목 금형재료 및 정밀계측

41. 배압식 공기 마이크로미터에서 노즐과 공작물의 틈새 변화에 따른 배압의 변화는?

① 틈새가 커지면 배압이 커진다.
② 틈새가 커지면 배압이 작아진다.
③ 틈새가 커지면 배압은 변동이 없다.
④ 틈새가 커지면 배압은 감소하다가 증가한다.

42. 한계 게이지의 종류가 아닌 것은?

① 틈새 게이지 ② 링 게이지
③ 스냅 게이지 ④ 플러그 게이지

해설 한계 게이지의 종류에는 봉형 게이지, 플러그 게이지, 링 게이지, 테보 게이지, 스냅 게이지 등이 있다.

정답 » 35. ③ 36. ② 37. ④ 38. ③ 39. ① 40. ④ 41. ② 42. ①

43. 지침측미기 A와 B에서 눈금선 간격이 각각 0.5 mm, 1 mm이고 한 눈금당 측정치는 각각 0.5 μm, 2 μm인 경우 A와 B의 감도에 관한 설명으로 옳은 것은?

① A가 높다.
② B가 높다.
③ A, B가 동일하다.
④ 감도를 비교할 수 없다.

해설 지침측미기는 일명 미니미터라고도 하며 최소 눈금 $1\,\mu$m, 측정 범위 $\pm(30\sim50)\mu$m이다. 확대율, 즉 감도는 $\frac{\text{눈금선 간격}}{\text{측정치}}$으로 표시한다.

A의 감도$=\frac{0.5}{0.0005}=1000$

B의 감도$=\frac{1}{0.002}=500$

44. 다음 중 아베의 원리에 맞는 측정기는 어느 것인가?

① 하이트 게이지
② 버니어 캘리퍼스
③ 캘리퍼형 마이크로미터
④ 단체형 내측 마이크로미터

45. 드릴의 웨브, 수나사의 골지름 측정에 적합한 마이크로미터는?

① 나사 마이크로미터
② 깊이 마이크로미터
③ 지시 마이크로미터
④ 포인트 마이크로미터

46. 석 정반의 특징에 대한 설명으로 옳지 않은 것은?

① 유지비가 싸다.
② 녹이 슬지 않는다.
③ 상처 발생 시 돌기가 생기지 않는다.
④ 주철 정반에 비해 온도의 변화에 민감하다.

해설 석 정반은 온도 변화가 주철 정반보다 둔감하다.

47. 피치가 P인 미터 수나사에 평균지름 d_w인 삼침을 넣고 그 외측 거리를 측정한 결과가 M일 때, 나사의 유효지름 d_2를 구하는 식은?

① $d_2=M-3.16568d_w+0.960491\times P$
② $d_2=M+3d_w-0.866025\times P$
③ $d_2=M-3d_w+0.866025\times P$
④ $d_2=M+3.16568d_w-0.960491\times P$

48. 다음 표면거칠기의 측정법 중 가장 정밀한 측정 방법은?

① 촉침식 ② 광 절단식
③ 현미 간섭식 ④ 삼점식

49. 측정기 자체에 의한 오차이며, 측정 조건을 바꾸어도 계속해서 발생하는 오차는?

① 기차 ② 개인오차
③ 환경오차 ④ 우연오차

50. 다음 그림과 같이 테이퍼 각이 60°인 경우의 테이퍼량은?

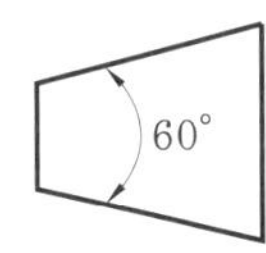

① $\frac{1}{\sqrt{3}}$ ② $\frac{2}{\sqrt{3}}$ ③ $\frac{\sqrt{3}}{2}$ ④ $\sqrt{3}$

해설 복식 공구대 회전에 의한 테이퍼 절삭

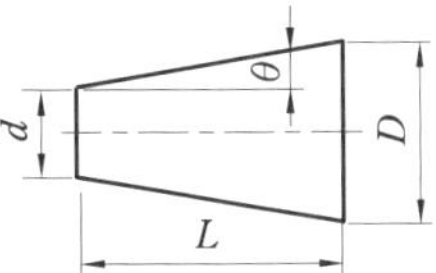

테이퍼량 $T=\frac{D-d}{L}$

$\tan\frac{60°}{2}=\tan 30°=\frac{D-d}{2L}=\frac{1}{\sqrt{3}}$

$\therefore T=\frac{D-d}{L}=\frac{2}{\sqrt{3}}$

정답 » 43. ① 44. ④ 45. ④ 46. ④ 47. ③ 48. ③ 49. ① 50. ②

51. 다음 중 구리에 대한 설명과 가장 거리가 먼 것은?

① 전기 및 열의 전도성이 우수하다.
② 전연성이 좋아 가공이 용이하다.
③ 건조한 공기 중에서는 산화하지 않는다.
④ 광택이 없으며 귀금속적 성질이 나쁘다.

52. 다음 구조용 복합재료 중에서 섬유강화 금속은?

① SPF ② FRTP ③ FRM ④ GFRP

53. 다음 중 철-탄소 상태도에서 나타나지 않는 불변점은?

① 공정점 ② 포석점
③ 공석점 ④ 포정점

54. 다음 중 열가소성 수지로 나열된 것은?

① 페놀, 폴리에틸렌, 에폭시
② 알키드 수지, 아크릴, 페놀
③ 폴리에틸렌, 폴리염화비닐, 폴리우레탄
④ 페놀, 에폭시, 멜라민

해설 열경화성 수지에는 페놀, 우레아, 에폭시, 멜라민 수지 등이 있다.

55. 구리에 아연이 5~20 % 정도 첨가되어 전연성이 좋고 색깔이 아름다워 장식용 악기 등에 사용되는 것은?

① 톰백 ② 백동
③ 6-4 황동 ④ 7-3 황동

56. 강의 표면 경화법에 대한 설명으로 틀린 것은?

① 침탄법에는 고체침탄법, 액체침탄법, 가스침탄법 등이 있다.
② 질화법은 강 표면에 질소를 침투시켜 경화하는 방법이다.
③ 화염경화법은 일반 담금질법에 비해 담금질 변형이 적다.
④ 세라다이징은 철강 표면에 Cr을 확산 침투시키는 방법이다.

57. 금속재료와 비교한 세라믹의 일반적인 특징으로 옳은 것은?

① 인성이 크다.
② 내충격성이 높다.
③ 내산화성이 양호하다.
④ 성형성 및 기계가공성이 좋다.

58. 다음 중 결정격자가 면심입방격자인 금속은 어느 것인가?

① Al ② Cr ③ Mo ④ Zn

해설 (1) BCC(체심입방구조) : Cr, W, Mo, V
(2) FCC(면심입방구조) : Al, Ag, Au, Cu, Pt, Pb, Ni
(3) HCP(조밀육방구조) : Cd, Mg, Zn, Ti

59. 아공석강에 탄소함량이 증가함에 따른 기계적 성질 변화에 대한 설명으로 틀린 것은?

① 인장강도가 증가한다.
② 경도가 증가한다.
③ 항복강도가 증가한다.
④ 연신율이 증가한다.

60. 공구재료가 구비해야 할 조건으로 틀린 것은?

① 내마멸성과 강인성이 클 것
② 가열에 의한 경도 변화가 클 것
③ 상온 및 고온에서 경도가 높을 것
④ 열처리와 공작이 용이할 것

해설 공구재료의 구비 조건
(1) 공작물보다 경도가 높고 인성이 클 것
(2) 절삭가공 시 온도 상승에 따른 경도 저하가 작을 것
(3) 내마멸성이 높을 것
(4) 가공성이 좋을 것
(5) 값이 저렴할 것

정답 » 51. ④ 52. ③ 53. ② 54. ③ 55. ① 56. ④ 57. ③ 58. ① 59. ④ 60. ②

사출금형산업기사

2019년 8월 3일 (제3회)

1과목 금형설계

1. 프레스 금형의 원재료 이송에 사용하는 금형부품이 아닌 것은?

① 안내판(guide plate)
② 파일럿 핀(pilot pin)
③ 오버 플로(over flow)
④ 가이드 리프터 핀(guide lifter pin)

2. 프로그레시브 금형을 설계할 때 간접 파일럿 방식을 채택하는 경우가 아닌 것은?

① 약한 부분에 구멍이 있는 경우
② 제품의 구멍 치수가 너무 작은 경우
③ 파일럿하는 구멍 형상이 간단한 경우
④ 제품 가장자리에 구멍이 접근해 있는 경우

해설 간접 파일럿 방식 채택 기준
- 제품의 치수공차나 구멍 치수가 정밀한 경우
- 구멍의 치수가 지나치게 작은 경우
- 구멍이 제품 가장자리에 접근되어 있을 경우
- 약한 부분에 구멍이 있는 경우
- 구멍 위치와 제품의 윤곽과의 관계 위치가 현저하게 한쪽으로 치우친 경우
- 파일럿하는 구멍 형상이 복잡한 경우

3. 프레스 금형을 설계할 때 제품도의 검토사항이 아닌 것은?

① 치수의 정밀도
② 작업자의 숙련 기능 정도
③ 버(burr)의 방향 지정 유무
④ 제품의 재질, 두께 및 기계적 성질

4. 다이를 분할 다이로 설계할 때 고려사항으로 틀린 것은?

① 연삭가공이 쉬울 것
② 날카로운 날을 갖도록 할 것
③ 여유각을 주기 쉬운 형으로 할 것
④ 치수는 하나의 기준면에서 작성할 것

해설 분할된 다이의 날 끝이 날카롭지 않도록 한다.

5. 성형 가공(forming)이 아닌 것은?

① 비딩 가공 ② 벌징 가공
③ 아이오닝 가공 ④ 익스팬딩 가공

해설 성형 가공에는 플랜징, 버링, 비딩, 컬링, 시밍, 엠보싱, 네킹, 벌징, 익스팬딩 가공 등이 있다. 아이오닝 가공은 원통 용기의 벽두께를 얇고 표면이 매끄럽게 가공하는 방법이다.

6. 전단 금형을 설계할 때 전단력(P)과 다이 두께(T) 사이의 관계식으로 옳은 것은 어느 것인가? (단, 전단선 길이에 따른 보정 계수는 K이다.)

① $T = K \times \sqrt[2]{P}$
② $T = K \times \sqrt[3]{P}$
③ $T = K \times \sqrt[3]{2P}$
④ $T = K \times \sqrt[3]{P \cdot K}$

7. 블랭크의 직경은 D, 제품의 직경을 d라 할 때 드로잉비(β)를 구하는 식으로 옳은 것은?

① $\frac{d}{D}$ ② $\frac{2d}{D}$ ③ $\frac{D}{d}$ ④ $\frac{d}{2D}$

8. 다음 중 전단 금형에서 스트리퍼의 기능이 아닌 것은?

① 펀치를 안내해 준다.
② 재료 이용률을 향상시킨다.
③ 펀치의 강도를 보강해 준다.
④ 소재를 펀치로부터 분리시킨다.

해설 스트리퍼는 소재를 펀치로부터 빼주고, 펀치 강도의 보강, 전단 가공 시 재료의 변형 방

정답 » 1. ③ 2. ③ 3. ② 4. ② 5. ③ 6. ② 7. ③ 8. ②

2019년

지, 펀치의 안내 기능을 한다.

9. 전단 금형에서 펀치의 회전 방지법이 아닌 것은?

① 키에 의한 방법
② 핀에 의한 방법
③ 와셔에 의한 방법
④ 고정나사에 의한 방법

10. 트랜스퍼 금형의 특징으로 틀린 것은?

① 생산성이 높고 작업능률이 좋다.
② 무인화 또는 작업 인원 감소가 가능하다.
③ 제품 설계에서부터 가공성 검토가 필요하지 않다.
④ 위치결정, 분리, 스크랩 처리 등에 세심한 주의를 요한다.

11. 폴리카보네이트(PC) 수지에 유리섬유를 약 10~40 % 혼합하여 성형할 때 설명으로 옳은 것은?

① 수축률의 변화 없이 PC 성형과 동일하다.
② PC로 성형할 때보다는 수축률이 작아진다.
③ 유리섬유의 혼합이 커지면 유동성이 높아진다.
④ PC로 성형할 때보다 수축률이 커지며, 투명도는 향상된다.

12. 에어 벤트(air vent) 설치 불충분으로 나타나는 현상이 아닌 것은?

① 기포　② 태움
③ 싱크 마크　④ 충전 불량

해설 금형에서 에어가 잘 빠지지 않으면 기포, 충전 불량, 태움(burn mark), 미성형, 웰드라인, 치수 불량 등의 현상이 발생한다. 싱크 마크는 성형품의 두께 차이에 의하여 발생한다.

13. 제한 게이트의 특징으로 틀린 것은?

① 게이트의 제거가 간단하다.
② 성형품의 뒤틀림이 감소된다.
③ 게이트 통과 시 압력손실이 크다.
④ 비제한 게이트 방식에 비해 금형 구조가 간단하다.

14. 투명제품에 기포가 발생하는 경우의 대책으로 적합하지 않은 것은?

① 사출압력을 높인다.
② 게이트, 러너를 작게 한다.
③ 급격한 살 두께 변화를 줄인다.
④ 수지는 성형 전에 예비 건조한다.

해설 스프루, 러너, 게이트를 크게 하여 수축량을 작게 한다.

15. 앵귤러 핀(angular pin)의 작용길이가 25 mm, 경사각이 16°, 틈새가 0.3 mm일 때 슬라이드 블록의 운동량은 약 몇 mm인가?

① 6.6　② 7.6　③ 8.6　④ 9.6

해설 (1) 앵귤러 핀의 작용길이(L)를 구하는 식

$$L=\frac{M}{\sin\alpha}+\frac{2C}{\sin2\alpha}$$

(2) 슬라이드 블록의 이동량(M)을 구하는 식

$$M=L\cdot\sin\alpha-\frac{C}{\cos\alpha}$$

여기서, M : 슬라이드 블록의 이동량(mm)
L : 앵귤러 핀의 작용 길이(mm)
α : 앵귤러 핀의 경사각(°)
C : 틈새(클리어런스)(mm)

$$\therefore M=25\times\sin16°-\frac{0.3}{\cos16°}$$
$$=6.891-0.312=6.579\fallingdotseq6.6\,\text{mm}$$

16. 사출금형에서 재료가 최종 성형품이 될 때까지의 과정이 바르게 나열된 것은?

㉠ 성형품	㉡ 후 가공
㉢ 사출금형	㉣ 사출성형기
㉤ 플라스틱 재료	

정답 » 9. ③ 10. ③ 11. ② 12. ③ 13. ④ 14. ② 15. ① 16. ④

① ㉤ → ㉠ → ㉢ → ㉡ → ㉣
② ㉤ → ㉣ → ㉢ → ㉡ → ㉠
③ ㉤ → ㉢ → ㉠ → ㉣ → ㉡
④ ㉤ → ㉣ → ㉢ → ㉠ → ㉡

17. 2매 구성 금형의 특징으로 틀린 것은?

① 구조가 간단하고 조작이 쉽다.
② 고장이 적고 내구성이 우수하다.
③ 핀 포인트 게이트 사용이 용이하다.
④ 게이트의 형상과 위치를 쉽게 변경할 수 있다.

해설 2매 구성 금형의 특징
(1) 구조가 간단하고 조작이 쉽다.
(2) 금형 값이 비교적 싸다.
(3) 고장이 적고 내구성이 우수하며 성형 사이클을 빨리 할 수 있다.
(4) 게이트의 형상과 위치를 비교적 쉽게 변경할 수 있다.
(5) 성형품과 게이트는 성형 후 절단 가공을 해야 한다.

18. 스프링 작동방식에 의한 언더컷 처리 금형에서 일반적인 로킹 블록(locking block)의 각도는?

① 5~10°　　② 10~15°
③ 20~25°　　④ 30~45°

19. 일반적인 성형품의 설계에서 금형설계와 제작의 흐름 순서가 바르게 나열된 것은?

㉠ 금형설계	㉡ 금형제작
㉢ 금형구조설계	㉣ 성형품 디자인

① ㉣→㉠→㉡→㉢
② ㉣→㉡→㉠→㉢
③ ㉣→㉢→㉠→㉡
④ ㉣→㉢→㉡→㉠

20. 러너의 단면적을 크게 해서 외벽에 접촉 고화한 수지를 단열층으로 이용하고, 내부의 수지를 용융상태로 유지하려는 방법으로 단열러너 방식이라고도 하는 러너리스 시스템의 종류는?

① 핫 러너 방식
② 웰타입 노즐 방식
③ 익스텐션 노즐 방식
④ 인슐레이티드 러너 방식

2과목 기계가공법 및 안전관리

21. 다음 공작기계 중 공작물이 직선왕복운동을 하는 것은?

① 선반　　② 드릴 머신
③ 플레이너　　④ 호빙 머신

22. 공작물의 단면 절삭에 쓰이는 것으로 길이가 짧고 직경이 큰 공작물의 절삭에 사용되는 선반은?

① 모방 선반　　② 수직 선반
③ 정면 선반　　④ 터릿 선반

23. 삼점법에 의한 진원도 측정에 쓰이는 측정기기가 아닌 것은?

① V블록　　② 측미기
③ 3각 게이지　　④ 실린더 게이지

24. 선반의 심압대가 갖추어야 할 구비 조건으로 틀린 것은?

① 센터는 편위시킬 수 있어야 한다.
② 베드의 안내면을 따라 이동할 수 있어야 한다.
③ 베드의 임의 위치에서 고정할 수 있어야 한다.
④ 심압축은 중공으로 되어 있으며 끝부분은 내셔널 테이퍼로 되어 있어야 한다.

정답 » 17. ③ 18. ③ 19. ③ 20. ④ 21. ③ 22. ③ 23. ④ 24. ④

25. 드릴 머신에서 공작물을 고정하는 방법으로 적합하지 않은 것은?

① 바이스 사용
② 드릴 척 사용
③ 박스 지그 사용
④ 플레이트 지그 사용

26. 커터의 지름이 100 mm이고, 커터의 날수가 10개인 정면 밀링 커터로 200 mm인 공작물을 1회 절삭할 때 가공시간은 약 몇 초인가?(단, 절삭속도는 100 m/min, 1날당 이송량은 0.1 mm이다.)

① 48.4 ② 56.4
③ 64.4 ④ 75.5

해설 (1) 회전속도 $N=\frac{1000V}{\pi D}$

여기서, V : 절삭속도, D : 커터의 지름

(2) 이송속도 $F=f_z\times Z\times N$

여기서, f_z : 1날당 이송량

Z : 커터의 날수

$\therefore F=0.1\times 10\times\left(\frac{1000\times 100}{3.14\times 100}\right)=318.471$

(3) 가공시간 $T=\frac{L+D}{F}$

여기서, L : 가공길이

$\therefore T=\frac{200+100}{318.471}=0.94\text{ min}$

$=0.94\times 60\text{s}=56.4\text{ s}$

27. 절삭조건에 대한 설명으로 틀린 것은?

① 칩의 두께가 두꺼워질수록 전단각이 작아진다.
② 구성인선을 방지하기 위해서는 절삭 깊이를 작게 한다.
③ 절삭속도가 빠르고 경사각이 클 때 유동형 칩이 발생하기 쉽다.
④ 절삭비는 공작물을 절삭할 때 가공이 용이한 정도로 절삭비가 1에 가까울수록 절삭성이 나쁘다.

28. 척을 선반에서 떼어내고 회전센터와 정지센터로 공작물을 양센터에 고정하면 고정력이 약해서 가공이 어렵다. 이때 주축의 회전력을 공작물에 전달하기 위해 사용하는 부속품은?

① 면판 ② 돌리개
③ 베어링 센터 ④ 앵글 플레이트

29. 일반적인 손 다듬질 가공에 해당되지 않는 것은?

① 줄 가공 ② 호닝 가공
③ 해머 작업 ④ 스크레이퍼 작업

해설 호닝 가공은 대부분 액체 호닝을 말하며, 숫돌인 혼(hone)과 액상의 절삭제를 사용하여 뚫린 구멍을 더욱 정밀하게 기계로 가공하는 작업이다.

30. CNC 선반에서 홈 가공 시 1.5초 동안 공구의 이송을 잠시 정지시키는 지령 방식은?

① G04 Q1500 ② G04 P1500
③ G04 X1500 ④ G04 U1500

해설 X, U는 초(s) 단위이며 P는 μ 단위이므로 정지 시간 1.5초는 G04 X1.5, G04 U1.5로 지령한다.

31. 브로칭 머신의 특징으로 틀린 것은?

① 복잡한 면의 형상도 쉽게 가공할 수 있다.
② 내면 또는 외면의 브로칭 가공도 가능하다.
③ 스플라인 기어, 내연기관 크랭크실의 크랭크 베어링부는 가공이 용이하지 않다.
④ 공구의 일회 통과로 거친 절삭과 다듬질 절삭을 완료할 수 있다.

32. 연삭숫돌의 성능을 표시하는 5가지 요소에 포함되지 않는 것은?

정답 » 25. ② 26. ② 27. ④ 28. ② 29. ② 30. ② 31. ③ 32. ①

① 기공 ② 입도
③ 조직 ④ 숫돌입자

해설 연삭숫돌의 3요소는 입자, 결합제, 기공이고, 5요소는 입자, 입도, 결합도, 조직, 결합제이다.

33. 연삭 가공 중 발생하는 떨림의 원인으로 가장 관계가 먼 것은?

① 연삭기 자체의 진동이 없을 때
② 숫돌축이 편심되어 있을 때
③ 숫돌의 결합도가 너무 클 때
④ 숫돌의 평형상태가 불량할 때

34. 드릴링 작업 시 안전사항으로 틀린 것은?

① 칩의 비산이 우려되므로 장갑을 착용하고 작업한다.
② 드릴이 회전하는 상태에서 테이블을 조정하지 않는다.
③ 드릴링의 시작부분에 드릴이 정확히 자리 잡힐 수 있도록 이송을 느리게 한다.
④ 드릴링이 끝나는 부분에서는 공작물과 드릴이 함께 돌지 않도록 이송을 느리게 한다.

35. 옵티컬 페럴렐을 이용하여 외측 마이크로미터의 평행도를 검사하였더니 백색광에 의한 적색 간섭무늬의 수가 앤빌에서 2개, 스핀들에서 4개였다. 평행도는 약 얼마인가? (단, 측정에 사용한 빛의 파장은 0.32 μm 이다.)

① 1 μm ② 2 μm ③ 4 μm ④ 6 μm

해설 평행도$(N) = n\left(\frac{\lambda}{2}\right)$

$= 6 \times \frac{0.32}{2} = 0.96\mu\text{m} \fallingdotseq 1\mu\text{m}$

36. 접시머리나사를 사용할 구멍에 나사머리가 들어갈 부분을 원추형으로 가공하기 위한 드릴 가공 방법은?

① 리밍 ② 보링
③ 카운터 싱킹 ④ 스폿 페이싱

37. 지름이 150 mm인 밀링 커터를 사용하여 30 m/min의 절삭속도로 절삭할 때 회전수는 약 몇 rpm인가?

① 14 ② 38 ③ 64 ④ 72

해설 $V = \frac{\pi d N}{1000}$ 에서

$N = \frac{1000V}{\pi d} = \frac{1000 \times 30}{3.14 \times 150} \fallingdotseq 63.7\text{rpm}$

38. 절삭 가공에서 절삭 조건과 거리가 가장 먼 것은?

① 이송속도 ② 절삭깊이
③ 절삭속도 ④ 공작기계의 모양

39. 투영기에 의해 측정할 수 있는 것은?

① 각도 ② 진원도
③ 진직도 ④ 원주 흔들림

해설 투영기는 본래 윤곽을 측정하지만 각도, 피치 측정도 가능하다.

40. 연마제를 가공액과 혼합하여 짧은 시간에 매끈해지거나 광택이 적은 다듬질 면을 얻게 되며, 피닝(peening) 효과가 있는 가공법은?

① 래핑 ② 쇼트 피닝
③ 배럴 가공 ④ 액체 호닝

해설 쇼트 피닝은 쇼트 볼을 고속으로 가공면에 분사하여 표면에 피로한도, 경도, 강도를 높여 주는 가공법이다.

3과목 금형재료 및 정밀계측

41. 표면거칠기 측정방식이 아닌 것은?

① 촉침식 ② 광절단식

정답 » 33. ① 34. ① 35. ① 36. ③ 37. ③ 38. ④ 39. ① 40. ④ 41. ④

③ 광파간섭식 ④ 전기충전식

42. 가공도면 치수가 50 mm인 부품을 측정한 결과가 49.99 mm일 때 오차 백분율(%)은?

① 0.01 ② 0.02
③ 0.0001 ④ 0.0002

해설 $\text{오차 백분율} = \dfrac{\text{오차}}{\text{참값}} \times 100(\%)$

$$= \frac{49.99-50}{50} \times 100 = 0.02\%$$

43. 마이크로미터의 평행도 검사에 가장 적합한 측정기는?

① 옵티컬 패럴렐
② 하이트 게이지
③ 다이얼 게이지
④ 버니어 캘리퍼스

44. 한 쌍의 기어를 백래시 없이 맞물리고 회전시켰을 때 중심거리 변화를 측정하여 기록하는 시험은?

① 기초원판식 시험
② 편측 잇면 물림 시험
③ 양측 잇면 물림 시험
④ 기초원 조절방식 시험

45. 마이크로미터 스핀들의 피치가 3 mm이고 심블의 원주를 50등분 하였다면 최소 측정값은?

① 0.01 mm ② 0.03 mm
③ 0.06 mm ④ 0.1 mm

해설 마이크로미터의 최소 측정값

$$= \frac{\text{스핀들의 피치}(P)}{\text{심블의 등분}(N)} = \frac{3}{50} = 0.06 \text{ mm}$$

46. 20℃에서 길이가 200 mm인 부품이 30℃일 때의 길이는 약 몇 mm인가? (단, 부품의 선팽창계수는 24×10^{-6}/℃이다.)

① 200.018 ② 200.024
③ 200.038 ④ 200.048

해설 $\dfrac{\Delta l}{l_0} = \alpha \Delta T$, $\dfrac{l_1 - l_0}{l_0} = \alpha(T_1 - T_0)$

$$l_1 - l_0 = \alpha l_0 (T_1 - T_0)$$
$$= 24 \times 10^{-6} \times 200 \times (30-20) = 0.048$$
$$\therefore l_1 = l_0 + 0.048 = 200 + 0.048 = 200.048$$

47. −50 μm의 오차가 있는 표준편으로 0점 세팅한 하이트 게이지로 부품의 높이를 측정하여 37.65 mm의 측정값을 얻었다면 실제값은 몇 mm인가?

① 37.60 ② 37.65
③ 37.70 ④ 37.75

해설 실제값 = 측정값+오차
= 37.65+(−0.050) = 37.60 mm

48. 현장에서 투영기를 이용하여 특정한 형상의 부품을 대량으로 검사할 때 가장 좋은 방법은?

① 필러식 현미경
② 차트에 의한 비교 측정
③ 스크린상의 유리자 이용
④ X−Y좌표축의 읽음에 의한 검사

49. 바깥지름, 길이, 두께 등을 검사하기 위한 평행, 평면의 내측면을 갖는 한계 게이지는 어느 것인가?

① 봉 게이지 ② 링 게이지
③ 스냅 게이지 ④ 플러그 게이지

50. 비교 측정기가 아닌 것은?

① 옵티미터 ② 다이얼 게이지
③ 오르토 테스터 ④ 측장기

해설 비교 측정기의 종류에는 다이얼 게이지, 측미 현미경, 공기 마이크로미터, 미니미터, 오르토 테스터, 전기 마이크로미터, 패소미터, 패시미터, 옵티미터 등이 있다.

정답 » 42. ② 43. ① 44. ③ 45. ③ 46. ④ 47. ① 48. ② 49. ③ 50. ④

51. 다음 중 표준상태의 탄소강에서 탄소의 함유량이 증가함에 따라 증가하는 성질로 짝지어진 것은?

① 비열, 전기저항, 항복점
② 비중, 열팽창계수, 열전도도
③ 내식성, 열팽창계수, 비열
④ 전기저항, 연신율, 열전도도

52. 초경합금에 관한 사항으로 틀린 것은?

① WC 분말에 Co 분말을 890℃에서 가열 소결시킨 것이다.
② 내마모성이 아주 크다.
③ 인성, 내충격성 등을 요구하는 곳에는 부적합하다.
④ 전단, 인발, 압출 등의 금형에 사용된다.

53. Fe-Mn, Fe-Si로 탈산시켜 상부에 작은 수축관과 소수의 기포만이 존재하며 탄소 함유량이 0.15~0.3% 정도인 강은?

① 킬드강 ② 캡드강
③ 림드강 ④ 세미킬드강

54. 다음 금속재료 중 인장강도가 가장 낮은 것은?

① 백심가단주철 ② 구상흑연주철
③ 회주철 ④ 주강

해설 인장강도
- 백심가단주철 : 350~550 MPa
- 보통 회주철 : 98~196 MPa
- 고급 회주철 : 250 MPa
- 구상흑연주철: 390~690 MPa
- 주강 : 360~480 MPa

55. 다음 중 온도 변화에 따른 탄성계수의 변화가 미세하여 고급시계, 정밀저울의 스프링에 사용되는 것은?

① 인코넬 ② 엘린바
③ 니크롬 ④ 실리콘브론즈

해설 불변강에는 인바, 엘린바, 퍼멀로이, 플래티나이트, 코엘린바 등이 있다.

56. 다음 조직 중 2상 혼합물은?

① 펄라이트 ② 시멘타이트
③ 페라이트 ④ 오스테나이트

57. 담금질한 강재의 잔류 오스테나이트를 제거하며, 치수 변화 등을 방지하는 목적으로 0℃ 이하에서 열처리하는 방법은?

① 저온뜨임 ② 심랭처리
③ 마템퍼링 ④ 용체화처리

해설 서브제로 처리, 영하처리라고도 하는 심랭처리는 −180℃ 정도의 액화질소로 실시하며 내구성 향상을 목적으로 한다.

58. 티타늄 합금의 일반적인 성질에 대한 설명으로 틀린 것은?

① 열팽창계수가 작다.
② 전기저항이 높다.
③ 비강도가 낮다.
④ 내식성이 우수하다.

해설 티타늄 합금은 일반적으로 내열성, 내마모성, 내식성, 인장강도 등이 우수하다.

59. 다음 중 피로 수명이 높으며 금속 스프링과 같은 탄성을 가지는 수지는?

① PE ② PC ③ PS ④ POM

60. 다음 중 뜨임의 목적과 가장 거리가 먼 것은 어느 것인가?

① 인성 부여
② 내마모성의 향상
③ 탄화물의 고용강화
④ 담금질할 때 생긴 내부응력 감소

해설 뜨임의 주목적은 담금질로 인한 취성과 내부응력을 제거하고 인성과 내마모성을 증가시키는 것이다.

정답 » 51. ① 52. ① 53. ④ 54. ③ 55. ② 56. ① 57. ② 58. ③ 59. ④ 60. ③

사출/프레스금형설계기사

2019년 4월 27일 (제2회)

1과목 금형설계

1. 러너의 치수 결정 방법으로 틀린 것은?

① 러너의 굵기는 성형품의 살 두께보다 굵게 한다.
② 직경 3.2 mm 이하의 러너는 분할러너에 한정하여 사용한다.
③ 러너의 길이가 길어지면 유동저항이 커지므로 적절한 길이로 결정한다.
④ PMMA 수지를 사용할 경우, 러너의 직경은 3.2 mm 이하로 사용한다.

해설 러너의 치수 결정 시 유의사항

(1) 성형품의 살 두께 및 중량, 주러너 또는 스프루에서 캐비티까지의 거리, 러너의 냉각, 금형 제작용 공구의 범위, 사용수지에 대해 검토한다.
(2) 러너의 굵기는 살 두께보다도 굵게 한다. 굵기가 가늘면 싱크 마크나 공동의 원인이 된다. 따라서, ϕ3.2 mm 이하의 러너는 길이 25~30 mm의 분기 러너에 한정한다.
(3) 러너의 길이가 길어지면 유동저항이 커진다.
(4) 러너의 단면적은 성형 사이클을 좌우하는 것이어서는 안 된다. 일반적인 수지의 경우 러너 크기를 ϕ9.5 mm 이하로 하되 경질 PVC, PMMA처럼 유동성이 나쁜 경우는 ϕ13 mm 정도까지 사용된다.
(5) 살 두께가 3.2 mm 이하이고 중량이 200 g인 성형품에 대한 러너의 치수에 대하여 다음과 같은 경험식이 있다. 단, 경질 PVC와 PMMA에서는 25 % 가산한다.

$D = 0.2654\sqrt{W} \cdot \sqrt[4]{L}$

여기서, D : 러너의 지름(mm)
W : 성형품의 중량(g)
L : 러너 길이(mm)

2. 사출성형 불량 중 기포 발생 현상의 대책으로 틀린 것은?

① 사출시간을 길게 한다.
② 사출압력을 높게 한다.
③ 살 두께를 두껍게 한다.
④ 게이트의 두께는 성형품 두께의 50~60 % 이상으로 한다.

해설 기포(void)는 성형품 내부에 생기는 공간으로서 성형품의 두꺼운 부분에 생기는 진공포와 수분이나 휘발분에 의해 생긴다.

불량 원인	개선 대책
1. 사출압력이 낮다.	• 수지 온도를 낮게 한다. • 금형 온도를 높게 하고 보압 시간, 냉각 시간을 길게 한다. • 사출속도를 느리게 한다. • 스프루, 러너, 게이트를 크게 하여 수축량을 적게 한다.
2. 냉각의 불균일	• 성형품을 급랭하지 않는다. (이젝팅 후 뜨거운 물속에서 서랭한다.)
3. 수분, 휘발유	• 수지를 충분히 건조한다. • 수지 온도를 내리고 실린더 내에서의 체류 시간을 짧게 한다.

3. 다음 그림과 같은 성형품의 형체력은 약 몇 ton인가?

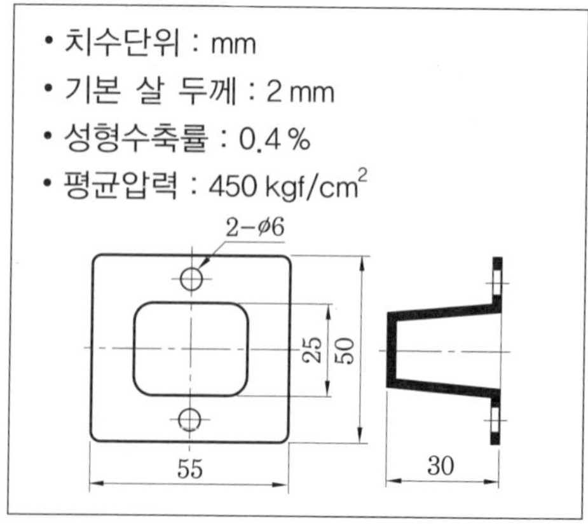

① 11.6 ② 12.1 ③ 13.8 ④ 14.2

정답 » 1. ④ 2. ③ 3. ②

해설 직압식이므로

$\therefore F = 5.5 \times 5 \times 450 = 12375 \fallingdotseq 12.4\text{ton}$

4. 코어와 스트리퍼 플레이트의 안쪽과의 긁힘 방지를 위한 적용 구배로 적절한 것은 어느 것인가?

① 1~2° ② 2~3°
③ 3~10° ④ 11~20°

해설 코어의 바깥쪽과 스트리퍼 플레이트 안쪽과의 긁힘 방지를 위해 3~10°의 구배가 필요하며 코어와 스트리퍼 플레이트의 틈새는 0.02 mm 정도가 적당하다.

5. 사출금형 설계를 할 때 성형품의 구멍부의 보강이나 조립 시의 끼워 맞춤에 이용하는 방법은?

① 보스를 설치한다.
② 스냅을 설치한다.
③ 평면에 요철을 만든다.
④ 모서리에 덧살을 붙인다.

해설 보스(boss)는 성형품 구멍 부위 보강, 조립 시의 끼워 맞춤, 나사 조임용 구멍 등의 목적 때문에 접합하는 돌기부를 말한다.

6. 사출금형의 온도 조절 효과로 틀린 것은 어느 것인가?

① 성형성 개선
② 성형 사이클 연장
③ 성형품의 표면 상태 개선
④ 성형품의 치수 정밀도 향상

해설 사출금형의 온도 조절의 효과
(1) 성형 사이클의 단축
(2) 성형성 개선
(3) 성형품의 표면 상태 개선
(4) 성형품의 강도 저하 및 변형 방지
(5) 성형품의 치수 정밀도 향상

7. 앵귤러 핀(angular pin)에 대한 설명으로 틀린 것은?

① 앵귤러 핀의 경도는 HB 100 정도로 한다.
② 앵귤러 핀은 A형, B형, C형의 세 종류가 있다.
③ 앵귤러 핀의 끼워 맞춤부 거칠기는 일반적으로 3S로 한다.
④ 앵귤러 핀의 재료는 일반적으로 STC3~5, STS2, STB2가 많이 사용된다.

해설 앵귤러 핀의 규격(KS B 4162)
(1) STC3~STC5, STS2, STB2
(2) 거칠기 : 3S
(3) 경도 : HRC 55 이상(SKD11 : HRC 60~63)
(4) 종류 : A형, B형, C형

8. 사출 성형 해석 중 냉각 해석의 목적으로 틀린 것은?

① 냉각 효율 파악
② 냉각 시간 최소화
③ 게이트 위치 결정
④ 성형품의 잔류 열응력 감소

해설 냉각 해석(cooling analysis)의 목적
(1) 사출 작업에 필요한 냉각 시간, 효율 파악
(2) 금형면 온도 차이의 분포 파악
(3) 취출 시 제품의 잔류 열응력, 온도 분포
(4) 평균 열유속의 분포 등 해석

9. 사출 성형 시 고압에 의해서 가동측 형판이 뒤로 밀리는 것을 방지하는 것은 어느 것인가?

① 받침판(support plate)
② 이젝터 플레이트(ejector plate)
③ 고정측 형판(cavity retainer plate)
④ 고정측 설치판(top clamping plate)

10. 다음 중 상온에서 치수가 $80^{+0.2}_{-0.1}$mm 성형품을 수축률 5/1000인 수지로 성형할 때, 적절한 금형 가공치수는 약 얼마인가?

① 80.10 mm ② 80.25 mm
③ 80.40 mm ④ 80.70 mm

정답 » 4. ③ 5. ① 6. ② 7. ① 8. ③ 9. ① 10. ③

2019년

해설 금형 가공치수

$$L=\frac{\text{상온에서 제품의 치수}}{1-\text{성형수축률}}$$

$$=\frac{80}{1-0.005}=80.40\text{ mm}$$

11. 볼트를 사용하여 체결하지 않는 금형 부품은?

① 다이 블록
② 파일럿 핀
③ 펀치 고정판
④ 고정식 스트리퍼 판

12. 클리어런스와 전단제품 절단면 형상의 관계에 대한 설명으로 틀린 것은?

① 클리어런스가 클수록 버의 크기는 커진다.
② 클리어런스가 작을수록 2차 전단면이 생긴다.
③ 클리어런스가 클수록 전단면의 크기는 커진다.
④ 클리어런스가 작을수록 처짐량(만곡면)은 작아진다.

해설 클리어런스가 클수록 처짐(눌림면)과 버가 커지며 파단면은 감소한다.

13. 프레스 금형에서 두께가 4 mm이고 직경이 40 mm인 피어싱 작업을 했을 때 프레스가 한 일량(kgf · m)은 얼마인가?(단, 전단강도 : 35 kgf/mm², 보정계수 : 0.4, 일량보정계수 : 0.45이다.)

① 10.67　② 12.67
③ 14.67　④ 16.67

해설 $P=L\times t\times\tau\times K$[kgf]

$L=\pi\times D$

$$E=\frac{k\cdot P\cdot t}{1000}\text{[kgf}\cdot\text{m]}$$

여기서, P : 전단력(kgf)
L : 전단 길이(mm)
t : 재료의 두께(mm)
τ : 재료의 전단강도(kgf/mm^2)
K : 보정계수
k : 일량보정계수
E : 일량(kgf · m)

$P=(3.14\times 40)\times 4\times 35\times 0.4$
$=7033.6$ kgf

$$\therefore E=\frac{0.45\times 7033.6\times 4}{1000}=12.66\text{kgf}\cdot\text{m}$$

14. 스크랩 또는 제품이 펀치의 밑면에 붙어 펀치의 상승과 더불어 올라오는 것을 방지하기 위한 금형 부품은?

① 펀치
② 키커 핀
③ 파일럿 핀
④ 가이드 리프터 핀

15. 플랜지 달린 원통 드로잉을 하였더니 플랜지 전체에 주름이 발생하였다. 해결 방안으로 적합하지 않은 것은?

① 쿠션압을 감소시킨다.
② 클리어런스를 작게 한다.
③ 드로잉유의 양을 적게 한다.
④ 펀치와 다이의 모서리 반지름을 작게 한다.

해설 플랜지 주름의 방지 대책
(1) 플랜지를 누르는 억제 압력을 높인다.
(2) 쿠션 압력을 높인다.
(3) 클리어런스와 모서리 R을 작게 한다.
(4) 가공하는 압력을 작게 한다.

16. 다음 중 프로그레시브 가공의 특징으로 틀린 것은?

① 작업공간의 효율이 증대된다.
② 생산기간이 단축되고 원가 절감이 된다.
③ 자동화를 함으로써 생산성이 향상된다.

정답 » 11. ②　12. ③　13. ②　14. ②　15. ①　16. ④

④ 금형 제작납기가 짧고 금형 제작비용이 저렴하다.

해설 프로그레시브 가공의 특징

(1) 대량생산으로 생산기간이 단축되고 원가 절감이 된다.
(2) 작업능률과 생산성이 높다.
(3) 안정성이 높고 작업공간이 효율적이다.
(4) 금형의 제작비용이 비싸다.
(5) 프레스(피드 장치) 또는 사용 재료에 제한을 받는다.
(6) 정밀도가 극히 높은 것은 제작이 불가능하다.
(7) 제품의 형상에 따라 금형구조상 제작이 불가능한 경우가 있다.

17. 굽힘 가공에서 굽힘부 치수 불량의 원인으로 적절하지 않은 것은?

① 금형의 열처리가 나쁜 경우
② 전개 계산이 맞지 않는 경우
③ L-굽힘에서 재료 구속부가 벤딩 방향으로 인장되는 경우
④ V-굽힘에서 재료 구속이 약해서 위치가 쳐지는 경우

18. 다음 조건의 드로잉 가공에서 2차 드로잉 펀치의 직경(mm)은 얼마인가?

- 드로잉 제품의 직경 : 30 mm
- 블랭크의 직경 : 100 mm
- 드로잉률 m_1 : 0.5
- 드로잉률 m_2 : 0.78
- 드로잉률 m_3 : 0.82

① 32　　② 35
③ 39　　④ 50

해설 드로잉률 $m=\dfrac{d}{D}$의 식에서 $d=m\times D$

여기서, d : 펀치의 지름(mm)
D : 소재의 지름(mm)

제1공정 $d_1=100\times0.5=50\,\text{mm}$
제2공정 $d_2=50\times0.78=39\,\text{mm}$
제3공정 $d_3=39\times0.82=31.98\,\text{mm}$

19. 프레스를 구성하는 요소에 대한 설명이 옳은 것은?

① 볼스터 : 슬라이드 하사점 위치를 조정하기 위한 장치
② 슬라이드 : 프레스 베드 위에 설치되는 보조 플레이트
③ 크랭크 축 : 프레스의 회전운동을 직선운동으로 바꾸는 역할
④ 슬라이드 조절 나사 : 프레스의 직선운동을 하면서 하중을 전달하는 주요 부품

해설 ① 볼스터 : 프레스 베드 위에 설치되는 보조 플레이트로 다이세트를 장착하기 위한 T 홈이 가공되어 있다.
② 슬라이드 : 금형의 상형을 장착하는 부위로 프레스의 직선운동을 하면서 하중을 전달하는 주요 부품이다.
③ 크랭크 축 : 프레스의 회전운동을 슬라이드(램)에 직선운동으로 바꾸어 전달한다.
④ 슬라이드 조절 나사 : 금형을 프레스 볼스터에 올려놓고, 슬라이드의 하사점 위치를 조정하기 위해 상하로 슬라이드 위치를 조절할 수 있도록 되어 있는 나사 조절 장치

20. 매분 스트로크 수 500 s.p.m이고 소재의 폭(이송 방향) 30 mm, 이송 잔폭 2 mm, 가장자리 잔폭 2 mm의 경우 1시간 동안 이송되는 소재의 길이는 몇 m인가?

① 160　　② 960
③ 1020　　④ 1500

해설 이송 소재의 길이 L
=s.p.m×(이송 잔폭+소재의 폭)×시간(분) 이므로

$\therefore\ L=500\times(2+30)\times60$
$=960000\,\text{mm}=960\,\text{m}$

※ s.p.m(stroke per minute) : 분당 스트로크 수

2019년

정답 » 17. ① 18. ③ 19. ③ 20. ②

2과목 기계제작법

21. 아세틸렌 가스의 자연발화 온도는 몇 ℃인가?

① 780~790　② 595~515
③ 406~408　④ 62~80

해설 자연발화 온도
(1) 아세틸렌 : 406~440℃
(2) 프로판 : 440~460℃
(3) 에탄 : 520~630℃
(4) 일산화탄소 : 641~658℃

22. 다음 굽힘 가공 시 스프링 백 변화에 관한 설명으로 옳지 않은 것은?

① 소재의 경도가 클수록 커진다.
② 동일 두께의 판재에서 스프링 백 변화가 클수록 좋다.
③ 동일 두께의 판재에서의 구부림 각도가 작을수록 커진다.
④ 동일 판재에서 구부림 반지름이 같을 때에는 두께가 얇을수록 커진다.

해설 스프링 백 변화
(1) 경질의 재료일수록 스프링 백이 크다.
(2) 동일 재질일 경우는 판 두께가 얇을수록 크다.
(3) 굽히는 부분에 큰 압력을 가하면 감소한다.
(4) 펀치의 R이 크면 스프링 백은 증가한다.
(5) 다이의 R이 크면 스프링 백이 커진다. $R=(2\sim4)t$ 정도로 한다.

23. 용접 공급관을 통하여 입상의 용제를 쌓아 놓고 그 속에 송급되는 와이어와 모재를 용융시켜 접합되는 용접 방법은?

① 서브머지드 아크 용접법
② 불활성가스 금속 아크 용접법
③ 플라스마 아크 용접법
④ 금속 아크 용접법

24. 다음 중 항온 열처리의 종류로 가장 거리가 먼 것은?

① 오스템퍼링(austempering)
② 마템퍼링(martempering)
③ 오스퀜칭(ausquenching)
④ 마퀜칭(marquenching)

해설 항온 열처리 종류
(1) 등온 풀림(isothermal annealing)
(2) 항온 담금질(isothermal quenching)
(3) 오스템퍼링(austempering)
(4) 마템퍼링(martempering)
(5) 마퀜칭(marquenching)
(6) MS 퀜칭(MS quenching)
(7) 패턴팅(patenting)
(8) 항온 뜨임(isothermal tempering)

25. 강판에 M10×1.5의 탭(tap)을 가공하려면 구멍을 몇 mm 가공해야 하는가?

① 7.5　② 8
③ 8.5　④ 9

해설 가공 드릴의 지름 $d=M-P$
여기서, M : 나사 지름
P : 나사 피치
$\therefore d=10-1.5=8.5\text{mm}$

26. 구성인선(built-up edge)의 방지 대책으로 틀린 것은?

① 절삭속도를 크게 한다.
② 경사각(rake angle)을 작게 한다.
③ 절삭공구의 인선을 날카롭게 한다.
④ 절삭 깊이(depth of cut)를 작게 한다.

해설 구성인선의 방지책
(1) 30° 이상으로 바이트의 전면 경사각을 크게 한다.
(2) 120 m/min(임계속도) 이상으로 절삭속도를 크게 한다.
(3) 윤활성이 좋은 윤활제를 사용한다.
(4) 절삭깊이를 줄인다.
(5) 이송속도를 줄인다.

정답 » 21. ③　22. ②　23. ①　24. ③　25. ③　26. ②

27. 다음 중 전해액 안에서 공작물을 양극으로 하고 구리, 아연 등을 음극으로 하여 전류를 통함으로써 소재의 경면작업이 가능한 가공방법은?

① 전해연삭 ② 화학연마
③ 배럴연마 ④ 전해연마

해설 ① 전해연삭 : 전해연마에서 생성된 양극의 돌출부를 갈아 없애는 작업
② 화학연마 : 공작물의 전면을 일정하게 용해하거나 돌출부를 신속히 용융시키는 방법

28. 마이크로미터 나사의 피치가 0.5 mm이고 심블의 원주 눈금이 50등분으로 나누어져 있다. 심블을 두 눈금 움직였다면 스핀들의 이동 거리는 몇 mm인가?

① 0.01 ② 0.02
③ 0.04 ④ 0.05

해설 심블 1눈금의 회전에 의한

$$\text{스핀들의 이동량}(M) = \frac{\text{나사의 피치}}{\text{심블의 등분수}} = \frac{0.5}{50} = \frac{1}{100} = 0.01\,\text{mm}$$

따라서 심블을 2눈금 움직였을 때 스핀들의 이동 거리는 $0.01 \times 2 = 0.02$ mm이다.

29. 절삭가공 시 유동형 칩이 발생하는 조건으로 옳지 않은 것은?

① 절삭 깊이가 적을 때
② 절삭 속도가 느릴 때
③ 바이트 인선의 경사각이 클 때
④ 연성 재료(구리, 알루미늄 등)를 가공할 때

해설 유동형 칩의 발생 원인
- 절삭 속도가 클 때
- 바이트 경사각이 클 때
- 연강, Al 등 점성이 있고 연한 재질일 때
- 절삭 깊이가 낮을 때
- 윤활성이 좋은 절삭제의 공급이 많을 때

30. 표면경화법 중 청화법의 특징에 관한 설명으로 틀린 것은?

① 마모 및 부식에 대한 저항이 크다.
② 담금질할 필요가 없다.
③ 경화층이 두껍다.
④ 변형이 적다.

해설 청화법의 특징
(1) 장점
- 균일한 가열로 변형이 적다.
- 온도 조절이 용이하다.
- 산화가 방지된다.
- 처리 시간이 짧으며, 열처리 응력이 작다.
- 형상이 복잡하고 정밀 가공한 소형 부품에도 할 수 있다.
- 대량생산에 적합하다.

(2) 단점
- 비용이 많이 든다.
- 침탄층이 얕다.
- 맹독의 가스가 위험하다.
- 염류는 값이 비싸고 소모가 많다.

31. 거친 원통의 내면 및 외면을 강구(steel ball)나 롤러로 눌러 매끈한 면으로 다듬질하는 일종의 소성가공으로 옳은 것은?

① 배럴가공(barrel finishing)
② 래핑(lapping)
③ 쇼트 피닝(shot peening)
④ 버니싱(burninshing)

32. 다음 중 연삭 숫돌의 3요소는?

① 결합도, 숫돌 지름, 조직
② 결합제, 숫돌 두께, 입도
③ 조직, 결합도, 기공
④ 결합제, 숫돌입자, 기공

해설 • 연삭 숫돌의 3요소 : 입자, 결합제, 기공
• 연삭 숫돌의 5요소 : 입자, 조직, 입도, 결합제, 결합도

정답 » 27. ④ 28. ② 29. ② 30. ③ 31. ④ 32. ④

33. 주조에서 원형 제작 시 고려사항으로써 얇은 판재로 제작돼 목형은 변형이 쉽고 용융 금속의 응고 시 내부 응력에 의한 변형 및 균열을 초래할 수 있는데 이를 방지하기 위한 목적으로 옳은 것은?

① 덧붙임(stop-off)
② 라운딩(rounding)
③ 목형 구배(pattern draft)
④ 코어 프린트(core print)

해설 복잡하거나 균일하지 않는 주물 냉각 시 내부 응력에 의한 변형이나 휨 방지를 위해 목형에 덧붙임을 붙인다.

34. 센터리스 연삭(centerless grinding)의 장점에 대한 설명으로 틀린 것은?

① 연삭작업은 숙련된 작업자가 필요하다.
② 중공의 가공물을 연삭할 때 편리하다.
③ 연삭 여유가 작아도 된다.
④ 가늘고 긴 가공물의 연삭에 적합하다.

해설 센터리스 연삭의 특징

(1) 장점
- 센터나 척으로 지지하기 곤란한 속이 빈 일감을 연삭하는 데 편리하다.
- 일감을 연속적으로 이송하여 연속작업이 가능하여 대량생산에 적합하다.
- 일감의 휨이 없어 길이가 긴 축의 연삭이 가능하다.
- 외경 연삭 작업이 자동으로 이루어져 고숙련이 필요하지 않다.
- 다량의 공작물을 일정한 치수로 가공할 수 있다.
- 센터의 지지 구멍을 낼 수 없는 작은 지름의 일감 연삭에 적합하다.
- 연삭 숫돌을 장기간 사용할 수 있다.

(2) 단점
- 축 방향에 키 홈, 기름 홈 등이 있는 공작물은 가공하기 어렵다.
- 지름이 크고 길이가 긴 대형 일감은 가공하기 어렵다.

35. 다음 드로잉(drawing) 가공에 대한 설명 중 옳지 않은 것은?

① 다이의 모서리 둥글기 반지름이 크면 주름이 나타나지 않는다.
② 펀치의 최소 곡률 반지름은 펀치의 지름보다 1/3 작게 한다.
③ 펀치와 다이 사이의 간격은 재료 두께와 다이 벽과의 마찰을 피하기 위한 것이다.
④ 드로잉률이 작을수록 드로잉력은 증가한다.

36. 롤러의 중심거리가 300 mm의 사인 바(sine bar)를 이용하여 측정한 결과 각도가 24°이었다. 사인 바 양단의 게이지 블록 높이 차는 약 몇 mm인가?

① 134 ② 129 ③ 122 ④ 118

해설 $\sin\theta = \dfrac{H-h}{L}$

여기서, H : 긴 쪽의 높이
h : 짧은 쪽의 높이
L : 사인 바의 길이

$\sin 24° = 0.40674 = \dfrac{H-h}{300}$

$\therefore$ 높이차$(H-h) = 0.40674 \times 300$
$= 122.021 = 122$ mm

37. 래핑(lapping)의 특징으로 틀린 것은?

① 기하학적 정밀도를 높일 수 있다.
② 래핑 가공면은 내식성과 내마멸성이 좋다.
③ 경면과 같은 매끈한 가공면을 얻을 수 있다.
④ 가공면에 랩제가 잔류하여 제품의 부식을 막아준다.

해설 래핑의 특징
(1) 공작물을 거울면과 같이 가공할 수 있다.
(2) 정밀도가 높은 가공물을 만들 수 있다.
(3) 가공면의 내식성, 내마멸성을 향상시킨다.

정답 » 33. ① 34. ① 35. ① 36. ③ 37. ④

38. 다음 중 초음파 가공의 특징으로 가장 거리가 먼 것은?

① 가공물체에 가공변형이 남지 않는다.
② 공구 이외에는 마모 부품이 거의 없다.
③ 가공면적이 넓고, 가공깊이도 제한받지 않는다.
④ 다이아몬드, 초경합금, 열처리 강 등의 가공이 가능하다.

해설 초음파 가공의 특징

(1) 장점
- 부도체도 가공이 가능하다.
- 가공비가 싸고 취급이 용이하다.
- 회전공구를 사용하지 않으므로 여러 형태의 가공을 할 수 있다.
- 공작물에 가공변형이 생기지 않는다.

(2) 단점
- 가공속도가 느리고 공구 마모가 크다.
- 가공면적이 작고 가공길이가 제한적이다.
- 연금속은 가공이 어렵다.

39. 다음 중 CNC 프로그래밍에서 기능과 주소(address)의 연결이 잘못 짝지어진 것은?

① 보조 기능 – A　② 준비 기능 – G
③ 주축 기능 – S　④ 이송 기능 – F

해설 보조 기능 – M, 공구 기능 – T
프로그램 번호 – O, 시퀀스 번호 – N

40. 주물사의 주된 성분으로 틀린 것은?

① 석영　② 장석
③ 운모　④ 산화철

3과목 금속재료학

41. 60~70 % Ni에 Cu를 첨가한 합금은?

① 엘린바　② 플래티나이트
③ 모넬메탈　④ 콘스탄탄

해설 모넬메탈(monel metal)은 표준 화학 조성이 니켈 67 %, 구리 30 %, 철 1.4 %, 망간 1 %인 합금으로 기계적 성질이 좋고 내식성도 뛰어나 콘덴서 튜브, 열교환기, 펌프 부품 등에 이용된다.

42. 분말 야금에서 요구되는 금속 분말의 기본적인 특성이 아닌 것은?

① 입자의 형상
② 입자의 산화성
③ 입자의 다공성
④ 입도 및 입도 분포

해설 금속 분말의 특성에는 분말의 형상, 순도, 조직, 입도, 입도 분포, 다공성 등이 있다.

43. 금속재료 경도 시험 방법 중 압입에 의한 것이 아닌 것은?

① 쇼 경도　② 비커스 경도
③ 로크웰 경도　④ 브리넬 경도

해설 쇼 경도 : 일정한 무게와 형상을 가지며 끝에 구 모양의 다이아몬드를 박은 추를 일정한 높이에서 측정편에 수직으로 자유낙하시켜 튀어오르는 높이로 경도를 측정한다. 경도계가 소형·경량이므로 사용이 편리하며 시험편에 흔적이 거의 없고 측정 시간도 짧다. 다만 측정 정밀도는 다른 압입 경도시험보다 낮다.

44. 탄소강에 함유된 원소의 영향으로 틀린 것은?

① P는 결정립을 조대화시킨다.
② Si는 연신율과 충격값을 증가시킨다.
③ Mn은 경화능을 증대시키며 고온에서 결정립 성장을 억제시킨다.
④ S는 강도, 연신율, 충격값을 감소시킨다.

해설 탄소강에 함유된 각종 원소의 영향

(1) 탄소(C)의 영향 : 0.8 %C까지는 항복점, 인장강도는 증가하고, 연신율, 단면 수축률, 연성은 저하하며, 그 이상이 되면 경도는 증가하나 취성이 커진다.

2019년

정답 » 38. ③　39. ①　40. ④　41. ③　42. ②　43. ①　44. ②

(2) 망간(Mn)의 영향 : 탈산, 탈황제로 첨가되며, S와 결합하여 MnS로 존재하여 적열 메짐을 방지한다. 고온에서 결정립의 성장을 억제하므로 연신율을 유지하고, 인장강도와 고온 가공성을 증가시키며, 주조성과 담금질 효과를 향상시킨다.

(3) 규소(Si)의 영향 : 탈산제로 쓰이고 경도, 인장강도, 탄성 한계를 높이며, 내열성, 내산성, 주조성이 증가하지만 연신율, 충격값은 감소한다. 결정 입자의 조대화로 단접성 및 냉간 가공성을 감소시킨다.

(4) 인(P)의 영향 : 인장강도, 경도를 증가시키지만, 연신율은 감소하고 상온 메짐의 원인이 되며 상온에서 결정립을 조대화한다.

(5) 유황(S)의 영향 : 절삭성을 증가시키나 강도, 연신율, 충격값을 저하시키며, 적열 메짐의 원인이 된다.

45. 황동에서 발생하는 자연균열(season cracking)에 대한 설명으로 틀린 것은?

① 암모니아 분위기에서는 응력부식균열을 방지한다.
② 도료를 사용하거나 아연도금을 하면 방지할 수 있다.
③ 관이나 봉 등의 가공재에서 잔류응력에 기인하는 균열이다.
④ 185~260℃에서 응력 제거 풀림을 하면 발생 억제에 효과적이다.

해설 황동의 자연균열은 관, 봉 등의 가공재에 잔류응력 등이 존재할 때 아연이 40 % 이상인 합금에 균열이 발생하는 현상이며, 방지하는 방법으로는 저온 풀림, 도금 등이 있다.

46. 비중 약 9.75, 용융점 약 271.3℃인 금속이며, 특히 응고할 때 팽창하는 금속은?

① Sn ② Ni
③ Bi ④ Pb

해설 비스무트(Bi)는 원자번호 : 83, 원자량 : 208.98, 녹는점 : 271.3℃, 끓는점 : 1560±5℃, 비중 : 9.80, 밀도(실온) : 9.78 g/cm^{3}이다.

47. 탄소강에 합금 원소를 첨가하는 목적이 아닌 것은?

① 내식성 및 내마모성을 향상시킨다.
② 합금 원소에 의한 기지를 고용강화한다.
③ 미려한 표면에 광택이 생기도록 한다.
④ 변태속도의 변화에 따른 열처리 효과를 향상시킨다.

48. 가공용 Mg 합금으로 상태도 651℃ 부근에서 포정반응을 하며 용접성, 고온 성형성 및 내식성이 양호한 합금계는?

① Mg－Mn계 합금 ② Mg－Zn계 합금
③ Mg－Zr계 합금 ④ Mg－Ce계 합금

해설 가공용 Mg 합금의 종류 및 특징

(1) Mg-Mn : M1A 합금(Mg+1.2 % Mn 0.09 % Ca), 값이 싸고 용접성, 고온 성형성이 우수하며, 내식성도 좋다.
(2) Mg-Al-Zn : 가공용으로 가장 많이 사용되는 합금, AZ31B, AZ61A, AZ80A, 사진제판용 PE 합금(Mg+3.25 % Al+1.2 % Zn)
(3) Mg-Zn-Zr : Zn-주조조직 조대화, Zr-결정립 미세화 및 고용온도 상승으로 열처리 효과 향상, 우수한 압출 소재
(4) Mg-Zn-R.E. : ZE10A 합금(판재용)
(5) Mg-Th : 내열성이 좋고, 고온(300~350℃)에서 사용 가능하다.

49. 고망간강의 특성에 관한 설명으로 틀린 것은?

① 열전도성이 우수하며, 팽창계수가 작다.
② 상온에서 오스테나이트의 기지를 갖는다.
③ 고온에서 서랭하면 결정립계에 탄화물이 석출된다.
④ 인성을 부여하기 위하여 수인법(water toughening)을 이용한다.

해설 고망간(Mn)강의 특성

(1) 내마모성이 크고 비자성의 오스테나이트 조직의 강이다.

정답 » 45. ① 46. ③ 47. ③ 48. ① 49. ①

(2) 1000~1100℃에서 수중 담금질하여 인성을 부여하는 수인법(water toughening)으로 처리하여 내마모성이 크므로 철도 교차점 등에 사용된다.
(3) 인장강도, 연신율, 점성이 매우 높고 충격에 강하다.
(4) 주강에 비해 제작 공수가 적고 값이 싸다.
(5) 큰 충격하중에서 마모되기 쉬운 부분에 부품으로 사용한다.
(6) 열전도율이 낮고 가공경화성이 높다.

50. 용강을 레이들에서 완전 탈산시킨 강은?

① killed강 ② rimmed강
③ capped강 ④ semi-killed강

해설 최근에는 레이들을 사용하지 않고 평로, 전로, 전기로를 사용하여 정련이 끝난 용강을 탈산제를 넣어 탈산 후 주형에 주입하는데 탈산 정도에 따라 다음과 같이 분류한다.
(1) 킬드(killed)강 : Al, 페로실리콘으로 완전 탈산시킨 강으로 상부에 수축공, 헤어 크랙이 발생한다.
(2) 세미킬드(semi killed)강 : 림드강과 킬드강의 중간으로 부분 탈산강이다.
(3) 림드(rimmed)강 : 탈산제로 페로망간을 사용한 불완전 탈산강으로 기포, 편석이 발생한다.

51. 분말 야금법의 특징을 설명한 것 중 틀린 것은?

① 고용융점 재료의 제조가 가능하다.
② 절삭 가공 생략이 가능하다.
③ 제품의 크기에 제한이 없다.
④ 공공이 분산된 재료의 제조가 가능하다.

해설 분말 야금법의 특징
(1) 기계 가공을 생략할 수 있다.
(2) 제조과정에서 융점까지 온도를 올릴 필요가 없다.
(3) 재료설계가 쉽고 용해법으로 만들 수 없는 합금을 만들 수 있다.
(4) 다공질의 금속재료를 만들 수 있다.
(5) 고용융점 생산이 가능하고 자기 윤활성이 있다.
(6) 형태와 치수가 일정하고 표면 상태가 양호하다.
(7) 대량생산이 가능하고 변경에 신속하며 경제적이다.

52. 특수강인 엘린바에 대한 설명으로 옳은 것은?

① 열팽창계수가 아주 크다.
② 규소계 합금 금속이다.
③ 구리가 다량 함유되어 있어 전도율이 좋다.
④ 초음파 진동소자, 계측기기, 전자장치 등에 사용한다.

해설 엘린바(elinvar) : 인바에 크롬을 첨가하면 탄성계수가 실온 근처에서 거의 불변이 되며 시계의 태엽, 온도의 변화에 의해서 치수가 변하면 오차의 원인이 되는 기계, 표준길이 측정기구, 정밀부품 등에 사용된다.

53. 고용점 금속에 관한 설명으로 틀린 것은?

① 증기압이 낮다.
② Mo는 체심입방격자를 갖는다.
③ 융점이 높으므로 고온강도가 크다.
④ W, Mo는 열팽창계수가 높고, 탄성률이 낮다.

해설 고융점 금속은 일반적으로 철(1539℃)보다 녹는점이 높은 금속으로 내식성, 고온 강도, 탄성이 좋고 열팽창이 작다. 종류에는 텅스텐(3400℃), 레늄(3200℃), 탄탈(3000℃), 몰리브덴(2600℃), 니오븀(2500℃), 바나듐·하프늄·지르코늄(1900℃), 티타늄(1600℃) 등이 있다.

54. 구상흑연주철의 특성에 대한 설명 중 틀린 것은?

① 내식성을 개선하려면 Si, Ni 등을 첨가한다.
② 감쇠능은 일반 탄소강보다 많이 떨어

2019년

정답 » 50. ① 51. ③ 52. ④ 53. ④ 54. ②

진다.
③ Mg, Ce 등을 첨가하여 흑연을 구상화 한 것이다.
④ 흑연 구상화처리 후 용탕 상태로 방치하면 페이딩(fading) 현상이 일어난다.

55. **오스테나이트계 스테인리스강에 대한 설명으로 틀린 것은?**

① 대표적인 조성은 18 % Cr-8 % Ni이다.
② 자성체이며, FCC의 결정구조를 갖는다.
③ 오스테나이트 조직은 페라이트 조직보다 원자 밀도가 높아 내식성이 좋다.
④ 1100℃ 부근에서 급랭하는 고용화 처리를 하여 균일한 오스테나이트 조직으로 사용한다.

해설 오스테나이트계 스테인리스강은 Fe-Cr-Ni계에 대하여 1050~1100℃에서 급랭시키면 나타나는 조직으로 비자성체이며 Cr 18 %, Ni 8 %의 합금이다.

56. **다음의 조직 중 경도가 가장 큰 것은?**

① 마텐자이트 ② 펄라이트
③ 페라이트 ④ 베이나이트

해설 강 조직의 경도 순서 : 시멘타이트>마텐자이트>트루스타이트>소르바이트>펄라이트>오스테나이트>페라이트

57. **고강도 알루미늄 합금인 두랄루민에 강도를 더욱 증가시킨 초초두랄루민(extra super duralumin, ESD)은 두랄루민에 어떤 원소를 추가하여 제조되는가?**

① C ② W
③ Si ④ Zn

해설 초초두랄루민은 Zn 8 %, Cu 1.5 %, Mg 1.5 %를 가하여 아연이 섞여 있는 합금의 결점인 응력부식을 Cr, Mn을 0.25 % 가하여 방지한 합금이다.

58. **구리 합금 중 석출경화성이 있으며, 가장 높은 강도와 경도를 갖는 합금은?**

① Cu－Zn ② Cu－Sn
③ Cu－Ag ④ Cu－Be

해설 베릴륨 청동은 구리에 2~3 %의 베릴륨(Be)을 첨가한 합금으로 뜨임 시효경화성이 있어 내식, 내열, 내피로성이 좋다. 인장강도는 약 133 kgf/mm^{2}이며 베어링, 고급 스프링 제조에 쓰인다.

59. **구리의 절삭성을 개선시키고 도전율은 약 90 %로 유지하게 하는 원소로 약 0.5 % 정도를 첨가하는 것은?**

① H ② Ag
③ Zn ④ Te

해설 순동에 0.5 %의 텔루륨(Te)을 첨가하여 Cu-Te 합금을 형성하면 순동의 가공성이 현저하게 개선되므로 쾌삭동이라고 부르며 순동의 전기 전도도를 100 %로 설정할 때 텔루륨 동의 전기 전도도는 90 %이다.

60. **탄소강에서 펄라이트(pearlite)의 조직으로 옳은 것은?**

① 오스테나이트 + 시멘타이트
② 페라이트 + 오스테나이트
③ 페라이트 + 시멘타이트
④ 레데부라이트 + 오스테나이트

4과목 정밀계측

61. **공기 마이크로미터의 장점이 아닌 것은?**

① 배율이 높다.
② 정밀도가 우수하다.
③ 내경도 측정할 수 있다.
④ 치수별 전용 게이지가 필요하지 않다.

정답 » 55. ② 56. ① 57. ④ 58. ④ 59. ④ 60. ③ 61. ④

62. 초점거리 500 mm의 오토콜리메이터로 상의 변위가 0.4 mm일 경우 경사각은 몇 초인가?

① 20.6″ ② 41.2″
③ 60.4″ ④ 82.4″

해설 변위 $d=2\times l\times\theta$에서 $\theta=\dfrac{d}{2\times l}$

여기서, l : 초점거리(mm)
θ : 경사각(rad)

$\therefore\ \theta=\dfrac{0.4}{2\times 500}=0.0004\text{ rad}$

1 rad=57.3°이므로

$\theta=0.0004\times 57.3°=0.0229°$

$1°=60'=3600''$ 이므로

$\therefore\ \theta=0.0229\times 3600''=82.4''$

63. 다음 중 게이지 블록의 부속품인 센터 포인트와 스크라이버 포인트를 사용하기에 가장 적합한 작업은?

① 내경 측정 작업
② 외경 측정 작업
③ 면의 높이검사 작업
④ 원호의 금긋기 작업

해설 게이지 블록 부속품의 용도
(1) 원통형 조와 홀더 : 내경 측정
(2) 평형조와 홀더 : 외경 측정
(3) 센터 포인트와 스크라이버 포인트 : 금긋기
(4) 조와 홀더 : 한계 게이지 대용
(5) 스트레이트 에지와 블록 게이지 : 면의 높이 검사

64. 주기포관의 1눈금이 2 mm, 1눈금에 상당하는 중심각이 6″가 되기 위한 기포관 내면의 곡률반지름은?

① 68755 mm ② 86855 mm
③ 96255 mm ④ 103133 mm

해설 $R=206265\times\dfrac{\alpha}{\rho}$

여기서, α : 수준기 1눈금의 간격(mm)
ρ : 수준기 1눈금의 감도(초)

$\therefore\ R=206265\times\dfrac{2}{6}=68775\text{mm}$

65. 버니어 캘리퍼스의 사용상 주의사항으로 적절하지 않은 것은?

① 사용 전에는 반드시 0점이 합치되어 있는지 확인한다.
② 외측용 측정면을 가볍게 접촉시켰을 때 틈새가 보이는지 확인한다.
③ 외측 측정 시에는 가능한 어미자 눈금면에서 먼 쪽의 측정면을 이용해서 측정한다.
④ 내측 측정에서 안지름을 측정할 때에는 최대 측정값을 구하며 홈의 폭을 측정할 때에는 최소 측정값을 구한다.

66. 치형 오차의 측정 방법이 아닌 것은?

① 오버 핀에 의한 방법
② 직교좌표 방식에 의한 방법
③ 기초원판식 기어 측정기에 의한 방법
④ 기초원 조절 방식 기어 측정기에 의한 방법

해설 치형 오차에는 전체 치형 오차, 치형 각도 오차, 치형 형상 오차가 있으며, 치형 오차의 측정 방법에는 직교좌표 방식에 의한 방법, 기초원판식 기어 측정기에 의한 방법, 기초원 조절 방식 기어 측정기에 의한 방법 등이 있다.

67. 나사의 유효지름 측정에 적합하지 않은 것은?

① 삼침법에 의한 측정
② 피치게이지를 이용한 측정
③ 투영측정기를 이용한 측정
④ 나사 마이크로미터를 이용한 측정

68. A, B 측정기의 감도(확대율)에 대한 설명으로 옳은 것은?

정답 » 62. ④ 63. ④ 64. ① 65. ③ 66. ① 67. ② 68. ①

측정기	최소 눈금 간격	최소 변화량
A	1 mm	1 μm
B	2 mm	2 μm

① A와 B는 감도가 같다.
② A의 감도가 B보다 높다.
③ B의 감도가 A보다 높다.
④ A와 B의 감도는 비교할 수 없다.

해설 감도= $\frac{\text{최소 눈금 간격}}{\text{최소 변화량}}$ 이므로

측정기 A의 감도== $\frac{1\text{mm}}{0.001\text{mm}} = 1000$

측정기 B의 감도== $\frac{2\text{mm}}{0.002\text{mm}} = 1000$

따라서 A와 B의 감도는 같다.

69. 수동형(manual type) 3차원 측정기에 관한 설명으로 적절하지 않은 것은?

① X, Y, Z축의 각 가동부를 사람의 힘으로 이동해서 측정한다.
② 측정자의 숙련도에 따라 측정 정밀도가 변할 수도 있는 결점이 있다.
③ 보통 Z축 스핀들 선단을 이용하며 급격한 가속 상태에서 측정해서는 안 된다.
④ 프로브 자동교환 장치를 사용하여 형상에 따라 편리하게 측정할 수 있다.

해설 프로브 자동 교환 장치(auto probe changer)는 대부분 옵션으로 CNC 3차원 측정기에 있다.

70. 최소눈금이 0.5 mm인 어미자의 24눈금(12 mm)을 25등분한 버니어 캘리퍼스는 최소 몇 mm까지 읽을 수 있는가?

① 0.01　　② 0.02
③ 0.002　　④ 0.012

해설 최소측정치 C

$= \frac{\text{최소눈금}(S)}{\text{등분 수}(n)} = \frac{0.5}{25} = 0.02\text{ mm}$

71. 금형부품을 측정하기 위한 길이 측정기 선택 시 고려사항이 아닌 것은?

① 부품의 경도
② 부품의 크기
③ 부품의 공차값
④ 측정할 부품의 수량

72. 게이지류에 사용되는 IT 기본 공차는?

① IT01∼IT4　　② IT5∼IT10
③ IT10∼IT15　　④ IT11∼IT18

해설 IT 기본 공차의 적용 범위
(1) IT01∼IT4 : 게이지류, 초정밀 부품
(2) IT5∼IT10 : 끼워 맞춤을 하는 부품
(3) IT11∼IT18 : 끼워 맞춤이 아닌 경우

73. 간격 변수로 나타내는 표면거칠기 파라미터는?

① R_a　② R_q　③ R_z　④ R_{Sm}

해설 ① R_a : 평가 프로파일의 산술평균 높이(편차)
② R_q : 평가 프로파일의 제곱 평균 제곱근 높이(편차)
③ R_z : 진폭 파라미터의 최대 높이
④ R_{Sm} : 프로파일 요소의 평균 너비

74. 공기 마이크로미터의 주요 구성품이 아닌 것은?

① 노즐　　② 프리즘
③ 레귤레이터　　④ 유량 지시계

75. 거칠기 곡선의 요철과 그 중심선에 포함된 면적의 합을 기준 길이로 나눈 것을 의미하는 파라미터는?

① R_a　② R_t　③ R_s　④ R_z

해설 중심선 평균 거칠기(R_a) : 표면 거칠기 곡선의 중심선으로부터 위쪽 부분 면적의 합을 A_1, 중심선으로부터 아래쪽 면적의 합을 A_2라고 할 때 $A_1 = A_2$가 되도록 그은 선을 중심

정답 » 69. ④　70. ②　71. ①　72. ①　73. ④　74. ②　75. ①

선으로 하여 측정 길이 l에 대한 산술 평균을 말한다. 즉, $R_a = \dfrac{A_1 + A_2}{l}$

76. 광파 간섭 현상을 이용한 측정기는?

① 공구 현미경
② 옵티컬 플랫
③ 오토콜리메이터
④ NF식 표면거칠기 측정기

77. 다음 중 길이 15.00 mm의 가공품의 오차율을 ±0.5 %까지 합격으로 할 때 합격품의 치수로 옳은 것은?

① 14.91 mm ② 15.08 mm
③ 15.06 mm ④ 15.10 mm

해설 • 최소범위 : $15 - 15 \times \dfrac{0.5}{100} = 14.925$

• 최대범위 : $15 + 15 \times \dfrac{0.5}{100} = 15.075$

∴ 합격품의 치수 범위 : 14.925~15.075

78. 미터나사를 측정하고자 한다. 나사의 피치가 2.5 mm이고 삼침의 지름이 1.443 mm일 때 삼침을 포함한 외측측정값이 20.156 mm이었다면 이 나사의 유효지름은 약 몇 mm인가? (단, 나사산의 각도는 60°이다.)

① 16.995 ② 17.992
③ 18.652 ④ 18.994

해설 $d_2 = M - 3d_w + 0.866025 \times P$

여기서, d_2 : 나사의 유효지름, M : 실측값
d_w : 삼침의 지름, P : 나사의 피치

∴ $d_2 = 20.156 - 3 \times 1.443 + 0.866025 \times 2.5$
$= 17.992$ mm

79. 마이크로미터 심블에 래칫(ratchet)을 설치한 가장 큰 목적은?

① 심블의 회전을 돕기 위해서
② 측정 압력을 일정하게 하기 위해서
③ 심블의 회전 방향을 선정하기 위해서
④ 스핀들 나사 돌리는 것을 편리하게 하기 위해서

80. 광선 정반을 이용하여 마이크로미터 앤빌의 평면도를 측정하였다. 사용한 광선 정반의 파장 λ가 0.6 μm이고 그림과 같이 간섭무늬가 4개 생겼을 때 앤빌의 평면도는 몇 μm인가?

① 0.3 ② 0.6
③ 1.2 ④ 2.4

해설 옵티컬 플랫(광선 정반)을 사용한 평면도 검사에서 앤빌의 평면도 $= n \times \dfrac{\lambda}{2}\,[\mu m]$

여기서, n : 간섭무늬수
λ : 사용광선의 파장

∴ 앤빌의 평면도 $= 4 \times \dfrac{0.6}{2} = 1.2\,\mu m$

정답 » 76. ② 77. ③ 78. ② 79. ② 80. ③

2020년도 시행문제

사출금형산업기사

2020년 6월 21일(제1, 2회 통합)

1과목 금형설계

1. 다음 그림과 같은 제품을 벤딩하기 위한 블랭크 치수(mm)로 적절한 것은?(단, 재료(SCP1) 두께는 2.0 mm이다.)

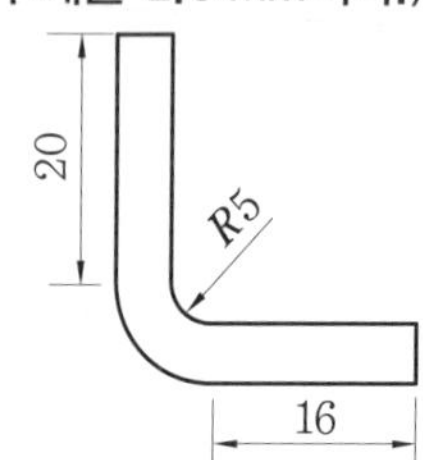

① 41.4　　② 43.4
③ 45.4　　④ 46.4

해설 $L = a + b + \dfrac{\left(R + \dfrac{t}{2}\right)\pi}{2}$

$= 20 + 16 + \dfrac{\left(5 + \dfrac{2}{2}\right)\pi}{2} \fallingdotseq 45.425$

∴ 블랭크 치수 $L = 45.4$

2. 다음 블랭크의 전단면 형상에 대한 명칭이 틀린 것은?

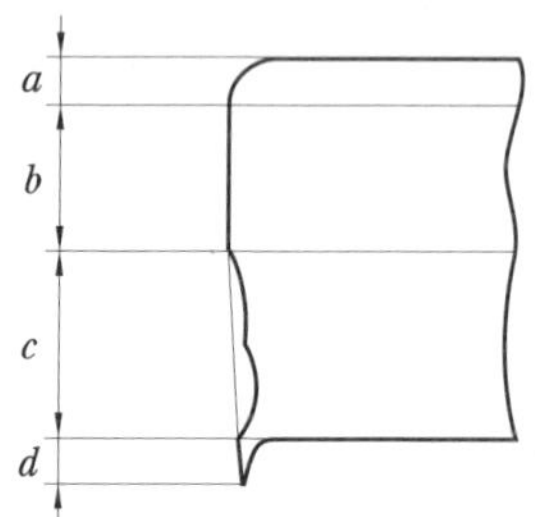

① a : 처짐　　② b : 전단면
③ c : 크랙　　④ d : 버

해설 c : 파단면

3. 블랭크 외주를 강하게 눌러 제품의 치수가 정밀하고 깨끗한 전단면을 얻기 위해 사용하는 금형은?

① 드로잉 금형　　② 트리밍 금형
③ 피어싱 금형　　④ 파인 블랭킹 금형

해설 파인 블랭킹 금형(fine blanking die)은 정밀 블랭킹 금형이라고도 하며, 제품의 치수가 정밀하고 전단면이 깨끗하며 각이 정확한 전단면을 하나의 공정에서 얻기 위하여 정밀 복동 프레스를 사용한다.

4. 다음 중 프로그레시브 금형의 특징이 아닌 것은?

① 자동화로 인한 안전성이 향상된다.
② 생산기간이 단축되고 원가가 절감된다.
③ 재고품이 감소하고 작업공간의 효율이 증가된다.
④ 금형 제작 납기가 짧고 프레스 기계의 제약이 없다.

해설 프로그레시브 금형은 순차이송금형이라고도 하며 장단점은 다음과 같다.

(1) 장점
- 복잡한 형상의 제품가공이 가능하다.
- 드로잉, 벤딩, 성형 가공이 가능하다.
- 제품의 생산 속도가 빠르다.
- 자동화가 가능하고 안전성이 높다.
- 원가 절감이 가능하다.

(2) 단점
- 높은 정밀도 가공이 어렵다.
- 제품에 변형이 남을 수 있다.
- 소재와 사용하는 프레스의 제약이 있다.

정답 » 1. ③　2. ③　3. ④　4. ④

• 버의 방향이 지정되면 가공이 어렵다.

5. 드로잉 가공에서 제품의 플랜지 끝부분에 주름이 발생한 경우 대책으로 적절하지 않은 것은?

① 다이의 모서리 반지름을 크게 한다.
② 블랭크 홀더의 압력을 적절히 조절한다.
③ 클리어런스를 허용 범위 안에서 최소로 한다.
④ 재료에 적합한 윤활성이 좋은 드로잉유를 사용한다.

해설 다이의 모서리 반지름이 크면 용기의 측벽에 수직으로 불균일한 주름이 발생하고, 제품의 끝부분에 주름이 발생한다.

6. 프레스의 기계적 성능이 아닌 것은?

① 압력 능력 ② 작업 능력
③ 적재 능력 ④ 토크 능력

해설 프레스의 기계적 능력

(1) 공칭 압력(압력 능력, 호칭 압력, 최대 허용 압력)
(2) 토크 능력 : 크랭크 축이 안전하게 발생하는 회전력
(3) 일 능력(작업 능력) $E = P \times S$

여기서, P : 공칭 압력
S : 공칭 압력의 위치(토크 능력의 거리)

7. 한 대의 프레스에 여러 세트의 금형을 설치하고 이송장치에 의해 연속해서 자동으로 작업할 수 있는 기계는?

① 전단기
② 프레스 브레이크
③ 트랜스퍼 프레스
④ 파인 블랭킹 프레스

해설 트랜스퍼 프레스는 한 대의 전용 프레스에 공정 수만큼의 금형을 설치하고 자동이송 장치를 활용하여 가공하는 것으로 특징은 다음과 같다.

• 전용 프레스 기계이다.
• 트랜스퍼 이송 장치가 최초로 조립된다.
• 각 스테이지에 금형 설치 기구와 슬라이드 조절, 녹아웃 등이 있다.
• 딥 드로잉(deep drawing) 성형에 주로 사용한다.

8. 블랭킹 가공 또는 피어싱 가공할 때 스크랩의 배출을 용이하게 하는 방법으로 옳은 것은?

① 다이에 여유각을 부여한다.
② 다이에 펀칭유를 도포한다.
③ 다이에 코팅(열처리)을 한다.
④ 다이에 소재 가이드 블록을 설치한다.

9. 피어싱 지름이 10 mm이고, 판 두께가 1.5 mm일 때 직접 파일럿 핀의 직경은? (단, 직경감소계수는 0.04이다.)

① 8.85 ② 9.92
③ 9.94 ④ 10.0

해설 파일럿 핀의 직경$(D) = d - K \times t$

여기서, d : 피어싱 펀치의 직경
K : 직경감소계수
t : 소재의 두께

$\therefore D = 10 - 0.04 \times 1.5 = 9.94\,\text{mm}$

10. 프로그레시브 금형에서 정확한 피치로 소재를 이송시키기 위해 필요한 금형 부품은?

① 키커 핀 ② 가이드 핀
③ 리프트 핀 ④ 파일럿 핀

11. 몰드 베이스를 체결하고 있는 볼트의 골지름이 10 mm, 허용 인장응력이 30 kgf/mm^{2}일 때 인장강도는 약 얼마인가?

① 2356 kgf ② 3000 kgf
③ 4710 kgf ④ 6000 kgf

해설 인장강도 $T = F \times A$

여기서, F : 인장응력(kgf/mm^2)

2020년

정답 » 5. ① 6. ③ 7. ③ 8. ① 9. ③ 10. ④ 11. ①

A : 단면적(mm^2)

$$\therefore\ T = 30 \times \frac{\pi \times 10^2}{4} = 2356.19\ \text{kgf}$$

12. 다음 중 콜드 슬러그 웰의 배치 위치로 적합한 장소는?

① 러너의 첫 부분
② 러너의 말단 부분
③ 게이트와 러너의 사이 부분
④ 스프루와 러너의 사이 부분

해설 콜드 슬러그 웰은 러너 지름의 1.5~2배 정도의 크기이며, 스프루 하단이나 러너의 말단 부분에 위치한다.

13. 성형 부품에 있는 언더컷에 대한 설명으로 틀린 것은?

① 금형 구조가 복잡하다.
② 분할 면으로 인한 흔적이 있다.
③ 금형 오작동으로 파손 우려가 있다.
④ 금형의 내구성이 높아지고 유지 보수가 간편하다.

14. 외측 표면적이 120 mm^2인 사출 성형품을 오버랩 게이트로 설계할 때 경험식에 의한 랜드부의 폭(mm)은 약 얼마인가?(단, 수지(PC)의 상수는 0.7이다.)

① 0.12 ② 0.26
③ 0.54 ④ 1.21

해설 랜드의 폭 $W = \frac{n \times \sqrt{A}}{30}$

여기서, n : 수지상수, A : 외측 표면적

$$W = \frac{0.7 \times \sqrt{120}}{30} = 0.2556 \fallingdotseq 0.26\text{mm}$$

15. 가소화된 용융 수지를 사출 성형기 노즐을 통하여 금형 내에 충진시키는 유동 순서를 올바르게 나열한 것은?

㉠ 노즐	㉡ 러너	㉢ 게이트
㉣ 스프루	㉤ 캐비티	

① ㉠→㉡→㉢→㉣→㉤
② ㉠→㉡→㉣→㉤→㉢
③ ㉠→㉢→㉣→㉡→㉤
④ ㉠→㉣→㉡→㉢→㉤

16. 성형품 치수 오차 발생의 요인으로 가장 거리가 먼 것은?

① 성형 조건의 변동
② 금형 제작의 오차
③ 금형의 중량 변동
④ 수지의 체적 수축차

해설 성형품 치수 오차 발생 원인
(1) 금형 : 가공 정밀도, 구조 및 형식, 마모 및 변형
(2) 수지 : 성형 조건, 유동성 변화, 수축률 변화

17. 다음 중 PE의 성질과 비슷한 결정성 수지로 가장 비중이 낮은 것은?

① PC ② PP
③ POM ④ PVC

해설 결정성 수지의 비중
- 폴리카보네이트(PC) : 1.20
- 나일론 6 : 1.13
- PBT : 1.31
- HDPE : 0.96
- PP : 0.90
- POM : 1.42
- 변성 PPO : 1.06
- PMMA : 1.18
- PVC : 1.4

18. 금형 부품 중 가동측 형판에서 가이드 핀 부시 삽입구 구멍 구간의 표준 치수 공차로 적합한 것은?

① k6 ② m6
③ H7 ④ K6

정답 » 12. ② 13. ④ 14. ② 15. ④ 16. ③ 17. ② 18. ③

19. 성형품의 전 둘레를 파팅 라인에 두고 균일하게 밀어내므로 살 두께가 얇거나 성형품 깊이가 깊은 경우에 사용되는 이젝팅 방법은?

① 공기압에 의한 밀어내기
② 이젝트 핀에 의한 밀어내기
③ 스트리퍼 플레이트에 의한 밀어내기
④ 슬리브 핀에 의한 밀어내기

20. 슬라이드 코어의 위치를 결정하는 동시에 수지 압력에 의해 슬라이드 코어가 후퇴하려고 하는 것을 방지하는 언더컷 처리 기구는?

① 판캠　② 스프링
③ 경사 핀　④ 로킹 블록

해설 로킹 블록은 슬라이드 코어를 형체결력에 의해 밀어붙여 슬라이드 코어의 위치를 결정하는 동시에 수지 압력에 의해 슬라이드 코어가 후퇴하려고 하는 것을 방지하는 부품이다.

2과목 기계가공법 및 안전관리

21. 드릴 선단부에 마멸이 생긴 경우 선단부의 끝날을 연삭하여 사용하는 방법은?

① 시닝　② 트루잉
③ 드레싱　④ 글레이징

해설 드릴의 선단부가 마모로 두꺼워지거나 큰 드릴의 경우 치즐 포인트를 연삭하면 절삭성이 좋아지는데, 이것을 시닝(thinning)이라고 한다.

22. 게이지 블록 등의 측정기 측정면과 정밀 기계 부품, 광학렌즈 등의 마무리 다듬질 가공 방법으로 가장 적절한 것은?

① 연삭　② 래핑
③ 호닝　④ 밀링

23. 다음 중 수평식 보링 머신의 종류가 아닌 것은?

① 베드형　② 플로어형
③ 테이블형　④ 플레이너형

해설 보링 머신의 분류
(1) 수평 보링 머신 : 테이블형, 바닥형(플로어형), 평삭형(플레이너형)
(2) 정밀 보링 머신 : 수직형, 수평형
(3) 지그 보링 머신 : 문형, 직립형

24. 다음 중 구성 인선에 대한 설명으로 틀린 것은?

① 치핑 현상을 막는다.
② 가공 정밀도를 나쁘게 한다.
③ 가공면의 표면 거칠기를 나쁘게 한다.
④ 절삭공구의 마모를 크게 한다.

해설 (1) 구성인선(built up edge)의 영향
- 가공면이 거칠고 치수 정밀도가 낮아진다.
- 치핑 현상으로 공구 수명이 단축된다.
- 절삭공구의 날 끝이 예리할 경우 절삭공구의 마모가 커진다.

(2) 방지 대책
- 바이트의 전면 경사각을 크게 한다.
- 절삭속도를 크게 한다.
- 절삭깊이를 작게 한다.
- 이송속도를 작게 한다.
- 윤활성이 좋은 윤활제를 사용한다.

25. 다음 중 선반 작업에서의 안전사항으로 틀린 것은?

① 칩(chip)은 손으로 제거하지 않는다.
② 공구는 항상 정리정돈하며 사용한다.
③ 절삭 중 측정기로 바깥지름을 측정한다.
④ 측정, 속도 변환 등은 반드시 기계를 정지한 후에 한다.

26. 배럴 가공 중 가공물의 치수 정밀도를 높이고, 녹이나 스케일 제거의 역할을 하기 위해 혼합되는 것은?

정답 » 19. ④　20. ④　21. ①　22. ②　23. ①　24. ①　25. ③　26. ④

① 강구　　② 맨드릴
③ 방진구　　④ 미디어

27. 범용 선반 작업에서 내경 테이퍼 절삭 가공 방법이 아닌 것은?

① 테이퍼 리머에 의한 방법
② 복식공구대의 회전에 의한 방법
③ 테이퍼 절삭장치를 이용하는 방법
④ 심압대를 편위시켜 가공하는 방법

해설 심압대를 편위시켜 가공하는 방법은 외경 테이퍼를 가공할 때 사용한다.

28. 밀링 가공에서 테이블의 이송속도를 구하는 식으로 옳은 것은?(단, F는 테이블 이송속도(mm/min), f_z는 커터 1개의 날당 이송(mm/tooth), Z는 커터의 날수, n은 커터의 회전수(rpm), f_r은 커터 1회전당 이송(mm/rev)이다.)

① $F=f_z \times Z$　　② $F=f_r \times f_z$
③ $F=f_z \times f_r \times n$　　④ $F=f_z \times Z \times n$

29. 리드 스크루가 1인치당 6산의 선반으로 1인치에 대하여 $5\frac{1}{2}$산의 나사를 깎으려고 할 때, 변환 기어 값은?(단, 주동측 기어 : A, 종동측 기어 : C이다.)

① A : 127, C : 110
② A : 130, C : 110
③ A : 110, C : 127
④ A : 120, C : 110

해설 미국식 변환 기어는 20, 24, 28 … 64까지 4의 배수와 72, 80, 120개 짜리와 127개 짜리 1개가 있고 영국식 변환 기어는 20, 25, 30 … 120까지 5의 배수로 있으며, 127개짜리 1개가 있다. 인치식 리드 스크루(어미 나사)로 인치식 나사를 깎을 때의 계산식

$$\frac{\text{리드 스크루의 1인치당 산수}(P_w)}{\text{절삭할 나사의 1인치당 산수}(P_l)}=\frac{A}{C}$$

에서 변환 기어의 값 $\frac{A}{C}=\frac{6}{5\frac{1}{2}}=\frac{6}{5.5}$

가장 작은 잇수(20개)를 선택하면

$\therefore \frac{A}{C}=\frac{6\times 20}{5.5\times 20}=\frac{120}{110}$이므로

$A=120$, $C=110$이 된다.

30. 총형 공구에 의한 기어 절삭에 만능 밀링 머신의 분할대와 같이 사용되는 밀링 커터는 어느 것인가?

① 베벨 밀링 커터
② 헬리컬 밀링 커터
③ 인벌류트 밀링 커터
④ 하이포이드 밀링 커터

해설 총형 커터의 종류에는 볼록 커터(convex milling cutter), 오목 커터(concave milling cutter), 인벌류트 커터(involute gear cutter)가 있으며 이 중 기어를 절삭하는 것은 인벌류트 커터이다.

31. 진직도를 수치화할 수 있는 측정기가 아닌 것은?

① 수준기　　② 광선 정반
③ 3차원 측정기　　④ 레이저 측정기

해설 광선 정반(optical flat)은 광학적인 측정기로서 비교적 작은 면의 평면도 측정에 사용하며, 측정면에 접촉시켰을 때 생기는 간섭무늬의 수로 측정한다.

32. CNC 선반에서 그림과 같이 A에서 B로 이동 시 증분좌표계 프로그램으로 옳은 것은 어느 것인가?

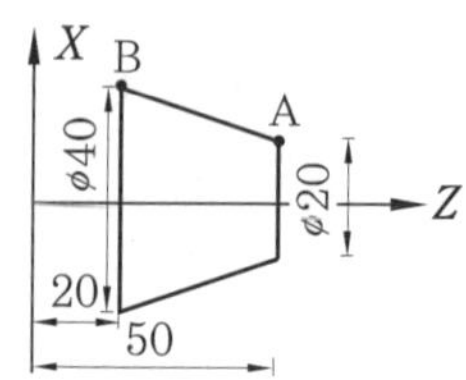

① X40.0 Z20.0 ;

정답 » 27. ④　28. ④　29. ④　30. ③　31. ②　32. ③

② U20.0 Z20.0 ;
③ U20.0 W-30.0 ;
④ X40.0 W-30.0 ;

해설 A(50, 10)에서 B(20, 20)로 이동 시 X 방향으로 10만큼 증가하므로 직경값으로 U20.0, Z 방향으로 30만큼 감소하므로 W-30.0이다.

33. **공작기계의 종류 중 테이블의 수평길이 방향 왕복운동과 공구는 테이블의 가로 방향으로 이송하며, 대형 공작물의 평면 작업에 주로 사용하는 것은?**

① 코어 보링 머신
② 플레이너
③ 드릴링 머신
④ 브로칭 머신

34. **게이지 블록을 취급할 때 주의사항으로 적절하지 않은 것은?**

① 목재 작업대나 가죽 위에서 사용할 것
② 먼지가 적고 습한 실내에서 사용할 것
③ 측정면은 깨끗한 천이나 가죽으로 잘 닦을 것
④ 녹이나 돌기의 해를 막기 위하여 사용한 뒤에는 잘 닦아 방청유를 칠해 둘 것

해설 게이지 블록을 취급할 때 주의사항
(1) 먼지가 적고 건조한 실내에서 사용한다.
(2) 측정면의 상처를 막기 위하여 목재의 대, 헝겊, 가죽 위에서 취급한다.
(3) 측정면은 깨끗한 헝겊이나 가죽으로 닦아 낸다.
(4) 작업대에 떨어뜨리지 않는다.
(5) 필요한 것만을 꺼내어 쓰며, 쓰지 않는 것은 반드시 보관 상자에 보관한다.
(6) 사용 후에 밀착(링잉)시킨 채로 놓아두면 떨어지지 않으므로 반드시 떼어서 놓는다.
(7) 사용 후에는 벤젠으로 닦아내고 다시 양질의 방청유(그리스)를 발라서 녹이 스는 것을 막는다.
(8) 정기적으로 치수 정도를 점검한다.
(9) 표면 검사 시 돌기부가 있으면 WA #2000 정도로 래핑한 기름 숫돌(oil stone) 위에 올려놓고 0.5 kg의 힘으로 문질러서 교정한다.

35. **전해 연삭의 특징이 아닌 것은?**

① 가공면은 광택이 나지 않는다.
② 기계적인 연삭보다 정밀도가 높다.
③ 가공물의 종류나 경도에 관계없이 능률이 좋다.
④ 복잡한 형상의 가공물을 변형 없이 가공할 수 있다.

해설 전해 연삭의 특징
(1) 가공 속도가 크다.
(2) 복잡한 면의 정밀 가공이 가능하다.
(3) 가공에 의한 표면 균열이 생기지 않는다.
(4) 치수 정밀도가 좋다.
(5) 초경합금 등 경질 재료 또는 열에 민감한 재료 등의 가공에 적합하다.
(6) 평면, 원통, 내면 연삭도 할 수 있다.
(7) 가공 변질이 적고 표면 거칠기가 좋다.

36. **수평 밀링과 유사하나 복잡한 형상의 지그, 게이지, 다이 등을 가공하는 소형 밀링 머신은?**

① 공구 밀링 머신
② 나사 밀링 머신
③ 플레이너형 밀링 머신
④ 모방 밀링 머신

37. **다음 연삭숫돌의 규격 표시에서 'L'이 의미하는 것은?**

WA 60 L m V

① 입도 ② 조직
③ 결합제 ④ 결합도

해설 WA : 숫돌 입자, 60 : 입도, L : 결합도, m : 조직, V : 결합제

정답 » 33. ② 34. ② 35. ② 36. ① 37. ④

38. 절삭유의 사용 목적이 아닌 것은?

① 공작물 냉각
② 구성 인선 발생 방지
③ 절삭열에 의한 정밀도 저하
④ 절삭공구의 날 끝의 온도 상승 방지

해설 절삭유의 사용 목적
(1) 공작물과 공구의 온도 상승 방지
(2) 가공물의 정밀도 저하 방지
(3) 공구의 수명 연장
(4) 공구의 냉각을 돕는다.
(5) 공구와 칩의 친화력을 방지한다.
(6) 가공 표면의 방청 작용을 돕는다.

39. GC 60 K m V 1호이며 외경이 300 mm인 연삭숫돌을 사용한 연삭기의 회전수가 1700 rpm이라면 숫돌의 원주속도는 약 몇 m/min인가?

① 102 ② 135
③ 1602 ④ 1725

해설 원주속도 $V=\dfrac{\pi DN}{1000}$

$=\dfrac{\pi\times300\times1700}{1000}=1602.21\,\text{m/min}$

40. 다음 중 치공구를 사용하는 목적으로 틀린 것은?

① 복잡한 부품의 경제적인 생산
② 작업자의 피로가 증가하고 안전성 감소
③ 제품의 정밀도 및 호환성의 향상
④ 제품의 불량이 적고 생산능력을 향상

해설 치공구의 사용 목적(장점)
(1) 가공 정밀도 향상
(2) 호환성 증대
(3) 불량품 방지
(4) 특수공구 불필요
(5) 생산성 향상
(6) 작업시간 단축
(7) 숙련도 요구 감소
(8) 생산원가 절감
(9) 작업 피로도 경감으로 안전작업 가능

3과목 금형재료 및 정밀계측

41. 25H7의 구멍을 가공하는 데 사용되는 공작용 플러그 게이지의 KS 규격에 의한 정지측 설계 치수는 어느 것인가?(단, 25H7 $=25^{+0.021}_{\ 0}$, 제작 공차는 0.006, 마모 여유는 0.002이다.)

① $30.023^{\ 0}_{-0.004}$ ② $25.024^{\ 0}_{-0.006}$
③ $25.021^{\ 0}_{-0.003}$ ④ $25.023^{\ 0}_{-0.004}$

해설 구멍용 플러그 게이지의 정지측 치수 :

구멍의 최대치수± $\dfrac{\text{게이지 제작 공차}}{2}$

$=25.021\pm\dfrac{0.006}{2}=25.021\pm0.003$

$=25.024^{\ 0}_{-0.006}$

42. 다음 중 오차율이 가장 큰 것은?

① 참값 30 mm의 외경을 측정한 결과 29.99 mm이었다.
② 참값 50 mm의 외경을 측정한 결과 50.02 mm이었다.
③ 참값 70 mm의 외경을 측정한 결과 69.98 mm이었다.
④ 참값 90 mm의 외경을 측정한 결과 90.03 mm이었다.

해설 오차율 : 참값에 대한 오차의 비율
오차율의 절대치가 작을수록 측정의 정밀도가 높다.

① 오차율 $=\dfrac{|29.99-30|}{30}\times100=0.03333\%$

② 오차율 $=\dfrac{|50.02-50|}{50}\times100=0.04\%$

③ 오차율 $=\dfrac{|69.98-70|}{70}\times100=0.02857\%$

④ 오차율 $=\dfrac{|90.03-90|}{90}\times100=0.03333\%$

43. 외측 마이크로미터의 보관 방법 중 잘못된 것은?

정답 » 38. ③ 39. ③ 40. ② 41. ② 42. ② 43. ④

① 습기가 없는 곳에 둔다.
② 방청을 위하여 기름을 발라 둔다.
③ 표준 온도를 유지하면서 보관한다.
④ 변형 방지를 위하여 앤빌과 스핀들은 밀착시켜 둔다.

해설 마이크로미터의 앤빌과 스핀들은 반드시 간격을 두어 보관한다.

44. 플러시 핀 게이지에 관한 설명으로 틀린 것은?

① 한계 게이지의 일종이다.
② 특정 부품의 특정한 치수를 검사하기 위해 설계된 것이다.
③ 연속 작업 또는 대량 생산으로 제작된 공작물은 검사할 수 없다.
④ 지름 검사용은 0.05 mm 정도까지 식별할 수 있다.

해설 플러시 핀 게이지(flush pin gauge)는 대부분 구멍의 치수를 검사하기 위한 단능의 한계 게이지를 말하며, 연속 작업 또는 대량 생산으로 만들어지는 공차가 높지 않은 공작물 측정에 사용한다.

45. 3점식 내측 마이크로미터의 0점 조정용으로 알맞은 측정기는?

① 전기 마이크로미터
② 스냅 게이지
③ 기준 링 게이지
④ 외측 마이크로미터

해설 3점식 내측 마이크로미터는 심블과 슬리브가 있는 축을 중심으로 120도 간격의 측정부(프로브)가 있는 정밀한 내경 측정기로서 기준 링 게이지로 0점을 세팅한다.

46. 다음 중 삼침법에 의한 미터나사의 유효지름(ED)을 구하는 공식은?(단, d_w : 삼침의 지름, P : 나사의 피치, M : 수나사에 삼침을 넣고 측정한 외측거리이다.)

① $ED = M - 3d_w + 0.8663 \times P$
② $ED = M - 3d_w + 0.960491 \times P$
③ $ED = M + 3d_w - 0.8663 \times P$
④ $ED = M + 3d_w - 0.960491 \times P$

해설 삼침법으로 미터나사의 유효지름(ED)을 구하는 공식은 $ED = M - 3d_w + 0.8663 \times P$이며, ②는 휘트워드 나사의 유효지름을 구하는 공식이다.

47. 검사용, 표준용 게이지 블록의 검사 시 참조용으로 사용되는 게이지 블록은?

① 0급 ② 1급
③ 2급 ④ K급

해설 블록 게이지의 등급과 용도
- K급 (참조용, 기준용) : 표준용 블록 게이지의 참조, 정도, 점검, 연구용
- 0급 (표준용) : 검사용 게이지, 공작용 게이지의 정도 점검, 측정기구의 정도 점검용
- 1급 (검사용) : 기계 공구 등의 검사, 측정기구의 정도 조정
- 2급 (공작용) : 공작물, 생산품의 가공 및 측정용

48. 다음 중 스냅 게이지의 작동 치수를 의미하는 것은?

① 98 N 힘을 가하였을 때 스냅 게이지의 치수
② 힘을 가하지 아니하였을 때 스냅 게이지의 치수
③ 수직으로 게이지를 설치할 때 스냅 게이지의 치수
④ 연직으로 스냅 게이지를 고정하였을 때 사용하중에 의하여 통과하는 점검 게이지의 치수

해설 스냅 게이지의 고유 치수는 게이지가 힘을 받지 않을 때의 치수이며, 작동 치수는 연직으로 게이지를 정지시켜 놓았을 때 사용하중에 의하여 통과하는 점검 게이지의 치수이다.

정답 » 44. ③ 45. ③ 46. ① 47. ④ 48. ④

49. 길이가 긴 표준자를 장기 보관 시 가장 적당한 받침점으로 눈금면에 따라 측정한 길이의 눈금선 사이의 직선거리와의 차가 최소로 되는 지지점은?

① 양단 ② 베셀점
③ 에어리점 ④ 중앙 및 양단

해설 (1) 베셀점 : 중립면 상에 눈금을 만든 선도기를 2점에서 지지하는 경우 전체 길이의 측정 오차를 최소로 하기 위한 지지점($a = 0.2203L$)
(2) 에어리점 : 긴 블록 게이지와 같이 양 끝면이 항상 평행 위치를 유지해야 할 경우의 지지점($A = 0.2113L$)

50. 표면 거칠기 측정법의 종류에 해당되지 않는 것은?

① 전기충전식 측정법
② 광 절단식 측정법
③ 현미 간섭식 측정법
④ 촉침식 측정법

해설 표면 거칠기 측정법의 종류
(1) 광 절단식 측정법
(2) 비교용 표준편과 비교 측정법
(3) 현미 간섭식 측정법
(4) 촉침식 측정기에 의한 방법

51. 다공질 재료에 윤활유를 흡수시켜 계속해서 급유하지 않아도 되는 베어링 합금은 어느 것인가?

① 켈밋 ② 루기 메탈
③ 오일라이트 ④ 하이드로날륨

해설 오일라이트(oilite)는 구리 분말 약 90%, 주석 분말 약 10%, 흑연 분말 약 1~4% 비율의 혼합물을 가압 성형하고 소결한 후 고온에서 기계유에 침지하여 만든 일종의 베어링 메탈이다. 오일라이트로 제작한 베어링을 오일리스 베어링이라고 한다.

52. 7 : 3 황동에 Sn 1% 첨가한 것으로 전연성이 우수하여 관 또는 판을 만들어 증발기와 열교환기 등에 사용되는 것은?

① 애드미럴티 황동
② 네이벌 황동
③ 알루미늄 황동
④ 망간 황동

해설 네이벌 황동은 6 : 4 황동에 Sn 1%를 첨가한 것으로 내해수성이 강해 선박 기계에 사용한다. Al 황동은 알부락(albrac)이라 하며 금대용품으로 사용한다.

53. 주철을 파면에 따라 분류할 때 해당되지 않는 것은?

① 회주철 ② 가단주철
③ 반주철 ④ 백주철

54. 0.4% C의 탄소강을 950℃로 가열하여 일정 시간 충분히 유지시킨 후 상온까지 서서히 냉각시켰을 때의 상온 조직은?

① 페라이트+펄라이트
② 페라이트+소르바이트
③ 시멘타이트+펄라이트
④ 시멘타이트+소르바이트

해설 0.3% 이상의 탄소함유강(고탄소강)을 풀림 열처리(annealing)하면 순철에 가까운 페라이트와 펄라이트 조직이 생긴다.

55. 18-8 스테인리스강의 특징에 대한 설명으로 틀린 것은?

① 합금 성분의 Fe를 기반으로 Cr 18%, Ni 8%이다.
② 비자성체이다.
③ 오스테나이트계이다.
④ 탄소를 다량 첨가하면 피팅 부식을 방지할 수 있다.

해설 18Cr-8Ni 스테인리스강은 오스테나이트계이고 담금질이 안 되며 전연성이 크고 비자성체이다. 13Cr 스테인리스강보다 내식·내열성이 우수하다.

정답 » 49. ② 50. ① 51. ③ 52. ① 53. ② 54. ① 55. ④

56. 다음 중 소결 경질합금이 아닌 것은?

① 위디아 ② 텅갈로이
③ 카볼로이 ④ 코비탈륨

해설 소결 경질합금은 초경합금으로 탄화텅스텐(WC) 또는 탄화티타늄(TiC)이 주성분이며 종류에는 위디아(widia), 텅갈로이(tungalloy), 카볼로이(carboloy), 다이알로이(dialloy) 등이 있다.

57. 다음 중 열처리에서 풀림의 목적과 거리가 먼 것은?

① 조직의 균질화
② 냉간 가공성 향상
③ 재질의 경화
④ 잔류응력 제거

해설 풀림의 목적
(1) 강의 경도가 낮아져서 연화된다.
(2) 조직의 균일화, 미세화, 표준화가 된다.
(3) 내부응력을 저하시킨다.

58. 열가소성 재료의 유동성을 측정하는 시험 방법은?

① 뉴턴 인덱스법
② 멜트 인덱스법
③ 캐스팅 인덱스법
④ 샤르피 인덱스법

해설 열가소성 재료의 유동성 측정 방법
(1) 멜트 인덱스법 : MI(melt index, melt flow index, 용융지수)는 MI 측정기로 측정하며 측정값은 10분 동안 흘러나온 시료의 무게로 계산하고 단위는 g/10 min이다.
(2) 스파이럴 플로(spiral flow)법 : 실제 사출 조건에서 나선형 금형에 사출한 후 충전된 길이를 측정하는 것으로 좀 더 실질적인 유동성의 척도가 된다.

59. Fe에 Ni이 42~48 %가 합금화된 재료로 전등의 백금선에 대용되는 것은?

① 콘스탄탄
② 백동
③ 모넬메탈
④ 플래티나이트

해설 플래티나이트는 Ni, Fe의 조성으로 전구 내에 도입하는 전선의 재료로서 유리, 백금선의 대용품이 된다.

60. 순철의 변태에서 α-Fe이 γ-Fe로 변화하는 변태는?

① A_1 변태
② A_2 변태
③ A_3 변태
④ A_4 변태

해설 910℃에서 α-Fe이 γ-Fe로 변화하는 순철의 동소 변태를 A_3 변태라고 한다.

2020년

정답 » 56. ④ 57. ③ 58. ② 59. ④ 60. ③

사출/프레스금형설계기사

2020년 6월 7일 (제2회)

1과목 금형설계

1. 성형품의 전체 살 두께를 두껍게 하지 않고 강도를 보강하기 위해 설치하는 것은?

① 리브 ② 보스
③ 룰렛 ④ 인서트

해설 리브는 두께를 두껍게 하지 않고 강성이나 강도를 부여하기 위한 방법으로 성형품에 이용되고, 또 넓은 평면의 휨을 방지하기 위해서도 사용된다.

2. 다음 중 그림과 같은 성형품을 2개 뽑기로 설계할 때 가장 적합한 사출성형기의 형체력(ton) 범위는?(단, 금형 내 수지압력은 500 kgf/cm^{2}로 하고 러너 시스템에 대한 것은 고려하지 않는다. 도면의 단위는 mm이다.)

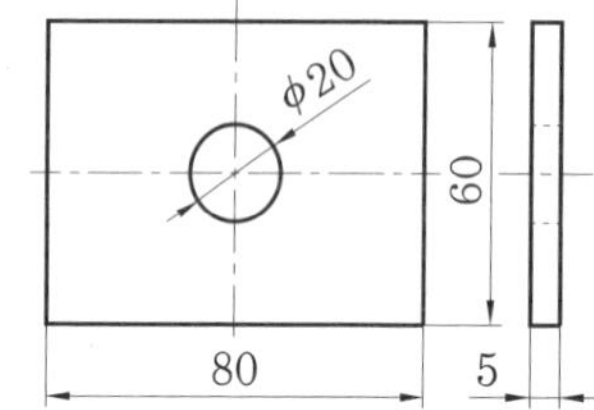

① 50~60 ② 80~100
③ 100~150 ④ 150~200

3. 다음 중 충격에 강하고 광택이 우수하여 TV, 라디오, 청소기의 케이스와 같은 가전제품에 사용이 되는 비결정성 수지는?

① ABS ② POM
③ PPS ④ PETP

4. 다음 중 강도 보강을 위한 리브 설계 시 제품의 살 두께가 3 mm일 경우 적합한 리브의 두께는 몇 mm인가?

① 1.5 ② 3 ③ 4.5 ④ 6

해설 성형품의 두께를 t, 리브의 두께를 S라 하면 이상적인 리브의 두께
$S=(0.5\sim0.7)t$이므로
$S=(0.5\sim0.7)\times3=1.5\sim2.1$mm이다.

5. 이젝터 핀을 설계할 때 고려사항으로 틀린 것은?

① 성형품의 이형 저항이 작아야 한다.
② 제품의 외관면은 되도록 피해서 설치한다.
③ 이젝터 핀과 구멍을 끼워 맞춤은 H7 정도로 한다.
④ 게이트 하부 및 게이트와 직선 방향의 밑부분에 설치한다.

6. 로킹 블록(locking block)의 역할로 옳은 것은?

① 성형품의 이젝팅이 원활하도록 해준다.
② 수지 압력에 의해 금형이 열리지 않도록 고정시켜 준다.
③ 수지 압력에 의해 슬라이드 코어가 밀리지 않도록 고정시켜 준다.
④ 캐비티에는 큰 성형압력이 반복해서 작용하므로 받침판이 휨 변형을 일으키지 않도록 한다.

해설 로킹 블록 : 슬라이드 코어의 위치를 결정하는 동시에, 수지 압력에 의해 슬라이드 코어가 후퇴하려고 하는 것을 방지하는 언더컷 처리 기구

7. 사출성형에서 수축 현상(sink mark)을 개선하기 위한 방법으로 적합한 것은?

① 이형제를 바른다.
② 냉각시간을 줄인다.
③ 사출압력을 높인다.
④ 수지온도를 높인다.

정답 » 1. ① 2. ① 3. ① 4. ① 5. ④ 6. ③ 7. ③

해설 수축 현상에 대한 개선 대책으로 사출압력을 높게 하고 보압시간, 냉각시간을 길게 하며, 수지온도를 낮게 한다.

8. 핫 러너 시스템의 특징으로 틀린 것은?

① 재료의 낭비가 적다.
② 금형의 조립 및 유지 보수가 용이하다.
③ 사이클의 지연에 의한 고화의 우려가 없다.
④ 색을 바꾸지 않고 대량 생산하는 데 적합하다.

해설 핫 러너 시스템의 특징
(1) 러너에 의한 수지 손실이 적다.
(2) 쇼트 사이클이 단축된다.
(3) 불량률이 감소된다.
(4) 구조가 복잡해지고 고가로 된다.
(5) 보수하기가 어렵다.

9. 성형품의 중앙에 주로 설치하고 게이트 자국이 눈에 띄지 않을 정도로 마무리되는 게이트는?

① 링 게이트
② 터널 게이트
③ 디스크 게이트
④ 핀 포인트 게이트

해설 핀 포인트 게이트는 게이트의 단면적이 작으므로 유동저항이 작고 성형품의 게이트 자국이 거의 보이지 않을 정도로 나타나기 때문에 후가공이 용이하다.

10. CAD/CAM 시스템을 활용하여 금형설계 및 제작하는 목적으로 적절하지 않은 것은?

① 금형 품질 향상
② 금형 설계시간 단축
③ 금형 제작시간 단축
④ 성형품의 기능 확장

11. 프레스의 하사점 위 몇 mm의 위치에서 호칭압력의 발생을 안정하게 행할 수 있는 능력을 무엇이라 하는가?

① S.P.M　　② 일능력
③ 압력능력　　④ 토크능력

12. 주름누르개 붙은 제1드로잉 가공을 하기 위한 펀치와 다이 사이의 편측 클리어런스로 적절한 것은?(단, t는 판 두께이다.)

① $(0.9 \sim 1.0)t$　　② $(1.0 \sim 1.05)t$
③ $(1.05 \sim 1.15)t$　　④ $(1.4 \sim 2.0)t$

13. 드로잉 공정의 불량 형상으로 재드로잉 시 직전(앞) 공정 굽힘부의 흔적이 용기의 측벽에 링 모양으로 나타나는 현상은?

① vacuum　　② oil canning
③ shock mark　　④ stretcher strain

해설 쇼크 마크(shock mark)의 원인 : 펀치, 다이의 모서리 반경이 작을 경우, 재료가 너무 연질인 경우, 쿠션 압력이 너무 클 경우, 드로잉 속도가 너무 빠를 경우

14. 프레스 기계의 수직운동을 금형 내에서 수평 또는 경사 이동시켜 성형 또는 타발 작업 등의 방향을 변환하는 목적으로 사용하는 금형 부품의 명칭은?

① 녹아웃(knock out)
② 캠 기구(cam unit)
③ 다이쿠션(die cushion)
④ 블랭크 홀더(blank holder)

15. 지름 40 mm의 원형 봉재를 냉간 압축시키는 데 필요한 소재의 변형저항(유동응력)이 70 kgf/mm^{2}라고 할 때, 소요되는 단조하중(ton)은 약 얼마인가?

① 60　　② 80
③ 88　　④ 120

해설 단조하중＝변형저항×접촉부 투영면적

$$= 70 \times \frac{\pi}{4} \times 40^2 = 87964.59\,\text{kgf} \fallingdotseq 88\,\text{ton}$$

정답 » 8. ② 9. ④ 10. ④ 11. ④ 12. ③ 13. ③ 14. ② 15. ③

16. 프로그레시브 금형에서 가공한 제품의 윗면에 버(burr)가 발생하였을 때 원인이 되는 가공은?

① 노칭 가공
② 드로잉 가공
③ 블랭킹 가공
④ 피어싱 가공

17. 파일럿 핀의 지름을 구하는 식으로 옳은 것은?

① 피어싱 펀치 지름+스트립 두께의 3~5 %
② 피어싱 펀치 지름-스트립 두께의 3~5 %
③ 피어싱 펀지 지름+스트립 두께의 5~10 %
④ 피어싱 펀지 지름-스트립 두께의 5~10 %

18. 전단금형에서 제품의 블랭크 레이아웃 결정 시 고려사항으로 틀린 것은?

① 재료의 이용률이 좋은가를 판단한다.
② 제품의 가격에 대한 재료비의 비중을 고려한다.
③ 금형제작 문제점을 충분히 고려하고 비용도 검토한다.
④ 금형보수의 불편함을 감수하되 재료 이용률은 최대로 높인다.

19. 판재 U굽힘 작업을 위한 블랭크 설계에서 제품 굽힘 반경이 재료 두께(t)의 3배로 되어 있을 때, 중립축의 위치는?

① $0.4t$ ② $1t$
③ $1.4t$ ④ $2.0t$

20. 재료에서 가능한 한 많은 수량의 제품을 최적으로 따내기 위한 재료 뽑기 이용률(Y)을 구하는 식으로 옳은 것은?

① $Y=\dfrac{\text{제품의 무게}}{\text{소재의 무게}}\times 100\%$
② $Y=\dfrac{\text{소재의 무게}}{\text{제품의 무게}}\times 100\%$
③ $Y=\text{제품의 무게}\times\text{소재의 무게}\times 100\%$
④ $Y=\dfrac{\text{소재의 무게}+\text{제품의 무게}}{\text{제품의 무게}}\times 100\%$

2과목 기계제작법

21. 구성인선(built-up edge)이 발생하는 것을 방지하기 위한 대책은?

① 경사각을 작게 한다.
② 절삭깊이를 작게 한다.
③ 절삭속도를 작게 한다.
④ 절삭공구의 인선을 무디게 한다.

해설 구성인선의 방지책
(1) 바이트의 전면 경사각을 크게 한다.
(2) 절삭속도를 크게 한다.
(3) 윤활성이 좋은 윤활제를 사용한다.
(4) 절삭깊이를 작게 한다.
(5) 이송속도를 작게 한다.

22. 주조 공정에서 주물의 살 두께가 6 mm, 주물의 중량이 1000 kg일 때 쇳물의 주입시간은 약 몇 초인가? (단, 주물 두께에 따른 계수는 1.86이다.)

① 58.82 ② 59.62
③ 60.23 ④ 61.45

해설 주입시간 $T=K\sqrt{W}$ [s]
여기서, K : 계수
W : 주물 중량(kg)
$\therefore\ T=1.86\sqrt{1000}=58.82\text{ s}$

23. 주물 중심까지의 응고시간(t), 주물의 체적(V)과 표면적(S) 사이의 관계식으로 옳은 것은?

정답 » 16. ③ 17. ② 18. ④ 19. ① 20. ① 21. ② 22. ① 23. ②

① $t \propto \frac{V}{\sqrt{S}}$　② $t \propto \left(\frac{V}{S}\right)^2$

③ $t \propto \left(\frac{1}{SV}\right)$　④ $t \propto \left(\frac{1}{V\sqrt{S}}\right)^3$

24. CNC 선반에서 지름 50 mm인 소재를 절삭속도 62.8 m/min, 절삭깊이 5 mm, 길이 400 mm를 절삭할 때 소요되는 가공시간은 약 몇 분인가? (단, 이송속도는 0.2 mm/rev이다.)

① 1　② 3　③ 5　④ 7

해설 가공시간 $T = \frac{l}{nf} \times i$

여기서, T : 가공시간 (min)
n : 회전수 (rpm)
f : 1회전당 이송 (mm/rev)
l : 가공 길이 (mm)
i : 가공 횟수

$$n = \frac{1000V}{\pi D} = \frac{1000 \times 62.8}{\pi \times 50} = 400\,\text{rpm}$$

$$T = \frac{400}{400 \times 0.2} \times 1 = 5\,\text{min}$$

25. 다음 중 절삭온도를 측정하는 방법이 아닌 것은?

① 열전대에 의한 방법
② 칩의 색에 의한 방법
③ 시온 도료에 의한 방법
④ 공구동력계를 사용하는 방법

해설 절삭온도 측정 방법
(1) 칼로리미터에 의한 측정
(2) 열전대를 공구에 삽입하는 방법
(3) 복사온도계를 이용하는 방법
(4) 칩의 색에 의한 방법
(5) 시온 도료에 의한 측정

26. 입자 가공 중 센터리스 연삭의 특징에 관한 설명으로 옳지 않은 것은?

① 연삭에 숙련을 필요로 한다.
② 중고의 가공물을 연삭할 때 편리하다.
③ 가늘고 긴 가공물의 연삭에 적합하다.
④ 연삭 숫돌의 폭이 크므로 숫돌 지름의 마멸이 적고, 수명이 길다.

해설 센터리스 연삭의 특징
(1) 연속 작업이 가능하다.
(2) 공작물의 해체 · 고정이 필요 없다.
(3) 대량 생산에 적합하다.
(4) 기계의 조정이 끝나면 초보자도 작업을 할 수 있다.
(5) 고정에 따른 변형이 적고 연삭 여유가 작아도 된다.
(6) 가늘고 긴 핀, 원통, 중공 등을 연삭하기 쉽다.
(7) 센터나 척에 고정하기 힘든 것을 쉽게 연삭할 수 있다.

27. 공작기계의 에이프런(apron)에서 하프너트의 용도로 옳은 것은?

① 선반에서 나사 가공을 할 때
② 셰이퍼에서 키 홈 가공을 할 때
③ 보링 머신에서 구멍을 가공할 때
④ 밀링 머신에서 기어를 가공할 때

28. 선반의 부속장치 중 방진구에 관한 설명으로 틀린 것은?

① 이동식 방진구의 고정은 새들에 한다
② 고정식 방진구의 고정은 베드에 한다
③ 이동식 방진구의 조(jaw)는 2개이다.
④ 고정식 방진구의 조(jaw)는 2개이다.

해설 고정식 방진구 : 베드면에 설치하여 긴 공작물의 떨림을 방지해 준다(조의 수 : 3개).

29. 다음 중 불활성 가스 아크 용접에 사용되는 불활성 가스만으로 나열된 것은?

① 수소, 네온　② 크립톤, 산소
③ 헬륨, 아르곤　④ 크세논, 아세틸렌

해설 불활성 가스 아크 용접은 아르곤(Ar) 또는 헬륨(He) 가스와 같은 고온에서도 금속과 반응하지 않는 불활성 가스 분위기 속에서 텅스

2020년

정답 » 24. ③　25. ④　26. ①　27. ①　28. ④　29. ③

텐 전극봉 또는 와이어(전극심봉)와 모재와의 사이에서 아크를 발생하여 그 열로 용접하는 방법을 말한다.

30. 소성 가공 중 압출공정에서의 결함 종류로 옳지 않은 것은?

① 표면 균열 ② 파이프 결함
③ 정수압 결함 ④ 내부 균열

31. 테르밋 용접의 특징으로 틀린 것은?

① 용접 작업이 단순하며, 기술 습득이 용이하다.
② 용접 기구가 간단하며 설비비가 저렴하다.
③ 용접 시간이 짧고, 용접 후 변형이 많이 발생한다.
④ 용접 이음부는 특별한 모양의 홈을 필요로 하지 않는다.

해설 테르밋 용접의 특징
(1) 용접 가격이 싸다.
(2) 전기를 필요로 하지 않는다.
(3) 용접 시간이 짧다.
(4) 용접 후 변형이 적다.
(5) 용접용 기구가 간단하며 설비비도 싸다.
(6) 용접 작업이 단순하고 용접 결과의 재현성이 높다.

32. 다음 중 고체 침탄법의 특징으로 옳지 않은 것은?

① 설비비가 저렴하다.
② 작업 환경이 양호하다.
③ 소량 생산에 적합하다.
④ 큰 부품의 처리가 가능하다.

33. 금속 표면을 경화시키기 위한 것으로 금속 표면에 알루미늄을 고온에서 확산 침투시키는 방법은?

① 칼로라이징 ② 세라다이징
③ 크로마이징 ④ 보로나이징

해설 금속 침투법
(1) 세라다이징 : Zn 침투
(2) 크로마이징 : Cr 침투
(3) 칼로라이징 : Al 침투
(4) 실리코나이징 : Si 침투
(5) 보로나이징 : B 침투

34. 특수 성형에 의한 소성 가공에서 다이에 금속을 사용하는 대신 고무를 사용하는 성형 가공 방법은?

① 마폼법(marforming)
② 인장성형법(stretch forming)
③ 폭발성형법(explosive forming)
④ 하이드로폼법(hydroform process)

35. 절삭 중 발생되는 칩이 절삭공구에 달라붙어 경사면에서의 흐름이 원활하지 못하고 연성이 큰 재질의 공작물을 깊은 절입량으로 가공할 때 생성되는 칩의 형태로 옳은 것은?

① 균열형 칩 ② 유동형 칩
③ 전단형 칩 ④ 열단형 칩

해설 열단형 칩은 경작형 칩이라고도 하며 바이트가 재료를 뜯는 형태의 칩으로 극연강, Al 합금, 동합금 등 점성이 큰 재료의 저속 절삭 시 생기기 쉽다.

36. 오버 핀법은 다음 중 어느 것을 측정하는 것인가?

① 공작기계의 정밀도
② 기어의 이 두께
③ 더브테일의 각도
④ 수나사의 골지름

37. 레이저 가공기 중 발진 재료에 따른 종류로 틀린 것은?

① YAG 레이저 가공기
② H_2O 레이저 가공기
③ CO_2 레이저 가공기

정답 » 30. ③ 31. ③ 32. ② 33. ① 34. ① 35. ④ 36. ② 37. ②

④ 엑시머 레이저 가공기

38. 초경합금 공구를 원통 연삭할 때 일반적으로 사용하는 숫돌입자로 가장 적합한 것은 어느 것인가?

① A ② C ③ WA ④ GC

해설 탄화규소(SiC) 연삭숫돌에는 C 입자와 GC 입자가 있는데, 암자색의 C 입자는 주철, 자석, 비철금속에 쓰이며, 녹색인 GC 입자는 초경합금의 연삭에 쓰인다.

39. 기어 가공법 중 인벌류트 치형을 정확하게 가공할 수 있는 방법으로 래크 커터 또는 호브를 이용한 가공 방법은?

① 선반에 의한 절삭법
② 형판에 의한 절삭법
③ 창성에 의한 절삭법
④ 총형 커터에 의한 절삭법

40. 수기 가공 중 수나사 작업을 위한 다이스의 종류 및 용도로 틀린 것은?

① 단체 다이스-지름 조절이 불가능
② 분할 다이스-지름 조절이 가능
③ 날붙이 다이스-대형 나사의 가공이 가능
④ 스파이럴 다이스-소형 나사의 가공이 가능

3과목 금속재료학

41. 마그네슘에 대한 설명으로 틀린 것은?

① 산에 침식된다.
② 밀도가 1.74 g/cm^{3}이다.
③ 녹는점이 약 650℃이다.
④ 면심입방격자 금속이다.

해설 마그네슘은 조밀육방격자(HCP) 금속이다.

42. 다음 중 압연 등과 같은 가공을 통해 성질을 개선시킬 수 있는 비열처리형 합금계는?

① 2000계 Al 합금
② 5000계 Al 합금
③ 6000계 Al 합금
④ 7000계 Al 합금

43. 다음 중 분말의 유동도에 영향을 미치는 것과 가장 거리가 먼 것은?

① 분말의 비중
② 분말의 형상
③ 분말의 인장강도
④ 분말 수분 함유량

44. 다음 그림과 같은 열처리법은?

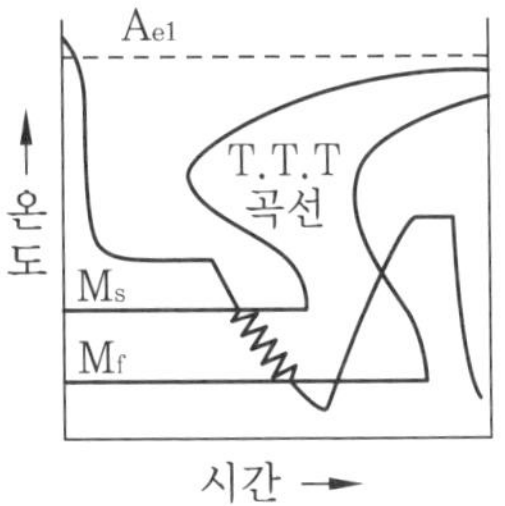

① austempering ② marquenching
③ ferriteching ④ martempering

해설 마퀜칭(marquenching) : S곡선의 코 아래서 항온 열처리 후 뜨임으로 담금 균열과 변형이 적은 조직이 된다.

45. 재료의 연성을 알기 위한 것으로 구리판, 알루미늄판 등의 판재를 가압성형하여 변형 능력을 시험하는 것은?

① 마모 시험 ② 에릭센 시험
③ 크리프 시험 ④ 스프링 시험

46. 철-탄소 평형 상태도에서 공정 반응의 온도로 옳은 것은?

① 723℃ ② 910℃
③ 1130℃ ④ 1538℃

정답 » 38. ④ 39. ③ 40. ④ 41. ④ 42. ② 43. ③ 44. ② 45. ② 46. ③

47. 다음 중 Ti 합금의 분류가 아닌 것은?

① α형 합금 ② β형 합금
③ γ형 합금 ④ $\alpha+\beta$형 합금

해설 티타늄 합금은 α합금, $\alpha+\beta$합금, β합금의 세 가지 종류로 분류된다.

48. 다음 중 가장 높은 온도를 측정할 수 있는 열전대 재료는?

① 철-콘스탄탄 ② 크로멜-알루멜
③ 백금-백금·로듐 ④ 구리-콘스탄탄

49. 하드필드(hadfield) 강이라고 하며, 조직은 오스테나이트이고, 가공 경화성이 우수한 특수강은?

① Cr강 ② Ni-Cr강
③ Cr-Mo강 ④ 고Mn강

해설 고망간강은 내마멸성강의 대표적인 것으로 C와 Mn의 비율은 약 1 : 10으로 C 1.0~1.2 %, Mn 11~13 % 정도가 많이 사용된다. Mn 12 % 정도의 고망간강은 발명자의 이름을 따서 하드필드(hadfield) 강이라 한다.

50. 구리를 진공 용해하여 0.001~0.002 %의 O_2 함량을 가지며 유리의 봉착성이 좋아 진공관용 재료 및 전자기기 등에 이용되는 재료는?

① 무산소동 ② 탈산동
③ 전기동 ④ 정련동

51. 탄소강 중에 포함되어 있는 인(P)의 영향에 대한 설명으로 틀린 것은?

① P는 철의 일부분과 결합하여 Fe_3P 화합물을 형성한다.
② P는 탄소강의 경도, 인장 강도를 감소시키며 고온 취성을 일으켜 파괴의 원인이 된다.
③ P로 인한 해는 강 중의 탄소량이 많을수록 크며 공구강에서는 P을 0.025 % 이하로 관리한다.
④ P는 철 입자의 조대화를 촉진한다.

해설 인(P)의 영향 : 인장 강도, 경도를 증가시키지만, 연신율은 감소하고 상온 메짐의 원인이 되며 상온에서 결정립을 조대화한다.

52. 주철에서 칠(chill)화 방지, 흑연 형상의 개량 및 기계적 성질의 향상 등을 목적으로 실시하는 용탕 처리는?

① 접종 처리 ② 고온용해 처리
③ 슬래그 처리 ④ 석회질소 처리

53. Al-Si 합금에서 불화 알칼리, 금속 나트륨 등을 넣어 Si 결정입자를 미세화하기 위한 방법은?

① 개량 처리 ② Bayer 처리
③ Gross 처리 ④ 수인 처리

54. 다음 중 불변강과 가장 거리가 먼 것은?

① invar ② elinvar
③ inconel ④ super invar

해설 불변강에는 인바, 엘린바, 퍼멀로이, 플래티나이트, 코엘린바 등이 있다.

55. 자기부상열차에서 사용되는 초전도 재료에 나타나는 현상과 관계있는 것은?

① 앙페르 법칙 ② 전류제로 효과
③ 반도체적 특성 ④ 마이스너 효과

해설 마이스너 효과 : 자기장 안에서 초전도 상태가 되었을 때, 자기장의 크기가 임계 자기장 값을 넘지 아니하는 한 초전도체 안에 자기선 다발이 들어오지 아니하는 현상으로 초전도체의 고유한 성질이며 이 효과 때문에 초전도체에 자석을 접근시키면 강한 반발력을 받는다.

56. 오스테나이트계 스테인리스강의 입계부식을 방지하는 대책으로 적합하지 않은 것은 어느 것인가?

정답 » 47. ③ 48. ③ 49. ④ 50. ① 51. ② 52. ① 53. ① 54. ③ 55. ④ 56. ①

① 고온으로부터 급랭한 후 400~700℃에서 장시간 유지하여 공랭한다.
② 크롬 탄화물이 석출하지 않도록 탄소량을 0.03 % 이하로 아주 낮게 유지한다.
③ 1000~1150℃로 가열하여 크롬 탄화물을 고용시킨 다음 급랭한다.
④ C와 친화력이 Cr보다 큰 Ti, Nb, Ta 등의 안정화 원소를 첨가한다.

해설 입계부식의 방지 대책
(1) 1000℃ 이상의 용체화 처리에 의하여 탄화물을 분해한 후 급랭하여 Cr 탄화물의 생성을 억제한다.
(2) Cr보다 탄화물 생성이 용이한 Ti, Nb 등을 첨가한다.
(3) Cr 탄화물을 형성하지 않을 정도로 저탄소화(0.03% 이하)한다.

57. 콘스탄탄(constantan)에 관한 설명으로 옳은 것은?
① R monel이라고 불린다.
② Cu, Fe, Pt에 대한 열기전력 값이 낮다.
③ 전기 저항이 높고 온도계수가 낮은 합금이다.
④ 구리에 60~70%의 니켈을 첨가한 합금이다.

해설 콘스탄탄은 45 %의 니켈과 55 %의 구리로 이루어진 합금으로 전기 저항률이 높아 저항기로 쓰인다.

58. WC-TiC, WC-TaC 분말과 Co 분말을 혼합, 압축 성형 후 약 900℃ 정도로 수소나 진공 분위기에서 가열하여 1400℃ 사이에서 소결시켜 절삭공구로 이용되는 금속은?
① 스텔라이트 ② 고속도강
③ 모넬메탈 ④ 초경합금

59. 다음 중 구상 흑연 주철을 만들기 위해 첨가하는 성분으로 가장 적절한 것은?
① Al ② Ni
③ Sn ④ Mg

해설 구상 흑연 주철은 용융상태에서 Mg, Ce, Mg-Cu 등을 첨가하여 판상의 흑연을 구상화시켜 석출한 것이다.

60. 오스테나이트 온도까지 가열된 강을 펄라이트 형성 온도보다 낮고 마텐자이트 형성 온도보다 높은 온도에서 항온 변태 처리한 것으로 조직이 베이나이트가 얻어지는 열처리는 어느 것인가?
① 마템퍼링 ② 오스템퍼링
③ 마퀜칭 ④ 오스포밍

4과목 정밀계측

61. 비교 측정법을 이용하는 측정기가 아닌 것은?
① 게이지 블록
② 다이얼 게이지
③ 버니어 캘리퍼스
④ 전기 마이크로미터

해설 버니어 캘리퍼스 : 어미자의 측정면과 버니어를 가진 슬라이드(아들자)의 측정면과의 사이에서 제품의 외경이나 내경을 측정하는 측정기로 직접 측정법을 이용한다.

62. 디지털 측정기기의 주된 기능 중 측정기가 움직이고 있어도 바로 측정한 표시값을 일시적으로 정지시켜 읽을 수 있는 기능은?
① 홀드(hold)
② 프리세트(preset)
③ 디렉션(direction)
④ 제로세트(zeroset)

63. 공구 현미경으로 측정이 불가능한 나사의 측정 항목은?

2020년

정답 » 57. ③ 58. ④ 59. ④ 60. ② 61. ③ 62. ① 63. ③

① 수나사의 피치
② 수나사의 유효지름
③ 암나사의 유효지름
④ 수나사의 산의 각도

64. 게이지 블록의 호칭 치수 1000 mm의 양단을 평행으로 하기 위해 에어리점(airy point)으로 지지하고자 할 때 양 끝에서 몇 mm 지점을 받쳐주면 되는가?

① 190.5 ② 211.3
③ 230.4 ④ 250.7

해설 에어리점은 2점 지지에서 양 끝면이 평행이 되도록 하는 지지점이다.

에어리점 $A = 0.2113L = 0.2113 \times 1000 = 211.3\text{mm}$

65. 최소 눈금이 0.01 mm인 마이크로미터는 어느 것인가?

① 슬리브 상의 0.5 mm를 1회전하는 심블을 50등분한 것
② 슬리브 상의 0.5 mm를 1회전하는 심블을 100등분한 것
③ 슬리브 상의 1 mm를 1회전하는 심블을 50등분한 것
④ 슬리브 상의 2 mm를 1회전하는 심블을 100등분한 것

66. 표면거칠기 파라미터 중 R_a, R_z, R_q 측정 시 사용하는 곡선은?

① 사인 곡선 ② 거칠기 곡선
③ 파상도 곡선 ④ 인벌류트 곡선

67. 기어의 동적 시험 목적에 따라 그 시험 방법을 분류할 때 해당되지 않는 것은?

① 기어의 강도 시험을 목적으로 한 동적 시험
② 기어의 오차 측정을 목적으로 한 동적 시험
③ 기어의 운전 성능 시험을 목적으로 한 동적 시험
④ 기어의 표면거칠기 측정을 목적으로 한 동적 시험

68. 스냅 게이지 작동 치수의 의미로 옳은 것은 어느 것인가?

① 힘을 가하지 않았을 때 스냅 게이지의 치수
② 100 N의 힘을 가했을 때 스냅 게이지의 치수
③ 500 N의 힘을 가했을 때 스냅 게이지의 치수
④ 연직으로 스냅 게이지를 정지시켜 놓았을 때 자중에 의하여 통과하는 점검 게이지의 치수

해설 스냅 게이지의 고유 치수는 게이지가 힘을 받지 않을 때의 치수이며, 작동 치수는 연직으로 게이지를 정지시켜 놓았을 때 사용하중에 의하여 통과하는 점검 게이지의 치수이다.

69. 1종 수준기(감도 : 0.02 mm/m)로 길이가 800 mm인 선반 베드면의 진직도를 측정한 결과가 다음과 같을 때, 진직도는?

측정위치(mm)	눈금 읽음값 $\frac{(좌+우)}{2}$
0	0
0~200	0
200~400	1
400~600	0
600~800	0

① 1 μm ② 2 μm
③ 3 μm ④ 4 μm

70. 정반 위에서 외측 마이크로미터, 100 mm 게이지 블록 2개, 직경 12 mm의 핀 2개로 축의 테이퍼를 측정하려고 한다. 소단경에서

정답 » 64. ② 65. ① 66. ② 67. ④ 68. ④ 69. ③ 70. ②

측정값 57.174 mm, 100 mm 게이지 블록을 사용한 대단경의 측정값 89.253 mm를 얻었다면 이 축의 테이퍼 각도는 약 얼마인가?

① $9°6'44''$ ② $18°13'29''$
③ $17°46'52''$ ④ $35°33'44''$

해설 테이퍼각 $\alpha = 2\tan^{-1}\left(\frac{M_2 - M_1}{2H}\right)$

여기서, H : 게이지 블록 치수
M_1 : 소단경 측정값
M_2 : 대단경 측정값

$\therefore \alpha = 2\tan^{-1}\left(\frac{89.253 - 57.174}{2 \times 100}\right)$
$= 2\tan^{-1}(0.160395)$
$= 2 \times 9.11234248$
$= 18.22468496° = 18°13'29''$

71. 버니어 캘리퍼스로 지름 20 mm, 길이 80 mm인 환봉을 측정하는 데 그림과 같이 $\theta = 1°$의 기울기가 발생하였을 경우, 나타나는 측정 오차는 약 몇 mm인가?

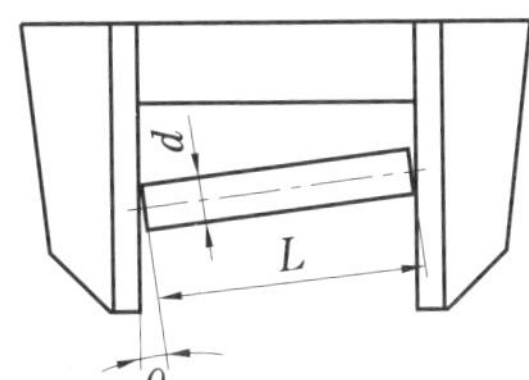

① 0.169 ② 0.337
③ 0.468 ④ 0.696

72. 버니어 캘리퍼스에서 어미자의 한 눈금이 1 mm 간격이고, 아들자 19 mm를 20등분했을 때 읽을 수 있는 최소 지시 눈금값은 어느 것인가?

① 0.01 mm ② 0.03 mm
③ 0.04 mm ④ 0.05 mm

해설 $C = \frac{S}{n} = \frac{1}{20} = 0.05\text{mm}$

여기서, C : 최소 지시 눈금값
S : 어미자 한 눈금의 간격
n : 아들자의 등분 수

73. 마이크로미터 측정면의 평행도를 측정한 결과 간섭무늬의 수가 7줄일 때 측정면의 평행도는 몇 μm인가? (단, 사용한 빛의 파장은 0.64 μm이다.)

① 2.10 ② 2.24
③ 4.24 ④ 4.48

해설 평행도$(N) = n\left(\frac{\lambda}{2}\right)$

$= 7 \times \frac{0.64}{2} = 2.24\mu\text{m}$

74. 다음 중 측정기의 감도 표시 방법으로 옳은 것은?

① 최소 눈금의 2배
② 최소 눈금의 3배
③ $\frac{\text{최소 눈금}}{\text{눈금선 간격}}$
④ $\frac{\text{지시량의 변화}}{\text{측정량의 변화}}$

해설 감도(E) : 측정값의 변화되는 양에 대하여 측정기가 지시할 수 있는 지시량의 비율로, 측정기가 미세한 양의 변화까지 포착할 수 있는 것에 대한 표현이며 측정량의 변화 ΔM에 대한 지시량의 변화 ΔA의 비를 말한다.

$E = \frac{\Delta A}{\Delta M}$

75. 다음 중 소형 부품의 길이, 각도 및 나사 등을 측정할 수 있는 측정기로 가장 적절한 것은?

① 측장기
② 공구 현미경
③ 마이크로미터
④ 스트레인 게이지

76. 다음 중 공기 마이크로미터에서 가장 많이 사용하는 방식은?

① 가압식 ② 유량식
③ 진공식 ④ 추출식

정답 » 71. ② 72. ④ 73. ② 74. ④ 75. ② 76. ②

77. 표준온도 20℃에서 길이 1000 mm인 강재(steel) 롱 게이지 블록이 22℃에서는 약 몇 mm 늘어나는가?(단, 강의 열팽창계수는 11.5×10^{-6}/℃이다.)

① 0.012 ② 0.023
③ 0.031 ④ 0.038

해설 늘어난 길이 $\Delta l = \alpha \Delta t l_0$

여기서, α : 열팽창계수, Δt : 온도 변화량
l_0 : 처음 길이

$\therefore \Delta l = 11.5 \times 10^{-6} \times (22-20) \times 1000 = 0.023\text{mm}$

78. 미터 나사의 유효지름을 구하는 식으로 옳은 것은?(단, d : 삼침의 지름, P : 피치, 나사산의 각도는 60°이다.)

① $M-3d+0.866025 \times P$
② $M-3d+0.960491 \times P$
③ $M-2.5d+0.866025 \times P$
④ $M-3.16568d+0.960491 \times P$

79. 센터리스 연삭기로 가공하는 제품의 측정을 자동화하려고 한다. 다음 중 가공 완료 후 측정 자동화 방식으로 가장 적합한 것은?

① in-process 방식
② post-process 방식
③ hold-process 방식
④ signal-process 방식

80. 각도 측정의 기준이 되는 눈금 원판에서 1눈금에 대응되는 호의 길이를 1 mm, 중심각이 1°로 되게 하려면 이 원판의 지름은 약 얼마인가?

① 100 mm
② 114.592 mm
③ 200 mm
④ 229.183 mm

해설 $\frac{\pi d \times 1°}{360°} = 1\text{ mm}$

$\therefore d = \frac{360}{\pi} = 114.592\text{ mm}$

정답 » 77. ② 78. ① 79. ② 80. ②

국가기술자격 실기시험문제

자격종목	사출금형산업기사	과제명	금형 설계 작업

■ 시험 시간 : 5시간

1. 요구사항

※ 다음의 요구사항을 시험 시간 내에 완성하며, 주어진 도면과 같은 제품을 제작할 수 있는 사출 금형을 아래 지시된 내용과 수험자 유의사항에 의거, 설계 소프트웨어를 사용하여 지급된 용지 규격에 맞게 설계하고 지급된 저장 매체에 저장 후 본인이 직접 흑백으로 출력하여 제출하시오.

(1) 2차원 금형 설계

① 제3각법에 의해 A2 크기 도면의 윤곽선(수험자 유의사항 참조) 영역 내에 임의의 척도로 제도하시오.

② 도면 양식에 맞추어 좌측 상단에는 수험 번호와 성명, 우측 하단에는 부품란으로 작성하고 작품명과 척도 등을 기입한 후 좌측 상단에 감독위원 확인을 받으시오.

③ 조립도(정면도와 측면도가 복합된 조립도)를 설계하시오.

④ 부품도(가동측 형판, 인서트 캐비티, 인서트 코어, 코어 핀)를 설계하시오.

⑤ 조립도상에 주요 부품의 번호를 명기하고, 표제란에 각 부품 순번대로 품명, 재질, 수량 등을 작성하시오.

⑥ 부품도상의 표제란(부품란)에 각 부품의 부품명, 재질, 척도 등을 작성하시오.

⑦ 기타 지시되지 않은 사항은 금형 설계 및 KS 제도법에 따라 완성하시오.

⑧ 치수가 명시되지 않은 개소는 도면 크기에 유사하게 제도하여 완성하시오.

⑨ 출력은 지급된 용지(A3 용지)에 본인이 직접 흑백으로 출력하여 제출하시오.

⑩ 주요 설계 사양 : 설계 사양 표 참조

(2) 3차원 금형 설계

① 도면의 크기 (수험자 유의사항 참조)는 A3로 하며, 윤곽선 영역 내에 적절히 배치하시오.

② 척도는 실물의 형상과 배치를 고려하여 수험자가 임의로 정하여 작업하시오.

③ 도면에 배치 시 3D 데이터를 캡쳐하지 않고 2D 데이터로 변환하여 배치하시오.

④ 도면 양식에 맞추어 좌측 상단에는 수험 번호와 성명, 우측 하단에는 부품란으로 작성하고 작품명과 척도 등을 작성한 후 좌측 상단에 감독위원 확인을 받으시오.

⑤ 인서트 캐비티, 인서트 코어를 3D 모델링 하시오.

⑥ 기타 지시되지 않은 사항은 금형 설계 및 KS 제도법에 따라 완성하시오.

⑦ 치수가 명시되지 않은 개소는 도면 크기에 유사하게 제도하여 완성하시오.
⑧ 출력은 지급된 용지(A3 용지)에 본인이 직접 흑백으로 출력하여 제출하시오.
⑨ 주요 설계 사양 : 설계 사양 표 참조

(3) 설계 사양

순 번	항 목	설계 기준	비 고
1	몰드 베이스 규격	수험자 결정	재질 : SM55C
2	금형 형식	2매 구성 방식	
3	성형 재료	ABS	
4	수축률	0.005 M/M	
5	cavity 수	1 cavity	
6	cavity & core 재질	HP-4MA	
7	cavity 인서트 여부	cavity 인서트 / 유	
8	core 인서트 여부	core 인서트 / 유	
9	eject 방식	원형 pin	
10	runner 단면 형상	원형 runner	
11	gate 형식	side gate	

2. 수험자 유의사항

※ 다음의 유의사항을 고려하여 요구사항을 완성하시오.

① 시작 전 감독위원이 지정한 위치에 본인 비번호로 폴더를 생성 후 비번호를 파일명으로 작업 내용을 저장하고, 시험 종료 후 저장한 작업 내용을 삭제바랍니다.
② 정전 또는 기계 고장을 대비하여 수시로 저장하시기 바랍니다. (단, 이러한 문제 발생 시 "작업 정지 시간+5분"의 추가 시간을 부여합니다.)
③ 금형 설계 작업에 필요한 data book은 열람할 수 있으나 출제 문제의 해답 및 투상도와 관련된 설명이나 투상도가 수록되어 있는 노트 및 서적은 열람하지 못합니다.
④ 출력도면은 복합 조립도 1장, 부품도 2장, 3D 모델링 1장을 기준으로 출력합니다.
⑤ 도면의 크기와 선의 굵기를 구분하기 위한 색상을 다음과 같이 정합니다.
㈎ 도면의 크기 설정 : A와 B의 도면의 한계선(도면의 가장자리선)은 출력되지 않도록 합니다.

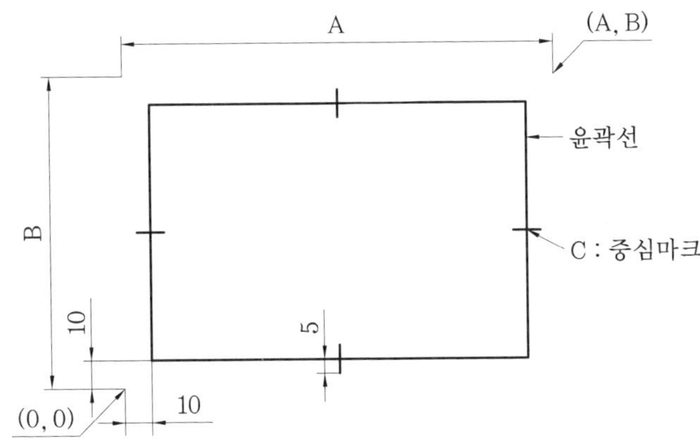

구분	도면 크기		중심마크
	A	B	C
A2	594	420	10
A3	420	297	10

(나) 선 굵기 구분을 위한 색상

선 굵기	색 상	용 도
0.7 mm	하늘색 (cyan)	윤곽선, 중심마크
0.5 mm	초록색 (green)	외형선, 개별 주서 등
0.35 mm	노란색 (yellow)	숨은선, 치수 문자, 일반 주서 등
0.25 mm	흰색 (white), 빨강 (red)	해칭, 치수선, 치수 보조선, 중심선 등

⑥ 사용 문자의 크기는 7.0, 5.0, 3.5, 2.5 중 적절한 것을 사용합니다.

⑦ 도면 양식

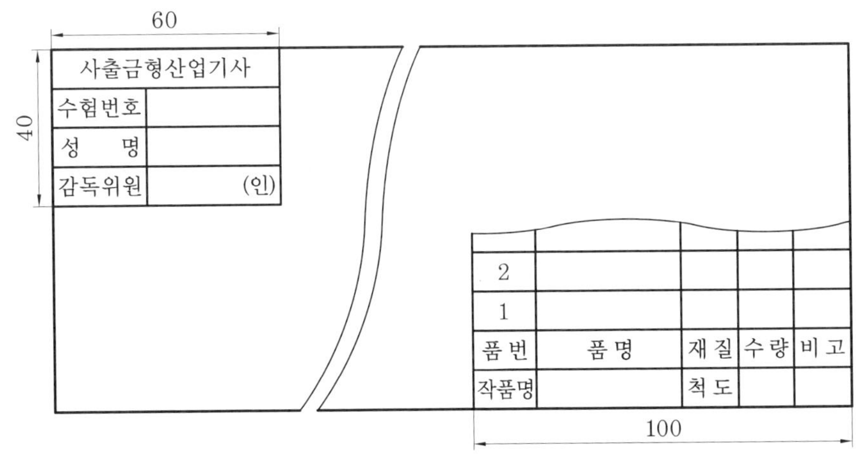

⑧ 다음 사항에 대해서는 채점 대상에서 제외하니 특히 유의하시기 바랍니다.

(가) 기권

㉠ 수험자 본인이 수험 도중 시험에 대한 포기 의사를 표하는 경우

㉡ 실기시험 과정 중 1개 과정이라도 불참한 경우

(나) 실격

㉠ 사출금형산업기사 실기시험 CAM 작업, 금형 설계 작업 중 하나라도 0점인 작업이 있는 경우

㉡ 미리 작성한 part program (도면, 단축 키 셋업 등) 또는 block (도면 양식, 표제란, 부품란, 요목표, 주서 및 표면 거칠기 비교표 등)을 사용할 경우

㉢ 도면 내용이 다른 수험자와 일부 또는 전부가 동일한 경우

㉣ 미리 제공한 KS 데이터나 금형 설계 데이터 북이 아닌 다른 자료를 열람한 경우

㉤ 시험 중 봉인을 훼손하거나 저장 매체를 주고받는 행위

㉥ 금형 설계를 돕는 별도의 유틸리티(UG mold wizard) 등을 사용한 경우

㉦ 수험자의 장비 조작 미숙으로 파손 및 고장을 일으킨 경우

㉧ 수험자의 직접 출력 시간이 10분을 초과할 경우 (단, 출력 시간은 시험 시간에서 제외하며, 출력된 도면의 크기 또는 색상 등이 채점하기 어렵다고 판단될 경우에는 감독위원의 판단에 의해 1회에 한하여 재출력이 허용됩니다.)

(다) 미완성 : 시험 시간 내에 작품을 제출하지 못한 경우

(라) 오작

㉠ 수험자가 설계한 치수로 금형을 제작할 수 없는 작품

㉡ 금형을 제작하는 데 구조적 문제점이 있어 채점위원 만장일치로 합의하여 채점 대상에서 제외된 작품

※ 지급된 시험 문제지는 비번호 기재 후 반드시 제출합니다.

※ 출력은 사용하는 프로그램 상에서 출력하는 것이 원칙이나, 이상이 있을 경우 PDF 파일 혹은 출력 가능한 호환성 있는 파일로 변환하여 출력하여도 무방합니다. (단, 폰트 깨짐 등의 현상이 발생될 수 있으니 이 점 유의하여 사용 환경을 적절히 설정하여 주시기 바랍니다.)

3. 도 면

자격종목	**사출금형산업기사**	과제명	**금형 설계 작업**	척도	NS

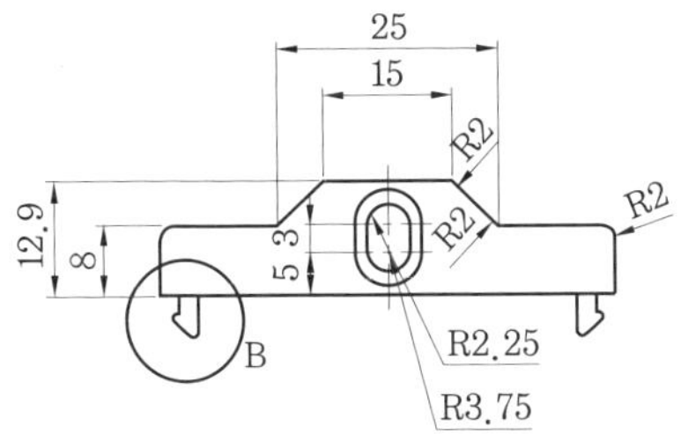

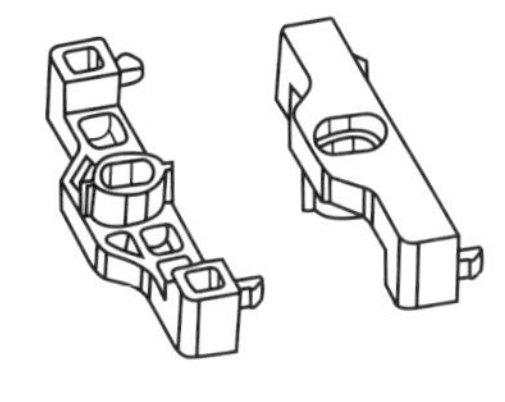

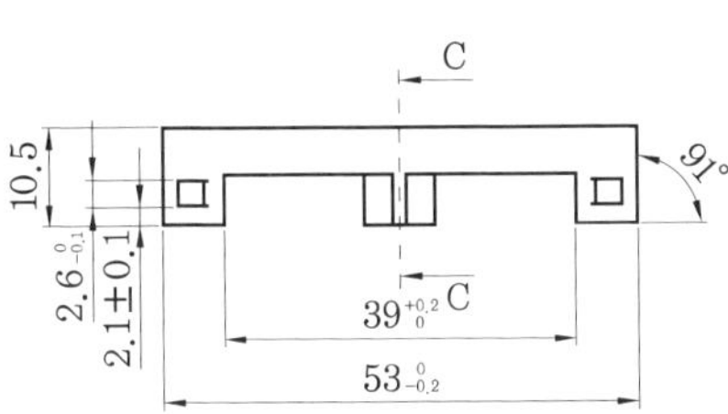

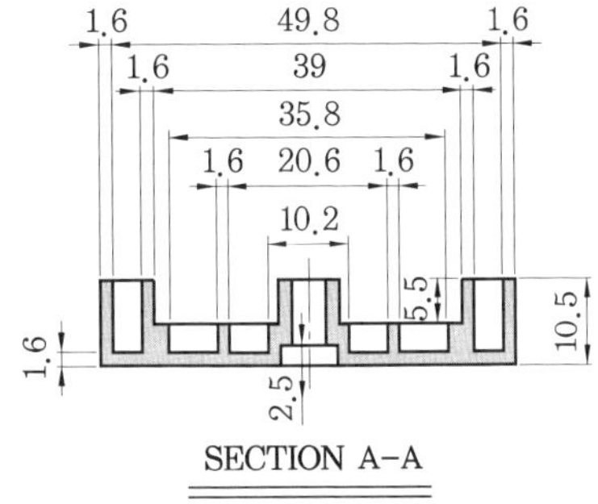

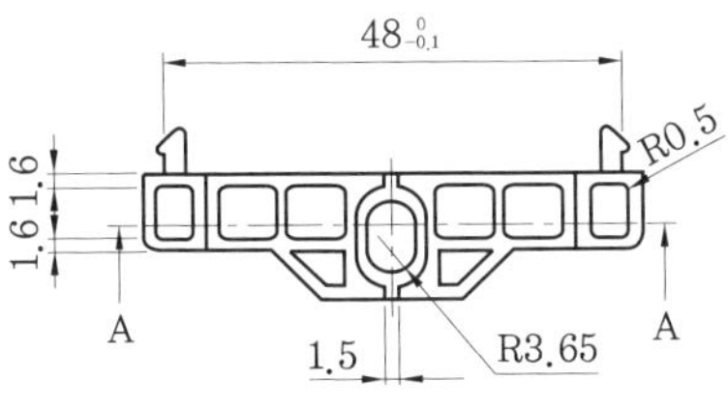

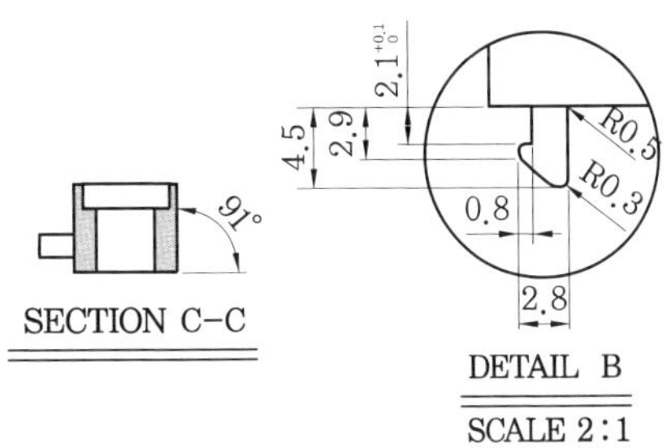

4. 지급재료 목록

일련번호	재료명	규격	단위	수량	비고
1	프린터 용지	A3(297×420)	장	4	1인당
2	USB 메모리	16 GB 이상	개	1	검정장당

국가기술자격 실기시험문제

자격종목	사출금형산업기사	과제명	CAM 작업

■ **시험 시간 : 1시간 30분**

[사출금형산업기사 실기시험은 CAM 작업, 금형 설계 작업으로 구성되어 있습니다.]

1. 요구사항

※ 다음의 요구사항을 시험 시간 내에 완성하시오.

① 지급된 도면을 보고 모델링한 후 모델링의 도면(정면도, 평면도, 우측면도, 입체도) 형상을 치수 기입 없이 출력하고, 절삭지시서에 의거하여 CAM 작업한 후 공구 경로를 포함한 정삭 CAM 작업 형상과 황・정・잔삭 NC code를 출력하시오.

② 저장 매체에 도면(정면도, 평면도, 우측면도, 입체도), CAM 작업 후 모델 형상(정삭) 및 NC data(황・정・잔삭)를 저장 후 제출하시오.

(가) 도면에 명시된 원점을 기준으로 모델링 및 NC data를 생성하여야 하며 모델링 형상은 1:1로 출력하여 제출하시오.

(나) 공작물을 고정하는 베이스(높이 10 mm) 윗부분이 절삭가공으로 완성되어야 할 부분이며 여기에 맞게 모델링하고 주어진 공구 조건에 의해 발생하는 가공 잔량은 무시하고 작업하시오.

(다) 황삭 가공에서 Z방향의 시작 높이는 공작물의 상면으로부터 10 mm 높은 곳으로 정하시오.

(라) 안전 높이는 원점에서 Z방향으로 50 mm 높은 곳으로 하시오.

(마) 절대 좌표 값을 이용하시오.

(바) 프로그램 원점은 기호(⯐)로 표시된 부분으로 하시오.

(사) 공구 세팅 point는 공구 중심의 끝점으로 하시오.

(아) 공구 번호, 작업 내용, 공구 조건, 공구 경로 간격, 절삭 조건 등은 반드시 절삭지시서에 준하여 작업하시오.

(자) 치수가 명시되지 않은 개소는 도면 크기에 유사하게 완성하시오.

(차) 시험 종료 시 제출 사료는 다음과 같습니다.

㉠ 모델링 형상의 출력물(치수 제외, 척도 1:1) : 정면, 평면, 우측면, 입체

㉡ CAM 작업 형상의 출력물(화면 캡처, 척도 임의) : 정삭

㉢ NC code(전반부 30block) 출력물 : 황삭, 정삭, 잔삭

㉣ 저장 파일 : 모델 도면, CAM 작업 형상, 황・정・잔삭 NC data

(카) 출력물은 다음과 같이 철하여 페이지를 부여한 후 제출하시오. (단, 오른쪽 하단에 비번호와 출력 내용을 기재합니다.)

㉠ 도면(정면도, 평면도, 우측면도, 입체도)

㉡ CAM 작업 형상(정삭)

㉢ NC data(황삭, 정삭, 잔삭)

절삭지시서

NO (공구 번호)	작업 내용	파일명 (비번호가 1번일 경우)	공구 조건		경로 간격 (mm)	절삭 조건				비 고
			종류	지름		회전수 (rpm)	이송 (mm/min)	절입량 (mm)	잔량 (mm)	
1	황삭	01황삭.NC	평E/M	ϕ12	3	2000	100	3	0.5	
2	정삭	01정삭.NC	볼E/M	ϕ8	1	2200	90			
3	잔삭	01잔삭.NC	볼E/M	ϕ4		2200	80			펜슬

2. 수험자 유의사항

※ 다음의 유의사항을 고려하여 요구사항을 완성하시오.

① 지정된 시설과 본인이 지참한 장비를 사용하며 안전 수칙을 준수해야 합니다.

② 수험자용 PC는 관련 내용을 사전에 삭제시킨 후 프로그램 하여야 합니다.

③ 정전 또는 기계 고장을 대비하여 수시로 저장하시기 바랍니다. (단, 이러한 문제 발생 시 "작업 정지 시간+5분"의 추가 시간을 부여합니다.)

④ 시작 전 감독위원이 지정한 위치에 본인 비번호로 폴더를 생성 후 비번호를 파일명으로 작업 내용을 저장하고, 시험 종료 후 저장한 작업 내용을 삭제 바랍니다.

⑤ 문제지를 포함한 모든 제출 자료는 반드시 비번호를 기재한 후 제출합니다.

⑥ tool path는 효율적인 가공이 될 수 있도록 수험자가 적절하게 결정하고 양방향으로 합니다.

⑦ 도면에 표시한 원점을 기준으로 모델링 및 NC 데이터를 생성하였는지 확인한 후 제출합니다.

⑧ 기타 주어지지 않은 가공 조건은 수험자가 적절하게 정하여 프로그램합니다.

⑨ 문제지를 포함한 모든 제출 자료는 반드시 비번호를 기재한 후 제출합니다.

⑩ 다음 사항에 대해서는 채점 대상에서 제외하니 특히 유의하시기 바랍니다.

(가) 기권

㉠ 수험자 본인이 수험 도중 시험에 대한 포기 의사를 표하는 경우

㉡ 실기시험 과정 중 1개 과정이라도 불참한 경우

(나) 실격

㉠ 사출금형산업기사 실기 과제(금형 설계 작업, CAM 작업) 중 하나라도 0점인 작업

이 있는 경우

㉡ 프로그램 내용이 다른 수험자와 일부 또는 전부가 동일한 경우

㉢ 시험 중 봉인을 훼손하거나 저장 매체를 주고받는 행위를 할 경우

㉣ 수험자의 장비 조작 미숙으로 파손 및 고장을 일으킨 경우

㈐ 미완성 : 시험 시간 내에 작품을 제출하지 못한 경우

㈑ 오작 : 완성된 NC data로 가공하는 데 구조적 문제점이 있어 감독 위원 만장일치로 합의하여 채점 대상에서 제외된 작품

※ 출력은 사용하는 설계 프로그램 상에서 출력하는 것이 원칙이나, 이상이 있을 경우 PDF 파일 혹은 출력 가능한 호환성 있는 파일로 변환하여 출력하여도 무방합니다. (단, 폰트 깨짐 등의 현상이 발생될 수 있으니 이 점 유의하여 설계 프로그램의 사용 환경을 적절히 설정하여 주시기 바랍니다.)

3. 도 면

자격종목	**사출금형산업기사**	과제명	**CAM 작업**	척도	NS

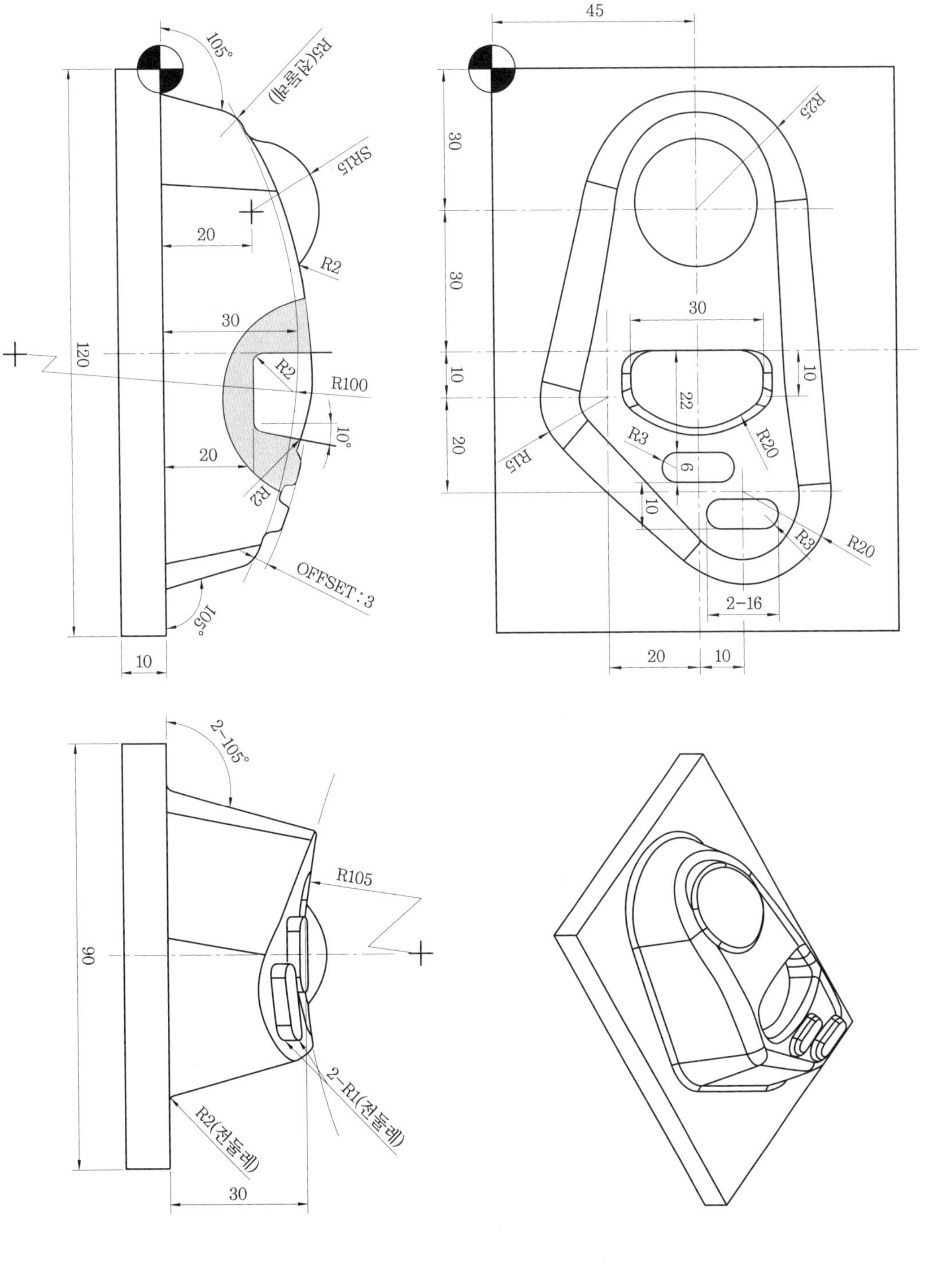

국가기술자격 실기시험문제

자격종목	프레스금형산업기사	과제명	설계 작업

■ 시험 시간 : [표준시간 : 5시간, 연장시간 30분]

1. 요구사항

(1) 제1작업 : 2차원 금형 설계

주어진 도면과 같은 제품을 제작할 수 있는 가동스트리퍼 타입의 프로그레시브 금형을 아래 지시된 내용과 수험자 유의사항에 의거하여 CAD S/W를 이용하여 지급된 용지 규격에 맞게 설계하고 본인이 직접 흑백으로 출력하여 제출하시오.

① 투상법 : 3각법, 척도 : 임의, 용지 : A2
② 가동식 스트리퍼를 사용하시오.
③ 제품도 형상에서 벤딩부는 스프링 백(Spring Back) 양을 고려하여 기준치수를 보정하여 설계하시오.
④ 소재의 이송은 좌측에서 우측으로 하고, 가이드 리프터를 사용하며 정확한 피치이송을 위하여 사이드 커터를 사용하시오.
⑤ 제품의 배열은 1열 1개 따기로 하시오.
⑥ 다이세트는 Four Post type의 Ball Retainer가 없는 Guide Bush Type 구조로 하시오.
⑦ STRIP LAY OUT을 작성하고 피치, 소재 폭, 각각의 공정을 기입하시오.
⑧ 복합 단면 조립도를 작성하고, 표제란에 품번, 품명, 재질, 수량, 척도, 주서 등을 기입하시오.
⑨ 전단 클리어런스는 5 %t를 적용하며, 다이 플레이트 및 펀치에 적용된 치수를 기입하시오.
⑩ 파일럿은 간접파일럿 방식으로 설계하시오.
⑪ 제품의 최종 공정은 파팅(노칭)공정으로 완성하시오.
⑫ 부품도 작성
(가) 다이 플레이트
(나) 원형, 이형 피어싱 펀치
(다) 파팅(노칭) 펀치
(라) 포밍 펀치
(마) 포밍 다이 편
(바) 벤딩 펀치
(사) 벤딩 다이 편
(아) 벤딩 패드
(자) 파일럿 핀
(차) 스트리퍼 편
(카) 가이드 리프터
⑬ 기타 지시되지 않은 사항은 프레스 금형설계 및 KS 제도법에 따라 완성하시오.

(2) **제2작업 : 3차원 모델링**

주어진 도면과 같은 제품을 성형할 수 있는 포밍 형상을 아래 지시된 내용과 수검자 유의사항에 의거 CAD S/W를 사용하여 지급된 용지 규격에 맞게 모델링하고, 본인이 직접 흑백으로 출력하여 제출하시오.

① 투상법 : 3각법, 척도 : 임의, 용지 : A3

② 2D 설계에서 설계한 포밍 펀치 및 포밍 다이 편을 모델링 하시오.

③ 도면의 배치는 각 부품에 대하여 Top, Front, Right, ISO metric 형상으로 배치하시오.

④ 모델링 작업

㈎ 포밍 펀치

㈏ 포밍 다이 편

⑤ 기타 지시되지 않은 사항은 프레스 금형설계 및 KS 제도법에 따라 완성하시오.

2. 수험자 유의사항

다음 유의사항을 고려하여 요구사항을 완성하시오.

① 이미 작성된 Part program 또는 Block은 일체 사용을 금합니다.

② 시험 중 봉인을 훼손하거나 휴대용 저장매체를 주고받는 행위는 부정행위로 처리하며, 시험 종료 후 하드디스크에서 작업내용을 삭제해야 합니다.

③ 출력물을 확인하여 동일 작품이 발견될 경우 모두 부정행위로 처리합니다.

④ 만일의 장비고장 및 정전으로 인한 자료손실을 방지하기 위하여 20분에 1회 이상 저장하시오.

⑤ 금형설계 작업에 필요한 편람은 열람할 수 있으나 출제문제의 해답 및 투상도와 관련된 설명이나 투상도가 수록된 노트 및 서적은 열람하지 못합니다.

⑥ 도면의 한계(Limits)와 선의 굵기를 구분하기 위한 색상을 다음과 같이 정합니다.

㈎ 도면의 한계(Limits) : 도면의 한계선(A와 B)은 출력되지 않도록 합니다.

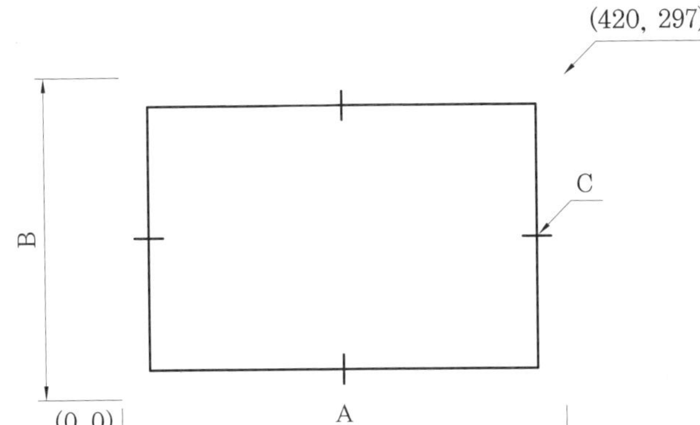

구분	도면의 한계		중심마크
	A	B	C
A2	594	420	5
A3	420	297	

(나) 선 굵기 구분을 위한 색상

선 굵기	색 상	용 도
0.7 mm	하늘색 (cyan)	윤곽선
0.5 mm	초록색 (green)	외형선, 개별 주서 등
0.35 mm	노란색 (yellow)	숨은선, 치수 문자, 일반 주서 등
0.25 mm	흰색 (white), 빨강 (red)	해칭, 치수선, 치수 보조선, 중심선 등

⑦ 장비조작 미숙으로 파손 및 고장을 일으킬 염려가 있거나 출력시간이 30분을 초과하는 경우에는 미완성으로 처리합니다.

⑧ 다음 사항에 해당하는 작품은 부정행위, 미완성 또는 오작, 실격처리하며, 채점 대상에서 제외됩니다.

(가) 부정행위

㉠ 시험 중에 다른 수검자와 대화를 나누거나 메모지를 주고받는 경우

㉡ 컴퓨터의 봉인을 훼손한 경우

㉢ 출제문제의 해답 및 투상도와 관련된 설명, 투상도가 수록된 노트나 서적을 열람한 경우

(나) 미완성

㉠ 수검시간(표준시간+연장시간)을 초과한 작품(단, 출력시간은 시험시간에서 제외합니다.)

(다) 오작

㉠ 요구사항을 준수하지 않은 작품

㉡ 제출된 저장매체에 수검자의 실수로 데이터가 저장되지 않았을 경우

(라) 실격

㉠ 프레스산업기사 실기시험 전 종목에 응시하지 않은 경우

㉡ 프레스산업기사 실기 종목 중(① CAM 작업 ② 금형설계 작업) 하나라도 0점인 작업이 있는 경우

⑨ 표준시간 내에 작품을 제출하여야 감점이 없으며, 연장시간을 사용할 경우에는 허용 연장시간 범위 내에서 매 10분마다 취득한 점수에서 5점씩 감점합니다. 단, 도면 플로팅 시간은 제외합니다.

⑩ 도면은 다음 양식에 맞추어 좌측 상단에는 종목명, 수험번호, 성명, 연장시간, 감독위원 확인란을 작성하고 우측 하단에는 표제란을 작성하고 품명과 척도 등을 기입하며, 도면 출력 후 감독위원의 확인을 받아야 합니다.

⑪ 도면의 양식은 다음과 같이 합니다.

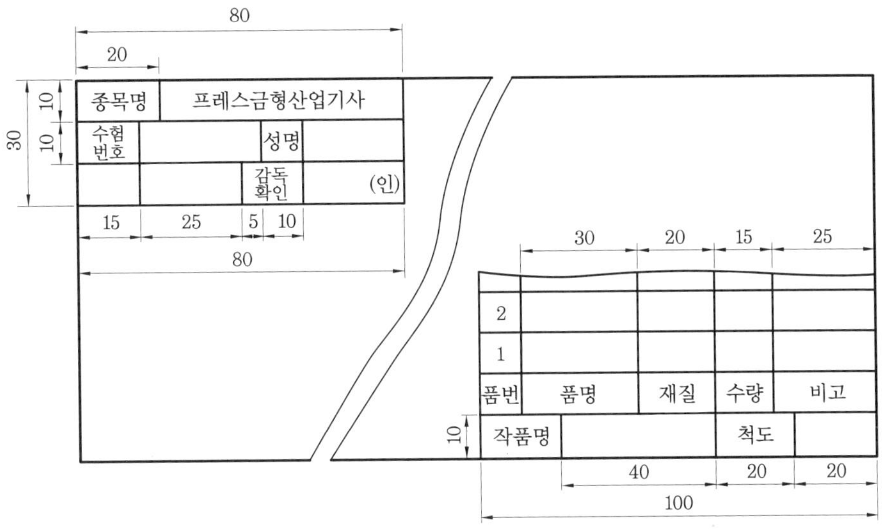

⑫ 제2작업(3차원 모델링)은 A3용지 영역에 설계하고 A3용지 1매로 출력하며, 제1작업(2차원 금형설계)은 A2용지 영역에 맞춰서 설계하고 도면의 출력은 A3용지에 꼭 맞는 축척으로 설정하여 출력하며, 최대 3매 이내에서 출력이 완료되도록 설정하시오.

⑬ 문제지의 상단에 비번호를 기재하고, 시험 종료 후 반드시 제출하시오.

3. 도 면

자격종목	프레스금형산업기사	과제명	설계 작업	척도	NS

재료 : SCP1(냉간압연강판)
두께 : 1.0 mm
클리어런스 : 편측 5 %t

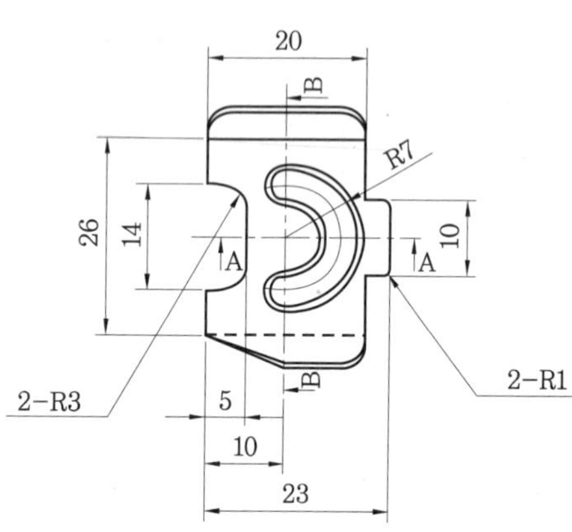

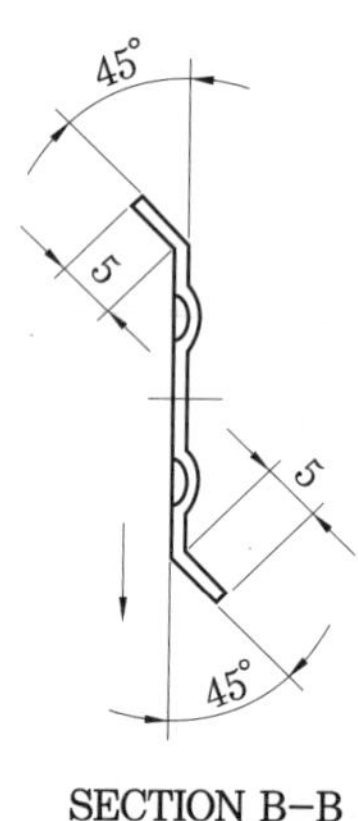

SECTION B-B

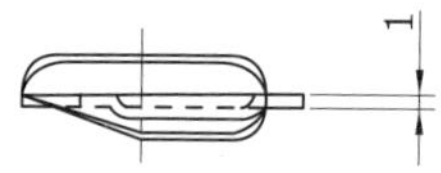

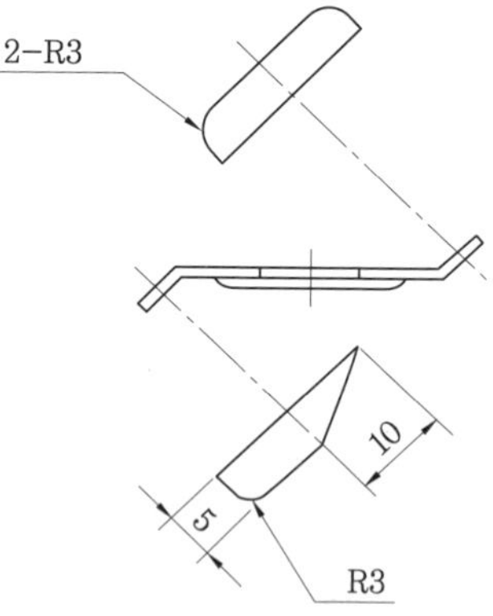

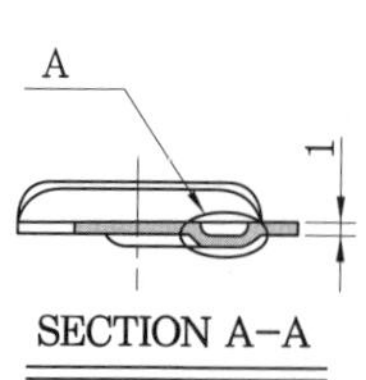

SECTION A-A

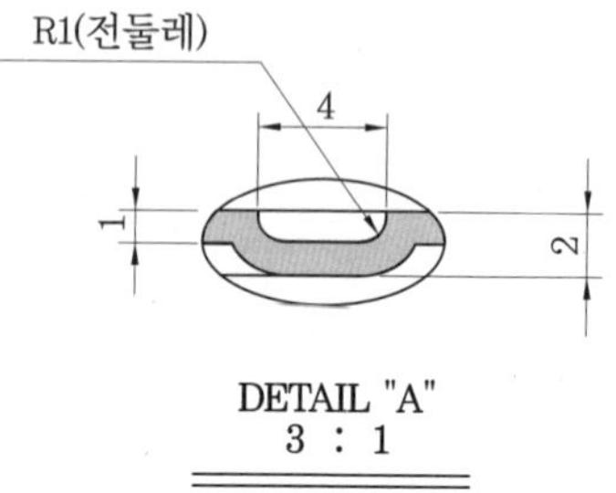

DETAIL "A"
3 : 1

국가기술자격 실기시험문제

자격종목	프레스금형산업기사	과제명	CAM 작업

■ 시험 시간 : [표준시간 : 90분, 연장시간 10분]

1. 요구사항

※ 지급된 재료 및 시설을 사용하여 아래 작업을 완성하시오.

① 지급된 도면을 보고 와이어커팅 가공을 위한 2차원 형상을 모델링 한 후 NC 데이터와 가공경로(Tool patch)의 출력물을 제출하시오.

② 출력물의 오른쪽 하단에 비번호를 기재하시오.

③ 프로그램의 원점은 기호(◐)로 표시된 부분으로 하며, 펀치의 경우와 다이의 경우를 구분하여 프로그램하시오.

④ 저장용 폴더에는 가공경로(Tool patch), NC data, 모델링 형상을 저장하시오.

⑤ 프로그래밍 순서는 다음과 같이 작성하시오.

ⓐ → ⓑ → ⓒ

⑥ 가공방향은 화살표(→) 방향으로 하며, 이때에는 방향에 따른 공구의 보정을 반드시 적용하시오.

⑦ 가공경로(Tool patch)의 출력물은 반드시 1 : 1의 척도로 출력하시오.

⑧ 공구 경보정은 ⓐ, ⓑ에서 시작하는 형상은 다이의 개념으로, ⓒ에서 시작하는 형상의 경우에는 펀치의 개념으로 프로그램 하시오.

⑨ 이외의 가공조건의 설정은 수검자가 적절하게 정하여 프로그램 하시오.

⑩ 시험 종료 후 제출 자료는 다음과 같습니다.

㈎ 저장용 : ⓐ, ⓑ, ⓒ의 NC data, 모델링 형상, 가공경로(Tool patch)

㈏ 출력용 : ⓐ, ⓑ, ⓒ의 NC data, 가공경로(Tool patch)

2. 수험자 유의사항

※ 다음 유의사항을 고려하여 요구사항을 완성하시오.

① 프로그램의 원점은 기호(◐)로 표시된 부분으로 하시오.

② 정리정돈을 잘하고, 안전수칙을 준수해야 합니다.

③ 장비의 조작 미숙으로 프로그램을 완성하지 못하거나 파손 및 고장을 일으킬 염려가 있을 때에는 미완성으로 처리합니다.

④ 반드시 가공순서(ⓐ → ⓑ → ⓒ)에 의해 가공되도록 프로그램 하여야 하며, 다른 경우에는 5점씩 감점합니다.

⑤ 연장시간은 최대 10분까지 사용이 가능하며, 매 5분마다 5점씩 감점합니다.

⑥ 다음 사항에 해당하는 작품은 부정행위, 미완성 또는 오작, 실격처리하며, 채점 대상에서 제외됩니다.

㈎ 부정행위

㉠ 시험 중에 다른 수검자와 대화를 나누거나 메모지를 주고받는 경우

㉡ 컴퓨터의 봉인을 훼손한 경우

㉢ 출력문제의 해답 및 투상도와 관련된 설명, 투상도가 수록된 노트나 서적을 열람한 경우

㈏ 미완성

㉠ 수검시간(표준시간+연장시간)을 초과한 작품(단, 출력시간은 시험시간에서 제외합니다.)

㈐ 오작

㉠ 요구사항을 준수하지 않은 작품

㉡ 제출된 저장매체에 수검자의 실수로 데이터가 저장되지 않았을 경우

㈑ 실격

㉠ 프레스산업기사 실기시험 전 종목에 응시하지 않은 경우

㉡ 프레스산업기사 실기 종목 중(① CAM 작업, ② 금형설계 작업) 하나라도 0점인 작업이 있는 경우

3. 도 면

자격종목	**프레스금형산업기사**	과제명	CAM 작업	척도	NS

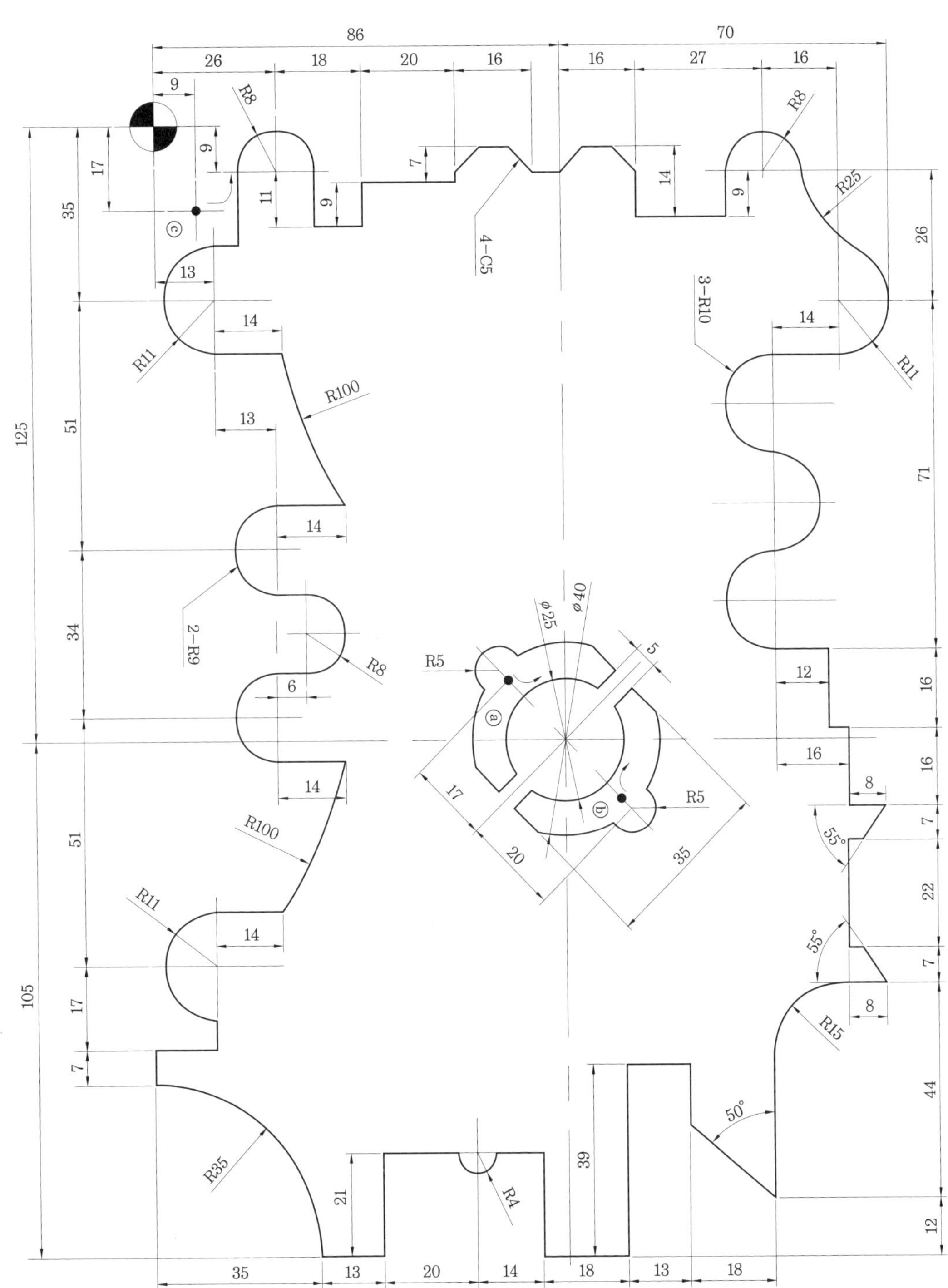

국가기술자격 실기시험문제

자격종목	사출금형설계기사	과제명	금형 설계 작업

■ 시험 시간 : 7시간(작업1 + 작업2)

1. 요구사항

※ 다음의 요구사항을 시험시간 내에 완성하며, 주어진 도면과 같은 제품을 제작할 수 있는 사출금형을 아래 지시된 내용과 수험자 유의사항에 의거 설계 프로그램을 사용하여 지급된 용지 규격에 맞게 설계제도하고 지급된 저장매체에 저장 후 본인이 흑백으로 출력하여 제출하시오.

(1) 작업 1 (2차원 설계 작업)

① 제도는 제3각법에 의해 A2 크기 도면의 윤곽선(수험자 유의사항 참조) 영역 내에 임의의 척도로 제도하시오.

② 도면 양식에 맞추어 좌측 상단에는 수험 번호와 성명을, 우측 하단에는 부품란으로 작성하고 작품명과 척도 등을 기입한 후 좌측 상단에 감독위원 확인을 받아야 합니다.

③ 고정측 코어, 가동측 코어 크기는 180×90 mm로 설계하여 사출기 75톤을 사용하고 사출기의 타이바 간격은 350×350이고 형체 스트로크는 260 mm인 사출기이므로 여기에 적합한 몰드 베이스를 선정하여 설계하시오.

④ 게이트형상 및 캐비티 수 : 사이드 게이트, 1×2 캐비티로 설계하시오.

⑤ 코어 작성 : 고정측 코어, 가동측 코어, 슬라이드 코어, 로킹블럭, 가이드 레일을 작성하시오.

⑥ 단면 조립도 작성 : 표제란을 작성합니다.

⑦ 평면 조립도 작성 : 금형크기를 기입합니다.

⑧ 재료는 ABS입니다.

⑨ 수축률은 0.005 M/M로 합니다.

⑩ 조립도상에 주요부품의 번호를 명기하고, 표제란에 각 부품 순번대로 품명, 재질, 수량 등을 기입합니다.

⑪ 표제란(부품란)에 각 부품의 부품명, 재질, 척도 등을 명기합니다.

⑫ 표제란(부품란) 위에 도면의 주기사항(주기란, NOTE)을 명시합니다.

⑬ 제품도에 공차가 있는 치수는 공구 마모를 고려, 기준치수를 보정하여 설계합니다.

⑭ 기타 지시되지 않은 사항은 사출 금형설계 및 KS 제도법에 따라 완성합니다.

⑮ 치수가 명시되지 않는 개소는 도면크기에 유사하게 제도하여 완성합니다.

⑯ 출력은 지급된 용지(A3 용지)에 본인이 직접 흑백으로 출력하여 제출합니다.

(2) 작업 2 (3차원 설계 작업)

① 도면의 크기(수험자 유의사항 참조)는 A3로 하며 윤곽선 영역 내에 적절히 배치하도록 합니다.

② 척도는 NS로 실물의 형상과 배치를 고려하여 임의로 정합니다.

③ 도면양식에 맞추어 좌측 상단에는 수험번호와 성명을, 우측 하단에는 부품란으로 작성하고 작품명과 척도 등을 기입한 후 좌측 상단에 감독위원 확인을 받아야 합니다.

④ 주어진 제품에 의한 완성된 고정측 코어, 가동측 코어, 고정측 형판, 가동측 형판을 3D 모델링 작업합니다.

⑤ 고정측 형판, 가동측 형판 모델링 : 크기는 사출기 75톤, 타이바 간격 350×350이고 형체 스트로크 260 mm인 사출기에 적합하게 선정하여 모델링합니다.

⑥ 제출 모델링

㈎ 고정측 코어 모델링

㈏ 가동측 코어 모델링

㈐ 고정측 형판 모델링

㈑ 가동측 형판 모델링

⑦ 기타 지시되지 않은 사항은 사출 금형설계 및 KS 제도법에 따라 완성합니다.

⑧ 치수가 명시되지 않는 개소는 도면크기에 유사하게 제도하여 완성합니다.

⑨ 출력은 지급된 용지(A3 용지)에 본인이 직접 흑백으로 출력하여 제출합니다.

2. 수험자 유의사항

※ 다음의 유의사항을 고려하여 요구사항을 완성하시오.

① 시작 전 감독위원이 지정한 위치에 본인 비번호로 폴더를 생성 후 비번호를 파일명으로 작업 내용을 저장하고, 시험 종료 후 저장한 작업 내용을 삭제바랍니다.

② 정전 또는 기계 고장을 대비하여 수시로 저장하시기 바랍니다. (단, 이러한 문제 발생 시 "작업 정지 시간+5분"의 추가 시간을 부여합니다.)

③ 금형 설계 작업에 필요한 data book은 열람할 수 있으나 출제 문제의 해답 및 투상도와 관련된 설명이나 투상도가 수록되어 있는 노트 및 서적은 열람하지 못합니다.

④ 도면의 크기와 선의 굵기를 구분하기 위한 색상을 다음과 같이 정합니다.

㈎ 도면의 크기 설정 : A와 B의 도면의 한계선(도면의 가장자리선)은 출력되지 않도록 합니다.

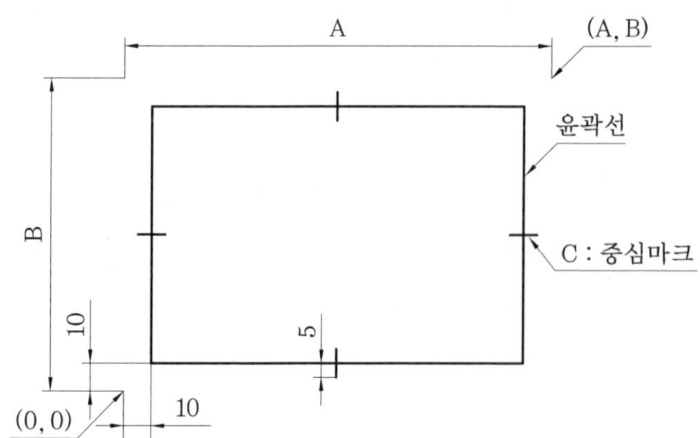

구 분	도면 크기		중심마크
	A	B	C
2차원 작업(A2)	594	420	10
3차원 작업(A3)	420	297	10

(나) 선 굵기 구분을 위한 색상

선 굵기	색 상	용 도
0.7 mm	하늘색 (cyan)	윤곽선
0.5 mm	초록색 (green)	외형선, 개별 주서 등
0.35 mm	노란색 (yellow)	숨은선, 치수 문자, 일반 주서 등
0.25 mm	흰색 (white), 빨강 (red)	해칭, 치수선, 치수 보조선, 중심선 등

⑤ 사용 문자의 크기는 7.0, 5.0, 3.5, 2.5 중 적절한 것을 사용합니다.

⑥ 도면 양식

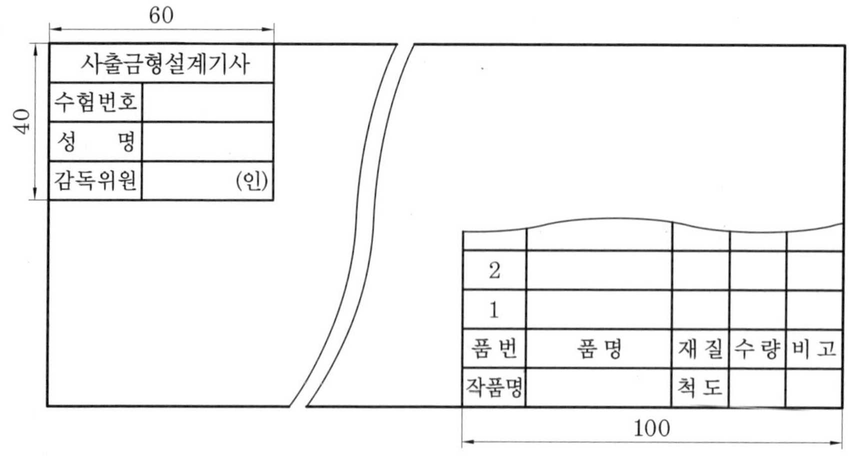

⑦ 다음 사항에 해당하는 작품은 채점하지 않습니다.

(가) 기권

㉠ 수험자 본인이 수험 도중 시험에 대한 포기 의사를 표하는 경우

(나) 실격

㉠ 미리 작성한 part program (도면, 단축 키 셋업 등) 또는 block (도면 양식, 표제란, 부품란, 요목표, 주서 및 표면 거칠기 비교표 등)을 사용할 경우

㉡ 도면 내용이 다른 수험자와 일부 또는 전부가 동일한 경우

㉢ 미리 제공한 KS 데이터나 금형 설계 데이터 북이 아닌 다른 자료를 열람한 경우

㉣ 시험 중 봉인을 훼손하거나 저장 매체를 주고받는 행위

㉤ 금형 설계를 돕는 별도의 유틸리티(UG mold wizard) 등을 사용한 경우

㉥ 수험자의 장비 조작 미숙으로 파손 및 고장을 일으킨 경우

㉦ 수험자의 직접 출력 시간이 20분을 초과할 경우 (단, 출력 시간은 시험 시간에서 제외하며, 출력된 도면의 크기 또는 색상 등이 채점하기 어렵다고 판단될 경우에는 감독위원의 판단에 의해 1회에 한하여 재출력이 허용됩니다.)

(다) 미완성 : 시험 시간 내에 작품을 제출하지 못한 경우

(라) 오작

㉠ 수험자가 설계한 치수로 금형을 제작할 수 없는 작품

㉡ 금형을 제작하는 데 구조적 문제점이 있어 채점위원 만장일치로 합의하여 채점 대상에서 제외된 작품

※ 지급된 시험 문제지는 비번호 기재 후 반드시 제출합니다.

※ 출력은 사용하는 CAD 프로그램 상에서 출력하는 것이 원칙이나, 이상이 있을 경우 PDF 파일 혹은 출력 가능한 호환성 있는 파일로 변환하여 출력하여도 무방합니다. (단, 폰트 깨짐 등의 현상이 발생될 수 있으니 이 점 유의하여 CAD 사용 환경을 적절히 설정하여 주시기 바랍니다.)

3. 도 면

자격종목	**사출금형설계기사**	과제명	금형 설계 작업	척도	NS

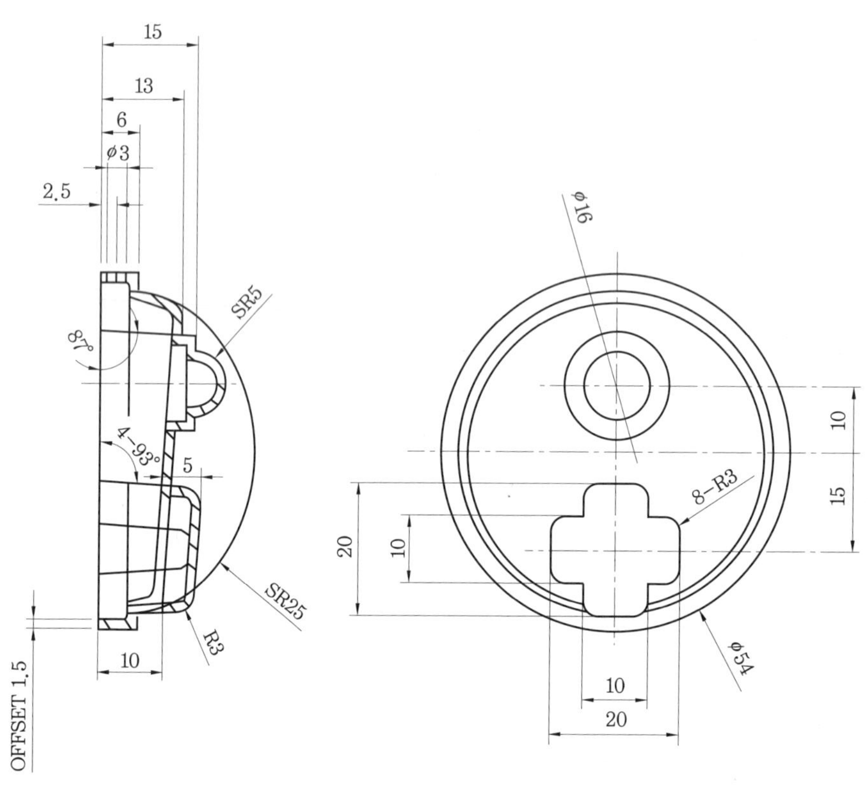

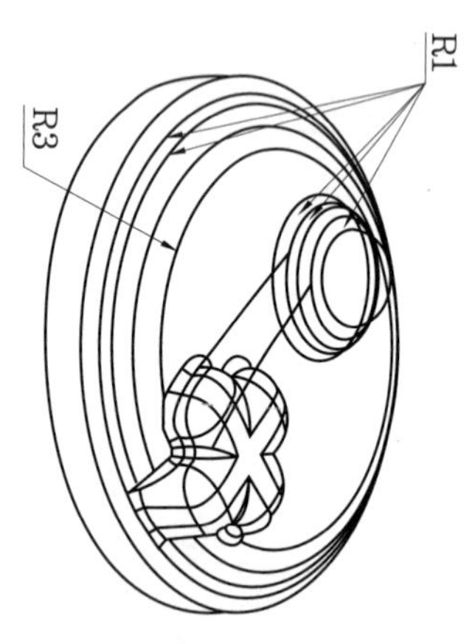

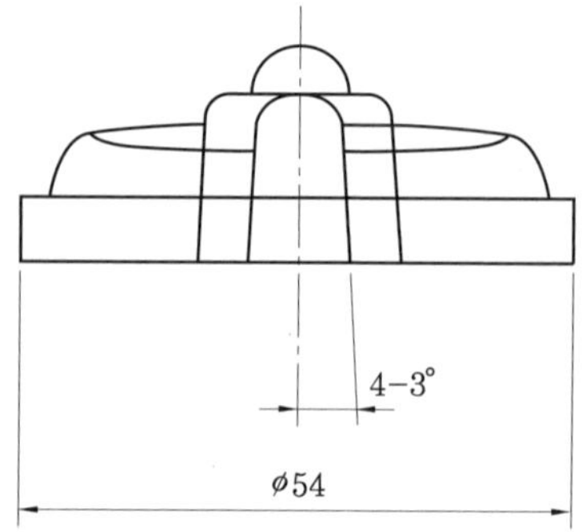

NOTE

1. 제품두께 1.5t
2. 도시되고 지시없는 필렛 R1

국가기술자격 실기시험문제

자격종목	프레스금형설계기사	과제명	금형 설계 작업

■ 시험 시간 : 7시간(작업1 + 작업2)

1. 요구사항

※ 다음의 요구사항을 시험시간 내에 완성하며, 주어진 도면과 같은 제품을 제작할 수 있는 금형을 아래 지시된 내용과 수험자 유의사항에 의거 설계 소프트웨어를 사용하여 지급된 용지 규격에 맞게 설계제도하고 지급된 저장매체에 저장 후 본인이 흑백으로 출력하여 제출하시오.

(1) 작업 1 (2차원 설계 작업)

① 제도는 제3각법에 의해 A2 크기 도면의 윤곽선(수험자 유의사항 참조) 영역 내에 임의의 척도로 제도합니다.

② 도면 양식에 맞추어 좌측 상단에는 수험 번호와 성명을, 우측 하단에는 부품란으로 작성하고 작품명과 척도 등을 기입한 후 좌측 상단에 감독위원 확인을 받아야 합니다.

③ 제품도에 공차가 있는 치수는 공구 마모를 고려하여 기준치수를 보정하여 설계합니다.

④ 가동식 스트리퍼를 사용합니다.

⑤ 소재이송은 좌측에서 우측으로 하고, 소재안내판을 사용하며 피더에 의해 피치이송을 하므로 사이드 커터를 사용하지 않는다.

⑥ 스트립 레이아웃을 작도하고, 설계 기준치수를 기입합니다.

⑦ 제품 배열은 1열 1개 따기로 합니다.

⑧ 다이세트는 FB형 스틸 다이 세트를 사용합니다.

⑨ 스트립 레이아웃 작성 : 피치, 소재폭, 각각의 공정을 기입합니다.

⑩ 단면 조립도 작성 : 표제란을 작성합니다.

⑪ 평면 조립도 작성 : 다이 세트, 금형 크기, 치수를 기입합니다.

⑫ 부품도 작성

(가) 다이 플레이트(클리어런스 부위를 표시하고 컷팅각도 기입)

(나) 스트리퍼 플레이트

(다) 원형 피어싱 펀치, 이형 피어싱 펀치

(라) 파팅(노칭) 펀치

(마) 파일럿 핀

(바) 버링 펀치

(사) 벤딩 펀치, 벤딩 다이편

⑬ 파일럿은 별도의 구멍을 가공하지 말고 제품상의 ϕ4 hole을 이용합니다.
⑭ 버링가공은 M6 TAP(P=1)으로 먼저 ϕ2.0 구멍을 뚫고 ϕ5.24 버링 펀치로 가공하며 다이에 밀핀을 설치하시오.
⑮ 제품의 최종 완성은 파팅(노칭) 가공으로 완성합니다.
⑯ 표제란(부품란)에 각 부품의 부품명, 재질, 척도 등을 명기합니다.
⑰ 표제란(부품란) 위에 도면의 주기사항(주기란, NOTE)을 명기합니다.
⑱ 기타 지시되지 않은 사항은 프레스 금형설계 및 KS 제도법에 따라 완성합니다.
⑲ 치수가 명시되지 않는 개소는 도면크기에 유사하게 제도하여 완성합니다.
⑳ 출력은 지급된 용지(A3 용지)에 본인이 직접 흑백으로 출력하여 제출합니다.

(2) 작업 2 (3차원 설계 작업)

① 도면의 크기(수험자 유의사항 참조)는 A3로 하며 윤곽선 영역 내에 적절히 배치하도록 합니다.
② 척도는 NS로 실물의 형상과 배치를 고려하여 임의로 정합니다.
③ 도면양식에 맞추어 좌측 상단에는 수험번호와 성명을, 우측 하단에는 부품란으로 작성하고 작품명과 척도 등을 기입한 후 좌측 상단에 감독위원 확인을 받아야 합니다.
④ 주어진 도면과 같은 제품을 성형할 수 있는 벤딩 형상을 모델링합니다.
⑤ 제품 모델링
(가) 11° 벤딩 펀치 모델링
(나) 11° 벤딩 다이편 모델링
⑥ 기타 지시되지 않은 사항은 프레스 금형설계 및 KS 제도법에 따라 완성합니다.
⑦ 치수가 명시되지 않는 개소는 도면크기에 유사하게 제도하여 완성합니다.
⑧ 출력은 지급된 용지(A3 용지)에 본인이 직접 흑백으로 출력하여 제출합니다.

2. 수험자 유의사항

※ 다음의 유의사항을 고려하여 요구사항을 완성하시오.
① 시작 전 감독위원이 지정한 위치에 본인 비번호로 폴더를 생성 후 비번호를 파일명으로 작업 내용을 저장하고, 시험 종료 후 저장한 작업 내용을 삭제바랍니다.
② 정전 또는 기계 고장을 대비하여 수시로 저장하시기 바랍니다. (단, 이러한 문제 발생 시 "작업 정지 시간+5분"의 추가 시간을 부여합니다.)
③ 금형 설계 작업에 필요한 data book은 열람할 수 있으나 출제 문제의 해답 및 투상도와 관련된 설명이나 투상도가 수록되어 있는 노트 및 서적은 열람하지 못합니다.
④ 도면의 크기와 선의 굵기를 구분하기 위한 색상을 다음과 같이 정합니다.
(가) 도면의 크기 설정 : A와 B의 도면의 한계선(도면의 가장자리선)은 출력되지 않도록 합니다.

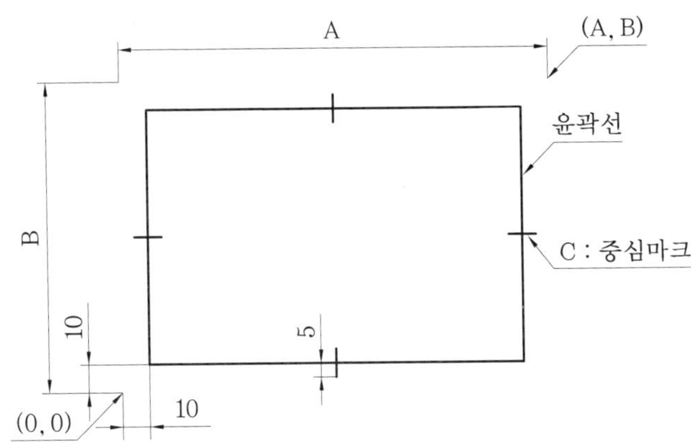

구 분	도면 크기		중심마크
	A	B	C
2차원 작업(A2)	594	420	10
3차원 작업(A3)	420	297	10

(나) 선 굵기 구분을 위한 색상

선 굵기	색 상	용 도
0.7 mm	하늘색 (cyan)	윤곽선
0.5 mm	초록색 (green)	외형선, 개별 주서 등
0.35 mm	노란색 (yellow)	숨은선, 치수 문자, 일반 주서 등
0.25 mm	흰색 (white), 빨강 (red)	해칭, 치수선, 치수 보조선, 중심선 등

⑤ 사용 문자의 크기는 7.0, 5.0, 3.5, 2.5 중 적절한 것을 사용합니다.

⑥ 도면 양식

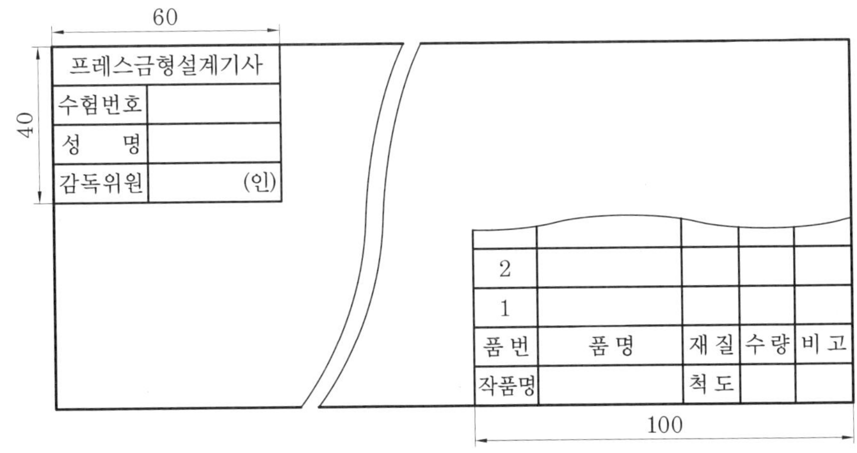

⑦ 다음 사항에 해당하는 작품은 채점하지 않습니다.

(가) 기권

㉠ 수험자 본인이 수험 도중 시험에 대한 포기 의사를 표하는 경우

(나) 실격

㉠ 미리 작성한 part program (도면, 단축 키 셋업 등) 또는 block (도면 양식, 표제란, 부품란, 요목표, 주서 및 표면 거칠기 비교표 등)을 사용할 경우

㉡ 도면 내용이 다른 수험자와 일부 또는 전부가 동일한 경우

㉢ 미리 제공한 KS 데이터나 금형 설계 데이터 북이 아닌 다른 자료를 열람한 경우

㉣ 시험 중 봉인을 훼손하거나 저장 매체를 주고받는 행위

㉤ 금형 설계를 돕는 별도의 유틸리티(UG mold wizard) 등을 사용한 경우

㉥ 수험자의 장비 조작 미숙으로 파손 및 고장을 일으킨 경우

㉦ 수험자의 직접 출력 시간이 20분을 초과할 경우 (단, 출력 시간은 시험 시간에서 제외하며, 출력된 도면의 크기 또는 색상 등이 채점하기 어렵다고 판단될 경우에는 감독위원의 판단에 의해 1회에 한하여 재출력이 허용됩니다.)

(다) 미완성 : 시험 시간 내에 작품을 제출하지 못한 경우

(라) 오작

㉠ 수험자가 설계한 치수로 금형을 제작할 수 없는 작품

㉡ 금형을 제작하는 데 구조적 문제점이 있어 채점위원 만장일치로 합의하여 채점 대상에서 제외된 작품

㉢ 부품도에서 형상이 2개소 이상 누락되었거나, 일치하지 않는 경우

㉣ 3차원 모델링 형상을 3개소 이상 작성하지 않아 채점위원 만장일치로 합의하여 채점 대상에서 제외된 작품

※ 지급된 시험 문제지는 비번호 기재 후 반드시 제출합니다.

※ 출력은 사용하는 CAD 프로그램 상에서 출력하는 것이 원칙이나, 이상이 있을 경우 PDF 파일 혹은 출력 가능한 호환성 있는 파일로 변환하여 출력하여도 무방합니다. (단, 폰트 깨짐 등의 현상이 발생될 수 있으니 이 점 유의하여 CAD 사용 환경을 적절히 설정하여 주시기 바랍니다.)

3. 도 면

자격종목	프레스금형설계기사	과제명	금형 설계 작업	척도	NS

소재 : 냉간압연강판(SCP1)
소재 전단 강도 : 36 kgf/mm^2
두께 : 1.2 mm
클리어런스 : 편측 5 %t

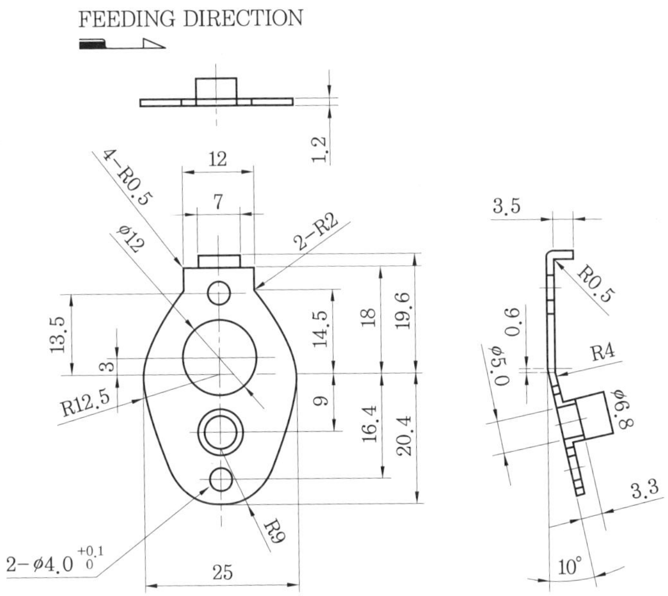

금형설계 문제/해설

2021년 2월 20일 인쇄
2021년 2월 25일 발행

저　자 : 금형기술시험연구회
펴낸이 : 이정일

펴낸곳 : 도서출판 **일진사**
www.iljinsa.com
(우) 04317 서울시 용산구 효창원로 64길 6
전화 : 704-1616 / 팩스 : 715-3536
등록 : 제1979-000009호 (1979.4.2)

값 35,000 원

ISBN : 978-89-429-1663-4